U0260091

国家"十二五"重点图书船舶与海洋出版工程

海洋工程设计手册
——海上施工分册
（第3版）

英文版原著　小本·C·格威克（Ben C. Gerwick，Jr.）

中文版主审　陈　刚

上海交通大学出版社

内 容 提 要

作者以其掌握的最新实践知识的能力和简明易懂的方式,使本书成为现代海上结构施工工程师的首选。第3版的出版使本书继续成为该领域的权威指南手册。本书以作者丰富的实践经验为基础,融合了多方面的有效信息。

海上施工的对象是海上结构物、港口结构物、河流和河口结构物、海岸结构物、海底管线等。施工过程中需要考虑海洋的物理环境、岩土因素、生态和社会影响。由于海洋的特殊性,施工所使用的材料与设备有着更为特殊的要求,尤其是对海底的整治和改善、结构沉桩等工艺。此外,海上施工还涉及其他一些关键技术,如单点系泊、铰接柱、海底基盘、水下储油船、中转码头、海上风电、波浪发电、潮汐发电等。在建造各类结构物的同时,意味着需要对其进行修复、加固、拆除等作业。

本书可作为海洋工程从业工程师和建造商的指南和参考,也可作为工程学研究生的教材。

Construction of Marine and Offshore Structures (Third edition)
All Rights Reserved.
Authorized translation from English language edition published by CRC Press, part of Taylor & Francis Group LLC.
Copies of this book sold without a Taylor & Francis sticker on the cover unauthorized and illegal.

上海市版权局著作权合同登记:图字 09-2011-765 号

图书在版编目(CIP)数据

海洋工程设计手册. 海上施工分册/(美)格威克(Gerwick, B. C.)著;金毅等译. —上海:上海交通大学出版社,2013
船舶与海洋出版工程
ISBN 978-7-313-09147-5

Ⅰ. 海... Ⅱ. ①格... ②金... Ⅲ. 海洋工程—水下施工—技术手册 Ⅳ. P75-62

中国版本图书馆 CIP 数据核字(2012)第 252053 号

海洋工程设计手册
—海上施工分册

[美]格威克(Gerwick, B. C.) 著

金 毅 等译

上海交通大学出版社出版发行
(上海市番禺路 951 号 邮政编码 200030)
电话:64071208 出版人:韩建民
浙江新华数码印务有限公司印刷 全国新华书店经销
开本:700mm×1000mm 1/16 印张:63.75 插页:10 字数:1089 千字
2013 年 4 月第 1 版 2013 年 4 月第 1 次印刷
ISBN 978-7-313-09147-5/P 定价:560.00 元

《海洋工程设计手册—海上施工分册》
中文版编译出版委员会

中文版序

21世纪是海洋世纪。

海洋是人类社会经济发展的重要支点,是人类科学进步与技术创新的重要舞台。海洋经济和海洋事业的发展离不开海洋科技的引领与支撑。海洋领域内的竞争归根到底是科技的竞争,而竞争的关键在于海洋高新技术。海洋高新技术已经成为世界新技术革命的重要内容,备受世界瞩目。如何利用海洋科技更为合理地开发、利用和保护海洋,已成为21世纪人类社会追求进步和实现跨越的主攻方向。

至今为止,我国的海洋科技已经取得了令人可喜的进步,无论是海洋船舶制造、海洋工程装备、海洋环境保护等方面的科技研发,还是在高端船舶、水下机器人、海上风电等海洋高新技术领域所取得的重大进展,都预示着海洋事业的可持续发展有了越来越强劲的科技支撑与保障。

与此同时,还有许多工作需要我们投入极大的努力与信心,因为海洋产业的优化升级、海洋事业的科学发展、海洋管理的全面提升等都对海洋科技提出了更高、更严的要求。海洋科技工作者既面临难得的历史机遇,也面临来自方方面面的挑战。我们需要不断提高对海洋的认知水平,努力构建起海洋科技的创新体系,为维护国家权益和安全做出应有的贡献。

海洋科技的进步与发展离不开科技人员富有创意的工作,而出版人为海洋科技知识的传播所做的努力亦属不可或缺。上海交通大学出版社在为国内的海洋科技工作者提供出版服务的同时,有选择地从国外引进一些海洋科技方面的图书,这是有意义的工作,值得肯定。

国外海洋科技图书的引进需要考虑经典性和先进性两方面因素。经典性的具体表现是图书的一版再版,这说明一种图书的生命力已经在专业读者群中得到了延续。上海交大出版社之前引进出版的《船舶工程技术手册》即是经典性的一种体现,因为该手册属工具类专业参考书,是专业人员的必备。而《基于风险的船舶设计》则是先进性的一种体现,因为该书所包含的知识均源自于第6

届欧盟委员会框架计划 SAFEDOR(安全设计、营运和监管)项目,它填补了国际上基于风险的船舶设计相关文献的空白。此外,先进性还应体现在我国对海洋高新技术发展的需要上,例如高技术高附加值船舶、船用关键配套产品、多功能自升式平台、深水浮式生产储卸装置、海上大功率风力发电机组关键技术、海洋工程材料耐腐蚀防护、海洋工程总装建造技术,等等。

引进图书的出版无论是选题策划还是翻译出版,都需要海洋科技工作者的参与,需要他们与出版从业者的密切合作。希望合作结出硕果,在引进国外图书的同时,更向社会奉献我们原创的海洋高新技术工具书和专著,以符合时代发展的需要。

是为序。

陈　刚

谨以此书献给
无畏面对狂风坚冰而投身于海上施工业的伟大先驱们

致　　谢

作者要感谢本·C·格威克公司许多同事的帮助,他们提供了海上施工项目的最新信息,另外还要感谢对我的咨询进行了回复的各位业界人士。

感谢我的行政助理米歇尔·余,她对本书的手稿进行了文字处理和编排。

英文版前言

本书第3版对内容进行了大量扩充和修订，以涵盖这个迅速发展领域中的最新进展。广泛的油气搜寻、沿海地区的灾难性洪水以及对运输、桥梁、水底隧道和排水道的需求，使技术得到持续创新，现在新技术不仅能应用于科技前沿，也同样可以应用于更为传统的项目。

本书可作为从业工程师和建造商在海洋工程中的指南和参考，也可作为对这个极具挑战性领域感兴趣的工程学研究生的教材。

目 录

1

第 3 章　海上施工的生态和社会影响
Ecological and Societal Impacts of
Marine Construction

第4章 海上结构物的材料和制造
Materials and Fabrication for Marine Structures

第7章 海底整治和改善
Seafloor Modifications and Improvements ······ 273

第 8 章　海洋和离岸结构沉桩

Installation of Piles in Marine and

Offshore Structure ·············· 310

第 13 章 永久性浮式结构物
Permanently Floating Structures ················ 636

第14章 海洋和离岸施工技术的其他应用
Other Applications of Marine and Offshore Construction Technology ·············· 661

第 15 章 海底管线的铺设
Installation of Submarine Pipelines ·············· 698

第 16 章　塑料及复合管线和电缆

Plastic and Composite Pipelines

and Cables

第22章 深海施工
Construction in the Deep Sea ·················· 865

GROSS
格洛斯

浙江格洛斯无缝钢管有限公司
ZHEJIANG GROSS SEAMLESS STEEL TUBE CO.,LTD.

　　公司拥有年产25万吨大口径特种无缝钢管的生产和检测能力，采用反挤压、热轧和反挤压热轧联合工艺，生产最大直径1200mm、最大壁厚200mm、最大长度13m的碳素钢、合金钢、不锈钢等无缝钢管，配置有大型锻压冲孔机、卧式拔伸机、管斜轧穿孔机、精密轧机、定径机、矫直机、专用加热炉、成套热处理设备、内镗外拔数控机床等生产设备以及自动在线探伤机水压试验机、无损探伤机（超声波涡流测厚联合探伤机）、微机控制高温电子万能试验机、高温持久强度试验机、高温持久蠕变试验机、微机控制电液伺服万能试验机、全自动冲击试验机、直读光谱仪、碳硫仪、金相显微镜（蔡司）等先进的检验检测设备。

　　公司质量保证体系健全，拥有A1级特种设备制造许可证、CE（PED、CPD）、API、ISO9001、ABS等国内外多项证书。产品具有本质安全性好、尺寸精度高、组距范围宽、性能稳定等优势，产品已批量向中海油、中石化、中石油、三门核电、上海锅炉厂等大型企业供货，用户反应良好，完全可以替代进口。

地址：中国浙江省上虞市小越工业区
ADD：Xiaoyue Industrial Development Zone,ShangYu,ZheJang,PRC
电话（TEL）：0575-82711908　　传真（FAX）：0575-82711860
网址（Website）：www.gross-tubes.com　　信箱(E-mail)：zjgross@163.com

森松（江苏）重工有限公司（下简称"重工"）及森松（江苏）海油工程装备有限公司（下简称"海油"）是日本森松工业株式会社于2007年在江苏投资设立。重工注册资本6,330万美元；海油注册资本2,430万美元，是日本森松工业株式会社在华投资最大的项目。

森松南通工厂占地面积630,000m²，共分为三期工程，其中一、二期厂房面积108,000m²。400m宽、2,000m长的公共港池直通长江，公司拥有自己的内港池，设备可直接从车间装运到船上，码头停靠能力为10,000t，对设备的运输提供了便利的条件。

目前，森松南通工厂一期工程已建设完成，相关资质已经取得。

The biggest investment project made by Morimatsu Japan in China with a registered capital of USD63,300,000 and USD 24,300,000 for JMH and JMO, respectively.

There are 3 Phases of the Morimatsu Nantong Plant covering a total area of 630,000m². In particular, Phase I and II consists of a workshop area of 108,000m². The company has its own inland harbor (31mW x 90mL) connecting the public basin (400mW x 2,200mL) flowing into the Changjiang River. This provides a convenient mean for equipment transportation where the waterfront terminal can accommodate a maximum weight of 10,000 tons.

Up till currently, Phase I of the Nantong Plant has successfully been completed and the relevant certifications and qualifications in relation to production had been acquired.

森松集团（中国）
Morimatsu (China) Group

电话Tel：+86-21-38112058（总部）
传真Fax：+86-21-33756088-158
地址Add：江苏省如皋市长江镇（如皋港区）森松路1号 邮编Zip：226500

E-mail：mori@morimatsu.cn
Http：www.morimatsu.com.cn

上海振华重工（集团）股份有限公司
Shanghai Zhenhua Heavy Industries Co., Ltd.

用于潮间带海上风机的安装船　　　　用于海上风机安装的安装平台

自升式平台（安装平台）浅吃水、能坐底（安装船）。
自升式安装平台采用ZPMC自主研发的抬升装置（含电控）及桩腿锁紧装置。
集吊桩，打桩，安装及后期风电场维护于一体。
800t全回转起重机。

重型锚绞机

单索拉力10~250t，绳径16~203mm，容绳量可达7000m，绞车可用于各种浅海及深海作业的系泊、定位、起锚、拖缆、捕鱼以及海上起重机等设备作业，可定制并提供成套电控集成系统。严格按照各国船级社规范制作，性能卓越，安全可靠。

推进器　　　　　　船用起重机　　　　　　　　张紧器

ZPMC具有独立的大功率推进器设计、制造、测试能力，能够为船舶及海洋工程领域的推进器系统提供有效的解决方案。可提供全回转推进器（包括伸缩功能可选）及侧向推进器。

严格按照API-2C等国际标准和规范及用户的要求进行设计和建造以满足海上作业的特殊要求
配备恒张力系统和波浪补偿系统，对于深海工程设备的海底安装施工要求，具有很高的精度和适用性。

张紧器采用履带式设计，为拖拽管线提供恒张力特性。
张紧器既可采用变频电机驱动或液压驱动。
张紧器的最大能力可达200t。

铺管设备

ZPMC可提供铺管船上的铺管成套关键设备。完成管线的预热、消磁、焊接、无损检测、防腐涂装等工序。整套设备适用管径为6~60inch，设计运管速度为15m/min。

地址：上海浦东南路3470号　电话：021-58396666　传真：021-58399555　邮箱：mail@zpmc.com

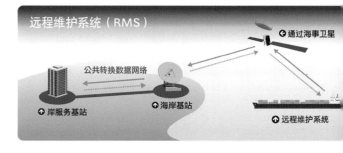

中交广州水运工程设计研究院有限公司

中交广州水运工程设计研究院有限公司成立于1975年，是专业从事水运行业与海洋工程规划、勘察、咨询、设计的综合性设计研究机构。具有港口河海工程咨询甲级、水运工程设计甲级、工程勘察甲级等资质。

我公司主营业务有：大中型航道疏浚与整治工程、大中型港口工程的规划、可行性研究、咨询、勘察设计；大中型围海造陆工程咨询、勘察设计；水运工程项目策划、项目管理、设计施工总承包。

"顾客至上、质量第一、信守合同"是我公司的服务宗旨。成立近40年来，我公司先后完成了潮州港西澳港区规划、澳门国际机场航站区围（填）海工程设计、钦州港30万吨级航道工程设计等水运行业各类大、中型工程规划、勘察、咨询、设计及科研开发项目数百项，其中数十项获国家级、省部级优秀科研、咨询、设计成果奖。如"疏浚工程电子图形控制系统"获国家科学技术进步三等奖、"汕头港、防城港拦门沙航道回淤研究"合作项目获中国科学院自然科学三等奖、"澳门国际机场航站区围（填）海工程设计"获交通部优秀设计三等奖、"广州港出海航道工程工程可行性研究"获交通部优秀工程咨询成果二等奖、"湛江港十万吨级航道工程工程可行性研究"获交通部优秀工程咨询成果二等奖。

凭借高素质的专业技术队伍和开拓创新的管理理念，近年来，我公司在做精勘察、设计传统业务的同时，大力发展项目前期服务、设计施工总承包及委托项目管理等业务。先后承担了潮州港西澳港区综合建设项目前期服务、广西钦州三枫码头工程设计施工总承包、天津临海新城围海造陆工程项目管理等。目前正积极拓展海外市场，遍及马来西亚、越南、印度尼西亚、柬埔寨和尼日利亚等国家。

我公司经过近四40年的建设和磨练，已形成一套有效且严谨的服务规范，可为业主提供从项目立项至竣工全过程的综合解决方案。

地址：广州海珠区江南大道中173号六楼　　邮编：510220
办公电话：020-34402518　　传真：020-34402508

印尼三宝垄北部城市综合治理与开发概念规划

广州港出海航道工程设计

钦州港30万吨级进港航道设计

广西钦州三枫码头设计施工总承包

潮州港西澳港区规划

中交上海航道勘察设计研究院有限公司
Shanghai Waterway Engineering Design and Consulting Co.,Ltd.

　　中交上海航道勘察设计研究院有限公司是国内航道工程专业甲级设计院。拥有水运行业、水利（城市防洪）、海洋（沿岸、离岸）设计甲级、施工总承包壹级、工程勘察综合类甲级、水运工程材料检测甲级、水运工程监理甲级、工程咨询（港口河海工程、水利工程、水文地质、工程测量、岩土工程）甲级、工程造价咨询甲级、工程咨询（生态建设与环境工程）专业乙级、海域使用论证乙级、环境工程（水污染防治、污染修复）专项设计乙级、对外承包工程资格等资质。

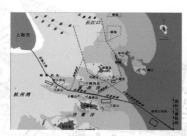
洋山港区航道总平面布置

曹妃甸整体效果图

长江口深水航道治理工程分流口

地址：中国上海浦东大道850号　邮编：200120
电话：021-58871456　　传真：021-58793703
邮箱：outlook@shiw.com.cn　网址：http://www.shiw.com.cn

中国铁建港航局集团有限公司

中国铁建港航局集团有限公司是世界500强企业、排名全球最大工程承包商第一位的中国铁建股份有限公司全资子公司，注册资本12亿人民币，注册地在珠海市横琴新区。自2011年成立以来，中国铁建港航局坚持高起点、高标准、高水平、高效率要求，按照"一年起步、两年发展、三年跨越"的发展思路，通过资本运作，实施投资拉动施工。同时，着力于行业内资源并购重组，通过强强联合，使自己发展成为一家融设计、施工、科研、资本运作于一体，以港航、路桥、轨道交通、市政工程建设为主业，大土木、多元化经营的大型工程建设企业。

目前公司拥有港口与航道工程施工总承包一级、公路工程施工总承包一级、公路路基工程专业承包一级、桥梁工程专业承包一级、地基与基础工程专业承包一级、钢结构工程专业承包一级等多项资质。公司已获得鲁班奖2项、詹天佑奖1项、省部级科学技术特等奖1项、一等奖1项、二等奖3项。公司拥有各类工程技术人员560余人，其中具有高、中级专业技术职称人员330余人，教授级高工7人，持一级建造师证120人。地基处理水平居国内领先地位。

中国铁建港航局将秉承"诚信、创新永恒，精品、人品同在"的核心价值观，发扬"不畏艰险、勇攀高峰、领先行业、创誉中外"的企业精神，充分依托母公司中国铁建的品牌优势，借助其完善的营销网络和强大的市场经营能力，迅速发展成为国内领先、具有国际竞争力的水工领域专业化集团公司。

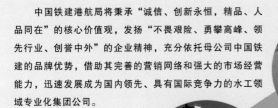

粤海轮渡码头工程北港西防波堤

广东省珠海联石湾船闸

广东华夏阳西电厂重件码头

海南省洋浦港

地址：广东省珠海市香洲区前山翠峰街189号　　邮编：519000

总机：0756-6250000　　传真：0756-6157888

上海三航奔腾建设工程有限公司
Shanghai Third Harbor Benteng Construction and Engineering CO.,Ltd.

上海船厂码头工程

上海船厂船台工程

上海漕泾电厂码头工程

新扬子船坞工程

上海三航奔腾建设工程有限公司是由中港三航局一公司改制后于2002年成立。公司总部设在上海，下属单位分布在上海、江苏、浙江、山东、辽宁和广西等省市。

公司具有国家建设部批准的"港口与航道工程施工总承包壹级"、"港口与海岸工程专业承包壹级"、"地基与基础工程专业承包贰级"、"桥梁工程专业承包贰级"资质的施工企业，并获得国家商务部批准的"对外承包工程经营资格证书"。

公司秉承"科学管理、以人为本、诚信经营、回报社会"的经营理念，遵循"以质取胜、追求卓越"的质量方针，严格按照质量、环境和职业健康安全"三位一体"标准运行，经过多年的潜心经营，成绩斐然，业绩骄人，赢得了广大业主和社会有关方面的高度赞誉。

公司自成立以来，承建了一大批国家和省、市的大型港口和航道工程、公路桥梁工程、市政与水利工程以及地基与基础工程等项目，竣工工程的一次验收合格率达100%，工程优良率达95%以上，合同履约率达100%，并多次获得省、市级优质工程奖。

公司秉承"以人才带动技术、以质量占领市场、以信誉赢得用户"的宗旨，立足华东，面向境内外，竭诚为业主提供优质服务。

联系方式：
地址：上海宝山区逸仙路2816号
电话：021-56452816 56446288
传真：021-56443129
网站：www.shbt-china.com
邮箱：yxt2816@163.com和87792381@163.com

华滋奔腾
WATTS GALLOP

海盛工程
HAISHENG OCEANEERING

主营业务：海洋工程建造及安装
氮氧混合气和空气潜水作业
海底管线和电缆铺设
船舶及海上平台维修改造
水下安装维修工程服务
海洋石油专业设备检验检测

　　山东海盛海洋工程集团有限公司是为海洋石油工业提供综合服务的专业化集团公司，坐落在石油之城山东省东营市，原为中国石化胜利油田下属企业，2005年完成企业改制。经过十余年的不断发展，海盛集团企业资质主要包括：海洋石油工程专业承包二级，国家安全生产监督管理总局海洋石油安全生产中介机构资质，ADCI（国际潜水承包商协会）商业潜水承包商资质，中国船级社、挪威船级社水下工程服务机构许可，中国海洋石油总公司海上生产维修资格证书等。2001年通过ISO9001质量管理体系认可，2004年通过IS014001、OHSAS18001环境、职业健康安全管理体系认可。同时是中国潜水打捞行业协会理事单位、中国航海救助打捞专业委员会委员单位。

　　公司拥有各类海洋工程船舶、机械设备、水下作业设备450余台套，固定资产原值2.79亿元，主营业务年生产经营规模6.9亿元。自成立以来先后为中石化胜利油田、中海油天津、湛江、上海分公司、中石油冀东油田等单位完成各类海洋工程、水下工程和检验检测项目570余项，其优良的管理和出色的业绩，在业内一直享有良好的声誉。

　　公司始终坚持"严细求实、信守合同、优质服务、安全高效"的宗旨和服务准则，积极开发和应用新技术、新工艺、新设备，向管理和技术要效益，凭借丰富的施工经验、雄厚的技术实力、科学的管理手段、正点的合同工期，为业主提供优质的海洋工程产品和服务。

山东海盛海洋工程集团有限公司
SHANDONG HAISHENG OCEANEERING GROUP CO.,LTD.

地址：山东·东营·东营港开发区海港路8号　邮编：257237　邮箱：haishengwt@gmail.com
电话：+86-546-8870231　传真：+86-546-8870231　网址：http://www.haishengchina.com

船舶制造国家工程研究中心

船舶制造国家工程研究中心是由国家发改委批准成立的国家工程研究中心，其建设目的是提高我国具有自主知识产权的船舶制造技术研发和可持续创新能力、新型船舶产品及海洋工程装备产品开发能力以及我国船舶制造的总体水平，推动我国船舶及海洋装备工业的发展，促进我国船舶及海洋装备工业科技进步和产业升级，增强我国船舶及海洋工程装备工业在国际船舶市场中的竞争力，使我国船舶及海洋工程装备工业进入高水平可持续发展。

船舶制造国家工程研究中心的任务是以提高船舶整体制造水平、生产效率和配套能力为重点，开展新船型、常规船型的系列化和优化研究；开发具有自主知识产权的船舶及海洋工程装备设计和工艺技术；进行先进船舶及海洋工程装备制造技术及设备、造船生产信息化技术以及应用软件的工程化研究和系统集成，建立大规模复杂分析计算、模型试验、产品测试等服务平台；加强国际合作与交流，培养高层次的船舶及海洋工程装备研究、设计和建造人才。

船舶制造国家工程研究中心希望与国内外各界真诚合作，为我国船舶与海洋工程装备工业的发展贡献出我们的力量。

超声C扫描仪

固体激光焊机

双丝焊机器人

水火弯板机器人

地址：大连市高新区凌工路2号 邮编：116024
电话/传真：0411-84709865
网址：http://ship.dlut.edu.cn
邮箱：nercs@dlut.edu.cn

"诚信服务、优质回报、不断超越"

网址：http://www.ccccie.com

中国交通建设股份有限公司总承包经营分公司
地址：北京市德胜门外大街85号中交大厦
电话：010-82016001

 中交股份总承包公司
CCCC INVESTMENT & ENGINEERING COMPANY

中国石油天然气管道局第六工程公司
天津大港油田集团工程建设有限责任公司

公司具有化工石油工程、市政公用工程施工总承包一级资质，管道工程、海洋石油工程专业承包一级，石油天然气（海洋石油）、市政行业乙级设计资质等十余项专业资质。具备管道储运工程、海洋石油工程、市政公用工程、油田产能建设业务的施工能力，尤其在海洋石油工程施工领域特色突出。

后挖沟施工技术

海底电缆施工技术

井口槽施工技术

进海路施工技术

▶ 海底管道施工技术：公司拥有1600t起重铺管船，最大作业水深150m，铺管管径范围为6~60inch；拥有挖深可达4m的大口径喷冲式海底管道后挖沟机。已成功敷设13条海底管道，敷设管道超过70km。

▶ 海底电缆（光缆）施工技术：公司拥有埋设深度为3.5m的牵引式高压水力射水埋设犁，具备大规模、长距离海底光电复合缆工程施工的能力。已成功敷设8条海底光电缆，总长度55km。

▶ 井口槽施工技术：公司拥有整套的井口槽施工技术，包括隔水导管施工工艺、优化改进的SMW施工工法、灌浆料自流平技术、高精度钻机轨道安装技术、超长混凝土结构裂缝控制等技术。已成功应用于大港油田庄海4×1人工井场、冀东南堡油田A井场B井场、冀东南堡1号2号人工岛井口槽工程施工中。

▶ 进海路施工技术：公司拥有装配式箱体块石填充进海路和箱涵式进海路施工技术，已成功应用于大港埕海油田二区四号进海路工程。

地址：天津滨海新区大港古林街建白路116号
电话：(022)25936386 传真：(022)25936201
邮箱：dg_gcjs1@petrochina.com

中国科学院武汉岩土力学研究所
Institute of Rock and Soil Mechanics Chinese Academy of Sciences

中国科学院武汉岩土力学研究所创建于1958年，是中国科学院专门从事岩土力学基础与应用研究、以工程应用背景为特征的综合性研究机构。已故国际著名岩土力学专家陈宗基院士为研究所的创始人。建所以来，紧密结合国民经济建设重大工程，完成涉及资源(海洋开发、矿山)、能源(水电、核电、火电、煤炭、石油)、交通(公路、铁路)、城镇建设、国防工程及岩土灾害防治等众多领域500多项重大研究项目，取得了大量的科技成果，为岩土力学学科发展和国民经济建设作出了巨大贡献。

目前，研究所定位于岩土力学与工程的应用基础研究，支持已有方向的重大突破、努力培育新方向，作为重点培育方向之一的"区域性海洋土的力学特性与工程安全"，旨在开展钙质(砂珊瑚残积物)、含天然气水合物沉积物等区域性海洋土的力学特性和工程安全研究，力争在海洋工程地质探测方法和手段、岛礁工程建设工艺、海底含天然气水合物特性测试以及开采扰动下地层稳定性评价等领域取得系统性、创新性研究成果，为海洋港口工程、采油平台工程、海上航空工程、海底隧道工程、岛礁工程、海洋能源工程等的建设提供理论依据及技术支持，为我国海洋工程发展和建设作出应有的贡献。

▷▷▷ 了解更多详情，请登录 www.whrsm.ac.cn

地　址：中国科学院武汉岩土力学研究所（武汉市武昌小洪山2号）
邮　编：430071　　　邮　箱：irsm@whrsm.ac.cn
电　话：027-87199251　传　真：027-87197386

上海市基础工程有限公司
Shanghai Foundation Engineering Co.,Ltd.

敷缆船

敷管船　　　　动力定位敷缆船

科技领先　和谐为本　追求卓越

　　上海市基础工程有限公司水工分公司是上海建工唯一一支专业的水工、海洋工程施工队伍，具有丰富的水上施工经验。主要从事海底光、电缆敷埋安装，海底管道敷埋安装，水上打桩，码头港口建设及大件运输等工程。

　　公司资质：市政公用工程施工总承包一级、公路工程施工总承包二级、房屋建筑工程施工总承包二级、地基基础工程施工专业承包一级、管道工程施工专业承包一级、桥梁工程施工专业承包一级、城市轨道交通工程施工专业级、港口与海岸工程施工专业承包二级、岩土工程设计乙级、建筑工程测绘乙级。

　　公司曾获一项国家科技进步奖二等奖，二项上海市科技进步奖三等奖，三项国家级工法,专利若干。

地址：上海市军工路3000号（200438）　电话：021-65742444　65741272　传真：021-65740578

江苏神龙海洋工程有限公司

神龙海洋
DRAGON SEA

水中蛟龙，陆上猛虎

江苏神龙海洋工程有限公司（原江苏省海洋工程总公司）创建于1956年，具有市政公用工程施工总承包一级、房屋建筑工程施工总承包二级、水利水电工程施工总承包二级、公路工程施工总承包二级、地基与基础工程专业承包一级、爆破与拆除工程专业承包二级、水工建筑物处理工程专业承包二级、堤防工程专业承包二级、港口与海岸工程专业承包二级。

公司"海洋工程8899号"五千吨级专业敷管船，适用于钢丝网骨架聚乙烯复合管材、钢管、玻璃钢管等多种材质及DN200mm～DN1350mm间不同管径的各型管材，日敷管量超过300m，最大适用水深达到35m，在国内处于领先水平。先后承接辽宁省长海县跨海引水工程、广东省南澳跨海供水工程、大连市广鹿岛段27.5kmDN630mm海底供水管道工程，施工质量达到设计要求，受到了政府部门、业主多次表彰和奖励。

地址：江苏省靖江市人民南路28号　　邮编：214500

电话：0523-84863219　 84865648　　传真：0523-84866138

浙江海翔航务工程有限公司
Zhejiang Haixiang Harbor Engineering Co.,ltd.

浙江海翔航务工程有限公司专业从事码头、防波堤、护岸、堆场道路、船坞、船闸、过江隧道、水下地基及基础、土石方、人工岛、河海航道整治、水下炸礁等港口与航道工程。

公司自成立以来，与大型国企合作经营航务工程项目，承担了泰州港永安港区一、二、三期码头工程、国电泰州电厂重件码头工程、秦山核电二期海运码头工程、秦山核电二期和二期扩建工程、CA海水取水口、方家山核电项目CA海水取水口和CH排水口警戒支护工程、福建福清核电大件码头工程、福建福清核电防波堤、导流堤工程和取水明渠工程、福建福清核电1#~4#机组CC跌落井工程等大型国家重点工程的建设，取得了年产值近3亿元的业绩。公司本着专注专业、求实创新的理念，我们赢得了业主的满意，获得了社会的肯定，并取得了长足的发展和进步，快速步入了良性发展的轨道。

地址：浙江省宁波市高新区光华路299号宁波研发园二期C6幢9楼　　邮编：315048
电话：0574-89076673　　传真：0574-89076680
邮箱：zjhaixiang@163.com　网址：www.zjhxhw.com

以创新发展走向全球 以卓越价值领先市场

成为国内领先、国际一流的重工装备解决方案专家

我们，承载着世界的梦想！

　　江苏熔盛重工有限公司成立于2005年（以下简称熔盛重工）是经国家发展与改革委员会核准建设的以海洋装备制造为主营业务的大型重工企业集团。船厂位于江苏省如皋市如皋港经济开发区，占地面积约10000亩，拥有3.7公里长江岸线并配有2公里港池。按照"纵向一体化"和业务多元化的战略，业务覆盖了造船、海洋工程、动力工程、工程机械等。公司成立之初即被纳入江苏省"十一五"重点建设项目。

3000米深水铺管起重船

　　由熔盛建造的"3000米深水铺管起重船"是世界上第一艘同时具备3000米级深水铺管能力、4000吨级重型起重能力和DP3级全电力推进的动力定位，并具备自航能力的船型工程作业船，能在除北极外的全球无限航区作业，集成创新了多项世界顶级装备技术，船舶的详细设计和建造在国内自主完成，是亚洲和中国首艘具备3000米级深水作业能力的海洋工程船舶，其总体技术水平和综合作业能力在国际同类工程船舶中处于领先地位，代表了国际海洋工程装备制造的最高水平。

熔盛重工，不断开拓无限潜能

江苏熔盛重工有限公司

江苏省如皋港经济开发区疏港路1号 邮编：226532
电话：+86-513-87686000 传真：+86-513-87319968 http://www.rshi.cn

利丰海洋工程有限公司
Richform Offshore Limited
Engineering Excellence

完整的工程设计 | Complete Engineering Solutions

生活楼EPCI
Living Quarters EPCI

利丰海洋的工程设计能力涵盖基本设计、详细设计，加工设计/施工设计到完工文件的全过程。我们拥有专业的设计力量包括总体、安全、工艺、机械、仪表、电气、通讯、暖通、结构、舾装、配管、防腐等。

利丰海洋专注于模块、橇块设备、油田改造等方面的设计。

With complete disciplines of design engineers available such as General, Safety, Process, Mechanical, Instrumentation, Electrical, Communication, HVAC, Outfitting, Piping, Anti-corrosion, etc. Richform has the full capability to perform the integrated engineering services, including basic engineering, detail engineering, Ship design and as-built documentation. Richform specializes in the designing of Modules, Skids and Oil Field Modification/upgrade,

工艺模块设计
Process Module Design

油气工艺设备模块与橇块的设计和制造

Modules & Skids for Oil-Gas Process Equipment

利丰海洋在天津和深圳两地拥有占地面积为8万平方米的建造场地，其中包括2万多平方米厂房，依托于公司自有设计团队的支持，多年来在油气领域积累了丰富的工程经验。

Richform possesses three fabrication yards covering about 80,000㎡ open area and 20,000㎡ covered workshop which are located in Tianjin and Shenzhen respectively. With our in-house engineering support and from our years of expererience in oil and gas fields.

测试分离器 ▶
Test Separator skid

CFU ▶
Compact Floation Unit

钻井设施安装和调试 | Installation and Commissioning of Drilling Facilities

利丰海洋目前拥有一支近百人的钻井设备安装团队，按照国际上IRATA安全要求从事高空绳索作业及钻井设备安装服务，能为客户提供高附加值的服务。

Richform has an installation team with 100 operators including IRATA Level I to Level III undertaking the rope access services and drilling equipment installation as per the international safety standard.

- ◉ ASME U 钢印证书
- ◉ ASME R 钢印证书
- ◉ ASME NB 钢印证书
- ◉ GB150 压力容器 设计证书
- ◉ GB150 压力容器 制造证书

利丰海洋工程（天津）有限公司
地 址：天津经济技术开发区海星街39号
电 话：86 22 66230202-116
传 真：86 22 25323488
邮 箱：infotj@richform.com.cn
网 址：www.richform.com.cn

利丰海洋工程（深圳）有限公司
地 址：深圳市南山区蛇口沿山路51号一楼
电 话：86 755 26679488
传 真：86 755 26880898
邮 箱：infosz@richform.com.cn
网 址：www.richform.com.cn

第0章 引言

Introduction

0.1 概述
General

    海洋是地球的主宰。地球上有 2/3 以上的表面被海洋所覆盖,海洋使温度保持稳定,这样我们所知的生命才能在地球上存在。海洋还提供了水汽,水汽在大陆上落下形成雨水。海洋是生命之源,所有地表物质最终都汇集或沉积到海洋中,包括废弃物。海洋既是屏障也是通道,通过海洋可以方便地运输人员和货物,在获取地球资源的同时传播着人类的文化。

    但海洋也是非常凶险的,人类必须依靠陆地作为生存的基础。巨浪摧毁过最大的船舶以及人类为保护海岸线免受海洋侵袭所作的微弱努力。位于最北面的北冰洋几乎完全被海冰永久覆盖,而最南面的南冰洋则漂浮着一直绵延到地平线外的巨大平顶冰山。

    海洋充满了矛盾:机会和挑战,安全和危险,财富和破坏。

    在有记录的历史之前,人类就已经利用海洋进行运输、获取食物、征服土地以及处置废弃物。腓尼基人向北最远航行到挪威,向南航行到开普敦,甚至可能到达过南美洲;玻利尼西亚人越过太平洋,到达可以看见安第斯山脉——他们称之为"世界尽头"的地方以及日本和印度尼西亚;印度喀拉拉的航海家们来到非洲和印度尼西亚,并完成了早期人类的环球航行。此后很久阿拉伯水手们才将他们的海洋帝国拓展到西非和菲律宾;维京人航行到了威尼斯和加拿大;最终大航海时代的西欧航海家们探索了地球的每个角落,包括北极和南极。目前有 30 000 多艘船只航行在世界各地的商用航线上。

    马汉在《海上力量对世界历史的影响》一书[Mahan 1890]中的远见卓识证明了各国海军在称霸世界或抵御竞争对手时所起的决定性作用。马汉指出:正是在阿特米丝取得的希腊海胜利阻止了波斯人的扩张,罗马人对地中海的控制迫使汉尼拔为了打破罗马对迦太基贸易的扼制而进行穿越西班牙和阿尔卑斯山大胆而徒劳的行军,德雷克击败西班牙无敌舰队及纳尔逊在特拉法尔加取得的胜利最终使大英帝国拓展到全球,法国海军暂时击退英国舰队使华盛顿能够迫使食物弹药短缺的康沃利斯将军投降。同样,二战中正是美国海军摧毁了日本舰队导致了太平洋战场的胜利。

直到不久前海洋还被视为取之不竭的食物来源,渔民只需花些工夫就能从富含营养物的冷水同温水交汇处的海岸线及内河捕捉到鱼。他们已经学会如何在曾经摧毁其前辈的巨浪、飓风、浓雾及黑冰下生存。

海岸是大陆和海洋的分界线。这个边界一直在发生着变化,当活动板块向大陆边缘下俯冲时会隆起,而在海浪的不断冲击下或当周期性大型泥沙流冲刷出巨大的海底峡谷时输沙的冲积则会导致侵蚀。

河流穿过陆地,为人类、动物、农业和工业提供了淡水。虽然河水的流动并不一致,但都以周期性的低水位及常常造成邻近土地荒芜的泛滥洪水为特征,而洪水之后留下的是肥沃的泥土。这些河流还为进入大陆内部提供了最方便经济的通道,河流航运是历史上商贸活动的主要途径。

河流汇入港口,围绕着港口人类建立起城市。港口是船舶躲避海洋风暴的避风港,也是货物从远洋船舶转运到陆地及河流运输的地方。随着城市在河流入海处不断发展扩大,废弃物处理问题也随之而来,不管是污水、工业处理产生的废水、市区排出的废油及农场产生的营养物,还是发电厂排放的温水。海洋默默地接受了这一切,除了毒性最强的废物,其他都能被海洋迅速分散和稀释。细菌分解了油污,大部分多余物质都沉淀到了海底。废物排放还在持续,但现在全球都意识到至少必须对废物进行初步处理及物理分散以避免在脆弱的海岸过于聚集。

以上是 20 世纪后半叶之前的海洋状况的描述,但随着人口和活动呈现出指数级的增长,人类迸发出了巨大的力量。而文明这种革命性扩张的最前沿就是对海洋的开发利用。

运输业出现了新型船舶和运输模式,从集装箱运输到双体船、气垫船和超大型油船(VLCC),而水闸和水坝使长达一公里的驳船队得以在内陆河流中通行无阻。宏伟的大桥横跨河流、港湾甚至地峡,其不可见的水下基础部分需要在很深的沉积物和不利的环境中进行建造。

捕鱼业使用了电子搜寻、海洋牧场,并开始开发南极的磷虾资源,这种小虾数量惊人,是地球上最为丰富的蛋白质来源。虽然已经进入了太空时代,但军事力量可以控制的仍然是海洋,因为潜伏在深海或海冰下,携带着可怕的毁灭性武器的核潜艇几乎是无法探测到的。

作为冷却水源、暖水散热池以及潜在的能量来源,人类早就认识到了海洋的热学特性。虽然海洋热能转换(OTEC)项目现在还并不经济,但技术上的可行性已经得到了证明。而在将来,海洋无穷无尽的冷却水源及其接受排放物的能力可能会导致大规模海上工业加工厂的产生。

一直到 20 世纪后半叶人类才完全认识到海洋及海洋沉积物是矿产资源的主要来源,包括硬矿石和石油。目前离岸油气几乎供应了世界能源的 1/3。在 20 世纪的最后 10 年里,对深海油气进行商业利用已经成为可能:在水深几千米的地方发现了一些产量很大的油井。

新闻大量报道了覆盖于热带和亚热带海底广大区域的锰结核。最近科学界又对海底断裂带的热喷泉激动不已,因为发现了不同寻常的新生命形式及富含多硫化物矿床。从海洋中提取可溶矿物质可追溯到史前——提取盐(氯化钠),现在还提取镁和溴。

海岸沉积物也富含贵重矿物质,如金、锡、铬和铂。在日本、许多欧洲国家和北极,开采海底沙砾态的简单矿物有着重要的意义。但由于离岸油气的巨大经济价值及重点发展的开采技术,近来大部分海洋施工实践都集中在满足石油业需求的设施安装上,所以这也是本书的主题。

但是海洋环境所涵盖的范围要远远超出深海,还包括波浪持续拍打的海岸;集装箱、散装货物和液货(主要是石油)转运的港口和码头;深水河流及可以在低水位时保持通航并在需要时提供防洪作用的水闸和水坝;以及水面上的桥梁——不仅跨越河流和港口,现在还可以跨越大洋边缘海峡。

0.2 地理
Geography

长期以来一直认为有着稳定斜坡和平坦底部的大洋盆地相对比较简单,现在看来却是非常复杂而动态变化的。板块构造学研究揭示了海底扩张和沉积物最终向下俯冲的基本原理。海底的特点是深邃的峡谷和陡峭的悬崖。海底突起巨大的火山,高度远远超过珠穆朗玛峰。还未隆起到海面或浸没在海面下受到侵蚀的海底山脉则呈现为珊瑚礁的顶部。

大陆被海洋环绕,其边缘在海洋下延伸很远。大陆在海洋下的延伸部分称为大陆架,富含从大陆冲刷及海岸侵蚀而来的沉积物,这些沉积物沉淀在相对比较集中的区域。大陆的外缘是陡降到深海平原的大陆坡(其表面常常凹凸不平）。堆积在大陆架上的沉积物周期性地流下斜坡,称为浊流,并在斜坡底部形成巨大的海底扇。

以地质学的角度而言,至少大陆架和大陆坡的表层沉积是不稳定的。许多显著的地质特征都在发生短暂事件的过程中形成。不同于持续不断的侵蚀和沉积,这些短暂事件包括大规模的海底山崩及浊流。海岸和河流也一样会受到短暂事件的影响而发生周期性的巨大变化。

海洋的浩瀚无边是影响人类在海洋上所有行为的一个基本因素,这就需要长途运输所有材料、结构物、设备和人员。没有易于确定的地理参考点,邻近作业或供应存储也得不到稳定的支持。物流问题左右着施工活动的所有考虑因素,因而必须将施工建造活动同至关重要的运输功能整合起来。同样,所有的海上项目都会关注物流支持问题,只是程度略轻而已。

0.3 生态环境
Ecological Environment

近年来人类对海洋生命的兴趣已超越了对《白鲸记》的迷恋或特定鱼群的定位,人类更为关注所有的生物,特别是海洋生物,它们和我们有着共同的生命之源,并且并行地进化到了相对比较高级的阶段。就所有近期对海洋生物的关注而言,可能对某些方面过于关心了,但对于保护海洋生物免受大规模毁灭性捕捞的根本认识已成为人类社会的基本伦理原则。

因而海洋中的施工活动必须考虑生态和环境的限制,特别是在海岸地区。对清淤时在水柱中产生的噪音是否有限制?因为噪音可能影响海洋哺乳动物的导航和交流能力,或者是否应尝试防止化学物持续排放而造成的污染?有意思的是,从景观和法律角度而言水面溢油不可容忍,但实际上水面溢油却是对环境损害最小的,因为可以被生物迅速降解为可食用蛋白质。当然大量溢油会对海岸生物群落造成广泛的破坏,幸运的是这种破坏不是永久性的。可能受影响最大的是附近港湾的湿地。

港口、河流和海岸是生物多样性最丰富的地区,每个物种生存和繁殖的必要条件对于人类的施工建造活动是最为敏感的。

0.4 法定管辖
Legal Jurisdiction

长期以来人类对海洋的利用表现为自由和政治强加控制之间的奇特对比，结果就出现了许多补救性的措施。最近的"海洋法"会议试图为迅速扩展的海洋开发建立更符合逻辑、政治上也更可行的法律基础。

世界海上强国建立并推行海岸狭窄区域外的自由航行及自由无害通过海峡已经很久了。最近还发布了科研自由，只是为了说明研究、矿产资源勘探、医药化合物开采和军事情报之间的微小区别。

当几个国家签署"海洋法公约"时遭到了美国的拒绝，因为公约包含了跨国海底管理局的概念，跨国海底管理局将拥有海底矿产资源的管辖权、相关的征用权以及用于生产的技术。尽管目前公约尚未签署，但通过自愿遵守及单方面宣布类似于公约的条款，如建立 200mile 宽的经济区，公约的大部分其他条款正在成为普通法。

这样最直接的后果是控制了这些延伸广泛的国家管辖区内的渔场以及离岸油气的开采权。例如，美国声称拥有海底管辖权后一次性增加的面积就几乎达到全球面积的 25%。

北极的政治管辖仍然比较混乱，几个与北极接壤的国家坚持扇形理论，即子午线可从国家最北边界一直延伸到北极点。5 个与北冰洋接壤的国家是格陵兰（属于丹麦）、加拿大、美国（阿拉斯加）、挪威和俄罗斯，最后延伸出的扇形几乎可以围绕地球一半。俄罗斯声称巴伦支海、喀拉海和东西伯利亚海的浅水区域都是其领海。加拿大同样声称北极岛屿之间的海峡是其领海航道，而美国则认为这些都是国际海峡，可以自由通行。

南纬 60 度以南的南极海是个例外，仍然由根据联合国规定而成立的地区管理局进行管理。最初为防止出于军事目的利用南极洲及促进科学信息交流而成立的南极条约组织，最近制定了"生物资源"制度，主要是对南极洲周围上升冷水中磷虾的捕捞进行控制。鲸鱼和海豹目前已经得到海洋哺乳动物公约的保护。同样，"矿产资源"制度也对潜在的石油资源开发进行了限制，如罗斯海、威德尔海和别林斯高晋海面积巨大的海底沉积物中的资源。随着权利义务、营运商保护以及利益分享等的实现途径更为实用,"南极公约"最终可为"海洋法公约"争议条款的修订提供一个范例。

在国家管辖区内,更靠近大陆海岸的是处于邻近国家完全控制下的 12mile 区。美国进一步划分出由邻近州进行管辖的 3mile 区。后者遵从"沿海地区管理法"的条款,考虑了离岸活动本身所造成的直接影响以及对海岸的影响。

根据管理这些区域的法律而制定的环境影响报告导致一系列协议的产生,涉及特定项目及其施工活动。这些限制可能对施工的程序、方法和次序产生影响,具有法律效力。对施工活动特别重要的是涉及清淤和清淤处理的限制条件,重点是油在港口中的排放以及受污染沉积物的处理和覆盖。在河流和港湾里,鱼类迁徙可能会限制作业的时间;而在港口,禁止区域和时间则可能与动物的繁殖和筑巢有关。

最近发现用大型打桩锤打钢管桩时会杀死附近的鱼类,而将压缩空气导入围护产生气泡则可有效防止对鱼类的伤害。

0.5 离岸施工的各方关系与次序 Offshore Construction Relationships and Sequences

许多离岸项目都涉及海洋资源的开发,特别是油气。因而相关各方的次序与关系对于建造商计划作业非常有帮助。

对于离岸油气开发,特定离岸区域的租约需得到对石油公司有管辖权的主权国家批准,并需提供报酬、开采费、税并实施作业,这可能涉及一些特殊的协议,包括与其他承包商的合作、施工建造期间人员的培训和雇用、利用本地承包商、制造商和供应商、采购本地材料、将要开展工作的区域以及需要支持的研究和教育活动等。对于施工承包商而言,其中许多都是限制条件,需要同本地公司或国家企业进行合作。建造商要遵守涉及外国工人数量的一些限制,包括可能雇用的技术工人和管理人员。所在国还常常要求建造商在当地制造新的施工设备,如果带入国外的设备,必须确保以后出口这些设备才能保税。例如,美国联邦法律"琼斯法案"就禁止在美国水域使用国外注册的挖泥船,并限制使用国外拖船。

根据租约中的协定,石油公司要进行详尽的地球物理勘探,包括地震勘测。同时还可以获取浅层岩芯钻探信息、深海测量数据以及环境信息。勘探钻井通常由浮式船舶实施,钻探船和半潜式钻井平台常用于离岸深水区域,自升式钻井平台则用于更为有限的深度。在北极和浅水地区,勘探钻井也可由坐底式移动钻井平台实施。这些船舶统称为"移动式离岸钻探船"。

石油公司进行了地球物理勘探和勘探钻井后就可以确认是否发现了油气田。然后可以实施探边钻井以确定油气藏的特征,并对离岸结构物和开发进行规划,完成可行性研究和初步工程设计以便选择开发概念和承包商。

这些研究大多由一个或多个工程承包商或综合性工程施工建造公司实施,但有些研究也可能在顾问的帮助下,由石油公司内部的研究小组进行。同时公司继续获取特定地点更为精确的岩土和环境数据用于设计。还必须安排好岸基设施,编写环境影响报告以及进行融资准备。

在整个过程中,石油公司的经营商经常需要联合许多合作公司参与项目。这些公司可能包括国家石油公司及1~20家其他石油公司。经营商通常(但并不总是)拥有最大的股份比例,除非经营商是国家石油公司。石油公司都寻求经营商的位置,因为可以控制项目,并且常常有充足的资金可以用于管理和间接成本。同时,还能强化公司的先进工程专业知识并提高管理能力。

项目得到批准后,经营商就可以为海上平台签订承包合同。一般这个过程可以分解为以下步骤:

- 子结构设计;
- 设计甲板;
- 子结构制造;
- 采购生产设备;
- 装配用于设备安装的甲板和设施;
- 安装平台;
- 海上连接;
- 开采钻井。

可以合理地合并其中一些步骤并发包给一个承包商。设计和施工合同或"项目联盟"越来越多地将上述步骤整合在一起。管线合同一般可以分解为以

下步骤:

- 设计海底管线;
- 采购管道;
- 管道涂层;
- 安装和掩埋管线。

为了监督和管理这些复杂的合同,负责经营的石油公司应建立起自己的管理团队或聘请施工经理。如果是后者,石油公司应安排自己的雇员参与施工经理的工作。

在经济区有大量离岸石油作业的国家大多已经建立了监管机构,以便对其发展进行管理和监督。这些政府机构通常也有确保开发和作业安全的责任,包括以下方面:

- 预防污染;
- 预防资源的损失或浪费;
- 预防开发人员或相关人员的伤亡。

国家机构(例如,美国政府的矿产管理局)制定海上矿产开发的规定,包括海上油气。这些规定提供了第三方"认证机构"关于设计、制造和安装的说明。建造商应密切参与制造和安装阶段,必须合理地准备和制定计划并提交审批,以及遵照这些文件及可靠的施工规范开展工作。建造商还需制定施工期间的质保规范。这可能不是认证过程的一部分,但肯定是与认证过程结合在一起的。

平台完工后,可进行开发钻井。在许多情况下,完成几口油井就开始生产了,而钻井可以同步继续进行。在所有油井都投入生产后,必须经常进行油井维修以保证油井的持续产量。为提高油井的产量可以注入水和气体。水下卫星井应同主要平台进行连接。在平台上必须对油和气进行分离;在排放入海洋前,处理过程中产生的水和沙以及需要处理的水也必须进行分离。在有些情况下,油就储存在离岸平台上,通常是通过海水置换系统。压载水排放前必须通过分离器去除碳氢化合物,以达到规范允许的浓度。

大部分油气通过管线输送到岸上的码头。平台可以使用一些气体为作业提供动力。规范通常限定只能在作业的初始阶段及紧急情况下才能在平台上燃烧气体。也可以使用油船运输石油,这需要一条从平台到装油浮筒的海底管线,通过旋转接头与油船进行连接就可以直接输送石油。

在平台的使用寿命内,必须进行维护、修理和改造。虽然这些工作的合同相对比较小,但常常对技术水平和特种设备的要求非常高。

当油田达到其经济寿命时(一般为 20～30 年后),大多数国家的规范要求泥线下几米以上的所有设施都必须拆除。油井用水泥封闭,甲板上的设备全部拆除,并切割所有的桩和油井套管,这样就拆除了整个平台。

对于其他类型的海上施工,不管分布在河流港口还是海岸,都需要环境影响报告并得到经营商的许可。建造商受许可附加条件的制约,这些条件具有法律效力。同样,建造商也必须完全遵守"职业安全与健康法案"。海上项目还经常产生特殊问题,需要免于遵循一些特殊的要求。例如,"澳大利亚安全规范"要求在升降机运送人员时必须关闭动力,当然在波涛起伏的海洋里这么做是不切实际的,也是不安全的。

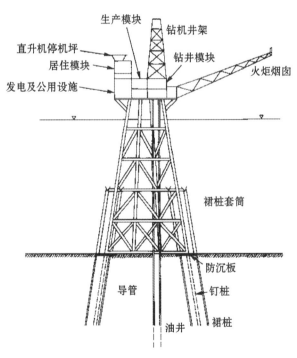

图 0.1　钢导管架和钉桩结构物

0.6　典型的海洋结构物及其合约
Typical Marine Structures and Contracts

离岸结构物和海洋结构物的范围非常广泛。图 0.1 至图 0.9 介绍了一些最重要的类型。

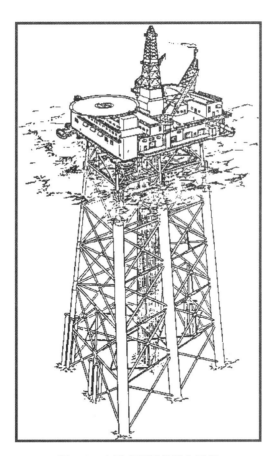

图 0.2　自浮式钢导管架和甲板

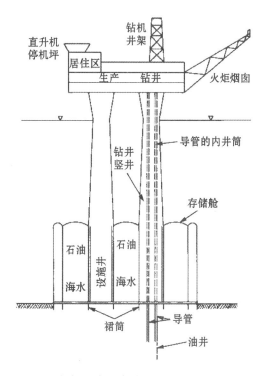

图 0.3　用于钻井、生产和存储石油的混凝土重力基座平台

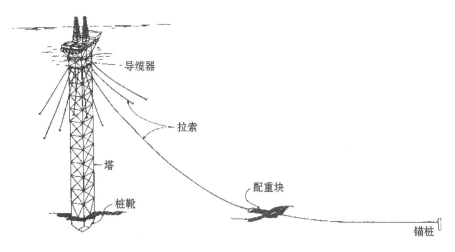

图 0.4　深水拉索塔结构物

图 0.5　施工建造中的国家湾(Statfjord)C 竖井

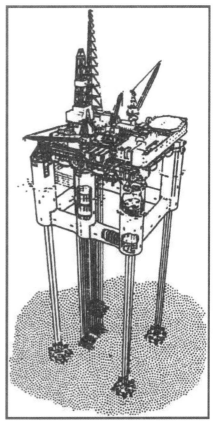

图 0.6　深水张力腿平台

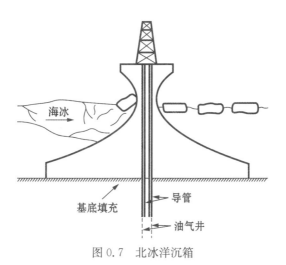

图 0.7　北冰洋沉箱

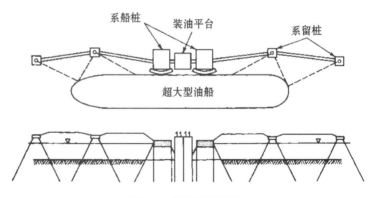

图 0.8　海上装油码头

图 0.9　用于钻井、生产和存储石油的海上综合设施,挪威北海埃科菲斯克(Ekofisk)油田

大部分在港口、海岸、河口港湾及深水河流中建造的结构物都是由公共机构启动和审定的。在美国,现行的主要做法是首先聘请工程师或由公司自己的工程人员制定计划和规范,然后通常在竞标的基础上将不同的施工合同发包。现在世界上的趋势是设计和施工建造使用一个合同。如果是非常大的项目,如大型水上桥梁,合同还需包括融资。建设-拥有-转让(BOT)合同和建设-拥有-经营-转让(BOOT)合同都应该使用。这些合同包含了符合公司基本标准的工程设计,而竞标建造商主要考虑的是可施工性。

0.7　设计与施工的相互影响
Interaction of Design and Construction

本书的重点是海洋环境中的作业实践,包括其概念、计划、准备和实施。这些包含在"施工建造"总体范畴内的作业显然要涉及许多同设计相关的工作,包括技术水平适合于这些工作的工程。结构物完工后,必须能够在严酷条件下正常使用,并安全承受极端环境事件及事故。在遭遇地震、冰山撞击、大风暴甚至船舶碰撞等极端事件时,结构物不会发生连续倒塌。结构物还必须经受典型海洋环境中重复载荷的冲击,例如,离岸平台在其设计使用期限内可能要承受 2×10^8 次波浪载荷。港口结构物和桥梁必须能够承受地震,河流结构物则必须抵御洪水和冲刷侵蚀。

关于施工建造的图书必然要大量参考结构物的设计,这两方面是不可分割的。但本书并不详细说明动态响应、材料疲劳、土壤固结等的分析过程,而是在每个章节开始时进行简要的分类和确定,并对其他图书和技术文献中合适的分析资料加以说明,书后列出了这些参考文献。本领域的技术文献确实非常丰富,包括专业工程学会期刊、会议和研讨会论文集,如离岸技术会议、国际海岸会议及桥梁会议,参考文献列出了这些资源。

对于施工建造的要求及其同设计、监管要求、环境、物流、经济、计划、风险和可靠性之间相互作用的考虑导致了可施工性概念的产生,这个新术语对发展多年的开发过程进行了描述。可施工性可以表示引入离岸项目每个阶段的过程,从概念的形成到维护、修理及最终拆除。它需要考虑到本书介绍的所有适用内容。因为这个概念日益重要,对其方法书中有一章(第 21 章)专门予以介绍。

海洋工程实践正在向采纳通用国际测量单位转变,但英制单位及老公制单位(使用 kg(f)和厘米)仍然存在,有时混用在同一批文件里。这样结构钢的屈服强度单位就可能表示为 MPa、N/mm² (两者都是国际单位)、kg/mm² (日本单位)或 psi(美国单位)。一般而言,数值应先表示为最常使用的单位,然后在括号里标出其他单位的换算值。

目前海上施工存在着巨大的机会及无尽的需求和挑战,正在成为最令人激动的工程实践领域之一,检验着人类是否能够将技术和勇气提升到新的高度。

在海洋和离岸环境中进行施工建造为创新提供了巨大的挑战和机会。在这个领域进行工作和思考是让人着迷的,目前还只能部分理解浪、冰和风等环境力量、基于多样而复杂岩土工程特性的波浪——土壤和结构物——土壤之间的相互作用以及必须应对地震和海啸及关注环境和生态问题。此外,还需考虑的情况包括船舶和冰山碰撞以及飓风时发生泥流等。

创造力包括创新和发展。创新源自对问题长期而深入的思考,偶尔受到被动反思的影响。突然间答案出现了——这便是水到而渠成。

发展也是艰辛的工作。许多(如果不是大部分)创新思想因缺乏将其发展为实际、可理解和可行实践的意志和决心而消失了。在面对他人疑问甚至反对时,需要的是坚持。

这是另外一个世界。建造于海底、海中及海上的结构物是人类创造力的鲜明例证,也是将来机会的象征。

> 来呀,朋友们,
> 探寻更新的世界。
> 现在尚不是为时过晚。开船吧!
> 坐成排,划破这喧哗的海浪,
> 我决心驶向太阳沉没的彼方,
> 超越西方星斗的浴场,至死方止。

（阿尔弗雷德·劳德·丁尼生"尤利西斯"）

第1章 海洋和离岸施工的物理环境因素

Physical Environmental Aspects of Marine and Offshore Construction

1.1 概述
General

海洋呈现出独特多样的环境条件并左右着离岸施工的方法、设备、保障及程序,当然同样的环境还决定了离岸结构物的设计。已经有许多书籍介绍了外部环境事件及其对设计的不利影响,但环境对施工的影响却很少得到关注。由于离岸结构物的设计在很大程度上取决于施工建造的能力,因而显然需要理解并适应会对施工产生影响的环境因素。许多海岸项目因破碎波及高击岸波而无法按通常的方法进行施工,对这些因素的考虑就显得尤为重要。环境条件对港口及河流施工的影响相对要小一些,但也很关键。

本章将对主要环境因素逐一进行介绍。正如本书所强调的,一个施工项目通常会同时受到多个因素的影响,必须考虑到各因素之间及其与施工作业之间的相互作用。

1.2 距离与深度
Distances and Depths

大部分的海洋和离岸施工与海岸及其他结构物都相距较远,常常是在目力无法企及的地平线之外。因而施工作业主要是独立完成,必须尽量少地依赖岸基设施。

定位方法及可以得到的实际精度主要是由距离决定的,应考虑到地球曲率和海平面的局部偏差。距离还会影响通讯。燃料、备件及人员的运输必须进行妥善安排。距离要求施工现场的主管应能理解并结合所有考虑因素并做出正确的决策。距离还会产生心理影响。离岸施工人员必须协调作业并经常在恶劣条件下承受长时间的工作。

离岸地区从海岸一直延伸到深海。施工作业已经可以在水深 1500m 的地方进行,石油勘探钻井及离岸试开采作业能在 6 000m 深度进行。海洋的平均深度为 4 000m,最深处大于 10 000m,超过了珠穆朗玛峰的海拔高度。深海,包括那些目前正在进行作业的区域,是危险而黑暗的,因而定位、控制、作业和通信都需要特殊的设备、工具和程序。为满足这些需求,出现了许多激动人心的技术进展:水下作业、遥控机器人(ROV)、光纤、声成像以及用于潜水员作业的特种气体。虽然这些进步将人类的能力延伸到了深海,但认识到深度对施工作业所造成的限制还是非常重要的。

1.3　静水压与浮力
Hydrostatic Pressure and Buoyancy

　　海水对结构物及其所有构件的外部压力遵循着简单的水压定律,即压力与水深成正比,假设 h＝水深,V_w＝海水密度,而 P＝单位压力,则:

$$P = V_w h \tag{1.1}$$

每米水深的压力用国际单位制可近似表达为 $10kN/m^2$,更精确的海水密度值为 $1026kg/m^3$。

　　静水压均匀作用于所有方向:向下、侧面和向上。当然压力也受到波浪作用的影响:波峰正下方的静水压取决于波峰的高程,因而要高于波谷正下方的静水压。随着水深的增加这种作用逐渐减弱,一般波浪导致的压力差在水深 100m 处可以忽略,暴风产生的大浪则要到 200m 处才能忽略。

　　静水压还可通过结构物内和结构物下的通道以及泥土中的通道(孔隙)进行传递。压力差导致海水发生流动,流动又受到摩擦力的阻挡。在波浪作用下,泥土孔隙中静水压的分布取决于水深、波长、波高以及孔隙或通道内的摩擦力。波浪作用的影响一般在水深 3～4m 处消失。

　　静水压和浮力是联系在一起的。阿基米德原理告诉我们浮动物体排开水的重量等于浮动物体自身的重量。从另一个角度来看,就是物体沉入流体(这里是海水)直至其重量与向上的静水压达到平衡。对于水下物体,水中的净重量也可以视为是空气中的重量减去排开水的重量或作用于水下物体的静水压差。

　　静水压不仅对结构物整体施加破坏力,而且还对材料本身进行压缩。后者在水深比较大时非常明显,低模量的材料甚至在水深比较浅的地方也会被明显压缩,如泡沫塑料。封闭的液体或气体,包括空气,受到静水压时体积也会减小,而密度则会增加,这样密度增加的同时体积和浮力都减小了。

静水压可以使水通过渗透性材料、隔膜、裂缝和孔洞。水的流动在裂缝和微小孔洞中受到摩擦力的阻挡。同时毛细管力增大了静水力,并使水平面高过周围的水平面。静水压作用于所有方向,因而对于安装了临时封头的大直径导管架腿柱,静水压能同时产生横向圆周挤压和纵向挤压,复合应力可导致桩发生屈曲。

施工工程师应牢记所有外部静水压都可以施加在相对比较小的孔洞上,如开口预应力管或拆除滑模爬杆后留下的管道,这一点是非常重要的。作用于气体或其他流体的静水压可在界面处将压力传递给其他物质。所以当使用气垫为结构物增加浮力时,界面处的压力就是海水的静水压。

随着深度增加,海水密度会略微增加。这对于确定深水中的物体重量非常重要。海水密度还会因温度、盐度及出现悬浮物(如泥沙)而发生变化,第22章"深海施工"对其影响进行了量化分析。

在沿岸或近岸作业时必须特别小心,浮力、干舷高度和龙骨下间隙非常关键,还可能会遇到密度较低的大量淡水,需要考虑对吃水的影响。可使浮力突然减小的例子包括库克(Cook)湾圣乔治(St. George)冰川后面的湖泊每年一度排出的淡水,或者奥里诺科(Orinoco)河的洪水,其影响几乎可以延伸到特立尼达岛(Trinidad)。阿拉伯湾巴林(Bahrain)北部的情况则更为稳定,淡水从海底蓄水层不断涌出。

1.4　温度
Temperature

海面温度变化很大,从低至-2℃(28 ℉)到高达32℃(90 ℉)。随着水深增加温度迅速降低,在1 000m(3 280ft)处达到比较稳定的状态,约为2℃(35 ℉)。但在澳大利亚西北大陆架250m深处,水和泥土的温度却超过了30℃。

每个海水水体及水层的温度一般均不相同,热边界两侧温度变化迅速。这样很容易就能发现全球洋流,如进入墨西哥湾流后,水温度可上升 2℃。

虽然很久以来就已经认识到(海洋表面的)水平差异,但直到最近才确定垂直差异及上升流是海洋循环的主要现象。温度、化学成分和密度略有差异的区域可以通过非常明确的边界加以区分,这些区域有可以识别的不同声学和光学传播特性,并且边界可对声音传播进行反射。

温度可直接或通过溶解在水中的氧气含量影响海洋生物的生长。海洋生物对于温度的突然变化非常敏感:温度突然升高或降低可对海洋生物产生严重影响,会抑制其生长或使其死亡。冷水中溶解的氧气要比温水中多。

空气温度的变化更为明显。热带的白天气温可达 40℃,而在半封闭地区,如阿拉伯-波斯湾以及阿拉伯海,气温甚至可达 50℃。由于水分迅速蒸发,这些地区的湿度也非常高,在清晨可出现"盐雾",并使盐分凝结在结构物表面。

北极则是另外一种极端情况,冰面上的气温可达 -40℃ 至 -50℃。起风时,空气摩擦常常能使温度上升 10℃ 到 20℃。但低温和风的共同作用会产生"风寒",严重影响人员的工作能力。与空气只是寒冷但保持静止相比,风可使材料(如焊件或混凝土表面)更为迅速地散失热量。

温带地区的气温介于上述两个极端情况之间,但海洋的热容量可对极限气温进行调节。声音传播速度随着温度的变化而变化。周围海水的温度会对材料性能产生重要的影响,因为温度可能低于许多钢材的转变温度,这将导致受到碰撞时发生脆性断裂。许多其他材料的性能在低温下可有略微的提高,例如混凝土。低温时化学反应进行得更为缓慢,再加上随着水深的增加氧气含量减少,使得全浸式结构物的腐蚀速度大大降低。

温度还对用于施工时提供浮力及实现增压的密封液体和气体的密度(压力)产生重要的影响。温度稳定的海水可逐渐将密封液体调节到相同的温度,这样的密封液体如油,在短时间内会产生密度和温度梯度。

水温能显著改变紧贴海水上方的大气,但大气可明显低于冰点,如亚北极地区;大气也可大大高于水温,如在冷暖水差别明显的秘鲁外海,这会在穿过水面的结构物中产生热梯度和热应变。水面上的结构物直接受到太阳的加热,因而驳船或浮船甲板会明显膨胀,导致船体发生整体弯曲,并在两侧及纵舱壁产生较高的剪力。在夜间则相反,辐射冷却可使气温大大低于白天。

如果结构物中存储了加热产品如热油,或温度非常低的产品如液化天然气(LNG),热应变会很严重,需要非常注意这个问题。尤其是在刚性位置,如结构相交处和边角处。第 4 章将对热应变进行深入讨论。

1.5　海水和海洋-大气的界面化学
Seawater and Sea-Air Interface Chemistry

1.5.1　海洋生物
Marine Organisms

海水最主要的化学特征无疑是其中溶解的盐分,通常占海水重量的3.5%。主要离子包括钠、镁、氯和硫酸根。对于海上结构物的施工而言,这些离子在许多方面都非常重要。氯离子(Cl^-)可还原钢材上的保护性氧化涂层,因而加速了腐蚀。

镁离子(Mg_2^+)可逐渐置换出硬化混凝土各种化学成分中的钙。镁盐比较松软,有很高的渗透性和溶解性。硫酸根离子(SO_4^{2-})可腐蚀混凝土,特别是在淡水里。水泥浆和骨料都会受到影响,导致膨胀和碎裂。幸运的是,海水中其他成分可抑制硫酸根离子的腐蚀作用。

海水-大气界面附近的空气中含有氧气,海水中也含有以残留气泡及溶解方式存在的氧气。氧气对于海洋环境中钢的腐蚀起着关键作用,不管钢是直接暴露、覆有涂层或是封闭在混凝土里。根据位置和温度,二氧化碳(CO_2)和硫化氢(H_2S)也能不同程度地溶解在海水里并降低海水的 pH 值。此外,H_2S 还可使钢发生氢脆。

以泡沫形式存在的水汽泡会突然破裂,导致气蚀并使混凝土结构物表面出现凹陷和侵蚀。当结构物表面暴露于高速局部水流时就会发生这种现象,例如激浪或溢洪道中的水流。

由于河水溢流及水流和波浪对水底的侵蚀和冲刷,泥沙和黏土通常以胶体形式悬浮于水中。淡水中的胶态泥沙在遇到海水时会发生沉积,再加上流速降低,因而就形成了三角洲。这种沉积发生的区域或地带一般非常狭窄,导致这种地区堆积了大量沉积物。强劲水流或波浪作用可以携带细沙、淤泥、黏土甚至砾石,当速度降低到相应粒径和密度的临界速度以下时就会发生沉积并形成水平分层沉积物。由于胶态及悬浮态泥沙比较混浊,使光线发生散射,因而会给视线和光学设备造成困难。所以在许多港口、河流和河口,如果使用普通光源,潜水员作业和水下观测都会受到限制。

移动的泥、沙和砾石可侵蚀钢表面,磨去涂层、油漆和防锈层,使暴露出的新鲜表面受到腐蚀。

海洋生物会对海洋结构物产生许多不良影响。由于船底的水生物沉积使流经结构物表面的自由水流受到阻碍,从而造成阻力增加。贻贝可堵塞动力装置的入水口;鳗鱼会进入并阻塞循环水系统;藤壶和海藻增加了钢桩的直径;水生物沉积则增加了构件的尺寸,更重要的是提高了表面粗糙度。因为后者,莫里森(Morrison)公式中使用的阻力系数 C_D 常常要增加 10%～20%。

幸好大多数海洋生物的比重只是略微高于海水,因而质量的增加并不明显。海洋生物也比较脆弱,常常被风暴撕裂或折断。藤壶和海胆会分泌酸液使钢表面发生凹陷和侵蚀。海胆在靠近沙线处比较活跃,会侵蚀钢桩及导管架腿柱。

软体动物分泌酸液在岩石和软质混凝土中钻孔。阿拉伯-波斯湾的软体动物腐蚀能力特别强,可在高强度混凝土的坚硬石灰石骨料中钻孔,并且还能蚀穿钢桩上的沥青沙胶涂层。水深 60m 处仍然有海洋生物,但海洋生物主要还是集中在靠近海面阳光可以穿透的位置。

施工方应特别注意海洋生物对木材的蛀蚀。凿船虫可通过非常小的孔洞进入木材,然后蛀坏中心部分;而蛀木虫则通常蛀蚀潮差范围内的木材表面。凿船虫的蛀蚀速度非常快,特别是在快速流动的干净海水里,未经处理的木桩在 3 个月里就会被蛀蚀干净。

鱼类会啃咬纤维系缆,深水作业应予以关注。鲨鱼也常常啃咬缆绳,导致缆绳磨损散开并引来小鱼。在施工的前一两个月这种情况特别严重,明显是由于鲨鱼的好奇所致。在亚北极水深为 1 000m 处也会发生鱼类啃咬,在热带则可能达 2 000m。

海洋生物对于海底泥土的形成以及表层泥土的扰动和改造起着重要的作用。为了寻找软体动物,海象常常翻开亚北极海底的大片区域并导致混浊和侵蚀。岩石和抛石表面会很快覆盖海藻和黏液,使水泥浆和混凝土难以胶结。贻贝,特别是斑马贻贝,能迅速在岩石和钢质基础上成群生长。大贝尔特吊桥的锚碇沉箱施工时,贻贝密集生长在最终整平面和沉箱放置位置之间,使沉箱无法正确就位。

海洋生物的生长受温度、含氧量、pH 值、盐度、海流、浊度和光线的影响。

虽然大部分海洋生物都生长在水深 20m 以上,但有时也能在 60m 深处大量生长。施工时通过使用抑藻剂(如硫酸铜)及覆盖隔离阳光,可以对有限的区域提供临时保护。

厌氧硫细菌常常被封闭在油藏的古代沉积物中。进入海水后可转化为硫酸盐,同空气接触后还能生成硫化物(H_2S)。这些有着贴切学名(食混凝土硫杆菌)的细菌及其生成的硫化物可腐蚀低强度可渗透混凝土并在钢表面形成孔蚀。更为严重的是,细菌产生的氢化硫是剧毒气体,并且可能无法察觉。所以进入曾经储存过石油的舱室前必须进行彻底冲洗,不仅要清除碳氢化合物,而且要清除所有氢化硫。这些厌氧细菌相互之间也会发生反应并生成甲烷和氢气。阿拉伯湾一条海水运河中的食混凝土硫杆菌曾经将多硫化物密封剂腐蚀成海绵状。

1.6 海流
Currents

即使是规模比较小的海流,也会对施工作业产生非常大的影响。海流无疑能影响船舶和浮式结构物的移动和系泊,改变波浪特性,对结构面施加水平压力,并且由于伯努利(Bernoulli)效应,还能对水平面产生上拔或下拉力。海流在结构物周围形成漩涡,可冲刷和侵蚀泥土。海流还能在桩、牵索、系缆以及管系上产生旋涡脱落。

在开始施工前,海流可能已经冲刷出沟槽及沉积区,造成施工位置海底表面不连续。海流的垂直剖面通常可显示为速度随深度增加而降低的抛物线函数。但最近在海洋中对实际深水项目的研究却表明,很多情况下海底附近稳定海流的速度几乎同海面附近的海流速度一样,而且紧贴着深海海底存在大量海流。

有几种不同类型的海流:大洋环流、地转海流、潮汐海流、风生海流、密度流以及河水流入海洋产生的海流。江河中水流的横向速度是不同的,并且随着深度的变化而变化。一般在河流凹岸附近水流速度最快。码头及堤坝突出部周围水流也会加快,有时不同方向的水流常常还会互相重叠(见图 1.1)。

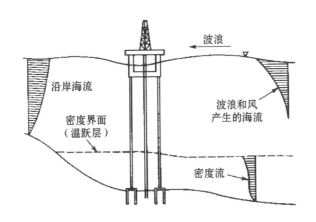

图 1.1　波浪-海流流场

(修改自:N·伊斯梅尔,J·沃特威,《港口海岸》,美国土木工程师学会海洋工程部,1983)

全球大洋环流系统可产生流动"通道"、方向和速度都相对比较明确的海流,如墨西哥湾流。但有些主要海流系统则更为分散,只有总体流动趋势而不具备河流的特征。因而沿着加利福尼亚和俄勒冈海岸的主要东南向海流只是大体上使河流沉积物质向南运动。这些主要海流常常周期性地生成涡流和支流;所以海流的两侧边界变化很大。强海流在通常流动路径的很多英里外就出现了,如墨西哥湾流。根据局部海岸构造,主要海流的支流可冲向海岸或在海岸附近形成反向涡流。

近来的研究表明许多海流的流动都是由水体的上升和下降运动引起的,海流有着相当大的垂直分量。当计划在深水建造结构物时,这一点就变得非常重要,必须对所有深度的海流垂直分量和水平分量进行精确测量。

潮汐变化是产生海流的另一个主要原因。强大的潮汐海流通常是靠近海岸的,但也会因海面下的礁石或水深变化而向海上延伸很远距离。潮汐海流一般符合潮汐周期的变化,常常会滞后多达 1h;因而开始退潮时,短时间内潮汐海流还会继续存在。

实际上潮汐海流常常是垂直分层的,所以上层水流出时下层水可能正在流入。当潮汐海流叠加江河水流或密度相对较低的淡水位于重一些的海水之上时,这种现象尤为明显。海流分层及流向相反的情况也会在大块水体的入口处发生,例如直布罗陀海峡,地中海因海水蒸发而导致水体的净流入。

由于潮汐海流通常一天改变 4 次,所以其速度和方向变化频繁。作用于结构物的速度头或压力会随着海流速度的平方而变化,因而在安装的关键阶段,潮汐海流对结构物的系泊和控制影响非常大。海流速度还会与波浪的轨迹质点速度进行叠加,其压力或作用力与向量和的平方成正比。

虽然在一般港口航道里,潮汐海流会沿着单一线路进出,但在大多数近海地带,海岸线和海底构造会使潮汐海流在潮汐周期里明显改变方向,甚至可能发生旋转。退潮流与涨潮流的方向不仅可能变化180°,还常常是150°、120°,甚至是90°,这种变化本身可能是周期性的。潮汐海流的速度可以达到7kn甚至更高。

江河水流,特别是流量比较大的江河,例如奥里诺科河(Orinoco),可延伸到海里很远。因为淡水密度比较低,也可能是由于含有泥沙,水体可长时间不与海水混合;所以大量表层水流能到达离海岸相当远的地方。如上文所述,江河水流与潮汐海流叠合可加快退潮的速度,减慢涨潮的速度。

长时间持续刮风也可导致表层水的流动,这在浅水海岸附近特别明显。这还能加大、改变或反转其他原因产生的沿岸海流。

深水波浪可以在海底产生摆动海流,因而波浪自身不会使泥土颗粒发生多少平移。但当波浪海流与稳定海流叠加时,沉积物运送明显增加,因为运送量会随着海流瞬时速度的立方而变化。垂直压力则取决于波浪的抬升作用及通过海流运送的泥土颗粒。

在靠近海岸处,波浪的平移运动会产生明显的水流,水从顶部流入,从下面或沟渠中流出。因而海洋波浪作用的典型模式是形成离岸沙洲,波浪越过离岸沙洲冲向海岸并在沙滩上拍击破碎。这样会有大量海水涌上海滩,海水随后流向两侧并返回海中,返回的水流可在离岸沙洲上冲出沟渠。向海流动的水流成为危险的"退浪"。这些向侧面及向海流动的水流是一个危险因素,但也可用于保持穿过碎浪带的已疏浚航道的通畅。

深海中的海流由内波、地转力以及源自主要洋流(例如墨西哥湾流)延伸广泛的涡流所产生。大陆架和大陆坡上存在速度可以达到0.5kn的海流,深海中的海流速度可达2.6kn(1.3m/s)。

强大的海流能在立管和桩上形成漩涡脱落并使钢索和管线发生振动。漩涡脱落可冲刷浅水中的物体,导致电缆、牵索、系泊索具以及垂直管道(如桩)发生周期性动态摆动并产生疲劳。海流速度超过临界速度就会产生漩涡,临界速度通常为2~3kn。这些漩涡以规律的方式旋转移动,并形成交错分布的低压区域。河流中障碍物的边缘也会产生漩涡和涡流,例如堤坝末端周围或水下沙波边缘,可导致严重的局部冲刷。张紧系缆因为漩涡而发生的振动可导致连接链环和钩环疲劳失效。

海流由于阻力和惯性产生作用力,惯性基于所有物体的质量,包括结构物自身、结构物容纳的所有材料以及排出的水。

如上文所述,根据伯努利定理,海水流过水下物体的表面或结构物底部会产生垂直压力(上抬或下拉)。这能引起严重的结构问题,以下是几个例子:

(1) 在比斯开(Biscay)湾,需要将一个大型混凝土罐沉入水下,混凝土罐的隔舱尺寸非常精确,注满水后没有自由液面,可以对下沉进行控制。当混凝土罐注满水并沉入水下几米时,摆动的海浪越过顶部并转变为平移流,于是产生了上抬力。这称为"海滩效应"(见图 1.2)。混凝土罐无法继续下沉,因而在水深 30m 处采取了应急措施:增加压舱物使混凝土罐得以继续下沉,并减少了水流的影响及上抬力。混凝土罐因重量增加而迅速沉入水中(见图 1.2)。

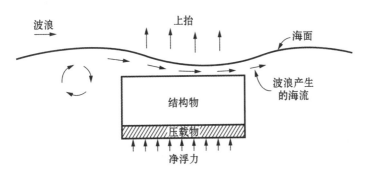

图 1.2　浅水结构物的水力上抬作用

(2) 一个沉箱在开始下沉时一切正常,但接近海底时一股水流经过沉箱底部并且流速加快。这不仅对沉箱产生"下拉"力,同时还冲刷了预先准备好的沙砾基础。在松散的沉积物中,如密西西比河,除非事先铺设防冲刷垫,否则散沙泥线的下沉速度几乎同沉箱一样快。

(3) 海底管线周围回填的沙受到强劲海流的冲刷而侵蚀,管线在上抬力(来自不断增强的流经管线上方的海流)的作用下离开海底。然后海流就可以从管线下流过,又将管线拉回海底。这个过程不断重复,最终可导致管线疲劳失效(见图 1.3)。

(4) 在河流中建造结构物(如围堰)可导致边角周围的水流速度加快,并在

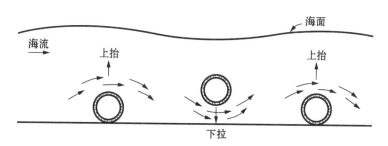

图 1.3　海流导致海底管线发生摆动

边角或下游一定距离产生漩涡的位置形成比较深的冲刷坑。冲刷坑可比周围河底深 10～20m,会导致总体失稳。

（5）流速控制罩是支承在短柱上的混凝土平板,安装于海水进水口的上方。其作用是降低海水的流速,这样就不会将鱼类吸入进水口。在浅水中,破碎波经过其顶端,产生高周期性上抬力。除非进行足够的控制,例如增加重量或安装连结件,否则流速控制罩很快就会松脱损坏。

在横穿丹麦和瑞典的厄勒(Øresund)海峡中安装箱形沉箱墩时,沿着基础的一个边角及边角下方受到暴雨引发水流的严重侵蚀。跨越日本内海的明石(Akashi)海峡大桥的一个塔墩基础下方也发生了类似侵蚀,海流同时进行了冲刷和沉积作用。应注意的是在上游和下游结构物(如矩形沉箱)边角处形成的漩涡可产生深坑,而沉积则发生在其前后。

冲刷作用极难预料。研究模型可以说明趋势和关键位置,但因为无法对水的黏度、颗粒大小和密度以及孔隙压力的影响进行建模,因而通常就量化而言不够精确。但模型可有效用于预测特定结构物周围的海流如何发生变化。

海流可对波形造成很大的影响。顺流能延长视波长并使波浪平缓,这样波浪的坡度就比较小。相反逆流则缩短波浪长度,增加波浪的高度和坡度。因而在受到强大潮汐海流影响的海洋区域,对于潮汐周期的不同阶段,同样的入射波对施工作业的影响是大相径庭的(见图 1.4)。

海流对拖曳速度和时间的影响非常大,顺流可增加有效速度,而逆流则降低有效速度。换算成时间的话,顺流只能略微减少拖曳一定距离所需的时间,而逆流则会显著增加所需的时间。

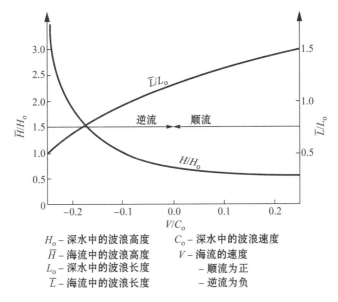

H_o – 深水中的波浪高度　　　　C_o – 深水中的波浪速度
$\overline{H}$ – 海流中的波浪高度　　　　V – 海流的速度
L_o – 深水中的波浪长度　　　　　　 – 顺流为正
$\overline{L}$ – 海流中的波浪长度　　　　　 – 逆流为负

图 1.4　逆流或顺流中波浪高度和波浪长度的变化

　　例如假定在静水中拖船能以 6kn 的速度拖曳驳船 120mile,即所需的时间为 20h。如果顺流速度为 2kn,拖曳只需 120/(6+2)=15h,节约时间为 5h 或 25%。而逆流速度为 2kn 的话,拖曳需 120/(6-2)=30h,增加时间为 10h 或 50%。

1.7　波浪和涌浪
Waves and Swells

　　波浪可能是离岸作业最需要关注的环境因素。波浪可导致浮式结构物或船舶在 6 个自由度发生反应:垂荡、纵摇、横摇、横荡、纵荡和首摇,这些是造成停工及降低作业效率的主要原因。波浪施加的作用力通常是影响固定结构物设计的最重要因素(见图 1.5)。

　　波浪主要是风作用于水面而引起的,风通过摩擦将能量传递给波浪。如果

29

图 1.5　远处风暴产生的长周期涌浪与本地风暴产生的风浪相叠加

仍然处于风的作用之下就称为"波浪",当这些波浪的传播距离超出风的影响范围后则称为"涌浪"。

其他因素也能产生波浪,如高速海流、泥石塌落、爆炸以及地震等。第1.12节将介绍与地震有关的因素(如海啸)。波浪是海面的传播扰动,虽然波浪可以传播,但波浪中的水质点却以几乎闭合的椭圆轨迹运动,因而向前运动的距离很短。

可以通过海洋上的风对波浪和涌浪情况进行预测。目前许多离岸作业区都有政府机构提供的常规预报,例如位于加利福尼亚蒙特里(Monterey)的美国海军舰队数字天气控制中心。许多私人公司现在也提供类似的服务,这些预报通常比较粗略,可能会忽视局部风暴,如温带气旋。

波浪的高度由风的速度、持续时间以及风区(风吹过开阔水面的距离)所决定。

可绘制深水波浪预报曲线作为参考(见图1.6)。这些数值会因温度而发生细微变化,例如如果空气的温度比海水低10℃,由于风的密度和能量更大,所以导致的波浪将会高20%,这在亚北极和北极尤为明显。

从图1.6可以得出一些有趣的比例:

(1) 风区增加10倍,波浪高度增加2.5倍。

（2）风速增加 5 倍,波浪高度增加 13 倍。

（3）最短持续时间曲线说明为了使波浪达到最大高度,风必须持续的时间。
风越大,产生充分发展波所需的时间越短。

波浪的总能量同波浪高度的平方成正比。尽管波浪高度无疑是一个重要
的参数,但对于建造商而言,波浪周期也是同样重要的。图 1.6 给出了深水中

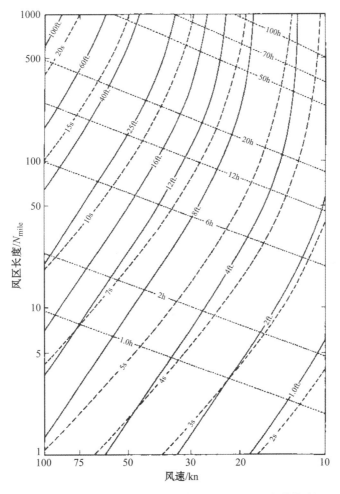

H_S（有效高度/ft）　- - - T_S（有效周期/s）　------最短持续时间/h

图 1.6　深水波浪预报曲线

（修改自:美国陆军工程师,美国陆军工程师《岸防手册》,海岸工程研究中心）

与充分发展波对应的典型波浪周期,长周期波浪的能量更大。当系泊船舶的长度小于波浪高度的一半时,所承受的动态纵荡力将会非常大。

在同一地点,甚至是同一时间,波浪也会发生显著的变化,因而一般将有效高度和有效周期作为波浪的特征。波浪的有效高度为1/3最高波浪的平均值,这是根据风暴中有经验水手所报告的波浪高度得来的。如果强风的持续时间小于最短持续时间,那么波浪高度就与持续时间的平方根成正比。短暂暴风不会在海洋里产生太大的波浪。

大部分波浪都是由飓风产生的,飓风在北半球以反时针方向旋转,而在南半球以顺时针方向旋转。与波浪相比,飓风本身的移动非常缓慢。波浪会传播到生成区域的前方,波浪在生成区域内称为海浪,传播到生成区域前方就称为涌浪,涌浪能传播数百甚至数千英里。飓风笼罩的地区可划分为4个象限,其中飓风向前运动与轨迹风速进行叠加的象限是"危险象限"。

南极大陆完全被开阔水域所包围,是飓风活动非常频繁的地区。暴风在南极大陆盛行,产生的涌浪可以传播到赤道甚至更远。非洲西海岸,从西南非洲到尼日利亚和象牙海岸,以及塔斯马尼亚西海岸都是长期遭受南极涌浪影响的地区。南太平洋热带飓风所产生的长周期高能量涌浪在五月可以到达南加利福尼亚海岸。

涌浪最终会衰竭,内部摩擦及与空气的摩擦使能量逐渐丧失。短周期(高能量)波浪首先衰减,因而周期最长的涌浪传播距离最远。与波浪相比,涌浪之间比较相似,更有规律。波浪的有效周期通常为5~15s,而涌浪的有效周期可达20~30s,甚至更长。涌浪的能量与其长度成正比,所以即使是高度相对比较低的涌浪也能对系泊船舶和结构物产生巨大的冲击力。

深海波浪常成群传播,比较高的波浪后面跟随着比较低的波浪。成群波浪的传播速度大约是单个波浪传播速度的一半,这样有经验的建造商就可以等连续低波出现后再进行一些关键的短期施工作业,例如调整平台甲板载荷或插入桩。这种低波周期可持续几分钟。

波浪的平均高度约为0.63Hs,只有10%的波浪高于1Hs,千分之一的波浪高于1.86Hs,这一般被认为是"最大"的波浪,但最近的研究表明最大数值可接近2。波浪高度H为波谷到波峰的垂直距离,周期T为两个波峰通过某一点所用的时间,波浪长度L为两个波峰之间的水平距离,波浪速度V,通常用波速C表示,为波浪传播的速度。这几个因素之间存在着基于经验的粗略关系。

假定L、T和V的单位分别为m、s和m/s,那么:

$$L = \frac{3}{2}T^2 \qquad\qquad (1.2)$$

$$V = \frac{L}{T} = \frac{3}{2}T \qquad\qquad (1.3)$$

用英制的话,L、T 和 V 的单位分别为 ft、s 和 ft/s,那么:

$$L = 5T^2 \qquad\qquad (1.4)$$

$$V = \frac{L}{T} = 5T \qquad\qquad (1.5)$$

如第 1.6 节所述,海流对波浪的长度、陡度和高度有着明显的影响。顺流可增加长度,降低高度;而逆流则减少长度,增加高度,因而可明显增加波浪的陡度。值得注意的是逆流的影响要大大超过顺流,还应注意波浪的周期是保持不变的。当海浪或涌浪以一定角度遭遇到强劲海流时,会产生非常汹涌的波浪,波峰变得更短更陡,这对于离岸作业是相当危险的。

海浪常常由一个方向的局部风浪同另一个方向的涌浪相互叠加而形成。一个风暴产生的波浪可与数百英里外另一个风暴产生的涌浪进行叠加,常产生带有锥形波峰和波谷的汹涌海浪。

波浪不是"长峰波",其波峰的长度是有限的。风浪的波峰长度平均为波浪长度的 1.5~2.0 倍,而涌浪的波峰长度平均为波浪长度的 3~4 倍。波峰之间的方向并不是平行的,而是成一定角度进行传播,风浪比涌浪的传播角度要大。基于实际可操作的观点,大部分涌浪的传播角度在 ±15° 之内,而风浪则为 ±25°。

当深水中波浪的陡度超过 1:13 时就会破碎。这些破碎波作用于船舶或结构物侧面可产生非常大的局部冲击力,极端情况下可以达到 30tn/m²(0.3MPa)或 40psi。受到这种强烈冲击的范围是有限的,冲击本身的持续时间也非常短暂;但波浪冲击力类似于作用在船艏的拍击力,因而可对局部设计产生影响。

许多政府组织都发布了各大洋的波浪气候数据。美国国家海洋与大气管理局(NOAA)基于船舶观测及海洋数据浮标所采集的数据整理并发布了一系列非常详尽的天气条件一览表,称为"天气气象观测一览表"(SSMO)。发布的天气条件一览表有些低估了太平洋的波浪高度和周期;最近的太平洋观测数据表明在发生强风暴时,长周期(例如 20~22s)波浪也有巨大的能量,这些风暴产生的涌浪甚至可以影响到几千英里外的作业。

波浪环境条件的"持续性"对于施工作业是非常重要的。持续性说明在某个地点和季节,预期波浪等级持续保持比较低的天数。对于离岸施工方而言,波浪的持续性与波浪超过各种高度的百分比是完全不同的概念。

例如,假设某一特定施工设备的最大波浪等级是 2m。波浪超过各种高度的百分比图显示某月海浪高度大于 2m 的比例是 20%。这可以由两个分别持续 3 天的风暴间以两个 12 天的平静期组成。在这种波浪条件下是可以进行有效施工作业的。但也可以是每隔一天出现 10h 海浪高度大于 2m 的情况,例如在澳大利亚和塔斯马尼亚(Tasmania)之间的巴斯(Bass)海峡,普通海洋设备基本上是无法在这种波浪条件下作业的。

图 1.7 和图 1.8 是两张典型的波浪持续性图。对波浪持续性的详细介绍可见第 1.8 节。图 1.9 则说明了波浪高度-波浪周期之间的关系。

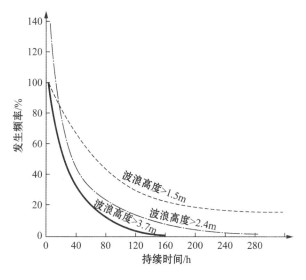

图 1.7　不利海浪的持续性

当涌浪和波浪接近陆地或浅滩地区时,底部的摩擦使其减速;波阵面在沿着海岸的垂直方向周围发生折射。这就是即便风向与波浪平行,波浪也总是在海岸上破碎的原因。多次折射可产生汹涌海浪,使得施工驳船或船舶难以保持最佳作业方向。在有些位置,两个折射波发生叠加,增加了波浪的高度和陡度。

水下自然形成的浅滩及人工堤岸增加了波浪的高度,并将波浪的能量集中到中部。波浪经过自然或人工小岛时,不仅波浪能量被折射并汇聚到中部,而且波浪能绕过小岛并在其后方汇合,形成一连串带有锥形波峰和波谷的海浪。这种波浪的放大作用及其对海面的扰乱使正常的施工作业几乎无法进行。沿

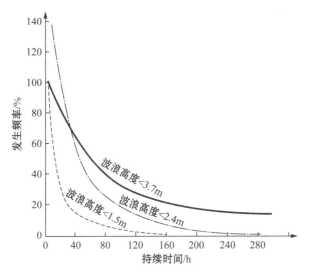

图 1.8　有利海浪的持续性

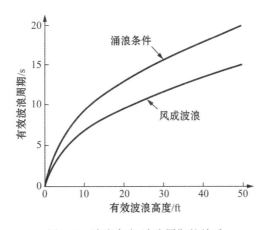

图 1.9　波浪高度-波浪周期的关系

着或围绕沉箱垂直面的波浪可逐渐累积起被称为"马赫杆"的效应,并在不发生径向冲击的情况下涌流到沉箱上。这两种现象的联合作用可导致越浪的发生,使得加拿大波弗特海(Beaufort)塔希特(Tarsiut)离岸钻井岛的作业难以进行。

如果海岸的碎浪带中有比较深的水湾或沟渠,波浪接近时会朝离开水湾的方向折射,这样水湾就相对比较平静,而增加了在两侧浅水处的破碎波能量。当波浪及涌浪从深水传播到浅水时,其特征会发生显著变化。只有周期基本保持不变,而波浪长度变短,波浪高度增加。这无疑将使波浪陡度增加,直至最终破碎。

虽然上述内容被认为是典型的海岸现象,但只要波浪遇到浅滩,也可以在开阔海域发生。例如在白令海,大风暴产生的巨浪涌进浅水区域广泛的诺顿湾,又高又陡的波浪在浅滩地区冲击破碎,导致施工环境极为困难。

深水波浪对海底(底部)几乎没有影响。由于波浪产生的水质点有效轨迹运动深度约为波浪长度的一半,而在最大的风暴中,波浪长度也不会超过400m,所以就将水深超过200m称为"深水"。目前大部分海洋和离岸施工都在水深不到200m处进行,因而会受到浅水效应的影响。

波浪及波浪产生的海流可导致大量沉积物运移、侵蚀施工中的沙堤以及使新建结构物周围迅速受到冲刷,特别是如果波浪与海流的作用进行了叠加。波浪在结构物上破碎,尤其是顶部平坦的结构物或甲板,可产生水力上抬力。

内波是在海面下传播的波浪,通常作用于上层温暖海水及下层较冷、盐分更高海水之间的分界线(温跃层),一般位于海面下100~200m,曾经在水深1000m处测量到波高为60m的内波。内波可产生速度高达2.6kn(1.3m/s)的"密度流",因而对于深水及水下作业非常重要。内波能进入比较深的海湾,作用于上层淡水及下层海水之间的界面。

孤波是由泥土或岩石坍塌到水体中而形成的。可能是因为发生大规模水下泥土坍塌,所以地震常常会引发海啸。船舶、拖船或高速艇可在狭窄水域产生船舶波。船舶波都是孤波,可传播很远距离,并因底部和空气摩擦而缓慢衰减。船舶波有着独特的性质,可以直接穿过但不改变风成波浪及涌浪,同时也不会被风成波浪及涌浪所改变。

波浪拍击沉箱的垂直壁或驳船侧面后会完全折回并在距离垂直壁或侧面波浪长度一半的地方形成驻波,其高度约为波浪有效高度的两倍,同时产生非常强大的冲击力(波浪冲击)。波浪,尤其是浅水中的破碎波,可导致海底泥土中孔隙压力累积并发生滑坍。拍击在结构物(例如平台或海岸围堰上的波浪可反复冲击下方的泥土,导致液化并使结构物失去支承。

传播方向与防波堤倾斜的波浪可沿着防波堤传播,不断爬高并越过防波堤顶部,这称为马赫杆效应。

波浪在两个箱型船体或弯曲墙体(例如开口钢板桩沟)之间倾斜传播时,会产生称为"激振"的共振调和作用,并且受到外侧异相波浪的作用而增强。

1.8　风和风暴
Winds and Storms

　　海洋上风的主要模式是围绕着覆盖海洋的永久高压区进行循环,北半球是顺时针方向,南半球是逆时针方向。在热带和亚热带地区,高热及大气和海洋之间的界面会产生非常低的气压,在印度洋、阿拉伯海和澳大利亚近海生成热带气旋,在大西洋和南太平洋形成飓风以及在西太平洋生成台风。这种风暴在亚热带和温带地区的形成是季节性的,从夏末到早秋,幸好还不是非常频繁。尽管通过卫星和良好的观测能够比较容易地发现风暴,但是预测其移动路径仍极不准确。这样施工现场每年可能会收到几次风暴警报而不得不采取应急措施,虽然大部分警报最终都是虚惊一场,但却导致了大量延误。

　　典型的气旋风暴是西太平洋上的台风(见图 1.10),5 月至 12 月间发源于太平洋加罗林(Caroline)群岛附近。这些风暴向西移动,并最终在菲律宾群岛、中国海岸和日本消散或减弱汇入北太平洋风暴。台风的直径最大可达1 000mile,最小不到 100mile。最严重的风、潮和波浪作用大多发生在 50～

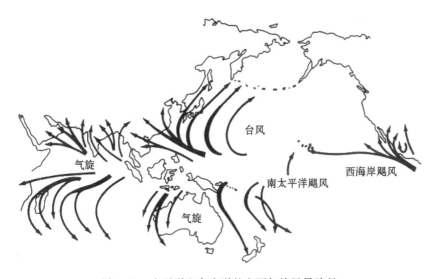

图 1.10　太平洋和印度洋的主要气旋风暴路径

100mile 范围之内。风暴整体可向任何方向移动,甚至旋转返回到先前的路径上,通常其移动速度不超过每小时 20mile。由于气旋风暴中主要是旋转风,所以平移的速度会增加或降低。对于领航员而言,"危险象限"是旋转速度和平移速度叠加并达到最大的地区。

在印度洋印度次大陆东部,一年的两个季节里都会形成热带气旋,分别是南半球旋风季节和北半球旋风季节。以前认为许多海洋中不会发生热带气旋,主要还是因为那里人类活动比较少的缘故。例如位于澳大利亚和新几内亚岛之间的阿拉弗拉(Arafura)海,这个离岸区域不仅有气旋,而且 1982 年一个破坏力巨大的气旋还袭击了达尔文(Darwin)港。

在澳大利亚西海岸外进行离岸施工,通常每个施工季都会遇到十几个气旋或者更多(见图 1.10)。几个(可达 4 个)距离比较近的气旋可导致发布警报,所有作业停止,设备根据预定措施进行安置,可拖曳到安全港口,或者如果是大型船舶的话,转移到能安全度过海上风暴的地方。但真正袭击施工现场的气旋一般只有一个,有时一个也没有。最严重的是长周期涌浪,对作业的影响常常要超过风暴实际上造成的额外成本和延误损失。

气旋风暴也能在北极(和南极)冷气团和温带暖空气之间的界面旋转产生;这可以形成北大西洋、墨西哥湾、北太平洋以及环绕南极大陆的典型冬季风暴。这些风暴一般作用范围广大(几百英里)并可持续 2~3 天。

如第 1.7 节所述,一些特定地区的风暴确实是有规律的。例如在美国太平洋海岸,六七天风暴过后常常是六七天好天气。2 月的北海如果出现了"好"天气,那么第 2 天还是"好"天气的概率是 65%,后两天的概率是 40%,而后 3 天则是 5%。相反,如果当天是"坏"天气,第 2 天是"好"天气的概率是 15%。

最近在北冰洋短暂夏季的作业表明,浮冰上的冷气团同附近大陆的暖空气相互作用,也同样能生成一系列局部强气旋风暴,并在开阔浅水域形成大风和短而陡的波浪。

施工方应对风暴的措施包括一系列步骤:首先停止作业并确保其不受恶劣天气的影响,然后撤离施工现场并系泊到更为安全的位置(如果可行的话),也可将浮式施工设备系泊到应急停泊位置,或拖曳到能安全度过海上风暴的地方。这些措施将在本书后面的章节中予以介绍。

应注意的是涌浪通常要早于风到达。经验丰富的海员会关注天空:卷云预示着低压区,而低压区通常是从风暴中心延伸出来的。风暴临近的最初迹象一般是正常高压风停止,即"风暴前的平静",随后是断断续续的微风,风向转变风速加快。风暴开始后试图进入港口常常要比驶向大海更加危险。港口会产生其他问题,涉及潮汐海流及其对波浪的影响、附近海岸以及航道上的风等。

关于风向的航海术语是有些矛盾的。海员说的北风,指的是风来自北面;向岸风指风从海洋吹向陆地,而离岸风则是风从陆地吹向海洋。背风舷指船舶上风吹不到的那一侧,但背风岸却不是海岸上背着风向的一面,而是受到风吹比较危险的那一面。船舶的受风舷指受到风吹的一侧。

随着高度增加,风速也会增加,例如从海平面到平台甲板,高度 20m 处的风速可能要比通常的参考高度 10m 处大 10%。在靠近海平面的地方,波浪的摩擦力可显著降低风速。风并不是稳定的,而是一阵阵的:例如 3s 阵风速度要比持续时间超过 1h 的同样级别风暴速度快 1/3 到一半。

风暴有几种类型,包括围绕北半球主要大洋上方高压区顺时针方向旋转的反气旋风,以及围绕低压区反时针方向旋转的低压气旋风暴——冬季风暴和热带气旋。

在热带和亚热带,强烈的局部低压区可导致暴风雨突然形成,有时可发展成为海龙卷。虽然这些现象与短暂强风有关,但破坏严重的龙卷风和海龙卷还是比较罕见的。不过突然袭来的暴风可损坏起重臂,对离岸作业造成影响。由于暴风可在几天之内频繁发生,所以在这种季节需要额外的预防措施。

在世界上靠近大陆的许多地区,高压冷气团在陆地上形成后会突然下降到海面上。对于这种现象各地有不同的称呼,例如"威利瓦飑"。发生时通常能见度良好,天空无云,因而在发现海面上涌来的白浪前几乎无法察觉,风速可达 100km/h(60~70mph)或更高。由于持续时间短,一般只有几个小时,所以海浪还没有充分发展,波浪短而陡。但离岸作业可能因没有发现而遭受重大损失。其他持续时间比较长的离岸风包括阿拉伯和波斯湾的沙尘暴以及从南极洲斜坡下降到海面上的高密度气团。

离岸风还可来自沙漠。南加利福尼亚的圣塔安娜(Santa Ana)风是气旋风暴,在高温沙漠内形成,其高密度风吹向附近的海洋。因为缺乏水分,这种风暴通常是无云的,但携带大量沙土。据报道类似风暴也曾经发生于北非西海岸。

风的主要类型是海岸所特有,较为缓和的向岸-离岸风。白天陆地温度升高,空气上升,到了下午风就从海上吹来,而在清晨这个过程是反向进行的,只是程度要小一些。下午向岸风有时速度可达 30kn 或更高。从 6 月到 8 月,美国太平洋海岸几乎每天下午都有向岸风,可严重妨碍海岸作业的进行。

两个或多个来源的风可以进行叠加,最常见的是高压气旋风同下午向岸风的叠加。在极端情况下,所产生的混合风速度可达 60kn。港口和河口的风会由于局部地形而发生很大改变,山丘背风处相对比较平静,而隘口可使风速加快。同样风在河流上要比陆地和森林上速度更快。

所有主要离岸作业区都有风暴预报服务,但新作业区可能观测站比较少,尤其是在南半球。预报服务无法准确预测局部风暴,所能做的只是当大气压和气团温度适合生成局部风暴时及时发布警报。

在计划离岸作业时,应尽可能将关键作业安排在风暴概率比较低或风暴强度最低的时期进行。施工方常常会非常希望早些开始作业或为了完成项目而延长作业,而这恰恰是风暴经常发生的时间段,风暴使项目延误的损失要大大超过谨慎地暂停作业所造成的损失。

通常计划施工作业时应:①选择可以进行作业的时间段;②确定最大风暴,最大风暴发生的时间间隔至少为现场作业时间的 5 倍(例如对于一年作业时间,确定 5 年一遇的风暴);③制定措施和计划,并选择可承受这种风暴而不发生重大损失的设备。

1.9 潮汐和风暴潮
Tides and Storm Surges

潮汐是由月亮和太阳的引力所造成的。由于相对质量和距离的原因,太阳对潮汐施加的影响只有月亮的一半。在新月或满月时,太阳、地球和月亮近似成为一条直线,潮差是最大的,被称为大潮。当太阳和月亮大致成 90°,即上弦月和下弦月时,潮差较小,称为小潮。

海图上显示的海洋深度通常是平均低低潮(MLLW),为大潮时低潮水位的平均值。有些机构使用最低天文潮汐(LAT)作为参考基准。因为陆地标高一般采用平均海平面(MSL)作为基准零点,所以港口及河流里的结构物可能会使用陆地标高。这常常引起混乱,因而核实参考基准是非常重要的。

因为朔望月要比太阳月少一天,潮汐发生的时间是不断变化的。潮汐周期一般每天推迟大约 50min,即明天的高潮时间会比今天晚 50min。

每天通常有两次潮汐周期,一次的潮差(高高潮和低低潮)明显要大于另一次。南太平洋的一些地区(例如菲律宾群岛和西新几内亚岛)每天有一次延长的高潮,12h后是低潮。这种潮汐周期看来是随着太阳而变化的,因而潮水几乎在每天的同一时间达到最高点,中午刚过是高潮,午夜后则是低潮。

基准潮位站的潮汐时间和高度在一年或几年前就可制表发布,但特定位置潮位最高点的时间和高度不仅取决于天文条件,也取决于局部水深情况。世界上大部分海岸地区的潮汐表都已发布,可显示出每个位置相对于基准潮位站的潮汐时间和高度差别。海潮需要更长的时间才能影响到河口和海湾湾头。

深海中的潮差相对比较小,一般小于1m。但是一旦接近大陆海岸,尽管离岸可能仍有若干公里,潮差也会迅速增加,这在北非西海岸、比斯开湾和澳大利亚西北大陆架特别明显。在部分封闭的海湾和河口,潮差增加并在湾头附近达到最大(见表1.1)。

表 1.1　不同位置的潮差

位　　置	潮　差/m
缅因州波士顿	2
佛罗里达州杰克逊维尔	1
加利福尼亚州旧金山	2.5
华盛顿州普吉特湾	5
巴拿马巴尔博亚(太平洋一侧)	4
巴拿马克里斯托瓦尔(大西洋一侧)	0.2
冰岛	4
马里亚纳群岛	0.6
阿拉斯加州库克湾	9
阿拉斯加州普拉德霍湾	0.5
中国杭州湾	6
加拿大芬迪湾	9

可以看出不同位置的潮差变化非常大。存在巨大潮差的地方,例如库克湾、杭州湾和芬迪湾,潮水迅速涌入,形成一道水墙并不断在前缘破碎,这称为涌潮。

潮汐周期产生海流,第1.6节已进行了详细介绍。涨潮指潮汐水流明显上涨,退潮则是潮汐水流发生退落。只有很少潮汐水流或没有潮汐水流的时期称为"平潮期"。平潮期并不完全与高潮和低潮最高点保持一致,因为到达最高点后水还要持续流动一段时间。潮汐海流通常是分层的,表层海流的方向与一些深度的海流方向并不一致。

风暴潮指风暴叠加在潮汐上,是海平面上发生的变化。风暴潮主要由长时间同一方向刮风而引起,另外一个原因是由于气压不同。当出现低压时,为了达到平衡,水面将会上升。风暴潮的高度可达 1~4m,但在离岸风及高压对海平面的联合作用下,风暴潮的高度也可以是负的。

港口内的潮汐海流受地形和水深影响非常大,常常会流入不同速度的单独水体中,并在界面处产生潮隔。低潮可加大河口处的水流,而高潮可减少或反转水流。

1.10 雨、雪、雾、浪花、大气结冰和闪电 Rain, Snow, Fog, Spray, Atmospheric Icing, and Lightning

雨、雪和雾限制了能见度,因而是离岸作业的主要危险。幸好随着雷达、电子测位、全球定位系统(GPS)以及其他先进仪器的出现,雨、雪和雾的影响不再像以前那样严重。

普通风暴及移动迅猛的热带暴风雨都可产生降雨。大量雨水可进入甲板上的舱口或其他开口。如果长时间不予以关注,在自由液面效应的作用下可对稳定性造成不利影响。因而必须提供足以应对最大降雨量的排水装置。

雾有两种类型。当暖空气经过较冷海洋时会产生夏雾,水分凝结形成低层云。通常在水面能见度良好。第二种类型是冬雾,为冷空气经过较暖海洋时产生。雾在水面形成,而上方 15~20m 处却可能阳光明媚。雨、雾和雪可影响直升机作业,因为直升机降落时需要进行目测。雾比较多的地方,例如冬雾较多的加拿大东海岸外,直升机甲板应尽可能高。在北极和亚北极,由于冰面上的冷空气使开阔海域蒸发的较暖水分凝结,冰缘处一直有浓密的低雾。

雪有清除的问题,此外还会堆积并冻结。当气温在冰点或冰点以上时,可用海水进行冲刷,通过射流作用融化并清除积雪。当气温低于冰点几度时,就必须采用机械除雪。

浪花是由波浪和风的共同作用而形成的。波浪在船舶或结构物上拍击破碎并产生浪花,在风的作用下浪花加速飞溅,这样结构物或船舶上每小时都会积存大量的水。缺乏足够排水能力的情况是经常遇到的,但这主要是取决于降雨量,而不是浪花。在北极和亚北极,排水设备会因冰冻而堵塞。

位于加拿大以北波弗特海的塔希特岛沉箱式人工岛是勘探钻井结构物,波浪能量因水下堤岸而集中到沉箱上。波浪从垂直壁反射并形成驻波峰,驻波峰在风的作用下产生浪花。人工岛周围的波浪在不连续处叠加并形成垂直水柱,然后被风吹溅到人工岛上。6h风暴可将几百吨水吹到岛上,这些水的流动又对人工岛表面造成侵蚀。冲击力还使储罐受损,影响了设备作业。飞溅的水柱几乎高达30m,对直升机疏散也造成了危险。

如果吹溅的海水量超过降雨的话,可能会淹没舱口甚至较小的驳船甲板开口,例如渗入焊接密封不良的舱室,导致自由液面效应及失去稳定性。如果浪花比较严重,人员也无法在甲板上作业。

近来认识到进行离岸作业时没有给予浪花足够的关注,特别是在亚北极地区。在海上浮冰仍然比较少,但气温已经大大低于冰点的过渡时期,浪花可导致冰堆积在船舶、吊臂、桅杆和天线上,这是非常危险的。大气结冰(“黑冰”)发生于空气潮湿但温度很低的亚北极地区,北海北部和南白令海非常容易发生这种现象。冰可迅速堆积到船舶暴露在外的部分,增加了顶部的重量及风阻。对于小型船舶特别危险。使用特殊的减摩涂层能最大限度地减少大气结冰现象。设计可能在亚北极地区使用的施工设备的吊臂、桅杆和桁柱时,采用数量尽可能少的大间隔圆构件要优于数量多但间隔紧密的格状构件。为了保持表面温度以预防结冰,有些特种设备甚至提供了热示踪器。应注意结冰和浪花冻结可出现于同一地区以及同一环境下。如果发生了结冰,应该通过机械方法和/或海水冲洗立即清除,显然只有当不存在排水问题时才能使用后一种方法。

“乳白天空”是发生于北极地区的大气现象,整个环境都变成白色:海、冰面、陆地表面以及大气。人们会失去距离感和立体感并产生眩晕,这对于直升机作业无疑是个严重的问题。

闪电常伴随着风暴,尤其是发生热带暴风雨时。通常施工船和钢结构平台都做了相应的准备,通过船体或桩接地以便从桅杆或井架放电。但发生闪电风暴时,人员应避免出现在直升机甲板或施工平台甲板上。混凝土海洋结构物需通过连接至地面或海里的电导体接地。

1.11 海冰和冰山
Sea Ice and Icebergs

北极地区全年都有海冰,亚北极海洋从冬季到仲夏会有海冰,例如加拿大东海岸、白令海、巴伦支海以及格陵兰海。海冰在 2 月向南延伸最远,而 8 月则延伸最近,退回到极地浮冰附近,并形成了环绕北极的开阔水域。

海冰是一种接近融化点的独特物质。因为含有盐分,其冰点约为 $-2℃$。海冰有多种形态(据说因纽特人的语言中用于描述不同类型海冰的词超过 20 个),包括:

(1)水内冰是在过冷水中形成的冰,特别是当水接触到可使非晶态冰冻结的其他物体时。因此水内冰可堵塞进水口,还能增加船体的摩擦效应,但可降低浮冰和冰山的冲击力。

(2)片状冰是水平海冰层,在相对比较平静的海水中形成,并自上而下进行冻结。

(3)冰间水道是由冰的热收缩导致片状冰发生破裂而形成,也可由海流和风形成。

(4)当一层冰压到另一层冰上时会发生冰块叠挤。

(5)冰脊(压力冰脊)是由冰间通畅水道再次冻结及水道因冰块叠挤和破碎而封闭的联合作用下形成的。

(6)挤压冰脊是一处冰层垂直挤压另一冰层断面(即垂直于冰间水道)时形成的。冰层发生叠挤和破碎并形成方向各异的冰块(见图 1.11)。挤压冰脊长度可达 $100\sim500m$,平均约 $200m$。挤压冰脊之间一般间隔比较小,为 $100\sim200m$(见图 1.12)。

(7)剪切冰脊是指沿着冰间水道,两处冰层侧面发生相互作用而挤压出体积较小、接近矩形的冰堆。

(8)第一年冰脊或当年冰脊说明冰脊是新近形成的,形成时间不到一年。

(9)多年冰脊经历过夏季,这样就有时间使冰脊帆融化的水穿过大部分冰脊向下排出并将破碎的冰块重新冻结成相对比较紧密的高强度冰。多年冰脊

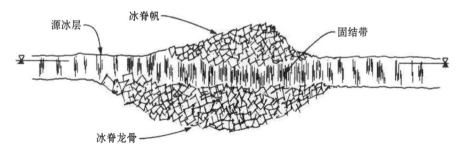

图 1.11　当年压力冰脊

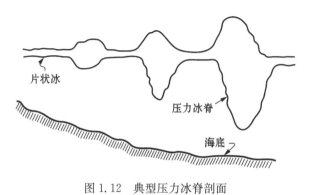

图 1.12　典型压力冰脊剖面

与当年冰脊的区别在于其冰块是圆形的并且被重新冻结在一起,而不是单个冰块的随意堆积。

(10) 冰脊帆是冰脊延伸到水平面以上的部分。冰脊帆的最大高度约为 10m。

(11) 冰脊龙骨是冰脊最深的部分。当年冰脊龙骨可为坚硬的冰,延伸深度几乎能达到 50m;而多年冰脊龙骨底部通常有一层脆冰(因为接触到水),延伸深度约为 30m。

冰的强度受到晶体取向、盐度、温度以及加载速度的影响。

片状冰挤压与地面接触的冰脊时会形成碎石堆。碎石堆高度可达 15m,分布范围非常大,并且主要由破碎的冰块组成。如果接下来的夏季发生了风暴潮,这些目前只是部分固结的大碎石堆就会浮起,成为"浮冰块",像小型冰山一样对航海造成危险。北白令海出现的浮冰块特别多。高纬度北极地区的碎石

45

堆可由冰层挤压冰脊而形成。在浮冰对冰层和冰脊施加强大作用力的挤压区，可形成一个大碎石堆或一系列碎石堆，称为冰丘或冰丘区。

极地浮冰本身主要由多年冰组成。当以顺时针方向围绕着北极（如上所述）缓慢移动时，会与每年冬季在浅水中形成的当年冰发生碰撞。当年冰的位置相对比较固定，也被称为固定冰或沿岸固定冰。在固定冰和极地浮冰的边界处形成高度动态并发生大量褶皱和刮擦的剪切带。剪切带或浮冰搁浅带通常位于水深 20～50m 处，但这也是石油资源开发作业最为频繁的区域。

大块带有冰脊的极地浮冰可从浮冰群中脱离，形成大浮冰。多年大浮冰体积很大，直径可达数千米，但通常为 100～300m，其质量也非常大。由于这种大浮冰的移动与大气环流模式是一致的，因而速度可以达到 0.5～1m/s。

在北极，一年可以分为 4 个季节：冬季，冰层覆盖整个海域；夏季，开阔水域；解冻季节和封冻季节。根据水深情况，海岸以内 20～30km 处的冬季冰可为固定冰，因而能用于修建道路和运输。在六七月解冻季节，海洋中到处都是大大小小的残存浮冰，此时冰的覆盖比例为 1/8 到 1/10。浮冰造成的局部压力最大约为 4MPa（600psi），设计驳船和施工船船体时常常使用到这个数值。

夏季开阔水域的具体位置及与海岸的距离是变化的。有的地方可延伸 300km，但其他地方可能只有 20km。开阔水域的持续时间短至 11 天，长至 90 天左右。有些年份在一些重要地区甚至没有形成开阔水域，例如 1975 年在巴罗角（Point Barrow）就发生过这种情况。

秋天封冻季节形成表面薄冰，开始时很容易就能被破冰船破碎。所以在加拿大波弗特海，坎玛（Canmar）钻探公司利用破冰船可将浮式钻井和施工设备的施工季延长到 11 月。

在冬季，固定冰厚度可达 2m，能够修建道路和钻井岛并拖运沙石和设备。固定冰上还能修建飞机跑道。堤坝可用雪和冰建造，从冰面上的钻孔中泵出水并喷洒或浇在冰层上以增加厚度。在北极岛屿之间的固定冰地区，聚氨酯隔热垫被放置在早期冰层上，然后浇水使其不断结冰。初夏解冻季节，波浪侵蚀削弱了冰层边缘，热断裂会产生大规模剪切裂缝并导致冰层断开。

当初夏河流解冻，山上的冰雪融化时，淡水流向海岸并淹没固定冰，淹没区域可延伸许多英里。最终水在冰层上融化出孔洞，大量的水由此流出，并在海底侵蚀出深达 7～10m 的锥形，这种现象称为果馅卷冲刷。

在出现开阔水域的季节可使用浮动设备，不过仍然会遇到一些浮冰块，船体有被撞破的危险。这些浮冰块存在局部"坚硬点",其抗碎强度要超出平均值两倍或更多。破冰船的测量结果表明最大局部压力通常为 4MPa(600psi),但最近也记录到最大值可达 6MPa(800psi)。在夏季会发生一次或多次浮冰进入开阔水域的情况,浮冰由多年冰构成,移动速度为 0.5~1.0m/s。在这种情况下,必须将所有浮式设备拖曳至受到保护的水域。

北极浮冰减少了风暴对开阔水域的影响。南北方向的风区长度非常有限,但东西方向的风区可达几百公里。因而从浮冰附近旋转经过的短暂强烈气旋风暴可产生相当大的海浪,Hs 达 2~3m。这种风暴常伴随着高度为+2m 到-1m 的风暴潮。

由于海洋温度更高,在亚北极地区冰期要短得多,冰本身的强度也比较低。但有些地区仍然会遇到严重的海冰问题,例如在诺顿(Norton)湾,冬季时新近冻结的巨大冰层在北风作用下从苏厄德(Seward)半岛南部地区断裂并通过白令海向南漂移。随后新冰层形成,依次向南漂移并叠挤在先前的冰层上。

戴维斯(Davis)海峡、格陵兰海和巴伦支海亚北极区域的特色是当年海冰,但更显著的是冰川融入海洋后崩解形成数以千计的冰山。这些块状冰山融化时会呈现出照片里经常看到的秀丽尖峰和鞍脊,其最大重量可达 1000 万吨,但一般为 100 万吨。冰山约 70%的质量是在水面下,水下部分要比看得见的水上部分延伸更远,正是这种现象导致了泰坦尼克号的失事。当重心和浮力变化后,冰山也会发生倾翻,导致失去稳性。

冰山在风、海流以及波浪漂移力的联合作用下移动,受科里奥利(Coriolis)力的影响相对要小一些。冰山的路径非常多变,特别是在最南面的地区。冰山一天可移动 20~40km,在安全经过结构物后,第 2 天可能又会返回(见图 1.13)。

可用两艘拖船及凯夫拉尔(Kevlar)或聚丙烯缆绳套住并/或固定在冰山上,然后将冰山拖离作业现场。为了开发能够预测冰山运动并确定施加拖曳力最佳方向和程度的计算机程序,人们已经在数学计算上投入了大量努力。雾常常会笼罩冰山,导致其水下轮廓难以确定,这就使拖曳作业变得更为复杂。

海中还杂乱分布着许多冰山碎块,特别是在秋季。小冰山是重量在 120~540t 之间的冰山碎块,一般漂浮在水面上的部分不超过 5m,延伸面积为 100~300m²。因为比较小,在开阔海域里风暴波浪可对其进行加速,据报道小冰山的

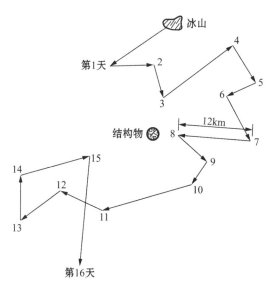

图 1.13　冰山的典型轨迹,说明其难以预测

瞬时速度可以达到 4.5m/s。

　　残碎冰山比小冰山更小,一般是透明的,水面上的部分只有约 1m,重量最大为 120t。这些小型的残碎冰山也能够被波浪推动,并像类似大小的船舶一样随着波浪的轨迹运动而移动。

　　在容易出现冰山的地区作业,面临的一个主要问题是如何发现冰山。如上所述,目测常常受到雾的限制。雷达并不可靠,可远距离"发现"冰山,但冰山又会突然在显示器上消失。雷达还会忽略主要部分在水下或与水面齐平的小浮冰。

　　在冬季,没有融化的冰山和浮冰被海冰包围,并受到后面浮冰的推挤而缓慢移动。有关冰山类型、质量、吃水深度以及外形的数据正在逐渐累积,这些数据可以应用到针对设计的概率方法中(见图 1.14)。

　　平板冰山是浮冰层断裂而形成的冰山,浮冰层延伸自水面上的冰川。这是南极地区常见的冰山,厚度为 100～300m,直径可达 100km。从北极埃尔斯米尔(Ellesmere)岛沃德·亨特(Ward Hunt)冰川脱落的小型平板冰山成为浮冰岛,被极地浮冰所围绕并随着极地浮冰移动。这些平板冰山最终会搁浅并碎裂成直径约 100m、厚度 40m 左右的浮冰块。大约每隔 10 年,就会发生一次浮冰岛进入格陵兰东部格陵兰海的情况。

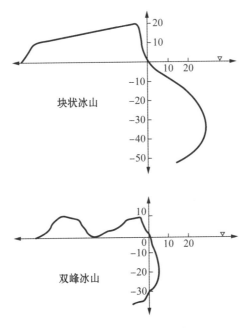

图 1.14　冰山的典型水下剖面

冰山冰是淡水冰,与海洋里的盐水冰不同。据报道,冰山冰含有大量空气。对于向南漂浮到接近极限位置的冰山而言,其质量密度约为 0.9,在海面附近,冰的抗碎强度为 4～7MPa。

1.12　地震活动、海震和海啸
Seismicity, Seaquakes, and Tsunamis

尽管对于海洋结构物的设计而言,地震是非常重要的载荷条件,但在施工中通常考虑较少,因为发生并不频繁。最严重的地震发生在活动构造板块边缘,例如太平洋环带。这些地震的强度不一,可引发严重的灾难,例如 1964 年阿拉斯加发生的地震。大地震中的地面运动可导致 200km 范围内发生明显的结构响应。

板块内也会发生地震,但通常地震的周期比较长,因而一般就认为这些地区不受地震的影响。震级常常在里氏 6 级以内(极少达到 7 级),但其作用可传播非常远的距离。中等强度(4～5 级)的局部地震常与海底及附近岛屿的火山作用有关。

地震加速度随着距离而改变,高频成分被滤除,所以只有长周期能量可以到达周边地区。许多离岸结构物的自然频率周期都比较长(2～4s),特别是建造在深水和软质土上的结构物,不过这个频率范围内的能量通常要远远低于活动边缘型地震的峰值能量。在评估地震对结构物的影响时,设计人员还会考虑质量效应及非线性泥土-结构物相互作用。对于大型海洋设施的施工,目前通常的做法是考虑地震发生周期与结构物使用寿命的合适比例,例如地震发生周期是结构物使用寿命的 5 倍。

虽然上述内容主要适用于设计人员,但因为涉及 3 个相关现象,因而也是施工人员所关心的。首先是海震,海底及其上方水体之间相互作用产生了压力很大的波浪。船舶、驳船和离岸结构物在距离震中几百英里外就能感受到这种短周期高强度的波浪,通常在船上会感觉到类似于搁浅或碰撞的震动。海震所产生的最大过压相当于水深 100m 处的静水压,在水深 100m 以下时就基本保持稳定。

现在已经认识到以前无法解释的一些船舶破损事件可能就是由海震导致的。尽管目前海洋作业还未考虑这个因素,但将来在地震活动地区进行深水施工时必须予以考虑。

地震还能产生周期非常长的波浪及经常被误认为是"潮汐波浪"的海啸。海啸周期很长,高度也比较低(100～200mm),因而在开阔水域很少会注意到。当能量因水深情况和海岸线构造而集中时,波浪中的动能转化为势能,导致水位发生灾难性的大幅下降和上升。这种影响可完整地传播到海洋另一边。1964 年阿拉斯加地震导致的海啸除了对阿拉斯加城市西沃德和瓦尔迪兹造成破坏外,还给夏威夷群岛和加利福尼亚带来严重损失。南太平洋发生的地震曾经在智利和日本引起海啸。

有些地区是海啸发生的中心地带,港口和河口特别容易受到影响。海啸的特征是水先从河口流出,随后大量巨浪涌入,因而又被称为潮汐波浪。

地震可引发大规模水下滑坡和混浊流,通常是因为累积了较高的孔隙压力和液化作用。由于海平面突然降低,海啸还能在靠近海岸的地方引发滑坡。地震在陆地上也会导致滑坡和岩崩,在类似加拿大西部的地区,岩土可滑入海中并产生能传播许多公里的巨大孤波。

1.13　洪水
Floods

　　洪水是河流里发生的重大环境现象。暴雨可以导致洪水,例如残余飓风周期性地给美国中西部带来的暴雨。因为建造了限制河道的防洪堤,河水无法蔓延到邻近的农田和城区,所以近年来洪水作用明显加强了。温暖的雨水融化河流上游的积雪场也会引发洪水。布拉马普特拉(Brahmaputra)河系的大洪水就是由温暖的季风雨降落到尼泊尔和西藏的雪原上造成的。

　　阿拉斯加安克雷奇(Anchorage)以北的乔治(George)湖每年秋季都会发生不同寻常的洪水,湖水溢出起堤坝作用的冰舌,并在几天之内全部倾泻到库克湾里。更大规模的这种现象被认为是地质时期哥伦比亚河产生汹涌急流并冲刷出大古力峡谷和哥伦比亚河峡谷的原因。

　　在河流里施工的承包商必须非常注意洪水。美国工程兵和其他机构已经对历史记录进行了概率统计,例如各种河流水位或流量超出正常水平的比例,施工方应小心对待这些数据。由于近年来物理环境的变化,如在上游建造了大坝或防洪堤,统计数据可能只是部分有效。

　　支流不断向干流汇入更多的河水。如果洪水不是同时排出,其联合作用就比较小。但如果洪水因叠加而变大,会产生严重甚至是灾难性的后果。

　　洪水的流速不仅受到流量和截面面积的影响,还受回水水位的影响。当密西西比河发生洪水时,回水抬高了河流水位,使俄亥俄河的流量减少。相反当密西西比河水位比较低时,河水流速增加,俄亥俄河的水位就会降低。洪水携带大量沉积物和漂浮碎屑,可沉积于围堰处,增加了围堰的压力。洪水还对流经区域的整体和局部进行冲刷和侵蚀。

1.14　冲刷
Scour

　　冲刷可对桥墩造成破坏。20 世纪后半叶,因冲刷而导致坍塌的桥梁超过

1000座。水流经过桥墩时会加速并形成漩涡。冲刷深度可以达到桥墩直径的2.5倍。如果洪水能携带沙砾或比较大的石块,甚至风化岩石也会被侵蚀。

如上所述,由于沉积物建模时存在比例效应,所以对冲刷作用进行建模是非常困难的。通过使用煤粉模拟得到了一些近似结果。

当波浪增加孔隙压力,使沉淀物松散并被水流带走时,冲刷作用得以增强。有许多不同的冲刷模式,例如水流以一定角度反射的河湾冲刷以及两股水流汇集处的汇流冲刷。由于水流速度较快,河湾外侧的冲刷深度最大。

桥墩和箱形沉箱下方的冲刷对结构造成的影响最严重,可导致灾难性的后果。颗粒状沉积物,甚至是小石块都可被水流冲出,孔隙压力的增加强化了这种作用。周期性波浪产生的摆动及孔隙压力增加导致的液化使许多防波堤向海洋一侧倒塌。

板桩围堰可因前端受到较深冲刷或后端出现漩涡而失去作用。

螺旋桨产生的冲刷作用一般是沿着码头的,特别是码头堤岸。近来深吃水集装箱船所使用的船艏推进器让这个问题更为严重,船艏推进器还能通过堤岸的开口接合处将沙土冲出。

可将抛石、铰接混凝土板和水泥浆填充袋铺放在土工布上以预防冲刷作用。

1.15 淤积和推移质
Siltation and Bed Loads

河流中的洪水可携带大量沉积物、沙、砾石、淤泥以及黏土。据估计孟加拉国的布拉马普特拉河每年可输送 600 000t 沉积物。黄河以其携带的黄土而闻名,黄土来自对西藏高原的侵蚀。杭州湾的大量淤泥是附近长江(扬子江)运送来的。旧金山湾海底的近代海湾厚泥层则来自最初因内华达山脉水力开采金矿而受到侵蚀的沉积物。

这些沉积物在海底固结并且可以像胶状物一样移动。在受潮汐影响的地区,例如杭州湾,这种海底推移质会随着水流来回移动。

当水流速度降低到一定粒径的沉积临界值时,相应颗粒就会发生沉积,因而沉积物趋向于层状沉积。此外在遇到海水里的盐分时也会发生沉积。

流动迅速的洪水,特别是突发情况下的洪水,可运移小砾石,在水流速度降低时这些砾石就会停止移动并聚集在一起。速度较慢的水流能以类似的方式运移卵石。

1.16　怠工和恐怖行为
Sabotage and Terrorism

近年来破坏设施的恐怖行为在全球蔓延,因而在设计时必须进行额外的考虑。由于袭击者的经验越来越丰富并受过良好的教育,可以预料他们会搜寻施工计划和照片并找到最薄弱的地方发动攻击,所以这些袭击越来越难以预测。目前使用得最多的武器是火和爆炸物。标志性结构物是恐怖分子最喜欢的目标,例如桥梁。从水下到桥塔都可以对桥梁进行袭击,桥梁必须同时能够抵御入射压力和反射压力。

对正在施工的项目进行袭击虽然不太引人注意但也很严重,施工方必须预防这种情况的发生。

通过提供结构性冗余、多种载荷方式、隔离、屏蔽、韧性及缓冲可以实现对这种袭击的被动防护。可使用排放装置预防石油产品的积聚。

对于有预谋的袭击,不可能做到完全安全防护,但通过正确设计和施工,可以使结构物受到的损害更小,并且一般不会过多增加成本。有时还可利用临时结构物提供额外的保护。

第 4.4 节介绍了通过在钢筋混凝土网格和格栅中填充刚性聚氨酯来增加耐冲击性。

1.17　船舶交通
Ship Traffic

随着船舶吨位和速度的提高以及数量的增加,船舶同结构物发生碰撞的情况日益严重。就统计数据而言,船舶已经成为结构物设计的一个主要考虑因素,而施工在不同程度上也需要考虑这个因素。同样在狭窄港口内通过一艘大型船舶可能也会对正在进行的施工造成损害。高速航行的拖船能产生孤波,可对施工作业造成影响。

施工方可申请在施工区域对船速进行特别的限制,并且需要对作业进行安排,将永久性防撞装置结合到施工临时防护中。施工方自有的支援船(驳船、拖船和补给船)在施工时常常最容易同结构物发生碰撞。

反过来,施工方也必须预先采取措施以避免对航行产生影响,特别是责任和义务都很重大的渡船。

在施工过程中使用临时护垫和/或系留桩是比较合适的。

1.18　火灾和烟气
Fire and Smoke

有些结构物,特别是水底隧道(包括预制水底隧道),在施工和使用时都非常容易发生火灾,竖井也是如此。火灾使高强度混凝土迅速碎裂,钢筋和预应力钢因暴露于高温下而很快失去强度。泄漏的液压液可导致火灾,建议使用非易燃液压液。

通过使用可排放水气的塑料(聚丙烯)纤维,能预防或减少混凝土的碎裂情况。增加钢筋外的表层混凝土厚度可提高耐火性能。

火灾产生烟气,烟气往往会对人员造成最严重的后果。通常针对使用条件下的烟气排放会进行适当的规划和设计,但也应该针对施工进行这方面的考虑。

如果发生火灾,应为人员提供安全的避难所。

1.19　意外事件
Accidental Events

a. 碰撞;

b. 坠落和摆动物体；

c. 直升机碰撞；

d. 爆炸；

e. 井喷；

f. 压力或压载控制失效；

g. 预料之外的洪水；

h. 因海底井喷而导致失去浮力；

i. 因内部自由液面效应而失去稳性。

预防、控制和缓解：

a. 减少事件发生的总体布置；

b. 人员保护——安全系统；

c. 提供安全避难所；

d. 保护性能量吸收装置；

e. 缓解过压的井喷墙和屏障墙；

f. 构件韧性（能量吸收）冗余的详细设计；

g. 主要构件的保护；

h. 基本安全系统。

1.20　全球变暖
Global Warming

全球变暖正在发生，这已经得到了广泛认同。对于施工方而言，认识到在结构物设计寿命内全球变暖可能会导致的潜在影响非常重要。主要因素如下：

（1）在接下来的 100 年里，海平面总体上升约 1m 对海岸线及低地人口迁移所造成的影响。

（2）冰川和积雪场加速融化导致河流水量增加，低地洪水发生得更为频繁。

（3）上述情况加上降雨量增加使得河水流速加快，导致上游侵蚀加速，下游三角洲沉积增加。

（4）以水合物形式冻结在永冻土中的甲烷气体被释放出来，促进了全球变暖。

（5）由于北极冰层的融化，导致洋流发生变化。

这些不仅改变了物理环境参数，而且还需要进行大量的工程作业，特别是在海岸地区。

我须再度出海，驶往孤寂大海和辽阔长天，
我只求一艘大船和一颗星星来引航；
以及有力的舵轮，歌唱的风，激荡的白帆，
还有朦朦破晓时灰色雾霭笼罩海面。

（约翰·梅斯菲尔德"海之恋"）

第2章 岩土因素：
海底土和海积土

Geotechnical Aspects：
Seafloor and Marine Soils

2.1 概述
General

由于地质历史及各种因素(特别是大陆架浅水区域的因素)的作用,海底复杂异常。大陆架延伸范围不一,取决于其边缘是上升的还是逐渐下沉的。因而美国东海岸的大陆架非常宽广,而南美洲太平洋海岸的大陆架则很狭窄(见图 2.1)。大陆架外是大陆坡,以平均 4°的坡度下沉到深海平原。海底峡谷穿过大陆架和大陆坡,侧面坡度可达 30°。大陆架和大陆坡终止于深海处的海底扇。

冰期对大陆架地区造成了非常深远的影响。威斯康星(Wisconsin)冰期在大约两万年前达到最冷阶段时,大量水分从海洋转移到冰盖,使海平面降低了多达 100m。这说明当时海岸线外的大陆架已经暴露,海洋也要比现在浅。流经陆地的河流切割并通过大陆架,这就是现在许多海湾入口及大型内陆水体都是大约 100m 深的原因。在这些海岸大陆架上发生了地面侵蚀,河流坡度变陡,流速加快,所以沉积物粒度也比较粗。而海平面上升后河水流速降低,更为细小的泥沙沉积物在河流两侧的大陆架上沉淀下来。

在威斯康星冰期中,冰川广泛延伸到现在已是海洋的地区,并且切割出很深的沟槽,例如北海的挪威海沟、阿拉斯加的库克(Cook)湾以及华盛顿和温哥华岛之间的圣胡安德福卡(San Juan de Fuca)海峡。在恢复正常的温暖期,海平面上升,缓慢而稳定地淹没海岸地区,改变水系模式,并出现海岸线特征。

冰川消退后,留下冰碛沉积物。比较浅的淡水湖逐渐被淹没,并留下陆相沉积物。河流中的沉积物沉淀速度更快并形成了三角洲,新的河道在三角洲中穿过。火山灰和风成沙也沉入浅水中。风暴产生的波浪或地震可使松散沉积物发生泥流。混浊流运移了数百万立方米的海岸沉积物,沉积物向下流动,在深海平原上产生海底扇并在流动过程中形成巨大的海底峡谷。

以前的珊瑚礁被淹没后,新的珊瑚礁迅速延伸或生长起来。数百万种海洋生物的骨骼和外壳逐渐沉入海底并保留在新的沉积物中。连续生长的珊瑚礁成为"冠岩",由死去的珊瑚、海贝壳和沙通过海洋生物分泌的石灰胶结而成。

图 2.1　世界大陆边缘

沙丘形成并向海岸移动,遭受侵蚀,然后被上升的海水所覆盖。北海南部及沿着荷兰海岸的大沙丘被淹没在海里并在水下来回移动,被称为"巨型沙丘"。

波浪可作用于浅水沉积物,平整并压实泥沙。在北极地区,近岸泥沙会周期性地冻结和融化,并受到海冰冰脊龙骨的刮擦。在格陵兰和拉布拉多(Labrador)附近,冰山曾刮擦了水下几百米深处的沉积物和岩石。拜耳(Belle)岛海峡位于拉布拉多和纽芬兰之间,从海峡的水下照片和声像可清晰看到岩石中有许多这种深蚀痕迹。在众多海岸地区都能发现断层痕,其断崖高达5m。可能还存在着更多的断层痕,这些断层痕被后来的沉积物部分覆盖。

直到现在,阿拉斯加库克湾还能看到一个有趣的过程。坦纳根(Turnagain)海湾陡峭的峡湾壁会发生岩崩,使巨大的砾石堆积在滩涂上。冬季高潮时海水冻结,砾石周围形成冰块。当下一次高潮到来时,砾石随着冰筏浮起并漂离。冰筏移动到库克湾南部时,由于盐度增加及水温升高而融化,砾石沉入水中。这应该是北海和阿拉斯加湾海底出现许多砾石的原因之一。

有许多复杂而相互作用的过程曾经塑造过海底并将继续塑造着海底,以上只是对这些过程的部分描述。一些特殊困难条件导致了许多施工问题,后面的章节将对此进行介绍。

在这些章节中,会经常提及岩土工程师在获取合适的海底泥土样本和数据时所遇到的困难。尽管在改进取样方法和应用新技术(例如电阻率、剪切速度和地球物理方法)上不断取得进展,但是仍有多种海底泥土的取样比较困难。在许多情况下,取样位置的岩土强度要超出传统取样方法的适用范围。使用技术水平比较低的粗糙取样方法将无法发现或识别一些关键成分。施工工程师应该认识到这些问题,这样才能正确解读岩土报告和钻探记录,并根据施工方法、设备和程序做出合理的决策。而没有发现这些潜在问题已经导致了大量成本超支和施工延误的情况。

大多数海洋结构物都在比较大的范围内使用。在这个范围内泥土特性可能会发生明显的变化。由于成本和时间关系,可能无法进行足够的钻探以获取真实信息及变化情况。所以有时就会不太合理地将重点放在少数可以得到的钻探样本上。地球物理方法(例如电火花测探法)及现场地质研究能帮助施工人员了解可能遇到的泥土特性范围。

大陆架通常比较平坦,没有明显的特征,并且坡度也很平缓。而深海则崎岖不平,变化多样。地质过程包括滑坡、活性断层以及海底侵蚀。墨西哥湾深海海底的地形是高低不平的,这是由于盐类沉积层在过去及现在的抬升,100 年里垂直抬升可达 2~4m。在多岩石的海底上形成了冠岩沉积物,并汇集大量气体水合物。水合物层可延伸 300~500m,高出海底 40m。生物群落在抬升的盐类沉积层及渗出的碳氢化合物上形成,抬升的盐类沉积层可延伸几公里,高出周围海底达 200m。断层崖的坡度可以达到 45°。在 300m 深度通过直布罗陀海峡的管线就遇到许多高度为 10~20m 的断崖。深水黏土的特性可发生生物学上的改变,要比普通海洋黏土更为灵敏。盐水湖的流体密度明显更高。化能合成生物群落(例如管状蠕虫)可出现在海底烟囱、隆起的水合物层以及渗出碳氢化合物的断层上。

河口和许多港口底部通常由非常细小的沉积物构成,例如泥、黏土和沙。上层沉积物是近代沉积物,因而比较松散薄弱。其厚度不一,充填在上一次冰期(当时海平面比较低)形成的江河和溪流峡谷中。在施工和疏浚时松散的细泥沙容易滑坍,显然这主要是由于在上方累积了过大的孔隙压力,而疏浚时又形成了局部垂直面,所以就会导致不稳定状态的出现。滑坍也可在坡度为 1:6,甚至更平缓的斜坡上发生。获取未受扰动的松散沙样本是非常困难的。

河流沉积物的变化范围可从近代粗沙到洪水时沉积的砾石和卵石层。湖泊沉积物通常是细沙和黏土。

2.2 密实沙
Dense Sands

北海和纽芬兰附近的沉积沙会受到上方风暴波浪的持续冲击。冲击可能不是准确的用词,实际发生的情况是上层沙的内部孔隙压力交替升高、降低,然后再次升高。曾经测量到孔隙压力的变化值达 3.5T/m²(35kPa;5psi)。经过数百万次循环,沙层变得极为密实,固结程度常常要比实验所能达到的更高。其摩擦角可超过 40°。

当采用传统技术取样时,沙可能会受到扰动,所以实验室检验报告经常会低估其密度和强度。获取未受扰动的样本可采用冻结法。

2.3 土的液化
Liquefaction of Soils

大至沙砾小到粗泥沙,只要颗粒状沉积土是饱和的,在地震的强烈引发下很容易就会发生液化。孔隙压力升高的速度超过了间隙水能够散播的速度,这样颗粒就能保持分散状态并在薄层水上滑动。风暴波浪的周期性冲击及破碎海冰的周期性挤压可导致液化,此时泥水团块就相当于重质液体。使用振动桩锤或冲击桩锤反复打桩的施工作业也能引发液化。作为帮助桩贯入的一种方法,可有目的地使泥土产生液化,但如果液化是意外产生的,则不会有明显的预兆。

一旦发生了液化,在完全消散前,低于最初产生液化所需能量的振动能量就可再次引发液化,例如余震。将水力充填物快速灌注到预先准备好的沙中会产生冲击力,这也能导致液化及滑坍。

- 松散沙要比密实沙更容易发生液化,大致的划分标准是 N_{sp} 为 30;
- 通过排水、预先脱水和压实可预防液化并使孔隙压力消散;
- 在周期性载荷的作用下,未压实黏土的抗剪强度会降低。

2.4 石灰质沙
Calcareous Sands

世界上许多温暖海域都存在石灰质沙,例如澳大利亚南海岸和西海岸、东地中海以及巴西近海。石灰质沙是类似于沙的沉积物,由微小生物的外壳所形成。在实验室进行检验时,石灰质沙表现出比较高的摩擦角,但其实际特性与沙相比是大相径庭的。高承载力值只有在发生较大变形时才能得到。但是对桩的摩擦力几乎为零,由于微小的生物外壳会发生破碎,所以无法对桩壁施加有效的压力。于是打入桩就非常容易,但抗拔承载力很小。一个极端的例子是：拔出贯入石灰质沙60m的桩，测得所需的力只略微超过桩的重量！石灰质沙相对难以渗透，但加压水泥浆可在接触面破碎颗粒，因而能与接触面后的石灰质沙固结在一起。灰屑岩是石灰质"沙岩"，而砾屑灰岩是石灰质砾岩，虽然都有初始硬度和强度，但因为含有石灰质沙成分，也容易发生碎裂，导致突然失去强度并发生较大变形。未胶结的石灰质沙相对难以渗透，所以存在液化的可能性。

取样时不可避免会破碎一些颗粒。在任何检测和评估中比例效应都是很重要的。第8章将介绍在这种泥土中建造合适桩基的方法。

2.5　海底的冰碛物和砾石
Glacial Till and Boulders on Seafloor

通常在亚北极地区的海底可以发现砾石，砾石可能是通过冰筏运移沉积的。当海洋深度比现在浅时，另外一个广泛发生的过程是侵蚀。脆弱的沉积物受到侵蚀，砾石被留下并积聚在一起。第三个过程发生在花岗岩泥土中，例如巴西东海岸、非洲西海岸以及香港。当岩石风化为残积土后，其核心仍然保持坚硬，这样就在原地形成"砾石"。对这种残积土进行钻探一般无法发现大部分砾石。但当遇到砾石时，又常常会误报为"基岩"。因过度沉降而发生许多问题后，为了确保正确性，香港施工人员的做法是钻探到"基岩"顶层下5m处。

砾石也存在于黏土沉积物中。有些砾石会出现在源自冰川的冰碛沉积物里，冰川将推移质输送到浅水泥浆中，随后因为冰川的移动而发生超固结。北海的冰砾泥就是这样形成的。冰碛物一词用于说明在北极和亚北极地区发现的不分层砾岩沉积物，沉积物中包含黏土、沙砾、卵石和砾石。这是个非常不明确的词，有些冰碛物砾石很少，主要由沙砾和卵石构成；而有些冰碛物则包含大砾石。施工中最难处理的可能是分级良好的冰碛，所有间隙都被泥沙充填，因而孔隙百分率非常低。这些沉积物通常大量发生超固结，导致单位重量比较大，其结构大致类似于低强度混凝土，单位重量可达2400kg/m^3。

除非进行仔细的计划和实施，否则岩土勘探一般只能发现细颗粒沉积物，样本也可能受到很大扰动，导致样本强度大大低于实际情况。水冲式钻探可以把泥浆和沙带回地面。冰碛物磨蚀作用很强并且非常坚硬，难以钻孔，但结合比较松散。高压喷水机证明可以有效穿透这些冰碛物。如果通过钻孔或外露面等缓解措施可以释放超固结产生的压力,那么就能有效进行正常的施工作业,如疏浚和打桩。

个别砾石和卵石并不会如最初担心的那样成为施工的难题。通常可使用厚壁钢桩将砾石和卵石推挤到侧面的沉积土中。当带有厚壁钢罩或混凝土罩的大型沉箱放置在砾石上时,也可采用同样的方法。处理一堆砾石要更为困难。如果怀疑有许多砾石,就应该寻找并移除,或根据情况改变结构物的位置。

例如沉箱基础下的大砾石可以对基础施加非常集中的局部作用力。北海平台施工现场采用拖捞船技术,成功将海底大砾石拖离并清除。另外一种方法是使用锥形装药将砾石破碎成小块。这些砾石无法在侧扫声呐或声像上清晰显示,通过特殊照明进行录像的工作潜艇(潜水器)是确定海底砾石存在及大小的最有效工具。有时可通过电火花勘探法对未露出海底的砾石进行定位,在浅水中则可以使用喷水探测法。

2.6 超固结淤泥
Overconsolidated Silts

淤泥是了解得最少的泥土类型之一,粒径在沙和黏土之间,并表现出与两者都不相同的特性。淤泥是北极和亚北极地区的典型泥土,虽然也存在于温带地区。波弗特海、库克湾、圣劳伦斯航道以及加利福尼亚海岸附近都有分布,后者为弱粉沙岩。

淤泥的一个独特性质是超固结。超固结黏土通常是由于曾经受到覆盖层或冰(冰川)强大负荷的作用,这种负荷后来因侵蚀过程或融化而消除。而淤泥甚至经常在没有经历过地质沉积史的地方发生超固结,对此有多种解释,包括浅水中的冻融循环、波浪作用以及静电引力。不管是什么成因,超固结淤泥都非常致密,对于贯入、打桩和疏浚产生比较大的阻力。

取样,甚至是现场十字板剪力试验都会扰动淤泥。许多传统钻探则将淤泥报告为“泥浆”。这种淤泥通常对钻孔的磨蚀作用非常大,但在高压水流的作用下很容易破碎。有些矛盾的是一些淤泥可长时间保持悬浮状态,而一旦沉淀后又会变得非常致密。对于施工人员而言,淤泥造成的问题类似于遇到水就发生碎裂的极软岩石。

2.7　海底永久冻土和笼形包合物
Subsea Permafrost and Clathrates

目前已经知道残余的永久冻土带可在北极海域下延伸。自从冰期以来永久冻土带就存在于那里,现在则被更为近代的沉积物和海水所覆盖。北极夏季的浅水温度从$-2℃$到$+8℃$,并从上到下逐渐融化冰层。上层沉积物的温度约为$-1℃$,对永久冻土可以起到有效的隔热作用。在许多北极及一些亚北极河流和海湾底也有永久冻土存在。

海底永久冻土的顶部可为沙,由于逐渐融化,这些沙可能只发生了部分冰联结。如果是其他泥沙和黏土沉积物,则可形成冰透镜体和冻结的泥沙透镜体。再往下就是发生完全冰联结的永久冻土。海底到永久冻土上层的深度一般为$5\sim20m$。水下永久冻土通常是不连续的。

永久冻土无疑会对施工造成困难。可使用蒸汽射流和高压海水射流协助打桩和开挖。有时也可进行钻孔,但若不使用射流,过程将非常缓慢。如果永久冻土融化,就会出现固结沉降。

笼形包合物是甲烷水合物,为冰和甲烷结合而成的疏松晶体,在合适的温度和压力下保持稳定。甲烷水合物存在于温带深海海底及北极海底几百米深的地方。一旦被贯入,甲烷水合物就会转变成气态,体积可膨胀 500 倍。甲烷水合物可能会给油井钻探及油井套管带来问题,但因为比较深,一般不会影响到施工。

2.8　北极松软淤泥和黏土
Weak Arctic Silts and Clays

出现非常松软的淤泥和粉质黏土层是北极离岸施工比较令人担心的一个

问题。在海底附近出现可能是由近代沉积及海冰龙骨经常刮擦而造成的。很难解释为什么在比较坚硬的上覆岩土下 5～20m 处测得的抗剪强度非常低。现在知道北极淤泥是各向异性的,其承载强度要大于抗剪强度。对于这种极低强度,一个可能的解释是海底永久冻土带融化而释放的水和甲烷气体被封闭在不渗透性淤泥的表层下,形成比较高的内部孔隙压力并破坏了淤泥的结构。这种现象也会严重扰动样本。

2.9 冰蚀和冰举丘
Ice Scour and Pingos

北极和大部分亚北极海底都受到海冰冰脊龙骨和冰山的侵蚀。先看北极,这些侵蚀是每年发生于水深 10～50m 的规律事件。海冰龙骨刮擦出不规则的沟槽,长度可达一公里或更长,深度一般 2m,最多 7m。尽管在某一时间段这些侵蚀是有方向性的,但方向会随着海流和风发生变化。因而侵蚀范围内的整个海底就如同被均匀地平整过。新沟槽通常 2m 深,或有 8m 宽,斜坡顶部有较小的隆起脊。沟槽迅速被松散的软质沉积物所充填,许多沉积物是刮擦作用产生的。海象为寻找蛤蜊而在白令海较浅的海底翻拱,也可产生新的松散沉积物。

对于深水中的冰蚀痕究竟是在当前环境下形成的还是海底比较浅时形成并遗留到现在仍然存在着争议。冰山也能对比较深的海底进行侵蚀,并且由于冰山的能量更大,其侵蚀痕也更深更长。冰山甚至可以在暴露的基岩上进行表面侵蚀,例如在纽芬兰和拉布拉多之间的拜耳岛海峡。

在北极近海经常可以遇到的另外一种海底现象是海底冰举丘。冰举丘是因持续冻胀而从淤泥土隆起的小丘,为海岸上常见的地貌。如果冰举丘出现在浅海中,一般认为是在海平面比较低的冰期时形成并遗留到现在。当以前形成的冰举丘融化并倒塌后,会在海底留下小型环状坑。

2.10 甲烷气体
Methane Gas

在包含有机物的三角洲沉积物浅层位置处可产生甲烷气体。岩土钻探或打桩可导致甲烷气体释出,发生小范围爆炸并伤害人员。甲烷气体也可出现在不含有机物的北极淤泥浅层位置,据推测这种甲烷气体最初可能是以甲烷水合物(笼形包合物)的形式封闭在海底永久冻土中,当永久冻土温度升高时被逐渐释放出来。释出的甲烷气体向上移动并汇集在地表附近淤泥的下方。因而孔隙压力会升高并显著降低淤泥黏土的抗剪强度。

可通过地震折射及预先钻小直径孔来确定是否存在甲烷气体。特殊的气体检测装置能发现释出的甲烷气体。

大直径钻孔或沉入管桩可导致甲烷气体突然大量释出,在上部发生爆炸或火灾并可能对人员造成伤害,曾经发生过的一个极端事例是水中的气泡导致钻机失去浮力并沉没。

2.11 泥浆和黏土
Muds and Clays

很多岩石在风化过程的最后阶段都会形成黏土,这是构成许多三角洲的主要成分。黏土在后续沉积物的覆盖下固结,非常难以渗透并且黏性很强。黏土通常是各向异性的,水平方向的渗透性要比垂直方向更好。黏土中常常嵌有薄泥沙透镜或泥沙层。黏土一般都包含有机物,其特性取决于颗粒形状、矿物组成和水含量。类似于蒙脱石的薄平片状黏土具有动态润滑性,而其他类型的黏土可表现为黏性、"极黏"、塑性或坚硬。

表 2.1 黏性泥土(黏土)中标准贯入试验和开挖稳定斜坡之间的相关性

泥土结持度	单位	非常软到软	软到中等硬度	中等硬度到硬	硬到非常硬	坚硬
标准贯入试验锤击数	bpf	0~2	2~4	4~8	8~16	16~32

67

（续表）

泥土结持度	单位	非常软到软	软到中等硬度	中等硬度到硬	硬到非常硬	坚硬
典型深度[a]	ft	0.1~10	15~25	25~40	40~80	80~100
抗剪强度（通过标准贯入试验锤击数、不固结不排水试验或现场 kPa 十字板剪力试验得到）	Ksf	0.25	0.5	1.0	2.0	4.0
（2 000psf）		（250psf）（4 000psf）12	（500psf）25	50	100	（1 000psf）200
稳定斜坡[b]		需要进行特别的考虑	4:1	$1\frac{1}{2}$:1	1:1	$\frac{3}{4}$:1
是否需要考虑堆载？		是	是	可能	通常不需要考虑	

[a] 与所示抗剪强度相关的正常固结黏土的深度。

[b] 此处为水平距离与垂直距离之比。

泥浆一词用于说明新近沉积、塑性很强的极软黏土。海洋黏土的抗剪强度通常从 14kPa（300psf）到 35kPa（700psf），不过有些表层黏土只有 1~2MPa。泥浆和黏土的这些特性会给施工人员带来许多问题，以下是特别值得关注的（见表 2.1）。

2.11.1　水下黏土斜坡
Underwater Slopes in Clays

当开挖深度有限时，黏土起初可保持比较陡的坡度。水下黏土的浮重远小于其在空气中的重量，因而同水面上挖掘相同的黏土相比，导致坍塌的作用力也要小得多。但随着时间的推移，黏土发生应变（蠕变），失去强度并以典型的剪切曲面坍塌。水下稳定斜坡的坡度范围从 1:1（水平与垂直比）到比较平缓的 5:1。开挖深度增加，斜坡坍塌的可能性也增加。进行比较深的开挖时应通过一个或多个土台逐级下降。

斜坡上的堆载增加了可导致大规模突然坍塌的作用力。在实际作业中，堆载常随着开挖物的堆放处理而增加，特别是使用链斗式挖泥船进行开挖或筑堤建造水力处理沉淀池。如果弃土堆的坡脚与沟渠边缘的距离远大于沟渠深度的话,通常可以忽略堆载效应。

黏土对振动非常敏感,例如附近打桩产生的振动。在沟渠边的弃土堆顶部倾倒一大铲开挖物也可能会引发斜坡坍塌。

波浪可在黏土斜坡上产生周期性应变。持续的强波浪作用导致应变在黏土中累积,这个过程类似于疲劳,可使抗剪强度下降多达 25%。

飓风和气旋产生的波浪周期性作用于坡度为 1°或 2°的海底平缓斜坡,可累积起孔隙压力并引发大规模泥流,导致平台发生故障,管线破裂。

2.11.2 打桩时黏土的"再固结"
Pile Driving "Set-Up"

在冲击桩锤的击打下,桩通常很容易贯入黏土。短时间内,黏土对桩侧的黏附力很低。但短暂静止后,黏土将会以全部黏附力黏结到桩上,这个过程称为"再固结"。所以在黏土里打桩时,如果因为接桩而发生停顿,重新开始打桩后锤击数将会大大增加,有时桩甚至无法下沉。这种增加的阻力通常有一部分会成为永久阻力。

2.11.3 短期承载强度
Short-Term Bearing Strength

施工人员常常会比较关心黏土的承载强度,例如对安装在防沉板上的导管架的支承能力。在典型的厚层黏土沉积物中,表层的单位承载强度值可能是单位抗剪强度的 5 倍,而到了表层下一定深度,就可能为单位抗剪强度的 9 倍。

当薄层黏土覆盖在更为密实的泥土上时,剪切破坏机理会受到限制,抗剪强度可保持比较高的数值。当结构物基础比较大,并且准备在局部施加集中载荷时也会发生这种情况。通过将堆载物放置并局限在负载区域周围,可以使更大范围的黏土承载剪力,从而增加承载强度。

2.11.4 疏浚
Dredging

由于具有黏附力,黏土会给疏浚带来问题。因为水流并不均匀,所以在进行水力疏浚时可形成黏土球。而采用链斗式疏浚时,黏土会黏附在铲斗上并且不易清除。

黏土处于悬浮状态时就变成胶态,非常混浊。黏土颗粒在静水中从悬浮状态沉淀下来需要很长时间。可能的话,使用化学絮凝剂甚至是海水都可以加快凝絮作用及沉淀过程。

2.11.5 取样
Sampling

泥浆和黏土的取样会给岩土工程师带来特殊问题。物理扰动可导致泥土重塑并暂时失去强度。取样扰动常常是样本强度低于取样处岩土强度的原因。可参考标准贯入试验及其他试验,包括现场十字板剪力试验和圆锥贯入试验(CPT)。所有这些试验都需要黏土深度、应变率以及各向异性的修正系数。

2.11.6 贯入
Penetration

固定于海底的结构物常常设计有需要贯入泥土的防护桩或防护罩,桥墩沉箱和大直径圆柱桩也必须沉到预定深度。这些设备的贯入阻力为承载点或边缘的最大承载力加上侧向剪力,后者起主要作用。当桩尖内产生土塞时,由于内部剪力的作用承载力会大大增加。最近的研究表明,当锤击比较迅速时,大直径(大于 2m)开口管桩内不会形成黏土塞。疲劳和重塑作用可降低有效抗剪强度。

在有些黏土中,加大桩尖可暂时增加桩外侧的环面面积,这样就减少了侧向剪力造成的阻力,尽管桩尖的承载面积也因此而增加,但还是能降低总阻力。黏土的短期黏结性通常要低于长期黏结性,任何动力过程一般都会导致局部重塑并降低抗剪强度。

2.11.7 黏土的固结;强度的提高
Consolidation of Clays; Improvement in Strength

对黏土进行排水能显著提高其强度。水含量的减少可导致固结,增加抗剪强度,一般而言有助于提高所有性能。黏土的固结可以通过堆载(覆盖载荷)、提供排水(排水板或排水沙井)以及时间的推移来实现。对于建造在黏土上并且重量比较大的结构物,由于存在这种固结过程,其基础的强度会逐渐增加(见第7章)。

2.12 珊瑚及类似生物成因的泥土:胶结土、冠岩

Coral and Similar Biogenic Soils; Cemented Soils, Cap Rock

珊瑚及其他钙质沉积物是能够从海水中提取碳酸钙的海洋生物死亡后留下的骨骼,最初的结构比较复杂,并且随着时间的推移而变硬。沉积物的脆弱部分逐渐被风暴侵蚀,露出年代比较早,也比较硬的部分,随后新的珊瑚在其上生长,与较老的珊瑚混合并嵌合在一起。新的沉积物,包括通过风力或海岸线输送而沉淀的钙质沙或硅质沙,可与珊瑚呈交错沉积。

这种岩石的构造如果不均匀,通常会呈现出很强的分层性。一般非常坚硬,小块岩石很像燧石,但是有比较大的空隙。很多岩石是由海贝壳形成的,因而非常脆。许多热带和亚热带地区都存在冠岩,这是近代海面附近的珊瑚沉积物,常常内嵌沙粒。冠岩在各地有许多称呼,如科威特称之为"盖奇"。

随着海面的上升,珊瑚层逐渐沉入水下,因而经常可以遇到非常多的地层,顶部为近代珊瑚礁或冠岩,向下是各种各样的沙、珊瑚、钙质淤泥和石灰岩层。不同地区的岩土剖面变化很大,常常可以在1m厚的石灰岩层下发现非常脆弱的泥沙透镜体。使用重型设备可以对珊瑚和石灰岩进行机械挖掘,特别是如果能够破碎上覆坚硬地层的话,但在有些地区冠岩可能太硬太厚。在沙特阿拉伯东海岸附近就需要使用破岩机。而在夏威夷岛海岸附近,通过使用锥形装药或大量火药进行表面爆破,通常可以有效破碎表层岩石,进入下面的未固结沙层。一般只有将炸药安放于坚硬地层才能有效进行钻孔和爆破。如果放置位置过低,只会形成无法挖掘的大块岩体;而放置位置过高,则可能无法完全破碎地层,只是将沙和水扬到空中。由于钻孔液可在多孔地层或孔隙中流失,所以钻孔(如打桩)也会遇到很大困难。

胶结及部分胶结的沙在亚热带和热带海底很常见。通常胶结岩土是源自海洋生物的钙质沉积物。就胶结程度而言,这些地层一般非常不均匀,并且常常是粗糙分层的。由于胶结过程通常是个长期的过程,当海平面下降,然后再次上升并沉淀了松散的未胶结沉积物时,胶结带可能会暴露并受到侵蚀。

2.13 非胶结沙
Unconsolidated Sands

许多离岸地区都堆积了大量的沙,有些河流排放的沙沿着海岸被运移,而另外一些则来自以前形成的沙丘,例如在北海南部。很多河床主要都是由沙构成的。在进行岩土勘探时,对沙进行取样极为困难:沙几乎总是受到取样过程的扰动。因而为了获取不受扰动的样本,就有必要采用特殊技术,例如冻结。对于岩土报告必须进行非常仔细的评估。没有黏结性的岩土很不稳定,对施工作业的扰动非常敏感。在地震、风暴波浪或水力施工作业(例如打桩)的作用下,沙会发生局部液化,暂时转变为重流体。表层沙容易受到波浪的扰动,使内部孔隙压力增加,沙粒松散,所以水流很容易就能将其运移。这也是沙层易于遭受冲刷和侵蚀的原因。

当水深小于波浪有效长度的一半时,就可发生波浪导致的冲刷作用。而当水深小于波浪有效长度的 1/4 时,沙层会遭受严重的冲刷。波浪或其他原因(见第 1.5 节)引发的底层流可以运移沙,特别是在波浪导致的孔隙压力梯度能周期性地使表层沙发生松散的情况下。当沙的填充速度同侵蚀速度相同时,冲刷坑才会最终稳定下来。

结构物附近的河流和潮汐水流可产生冲刷作用,特别是在结构物的边角及下方。堵塞河流的设备及结构物(例如围堰)可使水流及冲刷速度加快。

由于沙的密度不同,在水下沙层中开挖沟渠非常困难和复杂。但如果没有强劲海流及发生于较浅深度的波浪作用,还是可以开挖出稳定边坡的。标准贯入试验锤击数(NSPT)可提供参考,但在水底处得到的标准贯入试验锤击数必须乘以 1.12 才符合浸没于水中的情况。在没有黏结性的沙中,标准贯入试验锤击数必须根据深度进行修正(见表 2.2 和表 2.3)。SPT 是标准贯入试验,标准贯入试验锤击数可以对密度进行度量。

在修正了标准贯入试验锤击数后,对于水下沙层中开挖的边坡,可使用表 2.3 来评估其大致情况。由于松散的表层沙覆盖在黏土或致密沙层上,波浪和底层流的联合作用很容易就能移动这些表层沙并充填到沟渠中。

表 2.2　用于标准贯入试验测量值(已根据浸没在水中的情况进行了修正) 的修正系数,可说明各种深度下的堆载压力

海底以下的深度/ft	标准围压下给定值的修正系数
2	2.3
5	2.0
10	1.8
15	1.5
20	1.3

表 2.3　无黏结性岩土(例如沙)中标准贯入试验与开挖稳定边坡的相关性

	非常松散到松散	松散到中等密实	中等密实到密实	密实到非常密实
修正后的标准贯入试验锤击数	0~4	4~10	10~30	30~50＋
相对密度	0.15	0.35	0.65	0.85~1.0
湿重度(lb/ft³)	70~100	90~120	110~130	120~140
稳定边坡	4:1	2.25:1	1.75:1	1.5:1

港口中的中等密实沙通常可以开挖的坡度为 2:1(水平与垂直之比)。这适用于深度为 10~12m,岸堤堆载不超过水上 4m 的情况。开挖更深和/或堆载更高将导致不稳定。水深超过 3 或 4m 的离岸沟渠能以 2H:IV 的坡度顺利开挖,但也会发生一些塌落和充填,特别是如果波浪或潮汐成一定角度越过沟渠时。

淤泥和云母可显著降低水下边坡的稳定性。孟加拉国贾木纳(Jamuna)河边坡的云母含量高达 25%,为了保持稳定坡度必须为 5H:IV 到 6H:IV。云母还会影响打桩,产生的表面摩擦力要大大低于同等密度的纯硅质沙。因为颗粒受到冲刷并流失,取样过程常常会损失云母含量。

边坡上的沙,特别是表层松散沙,会向下移动到水下开挖的沟渠里。如果存在主要水流,沟渠的上游一侧会发生填充,下游一侧则发生侵蚀,这样横向穿越水流的沟渠将向下游"移动"。

在浅海(50m 左右)中开挖的沟渠及其他水下结构可对波浪产生衍射效应,

使波浪向边缘折射,而开挖的中心位置则比较平静。垂直于海岸的长沟渠不仅比较平静,而且因为波浪向两侧折射,还可为从海岸返回的水流提供通道,这样就能清除掉沟渠中的松散沉积物。

沙还可以随着海流的总体方向沿海岸移动,这就是著名的沿岸运移。夏季时波浪能量降低,沙在靠近海岸的地方沉积。而当冬季波浪能量增加时,沙向海里移动更远,并形成厚度通常为10m的沙滩。

在水深较大的地方,例如北海北部,坚硬的黏土海底上会形成比较薄的表层沙质透镜体,厚度不超过1m。薄沙质透镜体虽然没有胶结,但可以在任何大型结构物的平坦底部形成高阻力带,即高局部承载压力带。这就是"硬点",产生的局部压力可高达300T/m²(3MPa;66ksf)。在这种构造地区需要进行详细测深的部分原因就是由于存在着硬点。

在沙层上进行结构物施工会改变沙的特性。作用于结构物的波浪能量传递到基础,可增加孔隙压力。由于波浪是周期性的,所以孔隙压力会逐渐累积,直至在边缘下方形成局部液化。这最终可导致泥土流失,而结构物的摇动将使这个问题更为严重。这也是混凝土沉箱海岸防波堤在波浪作用下一般向外坍塌的原因:坡脚下方的沙都流失了。

在主要水流的作用下,海岸沙可进行横向移动。沙会在阻碍这种移动的结构物在"上游"侧堆积,而"下游"侧则发生侵蚀。

2.14 水下沙丘("巨型沙丘")
Underwater Sand Dunes ("Megadunes")

在强劲海流(例如英吉利海峡及南美洲和东南亚主要河流河口处的海流)的作用下,可以形成波浪状的沙层(沙丘)。这种沙丘的移动方式同陆地上的沙丘一样,背面发生侵蚀,并在前面再次沉淀下来。通常最大高度为3~15m,长度可达100m。所以在这种地区计划施工时,向下开挖的深度就必须达到或低于沙丘的凹槽,否则结构物或管线最终可能会暴露于海底上方。

河流和河口底部也能形成沙丘,并随着主要水流向下游移动。在孟加拉国贾木纳河的河床中,高达10m的沙丘每天可以移动几公里。

2.15 基岩露头
Bedrock Outcrops

基岩露头主要会给局部施工位置带来问题。如果在深水中或露头被沙部分覆盖,所产生的不平整及硬点问题就非常难以发现和勘探。

岩石露头可发生不规则的破裂和风化,因而为了将不同的钻孔竖井修建在坚固的岩石里,每个竖井都可能要延伸到不同的深度。而另一方面,表层附近的风化岩石也使套管更加易于固定,套管可用于进行后续的钻孔和沉入桩尖作业。风化岩石能够为打桩提供横向支承。

可以用以下几种方法处理露头:

(1)较软的岩石可通过挖掘清除所有明显不平整处,并用合适的级配砾石或碎石回填。也可使用管道犁清除不平整处。

(2)为了挖掘较硬的岩石,需要进行水下钻孔和爆破。例如对于单独的岩石突出点,可使用锥形装药。

(3)可修建钻孔竖井,每个竖井都应延伸到坚固的岩石里。

(4)所有不平整处都应覆盖一层足够厚(如 3m)的岩石(水下堤坝或护堤)以提供均匀的承载力。

设计时可以使管线和结构物越过不平整处。为防止在波浪和海流作用下移动、磨蚀和碰撞,需要使用合适的锚。

为了沉桩及修建竖井而需要在岩石露头内钻孔时,如果岩石坡度比较陡、非常不规则或覆盖有坚硬但破碎的岩石,就会遇到如何开始钻孔作业的困难。曾经暴露于古代地质时期的岩石露头可能已经风化。但地层内及沿着裂缝和其他不连续构造所发生的风化作用差别很大,因而钻孔穿过坚硬岩石后,其下方的岩土可能会比较软。在坚硬的岩石露头上钻孔,必须将套管固定在足以密封钻孔回流并防止管尖下方沙土涌入的深度。最好的方法是先将套管放置在岩石表面,使用潜孔钻机或冲击钻机钻入 300mm 左右,然后在开始钻孔作业前沉下套管并重新固定。黏土铺盖也是密封套管的一种方法。

在一些脆弱岩石(例如泥岩)中,如果能够缓解围压的话,可通过打桩将其沉入。如直径较小的一个或多个导向孔有助于打入直径大一些的桩。

喀斯特石灰岩的特点是充填了淤泥、黏土或沙的溶穴。主要结构物的基础必须延伸到其下的坚固岩石或设计时使基础越过喀斯特石灰岩。尽管经常在溶穴中灌注水泥浆,但无法完全替代已经填充的岩土。因为构造及与附近溶穴的关系多变而不确定,所以使用诸如喷射灌浆的技术是不太可靠的,必须通过对承载区域及结构物覆盖区域周围进行密集钻探加以确认。

对于所有的基本岩石类型,如果岩石中存在布满断层泥或裂隙的残余断层,而沿着这些断层泥或裂隙又发生了明显风化和剥蚀的话,也会出现类似的问题。由于常常是近水平分布,因而难以发现。脆弱岩土或断层泥带的宽度从 100mm 到 1m。在冰期海平面比较低时,海底的暴露范围通常可限制风化缝的深度。

2.16 卵石
Cobbles

有些受到强劲海流或波浪作用的海底区域"铺"满了卵石,卵石堆积密集,空隙中可能有沙,也可能没有沙。在这种卵石区域进行开挖非常困难,因为大多数传统设备都难以插入。而一旦开始挖掘沟渠或井坑,边坡就变得非常松散而不稳定,应根据海流采用比较平缓的坡度,例如 2∶1 或更平缓。卵石表面圆滑,摩擦角较小。如果是修建钻孔竖井,就有必要在套管尖下方进行灌浆,这样就能稳定并挖掘卵石。冲击钻孔(使用冲击钻机或潜孔钻机)被证明是非常有效的。

需要通过大直径(如 600mm)钻孔进行取样。

2.17 深海砾石沉积
Deep Gravel Deposits

深海砾石沉积可见于亚北极地区,由冰川及河流从山峦上侵蚀并输运到海洋里,分层和细度都很差。虽然由坚固的岩石组成,但由于表面圆滑并且孔隙比相对较高,所以摩擦阻力非常低。因而砾石沉积非常不稳定,开挖坡度应非常平缓,例如 3:1。

桩沉入砾石沉积后通常无法产生足够的表面摩擦力。由于孔隙比高,端部支承可能也低于预期。在很多情况下为了获得足够支承,已证实有必要加大桩尖或贯入到更深位置。这种砾石沉积无疑很难通过传统方法进行取样,任何样本都会受到一定程度的扰动,因而难以确定其密实(固结)度。取样可能需要使用冻结法。

2.18 海底软泥
Seafloor Oozes

海底软泥是比较薄的絮凝层,通常为有机沉积物,覆盖于许多深海盆地的海底表面上。海底软泥易于发生移位,所以普通物体很容易就能穿过并下沉。海底软泥受到最轻微的扰动也会产生混浊的水团,影响视线、定位和控制。海底软泥非常柔软,很多情况下潜水员或物体(例如遥控机器人)可以像穿过密度略大于水的液体一样穿过海底软泥并下沉。

通常由于回声测深或电火花勘探法都无法显示,取样管中的海底软泥很容易就被冲洗掉,因而在施工前常常不能确定海底软泥的存在。例如使用特殊抓斗取样,在挪威峡湾的海底发现 25m 厚的粉沙质软泥层,传统的声学测深则穿透了软泥层而没有发生发射。为了对深海松散沉积物进行十字板剪力取样,必须开发特殊的吊斗。

2.19 海底不稳定性和滑动;浊流
Seafloor Instability and Slumping; Turbidity Currents

石油业最感兴趣的离岸地区是大型沉积盆地。虽然许多地区都是比较稳定的远古沉积物,但也有仍然处于活动状态的三角洲地区。大型淡水河流以胶态悬浮方式输运着大量泥沙和黏土,例如密士西比河、亚马逊河、奥里诺科河和刚果河。淡水和咸水接触后发生絮凝作用,高度分散的泥土颗粒沉淀到海底。这种新近沉积物可周期性地发生大规模滑移并向海洋移动。这个过程甚至在远离河口的海洋中也是经常出现的,如在海底峡谷(美国东海岸附近的巴尔的摩峡谷)两侧及大陆架外缘。阿拉斯加波弗特海中的大陆架坡折附近存在着大范围滑动的证据(见图 2.2),而在墨西哥湾则表现为泥流。

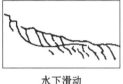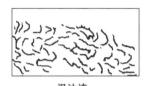

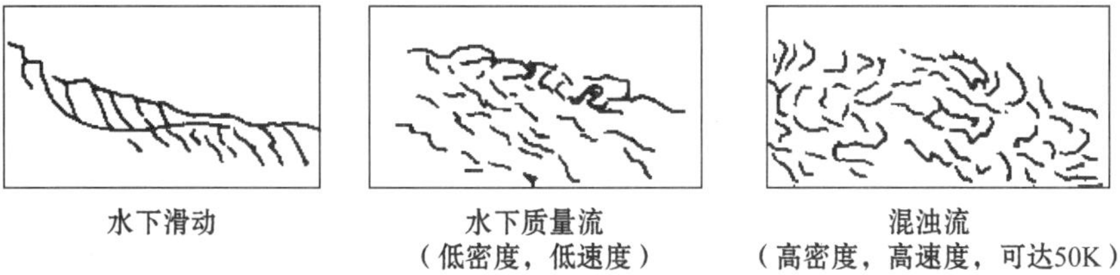

| 水下滑动 | 水下质量流
(低密度,低速度) | 混浊流
(高密度,高速度,可达50K) |

图 2.2 海底不稳定现象

(美国海军土木工程实验室报告 R 744-1971,加利福尼亚怀尼米港)

水下沙质沉积物也可胶结得非常松散。不管什么原因导致内部孔隙压力增加,沙都会转变为重质液体。沙和黏质粉土可产生水下流体和混浊流,其中有些发生频繁,是海岸沙运移到海底峡谷并沉积在大陆坡海底扇的原因。在向下流动的过程中,海底峡谷本身也受到侵蚀。而由强烈风暴或地震引发的水下流体和混浊流相对要少一些。在黏土地区,这些水下流体和混浊流可因留存了粉质黏土中的甲烷气体而强度变大。此外,在非常平缓,表层看起来比较稳定的斜坡上也会经常发生。

2.20 冲刷和侵蚀
Scour and Erosion

海流和波浪可对海底结构物周围及海底施工产生严重的侵蚀作用。对于没有黏结性的岩土,在侵蚀的同时还可以进行充填;而对于黏结性岩土(如黏土),可逐渐进行侵蚀但一般不会进行充填。

在沙中横向穿越水流开挖的沟渠会向下游缓慢移动,沟渠下游一侧受到侵蚀,而上游一侧则不断进行充填。河流外弯处的黏土堤岸受到冲刷后常常被破坏并坍塌。

对于沉箱而言,最为严重的是在其下方发生的冲刷。当沉箱底部接近水底时,下方的水流速度加快,有时岩土的侵蚀速度甚至和沉箱的下沉速度一样快。

板桩围堰及桥墩周围的冲刷发生在上游方向及下游边角处,有时可向下游延伸很远。

当大块岩石直接放置在沙层上时,由于沙被水流冲走,岩石最终将下沉到更低的高程。

结构物周围的冲刷主要由形成的漩涡引起。弯曲的河岸及两股水流汇合使河流产生冲刷作用。高速水流能形成沙丘,沙丘可缓慢向下游移动。

岩石受冲刷的程度与岩石水下密度的立方成正比,因而高密度岩石不容易受到冲刷。此外还受岩石分层和密实度以及暴露面粗糙度的影响。

2.21 总结
Concluding Remarks

对施工现场及施工现场附近进行测深是极其重要的,因为这将影响导管架、沉箱以及更为复杂的结构物(例如管线)的安装。必须使用适当的测量方法及定位系统以确保将测深、岩土勘探以及实际安装都控制在相互关联的同一位置。因为许多电子测量系统存在公差和系统误差(例如夜间效应),通常需要使用能标识出现场正确位置的方法,例如全球定位系统(GPS)和声学应答器,浅水中可用铰接式柱形浮标。

现场测量还应仔细确定所有自然或人工物体的相对位置,包括管线、遗弃的锚和套管等,由于先前进行过勘探钻井作业,这些物体就常常被抛弃在离岸施工现场附近的海底。侧扫声呐和遥控机器人拍摄的录像是发现这些物体的最有效手段。

冲刷和侵蚀已在相关章节中进行了介绍。在深度为100m甚至更深的地方,可能发生冲刷作用的条件是波浪作用累积起内部孔隙压力,并且涡流同时具有垂直分量和水平分量。最近的研究表明,冲刷甚至可能在周期性涡流叠加稳定单向海流的特定深海区域发生。

由于在结构物安装过程中及就在安装结束后都会发生冲刷,因而结构物就位后尽快进行监测及提供足够的保护是非常关键的。冲刷的防护方法将在第 7 章介绍。在有些情况下,先于安装进行冲刷防护是必要而合理的。例如将大型沉箱放置到海底时,沉箱底部的水必然会被排出,这样就产生了冲刷作用。同样在安装时,如果结构物下方有比较小的缝隙,海流或波浪作用可在结构物下方引发比较高的水流速度,从而产生冲刷作用。

打桩也会产生类似现象。打桩利用压力梯度对泥土进行局部侵蚀,并在结构物下形成通道或隧道。这不仅会削弱基础,还会影响需要保持过压(例如为了拆除结构物)或负压(例如帮助沉入套筒)的后续施工作业。

有些泥土可因施工过程中条件发生变化而发生退化和软化,特别是如果曾经覆盖有不透水的岩土或者本身就是松散胶结的泥土。

总之,海底岩土环境是施工人员最为关注,也是困难最大的因素。不稳定、无法贯入以及边坡坍塌仍然困扰着施工作业。对于目前离岸作业的施工人员而言,面临的最大问题可能是北极的超固结淤泥及亚热带的钙质沙;而给河流及港口施工带来最大困难的则是松散淤泥和云母沙。所以岩土工程师和施工工程师只有紧密合作才能更为有效而经济地进行离岸施工。

苍海苍海,余念旧恩。

儿时嬉水,在公膺前。

沸波激岸,随公转旋。

淋淋翔翔,媵余往还。

涤我胸臆,慑我精魂。

惟余与女,父子等亲。

或近或远,托我之身。

今我来斯,握我之鬐。

(拜伦勋爵"恰尔德·哈罗德游记")

第 3 章 海上施工的生态和社会影响

Ecological and Societal Impacts of Marine Construction

3.1 概述
General

近年来,整个社会就人类活动,特别是施工作业对生态以及人类健康和生活质量造成影响的担忧呈急剧增长之势。由于海水可以轻而易举地将局部排放和在当地造成的影响传播至更广泛的区域,包括极端情况下至整个河口、河湾甚至是整个海湾,例如阿拉斯加州威廉王子湾的严重溢油,因此海上施工作业都是在极为敏感的环境中进行的。海上活动是公众关注的焦点,由此产生了许多的规范,意在消除或减缓对生态的破坏,并将对于人类群体的危害和扰乱降到最低。

由此,在规划阶段就落实相关规定并做好预防措施已变得极其重要,而非像过去一样,在实际施工期间才试图纠正或减轻负面影响。施工方必须将这些规定视为其工作的内在要求,就如同工作规范一样,只是加上了法律的影响力而已。

生态的概念是一个包含一切的生命系统,小到微生物大到鲸鱼包括人类,都包含其中。这个系统中任何的分裂都可能造成混乱的后果,并导致遍及整个生命系统的广泛负面影响。尽管全面讨论生态和社会限制不在本书范畴之内,但以下几节内容呈现了一些与海上施工息息相关的突出的社会焦点问题。

3.2 油类和石油产品
Oil and Petroleum Products

海上施工的承包人通常不会直接参与油井钻探作业,但却非常有可能经营着与实际输油管线相关的业务。因此,施工方很可能成为导致溢油的潜在原因。施工方的作业本身包括了燃油(柴油、汽油等)以及润滑油的使用。设备漏油、燃料运送过程中的差错以及没有关闭和密封阀门都可能导致"海面上的油膜闪闪发光",而这在许多沿海水域是被相关规范所禁止的,而且遗憾的是从空中也可以很明显地分辨海面上的油膜。最大可容忍的溢油量自然成为了人们激烈争论的对象。不管怎样,这毫无疑问就是海上施工承包人必须关注的一个问题,或者他们必须采取积极措施防止溢油事件的发生。

溢油所导致的最为有害的直接后果就是海鸟羽毛的污染。沾染在鸟类羽毛上的油会随着鸟类飞行很远的距离,然后停在某个海滩上,在那里可能导致"海面闪光的极美效果"和一些对生物有害的影响。值得庆幸的是这些负面影响在海岸线海滩上并不会持续很久。河湾、湿地和相似地区内的油污染更为有害。另一个严重的影响在于对一些只生长有较少海洋生物(如贻贝、海葵和海藻等)的海滩和海岸岩石的污染。因为这些海洋生物是食物链中不可或缺的一部分,油污染的沉积十分有害。然而,使用蒸汽或者洗涤剂清洁会造成更恶劣的后果。

汽油和柴油远比原油有害。油是有机材料,在活水中由于结合了细菌活动、氧化作用以及阳光会生物降解。

在北极,人们普遍担忧冰层中及冰层下的海上溢油可能导致的后果。加拿大海上溢油研究协会(COOSRA)、阿拉斯加油气协会(AOGA)以及美国海岸警卫队(USCG)已经进行过许多测试。在海面完全覆盖着冰层的冬季,溢油会聚集在冰层之下,海脊高低限制着它的传播。溢油往往会凝结。一些油滴进入海底,这样溢出的油自然地被抑制住,最终会降解。在融冰期,北极的溢油就相当于温带的溢油。如果溢出的油到达海滩,所造成的影响更为严重,因为那里的海滩地势低洼而平坦,并且大量聚集了正在繁殖的鸟类。

在春季解冻期,溢油产生的后果最不确定而且可能极其严重。因为清除工作被浮冰所阻碍。融冰时,溢出的油往往会集中在冰间水道里,在那里浮游植物群落最早开始生长,这些水道同时也是海洋哺乳动物进入海水的通道。溢出的油也会通过冰层中的海水通道向上转移到冰面上,形成油注,如果达到条件这些油注会在冰面上燃烧起来。人们已经投入了巨大的努力来研发破冰情况下对溢油污染有效的清理方法。

液化天然气(LNG)和液化石油气(LPG)虽然不会直接造成污染,但却是高度易燃易爆,所以为了保证严格遵从安全外壳结构的设计,施工的质量管理极其重要。与此相似,对于放射性工序的质量管理也是非常重要的。由于无法设定绝对的尺寸和实施要求,施工方必须弄清并遵守允许的极限条件。

3.3 有毒化学品
Toxic Chemicals

国际法严格禁止在海上排放有毒化学品。施工方极少会牵涉这样的情况，但是如果一旦产生了剩余或者废弃化学品（例如环氧煤焦油或其他溶剂），施工方就可能会疏忽这个问题。施工方必须为这些剩余或废弃化学品安排合适的装载容器，并按照规范运回岸上进行处理。

承包方可能仍然会面对需要装载并处理膨润土泥浆的问题。但在海洋环境中施工，最好使用聚合物泥浆来代替。虽然后者更昂贵，但它却是无毒性且是生物降解材料。

3.4 受污染的泥土
Contaminated Soils

港口的施工经常包括在一些海底泥土已受重金属或者其他有毒化学品污染的区域工作。按规定对泥土的取样评价应该在施工作业开始之前进行。一旦涉及已受污染的泥土，施工方必须决定对任一污染物的遏制手段（如用淤泥覆盖）或者清除手段。通常最合适的唯一方法就是进行疏浚并于指定地点排放。在疏浚和运送过程中对于受污染泥土的装载的规定视受污染程度和种类而有所不同，不过通常都要求开底驳船密封不渗漏。在限制水域，可能会要求在围堰内或者于隔泥幕后进行挖掘。在其他情况下，采掘出的受污染泥土必须被运送到远离的排放地点或者封装在密封的桶内。

相关处理工作越延迟，成本就越高。尽管这通常属于产权人受条约约束并要求符合法律的责任范畴，施工方也必须遵守相关的规范。

3.5　施工废弃物
Construction Wastes

膨润土在施工和油井钻探中均被广泛应用。由于膨润土是胶质,会导致其使用处水体混浊严重。许多在油井钻探过程中使用的添加剂(如重晶石)均有毒性。因此对于大部分内陆水体,禁止排放膨润土。往内陆水体中排放混凝土余料也受禁止,因为水体 pH 值升高而产生污染,对鱼类会有负面影响。

3.6　水体混浊
Turbidity

疏浚、填埋、爆破和开沟都是典型的海上施工作业活动,但这些作业会剧烈搅动沉积物,从而导致细小颗粒的产生,例如使淤泥变成胶质悬浮液。随之产生的水体混浊可能会相当持久,伴随着相应细小沉积物的沉淀,这些因素可能会严重影响到牡蛎、珠蚌和微生物的生长和繁殖。

在河流中进行疏浚所导致的水体混浊可能会顺流而下。在河口或者港口内进行这样的施工作业通常会导致河流中产生从空中也清晰可辨的卷流。当在特定地点如桥墩或进水口等处进行挖掘时,可以允许排放至邻近海底。使用蛤式抓斗可以对河水的搅扰程度达到最小,将抓斗调至离海底几米的高度,摇摆至相应位置,下降到海底,之后再打开抓斗释放沉积物。当用气动提升或者类似方法挖掘少量沉积物时也与之类似,通过一条下垂管道进行排放或者在水下一定深度或在海底将沉积物罩住,就可以将水体混浊降至最低限度。

对于内陆水道特别是在进水口附近的疏浚作业可以要求使用隔泥幕。隔泥幕由一系列呈一定间隔系泊的浮标构成。塑料膜帘的下端系有链式或同类的重物进行加重。这些膜帘受到海浪和海流的影响,因此设计必须符合特定地点的实际情况。隔泥幕对疏浚作业有影响。因此,可以说有必要在隔泥幕上设计一道可以开启的入口,以供自卸式垃圾驳船或其他浮式设备通过。

对于内陆水域的大型疏浚作业,相应的排放地点通常都有严格规定。通常来说,对驳船装载物采用一次性舱底式卸置或侧卸式倾倒所产生的水体混浊最小。排出物几乎完整无缺地沉入海底,并且呈放射状地慢慢分散开来,只有很少的一部分悬浮在水中。

对吸扬式挖泥作业,于开放水域中进行排放是被禁止或者受限制的。通过混凝土管道在海底排放已经取得了一些成功。在管道下端安装锥形阀用以减缓排放速率。大部分吸扬式挖泥的排放是在岸上进行的。建造一个成系统的临时性堤坝和堤岸来容纳水,以便泥沙和淤泥沉淀下来。最后进入河湾内的排放物要通过水体混浊仪的检测。

使用絮凝剂可以加速沉积物的沉淀过程,但是必须注意确保添加剂的无毒性并且允许使用。海水的盐性可以帮助絮凝。

3.7　沉积物运移、冲刷和腐蚀
Sediment Transport, Scour, and Erosion

在大部分浅水和沿海水域,沉积物是不断运动着的。它们除了对海浪轨道运动和波生流产生局部回应之外,也因风暴形成海上运动,且与风平浪静时期的岸上交代作用相互出现。更重要的一点在于,由海流网引起的一般的海水沿岸运动会沿着海岸移动大量沙子。而在土木工程实践中人们早已认识到,大型工程(如防波堤)会隔断海流网。沙子一般聚集在"逆流"一侧,而在"顺流"一侧则产生侵蚀作用。若因高架桥、围堰或防波堤的施工建造而为服务艇的航行或海底管线的移动做临时性改变时,施工方可以施工建造出类似效果。如果在此类临时设施的设计中加入一些较大的相对畅通的孔洞就可以使沙子自由移动,从而减缓这个问题。可以说有必要以机械方式或水力方式为沙子形成扩大式旁通道。喷水器系统正是为此用途而开发的,不过它们很容易被水藻(如大型褐藻),或者被附近的沙子所堵塞。在有桥墩或围堰的河道里施工会导致施工处水流加速。由于水流的侵蚀力随速率增长呈几何级数增长,在转角处和沿顺流不远的地方都可能形成很深的水潭。

在孟加拉国(Bangladesh)建造横跨贾木纳(Jamuna)河(布拉马普特拉(Brahmaputra)河系统)的桥梁过程中,由于筑堤和许多桥墩的在建,导致顺流好几千米、构成交错水流网的河流形状被改变。原因是在这条水流网交错的河流里,其天然沉积物是疏松的细沙和淤泥,为了下游的重新形成,许多临时小岛(煤渣构成)和河口沙洲被侵蚀殆尽。

3.8　空气污染
Air Pollution

在一些规定严格的地区,尤其在洛杉矶港,为了防止产生烟雾而限制使用柴油挖泥机,只能使用电动挖掘机。类似地,在特定地区可能出于烟雾原因而限制使用柴油打桩锤或者其他作业方式。

3.9　海洋生物:哺乳动物和鸟类、鱼类及其他生物群
Marine Life: Mammals and Birds, Fish, and Other Biota

许多法律和规范都限制了可能危害海洋哺乳动物繁殖点和鸟类筑巢点的施工作业。干扰鱼类迁移路线的作业也将受到限制。海底扰动虾和贝壳类种群的影响是一大担忧。上述施工作业有许多是季节性的,其他一些则是在特定的海水深度和位置进行的。

因为会导致鱼类死亡,所以严格限制在海面下使用爆炸物。水面爆破(糊炮爆破)最具破坏力。如果将锥形炸药安装在架子上或者借助其他方法来确保

它不会移位或者翻倒,则可以使鱼类死亡变得更少。最好的方法是边钻探边爆破,同时进行填封,将爆炸控制在海底以下,则可造成最少的鱼类死亡。

近几年来,在内陆水域用离岸重型锤打入大型钢桩以作为桥梁和中转码头的基桩,这一趋势因所产生的压力波而在周围地区造成非常多的鱼类死亡。为了减少此类问题,空气气泡技术应运而生。然而,这样的气泡会迅速随海流移动。因此在要求严格保护鱼类的地区,人们制作了如钢质圆柱外壳这样的围护装置来包围气泡。这些外壳的直径当然必须大到可以让驱动头和打桩锤通过。

水体混浊会毁坏牡蛎和贻贝的生长床。油类对于鸟类具有很强的破坏性,对鱼类相对较弱。随之而来的蒸汽清洁或使用洗涤剂的清除过程则更加具有危害性。

一些濒危的鸟类,如极小型的燕鸥,将巢筑在与河流和港湾毗邻的海滨线和湿地。因此繁殖和筑巢季节的施工是被严格限制甚至禁止的。

空气传播噪音以及水下声波会影响到海洋哺乳动物如海豹等,特别是在繁殖季节。人们担心打桩,特别是液压疏浚,会影响到北极露脊鲸互相交流和游动。鹅卵石滚动以及管线中的沙砾会引起令人不快的水下噪音。政府当局已经实施了季节性的限制规定,也委派了观察员去警告并且暂停此类施工作业,直至鲸鱼群离开为止。

在很多地区鱼类洄游十分接近海岸,这些水域相对较浅并且受到保护,例如阿拉斯加的西海岸和北海岸沿线。在其他一些地区,鱼类和迁徙中的哺乳动物也往往会使用一些相对较狭窄的通道。在一些河流浅水区对于施工有季节性的限制规定,因为鲑鱼和其他一些雌雄同体的鱼类需要通过浅水区洄游,而且作为许多濒危鱼类食物的藻类和海草都生长在部分浅水区。

即使是微小的扰动在这类受到限制和约束的地区也会造成重大的后果。例如离岸防波堤就会产生明显干扰,而架空栈桥也可能产生同样的干扰,因为据报道许多鱼类(如鲑鱼)不愿在阴影里游动。

如今,大部分国家在开展重大海洋工程项目前都要求先提交环境影响说明及报告书。通常都是由委托方提交这些说明报告。其中内容包括施工期间的影响以及海上施工对海洋和陆地所产生的影响。对于离岸施工的承包方而言,要熟悉这些文件和规定中陈述的限制条件和减缓程序是十分重要的。遵从这些规定不仅仅是法律上的要求,而且也是实践过程中为了确保施工作业的顺利和按时进行所必要的条件。若未严格遵守,施工方可能会牵涉到法律争端甚至刑事指控,而在如今的社会政治环境下也可能激起群体性反对并介入施工过程。

环保抗议已导致了为避免干扰西部灰鲸产卵场及可能产生的污染而将一条海底管线从库页岛(Sakhalin)离岸平台移位的事件。

3.10 蓄水层
Aquifers

在内陆水域施工必须要考虑引入海水对于蓄水层可能造成的潜在污染。若未做好保护措施,深度疏浚显然会使蓄水层暴露出来。而打桩的贯入深度也可能影响海水和蓄水层里淡水的互通。

3.11 噪声
Noise

许多施工作业都会在水体中产生噪声:高速舷外发动机、直升机、低空飞行飞机、通过海底或漂浮管线排放疏浚沙砾、打桩、钻探、海底结构火花声纳探测器以及地震勘测,甚至连回声探测都属于这类例子。

噪声既能吸引又能驱散海洋动物。低频噪声在水里传播得更远。人们担心宽波段的噪声频谱会干扰露脊鲸航行。因纽特(Inuit)猎人则担心噪声会驱使鲸鱼和海豹越来越远离海岸,直到极地边缘,在那里狩猎则变得困难而危险得多。部分专家认为施工和钻探的噪声能够显著影响的范围大约是方圆1 000m左右。

气隙可以隔绝噪声,如在共振器周围由于空气剧烈冒泡而产生的水中气隙。Ma,Veradan 和 Veradan in OTC Paper 4506(离岸技术会议预印本,1985)早已揭示水中或者沉积物中的气体或者空气泡可以非常有效地减弱远程的水下低频噪声的传播。

只要距离适当,许多较大的动物(如北美驯鹿、鹅、鸭等)似乎已经习惯了直升机发出的噪声,虽然人们普遍认为,如此巨大的噪声(如由低飞飞机所发出的噪声)对于繁殖期的鸟类是十分有害的。经空气传播的噪声可能会干扰相邻浅滩上海洋哺乳动物进行繁殖。

此外,附近海滨上栖息的动物可能也非常讨厌噪声,因为噪声,特别是低频噪声(如打桩锤所发出的噪声),会在水上传播很远的距离(大于等于2 000m)。对于港口施工噪声限制的强制规定是自早晨6点到晚上9点期间每小时内最多有5分钟时间达到最高65分贝,其余时间最高噪声不能超过55分贝。如果施工工地靠近近海滨酒店或者居住区,夜晚是禁止打桩的。水压疏浚的排放管道中滚动的沙砾所发出的噪声被认为对于海洋哺乳动物特别不利,因为会妨碍它们之间的交流。

对于在施工现场的工作人员来说,噪声当然也是一个严重的问题。在打桩锤和柴油发动机附近工作的工人都必须佩戴耳塞。为了尽可能地降低打桩锤的噪声,人们试行了一系列的措施:于打桩锤打击部分和桩头之间使用木质或者塑料质的减震垫不完全有效;隔幕和箱式阻隔经尝试也并不十分奏效。遗憾的是,只有具有一定质量的物体才能够吸收声音。

对于近岸预制用地上的明亮灯光也有类似的限制。举例来说,在挪威斯塔万格(Stavanger)的混凝土离岸平台施工过程中明亮灯光就曾是主要的争议问题,最后为保护附近的居民而建造了防护物。

3.12 高速公路、铁路、驳船和空中交通
Highway, Rail, Barge, and Air Traffic

新的施工可能会影响高速公路和铁路交通。产生的后果可能包括绕路、限制工作时间,并且会持续好几个阶段。对使用者以及对施工人员的安全性必须重点考虑。

必须保证航运在妨碍最少、对安全影响最小的情况下正常运行。因此水上桥墩施工时间通常受限,并且要求配有防碰垫、浮筒以及航行灯。监察机构(如

美国海岸警卫队)通常会颁布航海通告来警告航运。

若围堰或其他结构物以及系泊式施工设备在河流和河口内限制水流,这将导致小型回水上升至水位以上,更严重的则会使通过剩余横截面的水流流速加快。这反过来又影响到航行,特别是逆流航行。顺流的驳船活动也会受影响:船只将很难准确通过狭窄的通道,特别是当上行交通流量为主时。

若在机场附近施工,吊杆及塔楼的高度严格受限。如果没有得到空中交通管制员的特许,在吊高打桩锤(前后摇晃)过程中,即使只是瞬间,也必须注意打桩锤不会延伸到临界领空。

纽约拉瓜迪亚(La Guardia)机场水上延长跑道的施工期间,亦或是近日丹麦厄勒(Øresund)海峡隧道施工期间,三维空气空间中都规定了边界锥形标志。只要可行,相关机场都改变了普通着陆模式而采用了其他跑道,不过起飞还是直接经过施工工地的上方。

3.13　现有结构物的保护
Protection of Existing Structures

许多离岸施工作业必须在现有结构物和设施附近进行,例如,石油公司越来越倾向于施工时在安装导管架和平台之前先行钻井。类似地,海底卫星井在平台建设之前也会先行完工。施工作业附近更可能会存在出油管道或管线。这些设施当然不能因承包方的疏忽而受损害,诸如把锚索缠绕在已完工的海底油井周围,或在现有的管线上拖拉或放锚都是不允许的。这类事件若发生则会带来巨大的修理费用,而且很可能在海里发生溢油事件。海底电缆可能会被锚缠住或者因拖拉锚而遭到损坏。

在海底完井附近施工必须尤其需要小心。若管线和系泊处处于活跃的海底捕鱼区域,必须妥善应付网板和渔网。虽然网板和渔网会损坏管线,但更常见的情况则是对方因渔具丢失(或声称丢失)而要求索赔。

陆上设施(如液化天然气厂和发电厂)的海水进水口附近,沉积物特别是沙子可能会造成危害。例如,如果沙粒被卷到进水口处且悬浮在水里,就可能会堵塞厂内的喷头。因此施工必须尽量减少搅动海底沉积物。极端情况下甚至必须在海底安置屏障物(如安装有过滤布膜帘的钢架)来防止沙子在海底表面的移动。

考虑现有海上设施时要在施工开始之前就非常仔细地进行调查,以确定它们对于可见结构物或声应答器的相对位置,以此指导后续施工。确定水下结构物位置的通常手段包括侧扫声呐以及其他更为复杂的分析系统。有时也需要通过潜水器或遥控机器人进行水下可视或录像手段,或通过潜水调查来补充位置信息。

河流和港口的施工通常都十分靠近现有结构物,甚至要求与之连接。这些现有设施通常处于运营中且只允许有限的进入和关闭。因此新结构物的施工方可能需要与现有结构物相关方面进行联络。

新工程施工方同时把握施工竣工图和现有结构物的准确调查信息是很重要的,因为许多旧的结构物可能并非按照精确的标准建造,而且也许已做过一些程度的改变。对于所有锚及设锚勘测地位置都必须仔细记录,来为承包方的工作提供核实信息并保护承包方免受因在附近施工的其他人员导致损害而引起的索赔。

发生于芝加哥的洪水造成了亿万美元的损失,其起因在于,打桩时一根木桩插入了一条废弃隧道的顶部,而这条隧道不幸与一个广阔的隧道和地下室网络相连。

当事人或其他人可能会在新施工工地附近进行其他作业:装载轮船或车辆、近海供应、钻探及其他施工环节。出现问题的通常原因之一就在于锚索干扰。这种情况下,所有人员就应统一并遵守精心计划过的时间表和安排规划。一旦计划需要调整,应立即通知所有人员,以防超过一组人员在相同的"最佳天气"和地点实施作业。

在运行中的石油设备附近工作时,尤其在离岸中转码头,对于那些可能引起火灾或爆炸的操作(如焊接)有着非常严格的限制规定。此类规定可能受风向制约。为避免过量的辐射热,在照明附近工作同样也依风向而定。在装卸中转码头运送石油产品时,施工方要停止所有焊接、燃烧工作,甚至需要暂停所有作业。

疏浚和开凿计划必须确保不是在现有的筑堤、堤坝或海堤下方挖掘坑道。不均衡的拆除或堆积材料都可能导致现有设施的横向位移或者沉降。规划靠近或邻近现有结构物的爆破作业时,施工方可使用空气泡来减小冲击。放置木假顶可保护阀门。部署爆破防护网则可防止空降碎片。

3.14 液化作用
Liquefaction

密实型饱和松沙和沙质泥沙(有时甚至是沙砾)会在孔隙压力达到一个临界值时转变为重质液体。爆炸、地震、打桩,特别是强烈振动作业,甚至是突然倾倒一车泥土的冲击力,都会传递能量。若临界质量将孔隙压力提升得足够高,泥土块就会开始流动,逐渐产生液化作用从而流动滑落。加利福尼亚州蒙特里(Monterey)的海岸、特隆赫姆峡湾(Trondheim Fjord)的河岸以及在孟加拉国布拉马普特拉河(Brahmaputra)的施工期间都发生了特大灾难。在密西西比河(Mississippi)下游系统的围堰就发生过由于流体载荷超压导致失败的例子。

若在不确定泥土是否松散渗透的地区施工,应使用水压计进行检测。一般达到或者超过 $30N_{SPT}$ 的密度就可以确定已发生液化。若还有担忧,则可借由排水管迅速消散高压。

3.15 公众安全和第三方船舶
Safety of the Public and Third-Party Vessels

非承包商控制的船舶也可能在施工地点附近运行。施工方可能会侵入其正常航道。船舶在低速下只有有限的机动性,特别是大型船舶。引航员可能会被施工设备的灯光混淆。雨飑会削弱能见度。雷达网也可能会因为密集的施工设备而产生混乱。

意识到这些问题后施工方应该采取特别的应对措施。他们可以发布由相应监管部门(如美国海岸警卫队)颁发的航海通告。对于持续时间较长的施工项目,施工方可在航海图上标明危险地区。遗憾的是,许多船舶上既没有航海通告,也不会时时更新航海图。

于施工平台上准备反光灯和/或警报器是十分有效的,不过必须先经当地监管部门批准,以确认这些设备不会与航标发生冲突。否则,承包方可能会因使用它们而额外承担潜在责任。

按规定离岸平台四周半径 500m 的范围通常为受保护区域。所有船舶,无论大小,按规定都不得进入这个范围。承包方可能需要在潜在危害巨大的区域安排一条全天候警告渔船及观光船只远离平台的船只。然而,万一遇到恶劣天气下偏离航道的船舶,这些方法并不太有效。为此,承包方则要安排雷达装置,并通过语音、无线电、扬声器、鸣笛或信号灯吸引靠近船舶的注意力。施工方在船运通道或者航道内抛锚是被禁止的。

除了需要保护公众不受伤害、无人命丧失这一基本点之外,海上施工承包方通常还要面对特殊风险和极大责任。例如,可能有渡船在施工工地附近运行。而且无论风平浪静亦或起雾或在风暴天,渡船通常都是全天运行,并且要运送大量旅客。

观光船也特别危险。一些很有胆力的运营商会在特别引人注目的海上施工进行之际打出广告招揽游客。因此,施工方的潜在责任巨大,且这些观光船可能会干扰施工。与观光船运营商紧密联络、制定时间表以及进行私人沟通都是必要的。当地的港口警方或者海岸警卫队也许会出于安全考虑愿意协助施工方进行协调。

驳船在一些主要河流内运行可能引起特殊的危害。应警告所有的驳船运营方注意施工必须遵守的限制规定。若此类相对难以控制的船舶要通过拥挤区域,受海流和风况的影响,自然会产生潜在危险。防护型系缆柱、浮标、SPAR平台、吊杆及停泊的驳船这些已经实际利用的设备种类都需要保护。

3.16　考古问题
Archaeological Concerns

历史上,文明通常产生在沿海和沿河流地区。15000 年以前的海洋比现在低 100m。曾经的海岸,即使是公元前 2000 年的海岸,如今也已被淹没了。有些船舶沉没在浅水区,因泥土而保存至今。罗马贸易在公元前 100 年到 300 年之间曾经十分庞大,至今许多遗迹仍掩埋在海岸沉积物中。无论何时若发现此类遗迹,按国家法律规定必须停止施工,直至当地考古学家取走所有需要的东西。

与此类似,河边通常是美洲印第安人或其他古老民族的露宿地。若在开挖过程中发现它们的存在,就干船坞而论,施工必须停止直至地方当局允许继续。

"最后所有一切都会回归大海——回到俄亥阿诺斯那里,
汪洋大海正如永不停止的时间长河,既是起点也是终点。"

（蕾切尔·卡森"我们周围的海洋"）

第 4 章　海上结构物的材料与制造

Materials and Fabrication for Marine Structures

4.1　概述
General

海上结构物的主要材料是钢与混凝土。合成物(如塑料)也是一种新型材料。制造和/或建造的承包方应对材料的采购及质量控制负责,尽管在有的情况下某些基础材料,特别是钢管,可能会由客户(营运方)自行采购并提供给施工方。

这类建筑材料处于恶劣的使用环境,遭受海水的腐蚀与侵蚀,在大温差范围内承受动态循环荷载和冲击等。因此,对这类材料的质量及控制有着特殊的标准与要求。

钢与混凝土的制造过程对确保结构物能够承受正常使用荷载和极端载荷两种情况是极其关键的。载荷的循环性质与腐蚀环境相结合会使材料产生裂纹;因此,不适当的制造细节及工艺程序可能会演变成严重的问题。由于离岸结构物尺寸较大所以制造也相当困难。例如空间尺寸难以测量及保持,还有热应变也会造成严重的暂时性扭曲变形,故制造细节相当重要。

4.2　海洋环境中的钢结构物
Steel Structures for the Marine Environment

结构物在海洋环境中的耐久性是最重要的特性。通常结构钢的外部会遭受全面腐蚀或斑点状腐蚀,同时管道内部也会发生腐蚀情况。在有裂纹或龟裂的情况下会腐蚀得更加严重。在钢质罐(柜)体内部可能会遭受到来自所储存液体以及其他物质的腐蚀,如有磨削钻屑存在于盐水环境中可能会释放硫化氢,导致罐体脆化。腐蚀率可能会因为磨蚀或海流冲蚀而扩大,同时也会因温度升高、含氧量的增加及氯化物存在等因素而加速。

飞溅区的腐蚀最为严重,特别是水流湍急而水温较低的情况下,因为冷水中可溶解更多的氧。由于蒸发作用,飞溅区在干燥周期内会有盐分堆积。

4.2.1 钢材料
Steel Materials

钢材具有下列不同的特性:

- 最小屈服强度;
- 最小极限强度;
- 最小断裂延展(延伸率);
- 低温缺口韧性;
- 全厚度性能;
- 可焊接性;
- 耐疲劳强度;
- 化学成分;
- 耐腐蚀性。

美国石油学会(API)、美国钢结构学会(AISC)以及挪威船级社(DNV)已经为钢材的分级及其应用的局限性编制了相关文件。

承包方不仅要对材料的采购负责,也要考虑如何将制造与安装的成本最小化,所以施工方应特别关注厚度公差、长度及可焊接性。对于必须要对接的管构件,施工方应考虑其失圆度及管径公差。对于管系来说,承包方应考虑管段长度公差,因为跨国管道铺设时水下铺管船上的半自动作业流程不允许管段长度随意变更。

在寒冷的气候条件下,结构物及构件中使用的钢材必须具有足够的韧性。焊接材料也同样关键,以确保在使用中有适当的强度及延展性。焊接金属的热处理状态和腐蚀状态必须与母材一致。选择焊接耗材时通常需要做裂纹扩展试验或其他断裂力学试验。

结构件中使用的高强度螺栓螺母,其夏比(Charpy)V形缺口冲击韧性值必须与其他相关钢结构部件要求相匹配。

4.2.2　制造与焊接
Fabrication and Welding

必须编制焊接工艺,并注意钢材等级(钢号)、接头或坡口要求、厚度范围、焊接顺序、焊接耗材、焊接参数、主要焊接位置、预热温度以及焊后热处理等细节。在墨西哥湾这样适度环境中的导管架及海洋导管架桩所使用的壁厚范围焊接通常不需要应力释放,但是通常大型甲板结构中的较厚壁部件以及北海平台中较厚壁导管架的接头(节点)焊接则需要应力释放。

焊接工艺的认可是建立在无损检测和力学试验的基础之上。后者包括了拉伸试验、弯曲试验、夏比 V 形缺口冲击韧性试验以及硬度测试。焊缝的宏观金相切片应可以展现出一个规则的剖面,平滑过渡至母材且没有严重的咬边现象或余高。裂纹及未焊合(未熔透)是不允许的。允许有限的气孔及夹渣。重型焊接接头的断裂力学韧性必须再由裂纹扩展试验验证。

无损检测包括 X 射线(射线照相术)检测,超声波检测(UT)以及磁粉检测。焊缝本身及热影响区的缺口韧性都必须等同于母材的要求。

焊工中断焊接工作超过 6 个月的需要重新评定。

所有高强度钢以及碳当量大于 0.41 的普通强度钢,采用手工焊接时应使用低氢焊条。挪威船级社要求"特殊结构钢"以及所有焊缝返修使用超低氢焊条。作者推荐所有桩基焊接时应使用低氢焊条,防止冲击断裂。

焊接耗材应该存放在 20℃～30℃、密封防潮的保温筒内,但无论如何应至少高于周边环境温度 5 摄氏度。开放式的仓库温度应维持在 70℃～150℃之间,根据焊材的型号决定。当焊材被取出并使用时,必须在烘箱中烘干并在 2h 之内使用。因受潮、生锈、油、油脂或尘垢污染的耗材应该弃用。施焊前焊材表面应去除氧化皮、溶渣、铁锈、油脂及油漆。坡口表面应光滑且规则。

当材料表面潮湿时不允许施焊。在恶劣天气的条件下,焊接工作应当采取适当的保护措施。在封闭的空间内可以使用加热的方法将温度提高到露点之上。焊接时坡口应保持干燥状态,潮气应通过预热去除。施焊应至少在 5 摄氏度以上的环境条件下进行。

焊接前必须检查装配组对情况。同轴度差距不能超过壁厚的 10% 或 3m。假如对接的两端厚度不一致达 3mm 以上,厚的一端应打磨或机加工至斜度为 1:4 的锥形或平坦(见图 4.1)。每一层焊道及最终焊缝都应该除去焊渣并彻底清理干净。至于对耐疲劳强度要求高的焊缝,需在完成后打磨成光顺曲面。这同时也降低了脆性断裂的可能性。

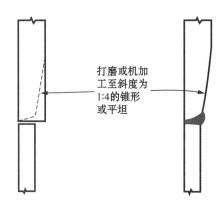

打磨或机加工至斜度为1:4的锥形或平坦

图 4.1　全焊透时与薄板对接的厚板需加工为锥形

　　整体结构关键部件中与实际交变应力方向垂直的焊缝一般采用全焊透型,最好用双面焊。对于交叉或相邻的部件,设计要求中未指定焊接细节的焊缝应采用全熔透坡口焊。这个要求包括了"隐含"交叉的部分,如搭接撑柱以及穿透加强筋。

　　施工承包方必须注意,所有起吊板、吊耳(系缆环板)以及承受动态冲击应力的部件上的焊缝都不能与主要拉应力方向垂直。受拉应力的焊缝比受剪切应力的焊缝更容易产生裂纹。如果实在难以避开,则必须使用全焊透。所有临时用板及附件必须采用与它们附着连接的构件材料同样要求的焊接工艺及测试。假如顾虑这样似乎不太恰当或过于保守,可别忘了曾发生的亚历山大·基尔兰德(Alexander Kielland)浮动旅馆倾覆的事件,就是由于一个次要声呐装置附件产生的疲劳裂纹后延伸至主结构构件而造成的。

　　当设计分析书中有适当的计算时允许使用永久性的钢质背衬垫。这对于必须在现场出入不便的部位进行接桩焊接或其他构件焊接时特别重要。临时性背衬垫可利用内侧成排的夹具加以固定。不使用背衬垫的全焊透管焊缝采用单面焊方式时需要特殊的技巧。但是必须考虑到当这些背衬垫与其他操作工序(如钻孔)有冲突时的情况。

　　钢板临时开孔的尺寸必须足以满足挖补(完好修复)所要求的一定尺寸。边角必须圆滑过渡以使应力集中减到最低。挪威船级社规定为了密封目的的角焊缝,其焊脚长度必须达到最短 5mm,同样的情况是美国石油学会标准 API RP2A 只要求 3mm。假如这些焊缝与遭受动态冲击的构件主要拉伸方向垂直,那么为了避免咬边,焊接时必须相当小心。

当焊缝有缺陷的时候必须通过打磨、机加工或必要时重焊等方式返修。当焊缝的强度、延展性或缺口韧性达不到要求时,应该把先前的焊缝完全清除后返修。假如清除缺陷焊缝时使用电弧气刨,接下来还应该打磨。每当去除一个缺陷,刨磨部位应进行一次磁粉探伤或其他合适的检测方式以确认缺陷已被完全去除。返修应当使用超低氢焊条并进行合适的预热。预热温度一般比产品焊接时温度高 25℃ 比较合适,但必须至少达到 100℃。

所有的焊缝应该接受目视检查,必要时根据制造和施工规程要求进行无损检测。所有破坏性试验应该适当记录和标识。这是为了便于在制造与施工过程中以及结构物完全安装之后对试验和测试过的区域进行识别追溯。

精确地切割及准备焊接坡口要求非常细心且费时,但若能多为此付出,便可降低焊接成本和保证焊缝的高质量。

数控切割及坡口准备现已被广泛运用,从而所有的交叉管道也可以适当配合。在许多情况下可使用半自动焊接设备焊接。

由于许多海上结构物的文件化要求及政治敏感性日益重要,承包方必须花费大力气去建立能确保所有测试采取适当记录的质量保证体系。

焊机必须合理接地,以防水下腐蚀破坏。由于焊机通常采用直流电,本该与地面形成回路的释放电流可能会发生在水下管道贯穿处或其他类似的应力集中点上造成腐蚀损伤。

必须为焊缝检验提供必要的条件,包括适当的检验通道。API RP2A 标准第 13 章以及 DNV 规范第 3 部分第 3 章第 4 节都要求对焊缝进行目视检查、无损试验(NDT)及无损测试(NDE),这主要同超声波探伤(UT)及射线探伤(RT)有关。另外也涉及一些测试,如磁粉探伤及渗透探伤。

海洋钢结构物的建造必须遵守适当的规范规定(如美国钢结构学会 AISC 的建筑用结构钢设计、制造和安装规范)。

API RP2A 标准最近要求管桩必须使用直缝焊管且圆周焊缝对接施工。它还规定不推荐使用螺旋焊管。

螺旋焊管管桩被广泛应用于陆上基础建设和一些港口设施,因为可以大量节约成本。由于其壁厚和外径有局限性,一般不在离岸结构物及深水海工项目,特别是在须用到重锤打入的情况中使用。

然而,随着打桩控制技术及其可靠性的不断提高。外径 2.0m、壁厚 28mm 的螺旋焊管桩已经成功应用于中国的杭州湾大桥。

API RP2A 标准中的一些附加要求如下:

无论是轧制型钢、管道、板材还是箱形桁材都可能需要拼接。但在悬臂梁上的拼接点应与悬臂梁支撑点相距超过悬臂梁的一半长度。对于有一定跨度(这里指连续跨度)的横梁,不应在 1/4 跨度的当中、靠近支撑的 1/8 跨度或者在支撑上面的部位有拼接。

两根管状件或以上的 X 形接头制造难度特别大。一般情况下,外径较大且壁较厚的构件应连续通过接点,而较细小的构件则仅需插入其中。近来一些重要的大型导管架,为了使一些或全部交叉构件可以连续通过接点,其交叉节点采用特殊的制作方法。这种情况下,交叉节点通常是在适宜的车间里单独预制。此外,插入交叉节点的构件需采用全焊透对接(见图 4.2 和图 4.3)。

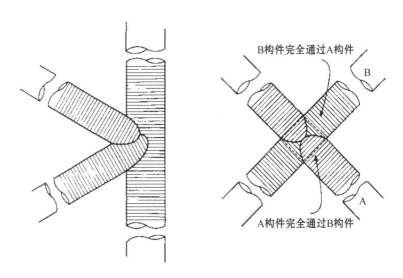

图 4.2　节点预制

同样的工艺亦相当有效地应用于导管架构件交叉节点预制。交叉节点单独在远离现场的岸上预制后经海运至现场。导管架主腿柱与撑柱对接焊连接。近来铸钢模节点的使用日益增多,这样可免除繁琐的焊接细节和风险。

合适管状框架构件插入或与其他构件搭接的坡口准备和焊缝的典型细节见图 4.4。可能需要打磨焊缝的外部轮廓以提高其耐疲劳强度。

板梁、腹板与缘板(折板)的连接通常采用双面连续角缝焊。焊缝应该有下

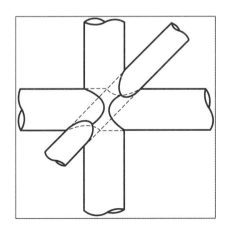

图 4.3　本州(Hondo)平台的交叉接头部分,采用全穿透连接方式

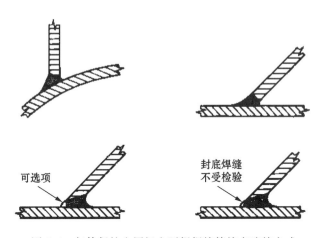

图 4.4　气体保护金属极电弧焊焊接管接点连接方式

凹的表面轮廓并且光滑过渡至缘板和腹板。缘板与缘板扶强材的连接应采用两面全焊透连接。

　　加强板与腹板的连接件通常采用双面连续角缝焊。焊接金属与热影响区缺口韧性不应低于纵桁要求的韧性最小值。

　　高强度螺栓被广泛应用于临时性结构,甚至在许多情况下应用于必须在海上装配连接的永久性结构。它们特别适合于现场连接,尤其是在有浪花飞溅或

103

波浪引起的振动对高质量焊接造成困难的场合。同时,使用高强度螺栓也有助于在低温条件下的装配连接。

"旋转螺母"看来是能确保合适扭矩而被应用的最为可靠的紧固方式。为了确保大型多个螺栓连接件的紧密连接,对接板表面应预先铣平或使用垫片。

4.2.3 结构钢装配
Erection of Structural Steel

结构构件的空间关系对离岸结构来说很重要,尤其是现场装配或需要与主要构件相配合的情况。API RP2A 标准为最终制造工艺提供了明确的允差范围。现场组装时,导管架和甲板分段柱体的每一层平面都很关键,各相邻柱体距中线的水平距应在设计给定尺寸的 6mm 之内。柱体外侧其他平面的工作点也应使用同样的允差。

根据设计角度,角柱间的角度公差必须在 1min 之内。矩形的每条对角线公差应在 18mm 内。导管架柱体的排列直线公差应保持在 6mm 之内。根据设计尺寸,所有导管架和甲板分段的支撑长度公差应该在设计给定尺寸的 12mm 之内。根据设计位置,甲板梁和帽梁端部公差应该在 12mm 之内。

底部跨度大于 60m、长(或高)300m 以上的导管架骨架结构的装配对现场布置、检测、临时支撑和调节支撑件提出了严格的要求。若干新建造的平台已利用隧道激光测量技术进行精确的水平面和排列直线测量。导管架如此大的结构尺寸意味着其热变量亦很大。从早晨至午后温度的差异很容易就能达到 20℃～30℃,在结构的不同部件间亦可能达到约一半的温差,结果会造成明显的扭曲变形(约 30～40mm)。建造赛尔维扎(Cerveza)平台时,通常在早上切割构件并加工成形为冷侧加工尺寸,然后待到中午温度升高后金属间紧密配合时再焊接。

弹性挠曲也是导致节点部位的容许公差难以保持的一个原因。对滑(道)梁和临时装配的滑道下面的基础位移必须进行仔细计算和监测。

导管架骨架通常是呈平卧放置,利用多种履带起重机对它们进行翻身(见图 4.5 和图 4.6)。由于作业距离远或高度的关系,有的起重机需能载负荷行驶。协调索具和起吊作业时应注意:

图 4.5　导管架骨架翻转（由壳牌勘探与生产公司提供）

图 4.6　导管架骨架翻转（由壳牌勘探与生产公司提供）

- 全面的三维空间布置；
- 起重设备的基础应稳固、表面水平；
- 经过培训与实习的操作人员；
- 适合的通讯设备；
- 中央控制。

在总长 1 000in(约 300m)的赛尔维扎平台装配过程中，导管架的两侧主骨架的吊装工作总共动用了 24 台起重设备。本州平台分为两部分预制，安装时装配成整体，不过随后又可拆分为部件便于进行运输(见图 4.7)。马格纳斯(Magnus)平台的装配过程中使用了一种被称之为"烤面包架"的与众不同的工艺。导管架单侧平卧建造，由垂直平面划分为 5 个组件。每个组件由若干重量可达到 1150t 的构件装配合成。在其他项目中，各"烤面包切片"(组件或构件)都是在非现场预制完工后由驳船运至岸上总装配平台，与其他相邻的组件或构件相拼接而成。

图 4.7　本州平台的两个部分装配成一个整体，然后再拆分运输和下水

由日本预制的波尔温克尔(Bullwinkle)导管架分段构件通过驳船运至德克萨斯州，然后使用塔吊进行装配，构件的吊装高度可达到 460in(约 140m)。导管架骨架竖起后，最终装配所需的脚手架高高耸立(见图 4.8)。因此，施工人员的安全保障相当重要。导管架骨架竖起吊装前应事先架设好经仔细设计的脚手架和停留点。应准备一些附加的连接板，使随后装配的脚手架或停留

点的连接保证安全可靠,还应准备足够的抗风支撑。这些辅助材料通常是指,确保与锚定桩或导管架装配平台滑道连接的钢丝牵索和伸缩螺杆。通信问题可以通过无线电语音系统来解决。工具和补给品应该事先打包成一个单件。电缆布线时应注意避免妨碍现场其他作业,还要避开被尖利突出物磨损的可能性。

图 4.8 尤里卡(Eureka)平台的建造

在浅水专用导管架的高度与平面图尺寸的要求相同或短一些的情况时,通常采用与导管架最终装配方式相同的垂直装配方式。假如重量在起重机的吊装载荷能力范围内,这类导管架将直接吊至驳船,否则使用滑道牵引。后一种情况时,必须在导管架圆柱下准备足够的临时衬垫和支撑以利于滑行(移动)荷载分布。在深水专用导管架的高度大大高出平面图尺寸的情况下,通常使用侧卧装配方式。这类导管架将使用滑道牵引方式装载上驳船。另外还有一种适用于巨型导管架的自浮式导管架,这种方式的导管架是在干船坞(早期的修船坞)内建造,与一般造船厂的胎架分段建造方式相似。卸载的操作方式将在第11 章具体描述。

大直径管桩是由轧制钢板管段(罐体)制造而成的。管段(罐体)的长度应该等于或大于 1.5m(5in)。两个相邻罐体的纵缝至少应相隔 90 度,管段要笔直,每 3m 长管段的直线度允差应小于 3mm,或者每 12m 长管段的允差应在12mm 以内或更小。

失圆度是管段的常见问题。对接的管段(罐体)必须经过转动和/或选择适合焊接的配合。相邻管段的外径及失圆度允差必须满足美国石油协会(API)规范2B部分(结构钢管制造规范)的要求。作为一个常识,内圆周偏差应该控制在薄壁壁厚的15%之内。对于相接两管段壁厚不同的情况,假如较厚管壁比较薄管壁厚度厚3mm以上,那么较厚一端应按图4.1所示打磨为锥形。

管桩和裙桩或导管架腿柱内壁,在通过灌浆结合之前,必须去除其钢质表面上的铁屑或清漆。在制造过程中会预先安装些机械力传递附件,例如焊珠或抗剪环,以增强水泥灰浆与剪切面的有效结合。

4.2.4 涂层与钢结构的腐蚀防护
Coatings and Corrosion Protection of Steel Structures

钢材会遇到各种各样的腐蚀情况,如大气腐蚀、飞溅区腐蚀、裂缝腐蚀等。最近,许多应用在海水中的钢结构遭受到因好氧菌与厌氧菌互交产生的微生物引起的侵蚀。

使用在海水中的无涂层钢材,其典型的飞溅区的腐蚀率一般在每年0.15mm左右;浸没区域则为每年0.07mm左右,除此之外,在夹带淤泥沙或其他磨蚀性沉积物的低温且快速涨潮的冲刷情况下最多可达每年0.3mm。在其他关于海水中在使用的无涂层钢材的研究中,其腐蚀率约为每年0.127mm。淡水中的腐蚀率约为海水中的一半。

钢构件应当尽可能在车间内,按要求在适当湿度及对极端气候有所防护的条件下,完成涂装。当然,构件接头端表面必须在涂装前包覆以预留出焊接段。接头端的现场涂漆和补车间底漆,只有在接头端表面干燥且温度适宜时才可进行。在有些地区,需提供便携式帐篷或其他一些保护措施,可能需要一些加热器或除湿机。涂层能将开始腐蚀的时间延迟约10~20年。

通常情况下,钢板桩在承受2in以上高位潮汐冲刷时的腐蚀率最大。然而,假如板桩由混凝土墙覆盖至1.0m平均低低潮位(MLLW),则其腐蚀率最高值发生在低于1m平均低低潮位。板桩应该涂敷防锈漆,或者预留钢板厚度的腐蚀裕量。钢板桩锁口通常不涂漆而是依靠消耗钢材的防蚀方式。

根据指定要求进行彻底的表面处理是相当重要的。海洋环境会使在潮湿、氧化皮或生锈的钢材表面上的任何涂层性能快速降低或产生剥落。晨露对处理良好的表面也会起到快速的破坏作用。

挪威船级社规范关于涂装的要求条款包括：

（1）涂装车间工作环境和设施条件的一般描述。

（2）表面处理的方法和设备。

（3）温度范围和相对湿度。

（4）应用的涂装方法。

（5）表面处理与首次涂层之间的间隔时间。

（6）最小及最大的单涂层干膜厚度。

（7）涂层层数及最小总干膜厚度。

（8）相关干燥特性。

（9）破损涂层的修补工艺。

（10）检验方法——例如，黏着力试验和漏涂点检查。

表面处理以及涂层作业应当在表面温度大于 3℃，即超过露点，或者空气的相对湿度低于涂料生产商建议限值的时候进行。涂层通常应用于钢材的飞溅区、暴露于大气环境的区域以及接触海水的内部空间。在内部永久充满海水的封闭情况下，一般会在封闭前将缓腐蚀剂加入水中。

最有效的涂料为有机富锌处理涂层：一般在温带选用聚氨酯乙烯基树脂涂料（vinyl mastic on urethane），在北极区及亚北极区则选用富锌、硅酸锌及酚醛富锌底漆。

美国陆军工程兵团最近在西维吉尼亚一个闸门工程提供的防腐技术是先进行喷丸处理，然后喷涂单层富锌底漆厚度为 $0.625 \sim 0.1$ mm，最后涂两层 0.175 mm 厚的侵入式乙烯基富锌涂层。在水下飞溅区内使用的涂料为 Copoxy Shop 底漆，之后涂环氧面漆至 1.0 mm。

牺牲阳极或外加电流阴极保护防腐方法一般用于保护在水下使用的钢材。阳极必须根据使用说明书谨慎地安装，确保其在运输、下水、安装、打桩、使用过程中不会脱落。保证牺牲阳极和钢结构之间具有足够的电气连接是最根本的要求（见图 4.9）。外加电流阴极保护被认为更为有效是因为它不太可能被屏蔽，但是它需要不间断的监控及调节。当压缩电流需频繁断开时，例如海洋平台上举行足球比赛的日子，将会加速腐蚀情况。禁止在封闭空间或水流受限的情况外加电流，因为可能会引起释氢现象。牺牲阳极在水中以直线形式释放离子。在板桩的暴露面还是背阳安装效果是完全不同的。

图 4.9　本州平台支撑柱间安装的牺牲阳电极

　　为了减少阴极保护的要求,水下使用的构件亦可采用涂层保护,但所采用的涂层应能足以抵御阴极剥离。锌基或铝基合金适用于热喷涂。钛复合钢管桩曾使用在日本跨东京湾大桥上(见图 4.10)。

图 4.10　结构轻质混凝土,北冰洋混凝土岛钻井系统(CIDS)平台

　　在浪花飞溅区还可能会提供其他的保护,如使用蒙乃尔缠绕、铜镍、奥氏体不锈钢或碳钢板缠绕,或者简单一点的防腐蚀方法是直接允许增加钢材的厚

度。每年允许 0.1~0.3mm 的腐蚀,水中含有淤泥沙或冰渣的地方这个数值会更高一些,因为用来防止腐蚀的物质会被水冲走,还可能因暴露出新的表面遭受冲刷破坏。这种情况比较严重的地方如阿拉伯湾。

最近日本开始使用一种预涂钢管。聚乙烯涂料开始在钢管制造厂里使用。喷涂致密聚亚安酯涂料、致密环氧树脂以及富锌环氧树脂等涂料在管道与结构钢方面的应用正在不断发展。这些涂料不仅有优良的防腐蚀性能,而且还具有良好的耐磨性。

4.2.5　高性能钢
High Performance Steels

高性能钢材料屈服强度为 500~700MPa,且可以适度延伸。使用时必须小心,特别应当考虑到扭曲和振动的情况。这种钢材还具有高耐断裂韧度。根据美国材料与试验协会标准 ASTM A-690,其飞溅区的抗腐蚀能力可以达到其他材料的 2~3 倍。

4.3　结构混凝土
Structural Concrete

4.3.1　概述
General

预应力钢筋混凝土已经在超过 25 个大型海洋平台上应用,这些平台大多位于北海。混凝土适用于重力基座沉箱式结构物,特别适宜大型油田开发和离岸储存结构物的建造。最近一个被设计为能够抵御冰山撞击或北大西洋风暴冲击波的大型混凝土平台在纽芬兰沿岸附近建成。较小的采油平台已在澳大利亚和巴西建立。结构混凝土也被用于北冰洋南部的阿拉斯加州和加拿大,作为一种可移动的勘探钻井结构物。有两座混凝土漂浮平台位于北海的北部。

较小的混凝土沉箱已被用于 100 多个水上桥梁桥墩,在四面环水的丹麦还用作为海洋风力发电机的基座。混凝土沉箱广泛应用在防波堤、海堤、装载中转码头以及船舶的停靠泊码头等。印度尼西亚和非洲西部还有在使用的大型混凝土驳船。混凝土浇注结构钢常用作为混合结构及复合结构。水泥灌浆常用于钢质平台导管架与管桩和裙座的连接。

结构混凝土本身是一种复合材料,由骨料与水泥沙浆基体、增强剂和预应力钢组成。结构混凝土的使用必须符合最佳实践的混凝土建筑物施工规程和桥梁与海洋结构物混凝土施工推荐规程。此外,就钢质离岸结构物而言,由于其所处的恶劣使用环境和特殊的荷载组合及操作要求,故有必要补充关于海洋和离岸混凝土结构物推荐操作规程通用文件。引言及参考书目中会列出所使用的主要推荐操作规程。涉及施工的引用条文会收录在附录中。

结构混凝土无论是作为一个整体还是一个独立构件都必须设计为可在有效组合状态下共同作用的形式。结构混凝土需要长时间暴露在海水和空气中。确保其在最低水平维护条件下可以长期使用的关键在于设计和建造时的质量保证(见图 4.10)。

由于飞溅区一直处在潮湿、干燥、热冷交替的环境条件,因此它是最容易受到海水侵蚀的区域。然而,浸没在水中的区域则风险较低,泥线下区域基本无风险,但排干的除外。处于大气中的区域及飞溅区的钢筋特别容易受氯化物及二氧化碳腐蚀。

4.3.2 混凝土拌和料与性能
Concrete Mixes and Properties

现代海上结构施工对混凝土性能的要求较为复杂、严格,且某些要求偶尔可能会相互矛盾,因此总需要找到一个最理想的解决方案。抗压强度历来作为测定混凝土质量的控制参数。现在我们已认识到对混凝土的其他质量指标并没有必要做过于精确或充分合适的检测。目前的混凝土制造技术使混凝土抗压强度得以显著提高,而且这个趋势还在继续。

抗拉强度决定了裂纹的产生和剪切强度以及对耐疲劳强度的影响。钢筋混凝土,尤其是预应力混凝土在大气中具有极好的耐疲劳强度,除非混凝土始终处在高于其静态抗拉强度一半的受拉负荷重复循环或大于其一半抗压强度的受压负荷重复循环的情况下。实际设计时通常都已考虑到了这个限定值。

当传统的非预应力混凝土处于水下环境时,由于其高孔隙压力产生的微裂纹使其耐疲劳强度下降。有意义的是,现代的高强度、轻骨料、特殊水泥添加剂(硅粉)且配筋合适的结构轻质混凝土其耐疲劳强度则下降较少。

幸运的是,对按常规配重的水下预应力混凝土结构物而言,即便其 S-N 曲线(应力-疲劳曲线)减小或相当,也同样足以适应当前水深的要求。添加硅粉表明有助于深水环境、循环载荷以及增强其抗磨损能力。

渗透性是混凝土的一个非常重要的特性。对海水和氯化物的低渗透性可以减少腐蚀的发生。使用含有适量铝酸三钙成分的水泥,有助于与海水中的氯离子结合成一种不可溶解的化合物阻塞混凝土中的孔隙。腐蚀渗透最初是沿着混凝土骨料与水泥浆基之间的界面侵入的。通过选择最低泌水量混合料,采用具有可促进物理或化学表面黏结特性的骨料,或者采用低水灰比等方式可以减少渗透。混合料中掺入粉煤灰和硅粉可以提高抗渗性。

在寒冷环境中,低渗透性对防止由于混凝土中渗入水,尤其是水汽以及所夹带空气产生的冻融破坏相当重要。夹带空气的数量与质量(即孔隙或气泡尺寸及间距)对确保低温区域混凝土的耐久性相当重要。因为混凝土在海洋环境中使用时,可能会吸收水分并至饱和状态;当达到这一条件的时候,造成冻融破坏的结冰及融化循环次数会显著减少。由于潮汐作用升起的海浪飞溅至冰冷的混凝土表面,将混凝土融冻,大大增加重复结冰的次数。如要确定可夹带的空气量,可通过岩相检验对硬化的混凝土试样进行测试。

混凝土的耐磨损性能原来一直认为只是由骨料硬度来决定。现已认识到水泥浆体的强度及其与骨料的结合力也是主要的因素。在一些关键应用中加入硅粉非常有用。

若在海水中使用富水泥含量和不透水混凝土拌合物,则其耐硫酸盐侵蚀性能被认为根本不是问题,除非在某些硫酸盐含量极高的区域(例如阿拉伯湾)。在这种情况下,添加火山灰对降低渗透性或与游离石灰化合以降低硫酸盐离子引起的化学腐蚀是非常有效的。如今水泥的成分已发生改变,通常在混合物中掺入粉煤灰或其他火山灰来取代原本所需水泥用量的 20%～30%,以此作为海洋结构物的建筑材料。而淡水中的结构物则含有大量的硫酸盐成分(大于 1 300ppm),必须要添加火山灰混合物如粉煤灰,另外铝酸三钙含量最多不能超过 4%。

普通高质量混凝土可以防止石油类化合物和原油的侵蚀。掺入火山灰(如粉煤灰)等成分可以提高混凝土的抗腐蚀性及抵御一些厌氧硫酸盐或硫化物细菌侵害,诸如石油中存在的蚀阴沟硫杆菌(Theobacillus concretivorus)之类。

高弹性模量可以提高混凝土的硬度,而低弹性模量则可以增强能量的吸收和延性。混凝土的弹性模量与其强度的平方根成正比。

蠕变一直被认为是一种不受欢迎的特性因为它会降低有效预应力以及造成永久性变形,如下陷。然而,它对调节混凝土的持久局部集中载荷、热应变以及不均匀沉降等则是有益的。因此,它也可以减少产生裂纹。

耐火性能对运行设施的结构部分很重要,如设施竖井、立管竖井或可能意外释放出碳氢化合物的地方。在典型的海洋结构物上,耐火性能差异主要表现在水泥的剥落、导热性及高温蠕变上。增大加强箍筋厚度可以限制水泥剥落。

当使用灰泥和水泥浆将打桩剪切力转移到裙桩和导管架套筒时,其结合性能是极其重要的。结合性能对预应力钢筋、地下锚定及引孔沉管灌注(CIDH)桩中加强钢筋的锚固也是很重要的。

为了降低温度梯度必须经常对混凝土中水化合作用产生的热量(水化热)加以限制。在外表面冷却或构件整体冷却时,温度梯度又会上升但受到一定的抑制。当水化热过高时会导致热裂纹。为了降低水化热可以使用粗磨细水泥、控制水泥化学成分(比如使用高炉矿渣水泥)、用粉煤灰代替 20% 或以上的水泥、冷却拌和料等方法。拌和料的冷却通常使用下面之一到多种方式:

(1)以水浸泡骨料堆,通过蒸发冷却。

(2)提供遮蔽以避免骨料堆接触阳光。

(3)避免配料搅拌楼、水泥、筒仓、运送卡车、传送带以及泵送管接触阳光或采取表面反射措施。

(4)搅拌时用冰代替水。

(5)在骨料堆或混凝土拌和料中注入液氮。

模壳板与外表面的临时性隔离可以用来减少热梯度。

热裂纹通常出现在早期,一般在浇筑后的 7~20 天内。假如裂纹附近有足够的钢筋穿过,则裂纹受拉并随后被拉紧闭合。然而,假如钢筋截面太小,钢的延伸长超过其屈服强度,则裂纹将会扩展开。临界钢截面可以通过式 4.1 得出:

$$A_s = \frac{f_{ct} A_{ct}}{\phi f_y} \tag{4.1}$$

式中:

f_{ct}——混凝土第 7 天的拉伸强度；

A_{ct}——混凝土受拉区域相关的部分；

f_y——钢筋的屈服强度。

受拉区域 A_{ct} 通常由保护层的厚度总和加上 7 倍外部加强筋直径，再乘以单位长度来确定。要求钢截面 A_s 大于受拉区域。海洋结构物一般按照 $0.8\%\sim1.0\%$ 计算。

厚的混凝土构件与重块需要单独评估，以防止水化热后不同的冷却方式使内部层状裂纹蔓延至新拌混凝土。其他特性对特殊用途的离岸结构物比较重要，诸如浮动或水下低温储存结构混凝土。这类混凝土混合物应由以下成分组成：

（1）水泥：水泥必须相当于 ASTM Ⅱ 型的要求，除了当铝酸三钙含量为 $8\%\sim10\%$ 时似乎可以将氯化物腐蚀降到最低。对于特别厚大的构件或重块，须使用粉煤灰替代部分水泥，或者也可以将高炉矿渣硅酸盐水泥以 $70:30$ 的配比使用。碱性成分必须控制在 0.65% 以下（$Na_2O+0.65\ K_2O$）。

（2）粗骨料：天然的或碾碎的石灰岩或者硅质岩石（沙砾等），正截面最大粒径约 $20\sim25mm$，但是有些稠密的和细颗粒的，或用于流动混凝土的骨料粒径可能只有 $10mm$ 大小。骨料必须是抗碱-骨料反应的。轻质混凝土一般使用表面闭合型结构轻质骨料，且具有不易吸水的特性。

（3）细骨料：符合标准粒度曲线要求的天然或人工细沙。

（4）添加或用火山灰替代水泥。使用火山灰时，ASTM 标准中 F 类（粉煤灰）或 N 类（天然火山灰）对游离碳、硫及氧化钙有限制。火山灰可以替代部分水泥用量。测试强度的时间应为 56 天或 90 天，而不是 28 天。

（5）水：对于所有钢筋混凝土以及预应力混凝土，一般只使用限定氯离子及硫离子含量的淡水。

（6）水灰比：通常最大选取值为 0.42。实际操作时高质量结构混凝土推荐水灰比选取范围为 $0.33\sim0.37$。

（7）减水剂：高效减水剂（超塑剂）可在流动混凝土中使用，或在配筋稠密、要求降低渗透性及加强耐久性时使用。

（8）坍落度：使用常规减水剂，坍落度为 $50\sim150mm$；高效减水剂（超塑剂）应可达到 $150\sim250mm$。"坍落流动度"（径向流动）测定较坍落度（竖向流动）测定容易，因为它对于这些拌合物更为敏感。（就给定的拌合物而言，坍落流动度通常为坍落度的两倍左右。)

（9）缓凝剂或速凝剂（假如有需要）：在钢筋混凝土或预应力混凝土中一般不使用氯化钙（原文为 $CaCl^2$，拟应为 $CaCl_2$——译者注）作为速凝剂。

（10）引气剂：使混凝土拌和料在搅拌时引入适量空气而在硬化混凝土中形成合适的孔径与间距。

（11）硅粉：可同时提高混凝土早期强度及长期强度，还有黏结作用。需要更多的搅拌时间。偏高岭土也是类似的。它们可以增强抗渗性和耐久性。

（12）水下不分散剂：限制水泥在水下的分散性。

（13）亚硝酸钙添加剂（如 DCI）：可降低钢筋腐蚀。

（14）石灰岩粉末：当混凝土拌合物中水泥黏结作用极低或几乎没有水化热时可使用石灰岩粉末以提高混凝土的和易性。

近年来，混凝土技术在混凝土配合比设计方面已取得了革命性的进展。它可根据建筑物的具体使用特性及其所外的环境条件设计出适应不同需求的混凝土。最新型的混凝土拌和物要求已经形成一种严格的工艺，它不仅列出配合比例，还包括了材料添加顺序的内容。

粉煤灰及矿渣水泥都是可再循环材料，因此合乎环境及技术上的要求。然而海洋结构物使用的骨料必须取自坚硬的岩石或者人工制造的轻质结构骨料。再循环产生的骨料不适用。

所有钢筋或预应力结构混凝土拌和时必须使用淡水。拌和料中的氯含量对混凝土中钢筋的耐腐蚀性能至关重要。然而，盐水可以被用于非钢筋混凝土，诸如防波堤的护面部分（如扭工字块体、混凝土三棱块体、混凝土四脚锥体等）。混凝土拌和料应先经过试搅拌，因为盐水不仅会导致混凝土加速凝结，而且还可能与其他某种添加剂相斥。可能需要加入一些缓凝剂。盐水也可以用于像北海混凝土离岸平台那样的重力基座结构所使用的非钢筋基底混凝土拌合。当然，使用盐水时应加入重剂量的缓凝剂。盐水也适用于大体积水下混凝土（非钢筋），如果能有足够的缓凝时间。

混凝土由多种成分组成，所以材料组分的兼容性是最基本的。有些问题是由于不同成分间的化学不兼容性引发的。为此，总是建议对不同批次拌和料进行试配，并在实际可能的情况下，混凝土的浇筑、养护和温度尽量保持一致。

由于上述提及的各种原因以及海洋结构物遍布于世界各地，对于海洋结构物混凝土材料成分的要求至今并没有明确规定的国家级规程或数量值。但是这些信息可以从混凝土技术手册的通用条款、强制法规、专业领域咨询特定条款、建筑施工领域常识以及作业环境等途径中获得。

对于在新的环境中使用或有新的要求时,特别提请注意:虽然在气候温和带地区搅拌的混凝土能有令人满意的效果,然而在北极以及中东地区使用时则需作出一些重大的修改。

4.3.2.1 高性能混凝土——"流动混凝土"
High Performance Concrete—"Flowing Concrete"

高性能混凝土(HPC)通常按照其强度在 28 天,56 天或 90 天时大于 7 000psi(50Mpa)进行分级。只有级配良好的硬石骨料、超过 400Kg/m³ 的水泥材料(通常为水泥＋粉煤灰)、高强度减水剂或添加硅粉的混凝土才具有更高的强度。水灰比应低于 0.37。

由于市场上的硅粉通常是以颗粒状供货的,故需要采取进一步搅拌或特殊搅拌工艺,以确保硅粉的掺合均匀分散。无论是硅粉还是粉煤灰都需要进行早期水养护和延长水养护周期,以防止混凝土发生表面裂纹。

流动混凝土基本与高性能混凝土类似,但需要使用高强度减水剂、足量的细骨料及小颗粒的粗骨料以及黏性添加剂如水下不分散外加剂(AWA),坍落度约为 25cm(10in)(坍落流动约为 50cm)。水灰比保持在最高 0.35 之内。

流动混凝土可以仅依赖其自身重力达到完全密实的状态,不需要任何振动。它特别适合用来填满绑扎钢筋条之间的缝隙。

由于混凝土拌料组分丰富,必须小心避免在厚的大体积混凝土浇筑时因水化热作用产生多余的热量。可将粉煤灰替代单位水泥用量的百分比提高至 30％,以减低水化热。石灰岩粉末的水化热作用时仅产生非常微小的热量且可以提高混凝土流动性。当遇到特大体积混凝土浇筑时,可以使用Ⅳ型水泥。

施工承包方应进行试拌,最好是足尺配比试拌,验证初凝和终凝时间、强度增益率等。

表 4.1 给出了一种典型自密实型流动混凝土的配合比例。

表 4.1 海洋环境中所使用的自密实型混凝土的典型拌合

	lbs/cy	Kg/m³
30 型水泥	689in	409
F 级粉煤灰	122	72

		lbs/cy	Kg/m³
	细骨料	1 314	781
	粗骨料	1 420	842
	总含水量	308	183
	阻蚀剂	5gal	24.8<
	高效减水剂	74fl. oz.（流体盎司）	2.86<
	黏结度调节剂	23fl. oz.（流体盎司）	0.89<
按照需求：	缓凝剂	54fl. oz.（流体盎司）	2.09<
按照需求：	引气剂	13fl. oz.	0.50<5.5%～7.5%
	水灰比	0.38Max.	0.38Max.
	FC 高强混凝土 28	6 000psi	40Mpa
	密度	143#/cf	2 290kg/m³

4.3.2.2 低密度结构混凝土
Structural Low-Density Concrete

低密度（轻质）结构混凝土是一种以类似膨胀黏土及页岩的陶瓷骨料为基本材料、骨料密度低于1.0的混凝土。最好的骨料在制造过程中形成闭合的表面，其吸收值小于10%。粗骨料与细骨料都能制造，不过结构级混凝土只使用粗骨料颗粒及天然细沙作原料。这种合成混凝土同时具有高抗压强度（60MPa）、抗拉强度以及可接受的蠕变和收缩性。与其他常规混凝土相比具有较低的模量以及热性能差异。

结构轻质混凝土使用100%轻质粗骨料，然而改良密度混凝土仅使用40%轻质粗骨料或者等量的普通粗骨料替代。

结构轻质混凝土所具有的优良性能包括低密度（比重1.7～2.0）、极低的渗透性（尤其是当添加硅粉时）以及低热传导性。在波罗的海的试验表明结构轻质骨料具有与常规混凝土等同的抗冰磨蚀性能。

改良密度混凝土具有与所有轻质混凝土和常规混凝土相同的模量等良好特性。不良特性主要包括轻质骨料的吸水性，特别是在受到泵送混凝土浇筑产生的压力，以及需要限制振动以防止骨料漂浮的情况。适度振动及流动混凝土对新拌混凝土的致密性都产生有效影响。

低密度对于所有类型的浮动结构物都具有很大的价值,因为水中的密度仅为常规混凝土的 0.6 倍。即便大型浮动混凝土结构物由典型的高比例钢筋构成,其漂浮时吃水也仅为结构物深度的一半。

著名的混凝土岛钻井结构(CIDS)全球海洋平台选择了轻质混凝土作为结构材料。它在日本建造,拖曳至阿拉斯加州北部的波弗特海服役了 10 年后,现在又转移至西伯利亚地区沿海的库页(Sakhalin)岛。

至于重力基座结构(GBS)或其他特大型海上结构物,其固定载荷由于在建造期间增加了混凝土中的钢筋数量和允差范围扩大等原因而增加。因此,需使用低密度混凝土。举例来说,纽芬兰的海伯尼亚(Hibernia)抗冰山平台就因为增加了钢筋,从而可能存在超过设计吃水的威胁。使用以结构轻质骨料替代40%粗骨料的改良密度混凝土,在保持模量、剪切力、蠕变等原始设定值的同时也解决了设计问题。

加拿大大陆北部波弗特海中的塔希特(Tarsiut)沉箱式人工岛的 4 个混凝土沉箱就是使用改良密度混凝土。这一举措同时降低了结构物重量及其运输及安装所要求的吃水设计值。

4.3.2.3　超高性能混凝土
Ultra-High Performance Concrete(UHPC)

这种超高性能混凝土(UHPC)混合配比原本是由布伊格公司(Buoygues)开发用于超高强度及低渗透性需求的复杂结构。现在则已广泛用于商业领域。这种拌和物中不含有粗骨料。它以极细的硅粉加入富水泥拌和料为基础,并掺入石灰岩粉。初始反应通常是由水泥的水化热作用引发,并且在蒸汽养护时催化扩张。由于掺入许多的混合物,水灰比非常低,所以必须掺入高性能减水剂。此外还应加入 2%钢纤维,这些纤维很短(12.7mm)而且直径仅为 0.2mm,带有略微变大的梢尖。钢纤维以随机方向掺入混合物,能抑制微裂纹的扩展。掺合时必须小心以确保纤维均匀散开。最终拌制成的混凝土密度高、抗渗性好,具有高压缩性能以及比普通混凝土高出很多的抗拉强度。由于抗拉强度的提高,故可减少垂直于后张预应力方向所需使用的横向钢筋。这种混凝土有极好的抗冻融破坏性能。

当超高性能混凝土(原文缩写为 VHPC 与上述标题的 UHPC 不一致,但应是指同一个意思——译者注)使用在较薄的结构件中时,必须采取谨慎措施足以能承受横向剪切和冲击剪切及振动。

布伊格公司在纳克萨(N'Kossa)海洋石油浮式平台外壳体上成功地使用了这种材料,此平台长度超过300m,目前停泊于非洲西海岸。超高性能混凝土还应用于印度洋留尼汪岛(Reunion Island)锚杆式挡土墙上的锚板,那里的腐蚀率非比寻常的高。这种超高性能混凝土的应用近来在美国也相当常见。

4.3.3 混凝土的输送与浇筑
Conveyance and Placement of Concrete

经充分搅拌的水泥可以通过多种方式运送至现场进行浇筑。最重要的是混凝土的特性在运输过程中不会显著改变。假如用卡车运输,那么通常要求卡车上的整罐混凝土在运输过程中持续搅动。搅拌叶片不可以过于陈旧,且搅拌罐内不允许形成过多的硬化混凝土。

假如使用传输带输送,则炎热的天气情况时应在混凝土输送带上设置遮盖,以防混凝土过早硬化或快速凝固;在多雨天气或极端寒冷的情况下还应防止混凝土的过量泌水及坍落度损失。无论如何,混凝土离析现象应尽量避免。假如采取泵送方式运输,则应考虑到可能会由于泵送的压力过大使水分被骨料所吸收,从而造成坍落度损失。拌合混凝土经适量缓凝后可以通过输送带输送到船体料斗中作为短距离运输。

经运输后混凝土中加入的空气含量可能会大量减少,然而经验告诉我们一般还是可以满足混凝土内空隙的要求。只要注意以上所提及的要点并按照适当的步骤实施操作,那么所有上述的运输方式都能满足混凝土运输的要求。

当混凝土浇筑后必须随即适当捣实。一般来说,即使掺入了高性能减水剂,混凝土仍需要进行内部振捣,这是为了确保其整体完全捣实,且所有钢筋间隔及空隙被填满。混凝土外部振捣效果受其深度限制。

当混凝土在炎热(高于30℃;90 ℉)或寒冷(低于5℃;40 ℉)的气候条件浇筑时,必须按照合适的作业程序操作。这不仅是为了确保混凝土在浇筑时处在一个恰当的搅拌温度,而且保证混凝土在达到完全成熟的整个过程中都获得恰当的温度保护。近期由美国陆军工程兵团的寒冷地区研究实验室和俄罗斯研究开发的一种抗冻剂,它可以在−5℃的低温条件下成功浇筑混凝土。

4.3.4　养护
Curing

当前的研究结果对混凝土养护的要求作了大幅度修正。因为复杂的海上结构物所使用的大多数混凝土拌合物都具有高抗渗性,如今的重点是在初始时就将拌合物表面密封,以防水分损失及防热,而不是靠外部额外供水养护。含有硅粉、高百分比高炉矿渣或大于 15% 粉煤灰的混凝土要求有外部的水分来保证表面的混凝土可以发生充分的水化作用以防出现表面龟裂和盐结晶,同时也是为了保证混凝土的抗渗透性。

薄膜养护化合物也是一种薄膜养护密封剂,白色的品种尤其适用于在炎热气候条件下对热光进行反射。然而,无论是来自太阳的热量、水化作用的内部发热、还是是蒸汽养护产生的热量都可能使薄膜养护剂降解(效率减低),因此在混凝土养护的第一天应使用一次或多次薄膜养护剂。若要求外涂层(如涂环氧树脂)时,则其通常是用作为容易黏附于潮湿的混凝土的养护膜。

4.3.5　钢筋
Steel Reinforcement

钢筋一般是指未经涂覆的外径为 $10\sim50$mm、屈服强度为 40MPa 的异形钢筋。市场上还有屈服强度更高的钢筋。然而,为了海洋结构物混凝土控制混凝土裂纹宽度的需要,钢筋受拉时的屈服强度不宜超过 50MPa。离岸结构物经常要求使用可焊接钢材。然而,一般由重轧钢轨制成的脆性钢则无法满足结构物所要求的屈服延伸率。

通过表层覆盖的半不渗透性混凝土及钢筋自身的碱性可以保护钢筋抵御腐蚀作用。然而空气中的二氧化碳及海水或特意使用的盐中所含的氯化物则会使这种保护层退化。腐蚀情况一般在飞溅区特别严重,但是处在可接触大气的区域,由于遭受海水周期性飞溅并经蒸发作用逐渐浓缩产生沉积盐类,也会使腐蚀快速蔓延。

钢筋腐蚀是海上结构物退化的主要原因。在中东,有些结构物甚至还没有完工就已经不能使用了。抵御腐蚀最佳且最经济的方法就是在钢筋外覆盖足够厚实的不渗透性混凝土层。当需要额外延长使用寿命时,可以掺入一些抗腐添加剂,如亚硝酸钙($CaNO_2$)。

钢筋环氧涂层已经成为一种防止腐蚀的普遍方式。无论是热浸涂还是熔合黏结方式都可以采用。比较昂贵的不锈钢加强筋逐渐被用于需要使用 100 年或以上设计使用年限的结构物中。此外还有其他的耐腐蚀钢。

环氧涂层,尤其是熔合黏结式的环氧涂层,当除去其与钢筋黏结力而仅依靠其厚度时,可能会降低变形时的机械咬合性能。因此,需要更长的锚固钢筋的展开长度或使用机械加工的钢筋接头。由于缺乏黏结力,当钢筋应变接近其极限值时,就会产生混凝土分层。环氧涂层钢筋的性能在受冲击条件下不能良好发挥,例如像有的桩制作成螺旋形或箍环状的,就是为了弥补黏结力的缺乏。

绝大多数环氧涂层钢筋由直条型棒材采用热浸涂层方式制成,后期还须进行弯曲或焊接加工。环氧涂层钢筋的弯曲,特别是箍筋的急弯,可能会在弯曲部分外部造成微小裂纹。这需要仔细检验或者用手触摸才会发现。现在市场上已有若干种能将环氧涂层通过静电熔方式涂覆到预制弯曲钢筋及焊接钢筋笼上的静电熔涂层设备。这种方式被称为熔合黏结。热浸涂环氧涂层方式也可以应用于预制成形钢筋。

传统钢筋也被称为非受力钢筋,因为名义上它处于零应力状态包覆在新拌混凝土中。但实际上混凝土凝固后会收缩,所以通常钢筋最终也会承受适度的压力。典型的海洋混凝土结构物会使用高密集钢筋,远远超过普通的陆上混凝土结构物。为了使混凝土有足够的浇筑空间,常将钢筋成组绑扎至多可绑扎成 4 组。混凝土搅拌工艺设计应经过特殊考虑以确保有足够的"灰浆"(水泥沙浆),且这些灰浆须经充分捣实,最好是内部振捣,直到将钢筋间的空隙完全填满。粗骨料可选用规格较小型的,或选用流动混凝土。

钢筋外的包覆层对于在海洋环境中使用的耐久性至关重要。包覆层太厚会增加裂纹的宽度,假如过薄则容易被氯化物或氧侵入最终导致机械结合失效。

为了钢筋在不拉拔的情况下可以发挥出钢筋的全部强度,要求在每一根钢筋的端部有足够的展开长度或黏结长度。由于离岸结构物长期处于动态循环载荷的性质,故其钢筋的黏结长度一般应大于处于静态载荷所要求的长度,差不多达到两倍左右。钢筋端部的位置也因此愈加重要,这是为了确保锚固点在可以被黏结的区域,也就是说,在一个受压缩区域内。在锚固和拼接区域使用箍筋固定是相当重要的。钢筋的绑扎应采用黑色的(无涂层)软铁丝,决不能用铜或铝丝,否则发生局部点蚀。钢筋的焊接接头处可能会发生点蚀和疲劳强度损失。闪光焊技术(车间加工)的出现避免了这个问题,使焊接方式由此被接受。

箍筋在离岸结构物中广泛使用。所有箍筋的尾部都要求锚固在外壳、板或梁的限定中心,但是实际操作上一般是不可行的,需要系住其自由端才可能。鉴于这个问题和承受高载荷的事实,箍筋弯曲下面的混凝土可能会压碎,箍筋极少能发挥出全部的屈服强度。因为箍筋有弯曲部分,所以它们的疲劳强度有限。为此所开发的锚固在平面加强钢筋后面的钢筋接头,譬如锻制或机加工的T字架,提供了一种更为有效的约束以及抗剪切件(见图 4.11)。这种方式已经被广泛应用在新建的海洋平台中,起初是应用在箍筋上,不过现在也用于纵向钢筋中作为弯钩的替代件,以达到一个良好的锚固定效果。

图 4.11　T 字架钢筋接头

有涂层的钢筋与无涂层的钢筋之间应该避免电气接触,因为当无涂层的钢筋暴露在氧气中时便会成为阴极,它会释放电流并腐蚀阳极。而有涂层的钢筋其被磨损的部位便会成为阳极。

采用不锈钢及一种可控结晶钢材(如 MMFX-2)作为耐用钢筋是近期的发展趋势。这种钢材体现了高耐腐蚀性能。当今,不锈钢钢筋被指定用于设计使用年限为 100 年及以上的重要结构物中。

但并非所有的不锈钢合金都可以使用。有的不锈钢合金对于任何接电的碳钢都可以作为强大的阴极,致使后者被迅速腐蚀。

　　钢筋可以通过拼接方式连接;然而,较长的拼接长度以及尝试搭接-拼接密集的钢筋束时可能会发生许多难题。大型钢筋一般需采用机械拼接。若钢筋需要焊接,则必须使用低氢材料电焊条。施工图纸必须详细绘出拼接细节,以使钢筋束的密集程度可以提前评估,同时也可预先精确计算出需用钢材的重量。后者之目的是为了控制吃水和稳性。根据规范,指定仅在受压状态下工作的钢筋拼接(接头)可能只是端部支承。然而,实际上在大多数情况下,离岸结构物的钢筋必须在承受拉伸和压缩的交变载荷的条件下工作。因此,在设计拼接时需慎重考虑接头必须承受传递拉伸和压缩两种交变载荷的实际情况。如果采用搭接接头,那么钢筋的外径尺寸必须限制在32mm(1.25in)之内,搭接处两端应扎紧,搭接应限定。相邻钢筋的接头应相互交叉。大直径钢筋应优先选择机械连接或焊接连接。

　　钢筋的腐蚀是海洋环境中最常见的退化形式(见图4.12)。传统的防止钢筋腐蚀措施是选用适当的混凝土配合比达到低渗透性和水泥化学性能,包括足够的混凝土保护层和良好的凝固与养护。施工方应负责利用恰当的靠座垫和间隔垫块确保混凝土保护层达到所要求的厚度。长期使用在暴露环境下的高耐久性混凝土如图4.13所示。

图4.12　被腐蚀的混凝土码头钢筋实例(科威特)

图 4.13　暴露 30 年后的耐用混凝土实例(科威特)

市场上现可选用的抗腐蚀钢筋是 MMFX-2。测试及在海水中使用的有限的经验证实了它的抗腐蚀性能,虽然也不能达到完全不腐蚀。

为了防止磨损,钢筋在搬运时应使用纤维软吊索。磨损区域以及所有裂缝应该在现场修复。

近几年,环氧涂层钢筋在海洋结构物中的使用效果开始受到质疑。在桥梁面板中的直条钢筋使用经验表明其耐防冻盐(化冰盐)的效果非常好,然而在海上结构物中特别是海水飞溅区使用的弯曲钢筋却表现出不同的效果。环氧涂层的缺点就是阻止了黏结,因此会降低黏结力并在重载荷的情况下会导致混凝土产生分层。有若干案例表明,当环氧涂层与钢筋间的黏结被海水破坏时,涂层下也可能会产生腐蚀。

因此,作者建议对环氧涂层钢筋的使用,应根据其在各种特定的海洋结构物环境下的使用情况进行评估,而不应是机械地按某些现行的规范或指南中所要求的那样,未经评估普遍地采用。无论如何,混凝土的质量,尤其是它的抗渗性,是保证其持久耐用的最重要因素。

不锈钢钢筋正越来越多地使用在处于海洋环境的关键结构物中,尽管它的成本很高。

纤维加强筋和格栅(网格)由于其耐腐蚀性能、良好的结合力以及增强的刚度而具有潜在的优势。然而,在浇筑混凝土过程想要将纤维格栅位置保持在允许偏差的范围内非常困难,应该使用流动性混凝土。

如果在同一个普通区域使用不同钢牌号的钢筋或有涂层的钢筋和无涂层的钢筋,那么在实践施工中会碰到具体问题。这样就必须使用编码或者其他所有的钢牌号都必须是最高级别的;对变形或有缺陷的钢筋最好用清晰的色编码标识。后者一般是指在材料仓库内,而不是在现场安装或检验时进行。钢筋保护层的支撑垫块应该采用混凝土"坯"垫块或塑料支座。不锈钢支座在盐水环境中可能会导致局部点蚀。因此,当不锈钢钢筋与传统的钢材共同使用时,必须选用合适的合金,或者在传统钢材表面覆上环氧涂层。当使用 MMFX-2 钢材时也应采用类似的防范方式。

适用于埋入式加强钢筋的阴极保护方法已开发并应用于预计会有严重腐蚀的区域。例如,海水淡化工厂及发电厂的海水冷却系统。牺牲阳极阴极保护可以在水下使用,外加电流阴极保护一般用于水上环境。

现场折弯钢筋必须遵循详细的工序要求。可参照 ASME/ACI 核反应堆外壳结构规范,其中对于现场折弯有明细的规定。可焊接的、10mm 及以下的系杆钢筋如需要可以在现场直接折弯。

4.3.6　预应力钢筋束和附件
Prestressing Tendons and Accessories

较长的预应力钢筋束通常由 7 股钢绞线组成,较短的或需连续延长的预应力钢筋(见图 4.14)则由螺纹钢筋组成。钢筋束放置在套管内,经施加应力、锚固后用灰浆填筑。张拉和锚固预应力钢筋束的锚具在市场上有多种型式可供选用,且性能可靠并且都有专利。它们通常制成插入式喇叭形或过渡式喇叭形及封闭的螺旋线。锚定部位必须有足够的约束钢筋。

套管的壁厚必须足以防止局部凹陷,套管内径与钢筋束的间隙须紧配以抵御混凝土灰浆振捣时进入管内,同时套管内部必须光滑使多股索在推进或拉入时不受阻碍。适合后张预应力钢筋的套管有多种类型。薄壁钢管或者套管,连同螺纹连接器,通常用于竖向套管。半刚性的波纹钢管正广泛使用。它们虽然不能做到完全水密,但能阻止灰浆进入管内。连接器通常是一种带有止水带或效果更好的热缩带的套管。波纹塑料管的近期发展在海洋工程结构物中尤为重要。拼接处应熔合。连同塑料锚定保护罩,塑料套管可以确保钢筋束完全隔绝导电与潮湿,因此能有效地排除潜在的氯化物腐蚀。套管应系固在钢筋上,

图 4.14 成卷提供的预应力钢绞线股（由 VSL 公司提供）

形成一个符合设计要求的光顺外形，并保持在允许偏差之内。套管必须得到有效保护，防止碎片或混凝土材料的意外进入。套管在交货时应当附有临时的塑料保护盖。在正常使用临时塑料保护盖之前，套管内必须先清除各种各样的废物料诸如螺丝起子、混凝土骨料、破布、甚至是苏打玻璃瓶。套管的端口应去除毛边。钢管应锯断，不可以熔断，并且应有附加的保护盖。在预应力钢筋束轮廓线所有的顶高处都应该开设透气孔。

由 7 股钢绞线组成的钢筋束是高抗拉强度钢筋束，操作时必须小心谨慎。它们应存放在干燥、不受气候影响的仓库中。德国的相关技术规范要求使用加热设备以降低仓库内的相对湿度，使其保持在露点以下。由多股钢绞线组成的钢筋束应穿过一个光滑、不会磨损钢筋束的喇叭口或漏斗口插入套管。目前的大多数应用实践都是采取每次单独插入一股钢绞线的方式。每股钢绞线插入前先在表面涂上水溶性油，在插入过程中可能还需涂抹更多的水溶性油。然后将套管的端部密封以阻止水气进入，直到对钢筋束开始张拉施加应力。还可选用喷撒气相缓蚀剂(VPI)粉末的方式来替代涂水溶性油。

对于直线形钢筋束从钢筋束的一端施加应力,对弧曲形的钢筋束从其两端施加应力。将弧曲形钢筋束循环拉拔一或二次,可使摩擦损失减至最低。第一次从弧曲形钢筋束的一端拉拔,第二次从其另一端拉拔。假如实际测量出的延伸率差异超过计算值的5%,必须查明原因。应注意:来自不同厂家生产的钢绞线的弹性模量是不同的。超过的摩擦损失可通过循环施加应力补上。

套管内的灌浆可按常规的灌浆作业标准进行。灌浆拌和料应选择泌水最少的。套管应该避免用水冲洗。若使用过溶水性油,则必须用灌浆泵向套管内灌入灰浆,直到所有被油污染的灰浆完全从套管的另一端排出。透气孔应逐个封闭使灰浆从钢绞线的端部被挤出。

竖套管以及那些带有重要的竖向构件的竖套管在安装时需要特殊考虑,特别是在离岸结构物中。当套管被灌满之后,新鲜灰浆的压头会迫使水渗入钢绞线的缝隙,就如同毛细作用(油灯的灯芯)那样,通过钢绞线将水排出到套管的顶端。这将会使灌浆的顶部表面下陷,并在顶部留下一个隐蔽的空隙,空隙甚至有可能达到数米长。可以预防这种情况发生的几种办法如下:

(1) 通过对拌和料及添加剂的选择,将灰浆的泌水性降至最低。
(2) 采用一种触变型添加剂,使灰浆在灌浆停止时立即凝结。
(3) 利用一根竖管将灰浆维持在高于锚定的顶端。
(4) 初始灌浆后在数小时之内将灰浆罐满。
(5) 使用真空灌浆。

第三步及第四步需要在锚定板上额外开个孔。通常还需要两个或更多个步骤来完成长竖向套管的灌浆工作。

在寒冷的气候中应预防灰浆结冻。虽然可以使用温水为灰浆加热,但这并不足以抵消当大体积混凝土结构物在冰冻情况下所损失的热量。在灌浆之前,混凝土结构的温度应该至少在5℃(40 ℉)以上。正如早就认识到的那样,掺入抗冻添加剂可以在低至−5℃的低温情况下调整灰浆凝结并增强其强度。锚定区域是承受三维应力的区域,还受横向拉力,特别是在多个锚定点之间。要求对在两个直角平面的横向拉力进行限制,以防止平行于钢筋束产生开裂。鲜为人知的事实是,钢筋束只对混凝土的一部分施加应力,而这一部分的混凝土趋于受拉脱离留在锚定处后面混凝土。因此,混凝土锚定应该交错排列,利用非受力钢筋将拉力重新分布回到混凝土结构物中去。钢筋束锚固应该为内置式。对于离岸结构物来说,这个部位是最容易受腐蚀的区域。锚固穴必须特别注意操作细节和工艺(见图 4.15)。

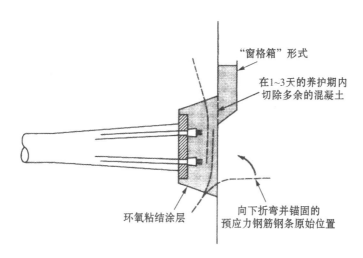

图 4.15　保护预应力锚固的锚固穴详图

　　在适度气候条件下,可在锚固穴外涂覆环氧黏结剂或乳胶,浇筑高质量灰浆,使用窗格箱技术来保证完全填满灰浆,再将两条或以上的钢条从结构混凝土折弯后插入锚固穴,这样能达到钢筋束锚固最佳状态。在有的情况时,为了后者之目的,可能需延长钢绞线(见图 4.15)。对于塑料套管,可以加上塑料保护罩将锚固处完全封闭;然后对锚固穴可按上所述方式用混凝土加固。

　　对于将会遭受冻融破坏环境的结构物,不应使用环氧涂层。而是应该仔细用钢丝刷清洁锚固穴表面并使用乳胶为一种替代黏结剂(见图 4.16)。

4.3.7　预埋件
Embedments

　　预埋板应该在混凝土浇筑前正确地安装。它们必须完全固定,避免在滑动模板滑动或振动时移动错位。目前已有的施工实践规定,预埋的锚具应与钢筋电气绝缘。通常的做法是在它们之间放置混凝土隔离块并用纤维或塑料绳绑扎紧。

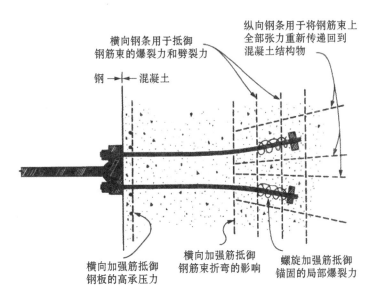

纵向钢条用于将钢筋束上
全部张力重新传递回到
混凝土结构物

横向钢条用于抵御
钢筋束的爆裂力和劈裂力

钢 混凝土

横向加强筋抵御
钢板的高承压力

横向加强筋抵御
钢筋束折弯的影响

螺旋加强筋抵御
锚固的局部爆裂力

图 4.16　钢结构物与混凝土结构物的连接

　　混凝土浇筑后,预埋板的边缘应该密封,防止边缘部位裂纹腐蚀。这在系缆眼板或类似附件需焊在预埋板上的情况下尤为必要,因为焊接会引发热变形。利用橡胶或木条在混凝土预埋板四周围形成可以容纳环氧密封剂的凹槽。注入环氧密封剂使预埋板封闭。

　　必须避免使用不同种类的金属。多种合金类不锈钢对于普通钢是呈高阴极(负极)的。曾经发生过一个由此引起的后果非常严重且代价昂贵的错误。即在有碳钢预埋铸钢件的部位使用了不锈钢突缘。大约过了数月后发生了严重腐蚀。铜及铝预埋件也可能会导致钢材腐蚀。

4.3.8　用于海上结构物混凝土的涂料
　　　　　Coatings for Marine Concrete

　　如果确定使用涂料,那么重要的是如何对混凝土表面状态进行恰当的处理。表面处理包括填补抹平气孔或水引起的"凹坑"或蜂窝状孔,以及整个表面进行轻度(非重度)喷沙。底漆与涂层的涂装操作和养护应符合油漆涂料制造商的推荐规程。由于离岸结构物周围的环境通常比较潮湿,在潮湿(而不是湿润)的表面使用防水环氧涂层是较为合宜的。许多其他令人满意的涂料在才喷涂了一到两周就发生"爆裂"或"针孔"现象,这是由于涂层下的水蒸发产生气压所致。应挑选合适的涂装工艺及材料来避免发生这种情况。假如发生这种情况则应填补修复。牢固黏结的涂层会像"镜子"那样照出混凝土下层的裂纹,反之,许多低黏结度的弹性涂层,如聚亚安酯,则可能会掩盖"跨过"裂纹。

在混凝土表面涂上硅烷,既可以防止或降低水渗透进入混凝土,同时又能让混凝土中的水蒸汽和空气溢出。其缺点是,由于硅烷会逐渐地在水中溶解,数年后会发生退化,因此必须重新涂覆使用。

甲基丙烯酸酯是一种具有强毛细管作用的薄型聚合物,所以它会渗透进入裂纹。它有清漆和黑漆两种。清漆从视觉上不会明显改变混凝土表面,而黑漆则有更好的抗紫外线能力。

聚脲是近期一种理想的混凝土涂料。它一般在涂一层环氧底漆之后使用。聚脲与聚氨基甲酸酯,尽管它们的名称类似,但它们的性能差别很大。市场上有各种煤焦油环氧及涂料,但是由于环境因素许多都禁止使用。市场还供应一种亚硝酸钙涂料。这种涂料能渗入凝固的混凝土中,也为钢筋的抗腐蚀性提供了一种有效的措施。

4.3.9　施工缝
Construction Joints

在钢筋延伸并穿过施工缝的大多数情况下并不需要止水条(堵水墙)。对于水平施工缝来说,顶部表面的粗刮平和鹅卵石铺平,在混凝土初步硬化之后利用喷水设备清除新浇混凝土表面上的浮灰(浮沐),这样一条完好的水密施工缝就完成了。锯齿形凹口应当与粗骨料充分结合,一般 6mm 深。随后的混凝土浇筑应从常规拌和料一次浇筑厚度 200mm 开始,减去粗骨料,然后继续按常规拌和料浇筑。两次浇筑都应进行内部振捣使第一次浇筑与第二次浇筑结合良好。

垂直的施工缝可以在混凝土凝固后通过湿喷沙或高压水冲切割形成,以使粗骨料露出约 6mm 深。合理的成功案例是通过使用金属丝网隔离第一次浇筑的成形模板并当需去除模板时将之剥离。乳胶及环氧黏结化合物的使用对防止施工缝产生收缩裂纹相当有效。

4.3.10 模板成型与支架
Forming and Support

离岸结构物的竖向构件如厚板、壳体、墙体等通常为组成离岸混凝土结构物的主要部件。通常使用的基本模板系统包含格形模板、滑动模板以及悬空模板或滑升模板。

滑动模板升起时钢材便可以安装。因此,混凝土一般是从顶层向下浇筑以便于随后的内部捣实振动。模板的上升速度通常取决于混凝土搅拌供给的速度和放置加强筋、预应力钢筋和预埋件的速度。混凝土初始凝固的时间取决于添加剂的使用,以使从滑模较低端显露的混凝土不会坍落或坍塌。拌合物温度及大气温度也会影响混凝土凝固的时间。因为滑动模板作业需要连续(全天候)进行,得以能快速浇筑竖向或接近竖向的墙体。钢筋条的长度也应当适合模板的上升速度。

当滑模作业达到模板顶端之时,新拌混凝土的重量便无法再支持最后一个浇筑层下榻。在混凝土初凝后就顶起模板可能会造成横向裂纹。有一个解决办法,就是停止升模直到最终凝固后再松开模板并向上顶升一小段。在由滑模成形的结构物浇筑期间,振捣器上应做好标记,以防止振捣器在振捣时会穿过现浇筑层进入到前一个浇筑层;这也是为了预防产生横向裂纹及确保骨料之间的结合。

火山灰,尤其是硅粉的使用通常会使混凝土黏附在滑升模板上。如今正在尝试一些技术上的解决方法,包括在模板上喷涂特殊涂层以及可能将泵送添加剂掺入混凝土以减少摩擦力。在任何情况下,钢质滑模都应该涂防锈漆,因为生锈会极大地增强表面摩擦力。对于不锈钢滑模,一家主要的离岸结构物承包商近期正在采用表面喷涂致密聚氨基甲酸酯涂层的方法。滑升模板在离岸结构物中主要运用于锥形结构部分以及倾斜结构部分的制造。挪威承包商为奥斯伯格(Oseberg)A 平台的格形墙体的浇筑特地建造了一个巨型的滑升模板架,这为加强筋条的安装提供了更多空间。当带有交叉横梁或厚板的墙体使用滑升模板浇筑时,应安装预埋木块(浇筑混凝土结构预留空洞),把弯起传力杆外露,使滑动模板墙体结构物浇筑作业可以连续不中断地进行。水平向的厚板可以之后再装。

"悬空模板"实际上就是一种待一次浇筑层达到足够的强度后再逐渐升高

的平板模板,通常为混凝土养护一到两天的龄期。它适用于那种置有密集排列的钢筋、预应力套管以及预埋件的结构物的浇筑。由于该结构物中的置入构件如此之多,以致若要维持滑模的最低速度所需雇佣的工人数目是不切实际的。典型的悬空模板面板为 3～6m 高;可能会装有窗格箱来减少混凝土的下落高度(由此减少了潜在的离析因素)并便于振捣混凝土。其代表性的是,在每次浇筑层的顶部安装插件以支撑下一个浇筑层模板的低端边缘。模板通过底端的垫片密封,防止沙浆渗漏。

作为选择,可采用将预制板连结"相配浇筑"构件或现场浇筑的柱体的成形方式。现已发现,与已被接受的观点相反,滴落式混凝土自由落下至竖向接头或连结柱体时并不会造成离析,特别是在使用流动混凝土时。所谓的"相配浇筑"构件,即倚着相邻构件的施工缝浇筑相配合的混凝土分段。由此重新装配后的接头会配合得更完美。它们涂上环氧胶(两面更好)后进行暂时的施压直到胶体凝固。如果在制作过程中采用加热或蒸汽养护,则两个部分段应该一起加热,这样就不会因翘曲造成接头变形。

在预成型套管中插入加强筋条或即便是未张拉过的预应力钢筋束都可以为穿过两个分段间的接头的加强筋提供连续性;随后,它们可以通过灌浆结合在一起。就如先前提及的,对于承受动态循环载荷的海洋结构物而言,其接头部位的总钢筋截面积应该等于:

$$A_s = \frac{A_c f_{ce}}{\phi f_y} \tag{4.2}$$

标准的脚手架一般用于水平向厚板,但是在许多情况下厚板将会高于任何支撑结构。这样就需要使用带支撑的、横跨墙体的桁架。它们可能会埋入混凝土。固定式模板可能会用来免除脱模的需求。可能会预制一些加强筋作为内部桁架,用来吊挂固定式模板。

水平的或者有坡度的表面可利用预制构件现场放置成形,排列对齐与加强筋和现场浇筑接头(接缝)相接,或预先施压后用环氧连接。操作时必须特别小心,以保证良好的连接,比如在浇筑新混凝土之前先使用环氧黏着剂,这是为了防止混凝土在不同的水压之下分层。充裕的吊装能力是快速建造复杂构件的保证。采用配合浇筑技术能有效地使配对表面及钢筋束套管精确配合。预制构件也可能会浇筑到构件深度的一半左右,然后由现场浇注混凝土或使用固定式模板来完成顶部的浇筑工作。

假如这种半深度的构件设定在全部独立使用的地方运作,那么必须把它们的表面磨粗糙并在相关的闭合空间使用加强筋系杆以防止层状开裂。

4.3.11 允差
Tolerances

施工允差通常至少应包括下列内容：

（1）截面的几何形状：

    a. 沿垂直向实际位置的偏差；

    b. 水平面上实际圆形或多边形间的偏差；

    c. 与最佳拟合圆形或多边形间的偏差。

（2）垂直性：与竖向或横向的轴线或平面的偏差。

（3）诸如柱状或轴状的竖向构件之间的间距和支承。

（4）构件的厚度。

（5）加强筋的定位（穿过厚度和沿壁的）。

（6）加强筋和预应力套管的保护层厚度。

（7）预埋件的定位。

（8）预应力套管设计轮廓线的偏差。

（9）新拌混凝土单位重量的偏差。

4.4 钢-混凝土混合结构
Hybrid Steel-Concrete Structures

结构钢与混凝土相结合在离岸结构物上的应用有着令人瞩目的发展。它们最终显现出的两种材料相结合的综合优势已获得工程界的认可。两种形式的钢-混凝土复合结构具有潜在的发展优势。

4.4.1 混合结构
Hybrid Structures

第一种形式为结构钢构件与混凝土构件相结合。它们各自发挥自己的作

用,但是连接部分则会传递结构物中的作用力,以这种方式来保持它们的完整性。混合结构的实例有:

(1) 结构钢上层结构连接混凝土基层结构。

(2) 结构钢骨架支撑外层的混凝土墙体和厚板。

(3) 混凝土基体与钢,或铰接的荷载浮筒混凝土柱之间通过钢铰链进行的铰接连接。

对于这些混合结构来说,最关键的是两种材料接合处在循环动载荷之下的工作状态。可以适当地考虑通过钢构件对混凝土构件施加预应力(见图 4.16)。为了确保成功达到预应力接合处的应有性能,需对下述若干方面予以谨慎考虑:

(1) 由于预应力钢筋束一般较短,故其收缩和支座损失带来的影响较大。因此,预应力钢筋的最终锚固逐渐发展为使用螺母或连接器方式而不是楔入方式。

(2) 混凝土中预应力钢筋束的锚固区域必须详细设计,以确保不会在锚固点的周围以及后面发生裂纹及进一步的剥落现象。锚固板上集中承受的压力会产生很大的变形,导致径向受拉:知名的爆裂力就是与大的锚固能量有关。在这种情况下需要增加横向加强筋。

(3) 全部的支承压力集中在钢承压板与混凝土之间。图 4.16 中的钢板(P)必须达到足够的厚度以防止钢筋锚固后施加在钢板上的高应力集中引起的局部翘曲变形。显然,焊接(W)必须具备适当的焊接工艺,可能还需要预热及焊后热处理,确保达到充分熔焊连接。钢板必须有适当的全厚度性能防止层状撕裂。如前所述,混凝土上的钢板必须受力均匀。通常可采取两种方法:第一种,用水泥沙浆或一种特殊的承压化合物(无腐蚀性的)或注入环氧来填满钢承压板与混凝土之间的缝隙;第二种,通过打磨混凝土及铣平钢板等机械加工的方式,使两者间有良好的配合公差,如 0.1mm 或 0.2mm 内,允许的公差范围取决于板的规格及其刚度(厚度)。

4.4.2　复合结构
Composite Construction

第二种形式的钢-混凝土复合结构物是钢板与混凝土各自作为一个单独构件相结合形成一个整体结构物。两者从机械意义上来说在钢板与混凝土构件之间存在一种剪切关系。

典型制作方式有：

(1) 钢板通过焊接螺柱与混凝土连接。混凝土承受压缩力；钢板则承受拉力和横向剪切力。这种设计方式通常运用在桥梁结构中。

(2) 横向钢条或竖向板（有孔的）形式的特殊剪切连接件，直接与钢材焊接。

(3) 两块钢板间隔开的空间内填满混凝土。然后，这两块板可通过钢隔板、螺栓，或许只是一根短钢筋连接。混凝土有助于板及外壳分散局部负荷并传递水平剪力。

上面的第三种预制方式现在通常被称为 CORUS 双钢板复合结构。

外部的钢板提供抗拉性能，内部的混凝土提供耐压缩性能，而隔板、螺栓及钢筋则具有抗剪切性能。这样一个三明治形式的结构，其中的钢板必然得承受施加于混凝土上的压缩应变。通过混凝土填充可以防止内部压屈变形；而外部压屈变形便因此成为典型的缺陷形式，它可以通过全厚度固定的方式来抑制。因此，不仅是剪切连接件的规格，而且它们的间隔空间及焊接都很重要。复合结构物的几种形式如图 4.17 所示。

当使用焊接螺柱时，焊接电流（安培）及焊接工艺必须符合制造商使用说明中的具体要求。这些焊缝处承受强剪切力，在高梁剪切点时弯曲。钢板的表面应保持清洁，使其与混凝土能良好地结合在一起。

将混凝土浇入三明治复合结构需要仔细计算和工艺步骤才能确保完全填满。推荐使用自凝固型"流动"混凝土。内部的扶强材和隔板上需要有些小孔，这是为了防止截留空气或泌水。实践操作时通常可行的方法是，在其中的一块钢板上钻些临时性的（或有时是永久性的）孔，通过这些孔可以用泵灌入混凝土。新浇（未凝固的）混凝土的静水压力差，特别是当在泵压下灌入混凝土时，可能会使板的位置发生偏移。

复合结构的出现，尤其是应用在离岸结构物需承受局部强力冲击的部位，例如那些由于冰或船、驳船等碰撞引起的混凝土结构物外壁出现不可接受或又无法修复的裂缝及较小的泄漏。复合结构正日益增多地应用于加强钢管状桩的刚度和柔韧性。在许多海洋结构物的安装中，最大弯曲应力正好是发生在桩帽之下。因此，若混凝土填充物与钢管的复合作用充分发挥则为钢管状桩可以提供柔韧性。

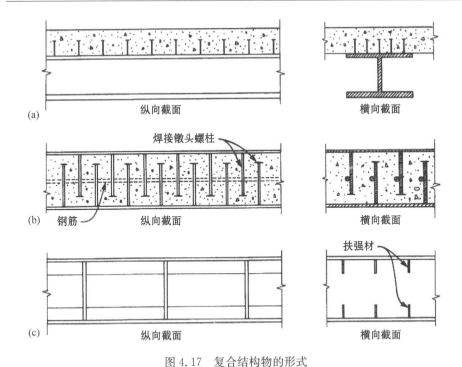

图 4.17　复合结构物的形式

4.5　塑料、合成材料、合成物
Plastics and Synthetic Materials, Composites

　　塑料及类似的合成材料在海洋环境中的使用日益增多。树脂合成聚合物通常会加入一些玻璃、碳及芳族聚酸胺纤维成分。使用范围从玻璃纤维增强塑料管线、氯丁（二烯）橡胶或天然橡胶制护舷及支承件、斜坡保护用的聚乙烯袋直到起浮力作用的聚氨脂泡沫塑料。多孔土工过滤织物如今广泛运用于抛石工程中防沙石滤出。可注入环氧材料作为修补或者接缝的应用及涂层复合物。高密度聚乙烯（HDPE）管道已应用在夏威夷岛屿深达 2 000in（600m）处的冷水管线中；最近也刚刚在距法国蒙彼利埃（Montpellier）11km 的河口中使用，这条长 550m 的管道是在挪威的南部制造的，在海上漂浮拖曳了 2 000mile 至地中海,在那儿把混凝土重力圈置于高密度聚乙烯管道之上形成一个连续的防护体。到达现场后将管道浮出,通过向管内注水和充气加压使管道处于受拉下沉到预先挖好的沟槽内。然后,把活节的混凝土垫覆盖在管道上保护其不受拖网渔船的影响。

凯夫拉尔(Kevlar)纤维、尼龙以及碳纤维制的系泊缆索在离岸漂浮作业上已得到普遍应用。玻璃纤维增强塑料(玻璃钢)可用来制造保护码头的防撞桩。基于实验根据,玻璃纤维和碳筋也可当做预应力钢筋使用。混凝土桩和柱的延展性(可塑性)通过加入芳族聚酸胺纤维而不断提高。附着于梁底部的碳素纤维薄片可增加抗弯强度,而附着于两侧的碳素纤维薄片则可以提高抗剪切能力。芳族聚酸胺纤维(凯夫拉纤维)在深水系泊系统中的使用正日益增多。美国海军的码头设施中使用 Poltruded 防撞桩(一种用玻璃纤维强化聚乙烯制作的防撞桩)。

含有碳素纤维及其他玻璃纤维等物质的造型或条棒状复合材料,经实验应用证明不受腐蚀影响。碳素纤维网已问世。

目前正在对碳素纤维和玻璃纤维丝用作为预应力钢筋束进行实验性测试。最难的问题是如何做到防滑锚固。

从施工方的观点来看,必须考虑的方面有:

(1) 现场使用塑料时,接头表面必须干净,有合适的纹理(粗糙度),干燥,并且应在适当的温度下养护或固化。环氧涂料对湿气特别敏感,且容易被水稀释,除非是一种与疏水化合物合成的特别用于水下或潮湿的表面的环氧涂料。

(2) 许多接头及密封材料的有效厚度应予以严格控制,只能有很小的允差范围。

(3) 极端的温度变化可能会导致钢-氯丁橡胶支承件及护舷部件的分层,因为两种材料变化特性及热胀冷缩的程度不同。

(4) 许多塑料,特别是聚乙烯,会在紫外线(UV)照射下老化,除非在其中加入一种可以加强紫外线防护能力的色素。

(5) 大多数塑料在水中都是有正浮力的,这使它们难以置于水下。目前有些土工过滤织物有意制造成是负浮力的,这样才容易放置到水里。玻璃纤维管可能需要加重,例如,使用预浇制混凝土鞍座来确保放置及使用过程中的稳定性。

(6) 土工织物膜及织物一般以成卷或成匹供货,在施工铺设时应交叠使用。

土工织物的搭接是否恰当对于其铺设和使用是关键。考虑到海底地形的不规则性和水下施工的不确定性以及波浪作用可能会造成的偏差,铺设土工织物时尽量留有足够的,甚至可能是过度的搭接对施工方来说是明智的。

(7) 刚性塑料易受冲击破坏及磨损的影响。当置于混凝土鞍形托架下方时,他们通常需要采取软保护措施。

(8) 塑料管道,例如聚乙烯管在应力集中的区域容易产生内部疲劳。因此,所有附加点处必须加强,注意确保受力分配均匀以避免应力集中。一个海洋热能转换(OTEC)项目所使用的聚乙烯管道在夏威夷附近进行拖曳时,它较重的一端由钢丝绳系住,该钢丝绳又转而系在驳船上。在持续载荷的情况下,由于波浪冲击产生的循环应力,造成管子破裂,使整个管线脱落。经过大量费力的海上抢修才得以恢复。

(9) 在某些条件下聚硫化物密封剂可能因为细菌作用迅速分解。在阿拉伯湾曾经有过一个案例,结构物所用的聚硫化物密封剂在几个月内迅速分解失效了,甚至在该建筑合同竣工并接收之前。

(10) 某些材料的柔韧特性随温度变化相当剧烈,一种在 15℃ 非常柔韧的材料,可能在 −10℃ 的情况下则会变得刚硬且易脆。

(11) 塑料的特性一般是呈现各向异性的,取决于纤维的排列方向及密集程度。

(12) 塑料系泊缆索,特别是尼龙,长期在盐水中使用会老化。

(13) 环氧涂层在盐水中可能会分层。

虽然上述提到了这些要注意的问题,但看到使用这类材料所能带来多种优势也是非常重要的。它们本身不会发生腐蚀,普遍具有较低的摩擦系数,且重量轻。致密的聚亚安酯及致密的环氧涂料一般用于破冰船船体涂层,起到防腐蚀和减少冰摩擦的作用。当需要将重型导管架拖移至驳船和下水时,一般使用特氟纶衬垫来减少摩擦。这些轻质的材料免除了许多搬运时的麻烦。许多单元(构件)都是可以漂浮的。塑料系泊缆索具有特别的优势,无论在深海还是短程情况下,都需要柔韧的延展性来吸收冲击力。聚乙烯管在安装时可以横向"弯屈",之后再恢复原状,而不会有任何损伤。它们良好的漂浮能力使它们可安装在海底之上,并且锚定在海底的各个间歇点上。科弗莱西普公司的(Coflexip)管线,由钢-氯丁橡胶特殊黏接合成材料制成的管道,广泛运用于柔性立管及海上采油设备的连接管道。

凯夫拉尔纤维在系泊缆索及轻型起重吊索中广泛使用,特别是在深水中,当它始终保持中性浮力的特性时相当有益。凯夫拉尔纤维既能柔性成形,也可相对较刚性成形。尼龙也可以用在这类缆索中,但它的弹性模量很低。尼龙及一些其他塑料系泊缆索在浸入水中时会承受来自内部的疲劳损伤。碳素纤维系泊缆索通常基于其强度、轻质量及刚度而被列入考虑,尽管它们成本高昂。

在水下铺设具有过滤功能的土工织物垫通常可以确保比使用分级石料过滤方式更为完善、经济及高效地防止沙石流失。

碳素纤维薄片可以通过涂覆环氧涂料与混凝土表面黏合,以此来预防关键区域所有开口或闭合的活动裂纹。在有的情况下,将聚乙烯衬垫与钢管或混凝土管黏合在一起,可起到防止腐蚀,降低离子向液体中迁移,同时减少摩擦。它们可以重叠缠绕的形式进行包覆。其他还有的方式是将涡旋脱落条黏贴在立管、系泊缆索以及斜拉桥拉索上。

聚乙烯材料也可用于管桩及钢丝缆绳的防腐蚀保护。如勒那(Lena)拉索塔结构物所用的拉索就是用聚乙烯材料包覆来达到长期防腐的效果。将刚性的聚亚安酯加入钢板格栅或钢筋混凝土格体可增强其抗冲击能力。这种形式一般可用来缓冲船体碰撞或恐怖分子袭击所造成的冲击。显然,塑料在海洋环境中的应用将持续深入发展。由于各种材料具有各种不同的的特性,施工方必须特别注意在所涉及环境下安装建造的各种特殊要求。

碳素纤维(CFRP)加强筋与传统的焊接钢丝网相比提高了极限强度,在达到 60％极限载荷时的裂纹宽度可降至 0.25mm 以下,达到应变至 0.2％。因此,它能使混凝土面板的使用载荷增加到两倍,同时减少所要求的混凝土保护层厚度(LaNier 2005),就像前面已提及的。不过当浇筑混凝土时,这些碳纤维增强聚合物格栅要保持在一个精准的位置上是非常困难的。

4.6 钛材料
Titanium

钛是海上结构物中应用的"顶级"材料,这归因于它的强度及耐腐蚀性能。当然,它也非常昂贵。

钛通常用于海上设施中那些承受快速腐蚀的关键部分,如频繁使用的海水压载管线。钛覆层曾用于东京湾跨海大桥的钢质竖井。

钛结构元素经轧制后具有以下特性(见表 4.2):

表 4.2　钛结构特性

强度	800~1 200MPa(120 000~160 000psi)
循环载荷下的极限疲劳强度	400~500 MPa(60 000~70 000psi)
单位重量	48kN/m³ Z4.8T/m³(300lb/cu. ft)
成本	钢的 5 倍

冶金业未来的发展也许能生产出更多数量且成本较低的钛材料。

4.7　石料、沙料和柏油-沥青材料
Rock, Sand, and Asphaltic-Bituminous Materials

理所当然,石料在海堤、防波堤以及护岸等沿海结构物上有大量使用。对于离岸结构物来说,石料一般用来对建筑物基础所遭受的冲刷进行防护,保护水下管线免受洋流诱发的振动、拖网船网板、其他冲击等,同时也用来保护岸提免受海浪或洋流的侵蚀。

在选用材料设计中需考虑的 4 个主要特性包括材料的比重、规格、耐磨损性以及耐久性。增加石料的密度后,即使使用较小规格的石料也可以在抵抗侵蚀方面维持其稳定性。受到海浪或洋流侵蚀的石料稳定性大致与水下密度的立方成比例:

$$S = (\text{sp. gr.} - 1)^3 \tag{4.3}$$

因此,承包商采用较为致密的材料也许更易获得所要求的结果,因为这种材料容易搬运和铺设,桩打入时容易贯入。石料的其他要求与它在海水中的坚固性及抗冲击能力相关。

石料碎块的规格通常对其公称的最大尺寸或重量已经有了明确的规定,对较小的石料碎块也有相关的分级规定。在大多数情况下,对于施工方来说最难采集也是最昂贵的石料就是尺寸较大的石料。因此,在采石过程中,施工方将选用事先设计好的方法来尽可能产出较大的石块。通常施工方最终仍会留有一些优质的石料,有的可能在项目的其他部分使用,有的则可能会用于临时性路段等。与此相反,为了防止堤岸中沙石迁移,石料的分级过滤必须严格控制。这通常需要进行筛选,有时候甚至是碾压。对于施工方来说,重要的是要确定一个所使用石料的级配范围(石料分级曲线),完工结构的每个部位或区域的用料级配都必须达到一个合理的近似值。虽然施工方可能总体上已按所选用石料的级配范围施工,但仍需要现场施工经验与技巧来确保每一批铺设的石料都符合适当的级配。

因此在许多实践应用中,在按分级石料铺设的同时再加上足够的铺设厚度则能完全达到预期的结果。也可以选择合适的土工织物作为过滤层。

石料在运输过程中总会造成一些磨损及破碎。因此,在石料运输驳船的甲板上就会积留一层细粉末料。大多数情况下,可让这些细粉末料留在原处,就算废弃了也没什么损失;然而,当运输具有重要的多孔性或渗透性良好的石料时,则须采取必要的措施来保证这些细粉末料不会污染进入到这些有特殊性能的石料。特别是当需要填密板桩格体和为后续注入灰浆放置骨料时,必须注意不要在会妨碍水或灰浆流动的那层放入细料。

通常应明确石料的耐久性能确保其在海水中不易剥蚀,而这主要是由于其所含硫酸盐膨胀引起的。一般产自贫瘠荒凉地区的石料质量尤其令人质疑,那是因为它们并未经历过正常气候条件的考验。

沙料的质量通常根据其内摩擦角和分级确定,当然,这两者休戚相关。沙料一般是通过水洗的方式生产的,为了达到规定的分级允许在过度水洗到一定的细度。沙料生产中主要的问题是过细的沙料会阻碍适当的致密,并使堤岸遭受液化和在水面以上受冻胀的威胁。

沥青(柏油)是用来黏结石料及沙料使其整体柔韧并足以抵抗冲击力的铺垫材料。荷兰的工程师对推动这方面的技术进步做出了巨大贡献,他们优化了水下填筑沥青(柏油)材料的能力,包括当材料处在热融状态时的填筑方式。他们也发展了各种黏结材料的分级及百分比,以此控制材料的渗透能力(允许或抑制)为特殊应用达到预想的效果。

橡胶沥青是将废旧橡胶轮胎原料加入沥青后混合而成,它拥有许多海洋应用所需的特性,因为它在一定温度范围内具有极大的延展性及柔韧性。环球海上超级混凝土岛钻井系统平台在其混凝土及钢构件之间使用了一层橡胶沥青，使它们既可以适应日本夏天的温水环境，又能在寒冷的北极圈海水中体现较强的抗侧向剪切能力。

翻滚不休，深不见底的，暗蓝色海洋，

任千帆驶过，水亦无痕。

（诗人拜伦"恰尔德·哈罗德游记"）

第 5 章　海洋和离岸施工设备

Marine and Offshore Construction Equipment

5.1　概述
General

海上作业施工的环境需求,连同对大型结构物的需求,使得专业而先进的各类施工设备得以开发应用。设备制造商和施工承包商对此的反应迅速且有效。这些能力更大的施工设备的出现,对改变施工方式和为在极端苛刻的施工环境下建造复杂的结构,从技术可操作性和经济性上起到了非常重要的作用。这种进步将伴随着工业的发展,特别是离岸石油工业、军事设施和海洋经济开发的需求继续保持着现有的发展速度。

对大多数施工设备的设计,要求其能在海上和水下作业。这对造船工程提出了很高的要求,以确保施工设备所必须具有的作业服务能力、设备运行稳定性,以及对通常的海洋和离岸条件下的运动响应处于有限和可预测的范围。从传统的主要用于运输目的的驳船与船舶扩展到施工、钻井、挖泥等作业,促使造船工程专业发展了一系列方法来适应于各种多样化的配置与动态受力的要求。

离岸施工作业安全是第一位的。其施工性质就是要求苛刻且具危险性。施工设备的设计不仅要符合使用性能的要求,而且还得符合安全生产。

海洋设备,特别是离岸设备都是十分昂贵的,加上高运行成本,因此其每小时的价值与费用无论对拥有者还是租赁都是十分可观的。为此,设备必须设计成具有高的可靠性与冗余量。作为常规,在施工季节期间要求能够有效运行70%,甚至更高。施工工程师必须了解所使用的设备的能力和局限性。在问题发展到灾难阶段之前,应能警觉地发现问题的早期现象。因此,全面了解设备的运行性能是对现场工程师的基本要求。本章的后续部分将对海洋和离岸施工设备的主要基本类型进行探讨。

海上施工行业经受着从需求旺盛到衰退的周期而戏剧性变化的影响。当对大型专业化的需求超过供给时,会采取两种应对方式。一种是向船厂和吊机制造厂下订单,新建符合标准的离岸设备,通过对这些设备的升级使它们能在更深的水域和暴露在海况的环境中使用;另一种是把更多的兴趣放在对现有设备的改造和发展新的作业流程,以使其能执行以前只能由大型常规设备才可执行的任务。后者广泛采用了最新开发的具有长冲程、高性能的液压千斤顶,并且采用了辊柱和低摩擦的材料例如特氟龙,以提高千斤顶轴承座受承横向相对运动的能力。大量应用浮力技术、门字吊双体驳船和浮托甲板安装技术作为对大型起重驳船的补充。对于近海作业,例如桥梁、船闸和水坝,也是同样采用上述这两种应对方式。海上施工现场的真实情况是,物理结构限制了可操纵性;吃水限制了进出通道。

对于所有离岸施工设备需考虑的若干基本要素是:运动响应、浮力、吃水、干舷、稳性和破损控制。

5.2 航道中的基本运动
Basic Motions in a Seaway

一个典型的漂浮结构有 6 个自由度,因此由于波浪引起的 6 个基本的响应运动依次为:横摇、纵摇、垂荡、纵荡、横荡、首摇(见图 5.1)。

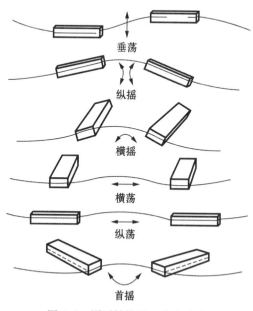

图 5.1 漂浮结构的 6 个自由度

波浪对船体的作用分为两部分。第一阶作用是振荡力。第二阶作用是施加的力,通常称作波浪漂移力,相对比较稳定,力的方向是波浪传播的方向。在非常规海域,这种作用力变化比较缓慢,其变化周期在 1min 或以上时间。在正常海域,船舶面对的是一整套复杂的各种不同的波浪激励。它们在方向、频率、相位、幅度上都有所不同。因此,船舶的总响应也是针对上述激励的各个响应的集成。典型的施工船是由系泊绳或链条来系缆的,这样的系缆系统对船体的运动起到了非线性的约束。储存在绷紧状态缆绳上的能量作用在船体上,即恢复力将船舶送回它的平均位置。尽管系缆绳通常设计成防止船体在纵荡、横荡、首摇运动中的低频位移,它们对船体也会施加高低频的激励。一些高度复杂的离岸施工船采用动态定位来确保位置保持不变。

各种不同类型的运动相互作用会减少或放大船舶上任意某一个独立点的运动。例如在起重驳上有一个具有特殊兴趣的点,即吊杆顶端。由于 6 个响应运动的相互作用,吊杆顶端在空间中形成了一个复杂的空间三维轨道。

船体的运动也受到水动力交互作用的影响,特别是当船舶与边界处于一个比较近距的状态下,例如在浅水水域时,船体与水底之间仅有很少量的水体。船体的响应与频率密切相关。船体在 6 个自由度的每个方向都有固有响应周期。须注意,除了船体自身在相当高的频率处有共振周期外,对于全船系缆系统,可能还有一个低频的固有周期。

当平行于船体纵轴的有效波长是船长的 2 至 3 倍时,会引起最大的纵摇响应,船就会骑在波浪的坡度上。在这种情况下,它也会产最大的纵荡;从效应上看,船会有冲浪漂移的可能。离岸施工船的设计趋势是将船长等于或大于其所要工作的海域上的最大浪长。

这也是为什么在西非以外或非洲和澳洲的西南岸外的水域中使用传统的浮式离岸施工设备会面临非常大的困难的原因。在这些海域,来自南面的海洋会带来非常长周期的波浪,甚至有相当大的浪高,引起船只剧烈的响应。

有效的波浪长是波峰之间平行船纵轴的距离。具有较短波浪长的海域,当与船纵轴成一定角度作用于船体时,也能产生相当的船纵摇响应。沿波浪传递的方向,即使在平静的海域也能引起船体产生纵摇响应(见图 5.2)。同样,甚至当驳船顶浪前进,船体也会有明显的横摇响应。

在浅水域,长周期的涌浪在长度上会缩短,所以它们针对典型的驳船有一个临界长度。例如,对一艘 120m 的驳船,涌浪的周期为 18s,深水波浪长将是 $1/2T^2$ 或 500m。在水深 15m 到 20m,这些波浪将缩短到 400m 或更短,这会引

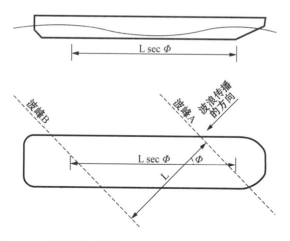

图 5.2　1/4 浪在长离岸施工船上会产生弯曲或扭曲的效应

起较强的纵摇和纵荡。

在横摇方面,所有驳船形式的施工船有 5～6s 的固有周期。在可工作的海域,平均风浪的周期是 5～7s,波长为 40～70m。这就是离岸施工船通常设计成船宽超过 25m 的原因。

5.3　浮力、吃水和干舷
Buoyancy, Draft, and Freeboard

历史上最古老的工程定律之一是阿基米德定律,重量等于排水量。同样的结论可以由在静止水况下对作用在船体上的静水压力进行积分而得出。

重量控制一直是结构建造时关心的话题。重量检查当然可以通过测量排水量来进行。但是许多下列因素可能对这种简单的吃水测量和排水量的计算的精度起降低作用:

(1)水密度的变化。
(2)船体的绕度和变形。

（3）水下部分的尺寸误差而造成的排水体积的误差。

（4）压载水和因疏忽造成的泄放水的计算误差。

（5）对水的吸收，例如混凝土吸水情况。

　　吃水是由几何形状和排水量决定的。它是在静水状态下测量的，水平面到结构最低点的深度。影响增加吃水的现象是"坐蹲"，当船驶经浅水域时，水动力会向船体施加向下拉的力。横倾是由风或偏心装载，使船产生倾斜。纵摇、横摇、垂荡都会减少船底间隙。

　　船底间隙的减少会明显影响船在海水中的运动。在船底部建立起水压力，有增加附水质量和降低航速的趋势：更多的水从周围水域中拖带着。船降低了方向的稳定性，开始在首摇和横摇上产生相当剧烈的偏航。

　　干舷是甲板在静水面以上的高度，像吃水一样，由于在浅水域的坐蹲和横倾的现象而使船体产生了纵倾和横倾，以及短期的纵荡和垂荡，改变了干舷。它通常是设计用来减少甲板上浪的几率。在船舷附近的波浪通过折射和马赫扰动面效应，建立起超过通常水平的高度，马赫扰动面效应是抬高波冠的积聚能量的结果。提高干舷有助于减少大风下波浪溅到甲板上，大风能把耸立的波浪顶部的水体（驻波）吹落到甲板上。

5.4　稳性
Stability

　　稳性由三个主要因素来控制：重心、浮心、水面惯性矩（见图5.3）。浸没的

$$\overline{GM}=\overline{KB}-\overline{KG}+\overline{BM}, \text{ 式中 }\overline{BM}=\frac{1}{V}$$

图 5.3　稳心、重心和浮心之间的关系

船没有水平面,其稳性仅取决于重心位于浮心之下的程度。

适用于浮在水面上的船舶的稳性公式是

$$\overline{GM} = \overline{KB} - \overline{KG} + \overline{BM} \tag{5.1}$$

式中:

$\overline{BM}$——I/V;

K——船底几何中心线;

G——重心;

B——浮心;

M——稳心;

I——水面区域的横向转动惯矩;

V——排水量。

只要$\overline{GM}$是正值,船体会在小角度横摇时具有固有的稳性(见图5.4)。扶正力矩是$\overline{GM}\sin q$乘以排水量,这里q是横摇角度。对于小角度横摇,可假定$\sin q$等于q(单位弧度)。

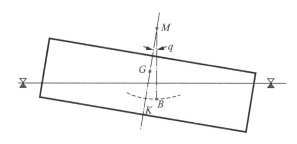

图5.4　稳心高的效应

一艘典型的驳船或其他长方形船舶的横向转动惯矩是:

$$I = \frac{b^3 l}{12} \tag{5.2}$$

式中:

b——船宽;

l——驳船船长。

由于V是bld,这里 d 是吃水,I/V变成 b²/12d。求非矩形形状的浮心 B 大致位置的最早实践方法是,在坐标纸上画出一个典型的横截面,数出方格的数量。这对于某些具有复杂的水下形状的船舶特别有效,如半潜船。在任何有部分进水的舱室中,其水平面的惯性矩之和要从船舶水平面惯性矩中减去,这种在稳心高和稳性方面的削弱称为自由液面效应。

对于带有柱状或轴状的结构,这些柱或轴状物穿过水面,惯性矩 I 大约与 Ar^2 成比例。其中 A 是每一个轴状物的面积,r 是每个轴状物的中心线到结构垂轴之间的距离。因此从稳性方面考虑,最有效的柱是位于距轴最远的。

上述标准值仅适于小角度转动。当产生大角度倾斜时,几何形状会有剧烈的变化。以下是这一敏感性的典型表现:

(1) 当甲板边缘浸水时,水平面会急剧减小,因此惯性矩急剧减小。

(2) 当重心很高时,例如自升式平台升腿时,稳性变得对瞬时的横向转动惯量非常敏感。

(3) 当水线面由于吃水增加而减少很大时必须予以特别考虑(见图 5.5)。这种稳性问题出现在半潜船上。在一些北极区域的海洋石油平台采用锥形结构,带有重力基座结构。它虽有一个很大的基座,但只有一些轴状物伸过水面。

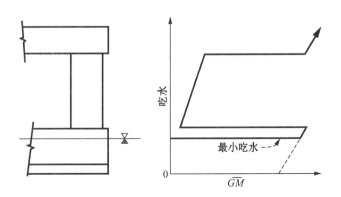

图 5.5　半潜式驳船的稳心高 $\overline{BM}$ 与吃水的变化关系

(4) 当计算起重船或浮吊的稳性时,起吊的载荷考虑在吊杆端部。船体的重心应包括这一载荷。

扶正力矩由 $\overline{GM}\sin q D$ 给出,其中的 D 是排水量。当起重驳吊起一个附加的载荷 P 乘以吊点(钩子)距稳心(M)的高度,扶正力矩可能增加。

对于稳性有指导意义的是扶正力矩与受风横倾曲线。一根相对平稳的船舶典型曲线见图 5.6。许多从事海洋平台离岸结构的组织采用美国海岸警卫队

和美国船级社(ABS)的规范,其基本概述如下:

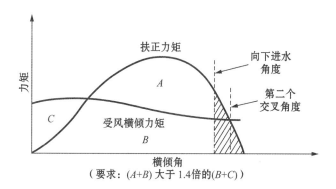

图 5.6　美国海岸警卫队(USCG)和美国船级社(ABS)的完整稳性准则

在扶正力矩曲线下至第二个交点或向下进水角度(或引起任何部分船体向下进水的角度,或者在该工况下超过了船体的允许应力)的面积超过受风倾斜力矩曲线至同样角度下面积的部分不应小于 40%。

例如,上述要求适用于运载大型单元的驳船,并且对许用应力的限制不仅适应于驳船和单元模块,也适用于绑扎索具。

例如,通常最小 $\overline{GM}$ 为 +1.5m。系泊时,系缆与锚链的作用也要作为一个特定的装载情况予以考虑。然而,对基本稳性而言,不应依赖于系泊缆绳。对于如图 5.7 所示的扶正力矩曲线的船舶存在一种相对关键的情况。这种情况会在某些自升式驳船由于浅水而升腿航行时出现。一个悲剧式的意外发生在一艘运载混凝土材料的施工驳船上。在船体内深处的水泥材料发生了流失,

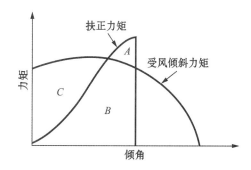

图 5.7　尽管 $\overline{GM}$ 高,自升船升腿存在不可接受的响应

$\overline{KG}$增加,吃水减少,于是$\overline{KB}$减少。$\overline{GM}$变成负值,驳船发生倾覆,悲剧性地丧失许多人命。

当载荷与横摇一起摆动时,有关稳性的严重问题以及潜在的吊杆倒塌可能会发生。采用适合的尺寸,牢固的牵拉绳,能够减少这种趋势。当发生载荷跑偏,也就是剧烈地摆动时,唯一的解决方案可能就是将载荷降落到水中,以减轻其重量,阻尼其运动。浸没水中的作用能够延长摆动的周期,将它远离驳船横摇固有周期的谐振。

5.5　破损控制
Damage Control

海上施工船远比通常执行运输任务的船舶会受到更多来自驳船和船只的碰撞。后者可避免与其他船只处于比较接近的状态,而离岸施工船却必须与其他船只靠近作业。海上施工船频繁地起锚和抛锚;经常会意外地划破舷侧。施工船上的作业设备还必须在平台或其他结构附近工作,故需小心谨慎以避免与结构发生碰撞,因为这会危及设备、设施和油井;对于一个运行的石油平台或中转码头,也存在因碳氢化物释放引起的火灾。

基于对破损控制的考虑,要求将敏感的区域划分成许多更小的舱室。这些舱室的所有人孔和大多数门要采用水密垫片和门扳手,除了在实际使用过程外,应保持关闭,同样在锚可能碰磨处或其他船只相靠处,要适当地进行铠装或加装护舷木。

在恶劣天气下,拖带或系泊时,巨浪海水将会跃上大多数驳船型船只的甲板。一个没有足够紧闭的人孔会在短时间内进入大量海水(见图 5.8)

临时性的附件和支架频繁地焊接在甲板上。如果仅焊接在甲板上,它们可能会受拉断开;即垂直于甲板的焊接部分受拉,而甲板下可能没有在该点进行支撑。为此,在甲板列板上经常开孔,附件以受剪切的方式焊接在下面的舱壁上。甲板上的开孔必须采用密封焊接来防止进水。这些临时附件,特别是眼板、绞车基座和系泊附件,要经常承受外部横向冲击载荷以及低频、高幅度的疲劳应力。因此对连接件的细节必须予以重视,使故障仅发生在连接件上,而不

图 5.8 在安装排水口时，海上遭遇风暴

在船体上。

施工船经常会由于载荷移动而突然发生倾斜,例如当吊车摆动或一个重型甲板模块移动到一侧或起吊时。这种突然的横倾会与船体的横摇相重合,会使甲板上的舱口门临时被海水浸没,这些舱口门可能正敞开着,或浸没一个通风口,或其他位于甲板上浪下面的开口。其他进水事故也会因舷门的破损(或舷门敞开)而引起。

工作艇和小驳船经常拖着沉重的系泊缆绳,这些重量会引起临时的艏倾或艉倾,引起上浪。船舶处于拖带或倒航特别易于越过艉板进水。艉部围阱进水会引起许多严重的后果。它会导致机舱或集控室进水,中断电源。甚至在舱室少量的水会有自由液面,这会引起稳心高的降低,也就是说,在船舶水线处存在的扶正力矩由于船舱部分进水引起的自由液面效应而减少。

在作业时需要关闭的水密关闭装置,必须保持紧闭和用扳手卡紧。在 20世纪 70 年代曾发生过的两起工作艇严重事故,就是由于当时风平浪静天气温暖,机舱门打开用于通风。一个意外的操作性事故导致海水漫过舱艉进入机舱,致使两艘工作船迅速沉没,并有严重的人员损失。

另有一个类似的案例是发生在一个风浪寂静的天气,当时一艘半潜式浮吊正吊起一个沉重的载荷。这时吊起的载荷摆向船的一侧,船只发生了横倾,回转机械与刹车不能使吊机停止,吊机转向船横方向,引起的横倾特别大,以至于上甲板浸水。上甲板的门,本应该随时保持关闭,此时却正大门敞开。在这种情况下,幸亏有经验的吊车操作者将载荷降到海水中,避免了一场灾难的发生。

施工船通常配备压载舱,用来控制船舶横倾或者纵倾。典型的压载舱都带有延伸到甲板以上的鹅颈式透气头,并备有一个防火网和一个翻板阀。这些透气头的一个作用是防止压载舱内发生意外的过压,因舱内过压会导致内部舱壁破裂,可能会造成邻近的舱室进水。然而,透气头有时会塞住或甚至被特意堵上。例如,当透气头所处位置的相关甲板上存放货物堵住透气口时。这就会可能引起舱室过压和内部舱壁的破裂。

当今装备先进的离岸设备,例如浮吊、铺管船、下水驳船和半潜式驳船都配备复杂的压载水系统来迅速地控制船只的纵倾与横倾,甚至在作业时也可以进行压载水的调整。压载控制一旦失效会发生事故,甚至造成船倾覆。因此,船上必须提供压载应急手动控制。船员必须针对事故应急操作程序进行训练。

阀杆有时会松动,因此它们表象上是关闭着,但实际上阀门自身依然部分是打开的。关键的阀门要配有摇控指示。关键阀门由于测试而打开,随后无意地被保持着打开的状态。这些阀应该配有适当的锁定装置或标签等。

处于周期性与冲击性载荷下的钢材会引起断裂,特别当温度降到额定值之下的低温状态时。通常,断裂裂纹伴随着重复周期性的载荷而发生与传播。对关键区域的仔细检查可使那些潜在的裂缝在发展成比较危险程度之前就被发现并确定其部位。这样,裂纹可被及时修复,或通过钻止裂孔或安装加强带进行处理。由于驳船的甲板暴露在低温和高应力之下,它们特别易于损伤。

钢质船内的封闭舱室对人命十分危险。舱室内的钢材腐蚀缓慢,但一直持续着,会耗尽舱室内的氧气。另一方面,比空气重的气体,例如一氧化碳,可能会积聚在较低的部位和舱底。因此,所有封闭的舱室和所有液舱在进入之前必须先充分地通风,以免发生人员窒息。

海上船舶火灾是传统的担忧之一。对于许多火灾,最有效灭火的方式是切断空气供给,用淋水方式冷却相邻的舱壁和甲板。火焰会引燃舱壁另一面的油漆而蔓延到隔壁的舱室。电气火灾与碳氢物火灾不能用水灭火。乙炔瓶必须用链条或带子捆紧,以防止"跌落,破裂,点燃"。

物料,例如放置在驳船甲板上的机器罩壳和所有分立的单元,必须固定以防其在船舶突然横倾时发生位移。机器罩壳与管子是特别危险的,因为它们可以滚动并且质量很大。载荷的移动会导致船舶倾覆。曾有一艘内河起重船因起吊载荷时发生横倾,导致甲板上堆放的钢板桩发生了位移。

经常有大型的模块单元从货物驳船或岸基转移到浮吊船的甲板上。尽管停留的时间非常短,也应将模块单元迅速地用链条或绳索绑扎固定,以使其在起重船横倾时不会移动。

所有的救生设备须随时维持全工作状态。若由于操作运行需要必须把救生艇或救生筏或消防设备移开,则这些设备必须在操作运行结束后立即复位或重新安装完毕。紧急情况会随时发生,而根据"墨菲第二定律",将会在最不可能的时刻发生。

5.6 驳船
Barges

离岸施工驳船必须有足够的长度,以减少对正常工作环境中波浪的纵摇和纵荡的响应;横向有足够的船宽,以使横摇降到最小;同时要求有足够的船深,以便对上拱、下垂与扭曲有足够的抗弯强度,还要有足够的干舷。甲板列板必须足够连续,使它能够抵抗由于波浪载荷引起的薄膜式压缩、拉伸与扭曲。舷侧板必须承载高的剪切力,需进行抗弯加强。

冲击载荷来自于波浪、浮冰和船只对船艏的砰击和其他驳船对舷侧的撞击。不均匀的载荷会在驳船有意与无意的触底过程中使船底板弯曲,以及由于货物载荷不均匀使甲板弯曲。腐蚀会使船体钢板的厚度减少。

驳船内部结构由纵向与横向舱壁进行划分。由于舷侧板撞破的可能性相对比较高,以及随之而来的相邻舱室的进水,纵舱壁通常布置在船宽的 1/3 处。单个中纵舱壁可能会引起一整侧的进水,导致过度的横倾,并有倾覆的可能。

纵舱壁加上两个舷侧提供了驳船纵向剪切强度。横舱壁通常如下布置,一个位于船艏后面的舱壁(防撞舱壁),一个位于船艉前的舱壁和在船舯区域一个或多个横向舱壁。这些横舱壁提供了横向剪切强度。1/4 浪在两个平面上产生了扭曲和弯曲应力。扭曲剪切应力贯穿了整个船体的周围长度(船腹围长):舷侧、甲板和船底。

典型的离岸驳船船长大约 80~160m。船宽是船长的 1/3 到 1/5。标准的深度为船长的 1/15 或以上。这样的尺度比例能够在波浪载荷下有一个比较合理的且是平衡的结构性能。内河驳船,由于波浪载荷比较小并且要求在浅水域进行作业,船深可低至船长的 1/20。它们可能需要通过外部系桁(杆系)来加强。船深浅的驳船经常用于河流和湖泊;在无遮蔽的海域可能非常危险,在那里不仅有高的准静态弯曲应力,而且有动态幅度和谐振。

典型的离岸驳船的横摇固有周期为 5～7s。很不幸,这也是波浪的典型周期,因此会产生谐振响应。幸运的是,阻尼相当大,所以尽管在横浪上的运动是十分显著的,船舶会达到一个动态的稳性。在作业中,驳船四角承受沉重的冲击,故它们需要重型加强。护舷木应在船角设置,以减小其对其他船艇或结构物的冲击损坏;护舷木应设置在舷侧以减少在进坞时来自其他船或驳船对其的损坏。可以采用集成的护舷加强板加上可更新护舷木的组合护舷形式。在四角和沿舷侧间隔要设置缆柱,以便将驳船与其他相靠的船只系牢。拖带缆柱要设置在船艏和船艉。

必须考虑为了在海上系牢货物而临时在甲板上焊接铁环眼板的要求。这些眼板必须将其载荷传递到船体上;仅将它们焊接到甲板上不能达到正常的强度。它们将承受在拉伸或剪切两个方向上的疲劳和冲击载荷。在现代的离岸驳船设计中,特殊的复板经常固定在内部舱壁之上,以便眼板可以附加安装在这些复板上。焊接应使用低氢焊条。或者还可在甲板上安装系柱,系柱穿过甲板以剪切的方式焊接在舱壁上。

甲板上经常采用铺木板方式加以保护,以吸收来自载荷的局部冲击与磨损。这对于运送岩石的驳船是特别需要的,因为甲板上的岩石要用抓岩机或吊铲抓斗来移走,或者在甲板上会有履带吊车或铲斗车进行作业。甲板上应设有人孔以便人员进入内部舱室。甲板人孔必须是水密的。要设有厚重的围阱来保护紧固人孔的扳手或螺栓。再次对需进入长期封闭舱室的人员予以警告,这些舱室可能缺氧,在进入前必须充分通风。

海上驳船经常有意触底(上岸)用以装卸货物。上岸区域必须十分平整并且所有巨砾甚至大的卵石都要除掉,以避免在驳船上压出孔洞,或产生严重的凹痕。一旦上岸,驳船应该压载,以确保驳船在大潮水的波浪作用下也不会重复浮起和砸下。

当较重的载荷滑上或滑下驳船时,集中的载荷会对甲板边缘和舷侧造成损伤。经常采用滑移梁以将部分载荷传递到内部的舱壁上。也可将木质缓冲器临时用螺栓固定在甲板边缘。驳船设计时必须对每个装载阶段进行结构分析,以确保船舷侧或舱壁在临时过载的情况下不会弯曲。

货物海上运输时必须采取固定措施,以防止货物因海流和风浪水作用而产生移动(见图5.9)。这样,海运绑扎件要设计成能够抵抗由6个基本驳船的运动(横摇、纵摇、垂荡、首摇、横荡、纵荡)的任何组合而引起的静态和动态作用力。动态分量是由于运动改变方向的加速度产生的惯性力引起的。横摇的加速度与驳船的横向刚度直接成比例,其大小取决于稳心高。由于典型的驳船具有大的稳心高,加速度是剧烈的。相反,由于货物的积载较高,且其稳心高是低的,横摇的周期和幅度与因载荷产生的准静态力则较大,但动态分量却较小。

图5.9　钢桩由朝鲜运输到孟加拉国,注意钢桩海上固定支撑

这些载荷是周期性的。海运绑扎件有松开的趋势,会发生绳索松弛,楔块和挡块脱落。在重复的载荷下,特别是在焊接处,有可能产生疲劳。在海上现场施焊的焊缝可能特别脆弱,这是因为其焊接表面可能是潮湿和冰冷的。焊接采用低氢碳焊条对此有所帮助。利用链条系固由于链条不会发生机械延伸,是在海上系固货物的一个喜欢采用的方法。如果采用结构系柱,它们应穿过甲板,以剪切的方式焊接在内部舱壁之上。通过甲板的槽孔必须用密封焊接来防止漏水。

驳船由于一个或多个因素发生倾斜,进而加速度效应会增加来自货物的侧向载荷。驳船的柔性(挠曲)也会对支撑力和海上紧固件产生明显的作用。因此,更深的因而更加刚性的驳船会比浅的刚性小的驳船承受的载荷范围小。

装载重要且有价值的载荷,诸如模块或导管架,即使驳船的一侧舱室或端部舱室发生进水时,也应能提供足够的干舷以确保稳性。

驳船通常按船级社的标准装载准则来设计。这些准则通常基于船体是浸没到甲板线,并加上甲板上 3m 水柱高的任意载荷。

经常会建议先在驳船上建造一个结构,然后用压载方法将驳船下潜,并让新建的结构浮开。实际上这种方式在许多案例中已成功地实现:在西班牙北部的干船坞内平底船的建造,在新奥尔良附近制造百艘浅吃水的水泥船体和柱形结构驳船,以及在日本建造的北极离岸沉箱(见图 5.10)。

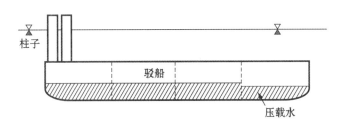

图 5.10　可潜运输船在船艏上层建筑浸没时保持着稳性
(图片由加拿大雪佛龙资源有限公司提供)

然而有 3 个关键点应予以考虑:

(1) 当驳船采用在舱室部分注入压载水下潜时,其外部的压力应与驳船空载、浸没到同样深度时的压力基本相同。船体必须设计成最深的潜水状态。

(2) 一旦驳船甲板浸没,驳船自身的稳性即消失,尽管甲板上的建筑能够提供一个有效的水平面,以此提供在潜水过程中的稳性。一旦甲板上的建筑物浮开,虽然驳船自身一开始因压载水被泵排出,压载水重心较低而存在稳性,但驳船可能会在一个不稳定、完全失去控制的模式中上浮。稳性及其控制能利用在驳船四端的柱状体进行控制,这些柱子通常一直伸到水线之上(见图 5.11)。

(3) 第三个问题是深度控制。用来提供支承卸载结构物的下水驳船应该具有中性或负的浮力,以便结构物下水。其深度控制可由如下方式取得:

a. 在深度已知的浅水中进行作业;

b. 利用水面驳的缭绳(下放缆绳);然而,载荷分布可能发生位移,这会导致绳索逐渐损坏。由于下沉船体的垂荡运动,甚至小波浪也会在绳索上产生大的作用力。

c. 采用穿过水面的柱体,如同推荐用来进行稳性控制一样。有趋势利用它们来调节载荷的分布。

如果驳船将在完全潜水状态下坐落到水下坝基或坐落在相对浅水的海底上,它可以倾斜方式下落,即先由一端下落。在这个过程中,船宽和倾斜的水平面提供了稳性。然后,驳船的端部触底。这时驳船可能处于完全潜水状态,并通过与驳船端部与海底的反作用来获得稳性(见图 5.11)。这种实践通常仅限于水深大约为驳船长度的 1/3。

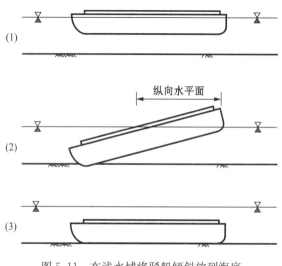

图 5.11　在浅水域将驳船倾斜放到海底

注意到驳船倾斜下降时,横向水平面面积和惯性矩会减少到大约正常值的一半。因此,在驳船端部触底之前,它的横向不稳性可能会产生,驳船可能会横摇。这就会对适合这种操作的水深有所限制。把驳船从海底回收起来,则采用相反的过程,首先升起一端。

一艘驳船坐落在泥土或黏土的海底会产生吸附效应,它包括地质黏力和由于水压的不同产生的真实吸附效应。将驳船脱离海底需要在船底下引入完全的静水力压力,并且要把黏土对驳船的黏力破除掉。

基于加利福尼亚休尼梅(Hueneme)港的民用造船工程实验室的广泛试验,并经墨西哥湾工程实践证明,使沉底驳船松开脱离海底可采取的最佳途径是,采用以持续的低压向船底注水的方法,这个压力要小于黏土的剪切强度。若采用更高的压力,则只是建立了一个类似通向外部海水的管道,且阻止了船底部任何压力的建立。在结构物下建立一个完全均匀的水头需要几个小时。随后在船一端排压载,驳船能够轻松地抬起。GBS-1(Super-CIDS)勘探钻井平台在黏土基础上坐底作业了一年之后,就是采用这个办法将它浮起。工程实践证明了这个方法是非常成功的。该方法也成功地用于干船坞的初次进水,以使在船坞内建造的平底沉箱或驳船浮起。

在海上船舶救助时,对一艘完全潜没在水中的驳船仅允许提供有限的正向浮力;否则,它可能会突然松开。如果利用压缩空气排空开敞舱室中的水,船体会由于内部空气的膨胀,每米的升起都会获得附加的浮力,从而变得不可控制。鉴于上述原因,标准驳船的潜水只能考虑在浅水区域。对于在深水区域的潜水,则可能要求特别的构造和内部加压;这将在第 22 章进行描述。

5.7 起重船
Crane Barges

术语"起重船"通常是指甲板上装备人字起重机或全回转起重机的离岸起重驳船。人字起重机可以提起载荷,进行变幅,但不能回转。人字起重机包括一个由两根重型管柱或杆架构成的 A 字架,并由重型支架在船艉支撑着(见图 5.12)。

人字起重船由甲板发动机、拖轮或安装的外挂机桨来操纵。起重船将船艉置于运货驳船的某一舷侧,起吊货物,然后进行必要的移动将载荷置于准确的位置。配置扭力转换器的现代化甲板机械和可变螺距螺旋桨能够进行较高精度的定位,如定位精度 50mm。人字起重船比起全回转的浮吊,其优势之一是载荷总是越过艉部吊起,因此可防止来自吊机回转的横倾。

人字起重船的初始成本与维护成本都是远低于全回转吊车。由于需要将整个驳船移到一个正确的位置才能卸下载荷,它的作业要比全回转离岸浮吊进行得缓慢。另外,它未能通过改变自身的航向来减少对海水的运动响应。人字起重船通常可以压载使船艉下沉,以抵消在艉部之上起吊载荷引起的纵倾。当然,驳船必须设计成能够抵抗当载荷起吊时产生的上拱力矩。

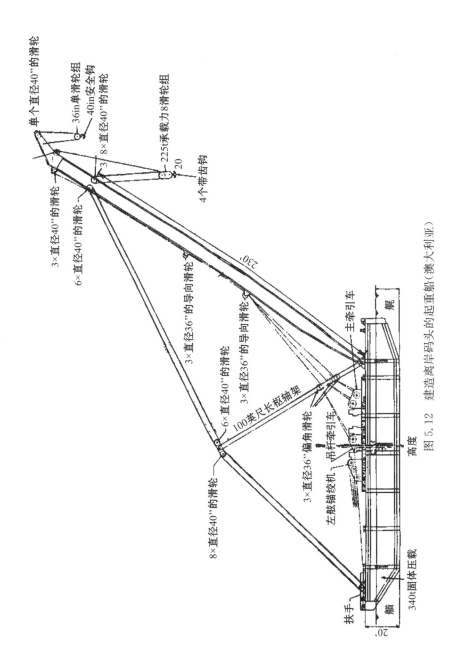

单个直径40"的滑轮

36in单滑轮组
40in安全钩

3×直径40"的滑轮

8×直径40"的滑轮

225t承载力8滑轮组

20

4个带齿钩

3×直径40"的滑轮

6×直径40"的滑轮

3×直径36"的导向滑轮

3×直径36"的导向滑轮

230'

6×直径40"的滑轮

3×直径36"偏角滑轮

100英尺长板轴架

主牵引车

吊杆牵引车

左舷辅绞机

高度

艏

340t固体压载

扶手

艉

20'

图5.12 建造离岸码头的起重船（澳大利亚）

人字起重船起吊模块单元或其他大型立体载荷可达到的吊高能力,(例如将它们吊到平台甲板上去)受到吊索必要的长度和载荷与人字架之间的相互作用的限制。载荷不能摆碰到人字架或吊杆,否则载荷可能会撞弯它们。当然,由于船体的纵荡运动引起载荷的摆动会增加这些危险。为了防止这样的前后摆动,可用牵引绳将载荷稍许拉向艉部。这样能阻止载荷在这个方向的摆动。横向的摆动也可同样用牵引绳来阻止。

离岸起重船典型的牵引绳是 $1/2''$ 到 $3/8''$,6×37 的绳索,以提供柔性,并通过气动或液压葫芦来控制。当载荷在三维空间移动到一个新的位置时,必须注意防止与它物相互碰擦。必要时应提供防碰擦软保护。

从海上驳船上吊起货物,然后将它们放在一个平台上,人字架通常固定在一个合适的方位上以可同时服务这两个吊装方位。人字架在载荷下进行变幅,也就是举起人字架,是十分笨拙和缓慢的,正常情况下应避免。在驳船位于垂荡最高点时,载荷从驳船上提起,以便在 6s 之后,在另一个垂荡周期,载荷可以完全吊离驳船。操作者(或领班)要进行观察,以便把握住一个相对高的波浪时开始起吊。提升速度取决于在滑轮组上绳索的段数,当然,还决定于发动机的额定速度和在轮鼓上的缆绳长。

当要放置载荷时,情况正是相反的。载荷在起重船位于接近垂荡周期的底部时,趋于进行首次接触;3s 后,在提升机过降、能够开始松开绳索之前,起重船可能会再次将载荷提起。在任何显著的海况和纵荡响应下,载荷变成了一个"拆楔墩撞木"。因此,起重船应具有自主过降的能力,以便当载荷着地时,能够保持落座在船上。在任何情况下,有技巧的操作者总是试图在一个最小运动周期中将载荷放下,并且切实可行地接近起重船的垂荡周期的顶部,以给时间进行过降。

用于起吊典型的模块和其他重载荷的吊索是十分笨重的。单根滑车鞭绳穿过在吊杆端部的滑轮来帮助提起穿过钩子的吊索绳圈(见图 6.21)。

人字起重船的甲板发动机在任何海况下都必须有足够能力在一个很小的误差范围内,控制驳船的在首摇、横荡、纵荡等方向的运动。这就要求有冗余的动力及扭力变换器控制或等效的装置。导缆桩必须仔细布置,以确保来自绞车正确的绳索偏角,并保证它们能够适合驳船的位置变动(见图 5.13)。

人字起重船曾用于吊装尼尼安(Ninian)中央平台 200t 的预制混凝土圆顶和防波堤段。人字起重船还曾用于放置大贝尔特(Great Belt)东大桥和厄勒(Øresund)大桥 3 000t 的通道沉箱。另一个吊装实例是由 3 艘起重船,通过多股缆绳刚性地绑在一起,用来起吊一个 1 200t 的生活单元模块到国家湾(Statfjord)

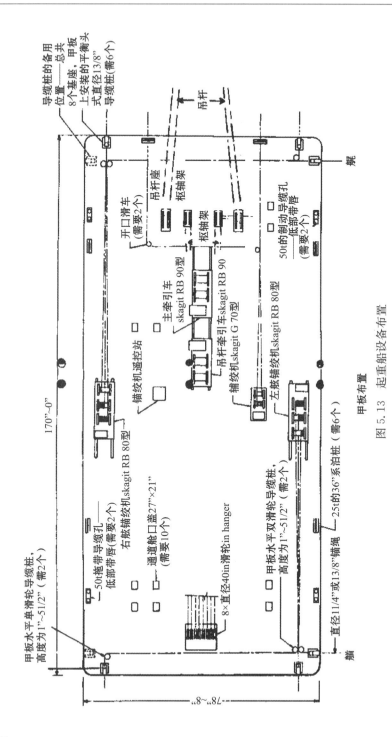

图 5.13 起重船设备布置

图 5.14 重吊锤头式起重船在为加拿大同盟大桥放置重达 8 000t 的混凝土桥梁
（照片由斯坦利建筑公司提供）

A 平台。这是一项特具危险性质的吊装作业,然而由于采用了超大尺寸的缆绳,把足量的甲板发动机互联到中央驳船上的一个单独的控制站,以及将 3 艘驳船刚性地系紧在一起以防止相对运动,使得这项吊装作业得以成功完成。

起重船还成功地应用于塔斯马尼亚（Tasmania）拉塔（Latta）港的离岸码头,将导管架放置在一个预装的框架中,仅有 50mm 的误差。一艘特地为具体工程而建造的人字起重船,用于吊装在昆士兰州的一个类似铁矿石码头的上层建筑。这表明,起重船广泛应用于离岸作业的能力应不会被当今流行的且费用更加昂贵的全回转离岸浮吊的出现所削弱。

锤头式起重船上装有完全固定的砸头式起重设备。其工作方式与人字起重船相同,但不能变幅。SVANEN 锤头式起重船具有 8 000t 的起重能力（见图 5.14）。它曾用于把桥墩、通风竖井、梁安放在大贝尔特西大桥、爱德华王子岛大桥和厄勒大桥上。

5.8 离岸浮吊(全回转式)
Offshore Derrick Barges(Fully Revolving)

全回转式浮吊是离岸施工中的主力军。与人字起重船一样,它装备甲板发动机并具有系泊能力。只是它们主要是用于稳定浮吊的位置,而不是为了用于定位时的接近控制,因为在任何特定作业时,浮吊通常保持静止不动。

典型的内河浮吊的起吊能力为 $50\sim300t$,而离岸浮吊的起吊能力为 $500\sim1500t$。为了能吊装更大的模块和甲板单元,离岸浮吊的起重能力在近年来增加很快,最新式的离岸浮吊装有 2 个吊机,每个额定载荷 $6\,500mt$,即总计 $13\,000t$。

浮吊的产生是为了平衡工程上若干对立需求而达到妥协(或称为优化)的结果。从结构和造船工程上考虑,要求浮吊必须位于船艉之前 $20\%\sim25\%$ 的船长处,也就是 1/4 或 1/5 点的位置。浮吊船应足够宽,以使在吊车转动时减少横倾,并将结构载荷进行充分的分散。

另一方面,吊车有效的触及范围和它的载荷能力由于受到从吊杆座到浮吊船艉部或舷侧的距离的限制而被削弱。一个能满足这两个相反要求的方法是采用大的摆动圆,它会使吊杆座更加靠近浮吊船艉端,同时保持转动中心和向后的良好支撑。在满载荷或无载荷情况下,一个主要的考虑是浮吊船的横倾。配重块通常设计用来在半载荷时限制船的横倾,因此,在无载荷时浮吊船可能横倾到吊杆的另一侧。这种横倾可通过放下吊轩,同时在无载荷下转动来减少。转动是由转动发动机驱动起重机水平转盘来实现。由于横倾,吊车经常被强迫在有载荷下向上摆动。因此,离岸吊车要配备 2 个、有时 3 个转动发动机。这种横倾还会将较重的结构载荷加在吊车筒体上,构成了吊机与浮吊船体的结构联接。因此,它的设计必须对弯曲提供必要的结构加强,以防止在倾斜的压缩载荷下发生弯曲。安装在驳船上的陆用吊车经常会由于吊车筒体或中央销的受损而失效。全回转浮吊作业具有许多优点:它能直接从相靠的驳船或船只上起吊,或从浮吊船自己的甲板上进行起吊;对于定位的控制,可通过一组控制快速达到三维空间中的任一位置;它具有跟随着相靠的船只或驳船的纵荡运动的能力,以便从其上进行起吊作业;还能将浮吊定位在最适合的方位来减少吊杆端部的位移和加速度。

　　当放置载荷时,需要控制吊杆端部。这要受到驳船在 6 个自由度的运动的影响。当远超过船艉进行作业时,纵摇的幅度会被加大。当在舷侧上进行作业时,横摇会产生最困难的状况。已开发的计算机程序可用于协助选择正确的航向,在该程序中驳船与载荷被视为一对耦合的系统。一个有技巧的浮吊船监督员和吊车操作者会利用波浪“成组”的有利瞬间,在连续低波浪中进行一个关键性起吊或放置作业。

　　与起重船一样,牵引绳索用来控制载荷的摆动。与人字起重船相反,载荷的位置相对浮吊船是一直在变化的;因此,牵引绳机械要安装在吊车体上,与吊车一起转动。

　　悬挂在吊杆端上的载荷是一个摆。虽然当起吊载荷的绳索较长时对直接谐振太不敏感,但载荷可能会有从低频能量中得到动态放大的趋势。实践性解决方案是,在通过这些会产生放大响应的位置时快速地降落或提升载荷。

　　海上吊车通常设计成在倾斜 3 度以内,以额定载荷工作。海上吊车的额定载荷是基于 $10 \sim 12s$ 周期的 2 度横摇,这相当于 0.07 倍重力加速度。载荷的摆动在吊轩上产生侧向受力。因此,离岸浮吊的吊杆设计成在横倾时有大的伸展(通常 1/15 的吊杆长度或更长)。反之,这意味着吊杆支撑件将承受着屈曲;它们必须正确恰当设计以避免发生这种失效模式。当今的吊杆都采用高强度钢制造,通常是圆形或方形管状结构。这样能使吊杆更轻,由此提高了浮吊的有效起吊能力,并减少摆动的惯性。然而,这也就意味着吊杆构件的焊接更加关键,吊杆屈曲亦成为失效的常见形式。良好的设计和制造应关注这些因素。同时这也意味着吊杆对于载荷自身的侧向冲击,或者在意外侧向加载下的失稳更加敏感。这就要求对诸如开口滑车的眼扳等需焊接固定在吊杆上的附件,必须作谨慎的工程设计并采用完全受控的且适合所涉及钢材的焊接工艺。

　　离岸浮吊船作业的潜在危险之一是,尽管针对载荷及移动的范围仔细地进行起吊工艺准备,但实际情况是浮吊船会从平台纵荡滑移离开并横向移动。而此时的吊车操作员主要关注着载荷与着陆点,但伸出的吊杆和摆动却已超过了吊车的能力。这会造成吊杆的直接受损,或导致失去回转控制的结果并加速浮吊船的横倾。离岸浮吊船的吊机配置自动报警,它会在允许的载荷与半径组合超过时,但回转控制判断通常仍认为正常的情况下及时向操作员报警。

从供应船上抓吊起一个轻负载,采用单根鞭绳是适合的。它能将载荷快速吊起,以避开在随后的垂荡周期中产生的冲击。从一艘驳船上起吊重型载荷是十分困难的,因为全部吊索有 24 段或更多,浮吊船会随着载荷的提升而向上运动,这增加了载荷与甲板冲击的风险。

类似的问题也发生在吊装放置重型载荷时。当需把型载荷吊放到在一个平台上时,平台甲板通常高于吊机操作员的视线,操作员是盲视工作的,只能依靠信号进行操作。因此需借助一个或多个导向装置。来自起重船的牵引绳可能会在平台甲板的边缘绕过去;如果它们因摩擦损伤则可能是最糟糕的时刻之一,故需要提供软保护措施。结构导向可以预装在平台上,以便当载荷吊放到距目的位置 0.5m 或类似的位置时,可以自动导向到准确的位置。这些导向应足够高,以使载荷在下一个垂荡周期时不会越过这些导向。如果发生这样的越过情况,那么导向装置可能会刺入载荷而不是引导它。牵引导向绳可帮助把载荷拖拉到正确的位置。由 2 根导向柱组成的导向装置通常工作得很出色。在载荷上悬挂着 2 个大直径管套筒。可手动把管套筒套入导向柱子,随着载荷降落,套筒引导载荷就位。

另一种方法是在载荷上悬挂销柱(小直径的管子),将其插入导向管柱内。牵引绳和绞车可以安装在平台上,用来引导载荷就位。还有一个解决方案是,先将载荷放置到一个上面铺设缓冲材料(诸如木材或橡胶防碰垫或重型推土机的旧轮胎)的大致位置上。待载荷着陆到一个大致位置后,可以利用在钻油井架上常用的液压千斤顶将载荷滑移到最终准确的位置。这种工艺程序常应用于放置梁构架或笨重的桥楼上建构件。

离岸施工人员与离岸钻井作业人员之间有着明显的职能划分。双方没有谁会对另外一方的问题十分清楚。这曾导致做了许多无用的工作,甚至造成严重的事故。为此,双方紧密的合作与沟通至关重要。

大型离岸浮吊的低部行走滑轮组和吊钩重 20～30t 或更重。当它们提升并靠近吊杆时,有可能与浮吊船的横摇产生谐振。为此需要配备一根专用的吊钩控制牵引绳。行走滑轮-吊钩组合即便在短时间内也不允许自由悬挂。随时可能变化的海况会使自由悬挂的吊钩剧烈晃动以致使它无法固定住。因此,除非吊车在作业,滑轮组应完全收藏起来,吊杆降回到吊杆架并系牢。这也会降低回转机构的疲劳磨损。

当一艘浮吊船在一个平台旁边作业时,系泊应按如下方式布置,以使浮吊船可以进行必要的重新定向和定位,尽可能可达到平台上更多的部位。在重新定向时,必须注意系泊缆绳不允许相互交叉。尽管有些特例,作为一般性规律,系泊绳永远不得交叉;它会阻止下面的缆绳的回收,并当在其中一根缆绳上的载荷改变自己的下垂曲线而影响另一根时,会导致来自其他缆绳的不确定的反作用力。最严重的情况是,一根缆绳会阻碍另一个绳索的锚。

5.9　半潜式驳船
Semisubmersible Barges

　　无论是用于货物运输,还是为一台吊机或其他作业设备提供支撑,标准型驳船都有着良好的稳性和满载排水特性。但不幸的是,它对由风驱动的波浪和涌浪会产生过度的响应。这就限制了这类船舶的工作能力。

　　在像澳大利亚的巴斯(Bass)海峡和北海北部等地区,平静海况的持续时间是短暂的。传统的驳船可能会因气候原因而延长停工期,以致未能在夏季"海上施工黄金期"完成施工进度。因此,需要额外一年的时间来完成作业。

　　半潜的概念最初源自于离岸钻井勘探,但自那以后就不限于此并引用到起重船和铺管船。这是一个简单的概念:即一个大基座的浮箱(平底船)或几个浮箱在作业过程中处于完全潜水状态。它们支撑着4～8根柱子。这些柱子穿过水面,然后支撑着甲板。因此,这里有一个大型的潜水质量和大的排水量,同时水平面的面积很小。因此,船舶承受的激励和扶正力矩都比较小。有些人称这个是"透明"概念,因为波浪正好从柱状物或轴状物之间扫过,对驳船的运动影响很小(见图5.15和图5.16)

　　半潜式驳船对典型的风驱动的海况缺乏响应是由于总排水量的变化相当小,以及船舶具有较长的固有周期,特别在横摇、纵摇和垂荡的情况下。标准型驳船的固有周期为5～6s,而典型的半潜式驳船的固有周期为17～22s(见图5.17)。

　　为达到上述所期望的性能需付出3个代价:

　　(1) 半潜式驳船对外界施加的载荷,如重物、负载和压载都有较大的响应。另一种说法是,它的扶正力矩和稳心高比标准驳船的要低得多。

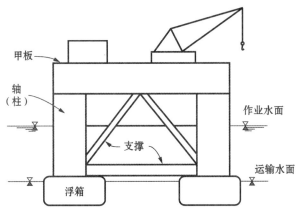

图 5.15 半潜式驳船概念

图 5.16 半潜起重船

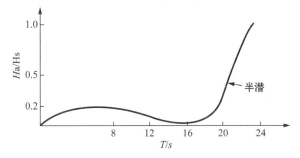

图 5.17 半潜式驳船对垂荡的反应

（2）半潜式驳船顶边放置货物的能力减弱得较多。它是依靠低的重心来保持稳性。

（3）半潜式驳船的建造与操作成本比较高。压载控制与潜水艇相似。

然而，由于半潜式驳船具有不会受恶劣气候影响而中断作业并可延长作业周期的能力，正越来越多地应用在钻井施工、浮式宾馆（浮动的生活区船只），甚至浮式生产中去。

如上所述，半潜式驳船必须配备一套完整和有效的压载和放泄系统，并采用高能量的水泵和快捷控制系统。该系统必须具有高度的可靠性；一个阀门的关闭故障可能会导致一场灾难。控制室内必须配置阀门位置指示器、舱室液位指示器和灵敏的横倾-纵倾指示器。必须采用冗余的透气系统来避免舱室意外过压。

半潜式驳船通常在航行途中浮起它的基础浮箱，只有在到达作业位置后才进入半潜模式。由于在水平面浸没过整个浮箱的吃水时所有船舶会出现水平面的迅速改变，稳心高会突然减到几乎为零。进一步结合波浪冲过浮箱顶部和冲击轴柱，因此这个阶段具有不可预知的响应和不稳性。所以，在下潜到水深距浮箱顶2～3m的过程中，不能试图进行任何其他的作业。

例如，在半潜式驳船轴柱体上出现意外孔洞的效果，要比在一个标准型驳船舷侧出现孔洞的情况严重得多。因此，现代的半潜式驳船的轴柱体是双壳体结构，并用重型木质和橡胶护舷木来保护。因为干舷载货能力较低，甲板绞车通常安装在轴柱体较低的位置。系泊缆绳通过位于基础浮箱上的回转导缆柱离开驳船，这样能保持它们足够低于过往船只与驳船的龙骨。如果半潜式驳船上配备相适应的破损控制系统并在施工作业中合理使用，则半潜式驳船防止倾覆的安全性会大幅度地提升。对于大多数半潜式驳船，甲板是水密的，并具有作为驳船顶部船体的结构强度。然而，如果船体过度横倾，以致甲板浸水，扶正力矩会明显增加。

在实践使用中，若操作不慎总会带来负面影响。水密通道门、岸门以及通风口总是处于打开状态，特别在温暖的气候时。内部的分舱由于被更改而失去了它的水密舱壁的能力。松散放在甲板上的设备随纵倾发生位移。这类情况曾导致了两艘半潜式驳船的损失，它们是在北海的亚历山大·基尔兰德（Alexander Kielland）号和纽芬兰近海的海洋突击者（Ocean Ranger）号。造成事故的因素显然包括操作不当、结构缺陷和拖锚。

半潜式驳船在轴柱体、浮箱和支撑之间的连接处要承受高应力集中和周期性载荷。当海况和作业条件允许时,半潜式驳船应排压载浮起,以便可以目视检查以发现任何裂纹。

半潜式驳船还有另外一个优点,就是它的甲板比较高,特别是排压载浮箱浮起时。从这个升高的位置,吊车可以伸到平台甲板上更远的位置。这样就能够更容易地放置内部模块。

由于其垂荡的响应较小,半潜式驳船可用作为一个张力腿施工平台,也就是利用垂直的缆绳吊置海床上的重物或锚桩。凭借其能将反作用力向下拉的效应,这种临时的张力腿平台(TLP)能够在垂直向方向上保持自身准确的位置,因此能够进行一些对垂荡敏感的作业,诸如刮平、放置、安装大型独立的管道或水下交通的隧道管段。这种原理已经被应用到在内河的水上作业中去,例如为水下隧道(地铁)和预制沉箱式桥墩的基础刮平。还用这种方式放置了旧金山的 BART 地铁隧道和切萨皮克(Chesapeake)湾进入通道的连接隧道。

半潜式驳船概念中令人欣喜的特性已经被离岸工程承包方和运营方应用于各种小型特殊用途的钻井设备。由于小型半潜式驳船受其功能单一的限制,通常仅适用于某一个特殊要求的作业,因此将半潜式驳船概念的优良特性应用于大型离岸浮吊可能成为一种新的发展趋势。例如,通过系泊方式作为一个张力腿平台(TLP)与一个浮吊船进行合作,能够进行在海床上的作业,这种作业要求尽可能很小或无垂荡运动。

虽然半潜式驳船自身在中等恶劣海况下是平稳定的,但当它从一个标准型货运驳船上转移桩、管段以及甲板设备时会由于后者的运动而遇到问题。半潜式驳船提供小的遮蔽处,波浪从轴柱间扫过。因此,实际上都是尽可能使用大型供给船运送物料给半潜式驳船。供给船把艉缆抛给半潜式驳船,然后,船艏向外缓慢地向前移动。这样,它能够靠上半潜式驳船,但避免了直接接触。

对于甲板模块和其他类似的装备,有时可能最好的方法是先将半潜式驳船拖到受保护的水域装载模块,然后再拖回到离岸施工地点。如果吊杆上的载荷悬吊在船艉上方,载荷必须与驳船隔开,并用适当规格的牵引绳拉住以防止在运输过程中吊杆的摆动或驳船的垂荡。大直径的长管桩可以漂浮的方式送到现场,利用起重船把它们从水中吊起。

半潜的概念是美国海军移动离岸基地系统提案中的一个倾向性选择方案。这个系统包括一个能支持全球海洋行动的浮式飞机场和供给基地的组合体,以及其他用途的离岸飞行基地。

5.10　自升式施工驳船
Jack-Up Construction Barges

　　实践证明,自升式施工驳船是一种十分有用的施工作业"工具",特别是当它们在有激流的海域,或者在有巨浪的沙洲或海岸水域和在洋流湍急处作业时。当许多作业必须在同一地点进行时,例如一个离岸码头或桥墩处,自升式施工驳船是特别有价值的(见图 5.18)。这种驳船上装有 4~8 个大型千斤顶及

图 5.18　巴西的自升式施工驳船(照片由 H·V·安德森公司提供)

由管状或钢构件预制的自升腿。驳船被拖带到其作业位置,然后通过自升腿升起高于波浪后进行施工作业。

典型的作业顺序是从驳船自升腿升起移动到作业地点开始的。到达作业地点后,采用分布式系泊方式系牢。自升式施工驳船仅能工作在相对浅的水域,通常为 30~60m,极限 150m。因此,采用张紧的系泊方式是切实可行的。虽然对于钻井平台而言,最深可达 300m。

当海况变得平静(波浪和涌浪的高度须小于 1m)时,自升腿伸到海底,并靠自身的重量插入土中。对有些土层,自升腿的插入可借助水喷射和振动方法协同进行。驳船作为反作用力,利用千斤顶逐次逐个地将自升腿压入土中。当全部自升腿都完全插入土层后,驳船由自升腿顶起离开水面。这是一个最关键的时刻,因为拍打在驳船下部的波浪会对千斤顶产生冲击载荷,且可能使驳船产生横向移动,这会使自升腿弯曲。为了减轻冲击,采用特别的液压减震措施,液压减震与一个充满氮气的缸体连接;或采用合成橡胶阻尼。一旦完全脱离波浪,驳船升到它的工作高度。接着逐个松开自升腿,逐次用打桩锤锤击使自升腿贯入更深的土层中。由于各自升腿随着长时间的施工作业和承受波浪能的冲击会产生不均匀沉降,故应定期用液压千斤顶对各个自升腿上的载荷作平衡调整。在施工驳船刚进入作业现场的初始几天,这种平衡调整显得尤其必要。

驳船离开施工地点时,必须又是一次平静的海况,波浪与涌浪通常应小于 1m。系泊缆绳重新挂上,处于松弛状态。然后,驳船通过自升腿下降直至再次浮起。同样,关键时刻发生在波浪撞击船底时。待系缆绳张紧后,自升腿借助千斤顶依次升起。如果自升腿不能轻易地拔出,则可采用多种技术手段予以解决。最快的方式是用水喷射。在黏土中,持续的载荷可以完全使自升腿自由松开。同样在黏土中,用低压注水来破除底部吸附的方式会比高压喷射的方式更为有效,高压喷水只会形成一个压力逃逸的管道。同样的过程,即采用持续的低压力,可用来在沙土层中抽出自升腿。在任何情况下,试图利用驳船的横向运动来抽出腿柱是不允许的。这会导致自升腿弯曲和卡住,造成十分严重的后果。在阿拉斯加库克岛(Cook Inlet)的一个案例中,当驳船重新浮起时,自升腿被作用在驳船一侧的大海流所卡住。随后潮水涨到大约 6m,造成自升驳船进水。

高海流可能会在自升腿周围产生局部的涡流,导致腿柱周围的土层因受到冲刷而失去侧向承载能力。钢质垫板通常装在自升腿的底部,因此当自升腿伸向下时,它们会在海底上得到临时的支撑。将一根粗短的管套筒插入到钢垫板以下,以对钢垫板滑动提供剪切阻力。然后主腿柱会穿过套筒伸下来。由于自升船的性能高度依赖海底的土质,在每个施工地点进行详细的土质测定是十分必要的,包括在每个作业现场至少进行一次钻孔取样。特别要考虑到层状土,在这种土质中,一个自升腿可能会得到临时支承,但随后会突然坍陷到下一层的土(见图 5.19)。

图 5.19　自升式施工驳船因腿周围的土层受冲刷而坍陷(加利福尼亚州)

在黏土中,如果自升驳船以前在这个地点周围有过作业活动,曾经留下的孔洞会部分空着,或被松散的残余物填充。若一个自升腿正好落在附近这样一个孔旁,它会塌陷进去,这样的话,在垂直和横向两个方向失去支撑,结果将自升腿拆弯。一种常用的方法是先画出原先腿柱的位置(如果已知的话),然后在4~5 倍直径距离以外重新设置腿柱的位置。显然,带有沉垫板支撑的自升腿的另一个优点是:沉垫板会跨过这些局部的孔洞。曾建造过各种不同尺度的可行走自升船,其形式从能够跨越浪涌的小型试验钻井架发展到巨型自升腿挖泥船体。这些井架各装有 2 套行走自升腿(总共 6 个或 8 个)来支撑双框架的船体(或船体段),以便它可以下水连续地向前行走,放下腿柱,在前面得到完全的支撑后再抬起后面的腿柱,将后腿柱收回移到前面。后面的腿柱此时可以放下,以在井架作业时提供辅助的支持,并确保前部的腿柱能再次抬起。这种可行走自升船不需要为了移动而将船体降落到海面上。更小型的可行走自升钻井在冲浪区进行钻探是十分有用的。然而大型可行走自升挖泥船则证明花费太大，而且行动十分缓慢，现在它们也不再使用了。实践证明小型可行走自升船的应用十分成功。

　　大型自升式施工设备在海况经常变化的区域是最适合的，随着频频出现的海况平静期间，设备可以找到适合的时机进行移动。另一方面，如果作业要求频繁的移动，例如铺设下水管道排水口，那么有时持续的恶劣海况时间太长会延迟移动，以至使用自升船显得很不经济。自升船的缺点还表现在从驳船和供给船上转驳货物时。在此，自升的概念再次变得对天气的依赖特别敏感。因为驳船不允许与腿柱相接触，否则它们可能会损坏自升腿。

　　自升船相当于提供了一个固定的平台，对海况没有运动响应（见图5.20）。因此，它们是进行诸如在岩石基础上打磨平整以放置沉箱的理想方式，就像在本州-四国（Honshu-Shikoku）大桥上进行的那样［小山-坂出（Koyama-Sakaide）

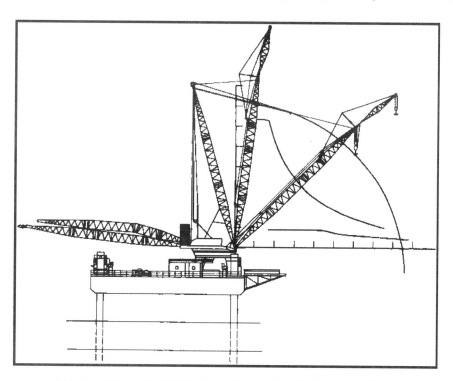

图5.20　自升式施工驳船（图片由 HAM 疏浚及海洋建造公司提供）

线路 7A 号桥墩]。它们同样也是平整现场基础的理想方式。对自升钻井平台和自升施工平台的统计数据分析表明,它们在重新定位或转驳过程中受到的严重损坏,甚至丢失的情况是它们在初始定位时的 6 倍之多。这主要是由于驳船将它的腿柱完全举起,由此产生了一个非常高的重心。因此,现在有些自升船采用了伸缩腿。

同半潜式驳船的概念类似,自升船的原理在小型和特殊用途的施工设备上的应用有着与离岸浮吊联合作业的趋势。离岸浮吊自身带有的大型系泊系统可用来定位自升船,并在必要时协助自升船伸腿或随后收腿。同时,自升设备为一些比较敏感的作业,诸如取岩芯、取样或对水下管线的修理等,提供了一个垂向稳定的工作平台。

自升船还可用来放置重型载荷。在这种情况下,一艘载有载荷的驳船漂浮在自升腿之间。随后驳船上的载荷直接由自升甲板上的起重机吊起,移走驳船,接着将载荷放置到海底。这种作业,将一艘驳船漂浮于自升腿之间,显然是十分危险的。只有在理想的海况下,才能允许尝试,并采用足够的横向控制以确保驳船不会直接碰撞到自升腿。这个概念曾应用于阿斯托里亚(Astoria)的哥伦布河(俄勒冈州)大桥的 600t 预制混凝土沉箱的沉放施工。

5.11　下水驳船
Launch Barges

在离岸施工实践中最富戏剧性的发展之一是利用下水驳船对导管架进行运输和下水。它们还用于海底基盘的运送与下水(见图 5.21)。典型的下水驳船是一种大型且构造坚固的驳船,长且宽,内部划分成许多压载舱。因为它必须承载约几千吨重的导管架而持续移动,所以需要有坚固的纵向和横向舱壁。重型的滑道梁或滑轨贯穿驳船的整个长度(见图 5.22)。这些滑道梁将导管架的载荷分布到驳船的结构上。驳船的艉部,在此导管架将翻转并滑入水中,要求特殊的结构。

首先,艉部将在短时间内承受导管架的全部重量。其次,由于艉部的反作用力会传递到导管架上,它必须尽可能在一个相当长度上分布这个反作用,以

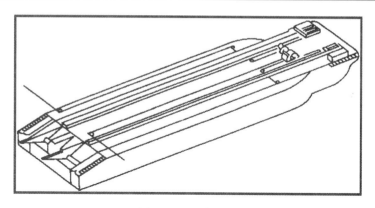

图 5.21　下水驳船

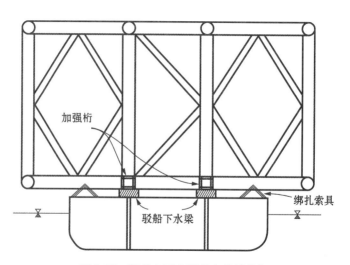

图 5.22　装载在下水驳船上的导管架

避免形成点作用。导管架会在特别加固的滑道上移动;即便如此,也得采用分布的方式,以避免产生点作用。为此,在驳船的艉部装有一个摇臂,随着导管架的滑离,它会与导管架一起发生转动(见图 5.23)。导管架下水的作业细节将会在第 11 章中描述。下水驳船的另一个特点是,驳船有意主动触底。即为了把导管架从制造船厂中装运出来,通常的方法是将下水驳船在一个适合深度的平整沙床上落底,以使驳船甲板与船厂装配平台的滑道平面相配合。然后,导管架滑移卸载到驳船上,而无需作相对高程变动。这也就意味着船底板必须承受可能来自沙床上不规则的局部大的压力。不仅船底要采用厚板,而且扶强材也必须是足够强,以防止导管架移动到驳船上时产生屈曲。

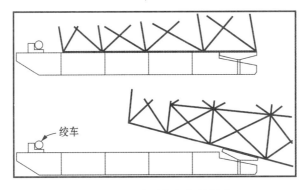

图 5.23　下水驳船艉部的摇臂

在导管架卸载到浮起的下水驳船上时,必须迅速调整压载以使载有导管架的驳船甲板保持相应的高度。逐步调整压载或采用计算机控制进行甲板高度与纵倾的调整。下水驳船的艏部配备重型绞车或直线千斤顶,以将导管架拖拉到驳船上。导管架运送到现场后重新系上牵引缆索,借助驳船艉部的滑车将导管架拉离驳船下水。下水驳船的宽度通常小于导管架的基座宽度。一个深水导管架的基座约为 60m 宽,会明显地悬伸出驳船的舷侧。有的大型下水驳船的长宽为 196×52m,能够运载与下水 40 000t 的导管架。在日本采用 300m 长的下水驳船来运载 55 000t 的、415m 长的波尔温克尔(Bullwinkle)导管架。在运载过程中,驳船必须有足够干舷以确保导管架伸在外面的腿柱,在驳船横摇时不会浸入水中。驳船船宽设计要考虑下水时能提供横向稳性。这是下水时的关键条件;如果驳船横倾,导管架从侧面滚落,这会将导管架的腿柱拆弯。

5.12　双体驳船
Catamaran Barges

为了在港口和内河上进行重型起吊,特别是用于水下预制遂道(地铁)的管段,频繁地使用双体重吊船。它们是由两艘长的驳船组成,各为一体,利用门字架越过顶部联接在一起。门字架的腿通常是(但并不总是)用销子固定在驳船的中心线上,以避免对驳船产生任何横倾的力矩。因此,需要附加压载并随之增加吃水。门字架联接还允许驳船能够独立地进行小角度的横摇,而不会影响到门字架上的吊杆架(见图 5.24)

图 5.24 双体驳船正在运输和安装水下结构(照片由莫里森-克纳德森公司提供)

门字架通常分为两个门字吊杆架,驳船的两端各设一个,以便能够吊起或放下长的预制段,例如地铁遂道段。在每个吊杆架上安装两台起吊设备,组成一个共有 4 个起吊点的系统。为阻止两艘驳船体在前后方向上不同的运动,在一端或两端安装了水平联接的桁架。双体驳船亦适用于水下基础的平整。为使驳船保持精确水平高度和不受波浪和涌浪的影响,它们也会采用半潜式驳船的概念(前面章节已讨论过)。在这种情况下,先将船体压载沉到水面以下,然后通过柱体或轴体伸过水面支撑驳船的上层建筑。为了抵消潮水以及波浪的变动带来的影响,可将预制混凝土重块降到海底,以维持驳船一个稳定的高度,来抵消上涨的水在柱子上产生的附加浮力。

双体船也可通过 4 个大型的浮箱(平底驳船)成对地组合在一起来实现,并利用自浮单元,例如一个预制的遂道段来维持浮箱在水平面的相对位置。

在连接丹麦和瑞典的厄勒(Øresund)大桥的施工案例中,两艘大型的驳船被直接固定到主塔墩的预制混凝土壳体上,一边一个,采用多个后张力杆,以使组合体能够从建造干船坞浮出,漂浮到施工地点,然后降落到准备好的基座上。

在活动杆吊装技术(Versatruss)概念中,由两艘驳船构成如上所述的双体船,但其功能是将载荷从下面吊起,而不是放置载荷。大型管状斜撑杆从每艘驳船上倾斜向上,然后连接到要提升的载荷上,典型的实例是一个废弃离岸平台的甲板结构。在甲板面上的重型绞车把两艘驳船拉紧靠在一起,这使倾斜的管状斜撑杆转动并举起重物。一旦载荷吊起,双体驳船可以浮起离开平台基础,允许绞车缓慢地反转,将载荷降落在一艘驳船上。

5.13　挖泥船
Dredges

为在港口和河道上挖泥和疏浚,开发了许多不同类型的挖泥船。每种类型的挖泥船都有其特殊性能。这取决于它们的应用范围与挖掘能量、所要挖掘的土质类型、排放要求和作业水深。

蛤式挖泥船的抓斗垂吊在缆索绳上,使它可靠近现有结构物进行作业。它们的挖掘能力是通过抓斗集中到它的抓齿上的重量来获得的。它们不受水深限制。

拉铲挖泥船特别适合在相对浅的水域和对软的或中等硬的土层进行挖掘沟渠的作业。它们是以在近乎水平方向拖拽抓斗获得挖掘能力,其在一些海上项目中要求具有相应的来自系泊绳的反作用力。

链斗式挖泥船或连续阶梯式抓斗挖泥船能进行深度挖掘作业(超过 40m),并对硬的土层进行挖掘。它们小的抓斗在每次挖掘时,将整个阶梯和泥梯重量施加在单一的切削刃上。由于它们具有将挖出的泥土排放到靠在舷侧的驳船上的控制能力,同时通过光顺的切削能够挖出高程精确的平面,因此它们大多应用于现有港口码头的航道疏浚维护。它们也可用来在坚硬的土层上挖掘沟渠。一艘链斗式挖泥船曾用来对丹麦的大贝尔特西大桥的桥墩现场进行挖泥作业。

顾名思义,吸扬式挖泥船是将挖掘的泥料通过一根管子吸入到安装在船体内的排泥泵中,然后由排泥泵泵送到成排的平底驳船上,再驳运到倾倒区域排放。泥料可通过在吸管低端的水喷射方式予以松动。这种挖泥船广泛地应用在维护性挖泥和软的地质。若把这种吸扬式挖泥系统安装在一个具有自航能力且带有存储泥料能力的船上,使它能够将挖出的泥物排卸到任何其他区域,那么它就变成了底开自卸式挖泥船,主要用于疏浚维护性挖泥。在吸扬式挖泥船倾斜的吸扬臂梯的挖掘头上安装撕裂或喷射装置,使它能够挖掘相对固结的硬土层。

在吸泥管的末端可以安装一个切削头,并利用一个"梯子"支撑,使挖泥船能机械粉碎泥块,以便沿管道吸入泵体。这就是绞吸式挖泥船,广泛应用于大规模的挖泥和填土。

有些大型液压绞吸式挖泥船能挖掘到 60m 深度,适宜挖掘十分致密和坚硬的物质,甚至强度可达到 140MPa(20 000psi)。因此,它们应用于挖掘埋置管线的沟渠和海底井口的埋置坑都非常有效,例如在加拿大纽芬兰附近海域十分致密的沙砾层上的挖掘作业。

由于受涌浪、深水以及位置控制的不利影响,海上挖泥作业显得非常困难。同传统的港口挖泥作业相比,海洋的水要深得多,且挖泥量也相当大。在许多方面对挖泥的排卸有着严格的限制,而且远离挖掘作业现场。同样也存在着与其他辅助船联合作业时通常会遇到的问题,譬如它们各自对波浪运动的不同响应。然而,至今为海上施工已开发了一系列高效率的挖掘设备系统。挖泥作业本身以及施工采用的小型挖泥设备,例如空气提升和喷射装置,将在第 7 章讨论。海洋采矿将会在第 22 章描述。关于采用喷水雪橇船和电缆犁来埋置管线将在第 17 章叙述。

自航耙吸挖泥船是海洋挖泥作业的生力军。它采用自推进系统并按标准船体结构配置。挖泥操作机构是一个带有结构肋骨的管状体,类似一个带支架的长"梯子",能够以大约 30°角度伸到海底。在"梯子"末端有一个进入口,装有喷射器,用来松动沙土,以使它们能自由地流入梯子内;或装有带齿的撕裂器用来破碎水泥类或硬质的物体。船上的一台吸入泵泵送大量的水和挖出物沿着"梯子"向上流动,其流动速度足以保持物体处于悬浮的状态。泵将水和挖出物排放到船上的泥舱;泥土沉淀下来,多余的水溢出流走。通过控制进入泥舱的流动情况,可对挖出物进行粗略的分级,而淤泥和其他细粉体则冲洗到船外。

自航耙吸挖泥船现在能将挖出物运送到更远的指定地方,通过打开舱门从泥舱中倾卸排放出去。还有一种处理方法是将泥舱中的挖出物搅拌成泥浆后,再把它们泵送到岸上去。当挖掘比较硬的物质时,挖泥船能够利用它自身的推进器动力,对安装在"梯子"底端(挖掘头)的撕裂器提供附加的推力,甚至还可利用船体的动量。例如,当进行挖掘软的和破碎的岩石时,船可以绕圈加速,然后冲向需要挖掘的区域。当冲到该区域,它放下梯子,撕裂和吸收岩石。一艘自航耙吸挖泥船能在连续的长时间内运行作业。因此,它十分适合海底沟渠的挖掘。

　　自航耙吸挖泥船在开阔海域作业所遇到的问题之一是来自于涌浪。涌浪时而能举起时而又能放下挖掘头,并可能会损坏它,同时造成挖泥深度不均匀。因此,悬挂系统(挖泥梯借助悬挂系统从船体上悬挂下来)应设有一个能快速响应的垂荡补偿装置。在这个复杂的悬挂系统中,垂荡补偿器可通过声呐深度指示器启动,以使挖泥船无论是处于垂荡还是纵摇状态时都能维持一个适合的相对海底高度。

　　吸扬式挖泥船是一种高效率的施工机械设备,它适宜于中等距离的大土方量移动。例如,在波弗特海(Beaufort),一艘吸扬式泥式挖泥船每天可移动高达 $100\,000\text{m}^3$ 的沙土,卸倒在一个离岸钻井人工岛的水下坝基内。

　　标准型吸扬式挖泥船的挖泥梯从一个越过船艉的 A 形架上悬挂下来。这对船体施加了高的弯曲力矩。梯子的末端装有一个切削头,用来切削泥块,以使它打碎后易进入沿梯子向上的水流中。传统的切削头上由绕着梯子上的轴进行旋转的一组刀叶构成。最近使用的轮式挖掘器是绕着垂直于梯子的轴转动。后者是由一个潜水的电动或液压马达来驱动。同样,与自航耙吸挖泥船一样,涌浪会使挖泥头抬起或降落。这会严重地损坏切削头。因此,在大海中作业时,垂荡补偿是必需的。垂荡补偿的一种形式是,通过利用一个铰接臂和浮标杆支撑着梯子端部来实现的。这会减轻船体纵摇的效应,并减少由于涌引起的垂荡响应。强力的刀头能挖掘软岩石级的岩土。然而,对于十分软或松的土质,刀头切削可由喷水冲替代。

　　在深水挖掘中,船上的泵工作效率低。因此,对于水深超过 $20\sim25\text{m}$ 时要求另外采取措施以保持水柱以高速率的移动。角度向上的喷射器(增压喷射)可以从沿着水柱在梯子上的不同高度的开口以高速率向内部的水柱喷射。由此可克服吸入管中的摩擦和进入口的损失,加速水柱的流动速率,以使挖泥船在更深的水深处也可高效率地作业。此外,潜水泥泵可以潜入水中或甚至安装在梯子下端以减少吸程。

　　柱锚常用来在港口内定位挖泥船,并产生所需的反作用力,以抵消刀头冲向水下坝体的冲力。在离岸施工现场的水深和海况下,柱锚通常不能使用。吸扬式挖泥船必须远离系锚的缆绳进行作业。为了允许挖泥船能横向摆动,又不希望它发生平移,利用3根艉系泊缆绳形成一个"圣诞树"导缆系统,系在艉部的3个导缆柱上。这3个导缆柱布置在同一根垂向轴上(见图5.25和图5.26)。

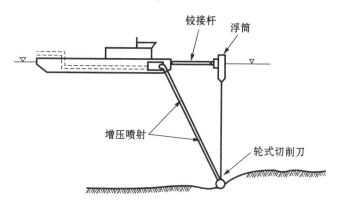

图 5.25 轮式绞吸扬吸式挖泥船

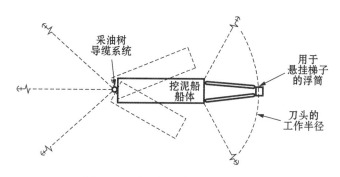

图 5.26 绞吸扬吸式挖泥船的系泊

专门为绞吸式挖泥船而开发的新设计概念,使其在水深100m或更深处进行海底采矿和重载挖掘成为可能。

日本的东洋(TOYO)公司开发了各种重型泥泵,能够泵送高密集的海底残留物如沙,达到至少10~15m的扬程。这些泵可悬挂在吊臂上,特别适宜对在局部区域,例如围堰与沟渠的挖掘。

蛤式挖泥船是另一种在海上环境中有效使用的挖掘工具,特别当挖掘岩石或其他硬的物质,或在受限制的区域内进行挖掘时。它的切削能力不会受到纵摇、垂荡或横摇影响,但垂向控制比较困难。当然,纵荡、横荡、首摇会使水平控制变得更加困难,但不影响挖掘的能力。蛤式挖泥船的抓斗设计成依靠自身的重量,通过作用在抓斗的唇或齿进行切入。通过提起闭合绳或由液压执行器进行咬合。

鉴于实际作业的原因,离岸蛤式抓斗不仅尺寸大而且重量也大,例如为本州-四国(Honshu-Shikoku)大桥的桥墩进行深度挖掘的抓斗重达 100t(见图 5.27 至图 5.29)。一个可容 50m³ 的抓斗曾用于横跨丹麦和瑞典之间的厄勒大桥预制遂道段的深度挖掘。日本开发的可容 100m³ 的液压抓斗能进行 30m 深的挖掘。

图 5.27　蛤式抓斗向开底泥驳上卸载(照片由鹿岛工程建设有限公司提供)

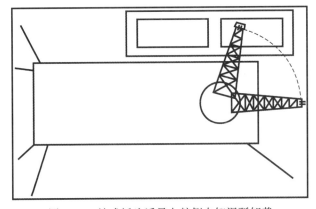

图 5.28　蛤式抓斗浮吊向舷侧自卸泥驳卸载

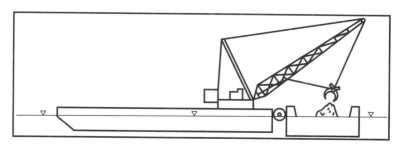

图 5.29　蛤式抓岩机浮吊向船艉的自卸泥驳卸载

　　抓斗闭合后被提到水面。这是深水挖泥作业周期中最缓慢的一部分。然后,按传统的方式,吊杆摆动到右舷,开斗把挖泥倾倒停靠在舷侧的开底泥驳内。另一种方式是采用长吊杆和在适合的海流时,将吊杆摆到船的正横位置向船侧外抛泥。抛泥后吊杆必须摆回,抓斗允许放下。下放的速度由绳索绕过多组滑轮的摩擦力加以限制,必要时要进行刹车。在深水域,抓斗可能需借助动力下放。整个作业过程依次循环重复进行。

　　由于吊臂在启动、停止、反向转动过程中的惯性效应,其转动也挺费时间。操作者通过摆杆回转360度卸载的方法来减少因转动消耗的时间,即在卸泥时不减速,当吊臂与抓斗通过船正横方向时,向自卸泥驳卸载,然后继续回转。

　　另一个方案是完全不用回转,但需将驳船横向置于艉部。吊杆完全伸出,抓斗提起,然后向内拉,卸载到卸货驳船上。这明显减少循环作业时间,但反过来要求吊臂足够长。

　　为了帮助蛤式抓斗的抓齿切入坚硬的地层曾在抓斗上试装过振荡器,但由于维护与实际使用中遇到问题后来放弃了。在一个挖掘十分硬的岩心案例中,由于齿切入过深使得抓斗既无法闭合,又不能回收。在其他案例中则是振荡器发生了疲劳故障。蛤式抓斗广泛地应用于桥梁的桥墩位置和围堰中的挖掘作业。它们特别适用于对爆破后的碎岩石层的挖掘。

　　液压反铲挖泥船适用于中等的挖掘深度,主要应用在港口,在那儿驳船的运动范围很小。它们能达到海面以下 25m 处。这种反铲挖泥船对拆除暗礁或挖掘石灰岩和表面岩层覆盖的地层十分有效,如在阿拉伯海湾工程上的应用。该挖泥船具有卓越的动力性能,采用杠杆方式达到优化。在平静的水域,它能对作业深度进行精确控制。然而,它不能在有涌浪的水域中有效工作,因此其作业深度受到严格限制。

　　挖泥作业的控制长期以来一直是个严重的问题。尤其在挖掘斜坡时,如坝基或顺岸式码头,在那里水面高度由于潮水或河流波动而变化。当今利用先进的 GPS 定位技术可极大地提高对精确挖掘的控制。安装在挖泥梯末端部或臂上的传感器能够对挖掘头进行实时三维空间的控制;精度是可达 30mm。

对于挖泥作业的进一步讨论,可参见第 7 章。

5.14　铺管船
Pipe-Laying Barges

铺管船是一种高度复杂的船舶,它包括离岸水下管线安装系统的关键部分。水下管线安装系统的具体构成及其操作将在第 15 章详细讨论。本节仅侧重于对铺管船的叙述(见图 5.30)。

图 5.30　第 1 代铺管船

铺管船的用途是接收和存放管段,然后把管段装配焊接成整根管道,接着在焊接接头上涂防腐蚀保护层,最后越过船艉把管道铺设到海底。

上述作业过程包括下列具体任务:

(1) 铺管船定位。

(2) 将管段从驳船或供给船搬运到铺管船甲板上。

(3) 将管段两端拼接(任选项)。

(4) 将管段排成直线,完成第一道定位焊。

(5) 完成管段焊接。

(6) X 光拍片检验。

(7) 对管道施加拉力。

(8) 焊接接头处涂防腐层。

(9) 将管道越过船艉辅设出去,通常采用艉托管架的方式。

(10) 依靠铺管船的锚将铺管船向前移动。

(11) 连续将铺管船的锚向前移动。

(12) 精确记录管道铺设的位置。

(13) 与船只、岸基、飞机进行无线电通信。

(14) 利用直升机和交通船接送人员。

(15) 根据天气条件的指示,将管道以无损坏、不进水的状态"放弃"到海底。

(16) "回收"上述"放弃"的管道,重新开始辅管作业。

(17) 吊架用于在连接或修复立管时使管道段保持均匀。

(18) 为水下检验提供潜水支持。

(19) 提供最多 300 人的起居和食宿。

在上述清单中,词语"放弃"应理解为在风暴真正或威胁来临时,暂时中断作业和将管道放下到海底的措施。

为满足如此长的要求清单,不可避免地要求使用大型的离岸驳船。通常采用的有重载标准型的离岸驳船和半潜式离岸驳船两种船型。驳船的长度由焊接站的数量决定,而焊接站的数量决定了所要维持的管道铺设进展速率。由于深水管道不可避免地具有管壁厚的特点,为了完成全焊透焊接,需要进行多道焊接。焊接站越多,在每个站点花费的时间就越短,故管道铺设速率会提高(见图 5.31)。

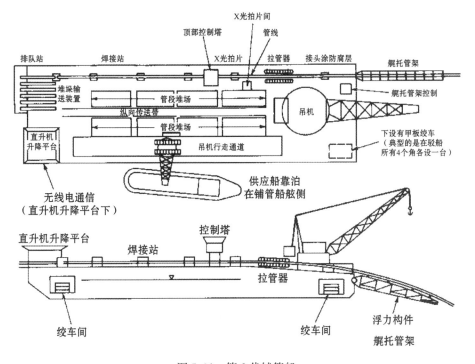

图 5.31　第 2 代铺管船

移动驳船向前行驶需要许多系泊缆绳或锚索。沿驳船舷侧装有多台大型的配备 2～3 个卷筒的瀑布式绞车。从绞车出来的缆绳,通过改变方向的滑轮组导向水下的导缆柱,然后连接到锚。

为了把预涂的管段搬运到铺管船上,通常使用大型的履带式起重机。它能够在垂荡周期的顶部快速地从摇晃的供给船或驳船上抓吊起一个 40ft 的管段。

尝试了许多垂荡补偿装置,例如从吊钩上引一根信号线到船上。然而,抓吊的方法仍然显得最有效。一旦管段存放到船上,下一个作业可能就是将管段两两连接。这通常不会加速整个铺管的过程,但可减少所需的具有特别技能的焊工数量。

管段被单根或成对地输送到艉端和排队站的侧面。管段滚向由液压控制的管架进行排队并精确就位。一个内设的管段排队夹紧装置用于连接新管段和前面的管段,随即可进行第一道定位焊。然后将管段接头依次逐个移至多个焊接站,在那里把定位焊割除、清洁后重新进行焊接。

接头焊接一旦完成,管段移向 X 光检测站进行焊缝拍片、评片和认可。如果发现焊缝有缺陷不合格的情况,则该焊缝必须割开去除缺陷后,重新施焊并重新检查。位于 X 光检测站后面的是拉管器。拉管器通常采用履带形式,通过多个液压千斤顶将聚氨脂履带紧推着管道粗糙的涂层。由此,拉力通过摩擦力作用在管道上。在下一站,焊缝接头涂上沥青水泥沙浆,然后进行电气连接。此时,管线准备就绪,可沿一个倾斜的坡道向下移动,从艉托管架上伸出。早期(第一代)艉托管架是一个铰链的长梯子,带有部分的浮力构件(浮箱),在概念上与上述挖泥船的梯子相类似。它实际上是形成了一个坡道,沿着坡道管线能以最小的弯曲应力滑向海底。艉托管架上装有轮子或滚柱用以减小管线移动时的摩擦和防止了管线表面涂层的磨损。

第 2 代的艉托管架是关节连接的,以适应高频率的波浪运动,可减少在管道上的应力。艉托管架也带有部分的浮力构件,有的还采用了半潜和柱状浮筒的概念,以减少对波浪引起的垂荡的响应。第 3 代和第 4 代的铺管船将在第 15 章讨论。

随着经改进的拉管器的开发,产生了第 3 代的艉托管架。这是一个支撑在驳船上的曲线型悬臂坡道。它对管道的过度弯曲部分起导向作用,直到管道脱离艉托管架。第 4 代铺管船管道托架采用一个大角度用于管道组装和 J 形铺管的过程。

早期的焊接作业线、坡道和艉托管架布置在铺管船的一侧,通常是在右舷,起源于作为离岸浮吊的一个附属设施。随着拉管器上作用力的增大,在锚索上向前移动的张力变得关键。因此,最新的铺管船把焊接作业线与艉托管架布置在船体的中心线上。

为对艉托管架上的管道和拉管器上产生的拉力进行控制,要求在艉托管架上安装测力计或类似传感器,以便可以在控制室内观测到管道的反作用力和脱离艉管托架瞬间的位置点。

管道的临时"放弃"和随后回收需要一台大型的恒张力绞车。绞车应布置在一个合适的位置,以便绞车可以顺着与管道铺设对直的方向释放缆绳。

最后,必须提供所有人员的居住、饮食以及相关辅助功能,诸如船员舱室、餐厅、娱乐厅和机修车间、发电机组、泵组和绞车。在艉部配备一台大型吊机。起初配备吊机是考虑增加铺管船作为浮吊的功能。然而,实际上设置立管和艉托管架的安装与拆除也需要长吊杆的吊机。

5.15 供给船
Supply Boats

供给船是一种带有一个大的敞开艉部的船。它应尽可能地宽而且长,以便能够运输各种各样的货物和供给品。"围阱"或敞开的艉部应足够长,以便能装载管段。虽然每根管段一般长 12m,但亦可能有 2m 或以上的附加长。所以通常采用的是 15~20m 的围阱。供给船的排水量和运载能力不断地增加;过去1000t排水量的已属于大型供应船,目前根据来自北海的需求、海况条件和运输距离,要求供应船的排水量提高到 1 500t、2 500t,甚至 3 500t(见图 5.32)。

图 5.32 系泊在墨西哥湾科纳克(Cognac)平台旁的供给船

由于供给船主要设计为运送货物,它必须具有靠近舷侧作业的机动操纵能力。供给船的舷缘需加强并装有重型的护舷木,以吸收来自其他船只的接触而产生的撞击。

5.16 布锚艇
Anchor-Handling Boats

布锚艇是专门设计用于起锚和移锚的,甚至是用于恶劣的海况中。因此,布锚艇的船身较短,具有高度的操纵性。其艉部开敞,并经过铠装,以便绳索或浮标能按要求越过艉部被拖进来。在围阱前部有一台绞车,借助绳索可快速地把一个线垂或浮标提上船。配备液压辅助设备。

5.17 拖船
Towboats

拖船有几种基本类型。海上远程航行的大型拖船能够持续航行 20～30 天,而无需再加燃油。它们被设计成可航行到达世界上的任一港口,执行大型的拖曳任务。这种拖船的长度为 80m 或以上,船员配置 16～20 人。它们可轻松地跑出 12～15kn 航速。适用港口和其他内陆水域的拖船则是小型的或更具有机动性的。

拖船经常用马力这个术语来描述,但它会引起误解。指示马力(IHP)测量的是发动机气缸所做的功。轴马力(SHP)是实际上传送到推进轴的功,可能比指示马力小15%～20%。一般而言,长航距拖船的指示马力等级为 4 000～22 000HP。

作为一个更具意义的测量值,系柱拉力是拖船向前全速航行时,通过一个长缆绳对一个静止的系缆桩施加的力;也就是拖船相对水没有前行。指示马力与系缆桩拉力之间存在一个粗略的关系:即一艘 10 000IHP 的拖船能够施加 100～140t 静系柱拉力。然而,这个关系将会随着螺旋桨的尺寸(单或双桨)以及拖船的吃水而变化。有效系柱拉力随着对水的速度的增加而下降(见图 5.33)。最大拖船有超过 300t 的静系柱拉力。

大型远洋拖船装有最新型的航行设备:全球定位系统(GPS)、罗兰 C 系统、

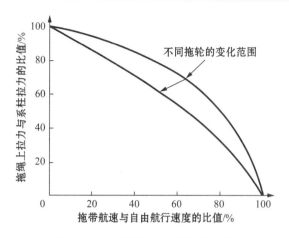

图 5.33　在拖绳拉力上的航速效应

雷达、电子定位装置和声呐。它们可在世界各地用无线电语音通信。这些拖船装有一个拖带发动机,使拖船不管船体对波浪的运动应响变化,都能在拖绳上维持一个恒定的拉力。有的拖船操作人员喜欢使用一个长的悬链线,在拖带过程可进行调节,以跨过一或多个整的波浪长。船长应该是预计的最大 Hs 的 11 倍或更高倍数,以便操作安全有效。在大风暴中,拖船可能有必要切断缆绳,随风暴过去后再重新与它的拖带物链接上。

为一些特殊区域诸如北海的通用拖拽作业,专门设计了一种船长缩短、但马力依然强大的远洋拖船。这种拖船具有较高的机动性,经常配有一个可调螺矩桨,能够使它们在关键性定位作业时,保持发动机全速运转。它们还常配有艏侧推,以致在不前进时也可以调整成顶风的航向。

远洋拖船的功率范围可从使用在中等海况的 4 000HP 到全天候远洋拖船的 11 000HP,直至目前用于拖拽的最大海上平台的 22 000HP 拖船。曾用 8 艘大型拖船采取串联方式来拖动一个排水量 600 000t 的平台(见图 5.34)。内陆水上拖船功率范围在 200~1 000HP。

设计用于港口或近岸的是小型短程且机动性好的拖船,适宜于离港口比较近的短期工作。它们应有一个重型加强和用护舷木保护的船艏,以使它们既能通过缆绳拖带,也能用于顶推。在主要江河流域上使用的内河拖船都是典型地采取顶推一组成串驳船的方式。由于采用顶推的方式,故螺旋桨排水向后是畅通无阻的,这比用短绳拖带效率更高。采用顶推驳船的方式还能够确保在受限制水域获得更加精确的控制。

图 5.34　5 艘远洋拖船在北海拖拽一个混凝土重力基座离岸平台

有的拖船已按冰区级加强,能进行破冰拖曳。

5.18　钻探船
Drilling Vessels

人们通常并不认为钻探船或半潜钻探船是施工设备。然而,常见这些船出现在施工现场进行勘探性钻井。它们都是大型的离岸船舶,船上装备齐全,还包括合适的系泊机构。船上装有重吊设备,可直接对钻杆柱施加垂直拉力,在中央有个月亮池(开敞的围阱)。该月亮池为通往下面海底的通道提供直接和部分的保护,以使在交界面上的波浪作用减到最小。它们具有在深海中进行作业的能力。因此,它们常用来从事多种离岸施工的任务,从放置海底基盘到管线修复和海底地基处理。

离岸钻探船亦可设计成为半潜式的船,具有如上所述的半潜式驳船对波浪、海流的响应特性;或可能是采用大型的船体结构并进行特别的配置来减少横摇。然而,不管怎样,一个大型的船体结构所固有的横摇响应总比半潜式驳船的更大些。钻探起重机装备有一个巨型牵引车,约为 500t(5 000kN)或更高的直接起吊能力,通常配置一个垂荡补偿器。

5.19　交通艇
Crew Boats

交通艇用于将人员从岸基输送到离岸施工现场,前提是实际海况允许交通艇在海上安全行驶。交通艇不常在北海使用,因为航程距离太长,且那里的天气条件也总是莫不可测。通常人员运送都是利用直升机替代。交通艇常在墨西哥湾和南加州离岸海上使用。从经济上考虑,交通艇航速应尽可能高。对于非滑行艇,所要求的马力应该是与速度的平方成正比。必须考虑航行途中船只的运动,不能让全部船员在到达目的地时都处于晕船状态。一般而言,应通过采用安全允许下尽可能低的稳心高来减少加速。一个高的$\overline{GM}$意味着横摇响应较快,并会引起乘客不舒服的生理反应。交通艇在顶流航行或接近顶流航行时会产生纵摇响应。这可以通过改变航速或航向,或者两者同时改变来加以改善。若艇长超过波长,纵摇响应会减少;然而,这仅在墨西哥湾是可行的,在太平洋或北大西洋并不适用,原因是那里的波浪很长。

在海上的人员输送将在第 6.4 节中讨论。海况相当平静时,可在一个大型浮吊或铺管船的背风处或艉部直接接送人员,但此时船要顶流航行,浮吊当作为一个漂浮的防波堤。

5.20　浮式混凝土搅拌船
Floating Concrete Plant

混凝土设备安装在一个大型的重载驳船上。驳船配有系缆绳或桩锚来保持驳船的位置。这种典型的船上混凝土搅拌站设有存放粗细骨料的大型骨料仓、水泥筒仓、飞灰和炉渣舱、水舱、配料和混凝土搅拌设备(通常采用强制式搅拌装置)及混凝土泵(见图 5.35)。

图 5.35　浮式混凝土搅拌船

　　重量配料设备是混凝土生产的核心。量具应该具有自动补偿驳船的倾斜(横倾)的功能。应采取措施以对外加剂加注进行精确计量控制。全程记录设备是保证混凝土质量的基础。湿度计反馈数据到配料设备,以便能自动对骨料中的水分进行补充。

　　利用带有抓斗的吊车或传送带对骨料仓进行装载。传送带将骨料从骨料仓传送到配料设备;泵和螺杆传送带输送水和水泥料。骨料、水和水泥料由驳船运送到浮式混凝土搅拌船上。在任何时候,都有 2～3 艘驳船系泊在浮式混凝土搅拌船上。因此,它的系泊系统必须足够坚固来保持船队的位置。船上的吊车可用来放置和重新布置混凝土导管,或者这个任务由其他起重船来完成。混凝土搅拌设备可利用抓斗或泵来输送新拌的混凝土。

5.21　塔式起重机
Tower Cranes

　　塔式起重机越来越多地应用于水上桥梁的桥墩和上部结构的建造。虽然塔式起重机的吊装能力亦有一定的局限性,但它们还是能够在相当大范围和高度上有效地进行起吊和放置作业(见图 5.36)。它们在混凝土沉箱施工中也是很有用的;它们可以精确地放置起吊的物件,从而弥补了其作业位置移动受到限制的不足。

图 5.36　在旧金山-奥克兰湾大桥抗震改建工程中,多用途塔式起重机协助东部湾的"天路(Skyway)"建造(照片由通用施工公司提供)

塔式起重机通常安装在已部分完工的建筑物的固定基座上。然而,它们也可安装在驳船上,但要求驳船足够大且坚固的。基座必须足以能抵抗吊机的倾翻、吊起、转动和扭曲力。

5.22　特种设备
Specialized Equipment

海洋施工设备通过其他布置与组合可以执行特殊的任务。在特定条件下,对那些独特的配置必须进行完全详尽的工程设计,包括连接的细节、载荷试验,以确保在海洋环境中安全作业。还必须保持必要的稳性和浮力。许多伟大的创新之所以功亏一溃,往往是由于缺乏全面细致的考虑和试图节省成本的误导所致。这些失败通常源于某个另部件,而并非源自其基本概念。

波浪述说着海洋的空间,
内心充满着野性和勇敢。

(罗伯特·斯维茨"三个声音")

第 6 章　海洋作业

Marine Operations

本章将介绍经常会遇到的海洋和离岸作业,包括拖带、系泊、压载、海上重载搬运、人员运输、测量以及潜水。

6.1 拖带
Towing

拖带应遵循一些基本原则。一是结构物或驳船上的连接件必须足够牢固,在能使拖缆断裂的力的作用下不会失效或损坏结构物。钢缆的实际断裂强度通常比额定最低断裂强度高 $10\%\sim15\%$。在实际作业中,断裂经常发生在动载荷而不是静载荷的作用下。拖带的结构物或船舶在过载情况下能保持完好是非常重要的。一般要求拖缆连接件的最大强度至少为系柱静拉力的四倍及连接件与最大拖船之间所用拖缆的断裂强度的 1.25 倍。对于正拖应准备带有短拖缆的备用连接点,以便在紧急情况下使用。第二个原则是连接件必须能承受水平和垂直角度范围都非常大的拖力,拖力会使连接件发生剪切、弯曲和拉伸。

如果拖缆在海上断裂,最好是发生在已知的"薄弱连接"处,这样即使在海况级别较高的情况下也易于重新连接。图 6.1 是单船使用一个龙须缆进行拖带的典型布置。如果拖缆受到高冲击过载,B 和 C 之间的短拖缆就会断裂,通过纤维拖缆将 B 处的钩环拉回到甲板上并安装新的短拖缆(BC),这样就能重新连接拖缆。为了降低拖缆上的冲击载荷,可使用弹性纤维悬垂拖缆或在拖缆

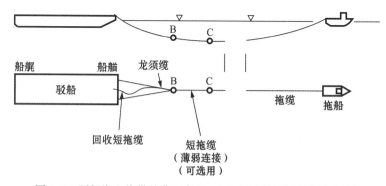

图 6.1 驳船海上拖带的典型布置(图片由阿克尔海事公司提供)

的悬垂处安装锚链(见图 6.2)。

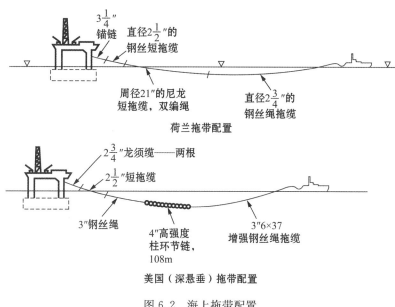

图 6.2　海上拖带配置

当进入受限水域及最终定位时,为了更好控制需缩短拖缆的长度。但如果拖缆太短,螺旋桨尾流的推力将会作用于被拖船。在挪威斯塔万格峡湾拖带大型重力基座结构物沉箱时,为了能够控制在岩石岛屿之间的移动,使用了非常短的拖缆。螺旋桨尾流的推力作用于沉箱 120m 宽、50m 深的投影面积上,导致结构物无法移动。解决方法是使主要拖船位于沉箱后方,在钢板和木材制成的顶推口中推动沉箱,这样就能完全发挥螺旋桨的推力作用(见图 6.3)。

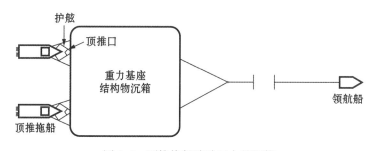

图 6.3　顶推拖船移动巨大的沉箱

被拖结构物的惯性(动量)是非常巨大的,尤其是大型结构物(例如离岸沉箱),因而在停止推动后很长时间仍然会向前移动。在航道拥挤或有浮冰的情况下进行拖带,必须注意当拖船停止后,被拖船或结构物可能会继续移动并超过拖船,而且因为惯性,很难降低其速度或改变方向(图 6.4)。所以对于狭窄航道,需要在侧面及后方增加船舶。位于后方的船舶被反向拖带,需要的话可以发动螺旋桨,降低被拖结构物的速度。但由于是反向拖带,船舶容易倾覆沉没,所以通常要安装特殊的尾板并非常注意船舶上的水密门,否则虽然有明文规定,但轮机舱的门可能仍然是打开的(见图 6.5)。

图 6.4　混凝土平台正在被拖出挪威峡湾。注意为了提供控制而进行反向拖带的小拖船
(照片由阿克尔海事公司提供)

当拖带进入开阔海域后,拖船可放长拖缆以抵御波浪和涌浪作用在缆绳上的巨大载荷。在海岸水域拖带大型结构物时,前方应安排一艘领航船检查航道、使用前视声呐确认水深以及选择可以通过水下障碍物或浮冰的航路。领航船还能向其他可能忽略了航海通告的船只发出警告。

如果被拖结构物吃水比较深(北海有些离岸平台吃水可达 110~120m),那么在水下结构物转动中心附近连接拖缆的话,拖缆的倾角会非常大。这样就会将拖船的船艉向水下拉,因而需要把拖缆连接在能抵消拖力垂直分量的浮船或浮筒上。这种浮筒应充填泡沫材料以防漏水或出现孔洞(见图 6.5)。在拖带通

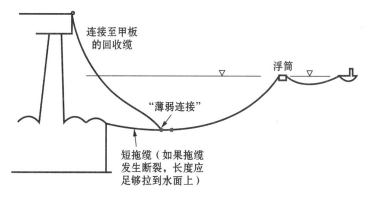

图 6.5　深吃水拖带的拖缆布置

过破碎浮冰时,这种系统对于尽量减少拖缆上的冲击载荷也是非常有帮助的。

在敦林(Dunlin)平台和尼尼安中央平台,拖缆上固定了香肠形状的浮动单元。这种浮动单元充填了聚氨酯,每个能提供大约 5t 净浮力。注意图 6.5 中连接到甲板的短拖缆,当拖缆发生断裂时可用于重新连接。

大部分航道、港口以及海岸浅水地区都经过了详细测量,测量结果发布在海道测量图里。但由于关注的水深主要针对吃水 10~20m 的船舶,所以当测量船进入比较深的水域时,通常只将深度记录在图中,只要不对航行造成危险,就不会测定海底隆起、沙洲或礁石顶。

因而在通常不用于航运的水域拖带船舶或结构物时就会碰到类似问题。必须使用声纳、侧扫及剖面声学设备进行仔细的测量,彻底扫描航线及所有测绘带,包括因摇摆而可能偏移的区域。

避风水域所需的航道宽度一般为船身最大宽度的两倍,但也必须考虑到环境条件和导航精确性。暴露水域所需的航道宽度取决于海流和导航精确性,对于 12km 左右的较短距离,航道宽度的变化范围为 600~1500m。在岛屿或沙洲之间进行拖带时,需使用精确的电子定位系统。被拖带船舶的吃水一般为 8~10m、宽度 30~40m,而离岸结构物(例如深水沉箱)的吃水可超过 100m,宽度达 100~150m。所以仅仅绘出“桥梁”的位置是不够的,还必须记录极端条件下的情况。在受限水域必须对表层和各个深度的海流进行详细测量。

拖带中的结构物在航线上会发生摇摆和漂移。海图中的狭窄水域会用颜色标出测绘带,结构物在测绘带内是安全的。当结构物边缘接近测绘带边缘时,可采取修正措施。这能避免为了保持在正确航线上而过多调整航向

(见图 6.6)。

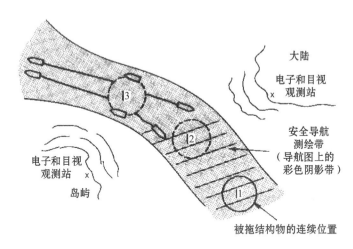

大陆

电子和目视
观测站
x

安全导航
测绘带
（导航图上的
彩色阴影带）

电子和目视
观测站
x

岛屿

被拖结构物的连续位置

图 6.6　狭窄航道的导航测绘带

　　被拖船及浅吃水结构物的实际吃水可大于其平均吃水，这可能是由于吃水差、船艉下坐、倾斜或风力倾侧所致，还可能是因为河流中的低密度淡水流入附近海中：例如奥里诺科河、亚马逊河和刚果河的淡水可以从河口向海里延伸很远。有些情况下，特别是如果需要通过沙滩，垂荡响应必须予以考虑。

　　通常对富余水深的要求是最大静吃水与最小水深之间的距离应不小于 2m或最大静吃水的 10%，小于任何一种情况都必须再加上运动余量。最大静吃水应该是在最深点实际测量的吃水量，并考虑了测量误差、初始吃水差以及水密度变化的余量。运动余量包括因拖缆牵拉、风力倾侧、横摇和纵摇、垂荡和船艉下坐等导致的吃水最大增加量。这些值最好通过模型试验进行确定。实际上本书涉及的大多数结构物都遵循最小富余水深为 2m 的标准。

　　当经过水深有限的局部地区时，可使用气垫来减少吃水。一般而言，气垫只应该用于使富余水深超过理论上的最低值，并确保在漏气时结构物仍然不会触碰到水底。因为气垫如同自由液面，可使转动惯量减少，从而导致定倾中心高度和稳性降低，对此予以考虑是很重要的。通过浅滩地区后应完全排空气垫。使用气垫时为了预防漏气，围裙之间必须保持足够的水封高度。水封高度取决于速度，因为速度会导致一些空气被吸出。通常水封高度为 0.5~2.0m。

　　为了最大限度地减少吃水，安多克·敦林平台的底部使用了由 PVC 涂层聚酯布制成的大型气囊，气囊尺寸为 11m×11m×4m。这样全部围裙都可用于提供浮力,不需要水封。气囊周围小舱室中的隔间也使用了自由空气。

在进行关键定位作业的过程中,多船之间的通信是非常重要的。使用最多的是语音通信,但应注意拖船船长可能来自不同国家。虽然英语一般是通用语言,但误解及未能完全理解也会导致严重问题。为避免这种情况,应采用得到认可的通用程序并进行检查以便明确理解所有命令。如果有一个或多个船长的英语不流利,通信时最好能安排翻译。

所采用的程序应能处理拖缆发生断裂的情况。发生断裂后拖船必须收回拖缆并掉头返回,被拖船或结构物则回收龙须缆或短拖缆。当拖船回到被拖船或结构物旁边后可送出引缆,将拖缆拉至甲板并固定。一艘船在平静的海面上进行这种作业是很简单的,但如果有三或四艘拖船,每艘船都拖曳着张紧的拖缆,而其中一艘要在风浪较大的夜晚进行同样作业就变得非常复杂。长途拖带必须提供中途加油,备用船每次可以为一艘船进行加油。

被拖结构物的动态加速度应限制在 0.2g 以下,尽量减少施加于连接点的作用力及对人员的不良影响。进行拖带计划时必须考虑到紧急情况,例如火灾、进水及人员落水。在驶离港附近的通航密集区,应专门安排快艇作为"警戒船",目的是可以救起落水人员并警告观光船离开。当康迪普·国家湾 A 平台驶离斯塔万格时,附近有私人游艇在进行游览推广活动,因而保障几百个相关人员及新闻摄影师的安全就非常重要。想象一下如果观光船因为驶到水中的拖缆上而倾覆将会造成什么后果! 港口警察可以帮助保持航线通畅。就康迪普·国家湾 A 平台而言,由于推广日举行的仪式旗帜飘扬,四处都有游船行驶拍照,因而拖船鸣响汽笛,而沉箱则被安全系泊。两天后这个小船队才安静地起航,没有造成任何不必要的干扰。

当拖带大型昂贵的结构物时(国家湾 B 和 C 平台的价值大约都是 20 亿美元),保险验船师要求人员配备齐全,有足够的排水、发电和消防能力。重要的大型结构物在拖带时需要配备的人员可达 10 人或更多,不仅包括负责航海和压舱的人员,还应该有天气预报员、声纳专家以及导航员。

在薄冰或破碎冰层中拖带时,通常需要破冰船开辟出通畅的航道。克劳利(Crowley)海运公司使用破冰驳船和顶推拖船在巴罗(Barrow)角附近开辟出通往波弗特海的航道。也可以在几艘破冰船后进行类似的拖带。即使已经开辟了穿越冰原的航道,还存在着除冰问题。北极离岸平台的宽度可达 100m,富余水深通常很小。为了不影响拖带,必须清除侧面的破碎冰。两侧的船舶可以进行除冰。在冰层中拖带还会碰到雾影响能见度的问题。雷达可精确定位其他船舶,但一般无法识别反射回波部分湮没的漂浮残碎冰山、小冰山以及其他破碎浮冰。如果在前方拖带的领航船机动范围比较小,那么一旦被冰层阻挡,就会产生被拖船或结构物继续移动并超过拖船的危险。因而在船艉使用顶推拖船在厚冰层中移动离岸结构物是个很好的方法(见图 6.7)。

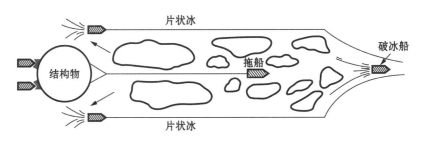

图 6.7　拖带大型结构物通过厚冰层

有些用于北极地区的结构物是圆锥形的。在开阔海域,波浪会从侧面冲到船上并导致无规律的响应。因为浸入水中,水线上的部分迅速减少,稳性显著降低。拖带这种结构物需要减少船艉的纵倾,这样可以增加吃水。破碎的冰块也会从侧面冲到船上。最好用模型对所有这些影响进行评估。

对于价值较小的结构物,拖带时结构物上可以配备人员也可以不配备人员。如果配备了人员,海岸警卫队要求结构物上有足够的救生筏和通信设备以确保人员安全。如果没有配备人员,结构物四角需引出纤维拖缆,这样其他船舶就能收起拖缆并将人员送到结构物上。

当拖带吃水比较深的结构物通过浅水时,必须仔细测定潮汐情况。要预计到海洋施工中经常发生延误几小时的情况,否则结构物可能会在低潮时到达关键区域。而另一方面,在中潮时通过浅水的好处是如果结构物发生了搁浅,下一次高潮到来时就有可能重新浮起。当然也可以尝试转移压载或排放压舱水,但数量不可太大,以免影响结构物浮起后的稳性。对大型结构物拖带造成影响的海流主要是潮汐海流。拖带尼尼安中央平台通过史凯岛东北的明奇海峡时,在达到所需高潮水位之前总会发生逆向涨潮,海流使平台几乎无法逆着潮水前进。因而船舶只能在潮水涨到最高后的平潮期以最大速度通过浅滩。

再好的长期及短期天气预报都无法准确预测夏季风暴的发生,风暴严重的话必须停止拖带。应确定航线附近的躲避区和应急区并标记在海图上。可以先拖带到位置 A,然后根据当前的海况及短期天气预报继续拖带到位置 B,以此类推。到达每一个位置后,都需考虑相应的备用应急区。选择的这些应急区应该有足够的躲避空间。

在离岸现场对结构物进行定位时,拖船通常先星形散开。然后一些拖船向前开动并使所有拖缆保持张紧,这样可以对定位作业进行控制。北海离岸混凝土平台就使用了这种布置(见图 6.8),应注意为了避免将船艉向下拉而使用了浮筒。船艏推进器对于调整拖船顺着风向非常合适,并且不会增加拖缆上的拉力。

如前所述,拖船通常是根据其指示马力(IHP)分级的,但更有意义的数值是拖船能够产生的系柱拉力。由于系柱拉力会降低速度,所以拖船不会在海上持续运行的条件下保持其静态系柱拉力。

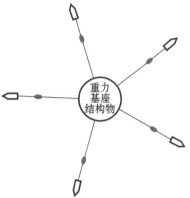

图 6.8　现场安装作业时拖船的"星形"定位

选择的拖带马力应足以在 $H_s=5\mathrm{m}$ 的波浪、持续风速度 40kn 以及海流速度 1kn 的情况下控制住所拖结构物。当然这些参数不是固定的,必须根据所涉及的地区进行调整。

稳性的限制和要求由海事验船师规定。以下是通常的要求:

(1) 定倾中心高度的值应为正,大型离岸结构物一般为 $1\sim2\mathrm{m}$。

(2) 在 Hs=5m、风速 60km/h 以及对拖缆施加全部拉力的情况下,被拖结构物的最大倾角不超过 5°。

(3) 在所处季节 10 年一遇风暴的作用下,对拖缆不施加拉力时被拖结构物的最大倾角不超过 5°。

(4) 静水中对拖缆施加一半拉力时,被拖结构物的静倾角不超过 2°。

(5) 拖带或安装时,吃水处的静态稳性范围应不低于 15°。

(6) 为确保动态稳性,扶正力矩曲线下方到第二截点或进水角的面积都不应小于风倾力矩曲线下方到同样极限角面积的 140%。计算时使用的风速为 10 年一遇,持续时间 1min。

(7) 通常需要通过模型试验对被拖结构物在规则浪及不规则浪(随机浪)中的运动进行检验。模型试验可用于确定方向稳定性及任何导致过度偏航的可能因素,被拖结构物在受损(进水)情况下的性能以及拖带阻力。

（8）所有上部结构模块和消耗品都准备完毕后，检验定倾中心高度（$\overline{GM}$）的倾斜试验必须在拖带开始前不久进行。

1978 年 5 月，尼尼安预应力混凝土中央平台从苏格兰西海岸的罗萨（Raasay）内海湾被拖带到英国北海的尼尼安油田。平台的底部直径为 140m、吃水84.2m，拖带过程中的排水量为 601 220t。在罗萨海湾出口处的明奇（Minch）海峡，水深大大限制了平台的吃水。拖带距离为 499mile（925km），用时 12 天。使用了 5 艘拖船组成的船队，总马力为 8 600IHP，系柱拉力达 585t（5 850kN）。

1981 年 8 月，国家湾 B 混凝土平台从挪威卑尔根附近的瓦特斯福约尔得（Vatsfjord）被拖带到国家湾油田，距离为 234mile（433km）。拖带过程中的排水量为 825 000t，吃水 130m，平台最大宽度 135m。使用了 5 艘拖船，总马力为86 000IHP，系柱拉力达 715tn.（7 150kN），拖带用时 6 天。北海早期混凝土平台拖带的详细数据可见第 12 章（图 12.31 和表 12.1）。

岁斯尔平台是迄今为止安装的最大自浮式钢导管架平台之一。平台在蒂斯（Tees）河上的格雷索普（Graythorp）建造并被拖带到英国北海的岁斯尔油田，距离为 420mile（773km）。平台排水量 31 000t，宽 110m×长 184m。使用了两艘拖船，总系柱拉力 195t，拖带的平均速度为 3.8kn。

1975 年 9 月，一座略小的自浮式平台从日本名古屋附近津市被拖带到新西兰毛伊油田。使用了两艘拖船，总马力为 15 200IHP。结构物在太平洋的台风中只受到轻微损伤。

钢沉箱莫里科帕克（Molikpaq）及钢筋混凝土沉箱 GBS-1 从日本被拖带到阿拉斯加巴罗角，然后再拖带到波弗特海的施工位置。莫里科帕克使用了 3 艘拖船，总马力为 48 000IHP；而 GBS-1 则使用了两艘拖船，总马力为 44 000IHP。排水量分别为 33 000 和 59 000t，最大宽度为 100 和 110m，吃水约 10m。每个沉箱的拖带时间大约是 50 天。

4 座钢重力式平台从法国瑟堡（Cherbourg）被拖带到 4 250mile 外刚果近海的卢安果（Loango）油田，结构物类似于导管架，为了获得稳性而安装了 3 座瓶状稳定钻塔。平台吃水为 16～19m，排水量在 7 000～8 000t 之间。拖带速度平均为 3.2kn，每个平台使用两艘拖船，总马力为 30 000IHP。每根拖缆都使用了几个能提供 5t 浮力并充填泡沫材料的聚氨酯"浮筒"。

关于拖带的详细信息可见第 11.3 节和第 12.2.13 节（特别是表 12.1 和表 12.2）。

6.2 系泊索具和锚
Moorings and Anchors

6.2.1 系泊缆
Mooring Lines

在离岸现场作业的船舶必须固定于适当位置并且不能受风、波浪以及海流的影响。离岸地区的海流冲击力在方向上是相对比较稳定的;但在封闭地区及较大河口的外部地区可因潮汐周期而发生变化。波浪冲击力可以认为是由摆动力加上较弱的稳定漂移力所组成。因而较弱的准静态力及动态力都必须能够承载。

系泊的标准方法是通过系泊系统中横向连接到锚的缆绳将船舶(或结构物)与海底连接在一起。必须将系泊视为一个系统,包括了船舶、起锚机、导缆器、系泊缆、浮筒和锚。在深水中,系泊缆可从船舶悬垂延伸到海底并横向连接到锚。在浅水中可使用张紧系泊系统,系泊缆被张紧并相对比较直地从船舶连接到锚或固定结构物。近来张紧系泊系统也在深水中得到了应用。

必须吸收掉系泊力中的动态部分。最常用的方法是通过悬垂的系泊缆,动态波浪几何位移的动能可因抬升系泊缆而被消耗。通过在系泊缆的悬垂处额外增加重量可以进一步充分利用这个原理,例如一两节锚链或配重块。

另外一种吸收能量的方法是系泊缆本身的弹性延伸。钢缆的初始模量约为 100 000MPa(15 000 000psi),并且会随着使用而逐渐增加。当系泊船在波浪中上升时,张力增大并导致系泊缆延伸。而下降时,系泊缆则会收缩。吸收的能量同系泊缆长度及有效模量成正比。实际系泊时会同时使用这两种方法。

可用的低模量材料有尼龙和聚丙烯。尼龙广泛用于比较短的缆绳,但因为弹性好,可以储存大量能量。如果尼龙缆绳断裂,不仅会突然产生冲击载荷,而且弹回的缆绳也非常危险。还可以使用高模量纤维缆,例如凯夫拉尔缆绳。施工时系泊缆使用的标准材料是钢丝绳。编织紧密的纤维芯钢丝缆绳要比钢丝芯缆绳的模量低。这是大多数系泊缆都使用纤维芯的原因。

第三个吸收能量的方法是在系泊系统中使用补偿器,可使用液压或蒸汽恒张力绞车。液压补偿器安装在绞车前,可以通过补偿器获得所需的起伏调节和力位移特性。在作业中安装带有橡胶缓冲装置的系统效果也很好,非常适用于临时使用或一次性使用的较短系泊缆。

有些大型半潜式钻探船使用链条系泊缆,并特别安装了相应的绞车。长期系泊可结合使用钢丝缆绳和锚链。

导缆滑车的直径至少应为钢丝缆绳直径的 20 倍。系泊缆通常在导缆器处断裂,因为这是弯曲应力叠加于直接张力的位置。

6.2.2 锚
Anchors

6.2.2.1 拖曳锚
Drag Anchors

锚的种类很多(见图 6.9 和表 6.1)。首先是可重复使用的拖曳锚,拖曳锚

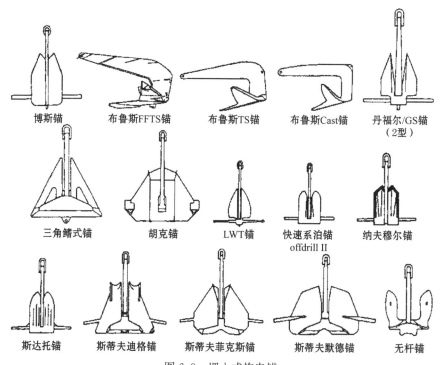

图 6.9 埋入式拖曳锚

从船锚发展而来,包括海军使用的无杆锚、丹福尔(Danforth)锚以及比较新的布鲁斯(Bruce)锚、斯蒂文(Stevin)锚和多里斯(Doris)锚。在设计上,如果对这些锚施加水平力的话,锚就会抓入泥土并通过泥土获取阻力。一般通过抓力与空气中重量之比来对锚进行分级。由于锚必须通过泥土获取阻力,而阻力又随着泥土特性及锚的构形不同而变化,所以这种分级过于简单。有些锚是针对软质黏土设计的,而有些则是针对沙设计的。

表 6.1　埋入式拖曳锚的性能

类型	性能[a]	
	沙	泥浆/淤泥
海军无杆锚	8:1	3:1
斯蒂夫菲克斯锚	18:1	15:1
斯蒂夫菲克斯锚	31:1	15:1
斯蒂夫迪格锚	29:1	—
斯蒂夫默德锚	—	20:1
胡克锚	12:1	18:1
布鲁斯锚	25:1	—
双锚杆布鲁斯锚	—	12:1
多里斯泥底锚	—	20:1[b]
丹福尔锚	15:1[c]	15:1[c]

注:
[a] 完全固定后的水平抓力与重量之比。
[b] 准确值未知,但可以认为大约是 20:1。
[c] 准确值未知,但可以认为大约是 15:1。
资料来源:基于海军土木工程实验室(加利福尼亚休尼梅港)的报告。

　　这些锚所需要的拉力方向都为水平的。实际上也有意设计为只要在垂直方向施加的拉力略大于锚的质量就能使其松动并拔出。这意味着系泊缆与锚的连接部分必须足够重,这样即使缆绳完全张紧时也能保持固定在海底。通常会在缆绳的这个部分连接一节或一节半锚链。

　　有时可使用由半节锚链连接在一起的两个锚(加重锚)。两个串列布置的锚常常可产生大于单个锚两倍的抓力。但也有例外,例如在需要频繁移动的情况下。锚链一般无法通过导缆器连接到绞车上,因而锚的前几米系泊缆可使用钢丝缆绳,并留有足够的长度以确保水平拉力。图 6.10 和图 6.11 以诺谟图的形式说明了锚定系统的抓力。

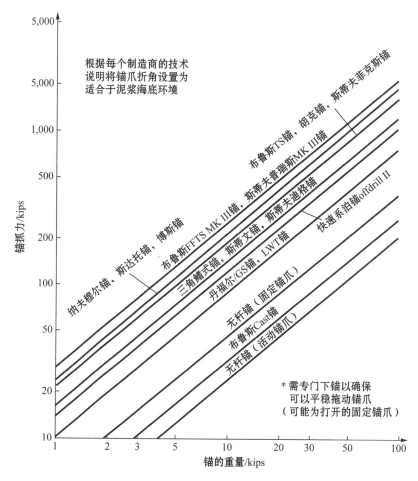

图 6.10　软质黏土中拖曳锚锚定系统的抓力

　　丹福尔锚、布鲁斯锚、斯蒂文锚和多里斯锚等埋入式拖曳锚一般重量可达10 000、30 000甚至是40 000lb(分别为4、13以及17公吨),常通过系泊缆或短拖缆直接下锚并固定在海底。短拖缆大致垂直向上与锚位浮标连接,这样操锚船就可以起锚并将锚运送到新的下锚地点。操锚船通常只将锚拉起到距海底几米处,然后拖带到新的位置并下锚。

　　为了在系泊缆断裂前可以拉动拖曳锚,国际上拖曳锚的安全系数要比钢丝绳及锚链的安全系数设定得更低,可参考美国石油学会标准 API 2SK。对于长距离移动拖曳锚,需将系泊缆收至可垂直拉起的位置后起锚,并将在导缆器下

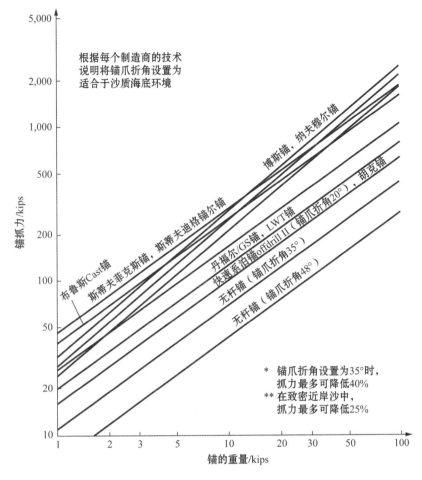

图 6.11　沙中拖曳锚锚定系统的抓力

摆动的锚收入锚箱或者使用起重机或吊柱吊放到甲板上。不可使锚悬垂于船体下,因为在波浪作用下锚会发生摆动并可能撞破船体。

　　埋入式拖曳锚在岩石海底效果很差,在分层(成层)海底则难以预料,所以在这些情况下可使用丛锚或重力锚,其产生的阻力主要为静重与摩擦系数的乘积。在硬质泥土(泥砾或岩石等)中使用丛锚最为合适,由于摩擦系数接近 1.0,因而抓力几乎等于静重。这种类型的锚主要应用于硬质(例如岩石、卵石和砾岩)海底。海军无杆锚能够作为自重锚或丛锚使用,虽然大型自重锚一般都是混凝土锚。半永久性自重锚可以是安放好后填充岩石或混凝土的开口箱,也可将锚置入开挖坑并用石块回填。

当不了解泥土的长期特性时,可以将自重锚用于永久性系泊。如果拉力方向时常发生很大变化,也可以使用自重锚。这种情况下由于拉力可能来自各个方向,所以当拉力方向反转时丹福尔类型的锚就会被拔出。自重锚还可用于海底为基岩或覆盖层非常少的情况。

埋入式拖曳锚和自重锚的一个有用特性是可以设计为在系泊缆之前拖曳穿过海底沉积物。在海底上滑过的自重锚能够维持其大部分静态抓力。拖曳平板锚可用于垂直和横向系泊。

6.2.2.2 桩锚
Pile Anchors

在许多泥土中桩锚都是非常有效的。安装桩锚可以使用离岸移动式钻机钻孔并灌浆,也可以通过水下桩锤或送桩。锚索通常为一节锚链,连接在桩的顶部或桩下方几米处。桩锚的抗拔力来自弯曲阻力加上被动阻力(P/y 效应)以及表面摩擦剪力。有些情况下可通过灌浆将锚链固定在岩石的钻孔中,并与系泊缆直接相连。这种系统成功应用于塔斯马尼亚岛附近海上铁矿石运输码头的永久性系泊系统。

对具有不良特性的泥土应该予以特别关注,其中一种是只能产生很小表面摩擦力的钙质泥土。锚桩很容易被垂直方向施加的力拔出,甚至是水平方向的力也可导致钙质颗粒破碎及抓力降低。同打入锚桩相比,在这种泥土中对锚桩进行大量灌浆可显著提高其性能。重力锚也可以使用。

对于锚固而言,最困难的泥土为软泥浆、淤泥或坚硬岩土上覆盖着一层松散的沙,例如砾岩(台湾附近)或非常致密的沙和淤泥(加拿大波弗特海)。在这些泥土中,普通的埋入式拖曳锚会在坚硬地层顶部滑动。若涉及较多移动,就不应使用钻孔锚桩。如果通过射流能将自重锚牢固于坚硬岩土上,那么自重锚是可以使用的。普通的锚(海军无杆锚)应置入抓斗开挖的坑中并倾倒石块回填,在坚硬火山凝灰岩上覆软泥浆的昆士兰北部和澳大利亚,这种类型的锚得到了有效应用。

6.2.2.3 动力锚
Propellant Anchors

美国海军曾积极开发动力锚,动力锚通过自由下落或爆炸力将锚杆打入泥土。贯入后锚爪可以提供抗拔能力。由于沙层覆盖在坚硬的石灰岩层上而无法使用普通锚,印度洋迪戈加西亚(Diego Garcia)海军基地为了固定系泊浮筒而大量使用了动力锚。

埋入式动力锚在软泥浆及黏质泥土中的长期抓力可达 150t,在沙和珊瑚岩层中的抓力更大,可以达到 300t。埋入式动力锚是多向的,安装迅速,在拖曳锚效果最差的地方性能最好。

深海(超过 200m)中使用的锚主要必须能承受垂直方向的力,可用非常重的混凝土自重锚。最近的进展包括能产生较高垂直抓力的拖曳锚,这种锚通过水平拉力固定,然后旋转锚(或锚爪)产生抗拔力。

6.2.2.4　吸力锚
Suction Anchors

吸力锚的垂直抓力来自于内部土塞的重量、外表面的摩擦力(剪力)以及负端部支承(即将土塞下端从未扰动泥土分离出来所需的力)。由于张紧的系泊缆可施加极大的横向载荷,所以锚链连接在锚体一半长度以下的位置,这是锚筒上的高应力点,可能会发生疲劳,因而必须进行充分的加固(图 6.11)。

吸力锚通常直径大于 5m,长度为 20~30m。吸力锚在下沉时打开顶部阀门,这样就可以依靠自重贯入海底。然后关闭顶部阀门,将水抽出后可在锚筒内形成负压,产生的额外贯入力相当于锚筒面积上的净静水压差。负压受土塞的限制,因为土塞可以堵塞锚筒并防止进一步贯入。如果投入使用后关闭顶部阀门,随着时间的推移抓力会逐渐增加。

如果要移动吸力锚,可先在锚的顶部注入水,水压保持几个小时后就能增加泥土的孔隙压力并降低剪力。虽然吸力锚在深水(见第 22 章)中效果最好,但也可在深度为 100m 的浅水中使用(见图 6.12)。

6.2.2.5　打入式板锚
Driven-Plate Anchors

打入式板锚是美国海军为了在珊瑚礁泻湖中使用而开发的。塔科马(Tacoma)海峡二桥建造于水深 50m 处,所用的打入式板锚测试抓力已经提高到了 500t。首先使用坚固的铰链将一块平钢板连接于钢桩下端,钢板上连接一节锚链。然后将桩打入海底,垂直安装的钢板也随之贯入泥土深处。当对锚链施加横向拉力时,钢板在向上拉动的过程中发生转动,产生的抓力相当于上覆泥土的全部重量及剪切阻力。

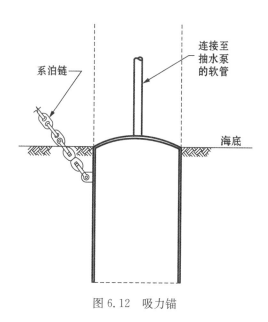

图 6.12 吸力锚

6.2.3 系泊系统
Mooring Systems

对于深水中的系泊系统而言,锚索自身的重量极大,因而常使用钢丝和芳纶纤维(凯夫拉尔)或聚酯复合缆以减轻自量。在悬垂系泊缆中部安装水下弹性浮筒可以在作业过程中提供保护及更多的水平控制。深水中缆索主要是垂直方向的,因而会对锚施加上拔力,所以吸力锚或通过泥土重量产生抓力的深埋式锚性能最好。

在浅水(例如河流)中则相反,主要关注的问题是必须将锚保持在泥线下,以免对上方的船舶和驳船造成危险。这可能需要预先挖坑并埋入锚,然后用小块碎石加以覆盖。

虽然吸力锚在深水(见第 22 章)中效果最好,但也可在深度为 100m 的浅水中使用。拖曳式板锚也可作为具有较大横向分力的张紧锚使用,特别是在浅水中。

由于深水中需要对设备或结构物进行大量移动、就位和离位,所以系泊浮筒是非常有帮助的。可通过一根系泊缆和连接到海底的垂直短缆或 3 根一组的系泊缆对系泊浮筒进行定位。设计上系泊浮筒应该能够直接将力从锚腿传递到驳船支腿,例如将缆绳穿过管套。否则当作用力较大时会损坏浮筒。如果需要在水下拖拉,浮筒应设计为可以承受最大静水压。浮筒还应充填泡沫材料。曾有许多浮筒被渔民用枪射沉。由于没有充填泡沫材料,Mini-OTEC 立管浮筒在被枪射中后沉没,并且损失了整根立管。

虽然系泊浮筒可以通过连接在丛锚上的垂直短缆大致保持在某个位置,但要保持在固定位置则需要三根系泊缆。对于离岸作业而言,浮筒必须承受的有效拉力通常是定向的,角度在 30°~45°之间。因而需从锚引出两根系泊缆,第三根是短缆,可在系泊浮筒大致正下方处(不可能是正下方)连接到丛锚,也可通过短锚缆连接到系泊位置。

美国石油学会标准 API RP2A 建议如果在施工现场无法进行完全安全的抛锚和系泊布置,例如由于附近结构物或作业的限制,那么方向应该设置为当锚发生滑移时,浮吊和供应驳船将朝着离开平台的方向漂移。

使用单根系泊缆抛锚的话,船舶或浮动结构物在海流及风的作用下可围绕着锚移动,这就要求系泊系统在各个方向都具有抓力。如果旋转接头不被缠结住的话,使用旋转接头的埋入式桩锚或大型丛锚都比较合适。更为合适的是系泊浮筒,可通过三或四根系泊缆连接到预先固定好的埋入式锚。船舶使用这种单点系泊会发生较大摇摆甚至可产生最大作用力,因而限制摇摆的措施可降低最大作用力,例如在船舶下方拖曳锚。

尤里卡(Eureka)平台超大型钢导管架被安放于下水驳船上,在拖带到施工现场前,曾使用埋入式拖曳锚在旧金山湾临时系泊。当潮汐变化时,驳船在锚的上方漂过,受到系泊缆的阻碍并使锚松动,因而驳船发生了走锚并漂离。驳船非常危险地漂近里奇蒙德-圣·拉斐尔(Richmond-San Rafael)大桥,幸好潮汐又发生变化,驳船最终搁浅,驳船和导管架都没有受到严重损坏。

如果要将结构物固定比较长的时间,系泊系统的设计应根据表 6.2 中所列要素:

表 6.2　系泊系统的设计要素

固定时间	严重环境载荷的发生频率
少于 2 周	对于涉及的施工季 10 年一遇
2~8 周	对于涉及的施工季 20 年一遇
8 周以上	对于涉及的施工季 100 年一遇

对于非常大型的结构物,例如响应周期比较长的重力基座平台,由于其系泊系统具有弹性,能够吸收冲击载荷,所以应根据有效波浪、相应波高时持续1min的风以及最大海流进行设计。由于风力和波浪减弱以及在载荷作用下发生漂移而使系泊系统的几何形状产生变化,所以对于近岸避风水域应留出余量。

在留出腐蚀和磨损的余量后,新锚链或使用过的锚链及相关钩环和设备的最大载荷(包括残留预张力)不应超过最小断裂载荷的70%。需要注意的是许多制造商和船级社都采用平均断裂载荷而不是最小断裂载荷。当使用钢缆进行系泊时,最大载荷不应超过额定最小断裂载荷的60%。

任何锚、绞车或连接件的设计承载力乘以代表阵风和动态放大的相应安全系数后应大于最大风暴载荷。需注意横荡、纵荡以及特别是首摇等长期响应运动的影响可以使作用力显著增加。在设计上,结构物的连接点应该至少能承受系泊缆额定断裂载荷的1.25倍而不会对结构物造成损害。

在开阔水域对大型离岸结构物进行定位需要使用几艘船或者系泊系统。经验表明根据测量控制情况,4或5艘装备变距推进器和船艏推进器的船舶能够在平静水域及风况条件下对离岸结构物进行5m(甚至更小)以内的定位。但在很多情况下使用这种船舶定位系统无法满足需要或不能完全适合。如果船舶抛锚的话可实现近距离控制,通过拖曳发动机能够对结构物的位置进行控制。

例如混凝土重力基座结构物基础的甲板配合需要使用海上系泊系统。其他应用包括在预钻孔基盘上定位坐底式结构物,当作业在浅水中进行时会受到强劲海流的影响。如果结构物和船舶必须在某个位置停留比较长的时间,由于受海况和风况变化的影响也需要海上系泊系统(见图6.12和图6.13)。

在澳大利亚昆士兰海岸附近的浅水中需要对10个重力基座沉箱进行定位,允许误差为0.5m。这个作业通过使用预先固定的系泊浮筒完成(见图6.14)。采纳的布置使用了弹性系泊浮筒,可提供向上的弹性力,由于在最后的固定过程中浮筒起到弹性浮筒的作用,因而能吸收冲击载荷和动态波浪载荷。这种系统又被称为"反悬垂系泊系统"。

对于在海岸水域作业的离岸浮吊,有必要使用两个系泊系统。旧金山西南入海排水项目需要在10~30m水深处安装7000m长的埋入式混凝土管。为了进行需要精确度和控制的作业,最初使用张紧式系泊系统固定离岸浮吊。但强风暴及未曾预料到的长周期波浪产生了巨大的冲击力,使张紧系泊缆断裂并将

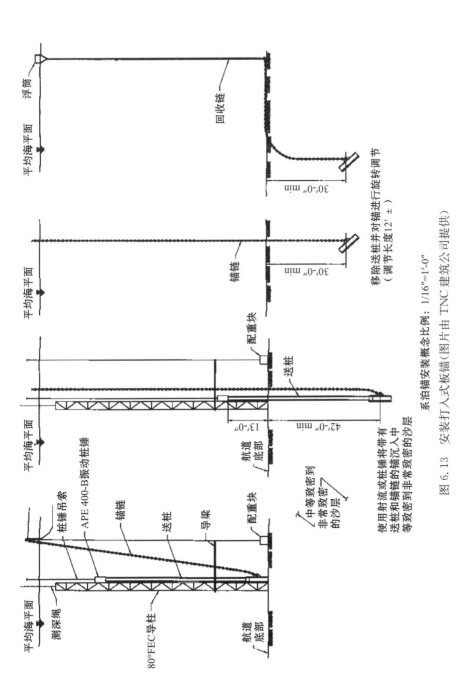

平均海平面

浮筒

回收链

30'-0" min

移除送桩并对锚进行旋转调节
（调节长度12'±）

平均海平面

锚链

30'-0" min

配重块

送桩

平均海平面

航道底部

13'-0"

42'-0" min

中等致密到
非常致密
的沙层

使用射流或桩锤将带有
送桩和锚链的锚沉入中
等致密到非常致密的沙层

平均海平面

桩锤吊索

APE 400-B振动桩锤

锚链

送桩

导梁

配重块

测深绳

80°FEC导柱

航道底部

图 6.13　安装打入式板锚(图片由 TNC 建筑公司提供)

系泊锚安装概念比例：1/16"=1'-0"

浮吊冲上海滩,浮吊严重受损。如前文所述,浅水中的长周期波浪可形成椭圆质点轨迹,产生短而陡的波浪并提高波浪的加速度。离岸浮吊返回施工现场后仍然使用张紧式系泊系统,但另外又安装了应急系泊系统(见图 6.14)。

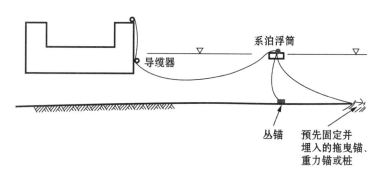

图 6.14　用于安装沉箱的系泊缆布置

如果水比较深,可将应急系泊缆布置为悬垂线形,并在悬垂线弯曲处安装配重块或锚链以增加弹性(见图 6.15)。但浅水中展开的悬垂系泊缆在波浪作用下的移动非常有限,因而必须采取其他措施。例如同时使用能提供几何移动能力的弹性浮筒及弹性延伸的长钢丝缆绳(见图 6.16 和图 6.17)。同以前发生过的灾难类似,严重风暴导致的动态巨浪周期可达 18s,浪高 8m。这是从平均位置到波峰的单波幅位移值,说明在周期的波谷处系泊缆将会发生松弛。就持续 6h 的风暴而言,对于最高波群所产生的设计波浪冲击力,可以将最小额定断裂强度的 65% 作为最大载荷。

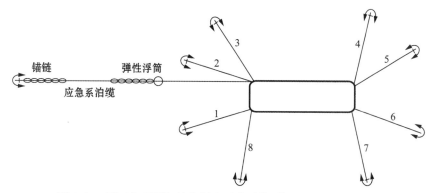

图 6.15　用于起重驳船的张紧式系泊系统,带有风暴应急系泊缆

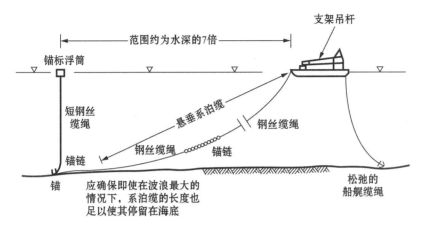

图 6.16　较深水中的风暴应急系泊系统,注意悬垂系泊缆的作用

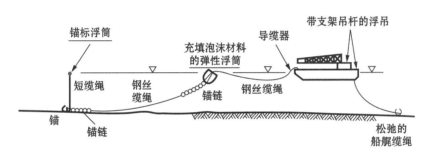

图 6.17　浅水中的风暴应急系泊系统

　　波浪的冲击力同系统的刚度成正比。刚度越低,冲击力就越小。而另一方面,波浪的幅度却很少受刚度的影响(见图 6.18)。系统的刚度是弹性延伸和几何延伸的总和。任何试图限制动态波浪达到最大幅度的措施都会产生超出所用缆绳断裂强度的巨大冲击力。

　　可考虑使用两根应急系泊缆,但这会使刚度和冲击力都加倍,而且作业时也极难协调,尤其是如果另一部分浮动设备(浮吊)系泊在向海方向只有 1000m 处。此外由于波浪是短峰波,一根系泊缆上承受的冲击力无疑要大于所有冲击力的一半。

　　对动态响应的研究表明,在水深 15～20m、浮吊长度为 130m 的情况下,周期小于 14s 的波浪几乎不会产生动态响应。随着周期的增加,动态波浪冲击力显著上升。严格说这是一种浅水效应(见图 6.19)。由于局部风及风成波浪会形成交叉浪,所以船舶必须迎着长周期涌浪航行,而不是沿倾斜方向接近。

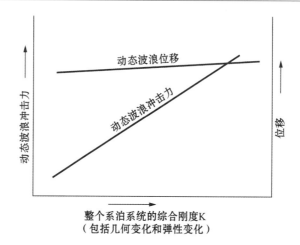

图 6.18　系泊系统刚度对最大冲击力和位移的影响

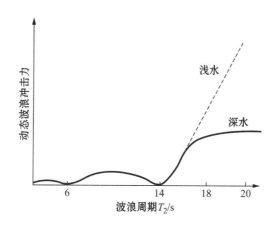

图 6.19　作为波浪周期函数的动态波浪

　　选择合适的系泊缆绳及附件非常重要。一般使用钢丝缆绳,因为柔韧性好,易于盘卷在绞车卷筒上,并且可以通过导缆器和滑轮改变方向。但钢丝绳在溅浪区容易被沙磨损及遭受腐蚀,后者在半永久性系泊时是个严重问题。有时也使用镀锌钢丝绳,但其强度要降低 5%。钢丝绳盘绕在滑轮或导缆器上会增加外层钢丝的张力,因而缆绳常常就在导缆器处断裂。滑轮与缆绳直径之比应超过 20。导缆器必须设计合理,在作业时保持良好的润滑,这样才能正常引导缆绳,并且不会对缆绳造成损伤(见图 6.20)。

　　钢丝绳在使用过程中刚度会逐渐提高,这将导致缆绳的动态载荷增加。如

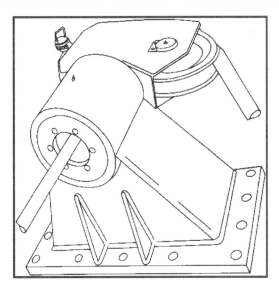

图 6.20 导缆器

果缆绳在通过滑轮时变得扁平或者一根或多根钢丝断裂,将严重降低其作为高强度系泊缆的可用性。锚链通常没有磨损和腐蚀问题,也不会发生延伸,因而其吸收动态载荷的能力必须来自悬链线作用,这在一般水深中是足以满足要求的。合成纤维缆绳由尼龙、聚丙烯或凯夫拉尔制成,在需要利用其重量轻、柔韧性好及模量低等特性的场合得到了广泛应用。当然合成纤维缆绳很容易磨损,甚至会被鱼类啃咬(包括鲨鱼),通过包覆聚氨酯可以解决这些问题。合成纤维缆绳还容易发生疲劳,浸湿后强度也会降低。在海洋环境中,聚酯缆绳和芳纶(凯夫拉尔)缆绳要优于其他合成纤维缆绳。合成纤维缆绳易于存储弹性能量,这可能会导致共振波的产生。碳纤维缆绳的强度和刚度都极大,重量也很轻,但是非常昂贵。目前复合缆的使用日益广泛,复合缆在需要增加重量的地方使用锚链,并且通过钢丝绳增加强度,通过合成纤维绳提高延伸性。在深水中,为减轻重量可使用较长的合成纤维绳。

墨西哥湾水深 320m 处科纳克(Cognac)平台施工所用的预置系泊系统是大型安装施工精心设计的体现,能够确保施工的顺利进行。采用的是 12 点系泊系统,12 个钢质系泊浮筒填充 2lb/ft³(30kg/m³)闭孔聚氨酯泡沫,并安装了可控灯光信号为作业船提供导引,这样作业船就不会碰撞张紧的系泊缆。浮筒由 400m 长的 2I in(68mm)锚链所锚定,锚链与桩锚连接。桩锚长度 30m,直径 0.75m,壁厚 25mm,通过钻探船使用射流沉入海底。从每个浮筒引两根 50mm

(2in)钢丝缆绳到浮吊上,两台浮吊之间连接了 4 根直径 112mm(外径 14in)尼龙缆绳用于保持相对位置,并吸收因横荡和首摇不同而产生的动态载荷(见图 11.34 和图 11.35)。

动态定位"推进器"的应用日益广泛,可用于保持施工船在某些轴向或所有轴向上的位置,从而部分或完全达到系泊要求。推进器可安装在甲板上或船体内。最理想的布置是可以通过小型计算机和全球定位系统进行控制并使用变距推进器,这样就可恒速运行。动态定位推进器常常和系泊缆一起使用,系泊缆方向(一般是纵向)需要承受最大拉力,而推进器则保持横向位置。

6.3　海上重载搬运
Handling Heavy Loads at Sea

6.3.1　概述
General

海上结构物的安装施工通常包括在平台上起吊和设置模块及其他重型设备,起吊重量从 2000t 到 4000t,甚至更大(见图 6.21)。装备两台起重机的浮吊曾经安装过重达 13 000t 的设备。装备锤头式起重机的天鹅号起重船在丹麦、瑞典和加拿大东部成功竖起用于大型桥梁,最大重量达 8 000t 的桥墩、竖井和大梁。东斯海尔德(Oosterschelde)水道风暴潮挡闸的预制墩重达 24 000t,搬运时的浮力为 12 000t,双体起重船的起吊重量为 12 000t。

安装时会有移动,因而涉及动载效应和冲击效应。美国石油学会标准 API RP2A 第 2.4 节"安装作用力"建议采取特殊的预防措施以确保搬运重载时的安全。挪威船级社规范附录 H-1"起重"介绍了保证海上起吊重载安全的程序和规范。

当起吊重载时,静态力和动态力都需要考虑。静态力包括实际载荷本身,如果没有称重的话必须进行计算,计算时应包含设计重量以及超差板厚、焊接材料、吊点及任何必需储备物的足够余量。静态起吊载荷还必须包含吊索、分

图 6.21　将高强度吊索挂到重型浮吊的吊钩上

布梁和钩环。

　　作者曾经对一次重要起吊作业进行调查,起吊重量应该小于起重船的额定起重能力(500t)。现场仔细检查后却发现超过了 50t,额外重量包括钻探人员存放的工具和储备物,更严重的是许多物品(包括一只乙炔瓶)都没有进行固定及得到妥善保管。

　　动态力由加速度引起,首先是提升吊索时,仍然停留在起重船上的载荷已经随船开始起伏,起吊后的摇摆会产生水平和垂直加速度。对于固定在载荷上的吊点和结构件,作用于其上的起吊力同时具有垂直分量和水平分量。

　　许多模块在设计上就能承受在装配车间起吊的垂直准静态力,装配车间一般使用桥式起重机或滑道。但在海上,吊索通常向两面倾斜(见图 6.22)。尽管吊点本身在设计上一般足以承受垂直和水平载荷,但吊点连接的结构物也必须能够接收并传递所有垂直和水平力。休斯顿或新加坡制造的模块起初是在温暖天气下起吊的,而在施工现场,如白令(Bering)海起吊时,易受寒冷天气影响的特性就变得很重要。

　　如果适合的话,可以将浮力的有利影响包含在起吊垂直力中。但全部或部分浸没在水里的结构物会产生附加水动力质量分量,当浸没面为水平方向时这可能是一个非常高的系数(见图 6.23)。例如一家离岸承包商准备将重量为50 000t的箱形设备沉入北海海底,计划利用设备的浮力将净重量降低到几百吨,正好在浮吊的额定起重能力之内。但没有意识到的是由于附加质量效应和

图 6.22 起吊甲板段

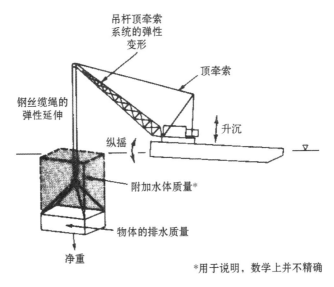

图 6.23 水中吊放载荷的动力学

惯性,长方形设备几乎不会对周期为 6～7s 的波浪产生反应,而浮吊在同样周期的波浪中则会明显纵摇和升沉。虽然缆绳的延伸可以消除部分动态效应的作用,但详细分析发现起重机臂会严重过载。

现在已经有设备可以用来控制起吊过程中的动态作用。通过在起重船、起重机臂以及模块或其他起吊物所在船舶上安装传感器,小型或微型计算机通常就可以提供吊钩载荷、吊杆跨距(半径)、吊钩高度、波浪高度、波浪周期、当前海况条件下起重能力的降低、吊钩速度、起重船甲板上的净载荷及对稳性的影响、起重机吊钩高度、载荷和固定结构物之间的距离、自动平动以及绞车卷筒上缆绳的剩余圈数等信息。还可以使用其他程序确定起重船的最佳艏向,这样就能尽量减少吊杆顶端的移动,进而降低作业过程中载荷的动态累积。

重型起吊物的一个例子是埃斯蒙德(Esmond)平台干舷重达 5 400t 的甲板。对于安装作业进行了精心计划,使用何瑞马(Heerema)公司装备两台起重机的巴尔德(Balder)号浮吊,额定起重能力分别为 2 700 和 3 000t。通过普通张紧系泊缆及起重船的计算机控制压载系统完成定位,整个作业只用时 1h。

另外一个例子是北海大不列颠平台重达 10 700t 的整体甲板。安装作业使用了装备两台起重机的蒂亚夫(Thialf)号驳船,其额定起重能力为 12 000t。驳船尺寸为 200m×88m,系缆使用了 12 个重量为 22.5t 的锚、80mm 高强度钢丝缆绳以及 6 台动态方位推进器。

兰博 12 号超重型起重船是通过将两艘重型起重船结合为双体船的方式建造的。两艘起重船由横向布置在两船船舱之间的第三艘驳船进行连接,这样可以增加横向和纵向稳性。起重能力都为 2 000t 的两台起重机在葡萄牙塔霍(Tagus)河大桥施工中联合进行了起吊重量达 3 000t 的作业。

英格兰塞文(Severn)河二桥施工时使用了两台安装于大型自升式驳船上的橇装式起重机,起吊了基础中重达 1 500t 的桥墩框架。

天鹅号大型锤头式起重船是为安装大贝尔特(Great Belt)海峡西桥的桥墩框架、桥墩竖井和大梁而特别设计的,吊装了 330 个预制节段,每个预制节段的重量为 7 000t。然后经过改装并由潜水船运送到加拿大东部,在连接新不伦瑞克和爱德华王子岛的联邦大桥施工中吊装每个重达 8 000t 的桥墩以及桥墩竖井和大梁。随后又穿越大西洋返回丹麦并参与到连接丹麦和瑞典的厄勒大桥施工中。

许多水下管道的运送和控制都使用了双体起重船,管道的净重可达 1 200t。近来在水闸和水坝施工项目中已经计划将双体起重船的起吊重量增加到 3 500t。

吊耳被设计为可以在吊索平面内将载荷传递到吊索,但是当结构物或放置结构物的驳船摇摆时会产生侧向载荷。美国石油学会标准 API RP2A 建议当产生静态摇摆载荷时,应同时施加相当于其 5% 的横向力,横向力垂直于吊耳,施加在销孔中心位置。

悬挂状态的起吊物会处于载荷重心与所有向上作用力质心保持静平衡的

位置,确定吊索倾角时应该对这些相对位置予以考虑。作用于吊索的力是吊耳处水平力和垂直力的合力,在吊索倾角最大时进行计算。起吊载荷会发生摇摆,因而载荷不会均匀分布在 4 根吊索上,所以确定吊索及其配件时必须考虑到载荷的这种非均匀分布。

当载荷起吊再放下时,由于起重船或平台甲板、标志绳和导向装置的水平及垂直反作用力,上述位置会发生改变。在确定吊耳和吊钩承受的作用力及角度时常常要考虑到水平和垂直力的变化。图 6.24 说明了吊钩和钩环的安全及不安全使用。

美国石油学会标准 API RP2A 建议在开阔海域进行起吊时,计算静载荷使用的最小负载系数应为 2.0,然后必须再乘以材料系数 2.0,这样基本上就可以

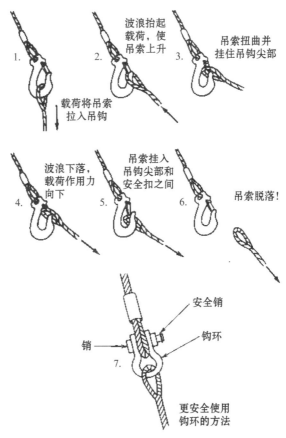

图 6.24　载荷吊放入水时的潜在危险

(改编自"安全潜水实践之原则",建筑工业研究信息协会,1984)

同钢丝绳索具的设计保持一致,钢丝绳索具为确定安全计算静载荷(不计动态效应),最小额定断裂强度所使用的系数通常为 4~5。

吊耳及其他直接与吊耳连接的内部构件也应使用上述系数。结构物内所有其他传递起吊力的构件设计时使用的最小负载系数应为 1.35。在寒冷天气(低于+5℃)中进行起吊作业时,应检验夏比冲击值。

美国职业安全与卫生管理局(OSHA)要求所有起重设备(钢丝绳钩环和吊耳)极限强度的安全系数达到 5,而美国国家标准学会(ANSI)要求屈服强度的系数为 3,两个标准基本上是一致的。由于没有波浪,所以在避风港卸载时可以降低负载系数和材料系数,但不能低于 1.5 和 1.15。需要注意的是系数降低后技术上可能会违反当地的规范,如果是这样的话就不能降低系数。

港口和桥梁施工中起吊较轻构件的结构件、吊耳及其他连接件通常在容许(弹性)应力的基础上进行设计,对于冲击力使用近似的系数(一般为 2.0),由于是短期载荷,所以应力不会增加。冲击力系数取 2.0 也适用于在混凝土中吊放插入物。此外,所有重要结构连接件及主要构件在设计上应具有足够的韧性,以确保即使在起吊过程中出现临时或局部载荷也能保持结构完整性。还必须特别注意保证焊缝塑性,并防止咬边及对周围金属(热影响区域)产生不良热影响。焊接时应使用低氢电极。吊耳的详细设计必须予以特别关注。在一定作用力(包括动态作用力)以及力作用面的角度范围内,吊耳必须能够将载荷从钩环销传递到结构框架(图 6.25)。

有些国家的规范禁止垂直于构件受冲击的主要张力方向进行横向焊接。如果进行了横向焊接的话,其技术细节、程序以及检测所用的无损测试(NDT)必须确保能够产生极限强度和塑性。在冲击张力的作用下角焊缝是非常危险的,而合适的全熔透焊缝则可以安全使用。以前经常用颊板,但使用颊板的话无疑就会有横向角焊缝。

图 6.26 是不正确(危险)设计及装配吊耳的一个例子。需注意图中以下可能的失效位置:

(1) A 处的角焊缝无法产生 D 板所需的全部抗张强度。

(2) A 和 B 处的角焊缝都垂直于起吊冲击作用下的主要拉伸应力方向。

(3) 颊板上的孔没有同母板上的孔对齐。

(4) A 和 B 之间的距离太短,载荷的任何摇摆都会导致钢板严重弯曲。

(5) A 或 B 处可能会有焊缝咬边。

图 6.25　安装系泊浮筒，华盛顿班戈(Bangor)海军基地(照片由通用建筑公司提供)

　　只要有可能，就应在受剪状态下将载荷从吊耳传递到大梁。需尽量避免使用颊板。大梁到销的距离至少应达到钢板厚度的 6 倍。需要使用颊板时，应通过斜角焊缝焊接到主承载钢板上，内部斜角焊缝及外部角焊缝都必须足以承受所传递的平均应力。颊板上的孔应该与吊耳的孔齐平，使钩环销能够保持均匀支承，这就需要在焊接后进行扩孔。应确定母板的摇摆方向，这个方向必须同吊索方向保持一致。

　　如果吊耳和结构物之间的连接无法完全通过剪力传递来保持，那么可使用全熔透焊缝，可以采用主要构件的焊接程序，并进行完整的无损检测。吊耳连接的结构钢板沿厚度方向必须有足够的韧性以防出现层状撕裂。图 6.27 为符合要求及安全使用吊耳的详细情况。

　　美国石油学会标准 API RP2A 希望关注这种情况：制造公差及不同吊索长

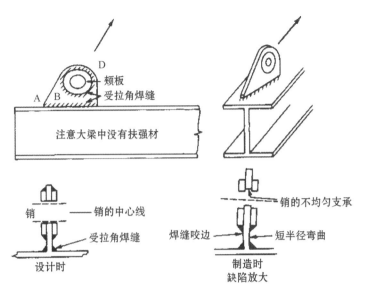

图 6.26　不正确及危险使用吊耳

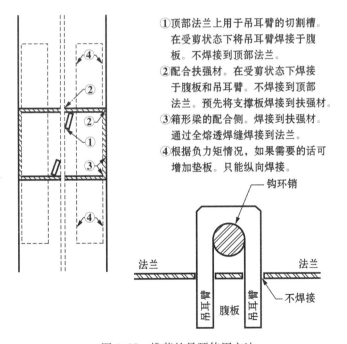

①顶部法兰上用于吊耳臂的切割槽。
在受剪状态下将吊耳臂焊接于腹
板。不焊接到顶部法兰。
②配合扶强材。在受剪状态下焊接
于腹板和吊耳臂。不焊接到顶部
法兰。预先将支撑板焊接到扶强材。
③箱形梁的配合侧。焊接到扶强材。
通过全熔透焊缝焊接到法兰。
④根据负力矩情况，如果需要的话可
增加垫板。只能纵向焊接。

图 6.27　推荐的吊耳使用方法

度可以使实际作用力重新分布,并导致一些构件的应力显著增加。吊索长度的变化不应超过标称长度的±0.25%或37mm。吊索从最长到最短的总变化值不应大于吊索长度的0.5%或75mm。

如果起吊载荷涉及特殊挠度或特别坚硬的结构系统,应进行详细分析以确定吊索和结构件上力的分布。

由于连接吊耳的结构件偏心距很小,所以其中的水平作用力可导致较大的挤压和弯曲。必须进行检查以确保不会发生屈曲。如果使用分布梁的话同样也必须进行检查,以防在两个轴向上的挤压以及吊索连接点之间复合弯曲应力作用下发生屈曲。在安全系数至少为3的情况下,所选择钩环和销的制造商额定工作载荷应大于吊索静载荷。

可使用标志绳来控制起吊载荷的摇摆(见图6.28)。将物体吊放到海平面

图6.28 在墨西哥湾起吊导管架。
注意向两面倾斜的吊索以及连接在滑轮上防止摇摆的标志绳

下时必须使用特殊的索具,索具可提供所需长度的缆绳并能在就位后释放。也可以使用液动释放钩。

当需要将载荷临时放置在平台甲板上以便随后滑送到最终位置时,首先必须对放置地点进行检查,确保结构上能够支承载荷,包括冲击余量。千斤顶支点应设计在载荷的结构框架内以保证在这些位置可以安全支承起载荷,千斤顶支点同永久支承点常常是不一致的。应仔细检查安放底座,防止在直接载荷和挤压的联合作用下发生局部屈曲。

图 6.29 和图 6.30 说明为了拖运和安装厄勒大桥的 20 000t 塔墩,使用了双体驳船布置和拉索千斤顶以增加塔墩的浮力。

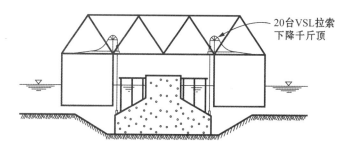

图 6.29　双体起重船增加了大型预制墩的自浮力,瑞典厄勒大桥

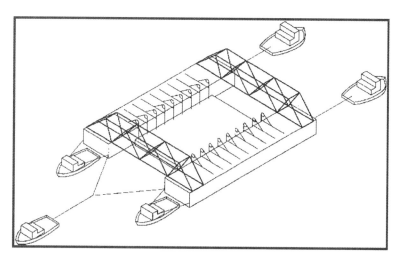

图 6.30　拖带瑞典厄勒大桥 20 000t 主塔墩的驳船和拖船布置。为清楚起见没有显示塔墩

6.4 海上人员运输
Personnel Transfer at Sea

就安全和效率而言,将人员从交通艇运送到离岸浮吊或固定平台上是一项非常重要的作业。实际上,接送人员的能力可以成为在汹涌海面上进行持续作业的制约条件。但是在计划阶段这项作业却常常被忽视。进行一些桥梁施工时,桥头附近的浅水可能会妨碍使用交通艇,尤其在低潮的时候。

将人员运送到离岸平台的交通艇受到波浪作用的所有影响,其中对于运送作业最为重要的是垂荡、纵摇和横摇。

使用固定式倾斜"梯"并不安全,这种梯子被戏称为"寡妇制造者"。因而铰链梯被开发出来,主要是能消除横摇和纵摇运动。铰链梯使用了补偿压力柱以保持稳定的位置,只受垂荡的影响。北海一些主要作业都使用了铰链梯,例如将人员从半潜式结构物运送到固定平台。较小的船舶和作业也可以使用铰链梯或铰链舷梯,但成本高,安装时间较长。

因而更为常用的是其他运送方法。还必须考虑到船舶甲板和驳船或平台甲板之间一般存在比较大的高度差。在合适的海况条件下,防护良好的船舶可在大型浮吊边航行,并将浮吊作为防波堤。浮吊尾部应安装顶推口,这样逆浪时船舶就能紧贴浮吊进行顶推,尽量减少纵摇响应。

货物网的概念源自二战军队运输的经验。货物网悬挂于吊杆,下端位于海平面,停泊时可以将网拉到船上。人员在垂荡-纵摇周期达到最高点时抓住并爬上网是相对比较简单而安全的,但人员到达吊杆时会遇到困难,因为接下去需要爬上吊杆并登上甲板。但是如果没有扶手,即使网直接悬挂在平台边,要爬上甲板也非常不容易。因而需要在吊杆上方安装救生索(拉绳)(见图 6.31)。

人员从平台返回船舶则更为困难。假定人员使用救生索可以方便地抓住网并爬下,但下方是以 $5\sim7\mathrm{s}$ 为周期上下起伏的船舶。人员必须在船舶垂荡周期最高点或最高点略前完全离开网,这个过程很短暂。如果脚被卡住或试图悬挂在网上,当船舶下沉时人员就会被猛然拉到船的上方。因而网应该安装在船身中部楼梯井处,而不是船舶,这样可以尽量减少相对运动(见

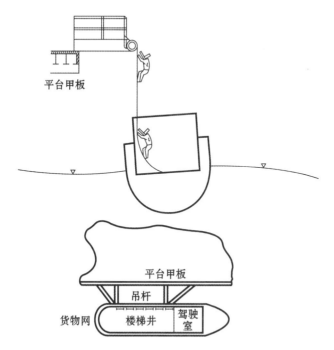

图 6.31 用于运送人员的吊杆和货物网

图 6.32)。

　　对于比较严重的海况,可使用比利皮尤(Billy Pugh)网。这是由橡胶吊索悬挂的圆锥形网,并且连接安全钢丝绳。通过平台或浮吊吊杆上的缆绳可以将网吊放到船用楼梯井,尽管有垂荡位移,松弛的缆绳仍可将网留在船用楼梯井。然后人员爬到网上,并把工具放在中间的箱子里。在垂荡周期达到最高点时迅速将网吊起,这样在下一次垂荡时网和人员都已经离开船舶。将人员从平台运送到船舶则先将网吊放到垂荡最高点略上位置,然后操作员等待起伏较为缓和的阶段。在船到达垂荡最高点时,操作员迅速将网放下。船在下一次垂荡周期上升时与网接触,操作员放松吊索并使网停留在船上。这需要通过制动器将网放下,而不是通过"减少动力"。许多陈旧的安全法规通常会禁止通过制动器将网放下,但这些规定都与陆地作业有关,而不是离岸作业。在远海试图通过动力将网放下可能导致人员先被吊放到船上,然后在约 3s 钟后的下一次下降周期中被猛然拉起。

　　现在可以用直升机进行远程人员运送,特别是经常遇到巨浪的地区。直升

图 6.32　在这种海况下只能通过比利皮尤网安全运送人员（照片由阿克尔海事公司提供）

机在海岸作业中的应用也日益增加，例如海上中转码头和排水管，因为运送人员需要大量时间，而潮汐、波浪或拍岸浪等情况又使运送变得困难而危险。

　　在桨叶还在旋转时，接近、进入或离开直升机必须有严格的规定。尾桨是最危险的，在大风中主桨也会发生倾斜。对此所有旁观者、等待登机的人员以及访问者都必须非常清楚。

6.5　水下干预、潜水、水下作业系统、遥控机器人和机械手

Underwater Intervention, Diving, Underwater Work Systems, Remote-Operated Vehicles(ROVs), and Manipulators

6.5.1　潜水
Diving

水下施工中的人工干预是历史最悠久的离岸作业形式之一,至少可以回溯到古罗马、腓尼基和古印度,甚至更古老的文明。在当今的离岸施工中,潜水及在水下环境中使用技能高超的技术人员是非常先进的技术,需要许多学科进行大量研发以提供支持,涉及生理学、心理学、通信和控制、动力系统以及机械设备。水下工具和电子声学系统极大提高了潜水员的效率(见表 6.3)。

表 6.3　离岸施工中使用的载人潜水系统

系统类型	作业深度/m	作业时间
水下呼吸器(空气)	0～40	非常短;中断上浮
水下呼吸器(空气)	40～70	非常短;需要减压
潜水头盔(空气)	0～70	受潜水员体力的限制
潜水头盔(氦气/氧气)	50～100	受潜水员体力的限制
速返潜水设备(2 名潜水员)	70～100	几天
速返潜水设备(4 名潜水员)	70～100	超过 10 天
饱和潜水设备(4 名潜水员)	70～300＋	没有限制
载人潜水器(无潜水员进出舱)	600～1 500	中等
载人潜水器(有潜水员进出舱)	70～200	没有限制
常压潜水设备(例如 JIM、WASP)	600	受潜水员体力的限制
常压潜水钟	1 000	没有限制

《水下工具手册(Handbook of Underwater Tools)》列出了以下潜水员可以使用的设备,能够为需要潜水员实施的作业提供参考。

(1) 检测和无损检验:

 a. 磁粉检测设备

 b. 超声波设备

 c. 涡流/电磁设备

 d. 辐射监控器,痕量泄漏探测仪

 e. 阴极保护监测设备

 f. 范围和深度测量及定位设备

 g. 金属探测器

 h. 温度计

(2) 摄影设备:

 a. 静物摄影机

 b. 电影摄影机

 c. 视频系统(电视摄影机)

(3) 水下清洗设备:

 a. 喷水和喷沙

 b. 便携式刷洗机

 c. 自行清洗机

(4) 扭矩和张拉设备:

 a. 手动和液压扭矩扳手

 b. 扭矩倍增器

 c. 螺栓拉伸器

 d. 伸长计

 e. 法兰牵拉和劈裂工具

(5) 起吊设备和夹钳:

 a. 起吊气囊

 b. 燃气发生器

 c. 起吊拉拔机

 d. 磁力夹钳和吸盘

(6) 水下通用设备:

a. 湿法焊接操作舱及设备

b. 水下加工工具

c. 錾平锤

d. 切割锯

e. 研磨机

f. 钻机

g. 冲击扳手

h. 液压钢丝绳切割器、电缆压线钳和分离器

i. 液压破碎机和轧碎机

j. 动力驱动紧固件、切割机

k. 压力增强器

l. 水泥浆和树脂喷注器及分送器

m. 水下喷涂机

n. 射流泵挖泥船、气动提升机和喷射泵

o. 海底标识系统

p. 研磨及机械切割设备

（7）海底动力单元

（8）潜水员手持式定位装置：

a. 电缆追踪系统

（9）爆炸装置：

a. 管道、链条和套管切割机

b. 穿孔机

c. 锥形装药

d. 水下凿岩机

（10）水下照明

（11）链条滑车

（12）喷射燃烧设备——热喷枪

（13）潜水员操作的岩土工具：

a. 冲击取芯器

b. 小型标准贯入测试工具

c. 十字板剪力测试工具

d. 岩石分类器

  e. 喷射探头

  f. 真空取芯器

以下是影响潜水员作业能力的水下物理环境因素：

（1）压力。压力随深度的增加而增加，影响人类的感觉和推理能力并导致气体溶解在血流中。

（2）温度。低温可导致身体热量严重丧失，在潜入深水及北极或亚北极水域时特别关键。

（3）浊度。尤其是在海底附近及结构物周围，混浊会影响视线。潜水员及潜水员设备的作业可搅起沉积物并产生混浊"水团"。

（4）海流。海流可将潜水员冲离作业位置并使潜水员控制位置更为困难。

（5）折射现象。光线和声波在水下的折射同在空气中的折射是不同的。

（6）波浪。波浪给潜水员经水——空气界面下潜和上浮带来危险。

（7）海洋附生物。水下检查时海洋附生物可覆盖在潜水服表面和关节处并能使潜水服破裂。

（8）浮力。由于潜水员在水下仅具有很小的负浮力，所以作业中无法施加较大的推力。

以下是重要的生理和心理影响：

（1）潜水员失去方向感是因为无法分辨声源的方向及没有参考面。

（2）听觉模式发生改变。

（3）在受压环境中视力减退。

（4）语言可理解性显著降低。一个熟知的现象是潜水员在氦/氧混合气体中发出的声音很像鸭子，水深越大失真也越大。

（5）出现身体疲劳。在深水中，作业强度会显著增加。

（6）压力使血流吸收更多的气体。

（7）其他影响：噪音、电击、岩屑、钓线、爆炸冲击、起吊和索具意外事故、高压喷水以及水下切割和焊接都会对潜水员的安全产生负面影响。附近作业设备的冲击和振动被认为可以导致潜水员不适。

　　进行潜水检查时可用独立供氧装置,而施工通常用脐带缆。如果使用了氧氮混合气体,在压力下血液将会吸收氮气。随后的减压过程如果太快的话,氮气会在血流中形成气泡,导致严重伤害甚至死亡。这就是众所周知的氮麻醉或"气栓症"。使用精心开发的混合气体(例如氦/氧)可使安全潜水的深度达到150m,甚至300m。有些混合气体可用于更大深度的作业。即使是在浅水中,上浮过快也可导致气栓症。

　　因而减压速度表被制定出来,以确保血液能恢复自然气体平衡而不形成气泡。其中最为重要,并且被世界各国监管机构广泛采纳的是美国海军标准表、"标准、例外及极限暴露减压表"和"单次及多次潜水,氦/氧表"。在施工现场或附近必须根据潜水深度准备好减压舱。

　　当血液中的惰性气体(例如氦)接近饱和状态后,血液对气体的进一步吸收将会非常缓慢,利用这个生理学原理开发出了饱和潜水系统和"速返潜水技术"。这样潜水员就能在深水中停留比较长的时间,短暂作业后可以回到操作舱或室休息而无需减压,然后再返回进行其他作业。饱和潜水系统通过使用甲板减压舱、人员运送舱和操作舱能够长期支持几组潜水员。而采用速返潜水技术的话,潜水员可定期下潜作业,然后返回并且只需进行部分减压。

　　进行水下作业所需的时间随着深度的增加而增加,但增加速度并不像预计的那样快。例如许多实验表明,在浅水中实施一些特定作业所需的时间要比水上长20%,在深水中则要长50%。时间主要用在下潜、上浮和减压上。下潜速度通常只对较深的潜水比较重要。潜水支援船甲板上携带的减压舱可确保饱和潜水的进行以及为出现气栓症症状的潜水员重新加压。

　　潜水员进行水下作业的一个主要限制是如何产生反作用力,即"得到立足点",这样潜水员就可以有效施加作用力。因为潜水员处于近中性浮力状态,如同太空中的宇航员,所以潜水员用力推管道的结果只能是使自己后退。当潜水员能稳固地站在海底或倚靠于结构物上时,其推力或拉力可达 $100 \sim 300N$($22 \sim 66lb$)。因而为了帮助潜水员施加作用力开发了多种连接和液压工具。

　　根据所使用的设备,潜水可分为多种类型。保护潜水员不受伤害的设备从水下呼吸器到新型潜水服以及提高了视觉能力的轻质潜水头盔。水下施工作业需要安全帽和全身潜水服,必须保护潜水员免受磨损、刺破以及岩屑的威胁。最常用的是湿式潜水服。在深海及北极或亚北极地区潜水需通过温水循环为潜水服加热。自泳式(水下呼吸器)潜水员可进行检查工作,但无疑联系是受到限制的,而且也无法为工具提供动力。对于只有很少保护的水下呼吸器潜水员,应注意不平整突出物可能会造成的伤害。而另一方面,水下呼吸器潜水员移动灵活,可迅速根据情况进行报告,特别是在能见度良好的地方。当海流速度大于 0.4kn(0.2m/s)时,应严格限制水下呼吸器潜水。

系缆式潜水可以通过温水循环为潜水服加热,并且带有用于通信的硬缆线或光纤连接以及液压动力。为提高潜水员的作业能力,可使用潜水舱或潜水钟,这就使潜水员的自由度更大,但移动能力无疑会受到限制。潜水钟是在大气压下工作的,这样不具备潜水员资格的工程师也可以进行检查和作业。已经开发出能使潜水员处于大气压状态下的完全抗压潜水服,精心制作的潜水服可使潜水员下潜到 600m 深度。这种潜水服非常笨重,穿上很困难,在狭小空间的灵活性也比较差(见图 6.33)。

图 6.33　大气压潜水服

目前载人潜水系统的发展趋势是能够提供更好和更安全控制的潜水钟及类似系统。但许多作业需要进入拥挤的空间或支撑物中,这只能通过潜水员来完成。

潜水通信是近年来取得重大进展的领域。除了硬缆线和光纤系统外,声纳频率调制载波系统的通信范围为 150~500m,单边带通信的范围可达 1 000~1 500m。

潜水作业最严重的问题之一是无法确定位置,原因是缺少能见度和参考点以及失去方向感。对于潜水员而言水下混凝土沉箱就如同一堵没有尽头的 60m 高墙壁,因而就有必要进行标记,以 10m 间隔喷涂大号橙色环氧树脂数字有助于潜水员确定其位置。可使用导向绳为潜水员提供引导并帮助潜水员在海流中保持位置。如果潜水员必须进入结构物下部或穿过结构物(例如进入已连接导管架的中部、施工中处于浮动状态的重力基座结构物的下方或者进入排水管),绳索导向就非常重要。潜水员遇到的困难是需要对位置进行标记以便能够返回。除了导向绳,声波发射定位器也是经常使用的。潜水员还可通过手持式声纳搜寻管线或掉落的物体。

为了清除海洋生物以便检查,已开发出高压喷水机和液压旋转刷。潜水员在冰下作业时可使用声导向系统和系缆式导向系统进行引导,这样就能安全返回进/出口。

海流速度大于 1.5kn(0.8m/s)时,使用安全帽的潜水员需要额外增加重量及张紧的钢丝系缆才能下潜。张紧的钢丝系缆能增加安全和效率,使潜水员可以下潜到特定位置并且双手都能进行作业。即使水很混浊并且完全挡住了视线,潜水员也能通过预先固定在结构物上的圆环和/或突起的标记不断移动并保持正确的方向。

当需要在水下连接螺栓、螺丝扣或其他较重物体时,应当预先将其固定在结构件上,然后潜水员才能拿起(或指引海面放下的绳索吊起)并进行连接。吊起要比放下安全,因为放下时可能会发生意外而砸中潜水员。进入管线、结构物下或穿过支撑物时,应该让第二个潜水员保护第一个潜水员的绳索和脐带缆。

对于特别复杂的作业,可先在岸上建造一个全尺寸模型,使潜水员不仅可以进行训练,而且通过遮住视线能够去感觉每个构件,这在沙斯塔(Shasta)水坝上游面水深 100m 处安装复杂的温控装置时得到了非常成功的应用。

潜水员通信的一个主要问题是如何才能以可完全理解的方式将信息传递到海面。上文已经提及潜水员在氦/氧气体中会发出“很像鸭子”的失真声音。除了通过光纤进行语音和数据传输外,视频已经成为一种主要方法。能够让甲板上的人员实时观察到潜水员所见是个巨大的进步。水下摄影无疑可用于记录更为明确的物体,例如焊接缝。视频和摄影都需要明亮的光源,最近的进展主要针对使用合适的频率,以便降低散射角和入射角的折射变形。在能见度有限地方,手持式摄影机已证明要优于遥控机器人。

为了使潜水员在水下更有效地作业而开发了许多工具和程序。其中包括:

(1) 使用高速惰性气体流形成无水区域的湿法焊接技术。可以在水深达70m处对低碳钢应用湿法焊接。尽管焊接质量受水深及相应压力的影响非常大,但最近已经在水深110m处进行了符合要求的焊接。

(2) 使用操作舱及气体金属和气体钨电弧技术的干法焊接。高压焊接已经可以在水深超过1000m处进行。

(3) 使用电弧法的水下切割。技术熟练的潜水员在水下切割钢材的速度几乎同水上一样快。弧焰法可在水深2000m处使用。由于高压导致水和气体的密度趋于相等,因而在深度更大的地方可能会出现问题。阿克爱尔(Arc-Air)公司开发了一种电极,混凝土和钢材都能切割。

(4) 机械套管切割机和磨料射流切割机。

(5) 近年来开发出了多种液压速度动力(爆炸驱动)工具,其中许多都是来自加利福尼亚休尼梅(Hueneme)港的海军土木工程实验室所,包括助力器、冲击扳手、旋转刷、凿岩机、可切割钢材、混凝土甚至岩石的热喷枪、爆炸(动力驱动)打钉工具、水泥浆分送器(用于喷注环氧树脂)以及无损检测设备。除了使用传统的液压液体,还开发了水下动力供应系统。

潜水和潜水员实际上是一个运送系统,使作业可以在原本无法进入的环境中进行。因为仍然存在固有的局限性以及高昂的成本,经验丰富的施工商都尽量避免或减少对潜水作业的要求。对于仍然需要进行的潜水作业,应该对潜水员的支持、运送和作业条件进行深入计划,最大限度地提高安全和效率。

例如在巴莫拉尔(Balmoral)油田开发过程中用于浮动生产系统海底完井基盘的先进潜水系统,该系统包括:

(1) 一个与张力式导向索连接的潜水钟。

(2) 支承潜水钟通过海水——空气界面的导轨和可移动框架。

(3) 用于放下和起吊的主钢丝绳绞车。

(4) 脐带缆绞车。

(5) 气体控制台。

(6) 两个减压舱。

(7) 高压潜水救生器。

6.5.2 遥控机器人
Remote-Operated Vehicles(ROVs)

为了辅助潜水员并扩展水下检查、监控和测量能力而开发了许多水下机器人,包括作业潜艇或载人潜艇,可以通过回转罗盘、声学多普勒导航仪、惯性制导、侧扫声纳以及水面船舶的声学监测对海底作业现场进行非常精确的测量。作业潜艇已经被用于勘查北海海底的卵石分布,其定位和识别卵石的精度要远远高于只在水面上使用声学方法所能达到的精度。海底爬行车则用于为东斯海尔德水道风暴潮挡闸项目的海底分级进行验证。

为了进行水下检查和施工,遥控机器人已经发展到了非常先进的阶段。遥控机器人与脐带缆连接,脐带缆不仅能提供动力,还可以对遥控机器人进行指引和控制,并将信息传送回海面,包括传感器数据和视频图像。遥控机器人上能安装光纤、先进的电子传感器以及数据收集存储和传输系统,还可以配备机械手、射流清洗设备以及取样设备。在远远超出潜水员能力的离岸石油业深水作业推动下,先进遥控机器人正在以非常迅猛的速度发展。虽然军方将重点放在由内置计算机存储数据和指令控制的自主式自游机器人上,但业界,特别是施工商通常还是使用带有脐带缆的系缆式系统,这样可以进行更为多样而专业的作业,并且在接近结构物时操纵更为精确(见图 6.34)。遥控机器人可以进入并通过管线,勘察情况,检查接头,还能确定因腐蚀或侵蚀而导致的管节缺损。最近自主式遥控机器人在超深水环境中的应用日益广泛,特别是用于管线检查。

遥控机器人可具有以下设备和功能:

(1) 闪光灯。

(2) 高分辨率电视摄影机。

(3) 低照度黑白摄影。

(4) 立体摄影测量。

图 6.34　用于检查桥墩的遥控机器人准备就绪
（照片由康斯堡·西姆拉德·麦索泰克公司提供）

（5）多波束条带和侧扫声纳，声成像。

（6）旋转螺栓和螺母及用于抓握的机械手。

（7）惯性制导，声学导航。

（8）腐蚀电位探针。

（9）清洗和研磨工具。

（10）声波发射测量器。

（11）安装器材。

（12）浮力模块。

（13）连接缆绳及取回物体。

（14）钢丝绳切割机。

（15）液压工具，如切割机、钻机和千斤顶。

（16）推进器。

由于不受深度限制,遥控机器人对于深水安装施工是非常有价值的,可以在水深达 2500m 甚至更深的地方连接柔性管线、管束和脐带缆。

弗莱克斯肯耐特(Flexconnect)系统将遥控机器人及其上永久安装的滑轨与盒式隔架连接,外形就像漏斗。遥控机器人被固定于盒式隔架并插入钢丝绳锚杆,随后将遥控机器人和滑轨收紧并锁定在预先安装于附近海底的出油管线上。遥控机器人可拉动钢丝绳锚杆并将出油管线拖入由销钉固定的盒式隔架中。

遥控机器人非常适合于在结构物安装期间及投入使用后进行测量和检查。结合使用惯性制导和声学定位装置可以对遥控机器人在三维空间进行精确定位。通过安装的传感器还能确定遥控机器人与构件的相对位置。

如上所述,遥控机器人非常适合于各种涉及使用工具的特殊作业。如果工具或设备因为太大或太重而无法携带的话,可将导向索连接于遥控机器人上,这样张紧导向索就能控制下潜以及大型设备的放置。

因为遥控机器人进行水下干预的效率很高,其应用正在迅速增长。遥控机器人逐渐开始承担许多以前由潜水员进行的作业,例如检查管线。

6.5.3　机械手
Manipulators

另外一种进行水下作业的方法是使用通过钢丝绳或轨道导引到特定位置的特种设备,例如两根张紧导向索可以对机械手进行水平位置和方向导引。有些设备非常简单,例如可从钢丝绳滑下的液压切割机;有些设备则比较复杂,例如沿轨道移动的一组钻机。钻机在预先确定的位置钻入混凝土,然后退回,置入岩石锚杆并灌注水泥浆。另外一个应用是根据声信号可将浮绳从水下基盘释放并浮起。机械手通过张紧的钢丝绳被导引到水平轨道上,然后在轨道上移动至预定位置,伸出液压套筒扳手套住并转动螺栓,扭矩可反馈至海面控制船。

许多机械手集成了计算机以便根据实际需要调整其作业,例如限制施加的作用力或调节阀门开度。机械手和仪表还可用于监控管线的壁厚、液压扩管、切断阀门的启闭口以及切割管道。由于深水作业很成功,目前机械手也在浅水中得到了应用,例如在河流和港口替代潜水员进行作业。使用机械手的推动因素是安全性,但附加好处是减少了作业的暴露时间并节约总成本。

6.6 水下混凝土灌注和灌浆
Underwater Concreting and Grouting

6.6.1 概述
General

水下混凝土和水泥浆在离岸结构物施工中起着重要的作用。以前水下混凝土被用于密封围堰底部,防止泥水发生管涌。水下混凝土可以作为结构物的一部分进行灌注,通常是结构物的基础座。水下混凝土能够通过混合作用将各种构件连接在一起,例如通过连接桩与桩靴,进而与结构物上部连接起来。填充海底预挖坑也可以使用水下混凝土,能起到水平垫的作用。水下混凝土还能用作固体压载以增加重量并降低重心。在重力式平台基础下可填充水下混凝土以确保均匀承载并提供剪力传递。桩或沉箱中灌注水下混凝土能够增加结构强度并防止屈曲,或者为了增加轴向抗压和抗拔承载力,还可在桩尖位置钻出的扩底基础中灌注水下混凝土。

许多上述作业也可以使用水下水泥浆,因而分类时不必进行严格的区分。水泥浆也可用于胶结桩和导管架腿柱、油井套管、填充构件之间的小空隙以提供结构连续性以及填充预置石块和骨料中的孔隙。

6.6.2 水下混凝土拌和料
Underwater Concrete Mixes

水下混凝土应按比例配制为具有塑性、高可用性及黏附性的拌和料,并且不易发生离析。

以下拌和料可满足结构物的许多需求:

(1) 粗骨料:砾石的最大粒径为 20mm(3/4in)。用量占骨料总重量的 50%~55%。在比较狭小的地方应使用最大粒径为 10mm 的骨料(pca 砾石)。

（2）细骨料：沙占骨料总重量的 45%～50%。

（3）水泥：Type II ASTM，350kg/m³（600Ib/yd³）。

（4）粉煤灰：ASTM 616 Type N、F 或 C，60kg/m³（100Ib/yd³）。

（5）所有胶凝材料：350～475Kq/m³（600#/cy～800#/cy）。

（6）水：（w/cm），0.37～0.42。

（7）减水外加剂：减水外加剂或高效减水外加剂（超增塑剂）。

（8）缓凝外加剂：根据需要提供合适的初凝和终凝。

（9）坍落度：约 200mm。

外加剂可减少泌水并提供黏性。

胶凝材料一般为 type II ASTM 水泥和粉煤灰的混合料，后者占 20%～30%。粉煤灰可以减缓凝结。

也可以使用高炉矿渣水泥占 60%～70%，其余为 type II ASTM 水泥的混合料。高炉矿渣应进行粗研，并且不能添加石膏。

通过拌和料的配比可以控制黏性和泌水。使用外加剂能提供更好的控制，特别是对于结构件。

可以添加 4%～6% 的硅粉。拌和程序及足够的拌和时间对于加密微硅粉的均匀分散非常关键。粉煤灰应该与硅粉一起使用。硅粉可以增加早期强度和长期强度。

抗分散外加剂（AWA）可预防水泥分散，这样几乎能够消除所有浆沫并具有良好的自流平性能。使用硅粉和抗分散外加剂都需要添加高效减水外加剂（HRWRA）。

过去通过加气处理来增加可用性，但由于在压力下效果不稳定，因而已经不再广泛使用了。

可以使用石灰石粉来降低胶凝性并使水下混凝土具有可控低强度，例如能够用于隧洞堵头施工，因为隧洞堵头随后必须打穿或移除。

高效减水外加剂必须添加缓凝剂或能够防止坍落度突然损失的添加剂，这对于水下混凝土尤为重要。

这种拌和料可以在 28 天内产生不大于 40MPa 的抗压强度（圆柱体抗压强度为 5 600～7 000psi），并且通常能从 6:1 到 8:1 的斜坡流下，如果灌注正确的话可以最大限度地减少离析和浆沫。拌和料适合于灌注直径小至 100mm 的空隙，可用于大型沉箱和桥墩。

为了达到更高的强度和黏性,添加的硅粉应占水泥重量的5%~6%。但在这种情况下需要使用超增塑剂,超增塑剂可单独添加或与传统的减水外加剂及粉煤灰一起使用。必须适当添加缓凝剂以确保有足够长的初凝时间(通常为6h),这样就不会出现过早硬化。如果表面平整及尽量减少浆沫或没有浆沫对施工比较重要的话,还可以添加抗分散外加剂(AWA)。

但是根据灌注的规模,以上推荐的基本拌和料可能会产生比较高的水合热(约35℃),导致热膨胀,并且可能在随后冷却的过程中形成裂缝。有多种减少温度上升的方法,但只应在特殊情况下使用。以下是一些已经得到了应用的独特方法(不必一起使用):

(1)选择导热系数比较高的骨料,使温度上升所需的热量更多。

(2)高炉矿渣与水泥的比例为70:30可以减少生成的热量。矿渣应粗研($<3\,800\,\mathrm{cm^2/g}$),不添加石膏。

(3)提高火山灰(粉煤灰)的百分比以代替相应比例的水泥。最近的试验表明火山灰(粉煤灰)的比例在完全浸没于水下的混凝土中可以提高到50%,在钢筋混凝土中则为30%。

(4)使用石灰石粉代替部分水泥。

(5)通过喷水蒸发、将冰作为拌和水或使用液氮对骨料进行预冷。

(6)通过注入液氮对拌和料进行冷却。

(7)对运输容器进行隔热或覆盖。

(8)用冷却水对泵送管道和灌注导管进行预冷。

(9)降低灌注量,减少单个灌注块的尺寸。

由于外加剂(例如火山灰)与各种水泥和其他外加剂一起使用时性能是不同的,所以应该进行几立方米试拌以确保最终拌和料的可用性及高黏结性,即不容易发生离析(见图6.35)。

灌注后对侧面和顶面进行隔热可降低冷却的速度,这样可以防止形成裂缝。

6.6.3 导管灌注水下混凝土的浇筑
Placement of Tremie Concrete

导管灌注水下混凝土最好使用直径为200~300mm的导管通过自流进行

图 6.35　对用于水下灌注并具有合适稠度的混凝土拌和料进行试拌

浇筑,这样混凝土可在一半水深处取得平衡,其流动也会比较平稳。另外一种方法是整个浇筑过程都使用泵,施工人员通常在开始灌注时使用聚苯乙烯泡沫塑料管塞封堵插入管,但管塞会在静水压力的作用下失效,因而起不到什么作用。这个方法对于重新开始灌注也不适用。

但用泵进行混凝土灌注的主要缺点是在压力下混凝土流动快而不稳,这将对灌注造成干扰并导致水泥分散。插入管排出混凝土的速度时快时慢,因而会使混凝土产生缺陷,通常形成的浆沫也更多。

如果使用泵进行灌注,就应在垂直插入管的顶端安装阀门以防形成真空,真空会导致离析和堵塞。

但是通过泵将混凝土水平输送到导管上方的料斗中是个非常好的方法。在炎热环境中应该对泵送管道进行隔热。

导管灌注水下混凝土最好通过管道使用自流法进行浇筑,并且需要在导管顶端安装料斗。通常导管直径必须至少为粗骨料最大粒径的 8~10 倍,因而灌注使用的导管直径一般为 200~300mm。可以使用分段导管,但接头需用法兰连接并安装螺栓,为防止渗水应使用橡胶软垫圈或螺纹接头。当拌和料沿着导管向下流动时,如果接头处存在缝隙就会产生文丘里(venturi)效应,可将海水吸入并与混凝土混合,因而会使离析和分散显著增加。实际施工时可将导管与垂直方向呈 5°~10°倾斜放置,这样能放出混凝土中夹杂的空气。

　　在水深50m以内进行灌注的推荐方法是在底端安装胶合板或1/8″钢板及橡胶软垫圈,胶合板或钢板通过细绳与导管连接(见图6.36)。导管必须有足够的壁厚,这样在没有注入混凝土时是具有负浮力的。开始灌注后应先将密封端置于导管底部,然后注入混凝土拌和料将导管部分填充。尽管拌和料沿着空导管向下流动时会发生离析,但在导管底部的再次拌和通常还是比较充分的,为此可预先注入1m³没有添加粗骨料的拌和料。

图6.36　在混凝土灌注导管上安装带有垫圈的端板

　　当导管被填充到新拌混凝土与海水之间平衡水头上方的合适位置后(约50%),可将导管提起150mm左右,使混凝土能够流出。“合适位置”必须可以克服摩擦水头,摩擦水头通常只有1m或不到1m。导管下端应一直插在新拌混凝土中,但必须高于混凝土发生初凝的位置。使用预防初凝的缓凝剂后,导管的插入深度就不再非常重要。导管尖端最少应插入混凝土1～2m以防水的流入。混凝土的流动必须平稳,并且同顶端混凝土加入料斗的速度保持一致。同样将混凝土加入料斗也必须平稳,而不是突然大量倾倒。不管什么原因导致密封失效并造成混凝土完全流出导管,都应将导管提起、密封并按最初的程序重新开始灌注。

在需要浇筑大面积区域时,应该使用多根灌注导管或在浇筑斜坡内确定新的位置并重新放置灌注导管。导管灌注混凝土不发生过多离析的流动距离为6～20m,能够流动但黏性非常大的拌和料可以防止混凝土发生过多离析和分散,因而能增加流动的距离(见图 6.37)。浆沫和残渣可以从大规模浇筑的斜坡流下并汇集在远端角落,随后可能会夹杂在正常混凝土中,因而可在围护一角

图 6.37　维拉萨诺·纳罗斯(Verrazano Narrows)吊桥桥墩施工中
用于灌注水下混凝土的长导管由两段组成,使用带有螺栓和垫圈的接头

通过气举方式排出浆沫。

导管灌注水下混凝土所涉及的主要问题是离析为沙、砾石以及称为浆沫的水泥与水的混合物。浆沫源自法语"牛奶"一词,实际上是一种塑性很强的黏土状物质,可逐渐硬化并最终类似于白垩。浆沫非常多孔,如果没有正确移除会在结构物里形成薄弱层。离析主要是当混凝土在海水中流过或海水混入混凝土时发生,可能是由于机械扰动、潜水员踏入、试图振动混凝土或者堆积起的非塑性拌和料从溢流管中流出等引起。用导管进行搅拌以加快混凝土流动及在新灌注混凝土中横向移动导管都是非常有害的做法。泄漏的接头可起到文丘里混合器的作用,在混凝土向下流动的过程中使之发生分散。在上部结构物下灌注混凝土或结构物顶端需要高质量混凝土时,混凝土应该灌注到溢出状态直至正常混凝土出现,这样就可以排出所有产生的浆沫。

一个源自早期实践,应用非常普遍的做法是在开始灌注时使用"清管器"或移动式管塞。例如以前会将干草或粗麻布制成的管塞放置在管道里,然后在管塞上注入混凝土,这样可以压下管塞并使管塞下方的水排出管道。这种方法尽管粗糙,但在开始灌注时可以起到一定作用,不过密封失效后重新开始灌注或将导管放置到新拌混凝土中时不可使用。管塞下方被压出的水会流经新拌混凝土并使水泥发生分散。即使在开始灌注时,如果灌注底部非常软或者是沙质底部的话,这种水流也可以产生侵蚀。

近年来常用球来代替干草管塞,一般是排球。球与管道配合良好,并且能迅速被混凝土压下。通常只将球充气到 11psi(80kPa),这与深度约 8m(25ft)处的压力是一致的,深度超过 8m 的话球就会破裂。如果随后球浮起返回表面,对其再次充气即可。球只适用于水深非常浅的施工。

移动式管塞或管线"清管器"是"目前最好的",是开始进行灌注作业的安全有效方法。管塞应尺寸恒定并带有垫圈,这样能比较松弛地刮擦管道侧面并具有自浮力。木质柱体或聚氨酯柱体(应该有合适的长度以承受静水压头)都可使用。清管器上可以安装橡胶刮垫,但这种清管器可能无法返回表面,即被阻留在管道里,一般情况下是没有问题的,除非是端部支承引孔沉管灌注桩。移动式管塞同管线清管器类似。由于深度超过 30m 便不再适合采用隔板进行密封,因而灌注深度非常大时就有必要使用这些设备。

机械和液压底阀已经试用了多年,但是由于粗骨料在阀中堵塞或初始灌浆在阀门机构中凝结,其应用一直是失败的。但据报道,新近开发的具有平滑内径的液压阀在瑞典和日本得到了成功使用。阀的优点是当管道浮起时可以在其顶端切断灌注,这样就能消除传统灌浆管在灌注结束时因浮起而形成的典型隆起。阀的使用应限定在特殊情况下,并且必须通过试验证明其适用性。

由于会将管道中的水压入新拌混凝土并导致水泥严重分散及因此而形成蜂窝和浆沫,重新开始正在进行的灌注不应使用清管器。

在图 6.38 中,佛罗里达达姆角(Dame Point)斜拉桥桥墩基础正在进行混凝土灌注(见图 6.38 至图 6.42)。图 6.39 为正确配比及灌注的混凝土外观(特拉华(Delaware)纪念二桥),而图 6.40 为同一座桥另外一个桥墩施工中拌和及灌注程序不正确所造成的严重后果。图 6.41 显示了哥伦比亚河大桥结构混凝土密封层的良好效果,大桥位于俄勒冈与华盛顿之间的 I-205 州际公路上。图 6.42 则是日本内海明石海峡大桥主桥墩正在进行大量高性能混凝土的灌注。

图 6.38　用泵将混凝土运送到灌注导管顶端的料斗,这样混凝土通过重力自流就能进料(佛罗里达杰克逊维尔达姆角大桥)

6.6.4　水下灌注用特殊外加剂
Special Admixtures for Concreting Underwater

在暴露于水的浅层地面隆起中或缓慢流动的水(例如海流或波浪作用)中进行灌注,可以采用两种特殊方法:添加占水泥重量±6%的硅粉或添加抗分散外加剂。

图 6.39　正确拌和及灌注的混凝土密封层表面(特拉华纪念二桥)

图 6.40　拌和及灌注不正确所造成的混凝土浇筑失败

图 6.41　水下结构混凝土的良好效果(I-205 哥伦比亚河大桥)

图 6.42　日本明石海峡大桥主桥墩正在进行混凝土灌注(照片由鹿岛工程建设有限公司提供)

使用这两种方法都需要添加超增塑剂(高效减水剂)和缓凝剂(除非超增塑剂已经添加了足够的缓凝剂)。所得到的拌和料 W/CM 约为 0.45、坍落度为250mm,并且几乎是自流平的。添加了硅粉或抗分散外加剂的拌和料都能减少泌水,而同时添加硅粉和抗分散外加剂的拌和料黏性会变得非常大。必须进行 $1 \sim 3m^3$ 试拌以验证组分的相容性并确保可用性,灌注程序则应该与本节介绍的程序相同。不管制造商如何要求,在任何情况下都不应有意使拌和料向下流经开放水体。

在海底通过顶部封闭的铲斗进行大量混凝土灌注也可以使用这两种添加剂(例如抗分散外加剂和硅粉)。抗分散外加剂曾用于在浅水中填充抛石及大石块中的空隙,方法是交替进行石块层的放置及混凝土层的灌注。

添加了抗分散外加剂的小粒径骨料(如 8mm)水泥浆或混凝土可以通过由潜水员指引的软管进行灌注。

一个典型实例是使用与垂直方向成 7°倾斜角的 3in(75mm)导管将由高炉矿渣水泥(比例为 70:30)及抗分散外加剂混合而成的拌和料运送到 250m 深处进行灌注,粗骨料的最大粒径为 10mm。试验表明不会发生离析,拌和混凝土的抗压强度为 45MPa,抗拉强度为 7MPa。施工现场(澳大利亚西北大陆架)的水温为 38℃,因而用液氮对拌和料进行预冷,并在开始灌注前用冷水对灌注管进行预冷。

6.6.5 预填骨料灌浆法
Grout-Intruded Aggregate

预填骨料灌浆法首先将粒径大于 15mm 的粗骨料放置于围壁中,沿水平方向和垂直方向隔开一定距离插入灌浆管,并在暴露面上覆盖垫子或厚层石块,然后通过管道灌注一种特殊水泥浆以填满骨料之间的空隙。这种水泥浆必须具有良好的流动性能并产生极少泌水,但仍能保持总体黏性。已经开发出多种专利外加剂及特殊的胶态拌和法。添加抗分散外加剂是消除泌水的一种方法。当管道任何位置的水泥浆达到混凝土第二次凝结位置上方时应将水泥浆灌注点向上移动。常用开缝检查管检验水泥浆的位置,也可以使用电阻率探杆。

选择放置骨料应优先考虑立方形颗粒而不是扁平颗粒,因为泌水更容易汇集在扁平颗粒下方。预填骨料灌浆混凝土的主要问题是保持骨料的清洁,必须清除掉放置骨料中的淤泥、有机生长物和沙粒。通过驳船或船舶运送骨料时,摩擦和碎裂产生的骨料碎屑容易在骨料堆底部的甲板上积聚。不可放置这种底层骨料,应该废弃或用于其他地方。水泥浆会沿着阻力最小的路径流动,由于细小颗粒可增加摩擦水头,因而阻止了水泥浆围绕所有颗粒进行充分流动。

通过覆盖围堰遮挡阳光及使用抑藻剂可以最大限度地抑制藻类的生长。

对需要保持紧公差的埋置物或装置周围进行混凝土灌注,预填骨料灌浆是一个很好的解决办法。水泥浆的流动性是一个重要特性,但水泥浆也会通过模板缝隙及上部暴露面流入海水中。所以在能够保证水从顶部排出的情况下,应尽量使模板紧密接合。

但由于渗透性不一致,使用预填骨料灌浆法进行大量灌注未必能得到满意的结果,因而并不适用。

为了尽量提高渗透性并减少泌水,使用预填骨料灌浆法必须添加外加剂。

6.6.6 泵送混凝土和沙浆
Pumped Concrete and Mortar

在北海埃科菲斯克油田离岸平台及阿拉伯湾沙特阿拉伯朱拜勒(Jubail)海上工业中转码头的施工中,完全由沙或由沙和细骨料(最大粒径8mm)制成的混凝土被成功从拌和驳船沿着平台腿柱向下泵送到水深150m或更深处灌注扩底孔。由于混凝土是"向下"泵送,为了维持较大的摩擦水头而选择了长度为50～75m的管道。管道顶端的真空释放阀可以防止因混凝土向下流动过快而形成真空。

但是对泵送导管灌注水下混凝土并填充钻孔竖井、圆柱桩及围堰的做法进行推广的根据并不充分。这种灌注需要使用直径大于75mm的管道,因为摩擦而损失水头的情况显著减少。造成的后果是在整根管道流动混凝土压力的作用下,混凝土以周期波动的形式排出。与之相比,由于自流方式的灌注管开口于大气,因而可以自动调节到与外部水头接近平衡的状态,使混凝土能够缓慢而平稳地流出。

经验表明对大量混凝土进行这种泵送所产生的空隙、夹杂的泥浆以及浆沫是无法接受的。相反对水泥浆进行泵送是合理而有效的方法。

6.6.7　基底水泥浆
Underbase Grout

重力式平台的发展产生了对合适拌和料及方法的需求,以便能够使用具有特殊性能的水泥浆对通常较为平坦的大型底部基础进行灌注。一般而言,理想的性能包括灌注的一致性和完整性、产生的热量低、黏性好、泌水少以及长期稳定性。水泥浆所需的强度和弹性模量一般非常低,只要相当于裙桩贯入深度处的自然海底泥土即可。由于会在基础底面外形成"坚硬点"(集中载荷),所以高模量水泥浆并不合适。

离岸平台水泥浆的用量可高达 10 000m³,因而在北海中进行水泥浆的后勤供应、拌和及灌注无疑是非常困难的。由于没有埋置钢筋,无须考虑腐蚀问题,所以选择了海水拌和的方式。开发的一种拌和料使用了水泥、缓凝剂及细磨石灰石填充剂,其他拌和料则用膨润土或粉煤灰代替 50% 或更多的水泥。比较特别的是一种稳定泡沫拌和料,只使用了水泥、海水、发泡剂和稳定剂。石灰粉也可以使用。

通常通过泵将原料运送到平台上,进行拌和并送入下方设施井中的自流料斗,然后拌和料从料斗经管道流到灌注喷嘴。挪威承包商想出一个聪明的办法,将一根短软管悬挂在基础底板下方,并用链条进行水平固定。这样软管就会保持在表层泥土之上,确保将水泥浆灌注到平台下方空隙的底部。

必须为留存的水提供合适的排出通道。通常在高于基础几米处设置溢流口,这样可以目视确认是否完成了灌注。在竖管或溢流管中使用电阻率计或核子方法也能达到相同目的。

基底水泥浆必须保持稳定和密封,不会在海流和波浪的作用下分散到水中。日本明石海峡大桥和瑞典厄勒大桥的主桥墩都发生了大量侵蚀。

由于基底灌浆非常重要,所以应进行模型试验,厚度和流动长度必须与实际施工保持一致,但宽度可以减小。测量内容应该包含温度上升和泌水情况。还需要对薄弱层、大块夹杂物、顶部较大的泌水空隙以及浆沫进行检查。因为有些空隙较小且不连续,所以无需达到 100% 填充。

压力过大可导致在裙桩下发生管涌,甚至会将部分平台抬起,并对基础结构造成局部过压损害。了解灌注完成情况及因裙桩下管涌而可能导致的损失情况的第二个因素是灌注量。所以应严密监控压力和灌注量。

将结构物建造在预先用石块回填的地点会产生特殊问题。必须决定使用的水泥浆能渗入石块还是不能渗入石块。流动性太好的水泥浆会通过石块间的缝隙流入海中。为了对澳大利亚昆士兰海点中转码头离岸沉箱基础下方进行灌注而开发了一种比较合适的水泥浆,使用沙、水泥以及具有良好触变性能的甲基纤维素外加剂。试验表明几乎不发生离析,也很少渗入石块。如果基础底面基本比较平坦的话,就能在基础底板内形成反向通道,可以确保水泥浆在整个基础下方流动。这说明使用添加抗分散外加剂的水泥浆是可行的。

严格而言基础下的回填沙不算水泥浆,但其用途是类似的。过去建造水下公路隧道时,会将半流动态的沙放置在管道一侧,沙向下流动,从管道下经过并在另一侧向上涌出一定距离。必须控制每次作业的范围以防流动的沙将管道抬起。对于底部宽而平的结构物,丹麦和荷兰工程师开发出一种沙流系统,流态沙在低压下被泵送到分布于基础底板下的灌注点并流出。随着沙流呈圆形逐渐扩展,流动速度降低,沙就沉淀下来。沙会持续向较低处流动直至填满,这样就能自动完成填充。位于加拿大波弗特海的勘探钻井平台 SSDC 下方就使用了这种系统进行沙的回填作业。

据认为触变水泥浆拌和料也会发生类似的流动现象,可确保在基础下进行较为完全的填充。

6.6.8　可以将力从桩传递到套管和导管架腿柱的水泥浆 Grout for Transfer of Forces from Piles to Sleeves and Jacket Legs

水泥浆被广泛用于对桩腿柱和导管架套管之间的环状空间进行"胶结"。一般选择的环状空间缝隙大小为 50~100mm。水泥浆应自下而上流动。通常用水泥和水进行拌和,为降低水合热可用粉煤灰代替部分水泥。添加硅粉能提高触变性能、增加强度并减少泌水。可使用外加剂以获得减水、缓凝及膨胀等性能。抗分散外加剂也是一种比较合适的外加剂。进行试拌很重要,可确保水泥浆具有合适的流动性及强度。应保持比较低的流动速度以避免形成空隙。水泥浆应灌注到溢出状态以确保能够清除最初的水泥和海水混合物。必须注意控制压力,防止在导管架套管下发生管涌。灌浆口一般由护圈保护,但护圈经常在打桩过程中损坏。为了防止第一根灌浆管因水泥浆凝结而堵塞,所以常常需要提供第二根灌浆管,这样主要的灌浆作业就能通过更上方的灌浆口进行。第 8 章将详细介绍与打桩相关的灌浆作业。

6.6.9　低强度水下混凝土
Low-Strength Underwater Concrete

施工中常常需要灌注大量低强度水下混凝土,例如临时堵塞隧道口或在隧道掘进机将会钻孔竖井立管底部形成水泥塞,这样就需将标准都设置为最低强度,例如 28 天的最大强度 7MPa,1 年为 15MPa。水泥含量无疑应保持在比较低的水平,但只是将 W/CM 比例提高为 0.85 或更大是不够的:这会导致离析及无法控制的后果。通过使用高比例的细水泥及低胶凝活性外加剂可以得到所需的可用性。曾经用过粉煤灰和膨润土,但是随着时间的推移强度会不断增加。

石灰石粉胶凝性非常弱,被认为是提高可用性和流动性并限制强度增加的最理想材料。W/CM 可控制在 0.50 左右(石灰粉作为 CM 的一部分,仍然可以配制出易流动、不发生离析的拌和料)。

6.6.10　小结
Summary

由于水下混凝土灌注的规模、形状、条件和特性多种多样,因而将上文中推荐的内容作为参考是较为合适的。建议必须进行试拌和试用以确保能够选择最理想的拌和料和方法,而进行这项工作的人员也能了解到相关项目施工时应该注意的事项。配合比的设计及灌注程序都是非常重要的。

海洋作业的水下混凝土灌注量一般非常大,因而会产生较高的温度并且散发缓慢(见图 6.43)。热量可迅速从上下外表面散发,但内部仍然很热。当 300mm 厚度的温差达到 20℃ 时,混凝土会产生裂缝。在侧面用泥土并在顶部用垫子进行隔热可以降低温差。应该使用钢筋,特别是大型基础及岩石上由桩所支承的基础,因为这些基础将承受新硬化混凝土的所有收缩应力。钢筋在屈服点的截面积应该为混凝土开裂强度大于从属面积内混凝土开裂强度的宽度乘以深度(从距离暴露缘 200～300mm 处计量)(见图 6.43)。

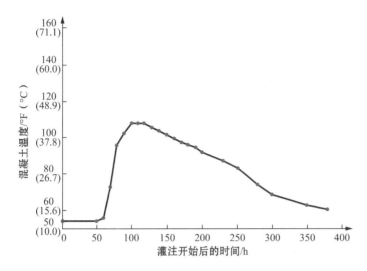

图 6.43　大块水下混凝土的典型生热曲线,注意水合热造成的长时间升温。
拌和料中 20% 的水泥由粉煤灰代替

6.7　近海测量、导航和海底测量
Offshore Surveying, Navigation, and Seafloor Surveys

　　施工现场拖带和就位过程中用于控制位置的导航系统包括全球定位系统(GPS)及无线电导航定位系统。在靠近海岸或结构物航行时导航精度通常可保持在 ±1m,静止时的精度更高。在离开港口进行最终定位时,因为在可用时间内需要达到更高的精度,所以接近有结构物的施工现场时常常会使用经纬仪和电子测距系统。

　　许多远程电子系统因为受到夜间效应的影响而损失精度,而且随着范围的增加还会发生错误解读,误差可达 50m。因而为了能够校验而使用多个系统是比较合理的。

　　在远海可使用台卡海菲克斯(Decca Hi-Fix)这样的导航定位系统进行近距离控制,罗兰(Loran)C 系统比较适合于远程拖带。根据所询问卫星的数量,一些系统可提供的即时精度在 1～10m 之间,包括西得里斯(Sydelis)、阿蒂米斯(Artemis)、摩托罗拉(Motorola)、阿尔戈(Argo)、雷卡海伯菲克斯(Racal Hyper-Fix)以及欧米加(Omega)等。全球定位系统于 1986 年投入商业运营,可在全球范围内达到 1m 的定位精度。随着逐渐解密,差分全球定位系统的精度在不断提高。近程定位系统有摩托罗拉小型测距仪、霍尼韦尔(Honeywell)微型自动定位系统和西姆拉德(Simrad)。

可预先在海底放置水下声学应答器,用于在远海对结构物的最后安装进行控制。一般预先放置 6 个,确保需要时至少有 3 个可用。进行水深测量及钻探时使用声学应答器可以保证结构物最终安装好后处于正确的相对位置。声学应答器还可用于构件的水下装配及导引遥控机器人。

将声学应答器用于钢导管架施工已经证明是非常成功的,但却不太适用于大型混凝土结构物,因为施工区域的许多船只制造了太多噪声。使用海洋设备公司开发的大型声学应答器系统可以将导管架安装在已有管线附近(见图 6.44)。声学定位系统通过卫星接收器进行校准并处理多普勒信息,因而每隔一到两小时就能对水面位置进行一次定位。

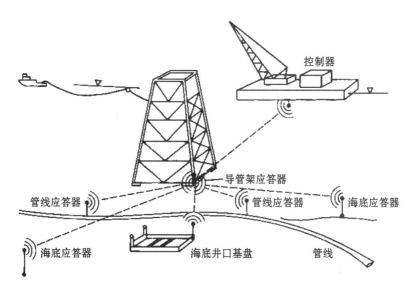

图 6.44 用于在海底井口基盘上安装导管架的声学系统

随着设备发展和经验累积,离岸结构物的定位精度在不断提高。20 世纪 70 年代早期和中期,定位时平均偏离目标 25m,但到 1995 年定位偏差降低到

5m 以内。对重要结构物进行定位必须使用多个系统。在塔希特(Tarsiut)人工岛的施工过程中,为了对沉箱坐落位置的平整作业进行控制而安装了测量塔,使这项作业能以非常高的精度完成。但为了平整最后一块基础必须拆除测量塔并重新安装,由于人为失误和电子误差导致了严重误差,沉箱坐落在没有经过平整的海床上,偏离预定位置 20m。事后看来,如果将杆形浮标甚至是张紧缆浮标作为第二套备用系统,就不会产生如此严重的误差。

为了能尽早生产并获取投资回报,预先钻一些井并加以封闭是目前常用的做法,随后结构物就可以坐落在已经钻好的油井上。

为此可先在海底安装井口基盘,井口基盘带有用于油井和防撞桩安装的导孔。然后进行钻井并安装防撞桩,防撞桩灌浆后就不再与井口基盘连接在一起。

随后通过使用应答器将导管架或重力基座结构物放置于海底,并通过防撞桩导引到准确位置。除了连接至转动中心的普通海上系泊外,这个作业还需要张紧系泊缆。

所有海洋和离岸结构物附近以及沿着海底管线和电缆都应该进行海底测量。虽然大陆架相对平缓而水平,但深海海底和海岸地区却很不规则并且变化非常突然。同样许多港口的特点是水底沉积物比较平坦,而河底常常极不规则。应该进行海底测量评估以了解滑动、陡坡、不规则地形、岩石露头以及海底岩土的特性。

困难特别大的施工现场为薄层软质沉积物覆盖于胶结岩土上,或沙质海底有珊瑚岬突出。对于深海的评估还应说明可能存在的泥火山、泥堆、崩塌性、沙波、滑动、断层、侵蚀面、气泡、气体渗漏、掩埋沟槽、地层厚度的侧向变化以及海底永久冻土。对于古冰川海底,例如在北海,海底表面和海底下是否有卵石非常关键。沙波类似于水面上的沙丘,是河流、港口和河口的重要特征,如果有强劲底流的话,甚至会出现在距离海岸比较远的地方。由于沙波不稳定,可交替掩埋及暴露管线或结构物基础,所以发现沙波是非常重要的。

许多港口都存在掩埋沟槽。冰期时的海洋要比现在低大约 100m,所以江河在流向更低的海洋过程中切割出很深的沟槽。风吹来的沙和火山灰常常堆积在暴露面,然后随着海平面的上升被水淹没,陡峭地形也被未固结沉积物和松软沉积物所填充。类似现象可在海岸附近形成一系列冠岩层,例如在澳大利亚西北大陆架。工程师和承包商都必须特别注意碳酸盐含量超过 15％～20％的泥土及含有云母的泥土。

钙质沙由微小生物的骨架所组成。碎裂前的摩擦角和承压强度相对都比较高,其特性类似于沙,但碎裂后则类似于松软黏土,表面摩擦几乎降低到零。这样打桩的阻力就比较小,并且抗拔承载力也显著降低,但仍能保持良好的直接承压强度。如果出现大量云母,那么不仅表面摩擦会减小,而且能导致斜坡和沟渠不稳定。细碎云母极难发现,因为肉眼无法看出细小的云母颗粒,只有通过物理化学试验才能确定。

对沙进行正确取样是非常困难的,由于取样动作及样本在送回水面过程中静水压力的降低肯定会减小其强度和表面固结性,所以最好的取样设备也无法保持沙的全部密度和固结性。

粉沙岩和泥岩遇水容易软化。由于软质岩石遇到水后会松散碎裂,因而尽管钻孔(特别是水冲式钻孔)报告为"粉沙和泥土",而实际上可能是具有软质岩石特性的固结硬土。固结硬土常常对钻孔或打桩产生较大阻力和磨损,但使用射流却很容易贯入。

可通过取芯确定是否存在松软岩石,但松软岩石暴露于海水就会碎裂。由于海平面及相应的河流支流水位曾经比现在低 100m,所以石灰岩地层可遭受侵蚀并形成溶穴。随后溶穴可被松散的沙和淤泥沉积物部分填充,然后再被沙甚至是胶结岩土层所覆盖。由于钻孔可能会完全错过溶穴或遇到小而深的溶穴,这都将对实际情况造成错误解读,所以发现溶穴并确定其轮廓是极为困难的工作。

许多海岸结构物(例如海上中转码头和排水管)和内陆水域都安装了岸基激光器甚至聚光灯,以便为驳船主管和作业人员提供一个能够直接目视的区域。主要控制作业可以通过这个区域及电子测距系统(EDS)进行,尤其是需要经常移动时。其优点是驳船船长可以判断变化速度并确认最终位置,这样就能避免进行过多的"位置调整"。丹麦大贝尔特大桥塔墩沉箱的定位使用了经纬仪和电子定位装置,并通过全球定位系统重复观测进行最终检查。沉箱的安装精度大约为 50mm。

水深测量可同时使用测深声学设备和侧扫声呐,这些设备必须针对横摇、纵摇和垂荡进行校正并与定位系统整合在一起。多波束声呐可覆盖一条测绘带。一个称为"剖析器"的集成设备系统可以绘制直径 200~400m 范围内的等高线图,这种系统能用于各种河流、港口、河口、海岸和近海测量,还可以生成大型管道的图像,例如排水管段及其他海底物体(见图 6.45)。

应分别在低频和高频使用测深声呐,以探测是否有半流体软质沉积物覆盖

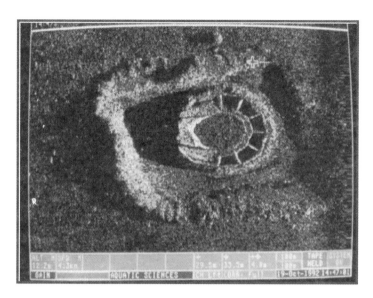

图 6.45　三维麦索泰克剖面仪生成的声学图像
（照片由康斯堡·西姆拉德·麦索泰克公司提供）

在更为坚硬的海底上。例如在挪威的一个较深峡湾中，由于声波穿透了非常软的泥土而没有发生反射，所以使用标准低频声呐测深仪测到的水深要大于实际水深 25m。在深海中可以使用浅地层剖面仪（调谐发射器）确定海底表面附近的特征。吊杆式浅层地震系统能显示 50m 深处地层的异常及密度变化。

在地势起伏较大的地区存在着陡峭或接近垂直的悬崖及水下峡谷峭壁，声呐回波可反射自侧壁，因而显示的深度要小于实际值。这是由于波束呈圆锥形传播，使用窄波束可以最大限度地减少这个问题。在沙斯塔水坝后方水深超过 100m 处成功使用了装备侧扫声呐的遥控机器人进行测深作业（见图 6.46）。为精确绘制深海的不规则海底还专门开发了多波束条带系统。

侧扫声呐可以对海底及人造物体（例如管线、掉落物体、锚甚至锚的拖曳痕迹）生成良好的二维图像。利用先进声成像所绘制的海底地图清晰度可达 1～2m。

使用多张照片的先进摄影测量技术使卫星能够对小片海底绘制精度达 25mm 的清晰图像。美国国家航空航天局最近在超高感光胶片（ASA 2000000）所取得的进展结合闪光灯的使用，彻底革新了海底光学探测和测量。自主遥控机器人被越来越多地应用于管道线路及深海施工现场的海底测量。

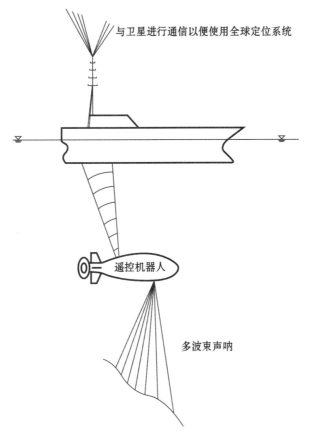

图 6.46 使用系留式遥控机器人和多波束声呐绘制倾斜海底的剖面

现在已经有许多新的水下声学系统可供使用。其中不少系统能够安装在遥控机器人上并通过遥测装置将数据传送回控制船,其他系统可由潜水员使用。通过这些系统能发现掩埋的电缆和管道、检查泄漏、对海底进行高分辨率成像、对相隔不远的位置进行距离测量以及为配合锥及桩的插入提供导引。

为使安装了船艏推进器和船艉推进器的船舶能保持在海底上方的固定位置而专门开发了位置传感设备和系统(见图 6.47)。

使用电火花测探法可以确定海底表面及表面下深达 100m 的硬质岩土层和基岩,还可同时使用 Boomer 声源系统。探测更大深度(大于 100m)的异常剖面可用气枪、水枪、套筒爆炸器以及类似的先进地球物理装置。

航空摄影可用于测量防波堤的水上轮廓,水下剖面则通过船舶上安装的侧

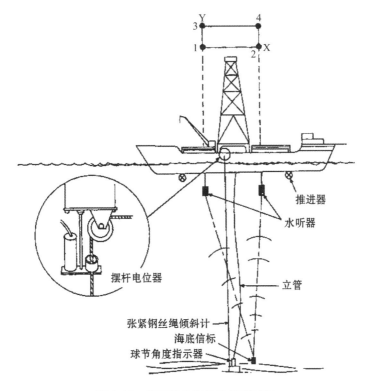

图 6.47　用于定位的位置传感系统

扫声呐进行测量,并且需要将岸上观测站监控得到的横摇、纵摇和垂荡数据输入系统。

通过卫星,先进测量设备还可用于在北极和亚北极探测海冰。探测作业不仅需要对海冰进行绘制,而且需要说明浮冰的大小和厚度以及冰的性质是当年冰还是多年冰。这些信息可以通过光学系统或航空侧视雷达(SLAR)得到。最先进的设备是合成孔径雷达(SAR),分辨率是航空侧视雷达的 5 倍,并且能穿透遮住海冰的云层。通过使用合成孔径雷达,可以在卫星覆盖区进行穿透云层的全天候探测,确定冰的密集程度、发现多年冰或浮冰以及冰岛。现在已经可以将航空侧视雷达和合成孔径雷达安装在飞机上,但覆盖范围有限。

对于水下配合作业,例如水下结构物的装配、在预先安装的井口基盘上定位导管架或在预先沉下的桩基上定位铰接塔,有许多系统可以使用。通常先在张紧的系泊缆上安排一艘控制驳船,一般是大型浮吊。然后用侧扫声呐、电子定位装置和声学传感器检验结构物相对于水下构件的位置。结构物本身被吊

269

放时,可在结构物上安装短距离窄波束声呐,这样就能与水下构件上的声学应答器建立联系。还可在导管架腿柱上安装带有高强度照明的视频摄影机用于近距离位置验证。声学多普勒海流剖面仪能对海流进行三维测量(图 6.48)。

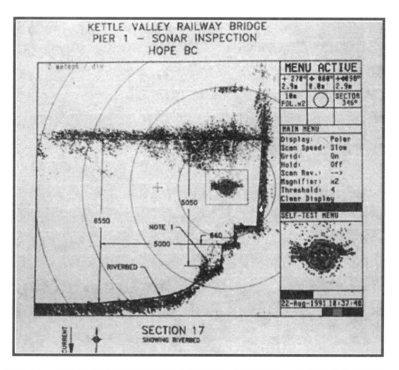

图 6.48 桥墩的声呐剖面图(照片由康斯堡·西姆拉德·麦索泰克公司提供)

最后可通过遥控机器人对作业一致性进行目视检验,使用遥控机器人的价值在于能防止因电子反射或人为误解而导致的严重误差。

科纳克导管架的 3 段管架在水深超过 300m 处进行的配合使用了所有这些方法(见第 9 章)。

6.8　临时增加浮力
Temporary Buoyancy Augmentation

离岸作业的许多阶段都需要额外浮力,例如:

（1）出坞及拖带过程中需要减少吃水。

（2）浮起管线或减少管线在水中的净重。

（3）安装或打捞过程中减少结构物或构件的重量。

（4）为连接在水下的拖缆更换导缆器。

（5）甲板配合或安装过程中为结构物提供稳性。

（6）出坞、拖带、下水、安装和/或拆除过程中提供吃水及姿态控制。

临时浮箱一般为钢质,虽然也有人提出可以使用大型混凝土浮箱和混合材料(钢和混凝土夹层结构)浮箱。为了防止向内破裂并增加安全性,可对浮箱进行内部加压,此外还能通过内部分隔或填充泡沫塑料以防海水渗入(见图 6.49)。

图 6.49 澳大利亚昆士兰混凝土重力基座系留桩沉放过程中提供稳性的临时浮箱

浮箱应根据所承受的最大静水压头进行设计,并为可信事故可能会导致的过深浸没留出余量。浮箱必须以能够抵御整体或局部结构过应力的方式与结构物连接,所支承的结构物应通过施加向上作用力进行检查。浮箱会受到周期性动态波浪载荷和波浪撞击的作用,还可能受旋涡脱落的作用,其连接方法有预应力、焊接和高强度螺栓连接。疲劳可加速腐蚀,并会在连接处导致失效,特别是存在应力集中的话。与导管架连接的浮箱在下水时将承受高冲击和高加速度作用力。在达到使用浮箱的目的后,设计上必须能够将连接分离。

271

拆除大型浮箱时,必须对拆除程序进行计划,不能因为不受控制的上浮而影响结构物或水面上的船舶。必须为波浪和海流作用留出足够的余量。

聚氨酯和聚苯乙烯泡沫塑料块曾经被用于为立管和管线提供浮力。其连接必须足以承受安装时的刮擦。利比亚海岸一根采用底拖法的管线由于钢带被沙磨损导致临时浮筒松脱而不得不被放弃。

如第 6.1 节所述,为了减少出坞时的吃水而在安多克·敦林 A 平台的底部安装了橡胶气囊。一个准备拖带到波弗特海的北极沉箱在经过巴罗角时为减少吃水也成功使用了这种气囊。日本开发了较小的橡胶气囊用于搬运中等重量的水下物体以及海上救援。为了打捞命运不济的弗丽嘉导管架而使用了许多小型气囊,不幸的是连接绳索互相缠结,有些由于波浪作用而磨损,因而不得不放弃了打捞企图。

法国"S 曲线"系统将可收缩橡胶气囊用于深水管道铺设,在设计上随着拉入水下的深度增加,气囊的体积会逐渐减小并失去浮力。

在结构物下方安装临时浮箱可以在吃水浅的地方提供浮力,当然也会提高 $\overline{KG}$,同时降低 $\overline{KB}$,垂直浮箱可沿着构件安装。在有些情况下,如果吃水不是问题,浮箱可安装在基础顶部以增加 $\overline{KB}$,当然只有浸没在水中时其浮力才能发挥作用。

如果重量较大的结构段能够放置在水下靠近海岸的地方或船坞里,那么可以在其上方安排一艘驳船,用起重杆或电缆起重机起吊后在水下运送到施工现场,这样起吊重量就仅为浮重。

由于失效会带来灾难性的后果,所以工程知识和施工技术对于在永久性结构物上使用临时浮箱及其连接都是非常重要的。

乘船出海的人,在大海上经商。

他们看见耶和华所做的事,目睹他在深海的奇妙作为。

(圣经诗篇 107:23~24)

第 7 章　海底整治和改善

Seafloor Modifications and Improvements

7.1 概述
General

虽然在大多情况下海底是由于偶然的沉积物覆盖层在经受长年日久的风暴波浪作用固结自然形成的,但也有不少自然形成的海底现场并不适合作为海上结构物的基础。海底的沉积物可能是未固结的、不稳固的软弱土层。突露海底地表的岩石形成很不规则的地貌表层。

沙质地下岩层在遭受持续长久的风暴或地震的影响下会发生液化。结构物现场或邻近处的不稳定地层沉积物会引起坍塌、泥石流或浊度流(异重流),或者会发生缓慢持续的徐变。由于冰河期的作用在许多北部海洋的底层形成卵石和巨砾沉积层。当海水平面在冰河期下降期间,断裂带的风化可能会在硬岩层之间形成软土层。在石灰岩中形成的溶洞现在淹没于海水中,里面充填着松淤泥。石灰质沉积物可能会与沉入水中的风沙结合成形。近期的有机淤泥或火山灰沉积物可能早已不知不觉地覆盖在坚硬岩层的顶部。

在特定的施工现场总会遇到上述存在的这种或那样的不规则的沉积层。对此,有两种可选择的解决方案:其一,将结构物设计成能稳固地坐落在现存原始的海底土层上;其二,通过采取各种措施,以提高或改善海底土层的承载能力。第一种方案目前已应用于大多数的离岸结构物。第二种方案则是经常应用于大部分的陆上建筑物,并日益增多地应用于港口和海岸(浅水)结构物。第二种方案在深水海底地基处理上的应用亦呈现出具有明显的潜在优势。鉴于海上结构物在现场安装之前需要相当的时间进行采购和建造,因此在正常的施工进度安排中完全有时间对海底地基进行适当的处理。这一观点正日益成为人们的共识。希腊新里奥-安托里恩(Rion-Antirion)大桥的地基土加固就是选用了间距密集的打入桩基础,即打入的群桩犹如插入土中的"销钉",以阻止剪切破坏,并通过桩将荷载传递到更深且承载力更高的土层。类似的采用混凝土桩的地基加固处理也将应用于意大利威尼斯的风暴潮挡闸。

在有些情况下,地基土的加固处理是在结构物安装后才进行的。例如,结构物在施工季节黄金期的一开始就进行安装,随后留出若干个月的时间进行地基土加固处理,如采用水泥灌浆加固土层的方法。

重要的是始终要考虑到地基土、结构物和环境相互作用的影响。它们之间各自以本身的特性发生作用,但又对其他的作用产生反应。环境对地基土施加循环荷载,有时也会对其产生物理上的冲刷和侵蚀。结构物将力施加于地基土,反之,地基土又对结构物产生反作用力。结构物与波浪之间发生动态的相互作用,同样,地基土与结构物之间也是如此,以至于当地基土中产生动态效应时,土又会对结构物的动态性能产生明显的影响。这个过程称之为动力的相互作用,或土-结构物的相互作用(SSI)。

海底地基处理方法的采纳和实施主要取决于需求和实际可行性这两个准则。例如,大型水上桥墩要求高度的稳定性和最小的位移或倾斜。同时,像这样的桥墩迄今为止一直都是位于水深小于 100m 的半开敞水域。相反,典型的大型离岸重力结构物的临界破坏模式则是滑移和晃动。然而,这两个问题都能通过对海底土的加强处理得到显著的改善。风暴潮挡闸也可通过对地基土的加固来减小底层流的影响和提供支撑。采用桩基结构,桩的横向稳定(P/y 效应)和轴向承载力都能得到实质性的提高。有关钢桩沉桩的详细描述可参见第 8.14 节。

海底基础的改良设计是为了提供一个稳定的、具有足够强度的地基基础以支承结构物,并使其能承受因单个极端事件和重复的循环动态荷载对结构造成破坏和冲刷与侵蚀。海底基础必须根据其所接受的结构物的需要进行必要的表面平整和边坡处理,并清除全部的障碍物。在有的情况时,结构物设有水下护脚体,以防冰脊、浮冰岛碎冰块和船舶碰撞的冲击。对海底地基加固措施的实施必须予以适当控制,以确保地基加固的位置和坡度符合要求。

海底地基处理具体操作内容如下:

- 海底清淤、障碍物清除与整平(见第 7.3 节);
- 坚硬物质和岩石的挖除(见第 7.4 节);
- 水下填筑(见第 7.5 节);
- 软土的固结和加强(见第 7.6 节);
- 防液化(见第 7.6 节);
- 防冲刷(见第 7.8 节)。

7.2 坡度与位置的控制
Controls for Grade and Position

7.2.1 现存条件的确定
Determination of Existing Conditions

迄今为止,如何使海底地基处理作业位置与结构物的最终坐落位置的相吻合是一个颇难解决的问题。一般而言,电子导航,甚至卫星定位尚未能完全简易、准确和重复地确定这两者位置之间的相关性。今天,全球定位系统(GPS)的电子测量能力可延伸到深水位置,其对海平面的测定精度误差约 0.2m 范围之内。通过迭代法对电子或卫星定位值进行推算可得到一个更为精确的测量值。

在浅水区域,上述相关位置可足以利用柱形浮标来标志。在深水区域,可通过铰接的标杆浮标提供一个永久标记对相关位置进行标志。该永久标记会受波浪少许的影响,但受海流的影响则较大。在有些情况下,也可利用带自动测量记录的测斜仪结合铰接的标杆浮标进行相关位置的测量与标志。电子测量技术还可用于记录在海底作业的铲斗和挖掘头的位置。

目前采用的声响应答器的使用寿命和可靠性能已大有提高。将声响应答器放置在海底安装现场的周围。它们的真实位置可利用水上控制船的电子或卫星定位借助迭代法进行推算确定。对于重要的且施工安装时间持续较长的结构物,通常应放置足够数量的声响应答器,以防它们中的一个或多个可能会发生故障或损坏。

利用声呐进行水深测量,应注意地形起伏、等高距和船舶运动等因素。水深测量值必须根据潮汐引起的水位变化、大气压力和风暴潮的影响进行修正。测量值还必须考虑船舶的横摇、纵摇和垂荡的影响进行修正。在荷兰东斯海尔德(Oosterschelde)风暴潮挡闸工程施工中应用的遥控海底履带式牵引车,通过一艘控制船操纵,能够对每个闸墩现场的海底水深测量进行绘制,测量精度为 $+20\text{mm}$。

海底的地貌特征通常是利用工作潜水器或遥控机器人（ROV）进行水下摄像予以确定。侧扫描声呐对海底地表面上的障碍物和陡峭的断裂层的探测特别有效。一种集侧扫描声呐、横摇、纵摇和垂荡自动补偿和一个 360 度旋转的定向声响波束综合功能的"剖面仪"对连续绘制海底的地貌非常有效，尤其是对那些起伏变化大的海底地貌。

现存的海底土况可通过抓斗随机取样（对表面土层分类）、圆锥贯入试验（CPT）、就地十字板剪切试验和荷载板试验及钻孔取样等方法进行确定。钻孔取样可借助船上或工作平台上的岩心钻机、利用千斤顶压入海底的取样管或振动取心机获得。若是在钻探船上钻取深孔，则可采用地球物理勘探方法测定土的密度、阻力和渗透性。

使用自落式或爆压式贯入度仪（触探器）进行现场试验，贯入度仪贯入速度的变化（减速度）通过遥测发回。根据发回的测试数据可确定不同深度土的相对密度。

地球物理地震勘探和近表面（层）声探测方法能相当有效地辨别地面以下的土质特性的异常情况。这种方法与钻孔取样分析相结合所绘制的区域土质情况较之仅根据钻孔取样土进行线性内插法推算出来的土质情况结果要有效得多。

7.3　海底清淤、障碍物清除与整平
Seafloor Dredging, Obstruction Removal, and Leveling

在北海的海底表层分散覆盖着大量的卵石，其他许多地区海底的表层情况也是如此。在一般情况下，粒径小于 0.5m 的小卵石由于受打桩或结构物自重的挤压会向侧向移动或被压入到下面的黏土层中。大粒径的卵石和成簇的卵石则需清除。有两种清除卵石的方法：最有效的一种方法是，利用二条拖轮、拖网缆绳和拖板，由预置的声响应答器引导至卵石或成簇的卵石堆位置，将其拖离结构物安装现场。卵石的位置预先由工作潜水器在水下观察确定；第二种方法是由潜水员潜入海底在卵石处放置聚能炸药将卵石炸碎。但潜水员是否能潜入海底进行有效的作业取决于海水的深度和海况条件,故这个方法受到一定的条件限制。另外,也可用热喷枪或超高压水喷枪(压力范围15 000psi)把大的卵石切割成小块。

其他障碍物也可采取类似的方法清除,即上述的第一种拖离方法,或由潜水员或遥控机器人用钩子将单个的大障碍物钩住拖至预先目测指定的地点或由侧扫描声呐指引的地点。在浅水区域(水深低于30m)还可用大型抓斗或蛤式抓斗进行障碍物清除。

海底的平整作业需借助一个稳定的工作平台进行,其应保持一个相对恒定的坡度,从而能有效地在平台上进行拖移和刮平作业。为此,自升式平台或张力浮动平台尤其适宜于这类作业。

如果海底基本上是平的,但也有部分脊状突起和下陷,则可利用一根重钢梁拖刮该区域,以使高低不平处得以整平。钢梁由两根同样长的绳索系住两端水平悬挂在拖船上。随着拖船的移动,悬挂的钢梁将脊状突起处压倒正好填入凹谷。这种整平方法曾用于美国阿拉斯加州北部普拉德霍(Prudhoe)湾的油井注水设施(一个由200m长的驳船改装成的注水设施)的浅海底基础。整平作业过程中出现的问题是由于涌浪对刮平作业拖船产生的作用使得悬挂钢梁的绳索时而松懈时而绷紧,致使整平后的表面仍有高低不平的点。要是在悬吊刮平钢梁的绳索上各装一个垂荡补偿器,或者拖船始终保持首向正对着涌浪,则该方法在选择一个海况平静的期间进行整平作业能取得满意的效果。作为选择也可在拖船艉部装设柱形浮标起到一个简单的垂荡补偿器作用。

曾有建议且已在工程上应用过的其他方法是,利用一艘系泊的钻井船或半潜船连同垂荡补偿器,而拖耙则悬挂在垂荡补偿器上。将拖耙由两根绕在预设锚上的绳索沿着海底拖拉。目前使用的拖耙具有当前的先进技术水平,其主要改进是为拖耙耙头配置了数个可由船上操纵控制的横向推进器(见图7.1)。

为了海底沉箱或水下隧道段的基础平整处理已专门开发了各种水下填筑刮平架。其中有的是底部支撑型的,如图7.2所示。这种水下填筑刮平架的概念最初是由克里斯塔尼(Christiani)和尼尔森(Nielsen)为用于南非开普敦的沉箱防波堤基础平整而提出并实施的,后来又经过改进并应用于澳大利亚昆士兰州的离岸码头工程项目的沉箱基础处理。该工程现场处于水深至25m的开阔海域。此后,这个概念又继续得以改进和应用于预制水下沉埋管式隧道段的基础处理。最近在圣地亚哥水深100m处的河口污水管道的基础刮平作业中采用了一种水平螺杆式刮平机具。

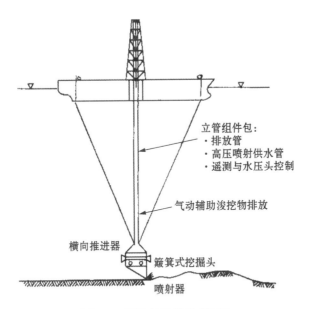

立管组件包:
・排放管
・高压喷射供水管
・遥测与水压头控制

气动辅助浚挖物排放

横向推进器

簸箕式挖掘头

喷射器

图 7.1　深海整平设备(推荐)

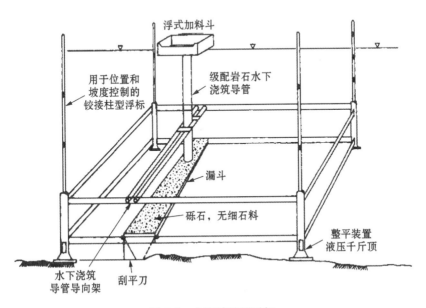

浮式加料斗

用于位置和
坡度控制的
铰接柱型浮标

级配岩石水下
浇筑导管

漏斗

砾石,无细石料

整平装置
液压千斤顶

水下浇筑
导管导向架

刮平刀

图 7.2　水下填筑刮平架

为水下沉埋管式隧道段（"管段"）的基础处理，开发了基于类似刮平机具配置的整平船。其支持平台是一条 100m 长的双体半潜式驳船，它将重型混凝土块放落到海底，然后拖拉混凝土块以使驳船在受波浪和潮汐影响时能保持稳定。定位精确度可达±50mm。丹麦厄勒（Øresund）水下沉埋管式隧道的基础整平作业就是利用一台标准的液压挖掘机械，再加装一个旋转式整平板进行的。整平板可前后移动刮平，具体作业的精确位置由电子定位和全球定位系统（GPS）确定。

在波弗特海曾使用液压挖泥船预先对位于水深 10～20m 处的一个用沙预置的筑堤进行粗平整，同时利用一个垂荡补偿器来抵消波浪的影响。荷兰人在荷兰东斯海尔德（Oosterschelde）风暴潮挡闸的沉排垫放置基础整平时也是采用类似的液压簸箕式挖泥船。在日本东京湾的一个基槽表面平整施工中，使用一种悬挂着的水平螺杆式刮平机具（看似雪犁）把基础上突起的脊状物刮除整平。曾经试图由潜水员手动操作进行整平作业，但不仅特别费时且效果亦不理想。一个不良影响案例就曾发生在位于南部英吉利海峡的皇家灯塔基础施工时，强大的潮汐流和风暴大浪干扰使施工根本无法进行。

对于有的桥墩，如日本的本州-四国（Honshu-Shikoku）大桥桥墩，设计要求对承座沉箱的基岩精准打磨。在这种情况时，岩石挖掘的具体方法如第 7.4 节中所述，对挖掘出的岩石块用喷水枪和压气提升泵进行彻底冲洗。然后，使用类似于隧道掘进机的大直径磨盘对冲洗过的岩石块进行打磨处理。水平旋转磨盘在海底"爬行"，通过一个结构架固定保持在海底的上方。可利用一个反方向旋转的磨盘来抵消侧向力。

水平轴垂直平面旋转的轮式磨盘进行打磨的实际效果更佳。这种轮式磨盘进而应用于英吉利海峡海底电缆铺设工程和正建议中的位于加拿大拉布拉多（Labrador）与纽芬兰岛之间的拜耳（Belle）岛海峡海底管线工程的岩石基槽开挖。此外，也曾有过利用采矿工具对一个重建的水闸项目和备讃濑户（Bisan-Seto）大桥 7A 号桥墩的水下狭长混凝土进行打磨（见图 7.3 和图 7.4）。

覆盖在海底地基土表层上软的或不适合的沉积物必须作清除或置换或加固处理。本节将对清除和置换方法作具体叙述。

自航耙吸挖泥船是适合大规模海上作业最为有效的施工船。这种施工船一般都是自推进的，利用其速度和力矩通过悬挂的挖掘机具进行挖掘作业。挖掘的泥石吸入到梯形链斗通过吸力泵卸放到泥舱，然后排放到一个指定的现场。自航耙吸挖泥船能在施工现场长距离作业，当接近挖掘处边缘时放下链斗，能一次贯穿整个现场完成挖掘作业。

图 7.3　沉箱岩石层基础平整。日本备讚濑户大桥(由鹿岛工程建设有限公司提供)

图 7.4　在水深 50m 处沉箱岩石层基础磨平,日本备讚濑户大桥 7A 号桥墩
(由鹿岛工程建设有限公司提供)

挖掘机具可能是一个钢质的犁,或者装有一排松土机齿,或喷水器,有的甚至还配备螺旋割刀,以有助于松土。这是一种清除海底沉积物的非常经济有效的作业机具。该挖泥船由于受其梯形链斗实际长度的限制,故作业水深范围在50～60m之间。它适宜于清除软质和部分水泥质的沉积物,但不足之处是对挖掘深度难以控制。有些情况下,需安装垂荡补偿器以保持挖掘机具处于一个合理的高度。液压绞吸式挖泥船是另一种传统上长期成功适用于内陆海大型作业的施工船。这种挖泥船最适宜于挖掘层厚1～2m的沉积物,具体视土的性质。挖掘的方式是土渐进地倒向铰刀并被吸走,以避免土将挖掘头掩埋。挖掘的实践表明,在挖掘沟槽的侧坡或堤坝的坝址时,从上向下挖掘形成的堤坝坡度与从下向上挖掘形成的坡度相比要稳定得多。簸箕式液压挖掘机具装有一块延伸盖过吸口的平板。由此,基面坡度下的土扰动达到最小。在开阔海域,液压绞吸式挖泥船对涌浪十分敏感,这对延伸的梯形链斗和挖掘头的移动会产生不利的影响。在梯形链斗上悬挂一个垂荡补偿器能抵消涌浪的不利影响。此外,最好将梯形链斗悬挂在船体的回转中心,而不是艉部。

荷兰的IHC公司研发了一种令人感兴趣的组合方式,即把液压绞吸式挖掘臂(或梯形链斗)安装在一个自升式平台上,使得对挖掘头的高度和位置控制成为可能。这种型式的挖掘机具,无论是安装在一个固定的平台还是浮式平台上,其侧向推力都必定受限于系泊缆绳和平台腿的抗力,以给挖掘头提供必要的过渡和推进。在荷兰,人们建造了一个巨型古怪的可行走自升式平台。它能使挖掘机具渐行推进,但因过于笨重而作业效率不高。上述方案仅限于水深在50～60m的范围作业。通过将高压喷水器和吸力泵与梯形链斗相结合使用,挖掘机具可能在水更深处作业,但它还是必须系泊定位(见图7.5)。

对挖掘出的海底沉积物(泥物)的排放处置所产生的混浊物会污染海洋环境。为此,可利用气旋分离器把较粗的沉积物分离出来,直接倾卸或由开底泥驳抛弃处理。其他的方法是采用凝结剂(增稠剂)使悬浮的胶质物沉淀下来。另外的方案是通过一个悬浮的管道将挖出物在海底排放。在开阔海域,最好能在海水温度突变层以下处进行排放,以避免排放物与海表面的水混合。深海区域的开挖亦可使用大型蛤式挖泥船进行。例如,在日本的本州-四国大桥工程中曾使用蛤式挖泥船对水深50m或更深处进行开挖。挖泥船的抓斗很大,重达99t。如此笨重的抓斗在深水中所费的循环作业时间很长。所采用的特大型卷扬机能使卷扬拉力达到最大,这样能加快提升速度,减少提升大抓斗的时间。

由于吊杆和抓斗的惯性,故抓斗吊的回转时间较长。有些情况下,抓斗的

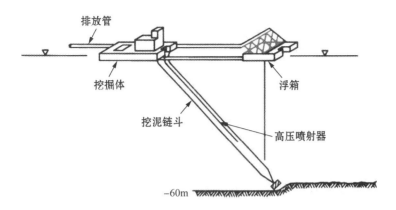

图 7.5　深水疏浚绞吸式挖掘

布置被设计成能将抓起物卸放到系泊在船艉的开底泥驳内,使抓斗吊不用回转,只需沿着挖泥船船中线进行短距离的过渡即可。一个 20m³ 的多瓣抓斗曾用来在海底为海底泵站开挖"喇叭形防护坑",但仅获得了一般的效果。为此,专门改进的液压挖泥船被用来开挖 100m 深的"喇叭形防护坑",以防深水处的龙骨状冰山撞坏井口。结果证明更成功。连续梯形链斗挖泥船已应用在泰国平静海域水深 60m 处的锡沙矿沉积物挖掘作业。

悬吊在驳或船上的压气提升(泵)的工作效率随着其作业深度的增加而提高。压气提升的压力必须足以克服水静力压头。它无需在表面排放,在海底之上排放则足矣。压气提升压头可通过喷射器助力而增大,将物料送入压气提升(泵)的吸口。然而,这种压气提升系统仅适宜于输送量小,且相对有限的范围的区域。压气提升对清除封闭壳体内如圆柱桩内的物料特别有效,假如在压气提升(泵)的顶部连续注水,以保持外部静水力压头。压气提升还可用于清除稠密拥挤部位或区域内的沙和淤泥,如围堰内沿桩头处。压气提升还可作为旋转钻机地下全套钻具组和挖泥梯形链斗的气压助动力(见图 7.6 和图 7.7)。

其他的沉积物挖掘设备还有高压喷水器(见图 7.8)、马康那弗罗(Marconaflo)"动力喷射器"、压气泵(见图 7.9)和东洋(Toyo)泵(亦见第 5.12 节)。配备搅动装置的新型潜水泵适用于浅水和中等水深区域的大量沙的清除作业,尤其适宜在围堰内的开挖和清理水下的沟槽(见图 7.10)。这些设备用于清除松散和自由流动的物料都十分有效。因此,这些设备中的大多数,包括高压喷水设备,都是以悬吊的方式进行破碎土层结构和清除沉积物作业。

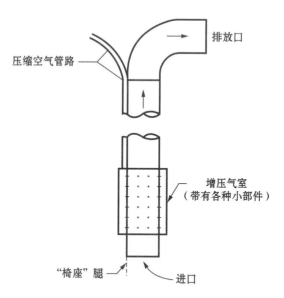

图 7.6 压气提升泵(示意图)

图 7.7 大型压气提升泵在 23m 深水处开挖

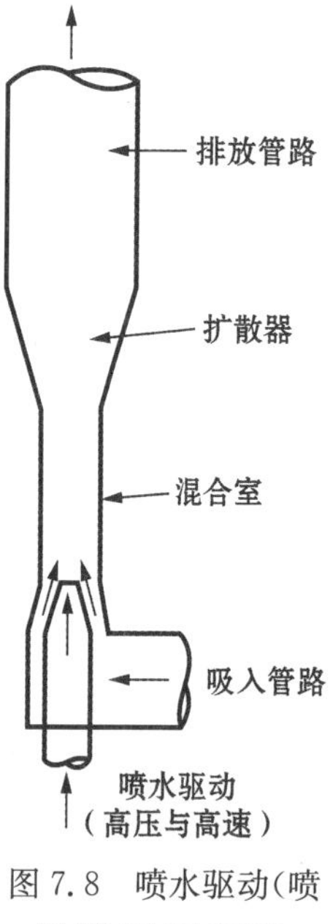

图 7.8 喷水驱动(喷射器)泵(示意图)

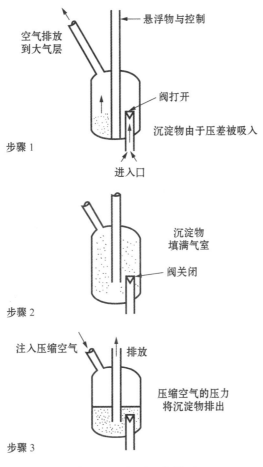

空气排放
到大气层

悬浮物与控制

阀打开

沉淀物由于压差被吸入

步骤 1

进入口

沉淀物
填满气室

阀关闭

步骤 2

注入压缩空气　排放

压缩空气的压力
将沉淀物排出

步骤 3

图 7.9　压气泵工作循环

喷水挖槽滑撬通常用于管道埋置的开挖沟槽作业,但利用它进行清土作业亦不失为是一种非常有效的方法,尤其适宜于在沟槽内或局限部位的清土作业。喷水挖槽滑撬主要由高压喷水割刀、压气提升泵或喷射器吸口和排放部分构成。

在易受冰山侧倾冲刷的区域内,为在密实土质上建造海底井口基盘的"喇叭形防护坑",采用了一台经改建扩大的钻头直径为 5m 的钻机。钻孔作业采取相反循环法,借助压力提升泵,将挖出的泥土排放在邻近的海底。该海底土部分含有水泥质沙和砾石,由于受风暴浪的作用土层特别密实。一个个钻孔重叠连接形成一个约 10m 深、底部面积为 10m×20m、看似火山口的喇叭形凹地,即

图 7.10　带搅动机的潜水泵正将水下沟槽中的沙石清除(照片由东洋泵业公司提供)

"喇叭形防护坑"。在北海的密实沙土层上作业采用重型多瓣抓斗工作效率高。近来对液压扬吸式挖泥船进行了改装,将悬挂的梯形链斗改成垂直形,链斗上还装有压气提升或喷射器。这样就能对 100m 深处的密实沙土层进行水力开挖。

为锰结核矿深海开采作业而开发的若干种类型的挖掘机具可应用于海底整治。其中的一种采用悬挂方式的拖耙利用喷水切割在海底拖耙出一个大型基础,借助压气提升或液压传送进行扬吸。另一种挖掘机具是采用连续传送带拉铲挖掘机或梯形链斗挖泥船(索铲挖掘机),通过放松索让铲斗返回到海底。这种挖掘方法虽然有效,但挖掘的深度难以控制,适宜于开挖沟槽。

安姆络德(Amrod)海底挖掘机是一种适合水深 300m 处遥控作业的海底水力挖掘机。海底挖掘作业可由水面上的操作员通过电动液压遥控进行控制,并借助视频和声频仪器对实际作业情况进行监视。一种安装在履带式牵引车上的海底挖掘机,其吸口规格为 10in,挖掘能力为 500t/h。

任何类型的挖掘机在挖掘一条或一个基槽时,都倾向于连续进行挖掘作业或是沿着先前开挖的基槽继续开挖,进而在一个施工点形成深槽而不是将土均匀地清除。在特定的施工点解决这一问题的办法是,在一个方向上连续挖掘数次以覆盖整个施工点,然后从直角方向进行第二轮挖掘作业。

7.4　坚硬物质和岩石的挖掘与清除 Dredging and Removal of Hard Material and Rock

清除坚硬物之前必须了解现场的具体地质情况数据,如层理、断裂层和岩层面的数据。近表层的地质信息对于合理计划安排清除坚硬物作业是必不可少的。

对于接近水平岩层面的分层岩的评估要求特别谨慎。就任何类型的挖掘机具而言,从顶面向下挖掘需施于过度的动能,而从下向上挖掘则所施于的动能效率非常高。在以往的海峡、河道和港口疏浚作业时采用铲斗挖泥船进行挖掘的工作效率特别高。近来,人们已接受把液压反铲挖掘机安装在驳船上,可应用于水深15m、甚至20m处的挖掘作业。在更深处挖掘时,松绳拉索链斗应能从下向上破碎层岩板块。

钻孔爆破法应用于水平成层岩和分层岩的效果一般并不理想,这是因为爆破能量通过裂缝消散了。在这种情况下,爆破作业把层岩破碎成非常大的层岩板块,使清除作业变得更加困难。

在有些地区,珊瑚冠岩或石灰岩层通常都覆盖在极其松软的淤泥上面。例如,这种地质条件就出现在阿拉伯波斯湾和夏威夷近海区域。放置在岩层顶部的炸药如锥形炸药会把硬岩层炸碎下陷,但由于炸碎的岩块太过细小故而效率低下。

锥形炸药适用于破碎卵石和炸除水下岩脊(礁石),也可用于在岩石层上爆破开挖沟槽。炸药放置的部位必须准确,并保持一个适合的姿态,以使爆破在岩石中形成一个空腔。潜水员可在锥形炸药上放置一个沙袋,使它固定在恰当的位置。这样能提高爆破的效力。锥形炸药也可装配在一个易耗的钢质框架内,然后下沉至海底。施工实践证明,锥形炸药对埋置管道的表层冠岩的爆破特别有效。在澳大利亚西北部大陆架北兰金(North Rankin)A平台的海底管道埋置工程中,利用锥形炸药对超过30万 m³灰屑岩和石灰岩进行了爆破作业。锥形炸药还适应于爆破大块状石灰岩,使钢承座和钢板桩获得底部固定。

海底基础处理过程中需清除的另一类坚硬物是冻胀砾泥层。重型的带齿蛤式抓斗能插入黏土把大卵石(漂石)抓入抓斗中(见图7.11)。传统蛤式抓斗的一个缺点是由于抓斗闭合绳的作用,抓齿上的有效重量会减少。为此,专门开发了一种能适合深水处作业的抓斗闭合液压缸。它可以使抓斗的全部重量都向下施加而且将液压缸产生的所有力都从侧向施加,进而使抓斗闭合。

图7.11　大型蛤式抓斗挖泥船在挖掘硬黏土,一旁为开底驳(由鹿岛工程建设有限公司提供)

蛤式抓斗应用于沙岩和砾岩层挖掘作业的另一项改进是在抓斗上安装重型振动器。当抓斗齿尖碰触地面时,振动器接通,助力抓齿插入其中。恰当选择抓斗的尺寸和重量、卷扬机缆索的拉力、振动器能量及持久性尤显重要。曾经发生过这样的案例,由于振动器的振动能量过大,致使抓斗插入岩层太深而提不起来。抓斗自身"锚固"在岩层里了。

铰吸式挖泥船上的动力集中在铰刀上,能挖掘从软到中等硬度的岩层。它们已被应用于苏伊士运河河道加深、清除沙岩和在阿拉伯湾开采岩盐。然而,典型的铰刀围绕着铰刀架的轴旋转是一种过度消耗动能的磨削作用。另一种新开发的轮式铰刀头则是围绕着水平轴旋转的;铰刀头设计成从下向上绞碎挖掘物,碎物同时被吸入。

在许多工程案例中,应先将挖掘物打碎以有利于清除。例如,对于泥砾层可能会先利用高压喷水将黏土结合料冲散松开,以使挖掘作业更为有效。高压水喷水可用于泥岩和粉沙岩钻孔。表面爆破可能只是炸开砾岩层的水泥质黏结;而钻孔埋置轻炸药爆破后,则能大大提高水力挖掘低黏结的或超固结岩土层的效率。

在阿拉斯加深山冰川湖的一项进水管道工程中,使用高压水喷水管在超固结淤泥土上钻孔。各钻孔的间距为3m,随后在钻孔中放置炸药进行爆破,利用延发雷管使炸开的土朝向敞开面。这样,待爆破的土过了一二天后,铰吸式挖泥船就能高效率地将破碎土清除。

近期为陆上采石作业新开发的水力压裂技术,未来亦可能应用深水作业。压力极高的高压力水的瞬间爆发力(至15 000psi)可应用于破碎岩层。

使用水下凿也是一种不用爆破的破碎岩层的方法。水下凿类似一根重型的轴系(杆),在水深相对较浅的水域(15~20m)可伸出水面。水下凿通过往复的提升和下落击碎坚硬的岩层。这种方法看似简陋粗糙,但作业过程简易有效。最近在阿拉伯湾的大型港口施工中采用了这种方法。在有的工程案例中,利用高压喷水与水下凿相结合,将松动和破碎的凿碎物冲走。

一种更为可控的作业方法是在水下凿的顶部安装冲击或振动锤,将凿打入岩层。待水下凿贯入岩层1~2m后,在该长凿顶端将其向一侧横斜拉拔,就像一把巨型的泥铲那样铲起一块岩石。在阿拉伯湾和地中海的若干大型工程项目中,碎石驳(凿石船)舷侧装有一排水下凿,井然有序地将硬岩层破碎,随后由液压挖掘船清除。

由气动、液压或振动锤打入的岩石破碎凿也可应用于水下作业。对其作业位置的控制须谨慎。岩石破碎凿通过它们的自重加上冲击和振动产生的动能贯入岩层。借助高压喷水将破碎的岩石冲开,并可防止凿由于被打入过深而发生"自锚固"现象。岩石破碎后亦可用蛤式抓斗把它们清除。

安装在驳船上并带有定位桩的大型液压反铲挖掘机对水深20m处的软性分层岩挖掘效率非常高。

岩石挖沟机适用于水下埋设动力电缆和小口径管线的岩层开槽。典型的岩石锯有多种,它们安装在海底滑撬上。这种岩石挖沟机已应用于软质及甚至是坚硬的岩层,开槽深度为750mm或以上。

拖犁开槽方法适宜于管线埋设开槽,且效率很高。拖犁可能很重,约有几百吨。拖犁由类似铺管船的驳船上的重型绞缆机拖拉进行开槽作业。在铺设管子之前,管槽可能会先撕开裂口,或者拖犁由预先埋设在海底的管线作导向。拖犁由横跨槽沟的轮子或滑撬支撑,通过液压控制使拖犁的重量完全发挥作用。

钻孔爆破碎石法在水下岩层挖掘上的应用由来已久。从水面上向下在坚硬岩土上用套管钻孔。套管不是打入就是钻入海底覆盖层,后者即所谓的"OD法"。套管钻孔钻好并清洁后,将防水的炸药粉连同防水导火线或引爆索下放到钻孔内。在炸药粉上压上沙袋(堵塞爆破孔)。把导火线或引爆索引出套管的顶端并系在一个漂浮物上。这时将套管升起,连同把导火线(引爆索)提起并连接在驳船上。在一连串的钻孔中埋置炸药包并连接后,把驳船拖开 60~100m 远,然后引爆。

破碎岩石的效率将随着岩石覆盖层总量的增厚而明显提高。同样,覆盖层的存在使得套管容易就位和封闭,反之,如果没有覆盖层则就变得困难。因此,在钻孔和爆破时,全部或部分覆盖层应留在原处。

通常的钻孔间距为 2~3m。钻孔间距和钻孔深度的超深(低于设计最终地基面高度)必须谨慎确定以能获得一个最佳效果。从挖掘和有利于清除岩石的观点来看,通常最佳的钻孔深度应低于地基面高度 1~1.5m 以上(即钻孔间距的一半以上),以确保留下的高点(尖顶)不高于地基面层的基准面。例如,按粗略和保守的拇指规则(经验法则),"即钻孔间距的一半再加上 0.5m"。这样要求的原因是,若不能一次性完全清除尖顶处的岩石,则第二次处理残留的岩石不仅费用昂贵且有难度。交错排列的钻孔与矩形格钻孔相比较,前者的爆破效果更好。

同理,从工程实践上考虑,通常采取较保守的高炸药有效系数(如 1.2~1.8kg/m³)和引爆相对较快的雷管快速炸药(如 60%)。然而,这样的爆破工艺可能会使岩层破碎过深而低于设计的基准面,这从对结构物基础要求的角度考虑,可能或亦不能被接受。如果未能被接受,那么可能要求对岩基进行机械打磨或压力灌浆。一般是在结构物安装后进行压力灌浆。在香港的青马(Tsing Ma)大桥施工时,先把塑料管埋设在混凝土基脚垫块上,然后通过这些塑料管对岩基下面爆破破碎的岩层进行钻孔和灌浆。

若必需要使表面岩基破碎降到最浅,则钻孔的间距和低于基准面的深度均需减小。所用的炸药量应少于 1kg/m³。

当前的安全规程禁止在已装炸药孔的 15m 范围内钻孔,除非获得一个自动放弃权利的许可。如果能用施工样板对装药套管钻孔的间距和垂直度进行检查控制,则有时能获得这种弃权许可。然而,若能采用一个大型施工样板并确保整行和一排或二排的套管都能留在原处,直到全部钻孔完毕后再装药,则也可视作为符合安全规程的要求。若未能获得弃权许可,则可将若干个套管作为一组使用,待全部钻孔钻完后才可装药。

如果岩石的朝向是可破碎的敞开面,那么爆破始终是最有效的方法。因此在某些情况时,可能需要先钻岩和部分开挖槽,随后再进而钻、爆破和开挖交替进行,以使开挖的岩层一直呈现一个可破碎的敞开面。若岩层无敞开面,则需破碎的岩石倾向于先被拱起,然后又沉回到原有的质量密度。若采用的炸药有效系数低,且又是雷管慢速炸药,则情况会更糟。其结果是破碎的大块岩石根本未移动,使得随后的钻孔和爆破变得非常困难,因为爆破的能量会沿着大块岩石破裂区的裂缝消散而未能破碎新的岩石(层)。

若必须保护毗邻的结构物,则需采取成行钻孔和缓冲爆破技术。沿着岩石爆破区边界排先进行预裂能阻止岩石断裂的延伸。延发爆破能保证爆破的石料沿着所要求的方向运动。空气起泡能减小水震动效应。通过放置双排起泡器,横向间距和排距各为 3m,就能对结构物进行保护。爆破使水压冲击峰值可降 10 倍。

水质点速度可限制在 12mm/s,结构物面上产生的水超压可限定在 $0.5N/mm^2$。在装药孔距岩层顶约钻孔孔距一半处堵塞能有效地减少爆破对岩层造成的破坏和混浊度。试爆破有助于确定一个炸药的有效系数。

坚实岩石爆破后产生的碎石体积通常会增大 40%~50%,由此爆破区域的海底平面高程就会升高。如果这些碎石又必须采用斗式铲挖的方式清除,则铲挖碎石的作业量也相应增加。如果爆破的深度在普通岩基基准面之下,同样的情况也会发生。这样,与纯坚实岩石体积爆破后增长相比,普通浅岩层爆破后大面积碎石的清除作业量要高出 100%或更多。

深海作业一般采用旋转式钻机和冲击式钻机两种。旋转式钻机适合于深水完整坚硬岩层的钻孔;而气动钻机主要应用于不规则和漂忽不定的岩层,以及水深较浅处的钻孔。潜孔气锤钻机应用于水下筒形基坑和插桩岩石承窝的钻孔施工不仅效率高且又经济。在日本本州与四岛之间的濑户佰松(Bison Seto)大桥的锚墩岩基施工中,使用旋转式钻机和自升式平台对桥墩岩基底部进行平整处理如图 7.3 所示。

若在水下开挖一条深槽沟,采用整个面(即全深度的)一次性完成钻孔和爆破的实践效果表明较之分阶段进行钻孔和爆破的效果更佳。这是因为在预先已爆破破碎的岩石中放置套管和保持环流比较难。采取延发爆破可减少岩基外部破坏。

在一个现存湖的深水中建造了进水口竖井,同时在沿海水域的地下岩层建造了出水口竖管。采用全断面旋转式钻机钻成直径为若干米的大孔。另一种方式是先做一个海底施工样板导向,然后用潜孔钻机钻出许多直径为300~500mm的孔。这些钻孔的间距紧凑,以形成一种"瑞士硬干酪效应"。随后用长柄凿把孔壁之间的间隔凿掉。在任何情况下,钻孔都应有套管保护,并采取相反循环法(见第10.2节)。

钻孔和爆破也可由潜水员和/或潜水工作车进行。但是,它们仅适宜于那些相对较小孤立且深度浅的作业对象,如孤立的海底卵石。潜水员一般不能胜任时间周期长的主要作业项目。他们工作的有效性也受到其内在固有浮力的限制。为了能直接从海底进行钻孔作业,专门开发了各种水下履带车。当然,就任何主要作业项目而言,最有效和经济的还是从水面上进行作业。

相当多的水下爆破是通过声控水下爆破装置实施的,这样就不需要把爆破引线或防水导爆线从海底集中拖拉到水面上的驳船上。这种声控水下爆破装置,只要不被海底的淤泥沙埋住,其爆破性能是合理可靠的。该爆破装置在日本本州-四国部分桥梁的桥墩岩基开挖中得到了成功的应用。

通常在爆破和开挖岩层之前,有必要清理岩基并将淤泥、沙和小碎石块清除。直吸式挖泥船或压气提升并借助高压水喷水最适宜于这类作业。

混浊度近来已成为水下爆破的主要关注点。在日本所进行的试验表明,粗淤泥(粗粉沙)的沉淀快速,而细淤泥(细粉沙)和黏土颗粒的沉淀则较缓慢。在一个大型的结构框架上装上防淤帘过滤悬浮混浊物的效果最好。将抓斗提起并保持在防淤帘之上,先把抓斗中淤泥水过滤掉,然后再摆动抓斗。排放细泥料时应通过下放的混凝土导管将细泥料直接排放到海底底部。

7.5　水下填筑
Placement of Underwater Fills

通过在水下填筑颗粒材料,如碎石、砾石及沙等,可为结构物提供一个地面高度合理、实用经济且表面均匀的基础。例如，水下填筑使结构物能坐落在一个原来地面不平整、有岩石露出的基础上，或者可回填低洼处把不适合的材料如淤泥排除掉。在深水区域，水下填筑能将结构物的基座抬高到一个从经济上考虑更为合适理想的高度。因为如果基座低于一定的高程（标高），设计波浪会对结构物产生破坏作用。水下填筑能为海底结构物，从抗剪强度上考虑，提供一个静动态特性和孔隙水压力形成已知的，以及可阻止地基液化的基础。

桥墩四周填筑形成保护岛防止过往船舶碰撞。在水下隧道段和下水道排水口的周围和上方需进行填筑。运河堤岸的填筑、突堤、在顺岸码头后场通过回填建造集装箱堆场，以及建造码头的筑堤。水下填筑还应用于防波堤堤心的回填。

水下填筑碎石或砾石可用作含有不稳定沙土区域的覆盖层，它允许孔隙水压力释放但能阻止沙向外流失。它们还适用于如黏土等侧限不稳定材料，对结构物起到一个外部平衡荷载的作用，以防发生局部剪切破坏。水下碎石覆盖在表面不平整、有岩石露出的岩基上形成一个平整均匀的承载结构物的基础。在受污染的土层上覆盖黏土层。

在开始挖掘作业之前或期间，填筑水下石堤能起到稳定边坡、防止剪切和冲刷破坏的作用。这种情况通常是在挖掘沙土层时，将水下石堤移入到沙土层的下坡，形成一个较陡和稳定的坡面。这种水下石堤称之为"堆石下落护坦"。它们在下面无过滤层的情况时最为有效。沙逐渐通过碎石流出，使护坦形成有规则的外形。利用坚硬的冰川黏土填筑的水下护坦也已用于水下回填沙土的挡土结构。第 7.8 节将就水下填筑在海上结构物防冲刷和防侵蚀上的应用作具体描述。

水下填筑材料的选择必须考虑到材料对使用对象的适用性、密度与颗粒级配和抛填到所要求的深度及具体位置的可能性。当然，水下填筑材料获得的可能性和成本也是必须考虑的因素。

水下填筑材料主要是通过液压或带泥舱的挖泥船抛填（见图 7.12）或者由抓斗抛填到水中。相对密度较低的材料抛入水中时会倾向于侧向散开，且材料抛入水中下沉的速度亦不同。其结果是由于抛填材料下沉速度不同而发生离析使水下填筑形成不同颗粒级配的分层。此外，这种材料的原状密度主要决定于其渗透性（渗水能力）和颗粒的相对级配。无黏性材料（沙和砾石）在下沉经过不同水深度的过程中，其相对密度变化范围在 40% ～ 60% 之间，大多是在 50%。侧向扩散程度取决于比重、级配、颗粒形状、水深和水流，但一般坡度很平。受细沙影响,它们会临时液化,允许作为稠密流体局部流动。淤泥和云母含量是非常关键的:在沉淀过程中形成的扁豆状夹层会导致后阶段边坡破坏(坍塌)。如果水下回填层以后是由铲斗或铰刀头挖掘,则它们临时的边坡会更陡,对冲击和振动非常敏感。

图 7.12　从带泥舱的挖泥船上抛填沙石建造用于沉井(箱)的水下沙岛,加拿大波弗特海

　　水下填筑过程中,空气含量对水下填筑材料的离析、扩散和原状密度会产生非常明显的影响。贴附在细颗粒材料上的气泡增加了细颗粒材料的浮力。对水下填筑材料事先作饱和处理,则能使其在下沉过程中的离析现象减少。

　　沙料可利用水下混凝土浇筑导管抛放。导管的端部装有能使沙与水强制分离的特殊装置,以能形成一个较陡的边坡。该特殊装置是一个"织物"网罩,其空隙能让水自由流出,但不让沙料通过;一个宽大的喇叭形承口能使水流出的速度降低。在加拿大波弗特海塔希特(Tarsiut)岛的施工案例中,利用导管和这种特殊装置抛沙填筑形成的边坡坡度为 10:1,甚至有的能达到 15:1。

　　如果水下填筑材料含沙,但又要防止沙扩散,则该材料应像过滤层那样进行分级。在实际施工中想要达到这个要求是极其困难的。一种方法是选择类似混凝土拌和料那样具有良好级配的材料,它在整个水下填筑过程中,既起到过滤和稳定的作用,又具有防冲刷的能力。有些细沙会流失,但留下的都是稳定的;另一种方法是首先在填筑区域铺设织物过滤垫,并利用绞接的混凝土块将其系住,然后把石料倾倒在织物过滤垫上。织物过滤垫的固定也可通过潜水员在其上压沙袋或打入钢钉系住。在水很深的情况时,织物过滤垫可在放置前先系固在结构物上,或者系固在钢质或混凝土框架上,或平板上。

海上水下填筑石料抛填的最佳方案之一是采用开底驳或侧面卸料驳船。卸料前先对填筑材料进行饱和处理能使石料离析现象减到最小。石料的质量在倾斜下落过程中悬聚在一起,达到其质量的极限速度。这个速度较之石料单个颗粒的下落速度要快得多。以极限速度下落的石料质量对先前填筑层产生的冲击,有助于其压密固结。

ACZ 海工建筑承包商在荷兰所进行的试验表明,最大粒径为 0.2m (200mm)的石材拌和料可达到的最大极限速度为 2.0～2.5m/s。然而,如果通过开底泥驳或类似驳船倾倒石料,使石料的质量悬聚在一起下落,那么其下落速度大约是单个石料下落速度的两倍,即 4～5m/s。该极限速度在一个相当短的落距(5～10m)范围内就能达到,这与石料是在大气中下落,还是通过导管下落时的初始速度无关。

其他的水下填筑方法包括将装满石料的蛤式抓斗或翻斗放置到海底底部后打开倾倒(一个很单调的过程);或者通过水下混凝土浇筑导管。导管通常悬挂在驳船上,或安装在趸船上的加料斗上,侧向由系在驳船上的缆绳约束。导管的直径必须大到足以能避免石料堵塞,一般应是常用石料最大粒径的 3～5 倍。砾石相对于碎石不容易堵塞导管,狭长的颗粒不太好。再有一种方法是通过一个倾斜的溜槽(类似经改装的拖斗吸扬式开底挖泥船)把石料送入到所要求的深处。卸料溜槽的一端悬挂在驳船上,装有一个垂荡补偿器,并可指向恰当的位置。

荷兰的浚挖作业承包商开发了许多抛石船,船上装备的有直接倾倒石料的设备或通过受控的水下混凝土浇筑导管(见第 15.4 节)。

为使水下填筑物保持长期的稳定,要求在选择恰当的石料颗粒尺寸时应考虑底层流的流速因潮汐和常规水流及风暴浪水流引起的变化。对于因结构物自身而产生的垂直流和涡流之影响必须予以考虑。在暴风雨期间,土层中的孔隙水压力波动变化容易使回填层的颗粒暂时处于悬浮状态。

另外应考虑的是填密系数,它由颗粒形状、级配和回填材料的固结程度确定。由于处理的是水中的潜密度,故相对密度极其重要。采用由铁矿石无机化合物构成的,比重为 3.5 或更高的岩石料作为水下填筑材料较之采用典型的比重为 2.6 的硅石(石英)岩石,其效果要好得多,且更稳定。这是因为填筑材料的稳定性变化大约是水下净密度的立方。石料颗粒尺寸较大则更为稳定,有助于将不同级配的回填材料"锁定"在一起。

当沙作为围绕结构物的填筑材料(例如作为管线埋置的回填材料)通过导管向下抛填时,下落的沙料就像是一个暂时的重流体,并具有流体的流动和移位的特性。为此,它们会流动到管线的下面将管线抬起或向一侧移位,前提是如果沙流体的比重正好达到 1.5 时。许多主要的管线安装施工中都曾发生过由于回填沙流体以这种方式导致的管线位移或破裂的情况。当然,回填沙流体,一旦超空隙水压力消失,很快就会恢复成固体状态。虽然这一切都是在几分钟的瞬间发生的,但损坏则已成为事实。同样的问题可能还会造成更严重的后果,如在预制的水下隧道段水下填筑或回填施工中由此导致预制隧道上浮或侧移。

水下填筑技术的合理应用将会为海上结构物向深海延伸、在海底软弱地基和有多处突露物的位置上建造提供重要的机会。恰当的填筑能使在所期望的基面高程,采用性能熟悉可控的填筑材料进行建造成为可能。

在结构物周围铺砌的水下石护坦能用于防止船舶碰撞、促使冰山或高压脊(冰脊)搁浅,以及使泥流和混浊流改道分流。如上所述,水下石护坦还能限制类似黏土的软土,以延长剪切路径阻止因高承载压力引起的局部剪切破坏。尤其具有吸引力的是基于这样的事实,即在很多案例中,水下石料填筑在结构物预制建造期间就可同时进行施工,这样可缩短和充分利用施工周期。

原状沙和砾石可能未密实固结,以至于在长期受风暴或地震的影响会发生液化。为此需要对地基土进行密实加固,以将其相对密度提高到大于临界值(约 70%R.D.)。上述章节中提及的填筑层也同样要求固结处理,以减少沉降和确保稳定性。对土层和填筑层进行固结处理的方法和技术有许多种。其中的一种适宜砾石和非黏性材料固结的方法是振实固结法。一根直径可至 1m 的大型心轴由喷水或振动器驱动插入填筑层。心轴末端水平向装有振动器。振动器启动后将产生的高频率能量传递给相邻的土体,促使沙颗粒重新排列。这时孔隙水压力增大,随后通过相邻的填筑层排水释放。还可在填筑层中安装些石柱以防止液化(见第 7.6 节)。

目前市场上生产的内部振动密实工具有若干种品牌,其中有的完全适合水下使用。它们可插入和振密的填筑材料的粒径范围可从粒径 75mm 至细沙。

填筑层内应安装孔隙压力计,用以对孔隙水压力进行监视。

　　孔隙水排放是必不可少的。淤泥或黏土层会阻止孔隙水排出,这将严重影响填筑土振动密实的效果。若填筑层内存在这样的覆盖层,则必须设置垂直排水路径,如砾石排水或沙井。排水路径设置可通过钻井和水冲到位的方式进行。此外,还必须设置一个能让排出的水逃逸流出的水平路径;这通常是预先铺设在海底(海上结构物基础之下)的沙层或沙与砾石混合层。作为选择也可在结构物内部设置排水井,排入的水由水泵抽出。

　　填筑层内部振动对其表面层的压实不起作用。填筑表层的压密可利用振动板压实机具进行。荷兰东斯海尔德水道(Oosterschelde)风暴潮挡闸工程就是采用大型水下振动板压实机具成功地对颗粒最大粒径 350mm、层厚 2m 的石料填筑表层进行了压实加固(见图 7.13a)。

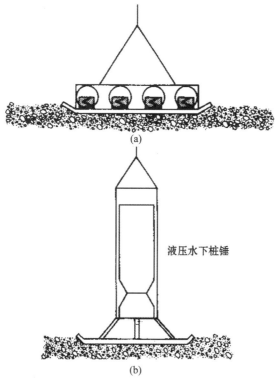

液压水下桩锤

(b)

图 7.13　砾石和石料填筑压实机具

(a) 水下振动板压实机具　(b) 动力板压实机具

大贝尔特(Great Belt)海峡主塔的填筑基础表层土也是利用类似的水下振动板压实机具进行压密加固的。

其他的表层土压实方法主要是采纳水上陆地填筑表层压实加固的应用实践。这些方法包括碾压法和遥控作业的水下推土机压实法。然而,这些方法目前还仅限应用于相对浅的水域。另一种看似简陋却有效的压实机具是一根长轴或管子,连同一块底板。内装一个桩锤或振动锤,能有效控制(见图7.13b)。另一种适合大范围粒径和级配填筑材料的压密加固方法是重锤夯实法,即梅纳德(Menard)强夯法。该方法通过起重吊反复吊起重锤和自由落锤加固地基。取决于重锤的质量、落锤的密度和距离,重锤夯实法能有效地加固至10m深的水下土体和填筑体。该地基加固方法已成功应用于沙和岩石料填筑的水下围堰加固。但是采取该法必须考虑到重锤夯击震动对毗邻沉淀物层的产生的影响,避免发生大规模范围的地基液化和流动滑坡。

空气枪(一种海洋地震勘探震源)亦可能用于对松沙土进行密实;对此已进行了一些实验性工作。重要的是要认识到,这种震动会导致瞬间形成高孔隙水压力。高压力的孔隙水通过渗透材料排出释放,或在相对非渗透材料如淤泥中则通过剪切破坏排出释放。后者当然是不希望发生的,它可能会造成滑坡。

爆破方法的应用也能达到类似的"振动密实"或重锤夯实效果。通过高压喷水在需密实填筑层冲出一个约占层厚2/3深的套管孔。炸药量受到限制,以免在爆破后形成爆破坑。典型的套管孔孔距为3~8m。使用延发爆破的方法把逐次爆破冲击的时间隔开。

许多水下隧道("预制水下沉埋管式隧道")由预浇筑的混凝土隧道管段沉放到海底槽基后用沙和砾石回填。这种颗粒状材料的回填通过水下混凝土浇筑导管、翻斗或直接倾倒进行。回填材料未经密实处于松密实的状态。这种回填在地震时会发生液化使隧道管段抬起或位移。由此,暂时失去的抗剪强度使隧道管段产生纵向(轴向)运动,造成隧道管段之间的连接遭到破坏。因此,在地震多发区的回填需进行密实加固。

植入碎石桩时应交错进行,避免对管式隧道产生不平衡载荷。通过孔隙压力计对孔隙水压力进行监测。标准贯入仪测试是测定原状密度的最佳方法。校正读数30击/300mm(1 200)一般认为不会发生地基液化。

为防止隧道管段抬起,必须对来自侧面的孔隙水压力予以限制,因为无法对管式隧道下面进行密实。施工上最可行的是对下侧回填土进行完全密实,但要求对碎石桩的植入位置的定位格外谨慎,并沿着管式隧道振实。常用的先进电子定位装置可参见第 6.7 节。

7.6　软土的固结与加强
Consolidation and Strengthening of Weak Soils

　　沙桩或碎石桩是通过钻孔或打入黏土和淤泥土植入的。它们通过提高承载能力和抗剪切强度使软土地基得以加强并防止发生液化。这类桩的植入方式通常是先在软土中打入一个管状心轴,接着将颗粒状材料填入,然后在拔出管状心轴的同时借助气压强力使颗粒材料留在软土管状孔柱中。由于通常要求碎石桩贯入的深度有限,仅是针对软土层,因此植桩的过程非常迅速。典型的情况是,直径 1m 的"桩"置于 2～3m 中间。它们分别是指"排水沙井"、"沙桩"和"碎石桩"。另一种类似的植桩工序是,借助高压喷水将管状心轴沉入,然后在填入砾石和强力振动的同时将管状心轴逐渐拔出。

　　如上文所述,振动密实对松沙沉积层的固结处理特别有效。迄今最大规模应用振动密实加固地基的可能要属荷兰东斯海尔德水道风暴潮挡闸工程。安装在驳船上的四台夯实机具对海平面下至 50m 的松沙土进行夯实加固。大贝尔特海峡大桥桥墩施工采用了重型振动密实机具对层厚 1m 的石料填筑基础进行振动密实加固,达到了 80%～90% 的相对密度。

　　软土固结的一个有效措施是先预加荷载,随后将软土清淤或重新分布。借助开底驳抛填形成一个沙料或石料水下填筑相当于对下层的软土施加一个过压(预加荷载),预压周期为 6 个月至 1 年或更长些。如果土层内的孔隙水能通过自然的或人工设置的反滤层排出,则软土固结的效果更佳。

　　淤泥和黏土固结可采取垂直排水沙井或塑料带竖向排水方法。该方法尤其适用于那些具有良好的天然水平渗透分层的各向异性土。在许多区域都存在这类因沉积物逐渐沉淀而形成的分层土。这种排水固结方法在在陆上施工中经常使用,若结合预加荷载也可应用于水下地基加固。

　　排水沙井可通过钻孔或喷水冲孔形成。塑料竖向排水带则可借助喷水或系附在一根由动力贯入的轴杆上一起植入。当然,在排水固结期间,若结构物已安装就位,则可在结构物内设置一个排水井,溢出的水可用泵将其抽走。从土中挤出的水向上流动经过排水系统,故必须设置一个能让水侧向流出的途径。为此,首先应在海底区域铺设一层能让水侧向流出的粗沙或砾石覆盖层,该覆盖层亦可作为预加荷载的一部分。

真空预压排水法适用于加速水上填筑排水的固结效果。待塑料竖向排水带植入后,在排水固结处理的填筑区上盖上塑料薄膜并在薄膜四周边缘处用填物压住保持密封。然后将薄膜内抽真空并保持。这种方法的优点是能对非常软弱的土层作固结处理,而如果采用传统的预加荷载法则可能会造成这种软弱土层发生剪切破坏。在印度孟买的涅瓦湿婆(Neva Shiva)新建港区(码头)施工中曾应用了真空预压排水法。

无论是采用或不采用人工设置的排水系统,预加荷载对填筑层的固结效应在经过 6~12 个月后都能起到对淤泥和甚至黏土的稳定作用,使其达到具有承载结构物的能力。然后,在安装结构物之前将预加荷载填筑向周边的外围部位摊开,使剪切路径延长起到一个能抗承载破坏的平衡力。

水下颗粒状土的水泥灌浆加固是一种陆上地基压力灌浆加固法在水下的延续应用,通过压力注入水泥浆使地基基础得以加固。灌浆过程中必须对水泥浆的压力予以调节控制,通过成渠效应防止孔隙水压力造成"形状破坏"。黏结颗粒必须足以细小(细至磨细的),以致能渗入到缝隙内。在灰浆中添加湿润剂可降低黏度和减少胶质拌和料,提高渗透性。

若水泥能与土拌合,即使黏性土也能得到稳定。水泥与土拌合的技术已开发了多种,但基本上都是以采用螺旋钻和喷水钻入黏土的拌合形式。待喷水停止后,注入薄水泥浆,再由螺旋钻机械搅拌让水泥浆与土拌合。在日本已开发了若干种应用于浅海底土的水泥与土拌合方法。喷射灌浆法和深层搅拌法是两种对软黏土和淤泥沙加固处理的最为有效的方法。喷射灌浆法利用水泥灌浆替代土柱;深层搅拌法则将水泥与土拌合,这样可以把弃土量减到最小。

水泥与土拌合成的软柱体(DCM)可建成像割排桩墙的或形成约 $4m \times 4m$ 的平面格状的。这样,由于剪切是在柱体之间发展的,故能使海底土和边坡稳定。这种加固方法的经济性在美国加利福尼亚奥克兰港口建造中得到了充分的体现。然而,采用该方法加固的地基土强度很低,其抗地震的性能尚未明确。

喷射灌浆法曾应用于美国伊利诺斯州开普吉拉多(Cape Girardeau)横跨密西西比河的大桥基础施工。当时的现场基础开挖后发现在石灰岩中有深的碻斯特(岩溶)裂缝和填充的淤泥。采取喷射灌浆置换淤泥的基础加固方法,经过大面积施工,巨型桥墩得以成功建成。

在韩国釜山与巨济之间的水下车行隧道的基础施工中,通过喷射灌浆柱体加固基础提高其承载力和防止过度沉降。

另一种方法是基于在黏土和淤泥中注入相对压力较高的水泥浆。上体先是受到高压水的破坏,允许多重的扁豆状体(透镜体)水泥浆体形成夹层,由此提高土体的抗剪切强度。

另一个类似的喷射灌浆法是一种用生石灰(CaO)注入软黏土或有机土中的方法。先将生石灰装入聚乙烯或类似的袋套内,随即将其放入预先形成的孔洞中。置入孔洞中的生石灰从周围土中吸收水分转化成氢氧化钙后释放出大量的热量。从而在黏土颗粒中形成了稳定的钙化合物,如碳酸钙。

除了石灰和水泥,其他的化学灌浆物也适用于具有渗透性的或渗透性较差的地基土。多年来,硅酸钠灌浆继碳酸钙之后已应用于地基土的加固。在有些石灰性土中,如果它们具有良好的渗透性,那么可能只需一次性的硅酸钠灌浆就能被土中的游离石灰稳定住。

有机聚合物也可用作化学灌浆处理地基,不管是作为聚合物,还是以后可转化的单体。这些单体一般含有毒性,因此必须考虑到它们对邻近海生物可能会产生的影响。有的单体具有高渗透性,因此对渗透性差的黏土和淤泥尤为适用。壳牌石油国际(Shell Oil International)开发了一种称之为 Eposand 的渗透聚合物。先用淡水冲洗地基土,接着再用有机溶剂,然后灌浆注入 Eposand。位于澳大利亚西北部大陆架的北兰金(North Rankin)A 平台桩尖下面的石灰质沙的临时加强就是采用了灌浆注入 Eposand 的加固处理方法。

冻结施工法已应用于北极区的地基土和围堰的加固(见第 23.8 节)。最近以来对冻结施工法应用于上述提及的北兰金 A 平台的可能性进行了详尽的研究。对海底土特别要注意卤盐水扁豆状体(透镜体)和袋状体的浓度随着冻结的发展而增加。低温对钢桩的影响也必须予以考虑。

本节所述的各种海底土固结和加固处理的方法可提高其 2～5 个系数的承压强度和剪切强度。即使是非常软的地基土通过固结和加固处理也可显著提高其对结构物的承载能力,并减少其在暴风雨期间的移动(活动)。通过打入间距排列紧密的桩基能改善水下黏土的稳定性,增强其抗潜在泥流和坍塌的能力。桩基把层土系紧在一起,形成一个加筋的土质量。美国陆军工程兵团采用这种桩基处理方法对堤坝上游面的黏土围堰的稳定进行了加固;在日本对石油储存罐基础的防剪切破坏,在意大利威尼斯对不同沙和黏土的扁豆状体(透镜体)的稳定处理以及对风暴潮挡闸基础的加固都采用过桩基处理的方法。

希腊里奥-安托里恩(Rion-Antirion)大桥的基础加强是应用桩基处理的最为成功的案例之一。20m 长的钢桩,以中心距 3m 打入海平面以下 70m 深处,然后铺设 3m 厚的砾石覆盖层,重力式结构物坐落在上面。

7.7 防液化
Prevention of Liquefaction

地基液化主要发生在松沙土层。当土中形成(超)孔隙水压力时会使土瞬时呈重流体状态。这种现象在发生地震时经常出现。海墙和重力式结构物的基础在遭受风暴浪冲击时也会发生液化:结构物的摇晃将动能传递到下面的土中。排水口和埋置的管道可能会被掀起。

密实处理是防止液化的措施之一,这在前一节中已有提及。在此拟探讨的其他措施是自流排水方法,即一种能让超压力孔隙水自流排出的排水系统。例如,在水力沙填筑基础中设置垂直颗粒填料排水井亦足以起到排水效果。塑料排水带也是常见的自流排水措施。这两种措施都是通过为填筑的地基基础提供自流排水系统达到固结处理的目的。

北海的一些重力式结构物都是置于由细沙层构成的基础上,细沙层不是在表层,就是在浅黏土层的夹层之间。为防止在结构物因风暴浪冲击下发生摇晃而形成(超)孔隙水压力,在结构物基础下面设置了过滤垫和排水井。对排入结构物中的水进行控制,以使细沙层周围的孔隙水压力始终低于静水压头。这样,即使处于暴风雨气候条件下也能防止超孔隙水压力产生。

防止沉箱结构和海底支承结构物边缘地基土液化的一个非常有效的方法是在结构物基础外围设置由级配岩石堆砌的护坦。在结构物受风暴浪作用发生摇晃时,护坦能在不引起沙流动的情况下使孔隙水压力消散。利用过滤土工布并在其上面用铰接垫层或岩石覆盖也是一种能防止海底支承结构物边缘地基土液化的十分有效的方法。关于过滤土工布的使用将在下一节中叙述。

近来,在钢板桩围堰(挡水围板)施工中发现因打桩尤其是振动桩锤强力振动引起的淤泥和沙土的液化问题。对此,可能有必要在打桩之前,预先设置排水系统或预先将地下水排出(见第 9.4.5 节)。

7.8 防冲刷
Scour Protection

为防止由于持续的或瞬间的海流对结构物周围和管线造成冲刷影响,故要求设置一种或其他型式的防冲刷设施。在结构物周围或筑堤路肩(护坡道)增设诸如沙等防冲刷"牺牲"材料。这类防冲刷措施特别适用于临时性结构物,如在波弗特海(靠美国阿拉斯加州东北岸和加拿大西北岸)浅水区域,设计使用年限为 1～2 年的勘察钻探岛;在悬索桥锚墩四周筑一道防冲刷的永久性沙岛;在丹麦的大贝尔特海峡大桥桥墩周围所筑的防冲刷沙岛的形状是按最佳水流特性专门设计的。

最常见的防冲刷形式是铺设适合级配的岩石块,既能经受海流冲刷又不会发生位移。石料尺寸的大小可分为从位于 20～30m 深处海底的砾石直至在碎浪带重达 10t 的岩石块。岩石的稳定性是随浮密度(岩石比重－1)的立方而变化。计划建造在新泽西州海岸的海上大西洋发电站的防波堤规定选用单位重量为 190lb/ft³ 的暗色岩替代价格稍贵、单位重量为 165lb/ft³ 的硅质岩。相似尺寸的暗色岩与硅质岩比较,暗色岩的稳定系数要高出 50%。同样,铁矿石也曾被考虑用作河底的防冲刷材料,由于其他方面的考虑,岩石的尺寸受到限制。

一般来说,单块石的尺寸愈大,则其稳定性愈好。然而,石块之间的连锁也是十分重要的。爆破的多边形岩石在质量上较相似尺寸的中砾石或巨砾石要稳定得多。填塞裂缝,甚至也可以用混凝土将裂缝填满,能持续保持石块的稳定,只要石块层的渗透性(孔隙率)能足以能使超孔隙水压力消散。

波浪冲击产生的水力冲击效应会瞬时使土层内孔隙水压力升高。一个破碎风暴波产生的水力冲击能量(效应)可相当于将一块百吨重的石块猛掷到防波堤上! 由于受到如此大的冲击,典型的受损形式初始时至少是防波堤护面块体表面破坏。强大的波浪力可延伸到 100m 水深处,它能使土层内的孔隙水压力升高到 3～4t/m²(30～40kPa)。在波浪作用下,岩石碎块下面的沙立刻发生液化。沙石颗粒从岩石内流出被海流冲走,岩石护面块体会以其自己的方式坍陷到沙土中。防止这种情况发生的措施是铺设适合级配的倒滤层或过滤土工布垫,阻止护面块体内的沙石颗粒任意流出。

美国陆军工程兵团的《海岸防护手册(Shore Protection Manual)》规定了用作过滤层岩石料的尺寸和级配的准则。铺设若干层不同级配的岩石料过滤层,即使是在水面平静的港湾施工亦相当困难,更何况是在开阔的海域施工。因此,有必要增加每一铺设层的厚度,以补偿铺设过程中可能产生的容许偏差。最为实践可行的方法是把所有不同尺寸和级配的由细至粗的材料拌合在一起作为一个组合层铺设,虽然从材料利用的角度上来看,未得到有效利用。适合混凝土配比的骨料拌和料(但不含水泥)已经常用作于稳定浅围堰底部的铺设层。

过滤土工布的应用迄今已被广泛接受。过滤土工布具有规定的孔隙尺寸,仅允许泌水,但不让沙流失。为使过滤土工布达到足够的强度,以适应各种不同的运动,波浪和海流冲击力和在结构物安装过程中产生的应变,应采用较重型的聚丙烯网状物对过滤土工布进行加强。更重型的则可埋置不锈钢丝绳网状物。过滤土工布也可与这两种网状物中的一种缝合在一起作为一个单元铺设。

大部分的过滤土工布都比水轻,因此沉放到水下有困难。把混凝土小块用不锈钢U形钉固定在土工布上使其容易下沉。荷兰东斯海尔德风暴潮挡闸上应用的这种铰接式土工布垫都是在荷兰工厂自动化生产的。在加拿大生产了一种密度比水高的特殊过滤土工布,故放置铺设容易得多。这种土工布垫绕卷在卷筒上,放置时从大型卷筒上卷开,铺设在海底(见图7.14)。另有一种形式是,过滤土工布(平面20m×20m)连接固定在钢管架上,沉放到海底。澳大利亚昆士兰州海角港口(Hay Point)的离岸码头沉箱结构周围铺设的就是这种平面格块形式的过滤土工布,并成功地经受了飓风和高潮汐流的冲刷。孟加拉共和国贾木纳(Jamuna)河大桥水下筑堤边坡防冲刷采用了木条柴排、过滤土工布和石料护层(见图7.15)。

对那些施工中不能挖掘的水下边坡保护,可采纳"堆石下落护坦法概念"。这个概念是将粗骨料和抛石混合,在海底基础可挖掘和采用传统方法保护的坡脚处抛填一层厚度1~3m、宽10m的防护层。当海流冲击堆石下落护坦时,石块滚落下来提供保护。

如果是沉箱式结构物,则过滤土工布垫可预先系连在靠近结构物的底部。

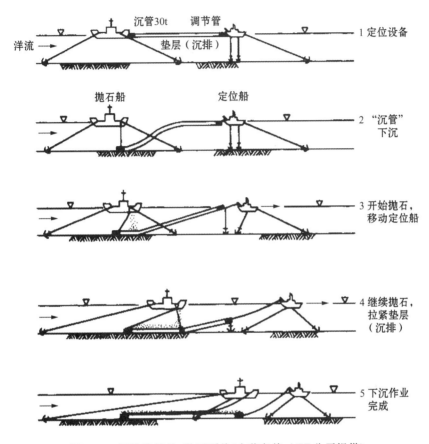

图 7.14　沉放防护垫,抛石覆盖(由范奥德-ACZ 公司提供)

　　然后待结构物安装就位后,将过滤土工布垫与结构物连接处割断松开铺展到相邻的海底上。该方法在挪威埃科菲斯克(Ekofisk)石油储存罐的沉箱结构施工中得到了成功应用。过滤土工布垫之间的连接部分必须充分重叠搭接,这对在结构物底部弯角处的搭接有一定的困难。过滤土工布垫铺设后抛石将其复盖。

　　其他独特的防冲刷形式已有使用。在结构物接近海底的外壁上留下的孔洞可能会形成一个逆流。该逆流会引起沙沉淀而非冲刷破坏。在结构物底部恰好高出海底处安装钢管架悬臂,悬臂上挂着塑料条。塑料条起着人工海草的作用,它能使就地的流速减缓导致沙沉淀。

　　在海底基础上铺设混凝土或沥青作为稳定海底基础的方法已进行了许多

305

图 7.15 制作的织物垫层、过滤土工布和石块，
铺设在水下边坡上防止孟加拉贾木纳河大桥遭受冲刷

现场实验。荷兰的不少海堤都采用了沥青-沙和沥青-石混合料防护层。它们通常设计为具有两种灵活的功能，即既能承受局部的运动，又是多孔的，能让超孔隙水压力消散。德国和日本开发了若干种特殊黏性混凝土拌和料和耐冲刷外加剂，能在海底铺设具有渗透性但不会发生离析的混凝土垫。

在所要求尺寸的抛石缺乏或石料成本过高的情况时，可采用混凝土护面块体。已经开发制作的各种不同形状的护面块体不少于 40 种。其中最知名的有四脚锥体、三柱体块体、人字形块体和扭工字块体。扭工字块体的水力特性最好，用材量少，但大尺寸块体的结构强度弱。60t 重的扭工字块体的破损曾被分析评定为是造成葡萄牙锡尼什（Sines）离岸防波堤损坏事故的主要原因。美国工程兵团位于密西西比州维克斯堡（Vicksburg）的航道实验站开发了一种新型的防波堤护面块体（名为"corelok"），其看似对护面块体的水力特性和结构强度进行了优化。有的混凝土护面块体中还配置加强筋。加利福尼亚新奥尔良市防波堤尝试使用钢纤维混凝土护面石块的实验工程取得了良好的效果。然而，加强筋必须要有足够的混凝土保护层以防腐蚀。在混凝土块体制作冷却过程中采取隔热保温措施能使大块混凝土的初始裂缝减至最少。

粗麻布袋灌灰浆经常应用于，如由冲刷引起的水下护面块体裂缝缺口的封堵。从粗麻布袋中渗透出来的水泥浆与相邻麻布袋中渗透的水泥浆黏结在一起形成一个低挡潮墙。

在北极区的离岸沙岛或砾石岛接近水线的边坡上先铺设过滤土工布,随后再在土工布上放置 1~2 层聚丙烯沙袋(沙袋体积为 2~4m³)。选用的聚丙烯的颜色应是防紫外线老化的。然而,因海冰的撞击,尤其是当沙袋尚处于冻结状态时,会使沙袋受到严重损坏。链接的混凝土块覆盖在过滤土工布上,相信能起到永久的保护作用。阿拉斯加波弗特海恩迪科特(Endicott)生产岛的应用实践表明,这种土工布加上混凝土石块的保护形式效果很好(见第 23.8 节)。链接的混凝土块垫在澳大利亚昆士兰州海岸的沉箱结构周围的防冲刷护面块体上得以应用。目前以作为常规应用于下密西西比河河岸的护岸保护。

边坡和防冲刷保护的另一种形式是采用塑料管状袋灌浆的方法。该方法是先将塑料管状袋铺设在边坡表面上,然后借助泥泵向袋内灌浆注满。灌浆后的塑料管状袋利用塑料网整体连接,袋上钻有小孔以让超孔隙水压力消散。荷兰东斯海尔德风暴潮挡闸采用了三层袋装的沙和石料沉排以形成一个由级配的过滤层。从施工方的视角来看,由土工织物垫连同铰接混凝土块形成的保护层是为离岸结构物防冲刷所能提供的一种最为简便且有效的方法。

通常而言,结构物的永久性防冲刷是结构物设计者的职责。可是,施工方在实际施工中往往发现有必要增设临时的防冲刷措施。例如,一个沉箱结构需沉放到一个沙质土海底上,但海底现场的海流很急,恰好在沉箱结构触底之前,就会在沉箱底部加速流动并引起严重冲刷。又如,美国俄勒冈州阿斯托里亚(Astoria)的哥伦比亚河大桥主桥墩遭受水流和潮汐双重冲击,导致海底基础周围和围堰下面在大桥才竣工时就发现被冲刷破坏。

由于受神户地震引发的晃动和局部的液化而增强的海流冲击影响,日本本州岛明石(Akashi)海峡大桥塔墩基础遭到损坏。为此,采用灌浆袋在塔墩基础四周筑起一道围墙,并在下面注入水泥浆。

位于丹麦与瑞典之间厄勒(Øresund)大桥的沉箱式桥墩,由于受风暴引起的海流和波浪冲击作用,在刚建成不久就被损坏了,要求在桥墩底部采取大面积的灌浆处理修复。在桥墩的四周铺设一层碎石过滤层,随后再覆盖一层大石块。类似的桥墩受损情况经常发生在河流洪水期间,这是因为冲刷的侵损程度随着水流的速度呈指数增长。

7.9　结语
Concluding Remarks

随着海上结构物的建筑向更为恶劣的海洋环境、越来越深的水域和难处理的海底地基土纵深发展，可以相信对现存的海底和基础土的整治方法和手段，如压密、固结、排水和加固，将受到工程界日益增长的关注。

表7.1中对海底基础整治的概念和方法及其应用进行了汇总。具体关于海底基础整治的方法将在本书有关重力基座结构、深海结构和北极区结构的章节中详述（见第12章、第22章和第23章）。

在横跨美国西部下科罗拉多州河的大桥施工中，随着桥墩围堰产生的河流堵塞物增多，使得河水流速加快（即使在没有洪水的情况下也是如此）。由于现场的沙土非常松散，故被冲刷走了，有些处已可见到基岩。在横跨美国华盛顿斯卡吉特(Skagit)河的大桥施工中，河流堵塞物不仅是因桥墩围堰产生，而且还是由于施工承包方泊停在那儿的施工驳船队而造成的。洪水经过时，桥墩围堰的基土受冲刷而破坏。类似的糟糕情况还发生在哥伦比亚河大桥的施工期间，现场的河口受到冲刷。在河道因占据的围堰和泊靠的施工设备变窄的情况下，河流的流速使退潮的流速加快。密西西比河多年来的做法是，在沉箱开始沉放之前，先将编织的大型柳枝排利用石块重量沉下，然后抛石覆盖作为临时的防冲刷措施。

表 7.1　海底整治

	任务	方法与措施
A	测量、勘察、检查	GPS、DGPS、激光、电子导航系统、测距柱形浮标、声响应答器、钻芯取样(圆锥贯入试验、抓斗取样、电火花测法、侧扫声呐、声波成像、基础触探仪、录像(视频)、遥控机器人和潜水员检查)
B	平台	起重驳船、钻井船、驳船、半潜式、自升式、张力腿平台、垂荡补偿器、拉索塔、重力基座
C	海底障碍物清除	拖鱼网船拖除、锥形炸药、水下燃烧、热喷枪、视频导向蛤式抓斗
D	沉积物挖掘清除	拖斗吸扬式开底挖泥船、绞吸式挖泥船、蛤式挖泥船、索斗挖掘机(拉铲挖泥船)、连续链斗式挖泥船、索铲挖掘机、拖犁、高压喷水、管线埋设开槽滑撬、深海开采拉铲挖掘机、压气提升、喷射器、遥控海底挖掘

（续表）

	任务	方法与措施
E	坚硬物和岩石挖掘与清除	液压反铲挖掘机、铲斗挖泥船、动力驱动蛤式抓斗、拖犁、锥形炸药、钻孔爆破法(OD法)、凿子、液压与气动岩石破碎机、打入定位桩、铰刀头岩石切割挖掘机具、高压(~15 000psi)喷水器、潜孔钻机
F	水下填筑	岩石和含沙黏土堤、受控的水下沉淀、开底驳大体积倾倒抛填、导管浇筑水下混凝土、抓斗、翻斗、卸料溜槽或梯形链斗
G	增加密实性(压密)、固结、回填加强	深层振动、表面振动、动力强夯加固、爆破、空气枪、大体积堆积预压载、预饱和、水泥灌浆、化学灌浆
H	软土固结与加强	沙桩、振动密实、冻结、薄膜真空预压结合排水、利用结构物和压载预加荷载、塑料板和沙桩排水、排水井、外围预加荷载、注入水泥浆、化学灌浆、注入石灰、深层拌合水泥、电渗法、喷射灌浆、碎石桩、紧密排列桩(打土钉)
I	防液化	增加密实方法如上述第 H 条、排水井、外围级配岩石防冲刷护坦、碎石桩、塑料板排水
J	海底或堤坝的平整	挖掘头带有垂荡补偿器的簸箕式液压挖掘机具、拖耙、底部支撑的刮平架、张力腿平台上的刮平架或垂荡补偿平台上的刮平架、卧式螺旋钻
K	结构基座下面的均匀支撑	预平整如同上述第 J 条、基座下灌浆、基座下注入沙或沙流、导管浇筑水下混凝土、预填骨料灌浆法、压泥浆、灌浆
L	结构物下方开挖	铰接式挖掘臂、压气提升、高压喷水、喷射器、钻机
M	冲刷与侵蚀防护	牺牲回填、抛石护岸(堤)、级配石料倒滤层、过滤土工布、铰接垫层(沉排)、沙袋、灌浆多孔袋、裙板或结构物、结构底座防冲刷铺砌和流体控制装置、人工海草、沙沥青和石料沥青面层、水下混凝土板
N	混浊抑制	膨润土-水泥浆液、细沙排放、覆盖层、链(抓)斗沉放黏土、絮凝剂

来源：B. C. Gerwick. 1974. Preparation of Foundations for Concrete Caisson Sea Structures, Dallas, OTC 1946，Offshore Technology Conference.

有一些快乐的日子躺着海洋，
就像地下一架未弹过的竖琴。
下午触动了沉默的琴弦；
眼神中的音乐在燃烧。

（史蒂芬·斯彭德"海景"）

第 8 章　海洋和离岸结构沉桩

Installation of Piles in Marine
and Offshore Structure

8.1 概述
General

必须为海洋和离岸结构沉桩提供所需的承重、抗拔和横向承载能力。对于海上桥墩,还必须使其沉降达到最小。此外横向载荷作用下的刚度、强度以及塑性模式下承受过载的能力也是重要的性能。

对于港口结构物,诸如码头以及架柱桥,通常使用预应力混凝土桩。一旦完工后,预应力混凝土桩的强度和刚度、抗屈曲强度以及耐久性常常是最为合适的。但由于在沉桩过程中会产生应力和应变,混凝土桩必须进行充分的预应力处理以防止张力回弹裂缝,并且由于泊松效应,还必须有足够的围束箍筋或围束螺旋箍筋以承受横向破裂应力。开始沉桩安装时用于柔性驱动的回弹张力是最大的,这同直觉恰恰相反。通常用于港口工程的桩要比土壤地基所使用的更大,并且需要进行更多的强化。

桥墩的承重桩使用工字钢桩,特别是当基座位于海底或河底的平面或平面下方,预计沉桩施工将非常困难时。此外,桩靴对于桩尖抗局部屈曲也是非常有价值的。

工字钢桩和小直径管桩常用作抗拔桩。为增强其抗拔性,可安装钢翅板或螺旋板。还可连接水泥浆管,加压灌浆能扩大固定的范围,实际上是形成了高强度地锚。

微型桩为小直径管桩即 $300 \sim 500\text{mm}$ 钢桩,打入岩石或类似的合适材料中,常用来承受挤压和张力(抗拔)。插入一根高强度钢筋或钢筋束并在套接环面中进行灌浆,这样微型桩管就充满水泥浆,可增加耐久性并承受挤压载荷。有时为了使微型桩能在设计载荷下伸长,还可灌注无腐蚀性油脂。

深水、桩比较长并且没有支撑、巨大的周期性弯曲力以及横向力和轴向力,所有这些因素使得典型的海洋桩直径和长度都比较大。大多数离岸作业都使用钢管桩,直径从 1m 到 3m(甚至 4m),长度从 40m 到 300m 或更长(见图 8.1)。海洋和离岸结构物中桩的最大设计承载力可达 10 000t,远高于传统的陆上使用的桩。

为承受轴向挤压,桩通过沿着外缘的表面摩擦以及桩尖的端部承载传递载

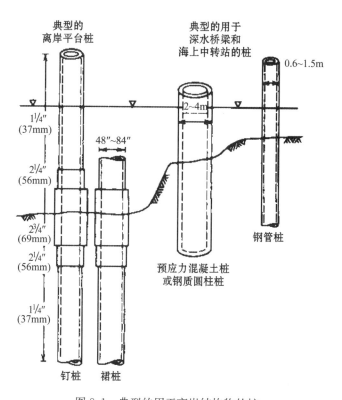

图 8.1 典型的用于离岸结构物的桩

荷,不管是闭口桩尖或是开口桩尖形成土塞,只要相对于桩不发生沉陷即可。这样就沉桩过程中自然形成的沙土塞而言,内表面摩擦肯定足以产生全部端部承载力。大直径管桩可能不会形成土塞,所以就没有端部承载力,但是内表面将会产生表面摩擦。

端部承载和表面摩擦并不同时产生阻力,因而通常不会在适用(弹性)载荷水平上直接叠加,但是在极限荷载下两者可能都会部分增大。因为这个原因,深桩基一般主要设计为摩擦桩。通常在桩尖一倍直径长度内产生的内表面摩擦最大。

为承受轴向张力,可利用桩的自重加上内部土塞和表面摩擦。

引孔沉管灌注(CIDH)桩用于许多桥墩基础,甚至是在深水中。这需要穿过水体的套管以及贯通泥土的钻孔竖井,竖井通过导管法灌注混凝土并得到增强。灌浆可暂时使钻孔保持通畅。

为承受横向载荷,大部分深水(超过 30～40m)离岸结构物要依靠桩的抗弯曲性与地层浅表泥土被动阻力之间的相互作用。由于泥土阻力是其形变的函数,分析就需要基于横向载荷 P 与海底下方随着深度增加,所对应位移 y 之间的相互作用,这称为 P/y 效应。桩必须有足够的强度以承受在这些深度的合力矩和剪力,并防止产生双轴屈曲。增加桩在泥线附近及泥线下关键区域的刚度和抗弯能力能提高承受横向载荷的能力,这可以通过灌注插入桩、增加关键区域的钢桩壁厚或在桩的这个部分灌注混凝土来实现。

在坚硬的黏土和石灰土中,周期性横向载荷可在桩的泥线下的周围区域产生裂隙,增加了桩和结构物的整体横向形变及桩的弯矩。在桩周围堆积松散细砾或高密度碎石能有效地将这种影响降低到最小,由于可以填充形成的裂隙,因而减少了形变的程度。

一个可用于港口结构物和一些海上中转码头承受横向载荷的可选方法是使用斜桩,倾斜足以产生非常大的轴向承载力水平分量。必须要有反作用力斜桩才能有效发挥作用,这通常在反方向倾斜打入配合桩来做到,尽管平台自重也可用作反作用力(见图 8.2)。在横向载荷的作用下,这些连接位置必然会产生很大的剪切和弯曲承载力。由于会在桩头附近发生局部屈曲,地震和船舶碰撞时其性能常常不能令人满意。

对于在深水和/或非常柔软泥土中的海上沉桩施工及桥墩施工,通常全部使用垂直桩或适当使用 1～6 根斜桩。在横向力及相应形变作用下,如水流、大浪和地震,增加的弯矩和轴向力一般都在桩的承载范围之内。斜桩有助于消除结构物的所有残余位移。

护岸和码头堤岸施工可使用带翅板的桩和螺旋桩以增加抗拉承载力,提高抗拔性。

安装离岸结构物所需的大型桩必须要开发专用的方法和设备。大多数情况下使用大型桩锤仍然是沉桩的首选方法,因为速度比较快。但如果泥土情况不允许进行打桩施工,或者在特殊情况下,可使用钻孔灌注的方法进行桩的安装施工。在北海、阿拉伯湾和澳大利亚西北大陆架使用了特殊的基础,如扩底基础。海上中转码头、桥墩以及少量离岸平台的大直径桩使用了喷水机、气动扬水机甚至桩内挖掘泥土来清除土塞。

必须考虑到所有这些沉桩作业对于支撑土体的影响。在有些情况下可能产生有益的影响,但大多数情况下会降低性能,除非采取了特殊的预防措施。美国石油学会标准 API RP2A 告诫钻孔灌注桩的阻力值可能与打入桩是大相

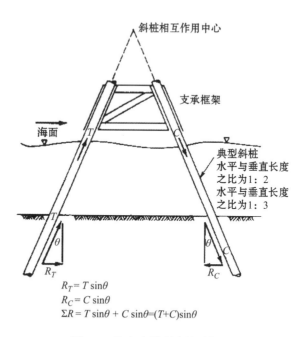

图 8.2　海上中转码头的系船桩

径庭的。大直径桩(超过 1.5m)可能无法产生全部的内表面摩擦。

对于黏土里小型机械钻孔或喷水钻孔中打入的桩,表面摩擦将基于土体扰动的程度,包括应力的缓解,这通常是沉桩施工所引起的。干燥紧密的页岩或蛇纹岩接触到机械钻孔或喷水钻孔的水时,其强度会大大降低。钻孔侧壁可产生一层松散的泥浆或黏土,不可能再恢复到原始岩土的强度。

在过度固结的黏土中,钻孔灌注桩的表面摩擦可能会增加。如果多余的钻孔泥浆出现在黏土或软岩中,摩擦系数就会显著降低。在石灰质沙和一些云母泥沙中,与钻孔灌注桩相比打入桩的摩擦力值可能会非常低。

美国石油学会标准 API RP2A 进而告诫表层泥土的横向阻力对于桩的设计非常重要(见图 8.3),必须考虑沉桩施工过程中土体扰动的影响及投入使用后的冲刷作用。

近年来,在开发用于海上和离岸沉桩安装的桩锤、钻机和方法方面取得了极大进步。因而为了满足建造商的特定需求,现在已有大量有效工具可供选择。

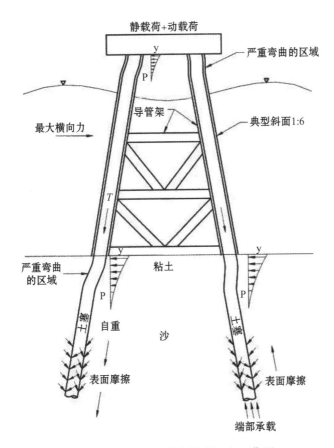

图 8.3　典型的桩-结构物-泥土相互作用

8.2　钢管桩的制造
Fabrication of Tubular Steel Piles

钢管桩通常由带有纵向焊缝的轧制钢板管制成,每节钢管的长度应大于1.5m(5ft)。相邻两节钢管的纵向焊缝至少应旋转分开 90°。

应在呈 120°角的 3 个位置使用张紧钢丝检验制成钢管桩的直线度。美国石油学会标准 API RP2A 规定 3m(10ft)长度的直线度容许偏差为 3mm,而长度超过 12m(40ft)的最大偏差应为 13mm(见图 8.4)。

图 8.4　已制造完毕用于墨西哥湾勒那(Lena)平台的桩
（照片由 J・雷-麦克德莫特 SA 公司和埃克森公司提供）

美国石油学会标准 API RP2A 和 API RP2B 规定了外周长、失圆度和坡口端的容许公差。桩的壁厚在两节钢管连接处的变化不应超过 3mm,如果使用钢管的壁厚差别超出了范围,厚一些的钢管应截成垂直与水平长度之比为 4:1 的斜角(见图 4.1)。

为确保能正确准备厚壁桩段的接合并尽量减少焊接时间,最好预先进行拼接或检查。将两节钢管段相互旋转常常可以使配合达到最好。沉桩时能保证精确相配的一个方法是将一节钢管切割为二,并分别焊接到长钢管桩的两端。通过水泥浆黏结于钢管或土体的钢管桩表面应没有研磨光面或漆面。

近年来开发出了螺旋焊接桩。将长钢带以螺旋形盘卷,接缝处采用全熔透焊接。可用于制造的钢板厚度是直径和厚度的函数。沿着螺旋焊缝的剪切应力非常高,因而在过去无法承受打桩和弯曲加工。但随着技术和质量控制的提高,现在已经可以制造直径 1m、壁厚 28mm 的钢管桩;不过目前(2006 年)还只有几台能制造这种钢管桩的机器。

由于打桩过程中斜焊缝上存在剪力,美国石油学会标准 API RP2A 目前还不建议在离岸结构物中使用螺旋焊接桩。但通过高质量的焊接及检验,螺旋焊接桩也正在逐渐应用于近岸和沿岸结构物。

在水下,钢管桩通常由牺牲阳极提供保护。外加电流阴极保护应用也比较普遍,但是存在可靠性的问题,不仅因为有技术调节的要求以及对附近钢筋混凝土构件可能产生的不良影响,而且还要考虑人的因素,由于外加电流会干扰电视接收,所以经常会被断开。

钢桩一般要有额外的腐蚀裕量,例如 3~6mm(0.125~0.50in),并由环氧树脂、聚氨酯或金属涂层或包覆蒙耐合金或钛提供保护;考虑到设计寿命为 100年或更长,一些桥梁桩的腐蚀裕量达 10mm。

对于暴露在淡水中的钢,腐蚀情况是类似的,但腐蚀速度要比海水慢,主要受到水流速度、悬浮于水中的磨蚀物质(如沙土或泥沙)以及湍流的影响。浪溅带的腐蚀速度最快,一直浸没在水下的部分由于缺少氧气,腐蚀速度要降低50%,泥线下部分要再降低 50%(见图 8.5)。

图 8.5 用于孟加拉国贾木纳(Jamuna)河大桥的钢质圆柱桩

8.3 桩的运输
Transportation of Piling

大直径钢管桩或预应力混凝土管桩段通常是吊装(或滚动)到驳船上,然后拖曳至现场。为防止在运输过程中发生移动或滚动,桩段必须仔细楔垫和固定。桩一般有足够的壁厚,堆叠不会使下面的桩发生局部变形;但应进行检查并提供必要的垫块或支承以防损坏(见图 8.6)。

图 8.6　驳船运输桩,从西雅图到阿拉斯加。注意框架结构的固定装置及链条绑扎

　　有时以自浮方式运输桩是可行有效的,不管是单根运输或是更为安全地链接起来运输(见图 8.7)。这很有吸引力,因为长桩段(例如裙桩)随后可以在海

图 8.7　以自浮方式运输桩(照片由 J·雷-麦克德莫特 SA 公司和埃克森公司提供)

面下更容易地竖立和安放。桩端可用钢或橡胶隔板封闭,但为了承受拖曳到现场过程中的波浪拍击必须具备足够的强度。到达现场后,通常用起重机吊起桩的一端排出海水以切除隔板,然后放下桩端使桩呈直立状态。在有些情况下,桩的另一端滞留的空气(有时可通过注入压缩空气增加)可用于当桩到达直立状态时限制吃水的深度。这样的话隔板必须足以承受内部的空气压力。在任何情况下,隔板应安装阀门用以排放和/或注入空气和水,这样就能以可控的方式进行压载及切除桩端隔板。

在水下切除隔板是非常危险的作业。例如在澳大利亚附近,因为切除隔板后海水涌入导致一名潜水员被吸进桩管并溺死。安装阀门并事先平衡隔板两端的压力就可以避免这起事故的发生。

在浅水区域,桩被临时安装在海底并连接回收吊索和浮筒,如海上中转码头。

在水中倒置长桩时,在桩转动的一些阶段可能会产生非常大的弯矩。虽然通常要比在空气中扶正桩所产生的弯矩小,但也不能忽视,必须进行检查。

许多近期建造的离岸平台将一些桩同导管架一起运输,桩固定在主桩腿或裙桩套筒中,提供了额外的浮力(如果是封闭的话)以及额外的重量。预先进行安装的目的是当导管架就位后可以将几根桩立即打入,这样导管架就能稳定承受波浪和水流的作用。

通常当导管架就位和呈水平状后(可置留于海底防沉板的情况下)释放桩,这样桩就能通过自身重力沉入泥土。需要的话可以延长桩,一般浅沉入 4 根(或更多)桩并临时焊接或钳固在导管架上部。然后对导管架进行最终调平。开始打入的桩可根据需要拔起以消除弯曲应力,再沉下并打入到所需的深度。

如上所述,同导管架一起运输的桩必须能承受释放和扶正所产生的力。北海马格纳斯(Magnus)平台导管架扶正过程中就有不少桩松脱下沉并碰撞到海底,导致严重弯曲。建造商一度担心整个项目将推迟一年,但在巨大的努力及合适的天气情况下,还是于工期后期完成了桩的更换和安装施工。

8.4 桩的安装施工
Installing Piles

典型的海上导管架的桩由驳船进行运送,在井架驳船能够操控和放置的范围内,每根桩的第一节要尽可能长。钉桩位于导管架腿柱的中央,延伸长度通常为导管架全高。裙桩封闭在套筒中,套筒从导管架下端伸出。许多导管架同时使用了钉桩和裙桩(见图8.8)。

图8.8　将桩放入导管架腿柱后释放吊桩环,注意甲板面位置的桩定位架
(照片由 J·雷麦克德莫特公司和埃克森公司提供)

沉入裙桩必须使用送桩或水下桩锤。桩通常围绕导管架四周的腿柱分布,其方向与腿柱平行,所以必须倾斜打入 1～6 根桩。每隔一定距离在导管架腿柱上安装导向装置,用来帮助桩穿过套筒进行安装。

近来一些导管架在制造时使用了垂直套筒,这样就可以不用导向装置,并且能够将非常长的第一个桩段插入水下套筒。可借助张紧钢索提供导向,或在深水中则可以使用短距声纳、视频和遥控机器人(ROV)。当桩段下沉到接近导管架顶部时,将附加桩段插入并焊接到前一根桩段的顶端(见图8.9)。

图 8.9　内举升工具通过外部夹钳将桩沉下。当桩沉到甲板面位置后，
外部夹钳固定住桩，同时内部夹钳提升起附加桩段（照片由油州橡胶公司提供）

美国石油学会标准 API RP2A 建议，如果能对每个阶段的静应力进行如下
计算，就可为防止桩失效提供合理的保证：

（1）桩伸出的部分可视为最小有效长度系数 k 为 2 的独立柱体。

（2）计算施加于桩锤、打桩帽和导柱重心处的弯矩和轴向载荷要基于桩锤、
打桩帽、导柱以及附加桩段的全部重量，还应考虑因桩倾斜而导致的偏心距。
这样确定的弯矩应不小于由相当于桩锤、打桩帽和导柱总重量 10％ 的载荷所产
生的弯矩，载荷作用于桩头，方向垂直于桩的中心线。

（3）桩的阻力将基于法向（弹性）应力，不会因暂时性的载荷而增加。

在这个阶段减少桩弯曲的一个方法是用吊索以适当的倾斜角度悬起桩锤
和导柱（见图 8.10 和图 8.11），这对于建造海上中转码头特别重要，因为经常会

321

图 8.10 安装钢质圆柱桩的第一段,孟加拉国贾木纳河大桥(照片由高锋宏道公司提供)

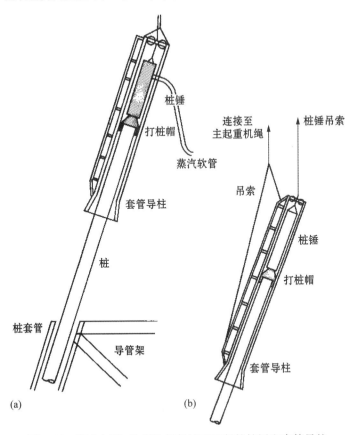

图 8.11 海上打桩,注意为打斜桩而悬起的桩锤和套管导柱

使用倾斜度相对较小的斜桩(例如水平与垂直长度之比为 1:2)。这个方法对于
倾斜打入抗弯强度较低的桩也非常重要,例如预应力混凝土桩。

　　海上的桩基通常为大直径厚壁管桩,直径为 1~2m。打桩采用蒸汽、液压
或柴油高能冲击锤。一般而言,连接了打桩帽的桩锤停留在桩上而不是由导柱
提供支承(见图 8.12)。这意味着打桩帽必须通过钢丝吊索固定于桩锤并准确
停留在桩上,为了使桩锤与桩保持对直,还需要连接导向支架或导向环。在打
桩过程中,连接起重机臂的桩锤吊索应保持松弛以防止将冲击和振动传递到起
重机臂。

图 8.12　在导管架上进行桩的安装和打桩作业,墨西哥湾

　　钢桩通常在打桩帽和桩之间不使用垫块,虽然有些桩锤在制造时使用了内
垫。因为提升桩锤需要巨大的能量,所以一般采用蒸汽或液压而不是压缩空

气。海上使用的桩锤通常是单动式的,打击频率最高可达 40 次/min。目前设备的每次锤击能量从 100kN-m(67 000ft-lb)到 1 800kN-m(1 200 000ft-lb)。桩锤越大,意味着提升也越困难,桩锤可重达 300t。

　　液压桩锤为海上打桩而开发,特别是水下打桩,是对以前用于桥墩施工的水下桩锤的全新改进。新桩锤不仅锤击能量大,而且几乎不受深度的影响,这对于桩头最终可能要沉到海面下几百米的裙桩施工非常有帮助。与蒸汽桩锤相比,液压桩锤的优点在于冲击力持续时间要长若干毫秒(见图 8.13)。液压桩锤设计为细长形状,以便穿过上部导向装置。大型蒸汽和液压桩锤的数据可见表 8.1。

图 8.13　大型液压桩锤正在打入 3.15m 直径的钢管桩,
请留意钢管桩同右下角施工人员的比较

大型柴油桩锤多用于海上中转码头,其额定锤击能量从 200kN-m(130 000ft-lb)到 300kN-m(20 000ft-lb),但在大多数可行的打桩条件下,按效率柴油桩锤相当于额定锤击能量为其 60% 的蒸汽桩锤。柴油桩锤重量要轻很多,易于操作,燃料消耗也更经济,但有效能量受到限制。制造商正在开发更大型的柴油桩锤,额定锤击能量可达 600kN-m(400 000ft-lb)。大型柴油桩锤的数据见表 8.2。大型振动桩锤可用于中转码头沉桩施工,例如在沙特阿拉伯的延布(Yanbu),由 4 台大型振动器组成的单元被用于安装管道卸载码头的重型钢桩。这实际上引起了振幅大约为 10mm 的桩发生共振,桩"自动"沉入密实的沙层和石灰岩层。开始安装桩时可以使用振动桩锤:因为比蒸汽或液压桩锤更轻、更短,所以开始时能安装的长度更大。在安装需要沉入坚固密实泥土的大型管桩时,振动桩锤可 2 台或 4 台组合起来同时使用(液化作用的预防可见第 9.4.9.2 节)。

冲击桩锤将强大的压缩波传递到桩头,然后在桩体材料中以音速向下传导。压缩波是动态应力波,最终将传导到桩尖。

最新的大型蒸汽和液压海上桩锤安装了可以在锤头打击砧面前测量其速度的仪器,还可安装典型桩以测量锤击过程中的应变和加速度。

在打桩过程中,冲击桩锤所产生应力的动态部分最好通过波动方程计算,这是使用桩锤响应、垫块、桩垫、桩以及土层等选择参数进行的一维弹性应力波传播分析。这种分析非常有助于确定关键点的最大应力,例如桩头、桩尖以及接桩处和截面变化处。使用波动方程的高级形式可以计算出最大抗张力和抗压力、贯入速度以及总体打桩时间。由于瞬时锤击的持续时间非常短暂,作为柱体,在打桩过程中桩的屈曲通常不会产生问题,因而可以忽略。

表 8.1 大型液压桩锤和蒸汽桩锤

桩锤	类型	每分钟锤击数	重量,包括海上锤笼(如果有的话)/mt	额定锤击能量/kN-m
Conmaco 1750	蒸汽	40	200	1 460
Conmaco 6850	蒸汽	40	80	708
Conmaco 5700	蒸汽	40	70	500
Conmaco 5450	蒸汽	46	45	300
Conmaco 5300	蒸汽	46	25	200
MRBS 4600	蒸汽	36	80	700
MRBS 3000	蒸汽	40	45	450

（续表）

桩锤	类型	每分钟锤击数	重量,包括海上锤笼（如果有的话）/mt	额定锤击能量/kN-m
Vulcan 3100	蒸汽	58	80	415
Vulcan 540	蒸汽	48	45	270
MHU 500	液压	55	80	500[a]
Vulcan 3250	单动式蒸汽	60	300	1 040
HBM 3000	水下液压	50～60	175	1 430
HBM 3000 A	水下液压	40～70	190	1 520
HBM 3000 P	细长状水下液压	40～70	170	1 550
Menck MHU 900	细长状水下液压	45	135	850[a]
Menck MRBS 8000	单动式蒸汽	32	150	1 200
Vulcan 4250	单动式蒸汽	53	337	1 380
HBM 4000	水下液压	40～70	222	2 350
Vulcan 6300	单动式蒸汽	37	380	2 490
Menck MRBS 12500	单动式蒸汽	38	385	2 190
Menck MHU 1700	细长状水下液压[b]	45	235	1 700[a]
IHC S-300	细长状水下液压	40	30	300
IHC S-800	细长状水下液压	40	80	800
IIHC S-1600	细长状水下液压	30	160	1 600

[a] 水下1 000m深度。
[b] 细长状桩锤可以穿过导管架套管。
来源:数据由科马克(Conmaco)公司提供。

　　精确确定所有需要的参数及进行波动方程分析并不总是可行的,尤其是泥土参数,虽然有很多计算机程序可以快速而经济地进行波动方程分析,并且其应用也在不断增长,甚至已经用于中等规模的项目。如果没有对打桩过程中产生的动态应力进行可靠计算的话,经验法则是将应力的静态部分限定为桩抗屈强度的一半。

　　在桩锤和桩头之间安装经过切削加工的打桩帽。这可以确保将锤击冲力均匀传递到桩并防止桩头发生局部变形。

表 8.2　大型柴油桩锤

桩锤	每分钟锤击数	锤头重量/t	总重量/t	能量/kN-m
Delmag D-200-42	36～52	20	50	680～436[a]
Kobe K-150	45～60	15	36	400
Mitsubishi MB-70	38～60	8	21	200～90[a]
Delmag D-55	36～47	5	11	160～90[a]
Kobe K-60	42～60	6	17	145
Delmag D 46-02	37～53	4	8	145～60[a]
Delmag D 65	37～53	8	10	165

[a] 可调节。
来源:数据由科马克公司提供。

大直径钢管桩应用得越来越多,不仅用于离岸平台,也用于海上中转码头和桥墩。沉入这些桩需要很高的锤击能量,因而开发出了列于表 8.1 至表 8.3 中的大型昂贵桩锤。

为预防压力下产生的局部屈曲,桩的 D/t 比率必须限定在桩体钢材屈服点之下。在预期只有中等程度的打桩阻力或采用钻孔和灌注(不是打桩)进行施工时,可将桩设计为圆柱形钢构件,因为存在轴向挤压和弯曲,需要检查局部屈曲的情况。当 D/t 小于等于 60 时局部屈曲的问题并不严重,而 D/t 大于 60 则应进行更深入的分析,例如根据 API RP2A 标准的要求。

对于需要承受超过 800 次锤击/m(250 次锤击/in)的桩,其壁厚不应小于:

$$t(\text{mm}) = \frac{6.25 + D(\text{mm})}{100} \tag{8.1}$$

表 8.3　大型振动桩锤

制造公司	型号	偏心力距/in-lbs	频率/VPM	向心力/US_t	最大线拉力/US_t	动力单元最大额定功率/HP
APE	400B-Tandem	26 000	400～1 500	830	500	2 000
ICE	V360-Tandem	22 600	0～1 500	722	450	2 100
APE	600B	20 000	400～1 400	543	418	1 000
HPSI	2000	20 000	0～1 300	480	600	1 600
HPSI	1600	16 000	0～1 400	445	600	1 600
ICE	V125	12 500	0～1 550	426	300	1 320

（续表）

制造公司	型号	偏心力距 /in-lbs	频率 /VPM	向心力 /US_t	最大线拉力 /US_t	动力单元最大 额定功率/HP
ICE	V360	11 300	0～1 500	361	225	1 050
APE	400B	13 000	400～1 400	360	250	1 000
HPSI	1200	12 000	0～1 400	334	600	1 200
MKT	V-140	14 000	0～1 400	待定	待定	1 800

　　为了适应使用时轴向挤压和弯曲的要求,通常整根桩的壁厚是不相同的。最小壁厚的选择应根据上述的预防局部屈曲以及在锤击下保持最大的贯入度。

　　使用时的最大弯曲一般发生在泥线及泥线稍下位置。因为根据现场的实际打桩阻力,桩的设计贯入深度常常必须进行一定程度的修正,所以应增加桩最大壁厚部分的长度,可以超过理论上所需要的长度,为桩贯入深度及对厚壁部分进行定位留出一些裕量。

　　在选择桩段(附加桩段)长度时,应考虑以下因素：

　　(1) 附加桩段的提升和插入。根据操纵桩段的起重机及起重臂长度,最大起重量是多少？扶正时检查桩的弯矩。

　　(2) 在越过新的附加桩段(以及常常会涉及的导管架一角)上方放置桩锤和导柱时起重机的起重量及起重臂的几何形状。

　　(3) 第一根桩段插入导管架腿柱封口时发生"滑落"的可能性。如果不加控制,桩段可能会滑落到下一根附加桩段焊接面的下方。一种解决方法是对此进行限制,例如使用防护吊索或缓冲托架。

　　(4) 提升桩段及放置桩锤时的应力(如前所述)。

　　(5) 现场焊接处的桩壁厚度,考虑材料性能及所需的焊接程序。

　　(6) 对邻近桩段或结构物的可能影响。这对于海上中转码头施工常常是非常重要的,因为斜桩向几个方向延伸,其轴线可能在靠近甲板面或反向端点处相交。

　　(7) 泥土特性。应该设计好桩段的长度,这样就能将桩尖临时定位在相对比较软的泥土中,使得接桩后重新开始打桩更为容易。相反如果在接桩时桩尖位于泥土硬度比较高的区域,重新开始打桩后就可能会产生过大的阻力。

　　承受锤击的桩头在打桩过程中可能发生变形,因而为了与下一根桩段进行焊接就需要截除部分桩头,所以 API RP2A 标准建议应该为此留出 0.5～2m 的裕量。合适的现代打桩帽及一些桩锤(例如 Hydroblock 公司产品)可以将对桩头的损伤降到最小,因而厚壁桩可能就不需要截除桩头。

放置附加桩时,为了方便就位及正确校直会安装插入导向装置。导向装置应安装紧密以便为焊接提供合适的条件,并且设计上应该能承受桩在焊接时的全部重量,这样起重机就不用承担其他作业。此外由于起重臂顶端的移动及传递振动,在焊接过程中浮吊起重臂提供的支承常常不能令人满意。但通常的做法是让起重机仍然连接着松弛的桩吊索作为安全预防措施,直到至少完成一条满焊接焊道。桩段也可由导向装置上的临时支承固定,临时支承从导管架伸出,能在甲板上方 10～20m 处提供支承。桩段还可通过液压夹钳和校直装置进行固定,这个装置可固定在先前已经安装好的桩段上或者由导管架临时工作甲板提供支承。后者能对新桩段进行快速插入导向及最终的精确校直。

除了可以通过全熔透焊缝连接桩段外,还开发了炮栓式连接段,能利用扭矩实现快速接桩。精确校直非常关键,所以夹钳校直装置是很重要的。这些机械连接器已经用于送桩和永久桩,并在打桩过程中证明具备足够的性能。

对于通过焊接进行连接的桩,附加桩段应预先切割出坡口,为全熔透焊缝焊接做好准备。桩插入后检查坡口,需要的话予以打磨和切削以确保可以进行全熔透焊缝焊接。应根据桩体钢材的特性及打桩时的温度仔细选择焊接程序和材料,因为这些焊缝无疑将承受很高的冲击力,而这在北极和亚北极地区的低温下进行打桩时尤为重要。在任何情况下都应该使用低氢电极。为加快焊接过程,可使用有 2 个或 4 个焊头的半自动焊机。

通常将靠板安装在插入导向装置中。但需要进行钻孔时就不能使用内靠板,导向装置必须位于桩的外部。API RP2A 标准说明不使用靠板的单面焊接或全熔透焊缝焊接需要特殊的技术。

连接大部分离岸平台所使用的典型大直径厚壁桩需要相当长的时间。本州(Hondo)平台使用 54in 桩,平均接桩时间为:1in 壁厚 $3\frac{1}{4}$h,$1\frac{3}{4}$in 壁厚 $7\frac{1}{4}$h,$2\frac{1}{2}$in 壁厚 $10\frac{1}{2}$h。孟加拉国贾木纳(Jamuna)河大桥使用 2.5m 和 3.15m 直径的管桩,壁厚 50～60mm,同时投入了 4 组焊工。接桩时间为 6～8h,冷却时间 2h,X 射线检查 1h。

半自动焊机减少了对高技能焊工的需要。旧金山至奥克兰海湾大桥的东海湾新桥在安装 2.5m×50～75mm 管桩过程中,接桩施工就使用了半自动焊机。

由于存在杂散电流放电,焊机应正确接地以预防水下腐蚀损坏。

当提升起桩段时常常会用到吊耳。吊耳及其焊接细节是针对开始起吊及旋转桩段与最终轴线进行校直时产生的应力而设计的。在作业过程中吊索的导向角和作用于吊点的载荷都会发生变化,必须为提升时的冲击力留出裕量——吊耳一般为 100%,起重机为 35%。

当使用吊耳或焊接柄从导管架顶端支承桩段时,每个吊耳或焊接柄都必须设计成能承受所有的悬吊重量。应采用同永久焊接相同的焊接程序,使用正确的程序对于全熔透焊缝焊接(不是角焊缝焊接)是非常重要的。载荷同样也会通过桩壁进行传递,因而沿厚度方向需要有足够的韧性。最后应使用火焰切割将吊点或焊接柄从桩表面以上 6mm(G in)处切除,然后再研磨光滑。

在桩上凿孔以代替吊耳也是常用的做法,特别是对于不太重要的小型桩,例如海上中转码头所使用的桩。凿孔应先进行小范围灼烧,然后再铰削扩孔。位置应靠近桩段顶端,这样在新的附加桩段插入后就可以作为截除桩头的一部分被切除。但由于提升桩段时的应力集中及打桩过程中的反作用,只使用灼烧铰削孔是比较危险的。对于沉重的大型海上桩,提升时为了使悬吊的桩段保持垂直经常会使用内锥或送入工具。

离岸结构物桩的挤压和拉伸载荷通常都非常大,但桩的使用数量相对又比较少,因而每一根桩都是主要构件。所以结构完整性就必须依靠将每根桩大致沉到设计的桩尖高程,桩尖高程是由先前的岩土勘探和分析所确定的(见图 8.12 和图 8.13)。

为了尽量减少调整过程中可能发生的阻力增加情况,每根桩的沉桩都应尽可能地连续进行。例如当桩尖沉入坚硬塑性黏土带时,就应尽量避免或减少对打桩施工的中断(见图 8.14)。如果预计需要进行调整,就应准备好备用桩锤和导柱,否则桩锤故障可能使桩无法沉到预定的桩尖高程(见图 8.14 和图 8.15)。

注意图 8.14 中平行斜线所画出的阴影区域。为了松动桩不仅需要额外锤击,而且随后贯入所有的深度也都需要额外锤击。就图中所示的例子而言,需要额外锤击大约 6000 次。如果桩锤每分钟锤击 40 次,每根桩就要多用 150min 或 $2\frac{1}{2}$h。还应注意在有些情况下,不管进行了多少次锤击,桩也可能因此而无法沉到最终的桩尖高程。

对沉桩阻力产生影响的因素很多,也很复杂。所以仅仅达到高锤击数或发生拒锤并不意味着就有了足够的挤压和拉伸承载力。因而有必要继续以高锤击数打桩或使用另外的方法,例如清除桩内土塞或采用钻孔施工,本章随后将

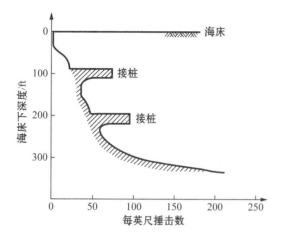

图 8.14　在黏土中暂停打桩进行调整的典型影响(例如接桩)

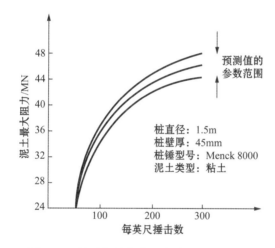

图 8.15　桩可打性的典型波动方程分析预测

有一节对此进行介绍。

　　API RP2A 标准规定:"定义拒锤主要是为了说明施工已经处于应停止使用特定桩锤继续打桩并转而采用其他方法的情况,例如使用更大的桩锤、钻孔或喷水施工"。发生拒锤时继续打桩可能没有效果并会损伤桩锤或桩,而且代价高昂。标准进一步规定:"定义拒锤还应适合特定位置预计的泥土特性"。例如在阿拉伯湾打桩,只有再经过上百次锤击使桩穿透不太致密的地层,才能在石灰岩、珊瑚岩或顶盖岩层上真正发生拒锤。

API RP2A 标准建议的典型定义如下：

拒锤指打桩阻力连续 1.5m(5in)超过每米 1 000 次锤击(每英尺 300 次锤击)或者贯入 0.3m(1in)深度需要 800 次以上锤击(此定义适用于桩重量不超过锤头重量的 4 倍。如果超过 4 倍，上述锤击数要相应增加，但在任何情况下贯入 150mm(6in)深度锤击不能超过 800 次)。

如果因为换桩或设备故障、天气影响等使打桩停顿了一个小时或更长时间，在重新使用上述标准前至少应将桩打入 0.3m。当阻力大于贯入 150mm 深度锤击 800 次时，不应继续打桩。否则桩会发生变形，并且无法增加贯入深度。

API RP2A 标准还提供了根据桩直径和壁厚选择桩锤尺寸的指导准则(见表 8.4)。指导准则没有包含其他重要参数，例如桩的长度和泥土特性，但对防止桩因桩锤产生动态应力而导致过多局部损伤的问题进行了说明，指导准则主要是根据使用中型桩锤对中到大型海上桩进行打桩的行业经验来确定的。

当钢桩打到岩石上时，桩尖处回弹的压缩应力几乎两倍于桩锤直接施加到桩上的应力，因而常常会超出承受的限度。在建造海上中转码头时最常遇到这种情况。桩尖可能变形、撕裂或"折叠"，因而加固桩尖非常有帮助。而波动方程则是预测这种情况下桩尖处应力的有效工具(见图 8.15)。

连接在桩上的打桩分析器(PDA)可有效确定桩的实际打桩力和应力。

目前的趋势是使用壁更厚的桩以提高桩锤的贯入度效率以及使用更重的桩锤使贯入更有效，打桩速度更快，但建议采取保守一些的方法。表 8.4 中列出的是典型值，可以根据更明确的数据或详细分析进行改进。

表 8.4　打桩标准和桩锤能量

桩外径		壁厚		桩锤能量	
in.	Mm	in	mm	ft-lb	kN-m
24	600	5/8 ~ 7/8	15~21	50 000~120 000	70~168
30	750	3/4	19	50 000~120 000	70~168
36	900	7/8 ~ 1	21~25	50 000~180 000	70~252
42	1 050	1~1 1/4	25~32	60 000~300 000	84~420
48	1 200	1 1/8 ~ 1 3/4	28~44	90 000~500 000	126~700
60	1 500	1 1/8 ~ 1 3/4	28~44	90 000~500 000	126~700

（续表）

桩外径		壁厚		桩锤能量	
in.	Mm	in	mm	ft-lb	kN-m
72	1 800	$1\frac{1}{4}\sim2$	$32\sim50$	120 000～700 000	168～980
84	2 100	$1\frac{1}{4}\sim2$	$32\sim50$	180 000～1 000 000	252～1400
96	2 400	$1\frac{1}{4}\sim2$	$32\sim50$	180 000～1 000 000	252～1400
108	2 700	$1\frac{1}{2}\sim2\frac{1}{2}$	$37\sim62$	300 000～1 000 000	420～1400
120	3 000	$1\frac{1}{2}\sim2\frac{1}{2}$	$37\sim62$	300 000～1 000 000	420～1400

注：①对于列出范围内较重的桩锤，壁厚也必须接近列出范围的上限以防止打桩时在桩内产生过应力。②对于柴油桩锤，有效桩锤能量一般为制造商列出数值的一半到三分之二，上表中的数值也必须相应进行调整。柴油桩锤通常仅用于直径为36in或更小的桩。③液压桩锤的锤击更为稳定，因而可对上表进行修正以符合应力波的分布型式。

　　大型振动桩锤可2台或4台组合起来同时用于大直径钢桩在泥沙中的沉桩施工，这种情况下可适当提高 D/t 比率（例如80-1）。这在沙特阿拉伯的延布（Yanbu）安装用于卸载码头的钢管桩时证明是很有效的，钢管桩沉入了珊瑚沙及易碎的沙屑石灰岩薄层；而在哥伦比亚河河床厚沙中进行沉桩施工也同样很有效。

　　将第一根桩段送入套管时，可额外多插进一些，插入长度只受桩自重所产生的弯矩及起重机提升能力的限制。一旦桩段送入套管并开始下降，可施加轴向力使桩在泥土中沉入更深。方法是将一根钢索安装在桩段头部，向下穿过固定于导管架靠近桩套管处的开口滑车，然后连接到导管架或浮吊的绞车上。拉紧钢索就能使桩沉入泥土，桩尖到达可安全放置桩锤的临时高程。使用预应力混凝土桩进行海上中转码头施工也是类似的，可以在桩尖处采用喷水打桩（通过内喷嘴）的同时施加与桩轴向校直的向下力，可使桩沉入软质黏土和沙层，桩尖到达更适合作业的高程。

　　对于大直径圆柱桩，为了垂直悬吊或使用内提升装置，必须通过其两端的吊点（直径相对的两端）进行起吊。

　　扶正大型圆柱桩可能出现的问题是因为只有从顶端起吊才是可行的，但桩的弯曲强度却不足以支承。如果桩位于驳船上，可用安装在轨道上的负重车支承桩的底端，在桩垂直竖起的过程中负重车和驳船应随着桩而移动。另一种方法是封闭桩的底端并放置到水中，这样浮力就可以为桩的下半段提供支承。这个作业需要考虑水的深度、桩的长度、桩浮动部分的净重以及桩的弯曲强度。桩垂直竖起后必须切除底端的封头,首先应注入水以平衡封头两边的压力,这样才能安全地切除隔板。在各种环境中可采用不同的方法切除封头。阿拉斯加库克(Cook)湾漂流河码头的施工中使用了卢塞特(Lucite)树脂封头,但在沉入桩时发生破碎。

加利福尼亚圣塔芭芭拉(Santa Barbara)附近的本州(Hondo)平台在施工中将链条以螺旋形焊接在钢隔板上;拉动链条就能打开隔板,如同拉开沙丁鱼罐头的盖子。在陆地上进行试验是成功的,但在实际安装时没有完全发挥作用,一些隔板必须费时费力地钻除。

韩国仁川(Inchon)的海上中转码头也发生了类似的事情。密封焊接的钢隔板一边安装了链条铰链,并认为当沉入桩时密封焊缝将会破裂,隔板脱离,链条周围的铰链就可将隔板移离桩。但实际情况却不是如此。钢桩使隔板松动并陷入桩内,就像封头一样封闭了桩,在将隔板钻除前桩无法完全贯入。

类似的隔板也用于保持导管架腿柱在桩释放、浮动及扶正过程中的浮力。隔板设计为当受到桩碰撞时会发生破裂。现在几乎世界各地都使用尼龙绳织增强氯丁橡胶隔板,可以有效承受静水压力,但是在沉柱时能像饼干一样很容易被桩截除。隔板应设计为可以承受所面临的最大静水压力。少数情况下隔板因比较坚固而无法在沉桩时被切穿,只能钻除(见图8.17)。

用钻岩机钻除橡胶并不有效,可以想到截齿会被缠结,并且水射流无法清除橡胶。钻杆需要多次下钻和起钻才能最终清除封头。还有一个方法是将桩的顶端切割出齿形孔,就像牙齿一样可以逐渐切穿封头。

除了可能引发潜在问题外,增强橡胶封头仍然是目前最先进的。例如必须钻除增强橡胶板时,可导致钻机堵塞。

隔板式橡胶腿柱封头的外径尺寸从18～144in。用于深水结构物及直径非常大的导管架腿柱、套管或圆柱桩的机械锁紧橡胶隔板的压力上限可达:2.2m外径为14MPa,3.75m外径为2MPa。清除封头还可以使用特殊切割工具(见图8.16)。

北海混凝土离岸平台使用了无钢筋的轻质混凝土和常规重量混凝土塞来封闭导管套筒。混凝土塞一般厚度为1.5～2m,套筒上焊接了抗剪柄以传递剪力。这些混凝土塞在导管沉入前钻除。

深水离岸平台的裙桩越来越多地成组布置在导管架腿柱周围,并通过从侧面提供支承的套管将载荷传递给导管架。最终这些裙桩的顶部将位于水下,其

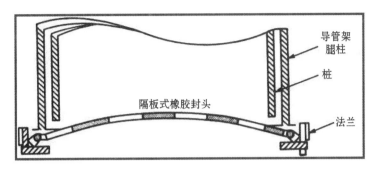

图 8.16　桩靴布置

深度等于水深,但小于套管长度,后者一般长度为 $20\sim30m$。接桩通过水泥浆完成。

将桩沉入如此深的水下需要使用水下桩锤或送桩。目前已经制造出几种液压水下桩锤,其中有两种可以安装在桩的导向装置内,导向装置由导管架在更高的位置提供支承。现在这些"细长"的液压桩锤已用于深水沉桩,液压桩锤几乎可以将全部能量传递到桩上,而不会像使用送桩那样造成能量损失。但浅水及内陆海上结构物一般使用送桩。送桩是厚壁桩段,桩尖安装经过切削加工的打桩帽,打桩帽与桩头紧密贴合以传递轴向挤压并防止局部屈曲。

有时因为没有校直或桩头发生轻微变化而导致桩卡在打桩帽中,送桩无法取下,这就必须通过潜水员或装备扩张式套管割刀工具的钻机将桩截除。为了防止这种情况造成过多延误,应准备好处理的工具。

有经验表明,如果打桩帽安装正确、桩切割平整并且桩的壁厚不是太小(不小于 25mm)的话,使用送桩不会损失多少效率。

如果预计打桩强度比较大,例如要穿过石灰岩或顶盖岩层,就应为桩尖提供打桩靴。API RP2A 标准建议其长度至少达到直径值,壁厚至少为桩段最小壁厚的 1.5 倍。在含玄武岩砾石的脆弱石灰岩中打桩的经验表明,为防止发生类似于折叠的屈曲,打桩靴长度应达到两倍直径。在能够正确焊接的情况下,钢的屈服点应尽可能高。由于焊接在车间里进行,可根据需要进行适当的预加热和后加热处理。

铸钢打桩靴可用于小直径到中等直径桩及工字钢桩,易于固定和焊接(见图 8.17)。打桩靴的内直径一般应与桩相同,这样打桩靴就如同桩的外罩,万一需要的话可以钻通,否则钻孔可能就无法进行。桩尖直径稍大一些会降低主桩

335

上的表面摩擦阻力,如果岩土工程师认为不能接受,则可以使用内桩靴,但无疑任何钻孔都将受到限制。

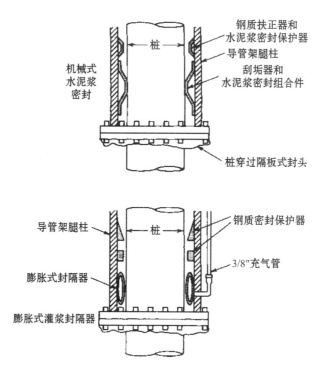

图 8.17　用于桩和导管架腿柱封头的刮垢器及封隔器(照片由油州橡胶公司提供)

　　在对导管架套筒内的桩或在插入桩与主桩之间进行灌浆时,将空间完全填满是非常关键的。经验表明水泥浆会吸收水分,但这是可以忽略的,除非对此非常重视。如前所述,钢表面应该没有轧屑或漆面。必须将泥浆从桩和套筒之间的环状空间中排除,在非常软的泥土中进行施工可能需要用到刮垢器。还必须清除钢表面的海洋附生物(短时间浸没在浅水中就会形成)、油渍或其他杂物。只要不影响钻孔,就应该用水将膨润土钻井泥浆冲洗干净。如果无法安全冲洗,应使用聚合物基泥浆。

　　净水泥和膨胀水泥都可以使用,后者胶结和剪力传递性能更佳。API RP2A 标准要求使用易膨胀、不收缩的水泥浆。可通过外加剂提高流动性、降低离析或易于被冲刷的倾向、在养护期提供可控膨胀以及减少泌水。水泥在水中的收缩实际上并不多,但泌水是不良特性,应尽量减少。在凝结期,水泥的胶结性能也会受到结构物移动和振动的影响。凝结速度和强度增加由水泥种类、研磨细度、水温以及使用的外加剂所控制。在任何情况下,水泥浆的强度都应在 24h 内至少达到 10MPa。还可使用胶结强度更高、泌水和收缩更少的特种水泥浆。为增加胶结性能,在套筒内及桩外还可安装一些机械装置,例如抗剪件、钢带甚至是焊缝。抗剪件必须能使水泥浆正常流动并且是倾斜的,这样就不会阻挡其下产生的泌水。如果水泥浆不仅灌注到桩和套筒之间的环状空间,而且灌注到桩体,就应对水合热予以考虑,确保不会产生过高的温度,否则内部微裂纹可破坏混凝土的抗拉强度。环状空间的最大宽度需限制在 100mm 左右。应使用扶正器(定位器)使桩和套筒之间的环状空间保持一致。API RP2A 标准要求宽度至少为 38mm,但最好达到 50~100mm。超过 100mm 的话,水泥浆的潜在剪力就会减少载荷的传递。可使用封隔器限制水泥浆的范围并防止泄漏到桩尖周围(见图 8.17),封隔器必须安装在套筒底部,并能在插入桩和打桩时得到保护。经验表明封隔器经常会损坏,因而作为谨慎的预防措施可安装两组。有些封隔器采用被动式的设计,只是由柔软的橡胶制成,而有些则可以通过水压或水泥浆发生膨胀。如果是后一种情况,水泥浆将首先注满封隔器,然后随着背压的增加,水泥浆冲开瓣阀进入环状空间(见图 8.17 至图 8.20)。如果封隔器损坏,水泥浆泄漏,所能做的只有等待水泥浆凝结,然后再次尝试。但不幸的是水泥浆也会在灌浆管中凝结,为了使灌浆管保持通畅并进行下一次灌注,可在最小压力下缓慢用水冲洗。

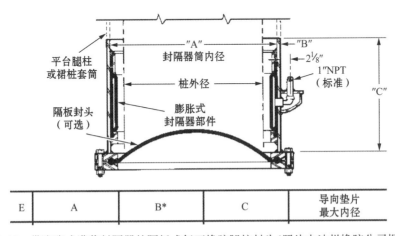

图 8.18　带膨胀式灌浆封隔器的隔板式氯丁橡胶腿柱封头(照片由油州橡胶公司提供)

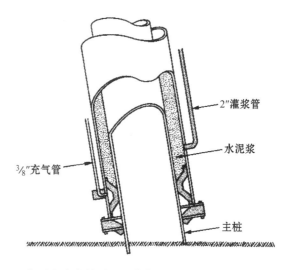

图 8.19   典型膨胀式封隔器和灌浆布置（照片由油州橡胶公司提供）

因而通常安装灌浆口垂直间隔为 2～4m 的两根灌浆管。如果水泥浆泄漏到桩尖周围,可放弃第一根灌浆管。但应保持水在第二根灌浆管中缓慢循环,以防可能发生堵塞(见图 8.21)。

灌浆设备应保持水泥浆连续流动直至完全灌满环状空间。如果水泥浆因布置及相对高程的原因不能返回海面而无法确认已经完全灌满,就应该采用其他适当的方法,例如电阻率计、放射性示踪剂、测井设备或溢流管,可由潜水员或遥控机器人进行确认(见图 8.22)。

最近开发了将桩固定于套筒的新方法,通过强大的液压力将桩"锻压"到套筒的凹槽里。这种方法被称为"HydraLok 法",在北海巴莫拉尔(Balmoral)和东南福提斯(Forties)油田已经成功应用于将钉桩固定在海底基盘的套筒上(见图 8.23),而且近来使用的深度达到了 1000m。虽然新方法能形成可靠的固定,但永久性连接通常还需辅以水泥浆。

必须保留桩的安装记录,应记录以下数据:

(1) 桩标识。
(2) 每根桩段的长度。
(3) 桩穿透封口后在自重下的贯入深度。
(4) 桩在桩锤重量下的贯入深度。

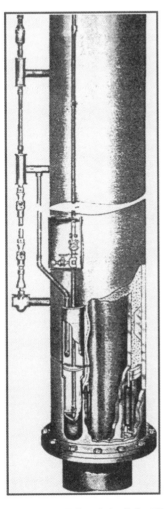

图 8.20　多灌浆口拉杆灌浆系统
（照片由油州橡胶公司提供）

灌浆插入管

连接座

图 8.21　遥控机器人灌浆系统
（照片由油州橡胶公司提供）

（5）打桩过程中的锤击数。

（6）打桩过程中桩锤或桩出现的异常情况，例如阻力突然降低，但检查土壤剖面后仍无法解释，说明可能发生了焊缝破裂。

（7）打桩过程中的中断，"调整"时间及随后松动桩所需的锤击数。

（8）焊缝位置。

（9）焊接程序及使用的焊条。

图 8.22　Hydra-Lok 法桩连接可用于在任意深度将桩固定在套筒上
（照片由油州橡胶公司提供）

（10）X 射线或其他无损检测。

（11）打入每根桩段所用的时间。

（12）沉桩后土塞和内部水面的高程。

（13）计算桩段的实际长度及桩段截除的长度。

（14）水泥浆混合料。

（15）使用的设备和实际程序。

（16）灌浆量。

（17）定时检测水泥浆质量。

以下是近期离岸沉桩的 5 个实例。

本州（Hondo）平台建造于水深 264m 处。泥土基本上粒度很细，一般为板结黏性粉沙。平台有 8 根主桩，最长达 382m，并沉入了 12 根裙桩。主桩外径 48in，裙桩外径 54in。裙桩送桩使用了炮栓式连接器。由于主桩长度很大，需要

图 8.23　安装阿拉斯加库克(Cook)湾海上中转码头的 4m 直径桩

13 根附加桩段。桩锤尺寸受当时可用的 Vulcan 3100 型桩锤的限制,备用桩锤为 Menck 4600 型,两者每次锤击都可以产生约 400kN-m 的能量。起重机锅炉容量也是一个限制因素。为了预测打桩性能进行了大量调研和分析。基于以往的经验,桩锤效率假定为 55%~80% 之间,最高为 80%。对于每个假定的效率等级都记下打桩记录、锤击数与打桩阻力的比较以及桩头冲力。沉桩过程中还特别重视最后 3 根附加桩段的施工。

英国北海的岁斯尔(Thistle)平台建造于水深 161m 处。桩的设计最大轴向载荷为 35MN(3500mt),需穿过含多个沙质透镜体的硬质黏土并沉入海底下 140m 处。波动方程分析显示可用桩锤的贯入度只能达到约 30m,因而选择了两阶段打桩方案。第一阶段使用 Vulcan 560 型桩锤(每次锤击能量为 400kN-m)将 1.37m 桩沉入 30m。桩通常在贯入约 25m 时形成土塞,打桩阻力从每米锤击 150~250 次上升到 600 次。有些土塞无法通过打桩去除,为了进一步贯入桩只能钻除。在桩尖安装了 1.5m 长的打桩靴,其壁厚要比标准钢管厚 12mm,并且加工成斜面,可以将泥土压离而不是楔进桩尖。打桩使用了送桩,采用炮栓式连接器,还使用液压夹钳校直装置固定附加桩段。对于 30 到 140m 贯入深度采用了钻孔法,钻孔直径为 1.21m。在达到 85m 贯入深度前使用海水作为钻井液(返回海面上方 30m 的甲板平面),随后由于地层中混合了沙质透镜体而使用了钻井泥浆。为防止在沙质透镜体中发生水力压裂,必须非常小心地监测和控制泥浆比重。

钻孔采用了扁钻,通过双壁钻杆进行气举反循环。完成钻孔后进行了测量,发现其直径在黏土中为 1.22m,而在沙质透镜体中变为 1.52m。插入的 1.06m 管桩底部由土塞密封,通过灌注重钻井泥浆(比重为 1.8)增加重量以克服浮力并固定在钻孔中。通过安装于插入桩土塞中的阀门灌注比重为 1.68 的水泥浆直至完全填满环状空间。水泥浆添加了放射性同位素外加剂,如果放射性同位素从第一阶段桩顶部的水泥浆溢流管流出,就会被盖格计数器检测到。水泥浆凝结 24h 后泵出加重泥浆。

同样位于英国北海的希瑟(Heather)平台需要在坚硬的沙粉质黏土中沉入承载力极高的大型桩。桩的设计载荷为 29.5MN,所需的最大承载力为 44.3MN。桩的贯入深度需达到 43m,桩总长 96m,直径 1.52m。为增加可打性,壁厚全部为 63mm。

与套筒的连接使用了水泥浆。为提高胶结性能,可在桩上焊出焊缝环。第一根桩段的长度为 64m,第二根为 32m。为迅速接上附加桩段,所有桩的第一根桩段都安装了液压夹钳校直装置及壁厚 87mm,长度 0.5m,外径与桩相同的内打桩靴。通过岩土勘探和使用波动方程对打桩性能进行了预测并特别重视土塞的形成机制,认为土塞一旦形成,由于压缩波的传播速度不同,在锤击下只能提供部分端部支承。实际打桩性能部分证实了这一点,每米锤击数增加到 500 次,并在随后的打桩过程中保持稳定。送桩由两段组成,在两段送桩之间及送桩和桩之间使用了重力连接器(经过加工可用于直接承载)。

为达到极高的承载力,使用了 Menck 8000 型和 Menck 12500 型桩锤,后者每次锤击产生的能量达 2000kN-m。但为了降低桩的应力,开始打桩时使用的是小一些的 Vulcan 560 型和 Menck 4600 型(每次锤击产生的能量为 400n-m)桩锤。打桩性能通过安装在桩头的应变传感器和加速度计进行密切监控。结果表明除了有一次没有校直外,重力连接器的损失只有 2%,而桩锤效率则在 40% 到 62% 之间。

在毛伊(Maui)A 平台施工现场,黏性土夹杂着致密火山灰层。有些桩可以沉到火山灰层,但其他桩发生拒锤无法沉入。随着桩锤故障及天气造成延误,问题越发严重并需要进行大量调整。最终采用了喷水法破碎并清除火山灰土塞,桩因土塞已经成为端部支承桩。一个陆地打桩项目在沉入长钢管桩时也发生了类似的火山灰问题,同样也必须清除火山灰土塞,后来采用了钻除的方法。

如同许多亚北极和北极地区,库克(Cook)湾的近代沉积物位于冰碛物和源自冰川的过度固结粉土层下。冰碛物类似于北海的泥砾,非常坚硬并含有大小不一的岩石碎片。过度固结的粉土只靠锤击难以穿透,而且粉土很密实,结构稳定,也很难进行移位或加固。通过利用喷水法迅速破碎致密的过度固结粉土,库克湾的几个海上中转码头都安装了直径 2~4m 的大型圆柱桩。桩尖安装了喷嘴环,这样在桩锤作业时喷嘴可持续工作。喷水流可将过度固结的粉土破碎为胶状悬浮物(见图 8.25)。强大的自由喷水流还可用于冲洗致密泥土中的钻孔,以便桩进一步贯入。普拉德霍(Prudhoe)湾东方码头在安装桩时也从中收益,喷水法使 25m 长的钢板桩迅速沉入过度固结的粉土及发生了部分冰联结的沙层。

孟加拉国贾木纳(Jamuna)河大桥钢管桩的施工使用了 Menck 12500 型桩锤,每次锤击产生的能量可达 2000kN-m(300 000ft-lbs)。桩的直径为 3.15m 和 2.50m,壁厚 45~65mm,长 80m。为了将桩沉入沙砾层,必须穿过 60m 中等致密和致密粉沙层(见图 8.24)。虽然承包商有喷水设备,可冲洗桩并帮助桩贯

图 8.24 孟加拉国贾木纳河大桥 3.15m×80m 钢管桩的沉桩施工(照片由高锋宏道公司提供)

入,但是却没有使用而只靠桩锤完成沉桩,共进行了约 12 000 次锤击。由于 1/6 的桩被打坏,承包商将桩分成 3 段安装。接桩耗时 6~8h,需要 4 组焊工。

在加利福尼亚圣迭戈(San Diego)海域,为了将用作入海排水立管的单根 4m 直径钢管桩沉入 70m 深度,承包商选择使用一种专门制造的液压落锤(自由落锤),每次锤击产生的能量达 3 000kN-m,锤击率为每分钟 1 次。土质为脆弱的粉沙岩,为帮助贯入使用了对桩进行间歇冲洗和预先钻孔的方法。虽然最终成功到达贯入深度,但所需的时间过多。

旧金山至奥克兰海湾大桥的东海湾新桥使用的桩直径为 2m,壁厚从顶端的 65mm 到桩尖的 45mm,由 Menck 1700kJ 型桩捶沉入 100m 深度。桩分为 2 段或 3 段安装,在现场使用了半自动焊机进行接桩作业。

图 8.25 说明了大直径桩的典型特性。在非常深(超过 500m)的水中进行打桩的类似案例将在第 22 章进行介绍。

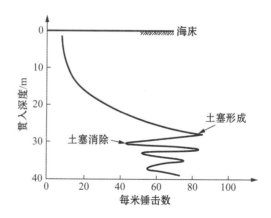

图 8.25　硬质黏土中典型的桩贯入深度与锤击数的比较

8.5　增加贯入深度的方法
Methods of Increasing Penetration

增加贯入深度的方法如下:

（1）使用厚壁桩段，也就是增加桩的最小壁厚。波动方程表明增加最小壁厚可极大提高桩的贯入能力。

（2）使用更大的桩锤，特别是装备更大锤头的桩锤。

（3）在桩内使用喷水法破碎土塞。许多泥土因压实作用会在桩尖形成土塞并在管桩内部通过表面摩擦传递支承力。喷水或钻孔可破碎土塞，暂时消除端部支承阻力。但土塞可在桩再沉入 5～10m 后重新形成，需要重复破碎作业。取下桩锤并置入长度有时可达 100m 或更长的喷水机是耗时的索具作业。可使用类似于钻井套管的快速连接器来连接喷水管，尽量减少所需时间。

（4）钻除土塞。

（5）在桩尖下方钻孔。

如前文所述，可将喷水机安装在桩内，附于内壁并通过套管连接供水装置，套管在桩头下方穿过桩壁。这样就能连续破碎土塞而不中断打桩（见图 8.26

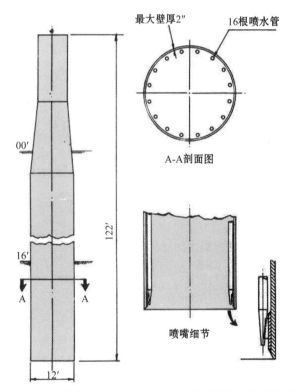

图 8.26　阿拉斯加库克(Cook)湾 4m 直径桩的喷水管布置

和图 8.27)。这种喷水机最好一直保留在桩内,并在打桩完成后遗弃。试图进行拆除是非常耗时的,其成本常常要超过喷水机本身。更重要的是为方便以后拆除而设计的松配合套管在打桩和喷水作业的联合作用下可能无法为喷水机提供足够的支承。有时还会围绕内缘隔开 1m 或更短距离安装多台喷水机,喷嘴应位于桩尖以上 150mm 左右。这样安装的喷水机在打桩时必须连续工作以防止土塞形成。

图 8.27　钢质圆柱桩内布置的喷水管

安装在桩内的喷水机性能指标通常为:

● 直径 40~50m;
● 泵压力 2~2.5MPa(290~350psi);
● 每根喷水管流量 700L/min(175gpm)。

如果喷水机不足以清除土塞,就需要进行钻除。可使用潜孔钻机向下钻出一组密集孔洞,这样桩在锤击下就能破碎穿过钻孔处的泥土或岩石。在打桩通过硬质黏土、沙土、风化岩石或夹杂着石灰岩或沙岩的地层时通常需要用到这种方法。

为了减少表面摩擦,沿海和港口项目经常在桩下方以自由射流的方式使用喷水机或者在桩侧面使用喷水机。但由于存在破坏桩周围泥土横向承载力的可能,离岸作业通常不这么做,而且深水作业时自由射流的方向和位置也极难控制。但在松散地层中,例如沙层,可以在沉桩前使用自由射流,因为随后进行的打桩将会使沙层重新得到加固,但这需要一定数量(100～400)的锤击予以确保。这种自由射流"探测"对于确定桩尖下方的泥土特性并识别出硬质地层也是非常有帮助的,例如中东和热带地区的珊瑚石灰岩。

API RP2A 标准说明了如何通过喷水和气举清除桩中的土塞,而使用钻井短节或钻井水龙头是清除土塞中致密岩土(例如风化花岗岩)的有效方法。有时海上中转码头施工时会发生桩被沙砾或卵石堵塞的罕见情况,可以结合使用气举和喷水进行清除。气举机能够清除直径与其几乎一样大的卵石。当必须清除卵石和小砾石时,锤式抓斗可能是最为有效的。

如果为了能够继续打桩及贯入更深而清除了土塞,当达到设计高程后可通过水下导管灌注法用水泥浆塞或混凝土塞替代。水泥浆塞或混凝土塞必须有足够的长度,这样通过胶结在桩内可发挥出全部性能。在土塞位置灌浆还能恢复沉积物原来的密度。

水泥浆灌注大直径(1m 或更大)桩时可能会发生过热的情况,导致裂缝甚至破碎。因而应使用添加大量骨料但水泥含量较低的混凝土,可减少产生的热量并提高抗拉强度。将 50% 的水泥替换为粉煤灰或使用高炉矿渣水泥能降低水合热(图 8.28 至图 8.31)。

当管桩遇到硬质地层或砾石时,可能需要在桩尖下方进行钻除作业。一般通过喷水和气举将土塞清除到桩尖上方约一米处,然后锤击将桩固定以防桩尖下的沙土涌入。需平衡水压,不应使桩内的水流向桩外或桩外的水流入桩内。最后通过钻机钻除砾石。

冲击钻机逐渐移动并钻出略大于钻机直径的孔,使桩可以沉入,而旋转钻机或潜孔钻机则钻出更为规整的孔。为了在非常坚硬的岩石中沉桩,可能需要使用扩孔器或开孔钻机。在一般情况下,特别是当硬质地层厚度有限时,钻孔后进行沉桩可使桩尖逐渐破碎钻孔边缘。如果预计会遇到这种地层,就应对桩尖进行强化。如果要进行桩内钻孔,桩内部应保持平直(内径相同),这意味着壁更厚的桩尖或铸钢桩尖保护器将会使外径增加。这可能有助于剩余桩体的沉入,但无疑也将降低了永久表面摩擦力。

如果需要在桩尖下方进行钻孔,而钻机无法在砾石、卵石或倾斜岩石上固定住的话,一个解决方法是在桩尖下灌注水泥浆并在桩底部形成水泥浆塞,硬化后就可在此基础上钻孔。另外一个方法是使用锤式抓斗。

对于长度比较短的大直径桩,例如经常用于海上中转码头的桩,通过凿出或钻出几个小孔就能破碎硬质地层。可用一段轴或灌注了混凝土的厚壁管制作凿杆,在锤击下是非常有效的。注意不应凿入过深,否则可能会被卡住。

在桩尖下方钻孔和爆破以破碎珊瑚岩和石灰岩层的方法在巴哈马的施工中得到了成功的应用,但这可能会损坏桩尖(使其撕裂或卷曲)。在硬质黏土、泥砾和冰碛物中,为了获得所需的贯入深度,可能需要在桩尖下方钻孔。一般而言,钻孔直径应小于桩直径,例如为桩直径的50%～75%,这样就能使固结土保持对桩侧面尽可能大的压力。在桩尖下方钻孔完成后,可用海水或钻井泥浆保持钻孔通畅,海水方便、成本低,而且不会覆盖在钻孔壁上。有时可使钻孔内部的水位高于外部,这样有助于保持钻孔的通畅。聚合物泥浆虽然成本高,但有利于混凝土胶结,也比较环保。为防止坍塌,桩尖下方的钻孔长度一般是有限的。这意味着钻孔和打桩必须相互交替进行。

API RP2A 标准说明如果钻孔是通过在桩尖下钻小尺寸孔而形成,将无法预料其对桩承载力的影响,除非有相同泥土、类似条件下的施工经验。在桩尖下喷水钻孔常常有助于沉桩,但在黏性泥土中对桩最终承载力的影响是极难预料的。

8.6　插入桩
Insert Piles

当主桩无法沉入所需的桩尖高程时,一个解决方法是打入插入桩。首先清除主桩内的土塞,然后置入并沉下插入桩。插入桩直径比较小,通过主桩时不会产生表面摩擦,因而通常能够额外再贯入一定的深度。可在主桩和插入桩之间的环状空间灌注高强度水泥浆,但由于存在对流体的内在限制,例如管道化,美国石油学会(API)建议采用胶结强度的保守值。

当预先计划使用插入桩时,虽然大大增加了材料成本,但插入桩通常能提供良好的性能,不过作为紧急措施使用时会出现一些问题。一个问题是由于主桩的厚壁部分位于导管架内而不是泥线处,因而桩的抗弯能力可能要小于设计值,在插入桩内的这个区域灌浆可有助于恢复损失的抗弯能力。另一个缺点是同主桩相比,插入桩贯入部分的摩擦面积减小,所以插入桩可能需要贯入更深。第三个问题是如何进行插入桩和主桩之间环状空间的灌浆作业,由于这通常不是计划好的作业,为了从底部开始灌注,可能需要在两层桩壁之间插入一根小直径管(20～40mm)。也可以在插入桩内安装灌浆管,喷嘴略高于插入桩高出主桩桩尖的预计位置。

8.7　锚固于岩石或硬质地层
Anchoring into Rock or Hardpan

海上中转码头的桩常常位于硬质地层或岩石上,无法产生足够的抗拔力。有几个可行的解决方法,一个方法是在岩石中预先钻出直径略小于桩内径的长嵌岩孔,然后置入连接了灌浆管的插入桩。插入桩可为管桩、工字钢桩或由钢板制成的十字桩。随后进行灌浆,将插入桩同嵌岩孔壁及上方的主桩胶结在一起。

第二个方法是在主桩中填充预先在小直径管(例如 150mm 直径)经过凝结的混凝土。然后,通过预制孔向桩尖下方的岩石钻深孔,并将连接了灌浆管的后张预应力筋插入。后张预应力筋灌浆后胶结于岩石,然后被张紧并锚固。最后通过灌浆将后张预应力筋固定在桩上,同时灌浆还可以提供防腐能力。虽然钻孔成本降低了,但这种方法需要注意控制第一阶段和第二阶段灌浆的位置,这个位置应该位于桩尖处。后张预应力筋实际上相当于将桩系留住的地锚。该方法成功应用于新加坡的埃索(Esso)中转码头。

另外一种方法是钻嵌岩孔后安装钢筋笼,然后通过灌浆或灌筑混凝土将钢筋笼同嵌岩孔和主桩固定在一起。钢筋笼上的钢筋应保持合适的间隔,以便为混凝土或水泥浆的流动提供足够的空间。垂直方向的钢筋可两根、三根或四根成束。螺旋钢筋应隔开间距;如果必要的话可以用高牌号钢制造或成束使用,钢筋的间隔和空隙应至少为粗骨料大小的 5 倍。许多水上桥梁的桩都使用了这种方法。

对上述方法的改进是在包含了所有钢筋及一根灌浆管的预制塞中凝结混凝土。为确保胶结良好,应对预制塞的壁面进行处理,使其粗糙不平。然后在一次作业中完成对预制塞和嵌岩孔以及预制塞和桩之间环状空间的灌浆。这种方法减少了所需水泥浆的用量,是非常实用的方法。另一种可行的替代方法是首先用液体水泥浆或添加了缓凝外加剂的混凝土混合料灌注嵌岩孔,然后在插入桩中凝结,如果需要的话打入插入桩。这样可以确保水泥浆完全充满了环状空间。

打入插入桩后,通过桩上的孔对桩壁和孔壁之间的空间进行灌浆是不太成功的,因为填充无法保持均匀一致。水泥浆趋向于形成管道并在一侧或多侧吸收水分,而使用过高的压力又可能使地层破裂。

因为需要打桩穿过脆弱的钙质沙层,位于澳大利亚西北大陆架的古德温(Goodwin)平台选择了薄壁钢管桩,但是在地层表面有坚硬的胶结沙(顶盖岩)层。由于最初的弯曲或其他原因,纵向屈曲逐渐产生,导致桩壁上出现纵贯整根桩的凹槽。这使得在桩尖处开凿嵌岩孔的钻机无法置入,因而不得不费时费力地将屈曲处钻除。

随后放入预制混凝土砌块并灌注水泥浆。使用预制混凝土塞可以避免在离岸 150km 的海上配制高质量混凝土所带来的物流问题。

8.8 高承载力桩测试
Testing High Capacity Piles

对于设计载荷比较大的桩已开发出了测试及验证轴向挤压和抗拔承载力的方法。

奥氏(Osterberg)法的原理是将扁千斤顶放置在桩尖处,液压工作液的压力在千斤顶上方产生表面摩擦力,在千斤顶下方产生端部承载力。如果端部承载力小于表面摩擦力,为了产生所需的反作用力,可在延伸的嵌岩孔中安装附加塞,结构上附加塞与上方进行测试的桩段并不连接。

固定奥氏法设备的关键是混凝土要注入扁千斤顶内及扁千斤顶之间的空间并具有较高的强度。使用添加了抗分散外加剂（AWA）或硅粉的混凝土进行灌注比较合适，并且还能减少泌水。

还可使用动态测试，例如 APPLE 系统，通过将重量非常大的锤头落下 2～3m 来分析应变和加速度。

测试大型桩横向承载力（以及垂直承载力）的 Dynamatic 系统使用了火箭炸药，但却不能表现多周期的波浪或地震作用。另外一个可用系统则是隔开几米打入两根桩，然后使用长行程千斤顶。两根桩相互之间的"阴影"效应必须予以考虑。

8.9 工字钢桩
Steel H Piles

工字钢桩因端部支承面积有限而具有良好的贯入坚硬地层的能力。如上所述，在卵石或胶结泥土中打桩时，应加固桩尖以防止打桩过程中在高压应力下产生局部屈曲，可以在工字钢桩上焊接市场上供应的铸钢桩尖。

工字桩在 X-X 轴上抗弯矩承载力较高，但在正交的 Y-Y 轴上较低。应在强度比较高的轴向上滚动和起吊工字桩。

连接工字桩，应使用低氢焊条进行全熔透焊缝焊接。安装前进行装配时，使用滚筒钢板或木板可有助于翻转工字桩，单面焊一般还需要备用滚筒板。新的桩段必须精确定位在上一根桩段的轴向延伸线上并由角撑严密固定，但水流、波浪及浪溅所导致的振动会使定位非常困难，若有可能，应在现场进行符合要求的接桩。

为防止桩头发生局部变形，使用的打桩帽应带有沟槽或类似能使配合紧密的装置。

使用时穿过吃水线的钢桩上段常涂敷环氧树脂，应避免涂层受到刮擦和磨损，例如可以使用护垫或软化剂。

钢桩沉入过程中发生的许多损坏情况已经得到了关注，包括遇到砾石或岩石时桩尖被意外损坏。接近拒锤时继续打桩也会在桩尖处产生很高的动态回弹压应力。解决办法是停止打桩,使用钻井短节或潜孔钻机在桩尖下方进行钻孔。

8.10 增强桩的刚度和承载力
Enhancing Stiffness and Capacity of Piles

填充混凝土能显著增加轴向承载力,防止局部屈曲,提高刚度及整体抗屈曲的能力。可通过黏合胶结及抗剪柄或螺栓来预防钢管壁和桩壁之间的剪力。用粉煤灰替代30%的水泥或使用高炉矿渣水泥可减少水合热。

安装后灌浆可提高桩的承载力。沿着桩侧灌浆,特别是靠近桩尖的地方,可明显增加挤压和拉伸的表面摩擦力。安装后进行压力灌浆能提高挤土桩的端部支承力。

孟加拉国贾木纳(Jamuna)河大桥在靠近桥基处安装了导管灌注混凝土塞,并在其下以相当于系数设计荷载(受到表面摩擦力中桩抗拔承载力的限制)的压力进行灌浆。德国柏林的波茨坦广场项目则在接近桩尖处沿着桩侧进行灌浆,提高了桩的抗拔承载力,桩被用于锚固导管灌注混凝土板。

8.11 预应力混凝土圆柱桩
Prestressed Concrete Cylinder Piles

当需要横向抗弯承载力时,可使用预应力混凝土圆柱桩。这种桩被广泛应用于深水海上中转码头,例如沙特阿拉伯的朱埃曼(Ju'Aymah)中转码头;以及桥梁,例如加利福尼亚圣迭戈的科罗纳多(Coronado)大桥和维吉尼亚的切萨皮克湾(Chesapeake)大桥;并且还用于支承马拉开波(Maracaibo)湖的硬化油钻井平台。其最大长度可达50m,最大直径约2m。

此类桩的高配筋壁较薄(125~200mm),在轴向和周向上都经过充分张拉。

必须将混凝土体积容限和钢筋布置控制在相对比较接近的范围内。

为承载打桩过程中由于泊松效应而导致的劈裂拉伸应变以及形成对高度挤压起控制作用的塑性铰,需要使用螺旋钢筋和箍筋。水锤效应可在开口桩产生额外的周向应变。根据经验,螺旋钢筋达到屈服点时应至少能产生混凝土的全部抗拉强度,这样打桩、收缩或热应变所导致的纵裂纹在劈裂力消失后能够闭合。通常需要 1.2% 的钢材,通过保持合理的间隔,混凝土拌和料能够在螺旋钢筋、纵向钢绞线和钢筋中流动并将其包裹。不应使用覆盖环氧树脂涂层的螺旋钢筋和箍筋,因为与表层混凝土的黏合胶结力不够,使得表层混凝土易于产生内部剥离及纵裂纹。

为满足结构需要及承载打桩时的拉伸回弹应力,轴向必须预加足够的应力。打桩产生的轴向挤压加上预挤压常常可达 20~30MPa,尽管桩头安装了木垫块,打桩穿过软质泥土时的回弹张应力也可达到 10MPa 或更高。用适当厚度低模量软木制造的垫块能在一定程度上降低这种比较高的应力。混凝土承拉时的固有强度可能为 5~6MPa,能起一定作用,但设计预应力应达到7~11MPa。

另外一个经验法则是粗骨料的最大尺寸不应超过任何方向上净空尺寸以及螺旋钢筋与表层混凝土距离的 1/5~1/6。由于后者的距离一般为 50~75mm,同时螺旋钢筋和钢绞线也限制了净空尺寸,所以粗骨料的最大尺寸通常为 10~12mm。可以部分增加净空尺寸的一个方法是将钢筋成束。

必须仔细设计混凝土拌和料并进行试拌,以确保具备所需的和易性、强度和抗渗性等性能。通常还会使用外加剂,例如高效减水外加剂,并添加硅粉和粉煤灰,后者用于部分代替水泥。

必须正确养护混凝土,并在蒸汽养护期间及养护前后对温度和湿度进行控制。

桩头处可用混凝土塞和桩头内的销钉进行连接,类似的封闭方式也可用于桩尖。沉入开口桩常常会在桩尖产生土塞,这可能要求桩增加桩尖处的劈裂力,因而需要使用更多的螺旋钢筋。

预应力混凝土圆柱桩的制造有两种方法。一种为旋制法,即结合振动和离心力来制造圆柱桩段。必须保持周向钢筋和添加的轴向钢筋以及用于混凝土中预应力钢材的压浆孔道能承载离心力,离心力将使钢筋和孔道趋向于向外弯曲。养护结束后,用环氧树脂胶黏剂连接桩段的两端,将预应力钢绞线插入孔道并施加应力。

对这种方法的改变是旋制时不结合振动,但是会导致许多问题,包括离析、蜂窝以及在桩两端形成凸出,导致打桩过程中接桩失败。

第二种方法是对桩的整体采用长线先张法,内芯为刚模,养护结束后刚模将失去机械稳定性。已经证实这种方法能制造出可靠的桩,整体长度可达50～60m。

对于采用长线先张法的桩内芯已多次尝试进行水平滑模施工,但由于上半段桩的坍落和剥离以及因拖拉内芯而产生的裂缝使许多桩质量不合格。裂缝还会导致螺旋钢筋发生移位。

用于海上结构物的实心预应力混凝土桩横截面从 400mm×400mm 到 600mm×600mm,甚至有 900mm×900mm。广泛使用的是横截面为八角形,直径为 600mm 的混凝土桩,长度可达 40m,甚至有 50m 的。桩的直径从 900mm 到 2 200mm,最大长度为 60m,壁厚范围为 100mm 至 175mm(见图 8.28)。对于通常

图 8.28　支承新桥墩的预应力混凝土圆柱桩(照片由本·C·格威克公司提供)

的海洋应用,预应力桩必须能够承载打桩应力以及投入使用后的轴向和横向力。在地震高发区,可另外安装纵向软钢筋以提供额外的抗弯承载力和韧性。

预应力混凝土桩还需要使用螺旋钢筋或箍筋进行围束以承载打桩时的横向破裂应力(泊松效应),并在发生极端横向弯曲的情况下(例如地震)提供抗剪承载力以及使塑性铰能够保持正确的构形。使用冲击桩锤打桩会产生纵裂纹,除非螺旋钢筋或箍筋能提供足够的围束。由于失效时不会散开,箍筋在地震中的性能要优于螺旋钢筋。

在海洋环境里,混凝土桩将面临许多恶劣条件的考验,特别是在潮汐带和浪溅带。第 4.2 节介绍了需要关注的问题,并对桩的长期耐用性进行了讨论。

对于海洋环境中的应用,必须特别关注如何确保混凝土的耐久性。在干旱带,例如秘鲁南部、加利福尼亚南部和中东,碱-骨料反应是一个严重的问题,可通过多种方法解决,例如在混凝土拌和料中添加火山灰(例如微硅粉)。由于海水的抑制作用,硫酸盐侵蚀通常不会产生问题。在周围泥土硫酸盐含量比较高(例如石膏)的情况下,添加火山灰(例如硅粉)和粉煤灰可预防损害。

亚北极环境中应特别关注冻融对混凝土的侵蚀,特别是由于潮汐涨落而使混凝土桩处于完全水饱和状态并间歇浸没于冻结水的情况下。加气处理非常关键。因为热应变和水分梯度的共同作用,空心圆柱桩极易受到冰冻气候的影响,这可以通过提供足够的螺旋钢筋围束来解决。

当比较大的横向力施加在结构物上时,码头甲板或桩顶系梁略下方的区域可能要承载非常高的弯曲和剪切应力,因而应使用螺旋钢筋进行充分围束。桩顶部也可能需要增加钢筋。

在海积土中打入预应力混凝土桩常常会产生比较高的回弹张力,超出预应力混凝土的抗拉承载力并导致水平裂纹。继续打桩将导致桩低循环疲劳及破裂,混凝土受到破坏并使一些钢绞线折断。因而控制打桩应力非常关键,最好的办法是在打桩帽和混凝土桩顶之间使用软木垫块。合适的垫块厚度为 $200\sim350\mathrm{mm}$。为防止软木过早碎裂,可使用间歇层压胶合板。因为在打桩过程中受到挤压并变硬,每根桩都应使用新垫块。

预应力混凝土圆柱桩已经广泛用于深水海上中转码头和桥墩,例如沙特阿拉伯的朱埃曼中转码头、委内瑞拉马拉开波湖的硬化油钻井平台以及加利福尼亚的纳帕(Napa)河大桥和圣迭戈科罗纳多大桥。选择的预应力混凝土应在高侵蚀性水中有较好的耐久性。

在覆有顶盖岩的水域沉桩时需要预先进行钻孔,例如阿拉伯湾和红海,而在其他情况下连续打桩就可完成沉桩。经常采用喷水法来帮助安装预应力混凝土桩,喷水机以自由射流的方式使用或者安装在桩内使用。因为存在水锤效应,打桩时高压水会对更大的范围产生影响并造成管道破裂,所以为了在打桩过程中不出现裂纹或破裂,喷水管应为硬钢管或拉挤成型的玻璃纤维树脂管。

为预防混凝土桩头在桩锤冲击下受到损坏,应从桩头下50mm处开始大量配置螺旋钢筋,还可在外部使用钢带。当在岩石上或穿过岩石沉桩时,桩尖也应做类似的处理。为预防高力矩及高剪力的关键区域在地震或船舶碰撞时失效,特别是刚性桩帽或码头甲板下方1.5倍桩直径处,大量配置螺旋钢筋非常重要。

《预应力混凝土结构物的施工(Construction of Prestressed Concrete Structures)》一书(Gerwick,1993)对预应力混凝土桩的设计、制造、安装以及预防损坏应采取的措施提供了详细的建议(亦见第9.2.2.2节)。

8.12 海上中转码头的桩的搬运和定位 Handling and Positioning of Piles for Offshore Terminals

由于长度、缺少固定参考点以及海洋的持续运动,桩的海上搬运和定位涉及特殊的问题,因而常常需要使用座架。典型的海上中转码头所使用的钢管桩直径为0.6~2.0m,1.0m直径的最为常见,壁厚20~50mm,长度可达40~60m。使用永久性的座架、框架或导管架为在良好条件下进行接桩提供了可能。离岸结构物常受到周期性动态载荷的影响并导致疲劳累积。因为焊接时的振动、难以保持金属干燥以及海水泼溅致使焊缝突然冷却,常常无法通过现场焊接来连接桩头和上承梁。这种连接处还会因腐蚀而加速疲劳。

如第11章所述,安装钢平台时可像导管架一样将座架固定在海底,或者从海上驳船、自升式平台或先前已经建造好的部分结构物上连接座架。在有些情况下可使用自浮式座架。一旦打入了一根或几根垂直桩,就可将座架的支承转移到这些桩上(见图8.29)。

当在海面附近通过座架倾斜安装桩时,悬臂上的桩无疑将穿过水体沉入海

图 8.29　在阿拉斯加库克(Cook)湾 3m/s 的潮流中定位 3m 直径钢质圆柱桩

底,直至桩尖可以得到足够的支承。这种情况在海上中转码头施工时经常发生,因为海上中转码头会使用倾斜桩,以便为系留靠泊桩提供所需的横向阻力。在深水中倾斜桩可发生明显变形并于桩内形成大量残余应力。多种减少变形的方法已经得到了应用,包括临时排空桩内的水以提供近中性浮力。可在桩尖安装氯丁橡胶封头或易碎封头,例如卢塞特(Lucite)树脂封头,或者封闭桩顶端并使用压缩空气将水从桩尖处排出。桩尖处还可安装可拆除式浮筒,但安装比较困难并且容易脱落。由于水比较深(25~30m),日本名古屋附近伊势湾(Ise Bay)的超大型油船中转码头使用了上述所有方法。

　　一旦沉桩后,需要对斜桩顶端进行支承,以防顶端的支护被临时移除而产生的高弯矩及相应的高应力。可通过座架或连接到先前沉入的桩上来提供这种支承。

　　在将一些钉桩置入导管架后对导管架重新进行水平调整是另外一种会产

生不良残余应力的情况。这时施加的弯曲应力可能非常大,所导致的严重问题使伊拉克弗奥(Fao)的中转码头必须采取补救措施。如前文所述,良好的施工需要一开始就尽可能水平地固定导管架,并将几根(3 或 4 根)钉桩打入到足够重新进行水平调整及临时固定的深度。在沉入其他桩后,将第一根桩提升到导管架中,清理海底,然后再放回桩并进行打桩。如果最初导管架是水平固定并无须进行后续校正的话,那么第一根桩就能直接沉入。可以在市场上购买到用于导管架水平调整的装置。

海上中转码头的系留靠泊桩常常使用大直径圆柱桩。圆柱桩一般安装隔板封头后通过自浮方式运送,使用压舱物有助于竖起桩。因为尺寸大,波浪和水流对其的影响就比较明显。在潮流速度很快的库克湾,桩除了直接受到水流的巨大冲击外,还受到旋涡脱落产生的横向振动力的作用。需要使用悬伸于起重驳船上的导向框架,为了在正确的位置垂直固定桩,导向框架还带有液压定位装置。

安装方法包括前一节介绍过的结合了喷水和钻孔的打桩以及第 8.13 节将介绍的特殊安装方法。

8.13 钻孔灌浆桩
Drilled and Grouted Piles

可以一步到位安装钻孔灌浆桩,也可以分为两阶段安装。桩放置在已经钻好的孔内,钻孔由海水或钻孔泥浆临时保持通畅。为防止钻孔时由于液体压头不平衡而导致桩尖和管系下方发生流动,首先必须将套管穿过水体固定在泥土里。套管通常被沉入到上层泥土适当的深度,然后使用直接循环或反循环在其下方进行钻孔(见图 8.30)。

钻孔的进程主要取决于选择适合于岩石特性(硬度、韧度)的钻头、钻杆的重量以及冲洗截齿并排出钻屑的性能,例如钻孔液有足够的流动速度和流量。无法冲洗的沙砾将在钻孔中翻滚,直至最终被磨成粉末。碎屑如果没有及时冲洗和排出也会对钻孔进程造成类似的影响。

由于离岸桩及其套管的直径相对较大(如 1~2m),普通直接循环无法产生

图 8.30 在起重驳船艉部悬伸出的框架中的定位桩,阿拉斯加库克湾
（照片由本·C·格威克公司提供）

足够的流速将钻屑带回到海面。套管和钻杆之间的环状空间体积太大,用管段制成钻杆可减少环状空间的体积,这样就能提高回流速度,使之符合施工的要求。

钻孔液较快地通过钻头有助于清除截齿上的钻屑,但钻孔液也会侵蚀套管尖下方的孔壁,因而使用得更多的是反循环。首先将海水或钻孔泥浆注入套管使其保持合适的液位压头,然后使钻孔液向下缓慢流动并通过截齿,随后加快流速使之向上高速通过钻杆。高流速可清除高密度钻屑,例如硫化矿物;而沿着孔壁的流速比较低,可防止侵蚀并减少坍塌的发生(见图 8.31)。

可使套管内的水头高于套管外的海平面,如果预先对水头差进行过仔细计算,这将有助于保持钻孔通畅,而套管内的水头低于海平面可导致钻孔坍陷。一种预防措施是在套管上高于海平面的指定位置切割窗口。在大多数情况下,必须向桩中注入海水或泥浆,特别是进行气举反循环时。但为了避免基础破

图 8.31　使用桩顶钻机将巴西里约热内卢里约尼泰罗伊大桥的桩嵌入岩石
（照片由 H・V・安德森工程公司提供）

裂,套管内的水头应保持在高于海平面的高度。

　　当在套管下方进行钻孔时,钻出的孔实际上是从套管尖向下延伸的,因而必须在套管内提供尽可能多的导向。可在钻机吊索上使用扶正器和稳定器使钻机保持居中。沉重的钻头也有助于钻孔的垂直校直,这些都可以在套管尖下方坚硬密实的泥土和岩石中使用。当以倾斜角度钻孔时,钻孔有自然下倾的趋势。稳定器及对钻机吊索进行加固以增强其抗弯刚度可在一定程度上预防钻孔的下倾。

　　可以使用钻孔泥浆防止钻孔坍陷,这在沙质泥土中非常有效。钻孔泥浆比重更高,因而要重于任何流入的水。钻孔泥浆还能渗入沙中形成黏结层。使用膨润土泥浆有助于保持钻孔通畅,但会降低与随后灌注的水泥浆进行胶结的能力。为此需要在灌浆前用稀钻孔泥浆或海水冲洗钻孔(见 8.14 节)。

也可以选择全部使用聚合物泥浆,这可以解决大部分问题但是成本更高。聚合物泥浆实际上可以提高胶结性并且是无毒性。在目前世界上大多数沿海地区都有环境限制的情况下,使用聚合物泥浆肯定是可取的。

仔细监控钻孔液重量及钻孔泥浆水头非常关键,因为每立方英尺几磅的差别就能导致水头高度发生明显变化。所有钻孔作业都必须注意避免因钻孔液水头过高而使"基础破裂",否则将发生管涌,钻孔液流入海中。预防这种情况的一个方法是"定点使用钻孔泥浆",即钻孔时使用海水,静水压头等于或略高于周围环境的水头,然后只在嵌岩孔处(而不是整根套管)"定点使用"钻孔泥浆,使钻孔保持足够的通畅时间以便安装桩。如果因水头过高而导致基础破裂,就有必要使用稀水泥浆灌注钻孔,例如硅酸钠泡沫水泥浆。水泥浆凝结后在同一位置再次进行钻孔必须小心,因为胶结情况不同钻头有偏离方向的可能。

钻孔完成后就可以置入桩并进行灌浆,通过定位器将桩固定于钻孔中央以保持用于灌注的环状空间。作为插入桩的替代方法,通过在桩尖安装可弃式切削工具,可将钻机吊索用作桩,节省了移除钻机和插入桩所需的时间。这种方法对于抗拔桩是非常有效的。

如果是两阶段安装钻孔灌浆桩,首先要将主桩沉入预定的桩尖高程。应确保桩能沉入所选择的高程,并且能够保持高程下方钻孔的通畅。然后这根外桩就可以作为第两阶段钻孔的套管。将桩置入钻孔时(伸出套管尖),钻孔直径应比外桩直径至少大 150mm。

如前文所述,两阶段安装钻孔灌浆桩已成功应用于北海的岁斯尔(Thistle)平台。沉入主桩需要穿过的上覆沙土层夹杂着封闭在致密黏土层中的沙质透镜体。沉桩作业在短暂的夏季窗口中迅速进行。然后冬季时将钻机安装于桩尖向下钻孔,置入第二根桩并灌浆使之与套管结合为一个整体。

钻孔灌浆桩在一些钙质沙层中特别有效。水泥浆可渗透破碎的沙壳并与其后未破碎的沙壳互相结合,这看来是在钙质沙中有效传递表面摩擦的唯一确定方法。但在有些钙质沙层中,特别是澳大利亚西北大陆架的钙质沙层,水泥浆基本上是无法渗透的,只能破碎沙层,略微增加有效桩直径,有限程度地提高了有效摩擦。

　　为了对环状空间进行灌浆时不灌注到桩内部,可在靠近桩尖的位置安装灌浆靴。当然封隔器也可起到类似的作用。当大直径桩被桩尖处的混凝土堵塞时,由于灌注了液态水泥浆,就有必要检查桩没有因水泥浆的压力而升起(浮起)。泥土暴露于水中可能会软化或松散,所以钻孔后应尽快置入桩并进行灌浆。灌注时必须经常检查水泥浆的质量。

　　除非泥土足够坚固稳定,可确保不会松散,并且施工时水泥浆不会通过裂缝或缝隙注入附近钻孔以及泥土,否则应封闭附近桩(例如同一腿柱的邻近裙桩)的钻孔。

　　在有些情况下,可在主桩下方钻孔,使用开孔器扩大嵌岩孔,然后完全贯入桩并灌浆与泥土结合在一起。这样可以节约将第二根桩插入主桩的成本,主桩也可以如上所述作为套管使用。扩孔器或开孔器使用的钻头在桩尖下方伸出后会液压张开并扩大钻孔。阿拉伯湾迪拜的哈赞(Khazzan)气田水下储油罐使用了这个方法,钻孔在石灰岩地层中进行。此外还应用于许多大型桥梁的大直径钢及预应力混凝土桩,例如日本的鸣门(Ohnaruto)海峡及横滨港大桥。

　　当需要向下钻大直径孔时,可使用双级钻头,例如在直径12in(300mm)的导向钻头上方2m或3m处固定所需的大直径开孔器是非常有效的。导向孔最好保持准直。

　　根据钻孔的尺寸和深度及可用的支承,有几种钻机可供使用。紧急情况或使用受到限制时,例如桩遇到砾石而无法下沉时,可使用冲击钻机,如果需要的话可悬吊于起重机臂上。另外一种支承于桩或套管上的桩顶旋转钻机,通过夹钳固定在桩上获得转矩反作用力。

　　钻井短节和钻井水龙头都是通用并且易于操纵的钻井机械。可悬吊于起重臂上,通过连接在起重臂上的链条获得转矩反作用力。起重臂和链条要承载非常剧烈的冲击载荷,因而必须针对冲击进行正确的设计和防护。这种类型的钻机灵活性非常好,可以从一个起重位置为几根桩进行钻孔。近来潜孔气锤逐渐投入应用,其效率和灵活性已经得到了证明。潜孔气锤在碎裂的岩石中特别有用,而旋转钻机却难以进行作业。Calyx钻孔系统使用了安装在沉箱末端周围的三牙轮钻头。这些钻机钻出的垂直孔精度可以达到1/2°,并且易于操纵(图8.32)。取芯钻钻出宽于钢套管的薄环状空间(25~50mm)并持续送入套管,钻孔是通过在海面旋转套管进行的,必须由固定或锚定的平台提供反转矩(见图8.33)。

　　在大倾角不稳定分层岩石及挤压性岩石中开凿大直径竖井(2.5~3m或更

图 8.32 带旋转刀头的套管钻(照片由烙铁建筑公司提供)

大)会遇到困难,松散的非黏结性泥土、粉沙岩或泥岩接触到水后将发生碎裂。填充泥浆的开口钻孔的免支撑时间与直径的指数因子成反比,因而直径 3m 的钻孔,免支撑时间仅为直径 1.5m 钻孔的 1/4 或更少。

而对于纽约东河非常坚硬的固结岩,所采取的方法是通过潜孔钻机在整段嵌岩上钻一批小直径孔,钻孔用模板分隔。然后,锤式抓斗破碎并移除钻孔之间的岩土。

在倾斜的坚硬岩石上钻孔时对套管进行密封是比较困难的,例如那些被以前冰川或湍急水流冲刷过的区域。不列颠哥伦比亚省鲁珀特王子港的煤炭装载码头成功采用的一种方法是尽量固定住套管而不进行打桩,因为这可能会使套管尖变形。然后置入 300~500mm 长的黏性水泥浆塞(例如添加了硅粉抗分散外加剂)。当强度达到 10MPa 或更高时,就可以开始进行钻孔而不会有循环

图 8.33　用于澳大利亚昆士海角港口（Hay Point）一号中转码头的钻孔桩套节

损失。

　　松散沙层则是相反的情况,常常需要将套管尖插到足够深度以阻止循环钻孔液的流入和流出。在发生海水涌入或循环损失时,也可在正水头下置入一或两米长的水泥浆塞或将套管沉入一米或更大深度。

　　在非常破碎的岩石、粗沙砾或卵石中钻孔极为困难。虽然可以使用冲击钻机,但非常缓慢,更为有效的是锤式抓斗,而潜孔钻机受到直径的限制无法保持连续作业。可能需要对地层预先进行灌浆,可钻两个或多个小直径孔(5～8mm),并用添加了抗分散外加剂和硅粉的混合料进行压力灌浆。然后当水泥浆硬化为均质体后,就可以对岩石进行钻孔。在贯入深度比较大时可能要多次重复这个过程。

本章强调了使用聚合物泥浆的优点,特别是考虑到环境因素和限制,但在有些情况下聚合物泥浆并不如膨润土泥浆有效。膨润土泥浆要比聚合物泥浆重约10%,可产生更大的静水头压以防止钻孔的坍塌。由于大多数渗透性土壤都没有黏结性,因而不够稳定,膨润土泥浆能够穿过渗透性土壤并形成滤块,这可能会降低传递到将来混凝土填充物的胶结性,除非在灌浆前用净水(海水或淡水)冲洗清除。虽然成本更高,但对于聚合物泥浆效果不佳的泥土条件,这提供了一个解决的方法。

自从被美国环境保护局认定为是一种污染物以来,使用膨润土泥浆需要进行特殊处理。可加入水泥(约50kg/m³)使其稳定。

在首先用水进行冲洗后,可通过预灌浆来固定卵石。由于水泥浆会沿着阻力最小的方向流动,因而可能需要在周围钻若干个孔并灌浆以防坍塌。

对于安装大型桩,最合适的是倾斜桅杆钻机,因为可达到更快的钻孔速度并且更迅速地连接和拆除长钻柱。这种钻机通常安装于滑动底板并固定在导管架临时工作甲板上,使用传统的旋转钻头,可通过直接循环或反循环进行作业,但一般而言后者要更好些。

在《固定式离岸平台的规划和设计(Planning and Design of Fixed Offshore Platforms)》的"灌浆桩"一章中,保罗·理查森对离岸结构物桩的钻孔和灌浆进行了非常好的介绍(McClelland and Reifel,1986)。

8.14 引孔沉管灌注桩、钻孔竖井
Cast-in-Drilled-Hole Piles, Drilled Shafts

这种桩通常通过大量配筋的钢筋笼进行加固,钢筋笼外周由间隔紧密的大直径钢筋组成,并用螺旋钢筋或箍筋进行围束。塑性铰区域采用箍筋围束已经证实是更为可靠的。钢筋之间及钢筋与模板之间必须有足够净空供导管灌注的混凝土流动,一个经验法则是净空必须达到粗骨料最大尺寸的5倍或更多。这是因为混凝土流动的驱动力是混凝土在水或泥浆中的浮重,大约为通常在空气中重力自流时的一半。用于长桩的大型钢筋笼必须有足够的强度,可以起吊和安装。钢筋笼需要使用坚固的扶正器以确保混凝土保护层的厚度。目前认为,在车间的受控条件下通过闪光焊将螺旋钢筋和扶正器焊接到主钢筋上是可以接受的,因为不会影响到钢筋的极限强度和耐疲劳性。

由于比较经济,大直径钻孔竖井(引孔沉管灌注桩)得到了越来越多的应用。同打桩相比,其施工也相对要安静些,世界上许多大桥都采用了引孔沉管灌注桩。但在施工中出现的大量问题也会使质量和可靠性受到影响。施工既是技术也是技巧,承包商的技术和能力非常关键。当问题出现时常常已经导致长期延误及成本严重超标。

这种方法不仅适用于在泥土中沉入桩,还适用于在岩石中开凿嵌岩孔以及使大直径管桩桩尖下的岩土符合施工要求。

对于海洋结构物而言,必须安装穿过水体和软质泥土的套管。由于泥线下需要极大的抗弯性,因而要将套管比较深地打入或钻孔沉入泥土中。如果不需要这种抗弯承载性,那么就只需将套管沉入到足以防止水流进出及泥沙涌入的深度。

保持套管本身不因挤压而变形或套管末端不因屈曲而变形是非常重要的,如果发生变形钻机就无法通过。所以套管需要有足够的 d/t 比,d/t 比最大值可以是 80。当进行高强度打桩时,例如在岩石里打桩,建议采纳 API RP2A 的指导准则。通常 d/t 比为 50 就可满足需要,特别是使用了打桩靴时。

如果使用打桩靴的话,打桩靴应外置,即要比外径大,这样就不会影响钻机通过。

可使用多种钻机进行钻孔。选择合适的钻机对于确定贯入速度是非常重要的。冲击钻机和星形钻传统上用于短嵌岩孔以及在砾石中钻孔。而在碎裂岩石中钻孔,目前最好最快的是潜孔钻机。但钻机作业可能会在钻孔周围引发初期裂缝,分散并减少表面摩擦力从混凝土桩到岩石的传递,导致钻孔塌陷。传统的旋转钻机也是快速而有效的。在硬质黏土和软质岩石中使用刮刀钻头最为合适。

随着钻孔竖井直径的增加,崩落和坍塌的可能性也呈指数增加,所涉及的因素为沉积泥土是否具有黏结性。湿沙具有明显的黏结性而干沙和饱和沙则没有。从沙砾逐渐变化到泥沙的地层要比颗粒大小一致的地层稳定性更高。当地下水浸透缺乏黏结性的岩土时,会导致泥土流入钻孔。

必须注意直径 75mm 左右的探孔无法将直径 25mm 左右的砾石运送回海面,所以肯定无法发现卵石层的存在。而小探孔则要么遭遇拒锤,要么因没有在下方直接碰上大颗粒而偶然钻透,所以有时大颗粒会被推移到周围泥土中。

在可能存在卵石层的河床中,建议探孔或探井的直径为 500mm 或更大。

有些黏土和岩石属于"受挤压"岩土,当钻孔通过时会在塑性流中发生蠕变。

可以按照隧道的免支护时间来考虑钻孔的稳定性,并计划可充分利用这段时间的钻孔程序。

例如加利福尼亚卡奎内兹(Carquinez)海峡三桥的南塔墩位于大角度垂直下倾的高度破碎岩体上,免支护时间只有 16~20h。需要将 3 米直径的引孔沉管灌注桩沉入岩石 30m。在遭遇几次严重的钻孔坍塌后,其中一次还封堵住了钻机,采取了以下措施:

(1) 将 30m 长×3m 直径的套管穿过水体和黏土泥浆并沉入和密封于岩石中。

(2) 在 8h 内尽可能深地钻直径为 2.8m 的嵌岩孔(通常可钻 6~7m),并在钻孔中充满泥浆。

(3) 换用开孔钻机将钻孔扩大为 3.4m。

(4) 采用导管灌注法灌入混凝土。为了在两天内使强度达到 35MPa,混凝土含有 8% 的硅粉。

(5) 再钻直径为 2.8m 的嵌岩孔 8h,可钻入约 6m。

重复以上过程直至达到设计深度。

上述步骤可用于对几根邻近桩依次进行作业。

但是对于东面 10 英里处的贝尼西亚-马丁内斯(Benicia-Martinez)桥二桥而言,这些措施还是不够的。当开孔钻机开始扩孔时,松散的饱和颗粒岩土就会涌入。采取的解决方法是改用取芯钻。

取芯钻在套管末端安装了截齿,可以钻出直径比套管大 20mm 的孔,所以套管能够贯入并防止岩土涌入而对桩产生影响(见图 8.34)。然后在置入钢筋笼后,用导管灌注混凝土对桩进行填充。振动套管有助于将其收回,套管末端应保持在套管内不断上升的混凝土面以下 2~3m 处。

由于在海洋环境中几乎所有钻孔灌注桩都会遇到泥土在某种程度上不稳定的情况,因而需要使用泥浆,泥浆首先可以起到平衡外部静水压头的作用。

泥浆还能稳定泥土,预防坍塌,并且有助于钻孔过程的顺利进行,因为泥浆可以润滑钻头并覆盖在钻屑上,这样将钻屑运送回海面就更为容易。

图 8.34　沃斯(Wirth)"开孔机"(扩孔器)扩大加利福尼亚卡奎内
兹海峡三桥的 3m 直径钻孔竖井

　　泥浆有几种类型,包括淡水和盐水、矿浆以及聚合物泥浆。最常用的矿浆是膨润土泥浆,由扁平微小的蒙脱石片构成,蒙脱石片之间很容易滑动。可使用各种化学和矿物添加剂,包括重晶石,重晶石能增加泥浆的重量,更好地防止坍塌。矿浆会污染水质,因而必须根据规范对矿浆和钻屑的排放进行处理。所以,在施工中使用矿浆的做法已经逐渐被淘汰。

　　但膨润土也有其独特的性质,可有助于稳定泥土。膨润土能渗入渗透性岩土并形成黏结性非常好的"滤块",但是滤块及残留在钻孔壁上的泥浆随后会降低混凝土的胶结性。

　　膨润土泥浆必须持续进行循环以分离出岩土物质,泥浆通过振动筛和过滤器后可以将钻屑及细小颗粒清除。必须控制好碱度以防膨润土发生凝固。如果地下水是咸水,则必须首先对膨润土进行化学改性。

　　所有钻孔,尤其是大直径钻孔灌注桩,不进行作业时必须覆盖封闭。膨润土泥浆同泥浆水和湿泥很难区分,因而施工人员无意中可能会踏入。

　　聚合物泥浆正在迅速取代矿浆,因为可以生物降解,其排放处理不会受限制,但成本也更高。聚合物泥浆能为钻孔周围的泥土提供黏结性并凝固沙和细小颗粒,其单位重量更小,不会形成滤块,因而在缺乏黏结性的泥土中,聚合物泥浆的固结能力可能不如膨润土泥浆。尽管可以有限度地再次使用,但聚合物泥浆会逐渐被胶质黏土所沾污。

　　聚合物泥浆同膨润土泥浆相比,可提高泥土和混凝土之间的胶结性。应在钻孔中充满泥浆或水,并且要高于外部水平面至少 2m。套管需延伸到海平面以上,注满泥浆以产生不平衡的向外压力。

由于抗震设计提出了越来越多的要求,钢筋笼在纵向和周向都需进行大量配筋。为了在钢筋之间保持便于混凝土流动的合适净空,纵向通常使用成对绑扎的大直径钢筋。同样,螺旋钢筋和箍筋有时也成束使用。经验法则表明钢筋之间的净空应至少达到粗骨料最大尺寸的 5 倍。这样钢筋笼就变得非常沉重,如果比较长的话,由于螺旋钢筋和纵向钢筋之间的连接是非结构性的,起吊时必须使用支架或承梁进行严密支护。也可以选择在钢筋笼中配置不连续箍筋和钢筋夹使之具有结构性。因为没有搭接的空间,可以使用机械钢筋连接器。然后整个钢筋笼或部分钢筋笼通常就沿着水平方向制造,并通过支架末端的铰链竖起。铰链位于驳船艉部,这样就可以将钢筋笼沉入水中。对于大量配筋的长桩,钢筋笼可在脚手架上垂直制造,脚手架位于套管井顶端上方。钢筋笼中固定了混凝土导管、灌浆管和回流管、检查管、外定位器以及检测设备。

螺旋钢筋外的混凝土保护层厚度通常为 75mm,为保持这个间距需安装固定大量塑料盘或塑料垫。

混凝土灌筑作业对于大量配筋的钻孔灌注深桩而言是极为重要的。首先必须确保混凝土拌和料能在钢筋网及模板内自由流动。混凝土的驱动力是重力,但在水里或泥浆里,最终驱动力就不是混凝土在空气里的重量,而是在水或泥浆里的浮重。

为了使混凝土能够流过钢筋网及沿着模板在成束钢筋上流动,需要使用小粒径粗骨料,最好是沙砾(而不是破碎的岩石)以及高比例的沙。通常碎石粒径为钢筋间任意方向上的最小净空及保护层厚度的 1/5 到 1/6。所以对于 75mm 厚的保护层,骨料粒径最大为 12~15mm。含沙量应占所有骨料的 45 到 50%。

混凝土中必须有比较高含量的胶凝材料,通常为 400~450kg/m^3。其组成可为 25% 粉煤灰和 75% 水泥,或 70% 高炉矿渣和 30% 普通水泥。碾磨细度不用太高,中等细度比较合适,例如 200m^2/kg。

导管插入混凝土里进行灌注期间,混凝土拌和料在运输和放置的整个过程中必须保持流动性,导管的插入深度通常为 3~5m。为应对意外情况,需要使流动性保持更长时间,一般应增加 2h。除了需要大量混凝土的极大型桩,对于其他桩最可行的要求为"混凝土应在运输和放置的整个过程加两小时内保持其最小流动性"。

性能最好的导管灌注混凝土实际上是"流动混凝土",添加了增黏外加剂和高效减水剂,需要的话还可以添加缓凝剂以保持流动性。必须尽量减少泌水,否则泌水会进入流动通道并产生过多的浆沫。最好通过坍流度试验检测流动性,尽管也可以使用标准坍落度试验和凯氏球体贯入试验。

以下为推荐值(近似等效值):	
坍流度试验	300～400mm
坍落度试验	200～300mm
凯氏球体贯入试验	100～150mm

这些都是初始值。当上文所述的阶段结束后,对应的值不应小于 250、150 和 75mm。

为满足这些标准,通常要使用缓凝外加剂。必须注意不要添加过量,因为粉煤灰同样也有一定程度的缓凝作用。

黏度及减少泌水对于防止高坍落度混凝土混合料离析非常重要,通常可以添加 6% 的微硅粉(硅粉)或抗分散外加剂。

最后,为了获得所需的这些特性而不过多使用水以及达到所需的混凝土耐压强度,必须使用高效减水剂(HWRA),并最好用粉煤灰代替 25% 的水泥。

灌注混凝土时,最好通过泵将混凝土水平输送到导管上方的料斗中,混凝土导管的直径一般约 250mm。导管本身应该有足够的壁厚,这样就可以具备负浮力,并能承载到达最大深度时向内的静水压力以及充满混凝土后最终的向外压力。管道必须使用带密封垫片的法兰接头或螺纹接头。使用钻孔套管是非常合适的。

混凝土导管使用前应该是空的,导管末端由隔板密封,隔板通过金属丝固定在靠近导管末端的索扣上并应安装密封垫片。将空管放入水中后,静水压力使其保持密封状态。然后在导管部分被混凝土充填后将其提起 150mm,这样金属丝就会断裂,随着更多混凝土的注入,隔板打开,混凝土就能从导管末端流出。通常使用的充气球效果并不好,因为充气球会在深水破裂。

由于经常通过泵直接灌注混凝土并将插入管用作混凝土导管,这会导致灌注速度快而不稳,常常在管的末端产生质量缺陷及过多浆沫。通常使用泡沫塑料临时封堵插入管末端无疑是不可靠的,封头会因深水静水压力的挤压而失效。

唯一有效的深水管道封头类似于管线的"清管器",是一种短硬的圆筒,带有在混凝土重量挤压下能起密封作用的"橡皮刮板"。如果水深不到 30m,可使用软橡胶密封的胶合板封头,封头可由金属丝固定在混凝土导管末端上。

为检验混凝土是否已完全灌注,可在钢筋笼上连接 5 根伽马-伽马塑料管,灌注混凝土后测出伽马-伽马读数。这可以测量出混凝土的密度:读数低说明存在浆沫层、充水空隙或蜂窝。伽马-伽马测试可说明表层混凝土的完整性。

这些塑料管还可用于对已经硬化和养护的混凝土进行声波透射测试,以便测出能够说明强度的弹性模量。也可以在混凝土已经硬化的桩顶钻孔,但保持钻孔垂直并避免钻到钢筋是比较困难的。

发现(异常)缺陷后,必须进行修补。塑料管为使用水力清拆工具提供了通道,工具可破碎塑料管并清除软浆沫和碎屑。

灌注混凝土必须留有两个孔,一个用于注入水泥浆,另一个用于排出水及被水稀释的水泥浆。首先要进行冲洗,然后以较低的压力注入水泥浆,通常使用超细水泥及抗分散外加剂。压力应足以克服静水压头加上摩擦力,但不用过高,达到所需的压力即可。一般只在需要时使用重力自流灌浆。为了使水泥浆能够渗透,压力应保持一段时间。抗分散外加剂对于防止泌水非常有帮助(可见第 9.4.8 节)。

如前所述,许多大型海上桥梁都使用了大直径竖井,例如跨越法国塞纳河的斜拉桥、南卡罗来纳州查尔斯顿市(Charleston)的一座新桥以及横跨中国长江的南京大桥和苏通大桥。2006 年苏通大桥仍在建造中,需要 131 根桩,每根直径 2.5m,长度可达 117m。由于涨潮流水位比较高,受其冲刷的泥沙层几乎可达 30m(见图 8.35)。

经奥氏法测试证实,每根桩的最大承载力为 92MN。桩安装后在桩尖处进行灌浆又将承载力提高了 20%,载荷-变形曲线显示刚性也增加了。安装施工通过钢平台进行,并使用了旋转钻机。膨润土泥浆至少保持 3m 正水头。

苏通大桥通过钢筋笼中的一根中央管灌注混凝土(图 8.36)。桩尖处的灌浆则通过 6 根预先固定在钢筋笼并延伸到底部,带有 8 八个 8mm 孔的环形管进行。为防止混凝土灌注过程中发生堵塞,需持续将水从桩中泵出。后灌浆的压力为 9MPa,分 3 个阶段进行,每个阶段间隔时间为几个小时。

离岸平台钉桩安装施工的一个重要进展是在打入桩的桩尖处使用扩底基础,并在埃科菲斯克(Ekofisk)油田平台最早得到使用,随后其应用扩展到阿拉伯湾以及澳大利亚西北大陆架的其他结构物。埃科菲斯克平台的主桩被用作套管,钻机通过主桩向下钻出中等深度的孔,然后使用扩孔工具将嵌岩孔扩大为 4～5m 直径的扩底孔。采用反循环,钻孔液为膨润土泥浆(钻孔泥浆)。随后置入密配筋钢筋笼或钢质插入桩,并用水下混凝土灌注扩底孔、嵌岩孔以及部

图 8.35　南卡罗来纳库珀(Cooper)河大桥直径 3m 的钻孔竖井
(照片由本·C·格威克公司提供)

分套管,使用"细粒混凝土"骨料,例如最大粒径为 9mm。对于直立式钻孔竖井
(嵌岩孔),可使用海水作为钻孔液,在灌浆前扩底孔通过"定点使用"聚合物泥
浆保持通畅(见图 8.37 和图 8.38)。

　　美国石油学会标准 API RP2A 说明了通过直接承载于泥土上,扩底桩可用
于提高承重力和抗拔承载力。首先需在打入桩底部钻导向孔,并钻到扩底孔底
部略下位置,作为无法运送回海面的钻屑的收集池。然后使用扩孔工具钻扩底
孔,为了达到足够的输送速度以清除钻屑,必须采用反循环。通常要使用泥浆
以防扩底孔坍塌,扩底孔周围的泥沙可通过注入环氧树脂加以稳定。

　　然后沉下插入"桩",这可以是管状构件或结构件,也可以是安装在钢筋笼
内的钢筋。扩底孔和桩的混凝土灌注高度应该达到能够使载荷在两者之间进
行传递。可通过插入桩上的抗剪环或钢筋的变形在扩底孔相对比较短的长度

主基础正面图和侧视图

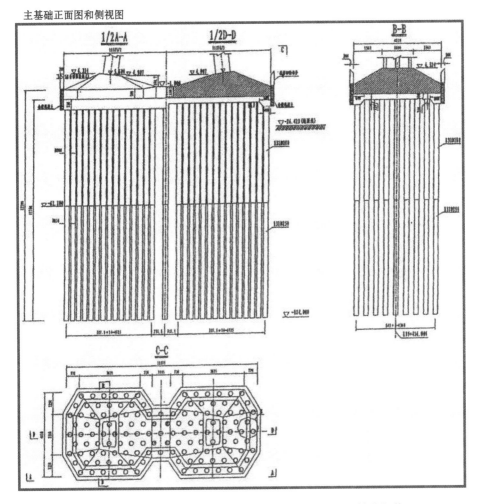

图 8.36　中国长江苏通大桥的直径 2.5m×长度 117m 钻孔竖井
（照片由苏通大桥设计局提供）

上实现高剪力传递。在插入桩末端安装隔板可得到端部支承,为防止汇集泌水和浆沫,隔板应同水平方向成 7°角。埃科菲斯克平台使用了结构钢筋,而北兰金 A 平台则使用了闭口钢管。

通常要对钢筋进行捆扎,这样混凝土就能在钢筋之间流动并流入扩底孔,并使用螺旋钢筋包绕钢筋。为了使混凝土易于流动,螺旋钢筋也可以进行捆扎。在典型的离岸扩底基础施工中,首先将主桩沉入并固定于承重地层,然后向下钻孔和扩孔,置入钢筋笼,最后灌注混凝土。

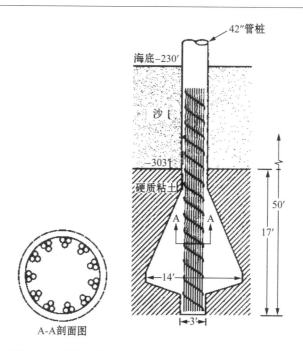

图 8.37　北海埃科菲斯克平台经过扩孔作业的扩底基础

　　目前还不可能用箍筋钢筋对扩底孔混凝土进行围束,因为箍筋钢筋无法置入。如果是在岩石中开凿扩底孔,那么岩石可以起到围束的作用。但埃科菲斯克平台和北兰金 A 平台都是在泥土中开凿扩底孔,而泥土的硬度要低于混凝土。因而在投入使用后遇到极端载荷条件时,混凝土中将产生弯曲应力和剪切应力。这意味着必须利用混凝土自身的抗剪强度和抗拉强度。将来可以考虑在混凝土中使用钢纤维以增加抗剪和抗拉承载力。

　　由于水合热,这种封闭的混凝土块在灌注后很快会变得非常热。从外缘开始进行冷却可产生大量裂缝,膨胀阶段也会导致裂缝的出现。因而要选择用火山灰替代 30% 或更多水泥的低热水泥,例如符合美国材料与试验协会的 ASTM Ⅳ 型或 Ⅱ 型标准。也可选择粗磨矿渣与普通水泥之比为 70∶30 的拌和料,所产生的热量非常少。灌注时应使拌和料的温度尽可能低,例如为了冷却骨料,可将其同水一起喷洒,或者在混合料中注入液氮。

　　钻孔承包商更愿意使用水泥浆(例如水泥加水和外加剂,但不添加粗骨料),因为更熟悉,处理相对简单,而且可以直接泵送。这样水泥的含量就非常高,考虑到钻孔竖井中有大量混凝土,水合热就成为一个非常严重的问题。曾

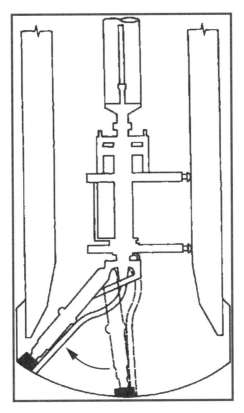

图 8.38　用于黏土中大直径扩底基础的三井"Aqua-Header"特殊钻孔工具

经发生过温度超过沸点,混凝土碎裂的情况,所以应使用高炉矿渣水泥。此外,纯水泥浆的抗拉强度和抗剪强度都是比较低的。使用钢纤维是一种提高抗拉强度的方法,但其在水泥浆中易于发生离析,另外一种解决方法是使用聚丙烯。添加了沙(即沙-水泥浆,添加 8~10mm 小颗粒骨料更好,例如细砾)的拌和料具有比较低的水合热、良好的抗拉强度和抗剪强度并且易于流动。应使用塑化外加剂,如果添加了硅粉或抗分散外加剂,那么还需要添加超增塑高效减水剂和缓凝外加剂以防因产生的热量导致超增塑剂迅速失去流动性。

应避免在混凝土导管末端使用阀或封头。因为其他作业因素而需要使用的话,必须进行仔细的设计,使阀不会由于一块骨料而堵塞,或在混凝土的流动下发生磨损。为此已经开发出了几种设备,最成功的是液动压实阀。

如前文所述,开始灌注时混凝土导管是由密封隔板闭合的,隔板通过金属丝固定在导管末端。装配导管并使其长度能够到达桩尖位置,然后注入水泥浆。开

375

始时注入 1m³，然后灌注到略微超过一半的位置。这时导管末端位于桩底部上方几英寸处，可以将密封隔板打开，并使混凝土以能够控制的最慢速度流出，直至水头达到平衡。然后持续从导管顶部注入混凝土，导管内的混凝土大约在一半水深的位置达到静水压平衡。深度比较大时可使用聚氨酯清管器，由最初注入的混凝土流沿着套管向下推送(见第 6.6 节)。北兰金 A 平台使用清管器成功将导管灌注混凝土注入主桩下方的扩底基础中，深度达到了海平面以下 240m。

为了使混凝土能够在插入桩周围流动，插入桩(或钢筋笼)和主桩之间的环状空间必须至少达到粗骨料最大粒径的 5 倍。

当混凝土顶面在主桩内逐渐升高时，可使用电阻率设备或测井设备来确定其位置。由于最初注入的水泥浆同钻孔泥浆混合在一起，所以显然应该将灌注位置延伸到设计位置上方几米处。膨润土钻孔泥浆转化为钙基比较合适，以避免接触水泥后发生凝固，当然最好还是使用聚合物泥浆。

尽管钻孔承包商继续极力主张采用泵送来灌注混凝土，但其经验主要来自通过油田套管进行灌注以及对环状空间灌浆。对于更大直径的钻孔竖井和扩底基础，经验最终表明可靠的灌注只能通过重力自流达到。

北兰金 A 平台的扩底基础在脆弱的灰屑岩层中进行施工。为稳定岩土使用了精心设计的方法，即将稀释的环氧树脂渗入周围基岩。然后钻扩底孔，放置插入桩，并通过重力自流向扩底孔和桩灌注混凝土。因为周围泥土和海水的温度为 38℃，混凝土混合料由液氮预先冷却到 5℃，并在灌注开始前先用冷水冲洗混凝土导管。粗骨料的最大粒径为 8mm。随后取芯测试表明混凝土的抗拉强度为 6~7MPa，耐压强度约为 60MPa。

8.15　其他安装施工经验
Other Installation Experience

直径非常大(可达 3~4m)的桩，可结合使用钻孔、增重、振动和桩内挖掘进行沉桩，此类桩就如同单室开口沉箱。用于东斯海尔德(Oosterschelde)大桥的桩柱直径 4m，长度 60m，就采用了这种方法安装。除自重(约 600t)外，还通过多级滑轮将桩吊起并固定于浮吊另外增加了相当于 600t 的重量，并由垂直悬吊于浮吊起重臂的铰吸式挖掘机臂进行开挖。增重则常常用于固定自升式驳船的桩腿柱,方法是将大部分驳船重量依次施加于每一根桩。钻孔承包商可以提供钻直径 4m 或更大的孔的服务。

8.16　难处理土层中的沉桩
Installation in Difficult Soils

有时会遇到困难的岩土条件,需要有创造力的解决方法。以下是一些特殊的例子:

(1) 钙质沙,主要由硅藻土层组成。当内摩擦角相对比较大时,就会在剪力下像聚苯乙烯泡沫塑料那样碎裂,并产生很小的表面摩擦阻力。

(2) 泥岩和粉沙岩,遇到水或泥浆时会变得比较脆弱。钻嵌岩孔必须使用特殊的泥浆配方和逐步钻进的方法。

(3) 冰川沉积,由大小一致的砾石或卵石组成,其内部和外部都只能产生很小的表面摩擦阻力。挤土桩能产生较好的端部支承。

(4) 碎石、砾石和卵石。带钝头桩尖,为防止局部破碎而进行过加固的挤土桩最为合适,可将石块推挤到周围,锥形或尖头桩尖则会因局部剪力或屈曲而无法沉入。

在挖掘出的围堰或沉箱中进行打桩会产生许多问题。一个问题是振动导致液化,使泥土坍塌,板桩桩尖处失去被动承载力。

在其他情况下,对挤土桩进行打桩导致地层发生过多的水平倾斜或移动,使板桩偏离其支护。当开口管桩产生土塞时,就暂时成为挤土桩,将土塞清除到长度小于桩尖直径通常可以解决问题。如果桩尖下方是黏结性泥土,例如黏土,那么向下钻有限深度(例如 2 倍直径)、直径小一些的孔可有助于施工,而与此同时应该封闭附近的钻孔。

非挤土桩,例如工字钢桩,通常更加适合于这种情况。也可以在进行围堰或沉箱施工前先打入挤土桩。

因为上述问题许多都发生在偏远地区,这些地区的岩土条件信息比较缺乏,因而推荐以下预防措施:

(1) 所选桩锤的能量要比正常使用的更大。

(2) 装备星形钻或冲击钻机,以及潜孔钻机。

(3) 装备大功率喷水机并有足够的泵送能力。

(4) 装备气举设备及锤式抓斗。

(5) 充分加固桩尖。

(6) 每根混凝土桩都需配备新的软木垫块。

(7) 选择钢质圆柱桩的壁厚时应保守一些。

8.17 改进打入桩承载力的其他方法
Other Methods of Improving the Capacity of Driven Piles

桩安装后,就有必要对其承载力进行评估,确保能够达到所需的承载力。有时表面摩擦力可能不够,这在钙质云母泥土中是经常碰到的。还有一种情况是需要对现有平台进行改进以应对更大的环境或作业载荷。

一个方法是将桩内的泥土清除到桩尖上方的安全位置(通常是几米),然后在桩尖内灌注混凝土塞,混凝土塞应该有足够的长度以产生可传递到桩的胶结力,这样就将桩转变为端承桩。沉入钙质沙层中的澳大利亚巴斯(Bass)海峡石首鱼(Kingfish)A 平台和 B 平台打入桩成功使用了这个方法。北兰金 A 平台火炬烟囱的桩也是沉在钙质沙层中,在桩尖置入混凝土塞后在其下灌浆以重新固结沙土并尽可能减少固结沉降。

当开始打桩后遇到承载力不足,桩在设计贯入深度无法产生足够的承载力时,迅速采取适当的措施能以最小的额外成本建造满足要求的基础。例如地中海一个海上中转码头使用了 2m 直径开口钢桩,钢桩在 60m 贯入深度不能产生所需的承载力。第一根桩的贯入深度必须增加一倍,施工成本是无法承受的。通过在桩尖焊接隔板将桩尖封闭了 80%,并在中央留有小孔用于排水和减少泥土阻力,桩在钙质沙层中得到了足够的静态承载力,并且安全承受了 4 000t 的测试载荷。

需要增加抗拔承载力时,可以采用两种方法。一种是钻孔并置入插入桩,有时可将钻柱本身用作插入桩并灌浆固定。另外一种方法是为桩增重,类似于增加桌腿的重量以提高稳定性。首先清除桩内的岩土,然后置入混凝土塞及铁沙或重晶石。必须仔细选择合适的密度、耐久性以及不能对桩产生腐蚀作用,使用铁沙可以使密度达到比较合适的 3.5。澳大利亚巴斯海峡的石首鱼 A 平台和 B 平台同时采用了这两种方法。

第三种方法是如上文所述使用扩底基础,适用于必须增加抗压承载力和抗拔承载力的分层泥土。

可以通过已有的桩基打入插入桩,插入桩由短桩段制成,在安装时进行焊接。施工时将桩段与送桩一起打入,桩段和送桩之间使用机械螺纹连接。在插入桩沉到原先桩尖下方能产生足够承载力的深度后,可通过向环状空间灌浆把插入桩和主桩连接在一起。也可以通过钻孔和灌浆安装插入桩。

通过安装插入桩并灌浆或灌注混凝土,提高桩在海底附近的刚度,可增加现有桩的横向承载力。印度孟买高地油田的平台成功使用了这个方法,当时平台桩在周期性载荷的作用下出现了过度变形,沉入的泥土为钙质沙。桩周围的海底沉积物通过振动压实、压力灌浆或堆载正常密度或高密度砾石得到加固,堆载砾石可固结已有泥土、替代沉淀物并充填因周期性波浪作用而产生的所有缝隙。灌注混凝土也可使桩的刚度增加 $25\%\sim33\%$。

对于桥墩管桩,长期以来就通过清除桩内泥土并灌注混凝土来达到轴向和横向设计承载力,通常还会安装钢筋笼。为防止桩尖周围的泥土变得松散,清除桩内泥土时桩应充满水,并且在清除到桩尖上方两倍直径处就应停止。为防止在高载荷下发生沉淀,灌注的混凝土凝结后应对桩尖进行压力灌浆。通过在桩内安装抗剪环,可以获得钢管和混凝土芯的组合效应。

增加打入桩承载力的另外一个推荐方法是冻结桩周围及桩尖下方的泥土。做法是打桩后,通过喷水、气举或钻孔清除钢桩内的岩土,然后将钢桩作为冷冻管的套管。以下是一些必须予以考虑的问题:

- 盐渍土冻结后的特性及咸水透镜体和咸水囊的形成。尽管大多数泥土冻结后强度会显著增加,但所有碳酸盐泥土都不是这样,有些泥土还会产生弱面。
- 由于存在盐分,冻结为固态所需的温度为-7℃到-10℃。

- 冻结泥土与桩之间的冰冻黏附力。
- 载荷从刚性桩向弹塑性冻结泥土的传递。
- 冻胀。
- 在长期载荷作用下冻结泥土的蠕变。
- 强冻结泥土、弱冻结泥土和解冻泥土的载荷传递特性。
- 钢桩对低温的敏感性,尤其是焊缝处。在迅速施加的冲击或周期性拉伸载荷作用下的耐脆裂性。
- 系统故障时的升温(融化)速度,特别是由于桩可作为传热导体。
- 维持泥土处于冻结状态所需的能量。

冻结法成功应用于从阿拉斯加普拉德霍(Prudhoe)湾到瓦尔迪兹(Valdez)的阿利耶斯卡(Alyeska)输油管线,输油管线采用了高架桩支撑结构。首先打入钢管桩并清除其中的岩土,然后插入冷冻管。冷冻管由装配管组成,可以使溶剂向下流入管桩内的精加工凹槽。溶剂到达桩下部后就从周围泥土吸收热量并像丙烷一样蒸发,溶剂蒸汽上升进入散热片,散热片一直延伸到桩的顶部。如果空气温度低于冰点,溶剂蒸汽就冷凝为液态并沿着桩内壁向下回流。冻结管桩周围泥土所需的条件是每年空气温度低于冰点的时间必须非常长,天气温暖时循环过程将自动关闭(亦见第 8.10 节)。

8.18 地下连续墙、割排桩墙和切排桩墙 Slurry Walls, Secant Walls, and Tangent Walls

近年来这些技术发展非常快,并且应用于施工建造及结构物永久使用中深基坑的开挖。其优点是能够穿过非常致密的透镜体或地层、障碍物和卵石甚至砾石和基岩进行安装施工。

原理很简单:对于割排桩墙,首先钻孔并混凝土灌注所有其他桩,注意保持间隔和垂直。然后在这些桩中间钻孔并混凝土灌注一根叠合桩,通过钢筋笼或结构件进行加固,并使用类似于引孔沉管灌注(CIDH)桩的技术进行混凝土灌注。

对于切排桩墙,则首先尽可能紧密地钻一排切排桩。然后在第一排切排桩后钻第二排,距离尽可能紧密,或在所有相交位置后方进行灌浆。

对于地下连续墙,开挖的沟槽为长方形,通常 1m 厚 5m 长。为传递剪力,需对槽段的端部进行处理。开挖沟槽通常采用交替方式(例如两个槽段之间隔开一个槽段的距离),挖好后加固沟槽并灌注混凝土。然后,拆除中间的护墙板。钢筋的使用及混凝土灌注应遵循推荐用于引孔沉管灌注桩的原则。

割排桩墙和地下连续墙的多处垂直施工缝会产生一些问题。精确施工、限制公差以及使用垂直剪力键可保证横向剪力的传递,但无法传递护墙板之间的垂直剪力和力矩。施工缝是一个泄漏源。

为了解决地下连续墙的这些问题,承包商已经研究出许多巧妙的方法,不少方法申请了专利权。其中包括用宽缘钢梁形成封闭端、校直导引、传递横向剪力以及加固槽壁等。被称为支护桩及导管灌注混凝土(SPTC)的系统使用非常广泛,主要用于地下快速公交项目。

其他系统则采用可以拆除的钢管封闭端部。如果要使用这些系统,可安装止水器并在槽段之间安装搭接钢筋。

通过使用临时套管穿过水体进行钻孔,目前已可以在水下建造切排桩墙和割排桩墙。但地下连续墙只能通过临时局部填充水体才能在水下施工,例如将沙填入平行的板桩墙之间,东京湾川崎(Kawasaki)通风井的地下连续墙就是这样施工的,进行局部填充后就可以按传统方式进行建造。

8.19 钢板桩
Steel Sheet Piles

钢板桩用于码头岸墙、围堰防水壁和地下防渗墙。根据设计和施工要求,钢板桩可有多种构形。为了能施工建造连续墙,钢板桩必须包含嵌接装置。近年来钢板桩长度已能达到约30m,但超过20m其施工费用比较高。

大部分钢板桩都使用热轧板,屈服点为 300~400MPa。如果施工要求不高,例如强度要求及嵌接强度都比较低,冷轧板也可使用。冷轧(冷成型)板比较薄,所以成本相对要低一些。冷轧板的抗屈强度比较高,嵌接装置使用波纹板。冷轧板的应用局限于浅水以及堆载比较少的情况,例如码头岸墙,并通过振动和/或喷水进行安装施工。本节其余部分将只介绍热轧板。

热轧钢板的厚度一般为 9.5~12.5mm,构形可为带嵌接装置的平板、深 Z、宽凸缘以及管形,因而截面模量差别很大。板桩通常预先成对连接,嵌接装置为"手指型"或"球窝型"。

近来钢板桩的应用已经扩展到非常深的围堰。需要的话可以进行接桩,虽然钢板接合处可以达到全部强度,但无法在嵌接处达到全部强度。接桩过程中,为了保持精确校直,两根桩段的嵌接装置被暂时连接在一个配对的短嵌接装置上。钢板桩的嵌接处也是打桩时经常会发生失效的位置。

表 8.5 板桩的可打性

标准贯入试验主要锤击数	最小壁模量 /cm³ m⁻¹ 强度等级 S355 GP	最小壁模量 /in³ ft⁻¹ 强度等级 $Fy=50$ksi
非黏结性泥土中的可打性		
0~11		
11~20	450	8.4
21~25		
26~30	850	15.8
31~35		
36~40	1300	24.2
41~45		
46~50	2300	42.8
51~60		
61~70	3000	55.8
71~80		
81~140	4000	74.4

黏土	最小壁模量 /cm³ m⁻¹ 强度等级 S355 GP	最小壁模量 /in³ ft⁻¹ 强度等级 $Fy=50$ksi
黏结性泥土中的可打性		
软到中等硬度		
中等硬度	450~600	8.4~11.2
中等硬度到比较硬	600~1 300	11.2~24.2
比较硬	1 300~2 000	24.2~37.2
非常硬	2 000~2 500	37.2~46.5
坚硬	4 200~5 000	78.1~93.0

　　板桩通常预先成对装配,并使用振动桩锤进行打桩。高强度打桩则需要冲击桩锤。水下打桩可用振动或液压桩锤。

　　一个尚未得到广泛认同的因素是在打桩穿过比较硬或坚硬泥土时,需要更高的截面模量。另外随着贯入深度的增加,累积的表层摩擦阻力也要求板桩的钢板更厚、截面模量更高以及桩锤更大。管板桩可提供这些特性,在遇到坚硬地层及桩长度比较大时就非常适合。

　　板桩在进行打桩施工时需确保能实现平面外导引,梯次打桩是最合适的方法。这样每根板桩的沉入深度不会超过附近板桩 1.5～2m,并能以此进行导引,这被称为板式打桩。为了减少噪音和振动,短钢板桩可通过累进顶桩进行安装施工。

　　第 9 章详细介绍了涉及钢板桩的几个通常应用。不同密度非黏结性泥土和黏结性泥土中钢板桩的最小壁厚见表 8.5。

8.20　振动桩锤
Vibratory Pile Hammers

　　钢板桩的打桩施工几乎一直都在使用振动桩锤。快速旋转的偏心轮可产生高频纵向力,使桩侧和桩尖周围的泥土发生液化。在沙层中使用振动桩锤特别有效,但也可用于软质及中等硬度的黏土。有些泥土,例如火山灰透镜体,单独使用振动桩锤可能无法贯入。关于过度液化的预防措施可见第 9.4.9.2 节。未能校直振动桩锤可导致大部分能量从侧面耗散。

　　振动器对于起出板桩、旧木桩及钢桩也是非常有效的。

8.21　微型桩
Micropiles

　　这种小直径但承载力相对比较高的桩已经广泛应用于陆地基础结构物,近来还在横跨旧金山湾的里奇蒙德-圣·拉斐尔(Richmond-San Rafael)大桥(加利福尼亚)的地震加固作业中得到了应用。安装微型桩首先要穿过水体和泥土将孔钻入基岩或致密泥土,然后插入厚壁钢套管并进行灌浆,需要的话可使用中央钢筋进行加固。大桥项目的微型桩可承受高达 500mt 的拉伸和挤压测试载荷。31 个桥墩使用了 400 根微型桩以承载安全级别地震所产生的纵向倾覆力。

首先在风化岩石中安装固定了 300mm 直径的永久钢套管,嵌岩孔开凿于风化破裂的块状杂沙岩及各种变质岩中。然后将 210mm×25mm 钢管插入至

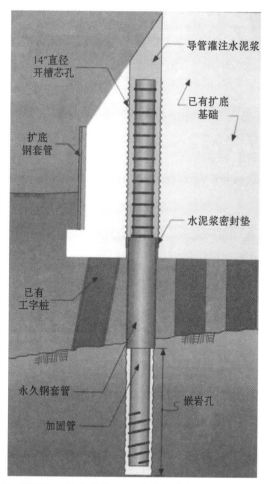

图 8.39　用于锚固加利福尼亚里奇蒙德-圣·拉斐尔大桥扩底墩的微型桩:地震改造施工
(照片由本·C·格威克公司提供)

基础,并对基础中的环状空间进行压力灌浆。有时为了增加承载力而使用了
♯18中央钢筋(见图 8.39)。

> 这时大海上刮起了风暴,
> 它来势凶猛更叫人胆寒;
> 它张开飞翅追击着船只,
> 不停地把我们向南驱赶。

（塞缪尔·泰勒·科尔里奇"古舟子咏"）

第 9 章　港口、河流和
河口结构物

Harbor，River，and Estuary Structures

9.1　概述
General

这些结构物的起源可追溯到古代。巴比伦人和中国人建造过桥梁,腓尼基人使用木桩支架及石块修建防波堤和简陋的码头。而在奥斯蒂亚(Ostia),罗马人则将火山灰水泥作为水下混凝土建造人工港,此外还可以确定他们修建了用于桥墩和桩承高架桥的木支架和围堰。

本章将介绍港口结构物和码头、河流结构物(例如水闸和低水位水坝)、水上桥梁的桥墩、水下预制隧道(管)以及风暴潮挡闸。

9.2　港口结构物
Harbor Structures

9.2.1　类型
Types

目前港口结构物的主要结构类型为用于装卸集装箱的码头或顺岸码头,用于运输石油产品垂直于海岸向外延伸的突堤码头以及连接装载平台和码头的支架。

9.2.2　桩承结构物
Pile-Supported Structures

桩承结构物包括沉入海底软质黏土和沙层中的钢桩或混凝土桩,通常支撑钢筋混凝土甲板。出于经济性考虑,桩的间隔一般为 7~10m。这样每根桩的

设计承载力通常在 $100 \sim 250t(1.0 \sim 2.5MN)$ 之间,尽管目前也出现了一些承载力更大的桩。

本节将介绍用于港口结构物的钢桩和混凝土桩,大型钢桩和混凝土桩也可用于桥墩(见第 9.5 节)。

9.2.2.1 钢桩
Steel Piles

钢桩为直径 $400 \sim 600mm$ 的管桩或 H 型桩。管桩受到腐蚀的表面积较小,因而更容易防护。虽然在许多土中 H 型钢桩更易贯入,但在坚硬黏土中,凸缘和桩之间形成的土塞会使桩成为方形截面的部分端部支撑桩。如同离岸作业使用的大直径管桩,钢管桩也会形成土塞。当内部表面摩擦力超过桩尖土体的最大承载力时就会发生堵塞。

由于现代集装箱船和货船的吃水深度约为 16m,而桩的设计承载力只能达到 $200 \sim 400t$,所以大多数情况下桩的长度在 $30 \sim 40m$ 之间。目前集装箱船的发展趋势是吃水更深而且船身更宽,停泊时所需的水深达 20m,因而为了更好地支撑岸边的起吊载荷,桩的长度应达到 $40 \sim 50m$;为承载横向载荷,桩的直径应达到 $1\,000mm$ 以提供需要的刚度。码头正面的输油管终端所需深度更大,通常为 23m,所以桩的尺寸和承载力也必须更大。钢桩易于起吊(树起)并置入导柱。在甲板处可使用座架或机械闸门使桩居中,在液压臂顶端则可以通过摇摆转动使桩在导柱里居中并校直。

9.2.2.2 混凝土桩
Concrete Piles

目前使用的几乎都是预应力混凝土桩。直径 $500mm$ 以下的桩,其横截面通常为方形,$600mm$ 为八角形,$900 \sim 2100mm$ 则为中空圆形桩。桩的预压承载力在损耗后为 $7 \sim 10MPa$。经验表明在打桩冲击力的作用下,如果桩的数值低于 $7MPa$,那么其性能就不如数值较高的桩。

在竖立(扶正)混凝土桩的过程中,考虑到其重量和抗弯承载力,通常需要使用多个起吊点。根据桩在水平放置时的垂直起吊重量,一般在制造厂里就确定好了起吊点的位置。如果竖立到导柱中(扶正),桩从水平到垂直的过程中吊绳(或吊索)角度会发生改变,各根绳索的垂直和水平分量也会随着吊绳角度及桩的倾斜度而变化。通常(但不完全是)最关键的是从水平位置开始起吊。为了能够运输和竖立,必须用传统方式和预应力方式对桩进行加强(见图 9.1)。

图 9.1　扶正(竖立)预应力混凝土长桩,注意桩上的 6 个起吊点

9.2.2.3　沉桩
Installation

钢桩或混凝土桩竖立后就能够借助自身重量下沉,然后将桩锤和打桩帽放置到桩上,桩的吊索保持松弛,这样在桩锤重量作用下桩可以进一步下沉。随后开始打桩,第一次施打可将桩打入一米或更多,因而为了使桩锤和打桩帽能够保持在桩上,必须释放桩锤吊索。

在缺乏黏结性的土中,虽然开始打入钢桩时可用振动桩锤,但最终就位通常还是使用冲击桩锤。混凝土桩一般只用冲击桩锤进行沉桩。目前常用的冲击桩锤有 3 种:单动式蒸汽桩锤(也可以通过压缩空气驱动)、液压桩锤和柴油桩锤。这三种桩锤都依靠锤头质量撞击打桩帽并将冲击力传递到桩上。单动式蒸汽桩锤的推进力只是重力,而液压桩锤的重力可以得到液压力的增强。柴油桩锤则是连续施加作用力,首先下落锤头使空气压缩并对桩进行了"预载",随后锤头传递其冲击力,最后柴油爆燃产生向下推力的同时也提升起锤头准备下一次施打。因而桩锤能量的计算是不相同的,就打桩效率而言,粗略的经验法则是蒸汽或液压桩锤的额定能量相当于柴油桩锤额定能量的 1.6 倍。这是因为不仅施打模式不同,而且柴油桩锤的锤头重量相应也较轻,但通过更高的速度可以部分得到弥补。

打桩帽应设计为可将冲击力传递到桩头。所以钢桩的打桩帽必须与桩截面相配,这样冲击力就能从钢质打桩帽传递到钢桩,无需使用衬垫材料。打桩帽还可封闭桩头,防止桩头发生局部屈曲和卷曲。

为了防止混凝土桩在回弹张力的作用下产生裂缝,需要使用垫块以减弱冲击并延长冲击力的持续时间。打桩帽应包含桩头垫块,桩头垫块最好为厚度200～400mm的层压软木块。垫块的顶部、底部和中间可黏贴或插入胶合板层,这样在打桩过程中有助于保持垫块的完整。经验及动态测量表明这种垫块通常足以满足需要。

桩锤施打产生压缩波,压缩波在桩体材料中以音速向下传播。当压缩波到达桩尖后可导致桩被打入并在桩中产生张力波,或者如果桩尖位于坚硬岩土(如岩石)上,则会产生两倍强度的回弹压应力波。正是这种应力集中导致钢桩的桩尖发生屈曲、撕裂或折叠。高回弹张力波与打桩挤压相交替,可使钢桩的所有焊接桩段发生短周期高幅度疲劳。

为了将混凝土桩沉入所需深度而不发生损坏,有两种特殊的应力型式必须予以考虑。不像钢桩,大多数损坏都是由打桩强度较高时的高挤压应力所造成,混凝土桩却容易在打桩强度较低时发生损坏,例如桩锤开始施打时,因为产生了回弹张应力。如果没有合适的垫块及桩锤控制,整个桩体都会产生水平裂缝,最初表现为每次施打后散发出一股尘土。继续打桩可对混凝土的裂缝处及超过钢屈服点的受力处造成损害,预应力钢也会逐渐断裂。当桩贯穿致密岩土后,桩身仍然受到摩擦力的阻碍而桩尖突出到其下的松软岩土或空隙中时也会发生这种现象,空隙可能是由桩尖下方过度喷水造成的。由于裂缝不断将水吸入并在随后打桩过程中受到高冲击压力的作用,所以在水下这种现象会更严重。

第二种特殊的应力型式是泊松效应引起的:在高强度打桩的强烈轴向挤压作用下,桩头或桩尖发生横向破裂。幸好约束良好的混凝土能够承受非常高的挤压力,因而间隔紧密的螺旋钢筋可预防损害。为了防止因破裂而形成垂直裂缝,应按比例使用螺旋钢筋或箍筋,使钢筋截面积的屈服应力大于受拉区域混凝土的抗拉强度,这样可以确保打桩形成的任何裂缝都会被拉伸闭合。由于桩头处的问题最为严重,所以应进行额外约束。

沉在岩石上或穿过岩石的桩应该具有方形或钝头桩尖,锥形或尖头桩尖会发生偏斜并造成桩的断裂。开始沉桩时应将桩垂直放置或按设计的倾斜度放置,这需要横向有两个支撑点:顶部的钻头及水线附近或下方的座架。桩初步贯入后,在桩锤施加全部冲击力之前应释放下部支撑。否则当第三个支撑点出现后,桩会发生弯曲并断裂。随着桩的贯入,桩锤的位置也应"跟随着桩"进行逐步调整。试图校正桩的位置和倾斜度通常不会有效并可能导致桩发生断裂。

上述内容在许多项目中都得到了证实,这些项目涉及覆盖碎石的斜坡(碎石最大可达500mm)或厚达10m的碎石堤坝。如果下覆沙层由致密沙或粉沙构成而需要进行喷水作业的话,可在桩的中央浇注一根喷管并在打桩时持续喷水以防堵塞。打入或穿过岩石及碎石的钢桩桩尖容易发生屈曲,最终凸缘也可能会撕裂。为了防止这种变形应该使用装配式或铸钢桩尖保护器对钢桩桩尖进行加强。

9.2.2.4 斜桩
Batter(Raker)Piles

斜桩通常用于承载横向载荷(见图9.2)。斜桩与垂直桩或反方向斜桩一起发挥作用,其中一根桩承载挤压力,而其他桩则承载张力。但在发生移位(例如由地震或船舶撞击所导致)时,桩头或桩顶联系梁会发生损坏。因而目前在地震多发区域的施工趋势是全部使用垂直桩,通过桩的弹性或弹塑性弯曲来承载横向作用力。对于通常的倾斜海底,几乎所有的横向载荷都将由刚度更大的短桩承载,因而必须比深水中的桩尺寸更大、加固更强或间隔更密。

一些地震改造项目必须使用已有的斜桩,可在连接处置入韧性较强的保险

图9.2 打桩前的准备,预应力混凝土垂直桩和斜桩通过座架固定并借助自身重量沉下

装置:其原理是由于桩承受的载荷最大,如果连接在高载荷下能弯曲变形,那么就可以限制桩体内受到的挤压。加利福尼亚长滩(Long Reach)港码头的新施工项目也使用了这个概念。

9.2.2.5 桩的位置
Pile Location

对于从陆地延伸到海里的突堤码头而言,所用的桩通常通过浮动设备沉入,不过在潮汐极大的地区(如英格兰南部),也可使用从已完工结构物顶部伸出的打桩设备沉入。码头施工中,外侧的桩一般由浮动设备沉入,而内侧的桩可通过陆地上装配成打桩机的起重机沉入,并使用液压测位仪对桩进行垂直或倾斜定位。

因为与一般打桩驳船的宽度相比,桩的间隔显得比较紧密,所以必须仔细安排施工程序。为了确保能接近每根桩,应该从海岸成扇面展开。如果有斜桩的话这个问题就更为复杂,因为驳船必须与设计的桩头位置隔开一定距离。一些朝不同方向延伸的斜桩群可能无法直接沉桩,因而为了正确放置新桩,必须使用由已打桩及定位桩支撑的导架。

斜桩通常在甲板处的导柱中得到支撑。当向下进入水里后就处于悬挂下垂状态,直至插入土体。因而斜桩在深水中需要水下支撑,例如套接式导柱。承包商可以考虑的其他选择包括增加桩的尺寸和混凝土强度,特别是预应力水平。所以在旧金山 23 号码头施工中,为了能够以 3:12 的倾斜度对桩进行固定,经设计师认可,增加了 15m 水深处 50m 斜桩的尺寸,其预加应力为 10MPa。

9.2.2.6 喷水打桩
Jetting

喷水打桩常用于协助沉桩,特别是在致密沙层中。水在桩尖下方冲出孔洞并沿着桩体向上流出,减小了表面摩擦力。

喷水机可独立于桩单独使用,也可通过间歇套固定在桩上。喷水机可安装在预应力混凝土桩内,但喷水管必须连续而密封(例如薄壁钢管),这样水就不会接触到混凝土。否则如果在拉伸回弹作用下形成了水平裂缝,那么水压将透过裂缝,随后的冲击压缩应力会使桩发生破裂。虽然许多承包商出于经济原因而使用塑料喷水管,但由于硬质塑料管容易产生裂缝,所以桩破裂的可能性总是存在的。厚壁塑料复合管的效果比较理想,例如拉挤成型玻璃纤维增强管。

9.2.2.7 穿过障碍物或非常坚硬的岩土进行沉桩
Driving Through Obstructions or Very Hard Material

为了防止局部损坏及屈曲和损伤的逐渐累积,首先桩尖必须坚固。钢管桩的桩尖应该用厚钢板封闭,必须增加下部桩体的壁厚,厚壁桩体的长度至少达到两倍直径,桩尖可灌注高度为 2～4 倍直径的混凝土。尖头桩尖会使桩发生偏斜并在桩体中产生高弯曲应力,因而应避免使用。

此外也可以安装"外置式"铸钢桩尖保护器,这样管桩桩尖的内径可保持不变,因而不会影响随后的钻孔作业。发生堵塞可用钻机钻通,使用最多的是冲击钻机和潜孔钻机。

H 型钢桩易于沉入砾岩、致密沙及砾石层,但遇到卵石、巨砾或不规则坚硬岩石时性能就比较差。凸缘会撕裂并像意大利面条那样卷曲,并且其连续性通常也难以检查。可使用钢质桩尖保护器,但并不总是有效。钝头桩尖有助于沉桩,但可能会在桩尖上方导致屈曲。

为了将混凝土桩穿过冲积层沉到被冰川刮擦平滑的岩石上,挪威施工人员在桩尖处成功使用了较短(300～500mm)的高强度钢销钉以便在岩石中获得支点。

在华盛顿普吉特海湾三叉戟潜艇码头的施工中,为了将预应力混凝土桩打入过度固结的致密粉土层而在桩尖处嵌入了 H 型钢桩。在这种过度固结的粉土中使用喷水打桩非常有助于沉桩。混凝土桩在许多项目的施工中都成功贯入了填充石块的堤坝及地基,并在沉入过程中将石块推挤到周围。对于最大尺寸为 500mm 的级配填石而言,沉桩几乎不会遇到什么困难,桩的位置一般可以保持在 150mm 范围之内。即使石块较大,沉桩通常也是可以完成的,但位置公差要更大些,例如 300～400mm。桩尖应为正方形并带有倾斜切削的边缘。当桩打入一到两米后就不可再进行约束。以前的做法是打入桩脚并在沉入永久桩之前拔出,但这不一定有效,因为当拔出桩脚时,较大的石块会被"吸入"钻孔中。

由于现在许多港口都有不同时期的码头和桥墩建筑,并且常常建造于间隔紧密的木桩上,所以可能需要穿过以前的残留结构物沉入新桩。虽然过去的做法是移除已有的桩,但一般并不建议这么处理。旧桩可加固斜坡,移除将导致不稳定。当沉入坚固的钢桩或预应力混凝土桩时,如果遇到已有木桩通常会把木桩推挤到周围或将其打穿。

打桩时不适当的约束会导致无法承载的高弯曲应力。沉桩过程中桩在打桩帽及甲板处得到支撑。一旦沉入土体后就必须打开甲板处的闸门,否则当桩尖因碰到障碍物而发生偏斜时,甲板处将发生严重弯曲,可导致闸门或桩损坏。在打桩帽接近甲板时这个问题会变得更为严重,特别是斜桩。

9.2.2.8 桩的固定
Staying of Piles

在典型的深水港口环境中,由于海流和波浪的作用,桩会发生连续移动。有些情况下随着潮汐海流的变化,桩头可移动多达 300mm,可导致受力已接近抗弯承载力的斜桩倾斜并断裂。因而必须使用能固定住桩的系统,使桩保持稳定,这样随后就能将桩头与甲板结合为一个整体。

通常会在将来甲板模板的下方使用螺栓连接的木板,这样木板就不会对施工造成影响,并通过螺栓产生的摩擦力得到固定(见图9.3)。若是斜桩,可以绑扎钢丝绳进行补充。在打桩设备释放其临时支撑前,斜桩应该得到固定和约束(见图9.4)。

图 9.3 用钢圈连接胶合木固定混凝土桩

9.2.2.9 桩头连接
Head Connections

沉桩后需要按照参考水准面对桩进行切割,就预应力混凝土桩而言,应该先用钻石或金刚砂锯环绕桩切割出 50mm 深的切口,然后用小型气锤从上方凿

图 9.4　完全固定的预应力混凝土桩(照片由通用建筑公司提供)

除。不预先切割的话,处于受力状态下的混凝土会发生严重碎裂。液压剪切机可以切割钢桩和混凝土桩,并且只对桩头造成有限的局部损伤。

由于甲板通常厚度有限,因而不太可能完全固定,但通过将桩嵌入或使用钢筋可以在很大程度上达到部分固定。嵌入的钢桩应该具有剪力键或剪力板,并用钢筋或钢板进行紧密约束。对于钢桩,如果使用钢筋进行连接的话,可在受剪状态下将钢筋焊接于钢桩或植入管桩内的混凝土中。而对于混凝土桩,通过将钢筋植入桩头预留的 50mm 孔洞并灌浆可以实现良好的连接。

9.2.2.10　混凝土甲板
Concrete Deck

传统的混凝土甲板一般由连接桩头的横向桩顶深梁构成,并与单向纵板结合在一起发挥作用。如果安装起重机的话,面墙及后墙处还需要有纵梁。这种混凝土甲板是通过在横向桩顶梁上进行现场连续浇注而完成的。

施工过程中一般通过横向木墙梁对混凝土甲板进行支撑,木墙梁需按参考水准面进行精确固定并通过螺栓与桩连接。为了增加摩擦力,可在木材与桩的接触面上放置高摩擦力垫。但由于施工时表面将是潮湿的,所以材料摩擦系数的选择必须留有余量。使用木材是因为其抗弯强度较好,并且拆除后可漂浮在水面上。对于较重的载荷及较大的间距可以使用胶合木。墙梁的关键设计因素通常是桩附近的水平剪力。

在许多情况下,承包商试图将第9.2.2.9节介绍的桩固定系统与模板支撑梁结合在一起。问题在于模板支撑必须按照参考水准面精确固定,并且必须是能够承受载荷的厚重木料;而对桩进行固定的木料可以轻薄一些,而且能固定于任意方便的位置,通常是模板支撑的下方。间距较大的话还可以使用槽钢和宽缘钢梁。

如果摩擦力无法单独承载甲板新浇混凝土产生的载荷乘以适当的安全系数(1.5~2.0),可在桩顶上方使用棚架或高摩擦力垫。混凝土凝结过程中模板发生滑动的后果是非常严重的,不仅造成混凝土流失及钢筋弯曲,而且可能伤害施工人员,损耗的混凝土也会对水产生污染。在桩顶钻孔并使用螺栓可以承载剪切载荷和/或模板支撑或钢圈的摩擦力,但也会降低关键位置处桩的耐用性。

承载了混凝土的重量后,通常从码头正面伸出的悬臂式甲板都会发生下垂,承包商必须在额外临时支撑桩和厚重的悬臂式墙梁之间做出选择。棚架对于外侧桩无疑非常重要。桩顶及梁的模板一般预制为箱形,内部可安装钢筋笼。波浪对模板下方的水平冲击会产生极大的局部作用力,通过使底模略微倾斜(例如 7°~10°)可将影响降到最小。

许多大型现代集装箱码头设计上都使用双向连续无梁板,因而不需要桩顶深梁,但桩上方需使用特殊的柱头抗剪钢筋。在这种情况下甲板模板就非常简单,由托梁和胶合板构成。其固定只需能防止因风吹而发生移动即可。如果采用这种设计,将来从甲板底部拆除模板就非常方便。

由于拆除模板通常费用更大,而且对施工人员的危险性也肯定要高于安装模板,但所有的甲板模板在设计时都应考虑到拆除因素。施工人员一般在浮台脚手架上拆除模板,必须穿救生衣,而且现场应保持一个以上施工人员。为了减少施工人员的工作时间,可在甲板上钻出临时小孔,这样模板和墙梁松动后就能被吊放到水里,然后浮动到开阔处进行回收并重新使用。

已经开发出一些旨在减少模板安装和拆除工作量的新型模板系统,其中一种使用了预制混凝土节段。首先建造桩顶梁下半段,并用轻薄木墙梁作为临时支撑。然后将全长或半长预制板放置于半长桩顶梁上,并现场浇注混凝土使之成为一个整体。这种系统要求在必要时,可以扩大半长桩顶梁的现场浇注范围以便对桩的位置偏斜进行校正。

在潮差较大的地方,模板可能会浸没到水中,甚至会浮起。因而必须进行绑扎或使用预制混凝土模板。

9.2.2.11　防撞设施
Fender System

对于设计上专门用于堆放和装卸集装箱的现代集装箱码头而言,防撞设施通常为厚实的橡胶防撞装置,安装于码头正面梁上,并用钢梁和木擦条进行连接。甲板上的链条为防撞设施的重力荷载及船舶摩擦力导致的纵向位移提供支撑,链条后端以 45°~60°角进行放置。

如果码头还必须停靠驳船及小型船舶的话,就需要更为复杂的防撞设施。不仅能够防撞,还要防止船舶进入码头下方。为减小碰撞的影响,外侧承重桩也必须进行防护。油浸木防撞桩在过去使用得比较多,但因为环保原因许多国家已禁止使用,包括美国。因而美国海军资助了预应力混凝土防撞桩及玻璃纤维防撞桩的开发,尽管这些桩要比所替代的木防撞桩成本高,但由于能吸收更多的冲击能量,所以桩的间距可以更大。

通常用螺栓将硬木或层压复合擦条固定在预应力混凝土防撞桩的正面。在阿拉伯湾(科威特)和新加坡(裕廊岛),这种桩的使用已超过 30 年,其性能非常优异。也可将钢、混凝土和木板用螺栓固定于码头正面边梁,但损坏后进行修理和更换非常困难。

9.2.3　驳岸、码头岸墙
Bulkheads，Quay Walls

9.2.3.1　说明
Description

驳岸或码头岸墙指码头具有坚固正面(板桩或沉箱),可以支撑并留存其后的填充物。驳岸或码头岸墙特别适合于水深较浅的地方,尽管沉箱也可用于大型船舶的停泊码头。

9.2.3.2 板桩驳岸
Sheet Pile Bulkheads

主要类型是单壁钢板桩,在水线或水线略上位置与其后的锚桩进行固定。横向抗剪力主要通过作用于板桩地下部分的被动压力而产生。因而足够的贯入深度非常关键,必须达到设计的桩尖高程。

最常用的是 Z 型桩,可提供最大的抗弯强度并具有良好的经济性。如果水深较大或过载较高的话,可用带有连接锁口的 H 型桩或管桩,并且常常与 Z 型桩一起使用。

带有"手指型"连接锁口的热轧钢板桩可保证抗拔承载力,而用于浅水或较小填充深度的冷轧板虽然成本低,但可靠性要差一些。冷轧板也不适用于需要打入含有卵石或硬质透镜体的不均匀土体。

沉桩阻力来自桩尖支撑力、侧面土体摩擦力以及连接锁口内的摩擦力。随着深度的增加,后者可逐渐成为阻碍甚至是阻止达到设计贯入深度的主要问题。制造商可以控制连接锁口的精确性。锁口的连接取决于钢板固定方式,所以应紧靠支撑导梁进行固定以确保垂直。板桩的设计间隔通常会为连接锁口留出 6~10mm 的活动间隙,因而必须在导梁上标出每根桩的位置以防过密或过疏。Z 型桩特别容易发生转动,这不仅使摩擦力略微增加,而且降低了板桩墙的有效强度。润滑剂(如油脂)也是经常使用的,但由于会沾染沙粒,所以可能无法完全发挥作用。在连接锁口处使用疏水密封剂可使板桩基本防水。

由于一个工作日可以安放许多板桩,所以常常会迅速安放板桩而不进行必要的调整。随后沉桩时,经常因摩擦力增加而误以为碰到埋于水底的原木或其他障碍物。有时必须要拆除一段板桩墙并重新安放板桩,这是极为费时费力的作业。可通过人工方式将单根板桩依次插入,但存在受伤或掉落的危险,也可以使用自动嵌接设备。

钢板桩墙安放好后,便很容易受到风的影响。曾经发生过整个板桩墙被风吹散的情况,板桩墙弯曲并翻过了顶部导梁。由于通常只能从一侧支撑,所以 3 或 4 块钢板中应该有一块钢板需要同时进行绑扎和支撑。钢板桩可成组或成对安放。沉桩时板桩应梯次打入,这样每根或每对板桩的沉入深度不会超过附近板桩 1m。在沉桩的早期阶段,由于阻力一般很小,常常很希望为了能够不换桩锤而将桩打入超过附近板桩几米的位置。问题在于板桩的横向刚度较低,相对较小的障碍物也会很容易使桩发生偏斜。因为嵌接板桩牢固在土体中,所以邻近板桩打入时也将发生偏斜。结果是产生过大的沉桩摩擦力,桩尖很可能无法达到设计的桩尖高程。

振动桩锤对于打入钢板桩特别有效,可以沿着桩的表面使沙和淤泥发生液化,这也是振动桩锤能迅速沉桩的原因。振动桩锤在缺乏黏结性的土中性能最好,但对于硬质地层或致密火山灰或泥炭层则效果不佳,因而必须使用冲击桩锤。

振动过多过长会使附近土体发生大量液化,导致斜坡滑塌。冲击桩锤在灵敏土中的风险更小。可安装压力计监控孔隙压力。振动桩锤会导致黏质土的剪力(表面摩擦力)永久损失,而使用冲击桩锤可以有较长的沉桩调整时间。

除非通过喷水使致密的北极淤泥松散,否则沉桩是无法进行的。阿拉斯加北坡普拉德霍(Prudhoe)湾的阿尔克(Arco)港口设施西码头施工中,振动桩锤和冲击桩锤打入板桩时在 10m 处都发生了拒锤。大功率喷水机沿着每根板桩向下喷水有效地松散了淤泥,随后振动桩锤很容易就完成了沉桩作业。

板桩驳岸基本上是垂直板桩墙,可反射入射波浪,并在板桩墙前形成波长为波浪 1/2 的驻波或定波。甚至比较缓和的海流也会在紧靠板桩墙处产生较强的向上水流,这将导致严重的侵蚀,因而可能需要使用滤布及石块或碎石。将石块覆盖在相互叠加的滤布上是比较好的方法,尽管也可以使用级配石块滤层。

因为预应力混凝土板桩非常耐用,所以也可用于驳岸,特别是浅水驳岸。但为了能达到钢板桩的弯矩,预应力混凝土板桩必须比较厚并预加较大的应力。连接锁口一般使用舌榫接合,通常可在安装后进行灌浆。

预应力混凝土板桩的尺寸一般为 1000mm×30mm。为了克服端部支撑区及表面摩擦力都比较大的问题,通常需要使用喷水沉桩。喷水机可安装在桩内,喷水管一般用薄壁钢管而不是塑料管。由于混凝土桩因拉伸回弹应力而产生裂缝的可能性一直存在,所以会导致塑料管产生裂缝,使喷水压力作用于部分或全部破裂区域,随后的每一次施打都会在裂缝处产生水锤效应并使水泥发生分散。只施打 20~50 次也会发生低循环疲劳。

与钢板桩不同,预应力混凝土板桩是一根接一根单独完全打入的。为确保后一根桩能沉在前一根桩旁边,桩尖应以 45°角逐渐变细,并且后一根桩的桩尖必须紧靠前一根桩楔入。通过液压绞车可用钢缆将桩顶排列整齐,液压绞车带有可降低摩擦力的卷筒。

由于潮水交替流进流出,为防止接合处漏沙可使用塑性连接锁口,塑性连接锁口强度有限,不能用作结构件。如果需要能用作结构件的连接锁口,可在预应力混凝土桩的每一面都植入半根扁平的钢板桩,并通过焊接在钢板上的钢筋加以固定。钢与混凝土的接触面会形成较高的氧梯度,因而在嵌入处很容易发生腐蚀。应特别注意预防这种腐蚀,例如可在接合处涂覆环氧树脂或在混凝土板桩之间的接合处安装锌阳极。

根据植入部分产生的被动阻力和力矩(P/y),钢板桩或混凝土板桩墙作为支架都只能支撑有限的回填高度。对于更大的深度和堆载,则需要在其后进行锚定,通常使用钢杆,钢杆向后延伸至预埋的混凝土锚桩。软钢杆比较合适,尽管其屈服强度有限,但韧性和固有耐腐蚀性都比较高。也可使用更为有效的预应力钢杆,但由于缺乏韧性而导致过一些失效。为了承载横向载荷,可将桩沉入扁平斜桩后方的土体中或使用预钻孔锚。近来驳岸施工中也将螺旋桩和带翅板的桩用作地锚。

板桩码头岸墙依靠挖掘后形成的最终泥线下的被动压力来承载部分或全部横向载荷。对于松软土,例如软质黏土,可使用诸如喷射注浆这样的加固法来增加土体的抗剪强度,通过碎石桩加固土体也是比较合适的方法。如果使用桩对土体进行加固的话,必须在附近海底以下位置将桩截断,这样可以防止低潮时碰撞到船体。为预防因钢板桩连接锁口漏沙而发生填充,在固定板桩时可将特殊的膨胀橡胶化合物如艾迪科(Adeka)涂刷到连接锁口中。至少应将高于低潮位置的填充沙排出,每个排出孔后可堆放装满沙的土工滤布袋。

9.2.3.3　沉箱码头岸墙
Caisson Quay Walls

混凝土箱形沉箱被广泛用于欧洲、中东和加拿大的码头施工中,特别是土体比较坚硬(如致密沙或硬质地层)的地方。通常在附近海底开挖沟槽并放置一层整平的砾石。如果有需要,可先通过振动或碎石桩压实土体以防发生液化,安放沉箱的碎石层也可用振动整平机压实,然后将碎石层整平至公差为±20mm的范围内。

混凝土箱形沉箱通常设计为自浮式。首先在浇注场预制普通混凝土箱并通过滑动或输送千斤顶在轨道上移动,然后由大型人字吊臂起重船安放到水中。从岸上移动到水中的作业非常关键,需要考虑到潮差、水位的季节性变化以及陆地和低水位的相对高程。

上述程序必须依靠能够起吊混凝土箱形沉箱的码头岸墙或支架。其他可用方法包括:

（1）带有可吊放支架的滑道或下水道。

（2）由支架支撑，可将沉箱吊放到水中的龙门起重机。

（3）可将沉箱横向移动到驳船上的输送装置或滑道，然后增加压载使驳船下沉，这样沉箱就能浮起并从驳船下水。这个过程需要对稳性和浮力进行特别的考虑，下一段落将对此进行介绍。

（4）在普通船坞或干船坞中建造，然后注水使沉箱浮起移出。

（5）双体船吊起支架上的沉箱。

（6）在驳船上建造，然后将驳船沉入水中使沉箱浮起。

箱形沉箱从驳船上下水需要经过一个压载过程，以确保对吃水、倾斜及平衡状态的控制。在压载下沉的所有阶段驳船和沉箱都必须保持稳定，而当沉箱浮起后驳船也必须保持稳定，驳船在沉入水下的过程中还应能承受外部静水压头。为了在压载下沉过程中控制吃水，沉箱应处于水深较浅的位置，水底最好比较平坦。通过压载驳船的一端使其向下倾斜并接触水底可以在压载下沉过程中获得稳性，这还能为沉箱和驳船提供横向稳性。应对驳船进行足够的压载以确保沉箱浮起时驳船仍能停留在水下。然后排放一端的压载水使驳船向上倾斜并到达水面，其水线面可以为完全排放压载水提供稳性。如果施工现场的条件不太合适，可通过在驳船上连接浮柱对稳性进行控制。

上述内容涉及的是平底自浮式箱形沉箱。有些情况下可使用开底式沉箱，特别是水底土体比较松散的地方。首先需进行沉桩，然后使开底式沉箱坐底于整平垫层上，密封底部边缘并用水下混凝土将沉箱和桩连接在一起。在这种情况下必须通过驳船进行运送或由人字吊臂起重船或双体船提供支撑。

沉箱必须精确校直，沉箱之间的连接处必须密封。可将弧形短钢板桩插进嵌入沉箱壁的连接锁口中。连接必须能适应沉箱的不均匀沉降。

由于在边缘下发生腐蚀及支撑土体液化，即使在波浪冲击作用下，沉箱失效通常也是向外的。

沉箱坐底后通常用沙或碎石进行填充，沉箱壁在设计上必须能够承受因回填而临时产生的较高压力。

在有些情况下可用大量混凝土填充沉箱，沉箱壁起初要承载混凝土回填产生的流体压力，然后是混凝土水合过程中的热膨胀。后者在混凝土冷却后可以得到缓解，但由于沉箱壁和外层混凝土的冷却速度要比内部混凝土更快，所以沉箱壁上会产生裂缝。尽管通过足够的加固可以解决这个问题，但尽量减少水合热的最好方法是用大量粉煤灰替代水泥并使用 ASTM 牌Ⅳ型水泥或至少为粗研Ⅱ型水泥,或者使用高炉矿渣并/或对混合料进行预冷。

需要注意的是所有这些步骤都会延长混凝土的凝结时间,因而可增加最初向外的流体压力。

在地震带,由于基础及坡脚下的沙层可能会发生液化,沉箱码头岸墙的施工需要进行特别设计和考虑。下方填充沙的液化可增加向外的压力。日本神户的大型沉箱码头岸墙在 1997 年阪神大地震中发生了严重倾斜和移位。因而必须做好预防措施,能够将地震时形成的孔隙水压迅速消散。大量波浪作用也会导致这种较高的孔隙压力及液化并使沉箱发生摇动。沉箱下方的碎石层应该具有较高的渗透性。沿着坡脚需铺放石块滤层以防碎石被细颗粒沉积物所填塞。碎石层本身也应进行级配或铺放在滤布上,这样就能防止沙从下方渗入,此外碎石层还必须压实。水下钢板桩段可以预防岩土流失。

9.3 河流结构物
River Structures

9.3.1 说明
Description

河流结构物包括水闸、低水位水坝、溢流结构物以及防洪墙。过去这些结构物都采用"干式施工",先用大型板桩建造格形围堰进行排水,然后再使用传统陆地方法进行混凝土结构物的施工。

近年来美国陆军工程兵团决定使用海洋施工方法和设备,对一些河流结构物进行"湿式施工"。这要求在浇注场预制重要构件,然后运送到施工现场并进行水下安装。这种方法的主要优点是能够节约成本和时间,并减少对河流航运的影响。

以下将分别对板桩格形围堰的"干式施工"及使用海洋和离岸方法的"湿式施工"进行介绍。

9.3.2　板桩格形结构物
Sheet Pile Cellular Structures

钢板桩格笼在大型格形围堰的施工中得到了广泛应用,可使随后的排水作业顺利进行,因而就能采用干式施工建造像水闸和水坝这样的结构物。

这种方法需要用多个板桩格笼将部分河流(一般为 1/3 或 1/4)包围并封闭。可预先对施工现场进行挖掘,移除不合适的岩土。格笼都是圆形的,直径与设计使用的水深大致相同。首先安装 2 或 3 根环形导梁作为空间构架,并用临时定位桩进行支撑。然后围绕导梁放置扁平钢板桩,注意应使钢板桩在两个方向上都保持完全垂直。首先放置 Y 型桩,由于 Y 型桩刚度比较大,所以必须精确安放。为保证合适的间隔,应该在上导梁预先标记出每根板桩的位置。如果水深较大或水流湍急,下导梁应位于水中。然后通过振动桩锤逐渐打下板桩,沉桩围绕环形导梁逐次进行,每根桩最多打到前一根桩下方 1.5m 处,其目的是使打下的桩与邻近桩保持平直(见图 9.5 和图 9.6)。

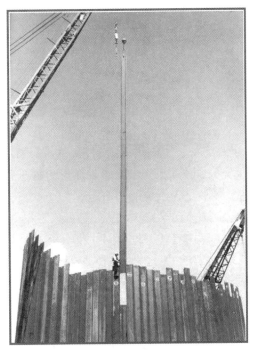

图 9.5　安放格形结构物的钢板桩

图 9.6　在格形结构物中安放封闭板桩,俄勒冈哥伦比亚河中转码头

　　将整个格笼封闭后,就可用粗沙填充板桩格笼,并通过振动杆使粗沙密实到合适的密度。振动增大了孔隙压力,可导致局部液化和较高的内部压力,特别是当格笼填充物为细沙时。为迅速排水可使用垂直砾石排水沟,这也有助于加快密实过程。当填充完两个格笼后,可通过弧形板桩进行连接,板桩与圆形格笼的 Y 型桩接合,并用沙填充形成的小格笼。

　　当水闸或水坝的所有格笼都用沙填充完毕后,为了提供额外的横向支撑可在内侧修筑戗堤。碎石戗堤能自流排水,但大部分戗堤都用沙修筑,并建造能防止因渗漏而达到饱和状态的井或井点。在滤布上覆盖碎石层能保护边坡免受雨水和溢流的侵蚀。

　　围堰中的水排出后,就可以采用传统的陆地方法进行施工(见图 9.7 和图 9.8)。在此过程中,沿着围堰外墙进行检查并确定所有受到冲蚀的位置非常重要,这样在需要时可铺放碎石。格笼和戗堤内的水位和压力可通过压力计或井进行测量,这样就能及时采取排水措施。倾斜计可检查格笼是否发生了倾斜。

图 9.7　用于三叉戟潜水艇的钢板桩格形干船坞(华盛顿)

图 9.8　用于建造俄亥俄河奥姆斯特德(Olmsted)水闸的板桩格形围堰
(照片由美国陆军工程兵团提供)

如果河流发生洪水,围堰面临被河水溢入时,可有意将围堰淹没,以免洪水
对戗堤造成侵蚀。应对已完工围堰的一端或两端加以调整,这样就可以进行下
一段围堰两端格笼的施工。完成所有施工后,将围堰淹没并拔出板桩,板桩可
用于下一段围堰的施工。总会有一定数量的板桩受到损坏,因而只有约 75%或
80%的板桩可用于下一阶段的施工。

在深水、水流强劲以及板桩较长的情况下固定扁平板桩段会比较困难。起
吊前应先将板桩转动到其强轴方向,在起吊过程中由于风会使板桩难以控制,

所以必须使用标志绳进行调整。过去常常通过人工方式插入板桩,施工人员跨坐在安放好的板桩上,使用轻便托架将板桩插入连接锁口。现在则使用两种更为实用和安全的方法。一种是安装上环形导梁,施工人员站在导梁上插入板桩;另一种是使用自动插入导向器,可将已安放板桩的连接锁口拉起。

水流和风对正在插入的单独板桩及未完全安放好的板桩墙都会产生影响,这就是需要两层或多层环形导梁的原因。应对板桩进行防护,使其免受两侧风和波浪的影响。在强劲水流中可能需要使用导流板。停泊在附近上游的大型驳船能减缓表层水流但会使下层水流速度加快。可在上游约 5m 处安装防护板,防护板可为预制板,并由定位桩临时支撑。对于缓慢水流,在其上游停泊深吃水驳船就能提供足够的防护。

应首先安放上游方向呈弧形排列的板桩,下游方向及平行于水流的板桩可临时固定到其后的环形导梁上。长板桩需要有坚固的背板,可以在板桩起吊、扶正、插入及下降过程中提供支撑。背板一般是宽缘钢梁,通过夹具与板桩固定直至夹具通过机械或液压方式被释放。

格形围堰很容易受到冲蚀,特别是上游转角处;漩涡也会对下游转角处造成侵蚀。将滤布固定于铰接混凝土块垫层上可有效防止严重冲蚀,当水流速度超过 2.0m/s 时还需要铺放大块碎石。

施工过程中,在板桩被锁口连接、沉下和填充前,水流、波浪和风对板桩的作用力非常容易影响到板桩格笼。水流不仅施加直接作用力,还会在呈弧形排列的板桩暴露端形成旋涡。单根板桩(或板桩对)需要连接刚性梁以便对其下端提供支撑,直至板桩沉到可产生足够反作用剪力的深度。

板桩必须由带有多根导梁的刚性导架提供支撑。如上所述,在水流中应首先对上游方向呈弧形排列的板桩进行施工。板桩可临时固定在导梁上以免松动,特别是在波浪和涌浪中。

在远海进行格笼施工时,由于会受到长周期涌浪的作用(在巴西近海及白令海建造中转码头时曾经发生过),唯一有效的方法是在格笼周围预制保护罩和钉桩导架,然后由大型离岸起重驳船将格笼连同导架一起吊放到施工现场。

通常情况下,如果水深适中、水流速度较慢并且只有局部波浪的话,可将板桩成组逐步沉下,一般使用由定位桩支撑,带有多根导梁的导架就足以满足要求。大部分格笼局部失效都是由于邻近板桩的桩尖打入过远而使板桩脱离连接锁口所致。

施工中其他导致失效的原因包括填充物达到饱和状态、排水沟堵塞、过多振动而没有进行排水导致格笼填充物发生液化以及在部分完工的格笼后方进行回填等。围堰或干船坞排水过程中水位迅速降低也可导致失效。

一种新型模板称为"敞开格笼",其向岸一侧并不封闭,实际上不是格笼,而是锚固式驳岸。呈弧形排列的板桩通过 Y 型桩进行连接,而锚固则由垂直延伸到表面的板桩提供。同封闭格笼一样,锚固式驳岸也需要使用临时支架。尽管在松散沉积物中这是一种有效而经济的方法,但是也容易发生逐渐坍塌。所以必须对驳岸或码头岸墙两端进行专门锚固,因为整个结构物的安全都仰仗于此。

9.3.3 "吊放安装"预浇混凝土壳体——"湿式"施工 "Lift-In" Precast Concrete Shells—"In-the-Wet" Construction

这种方法需要使用预制混凝土壳体,即水闸或水坝的外表面节段。混凝土节段的重量取决于项目施工中装配设备能够达到的最大起吊能力。俄亥俄河上的奥姆斯特德航道水闸使用了 40 块混凝土节段,每块的重量超过 3 000t。这些混凝土节段都是钢筋混凝土壳体,设计上能够与通过导管灌注的混凝土一起承载混合作用的影响(见图 9.9)。壳体在浇注场预制,浇注场高于高潮水位,这样就能保持全年生产。壳体完工后移动到倾斜滑道上下水,随后双体驳船浮动到混凝土壳体上方并将其吊起,最后双体驳船及悬吊的混凝土壳体被拖带到施工现场并在预定地点停泊。

下水前先将结构钢架固定于壳体顶部。钢架有许多作用,一个作用是分配双体驳船的起吊力以减少弯矩。第二个作用是当混凝土壳体在水下吊放时,钢架可作为精确定位的导向(见图 9.10)。混凝土壳体运抵前,需对施工现场进行疏浚、铺放防冲蚀石块并加以平整。然后打桩,并通过轻质钢导架对打桩进行导向。为支撑预制壳体可铺设整平垫层,整平垫层包含水下混凝土桩台,需在桩簇上准确安放以便保持平整。双体驳船及预浇混凝土壳体到达施工现场后就可将壳体吊放到整平垫层上,然后横向拖动到前一块壳体旁边。壳体就位后即可放置钢筋底垫并对整个格笼进行灌注,需注意第 9.2.3.3 节介绍的预防措施。然后使用导管通过重力自流向壳体灌注混凝土,导管由安装在壳体上的临时钢架提供导向和支撑。最后可在水面上松开螺栓并拆除钢架。

图 9.9　吊放河流水坝的预浇混凝土壳体

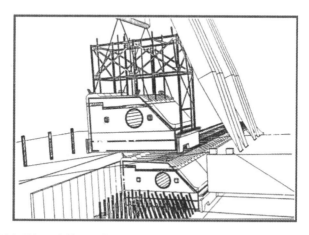

图 9.10　预浇混凝土壳体上安装的临时结构钢架,用于填充混凝土时固定灌注导管

9.3.4　浮动安装混凝土结构物
Float-In Concrete Structures

9.3.4.1　概述
General

通航结构物的所有节段(例如水闸和航道水坝)在船坞或预制场建造,然后下水并作为自浮式结构物拖带到施工现场,最后通过压载下沉进行安装。这个过程与水下预制隧道的施工非常相似(见第 9.5 节),但不同之处还是非常重要的。

首先,这些结构物的横截面可能是不规则的,为避免倾斜,在漂浮阶段需要进行特殊的压载。安装过程中节段承载静水压力的能力通常也很难设计和细化。其次,与固定于沟槽中的管道(沉管隧道)不同,通航结构物从水底一直延伸到水面上,因而为防止底流必须彻底截流。第三,由于水压不均衡以及在许多地区需要考虑地震因素,所以必须通过打桩或其他方法提供横向支撑,例如水闸由于注水和排水需频繁承载较高的整体剪力。河流结构物还会遇到水位不稳定的情况。第四,通航结构物常有一些暴露在外的附属设备(例如活动门),在拖带和安装时需要进行特别保护。最后,通航结构物一般必须安装在已有结构物附近,必须保证这些结构物的正常使用。

9.3.4.2　预制
Prefabrication

建造的第一个阶段是预制,预制通常在船坞中进行。首先在船坞底部铺放一薄层碎石,其上覆盖沙和波纹钢板或塑料板,也可使用涂覆聚乙烯的胶合板。应注意的是不管使用哪种板,都会在附着力和浮力的作用下黏附在沉箱底部。因而如果使用了没有涂覆聚乙烯的波纹钢板或胶合板,应将板固定于船坞底部,以防在最终安装时因松脱而影响吊放作业。如果随后需要对底板预加应力,由于底板会因此而缩短,所以覆板必须能够滑动。最近的做法是为船坞中的压光混凝土底板涂覆黏合分隔材料,这样就可以在其上直接浇筑新混凝土板。然后通过间隔约为 5m×5m 的塑料管低压注水并保持几个小时,再将船坞注满水,使驳船或混凝土节段完全浮离船坞底部。

当需要剪力键或锯齿状基底时,必须考虑到在收缩及预加应力作用下混凝土底板缩短而造成的影响,因为这会将沉箱基底固定在浇筑板上,附着力和吸力可增强这种"固定"作用。使用可压碎垫层或弹性垫层能部分解决问题,但当沉箱基底浮起后必须加以清除,否则也会黏附于沉箱底部。膨胀式扁平软管可用于横向移动或垂直抬升沉箱基底,并且易于从沉箱底部剥离。

然后继续船坞中的建造工作,通常使用预浇混凝土板,并通过现场浇注接缝进行连接。必须对施工缝进行彻底的喷水冲刷,在浇注混凝土前可在接合面上涂覆环氧树脂黏合胶,不可使水泥浆从接缝泄漏。通常不使用阻水片,因为会妨碍混凝土的正常浇注并可能形成水流通道。

钢筋必须穿过接缝,尽管这是设计问题,但施工方应该意识到编织钢筋所需的工作量。对交错排列的钢筋进行精确浇注可缓解这个问题。对于大量配筋的较深接缝,通过预先放置管道可有助于混凝土的固结。把振动器吊放到管道末端略下位置,然后随着混凝土面的上升将振动器和管道逐渐拉起并收回。

顶板及其他近水平构件通常预先浇注或与永久性模板一起浇注,可用波纹钢地板、胶合板和预浇混凝土薄板。也可使用带有加强连接杆的预浇混凝土半厚板,设计上可与现场浇注顶层一起发挥作用。

如果有开口端的话,最后阶段就是用防水板加以封闭,类似于沉管使用的方法。完成后可对船坞注水,在混凝土节段浮起前应预留足够的时间使水能完全渗入碎石层或底板下方。然后可用绞车将结构物拉出船坞并拖带到施工现场。

一种替代方法是在大型驳船上浇注结构物。选择的驳船应能承受最大浸没度时的外部静水压力。标准货驳的强度不够,如果将两艘驳船连接起来,那么连接处在设计上必须能传递力矩和剪力。若是通过上部横梁和下部钢索连接,为了能够承受力矩和轴向力应辅以剪力板。连接必须向后延伸到每艘驳船的结构中以防止形成弱面。对于局部载荷,可能需要对甲板进行内部布置。

如果建造过程中驳船处于漂浮状态,那么船体会由于混凝土凝结产生的载荷而变形。所以应使用预浇节段,并且在连接前必须基本就位。也可在建造混凝土节段前使驳船坐底于整平的沙层上,这样在混凝土凝结时就无需对整体变形进行特殊准备。虽然已完工的结构物在拖带时可为驳船和结构物提供抗剪强度,但这在下水过程中通常还是不够的,因而上述将两艘驳船连接起来的方法仍然适用。

最近的进展是在驳岸后的陆地上建造结构物,然后使用气动滑道或希尔曼(Hillman)滚筒将结构物滑动到下水驳船上。

9.3.4.3 下水
Launching

结构物从驳船下水有几种方法,最安全有效的方法是在保持水平的情况下压载下沉。因为重心通常远高于浮心,所以在压载的几个阶段都必须对稳性进行检查。开始压载时驳船的水线面可提供稳性,随后当驳船甲板沉入水下时稳性会突然降低。

尽管放置在驳船上的结构物一开始能够提供额外稳性,但当驳船倾斜到使结构物可以滑动时就会失去稳性。

如果有足够的水深使混凝土结构物浮起,必须通过额外压载使结构物下的驳船与结构物分离。分离后下方的驳船只有很小稳性或没有稳性,因而依靠驳船自身是无法进行控制的。解决这个问题的一个方法是下水处的水深只比所需深度大一米左右,并且水底平坦。这样可对驳船进行足够的压载使其停留在水底,直至混凝土结构物拖离。然后再将相应压载舱中的水排出,使驳船一端倾斜浮起而一端仍停留在水底以提供横向稳性。

更为积极的方法是在驳船四角安装中空钢柱,能够在所有阶段通过水线面为稳性提供足够的惯性矩。如果水深不超过驳船长度的 1/3,在下水时也可使用艉端倾斜下水法。由于驳船甲板没入水下并且驳船和结构物整体上有侧向翻转的倾向,该方法的关键是横向稳性。但在入水阶段只要混凝土结构物有足以提供水线面稳性的宽度,这种显然比较危险的作业还是能够成功实施的。

9.3.4.4　施工
Installation

现场施工需要进行水平和垂直控制,一般通过系泊于预置的锚上来提供水平控制。在需要放置的混凝土节段上安装绞车,通常前一块节段顶部会留有临时钢架,钢架从水面伸出,可为下一块节段的定位提供方便的参照基准。与通过复杂的电子设备、差分全球定位系统及水下声学方法进行定位相比,这个方法更为实用,除非是较少进行的深水施工。

可通过斜楔或喇叭形导向器为新节段提供导向。也可将节段吊放到最终高程,但偏移 100～150mm 处,由于仍然具有浮力,所以能横向将节段浮动到前一块节段旁。

9.3.4.5　整平垫层
Leveling Pads

如预浇混凝土壳体(见第 9.3.3 节)一样,也需要预先对整平垫层进行施工。对于从前一块节段延伸出并可安放两块节段的位置,在其前端铺设 1 或 2

层独立垫层还是3或4层独立垫层的实际施工情况是不同的。前者可保证正确的相对高程,后者可减小壳体的应力,消除前一块节段及其整平垫层的过载,决定因素为基础的承载力及新节段容许的水下跨度。整平垫层的施工方法通过许多项目逐步得到了发展。

在挪威,由于混凝土节段必须坐落于岩石露头上,所以预浇混凝土板需准确吊放到横向位置,并安放在略低于最终高程(−150mm)的海底上。混凝土板带有软罩,在浅水中的话,其底部可由潜水员用沙袋进行封闭。然后在混凝土板下灌注水泥浆,水泥浆凝结后需对混凝土板进行精确的三点测量。为了将顶部抬高至准确位置,可放置预浇混凝土"垫"板。荷兰也使用了类似的预浇板及垫板,不过混凝土板最初被放置在碎石层上。爱德华王子岛大桥施工时则在开挖过的岩石海底上安装了三腿柱导管架,精确定位并垂直竖起中心管道。然后用导管将混凝土灌注到略低的位置,通过喷水和气举清理表面,并在测量后放置预浇垫板。厄勒大桥使用的支撑垫层面积从 1.5m^2 到 3.0m^2,厚度为150mm。垫层与三腿柱塔(导管架)连接,通过差分全球定位系统(DGPS)对导管架进行精确定位。导管架腿柱上的千斤顶可调节垫层的高度,底部用沙袋封闭并灌注水泥浆。奥姆斯特德水坝的整平垫层由 4 根预先打入的钢桩提供支撑,而布拉多克(Braddock)水坝的整平垫层则由预钻竖井支撑。

由于整平垫层是"坚硬点",并且为随后通过导管灌注混凝土提供支撑,所以其承载要比桩或竖井更大。可在整平垫层顶部或混凝土节段下方安装扁千斤顶,以便调整特氟隆垫层或厚氯丁橡胶垫层的载荷,垫层铺放于不锈钢钢板上,这样通过千斤顶就能比较容易地进行横向调整。混凝土节段最终就位后即可灌注水泥浆,在随后水泥浆填充和凝固过程中混凝土节段会发生较大弯曲。因而对临时及残留应力和载荷都必须进行计算和考虑。为解决坚硬点的问题,当结构物在可以略微压缩的沙层或碎石层上最终就位时,垫层中可包含一层木板或聚氨酯,这样在灌注混凝土时会发生弯曲并传递载荷,使载荷分布更为均匀。

9.3.4.6 底层填料
Underfill

底层填料可为沙、混凝土或水泥浆。丹麦和荷兰使用过底流沙系统,液化的沙水淤泥向下流动并通过形成的沟道填充底部。根据要求及所需的灌注深度,可在基础下使用由水泥和沙制成的水泥浆或泡沫水泥浆。必须考虑水合热的影响,纯水泥浆或由水泥和膨润土制成的水泥浆会产生过多的热量,甚至可以达到沸点。

　　基础下灌注含骨料的混凝土可提供较高的强度和模量,并减少水合热(图 9.11 至图 9.13)。通常使用小粒径(8~10mm)粗骨料,添加石灰石粉和粉煤灰能减少热量和模量,并将底板下产生坚硬点的可能降到最小(见图 9.14)。基础下灌注必须在低压下进行,避免在局部及整体隆起的情况下产生过大压力。由

图 9.11　布拉多克通航水坝的混凝土节段被拖带到施工现场,宾夕法尼亚莫农加希拉河
(照片由美国陆军工程兵团提供)

于摩擦水头损失难以确定,为了保证流动性常常会产生过高的压力,所以应使用重力自流而不是泵送。必须提供水泥浆溢流管并密封边缘和接缝,以防水泥浆流入水中。任何海流都有吸出水泥浆或混凝土的可能,可用沙袋、充满水泥浆的袋子以及固定了滤布的金属网进行密封。为了约束基础下灌注的混凝土并预防河流底流,侧面和端部也需要密封,并且还可以使用保护罩或板桩。

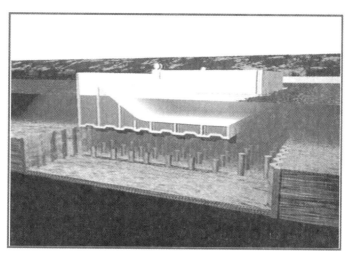

图 9.12 对浮式混凝土水坝节段进行压载使其沉到预钻竖井上,莫农加希拉河布拉多克水坝

图 9.13 完全展开的扁千斤顶,用于使水下支撑物上的水坝节段保持水平
(照片由本·C·格威克公司提供)

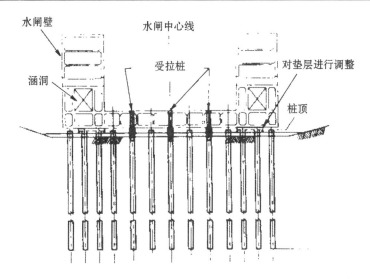

图 9.14　路易斯安那新奥尔良预制运河水闸的施工方案,
在基础下通过导管灌注混凝土将桩与浮动到位的水闸基础进行固结

在水平混凝土板下进行完全填充需要使用自流平混凝土或水泥浆,还必须保持较小的正水头以克服摩擦力并排出水和浆沫。抗分散外加剂有助于获得所需的性能并尽量减少或消除泌水。为确保传递剪力,可使用波纹钢板或剪力键,但必须合理安排排水孔,排水孔应能排出水及所有浆沫或泡沫(见图 9.15)。

为传递张力可使用从节段底板延伸出的钢筋、钢绞线或型钢。当然这会给预制阶段带来困难,底板需要在凸起的拱腹上进行支撑,此外还增加了拖带时的吃水。在所有阶段都必须避免压坏这些钢筋、钢铰线或型钢,或由于在障碍

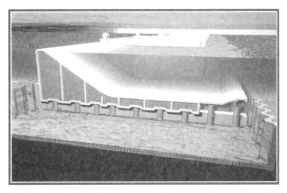

图 9.15　水坝节段浮动到位后在其预制基础下灌注水泥浆,莫农加希拉河布拉多克水坝

物上意外搁浅而导致底板被穿透。基于这些原因,可考虑使用结构上具有足够强度的半硬头钢绞线。也可在节段就位后将钢筋向下穿过预留或钻出的孔洞并灌浆。新奥尔良内港运河水闸的施工方案要求通过在基础下用导管灌注混凝土来传递张力和剪力。

位于宾夕法尼亚匹兹堡的莫农加希拉河布拉多克通航水坝需要对流量进行控制,以便在流量比较小的时期能够维持上游水道的通航水深。堤岸及已有水闸之间的空间非常有限,远侧有跨洲铁路,近侧则是水闸。因而选择了浮动就位的方法,并使用两块100m长的预制混凝土构件。

对施工现场进行疏浚后,将直径1.2m的套管沉下并嵌进下方的岩石中。为满足非常严格的定位及截流高程公差要求可使用导架。

每块预制节段都在两层式船坞中进行建造。基础筏板在上层船坞中制造完毕后,可将船坞注水,使基础筏板浮起并坐落到更深的下层船坞。全部完工后,使基础筏板再次浮起并进入河中,然后拖带到上游15mile处的舾装码头。完成舾装的基础筏板被拖带到下游的施工现场,转动就位后进行压载,使其下沉并坐落到整平垫层上,这需要使用嵌岩桩及剪力波纹钢板和钢筋销钉来传递张力和挤压力。就位后可用扁千斤顶进行调平并对嵌岩孔灌浆。最后基础下的间隙被水下混凝土所填充,侧面由先前打入的板桩封闭。这种"湿式"施工的成功使其在提高密西西比河和俄亥俄河将来通航能力的工程中会得到更广泛的使用。

9.4 水上桥墩的基础
Foundations for Overwater Bridge Piers

9.4.1 概述
General

从罗马时代起,就以堁架方式或在围堰中建造桥墩基础,过去是用木头修建,现在则用钢架连接的钢板桩或环形钢筋混凝土墙。甚至在罗马时代之前,季节性河流上的桥梁就以建造在沙岛上的沉井作为基础。沉井以开口沉箱的方式沉下，过去用砖块建造，现在则是用钢筋混凝土或钢和混凝土混合结构物。围堰施工在第 9.4.9 节进行介绍。

凯撒在建造莱茵河上的桥梁时就使用了桩。现在木桩已经发展为钢桩或预应力混凝土桩，有时使用的管桩直径可达 4m，长度超过 100m，打桩需要非常大的桩锤。但在另外一些情况下需要钻孔植入，特别是在难处理土层中。使用振动器将管桩沉入黏质土可永久性降低土体对桩壁的抗剪力（表面摩擦力）。

也可以采用钻孔竖井的方式建造桩，需在竖井中植入钢筋并现场灌注混凝土。

近来在围堰中进行了许多打入桩或引孔沉管灌注（CIDH）桩施工，以便能够在冲蚀深度以下建造基础座，但必须考虑两个潜在的问题并采取措施防止其发生。

一个问题是由于桩锤施打或使用大功率振动器沉桩而导致沉积物发生液化或强度变弱。第二个问题则在使用泥浆预防坍塌时产生，由于泥浆高度应等于或大于外部水位，因而需要将套管延长。围堰施工将在第 9.4.9.2 节进行介绍。

箱形沉箱是近期发展起来的，如果在岩石或坚固地层上建造大型桥墩，其基础使用箱形沉箱就特别合适。箱形沉箱由钢或预应力钢筋混凝土预制，浮动就位后沉到整平的基础上。

在北海，箱形沉箱发展为大型重力基座离岸混凝土平台，所开发的技术也可用于大型桥梁基础，例如将来可能修建直布罗陀海峡大桥的项目。

苏格兰斯开（Skye）岛大桥的桥墩必须在海流湍急的情况下建造于软质土中，图 9.19 介绍了所使用的桩支撑沉箱施工程序。

最新的进展是将箱形沉箱或重力基座结构物建造于厚石块垫层上，垫层由多根打入的钢桩或混凝土桩支撑，但两者之间不存在固定连接。希腊的里奥-安托里恩（Rion-Antirion）大桥就使用了这种方法。

目前在基础座施工中，由于施工速度、使用开阔水面结构物的可行性、质量以及经济性都更为出色，所以使用坐落于大直径桩上并灌注高质量水下混凝土的预制混凝土壳体正在取代传统的围堰。

9.4.2　开口沉箱
Open Caissons

开口沉箱本质上是借助现代材料和方法对印度"沉井"的进一步发展，印度

"沉井"早在公元前 1500 年就被用于河流桥墩的施工。先建造桥墩壁,然后在沉箱内部逐步进行开挖并使其下沉。沉箱内部保持充满水的状态以克服外部静水压头。如果需要的话,可将内部支撑与桥墩壁都建造于结构物内。

到达基底高程后可用水下混凝土密封沉箱,然后进行排水并对桥墩基础座和竖井实施干式施工。

纽约东河、哈莱姆河和哈德逊河上的桥梁最早采用了现代开口沉箱,使用混凝土逐步填充预制钢壳体,并设计了结构钢切边以免遇到卵石及障碍物时发生局部和整体变形。密西西比河下游渡口的施工也沿用了这个方法。

为了使沉箱开始时能够浮起并在软质沉积物中坐底,可通过内横向支架将沉箱分隔为多个室,并安装木质假底,近期施工中也使用了钢质假底。当沉箱下沉时,土体压力会与静水压力叠加,这时可将假底逐一拆除。

为了防止沉箱突然下沉及对施工人员造成伤害,在拆除假底前最好对每个假底的压力进行平衡,通过先将小直径透水管打开或用气举法在假底下方进行开挖可以达到这个目的。沉箱到达基底高程后,一般先由潜水员清除卵石或不规则石块,然后回填水下混凝土。

但由于土体阻力不均匀、拆除假底以及随后的开挖作业导致一些早期开口沉箱在下沉初始阶段发生了危险的倾覆。因而就有了一个原则,即必须对倾斜进行逐步校正,否则可能会在某个方向发生严重倾覆。

旧金山-奥克兰海湾大桥没有使用假底,而是在每个沉箱室顶部安装了钢质圆罩,然后用空气对沉箱室加压,这样就能对沉箱姿态保持更好的控制。虽然并没有阻止中央锚固沉箱发生严重倾覆,但这个问题通过适当的外部开挖、回填以及在内部有选择地使用空气加压最终得到了解决。葡萄牙塔霍(Tagus)河一桥也成功使用了这种方法。

近来开口沉箱还使用了双层壳体,例如密歇根麦基诺(Mackinac)海峡大桥及密西西比河上的一些新建桥梁。尽管由于使用钢材而成本较高,但在施工过程中可以提供极好的控制。

塔科马纳罗斯(Tacoma Narrows)一桥、新奥尔良密西西比河大桥、卡奎内兹(Carquinez)二桥以及塔科马纳罗斯二桥使用了钢筋混凝土开口沉箱。沉箱坐底后,可用预浇混凝土或钢板以及现场浇注钢筋混凝土延伸建造沉箱壁。

在湍急河流或潮汐海流中对沉箱进行系泊是一个需要重视的问题。常常使用由系留桩组成的"围栏"和经过仔细垂直校正的"主桩"为沉箱下沉时提供支撑。在深水或非常湍急的海流中可安装锚定系泊装置。为了限制沉箱并且不产生倾翻力,沉箱的系泊力中心必须保持在沉箱的旋转中心处或旋转中心附近。由于深度增加及重量分布的改变,旋转中心的位置不断发生变化,所以这个作用点必须逐渐向上移动。

早期沉箱的作业是这样进行的:每次放松一根缆绳,打开连接钩环并将其重新固定到位置更高的连接点。这些都需要通过潜水员完成,是耗时而危险的作业。葡萄牙塔霍河大桥施工中使用了多根脱扣缆绳,这样就能从上方拉出位置较低的固定销。由于逐次移动需要多根脱扣缆绳,为了避免混乱可为缆绳涂上不同的颜色。

塔科马纳罗斯二桥沉箱上用于 32 根系缆的连接点至少有 6 个,使用脱扣缆绳明显是行不通的。因而使用了一根滑梁,这样每根缆绳只需连接一次。如果要向上移动一对缆绳,可将缆绳放松,然后向上拉动滑梁并穿过导向支架即可。

因为海底的致密沙层和砾石对于使用传统拖曳式埋入锚并不合适,而致密沙砾层海底、深水以及流速非常高的潮汐海流(可高达 9K)对于重力锚(例如混凝土块)也不可行,所以塔科马纳罗斯二桥的施工中使用了打入式板锚。

9.4.3 气压沉箱
Pneumatic Caissons

气压沉箱最早由法国开发,随后在密西西比河上的伊兹(Eads)大桥及布鲁克林(Brooklyn)大桥上得到了应用。

首先在外切边底部上方 4 或 5m 处建造带有厚重混凝土板的多室沉箱,然后将压缩空气注入沉箱室,压缩空气的压力相当于相应深度的外部静水压头。需建造两口带有气闸的竖井,分别用于施工人员和移除挖掘的岩土(随后可用于灌注混凝土)。压缩空气可以使水无法进入,不过还是需要进行一定的排水工作。

施工人员通过气闸进入沉箱并挖掘土体,此时沉箱承载着混凝土壁延伸段的重量并缓慢下沉。大卫·麦卡洛(David McCullogh)在介绍建造布鲁克林大桥的书《伟大的桥(The Great Bridge)》中生动描述了这个过程及施工人员所付出的健康和生命代价。

尽管现在已经较少使用气压沉箱,用得更多的是开口沉箱和箱形沉箱,但日本仍然在继续使用,并以自动机械设备代替人力。东京彩虹吊桥和越南拜寨(Bai Chai)桥的桥墩施工就是当前使用日本自动机械技术的例子(见图 9.18)。

9.4.4 重力基座沉箱（箱形沉箱）
Gravity-Base Caissons（Box Caissons）

箱形沉箱由混凝土或钢材建造,底部封闭,因而在拖运到施工现场的过程中能处于全部或部分漂浮的状态。浮力有助于沉箱坐底,可通过压载逐步减小浮力的作用。本州-四国大桥使用了钢质箱形沉箱,大贝尔特西桥及东桥则使用了混凝土箱形沉箱。起重驳船在将沉箱拖运到桥墩施工现场的过程中提供了额外提升力和导向。壳体重量(如3000~8000t)超出起吊能力的大型沉箱可在普通船坞或干船坞中建造。完工后将水注入船坞使沉箱浮起,打开堤坝或闸门将沉箱拖运到预定位置,通过压载使其坐底于整平垫层上,并由水下混凝土及填充的石块或沙提供永久性承载。

瑞典厄勒大桥塔墩所用的混凝土箱形沉箱由于重量太大而无法自浮。沉箱在大型干船坞中建造,完工后将水注入船坞并使两艘大型排水驳船进入船坞,驳船分别定位在沉箱两侧。排水后将多根顶杆从驳船侧面连接到箱形沉箱侧面并施加应力,随后对驳船进行压载使其保持平稳的横向位置。再次将水注入船坞,然后整个结构物及驳船就可被拖带到施工现场,两艘驳船的浮力补充了箱形沉箱的自身浮力。到达施工现场并定位后,可通过顶杆将沉箱吊放到整平垫层上。

只要能够一直维持正稳心高($\overline{GM}$),并在必要时通过连接浮箱或由外部船舶提供支撑加以补充,就能利用流体动力学原理保持稳性。必须特别注意水线面的突然改变,例如从大型基础座到竖井。沉箱基础必须按紧公差进行平整并足够致密,这样就能安放平稳,不会在波浪作用下因沉箱摇动或者因地震而发生液化。

首先必须挖掘并移除不合适的沙土,通常使用抓斗、液压反铲挖土机或链斗式挖泥机。残留的软质沉积物需采用抽吸的方法(如使用气举设备)移除,表面必须足够洁净,基础上不能有松软黏土层,但在分散的凹陷处会残留少量软质淤泥。如果是沙质土的话,需使用大功率振动杆加以密实。沙和小石块可在作业过程中铺放。

然后铺放碎石地基,地基可由多层碎石组成,每层厚约1.0m,并用大功率振动整平机压实。最后用石块大小为12~20mm、厚度为300mm的碎石层将表面整平至准确高程(一般±20mm)。整平机通常由预先安装的轨束梁提供支撑。移动式料斗通过连接至水面的浇注管进料,位于料斗后缘的刮板将碎石横向推移并刮平。近来还使用水平安装于轨束梁上的连续式刮板螺旋进行碎石的推移和刮平作业。

　　本州-四国大桥的基础一直开挖到基岩或硬质地层,然后仔细磨削整平以确保沉箱外缘能正确就位,并在外支撑面下使用了可压缩密封件。

　　如果距离砾石被最终整平已经过了一些时间,那么在沉箱定位前应通过回声测深仪或侧扫声纳对水底进行检查,以确认没有障碍物或沉积物(见图 9.16 至图 9.18)。斑马贻贝会在沉箱底部迅速生长并影响沉箱坐底。

图 9.16　九节潮汐海流中的沉箱,塔科马纳罗斯二桥(照片由 TNC 建筑公司提供)

　　然后可将沉箱浮动就位(见图 9.19)。虽然全球定位系统能用于一般控制,但激光测距对初始定位非常有帮助,因为控制位置的施工人员很容易就能够了解所需的修正量及速度。精确控制可以使用经纬仪。

　　系泊装置有助于使最终定位达到要求的公差。为了有效修正,可将缆绳以正交方向引出,每根缆绳都由一台绞车单独控制,这通常需要 6 到 8 根缆绳。试图通过以 45°角引出缆绳来减少缆绳的使用数量一般是不可行的,因为拉动一根缆绳会使结构物在两个轴向上移动并发生旋转。此外还可以安装预置系泊浮筒。

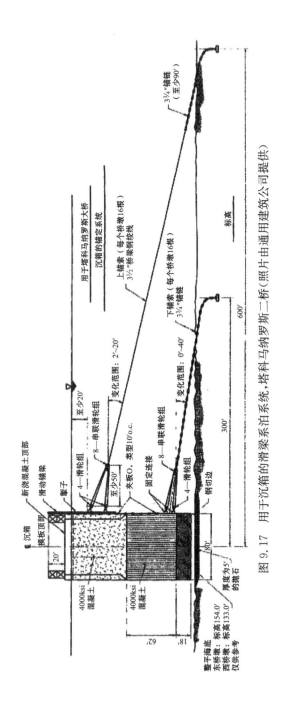

图 9.17 用于沉箱的滑梁系泊系统，塔科马纳罗斯二桥（照片由通用建筑公司提供）

图 9.18　自动机械设备在东京彩虹桥气压沉箱内进行开挖(照片由白石基础公司提供)

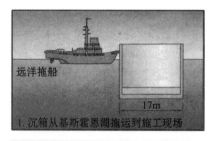

远洋拖船

17m

1. 沉箱从基斯霍恩湖拖运到施工现场

2. 沉箱定位并在涨潮时进行吊放

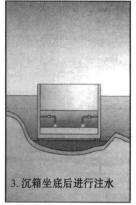

3. 沉箱坐底后进行注水

4. 在外部安装固定沉箱的锚，使沉箱免受风暴破坏

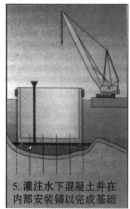

5. 灌注水下混凝土并在内部安装锚以完成基础

图 9.19　英国苏格兰斯开岛大桥沉箱的安装施工

(照片由米勒土木工程有限公司和迪克尔霍夫-威德曼股份公司提供)

沉箱进入施工区域后，将连接于绞车的缆绳固定到沉箱上，缆绳先向下穿过导缆器，然后与浮筒连接，导缆器安装于沉箱侧面靠近旋转中心的位置。随后对沉箱进行压载，使其坐底于整平基础上。为了排出沉箱底部的水，到最后2m时压载速度必须非常缓慢。在坐底的最后阶段，沉箱底部的海流速度会增加，冲蚀海底的同时还将对沉箱产生向下的拉力。实际上在非常松散的沙层中，沉箱放下后其底部是逐渐下沉的。这需要使用铺放石块的柳木垫层或较为现代的滤布垫层对基础预先进行加固。

沉箱坐底后立即进行位置、方向、高程和水平检查，确保都在公差范围内。如果一个参数略微超出了公差，由于排放压载水及重新定位常常会损坏整平基础，所以应向设计工程师询问是否能对上部结构进行少量改变，以便可以接受沉箱的坐底状态。

用于桥墩的大型箱形沉箱如果需要浮动就位然后下沉坐底的话，通常会建造成棱形，这样在整个坐底过程中能够保持较大的水线面，因而在所有阶段都可以保证稳性。相反，水线面变化较大的沉箱常常需要采取一些额外措施以提供稳性，例如基础座顶部浸没于水中，只有较小的竖井穿过水线面。一个可靠途径是将垂直浮力柱或浮箱与沉箱进行刚性连接。缆绳从顶部对浮力柱后加拉力，并穿过钢管套固定于沉箱是个有效的方法，因为随后可从水面上释放缆绳。另外一种方法是通过大型起重驳船提供稳性，由于在长吊索上，起吊物可产生的扶正力矩为 $Pl\sin q$，这样就能有效地将 $\overline{GM}$ 提高为 $P\times l\div\triangle$，其中 P 为起吊力，l 为吊索长度，q 为倾斜角，$\triangle$ 为位移。

当沉箱就位并完全压载后，应立即对底部进行灌浆。防止水泥浆从沉箱边缘下流出或渗出是非常关键的，所以沉箱底部常常安装可防止水泥浆渗漏的短罩。最好使用具有发热低、抗泌水及抗分散特性的水泥浆。水泥浆的模量应比较低，这样强度也较低，发生局部变形不会造成太大影响。沉箱底部必须留有排放口以缓解压力，水泥浆灌注压力也必须严格控制以免造成沉箱抬起。在作业过程中还应对沉箱转角处的高程进行连续监测。

香港青马大桥马湾桥塔的两个基础墩为预制箱形沉箱，在大型潜水驳船上进行浇注，所用驳船可远洋运送挖泥机和自升式钻井平台(见图9.20)。安放两个预制箱形沉箱的驳船被拖带到水深正好能进行下水作业的施工现场，水底为沙质，大致水平。施工现场通过声学设备和水下视频进行了仔细勘查，确保没有卵石或障碍物。为防止过早下水，施工人员从横向和纵向将两个沉箱牢牢固定在驳船上。将驳船压载下沉至沉箱接近浮起状态，然后使船艉向下倾斜约

$3°$，释放后部沉箱使其从船艉滑入水中。驳船因减少了一半载荷而开始上浮，对于稳性而言这是最为关键的时刻，没入水中的驳船保持了平稳，与事先的计算结果一致。

图9.20　正在建造中的中国香港青马吊桥，桥墩由箱形沉箱支撑
（照片由香港桥梁管理局提供）

重复这个过程使第二个沉箱下水，然后将两个漂浮的沉箱拖带到施工现场。为了有足够的富余水深，沉箱必须在高潮时就位。沉箱系泊后进行压载并下沉到已准确整平的垫层上，在本例中"整平"基础是经过钻孔、爆破及挖掘的基岩。尽管爆破作业非常小心：间隔紧密、使用最小装药以及尽量避免超深爆破，但岩石上还是有许多自然和人为裂缝。施工中将塑料管插入预制基础座并与之固结，这样随后对裂缝进行钻孔和灌浆就为容易。基岩用气举设备彻底清理，但封闭沉箱边缘就比较困难，需要潜水员用充满水泥浆的袋子进行填塞。然后用导管对沉箱进行混凝土灌注，为防止混凝土从底部流出而使用了干硬性混合料，边缘缝隙处则填塞了沙袋。沉箱顶部有一半为倾斜顶板，由于混凝土比较干硬，产生的泌水或浆沫会在顶板下形成孔穴，可通过补充灌浆加以填充。使用添加抗分散黏性外加剂并且坍落度更高的混凝土混合料应该能够避免孔穴的形成。

　　跨越内海的本州-四国大桥修建较早,其钢质箱形沉箱中预先安装了灌浆管。箱形沉箱建造完毕后用已筛除所有细小颗粒的粗骨料进行填充,水中添加了抑藻剂以防藻类在骨料上生长并形成黏液。然后通过导管灌注混凝土,灌注先从位置较低的导管开始并逐步上移。可使用指示管监控水泥浆的上升情况,但随后取芯发现有些重要区域没有得到灌注。据认为这是由粗骨料下残留的泌水所致。跨越明石海峡的本州-四国大桥最新也最大,采用导管灌注混凝土代替预填骨料灌浆法(见图 9.21),并使用添加了石灰石粉、粉煤灰和高炉矿渣的特殊低水合热混合料。

图 9.21　日本明石海峡大桥主桥墩的钢质沉箱(照片由鹿岛工程建设公司提供)

　　为了使整平基础避受冲刷侵蚀,必须尽快铺放冲刷保护层。厄勒大桥连接丹麦和瑞典,在波浪和海流的联合作用下,桥墩的一个箱形沉箱在安装后不久就因冲刷而遭到严重破坏,为修复基础需要进行大量灌浆。

　　丹麦大贝尔特东桥的沉箱桥墩施工使用了上述方法,即在沉箱底部进行灌浆,将沉箱底部和碎石垫层之间的所有裂缝完全填充。应在沉箱底部转角处铺设 3 或 4 层完整支撑垫,垫层厚度通常为 300~500mm,以确保能为灌浆提供合适的空隙(见图 9.22)。支撑垫层也可以预先铺设。在加拿大东部联邦大桥的44 个沉箱桥墩施工中使用了小型坐底式导管架,通过将混凝土灌注至准确整平度的方法预先铺设了 3 层支撑垫。当沉箱坐底于垫层上后,可用易流动的水下混凝土填充支撑垫层内的空隙,混凝土应添加硅粉以保证黏性(见图 9.23)。但大贝尔特西桥的 66 个箱形沉箱却直接坐底于碎石层上,这要求对沉箱底部进行加固,使其有足够的强度能够架在高点(坚硬点)之间的空隙上,整平也必须达到很高的精度(见图 9.24 和图 9.25)。

图 9.22　丹麦大贝尔特东桥的混凝土沉箱,注意连接的围堰
(照片由大贝尔特灵克公司提供)

塞文(Severn)二桥的开底式预制箱形沉箱通过传送装置运送到驳船上,然后在高平潮期拖带到施工现场,起吊作业使用了大型自升式驳船上的两台大功率重载起重机(见图 9.26)。沉箱坐底后通过导管灌注混凝土,起初在封闭沉箱边缘时遇到了困难,非常强劲的潮汐海流使混凝土大量分散。最后的解决方法是沿着沉箱四周放置孔眼细小的网,并在水下混凝土中添加触变抗分散外加剂。

位于阿斯托里亚(Astoria)的哥伦比亚河大桥在多年前也遇到过类似困难。在箱形沉箱壳体坐底后,由于沉箱底部的沙被退潮所冲蚀,河里的水流变强了。当灌注水下混凝土时,混凝土会从底部流出并被水流冲走。通过在桥墩壳体周围铺放滤层和冲刷保护层、在壳体底部铺放石块并在底部下方通过大量灌浆填

图 9.23　加拿大联邦大桥重量为 8000t 的预浇混凝土桥墩
（照片由斯坦利工程师有限公司提供）

充最初灌注混凝土时形成的孔隙，这个问题才得到解决。

　　希腊里奥-安托里恩大桥的基础桥墩必须在深水、软质土以及海峡中间有一条活动大地震断层的情况下施工，桥墩使用重力基座沉箱在软质黏土中建造，并打入间隔紧密的钢管桩以提供足够的承载力及抗剪力（图 9.27 至图 9.30）。钢管桩的直径为 2.0m、壁厚 20mm，打入海底的深度为 30m。钢管桩的网格间距为 7m×7m，为承载 500mm 剪力每个桥墩大约需要 200 根桩。

　　首先对松散的海底沉积物进行挖掘，然后在新泥线处将桩截断，有些桩的截断深度达 65m。随后铺放 2.8m 厚的碎石层、整平并使重力基座沉箱在其上坐底。设计上碎石层可在极端地震力作用下发生滑移和摆动，这样就不会将动量传递给桩。桩和碎石层覆盖了桥墩底部及周围 10m 范围。

图 9.24 大贝尔特西桥的预制桥墩(照片由大贝尔特灵克公司提供)

图 9.25 起重驳船正在吊放丹麦大贝尔特西桥的预制混凝土桥墩
（照片由大贝尔特灵克公司提供）

图 9.26 英国塞文二桥桥墩的混凝土沉箱(照片由合乐-SEEE 公司提供)

图 9.27 中国香港青马吊桥主塔墩正在建造中的沉箱(照片由香港桥梁管理局提供)

　　意大利人在威尼斯风暴潮挡闸支撑物的施工中也应用了这个方法。通过预浇混凝土桩强化土体并将多个泥土透镜体固定在一起。

　　如果能够使用重型起重设备,可在特殊的船坞或有足够条件的码头(驳岸码头)预制整个桥墩。然后由起重驳船或双体船起吊,运送到施工现场并坐底

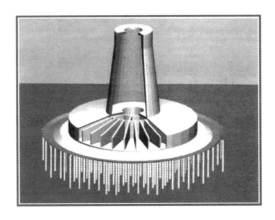

图 9.28　希腊里奥-安托里恩大桥的基础设计概念(照片由地球动力学及结构公司提供)

图 9.29　里奥-安托里恩大桥正在建造中沉箱(照片由地球动力学及结构公司提供)

于预先整平的碎石基础上。大贝尔特西桥的混凝土桥墩在码头预制,通过液压推车机使其在混凝土导轨上缓慢向前滑动,然后由起重能力为 8 000t 的驳船起吊。联邦大桥的桥墩施工也使用了类似方法,但预制桥墩是由驳船运送的。可以将起吊力和浮力结合起来支撑重量较大的混凝土节段,厄勒大桥引桥桥墩也采用了这种方法。

　　如上所述,许多箱形沉箱都是作为水下基础座而设计的,支撑穿过水线面

图 9.30　在桩上方安装旧金山-奥克兰海湾大桥高架公路的钢筋混凝土基础座
（照片由 KFM 公司提供）

的竖井下部。如果在基础座固定到垫层后再建造竖井的话，那么有两个方法。第一个方法在基础座沉箱顶部临时固定低矮的箱形钢板桩围堰，这样便可排水并对竖井进行干式施工。第二个方法则是将竖井预浇为中空壳体，然后套在竖立的钢筋上，壳体与基础座顶部之间用密封垫进行封闭并通过导管灌注混凝土。为了有助于锚固，竖立的钢筋可带有机械式 T 形端头（见图 9.31）。

　　在预浇竖井和基础座之间进行全力矩连接有多种方法，爱德华王子岛大桥桥墩使用榫眼和钢筋束进行连接，将中空竖井紧密地套在 1m 高的钢筋束上，并对竖井和钢筋束之间的环状空间进行灌浆。里奇蒙德-圣·拉斐尔大桥和圣马特奥-海沃德大桥使用了高配筋钢筋环，钢筋延伸到下方 2m 处的基础座凹槽中，然后通过导管对空隙和竖井下部灌注混凝土。

　　先前水下预浇竖井和基础座连接方法的成功导致目前施工方法的产生：使用预浇节段建造水上竖井，通过将后一中空竖井节段套在前一节段的竖立钢筋上将节段连接起来。竖井节段的中空部分不必全部保持等截面，只要高度足以

图 9.31　加利福尼亚圣马特奥-海沃德(San Mateo-Hayward)大桥桥墩的预制混凝土竖井

容纳竖立钢筋即可,并且需要预留能灌注水下混凝土的垂直孔洞。混凝土应使用最大粒径为 10mm 的粗骨料、添加可减少热膨胀的矿渣水泥或粉煤灰以及能够减少泌水、迅速增加强度并提高胶结性的硅粉。

9.4.5　桩承箱形沉箱
Pile-Supported Box Caissons

这种方法是使预制混凝土壳体坐落于预先安装的桩基上,然后通过灌注水下混凝土将沉箱与桩进行固定(见图 9.32)。在许多应用中沉箱没有底板,因而必须通过驳船运送并由起重驳船吊放,或者由起重驳船或双体船悬吊运送并在施工现场吊放就位。为了保证桩的准确定位,特别是确保桩头都能位于沉箱边缘,最好通过导架进行沉桩,例如钢梁栅架或带有合适孔洞的预浇混凝土平板(见图 9.33)。

里奇蒙德-圣·拉菲尔大桥桥墩 300mm 厚的预浇混凝土底板上有多条 H 形狭槽,可准确对准并插入垂直桩和斜桩。潜水员通过将索环向下拉入 25mm 宽的灌浆环带对其进行密封,现在也可以使用开槽氯丁橡胶垫。然后对灌浆环带灌注水泥浆,这样能将底板与桩进行固定,并为最初浇注的水下混凝土提供

图 9.32　预先打入的 H 型钢桩上的预浇混凝土扩底墩，
加利福尼亚里奇蒙德-圣·拉菲尔大桥

图 9.33　加利福尼亚圣马特奥-海沃德大桥的预浇混凝土基础壳体，
注意将剪力传递到填充混凝土的内壁波纹

支撑。有些桥梁的底"板"是由木材和钢梁制成的厚重垫层,可同时起到导架和临时支撑的作用,例如位于罗得岛的纳拉甘塞特海湾大桥。

最近在缅因肯纳贝克(Kennebec)河上建造了一座大桥,施工时首先通过导架安装大直径钻孔竖井。这些垂直竖井带有永久性钢壳套管,并在基础座底部上方约 1.5m 处截断钻孔竖井管桩。然后拖入漂浮的预浇混凝土箱,每个混凝土箱都在外部安装了 4 根定位桩(直径 1m 的钢管),可在吊放到管桩上时沉下,用以固定混凝土箱的位置。混凝土箱底板上有较大的圆形孔洞,可嵌入管桩。混凝土箱到达正确高程后就将其固定于定位桩上,然后对桩周围的灌浆环带进行密封并灌注添加硅粉的水泥浆,当水泥浆具有一定强度后就可灌注水下混凝土密封层。基础座如同浮动的预制混凝土箱,其顶部安装了临时围堰,围堰不仅能在下沉过程中提供稳性,而且在灌注水下混凝土密封层后可将水排出并完成沉箱基础座与钻孔竖井的连接。

贝尼西亚-马丁内斯(Benicia-Martinez)一桥施工时将预制箱形沉箱浮动就位并进行系泊。沉箱上留有孔洞,可嵌入直径 2m 的预钻孔植入式桩。处于浮动状态时覆盖这些孔洞,当将其作为在基岩中竖桩和钻孔的导架时再逐一移除覆盖物。打入 4 根桩后,将沉箱压载至参考水准面并通过灌浆使沉箱与桩紧密连接,这样就能固定住沉箱的高程。然后打入其余的桩,所有桩都嵌入页岩基岩中。置入钢筋笼并对桩和孔洞灌注水下混凝土,最后对桩之间的灌浆环带以及沉箱底板灌注水泥浆,为传递剪力基础座中的凹陷处也需要用混凝土进行填充。

1960~1970 年间完成的这个项目非常成功。但最近因一次较大地震而使用现代地震输入投影和分析法进行了重新检查,结果需要额外安装预钻孔植入式管桩、用混凝土灌注沉箱中残留的空隙以及为了将桩固定于基础座还需对整个沉箱在正交的两个方向上进行后张拉。

卡奎内兹(Carquinez)三桥施工时在驳船上预浇基础座壳体,然后下水并浮动到预先打入的钢套管上方(见图 9.34)。对灌浆环带灌注水泥浆,浇注水下混凝土密封薄层,并在排水后的沉箱中植入大量钢筋,随后采用干式施工完成基础座。类似方法也在贝尼西亚-马丁内斯二桥施工中得到应用,只是对基础座在两个轴向上进行了后张拉。杭州湾大桥则在桩上放置预浇混凝土板并用水泥浆进行密封,然后在混凝土板上固定预浇混凝土环墙并通过现场浇注完成基础座施工。

图 9.34   加利福尼亚卡奎内兹三桥的浮动式预浇混凝土基础
（照片由本·C·格威克公司提供）

9.4.6   大直径管桩
Large-Diameter Tubular Piles

9.4.6.1   钢管桩
Steel Tubular Piles

施工中桩不仅可用于承受轴向载荷，而且可用于承载横向弯曲。桩的直径通常为 2.0、2.5 和 3.0m，壁厚从 45～75mm。在横向载荷的作用下，较大的直径可以为控制移动或浮动提供足够刚度。挤压作用下的轴向承载力是由表面摩擦力和端部支承力产生的，而轴向抗拔承载力则由表面摩擦力、桩的重量、混凝土塞及土塞所产生。

可采用离岸平台施工方法和技术将钢管桩打至足以承载横向载荷和拉伸载荷的深度。通常需要将桩打到比单独承载挤压载荷所需深度更深的位置，为了能达到承载拉伸载荷和/或横向载荷所需的贯入深度，需要特殊的设备和/或施工程序。如果管桩暴露于强劲水流中，还必须考虑旋涡脱落的影响。外列板和/或用沙进行填充可起预防作用。

如果需要安装钻孔竖井，可先将钢套管打至足以密封水及任何散沙或极软黏土的深度。经验表明为了防止在钻孔过程中涌入水或泥沙，在坚固岩土中形成完全密封是非常关键的。虽然安装的大直径管桩和钻孔竖井多数都是垂直的,但也可适度倾斜:长期以来,在离岸平台标准中倾斜度可以达到 1∶6(水平与垂直之比)。

离岸沉桩时,可以将桩穿过导管架中的套管进行定位,然而许多原因导致桥墩施工中无法使用导管架,例如桥墩建造处的水深通常比较有限。但桩的位置及垂直度或倾斜度对于桥墩的重要性要大于离岸平台,尤其是大直径管桩。

在水底存在斜坡或需要安装斜桩并且必须采用特殊程序时,为了一开始就能准确竖桩通常会使用临时导架,因为如果桩在沉到 2 或 3 倍直径深度处后开始发生偏斜是无法进行校正的。此外,倾斜或偏离的桩还会使导架横向移动。因而在这种情况下,为保证导架的位置最好先部分打入一组桩中的一根或多根垂直桩,然后再打入其他桩,最后对最初 4 根桩进行接桩并打入。需选择合适的打桩顺序,在打入一根斜桩后,接着应打入与其相对的另一根斜桩。导架必须在两个高程都能为桩提供良好的支撑。

桩锤的选择和使用应严格遵循离岸平台的做法。为了将桩沉入致密土体,可能的话所用桩锤的尺寸应达到能够单独通过施打完成沉桩作业。这意味着要使用非常大的桩锤并提供作业所需的驳船设备。但仅靠施打不一定能达到设计的贯入深度,常常还需要使用喷水、清除岩土及预先钻孔等方法。

与离岸平台施工不同,因为需要产生抗拔承载力和横向承载力并尽量减少沉降,所以对施工方法有着严格的限制。因而为了保留有效的横向支撑,可能会禁止使用外部喷水法。清除岩土可减小内表面摩擦并有助于桩的贯入,但也会减少有效端部闭塞。这将导致桩尖填充更多泥土直至再次形成端部闭塞,因而会减少桩侧的有效泥土摩擦。桩内喷水能破碎土塞,可产生较小的类似影响。极端情况下,清除岩土及喷水作业可在桩下形成临时空洞,导致横向土体约束发生永久性松散。

如果因上述作业导致桩尖周围及桩尖下土体发生松散,那么在载荷作用下桩的沉降将大于仅靠施打贯入的桩。所以通常桥梁设计时要求清除岩土并灌注混凝土塞的施工方法未必有效,离岸平台沉桩不使用这种方法。最近建造的几座桥梁在设计时都要求只对桩的上部 20～30m 清除岩土并灌注混凝土塞。

如果在致密沙层中通过喷水帮助沉桩,喷水停止后继续打桩能够在很大程度上恢复沙层的初始承载力。即使桩锤只施打了 50～200 次,桩也可能无法继续贯入,但会从内部和外部压紧和密实沙层。有些过时的桥梁施工沉桩规范要求在喷水作业结束后将桩再打入 1~2m,希望通过这种方法来恢复沙层的初始承载力,但对于大直径桩而言通常是难以做到的。

一个可在高载荷作用下限制沉降的有效方法是将桩尖处长度为几米(一般取直径长度)的岩土清除,然后灌注混凝土塞,混凝土塞的长度应足以进行载荷传递,并在混凝土塞下安装扁千斤顶或类似装置。当混凝土塞具有一定强度后,对千斤顶进行压力灌浆。该方法的一个变化是只在空隙中灌浆而不使用扁千斤顶,控制好压力使混凝土不会从桩尖周围流出或导致地层破裂,然后在桩体中填充沙和混凝土。

如果为了达到所需承载力而必须在管桩桩尖下钻嵌岩孔的话,那么无疑需要清除桩中的岩土。与喷水机或气举设备相比,至少在桩下端长度为几倍直径的部分,用机械方法(例如抓斗)清除岩土对外部土体产生的扰动要更小一些。清除了岩土的桩必须充满水,水面高度应接近外部水位。如果内部水位降到外部水位以下(例如使用气举设备),桩尖下的岩土肯定会突然涌入;如果内部水位高出外部水位几米(例如由于喷水流),桩内的岩土和水会突然涌出并沿着桩侧发生管涌。

可以这样进行压力调节:当使用气举设备时将水连续泵入,而使用喷水机时则将水连续泵出。设计允许的话,在桩壁水面以下位置预留孔洞也能平衡压力。桥墩基础施工的经验表明,很多情况下使用气举设备时保持压力平衡会比较困难,因而现在抓斗得到了越来越多的应用。当涉及受到污染的土体或沉积物排放有严格限制时,抓斗是特别合适的工具。设计上抓斗在放下和吊起时必须保持其上方和下方水压的平衡,为此抓斗边缘应带有孔洞或留有空隙,此外还可以使用螺旋钻机或抓斗钻机。

如果使用气举设备并在侧面排放岩土的话,可通过弯管接头和软管使排放管向下弯折,这样岩土就排放在海底附近,从而大大降低了混浊度。关于安装及嵌岩钻孔检验的更多介绍可见第8.13节。图9.35和图9.36为正在建造中的日本鸣门(Ohnarutu)吊桥的大直径钢质竖沉井。

由于起重机臂的吊幅、长度及起吊量有限,管桩在沉桩过程中可能需要进行接桩。这样的作业不仅对于桩的完整性非常关键,而且非常耗时耗力。此外桩段在致密岩土中停顿会导致需要进行打桩调整,重新打桩后可能难以将桩贯入。因而考虑接桩位置时必须非常谨慎,第8.4节详细介绍了钢管桩的接桩作业。

图 9.35　日本鸣门吊桥的大直径钢质竖井,
通过在浪溅带涂覆铝质涂层及水下涂覆环氧树脂提供防护

　　如前所述,桥梁钢管桩可通过全部或部分填充混凝土以承载混合作用的影响,能在地震或碰撞时增加桩的刚度并防止发生局部屈曲。尽管胶结的混凝土足以将剪力从钢桩传递至混凝土核心,但在桩头附近还是需要剪力连接件。一般规定用感应焊接法焊接螺栓,但如果需要钻孔及清除岩土的话,焊接螺栓会影响这些作业的进行。有时也通过焊缝连接,但最可靠的是使用螺旋钢筋或环形钢筋(例如厚度为 10mm 的扁钢筋),围绕内周以角焊缝进行焊接。由于桩头略下位置(一般一倍到一倍半直径)的力矩较大,剪力连接件应延伸足够的长度以传递剪力。如果桩尖处需要混凝土塞的话,类似的剪力连接件也常用于对混凝土塞进行固定。

　　孟加拉国布拉马普特拉(Brahmaputra)河上的贾木纳河大桥使用了直径 2.5m 和 3.3m 的钢管桩,长度一般为 80m。为了承载两个轴向上的载荷,钢管桩以 1:6 的倾斜度成对或 3 根一起打入,载荷来自于水流、地震以及上覆沙层液化导致的破坏作用。

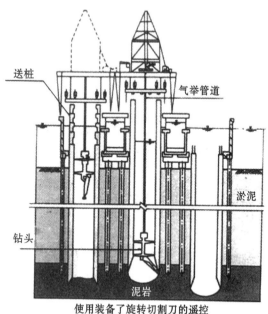

图 9.36　鸣门吊桥钢质竖井的施工方法(照片由本州-四国桥梁管理局提供)

施工中通过全熔透对接焊缝连接 3 根桩段,共使用了 4 组焊工,连接每根桩段大约需要 8h,包括冷却及超声波探伤检验所用的时间。

将桩沉入底层致密沙需要桩锤每次施打可产生的能量为 130 万 ft lbs,每根桩平均施打 1.2 万次。

旧金山-奥克兰海湾大桥高架公路段施工中将直径 2.5m 的桩以 1:6 的倾斜度打入 105m 深,桩锤直径与桩相同(见图 9.37)。桩穿过松软的淤泥层,然后是致密沙砾层,最后为坚硬的非塑性黏土。接桩使用了环绕在桩上的半自动设备。

贝尼西亚-马丁内斯二桥施工时将长度 40m×直径 3m 的管桩作为永久性套管,在破碎岩层中打入 15m。其目的是即使上覆淤泥和沙被洪水冲蚀,管桩也能提供横向支撑。

沉桩开始时的 15m 遇到非常坚硬的交错沙岩层,夹杂着破碎岩石及松散未胶结的致密粉沙透镜体。一些桩尖发生局部卷曲,使用特别加固的桩尖可将桩打入所需的贯入深度。但遇到松散而缺乏黏结性的粉沙层时,桩尖下方钻出的

图 9.37　打入 2.5m×105m 钢管桩,旧金山-奥克兰海湾大桥新桥——高架公路段
(照片由 KFM 建造者公司提供)

嵌岩孔会发生过度塌陷,聚合物泥浆也无法使其保持稳定。钻孔使用的是刮刀钻头,据信牙轮钻头效果更好。最后通过大型液压竖井回转钻机完成了困难的桥墩作业,这是个有效的方法,但缓慢并且成本较高。

卡奎内兹三桥南塔墩的桥墩施工中也遇到了类似的不稳定区域,钻嵌岩孔时发生了过度塌陷。采用的施工方法是每次向下钻(使用牙轮钻头)有限距离(3~4m),然后将嵌岩孔直径扩大 600mm 并灌注水下混凝土。混凝土凝结并

441

具有初始强度后继续在嵌岩孔中钻孔,穿透水下混凝土并向下钻 3~4m 距离,重复这个缓慢的过程直至完成沉桩作业。大桥现在已经投入使用。

加利福尼亚州交通局在旧金山-奥克兰海湾新桥主塔墩支撑墩的施工中使用了一种新颖的方法。沉桩必须穿过 20m 水体、35m 极软土以及 40m 坚硬岩石,岩石的风化破碎深度为 10~15m。桩主要通过弹性作用承载非常高的横向地震加速度(超过 1.5g),双层钢质壳体提供了所需的刚度和强度。外层壳体的直径为 4m,内层壳体为 3m。先将外层壳体打入岩石中,然后钻直径略小的嵌岩孔,为了稳固嵌岩孔必须穿过破碎岩石并钻入坚硬岩石足够深度。插入内钢管并灌浆使其与岩石固结,然后在内钢管中钻嵌岩孔并置入钢筋笼。对内桩灌注水下混凝土直至混凝土表面高出岩面线,最后在两根钢管之间的灌浆环带灌注水下混凝土。

对于设计寿命较长的桥墩桩基,例如 100 年,防腐就尤为重要。常用的解决方法是额外增加壁厚(通常增加 6~12mm)、在水下提供牺牲阳极阴极保护(特别是泥线处)或者在水线附近使用环氧树脂、金属或其他保护涂层。

波托马克(Potomac)河上的伍德罗威尔逊(Woodrow Wilson)大桥使用了直径 2.5m 的钢管桩,长度达 90m,沉桩需穿过较厚的海湾软土、塑性黏土、致密沙质黏土以及坚硬的过度固结黏土。深水中的大桥桥孔处使用 1~6 根斜桩,而水深较浅或存在上覆沙层处只使用了垂直桩,目的是为了在地震时能得到最大韧性。斜桩和垂直桩都通过导架进行定位。

为了加固里奇蒙德-圣·拉菲尔大桥和圣马特奥-海沃德大桥的桥墩以应对预计中的强地震,使用了直径达 3.5m 的钢管桩作为大桥的抗剪桩。

杭州湾位于上海以南,跨越杭州湾的大桥正在建造中,其长度为 36km。施工在强劲的潮汐海流(流速可高达 6m/s)、涌潮及潮差达 6m 的环境中顺利进行,浅层甲烷气藏、冬季风暴和台风的威胁对建造大桥提出了极高的要求(见图 9.38 至图 9.40)。

由于工程设计优秀并且有两艘超大型离岸驳船参与施工,工程进展非常顺利。驳船的大功率甲板发动机使其能够在海流中保持位置并吊运和打入长桩。严格的质量控制使沉入 1.6m×28mm 厚壁螺旋焊管桩的作业非常成功,桩的长度达 80m。

9.4.6.2 预应力混凝土管桩
Prestressed Concrete Tubular Piles

有些项目中使用的预应力混凝土管桩直径可为 3.5m,长度达 60m,例如荷

图 9.38　杭州湾大桥,正在沉桩的起重驳船(照片由杭州湾大桥设计局提供)

图 9.39　杭州湾大桥,注意潮汐海流产生的漩涡(照片由杭州湾大桥设计局提供)

图 9.40 杭州湾大桥基础座的拱腹和底部由预浇混凝土板构成
（照片由杭州湾大桥设计局提供）

兰东斯海尔德河大桥及连接沙特阿拉伯和巴林的法赫德国王堤道桥（见图 9.41 至图 9.43）。

图 9.41 运送荷兰东斯海尔德河大桥所用的桩

图 9.42　扶正东斯海尔德河大桥的混凝土管桩

图 9.43　通过桩内挖掘、喷水和起重驳船下压力沉入东斯海尔德河大桥 60m 长的竖井式桩体

建造大直径桩(直径 3m 以上)一般先垂直浇注节段,然后将节段放平并通过后张接合起来,接缝处现场浇注混凝土。大型桩可通过驳船或悬吊在两个浮箱之间进行运送,后一种方法在起吊时对桩的强度要求会低一些,因为桩的下半部分在扶正过程中可由其浮力提供部分支撑。沙质土中沉桩可结合桩的自身重量、起重驳船施加的下压力、喷水以及使用挖泥头进行桩内挖掘。

法赫德国王堤道桥施工时首先使用临时套管预钻孔洞,然后打入直径 3m 的桩,现场灌注水泥浆并用水下混凝土封堵。日本横滨大桥和广岛大桥使用了直径为 6~10m 的桩,横滨大桥通过逐步钻孔及扩孔进行沉桩,而广岛大桥则采用桩内挖掘并清除岩土的方法进行沉桩。

美国的许多桥梁都通过打入直径 0.9~1.7m 的预应力混凝土管桩进行支撑,包括切萨皮克(Chesapeake)海湾大桥、庞恰特雷恩(Pontchartrain)湖大桥、纳帕(Napa)河大桥以及加利福尼亚的圣迭哥-科罗纳多(San Diego-Coronado)大桥,类似的桩也大量应用于深水码头。

所有通过打桩沉下的预应力桩都必须预加足够的应力,以确保桩在拉伸回弹应力的作用下不会破裂,这在打桩穿过松散沉积物时特别容易发生。所需的纵向预应力取决于许多因素,包括桩头的垫块及大项目常常需要使用的大型桩锤的冲击力等,一般残留预应力为 $1\,200\text{psi}(8\text{N/mm}^2)$~$1\,600\text{psi}(11\text{N/mm}^2)$。

为了防止因热作用和打桩冲击力的破裂作用而产生垂直裂缝,必须有足够的环向约束。由于预加了应力,倾斜应力和径向应力会在纵向钢筋束之间联合产生垂直方向的裂缝。经验表明环向约束钢筋的强度至少必须达到混凝土拉伸区的碎裂承载力,同时不超过钢筋的屈服强度。

大直径预应力混凝土桩的主要优点是耐久性和防腐性,这种特性使其可以穿过水体和浪溅带,但只有采用适合于暴露环境的方法才能保证耐久性。水面下氧气含量有限,耐久性可通过使用致密防渗混凝土得到保证,例如添加硅粉的混凝土混合料及外层钢筋上有足够的混凝土保护层。水下区域还会附着海洋生物,但钻孔海洋生物通常无法进入致密防渗混凝土。不过在阿拉伯湾,钻孔海洋生物穿透了水泥表层,进入下方的石灰石骨料中并迅速钻出 50mm 或更深的孔洞,因而在这种地方只应使用硅(火成岩)骨料。朱阿马栈桥使用了高品质石灰石骨料,但桩很快就布满孔洞。补救方法是去除藤壶及其他海洋附生物、用环氧树脂软膏填充孔洞以及将可在水中使用的疏水环氧树脂涂覆在桩体上。基于以往的经验教训,法赫德国王堤道桥施工中在粗骨料和细骨料中都添加了火成岩。

海底移动的沙层会磨蚀桩的表面,但一般并不严重,除非是在碎浪带。最好使用添加硅粉的致密防渗混凝土。

在浪溅带要面临许多侵蚀因素。由于空气中含氧、海里有氯化物以及可作为电解液的水,因而首要问题是钢筋的腐蚀。防渗混凝土及足够的保护层是主要的防护手段,但浪溅带还会发生周期性干湿以及温度变化,这些都将增加渗透性。曾经尝试在钢筋上涂覆环氧树脂,但因为在海水中黏结性降低并发生剥离,所以总体效果并不理想。打桩过程中及在高弯曲力作用下混凝土保护层也易于发生碎裂。法赫德国王堤道桥施工时在浪溅带位置的混凝土桩面上涂覆环氧树脂,涂层向上延伸到桥梁上部结构,共涂覆了 3 层涂层。10 年后的详细检测表明没有发生氯离子渗透。环氧树脂涂层向上延伸了 +4m,检测发现 +4m 至 +6m 范围内的混凝土发生大量氯离子渗透,因而浪溅带的高度应远大于正常高潮和波浪。当然环氧树脂涂层表面受到了紫外线的严重破坏。

在冬季持续受到冷空气影响的位置,潮汐导致水面周期性涨落,潮间带会遭受严重的冻融侵蚀、温度变化以及干湿变化。配有足够螺旋钢筋的实心混凝土桩已证明是经久耐用的,但空心桩会形成垂直裂缝,并且随着时间的推移裂缝因冻胀而扩大。冻融将侵蚀裂缝表面,使暴露的环向钢筋受到腐蚀。主要的防护方法是对混凝土进行加气处理并使用大量环向钢筋,这样在温度变化以及干湿变化的联合作用下钢筋所受应力也不会超过其屈服强度。高胶结性也有助于减小裂缝宽度。因而在这种情况下,钢筋上涂覆环氧树脂的效果就不理想。在切萨皮克湾,预应力混凝土圆柱桩的浪溅带部分由于在高潮时被浸湿并在冬季寒风中被冻结,导致整个潮间带部分都出现了垂直温差裂缝。桩体上涂覆填充玻璃微珠的环氧树脂以及对出现裂缝的混凝土桩浪溅带部分进行隔热处理证明是有效的补救方法。

如第 9.2 节所述,在中等水深至深水中建造码头已经广泛使用 24″ 八角形或正方形先张法实心混凝土桩。前面介绍的纵向预应力和环向钢筋也同样适用于这些桩。实心桩制造更容易,成本也更低,但缺乏大型圆柱桩的刚度、抗弯承载力和稳性。

如果预应力混凝土桩因为较长而无法一次性整体打入的话,可通过接桩完成沉桩作业。经验表明接桩时消除上下桩段之间的偏心是非常重要的,否则会产生局部力矩并导致连续打桩时发生碎裂。

9.4.7 桩与基础座(桩帽)的连接
Connection of Piles to Footing Block (Pile Cap)

为了减少偏斜,大部分桥墩施工时在桩和桩帽之间都使用固定连接(可行的话)。长度为2到3倍直径的混凝土塞能防止上部桩体发生局部屈曲并略微提高强度和刚度。可在混凝土塞中植入钢筋,并向上延伸至基础座顶部。使用T头钢筋锚固效果最好。但由于有效直径较小并需要为加固提供适当的空间,所以通常无法在混凝土塞中植入足够的钢筋以传递钢质壳体的所有力矩。

如果桩头延伸到水面以上,哪怕只是暂时的,或者在桩头上方安装移动式围堰,那么应将钢筋间隔紧密地焊接到钢质壳体上。也可以使钢桩壳体向上延伸到基础座或桩帽里,并由顶部和底部的抗剪柄或钢带及水平钢筋进行连接。基础座深度适当的话,其力矩通常也只能部分传递。里奥-安托里恩大桥基础施工时使用了一个不同寻常的方法,即通过压实的砾石层有意将桩同基础座隔开,这样发生强震时基础座就能滑移和倾斜。

9.4.8 引孔沉管灌注钻孔竖井(桩)
CIDH Drilled Shafts (Piles)

在海洋施工(如桥墩)中,套管必须延伸至水面上,这样就能通过钻孔液的流动排出钻屑并润滑钻机。为了支撑套管及随后进行的钻孔作业,需要使用高度足以控制垂直度和倾斜度的刚性导架。通常在深度较浅的围堰内进行引孔沉管灌注桩的施工,围堰随后可用于基础座施工。为防止沙或淤泥涌入,套管必须打入足够的深度。

必须提供处理钻屑的方法,可以装在料斗中或排放于海底(如果得到许可的话)。桩孔钻好并清理后置入钢筋笼,并通过导管对整根桩灌注混凝土。

穿过水体的套管最好留在原地,能起到永久性保护的作用。套管防腐可采用以下方法:

- 镀铝或镀锌;
- 环氧树脂或聚脲涂层;
- 增加钢的厚度,在设计寿命内提供防护;

- 混凝土包封；
- 阴极保护。

跨东京湾隧道大桥桥段使用的桩由薄层钛所包覆。

中国长江苏通大桥的每个塔墩都使用了长度 117m、直径 2.5m 的钻孔竖井（见图 8.35）。

香港青衣大桥施工时将镀锌波纹管插入套管中并用水泥浆和细砾填充二者之间的环状空间，在水泥浆凝固后抽回外套管。

引孔沉管灌注技术的详细介绍可见第 8.14 节。

9.4.9 围堰
Cofferdams

围堰是用于排水的临时结构物，使基础座及竖井的水下部分可以进行干式施工。围堰必须不仅能从侧面排水，而且也能从底部排水。作用于围堰的力主要为静水压力，但也可能包括土体载荷，特别是比较松散的土体。对于建造在斜坡上的围堰而言，不平衡的土体载荷是一种特殊情况，因为作为一个整体，围堰必须得到支撑以承载所有作用力。应通过被动压力或斜桩将整体载荷传递到土中，承载水流、冰以及波浪载荷也必须采取类似措施。

典型的围堰在结构上由围墙、通过静重和桩固定的水下混凝土底板（密封层）以及内部支撑构成。环形围堰通过环形导梁或混凝土地下连续墙进行建造，可有效承载静水压力，但对于可导致环向弯曲的不平衡载荷及局部载荷非常敏感。

9.4.9.1 钢板桩围堰
Steel Sheet Pile Cofferdams

矩形围堰施工使用钢板桩非常理想。可以使用抗弯承载力较高的板桩，例如 Z 型桩或结合使用 Z 型钢板和结构宽缘桩或管桩。板桩通过锁口进行连接，并沿着提供临时支撑的导梁成组竖起。然后将板桩梯次打入，这样邻近板桩的桩尖高程相差不会超过 1.5~2in。振动桩锤对于打入钢板桩特别有效，但在一些难以施工的土体中，为了达到最终贯入深度可能需要使用冲击桩锤。

必须安装支撑以便从内部开挖土体并随后进行排水。为了支护板桩可能已经安装了顶部支撑,底部支撑必须预先安装或置入水下顶住板桩。然后开挖至足以进行水下混凝土密封层灌注及基础座施工的深度,实际上为了在基础下铺放碎石层常常会多开挖 0.5~1.0m(见图 9.44)。随后沉桩,包括永久性桩及围堰排水时承载上抬力所需的桩。如果斜桩与板桩桩尖交叉的话会产生特殊问题,必须换个位置重新打入斜桩或将板桩墙移向外侧。

图 9.44　特拉华(Delaware)纪念二桥的钢板桩围堰

　　板桩必须用螺栓固定或焊接在导梁上,这样就能将围堰结合为一个整体。应选择不会在横向载荷作用下摇动的支撑件。由于围堰基本上是重量很小的重力墙,所以支撑架必须包含斜杆和竖杆以防发生变形,特别是需要承受不平衡横向载荷的话。支撑完成后应该是一个立体框架。设计支撑必须考虑到水流的作用力,包括因板桩布置及板桩旁系泊的驳船而导致水流变大的情况。

　　围堰排水时必须能够承载局部和整体上抬力。通常围堰的静重不足以承载上抬力,因而需要借助桩的抗拔力(例如表面摩擦力)来承载合力。

按照第 6.6 节所述的方法灌注水下混凝土密封层。为了承载静水上抬力,密封层在设计上就如同在桩间延伸并与桩固定的未加筋板。但最近修建的几个围堰则是通过放置钢筋笼来承载上抬力和热应力。此外还可以采用东柏林改造施工中用于陆地围堰的方法,即在混凝土混合料中添加钢纤维。

然后围堰排水(见图 9.45 和图 9.46)并对基础座和竖井进行干式施工。完工后将围堰注满水,用振动桩锤拔出板桩并吊出支撑件,支撑件可以重复使用。最后在桩周围进行回填并铺放防冲碎石。

图 9.45　特拉华纪念二桥的钢板桩围堰正在排水

上述内容比较简略,以下是可供选择的施工次序,可用于快速而经济地完成围堰施工。

(1) 预先开挖。这可以形成边坡,增加挖掘作业量,并且单位开挖成本要低

图 9.46　俄勒冈 I-205 州际公路哥伦比亚河大桥深围堰的支撑系统

很多。

　　（2）使用送桩或水下桩锤进行所需的所有沉桩作业。

　　（3）将整个支撑系统作为预制立体框架进行建造,并通过支撑内的套管打入定位桩进行整体固定和悬吊。

　　（4）打入板桩,需要的话在板桩周围或周围海底进行回填,以承载水下混凝土向外的压力。

　　（5）基础下铺放碎石,然后灌注水下混凝土密封层。经工程师认可,可将密封层与基础座浇筑在一起,基础座水下施工应使用预置钢筋笼和水下混凝土。

　　（6）用支撑架顶住板桩并排水,并对其余结构物进行干式施工。

　　（7）拔出板桩并将支撑整体吊出,支撑可以重复使用。

如前文所述,板桩围堰依靠最深开挖面下方的被动阻力来承载横向压力。试图通过喷水灌浆来提高抗剪承载力已经造成过几起事故,包括新加坡发生的灾难性事故,据信这是由于水向上流入已经排空的围堰中致使抗剪承载力降低所致。

围堰施工的详细信息可见第二版《临时施工手册(Handbook of Temporary Construction)》第 7 章(Ratay,1996)。

9.4.9.2 围堰施工期间的液化
Liquefaction During Cofferdam Construction

随着大功率振动打桩机在钢板桩沉桩作业中的应用日益增多,所导致的意外液化情况也迅速增加。但奇怪的是这个现象直到最近才得以认识,一本承包商不太熟悉的手册对此进行了介绍。

美国陆军工程兵团手册 EM1110-2-2504 写到:"在地基土为粒状或含有粒状土的分层地基上进行动力作业时随时都可能发生液化,应根据具体情况逐一进行风险评估。如果需要的话可限定打桩的范围(特别是使用振动打桩机),极端情况下可完全禁止打桩。"

由于液化的原因及后果还未得到广泛认同,以下主要介绍几个实例(可参见第 2.3 节)。

(1)科罗拉多河下游正在建造一座大桥,一个板桩围堰被沉入沙层中,距离60m 的第二个围堰刚开始施工。同两周前完工的第一个围堰一样,板桩也由振动桩锤打入。施工人员突然发现第一个围堰的板桩在水下逐渐消失了。

(2)一个非常深的围堰在施工时要求将 30m 长的板桩穿过淤泥层和沙层打入石灰岩地层中。板桩需要连接,因而连接锁口处会产生非常大的摩擦力。土体摩擦力也很大,所以为了将板桩沉到所需高程而大量使用了大功率振动桩锤,但板桩并没有完全就位。最后在围堰内进行开挖时,液化沙从桩尖下及连接锁口的缝隙流入,使围堰下半部分被沙所填充。

(3)另一个深围堰需要在坡度平缓的河岸上进行施工。河岸最上面 15m 为松散的沙层,板桩分阶段打入并向支撑下延伸。沙层上部发生液化,对板桩施加了很高的压力并使其向内倾斜。情况因继续打桩而恶化,河岸及围堰上部开始向河里移动。

(4)一个大型海军干船坞施工时将钢板桩格笼作为永久性边墙,格笼填充后的密度可以达到70％，一个格笼在填充时因疏忽而混入一层渗透性较低的淤泥。延长使用大型振动打桩机并没有得到理想的效果。一根板桩突然从连接锁口脱出，施工人员通过挖出填充沙、从缺口两侧拔出几根桩并重新插入和打下新桩进行了修复。随后在进行格笼施工时首先钻排水井并置入带孔套管以排出孔隙水。这不仅能防止内部压力过度累积，而且大大加快了密实过程。

9.4.9.3 斜坡上的围堰
Cofferdams on Slope

在斜坡（例如河岸）上进行围堰施工会面临特殊问题，因为土体产生了不平衡全局载荷，特别是当斜坡一侧延伸到水面以上时。斜坡上部土体的主动压力要大于下部土体的被动阻力。斜坡一旦发生横向失稳，哪怕规模很小，不平衡作用力也会逐渐增加，尤其是在黏土中。通过挖掘并移除过多的载荷（特别是水面以上的载荷）可减小这种作用力。

如果能够（也应该）对围堰进行斜向支撑使其结合为一个整体，围堰就可以成为重量很小的重力护墙。必须通过一定方式对围堰进行锚固，例如使用锚桩并固定于岸上、斜桩或刚度较大的主桩或竖井。必须进行有效的横向锚固，不仅在顶部，而且应延伸至横向合力的力心处，通过使用内部斜向支撑使围堰成为类似于垂直桁架的结构可以做到这一点。

这个问题在施工的每一个阶段都必须予以考虑。

9.4.9.4 深围堰
Deep Cofferdams

为预防将来发生冲蚀而需要将桥墩基础座建造于现有沉积物较深位置时会遇到特别困难的施工问题，在有些河流施工会发生这种情况，例如密西西比河。

如果施工需要使用非常长的钢板桩，美国的普通钢板桩在这种情况下缺乏良好的刚度。在施工中钢板桩会发生摆动，因而精确竖立和沉桩都非常困难。对于深度较大的围堰，特种钢板桩效果更好，例如欧洲使用的带有宽缘钢梁的钢板桩和日本使用的安装了连接锁口的管桩。如果是管桩的话，还可在其下方进行钻孔。这两种桩都能减少支撑架的使用数量，但总承载力可以保持不变。

对于深度较大的围堰，通常无法进行预先开挖。顶层支撑可在地面上安装，预制为水平支架的下层支撑则需要进行吊放。随着开挖的进行，可将支撑架放下并顶住板桩。垂直支撑和斜向支架(需要的话)必须现场安装,对于大多数桥墩而言,这意味要在水下进行安装。这种支架可部分预制,设计上能够通过普通螺栓或者高强度螺栓或防滑螺栓(如果能以交叉方式成对预钻长孔的话)进行连接。

另一种方法是在地面上预制整个支撑架,这样支撑架在开始搭建时就能向上充分延伸,然后随着开挖的进行将支撑架吊放或压入地面下。可预先逐步打入板桩,显然这意味着板桩必须能够沿着支撑架滑动。如果支撑架是依靠外部压力置入的话,板桩会产生很大的摩擦力,使沉桩作业缓慢而困难,这也将妨碍随后支撑架的吊放。一个可采用的解决方法是开始时以略微向外的角度进行沉桩。在地面上预制整个支撑架的方法存在固有的缺点,会导致支撑架处于悬吊状态或使板桩发生弯曲变形。

如果通过注水使内部水位高于外部水位或地面,就能使内部压力略高于外部压力,这样可有助于上述两种方法的使用。

为了使永久性基础座的深度大于可能发生冲刷的深度或提供防冲保护,现在越来越多地需要将钢板桩打入更深位置,而这产生了另外一个问题。连接锁口在细沙层中穿过较长距离后会逐渐堵塞,特别是含有黏性土的沙层。当打入第二根或第二对板桩时,连接锁口中的沙被压实,这甚至会导致发生拒锤。继续振动或施打只能使情况更糟,由于能量集中,桩尖开始发热,连接锁口失效并导致板桩脱离。一般而言,使球形连接锁口保持在导柱中可以预防这个问题的发生。

基础座常常由板桩支撑,板桩需在水下截断。虽然使用水下液压桩锤可以沉桩,但是会影响支撑,这是个严重问题。由于水下无法进行接桩,所以当打下的桩达不到所需承载力时就会出现问题。因而较好的方法是使桩的长度大于打到最终位置所需的长度,最好钢桩顶部能露出水面。多余长度可以截断并接在其他桩上,截桩可在水下进行,或者在密封层浇注及围堰排水之后进行。

如果在围堰内使用实心桩或闭口承重桩,桩的挤土效应可使板桩发生过多的纵向或横向移动。最好使用开口桩或 H 型桩,尤其是在致密土体中。

针对深水及软质土环境,日本施工人员选择了一种经过改进的地下连续墙技术。首先使用标准地下连续墙技术建造环形结构物,每次建造一段(见第 8.18 节)。为了在建造过程中使土体高于水面以便施工顺利进行,需修建两道同心板桩墙并用具有合适抗剪强度的工程土填充。然后对地下连续墙的每一段分别进行开挖并灌注混凝土。为确保环形挤压不偏心或偏心较少,施工人员在保证墙段的完全垂直及精确环形排列上付出了大量努力。膨润土或聚合物泥浆被用于保持开挖槽段通畅。邻近墙段通过搭接钢筋进行连接,形成剪力键并可提供中等程度的力矩和剪力传递。连接还使用了波纹钢模板,模板中临时填充砾石以保护伸出的钢筋。

对开挖槽段进行配筋并灌注水下混凝土,使用与钻孔灌注沉井相同的混凝土配料设计及灌注方法。当两个邻近墙段浇注过混凝土并具有一定强度后,用气举法对填充砾石的连接处进行挖掘,然后灌注水下混凝土。随着开挖的进行,需建造钢筋混凝土环形导梁以保证局部力矩的传递。

跨东京湾隧道川崎通风井的施工使用了这种方法,建造的围墙深120m,直径几乎达到100m,排水至80m深度。此外还使用了其他连接方法。

明石海峡大桥的神户桥墩及英吉利海峡隧道法国侧的进入井是使用这种围堰的成功实例,墨西拿(Messina)海峡大桥也计划使用(见图9.47)。

图9.47　日本跨东京湾隧道川崎通风井直径100m、深度80m的地下连续墙围堰

9.4.9.5　轻便式围堰
Portable Cofferdams

轻便式围堰主要用于水下结构物的改造和修复,可提供防水的局部空间供人员进入并在大气压下进行施工。轻便式围堰通常为三面箱形,吊放并固定于水坝或桥墩接近垂直的侧面上。人员进入、运送材料及碎屑需通过延伸至水面上的垂直管道,排水、通讯、电力、通风和照明等设施也必须使用这些管道。

使用可变形密封垫可在外部静水压作用下将围堰紧贴于工作面上。为了使密封更有效,开始时先将围堰与通过钻孔灌浆固定于工作面的锚定螺栓紧密连接,然后进行排水就能使密封垫变形并产生密封作用。

哥伦比亚河邦纳维尔(Bonneville)水坝及旧金山海湾地区高速交通系统通风结构物的修复以及沙特阿拉伯朱拜勒(Jubail)工业运河的改造都使用了轻便式围堰。

常压轻便式围堰与高压潜水箱的区别较大,后者用于连接或修理海底管路,固定在管路附近或上方并通过高于外部静水压的空气压力进行排水(见第18.7 节)。

9.4.10　桥墩的保护性结构物
Protective Structures for Bridge Piers

近几十年来,由于大型船舶与桥墩发生碰撞已经被证实是对桥梁的最大威胁之一,所以现在通航水道上的大型桥梁都要求安装保护性结构物。

有两种解决方法。一种方法是进行缓冲,使传递到桥墩的冲击力减小。第二种方法是建造独立的防护结构物,因为桥墩可能无法承载额外的作用力。

为了能够承受大型船舶的碰撞而不对桥墩造成破坏并尽量减小船舶的损伤,施工人员已经开发出许多方法。

最常用的方法是在桥墩周围修建沙石堤坝,并抛石保护以防冲蚀。重载船撞击堤坝后会冲入沉积物中,产生被动阻力,随着越来越多的沙土被推挤开,阻力也逐渐变大直至船舶停止移动。如果船舶是压舱航行或船艉吃水比船头深,那么船头就会翘起,通过这种转动及摩擦力可耗尽碰撞的能量。

面临的主要问题是土体能否承载在桥墩基础上修建堤坝所产生的沉降和下拉载荷,通常还需要开挖并清除上覆沉积物。

另外一个问题是水流的冲蚀作用,常常在修建作为护坦的堤坝延伸段或坡脚加深段时遇到。

由于沙对船体的摩擦阻力较高,所以沙是建造堤坝的理想材料,但在施工过程中及投入使用后都必须考虑如何免受水流和波浪作用的冲蚀。可在斜坡的级配碎石滤层和滤布上进行抛石,也可使用铰接垫块及堆石护坦(见图 9.48)。

当通航口无法由堤坝提供防护时,可使用的另外一种保护性结构物是板桩格笼,格笼填充沙并压实,然后用混凝土封闭顶部。板桩格笼通过格笼变形、板桩的抗拔阻力、填充沙的被动阻力以及船舶翘起转动来承载船舶的碰撞。

填充沙必须压实并/或钻孔排水以防在冲击作用下发生液化。压实作业一

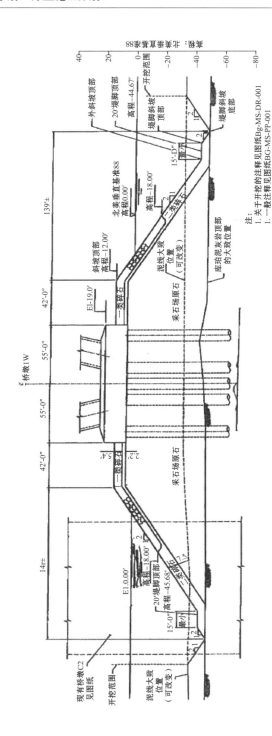

图 9.48 保护南卡罗来纳查尔斯顿市(Charlestone)库珀(Cooper)河大桥主桥墩的沙石岛
(照片由本·C·格威克公司提供)

般通过振动及用于排水的碎石桩或井完成,还可以在水平面以上位置铺放覆盖滤布的水平碎石排水层。

为了增加格笼的周向抗拉承载力以防因板桩被拉出连接锁口而导致格笼发生破裂,可在板桩顶部的混凝土环墙或混凝土板中大量植入环向钢筋。

圆形混凝土格笼的使用方法类似于板桩格笼,可作为小型沉箱放置于沉积物中。此外还可以使用较大的矩形混凝土沉箱并在需要时通过沉桩加以支撑。

对于设计师和施工人员而言,最困难的情况是桥墩需要建造在水流强劲的深水中,并且其下有较厚的软质沉积物。日本施工人员在东京湾川崎通风井施工中采取的方法是使用钢导管架和钉桩,顶部以混凝土板进行封闭。对于建造于较大基础上的大型桥墩,可使用的另外一种方法是通过多个钢箱缓冲撞击力。船舶碰撞导致几层水平钢板发生屈曲,限制了船舶的移动距离并减小桥墩本身承载的冲击力。

许多项目在施工中都使用了钢导管架和系留钉桩,通过桩在土体中的被动阻力传递船舶的冲击力。为了增加这种被动阻力,导管架下端可用加劲钢板制造。当导管架在海底就位并打下垂直钉桩后,可通过对钉桩进行顶推将安装了钢板的导管架下端压入土中。这种方法对波浪和水流的阻力最小,而对船舶碰撞的被动阻力最大。

许多创新方法都利用了因碰撞偏转而导致浮力增加所产生的反作用力。为了保护纽约东河高架桥而在钢导管架上使用了较大的格形浮箱,并通过嵌岩锚链将导管架固定在基岩上。受到船舶碰撞时,由导管架和浮箱组成的整个系统都会发生转动并将浮箱压入水下,这样就能产生回复力。

独立结构物(如导管架和系留桩)可结合水面上的混凝土板或钢架或者钢或混凝土浮筒一起使用。

许多项目都计划使用由浮柱或导管架支撑的锚链来阻拦船舶,据认为并不可靠。根据船舶的吃水和船艏布置不同,船舶可能会从上方或下方突破锚链的阻拦。

9.4.11　扩底墩
Belled Piers

扩底墩技术开发于 20 世纪 30 年代,并在切萨皮克湾地区的许多桥墩施工中得到应用。20 世纪后半叶在加利福尼亚、俄勒冈以及罗得(Rhode)岛纳拉甘塞特(Narragansett)湾建造桥梁时也使用了这种技术。扩底墩是所有钢筋都已植入的预制壳体,因而也是一种箱形沉箱。以前壳体为永久性钢模,最近一些项目也使用预浇混凝土节段或可拆除钢模。称为扩底墩是由于其扩大的基础及直径相对较小的竖井(见图 9.31 至图 9.33)。

大部分施工都用 H 型钢桩支撑桥墩,通过放置在海底开挖浅坑中的导架进行环形沉桩。

然后就可放置壳体并灌注水下混凝土,使桩和壳体结合为一个整体。这被证实是非常有效的方法,特别是对于有多个桥墩的大桥,可重复施工程序并按序进行施工。

以下是施工中得到的经验教训:

(1) 水下混凝土必须是"流动性混凝土"、可自流平,泌水和离析都比较少。尽管只有浮重能使其发生固结,但也必须保证水下混凝土可围绕桩和钢筋顺畅流动。应限制水合热,例如用粉煤灰替代水泥或使用高炉矿渣水泥。

(2) 钢筋包裹了一层混凝土后,在钢筋和壳体突起部分之间应有足够的净空使混凝土流动,净空至少为粗骨料粒径的 5 倍。

(3) 混凝土壳体和钢质壳体都会发生轻微变形,混凝土壳体是因为储存的蠕变,钢质壳体则是由于弹性变形。为了保持外形应使用"三脚架"。

(4) 壳体和模板内的接缝必须密封,不可泄漏水泥浆。海流或波浪中流动的水可造成文丘里效应,会增加水泥浆的泄漏。

(5) 水平施工缝应尽快冲洗干净以清除浆沫。

9.5 水下预制隧道(管)
Submerged Prefabricated Tunnels (Tubes)

9.5.1 说明
Description

为了穿越河口、港口以及河流,美国、欧洲、亚洲和澳大利亚已经成功建造了一百多条水下预制隧道。由于得到了持续应用,水下预制隧道的施工和安装已然在不断取得重大进展。

　　隧道管片通常较大,长度可达 100m,宽 20~30m,高 10m,壁厚 1~2m。管片在干船坞或普通船坞中预制,美国和日本一般建造钢-混凝土复合管片,而欧洲多建造预应力钢筋混凝土管片。然后将每个管片浮起并拖运到施工现场,施工现场预先开挖沟槽,铺放碎石基础并整平。管片由水面上的双体驳船提供支撑,然后压载下沉到碎石基础或整平垫层上,并将管片与前一节管片进行连接。最后回填整个管道,在顶部铺放碎石或填充保护层。不管使用哪种施工方法,为了在最终安装完毕并排水后能有足够的重量,管壁应为厚混凝土。

　　由于这种结构物尺寸和质量都较大,所以需要认真考虑水流、水密度以及下沉穿过几层水体时液体动力和惯性力的影响。施工过程中的冲刷作用也应该予以考虑(见图 9.49)。

图 9.49　预制混凝土隧道管片准备浮起离开施工船坞(加拿大蒙特利尔)

9.5.2　钢-混凝土复合式隧道管片的预制 Prefabrication of Steel-Concrete Composite Tunnel Segments

　　由外部面板和内部加劲构件和支撑组成的钢质结构物通常在船坞里建造,两端连接厚重的临时隔板。设计上可承受下沉过程中的最大静水压力。需安装密封垫,并将钢筋螺栓与面板和支撑进行连接。同时还可安装用于浇注混凝土的钢筋及内模板。然后使钢质外壳从侧面通过标准滑道下水,并系泊于舾装码头。工人通过顶部的孔洞逐步进行钢筋混凝土施工,使用隧道形的模板,每次可置入 16～20m 长的管片(见图 9.50),混凝土采用泵送。需严格控制吃水,当混凝土凝结后,干舷高度通常只有约 1m。管片承载端顶部安装轻质钢结构塔和竖管,可作为施工过程中的导向及脐带缆入口,脐带缆内有压舱水管线、压缩空气管道、电力和仪表设备线路等,此外工人也能从竖管进入。结构物可在重力式码头建造,例如波士顿港口第三隧道(见图 9.51)。

图 9.50　厄勒隧道的隧道管片成形及混凝土浇注机(照片由厄勒海峡大桥联合公司提供)

英国克鲁斯-拜尔-斯提尔(Corus-Bi-Steel)公司初步提出可以使用预制双层壳体,并在下水后灌注流动性混凝土。

9.5.3　全混凝土管片的预制
Prefabrication of All-Concrete Tube Segments

通常在干船坞或普通船坞中预制 100～120m 长的全混凝土管片,所有施工都可在管片浮起离开船坞前完成。钢筋混凝土管片按段制造,使用特别配制的低水合热混凝土混合料,配筋设计通常取决于热效应。为了使大型管片(125m)之间的接缝具有水密性,施工时可使用吉娜(GINA)密封垫,有些情况下可以在

图 9.51　厄勒隧道的管片漂浮进入装配船坞(照片由厄勒海峡大桥联合公司提供)

安装后形成连续接缝。

　　在欧洲,许多项目施工时都对结构物预加了较大的横向应力。因为管片较厚,为了保持对管片的有效压应力需要大量配筋。必须对结构物不同施工阶段的预应力设计进行考虑:在建造和预加应力的过程中是没有静水载荷的;浮起离开船坞时在底部和侧面有静水载荷,但顶部没有;而到最后阶段顶部也会有静水载荷。由于建造经过了不同阶段和时期,所以会残留热应变,并常常导致产生裂缝。

　　建造过程中需严格控制尺寸,这将决定管片浮起离开时的重量和排水。结构物两端需安装厚重的临时钢隔板并安装密封垫,为了提供控制和入口还应安装钢结构塔和竖管。四壁和顶部需安装防水板,顶部防水板可为钢板,用双头螺栓连接并在其下灌注水泥浆,顶部防水板也可以使用橡胶隔板。在船坞浮起结构物后应通过固体压载进行必要的平衡或倾斜调整。

　　不是所有混凝土隧道管都需要预加应力。最近一些香港、悉尼和丹麦的项目在施工时只使用钢筋建造管片,钢筋能将裂缝宽度限制到极小。施工中特别注意控制混凝土的水合热,并在侧面和顶部涂覆了防水塑胶涂层。

　　连接丹麦和瑞典的厄勒隧道采用了一种独特的建造方法,将大管片分成具有完整横截面的 5m 长小管片并在浇注场高于海平面的位置进行建造。每个横向小管片紧接着前一管片浇注,管片采用连续浇注以防因热收缩不一致而产生裂缝,小管片完工后被逐一顶推到轨道上。由于管片在滑梁上成形和连接,所以这种建造方法需要滑梁能够保持非常严格的公差。滑梁由桩支撑,6 根滑梁的水平公差为 2mm。管片在上覆聚四氟乙烯(特氟隆)的自流平环氧化合物层上滑动。开始滑动时的摩擦力为 3‰～4‰,滑动中可降为 1‰。管片之间安装吉娜密封垫。组成 140m 大管片的所有小管片都制造完毕后可对其进行临时后张拉,并如前所述安装临时端隔板。通过堤岸和临时闸门使水位上升至大管片能够浮起,然后将管片朝海洋方向拖动到更深的船坞中,并使水位降低至附近海水水位。随后将管片拖离船坞,拖带到施工现场并下沉到整平基础上(见图 9.31 和图 9.32)。管片就位并回填后,可去除临时后加张力,这样管片就能承受有限的不均匀沉降。

9.5.4 沟槽施工
Preparation of Trench

预制管片的同时可以进行沟槽的开挖疏浚作业,然后用碎石或砾石回填,使沟槽底部达到参考水准面。以前的隧道项目(特别在欧洲)并不要求准确达到参考水准面,但必须使用拖式整平机对碎石或沙层基础进行足够的平整以确保基础不高于参考水准面。这种方法要求铺放的临时垫层能准确达到参考水准面,管片随后将放置在临时垫层上。

加利福尼亚连接奥克兰(Oakland)和阿拉米达(Alameda)的韦伯斯特(Webster)街隧道在施工中使用了由桩支撑的临时垫层,管片临时放置在垫层的特殊缓冲横梁上。横梁用木材和钢制成,强度足以支撑管片,但当管片回填并完全压载后横梁便会碎裂,这样就可将载荷均匀传递到沙中。另外一个实例是在混凝土板顶部使用聚氨酯垫层,设计上能以类似的方式传递载荷。丹麦设计的几条隧道都使用了混凝土垫层,通过管片内的千斤顶将管片调节至准确的参考水准面,然后使沙流入管片下方进行填充。

最近美国建造的一条隧道在施工中将碎石基础整平至准确的参考水准面。作业使用了特殊的半潜式双体驳船,驳船四角都安装了下拉装置,可以使进行整平作业的驳船在潮汐变化过程中保持恒定高程。下拉装置根据预先固定的混凝土压重块对高程进行调节。双体驳船将纵向梁吊放至准确的参考水准面及位置,横向料斗和整平机就可以在纵向梁构成的轨道上作业,料斗由延伸至水面上的导管供料。公差一般能达到±20mm。

厄勒隧道施工时使用挖泥斗对碎石基础进行了类似的整平作业,挖泥斗安装了特殊的挖泥头用以推移碎石。计算机通过电子位置和深度指示器对挖泥头进行控制,使其保持正确的高程。挖泥斗和挖泥头呈半圆形来回扫动并覆盖整个区域。

9.5.5　管片安装
Installing the Segments

最近的施工都使用双体驳船安装 80～140m 长的管片(见图 9.52),驳船的两个船体位于管片两侧。双体驳船通过张紧系泊就位,然后将管片浮动移入并加以固定。但为了尽量减小船体的纵向弯曲力矩,厄勒隧道施工时使用了上方由龙门架进行连接的两对箱形驳船,实际上每端都有一对驳船,也就是两艘小型双体驳船。

图 9.52　双体驳船正在安装马萨诸塞波士顿第三海底隧道的预制隧道管片

由于管片顶部进入水中后,水线面对稳性就没有影响了,所以将管片重心保持在浮心以下就可以保证下沉过程中的稳性。为了克服管片在浮起移动过程中具有的正浮力,通常使用固体压载(例如砾石)或在舱室中进行压载,这样就不会产生可导致失去稳性的自由液面。加利福尼亚奥克兰的韦伯斯特街隧道在施工中将水喷洒在沙上,能够增加重量而不产生自由液面效应。

管片在下沉过程中受到水流影响的同时也会影响水流,当管片接近底部时其下方的水流速度将加快,这会侵蚀沟槽侧面甚至已整平的基础。所以管片应在水流较慢时吊放,例如平潮期。可通过系缆进行水平定位控制,系缆从甲板上的平台、海岸或管片本身的系留桩引出,这样就不会使管片产生任何旋转运动。由于盐度变化及存在悬浮淤泥,当结构物接近海底时水密度可能会增加。曾经发生过管片无法继续下沉直至额外增加压载的情况。

通常将新管片吊放到前一管片末端朝海洋方向 1~2m 处。当管片到达最终放置位置上方 1m 时,从前一管片上的导缆孔中引出缆绳并将新管片拉至距离 0.5m 处。这个距离可由潜水员直接测量或通过安装于管片末端的短距离声学传感器进行测量。然后将管片吊放到突出于前一管片的错台上,同时使管片前缘保持在那一端碎石基础或整平垫层上方 0.5m 处。

前一管片的两侧都安装了类似火车车厢联结器的夹紧千斤顶,可用于拉紧新管片并压紧吉娜密封垫的软质部分。然后将管片前缘放置于整平垫层上,并在前一管片内进行作业,排出两块封闭隔板之间的水,这样作用于前缘隔板的静水压力就能将密封垫紧密挤压在一起。此时可以额外增加压载,当确认完全就位并排水完毕后就能将两块邻近的端隔板割除并完成连接。钢-混凝土复合管片可通过焊接钢板并灌浆完成连接,而钢筋混凝土管片则需要增加欧米茄型内密封垫。

9.5.6 底填和回填
Underfill and Backfill

当管片放置于错台和整平垫层上后,可使沙从碎石基础座上位置流入或注入间隙进行填充。必须避免流沙水头过高,这样当流沙出口逐渐堵塞后就不会发生管道被抬起的情况。同样也可在管片下灌注稀水泥浆,边缘用沙袋或通过回填进行密封。在管道周围开始进行回填时必须非常谨慎,应考虑对称性以免管道发生侧向位移。因此需使用较粗的混凝土灌注导管进行填充而不是底卸式填充,但这种方法回填的沙密度较低。在地震多发区域,必须通过振动或碎石桩加以密实。密实应逐步进行,两侧需保持平衡,这样管片就不会发生移动。

随后在管道顶部铺设沙垫层,并在沙垫层上铺设碎石层或铰接混凝土垫块以防抛下的锚对管道造成破坏。碎石层应使用翻斗或铲斗铺放并与海底齐平,这样就不会损伤管道。

9.5.7　入口连接
Portal Connections

　　管道末端与安装通风扇的入口建筑连接,入口建筑通常在钢板桩围堰中单独建造。波士顿港口第三隧道使用了环形混凝土地下连续墙围堰,连接施工类似于管片,但更为复杂,因为必须能够承受温度和地震引起的膨胀和收缩以及不均匀沉降。

9.5.8　桩承隧道
Pile-Supported Tunnels

　　有些水下隧道因现有泥土太松散并且厚度太大而无法防止大范围不均匀沉降,特别是如果隧道覆盖了防止船锚破坏的保护层并在两侧进行了封闭回填。后者不仅能造成明显沉降,而且会对管道产生向下的拉力。如果松散土比较薄,可将其移除,然后有选择地进行填充并适当加以密实。如果厚度比较大的话,就需要使用桩。桩所需的承载力主要取决于意外情况,例如隧道进水。

　　韦伯斯特街隧道需要穿过旧金山湾,所处地区具有非常松软的厚层黏土,施工中在沟槽里沉桩并将桩的水中部分截除。然后浇注水下混凝土板并覆盖2m厚的沙层,最后将管片放置在沙层上。

　　目前正在设计中的釜山-巨济隧道(韩国)则面临泥土更松散、水深更大的情况。地震、台风产生的波浪力以及强劲的潮汐海流都意味着必须将隧道构件直接建造在桩基上。有些情况下管道仰拱要高于目前的海底。已准备尝试将管桩打入水下并嵌到下层岩石中,使用套管割刀精确截除桩的水中部分,置入预浇混凝土塞并灌浆。随后压载沉下130m长的隧道管片,用扁千斤顶平衡载荷并使管片滑动到与前一管片进行连接的位置。吉娜密封垫通过外部的千斤顶压紧,然后排出端隔板之间的水,割除隔板并完成连接。

9.5.9　水下悬浮隧道
Submerged Floating Tunnels

　　在多年前,水下悬浮隧道技术就被提出可应用于深水隧道,挪威豪格斯夫乔德(Hogsfjord)隧道也已对此进行了非常详细的设计。计划的施工程序类似于通常的水下预制隧道,区别是在连接锚索的情况下,必须能固定每段浮动管片的位置。

锚索与锚块连接,锚块为放置于海底的重力块或桩锚。由于深度关系,锚索通常预先连接并按所需长度与上部装置一起安装。如果使用桩锚,可将海底导架准确固定于桩体的设计高程位置。使用重力锚块的话,由于在土中的沉降难以确定,所以可在锚块位置明确后再安装锚索而不是进行预先连接,方法是沿着预先连接的导向索将锚索引向锚块并与其固定。由于管道处于正浮力状态,所以同海底管道相比,公差和重量的监控必须更为严格,不可使锚索承载过大应力。

悬浮隧道的安装施工方法有多种,包括在水面上预先连接所有管片并通过拖船保持张力,然后拖带并安装整个管道,但这种方法风险很大。管片通过双体驳船吊放至预定高程,可连接预制锚索或配备了线型绞车的锚索,绞车用以向下拉动管片。

末端连接处的动态弯矩非常大,隧道在施工过程中及投入使用后都必须能够承载。

9.6 风暴潮挡闸
Storm Surge Barriers

9.6.1 说明
Description

风暴潮挡闸的施工技术是桥墩和水下预制隧道施工技术的结合。风暴潮挡闸节段通常在船坞中预制,然后漂浮拖带到施工现场,有时可通过外部浮箱或双体驳船进行部分支撑。到达施工现场后,节段被吊放到整平基础上并与前一节段连接,过程与管道施工非常相似。闸门可预先安装或随后在凹槽中安装。

由于风暴潮挡闸相当于低水头坝,所以必须防止底流,在大多数情况下这是通过打入钢板桩实现的。但在建造东斯海尔德风暴潮挡闸时,荷兰施工人员选择水平延长渗透通道的方法将底流压力完全消散,并在挡闸每一侧都大量铺放滤布和垫层,这样即使发生沉降,渗透也能得到限制。

9.6.2 "威尼斯"风暴潮挡闸 Venice Storm Surge Barrier

这个大型项目涉及封闭威尼斯泻湖的 3 个出口,项目已经进行了彻底的计划和设计,据称初始阶段的施工已签订了合同(见图 9.53)。

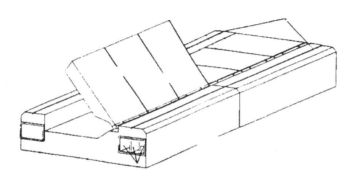

图 9.53　意大利威尼斯风暴潮挡闸的概念图

结构物非常不规则,具有针对闸槛设计的最佳过水形状并带有沉重的钢闸门,因而在沉入水下的过程中会产生严重的稳性问题,临时性使用垂直辅助浮箱应该是可行的。施工现场的水流速度较大,起初计划通过从塔架引出的钢缆控制位置,但这会对节段施加倾斜力,因而选择了在转动中心进行连接的方法。

首先用钢板桩墙将泻湖出口两侧围起,然后开挖至建造参考水准面以下 1m。通过以紧密间隔打下钢筋混凝土桩固定并密实非均质黏土和泥沙透镜体,桩头打至建造高程下方 1m 处。然后铺放 1m 厚的碎石垫层。

随后将安装了闸门的混凝土闸槛节段压载下沉至基础上,与上述水下预制隧道管片的施工方法非常类似(见图 9.53 至图 9.55)。同隧道管片一样,节段的每一端都放置在预浇混凝土整平垫层上,垫层预先调整至准确的参考水准面。然后新节段从侧面滑入水中并对节段之间的吉娜密封垫产生挤压,由于净重极小,所以几乎没有什么摩擦力。随后排出两块端隔板之间的水,这样作用于前缘的静水压力就能将密封垫紧密挤压在一起。最后在朝海洋方向打下钢板桩墙以防管涌以及在闸槛下出现底流。

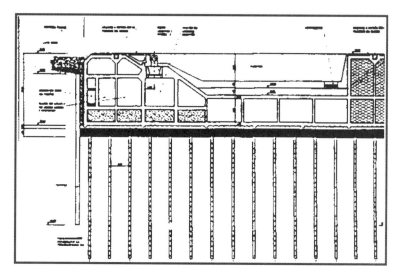

图 9.54　意大利威尼斯风暴潮挡闸横剖面图

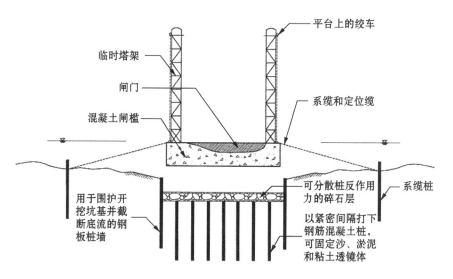

图 9.55　意大利威尼斯预制风暴潮挡闸组件安装的初期概念图，
注意导缆孔的错误位置及下沉过程中缺乏稳性，施工程序随后进行了修正

9.6.3 "东斯海尔德"风暴潮挡闸
Oosterschelde Storm Surge Barrier

东斯海尔德风暴潮挡闸横跨荷兰东斯海尔德湾,是 10 年来最重大的离岸工程和施工成就之一(见图 9.56 至图 9.69)。虽然施工处水深只有 20～40m,但还是受到北海的波浪和风以及强劲潮汐海流的影响,需要开发可用于将来项目的离岸施工新技术。这个项目之所以非常著名,还因为对特种施工设备进行了创新性的开发(见图 9.58)。

东斯海尔德风暴潮挡闸项目需安装 66 个巨型混凝土闸门墩,闸门墩放置

图 9.56　建造中的东斯海尔德风暴潮挡闸,巨型双体起重驳船正在吊放 24 000t 重的预浇混凝土闸门墩(照片由伯拉斯特-奈丹公司提供)

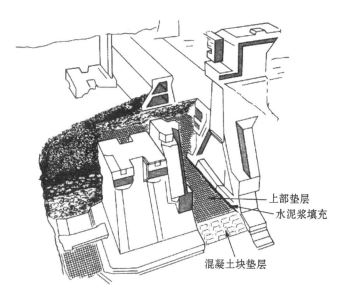

上部垫层
水泥浆填充
混凝土块垫层

图 9.57　东斯海尔德风暴潮挡闸闸门墩和基础防护的等距视图
（图片由伯拉斯特-奈丹公司提供）

于河流三角洲沙层的整平基础上。离岸作业从建造人工岛开始，人工岛位于进行所有施工作业的项目中心地带附近。共开挖了 3 个大型船坞，然后筑堤并排水，以便能够通过干式施工建造混凝土闸门墩。同时对海滩和挡闸附近的堤坝进行了大量护坡作业，还铺放了由沥青填充碎石、沥青沙及铰接混凝土垫块构成的护坦。

　　同时在施工现场还打入大直径系留桩和锚桩（钢质圆柱桩），为将要开始的大量浮动施工作业提供系泊设备。将缆绳从锚桩连接至系泊浮筒，并振动压实挡闸基础顶部的 10～20m 松散沙层。特种浮式钻探平台贻贝号通过喷水振动将四根大直径钢管沉入海平面以下 50m，然后收回钢管，在钢管中的沙被排出时启动大功率插入式振动器（见图 9.53 至图 9.59），振动杆的间隔为 $6 \times 6m^2$（见图 9.59）。

　　海底表面的沙由吸盘式挖泥船清除，挖泥船还拖曳一台整平压实机并可在船后铺放厚重的垫层。垫层由增强土工布和级配碎石层构成（见图 9.60），在岸上的工厂里预制并盘在巨大的浮动卷筒上，卷筒随后被拖带到海上并与驳船挂接（见图 9.61 至图 9.63）。

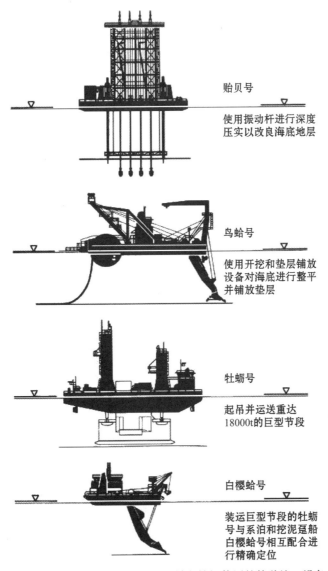

图 9.58　建造荷兰东斯海尔德风暴潮挡闸使用的特种施工设备
（图片由伯拉斯特-奈丹公司提供）

　　履带式水下检查车随后缓慢驶过垫层,检查车由上方的测量船控制(见图
9.64 至图 9.66)。通过声学设备、电子设备以及探杆可以对垫层进行非常精确
的测量(见图 9.64)。然后根据得到的信息定制铰接混凝土垫块,这样当垫块铺
放到垫层上后,表面平整度可保持在几厘米之内。

图 9.59 贻贝号通过强烈振动密实沙层

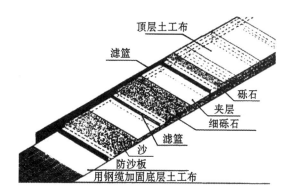

图 9.60 风暴潮挡闸的基础垫层(图片由伯拉斯特-奈丹公司提供)

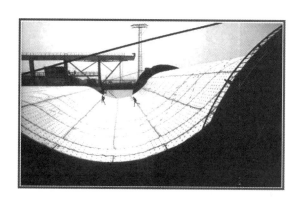

图 9.61 正在卷起准备运送到施工现场的基础垫层,垫层铺放于海底,可以防止强劲潮汐海流及波浪的侵蚀(照片由伯拉斯特-奈丹公司提供)

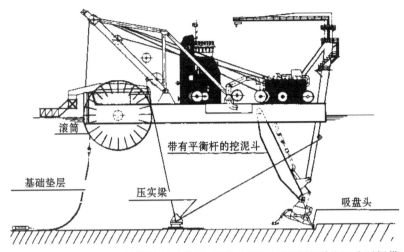

滚筒

带有平衡杆的挖泥斗

基础垫层

压实梁

吸盘头

图 9.62　清理压实海底并铺放基础垫层（图片由世界挖掘和海洋施工公司提供）

图 9.63　鸟蛤号吸盘式挖泥船清除海底的淤泥并铺放保护垫层
（照片由伯拉斯特-奈丹公司提供）

当混凝土闸门墩在船坞中建造完毕后（见图 9.65 和图 9.66），向船坞注水并移除堤坝，牡蛎号巨型双体起重驳船移动到闸门墩上方，吊起闸门墩并运送至施工现场（见图 9.67 和图 9.68）。起重驳船与已经正确定位的垫层铺放驳船进行配合，将闸门墩吊放就位。

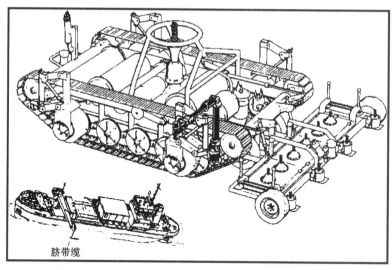

脐带缆

图 9.64 用于确定垫层变化情况的水下检查车,可以测量所需填块的尺寸并进行铺放
(照片由世界挖掘和海洋施工公司提供)

图 9.65 东斯海尔德风暴潮挡闸的预制闸门墩

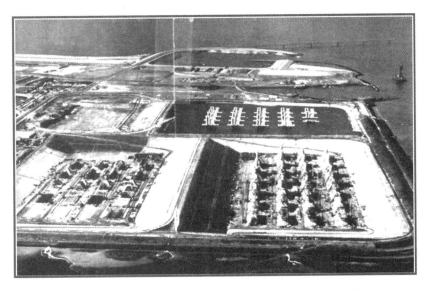

图 9.66　东斯海尔德风暴潮挡闸的 66 个闸门墩在 3 个大型船坞中预制

图 9.67　巨型起重驳船牡蛎号吊起闸门墩准备运往施工现场

图 9.68　牡蛎号的起吊重量为 12 000 t,闸门墩的其余重量由浮力提供

闸门墩就位后,通过其内部深处的隔间对底部下方灌注水泥浆,这样可以限制灌浆压力(见图 9.69)。每个闸门墩外侧都铺放了大量防冲刷保护层,大石块从倾斜的挖泥斗上倒下,以防因撞击而损伤混凝土。闸门墩用沙进行填充以提供稳性。

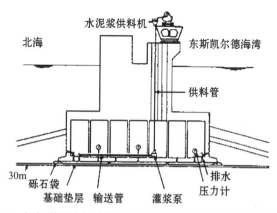

图 9.69　闸门墩的底部灌浆系统(图片由伯拉斯特-奈丹公司提供)

9.7　水流控制结构物
Flow-Control Structures

9.7.1　说明
Description

水流控制结构物包括用于现有水坝的结构钢温度控制结构物、湖泊和水库底部的进水井以及用于排水的上行井。

9.7.2　温度控制装置
Temperature Control Devices

温度控制装置安装于已有水坝的上游面,用于调节水的排放,使水库中的冷水层能够得到最佳利用。冬季和春季排放暖水层中的水,将水库底部冷水层中的水保留到秋季排放,这样有助于回游鱼类的生存(见图 9.70)。

温度控制装置的一个实例是安装于加利福尼亚沙斯塔(Shasta)湖水坝后的大型钢结构物。这是个深度超过 100m 的立体结构框架,带有闸门和闸门导板。结构物从巨大的锚固座顶部垂下,并由植入现有水坝上部灌浆钻孔中的钢筋固定。水下每隔一定距离,就将结构物与上游面方向植入灌浆钻孔中的销钉进行固定,并且使用了非常大的螺旋扣以防闸门导板发生横向变形。

曾经考虑在岸上建造整个结构物,通过趸船运送到施工位置后扶正。但承包商采用了另一种方法,证明更适合于上游面及不同湖面水位的各种情况。作业的第一要素是对水坝迎水面附近的湖底进行精确测量,因为光线多次反射,这项工作在水面上是无法完成的。测量作业由遥控机器人实施,遥控机器人在水底上方约 30m 处驶过并使用了声学成像装置。这个系统不仅获得了水底的精确轮廓,而且通过在不同深度测量得到了与规则表面相去甚远的水坝背面精确轮廓。

采用饱和潜水技术在上游面安装锚栓及带有精密机械手的垂直轨道,机械

图 9.70　调节排水,有助于鱼类回游的温度控制装置

手操作一组钻机在水坝背面钻孔、置入钢筋并灌浆。然后分段吊放结构钢架,并在通过水面时用螺栓将钢架段连接在一起。螺旋扣先临时垂直悬挂并用铰链接合,然后吊放并与水坝背面的锚栓进行固定。

　　由于水下安装并拧紧螺旋扣比较复杂,并且钢架之间的空间也很有限,为了使潜水员熟悉深水中能见度较差的情况而制作了一个全尺寸模型。作业全程都使用了饱和潜水。

　　虽然作业必须在创记录的最高水位时进行,但由于计划非常认真细致,作业最终得以按时完成。

沙沙的风,高飞的鸟,起伏的海;

跳跃的波浪,飞翔的鱼儿,引诱着我。

闪耀的风帆,平稳的船儿,天空就是我的海图;

指路的星星,银色的月亮,呼唤我出发。

大海守护着我的心。

（卡胡纳·凯,夏威夷传统歌曲）

第 10 章 海岸结构物

Coastal Structures

10.1 概述
General

海岸结构物分为湍动的破浪带、局部海岸流以及"激流"，后者为向海流动的水流。由于深度较浅，它们阻止或至少限制了浮式设备的使用。泥土为典型的非稳定沙粒沉积物，本质上会随季节而变，夏季时堆积在海滩上，冬季时迁移形成滨外沙洲。某些情况下，这些海岸结构物也形成于陡峭的岩岸上。

如何进入结构物是设备、人员与材料所面临的首要难题。通常穿过破浪带建造钢桩栈桥，以便在海浪之上形成进入通道。在海滩沙上挖沟或开槽通常要求先建造一座钢板桩墙，以隔绝沙子。在强大沿岸流的作用下，海滩沙与海滩保持平行移动，当板桩墙与海岸线为正交时，沙子会在上游一侧堆积，而在下游冲蚀。

海浪基本上绕浅滩折射，或多或少将破坏与海滩线的垂直度。海浪也会从天然或人造槽沟中横向折射，将其能量沿侧边集中。松散沉积的沙子尽管在海浪冲击下会被压实，但当其孔隙压力形成时，沙子却会被液化冲淡，因为该孔隙压力产生于破浪导致的板桩持续振动。由于周期摆动，大型石块与海堤沉箱也会以相似的方式导致沙子位于下方，以局部液化冲淡。当然，所有这些作用在风暴来临时都将加剧。

海上中转码头通常建于半保护性水域中，但也有一些海上中转码头在台风来临时面临风暴威胁。因此，这些海上中转码头象征着内陆海上施工与离岸海上施工之间的过渡，其侧向力决定设计，而可施工性则决定如何进入与施工。

用于引入海水以及排放工业废水的海岸管线通常均为大管径（如 3～4m），由混凝土管段制成。用于输送油气的海岸管线为钢管，管径通常小于 1m。关于输送油气的海岸管线的施工见第 12.4 节。

10.2 海水出水口与入水口
Ocean Outfalls and Intakes

这些管道通常为大管径钢筋混凝土管或钢管，但在少数情况下也会使用玻璃纤维管道。这些管道敷设在槽沟中,其深度通常可供风暴波冲破 $10\sim20m$。从那里开始,管道可敷设于海面上或仍在槽沟中。抛石置于两侧直到起拱线上,以防止横向位移,也可以放置超过顶部,以防止船锚造成的隆起与损坏。

经由破浪带,栈桥与板桩槽沟即建成了。尽管海水可能较浅,但槽沟可极大地增加有效深度。因此就需要对栈桥进行支撑,尤其是在横断面上。通常使用带有套管的预制基盘,可通过套管将栈桥桩打入并固定在其之上。通常也需要在水平面上对栈桥进行支撑,以使结构物起到横梁的作用,在海浪形成的不平衡力与异相力经过每一侧时,来抵抗这些力。

随着波峰与波谷的经过,这些力会同时向内、向外作用,因此槽沟板桩的每一侧都需得到支撑,固定在栈桥上。槽沟末端可能需要用一块临时板桩罩包围起来,以避免内部浪涌妨碍管段装配。板桩"墙"的存在会导致海浪在经过各边时出现异相(见图 10.1)。因此,波谷与波峰相对,造成整个结构物前后振荡。板桩可能会出现疲牢。因此,需要在水平面上进行支撑。

图 10.1　加利福尼亚州莫斯兰汀(Moss Landing),用于发电厂出水口施工的大浪钢板桩栈桥

一旦栈桥与槽沟建成,即可装配带有开口端的管段。在临近管段设计位置之前将其放低,然后移动末端将插口插入套筒中。套筒和插口管线通常与套筒引入装置一起敷设。通常事先填筑少量石料或事后填筑沙袋,将管道前段调整至参考水准面。当插口插入套筒后,新管道必须施力放入套筒中合适的位置,以便与 O 型环咬合。验证这种接头紧密度的方法为,首先在新管道上做标记,以确保其已完全插入,然后在两个 O 型环垫圈之间进行空气压力试验(见

图 10.2）。在每一侧均匀回填,以确保不会出现位移。

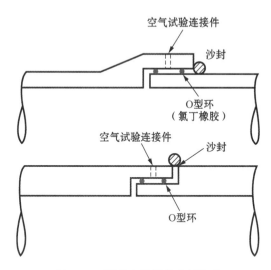

图 10.2　混凝土管段的密封接头

　　一旦管线经过破浪带,即可直接敷设在海底。必须建造一个均匀整平的基座,以便在其之上装配管道。最好用整平框以及整平板来建造底座,置于已经建在合适剖面之上的扣轨梁上。用料斗将石料向下送入混凝土管道。然后用整平板对石料进行分布与整平。在圣地亚哥极深(100m)出水口延伸案例中,使用了置于横梁轨道上的卧钻整平当前海底,将基座上由混凝土管道放置的剩余石料去除。

　　必须利用受海底支撑的托架(或"支架")敷设公海上的管段。支架带有液压控制装置,可全方位自由调节与移动管段。支架配有视频系统与可供潜水员驾乘的潜水笼。

　　起重船将支架运至海面,并将其放在下一管段之上。用夹具将管道固定在支架内。支架侧的袋子用石料填满。之后,起重船将整套组件下沉直至海底,置于最后一段管道的向海一侧。通过视频与潜水员控制装置,将管道对齐并放入上一管段的套筒中(见图 10.3 与图 10.4)。为了施加可将插口插入套筒的纵向力,人们已采取一种创新解决方案,在新管段中安装一个端舱壁,可充气密封。在管段初步放置后启动一个小型泵;这会形成负压,外部超压将致使接头完全关闭。之后潜水员或遥控机器人上的视频系统应确认存在环绕端舱壁的均匀缝隙。然后给端舱壁放气,并将其抽出,以便下次使用。另一种方法是在管道中放置一条钢丝绳,潜水员将其拉至下一管段的向海端,并连接至一根横梁上。之后,这可用于将新的管段拉入其套筒中。

图 10.3　加利福尼亚州旧金山出水口,装载有混凝土管段并向施工现场运输的起重船

图 10.4　带有管段的托架("支架")。
旧金山出水口,起重船将其下沉至海底,并将管道引入接头

　　每一侧的料斗放出碎石(最大尺寸 50 或 75mm),由连接在托架上的喷嘴或振动器在下方作业。此时管道与托架(支架)分离。对接头上两个 O 型环之间

485

的海水加压,以测试与检验接头。之后托架上升至海面,并置于下一管段上方的驳船甲板上。敷设并嵌入管道之后,回填小型石料至起拱线。在某些特殊情况下,可完全覆盖管道。然后放置抛石以保护回填的石料不受波蚀与船锚的影响。

可用驳船上吊着的大管径(例如 1m)混凝土管道进行石料回填,也可用料船进行石料回填。料船也可用于放置抛石。可从海面自由下落的大型石料将冲击并损坏管道。

印度孟买北部,一名承包商试图通过一条浮式双体驳船直接敷设管道。这一作业方式在内陆湖中收效良好,因为内陆湖中既没有涌浪,也没有波浪导致的驳船移动。双体驳船浮在海滩上的狭窄栈桥上方,海滩上已经放置了一条管段。双体驳船抓取管段,运输至现场,并将其下沉至接近海底位置。从海滩延伸出来的导轨与绳索,经由已经敷设好的管线,将新管段拉入接头中。

然而,这一方法在开阔海域中却存在固有缺陷。远方风暴产生的较长周期的涌浪能量将导致管段与驳船出现纵荡,即使海面看上去很平静时也是如此。在孟买出水口案例中,冲击导致接头反复损坏,最终这一方法被弃用。试图直接通过起重船敷设管道时,也出现了类似的困难。此外还多次试图在海滩上或在受保护的港口内,通过在长距离预装来安装大管径管线,然后通过压载加海面浮筒支撑的方法,使这些管线漂浮至现场并下沉。不幸的是,发生了灾难性故障。在无内部分舱的情况下压载时,海水容易流向一端或另一端,导致产生极严重的"自由液面"效应。即使两端实现了均匀控制,中心的偏移也会随着海水不断在沉降中心形成"池塘",而导致产生非常严重的弯曲移动。涌浪造成极大的弯曲应力以及水动升力或下拉力。最终,接头出现故障,管线也被弃用。

当使用玻璃纤维管线时,通常将其与开口端一起敷设,再用安装于顶部的混凝土拱座向下压载。带有软化剂的纤维带用于固定拱座,这样拱座就不会磨损玻璃纤维。同样,下降吊索也必须软化。若柔性下降吊索在安装期间弯折,当其敷设在海底时,形状可恢复(见第 16 章)。

一些出海管线已通过自升式装置建造成功,此时自升式装置实际上相当于一个巨大的"支架"。之后,有必要对管段进行控制,以防止管线反作用于腿柱。或者,也可通过自升式装置降低下沉一个改良托架。在自升式装置腿柱之间漂浮带有管段的驳船,这在公海上开阔海域中存在固有风险,因为驳船或管道可能冲击腿柱并使其之弯曲。另一问题是在敷设了 3 或 4 条节管段之后,用千斤顶降下和向前移动所需的时间。

在由桩支撑的水下管道网或罩盖上敷设出海管线也存在固有困难（见图 10.4）。在风暴中，来自波浪质点向上轨道的上托力会拉升管线，并可能移动管线或造成管线最终出现疲劳故障。因此，需要将管线牢牢固定（锁死）在桩上，以抵抗上升力。

特意偏离管道中心线的特殊管段中通常会加入扩散器，这些特殊管段不仅会比正常管段沉重，其载荷也偏心分布；这样就需要用到特殊索具。一旦敷设完毕，通常将抛石沉积在管段周围，保护其不受船锚影响。沉积抛石时必须非常小心，以免损坏扩散器立管。也可临时安装木材保护装置。通常通过视频系统来引导使用料船或抓斗。然后放置扩散器罩。

人们日益选择在破浪带之下隧穿出水口，部分出于实际施工原因，例如难以在动态海域施工，但主要还是出于环境与生态原因，以避免对海滩道口造成扰动。然后将立管送至海底扩散器。

在波士顿出水口案例中（出水口延长至 9mile 的海中），进行隧穿的另一原因在于确保飓风来临时管线在相对较浅的海域中保持稳定。该项目中，首先通过自升式钻井平台与高规格测量钻凿、封闭并完成了 51 根管径为 1m 的立管。之后隧道穿过这些立管，间隙为 2m。探孔首先与每个已填充有染色海水的竖井连接上。然后手动埋设连接件。施工期间，海底的临时罩盖将套管与海水分离开来。

在美国与墨西哥国界上的南湾（South Bay）出水口案例中，隧道在水下延伸达 5 000m。建造隧道时，通过设置在水下 30m 处的一个临时钢质平台建造立管竖井。当井口挖掘了 10m 的沉积物之后，安装了一个尺寸为 4.5m 的厚壁（50～60mm）套管，并向下钻凿了 45m，在内部挖掘以便去除密实的泥沙岩（散布有沙砾与鹅卵石）。尽管在实际作业中，采用了气动提升方式去除沙砾，由潜水员手动去除鹅卵石，但是有理由相信，若采用锤式抓斗，可能会更有效地去除鹅卵石。之后清除至接近其尖端。延伸在海平面之上的第二个套管被下沉至第一个之中，继续向下直到最尖端－68m 处。由第 8.4 节中介绍的落锤以液压驱动方式完成向下动作。据估计，每一击形成的能量理论上为 270 000kg-m（1 900 000ft-lb），由于冲击的摩擦与偏心，能量减少了约 40%。两个套管的尖端均已加厚，以形成一个内部打桩靴。

此时在套管上安装一个全断面旋转钻机，利用膨润土泥浆在套管尖端下钻凿了 9m，之后用扩管口工具建造成直径 6m 的漏斗形状。然后用导管灌注混凝土混合物填充该钻孔，10mm 粗骨料的设计强度为：28 天时至少有 7MPa，但是

90 天时不超过 14MPa。这一上限很难达到,但通过将少量水泥、飞灰以及石灰粉进行混合,最终达到了这一上限标准。对最长 90 天强度的限制是为了让隧道掘进机隧穿,这样就可在混凝土塞的保护下,手动埋设与立管竖井的连接。对最小强度的要求是为了在外围产生完全水头压的情况下依然可确保安全,因为当出现水时,稠密的泥沙岩-泥岩极易受降解影响。实际中,完全水压水头的确产生了。因此采取了一些补救性灌浆措施,从而成功完成了连接。另一种解决方案是冻结混凝土塞,但是这需要花费更多时间。

　　海水入水口建于沿岸,以便向发电厂与工厂提供冷却水,以及向水产养殖业提供清洁的海水。入水口经设计,可将沙子、海藻以及其他海洋生物的吸入量降到最低。

　　入水口管线通常穿过破浪带安装,深入海水 5~20m,在这里可以合理安装引入口结构物。施工技术与出水口类似。接头必须用垫圈进行密封,以避免吸入沙子,因为流速通常更快(图 10.5)。

图 10.5　潜水泵从海底槽沟中除去沙子(照片由东洋泵业公司提供)

　　为防止吸入鱼类、海龟以及其他海洋生物,通常会在入水口进口上安装速度罩盖,以降低水流速度。这些速度罩盖为扁平式混凝土板,安装于进口上方的基座上。

　　在佛罗里达州东海岸的圣卢齐厄(St. Lucie)发电厂中,风暴波与涌浪产生的循环上升力使得这些罩盖破碎松散,并将其掀进临近的海底。因此替换件就使用了更厚更重的板。

　　通常要求潜水员协助制作并检验接头。必须保护潜水员不受浅滩激浪纵荡的影响。可能需要用到重型潜水服,并系栓在紧拉钢丝绳或支架潜水笼的支撑物上。

　　入水口有时也建造在坡度较大的陡峭石料海岸上。用钻孔与爆破的方式在石料中挖掘槽沟。当管线敷设好之后,可用抛石、导管灌注混凝土或灌浆填充袋回填槽沟。导管灌注混凝土的加固可通过向拌和料混合物添加硅粉或其他增稠剂并减少高效减水剂实现,这样便可缓解下陷减少坍落度,而允许将导管灌注混凝土敷设在陡峭度适当的斜坡上。然而,通常要求最小的坍落度下陷最少达为 75~100mm,以确保流量流动性。如此一来,导管灌注混凝土在顶部表面倾斜超过 1~5 度时将不可敷设。如果坡度更陡,则必须保持间隔,例如用石料堤或灌浆袋隔开。通常用固定系泊在大型重锚上的起重船放置入水口结构物、速度罩盖以及管段。若不存在严重涌浪,可使用紧拉钢丝导向绳与安装塔安装管段。最好使用不受水体混浊影响的宽带频声成像系统完成槽沟测量。在即将安装管段前搅动扬沙泵与喷嘴可去除泥沙。

　　从海岸朝海方向,在陡峭的斜坡上安装管段可能需要对每一管段进行制动,直到其完好埋入。但是,这会使校准有更大的公差。先安装入水口结构物再安装朝向海岸的结构物需要非常仔细的测量,以确保获取精确的剖面图与校准,达到近陆地端的设计位置。中等尺寸的入水口(最大直径约 1500mm)可通过定向钻孔建成(见第 15.12 节)。

　　当湖泊或现有蓄水池中既没有涌浪也没有有效波出现时,出水口或入水口管道的安装不受安装驳船垂荡的限制。之后,可在足够深的海水中使用作业双体驳船或驳船上安装的起重机进行浮动。可安排潜水员安装新管段并制作接头,或用自动导向装置确保合适位置。由于依然存在一些冲击现象,因此需要使用部分缓冲物,例如氯丁橡胶垫。然而,在开阔海域中几乎总是存在一些不高但周期较长的涌浪,即使是在无风浪时也是如此,产生的垂荡导致难以配接管道。即使新管段已敷设好,冲击经常会损坏接头或之前已敷设好的管道。由于较长周期涌浪延伸至典型入水口的深度,振荡浪涌作用也会带来问题,并威胁在接头附近作业的潜水员的安全。因此,通常很有必要使用托架或"支架"。

在现有湖泊或蓄水池的入水口案例中,这种理念可能还包括一口后期被隧道贯穿的竖井。这可能会与使用立管竖井连接出水口管线面临同样的施工问题。竖井可能需要在深水中建造。

在内华达州由胡佛水坝形成的米德(Mead)湖中,竖井由南内华达州水务局建造。开始建设深度为 60m,然后穿过花岗岩继续向下延伸了 30m。在此案例中,潜孔钻机通过套管使用。海底整平后,用 4 个已经钻通的导桩安装大型钢质框架,使其固定在精确的水准面上。之后在框架上安装基盘。通过套管(该套管依次放置在基盘里的钻孔中)作业的潜孔钻机精密地钻出间隔排列的钻孔,将竖井区域全部打孔。用空气辅助循环装置提升钻井岩屑,然后向下流向混凝土管道,排入海底。除了水以外,未使用其他钻井液,因此允许在海底有沉积。由在驳船控制室里可看到视频图像的遥控机器人将钻机重新定位在基盘每个依次成列的钻孔中。基本上无需额外动作,各钻孔之间的缝隙石料即被击碎。然而,如果真的存在矿壁,则需要使用压板与重型蛤式抓斗,例如锤式抓斗(见图 10.6 与图 10.7)。

当竖井已挖掘到最深处时,逐步用水压载,将尖部带有临时圆盖的永久性

图 10.6 钻机在 60m 水深处建造竖井(照片由南内华达州水域管理局提供)

图 10.7　用于深水中钻凿基盘的框架(由南内华达州水域管理局提供)

钢套管安置到位。由于存在静水压力,用注水法扶正会产生强大的弯曲应力以及圆周应力,因此工艺设计必须确保能抗屈曲。然后在尖端附近用混凝土灌浆将套管固定在竖井壁上。待其硬化后,经由焊接在套管外侧的管道不断地用灌浆填充一个高度较低的环带(见图 10.8)。

　　用混凝土填充好这一较低环带距离并逐渐加固 2～3 天后,对套管进行压载,保证其不会漂浮在灌浆中。套管上的中心翅确保了最小环带宽度。利用焊

图 10.8　内华达州米德湖,在 200ft 深的湖水中将钢套管安装进预钻竖井中。注意间隔以维持环带,以便导管灌注混凝土填充(由南内华达州水域管理局提供)

491

接在套管上的额外管道用灌浆填充环带。然后在顶部放置套环。隧道然后进入交叉区,其管道内底就位于竖井套管尖部之下。需要钻凿灌浆孔以包围住连接区与灌浆区。之后手动埋设连接弯头。

在情况相似的罗斯福(Roosevelt)湖入水口处,弯头为预先连接在套管上。竖井被挖掘成椭圆形以便弯头通过。

未来还将在米德湖建造一个出水口,但出水口将位于另一更深区域,以便在斜温层之下排放废水。管道本身很可能是高密度聚乙烯,带混凝土拱座以固定位置,但排放必须可调,以确保无论湖面水位如何变化,其位置合理不变。从湖面得到支撑,这种惯常的解决方案目前并不环保,因此现阶段正在研究其他方法,包括在湖面下大约 500ft 处安装可伸缩与铰接装置。

对位于上海以南的核电站的入水口,在 20°下坡段的石料槽沟中敷设了 4 条相对较短的管线。每条管线上都建有一个入水口结构物。这一位置依然部分受到太平洋洋流的影响,潮流速度为 7~9kn,致使形成涌潮并移动黄土淤泥的推移质。

在大型驳船上以及入水口预制好重型混凝土管道。重量达 800t。在现场敷设了 100t 的混凝土块锚,用于固定起重船。采用沿直线钻孔法与缓冲爆破法,用压缩空气钻凿与爆破石料槽沟,以避免过度超爆、石料断裂,以及对已在海岸上建成的工厂造成损坏。

安装完成后,用导管灌注混凝土回填槽沟。混凝土设计为具有较高黏度,以便停留在斜坡和朝海敷设的混凝土上。

10.3　防波堤
Breakwaters

10.3.1　概述
General

根据防坡堤的理想位置的波候、海滩坡度与深度以及材料可用性与成本等差异,防波堤结构物类型多种多样。最常见的类型为堆石防波堤与混凝土沉箱防波堤,或这两种类型的结合。

由于目前在日益苛刻的环境中建造防波堤,加上人们对波浪流体动力学与结构物和斜底之间的交互作用有了更先进的认识,防波堤的设计也愈加成熟。世界各地的经验知识都汇总到一起,并融入这些经过改良过同时更加复杂的设计中。对于施工方而言,这意味着对定位与填筑的要求十分严格,尤其是在波浪通常变陡与折射的环境中。

目前,控制与测量方法已获重大进展。起重船体型更大,稳性更佳。起重机可延伸到的范围更大。系泊系统可支持张紧绳系泊的能力更高。抓斗目前也可与连接至全球定位系统或差分全球定位系统并可在操作室内读出的电子位置指示器一起安装。声学剖面仪能够给出实时的二维横断面,自动纠正翻滚、纵摇与潮差,而摄影测量学能够给出上述水体的精准三维图像。

10.3.2　抛石防波堤
Rubble-Mound Breakwaters

抛石防波堤通常用采石场原石石芯建造,由一到两层尺寸经过严格筛选的更大型石料覆盖,以避免细屑从石芯中滤出。大型抛石或混凝土护面块体放置在顶部与靠海侧。

在为生产所需石料而挑选采石场时,首先必须确保满足持久性与耐磨性要求。需要用到各种尺寸的石料:最重要的当为大型护面石。采石场的开发与爆破方案必须确保每一种尺寸的石料都能够获得足够的数量。这些方案必须包括临时道路,以便能够更有效地将石料拖运至分拣与堆放区域。

通常在稀疏相间的大孔径炮眼中使用缓爆炸药进行爆破,例如硝酸铵,以形成一块块大型护面石。在格筛(网格)中放进其他石料,以分开 B 级石料,即尺寸第二大的石料。之后在装载作业中使用到的格筛能够从堤芯石料中去除不想要的细屑。

石料趋于沿着已存在的裂痕断裂。检验采石场开挖面将显示石料是否会以所需的多面体形状或无用的石板形式断裂。通常采用洛杉矶磨耗试验来确定耐磨性。通常用装载机在采石场装卸石料,但也可用起重机分离与堆放护面石。装卸更大型的石料时必须特别小心,以避免边角过度损坏。可用驳船或卡车运输石料。如果使用驳船,则用木材保护甲板。

如果在沙质海底摆放石芯,则必须堆放小型岩石颗粒或滤布,以避免沙子向上移动进入上方材料的缝隙中。当风暴来临时,底层沙子中会产生孔隙超压,导致局部液化,其后果是,若未放置合适的过滤装置,防波堤将"沉入"沙中。

滤布是精细级岩石的良好替代过滤装置,但使用时需要采用特殊方式,以将其放入并临时固定在合适位置。滤布可用铰接的混凝土块固定在角钢制成的大型框架上,这种大型框架位置固定不变,或作为垫层使用。这种方式近来被用于荷兰的一个项目中,工作人员首先在大型浮力铁桶上卷起垫层,然后再将其在海底铺开。

可用底卸式或侧卸式驳船放置石芯。相关测试与实验表明,若在驳船上对材料进行预饱和处理以消除截留空气,最终可极大地减少横向分散与分离。大批量放置往往也可避免分离情况发生,但深水冲击也可能导致横向料堆形成。驳船还可卸下石芯,但是尺寸较小的石料容易横向滑移并分离,而尺寸较大的岩石则垂直下沉。

设计时经常需要厚度相对较薄的更大型岩石层。在某些波候情况下,几乎无法精确控制这些分离的不同等级岩石层。获得工程师许可后,可对两种不同类型的岩石层进行预先混合。随后,只要混合好的各种等级岩石通过管道放置,或通过抓斗或料车降至海底,则这些岩石层会自动按照内部精细外部粗糙进行分级。下一层通常被称为 B 级石料,尺寸最大通常为 400mm,最好使用料车或网格进行放置,但也可以使用大型抓斗。最后放置尺寸最大的石料,通常用起重机抓斗进行作业(见图 10.9~图 10.10)。

由于可获得抛石的最大尺寸受到限制,因此暴露海岸上的防波堤通常使用预制混凝土护面块体(见图 10.11)。这些护面块体应当足够稳固,以抵抗波浪导致的翻滚与位移,同时还要提供可消耗波能的孔隙度。在这一方面已经开展了众多实验室与实地实验研究。作为研究成果,《工程师兵团手册(Corps of Engineers Manual)》列出了超过 40 种不同的配置。近年来,人们将更多的关注放在了恶劣风暴天气下的实际效果上。人们发现,许多复杂形状容易碎成大块碎片,从而对剩余块体造成冲击。

人们还发现,由于热应力与模板限制原因,许多破裂是在浇铸过程中形成的。因此,钢模已进行了重新设计,以适应随后混凝土养护过程中出现的热收缩现象,但是支撑摩擦仍会造成强大的应变。目前已经使用钢筋开展了众多测试与实际安装。这一做法可保持裂缝紧密,并将块体支腿固定在块体本身上,但并未完全解决问题。当然,这一做法的成本也很高。其他的有效方法还包

图 10.9　加利福尼亚州洛杉矶港,将 B 级石料投入防波堤

图 10.10　南加利福尼亚州,将 B 级石料投入核电站入水口的防波堤

括:使用高炉炉渣水泥和/或飞灰以降低水化热,混凝土拌和料预冷却,以及混凝土养护期间钢模与块体本身的隔热。由于所使用构件的厚度,干缩仅仅是一个小问题。

在用混凝土修筑含钢筋的成型块体时,钢筋有向上移动的倾向,即在填筑

495

图 10.11 防波堤的预制护面块体

与振动期间"浮起"。这将导致钢铁暴露,或者拥有的覆盖不足,无法避免腐蚀。应当装配混凝土坯来确保钢筋静止不动,不受其自重影响,同时也不会向上移动。此外,也采用金属纤维来加强混凝土抗拉强度,效果良好。然而,所需纤维的数量使得成本极为高昂。因此,荷兰工程师又重新采用了无筋立体直角棱柱,每个重达 1MN(100t)。直角棱柱被随意摆放在斜坡上。

用吊索放置混凝土护面块体,这样即可从较低一端向上精准定位并放置。通常每层放置一或两段。吊索带有可从上方解开的脱扣。将单独一根带有系带的吊索运用在已经钻通的石料锚上,这样就可在海面上观察并控制定位。当从浮式设备上敷设时,在防坡堤作业端内定位一艘大型起重船,以减少部分海洋影响,同时将搁浅风险降到最低(见图 10.12)。

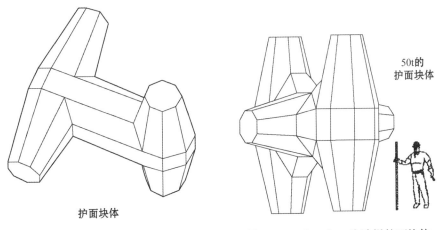

图 10.12　DOLOS 防波堤护面块体

图 10.13　Core-Loc 防波堤护面块体

　　美国工程兵团已经开发出了一种名为 Core-Loc 的具有特殊造型的混凝土护面块体,其具有良好的孔隙度以及更佳的结构强度。而具有相似但是更重配置的 Accropod 块体,目前被认为是在极限暴露条件下最可靠的块体(见图 10.13~图 10.14)。

图 10.14　防波堤施工过程中涉及的 3 种填筑方法:自升式装置、起重机与起重船
(照片由威克斯施工公司与 PG&E 公司提供)

　　由于临界点位于破浪带与反射波区域,因此在对抛石防波堤进行测量控制后,发现了一些难题。可用侧扫声呐与海底剖面仪在大型防波堤上进行横向剖面测量。航空摄影能够给出上述海域的轮廓。而在较小型的防波堤上,则可采用更传统的方法。位于顶部的起重机可抓紧带有重型测深锤的探测绳,测深锤要足够大,以免掉入裂缝中。利用传统经纬仪将探测绳定位在水平面上。在远离中心线的位置,也可采取相似的方法使用直升飞机。探测绳应当有一处薄弱连接,这样,即使探测绳被牵绊住,也不会对起重机臂或直升飞机造成危害。如果海面风平浪静,可使用同时带有探测绳和声呐的船舶。声呐必须为窄束声呐,即使这样,仍然必须对光束范围进行预计,因为声呐将测量其锥形内的最近点。

　　对于必须穿越浅滩或潮汐带的防波堤而言,由于在这些区域浮式设备无法作业,只能利用栈桥从"上方"进入,或在一段加宽的石芯上方作业。为顶部起重机提供足够的宽度通常需要在防波堤中加入额外的材质,不仅是在堤芯石料中,还包括在顶盖之上的其他石料层中。用大型卡车在石芯上运输堤芯石料与岩石。在各分割位置上,进一步加宽石芯以提供回车场,或者提供转盘。

　　当使用栈桥时,可将起重机安装在轨道底盘上,用轨道车运输石料(见图10.15)。

　　混凝土顶盖通常建造在防波堤顶部。混凝土顶盖必须建有足够的排水孔,否则卷跃波浪的水锤效应对下方的开放式间隙产生极大的内部压力,可能会掀

图10.15　轨道安装式起重机投放四角护面块体

掉顶盖,正如同在南加利福尼亚州代阿布络(Diablo)峡谷核电站冷却水入水口防波堤的初次安装中,顶盖即被掀掉。

同样,上述海域外层的间隙通常被较小型的岩石堵住,之后再灌浆或浇铸混凝土以防止表面凸起。必须保持足够多的卸压孔打开,否则风暴来临时卸压孔会自行打开,击穿周围石块。对于在潮汐带灌浆或浇铸混凝土而言,硅粉外加剂既可起到加固作用,也可防止分离;换言之,混凝土更具黏性。抗分散外加剂可防止分离,但凝固时间将延长。

防波堤转角与裸露的弯曲处会受到更大的破坏性冲击,部分是受集结的波浪冲击,而波浪诱发的海流还会恶化这一情况。通常需要采用额外的护面与更厚的横截面。

防波堤内各个石块的稳定性是其自重的函数,与水下重量(浮重)的立方成正比。因此,单位重量为 3 100kg/m³(195lb/cu. ft)的暗色岩其稳定性比单位重量为 2 600kg/m³(165lb/cu. ft)的普通硅质岩石要高出两倍多。

10.3.3 沉箱式防波堤和沉箱式人工岛 Caisson-Type Breakwaters and Caisson-Retained Islands

混凝土沉箱通常安装在已铺设好的石床顶部。横截面为矩形、长度从 20～60m 不等的典型段块在制造厂制成,投放、起吊、运输以及安装方法与上文提及的驳岸、码头(见第 9.2.3 节)、桥墩(见第 9.4 节)和水下管道(见第 9.5 节)所涉及的方法极为类似。安装时必须极其小心,以确保这些段块在任何施工阶段都有足够的支撑。由于测量失误,大型悬臂未能将位于波弗特(Beaufort)海域的塔希特(Tarsiut)沉箱式人工岛放至合适位置。这导致了负力矩与剪切裂缝的产生,但幸运的是,这并未对其顺利投入运营造成影响。

新涉及的要素是将相邻两个沉箱之间的缝隙进行密封。沉箱对沉箱的公差有 6 个自由度,因此密封或闸门必须在每种尺寸与姿态下均能够适应差异。最佳方法是在每一条缝隙的里侧与外侧各安装一个板桩弧,如有必要,在底部用滤程在各缝隙间填充岩石,以预防这些位置固定遭大型湍流的冲刷。

可利用带有最牢固嵌接设备的最重平板桩,将板桩半埋在各反向的角落里。然后用焊接好的钢筋将其再固定回混凝土中。之后安装与板桩格形施工中所使用的相似的弧(见第 9.2 节)。

在面积非常大且非常深的防波堤上使用沉箱,以形成石芯,并用额外的堤芯石料填充。将 B 级与 A 级石料和混凝土护面块体安装在外侧。

沉箱式人工岛也采用相似工艺,不同点在于,进行内部填充的通常是沙子。确保在沉箱下方或沙子可冲刷的缝隙闭合处不出现任何缝隙显得至关重要。因此,在内角填充分级岩石(接头处带有滤布)相当合适。

实际情况中,沉箱经常被风暴波或巨型浪花没顶与抬高。因此,在顶部提供保护对于顺利运行而言都至关重要,无论是用大型石块或是用混凝土。这可以浸透填充料,并会由于径流导致侵蚀(见图 10.16)。

图 10.16　用大块混凝土沉箱防波堤加上抛石保护所提议的离岸核电站免受飓风
与船舶碰撞的影响(由 Frederick R. Harris 提供)

另见第 14.13 节。

10.3.4　板桩格形防波堤
Sheet Pile Cellular Breakwaters

板桩格形防波堤的施工方法与第 9.3.2 节所述相同。然而,若建造的是离岸防波堤,由于涌浪与经常出现的局部波浪作用,总是会存在周期性浪涌运动。板桩格体在全面被嵌接并至少有部分被填充沙子之前都是不稳定的。

在巴西离岸海域以及白令(Bering)海开展的施工已经证明,用传统系统围绕一个或多个临时环撑安装板桩,一次安装一块,几乎是不可能实现的。巴西案例中所采用的方法是,首先在驳船上制成一个完整的格栅,格栅上有多条环撑与一个空间框架连接在一起。板桩被临时固定在框架与环撑上。然后由一艘大型海上起重船安装整个格栅并立即用沙子进行部分填充。之后,每次释放一些板桩,并将其推入底层沙子中。

白令海案例中所采用的方法更加简单,即制成更加坚固的框架与环撑,同时在长度上进行延长,以便在全长上都能够支撑板桩。板桩进行固定,以抵抗向内与向外的运动。出现强大海流时也会发生类似问题,这种海流使得不完整的格栅在其获得稳定性以形成一种重力平台之前,完全受海流的影响。安装板桩前,可将一种特殊的化合物名为艾迪科(Adeka)刷进钢板桩嵌接中。安装就位后,这种化合物开始膨胀,确保优良的水密性。

已使用预应力混凝土板桩在港口内建造大量防波堤,以保护渔船与游船等小型船舶。这些板桩必须形成相当大的挠矩,与传统基桩相比,板桩必须要更厚、更宽、更重。通常需要以偏心方式对板桩施加预应力,这意味着在推进过程中板桩可能不足以抵抗拉伸回弹开裂(见第 9.2.2.3 节)。在重要区域添加无应力钢筋可防止出现大量裂缝。

安装过程中,这些板桩必须得到坚实的支撑。各板桩之间必须相互垂直,排列紧密。为使板桩排列紧密,板桩的尖端必须弯曲形成一定角度,这样,在受到驱动时,板桩迫使尖端弹回,正对前面的板桩。同时,将位于海面之上的顶部被拉回,正对前面的板桩。一种方法是,使用带有两根管线与一台液压塔佛(Turfur)起重机。

通常要求将混凝土板桩之间的接头进行密封,以防止沙子在潮汐变化与波浪影响下滤出。用水力打桩清理两块板桩之间的沟槽。然后将一根聚乙烯管下推,并填充灌浆。或者,将含有抗分散外加剂的黏稠水泥浆硬压入沟槽中,既密封板桩又与其联结。

实验证明,在安装过程中构成混凝土板桩凹槽的"翼状物"经常会遭到损坏。为防止其损坏,最好用有头钢筋或弯曲钢筋加固翼状物,以确保其端部形成锚式固定。凸缘应当总是在前。这可杜绝当凹缘在前时产生的楔进作用;用沙子填充,然后用凸缘推开,折断翼状物。

10.4 海上中转码头
Offshore Terminals

海上中转码头通常建于深度超过 20m 的海水中，以容纳超大型油船（VLCC）与深吃水矿沙船。显而易见，只要可行，海上中转码头都应位于受保护或半保护的海域中，但是在许多大陆边缘，只能在离岸的部分或全部裸露的地点才找到足够深的水位。因此，必须在海洋环境中开展施工作业，这就要受到当时正常波浪、风与海流的影响，同时还需采取必要预防措施以应对可能出现的风暴。

典型的海上中转码头包括一个装载平台、两根（或 4 根）带中央缆索的大型系留桩，以及 4 根系留桩（见图 10.17）。通常由甬道连接这些结构物，可能需要中间支承。可用栈桥或海底管道连接装载台与海岸。

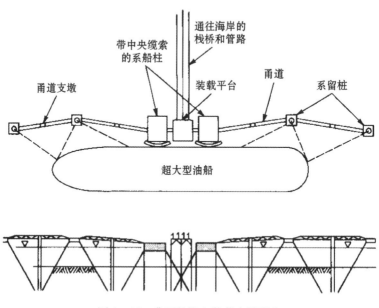

图 10.17　典型的海上装载中转码头

最先采用的结构概念是延长那些支撑甲板与防护装置的独立桩的港口结构物,使其尺寸适应开阔海域中更恶劣的设计条件。这类结构物已被广泛地用于日本、阿拉伯海湾以及巴西与澳大利亚海岸。

用于打桩的材料通常为大直径钢板桩,直径为 0.75~1m,长度为 40~60m,壁厚最大 50mm。通常采用高强度钢(350MPa)。同时采用竖桩与斜桩,与甲板平面相交,以便在横向负载下能够相互作用。斜桩即斜撑的桩。随着船舶尺寸与暴露条件变得愈加苛刻,使用的斜桩会越来越多,通常会成为施工中使用最多的一种桩型。相对较高的轴向载荷会成为设计的基础,受压时为 400~600t,而处于拉伸状态时则为 400~600t 的 50%~100%。因此,将板桩推进到其设计贯入位置且精确到达该位置非常重要,这样斜-竖桩群的轴可在单一点上相交,可杜绝之后的施工过程中出现弯曲现象。交叉区的连接必须足以产生力流。

海上中转码头的施工问题主要来自于:

(1) 海上施工现场通常离岸较远,涉及物流、人员运输与测量问题。

(2) 为符合港口标准,板桩尺寸都较大(尽管与深海采油平台相比并不算大)。

(3) 为将板桩定位在其桩头,需要紧公差。

(4) 为防止出现疲劳现象,板桩桩头的连接不能出现问题。

(5) 相对较浅的水域(20~30m)会导致波浪折射,并改变波浪与涌浪的特性,使得即使在温和的海洋条件下作业也很困难。

(6) 最后但同等重要的是,经济上的约束以及相对较短的离岸距离导致承包商使用港口设备与方法,而这些港口设备与方法通常被证实为不足以用在暴露条件与作业中。

承包商需要仔细研究深海测量法(因为陡岸上的深海测量会随季节而变化)、岩土信息(从中可看出是否存在难以穿透的硬地层、坚固地层或珊瑚)、波浪折射与击穿模式(可能影响现场作业)以及海流(可能影响供应服务的路线)。

已经遇到的众多问题包括:

(1) 沙波,导致海底测深缓慢变化。

(2) 波浪折射,导致部分海域的波能出现交集与集中,从而形成三角波与骇浪。

(3) 逆向海流,导致波浪更陡、更高。

(4) 表面上或靠近表面的冠岩松散地排列在底部(这种冠岩目前还难以击碎与穿透),几乎使沙子与淤泥溶解。

(5) 风化岩石,对板桩甚至是相邻的板桩造成各种不同的阻力。

(6) 海面上或海面下出现砾石。

(7) 海底上或海底下的倾斜硬面,导致在推进过程中板桩尖部下倾。

(8) 石灰质沙,需要采取特殊方法以产生上升与承载能力。

(9) 超固结淤泥与黏土,极难穿透。

首要的施工要求是搭建起一个海岸基地,用于支持施工作业。理想情况下,附近应存在一个带有码头与起吊设施的港口。遗憾的是,通常这一要求无法达到;因此,必须搭建一个支持基地。

在大多数海上中转码头案例中,需要将大量结构与机械部件运至施工现场。对驳船载荷与起重数的分析通常可以说明,海岸基地上的高效运输是极其关键的。必须采取一定的保护措施以防碎波。涌浪不仅在风平浪静时导致更大型碎波的出现,还可导致港口与航道出现巨大的浪涌,此时系缆可能会突然断裂。不仅要给驳船提供足够的吃水深度,拖船与交通艇也需要足够的吃水深度。此外,还必须给海岸基地提供服务(电源、水源与燃料源)与通信(至当地与供应中心),尤其是天气预报服务。遗憾的是,在海上中转码头建造历史中,承包商通常都无法在开始阶段搭建成功合适的海岸基地,而是随着工程的不断开展一步步完善基地,与此同时也承受着因无法成功建成而带来的困难。

第二步是开始测量控制。水平控制可覆盖大范围,使用的是聚焦的极明亮的灯,即使在日间海上能见度也可达数英里,或者使用激光。通常也安装电子定位系统。海岸站建在沿岸。最好在防护墙上安装验潮仪。可用激光操作水平仪,如果结构物远离海岸,由于地球曲率的存在,需要对其进行校正。全球定位系统可用作位置校验。如果需要实时快速卫星定位系统,则可使用差分全球定位系统。

设计工程师针对自己所需而开展的岩土勘探可能无法满足施工方的需求,这经常发生在各种类型的离岸结构物上,因此,需要在海底沉积物、砾石与障碍物方面获得更多施工现场的信息。通过"海底结构火花声呐探测器"测量、喷水杆泥土探测以及钻孔,可以获得更多关于板桩必须从中推进的上土层的信息。

例如,承包商可能希望将一根 60m 长的钢桩作为其设计好的斜桩上的单一件来装卸与安装。承包商需要准确估计出该板桩在其自重下将下沉多深。需要喷水打桩吗? 在适宜的施工现场,承包商可搭建系泊处,以方便钻井浮船与起重驳船沿着/围绕着中转码头移动。预先安装好的系泊处可将移动时间缩到最短,并将装卸与重置锚时产生的问题减到最少。众多案例中,当两台浮式设备必须相邻作业时,系泊处可杜绝各条锚索交叉到一起。

另一需较早施行的步骤是建造离岸测量塔,测量塔将为近处测量提供可视参考。近年来,高分辨率电子定位装置的采用已将对这种塔的需求降到最低,但并未完全消除这一需求。测量塔具备的邻近优势使其可作为可视向导,帮助起重船负责人快速到达近似位置。

下一决策是,当风暴来临时应如何应对。假定船舶可以驶进港口的安全设施中。如果提供有适当的天气预报服务,在合理规划与判断的帮助下,承包商可以避免供给驳船卷入施工现场的风暴。但是该如何安置大型浮式设备,例如大型起重驳船呢? 大型起重驳船始终处于现场,因此极易受到风暴突袭。将其拖至港口通常是不切实际的,也可能不安全,因为入港处可能会出现碎浪、暗礁或横流,船舶在风暴天气下进入港口将极其危险。拖船的动力与尺寸有可能不足以在恶劣的海洋条件下拖运大型起重驳船。

有经验证明,预先安装好的抗风暴系泊处可保证船舶更安全地度过海上风暴。通常此类系泊处由单独一根长悬索构成,起于驳船止于系泊浮筒(弹力浮筒),浮筒也有一根连着重锚的绳索或链条。锚通常为两个背负式加载的锚(前后排列,用半个链锁弹连接),或者一个带有链锁弹的大型锚,以确保张力呈水平方向(见第 6.2 节)。在任何季节,只要风暴可能突然出现,抗风暴系泊绳都应系上,但通常系得较为松弛,以便正常操纵较短的紧拉作业线。当紧拉系缆处于松弛状态,则起重驳船将驶向抗风暴锚。沉在驳船底部以下的辅助锚将防止过度偏转。

当开始正常施工作业时,可用驳船或自浮式方法装运板桩,然后将拔桩提起开始推进(见图 10.18)。每根系留桩中的第一块板桩最好是竖桩,这样其可以作为一个参考点,并为之后的斜桩提供支撑。但是许多系留桩仅由斜桩组成,无一块竖桩!

第二个问题是,各板桩是并肩推进的,然后将其切割并拉入最终位置。随着将厚壁、大管径管桩穿过硬质海底材料之中,板桩可能变得不可曲且难以定位。拉动桩头可能产生会永久留存于板桩内的弯曲应力。

图 10.18　将板桩推进海上中转码头的导管架中(由 J·雷-麦克德莫特 SA 公司提供)

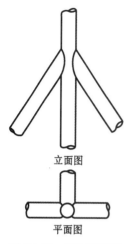

立面图

平面图

图 10.19　系留桩竖桩
与斜桩的典型交叉

在随后连接各块板桩时还会出现另一个严重问题。如果必须在这些管状构件的交点对其进行切割、装配与焊接,这就说明其实没有一种完美的方式来开展此类工程作业。产生于海流的波浪与涡流会导致板桩振动。浪花会使接头区域变得潮湿,钢材因此低于最佳焊接温度。焊接位置将不适合进行焊接(见图 10.19)。这些接头受周期载荷与动载荷的影响;因此经常因疲劳而出现故障。

基于定位斜桩与连接件所产生的两大问题,预制基盘已得到改进。即利用管状钢构件预制基盘,通常基盘会从高潮面延伸至系留桩的顶部(5m 或更高)(见图 10.20 和图 10.21)。所有的焊接作业均在车间内完成,因为车间的作业条件最佳,并且可以开展合适的流程与无损检测。基盘在适当的角度上安装有套筒,可经由这些套筒安装并临时支撑板桩。然后在适当的平面位置上将基盘移至起重驳船的尾部,将一块或多块竖桩从基盘套筒中推进(见图 10.22)。在这一阶段通常不会将竖桩推进至最终的贯入位置,只需推到能为基盘提供横向与垂直支撑的位置即可。如果最终设计不涉及竖桩,承包商通常应当在系留桩的中心位置加入一块带有套管的竖桩作为临时支撑板桩。此时基盘被垂直拉升至适当的高程,并被临时焊接在竖桩上。其位置与方向已经过检查。

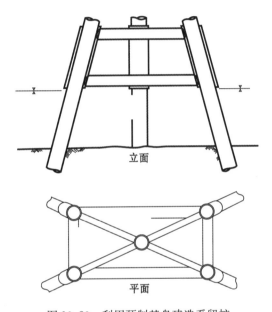

图 10.20　利用预制基盘建造系留桩

　　经由套筒逐个安装斜桩,变化方向以避免基盘错位。安装完毕后,开始推进斜桩至地平面(见图 10.23)。最后,竖桩被割断并拼接,推进至最终贯入位置。如果竖桩不包含在设计中,仅仅是承包商为临时便利而提供,则割断并拆除竖桩。

　　通常在扇面上沿水泥灌浆注入的位置,用一组剪切焊来连接基盘的板桩与套筒。近年来,这种程序在任何情况下均须采用,以防止振动。

　　在使用自升式施工驳船的情况下,例如在日本与其他地区的众多海上中转码头案例中,自升式平台可为基盘提供初步的支撑。但基盘不应被牢牢固定在自升式平台上,而应能够自由滑动,因为在推进斜桩时会施加横向的动载荷;否

图 10.21　伊朗哈尔克(Kharg)岛,用于海上中转码头的预制导管架

图 10.22　伊朗哈尔克岛,正在安装大型导管架

图 10.23　经导管架腿柱进行沉桩作业

则,自升式钻探平台的稳定性可能会受到威胁。

　　带中央缆索的系留桩必须能够抵抗住入坞时施加的重载荷。因此,这些系留桩通常为最大型的导管架,尽管尺寸上要小于第 11 章介绍的离岸石油钻探与平台导管架,但在理念上是相似的。同样,装载平台也可以是一个导管架,通常安装的全是竖桩,因为船舶上的载荷不会被输送到导管架上(见图 10.24)。

图 10.24　安装中的输送机桁架。塔斯马尼亚(Tasmania)拉塔(Latta)港铁矿石中转码头

在建造带有众多独立结构物的海上中转码头时,必须多次移动起重驳船或施工驳船,以便能够在各种不同的角度上装卸斜桩。反过来,在各个角度上都必须系有可随驳船移动而变动的系泊绳。当然,绳子绕着系留桩移动不是人们所期望的,因为这可能导致在非系留桩设计的方向上施加极大的侧力,造成位移。更有可能在最需要绳索的时候将其弄断。

对于处于黏质土中的自升式施工钻井平台而言,必须注意,不可将平台腿柱复位至过于接近前一个孔。在靠近日本名古屋的伊势湾(Ise Bay)中转码头上,自升式施工钻井平台需要约 65 个定位点。因此需要制定一个极其严密的布局方案,以防黏质土中的腿柱孔重叠,这可能导致腿柱弯折或失去支撑。施工图上必须依次注明这些位置、朝向、起重机范围以及系泊安排。

系留桩的定位通常并不重要;1~2m 通常都可接受。而带中央缆索的系留桩与装载平台内外的相对定位则非常关键,因为当船舶靠着带中央缆索的系留桩停泊时,其千万不可撞到装载平台,即使是临时偏转也不行。同时,船舶还必须足够靠近,以便进行软管连接或者停泊在装船机的半径范围内。因此,建造带中央缆索的系留桩正面与装载平台钻杆立根时必须极为小心。在带中央缆索的系留桩上安装有大型防护装置,以便在入坞时吸收冲击能量。通常,对于一艘 250 000DWT、入坞速度为 15cm/s(6in/s)的油船,所有能量均由防护装置以及通过带中央缆索的系留桩的弹性畸变吸收。因此防护装置为带有既定载荷挠度响应系统的大型能量吸收装置。借助变形橡胶护舷、弹簧、水锤、高强度钢管在弯曲或扭转下出现的偏转,或潜在重力能,目前已开发出多种不同类型的防护装置。船舶冲击会在防护装置中产生极高的应力,而且可沿表面拖动防护装置的纵向力。通常使用链条应对这一问题。

除了这些细节之外,承包商必须合理、精确地安装防护装置。在可方便装卸的最大型管段中预制防护装置。应当安装可自动将其安置在恰当位置以供螺栓连接或焊接的临时导向器。

上文对浪溅带焊接困难所作出的解释说明适用于此处。由于涉及冲击力,如 300t(3MN)的冲击力,需要大量应用剪切焊。

因此最好选用高强度螺栓。为帮助进行装配,应钻有槽孔,槽孔一侧钻在导管架方向,另一侧钻在防护托架方向。如果在螺栓下方使用合适的承重板,则可快速形成良好的连接。此处公差十分重要,因为两根或更多带中央缆索系留桩上的防护装置表面必须对直,以便船体同时且均匀地接合这些表面。因此,施工方必须将重点放在最大限度的预制、提供公差以及采取一切可行的便

510

利措施来帮助安装作业。

　　此时安装装载平台的上部结构(见图 10.25)。应当在最大可行范围内在大型模块中预制上部结构。由于液压装载臂在安装时所需的精确度以及其特殊造型,其安装尤其耗费时间。在模块框架中预制(预装配)液压装载臂可节省大量现场作业时间。

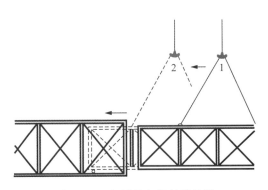

图 10.25　架设装船机的伸缩臂

　　同样,由于装船机的高度与重量(装船机需要被提起),因此在装载平台上架设装船机也是一项严峻的任务。可能有必要在装载平台上安装一个带有坚固腿柱的井架,以便安装更长的管段。安装装船机伸缩臂时需要针对安装索具制定一项特殊的计划;不仅是因为伸缩臂较重、不易控制,且需要被拉升至高于甲板与海面的位置,还因为必须将伸缩臂穿进精密配合好的外壳中。反过来,起重绳索往往会缠住外壳框架,安装过程中可能需要重新定位(见图 10.26)。因此,只要条件允许,在造船厂或港口完全预制与装配好的装船机,最好当然是在海上装配完成。

　　已建有沉箱式(重力基座结构)海上中转码头结构物以便在受保护的港口中进行全面的设备装配,包括装船机、输送堆垛机与防护装置,以及将整个中转码头作为单独一台装置用类似第 12 章中描述的方式对其进行运输与安装。澳大利亚昆士兰省海角港口中转码头包括 3 个停泊沉箱,其中一个载有已完全安装好架设到位的装船机,另一个载有输送堆垛机。沉箱基座上连接有较小的临时浮舱,以便在浸没于筏基础木筏顶部之下这种关键时刻提供绝对的正稳定性。

　　在港口将拖绳初次浸没于海水中,这样拖绳就可与结构物一起应用,而结构物呈漂浮状、与竖井上的水线齐平。拖拉与安装这些沉箱在一天内即完成,

图 10.26　澳大利亚昆士兰省海角港口(Hay Point)中转码头,正在预制重力基座停泊结构物

实际下沉仅花费数个小时。系泊绳从每一个沉箱上引出,以便预置系泊浮筒。沉箱上的绞盘绞车将结构物拉向准确的位置,并在下沉过程中一直将其固定在该位置(见图 10.27 与图 10.28)。此时需要一根引向之前已安装好结构物的短系泊绳。该系泊绳系在一个用于吸收冲击载荷的橡胶缓冲装置上。也可以使用一根纤维绳来适应动力变化。

图 10.27　正在将重力基座结构中转码头结构物拖向现场。
浸没过程中应注意较小的临时浮箱以保持稳性

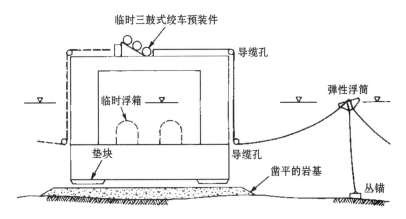

图 10.28 为澳大利亚昆士兰省海角港口中转码头定位离岸重力基座结构

结构物设计用于憩流,退潮时定位在合适的位置上,低潮时被向下压载至基座,然后在高潮(潮差 5～6m)来临时被压载以停留在其基座上。

系留桩沉箱具有管状结构钢制成的上部结构;这些沉箱需要连接有大量的临时浮舱,以确保坐落时的稳性与可控制。在后续系留桩上放置与重新安装每一根系留桩之后,浮舱被拆除。由于疲劳原因,一个浮舱连接出现了故障,导致系留桩倾斜。幸运的是,它仅处在高出海底两米的位置,因此没有妨碍安装(见图 10.29)。

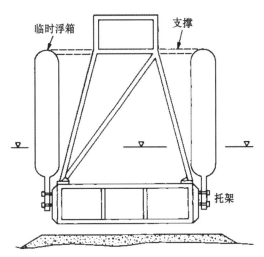

图 10.29 临时浮箱在安装过程中提供稳性与浮力

坐落之后,沉箱基座之下的空间被充满了含有触变外加剂(甲基细胞)的水泥浆。沉箱周围设有铰接混凝土块护面层形式的防冲刷保护。

为输送由特种船舶运输的液化石油气与液化天然气,需建有输入与输出中转码头。在众多案例中,中转码头设有储藏这些低温物质的仓库。此时,会出现一些专业上的问题,必须满足一些新的要求。这些中转码头可由板桩支撑,带有导管架,或是重力基座结构沉箱甚至浮式结构物。

目前已建成多个液化天然气/液化石油气输入中转码头,更多的还在计划之中。大多数为桩支撑的传统结构物,连接至附近海岸上的气化设施中。马里兰州加佛角(Cove Point)的液化天然气输入中转码头就建在预应力混凝土桩上。

由建在水下隧道中的保温管道将液化天然气输送至建在海岸上的气化设施中,该水下隧道的建造方法与水下行车隧道一致。下加利福尼亚州科斯塔阿祖尔(Costa Azul)正在建造一处离岸液化天然气设施。液化天然气将由栈桥上的管道被输送至离岸再气化设施中。在墨西哥湾,已有一个使用混凝土沉箱的防波堤在建,此外还计划离岸安装其他重力基座结构。再气化将在重力基座结构中进行,气体由海底管道输送至陆上系统(见第14.8节与第13.10节)。

另一种海上中转码头的设计则是使用大直径圆柱桩,直径在2~4m,通常由厚壁钢制成。这一类型的设计已被广泛用于阿拉斯加州的库克(Cook)湾中,那里的冰载荷决定了设计标准。中东也采用这一类型的设计。最近,这一理念已被北美洲各个中转码头采用,这些中转码头的抗震标准与过载船舶冲击均要求有一定的柔韧性。这类结构物基本上全部由垂直的钢质管桩构成。每一根经由喷水打桩与推进或经由钻井与灌浆而安装的桩都意味着一个大型安装过程,见第8章所述。需要有足够的贯入深度以便形成所需的横向阻力;通常,至少需要5个直径长的贯入深度。必须装配有巨型推进桩头以便将锤击分布至直径如此巨大的圆筒上。通常这些桩头均经特殊制造而成,施加有焊缝应力消除热处理,以防止在冲击下形成裂缝。如有需要,通常在板桩上预先安装喷水机,以便其能够与冲击推进一同作业。

在众多案例中,均已使用大型海上冲击锤进行安装。而在另外一些案例中,则使用了多个振动锤。这种类型的施工会产生的一个重大问题,那就是如何装卸与定位这种大型圆柱桩(50~60m或更长,直径3m,重数百吨)。潮流具有一定的速度,例如库克湾潮流的速度可达7kn(4m/s),在涡旋脱落的作用下极易使圆柱桩向海流方向与横向移动(见图10.30)。桩必须装配有特殊吊索以便垂直悬挂。一旦沉入土层中,海流问题即被缓解。

图 10.30　阿拉斯加州库克湾尼基斯基(Nikiski)中转码头大直径管桩。
桩头呈尖锥形以使冰力减到最小

　　另一问题是在混合土中打入这种大型板桩,这种土质经常遇到:阿拉斯加州的冰碛物与固结淤泥,中东地区的冠岩、石灰岩层与石灰质沙。所需程序见第 8 章所述。之后以类似安装更加传统的中转码头的方式安装上层结构,但因为使用的全部是竖桩,预制过程变得简单一些。可用起重船安装大型预制甲板片段或桥梁。这可能需要并入管系与设备。

　　塔斯马尼亚拉塔港地区的铁矿石装载中转码头存在受细沙覆盖的火成岩,坚硬并极其卷曲。持续存在的波浪环境导致难以沉入斜桩。为精准定位桩基墩,用 4 根竖桩将一个预制好的钢质框架钉在沙子中,打入竖桩但并未进入基岩。用液压千斤顶整平框架。然后将一块预制基盘悬挂在框架上。基盘上装有推向基岩并清扫干净的倾斜钢质套管。用套管钻与打桩锤将套管打入岩石中，并钻出凹穴。通过加速灌浆将钢质管桩推向并锁进基岩。吊起原始坐落框架以供再次使用。

位于华盛顿州奇瑞角（Cherry Point）的阿尔克（Arco）公司中转码头采用的是直径为 2m 的钢质竖管桩，贯入深度达 25m。在大直径管桩顶部用混凝土浇筑直径较小的短粗桩，以便在强地震中提供更大的灵活性与柔韧性。预制甲板片段已完全装配就位，以减少之后的干舷作业量，仅需进行相应连接。

在一些海上中转码头上，例如沙特阿拉伯的两处分别位于朱埃曼（Ju'Aymah）的液化石油气中转码头和位于朱拜勒（Jubail）的石化中转码头，在预先钻好的孔中设有大直径预应力混凝土质与钢质圆柱桩，然后打入这些圆柱桩并对其灌浆，以形成一定的支承与横向支撑。其直径从 1.6～4m 不等。

从海岸上延伸出来的栈桥在其施工作业中相对比较标准。因为栈桥通常穿过破浪带与浅滩区域，部分或全部施工作业都是从上方完成的。通过这种方法，起吊、沉桩、钻探与构架均不受海况与海流的影响（见图 10.31）。大型履带式起重机的上部机件通常安装在长梁上，例如双宽工字梁设计用于横跨一块底板，其延长悬臂可延伸至相邻底板，基盘就安装在端部。落下定位桩，系梁被抬起至地平面。然后起重机经基盘设定板桩，并将其打入。此时基盘被焊接在桩上。将纵梁落入既定的位置，并用螺栓连接。此时索具可向前滑至下一底板。另一台起重机紧随其后，放置预制甲板片段，并完成所有的支撑与构架作业。基盘内的桩需完全固定，以防过度震动并确保正常的交互作用。插入垫片来固定桩头，在套管下端进行密封，之后在顶部喷射灌浆并焊接。也可向水泥浆中添加催化剂以更快凝固（见图 10.32）。较长的栈桥每隔 300～500m 就需要一个锚结；锚结通常由一个受到足够支撑的双弯头构成。由于重量限制，预制基盘必须安装在两个半管段中，并用螺栓连接。通过向反方向拉动纵梁使索具前行。为防止意外侧向位移，应当在每一块基盘帽梁的端部安装横向限位器。在澳大利亚昆士兰省海角港口中转码头上，当起重机索具在通向中转码头的栈桥上前移时侧向滑出；幸运的是，索具并未完全滑出，也没有造成任何损失或人身伤害。

这种从上方作业的方式跨距为 20m。已有的设计显示，实际跨距可达 30m 或更长。在计划建造一条通向象牙海岸海上中转码头的极长栈桥时，尽管来自于南海的巨型涌浪使得海上作业困难重重，但 30m 的跨距显示出了极高的经济效益。这一类型施工的主要困难在于，所有施工材料都要经过栈桥运输，甲板

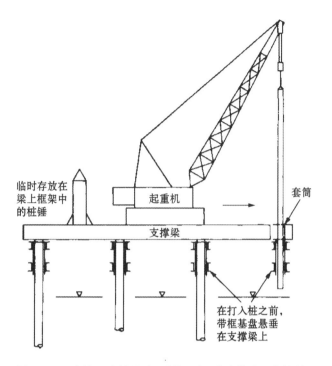

临时存放在梁上框架中的桩锤

起重机

套筒

支撑梁

在打入桩之前，带框基盘悬垂在支撑梁上

图 10.31　在海上中转码头上"从上方"建造供进入的栈桥。
每个桩帽完工后,包括支撑梁在内的整个起重机即向前滑动

施工起重机再将施工材料装卸到沉桩索具的后端,然后索具再将其旋转送至下一锚结。如果对这种运输方式进行合理的组装与规划,如使用夜班作业,将会简化这一难题。

　　即使是在栈桥或海上中转码头平台顶部作业,也必须为工作人员提供安全通道!设计中需要整合入起重机摆臂时使用的人行道和安全阶梯以及充足的照明。在更深的海域中,还可建造带有小型导管架与钉桩的海上栈桥支撑(图10.33)。此外,应特别注意水上安全。人员有可能落水。必须穿好救生衣。尼龙救生索或相似浮式材料应当排成一串。在甲板为+10 或+12m 且海水中除了管桩就没有其他东西的现代中转码头上,很难将落水人员从海流密布、波涛汹涌的海水中救起。落水人员在等待救援时需要能抓住救生索。第 6.4 节中介绍的人员进入与运输尤其适用于海上中转码头施工。

　　另一种栈桥施工方式是使用海底管道,通常被远离海岸或无法阻挡水路的

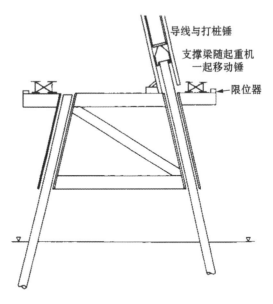

图 10.32   用于海上栈桥的预制弯曲基盘也作为永久支撑使用

图 10.33   用于通向海上中转码头板桩栈桥的基盘与锚结框架(塔斯马尼亚拉塔港)

海上中转码头所采用。施工方法详见第 15 章。然而,依然有大量特殊方案可以采用。管线可以从海岸开始安放,牵引绞车可位于中转码头结构物上,也可由位于中转码头结构物朝海一侧的牵引驳船牵引管线。小管径管线可堆积并垂直焊接在中转码头上,通过 J 型管向下输送,然后再拉到陆地上。如果中转码头远离海岸,则可使用标准海上铺管船,将管端与中转码头并排放置。管线可敷设在预先挖掘好的槽沟中;即使槽沟里还有部分淤泥存在,也可在之后通过喷水雪橇作业法将管道沉降下去。靠近中转码头时,至少应将管线埋起,并将槽沟回填好,以防止船锚对管线造成损坏。在破浪区中,即使是进行传统抛石可能也不足以保护管线。可能需要用到高密度石料,甚至是铁矿石或植入式锚。

> 耶和华在海上刮起大风,
> 船几近破碎。
> 水手们惧怕不已,
> 各人呼求自己的神——
> 他们遂将约拿抬起,
> 抛在海中。海的狂狼就平息了。

> 《约拿书》第 1 章

第 11 章 离岸平台：
钢导管架和钉桩

Offshore Platforms：
Steel Jackets and Pin Piles

11.1　概况
General

    本章叙述的典型离岸平台源自于墨西哥湾,目前已得到了广泛应用。其适用范围为水深 12m 至 300m,区域从气候相对温和的东南亚到北海和大西洋。这种平台迄今已建造了约 4 000 多座。该平台系统的主要构成部分是导管架,其自重从几百吨到 4 万多吨不等。关于 300m 深水平台结构的施工将在第 22 章中介绍。

    离岸平台的主要结构部件是导管架、桩和甲板(见图 11.1 和图 11.2)。其

图 11.1　钢导管架和簇裙桩(图片由 J·雷-麦克德莫特 SA 公司提供)

原理非常简单:先是在岸上将导管架预制成立体构架,然后将其运送到现场并坐落在海底。随后将桩穿过套管打入导管架,并使桩与套管连接后,再安装甲板。导管架也可用作离岸中转码头结构,特别适用于装载平台和石油中转码头的靠船墩。

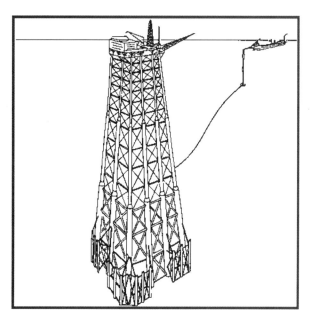

图 11.2 钢导管架连同用于裙(钉)桩的套管(图片由 J·雷-麦克德莫特 SA 公司提供)

典型的离岸钻井和生产平台并非仅为自身的需要而存在,而是作为一种海工项目主要功能的辅助形式存在,它是必要的也是昂贵的。其主要功能是指:钻井、油气生产和对油气进行必要的加工,并通过管道将油气输送到岸上或装载中转码头(装载码头)。

从平台上安装导管,导管借助导架与导管架连接固定。甲板上安装钻井架(钻塔)和钻井设备模块后就能进行钻井。甲板上还将安装油气加工模块和所有必需的居住辅助设施模块,以及配备供电供水、污水处理、通信和直升飞机平台等。甲板上的吊机可把钻铤和套管及所有的消耗品从驳船或供应船上吊运到甲板上。甲板上储备有钻井泥浆、水泥、淡水、柴油和污染的钻井浆及钻刀(切割器具)。其他的工作,如水或气的回灌,也是在平台上进行的。平台上装有一个应急火炬烟囱,以使过剩的油气燃烧。最初用于动力运行的柴油所产生的燃气,在生产和加工完毕后,还可加以利用。

本章将叙述离岸平台导管架的建造施工阶段,包括预制装配、装载(卸入下水驳)、运输(拖运)、下水、扶正和坐落海底,以及甲板安装、模块安装和打钉桩(见第8章)。

11.2 钢导管架建造
Fabrication of Steel Jackets

典型的钢导管架建造顺序为,首先从最窄的两侧开始装配,两侧各自都平铺在装配平面上,以使其能翻滚到位,钢导管架本身呈水平放置。

导管交叉点的切割和装配要求精确加工。在当今现代化的船厂,数控切割能保证焊接装配间隙在3mm范围内。装配作业安排在温度差异对所有钢材影响不大的清晨进行。利用几台大型吊机完成导管架部件的翻身和就位。先将导管架的主腿柱吊起,然后当侧向构件竖起时,将主腿柱吊移向导管架的中心线(见图4.5和图4.6)。这要求吊机的地基具有足够的承载力。侧向构件竖直或呈设计倾斜位置时须用钢绳拉住。接着装配各个分别连接主腿柱上下端的交叉构件(斜撑柱)并焊接。每天得检验装配精度和焊接质量以防止产生累积误差。

由于导管架的重量暂时由主腿柱下端支承,故在装配阶段需通过垂直支撑加强。大型但高度适中的导管架可在竖立状态下装配。这种情况下的装配和下水过程中需临时采用纵梁(横撑)支撑导管架。大型的导管架结构通常由交叉布置的导管撑柱连接构成,往往由3~13根导管撑柱交汇在同一个点上,而每一根导管撑柱都通过这个节点传递全部的力。为此,要先装配节点,以使它们在现场与每根导管撑柱都是呈直角连接装配,随后进行全熔透对接焊连接。预制节点的概念对于在全球其他遥远地区预制这种复杂的导管架是很有益处的。然后,可用船把节点分别运送到现场进行导管撑柱装配。将导管撑柱的一端开好坡口,另一端留有300~500mm余量。最后在现场总装时匹配后再行割除。

所有临时的搭接件(如吊眼)的焊接都应按焊接永久构件的焊接工艺要求

进行,以避免在钢导管母材上产生焊接裂缝或热影响区(HAZ)缺陷。一旦这类搭接件使用完毕,则可用燃气割具切除 6mm,或割至母材随后即刻打磨钝平。

令人记忆犹新的"亚历山大·基尔兰德"(Alexander Kielland)号半潜式船灾难事故就是由于一个临时出入口的密封焊接未按标准焊接工艺操作,日后逐渐在主导管撑柱上形成一个疲劳裂缝,最终导致该船发生倾翻,酿成一场严重的人员伤亡事故。

关于导管架建造更为详细的叙述可参见第 4.1 节。

11.3 装载、绑扎和运输
Load-Out, Tie-Down, and Transport

岸上制作好的导管架必须运输到海上施工现场。典型的运输方法是把导管架滑送到下水驳船上(见图 11.3)。下水驳船坐卧在船坞底预先刮平处理过的沙垫层上。下水驳船设置了足量的水压载舱,能使下水驳船即使在满潮时也不会浮起。

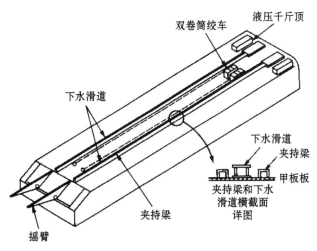

图 11.3 下水驳船

对于特重型的导管架,或在下水驳船因搁浅(底)水位太深,或潮位变化过大时必须保持漂浮状态的情况下,必须不断地对驳船增加压载,以保持平稳且与岸上的下水滑道形成一个恰当的仰角,使导管架的重量逐渐平稳地传递到下水驳船上。利用计算机控制压舱能获得最好的效果(见图 11.4)。

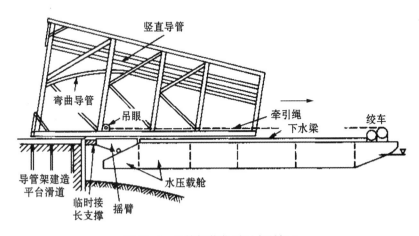

图 11.4　导管架装载到下水驳船上

美国石油学会 API RP2A 标准第 2.4.3b 节要求"当结构借助滑道或轮式小车在枕木支撑的轨道上水平移动到运输船上时应检查结构重量由于滑道或轨道的坡度变化和运输船吃水变化可能会导致下水驳船上局部荷载增加。因为导管架的移动速度缓慢,所以一般无需考虑受冲击力影响"。下水驳船一端紧靠船坞,通常是利用驳船外侧端上的绞车(使驳船自身与船坞拉紧)把导管架拖上驳船。也可选择将驳船固定系泊在船坞上,选用的绳索必须结实足以克服导管架的摩擦力。然后利用千斤顶、螺杆或岸上的卷扬机把导管架拖上驳船。如果在岸上导管架建造平台滑道和下水驳船下水梁之间使用临时接长支撑,则该支撑置于重压下,因此其必须足以结实以免在受力时弯曲变形,以支撑侧向反冲力。

在海流、风或过往船只伴流引起的横向运动下必须保证下水驳船的安全。导管架拖入下水驳船时必须保持与驳船精确对准。为此,在诸如水深等因素允许的情况下,通常应在装载前先将下水驳船搁底。大型的现代下水驳船都具备多个水压载舱和泵水能量以使驳船能保持在一个适合的纵倾和吃水。

导管架装载到下水驳船过程中,在岸上建造平台滑道要将导管架支起,通常是支撑起导管架的两个内腿柱。支撑件用板材加强起纵桁作用,能传递接点之间自由跨距上的导管架重量。这种支撑件也可转用作为大型桁架的下弦杆。诸如,利用基础平台的斜撑柱(通常是添加对角斜撑柱)能使其横跨各支点,特别是在导管架一部分已在驳船上,而另一部分还在建造平台滑道的情况时(见图 11.5)。

图 11.5 希瑟(Heather)号导管架已准备就绪装载到搁底的下水驳船上;
苏格兰因弗内斯(照片由 J·雷-麦克德莫特 SA 公司提供)

导管架在滑道上的初始摩擦阻力高达 10%,尤其是导管架竖起时其重量持续由滑道支承。在多数情况下,开始装配导管架时都是借助沙箱千斤顶将其顶起在滑道的上方。也可利用液压千斤顶抬高导管架以取出下面的垫块。下水时,导管架放倒在滑道上。为减少滑动摩擦,通过在硬木上涂上润滑油脂,或在钢表面上涂上重润滑油,或者甚至利用内充填纤维,外包覆特氟隆的垫子使摩擦阻力减至到 1% 或以下。

导管架装载作业流程检查表如下:

(1)导管架装配是否完整?是否以下水时的导管架实际结构为基础,对结构的装载应力进行了分析?

（2）分析时是否把直导管和弯导管都假设为相同的结构形状和同样的支撑条件？导管尤其是弯导管通常是在岸上装配和固定在导管架的骨架上，反之，竖直的导管则一般是在离岸现场通过导管导向安装。鉴于在装配过程中，决定安装导管的数量、方向和时间经常改变，因此其支承和支承荷载可能与早期设计的不同。

（3）下水驳船是否已安全可靠地系泊在装载船坞上，且在装载导管架时驳船不会挪动？驳船系泊是否能恰当地防止横向移动？

（4）若在驳船滑道和建造平台滑道之间使用了压杆，则压杆是否对准和支撑，以防下水时的反冲力？

（5）是否对牵引钢绳、卸扣和眼板进行了检查，以确保安装不会在装载过程中发生意外？

（6）下水驳船水压载控制是否恰当？如果在装载过程中潮位发生变化，是否准备了压载布置预案？导管架重量传递到驳船上时是否调整压载，控制是否恰当？

（7）导管架下水时压载校正是否反复、逐步进行？是否有清晰的涂漆标志，以使每次压载停止泵压时都能正确识别？

（8）如果导管架装载是在水路交通频繁或潜在频繁的航道区域进行，是否已向海岸警备队申请通知届时过往的船只停止航行？是否专门配备了一艘小艇去阻止那些未收到通知的私家汽艇或拖船？

（9）拖船是否待命？一旦拖船发生故障时是否有应急备用拖船？

（10）是否检查了天气预报？飓风发生的突然性尤其危险。

（11）是否建立了清晰的监管与控制流程？是否检查了无线电通话频道？

（12）是否通知了海事检验人员到场？是否通知了业主代表、商品鉴定代理到场并征得他们的许可？

一旦导管架放置到驳船上必须按航海调整压载。在装载到驳船过程中，驳船的多个压载舱仅部分压载，以控制驳船的仰角与纵倾。待导管架完全由驳船承载后无需再考虑驳船的仰角与纵倾，压载舱可部分卸载以适合海上航行状况的需要。

压载舱正常情况时若不是满仓压载，那就应是空舱压载，以避免舱内出现自由液面和晃荡效应。驳船的吃水和干舷的选择需谨慎，以使驳船获得最大的稳性，特别是防止导管架腿柱，类似突出的舷外支架，在驳船横摇时浸入到海水中。调整纵倾以使获得最佳的拖拽航行速度并保持拖航时航向稳定。通常,驳船尾部纵倾向下。

上述提及的注意要点适用于下水驳船从装载船坞滑入到不受限制的大海时的情况,而在内陆航道和海湾水域下水时经常会出现各种需加以注意的不同情况,需根据现场和导管架的具体情况处理,例如:

(1)浅水或河口浅滩可能会限制吃水,甚至平纵倾。

(2)狭窄航道要求导管架伸出的架腿其净高足以高过船墩、船台,甚至船坞。

(3)固定的桥梁会限制通行净高,有必要通过压载加深吃水,有时会使船艉纵倾严重下降,甚至到会淹没船艉的程度。由于这样会降低横稳性(水线面减小),因此对这种状况的检查应特别小心。这种压载吃水的控制程序在运送尤里卡(Eureka)平台通过圣弗朗西斯科湾里奇蒙德-圣·拉斐尔(Richmond-San Rafael)大桥下的案例中得到了成功的实施。该平台通过时距桥梁底板纵桁的净高仅1m。

(4)在临界状态时可通过选择潮位以获得最佳效果。还必须考虑到潮流大小,配备足量的拖驳能力,以在未能保持拖船适合通过条件时将驳船拖住并拉回。

(5)侧面吹来的风会使驳船横倾。如果导管架腿柱在底部的跨距是50m,即使二级的风力侧倾就能使导管架腿柱的高度增加1m,或使吃水增加0.5m。驳船一旦能满足这些约束条件,就可压载出海。

(6)尽管驳船很刚硬,但仍属于柔性构件。导管架则较驳船更为刚硬。因此,驳船压载调整应在导管架海运绑扎索具固定之前进行。若备有二套压载方案,一套用于内河拖运,另一套用于海上拖航,则在改变压载方案时应将绑扎松开,以防止导管架腿柱受力后弯曲变形。

绑扎固定应在导管架装载到驳船后,拖运出海之前进行(见图11.6)。绑扎索具是承受静荷载和循环动荷载的主要结构系统。为此,必须根据预期的驳船加速度、横摇角和纵摇角,按该区域十年一遇季节风暴拖运设计,计算出相关的重力和惯性力。由于承受的是动荷载,故冲击必须降至最小,且必须考虑腐蚀环境中的疲劳强度。绑扎索具在海上每天要承受约14 000次周期循环荷载。疲劳强度已成为远程拖航需重点关注的问题(见图11.7)。

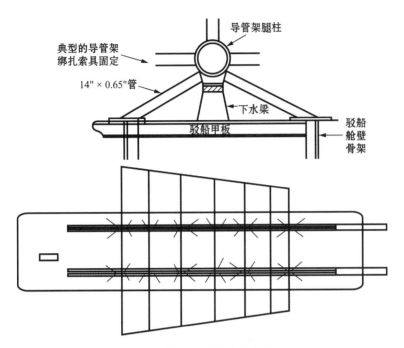

图 11.6　驳船上导管架绑扎索具固定

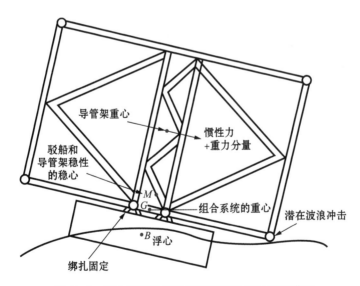

图 11.7　下水驳船连同导管架遭遇风暴时严重横摇

惯性力,由于垂荡、横摇和纵摇引起的加速,取决于驳船连同船上导管架的响应周期。重力荷载决定于纵摇或横摇的最大角。风荷载虽然仅占全部荷载的很小部分,但也得予以注意。

对于适中海况下的典型短途拖运而言,下列标准值可用于绑扎索具设计:

- 单幅值横摇 $20°$;
- 单幅值纵摇 $10°$;
- 横摇或纵摇周期 10s,双幅值;
- 垂荡力 0.2g。

设计荷载根据垂荡+纵摇或垂荡+横摇所产生的力进行计算。

对于远程拖运,或在一年中的风暴多发季节,应特别注意对天气情况和可能承受的综合合力的研究。利用海上规则波和不规则波模型试验测量驳船在不同首向时的运动和所承受的力。典型的模型比例为 1:50 或更大。

与模型试验和实际运行性能相关的计算机程序已开发成功。这些程序应用于常规的标准型导管架拖运相当可靠。它给出了驳船在不同首向和海况时的响应有效值,由此可求出其极限值。如果利用弹性分析,则通常采用美国钢结构学会(AISC)给出的许用应力作为响应有效值,无任何短期持续荷载增加。若采用载荷因数分析,则应选择适合于所取的有效值和极限值的载荷因数。如果在拖运期间遇到寒冷天气,那么绑扎索具的钢材料必须耐低温变化影响。

绑扎索具是将导管架与驳船绑扎连接的结构件。因此,绑扎索具与导管架的连接点必须能承受上述的力。驳船的结构与绑扎索具的连接点也必须具有足够的强度。一般而言,这就意味着连接点必须穿过甲板与内舱壁或甚至与驳船舷壁形成剪切连接。通舱孔必须水密以防海水进入。

钢丝绳因在循环荷载下会延伸并松弛,故绑扎索具一般不采用钢丝绳。在要求柔性弯曲处选用钢链条。楔块即使已拉紧还必须在原地焊接固定,否则其在反复荷载下也会松开。为此,在绝大多数情况时采用如大直径厚壁管作为固定结构件与驳船刚性焊接加强。采用适当的双层加强板、扶强材或承重梁可分散抵消对驳船甲板上的冲击载荷。

像离岸中转码头所用的浅水导管架短而粗,通常会呈垂直装载到下水驳船和运输,而不是侧卧。在这种情况时,导管架腿柱下面或侧向临时用钢纵桁支撑,将导管架滑入到驳船上。由于这种类型的导管架重量一般在 1 000t 以下,故装载力不会过大。但因为导管架上的下水梁是临时的，所以必须对下水梁可能存在的偏心和腹板弯曲进行检查，并提供足够的侧向支撑。由于导管架一旦上船是装载在临时的纵桁上，装载时具有动态分力和侧向分力且纵桁并非一直保持垂直，因此必须对驳船的有效响应作全面的检查。

第三种装载下水方法是采取自漂浮法（self-floater）。这种情况时，导管架是在一个干船坞内或浅水港池上建造的。一侧的导管架腿柱直径特意制作得很大，为整个导管架提供浮力。此外还可提供附加腿柱或浮箱。例如，根据导管架结构功能服务目的要求设计的一侧腿柱直径为 2m，而另一侧腿柱的直径制作成 8m 或者甚至是 10m，以提供必要的浮力使导管架能自行漂浮。

这种自漂浮卸载方法已成功应用于加利福尼亚海岸的若干离岸平台，北海的布伦特（Brent）A 平台、岁斯尔（Thistle）平台、南尼尼安（Ninian）平台和马格纳斯（Magnus）平台，以及新西兰的毛伊（Maui）A 平台和阿拉斯加的"漂流河"（Drift River）离岸中转码头。

英国标准学会操作规程 BS 6235 强调：因为港池内是进水且通大海的，即使在低潮时港池中的水位也不会"降至最低或露底"，所以确保自漂浮导管架何时能在港池或干船坞建造是重要的。为能确保这一点，在港池或船坞完全进水之前，通常对导管架结构加压载使其保持负浮力，直至漂浮下水那一时刻。然后，导管架在涨潮时减压载并在高潮或接近高潮时漂浮下水。

同样，也可将管状形浮筏临时固定在导管架结构上以提供临时浮力，在导管架安装后再行拆除。这种方法成功地应用于北海的 BP 福提斯（BP-Forties）油田的平台和澳大利亚的北兰金（North Rankin）A 平台。目前，在导管架扶正和安放施工控制过程中经常使用临时浮箱作为导管架的一部分，如北海的希瑟（Heather）平台和加利福尼亚海岸的尤里卡（Eureka）平台。

自漂浮下水运输方法的明显缺点是，随着永久性导管架腿柱直径的增大，平台投入运行后所受的海浪和地震的冲击力亦增大。其显著的优点是能消除装载和下水过程中施加的力，且作业成本低。无需下水驳船和绑扎索具（海运绑扎固定）。

虽然使用临时浮箱或浮筏能帮助消除导管架下水和运输中的诸多不利因素，但对临时连接却提出了新的要求。即临时连接不但要能承受导管架运输和安装过程中产生的动态冲击力，又要能耐海盐水环境的腐蚀加速疲劳，还得在导管架安装就位且通过钉桩在海底锚定后容易脱开。

如果设计恰当，自漂浮箱可作为驳船的船体并通过导管架骨架加强。腿柱的增宽能使横摇响应减至最小。从日本拖运至新西兰的毛伊(Maui)A 平台仅以很小的损失成功地经受了一次台风的考验。自漂浮装置也曾安装在下水船台上如同船舶那样下水。

当然,由于导管架部分受浮力支持,部分受滑道支撑,因而在下水过程的短时间内会产生剧烈的弯曲应力。更为严重的是当导管架在外端向上转动时,支承力都集中作用在导管架的上端和滑道上。侧向下水过程中产生的剧烈载荷较少,但导管架在下水时必须采取防转动措施。必须对自漂浮装置的中拱-中垂和尾部的海上受力响应进行分析,前者产生弯曲,后者产生扭转。如同对驳船那样,必须对承受浮力的大直径腿柱和内部隔舱的水密性进行检查。

拖运绑扎导管架的下水驳船或自浮式钢导管架的作业计划必须特别谨慎,因为这种笨拙的结构物在运输过程中对海上风浪情况的变化十分敏感。日本曾多次成功地将导管架拖运至远隔数千海里之外的加利福尼亚、阿拉斯加、新西兰和澳大利亚。鉴于拖运的速度本来就很缓慢,拖运的航期长达 30 天甚至更长,这就有可能在拖运途中至少会遇到一次夏季风暴。

应尽量选择恶劣气候和风暴发生可能最少的拖运航程,尽可能避免复杂的航道,并借助有利的水流。通常由两艘拖驳实施拖运,以防途中发生事故并便于在尾部对拖运更好地控制。在任何情况下,航海途中多准备一艘船总是明智的。设计拖运航线时也应考虑到在遇到大风暴时有一个可避风暴的海区。

应根据来自权威航海气象服务机构的有关海洋天气预报,选择尽可能最佳的拖运航线。首先从安全角度(即避开风暴)考虑,其次尽可能使拖运时间减至最短。气象服务机构每天向拖驳船长报告 72h 内的海上气象预报和改变航线的建议(若有必要的话)。反之,拖驳上的船长应向航海气象服务机构及时报告本船的位置、速度、航向、天气和海况。

拖船大小的选择,部分是根据其功率和系柱拉力,部分是按其自身船型确定的。对于长距离远海拖航而言,拖船应有足够的长度和吃水,反之,如果拖航要经过交通过往频繁的水路或邻近其他的结构物,则吃水小且最好是装备艏侧推装置的短船更合适。长距离远海拖船应甚至能在水深 15in、风速 40kn 和流速 1kn 的海域,持续以 2~3kn 航速沿拖运航线拖曳驳船。

在恶劣的风暴天气,即使前进船速为零或负数,拖船也得要能保持船艏向。某些情况时,拖船会放松拖缆让被拖驳在下风处自由漂流,以让拖船安全渡过风暴的侵袭。当风暴减缓时,拖船重新收紧拖缆。这也就是尾部总是拖着一根尼龙或类似绳子的原因。在适中的海况拖航时,尼龙绳收起用作备用系船索和三角信号旗的挂绳。在逆潮流和复杂的狭窄航道处,或在阵风袭击的岛屿或陆地附近需用较大的拖船,有时还需要更多的拖船。

当 BP 福提斯(BP-Forties)平台拖出苏格兰东北的马里湾(Moray Firth)时,两艘牵拉拖船再加上两艘在被拖驳船艉部的顶推拖轮向后拖拉,以使自浮式导管架减慢拖行速度或转变方向。这种拖船的艉平台必须选择或改装得足够高,以使艉部不会进水。机舱舱口盖必须关闭锁紧,艉井应配备良好的排放系统,一旦有海水进入艉部须保持排泄畅通。

导管架在驳船上的防倾覆稳性是导管架设计考虑的重点。不仅是考虑到导管架的重心高,还应考虑到当伸出的导管架腿柱被海浪波峰淹没时可能承受的波浪力瞬间冲击。稳心高度仅对于静横倾角的稳性测量有效,可将其看作为用于确定加速度和稳性的初始近似值。为能抵御海上风暴和确保船的稳性能防止倾覆,必须绘制复原力矩与横倾角对比图。通过对驳船、压载和导管架重心的计算,并对部分注压的隔舱的自由液面效应进行修正后,可绘制出抗倾覆的复原力矩曲线图。

进水角是指水进入压载舱通风口的角度。为防止此类事件发生确保压载舱安全,经海事检验人员同意,可在航海所需压载完成后将通风口盖住。注意:在注入压载水时通风口必须打开,否则会因压力过大而使结构损坏。然后才能盖住通风口,直到驳船返回到港口。通风口盖要涂成红色。

风倾力矩通常是基于拖运过程中期望的最大速度:稳定状态+狂风。假设夏季航行速度为 100kn(50m/s)。垂直重心对导管架的实际重量和海上拖运的绑扎固定很敏感。

就大型且重要的导管架的拖运安全,尤其是从下水安全上考虑,要求对导管架重量进行严格控制。这包括对管状构件的外径和壁厚的测量,后者一般往往发现已接近允差的上限。吊眼、海运绑扎固定、导管导向、仪表板和防沉板等都必须计算进去。焊接材料也是一个特殊问题,焊材重量应根据焊板试样所用焊材的重量计算,实际所用焊材的重量通常大于焊接施工图上标注的最低重量。对导管架实际重量严格控制的原因无疑是由于考虑到重量产生的量级效应,即在导管架上端即使增加很小的重量也可能产生一个大的 $\overline{KG}$(垂直重心位置)。

在驳船离港之前,验船师通常要求对驳船进行倾斜试验。将已知的重量块放置在甲板上,按距船中线的一定间距移动重量块并测量。利用船横倾角确定稳心高度 $\overline{GM}$,根据稳心高度可确定垂直重心位置 $\overline{KG}$。$\overline{KB}$ 和计算公式中的系数 I、V 均为几何特性,可通过在驳船的 4 个角仔细测量吃水取得。测量吃水的前提条件是内部隔舱内的自由液面都必须测量记录。

近来,验船师越加担心的是,当驳船的一个外部隔舱可能进水发生破舱情况时的稳性。例如,拖船的碰撞、浮冰或漂浮物的撞击和压载舱内的管道破裂都可能使这种情况发生。对驳船在这种情况下的稳性和横倾作评价时通常会忽略风的影响或假设为和风,并以驳船下甲板的边缘不能低于水面为标准,即不能超过复原力矩曲线的最高点。

如前所述,已开发的计算机程序能预测在海上拖运过程中导管架与驳船的组合载荷和两者产生的应力。其中的一个由 Noble-Denton 合伙人公司开发,称之为 OTTO 软件,开发的程序能预测设计风暴中的最大应力和整个拖运过程中的循环荷载所产生的疲劳。该程序考虑了重力、浮力、风和流力、以及由波浪产生的惯性力和水动压力。随着拖航的路程越来越远,海况更恶劣,大型导管架的惯性加大,拖运过程中所产生的疲劳问题愈来愈引起关注。譬如,在从日本至加利福尼亚的导管架拖航过程中,许多接合点(节点)耗尽了大部分耐疲劳强度。尤其是自浮式导管架应特别注意疲劳问题。

像在北海那样的半受限制的海域拖运导管架时,应根据气象预报实施突发事件防范计划,包括指定的风暴应急避难区和由 A 区向 B 区行驶的计划等。

有关海上拖运过程中导管架掉落的事件是发生在从苏格兰向巴西的拖航途中。导管架在开始航行不久就沉入了北海。这一沉入事件损失影响的本身远远超出了导管架的价值。它意味着现场投入生产至少得晚一年,还包括严重的现金流转和利息损失。大多数导管架掉落事故发生的原因可归纳为下述的两者之一:一是由于海运绑扎索具紧固件断裂导致惯性力增大使导管架移动所致;二是甲板的水密性遭到破坏,常见的是绑扎索具固定处进水,有时是海水灌入人孔或通风口使舱内有自由液面导致失去稳性。部分隐蔽在导管架腿柱下面的人孔入口处进水往往是事故的根源。

11.4　从运输驳船上搬动钢导管架:吊起;下水 Removal of Jacket from Transport Barge; Lifting; Launching

为浅水设计的小型导管架通常直接利用一或两艘起重船(起重驳)起吊和

定位放置到海底。吊索系在导管架上,将绑扎索具和临时垫架的接头割断松开(见图 11.8)。在长周期涌浪受浅水影响增幅或缩短处,起重船与运输驳船之间的运动差异明显。

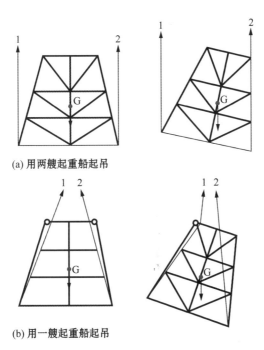

(a) 用两艘起重船起吊

(b) 用一艘起重船起吊

图 11.8　导管架起吊,吊索系在导管架重心之下:(a)两艘起重船;(b)一艘起重船

接头割断松开时,索具绳索必须适当放松。因大多数的割断松开操作是由手工完成的,故操作步骤应预先计划且小心进行,以免对人员造成伤害。垂直导向短柱应预先安装在装载现场,一旦接头割断松开可防止导管架侧向位移。把这些垂直短柱联结起来可构成作为绑扎索具固定架的一部分。为能经得起冲击,垂直短柱联结必须完全拉紧。导管架上配备的止链器能起到辅助拉紧作用。当绑扎索具割断后,仍能借助止链器从侧面将导管架拉住。接着利用可遥控操作的动力(爆发式)割刀将钢链割断,并通过液压将定位销拔出。

导管架所用的吊索最好能系在导管架的重心之上,以使导管架在吊起时基本上呈垂直状。此时,只要能试图捕捉到一组较低涌浪或波浪,待起重船开始翘头到浪峰的瞬间快速起吊。危险的时刻是在起吊后的第一个浪峰,这时的导管架可能会再次触碰到驳船和导向柱。为此,导向柱应尽可能矮短以防接头割断松开时导管架侧向位移。沿导向柱的顶端焊接一排斜护板,能使导管架腿柱若在第二次抬起触碰导向柱时的冲压力减至最小。

有时,导管架的高度与吊杆的长度比使得吊索未能直接系在导管架的重心之上。为获得一个合理的延伸角度,吊索只能系在导管架的重心之下。这是一种动态的不稳定起吊模式,因为如果荷载发生转动,则恢复力矩会减小。

认识到这一不足,但如果吊索系固点之间相距较远的话,这种起吊模式仍能安全使用。必须考虑到的是,导管架全部载荷的大部分可能会集中在单边吊索和系固点上,而这会对导管架骨架产生很大的应力。例如,两艘起重船面对导管架同时起吊就会发生这种危险的吊装情况。吊索或起重缆绳也能以穿过导管架腿柱的方式,使任何的载荷倾斜所产生的反作用力都作用在缆绳上。吊索或起重缆绳须系固适当,以避免被锐边磨损或割断。

以墨西哥湾的一个浅水导管架为例,该导管架由侧向滑入到下水驳船上。在现场吊起并放置到海底。预先系固的吊索允许重新安装吊钩,以使导管架能从端部重新吊起翻转呈垂直状放置。提请注意:若干吊索在导管架翻转过程中将承受全部的载荷,为此,在吊眼和导管架骨架应力设计时必须考虑到这一点。

通常认为,预先在装载场地系固吊索对于任何方式的离岸导管架吊装都是有利的。这样,当驳船抵达现场时吊索的吊眼可由抛绳快速抬起并置于吊钩的角端上,作好起吊的准备。在起吊的最初阶段必须使用标志绳以使起重船上的人明白,需保持导管架略向内朝起吊船拖些,防止导管架摇摆。

由于导管架很重且吊装的复杂性,通常是先将起重船在现场定位和系泊。拖驳(运输驳船)位于起重船的艉部并系泊。接着可将导管架自由吊起,把拖驳断开后拖走。这时,导管架下沉到海底。这样可使驳船和吊杆所需的摆动减至最少,并使起重船艉部保持抬起以达到最大起吊能力和最小横摇反应。

高度超过 30~40m 的导管架从运输(下水)驳船艉端下水。下水的导管架重量超过 50 000t,长度超过 400m(见图 11.9 和图 11.10)。这是离岸施工中最引人注目的导管架下水作业之一,迄今已成功地实施了几百次。但在下水过程中也发生过若干起导管架损坏和掉入事故,这亦表明导管架下水作业的风险和动态特性。

下水过程本身比较简单。在海面风平浪静时,驳船船艉抬起。将航海绑扎索具固定件割断松开。艉部加压载使船形成一个 3° 或更大的角度。然后利用艉部基座上安装的卷扬机缆绳将导管架从艉部向前拉至船艏。对于大型导管架和专用下水驳船,导管架可借助液压千斤顶顶推。当导管架移动到下水驳船

图 11.9　吊起预先装好吊索的导管架(照片由华辉国际提供)

图 11.10　希瑟(Heather)平台下水(照片由 J·雷-麦克德莫特 SA 公司提供)

艉端下水处,离开驳船的艉部,最终到达一个点,而在这个点上载荷的中心远离了摇臂的销钉。随后将摇臂旋转到其限制点(通常约 30°),这时导管架顺着摇臂滑入大海。

在艉部因导管架卸下入水而翘起的同时,导管架对驳船产生一个强大的水平反作用力,使驳船纵荡前冲。如果是人工操作,则必须对靠近船艉的人员标志一条安全线,以避免被驳船剧烈的颠簸甩入大海。目前大多数现代化施工都采用无人遥控作业以避危险。也可通过拖驳上的脐带管心缆(操纵缆)或无线电通信操纵控制下水作业系统。

导管架在脱离驳船时,同时具有向下和旋转的动量。因此,导管架在下水后缓缓恢复呈水平状态之前,先是沉入海中,有的甚至沉入得较其法向对角线长度更深(见图 11.11)。大多数导管架都设计成把自漂浮装置附装在顶端腿柱上的自浮式导管架,约一半潜入水中。它意味着干舷(高度)仅是腿柱直径的一半。

图 11.11 导管架从下水驳船上下水(照片由 J·雷-麦克德莫特 SA 公司提供)

这使得下水作业时导管架的起始摩擦力可能会相当高,其后果是要求提供更大的拖拉力,或导管架下水所需的顶推力得大于其装载时所需的顶推力。导管架向下移动到下水滑道时的重量先是逐步增加在两个越来越短的中心导管架腿柱上,直至最后全部载荷都压在摇臂上。此时,导管架一部分翻转入水中,分别由两部分支承:海水和摇臂。导管架继续滑动,整个载荷的大部分由两根腿柱支承,直到导管架最终自由滑入水中。为此,通常要求对导管架腿柱进行加强,以使其能承受弯曲和载荷局部集中。注意:一般而言,在摇臂转动时的垂直载荷最大,此时部分额外的摩擦力会平行地施加在腿柱上。

下水过程中可能会发生的最糟糕的情况是导管架向一侧歪斜。由此,不但会使驳船倾斜引起导管架摇摆,而且会在导管架骨架上产生载荷。这些载荷将发生在导管架骨架上的哪一个位置点和其大小则是在设计中未曾考虑的。导管架的摇摆倾向部分是由于驳船船艉翘出水面使载荷的中心位移,即导管架向后移动减小了水线面惯性力矩所致。

驳船上的导管架在初始运动过程中向艉部移动,直至其重心到达摇臂销。通过控制千斤顶/牵引装置和两个导管架中心腿柱的侧向钢导板能使导管架基本保持与下水滑道对准。必须安装能反馈测量信息的仪表,以验证导管架到达摇臂时的位置对准。

导管架翻转滚入水中时,其腿柱、交叉构件和临时浮箱上都会受到冲击力(类似波浪冲击),有被撕开的可能。预先安装在导管架腿柱或套管内的桩也会因受惯性力而下沉。在北海马格纳斯(Magnus)平台下水作业案例中,有的预先置入导管架腿柱的桩将腿柱的临时支撑撞断。桩沉入海底受到严重损坏。

以往导管架卸载到下水驳船和下水都是以导管架的下端(底部)先下水的。相反,也有以导管架的顶端先下水的。近来的导管架下水作业倾向于以导管架的顶端(底部)先下水(见图 11.12)。

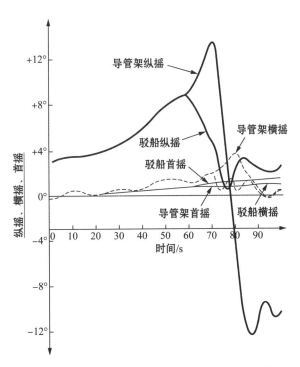

图 11.12　大型导管架下水过程中的运动响应(图片由 J・雷-麦克德莫特 SA 公司提供)

　　导管架的许多管状构件分为水密的和空的,作为结构漂浮提供所需的浮力。管状构件受静水压力,主要是环向应力的作用,但也会由于端部的静水压力引起轴向压力使得受力情况更为复杂,故需要附加环状的加强筋以抗衡上述的复合应力(见图 11.13)。在下水过程中当水流冲过导管撑柱和腿柱时,管状构件和临时浮箱也会因水流的拖拽而受到椭圆力。抗屈曲设计时必须考虑管状构件的初始失圆变形。

图 11.13　导管架下水

　　显然,控制导管架的重量及其分布对下水过程是非常重要的。这就是为何要详细计算有关壁厚、直径、焊接材料、临时扶强材、防沉板、导管、桩等的变量(化)。在浮箱侧应对其外径进行全面彻底的检查,一般来说,圆周更容易测量,其测量值足以形成计算浮力的基础。曾经发生过几个为数不多的案例,由于计算不当和过于简化致使导管架因下水时的惯性而沉入太深。这些沉入过深的导管架又因作用在构件上的超静水压力而发生内爆裂。如上所述,下沉最深的腿柱承受着作用在端封盖上的圆周和轴向静水压力的复合应力。

　　导管架下水区域必须达到足够的水深,这样就不会有导管架触碰到水底的危险。还需考虑到下水的动量和导管架的对角线长(见图 11.14)。曾发生过几起导管架腿柱碰撞海床受损的事故。

　　已经开发的计算机程序可用图表描绘整个下水过程。该程序还可给出下水过程中在导管架各构件和下水驳船摇臂上产生的应力情况,能对导管架下水的整个动态过程进行详细检验。但需注意,这些程序的有效价值仅取决于其输入的数据。下水过程的实际动态特性对导管架的重量和浮力的总量与分布的

图 11.14　本州(Hondo)平台导管架下端腿柱的四周加强

即使是相当微小的变化都是非常敏感的。应用计算机程序能对下水过程实行控制,这对于深水平台越来越重要。

　　设计用于浮力装置的管状构件必须确保水密。交叉导管斜撑焊接通常要求焊缝饱满水密。应留有注水孔,对那些自由进水的管状构件应设有透气孔,对于那些安装后需临时用作漂浮和临时用作进水的管状构件应配备塞子。注意:注水孔和透气孔的分布位置和细节必须经过导管架设计者的确定和/或认可,因为这些孔的部位在工作循环荷载作用下会应力集中或产生初始裂缝。打桩穿过的套管或腿柱的底端一般用加筋氯丁(二烯)橡胶腿柱封盖封住。打入的第一根桩将穿过封盖。

　　以上所述的是指从下水驳船从艉端开始下水,即"艉端下水"法。这是一种为适合导管架典型构造而常用的方法。然而,正如船舶侧向下水对其船体严重受损的影响较小那样,导管架侧向下水(若可能的话)所受的力也较小。对于矩形断面且整个横截面均匀的拉索塔或者呈矩形横截面的离岸中转码头的装载和防撞平台导管架,侧向下水方法非常实用。最近来自日本方面的分析表明,只要导管架还在下水驳船上时提供适当的导向,侧向下水对于锥形导管架也同样实用。

　　利用若干横向下水用的短纵桁,可减小作用在导管架骨架上任意点上的载荷。通过调整不同的压载能使驳船横倾 $5°\sim7°$。将相对小的摇臂用销钉固定在驳船侧面。然后再将导管架顶推或牵拉到驳船的下侧(底层甲板)上,接着松开全部约束件,仅位于两端的各一个约束件除外。这两个尚留的约束件必须最后同时割断。导管架滑动和滚下,并冲击下水驳船侧向。这种横向下水方式尤

541

其适合于很长的导管架下水,如用于拉索塔系统的 500m 长的导管架。

布朗(Brown)和鲁特(Root)开发了双驳船导管架下水系统。其中的一艘下水驳船,按艉端下水法,支承导管架的底端部分,直到驳船上的摇臂使导管架的底端释放(脱离驳船)。此时,导管架底端先沉入水中并翻转,随即导管架的顶端部分滑离另一艘驳船。这种双驳船下水系统使导管架的底端部分承受相当大的集中载荷,因此,导管架的底端部位和摇臂必须重点加强(见图 11.15)。

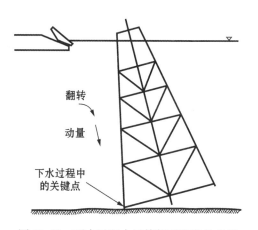

图 11.15　下水过程中导管架对海底的碰撞

最近计划的方案是,利用一艘下水驳船来承载导管架较重的一端(底端),借助临时浮箱使导管架顶端能自浮。按这个方案,导管架底端的支撑和摇臂得承受非常大的集中载荷。摇臂必须排列成能进行 90°旋转。滑靴安装在导管架端部的支撑内。导管架扶正后,其顶端的临时浮箱易被拆卸。

与上述方案截然不同的另一个方案是,导管架顶端由一艘常规的下水驳船承载,导管架底端则借助于自浮法。这样,下水与扶正相结合,导管架顶端的翻转就可以常规的方式进行。由于增大的腿柱或浮箱此时处于水面以下很深的位置,受到的波浪力很小,注水后可长久地留在原位(见图 11.16 和图 11.17)。

麦克德莫特(McDermott)提出利用铰接把第二艘驳船连接在常规下水驳船的尾部。当导管架向后移动时,第二艘驳船转向下,为导管架倾斜落水时提供支撑。

由于提出的方案是为了在 500m 或更深处建造传统的框架式单导管架,用于至 1500m 的钻井塔,因此显然需要采用上述的创新下水方案。从一艘或二艘驳船上侧向下水看来较适用于深水结构物(见第 22 章)。

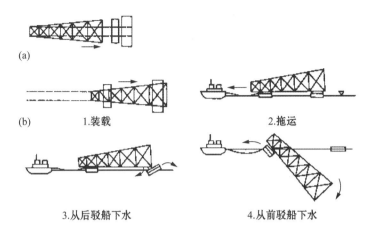

(a)

(b)　　　1.装载　　　　　　　　　　　　　　　2.拖运

3.从后驳船下水　　　　　　　　　　　4.从前驳船下水

图 11.16　双驳船深水导管架下水(图片由布朗和鲁特亦即埃克森公司提供)

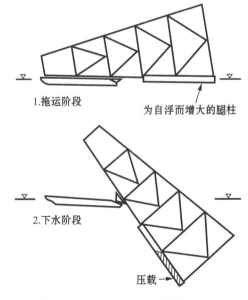

1.拖运阶段

为自浮而增大的腿柱

2.下水阶段

压载

图 11.17　部分自浮式导管架下水

543

11.5 导管架扶正
Upending of Jacket

常见的较小型导管架的扶正方法是通过调整不同的压载并结合离岸起重驳上的吊杆吊装完成的。尽管这样已能够很好地控制导管架的扶正过程,但还是有若干潜在的不安全因素。

首先,导管架自重已具有一个很大的实际质量,再加上一个几乎相同数量级的质量(水动力质量),因此它对驳船垂荡和纵摇引起的吊杆顶端的加速度并不起反应。该加速度随后会有一个典型的 6s 双幅值周期,这意味着当波峰经过时,是吊杆和起重驳被拉向下方,而不是导管架被拉向上方。由此,吊杆滑车上的钢绳索的弹性延伸自然会下降,所以要求尽可能使用足够数量的钢绳索。同样,吊杆和吊杆顶部提升索也存在绕性和延伸性。不过这一作业过程也只有在非常平静的海况时才是安全的。扶正作业用的吊索应预先系固在从水面上易接近的导管架上,以利于挂钩。

吊杆可对导管架的位置角度进行控制。但初始扶正力矩来自导管架腿柱下端的上部进水而形成的不同压载。当导管架翻转时,水可能会从导管架的上部斜撑导管中排出。

按 API RP2A 相关条款规定:"通常,水上扶正作业由起重驳结合可控制或可选择的进水压载系统共同完成。为此,要求对扶正作业阶段同时进行的吊装和进水压载操作步骤事先有计划方案。所需的封盖装置和吊装连接件等都应准备充分。进水系统设计时应考虑到能承受在吊装过程中会产生的水压力。"

大型导管架上装有相当数量的压载与控制系统,用于压载进水、透气,以及操纵各种阀门的液压管线。大型导管架不使用吊机,因为吊机可能超载的风险太大。

导管架扶正过程中产生的弯矩和弯曲力必需预先确定,以防止在导管架骨架中应力过大。扶正过程中任何内部空的或部分空的管状构件都必须能承受所处不同深度水压所产生的环箍力和轴向力的合力。导管架扶正时所处的条件和产生的力可能不必等同于下水和工作使用时所需的条件和产生的力。在弗丽嘉(Frigg)DPI平台发生的临时浮管破损事件,部分原因是由于未认识到上述合力可能产生的作用,从而造成导管架丢失。特别应注意,自浮式导管架首先会在扶正过程中受到很大的静水压力(见图 11.18)。

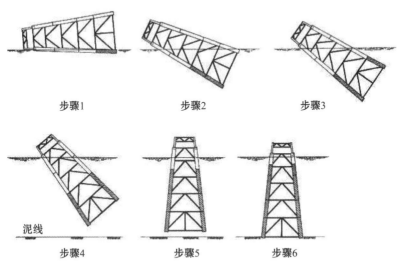

步骤1　　　　　　步骤2　　　　　　步骤3

泥线

步骤4　　　　　　步骤5　　　　　　步骤6

图 11.8　自浮式导管架安装

　　一种能抗衡高静水压力的方法是利用压缩空气为浮箱内部增压。在 BP 福提斯平台作业中,利用液氮释放的氮气对临时浮箱内部增压。

　　英国标准学会的固定式离岸结构实施规程 BS 6235 指出:鉴于受设计和操作的制约,应尽可能避免使用从内部增压平衡的方法。若确需使用,则应注意下列几点:

- 增压的速率不应超过结构承受因内部空气压缩而升温所产生应力的能力。
- 在任何阶段无需借助外来动力就能停止操作过程。
- 注意从液体中散发的气体,即液氮,其温度极低会使阀门冻住。此外,压缩空气温度会非常高,以致会干扰控制仪器和计算机的正常工作。

　　对较小型导管架吊装作业的操纵控制,诸如阀的开启与关闭,进水过程时的相关信息反馈,通常是借助起重驳上的脐带管心缆(电气-液压式)进行。常见的阀都装有弹簧闭锁,在动力或液压发生故障时能自动将阀关闭。在阀的入口设有遮挡以防杂物进入而影响阀的关闭。

压力传感器在构件进水时探测构件顶部压缩空气压力或底部水压的增长值,提供必要的信息。在吊装大型和复杂的导管架时,阀的位置指示器也会向驳船上的控制台发送信号。

随着导管架向大型化发展,其扶正过程大多已实行遥控作业,不用起重驳控制起吊。因为三腿柱导管架在扶正过程中常会横摇,所以使用吊杆的绳索不安全,再则深水导管架扶正时横向翻转的弧度太大使得吊杆难以跟上(见图 11.19)。曾利用脐带管心缆进行过扶正作业遥控演练,但由于导管架上端翻转时的摆幅过大弄断了脐带管心缆。因此认为无线电操纵控制更为可靠,且体现了导管架安装的现代化水平。

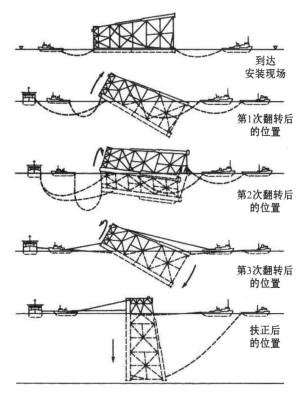

到达
安装现场

第1次翻转后
的位置

第2次翻转后
的位置

第3次翻转后
的位置

扶正后
的位置

图 11.19　岁斯尔(Thistle)平台导管架扶正过程(未标明压载顺序)

在导管架上端通常会有一个备用站台,出现紧急情况时可启用人工操纵控制。开始扶正时一般无人员在导管架上,随后可用直升飞机或船把人员送上导管架。为此,备用站台上应悬挂一部绳梯。

为深水设计的大型导管架显然要求有一个周密成熟的扶正作业计划,以避免扶正过程中在导管架骨架上会产生超应力。自浮式大腿柱可按其平面和长度展开细分。同样的细分方法亦可用于仅采用裙桩的导管架。允许腿柱内横隔舱盖分隔开。可向大型腿柱和临时浮箱内加压以抗衡外部静水压力。

扶正作业计划通常借助相关计算机程序编制。作业计划应考虑到导管架潜水分布的持续变化和施加的水压载变化。一个合适的作业方案一旦形成,则需做一个物理模型试验。模型试验的目的有两个:一是验证导管架在扶正过程中的运行状态;二是使驳船指挥人员、离岸工程师等关键人员熟悉这一复杂的动态作业程序并得到演练(见图 11.20)。

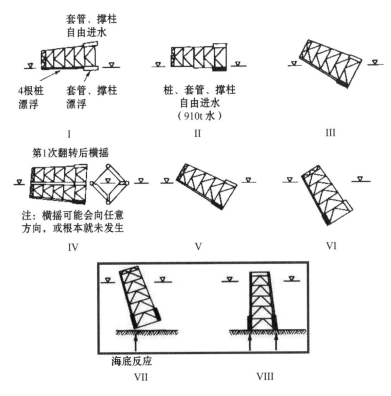

图 11.20　自浮式平台扶正(北海的南尼尼安平台,英国)

导管架扶正后呈竖立状态,吃水仅较安装位置吃水低 3～5m,缓缓地被拖至最终安装位置现场。在可能的情况下,导管架扶正应尽量在离最终安装现场最接近处进行。但导管架的对角深度可能会超过最终吃水深度。在大范围内深度都很均匀的海底区域,如北海的某些海底区域,会要求在靠近最终安装现场处扶正导管架,随后拖到终点位置。最终拖曳要求在靠近导管架的旋转中心处预先系上一根拖绳,以使导管架在拖向最终位置时保持垂直。拖曳力和速度要求降到最小。为了能省却或减轻这最终拖曳步骤,近来的趋势是采用临时浮箱使导管架能在靠近最终安装现场扶正。

11.6 海底安装
Installation on the Seafloor

为确保导管架能安装在恰当的位置,安装现场需有一艘离岸浮吊船(起重驳)。浮吊船在浅水区系泊可利用其船上自身的锚泊系统,借助抛锚艇进行。锚抛下后应将每根锚索拉紧一下,使锚恰好就位。浮吊船的最终定位和定向通过测量,主要是差分全球定位系统(DGPS)和电子测量确定,电子测量元件通常是键入在预先安装在海底的声响应答器中。

API RP2A 要求锚索长度足以达到现场的水深,锚和锚索的规格(重量)和形状能抗衡风、水流和波浪的最大合力。

在深水中,浮吊船自身锚泊系统的锚索长度也许不够长,为此应先设置系泊浮筒,再将浮吊船上的锚索系上。

API RP2A 还附有一段古怪挑剔的建议:若锚地地基抓力差或锚泊系统不完全合适,则浮吊船的系泊应能做到一旦锚发生滑移,浮吊船就会移离平台。这个规定也许适合于用沿岸设备建造的小型平台,或许最初的这个想法是应用于导管架已稳固就位后的施工后期阶段。但对绝大多的导管架安装而言,如何确定浮吊船的定向,使吊杆顶端的移动最少,这似乎才是更合适的。此外,待桩打入,甲板分段装好后,浮吊船必须能自行在有限的半径和扇形内定位。

幸运的是,第二套准则有时可适用于第一套准则。其中规定浮吊船(起重驳船)的艉部对着平台。导管架位置由浮吊船上的绳索导向,不仅控制其位置也控制其定向。

在现有的海底井口基盘上安装平台,要求十分精准和谨慎以防损坏井口基盘。虽然可以采用令人信服的重力基础,但常见的还是通过打桩固定井口基盘。其中的二根桩(或重力基础的定位桩)用作为导向标,其锥形顶部与导管架的锥形漏斗拟合。导向标在这个阶段通常从井口基盘分开。最终定位过程中可用独立的"缓冲"桩保护井口基盘。

导管架拖带到恰当的位置并漂浮,此时在导管架底端与导向标顶端之间保持若干米间距(净高)。为能在作业过程中对导管架的位置进行完全控制,第二艘浮吊船锚泊在距导管架较远处。

在这项技术发展的早期,导管架顶端系有导向绳并拉紧可用作位置和垂直的直观指示。如今有了成熟的声呐定位器和声响应答器,加上可安装在腿柱内的摄像机和测斜仪,可用完全信赖可靠的测量仪器替代导向绳。当然,应考虑备有一定的仪器冗余量,以防仪器万一发生故障。这时,导管架可缓慢加压载下沉嵌入导向标,然后继续沉向海底坐落在防沉板上。

无论是直接坐落在海底还是在井口基盘上,导管架此时必须临时由位于土表面或表面下的防沉板支撑。导管架在打入钉桩之前必须能自承。重要的是,导管架必须保持在一个允许偏差很小的水平状态,直到钉桩打入后。导管架底部的有效重量可通过压载控制。这样就能对导管架进行适度调整,还可能从浮吊船的控制绳索得到补充的力矩。

对于要求精确水平测量的大型导管架,可在导管架腿柱与防沉板的连接点内装入千斤顶。现有的桩支承的水平测量仪在市场上都能买到。在桩与导管架连接的同时,液压水平测量工具与临时固定导管架的夹紧装置协同工作。

桩打入时导管架必须保持基本水平,以免在桩上产生不可接受的高弯曲应力,所以桩打完后的水平测量仅允许相当微小的校正。为此,必须对这个阶段的土壤载荷状况进行谨慎的评估。导管架在这个阶段由底部撑柱或防沉板,或者由这两者共同支承。导管架的重量必须包括全部在安装过程中由导管架支撑的桩或导管。

土承受的压力必须控制在沉桩过程中的直接荷载和由波浪与水流引起的压力之总和的允许极限范围内。按 API RP2A 要求,若考虑到波浪作用,则许可在沉桩时土支承压力允许值增加 1/3。这可能在较小的导管架安装时大致可被接收。然而,对于大型结构安装,考虑到短期固结沉降和循环侧向与垂直应变作用,则要求作详尽完整的分析。为防止防沉板四周和下面受冲刷,必需铺设过滤织物和石块。

所有由土承载或支承防沉板的结构件都必须足以承受预期的最大承载,包括风暴引起的荷载。防沉板的设计应考虑故障模式,以确保任何结构故障都发生在防沉板上,避免对永久性的导管架腿柱或撑柱造成损害。

防沉板原先是采用厚木板与底部撑柱拼接扩大支承面积而形成的。当今,主要的导管架都采用由加筋钢板制成的防沉板,设计应谨慎考虑以能提供适合的承载能力。防沉板通常是根据底部轮廓特定配制的。在南加利福尼亚海岸的本州(Hondo)平台案例中,最深的那根腿柱与最短的一根腿柱的高程相差20m。这表明导管架必须精确定向和定位。

导管架还必须抗衡侧向位移。在承载力强的土中,抗侧向位移的能力会随着压载的增加而增大。尤其是当风暴袭来时,或者浮吊船不得不在导管架由桩完全固定之前暂停作业时,应增加荷载。另一种也许更好的抗侧向位移措施是将桩套管或导管架腿柱向防沉板下面延伸几米起到一个定位柱的作用。

在泥流区、沙波区和软土区,导管架设计深度要求贯入海底深至15m,以形成一个构架基础。这个要求同样适用于泥流层和地震时会发生液化的非固结沙层。一般通过增加压载就能使导管架腿柱和桩套管贯入软土,但导管撑柱则因其面积大而难以贯入。可利用水冲法,即通过预先安装在水平撑柱下面的水喷嘴将撑柱下面的沉积物冲洗掉并润滑撑柱侧面使其容易贯入。

对于典型的带有大型双腿柱或大直径桩套管的自浮式导管架,必需采取补充的贯入措施。可在腿柱或桩套管内装上水力喷嘴打碎土塞,并利用气压(动)提升或喷射泵(装置)把碎物排出清除。该操作可设计在桩闭口下面进行。

在新西兰沿岸毛伊(Maui)A平台的两个大型腿柱内安装了喷嘴和气压提升装置成功地把里面的碎物逐渐排出清除。

对于不良土,在早期阶段对导管架提供垂直还是侧向支撑难以选择时,可采取打入4根较浅的临时桩的方法。通过顶起、吊起或压载的方式使导管架处于水平状态,并与4根桩临时焊接。

永久桩中的4根桩是"临时桩",最初仅浅浅地打入。它们连同导管架一起运输,以助于导管架快速脱开和安装。有时这些临时短桩也可以是永久的,用作于侧向支撑的定位桩。在多数情况时,待所有的永久桩打入后把这些临时短桩割断松开,必要时拔起以释放任何可能存在的弯曲应力。随后再将全部的附件焊接上,把加长的桩打入至最终贯入度。

11.7　桩和导管的安装
Pile and Conductor Installation

　　这时,导管架暂时由海底支承,沉桩已准备就绪。有些桩段可连同导管架一起运输。先把预装的附件焊接上,然后如第 8 章中详述的那样将桩打入。有时,仅有少量的桩需借助浮船吊打入。导管架上的工作甲板可预先安装,或者现场安装。在工作甲板上可安装吊机,故以后的吊装作业都可以利用平台自身起重吊进行(见图 11.21)。

图 11.21　将桩送入导管架腿柱

　　现已设计的全自行安装平台在工作甲板上预先安装了一台人字行起重机。甲板和起重机整体装入导管架。导管架扶正时刚性腿会自行架设,从事取桩和打桩作业。这个方案是否适合任何特定的情况,取决于安装期间现场位置的可遥控性、离岸起重驳船的可操作性、海洋与天气状况以及地基土承受导管架临时载荷连同工作甲板、人字行起重机和生活载荷的承载能力。

　　桩最初下落时穿过导管架封板。桩打入到最终贯入度时,套管底部的水泥浆密封阻止泥浆进入导管架腿柱。桩打入后,导管架进行水平校准和最终连接(见图 11.22 和图 11.23)。灌浆工艺详见第 8 章。对导管架腿柱内打入的桩进行灌浆也是一种增强整体结构段刚性和防止局部屈曲的有效方法。例如,在腿柱与导管撑柱构件交叉节点处。

图 11.22　通过导管架套管将桩打入

图 11.23　导管架的"Latch-lok"水平测量仪器,可对打入桩做出响应
(图片由油州橡胶公司提供)

穿过导管架腿柱延伸到甲板的桩还可以通过焊接与导管架固定;以往对于伸出水面的桩与钢结构的连接也经常使用焊接的方法。目前采用导管架和钉桩的离岸码头结构也常使用这种方法。从桩的顶端传递到导管架腿柱的高循环轴向载荷要求特别注重焊接作业的工艺细节。因为焊接作业将会在潮湿(浪花飞溅)、低温等的不利环境条件下进行,而且导管架在波浪作用下会摇动。灌浆能有助于减轻导管架摇动,限制焊缝处产生过高的应力。

利用钢质填隙片使桩保持位于导管架的中心;填隙片一般是利用适合口径的钢管 1/4 扇瓣或 1/3 扇瓣制成。最好设计为剪力焊接,先将桩与填隙片焊接,再把填隙片与导管架腿柱焊接。焊接顺序截面详图见图 11.24。

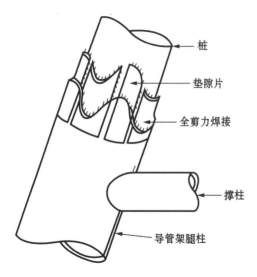

桩

垫隙片

全剪力焊接

撑柱

导管架腿柱

图 11.24 桩与导管架腿柱的圆齿状连接

已安装平台的侧向阻力是由桩-土系统的 P/y(侧向载荷挠度)发展形成的。桩-土系统的 P/y 对于大多数土是发生在桩埋入端顶部的 5 倍直径处。由于这个部位往往是土最软弱区,因此侧向阻力很关键。提出的若干增强软弱区土承载特性的方案,包括在导管架(或套管)端部内置排水系统。为防止在循环波浪作用下桩周围形成环状间隙,把细砾石倾倒在海底的桩周围;当桩侧出现间隙,细砾石就会从桩侧楔入,以防止位移逐渐增大。

出于同样的原因,在导管架暂时由防沉板支撑和作业服务时,防止桩周和导管架底部受冲刷也很重要。某些建造平台前景看好的区域,如新斯科舍省的萨布莱(Sable)岛属于沙质海底且底层流强,已经发现有的自升式钻井平台腿柱四周受到严重冲刷。沙质海底的浅水区受波浪作用相对严重,为此应特别注意,导管架在波浪力作用下振动和摇摆引起的泵吸效应会增大涡流作用而形成冲刷。

导管架腿柱四周防冲刷的最迅速且实际有效的措施是借助水下灌注混凝土的长导管放置分级的石块。当然,石块放置可达到的深度受到一定的限制,但幸运的是通常发生冲刷的部位也就是大致在这个深度。此外,直接从表面上有控制地倾倒石块的方法也已得到满意的效果,但显然石料的用量难以掌握,浪费较大。还有一是种在导管架腿柱周围铺设铰接的混凝土垫层的防冲刷方法。

导管的安装与沉桩的方式大致相同。若干底部的导管可同导管架一起运输,但大部分导管则单独由拖驳船运送。导管穿过导管导向,借助辅助工具向下延伸,打入到所要求的贯入深度。导管的直径约 750mm、壁厚 25mm,小于桩的直径与壁厚,一般所要求贯入的深度也较桩的浅,因此较容易打入,所需的打桩锤也较小。导管的贯入深度首先取决于其在钻探过程中封闭钻探流出物的能力,即不能让钻探泥浆泄漏到大海里。导管还必须打入到足以能阻止浅层油气泄出的深度,否则会为以后的浅层油气泄出形成一个流通的路径。导管也必须对海底井口提供垂直支撑。导管可借助钻井机利用桩锤,或直接钻孔和水冲等方法打入。在泥流区,导管可能外套一根大直径管以提高其强度与刚性,抗衡由泥浆运动质量导致的侧向阻力。在其他的区域,例如阿拉斯加的库克湾,导管从支承桩内穿过,通过钻孔置入。利用支承桩是为了保护导管免受浮冰损害。

11.8 甲板安装
Deck Installation

API RP2A 要求甲板安装的标高保持在设计标高的 ±75mm 范围内,并要求水平。甲板平台水平度误差沿平台最大尺寸一般不得超过 300mm,但在任何情况下都要保证排水系统畅通和生产设备正常作业。

现在可吊装甲板分段。对于较小的平台，经常采纳的是"薄烤饼"概念，即先把有些永久性设备预装在甲板上，连续吊装每个甲板。每个甲板吊装后再安装其他余留的设备。

对于较大型平台，"甲板"基本上由支承模块结构的构架组成，即在由纵桁和桁架组成的构架上安装集成组合的设备模块单元。初始安装的甲板分段下面有伸出的定位腿；定位腿带有导锥插入桩或导管架腿柱。导锥设置成可用作为靠板。由于相匹配的腿柱与定位腿的直径和壁厚相同，故要求如同桩的拼接那样采取全焊透环缝焊连接(见图 11.25)。

图 11.25 甲板吊起到桩导管架的顶端上，注意导管架腿柱上的导锥
（照片由 J·雷-麦克德莫特 SA 公司提供）

为帮助把 4 个定位腿插入 4 个套管中，导锥的长度可做成稍有长短不同，这样在插入时可先把一个长的腿插入，然后旋转甲板模块使第二个腿插入，最后再把剩下的短腿全部插入连接的套管中。

大型甲板模块通常由驳船运输，虽然有时较小的甲板模块和设备可借助供应船或起重驳运送。近年来，甲板模块的重量从 500t 增加到 1 000t，最近已达到 10 000t 以上。现有的特大巨型浮吊具有起吊这个重量或更大重量的能力。其目的是为了能使在岸上的装配更完整，以减少离岸现场的模块连接安装时间和成本。这种特大重量的吊装作业要求海面平静且浮吊对海况的反应最小。

最新一代的重型起重船为半潜式浮吊。它的特点是，当起吊载荷时，尤其是在横摇的情况下，使起重船的对运动响应的减小与稳性伴随降低之间取得一种平衡。为此,重型吊通常是在艉部上方,通过很小的摆动对位置进行微调使导锥插入。实际上,使用人字架起重驳吊装类似这样的重物也显合适,定位微调可借助甲板上的发动机动力进行。目前在北海的最大离岸浮吊上装备二台巨型吊机,位于艉部两侧各装有一台,这样两台吊机可组合使用。对于重型吊作业,吊杆顶端的响应尤为关键。应用已开发的船上微型计算机程序能使首向角和吊杆倾角达到最佳。

将浮吊从平台拖离,把装载甲板单元的货运驳船从艉部拖入。重物吊起后货运驳船拖开。浮吊从艉部靠向平台,放置甲板单元。由于重物的吊装需用大量的绳索,因此当重物吊放到甲板上后要想顺利脱开绳索,即使有自由脱绳器,亦并非易事。导锥应设计成一旦插入后,不会因下一次抬起而滑出。

大型甲板单元和模块装载和运输的作业程序和海运绑扎固定的要求类似于导管架,但更为复杂些。甲板单元的4个或更多个向下伸出的定位腿很难支撑固定。需采用大的扶强板支架组件将甲板上承受的荷载(静态+动态)均匀分布,以使定位腿能搁在下水滑道和驳船上,不会因受冲击荷载而戳穿驳船甲板。甲板单元的重心高于甲板,绑扎索具必须具有足够的侧向支撑,抵御在运输过程中由横摇角和加速度产生的侧向力。

一个典型的甲板模块绑扎固定布置如图11.26所示。图中所示的是腿柱支撑加固方法之一,也可直接支撑模块框架。有关模块装配和连接的详细描述见第17章。

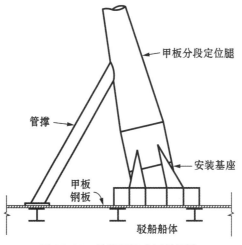

图11.26 导管架海上运输固定

　　鉴于认识到离岸平台的总成本中最大一部分是花费在设备的加工和支撑上,而最大的人工需求则是用于模块的连接和测试,促使对甲板模块的预装工艺作了一系列的发展与改进。高产油量(每天产油 50 000~300 000bbls)、高压力和高油气产量作业要求高精度的装配和全面的测试。模块的连接装配需要大量的熟练技术人力,建造一个大型平台通常需 200~250 万工时。若能将更多的预装在沿岸建造环境条件相对优越的船厂进行,则可节省大量的成本和时间。

　　与此同时,甲板的全部"有效载荷(酬载)"已从 7 000t 增长到 50 000t 以上。部分原因是技术要求的提高,如气体回注和注水;另一部分原因是离岸平台愈建愈远,对环境气候的依赖更大。为此,要求更多的通风设施、大型的直升飞机服务和驳船艉部大型化和支撑构件。典型的导管架-桩结构对甲板总载荷非常敏感。降低甲板总载荷的一个有效方法是整合甲板或至少是整合模块使其更有效地利用甲板结构。这样就可从单个的甲板分段和单件的设备发展成模块基座框架和大型模块单元,以集成一个完整的甲板系统。

　　浮托甲板是甲板建造形式的一个具有戏剧性的新发展。它能使甲板系统的整个干舷部分在岸上完成预制。这样整个甲板就可以使用驳船运输,作为一个完整的甲板单元安装到预先已安装好的导管架上。第 17.5 节将探讨相关内容。

11.9　实例
Examples

　　下文将对 3 个地标性离岸平台即本州(Hondo)、科纳克(Cognac)和赛尔维扎(Cerveza)平台所采用的安装程序进行描述。每一个平台的安装施工都采用了至关重要的新技术,这将对未来的平台尤其是深水平台产生影响。

11.9.1　实例 1——本州平台
Example 1—Hondo

　　安装于加利福尼亚海岸 270m 深水域的本州平台采用了一种独特的方式,即把导管架分成两个部分下水,然后在漂浮中再把它们配装成一体,作为单个导管架扶正(见图 11.27~图 11.32)。导管架的两个部分是在加利福尼亚奥克兰的一个单元式长建造平台滑道上装配而成,以使这两个巨型空间架构能确保精确装配连接。在导管架两个构成部件的结合处配备一对由液压柱塞连接器驱动的配对圆椎体。

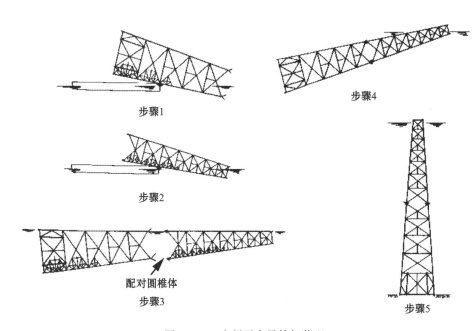

步骤1

步骤2

配对圆椎体

步骤3

步骤4

步骤5

图 11.27　本州平台导管架装配

图 11.28　本州平台导管架配对凹形圆椎体

图 11.29　本州平台导管架配对凸形圆椎体

　　导管架的上下端两部分各自分别装到下水驳船上,拖运到圣罗莎(Santa Rosa)岛东部的一个半受保护的现场,按传统的方法下水。这时两部分导管架靠上腿柱漂浮,仅约 1m 高出水线的干舷。接着将导管架上下两部分拉拢成直线对准,通过液压柱塞连接器使凹凸形圆椎体楔合。平台角腿柱内部采用全焊透焊接。通过特殊管道进入位于水下 50m 处的两个导管架腿柱;焊工所需的通风、电力和照明亦通过这个特殊管道提供。在实际水深不适宜单个导管架整体运输和下水的情况时,例如对拉索塔的运输和下水也准备了类似的漂浮对接的方案。

　　本州平台的桩套管采用双套重型加强的桩套管氯丁橡胶封盖,设计为可耐270m 水深处的静水压头。因桩沉落时靠其自重未能穿透封盖,需打入才能穿过。后来把桩底端切割成锯齿状,有助于桩沉落时穿透封盖。

图 11.30　本州平台导管架下端部分装载;注意钢质防沉板在下端

图 11.31　拖运本州平台导管架下端部分

图 11.32　本州平台导管架上下端两部分在海上进行配装
（照片由 J·雷-麦克德莫特 SA 公司提供）

11.9.2　实例 2——科纳克平台
Example 2—Cognac

科纳克平台是第一座真正意义上打破了 300m 水深极限的海上深水平台。该平台的导管架由顶部、中部和底部 3 个分段构成。同时，安装这座平台的另一个目的也是作为诸多先进的深水技术的试验场，例如声响应答器和电视监视定位装置、深潜水技术和水下液压打桩锤等。施工程序见图 11.33。

安装现场设置了 12 个大型系泊浮筒，每个浮筒带有 3 根锚链。两艘离岸浮吊船各位于平台现场的两侧（见图 11.34 和图 1.35）。导管架底部垂直建造（按与其最终位置相同的方向）、运输和下水（见图 11.36）。然后位于浮吊之间定位，稍稍负浮下沉，借助 4 根 3.5in(89mm) 和 3 根 3in(75mm) 的钢丝绳将其放置到海底。通过有选择的加减压载对结构进行控制，动力由电力、水压立管供给（见图 11.37）。

对导管架构件下沉过程中的动态响应和影响浮吊关键作业的海况严厉限制条件进行了深入的研究。所有用于构件下沉的缆绳都配备运动补偿器。

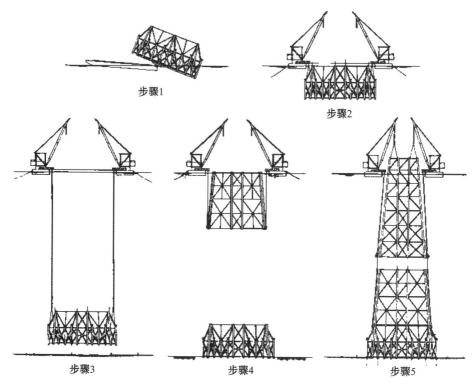

步骤1

步骤2

步骤3

步骤4

步骤5

图 11.33　科纳克平台导管架装配(图片由壳牌勘探与生产公司提供)

整根桩通过自漂浮运输。由浮吊将每根桩扶正后插入管套置于水下约200m处,在声学仪器和视频监视器的引导下进入漏斗形承口。HBM Hydroblok 液压打桩锤(800 000ft-lb/每锤击)由张紧的导向绳和声响应答器引导置于桩顶端,将桩打入至完全贯入。共计打桩 24 根,每根直径为 2 100mm、长 140m、重 465t(见图 11.38)。

然后利用钻杆(钻管)灌浆使打入桩与桩管套凝固连接。这样就完成了一个季节的工作量。下个季节进行导管架中部和顶部分段的运输、下水和扶正作业。接着相继将分段下沉与配对的分段对准,在声响应答器、视频监视器和潜水员目测报告及漏斗形承口的引导下,通过凹凸形圆椎体装配楔合形成一个导管架整体。导管架构件组合装配时用液压夹具临时固定,待装配楔合后将 10根类似桩的管状楔钉(直径 1800mm,长 312m)插入穿过导管架腿柱,通过灌浆把导管架顶部、中部和底部三个分段永久连接(见图 11.39~图 11.47)。

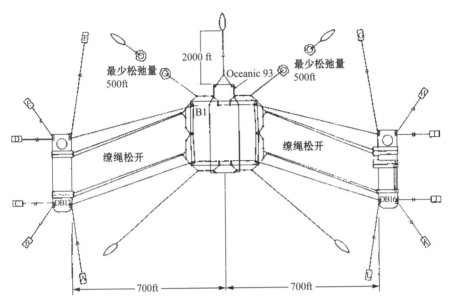

图 11.34　科纳克平台系泊布置（图片由壳牌勘探与生产公司提供）

图 11.35　科纳克平台导管架装配用的系泊浮筒和浮吊船
（图片由壳牌勘探与生产公司提供）

图 11.36 科纳克平台导管架基座分段在下水驳船上,注意艉部外伸出部分
（图片由壳牌勘探与生产公司提供）

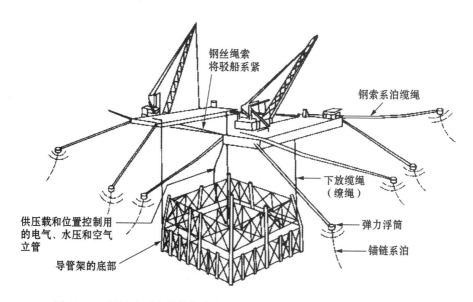

图 11.37 科纳克平台导管架底部安装(图片由壳牌勘探与生产公司提供)

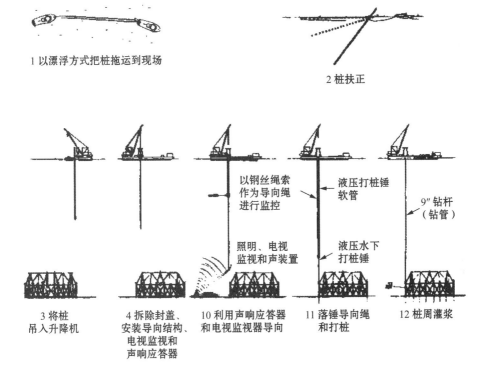

1 以漂浮方式把桩拖运到现场

2 桩扶正

以钢丝绳索
作为导向绳
进行监控

液压打桩锤
软管

9″钻杆
（钻管）

照明、电视
监视和声装置

液压水下
打桩锤

| 3 将桩
吊入升降机 | 4 拆除封盖、
安装导向结构、
电视监视和
声响应答器 | 10 利用声响应答器
和电视监视器导向 | 11 落锤导向绳
和打桩 | 12 桩周灌浆 |

图 11.38　科纳克平台沉桩(图片由壳牌勘探与生产公司提供)

图 11.39　科纳克平台导管架中间分段在下水驳船上(图片由壳牌勘探与生产公司提供)

图 11.40　科纳克平台导管架中间分段下水(图片由壳牌勘探与生产公司提供)

图 11.41　科纳克平台导管架中间分段的安装(图片由壳牌勘探与生产公司提供)

图 11.42　科纳克平台导管架顶部分段下水(图片由壳牌勘探与生产公司提供)

图 11.43　科纳克平台导管架顶部分段下水准备(照片由壳牌勘探与生产公司提供)

　　全部水下作业的观测与监视由遥控机器人(ROV)和潜水员,利用电视监视器及直接目测进行。

图 11.44 科纳克平台导管架顶部分段水下扶正(照片由壳牌勘探与生产公司提供)

图 11.45 科纳克平台导管架顶部分段放置(照片由壳牌勘探与生产公司提供)

图 11.46　科纳克平台导管架导管安装（照片由壳牌勘探与生产公司提供）

图 11.47　科纳克平台完工投入生产

11.9.3 实例 3——赛尔维扎平台
Example 3—Cerveza

赛尔维扎导管架-桩平台所处的水深与科纳克平台相当,但它是以单个整体建造的,导管架高 25m、重 24 000t。

为装载导管架,下水驳船加压载到 10m 吃水,其下水滑道顶端低于建造平台的滑道顶端 200m。在导管架被拉向下水驳船时,驳船逐渐减压载以承受导管架的载荷(见图 11.48)。当导管架完全装载到驳船上但其艉部伸出部分仍悬在建造平台滑道顶端上时,则继续减压载以抬高导管架净高。在导管架上以密集的水平间距涂上油漆标志,作为对照标志用于装载时对驳船压载的控制。操

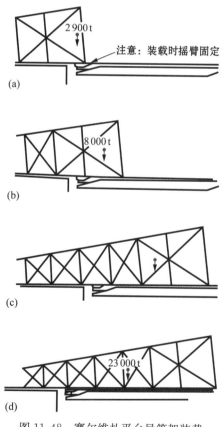

图 11.48 赛尔维扎平台导管架装载

作过程中应将下水驳船上的摇臂锁住。

导管架放置在下水驳船上,为使驳船在拖运过程中吃水降到最浅和水平纵倾,其一端伸出驳船艉部 280ft。下水驳船长 200m、宽 50m、深 12m。

下水准备时,下水驳船压载用水 29 000t,艉部调低 3°。导管架在滑道上的静摩擦系数为 0.11,初始下水所需的顶推力 1 400t。动摩擦系数为 0.05(见图 11.49)。

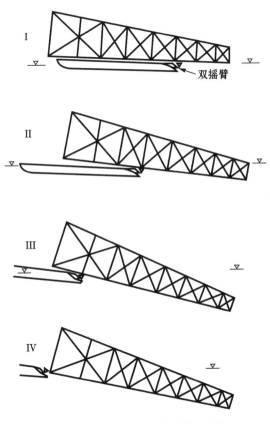

图 11.49 赛尔维扎平台导管架下水

导管架下水速度为 3m/s,最大下沉角 13°,最大潜水深度 80m。下水过程中,驳船龙骨最大下潜 24m,这表明需确保下水驳船和类似驳船能承受超静水压头而不发生内爆裂情况。

下水驳船上的人员应与下水滑道的舷外侧保持一定的距离,在滑道的内侧之间是安全的。导管架从驳船上人员的头上移动滑过。下水的关键技术是采用双摇臂使作用在导管架腿柱和驳船上的力减小。导管架下水后储备 10% 浮力,即 2400t。导管架扶正可通过对两个桩套管进行压载调整操作完成。期间将这两个桩套管的顶端闭合阻止空气进入;而另外两个桩管套则打开通大气。导管架扶正后呈稳定的垂直状(见图 11.50)。扶正操作控制设在导管架的一个临时控制滑轨上。导管架在距现场 1.5mile、400m 水深处逆水流扶正,以给拖船留有时间准确地确定导管架扶正后复位的方向。

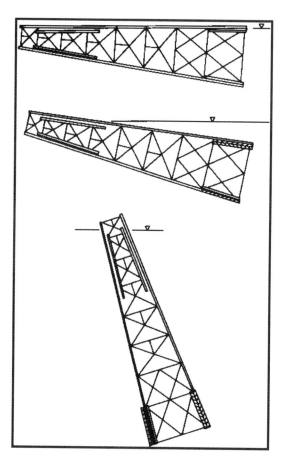

图 11.50　赛尔维扎平台导管架扶正

利用安装在各个角腿柱上的声波测深仪对导管架的最终下沉和着地过程进行控制。所有的裙套管都设有一个进水阀和一个透气管。若有必要,可利用现有的灌浆管线注入压缩空气卸载。进水阀由液压驱动,设有弹簧复位。每个隔舱通过管线接到控制仪表板上的液位指示器能监控注水情况。

专门编制作业应急预案,以便及时处理在导管架扶正过程中可能发生的各种假设的意外情况。除气压指示管外,测斜仪也会不断地给出导管架位置读数。观察与分析表明,水流随深度变化会影响导管架的垂直状态。桩套管损坏或泄漏,可通过压载、关闭阀门或气压来弥补。若发生其他损坏如撑柱,则只得将导管架放平修复。

> 这个奥妙而神圣的太平洋就这样包住了整个世界的躯干,
> 使所有的海洋都成为它的湾岬,
> 它似乎就是大地的潮汐起伏的中心。
> 它滚过世界最中心的河流,
> 印度洋和大西洋不过是它的两条胳膊。

（赫尔曼·梅尔维尔"白鲸"）

第 12 章　混凝土离岸平台：
重力基座结构物

Concrete Offshore Platforms：
Gravity-Base Structures

12.1　概述
General

　　设计重力基座类离岸平台以坐落于海底或近海底以下,是通过较浅底脚将其载荷转移到泥土中。这些重力基座平台通常都使用预应力钢筋混凝土建造,但也有一些是用钢材或混凝土和钢材混合建造的。

　　混凝土平台近乎始终以垂直(最终)状态建造,使得众多或所有的甲板大梁和设备都可以在沿岸工地安装,并与下部结构一起运送至安装位置。这些结构物通常为自浮式结构。必要时,可以用临时浮箱或专用起重船提供额外的升举力。

　　为了尽量减少泥土载荷,这些结构物有一个大面积的基本接地区域。为了产生浮力,它们设有较大的密封体积。因此,当出现海浪、地震和被船舶或冰山撞击时,它们可以产生较大的惯性力,通常横向力可达 30 000~100 000t,而单个结构物可以产生更大的惯性力。所以,至少在水深达 200m 的区域,滑动极易成为主要的失效模式。

　　为将这一横向载荷转移到泥土中并避免滑动,使用混凝土或钢质裙围和销钉,设计将其贯入破坏面,从而迫使破坏面出现在海底以下更深处。这些裙围还可提供防冲刷和管涌保护。安装期间,裙围一般被固定在平台基础上,而在吃水深度受浅水限制的特殊情况下,结构物坐落于海底后,可通过套管安装定位桩。图 12.1 和图 12.2 为一种典型的重力基座结构物(GBS)。

　　典型的重力基座平台的各施工阶段都有其明确界定的实施顺序。对于每个阶段,都有一些必须遵守的重要标准:

　　(1)海上漂浮期间,结构物必须具有水密性,且在所有的施工阶段都具有稳性并留有干舷。

　　(2)相邻两个阶段作用于结构物上的载荷条件和组合截然不同。必须在各个阶段确保结构的完整性。

　　(3)必须仔细且主动地控制各个阶段的压载和压缩空气系统(若有使用)。

　　为符合上述标准,有必要对重量和尺寸进行极其细致的检查。这些结构物通常体型巨大且厚重,3 条轴线上的跨度均为 100~200m 或更大尺度。

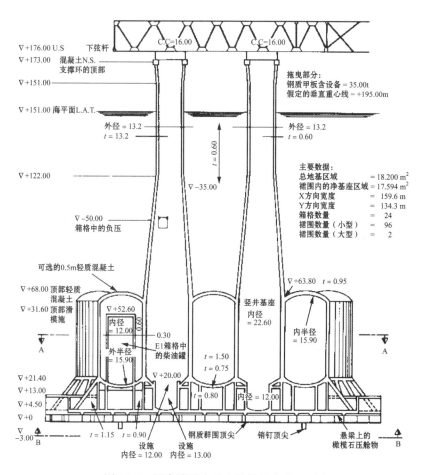

图 12.1　国家湾重力基座结构物离岸 B 平台

　　图 12.3 至图 12.7 所示的顺序系指 15 个施工阶段。为说明整个施工模式,有意缩减了阶段数量。每个主要阶段都包含有众多的分阶段。必须仔细分析每一个阶段,以确保相应阶段自始至终完全符合所有标准。

　　迄今为止,大部分的错误都是由于为减少计算而忽视某个中间阶段或合并两个或两个以上阶段而造成的。在评估相关静水载荷、水动力载荷和结构载荷时,必须编制各个阶段的详细示意图,确保设计和施工工程师均可明辨各个阶段的具体情况。

　　结构物的内部分隔经受着不同的压力,主要是由作用在每一侧壁面的不同

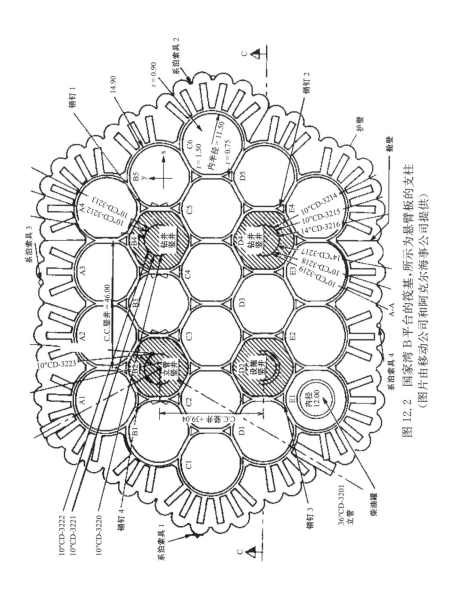

图 12.2　国家湾 B 平台的筏基,所示为悬臂板的支柱
(图片由移动公司和阿克尔阿兹尔海事公司提供)

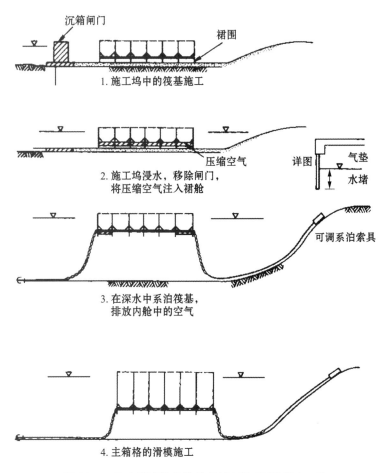

图 12.3　重力基座结构物的各施工阶段(阶段 1～4)

压载水头所造成的。有时会使用压缩空气为隔舱增压;此时必须考虑由此产生的作用力。

　　还必须考虑事故情况:压缩空气从一侧的基座裙围下方泄漏、某一隔舱因船艇碰撞而破裂进水、一根压载水管破裂、一个阀门不能关闭或贯入失败。出现这些事故时,只要结构物的完整性、稳性和浮力仍可维持,则允许结构物出现较小的局部损坏。但不允许出现连续倒塌的情形,例如一个隔舱进水,导致相邻舱壁过载并依次倒塌等。

　　下文将更详细地描述每个步骤和阶段的特殊要求和注意事项。

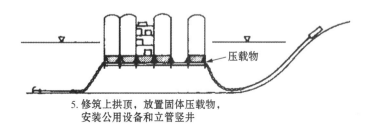

5. 修筑上拱顶，放置固体压载物，
安装公用设备和立管竖井

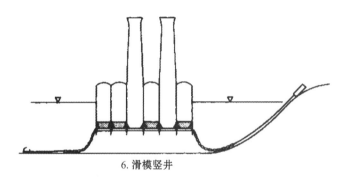

6. 滑模竖井

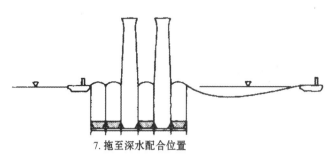

7. 拖至深水配合位置

图 12.4　重力基座结构物的各施工阶段(阶段 5～7)

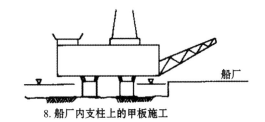

8. 船厂内支柱上的甲板施工

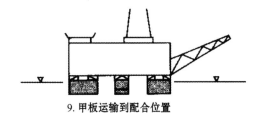

9. 甲板运输到配合位置

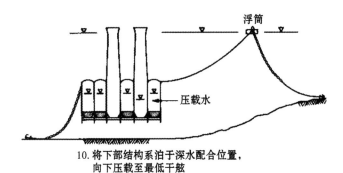

10. 将下部结构系泊于深水配合位置，
    向下压载至最低干舷

图 12.5　重力基座结构物的各施工阶段(阶段 8~10)

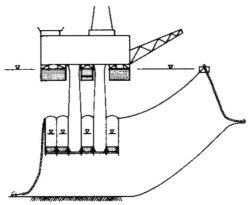

11. 在下部结构上调整甲板,
　　并将甲板转移到下部结构上

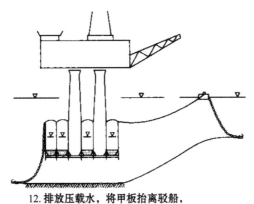

12. 排放压载水,将甲板抬离驳船,
　　完成舾装和连接作业

图 12.6　重力基座结构物的各施工阶段(阶段 11~12)

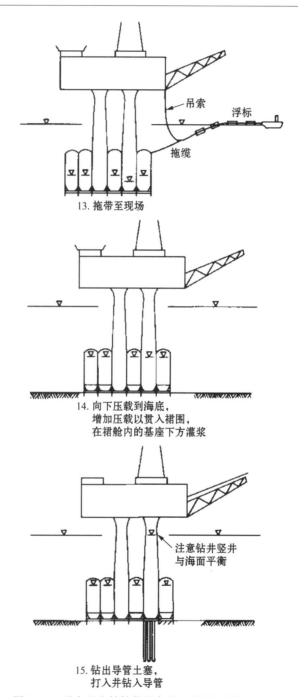

13. 拖带至现场

14. 向下压载到海底，
增加压载以贯入裙围，
在裙舱内的基座下方灌浆

注意钻井竖井
与海面平衡

15. 钻出导管土塞，
打入并钻入导管

图 12.7 重力基座结构物的各施工阶段(阶段 13~15)

12.2　各施工阶段
Stages of Construction

12.2.1　阶段1——施工坞
Stage 1—Construction Basin

在阶段1,施工坞必须有能力在高潮和风暴潮以及地下水位和降水径流增量最大的条件下实现安全排水。在澳大利亚昆士兰州修建的施工坞中,第一道闸门用钢板桩制成,并用沙堤支撑。有一些板桩已经去除互锁连接。穿过这些间隙的管涌侵蚀着沙堤,并造成闸门墙在极高潮位下失效,此案例中的极高潮位高出平均较低低潮面(MLLW)7m。堤坝进水和随后的重建以及清理使项目延迟4个月之久。

荷兰已采用井点和岩石边坡防护或钢板桩对类似的沙堤进行防护。在挪威斯塔万格市(Stavanger)建造康迪普(Condeep)平台时,施工坞中使用的堤坝由经结实沙堤支撑的钢板桩修筑而成。

在新建重力基座结构物的基座底板之下的主航向上必须是自流排水;通常在碎石基座的下方安装有穿孔管或陶土管排水沟。在地下水位上升的地方,若排水孔充足,表面自身就可以是一块混凝土板。之后,当施工坞注满水时,允许水自由移动显得十分重要,这可确保重力基座结构物基座上向上作用的水压相等。

在粉沙质黏土中修建施工坞时,如位于华盛顿塔科马市(Tacoma)的混凝土技术(Concrete Technology)公司的施工坞,建造了一块桩承混凝土板,带有一整套地下排水系统。

边坡必须设有防护,以免遇到暴雨时被严重侵蚀,更为重要的是,可以防止滑坡。为避免滑坡,可采用水平排水沟,在坡脚处铺设护坡石或使用井点;在坡顶设置排水沟,用塑料布、沥青沙胶铺面或喷射混凝土铺面覆盖边坡,可防止边坡受侵蚀。

通道的重要性经常被低估。至少应有两条路面状况良好的道路通向施工坞,或在顶面设置栈桥通道。同样,施工坞易于造成大量泥水淤积,因此施工坞地面上筏基周围的道路必须有良好的排水措施,并恰当铺设路面如碎石面。

在制造沉箱期间,可以采用堤坝封闭施工坞,同时需要在规划有多个施工坞的地方修筑闸门。这些闸门可以在一两天内完成拆卸和更换。在昆士兰州发生管涌事件之后,安装了预应力混凝土闸门。尼格(Nigg)湾的 Highland Fabricators 公司施工坞和基肖恩(Kishorn)湖的霍华德-多里斯(Howard-Doris)公司施工坞都安装了闸门,此两处均位于苏格兰境内。需要证实下述两个细节:首先,排水设施在闸门沉箱的下面,所以未发生地面隆起;其次,每侧都设置连接,此处的板桩墙通常向回延伸到堤岸。

12.2.2 阶段 2——筏基施工
Stage 2—Construction of Base Raft

此时建造重力基座结构物沉箱的基板或筏基。安装的第一项是裙围,可采用钢制裙围,也可以采用混凝土裙围,具体取决于施工现场的地基土质。某些案例中,如在苏格兰阿尔迪角(Ardyne Point)的迈克尔派(McAlpine)场院船厂内,预制混凝土裙围被固定在凹槽内。然后,筏基被直接放置在水池施工坞的基板上。在这种情况下,当筏基漂浮时,裙围必须能被自由牵引离开。

与此相反,在位于斯塔万格市的挪威承包商的施工坞内(见图 12.8 和图 12.9),采用了较长的钢质裙围,裙围支撑在施工坞的基板上,结构物基座底板建造在临时脚手架台架上。对于后一种情况,必须在板下安装用于提供阴极保护的阳极极柱、可以减少地表沙土中孔隙压力的过滤型排水沟和灌浆喷嘴。必须考虑供人员使用的通道。这通常是由穿过裙围的临时"门"提供的。之后,可放回"门板"并进行焊接。一些较大型的重力基座结构物筏基已带有裙舱,尺寸基本相同,覆盖总面积约为 13 000m²(原书为 m——译者注),而且在 500m 的周长上面积达 12 000m²(见图 12.9)。为确保物料有序流动以及人员和设备的顺利通行,必须在这些裙舱上做清晰标记;否则,工人可能将要耗费大量时间来寻找他们的正确位置。

混凝土基座底板的厚度通常为 1~2m,一般会产生大量的水化热,造成结构受热膨胀。若因裙围、台架或相邻混凝土板的浇注等限制而不能立刻进行冷却处理,则可能产生大量裂纹。为尽量减少这种现象,需要按照热分析,谨慎地确定浇注顺序和浇注的时间间隔。混凝土板可以按照棋盘的样式浇注。可以

图 12.8　挪威承包商的建造设施(挪威斯塔万格市)

图 12.9　施工中的筏基

用热探头监测板内部的实际温度。在船坞地板的台架上修筑基座可以将限制和开裂问题降低到最小,但在出现横向位移时,必须确保台架不会倒塌。

第 4 章描述了有关密实钢筋、预应力管和混凝土浇注的众多实际问题。

基座底板通常采用长钢筋施加后张预应力(见图 12.10)。再者,混凝土板可自由缩短,因其在出现实际缩短之前并没有产生预应力。若受到摩擦限制,在筏基漂浮之前这是不会发生的。若长裙围没有出现偏移,则需要采取特别措施以减少摩擦,如在聚乙烯板之间增加一层沙层,然后将一个夹合板拱腹放在沙层上。在日本津市 NKK 造船厂的船坞中建造混凝土岛钻井系统(CIDS)的混凝土结构物时,就采用了该方法。

图 12.10　国家湾 C 平台筏基中的后张预应力筋导管

聚乙烯顶板可以黏贴到下面的混凝土基座上。若使用夹合板,其中的一些也可黏贴。在基座底板下侧需要有褶皱的地方,可使用镀锌波纹板。水需要一定时间才能渗入沙层或软板下方,可以是几小时甚至是一天,以方便结构物抬升。在有裙围的地方,可以用厚氯丁橡胶垫支撑,允许它们出现向内或向外的剪切变形。然而,钢质长裙围本身通常具备充足的弹性来适应伸缩变形,因此无需使用特殊的支撑装置。对用于土质非常松软场地的平台,修筑较长的混凝土裙围(见图 12.11)。

现在修筑下层筏体围墙以形成格形隔断,当筏基漂浮时,隔断可产生必要的剪力。若筏基有一上层板作为设计配置的组成部分,它将成为驳船状结构物的甲板。漂浮期间出现的任何中拱-中垂力矩都将受到这两块板产生的阻力的作用。遗憾的是,此类筏基顶板并不符合规定要求。通常仅有一些交叉格形墙。对于驳出期间出现的力矩阻力,无上翼缘,无甲板。此时的筏基就是一个拥有最小深度和强度的大体积驳船。

图 12.11　德劳顿(Draugen)平台的 25m 长混凝土裙围,用于贯入软黏土

由于外墙加厚,或者悬挂延伸到驳出和/或系泊期间被浸没的基座底板处等原因,会出现不均衡的力矩。因为半圆形孔环的重心在整个半圆形的外侧,因此可能产生明显的中拱力矩。缘于裙围通常集中在周界上,裙围的重量可能增加该力矩,而且起重机、系泊链和系泊力的垂直分力都会使该力矩增加。

在外侧裙围下方增加气垫和在中间箱格增加压载物,均可减小中拱力矩。但是,后者通常与采取各种措施减少驳出期间吃水深度的要求不符。在箱格墙顶部增加应力和/或增加钢筋以抵消或抑制中拱力矩和减小残余应力,这是一种经常采用的更有效方法。需注意的是,许多较大的重力基座结构物筏基并不对称,因此通常有必要检查许多可能轴线上的弯曲情况,既有正交轴线也有斜轴线。

筏基结构物即将完工时,安装机械系统,主要包括海水压载管系、基底灌浆系统、裙围排水、通风设施和裙围应变仪等仪表、底部净空声音传感器和基板测压计。

现在仔细检查所有的裙围舱,以清除所有不可避免地被遗留下来的堆积碎屑、模板和台架。裙围闸门现已焊接严实。将压载水泵入箱格中,以便将筏体固定到基板上。

12.2.3 阶段3——驳出
Stage 3—Float-Out

当结构物准备驳出时,对配重及其分布进行最终检查,以确保结构物能够漂浮在吃水深度和横倾的设计公差范围内。请注意,对于直径为120m的筏体,仅需1°横倾就可使吃水深度增加1m。通常龙骨下所需的最小水深为0.5m。若考虑潮汐周期,该水深处的保持时间必须延长,以允许驳出作业可能出现的延迟情形。这时用水注满施工坞。

为减小吃水深度,有时需要为裙围下的气垫增压。如可以通过基底灌浆系统充入压缩空气。为防止空气从裙围顶面的下方溢出,通常需留出大约0.75m高的水堵。若裙围长度为4m,则使用气垫可以将吃水深度减少3m左右,具体由能够固定一个气垫的裙围所覆盖的面积决定。气垫在每个舱体中都产生了一个自由面,因此会降低稳性。

对于安多克-敦林平台(Andoc Dunlin)筏基,吃水深度限制非常关键,以至于希望完全不使用水堵,以另外获得0.75m的底部水深。因此,在裙舱内放置了大体积的橡胶充气筏,可以充满压缩空气,防止因拖带效应造成空气从水中意外泄露。

当施工坞注满水时,应检测每组裙围箱格的气垫,确保无泄露。排出压载水,筏基上浮到其驳出吃水深度。检查所有系统。

同时,检查出口航道回响以核实吃水深度是否充分,并搜寻或绘制了出口航道(用电子声学剖面仪),确保基准水面以上无岩石、碎屑或其他障碍物。若一切正常,现在开始移除闸门。若"闸门"由钢桩和石墙构成,还必须仔细清扫该区域,以确保无障碍物存留。

将导航设备安装就位,以引导船舶出海并标记通向深水施工位置的线路。激光测距或光线测距可以用于监测侧面海流的影响。电子测距和测绘系统通常安装在筏基上的临时控制甲板上,同时用六分仪或经纬仪作为辅助。

届时将在深水位置设置系泊索具,并固定到系泊浮标上。该区域的所有船舶交通也将停止。将对天气预报进行再次核实,尤其是与风有关的内容。将针对具体的出口位置,核对潮汐预测结果。

如上文所述,典型的筏体在弯曲处极不稳定且不牢固,易于受意外载荷和事件的影响,因此必须谨慎控制施工坞的驳出作业。在施工坞壁面或侧面上安装绞车,控制横向移动,同时用易于操作的拖船将筏基拖入航道中。整个干舷至少应比局部浪峰高 1m,以防浪峰增高。系泊缆可能卡入槽轮中,或被缠绕,因此需要提供可以切断缆绳的应急工具。对于陆上缆绳,最好使用纤维缆绳,这样缆绳可以用斧头砍断。

12.2.4　阶段 4——深水施工位置的系泊
Stage 4—Mooring at Deep-Water Construction Site

这时将筏基拖入深水位置。使用港口起重驳将系泊链从系泊浮标系固至筏基上。

气垫仍将停留在裙围内。释放空气之前,必须仔细计算以免筏基弯曲处产生过压。一般情况下,中间位置下方的气垫可以先行释放,而在通过加高围墙以增加干舷之前,周界箱格下气垫的气压应保持不变。此外,可以在外墙上修筑一小段围堰(见图 12.12)。

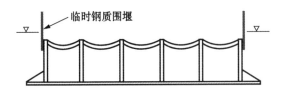

图 12.12　临时围堰墙,以允许在驳出和早期施工阶段期间增加吃水深度

裙围箱格下的气压极难控制。若在基座的不同部分使用气压表,则气压表的读数会造成误操作。当国家湾 A 基座驳出时,压力计是使用的唯一仪表(见图 12.13)。筏基一旦稍微倾斜,下部(B)的气压就会上升,而上部(A)的气压就

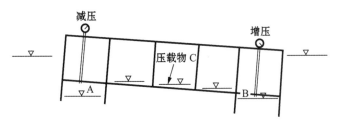

图 12.13　平台横倾对裙围隔舱内气压的影响
自然的反应是降低 B 侧的气压,但这是错误的,将导致平台更加倾斜

会下降。因此,自然的反应是释放下部(B)的气压,增加上部(A)的气压。但这引起横倾,使下部气压更高,而上部的气压更低。因此,实际上,直接的纠正措施实际上是缓慢支起平台,使横倾更大。

前文已提及筏基稳性较低。这主要是由驳出期间的气垫造成的,气垫会在每个裙舱内产生一个自由面,降低总水线平面的惯性力矩,下降程度相当于各个水线平面之和。未注满内舱的压载水也流向下部,增加倾翻力矩。

因此合适的控制方法不是控制压力,而是控制体积。应在裙舱内安装水位指示器,例如电阻式水位指示器或铰接浮子,以测量水堵相对于基座底板的高度,从而测定空气体积。还应在控制站安装灵敏度适宜的筏基高度指示器。

驳出、在深水位置系泊和初期施工期间,总会有某一套裙舱下的气压可能产生损失。因此必须谨慎选择分舱,以尽量减少气压损失或局部进水的负面影响。

对于深海混凝土裙围和深海气垫,例如德劳顿(Draugen)平台采用的裙围和气垫,舱体顶部的气压将比同一高度的外界水压高出很多。必须检查结构物是否存在这种内部过压情况,这将造成箱格壁顶面和钢筋隆起。

目前,将预安装 3 或 4 个系泊腿柱,并以环绕重力基座结构物深水施工位置布置的系泊浮标为终点。这样的腿柱一般包括一个固定在海底上的重型丛锚或固定在海滩上的植入式锚、几节锚链和一根与浮标相连的钢丝绳系泊缆或系泊链。用一个独立的小丛锚和浮标链将浮标固定在合适的位置。

将一根系泊链从浮标拉至筏基,并用锚链将它们连接在一起。此时,从筏基到锚具,形成了一个连续的系泊区,中间用浮标支撑,负载时为其提供一定的弹性,可减少筏基的横倾。随着施工的持续进行,系泊处逐渐沉入水中,至少将逐步启用一条系泊链(见图 12.14)。除了系泊索具以外,通常还从海岸引出一条供水管路管线和输电线路。将这些管线与一条钢丝绳配合应用,以提供足够的强度。

12.2.5 阶段 5——深水位置处的施工
Stage 5—Construction at Deep-Water Site

本阶段为平台剩余部分的施工活动,此时的结构物系泊在深度足够但具有屏障的水域。在此期间,必须对结构物进行安全保护,以防结构物意外进水。必须详细考虑施工顺序,因为暂时性的不平衡载荷将导致产生结构应力,可能

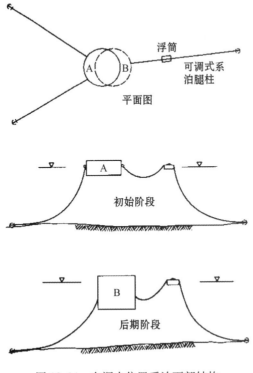

图 12.14　在深水位置系泊下部结构

是以残余应力的形式出现。

尼尼安(Ninian)中央平台的筏基系泊后,很快就出现了风暴。连续的波浪作用击打着吃水线附近的临时舱壁隔板,造成隔板固定螺栓松动和疲劳。这一侧的外部舱体进水。一个舱体内的水压将临时内隔板分成两个相邻的舱体。幸运的是,所有其他隔板稳固,且筏体并未进一步横倾。

但是,混凝土搅拌驳已经牢固地系泊在远端。甲板上的人孔未被固定。当筏基倾斜到波浪中时,筏基近侧翘起,导致混凝土驳船的相邻侧上升,造成甲板远端被浸没。水涌入人孔,混凝土驳船松脱、翻船并沉没。因此,所设计的所有临时隔板都应经得起波峰下的压力和波谷中的张力。所设计的螺栓应有耐疲劳强度。可以使用带有锁止(弹簧)垫圈的双螺母。可以安装大支撑板,以防木板遭受局部损坏。

在驳出和沉箱初始施工的关键阶段,可有效使用一种增加干舷的程序,使

591

外墙高于内墙。例如,在埃科菲斯克(Ekofisk)和海伯尼亚(Hibernia)沉箱上,外墙总是比内层混凝土壁高。这也可以通过从筏基修筑一道悬垂的钢质围堰来形成足够的干舷得以实现。

在漂浮施工期间,要求将平台的干舷维持在相应位置和相应季度的百年一遇风浪和涨潮程度的状态下,并保持单舱体的稳性,也就是说,即使一个舱体进水,整个平台依然安全。若不能达到这些要求,必须根据需要增加完整干舷。

这时可以进行深水位置的施工(见图 12.15)。若按照目前最常用的方法,用钢筋混凝土建造重力基座结构物,则必定需要大量运输和安装钢筋、预应力导管和混凝土,并在基本连续的基础上进行这些工作。

图 12.15　系泊在深水位置的国家湾 B 筏基(照片由阿克尔海事公司提供)

通常采用滑模搭建墙面,并在拌合时使用缓凝剂,这是因为涉及的体积较大,所以搭建速度非常缓慢,每天可能仅搭建 1m 高(见图 12.16 和图 12.17)。

一个典型的筏基通常有 1200m 长、80cm 厚的围墙,因此若按照每天 1m 的搭建速度,每天可能需要连续生产 1000m³ 的材料。同时,可能必须沿着预应力管和预埋板铺设 300 000kg(300t)或更多的钢筋。每班需要 600 名工人,他们需要夜以继日地连续工作 60 天(见图 12.18)。本施工方案有多个可选计划,每个计划都有特定的使用情况。

若劳动力资源有限,或需要极为大量的钢筋,或预埋工作要求很高的准确性,滑模可能并不适用。此时可以采用悬垂的板模或飞模,每个浇筑情况按照范围和时间决定(图 12.19)。浇筑混凝土时,通常必须使用窗槛花箱和混凝土导管("象鼻管")。这也意味着将有大量的水平施工缝。离岸平台的筏基施工

图 12.16　国家湾 B 筏基箱格墙的滑模施工

图 12.17　箱格壁的滑模施工

以及核反应堆外壳结构中甚为相似的墙面都可以顺利满足这些要求。

　　此类案例中也已采用滑模，将结构物分成若干分段，留下垂直的施工缝。尼尼安(Ninian)中央平台带有 7 个同心壁，就采用这种分段法。预制混凝土构件已经被广泛地用于筏基施工，如尼尼安中央平台和环球海事(Global marine)公司的超级混凝土岛钻井系统(Super CIDS)就属一流实例。预制混凝土构件

图 12.18　滑模施工期间铺设钢筋

图 12.19　在基座箱格上铺设拱顶（盖罩）钢筋和预应力导管

应被浇注为尽可能大的构件,如尼尼安中央平台就采用了重达 150t 的分段。预制混凝土构件可以安装入结构物的其他部分,通过加长定缝销钉和现浇混凝土接缝或后张预应力法而作为整体部件应用。

　　箱格墙的公差至关重要,当设计箱格墙用于承载环形压缩中的静态液压时尤其如此。必须自始自终对公差进行监控。公差包括局部相对偏差、失圆偏差、与设计半径的偏差以及与纵轴的偏差。

拼合浇筑接缝技术适用于存在大量预制组件的情况;该技术目前已成功应用于大跨距桥梁,即跨度达 30m 的桥梁分段已采用该方法成功实现合拢。拼合浇筑系指对照第一个分段浇筑第二个分段,随后两个分段合拢,以确保实现完美拼合。处理该接缝时,每个拼合面都涂覆环氧密封胶,然后施加预应力,将两个分段压接在一起。通过测试和试验证明,组合分段具有整体性效果。拼合浇筑法已成功应用于尼尼安中央平台的防波堤,其中采用了水平接缝。拼合浇筑法不仅加快施工速度,还确保复杂的后张预应力导管实现完美对齐。

其他有效的施工方法包括在基座沉箱施工期间用预制混凝土拱腹来支撑水平板和拱顶。希坦克(Seatank)平台采用了锥形预制混凝土模,这是一种喷射混凝土建筑的气包壳体。众多康迪普类(Condeep)平台已采用预制壳体来建造较低的拱顶。海伯尼亚(Hibernia)平台使用预制梁和板来构造平台顶部。

带有内置支撑梁的钢拱腹可以类似方式使用,整体设计用于现浇混凝土的复杂作业。钢拱腹可以有多层衍架来支撑拱腹,这些衍架后期会作为加固物嵌入其中。

若要求使用极厚的墙壁,例如在某些抗冰的结构物设计中,可以采用预制混凝土空心箱体,之后用现浇混凝土装填这些空心箱体。埃科菲斯克沉箱和尼尼安中央平台的外墙就是将预制混凝土和现浇混凝土有效组合使用的范例。用于墙壁以及壳体和底板预制分段的滑模也已在众多平台上成功组合使用。

对于钢质重力基座结构物,大型预制分段经起吊、引导到位、对准,并通过高强螺栓或焊接方式连接在一起。必须为其提供临时的防风支撑。焊接部位必须防止受到雨水和海水喷溅的影响。立柱和竖井必须充分加固,以免出现失圆变形。须使用安装销和螺栓,以确保组装正确。

对在漂浮状态下建造的所有结构物,必须为众多的施工人员提供通道。在过去,这一问题经常被低估。人员必须从海岸移动到驳船或浮动船坞上,再上到外墙,穿过开放式箱格和内壁,到达工作地点。使用密布的钢筋、导管和爬杆(对于滑模叉而言)使这些墙体连续延伸,所有的构件都伸出在墙体上方。结构物干舷也在变化。导致难度进一步加大的情况是,箱格和墙壁之间的距离较大,起重机已到达作业极限,有时还必须再次搬运钢筋和其他材料。

清楚识别箱格和墙壁显得至关重要,以此不至于使工人混淆自己该去的位置。必须对通道线路进行规划设计,提供安全的人行通道。可以有针对性地将钢筋铺设在某些特定位置;应将这一点体现在施工图中,并由设计人员审查,而非在现场临准备。

最近的重力基座平台要求密集使用大量钢筋。钢筋被扎成捆,减少了其间的间隙。钢筋利用机械接头拼接,而非通过搭接方式连接。钢筋密度可达$500kg/m^3$,此时钢筋的铺设情况决定了施工进度。最好用丁字头钢筋在墙面上实现剪切阻力,而非之前使用的紧密箍筋。设计的混凝土拌和料必须能在这些密集铺设的钢筋周围和之间流动。粗骨料的大小已降低到8～10mm,含沙量增至50%。"流动混凝土"最为适宜,前提是必须与采用的成型方法兼容。

通常组合使用泵送和料斗或手推车运送混凝土来完成混凝土浇筑,后一种运输方法适用于滑模。必须添加缓凝剂,并按照温度进行调节,以适应滑模的上升速度。

有选择地对箱格实施压载,可保持干舷恒定。但是必须谨慎安排这些作业,并在每个阶段和细分阶段进行检查。在贝里尔(Beryl)A平台上,主箱格用水压载至深达40m。主箱格之间的零星箱格间隙中未添加压载水。临时的木结构平台与滑模同时升起后,将这些间隙覆盖,因此未注意到有这些间隙的存在。在平面图中,这些间隙非常小,对主箱格内的压载水的静水压力进行设计和检查时,根本没有考虑这些间隙,致使连接墙受到张力和剪力的作用。结果就在基座沉箱浇筑混凝土约至52m高度后,当拆除工作平台时,才暴露出墙体上有大范围的开裂。之后通过大量的混凝土修复工作,结构物的完整性最终得以恢复。同样,斯莱普内尔(Sleipner)的失效也是由这些间隙的静水压超压所造成的。

这充分说明,需要按阶段规划每个主要的施工进度步骤,以反映混凝土的逐步增加过程(包括重量、状态和吃水深度的变化)、压载的阶段变化、稳性变化(通常不是非常重要)、内外静水载荷的变化和结构物对不同载荷组合的响应。

尤其必须解决作用在内外墙上的差动静水压头的问题。通常情况下,这两个静水压头的乘方之差即为净载荷。仅将载荷系数用于上述差动静水压头不足以反映这些压头的容差。相反,若将载荷系数1.3用于两个压头中的较大值,将载荷系数0.9用于较小的压头,可能会产生不实际、甚至是荒谬的高设计载荷,尤其是当总压头(深度)增加时。因此,必须为各个舱体的压载水确定实际容差范围,以确保用溢流装置限制压载差值。所有导管和开口管必须用沙浆塞填,以免它们在舱体之间传输静水压头。

海上施工期间,基座结构物的吃水深度会逐步增加。这改变了系泊缆的使用范围。通常可以通过一根(最多两根)系泊缆来维持必要的张力。假定其中一根系泊缆距离海岸较近,若可以将其拉至海岸并固定,即可方便地实现上述目的。若无法如此,可以在沉箱上设置调节措施,或者利用一个中间浮筒或配重作为调节措施。

在一根系泊缆的一条腿柱上承受张力存在实际困难。缆绳的拉动位置应在沉箱的旋转中心,但该位置在水下且不断变化。调节缆绳的最好办法是在滑槽内安装一个由多部分组成的滑车设备,然后将其装到甲板上。滑槽必须逐步升起(见第 9.4.2 节)。

设计的系泊索具必须在施工期间极有可能同时出现风暴和海浪及海流时,固定住下部结构。通常以十年一遇的风暴为准,但是鉴于系泊索具断裂后果的严重性和整个项目的延迟和损失情况,应尽量参考重现期更长的风暴。海浪引起的海流会产生漩涡,导致系泊索具频繁小幅度震动,因此必须考虑系泊索具的疲劳程度。

下部结构上几乎总有一些大型驳船系泊,且在突发风暴发生之前,经常来不及将这些驳船移开,如尼尼安(Ninian)平台的情形。因此,计算时应将这些因素考虑在内。

由于每班都有大量工人且需连续工作,所以人员变更也是一个实际问题。当天气恶劣和刮疾风时,会出现人员晕船、难以上下船以及在大雾、雨或暴风雪中确定位置和路径等问题。这些问题必须在规划阶段进行解决。

还必须提供应急措施。若工人受伤,该怎么办?是否可以使用由塔式起重机吊运的托盘或吊篮担架将受伤人员吊至船上?人员从船上落水,怎么办?一些较大型平台已经在周围使用一艘每天 24 小时巡航的救生船。应提供救生工具和拖尾浮绳。在船舷外工作和运输途中的所有人员应穿救生衣。试图让在箱格内工作的人员穿救生衣,无此必要,甚至可能会弄巧成拙;他们可以抓牢钢筋。但是,若箱格内存在压载水,则需要救生衣和安全网。

箱格的最终深度为 60m 左右。在人员横越箱格顶部工作的地方需要设置安全网,当有人在下方工作时,也需要安全网来拦截落下的物体。通常至少为主竖井设置安全网。突出的钢筋会带来扎伤危险,并可能伤害眼睛。所有突出的钢筋上都应套上一个红色塑料帽。预应力导管,尤其是垂直的预应力导管,可以方便地用于悬挂工具、水瓶、骨料和没吃完的午餐。这些导管都应使用红色塑料帽遮盖,同时还可以起到防雨效果。曾经有一个项目,下了一场大雨之后,出现了低温天气;雨水进入导管后,在管中结冰,造成混凝土多处开裂。

为这些长长的垂直导管灌浆时,由于因重力影响会出现渗水现象,且将预应力绞线用作芯线,所以会出现沉降和顶部存在空隙的问题。空隙深度可达2m左右,且上锚固点下方可能有长期的腐蚀源。虽然这些空隙中的水后期会被水泥浆吸收,但是在早期,仍然可能结冰。可以采取各种措施尽量减少或消除这些空隙。其中一种办法是,设计一种渗水程度最小的水泥浆拌和料,例如水胶比低和含有防渗水添加剂(如硅粉)的拌和料。第二种办法是,钻透上锚固板,使渗出的水排出。第三种办法是,使用一种泵送停止时可以立即凝成胶体的触变胶体添加剂。可以采用真空灌浆法:灌浆的同时将渗出的水吸出。在任何情况下,都应使用水泥浆将剩下的空隙填平。

在海上施工期间,必须向结构物提供淡水和电力。若深水施工现场距离海岸相对较近,可以铺设一条软管和电缆,并将它们固定到一条金属线上。否则,必须在结构物旁边系泊一艘供水驳和一艘发电驳。

在最终的安装过程中,即在目前所述的众多阶段之后,平台将被向下压载到海底。随着平台逐渐接近海底,沉箱下聚集的水会造成平台横向滑动,由于所产生的推力,无法完全受控。给裙舱通风和降低下降速度可以尽量减轻这个问题,不过已经形成一种可更有效地防止位移的方法,即当底部还有 2~3m 的净空时,用 3~4 个销钉将平台固定在海底。

由于吃水深度的限制,不能在施工坞中使用这些销钉,因此它们是在深水施工位置上被放下并予固定。典型的销钉是一个直径为 2m、外壁厚度在 75~100mm 之间、且在裙围下面伸出 4~5m 的钢管。设计的销钉应能通过在土层中形成的被动阻力,为液压滑动提供充分的横向阻力,当然在土层中形成的阻力也会在销钉中形成剪力和力矩。设计的销钉应确保在销钉失效时首先翻动土层,再弯曲/扭曲销钉,这样结构物本身可以确保不致损坏。因此,在结构物系泊于深水位置后,放下每一个销钉,并通过在套管内灌浆的方法,将其固定到位。

在这一深水系泊阶段所实施的是关键机械系统的安装作业,主要包括原油管系和油位指示器。在设施竖井内可以放置一些复杂的泵送和通风模块。此外,在基座沉箱周界内或周界上安装从卫星井引出的出油管线立管和原油输送管线立管。立管可以包括 J 型管,而在某些案例中可包括弯曲导管。在其他案例中,可以修筑入口隧道,管线最终穿过隧道进入其中。经验表明,机械安装在整个施工进度中可占用很长的时间比例。为了尽量减少该时间需求并使组装过程更有效,应采用尽可能高的模块化方式,将大型模块放入设施竖井和立管竖井中。同样,应采用大型起重驳来预组装导管导向装置和支撑架,以实现快速安装。模块化和预制允许在工厂条件下进行涂装。在施工现场,湿度和温度条件通常较为不利,因此现场涂装应仅限于补漆。

深水施工现场的下一个细分阶段是修筑基座沉箱的拱顶。该拱顶的施工可能有 $10\,000\sim20\,000\text{m}^2$ 的面积,包括 15~30 个箱格,在施工进度中通常所占用的时间要长于基座沉箱壁的施工时间,尽管混凝土比例只有 1:3 之低(见图 12.19)。当然,这一延迟是由于模板支撑所致。已经采用了预制混凝土拱腹以及更常规的钢衍架和夹合板。钢拱腹内含所有必不可少的钢筋并设有多个产生组合作用的螺柱,其明确可作为单升举装置进行铺设,使后期实现快速的混凝土浇筑(见图 12.20)。

图 12.20　国家湾 B 重力基座结构物的拱顶施工(照片由阿克尔海事公司提供)

混凝土浇筑后,拱顶通常用厚度 1m 左右的轻质混凝土覆盖,以吸收在钻孔和生产过程中从甲板上掉落的物体所产生的撞击力。对于可能在基座沉箱外部安装的任何原油输送管线和目前必须水平引至立管竖井的原油输送管线,还需在拱顶上设置管线支撑。

如上所述,由于原油产生的向上压力,拱顶会受到张力的影响。原油将顺着任何细小裂缝或可渗透区域,穿过其中而流入大海。为了防止出现这种情况,有时将钢膜用做防水膜,用在浇筑时预埋入混凝土中的螺柱进行固定。钢膜也可以用作模板,用临时台架支撑。当拱顶实现自我支撑后,撤去临时支撑,然后将混凝土和钢材之间的缝隙用低压水泥浆注满。但是,最后一项作业实施时必须非常小心,还需要多个注入点,因为偶发局部过压可能造成新的裂缝。

因为之后下部结构可能被拖带至其他施工现场进行甲板配接,因此应在墙壁周界与拱顶交叉的位置安装拖带装置和拖缆槽。设计的拖带装置应经得起拖带缆绳的失效载荷,但其本身也应有弱连接,在结构物被拉出和损坏之前,拖带装置本身应失效。

在拱顶和外墙的交叉处,通常也要求有环向预应力。应正确设置脚手架以利于该施工作业。大多数的离岸平台都需要使用固体压载物,以尽可能降低重心。固体压载物可以是箱格内基座底板上浇筑的混凝土。

大量的混凝土通常会产生大量的水合热,因而造成热膨胀,可能增加相邻墙壁的载荷,导致底板开裂。因此,应选择热量低和弹性模量小的拌和料。最好采用高密度拌和料;这可以通过选用大比重骨料来增强。应采用高炉矿渣水泥、低热水泥或波特兰水泥—火山灰拌和料。一般来说,强度没有标准要求;因此可以将总的水泥含量保持相对较低。为防止压载混凝土和墙体之间出现不必要的结构相互作用,通常在边界墙上铺设软板(聚氨酯泡沫板)。若设计的压载混凝土在结构上还起到组合作用,则可能需要分段铺设,以免因水合热造成的膨胀而损坏墙体。

铁矿石也可以用作有效的固体压载物,铺设时与粉煤灰搅拌在一起,并以浆状泵送。必须通过排水方式移注混合浆。最后,当固体压载物铺设在裸露的底板(如悬垂的基座底板)上时,可以铺设大密度石块。将石块铺设到裸露的水下底板上时,可以采用下述几种方法:通过大直径(例如 1m 直径)导管铺设;用料船或抓斗铺设,铺设前将料船或抓斗放低到底板上,再以相对较小的批量从表面铺设。必须考虑到对底板的撞击力。

12.2.6 阶段 6——竖井的施工
Stage 6—Shaft Construction

下一个阶段通常为竖井施工,一般有 1~4 个竖井。这些竖井通常为锥形,墙厚不一，且必须使用高级的可调滑模（见图 12.21 和图 12.22）。竖井滑模和烟道（烟囱）滑模一样，易于旋转。一旦开始旋转，则极难纠正。可用链式起重器抵住爬杆，或在墙壁中埋入一个刚性更高的钢梁螺柱，作为抵抗点。

图 12.21　康迪普平台上的滑模竖井。请注意，采用了临时的塑料围帘以保护工人和新浇混凝土免受 11 月干燥风的影响（照片由阿克尔海事公司和挪威移动公司提供）

图 12.22　接近完工的国家湾 C 平台上的竖井

尼尼安中央平台的大型单一竖井施工时采用了配合浇注预制混凝土片段，之后进行后张预应力处理，使其作用一致（见图 12.23 和图 12.24）。

图 12.23　施工中的尼尼安平台竖井,使用预制混凝土片段修筑防波堤

　　通过精确设置在基座底板上的激光装置来控制垂直度。与陆上烟道不同的是,浮式结构物的垂直轴线随结构物横倾和纵倾的变化而变化,因此所有点都应以基座底板为准。公差控制见第 21.10 节。

　　在竖井施工期间,由施工电梯提供垂直通道,其以一定间距进行横向支撑。支撑用嵌入件必须埋入混凝土中,在连接电梯塔架时应足够牢固(见图 12.25)。

　　对已完工的竖井施以后张预应力,这通常是在筏基内的过道中进行的。在这一阶段,过道将浸入深水中,因此会经受因压载水导致的极高静水压和差压。

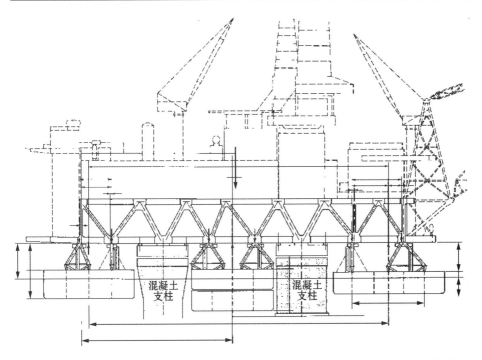

图 12.24 将国家湾 B 平台甲板拖至配合位置的驳船布局(图片由阿克尔海事公司提供)

因为这是一种用于顶起钢筋和灌注导管的临时设备,因此以结构钢甚或木料作为附加的内部支撑可能比永久性的混凝土支柱更实用。

必须在充分的压力下进行导管灌浆,以灌到竖井顶部。导管灌浆和绞线的毛细作用会造成大量沉淀和泌水,使水聚积到导管顶部。通常既需要采取真空灌浆或顶部补灌措施,也需要使用触变胶体添加剂。

在某些重力基座平台上如安多克-敦林(Andoc Dunlin)平台,竖井上部用结构钢制作而成,以减轻重量并减小翻转力矩。在将基座结构压载下沉以减少水上高度之后,采用大型浮吊来设置竖井的大型"密封罐"。然后,对其施以后张预应力至混凝土结构物上。

重力平台也已采用钢材建造,如刚果河河口附近的 4 个小型卢安果(Loango)平台和位于北海的大型莫林(Maureen)平台。其施工方法通常与混凝土平台的相同,但是其质量较轻,因此多数结构物都可以在施工坞内建造。在拖带和安装期间,与基座边沿相连的"大瓶"(圆柱形罐)可以提供浮力和稳性。

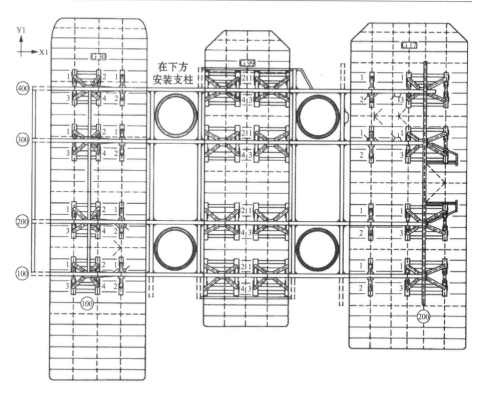

图 12.25 拖带至配合施工位置的平面布局(图片由阿克尔海事公司提供)

挪威的萨格石油公司(Saga Petroleum)曾提出了一个特别大胆的混合理念。所提议的拼装过程包括将钢管架的顶部连接到混凝土格形结构物的下部,且这两部分都向水平方向倾斜 30°。显然对此需要控制姿态、方向和旋转,然而通过选择性压载,已成功地将这一相同的施工法应用于理念上基本相似的铰接承重立柱上。

竖井施工期间和施工结束后,必须在竖井内进行连续机械舾装。可以留出临时门,以便于人员出入和提供服务。这些"门"之后务必使用混凝土封堵,且必须能够承受住随后的静水载荷和重力载荷所产生的应力和在海浪作用下竖井弯整体曲所造成的应力。当然,它们必须是水密的。施工方工程师和设计工程师必须协同制定密封细节。尤其应注意上部水平接缝处,即泌水和沉淀会致使水在此渗出。可以进行第二次喷射灌浆,或使用环氧材料。必须考虑到残余应力和差压预应力。

竖井顶部通常建造有一根大型的环形梁或纵桁。其可以用钢筋和预应力混凝土建造如康迪普(Condeep)平台,或是预制结构钢材质的如尼尼安中央平台。在任何情况下都必须将公差、水平和距离控制在几毫米之内。因为在安装甲板时,当混凝土结构浸下沉至最深吃水深度时,压载水的分布将不同于甲板拼装时的分布,这会造成结构物整体弯曲,因此必须计算修正系数,并应用于不同倾度或环形梁间距。

12.2.7　阶段7——拖带至深水配合位置
Stage 7—Towing to Deep-Water Mating Site

在本阶段,可将结构物拖带至不同的位置进行甲板配合,因为该项作业所需水深要大于最终安装位置的水深。结构物仍将漂浮在水上,吃水线在大体积的基座沉箱顶面附近。由于拖带作业将部分或完全在屏障水域内进行,因此拖船将使用较短的拖缆进行拖带作业。不幸的是,螺旋桨的推力将反作用于基座结构物,严重降低净前进速度,甚至根本不能前进。对于国家湾B平台,拖带计划不得不终止并另行安排。后来证明,使用两艘顶推船的效果更好。

每侧安排一艘或多艘首制船和辅船,在船舺设置顶推船或反向布置并在船舺后牵拉的小型拖船,这样可以在较窄的航道内对结构物实现有效控制。每次拖带都需要安装一个临时控制平台。必须配备一台发电机,以提供电源和照明,同时配备航行燃料、淡水供应、无线电通讯和航海设备。还应提供一个救生艇,外加一些灭火器。

国家湾平台在进入深水配合位置之前被拖带了约100km;尼尼安中央平台仅被拖带了30km,而安多克下部结构则是从鹿特丹被拖至挪威卑尔根。

途中需要关注的主要环境问题是海流,它将影响体积较大的水下结构。风会影响船舶,并能保持或改变航向,所以也需要关注。

选择的甲板配合位置应能有充足的水深,使水下结构可通过压载几乎完全淹没,但同时还应能提供良好的防风保护和合适的系泊位置。可不受狂风影响的、相对较窄且较深的海峡口是一个理想的位置。

系泊索具安装在海床和海岸上,因为增加压载物时结构物会下沉,压载物去除时结构物会浮起,所以安装在海岸上将便于按照需要调整缆绳长度。可以安装第二套系泊索具,使甲板驳到达时就可系泊,也可以使用聚酯缆绳将甲板驳系在重力基座沉箱的腿柱上。在后一种情况下,必须设计适用组合式载荷的重力基座结构物系泊索具。

12.2.8　阶段8——甲板结构物的施工
Stage 8—Construction of Deck Structure

建造下部结构的同时,制造集成甲板(见第17.5节)。可以在造船厂内横跨干船坞或垂悬于支撑架(防波堤)上方的纵桁或衍架上进行此项作业。这些支撑条件不同于甲板最终在下部结构上配合时的支撑条件,因此必须计算并考虑偏差和扭曲变形。在极端条件下,这些偏差和扭曲变形可达100~150mm,并影响设备和管系以及纵桁本身。因此,最近已在造船厂附近的浅水区内已修建了支柱。这些支柱不长,其结构和与结构物立柱顶部的相对位置相同,能够确保甲板的安装条件与在下部结构上的安装条件完全相同。因此,正确定位这些支柱至关重要,必须保证平面公差仅为20或30mm,且高度公差仅为10mm(见图12.26和图12.27)。

图12.26　砌筑预制混凝土防波堤片段

甲板结构物通常从既大又重的结构钢圈梁开始,或许被设计成当甲板最终在下部结构上安装后,还将用混凝土装填。然后用预制截面搭建极重的钢衍架或板梁。因为涉及到跨度和载荷原因,所有的板厚通常可达100mm。焊接工艺可能需要包括预热和焊后热处理。因为这些接缝经受周期载荷的作用,考虑到疲劳因素,可能需要打磨焊缝,即对焊缝进行无损检查,同时还需检查相邻热敏区域的硬度。

随着支撑结构物的建成,需要安装各种设备模块。因为设备模块需要时间

图 12.27　制造预制混凝土片段

组装,而支撑结构物也必须完工,所以进度安排明显比较复杂。必须经过精心规划,使设备模块吊装到支撑结构物上方,然后下放,或在某些情况下,滑入最终位置。

这时的甲板是一个大体积结构物,受几根支柱或其他临时支撑物的支撑,随温度伸缩,安装配重时还将旋转。因此,通常将甲板支撑在厚厚的夹层氯丁橡胶垫和钢垫上,允许剪切变形和旋转。同时,必须对甲板进行充分的防风暴保护。必须提供固定装置,确保结构物不会滑动。出现严重风暴时,风力可达500~1000t 或更大。若温度变化和风可使结构物向一侧蠕动,则必须提供可支起结构物的设施。应定期目视检查支撑垫。

在此阶段,将有众多人员在指定空间内工作,可能会争抢使用台架、吊车、通风设施、照明装置和通道。因为甲板几乎始终都在关键路线上,且人工成本很高,所以精心规划和安排可以明显降低成本。

必须提供适当的防火设施。因为在水上工作,所以应配备浮标或安装安全网,以防人员落水。对于电焊设备,必须提供适当的接地装置。电焊机电缆的绝缘材料应保持良好状态,一旦磨损,应立刻维修或更换。

保持整洁、干净,并提供适当的照明,对保证安全和效率益处良多。绝缘材料、金属颗粒和碎屑的清理尤其困难,但与大型船舶施工建造所需的清理工作无本质区别。一些作业需要进行防雨和防风保护;可能要求使用防火帆布、塑料布或类似遮盖物。

必须对上层建筑进行详细的配重控制,原因在于,对带有附加推动力的下部结构而言,甲板上的配重高于浮心,因而对稳性造成不良影响。例如,为了抵消甲板上额外的100t载重,可能需要在筏基上增加1000t的固体压载物。

当准备运输甲板时,因为将用浮式设备运送甲板结构物,所以准确了解配重及其分布十分重要。由于一个或多个模块已经被延迟或延期,所以该结构可能不同于最终配置。临时材料和设备可能已经装载,所以必须被考虑在内。

12.2.9 阶段9——甲板的运输
Stage 9—Deck Transport

此时用大型驳船将甲板从支柱支撑上吊起。"驳船"可以是传统的离岸驳船、剩余油船船体的一半,或者是位于甲板下、支柱之间的设计用于漂浮用途的一组特殊浮筒。之后排出驳船上的压载水,使其上升至甲板下,这样海用紧固件支撑就可固定在位于合理抬升点上的驳船与甲板纵桁之间。此项作业要求在海面平静时进行。

针对哪里使用固定连接、哪里使用销连接、哪里允许出现挠性以及哪里使用捆扎带或支柱,必须进行详细的分析与评价。借助固定连接,甲板构架或纵桁上将会形成较大的力矩,需要对此进行评价。2~3艘驳船连同甲板,将构成一个完成的结构体系,因此同样也必须在此特定运动中将会出现的静态条件与动态条件(海浪)下对该结构体系进行分析。

当所有驳船都经过适当压载,海用紧固件均已连接就绪,同时天气预报也很有利时,可逐步将驳船卸载,直至起吊前。可利用测压仪来检测关键构件上所受的力。之后对3艘驳船进一步卸载,将甲板抬离支柱。

在此作业过程中,利用足够长的张紧缆绳将驳船系泊在支柱上,以允许垂直运动的出现。可使用纤维缆绳吸收冲击力。若在驳船与支柱之间使用船墩,则应在船墩上涂刷有特氟龙涂层或相似材质,以方便滑行。

之后船只将开始拖动结构物,提供牵引与横向导航(见图12.28)。当使用双体或三体拖船时,最大的问题在于刮过航道的风。船只必须具有足够的动力。若必须在狭窄航道中使用拖船,则优先选择船艏推进器;这可使船只在非常小的范围内开展作业(所有必要)。应制定应急预案,以应对突然出现的风暴;还应选择避航区域。

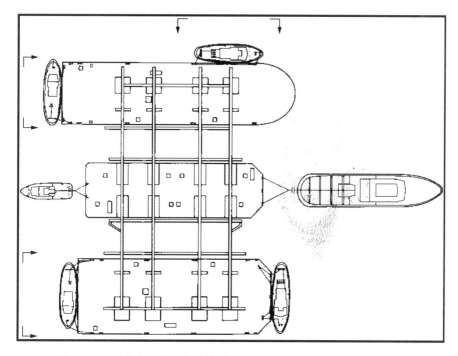

图 12.28　国家湾 B 号甲板的拖带布局(图片由阿克尔海事公司提供)

　　为方便拖船作业,还将安装一些临时设施,类似于为下部结构提供控制、通信、照明与应急措施用的那些设施。

　　到达现场后,必须根据天气预报来决定是系泊甲板驳船复合体,还是直接进行配合作业。当甲板与驳船复合体最终可以配合时,则可以松开许多海用紧固件,但支撑仍然存在,驳船与甲板之间无张力连接。

12.2.10　阶段10——为甲板配合而将下部结构沉入水中 Stage 10—Submergence of Substructure for Deck Mating

　　在甲板驳船复合体到达之前,下部结构需进行两项测试。第一项是标准倾角试验,将一个已知重量的物体移动已知距离,测量横倾的合力角。通过这一方法,可以确定稳心高的准确位置,并由此确定重心的位置。第二项是测试压载卸载系统与控制系统,并检验下部结构的水密完整性。这也为参与该项重要

609

作业的工作人员提供了一次绝好的训练机会。在某些情况下,水密性取决于临时性封头;尼尼安案例中,采用了数百个土塞密封多孔防波堤上的孔。这些密封装置都需经过复核,以确保其紧密密封;只要有一项失效就会危及整个平台。

之后,通过一系列步骤将下部结构沉入水中,检查附加的压载水重量与综合吃水量的相对关系。当筏基的顶部下沉入水中时,任何垂直开口如星形箱格、导管开口等都会立刻在整个高度上承受静水压力。

在许多案例中,已将压缩空气引入处于深潜过程中的主箱格内,以提供防止因静水压力过高而造成内爆的额外安全。国际预应力混凝土协会(FIP)的海上混凝土结构物建议书和美国混凝土协会的关于海上混凝土结构物工艺报告的第 ACI 357 条规定均建议,气体泄漏时的结构安全系数至少应达到 1.05。因此,为进一步提高安全系数,需使用压缩空气。

向箱格内引入压缩空气时,务必要确保逐步配合深潜与后续卸载过程中的外部静水压。气压在整个高度上恒定不变,但是静水压不仅会因卸载而降低,还会在沿箱格高度的三角坐标图内不断变化。不可控的气体增压可能在仅为外部载荷而设计的部分结构上产生向外的爆炸力。对空气进行压缩会导致空气温度上升,之后逐渐冷却至与外部水温相同,然后使气压降低。一般的结构物体型巨大。在填充过程中,将几百吨的空气加至结构物总重量上,对压缩空气体积而言并不罕见。

下沉过程中,结构物将承受其整个施工过程中最大的外部静水压;所以此时所受压力将达到峰值。任一结构缺陷都将造成压力的急剧集中。

在国家湾 A 案例中,最初仅仅是箱格防水墙上微小的表观爆裂和泄漏,但随后导致范围为 10m×20m、宽度达 6mm 的严重但可修复的剥离。

斯莱普内尔平台失效所引致的不幸灾难就发生在试验性下沉的过程中。当吃水量达到最深时,星形箱格(更大型箱格之间的空隙)的隔水墙在剪力作用下出现故障。几秒钟后,第二个类似故障接踵而来,整个结构物迅速下沉,在水深处发生猛烈内爆。所幸甲板上的少量人员已安全撤离。

当然,这次故障成为了深入调查的重点。调查发现,具体的技术错误是在与两墙交叉的窄路相邻处缺少钢筋支承。临近的主箱格卸载时,星形箱格承受外部海水的静水压力,由此产生横穿防水墙的较高剪力。

与施工过程相关的是,施工期间现场工作人员要求将最初规划中通过窄路的长头悬镫钢筋替换为短钢筋,以便在该拥挤区域中进行施工。虽然总体原因包括设计及结构错误,但若使用原先的长头悬镫钢筋,该事故可能得以避免。

结构物的重建过程需要在关键区域使用大量的额外钢筋进行加固。重建后的结构物成功下潜,并被安装在甲板上,如今在北海正常服役。

12.2.11 阶段 11——甲板配合
Stage 11—Deck Mating

这时已经做好了甲板运送作业的准备。当然,天气预报必须有利,风力达到最小值。附近的所有船运交通需停止。测量海洋深处的水密度,以确保能够依据实际密度进行计算。将下部结构卸载使其下沉,直至仅为 3～5m 的竖井露在吃水线以上。将甲板驳船复合体缓慢地用绞车拉至竖井周围。一般留出 300～500mm 的间隙即可(见图 12.29)。

图 12.29 已浸没的重力基座结构物上方的浮式甲板结构。请注意右下方的压缩空气浮力线

液压绞车能控制约 20mm 以内的结构物,但是缆绳具有弹性,这使其对微小的纵荡也十分敏感。因此需使用垫块,并利用液压千斤顶安置,以影响最终的水平控制。将这些垫块配以特氟龙,使其可垂直滑动。

确定水平位置后,即可对下部结构进行卸载。通常会存在约 1m 的垂直间隙。需要在不接触下部结构的情况下使其急停;并对所有点进行检查。然后继续卸载。当转移量达到载荷的 10% 时,应进行最终位置检查。此时,断开所有剩余的海用张力紧固件连接。

此阶段会发生非常复杂的相互作用。随着下部结构开始抬升甲板,驳船也因重量减轻而升起。当甲板随下部结构加速抬起,这些驳船也会随之加速上升。由于此时下部结构承载了甲板的重量,沉箱将会下沉得更低,即外部的净静水压头此时为结构物将承受的最大值。就爆聚而言,此时的情况通常是结构物生命中最为关键之际。

最终,甲板脱离驳船,升至安全高度(见图 12.30)。此"安全高度"是在权衡安全性、爆聚(清除所有压缩空气的情况下)、稳性和进一步工作的可行性后做出的选择。此时可拖离驳船。

运输期间甲板的支撑情况根本有别于在支柱或在下部结构上面的情形,因此会产生不同的垂直和水平变形及扭曲(见图 12.31)。这些可借助甲板和竖井

图 12.30　已转运并升起的甲板(照片由阿克尔海事公司提供)

的柔韧性,或采用可使轴承进行横向运动的承重设备进行调节。一些系统使用附有特氟龙的船身沙托、橡胶支座、不锈钢和滑动底板。无论使用何种设备,均应装备前挡块。

图 12.31　在开阔海域中拖带贝里尔 A 平台。请注意两艘在船艉后拖行的拖船
(由阿克尔海事公司提供)

　　有多种方法可以调整甲板和竖井顶部环梁之间的垂直公差。C・G・多里斯(Doris)公司采用可测量与均摊载荷的平板千斤顶。完成此类调整后,用水泥浆替换千斤顶中的海水。挪威承包商采用载荷集中时可变形的厚壁熟铁管节,以均衡邻近管节上的载荷。

　　此时搁置在竖井上的甲板仅受重力的作用。必须进行检查以确保在出现意外浸水而可能产生横倾时的安全性。通常的要求是这样的,即便因意外而发生明显横倾(如 7°甚至是 15°),甲板也不致滑落。国家湾 A 平台在施工的后期,确实发生过此类横倾事故。在压载控制系统的测试过程中,由于留有一个未关闭的阀门,海水意外地向一侧移动,引起了更严重的静横倾。警报响起,工人开始撤离平台。所幸平台上的质量监督员有勇有谋,将结构物降至设施竖井深处,修正阀门错误后,再对结构物进行压载,使之重回垂直方向

　　这时通过预应力将甲板进一步固定在竖井上。预应力对消除周期性疲劳和确保意外情况下针对甲板上升时的安全性特别有效。这些预应力钢筋通常为短条形。必须采用一种能够调整底座初始损耗的系统,因为就一根 4m 长的

钢筋而言,6mm 的底座损耗相当于 350MPa 的预应力损失,几乎为千斤顶输入量的一半!

预应力钢筋是最脆弱的区域之一,必须保护其不受腐蚀。尤其注意,必须确保封口和排水系统的盐水喷雾器不会陷入锚穴中。

在整个甲板配合操作过程中,需仔细检查所有箱格内的压载水,以探测水位或抽水量的不明变动。即使是箱格内相对较小的差异都应通过目视进行检查。之前提及的国家湾 A 平台某个箱格中的相对较小的内部泄漏,虽显示流入量仅为约 300l/min,但详细调查报告证实,造成该内部泄露的原因是,深潜时的高静水压力导致大型沉箱二次折弯,进而造成箱格壁上产生了一条很大的层状裂纹。必须进行大规模修复。

尼尼安甲板的运送采取了一种独具创意的不同方式。重达 7 000t 的甲板结构物是在苏格兰因弗内斯(Inverness)进行陆基建造,然后滑移至单体大型驳船上,环绕苏格兰北端拖行至斯凯(Skye)岛附近的配合现场。在一个掩蔽的水湾里,将甲板转移至两艘驳船上,而驳船仅沿甲板边缘起支撑作用。

同时,对混凝土下部结构进行压载,使其下沉。在适宜的天气情况下,将这对组装在一起的驳船移至下部结构。利用由分别位于两艘驳船中心线上塔架支撑的升降杆来提升甲板,使其高于独立中央竖井的顶部。此时引导这对驳船穿过竖井,跨坐其上。再利用提升杆将甲板降至竖井上。

橡胶支座上的平板千斤顶是临时支撑。甲板上承桁架的变形量随支撑条件的变化而变化,其结果产生支座需要与之配合的横向移动。然后,使用平板千斤顶均衡所有八个支撑点上的载荷,再将其泵满水泥浆。关于甲板安装的新型浮托方法见第 17.5 节。

12.2.12 阶段 12——连接
Stage 12—Hookup

在这一可能需耗时 2~3 个月的阶段,将平台卸载使其升至箱格壁上压力减弱且能提供进入竖井通道的最佳位置。

下一步的作业是对所有设备进行连接并对其进行测试。这些可能需要耗费几十万个工时。通常情况下会对施工现场进行保护,但所有通道都需经由水路进入。此时甲板在水面之上 30~50m 处。每次换班时,数百名员工必须登离甲板。提供登船平台、足够的员工船只、电梯和楼梯、照明设备以及水源和电源十分必要。尽快使甲板上的永久性起重机能够进行操作,利用这些起重机可根据需要间歇地搬运物料、工具和配件。必须确保工人的安全;因此需配备救生筏、救生船和适合的临时手扶栏杆。同时必须提供消防设备(见第 17.3 节)。

12.2.13　阶段 13——拖带至安装施工位置
Stage 13—Towing to Installation Site

此时将结构物拖带并安放至现场。结构物的排水量可能达几十万吨;国家湾 B 平台的排水量将近 70 万吨,海伯尼亚(Hibernia)平台的排水量超过 100 万吨。一般情况下,将采用 6 艘或更多艘世界上最大型的拖船,每一艘的额定马力均接近 20 000IHP,并附有一个超过 150t 的系船柱。如第 6.1 节所述,用拖带浮筒链和取回绳排列这些拖船。关于拖带详见第 6.1 节。特洛尔(Troll)平台的排水量近 100 万吨,使用了 8 艘拖船。

在限制水域内,还需采用两艘船艉式拖船,以防止偏航,并保持重力基座结构平台的整流装置位于船的正后方(见图 12.31)。拖带进入开阔海域后,拖链的范围得以延长,此时可放开船艉式拖船(见图 12.32)。

离开航道的过程中,需使用引航船引航,以警告其他船舶,而且在某些情况下,还可用于核对较浅水域的间隙。救生船可在旁随行,供监督人员使用,若遇

图 12.32　拖带埃科菲斯克沉箱——首座离岸储油沉箱

紧急情况可通过船间转移营救落水人员。

将重力基座结构物平台进行舾装,如用于拖带的航行驾驶台、用于与船艇及陆基联络的无线电通讯设备、电子定位设备、安全和消防设备、平台上工作人员的宿舍、柴油和水供给以及用于供能和照明的发电机。紧急情况发生时,可使用甲板上的直升机停机坪。此外,还安装有双重雷达、陀螺仪、回声测深仪、前向搜索声波定位仪以及应急发电机。

利用侧扫声呐和断面仪设备仔细勘测航线,以识别常规回声探测仪可能探测不到的任何尖礁、沉船、山脊或浅滩。船艇和平台上要配备卫星定位设备(全球定位系统和/或差分全球定位系统)。

若拖带航线较长,则需沿线提供能够使结构物安全度过猛烈夏季风暴的泊船区域。一旦发生风暴,可对结构物进行压载,使之沉入更深处以增加稳性。

与一些早期德重力基座离岸平台拖带相关的数据参见第 12.2 节表 12.1 和表 12.2。此外,图 12.33 以图表形式表明了与北海大型重力基座结构物排水量相关的总的拖船马力。

表 12.1 北海混凝土结构物的拖带与设置

平台	拖带日期和启程地点	拖带排水量/t	带/不带销钉的吃水深度/m	航道或峡湾	开阔海域	总拖带时间/天	开阔海域平均航速/kn	拖船总指示马力
				距离/nm				
布伦特 A(康迪普)	75 年 7 月,斯塔万格	338 000	82	44	118.4	6	2.36	68 000
布伦特 B(康迪普)	75 年 8 月,斯塔万格	384 500	76	44	184	7	2.20	68 000
弗丽嘉 CDP.1(C·G·多里斯)	75 年 8 月,安达尔斯内斯	209 000	67	44	268	8	1.89	44 500
弗丽嘉 MCP01(多里斯)	76 年 7 月,凯尔维克	206 000	66.5	25	350	11.0	1.6	43 000
布伦特 D(康迪普)	76 年 7 月,斯塔万格	382 000	116/113	48	172	8	2.30	72 000
弗丽嘉 TP.1(希坦克)	76 年 5～6 月,阿尔迪	166 000/209 000	35in～64	147	620	11.5	2.78	54 000
国家湾 A(康迪普)(基座拖带)	76 年 8 月,斯塔万格	370 000	65.2/60.5	75	40	3	2.70	78 000
国家湾 A(康迪普)	77 年 5 月,施多德	457 000	119/114.3	24	165	5	2.06	68 000

(续表)

平台	拖带日期和启程地点	拖带排水量/t	带/不带销钉的吃水深度/m	距离/nm 航道或峡湾	距离/nm 开阔海域	总拖带时间/天	开阔海域平均航速/kn	拖船总指示马力
敦林 A(安多克)(基座拖带)	76 年 7 月,鹿特丹	232 000	25.2	65	508.5	7.10	2.98	78 000
敦林 A(安多克)	77 年 6 月,施多德	419 000	131.2/129 (局部 151.2/149)	32	136	5	2.3	68 000
弗丽嘉 TCP 2(康迪普)	77 年 6 月,安达尔斯内斯	292 760	91.54/86.04	44	307	14	2.15	68 000
布伦特 C(希坦克)(N 号风洞)	77 年 7 月,阿尔迪	298 000	38.4/38.4	199	738	13.12	3.42	84 000
科莫兰特 A(希坦克)(N 号风洞)	77 年 6 月	346 500	37.5/37.5	173	687	8.58	3.34	95 000
尼尼安中央(霍华德·多里斯)	78 年 5 月,拉塞	601 220	84.2	—	499	12	1.8	76 500
国家湾 B(康迪普)	81 年 8 月,瓦特斯福约尔得	825 000	130/127	70	164	5.5	1.7	8 600
国家湾 C(康迪普)								

来源:由 Noble Denton 公司提供。

表 12.2　北海混凝土结构物的拖带与设置

平台	总静态系船力/t	拖船数量	浸没速度/mh⁻¹ 最大	浸没速度/mh⁻¹ 海底	设置时间/h	触地条件:风力/海浪高度、周期	添加用于设置的压载水/tᵃ	距目标距离/m
贝里尔 A(康迪普)	584	5	8	8	45	SE'ly 2 0.5m 5s	90 000	32
布伦特 B(康迪普)	584	5	12	6	39	S'ly 2/3 0.6m 6s	124 000	25
弗丽嘉 CDP.1(C·G·多里斯)	372	4	5.6	2	39	WSW 3/4 1.0m	6 000	14
弗丽嘉 MCP01(多里斯)	335	4	6	1.6	13	NW 3/4 2.0m 6s	7 000	8
布伦特 D(康迪普)	545	5	6	6	11	WSW 3 1.2m 5s	12 500	8
弗丽嘉 TP.1(希坦克)	440	4	10	最小ᵇ	11.7	SE 4 1.5m	4 500	1

（续表）

平台	总静态系船力/t	拖船数量	浸没速度/mh⁻¹		设置时间/h	触地条件：风力/海浪高度、周期	添加用于设置的压载水/tᵃ	距目标距离/m
			最大	海底				
国家湾 A（康迪普）（基座拖带）	605	6	—	—	—	—	—	—
国家湾 A（康迪普）	565	5	8	8	7	SW 1-2 1.3m 8s	13 000	10
敦林 A（安多克）（基座拖带）	560	6	—	—	—	—	—	—
敦林 A（安多克）	632	6	10.5	5	4	NE 3 2m 8s	2 500	12
弗丽嘉 TCP 2（康迪普）	565	5	6.2	6.2	6	NNW 3 1.5m 4/5s	5 000	2
布伦特 C（希坦克）（N 号风洞）	645	5	—	—	—	—	—	—
科莫兰特 A（希坦克）（N 号风洞）	730	6	—	—	—	—	—	—
尼尼安中央（霍华德·多里斯）	585	5	—	—	19	—	—	10
国家湾 B（康迪普）	715	5	7	1	6	W 1/2 1.5m 7s	11 000	15

ᵃ 从拖船重新布置开始计算到点，不再考虑运输条件下的平台。

ᵇ 与海底接触时的 TP1 浸没速度与低速移向倾斜的海底有关。

来源：由 Noble Denton 公司提供。

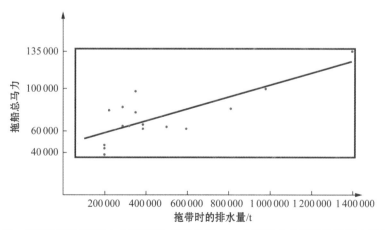

图 12.33　压载下沉至拖带吃水深度时，拖船总马力与北海重力基座结构物排水量的比较

在拖带过程中,稳性很可能成为控制参数。选定吃水量、压载物和甲板上设备的有效载荷以产生约为 1m 的正稳心高(见图 12.34)。这或许看起来较小,但必须注意,初始扶正力矩是 $\overline{GM}$ 和排水量的乘积,而这种情况下的排水量极大。

图 12.34 在北海开始初期服务的国家湾 A 重力基座结构物离岸平台

破损控制规定也可适用于设计的管理。通常要求结构物能够承受任一外部舱室的浸水。在大多数案例中,竖井不可设置内部分舱或安装防撞装置;因此若竖井已经为抵抗拖带吃水线附近船舶的影响而进行了特别增厚和加固,通常可忽略这些要求。需要注意,拖带的吃水深度一般低于安装施工的吃水深度。

必须考虑到在设计风暴作用下平台运动的动态响应。通常将其视为 10 年或 25 年一遇的大风暴。由于稳心高相对较低,一般情况下,结构物横摇和纵摇的自振周期较长(可能为 60s),随之产生的最大加速度高达 0.20~0.25g。当然,该加速度会对甲板设备产生影响,所有附件都应能够抵抗该加速度产生的横向力。

典型的平台并不具有传统船体的响应能力,而且稳心高仅能在横倾角度非常小的情况下作为稳性的测量标准,所以计算风浪引起的各种横倾角度的扶正力矩和横倾力十分重要。假设在拖缆松弛或垂落的情况下,经受十年一遇的风暴时,通常将最大横倾角限制在 5°以内。

12.2.14 阶段 14——现场安装施工
Stage 14—Installation at Site

结构物一旦抵达现场,就进行压载,下沉到海底。数艘船成扇形散开,星状排布,使重力基座结构物平台在固定位置保持不动。船艏推进器此时作用巨大,可选择船行航向,而无需施加超量的推力。

曾出席 1978 年挪威斯塔万格"欧洲海上石油会议"的维特(Witt)和莫尔斯(Meurs)在其论文"海上施工定位——采用仿真技术进行研究和培训"中建议以如下规定来管理拖船的操控和定位:

(1) 在前一命令显效后再下达新的命令。由于结构物随巨大惯性和轻微曳力移动,因此所有制动行为都必须由拖船完成。

(2) 尽可能少地使用拖船。

(3) 每次行动后,均须使拖船折回初始位置。

(4) 在变换动力和航线时,应循序渐进,而非急剧改变。

规定 1 似乎需结合上下文进行解释,因为在施加推力后,有时必须立即启动制动操作。

另一种更加精确的定位方法是利用系泊缆,一般采用反链系泊系统,配合钢丝绳,将锚与弹性浮标相连,再引至锚定的拖船上。弹性浮标确保了牵引拖船的钢丝绳近似水平;否则倾斜的钢丝绳可能会将船艉拉入水中。钢丝绳从装载在平台甲板上的绞车上引出,向下连接浸没的导缆孔,穿出后与弹性浮标相接,再连至锚或系泊的拖船上。这一系泊系统适用于将海上结构物通过预钻井安装在海底井口基盘上方。可由一艘或多艘大型起浮吊代替数个弹性浮标,在下沉过程中起到控制船的作用。这一举措已在科纳克(Cognac)钢导管架平台案例中进行了应用。最终定位会在后续章节中深入讨论。

在结构物内设的控制室中对安装过程进行控制。其仪表设备一般包括:

● 回声测深仪,能够测得 4～6 个角的底部净距;

● 压力传感器,能够在同一位置测得吃水深度;

● 压力传感器,能够测得每个箱格的内部压载水位;

- 应变仪,能够测得销钉和选定群围中的轴向力和力矩;
- 压差传感器,能够测得每个群围舱室里的水压;
- 双轴倾角计,能够测得倾角;
- 土压力传感器,能够测得基座底板的接触压力;
- 应变仪,能够测得基座底板和拱顶中钢筋的应变值;
- 封闭液压系统中的压力传感器,能够测得群围的贯入深度。

安装手册包括所有相关系统的描述、背景数据和图示。此外,还将给出一套详尽的安装指南,包括:

(1) 定位和定向。

(2) 触地时销钉的贯入深度。

(3) 压载和排水(通风)。

(4) 混凝土群围的贯入深度。

(5) 基座底板(或拱顶)的坐落。

(6) 基底灌浆。

泵入水或受控式自由进水可实现压载下沉。在下潜过程中稳性通常会越来越大,至少结构物基本垂直的侧面或向外倾斜的侧面是如此。然而,对于圆锥形结构物如常为北极设计的结构物,随下潜深度的增加,水线面会迅速降低,可能导致结构物失稳。

另一种系统是由墨西哥湾浅水处较小的驳船装载式设备推延而来,称为"倾翻",即刻意将设备的一端倾斜向下与海底衔接;然后将设备整体向下翻转。在此类案例中,稳性最初取决于倾斜的水线面,之后是随下端的衔接而取决于底部的支撑,并防止发生侧向横摇。虽然这样的演习在较小的结构物上已取得成功,但在大型结构物上的应用还可能会局限于相对较小的横倾角,在现场实施前也需经过船模试验池的验证。还必须考虑着陆时对结构物边缘的加载和对海底的扰动情况。群围可能会承受过大的弯曲应力。这一方式已在亨特斯顿(Hunterston)B平台上成功实施。

对于大型结构物和主要的离岸平台,利用临时浮力似乎更保守,也更合适。临时浮箱必须有相对较大的直径(如 5~10m)和高度(如 40m),以抬高浮心而不明显影响重心。因此,临时浮箱通常是钢质的,配有重质拱肋,不过一项研究表明,混合钢材-轻质混凝土骨架更为高效。临时浮箱还对水线面惯性矩小有改进,但不幸的是同时却增加了排水体积,因此对于稳性的综合影响效应将不那么明显。

临时浮箱通过提升浮心来发挥主要功能。因此,无需将临时浮箱对称排列于结构物四周。例如,在理想状态下,仅可以在结构物的一侧安装一个这样的浮箱,而铅垂度将由选择性压载维持。

这些浮箱必须经过加大型基座沉箱的某些位点而系固在结构物上。在拖带过程中,这些系固装置受到海浪的动态循环力的作用,会导致低循环疲劳,尤其是在腐蚀环境中。借助于浮箱对基座施加预应力是一种可行的系固手段,即采用未黏合的后张预应力钢筋,其在浮箱顶部处于水面上方时从该顶部施受了预应力。安装后可松开钢筋,再次从浮箱顶部开始操作。或者,可使用爆炸物、液压剪切机或水下燃烧进行切割。释放这些浮箱时,应压载至中性浮力,然后将其释放,不至于使浮箱会突然上浮。与浮箱旋转中心上的系固装置相连的拖缆将防止浮箱在释放和上浮过程中发生旋转而对竖井、甲板或浮箱本身造成可能的损坏。

在澳大利亚昆士兰州的海角港口(Hay Point),曾将临时浮箱应用于离岸中转码头的10个沉箱上。在最后一个沉箱的安装过程中,由于腐蚀加速了疲劳而使一个连接失效。所幸的是,此时结构物已经几近触地,因此未造成严重的后果。

重新回到施工现场的结构物,其通过拖船(或系泊系统)而维持在固定位置,并通过泵入或浸入海水而压载下沉。所有的事件和情形都在控制室里进行监控。随着结构物逐渐接近海底,放缓下降速度以使海水排出。

在触地的瞬间,销钉撞入土层的足够深处,从而防止沉箱发生进一步的横向运动。在控制室内可读出弯曲应力,其由销钉上的应变仪转换得出。位于每一个角的短射程高频回声测深仪都可测得基座底板与海底之间的距离。此时可使用定位桩代替销钉。

为缩短初次油气产出的时间,可预先钻探少量的井,并利用基盘保证其在海底的合适间距。这就要求结构物漂浮在井口顶端的上方。这一要求排除了使用长群围和预安装销钉的可能性。在最终压载下沉到海底的过程中,重力基座结构物的基座会与被钻入或打入的防撞桩紧密衔接固定。为使结构物与防撞桩在最后的下沉过程中保持紧贴的状态,可沉入一或两根定位桩,以达到足够防止短期移位的深度。或者,使用钢丝缆系固而将重力基座结构物和防撞桩紧紧绑扎在一起。为确定防撞桩相对预钻井口的位置，可将井口基盘进行扩建，（但需在重力基座结构着陆前移除，）也可使用拉紧的钢丝绳。这些操作可通过视频监控。

此时开始衔接群围。这些群围由于设计因素，即使触碰到海面下的冰砾也不会屈曲；而会沿土层横向移动冰砾。持续增加压载物以达到理想的贯入深度。为避免群围舱室过压和随之产生的管涌，初始贯入速度会保持在较低的水平，如 150mm/h。一旦群围顺利嵌入，贯入速度将会提升至大约 1m/h。同时，群围舱室中的水将被排出。

最终达到完整贯入时，结构物坐落于基座底板、混凝土群围或为暂停进一步贯入而设计的基石上，以防止底板局部压力过大。若未安排此类停滞设备，结构物会继续贯入，直到直接由底板承重。高出部分的黏土将被移位排出，甚至连表面的冰砾都会被挤进土层。沙子虽是高透镜体，但会产生非常高的局部支承阻力，从而使底板过载。底板与地基之间的相互作用可通过基座底板上的压敏元件和应变仪进行监控。

若群围在满载时都没有贯入到要求的深度，堵在群围舱室内的水可能会在负压作用下，排出到设施竖井里，从而增加贯入有效力。这样的选择性压载与负压允许对贯入水平实现非常精确的控制。但负压程度不可过度，否则会造成群围下方管涌。经证实，对于如德劳顿(Draugen)、吉尔法克斯(Gullfaks)C 和特洛尔(Troll)平台的长群围，利用负压是达到贯入深度不可或缺的因素。以吉尔法克斯 C 平台为例，22m 长的混凝土群围贯入软质黏土与夹层的沙质透镜体之中。通过降低箱格内的压力，形成了必要的驱动力。一项大型现场实验证明了循环内压力的效力得以增强。

一旦结构物贯入了规划中的埋置位置，为确保土层受力均匀，一般会对基座底板下的剩余空间进行填充。在众多案例中，采用松软的灌浆填充。可在水泥浆中添加触变性外加剂，以减少分离区域，并防止水泥浆过度侵入岩石缝隙或由微小的开口处泄入大海。以澳大利亚的海上沉箱为例，这些沉箱被固定在预备好的碎石基座上。试验证明，普通水泥浆流动性太强，会过度渗入岩石，然而，流动阻力一增加，触变性水泥浆就会迅速形成胶体。

用于基底填充的水泥浆需处于极低的压力下，以避免在群围下方形成管涌或使沉箱抬升。最佳的解决方法是，在正确的高程处，通过开口的料斗进行重力自动加料，这种方法只需克服大约 15psi(0.1MPa)的静水压头。必须为排出水做好排放的准备。若采取抽吸的方式，则必须在低压下辅以正向阀进行，以防止过量增压现象的发生。

如同在众多北海施工案例中发生的情况一样,当基座下的空间厚度较大(如 0.5~2m)时,必须采取措施防止水泥分散。此时,应在水泥浆中加入一种抗分散外加剂。而过量的水合热也是一大问题。一些全层试验显示,普通水泥拌和料的温度可能升至 100℃甚至更高,在基座底板内产生不良应变。使用粒径最大约 10mm 的粗骨料如粗磨矿渣、高钙粉煤灰或高炉矿渣水泥,能够降低水泥含量,从而减少热量排放。

除了选择灌浆混合料减少热量排放之外,还必须考虑到物流相关问题:考虑到施工现场的遥远距离和海况条件,如何将材料送达、分批处理并在现场进行拌合? 在某些案例中,分批处理和拌合可在平台甲板上进行;另外一种解决方法是,将干燥的材料预分批,再使用钢质铁或塑料制防水集装箱进行运输。

一般情况下,基底灌浆的水泥浆用量极大。ELF-TCP2 平台上 14 000m³ 的基底灌浆施工耗时长达 9 天。

最后,需按照规划方案对每一项施工进行评估。在众多案例中,低弹性模量较为理想。基底水泥浆的强度只需略胜出地基土层即可:在众多案例中,1~2MPa 为合理值。应将泌水控制在最低限度。在北海,挪威承包商对基底水泥浆拌和料进行了改良,这是一种由水泥和海水合成的泥浆,掺有硅酸钠等发泡外加剂(含量为海水质量的 4%~10%),且混合推迟和稳定外加剂。这一方法最大程度地减轻了物流难题,且开发出了一种低强度、低模量、流动性良好并易于填充基底空洞的拌和料。

对处于相对较浅水域或存在强底流区域中的沉箱而言,需利用群围或抗冲刷石垫保护基底水泥浆免受侵蚀。同时,需要采用更高强度的水泥浆和更快速的凝固速度。以水泥为主的灌浆填料在填充东斯海尔德(Oosterschelde)风暴潮挡闸六十六门支撑沉箱和厄勒海峡大桥沉箱墩下的基底间隙过程中均有应用。

在平台需再次浮起如北极的勘探钻井结构物或需要使用渗透性基底填料的情况下,可将适当级配的沙子制成沙浆,填入基底空隙。沙浆通过管系流入,无论内外,管的弯曲部位都是最少的;那些必要的弯曲部位应有较大的半径。沙浆中的沙子易于沉降并筑起一个小小的堤坝;从而造成压力轻微增加,而沙浆的细流能够突破这一堤坝,在别处进行填充,继而筑起新的堤坝。排放点的间隔一般距中心 3~5m,理论上能够填充一个 30cm 深的基底空间。

　　丹麦和荷兰的工程师彻底改进了出沙技术在水下管道和港口建设中的应用。在海上,他们又将其成功应用于北极勘探钻井沉箱下方填充的施工中。无论用水泥浆还是沙子,所有基底灌浆都应在低压头下出料,并妥善监控,以防结构物因过压而被抬升。

　　若有必要,下一项工作就是冲刷保护。贯入的群围可作为冲刷保护的一种方式,但由于土壤条件和吃水深度的限制,这一方式往往不可行。

　　可利用岩石开底驳船的长混凝土排泄管,将岩石倾倒在沉箱的外围。荷兰疏浚承包商在北海覆盖海底管线时开发了这一系统。但驳船的不受控倾倒对东斯海尔德风暴潮挡闸的混凝土墩造成了严重的冲撞损坏。间歇式放置是另一种解决方案。

　　针对沙质土,在岩石下放置滤布是防止沙子通过石缝浸出的理想方法。布垫可预先附着在基座底板的边缘,再沿底壁卷起。触地后,松开这些布垫,让其从底板开始呈放射状铺开。为控制其外缘,潜水员可放置沙袋或刺入有头的钢钉,将其固定在沙中。这一方法在埃科菲斯克(Ekofisk)沉箱上进行了应用。之后用倾倒的岩石覆盖滤布。这项工作完成后不久,结构物就经受了一场大风暴。充分证实了这一冲刷保护方法的有效性。

　　上述方法中应用的滤布应使用尼龙甚至不锈钢金属线进行加固。此类经加固的滤布,缝制以优良的网状地质纤维,已大规模应用于荷兰的海岸建设中。

　　因此,一种解决方案是将由经加固滤布制成的预制垫放置在预先附着有混凝土块的岩石下。放置操作可由浮吊利用分布梁完成;为易于搬运,较大的布垫可先陈列堆放在一艘驳船上。在澳大利亚昆士兰州,离岸中转码头的沉箱冲刷保护就采用了这一方法。而且在安装后不久,成功经受了一场大飓风的考验。此类布垫还可以附着在重力基座结构物的基座外围,并沿边缘进行补沙。在重力基座结构物坐落之后,松开布垫,在起重机和作业船的协助下,将其在海底铺开。布垫可能无法承受长距离开阔海域航行中海洋的作用,因此需在接近或到达安装现场时附着在基座外围。

　　铰接式混凝土护面层常用于保护海上小岛,在北极的大型混凝土沉箱结构物上也有所应用。在阿拉斯加北坡油田一项施工中,这些混凝土护面层被海冰损坏。在维修时,重新安装了更重的护面层。最近,一些护面层还被安装在库页岛的近海上。

　　在一些沉箱基座附近设有出油管线和其他机械配件或不能在平台附近设

置工作船的区域,由于在最初关键的几个月中需进行许多其他的操作,倾倒岩石的方法可能是不可行的。在这种情况下,必须使用混凝土管道或采用间歇式放置法完成放置工作。

12.2.15 阶段 15——导管的安装施工
Stage 15—Installation of Conductors

现场的最后一项施工作业是安装导管。这些导管通常随重力基座结构物一起运达现场,并先行设置在导管导向装置内。对于典型的平台基座,将导管套管浇筑入基座底板,然后实施封堵以防运输过程中进水。

导管的封堵可使用双套增强型氯丁橡胶桩隔板套管,迄今为止的多数隔板都形成了 1.5～2m 的无加固型轻质混凝土栓塞,需稍后用钻机钻开。

贯入底部底板的导管套管同时具有内外部的机械剪切带或防止出现剪切疲劳的剪力键,这在拖带过程中会造成平台的损失。之后在钻开套管时,钻井竖井内的钻井水位应首先与外部的海平面持平。一旦钻机贯穿套管,任何显著的水头压差都会造成地基土的流入或外部管涌的发生。

在贝里尔 A 平台案例中,为方便临近箱格中的配件安装,内部水头被泵下了约 15m,钻机贯穿套管的瞬间,数百立方米的沙子流入了钻井竖井。同时,外部箱格下方发生了管涌。通过大量的基底灌浆和外部加滤岩石保护,支撑和填充被修复到符合要求的程度。

对于后续结构物,需将群围置于钻井竖井的四周,并在作业过程中使水头维持平衡。钻井竖井四周的群围还能够限制钻井泥浆的流动,防止其从井中溢出,进入相邻的基底空隙。

将导管打入并钻至规定的深度后,即可铺设表层管道,并开始钻井。钻井套管和表层管道之间的环形间隙以及表层管道和导管之间的环形间隙需用水泥黏合。开口竖井中需添加生物性农药。

油井独立于结构物,当平台随时间下陷时能够自由地垂直移动。图 12.34所示为国家湾 A 平台,这是一个典型的营运中的离岸重力平台。为了确保结构物的受力平衡,必须合理规划钻屑的废弃处理。钻屑或许可用于冲刷保护或用作压载物。

12.3 施工的替代概念
Alternative Concepts for Construction

对于无法建造施工坞的区域,可在下水滑道上预制相对较窄的混凝土或钢质驳船式结构物,并以横向下水法进入水中。它们相互连接,并在漂浮状态下施加后张预应力。然后,将钢质或预制混凝土群围安装在边沿,并与甲板相连。

相对于船艉先行入水的下水方式,横向下水时产生的力矩与力均非常小。这种方式已在钢质驳船、甚至是海船的下水中应用多年。

之后,可建造环绕四周的钢板桩围堰,以增加出水高度。还可在驳船内部建造任何必需的加固结构(如为了增强受剪承载能力),混合作用于原始船体。

现在,可建造箱格壁。结构物的剩余部分参照施工坞中施工的说明完成即可。

在大型钢质驳船上装配大量较小型的重力基座结构物筏基,随后将组合式结构物下潜入天然或人造施工坞,停留在深度已知的浅海沙质海底。下潜过程中,对驳船下部进行压载,以抵消总浮力。内外壁面以及甲板均必须可承受一定的压力差。通过混凝土筏基的水线面来维持其稳性。当驳船下部坐落于海底时,筏基漂离驳船。为了使驳船下部重新上浮,需对驳船进行卸载。在其舱室内的自由面逐渐升高的过程中,驳船会发生失稳,为使其具有负稳性通常会固定于驳船下部安装两根或更多根钢柱,若其间距恰当,它将因增大的惯性矩而产生足够大的力矩(主要是 $I=Ar^2$)来补偿负稳性系数。

在一些土质非常松软的施工现场,可能有必要增加从基座到地基的剪切力传递,以防止滑动。这一需求对北极的平台来说尤为迫切,因为冰块的横向力极大,必须进行抵消,但由于运输的吃水限制,群围不能被运抵北极。此外,沉箱的重量不够大,即使满压载,也不足以将群围固定在土层中。

曾提议将定位桩用于索黑尔(Sohio)北极移动通讯系统。定位桩会在平台基础完工后被沉入土中,并以千斤顶或打桩方式穿过钢套管,使其与更密实的土层衔接,如在海底下方一定深度部分与冰层结合的密实沙质土。典型的定位桩直径可以是 2~2.5m,壁厚可达 100mm,设计贯穿深度为 12m。它能够向定位桩槽内再行伸入 20m;一个平台可同时使用多个此类定位桩。当然,定位桩能够如同自升式钻塔设备的腿柱般被千斤顶顶入。长期系附于定位桩边沿的喷嘴会损坏内塞。作为替换方案,可使用大型振动桩锤,甚至是柴油或蒸汽桩锤将定位桩压入土中。与打桩相比,贯入的时间明显缩短,因此安装时间应最小。

若之后因重新安置平台而要求移动定位桩,则可按照以下步骤拔出定位桩(见图 12.35):

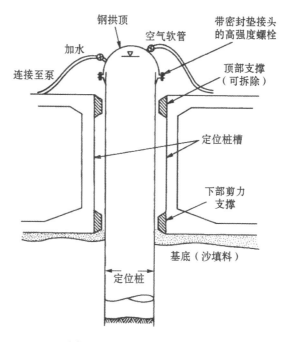

图 12.35　钢质圆柱桩的移除

(1)若担心定位桩会被冻结在永久冻土中,先用喷嘴和气动提升器去除残留的内部土塞,然后使用蒸汽对水进行加热。

(2)移除定位桩的上层支撑结构。

(3)尽可能地提高定位桩内的水面,使其远高于海平面,以升高毗连土层中的空隙压力。

(4)启动千斤顶移除定位桩,或使用振动桩锤松动定位桩,以便拔除。

(5)另一个可用于移除尺寸相似但更长的定位桩的替代方案是,给注水的定位桩加帽,然后利用大气压,使用千斤顶将定位桩取出。鉴于平台的重新安置已在计划之内,可提前焊接桩帽。或者可利用高强度螺栓连接桩帽。

若出现定位桩因过载而严重屈曲或变形以至于无法取出的情况，则可使用抓具和气动提升器或者钻机对其进行清理。之后，无例外地需要由一位潜水员进入定位桩内的水中，将其切断。位于阿拉斯加州库克湾和伊朗哈尔克岛的多个海上中转码头都曾利用这一方法，轻易切断了相似尺寸的受损定位桩。

定位桩还能够有效应用于地震带，其中要求将剪切力传递给地基土，但基座与土之间的摩擦力可能不足。定位桩能够为其提供所需的剪切阻力。

定位桩并不传递垂直载荷。因此沉箱能够自由沉降。沉箱施加于土中的重量增加了土层作用于定位桩的被动阻力，因此提高了定位桩的使用效率。所以需要保持直接打造基础的全面优势。

将抗拔桩钻入地基土中，并灌浆固定，用以压制阿拉伯湾内迪拜附近的 3 个大型水下储油罐。由于该区域的土层不足以为防止倾覆提供支撑，已建议将类似的裙桩用于混凝土储油罐和钻井结构物。

使用桩时，必须规定将桩所受阻力传递至结构物内，常用方法是向套管中灌浆。通常要求使用相对较长的套管，约为 20～30m，但若辅以机械剪切传递柄或弯梁，则可适当缩短所需管长。

使用群围也可增加结构物的承载能力。例如，位于水下超过 300m 深的特洛尔（Troll）平台就采用了 35m 长的群围，其地表土异常柔软。群围的作用在于增加表面摩擦（内聚力）和土层内的端部支承，由此使得因压缩性所致的长期下陷最小化。

若做好排放积水和半流体泥浆的准备，通过压载通常就可实现贯入。降低群围内的水压，可使作用于水平面的外周静水压头向下推动结构物，最终增加贯入的深度。实际上，这就是吸力锚的工作原理。

或者，可采用以往应用于深海桥墩沉箱的技术，即在通过可控的压载和低压手段增加打桩重量的同时，利用喷水来移除基座下的土壤。为移除群围舱室内的材料，结构物内需组建喷射-气升或喷水机的组合式系统。外围喷嘴将材料混合成浆，然后向上泵出基座以待处理。群围舱室需配备排空阀，以防因严重负压或过压而导致流体失调时出现管涌。若遇松软土如黏土，则需密切监控打桩重量的增加，以防突发性土壤剪切失效。群围舱室或可延伸至基座底板以下的开底式箱格最适合从下方移除材料。采用多重或旋转喷嘴来破碎泥土。

若不使用喷嘴和喷射器，可将开口套管送至基座结构物顶部穿过半球形顶板，并将便携式挖泥泵（如气动泵、马康纳弗罗系统或吸扬式挖泥泵）下沉以逐次移除基座下群围舱室内的材料。若必须贯入密实沙层，则需在周边安装外部喷嘴,对水和膨润土泥浆(钻井泥浆)起到润滑作用。

针对结构物-地基的相互作用问题,还有众多的其他建议方案,尤其是在横向力以及更深水处的倾覆力矩极大的区域(见图 12.36)。其中的大部分方法详见第 7 章。

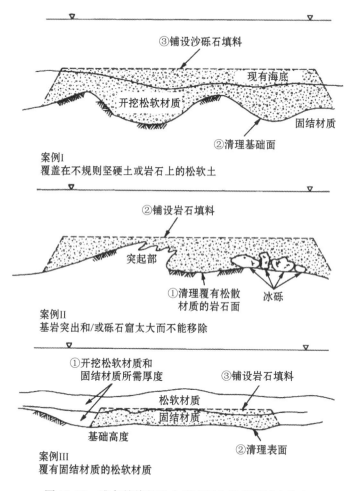

图 12.36　准备就绪的重力基座平台的岩石填充基座

(1) 在相对较浅的水域,深度适中的松软土可在结构物抵达前采用吸扬式挖泥船移除。需要注意的是,这一方法会增加结构物的下陷深度,由此增加其成本、自重和吃水深度。

（2）如上第 1 项所述,疏浚的同时可使用沙子或沙砾填充因挖泥导致的凹陷。此类重新填入的泥土必须充分压实,以使下陷深度减至最低,并提供足够的支承和剪切强度。若有必要,可采用动力夯实法（用质量极大的重锤不断下落击打）或振动固结法加大土的密度。

（3）可在基座底面下方安装排水板,以确保类似黏土的松软土随结构物重量作用于表面时而被排尽。首先应首先铺放可自由排水的材料保护层,为从土层中挤出的水提供横向的排放通道。排水板的安装可在沉箱抵达前由装载于驳船上的设备进行,也可在打造基础后立即通过沉箱进行。将排水系统作为一种固实的手段需视时间而定,往往需要数月才能达到设计载荷的支承要求。在北极或亚北极,某些地区的冰层设计载荷在安装后 3～5 个月才能达到预期,因而这一方法是可以接受的。

（4）建造重力基座结构物的同时,需将堤坝在安装前放置于合适的位置,尤其是在堤坝的延伸区域大于结构物占用空间的情况下。此法有助于固结泥土,增强其抗剪切承载力,并为土层中的剪切破坏提供外部坡台阻力。当然,可在沉箱基础完工后安装石造外部坡台,以增加黏土对剪切破坏与滑动的承载力。

（5）将多根沙桩或石柱紧密排列于结构物坐落区域的下方。若排列紧密,此类沙桩能够有效提供直接支承力及剪切承载力。若渗透性材料保护层已被铺设在海底,则当外加载荷作用于结构物时,这些沙桩还可充当排水沟的作用。

（6）利用振动压实可预先增加松沙的密度。在对东斯海尔德风暴潮挡闸的 66 根支柱进行地基加固时,就利用此法进行了一次较大规模的作业。通过喷水和振动,将多根直径 1m 的定位桩打入沙土的 20m 深处。之后撤回定位桩时,在水平和垂直方向同时施加剧烈振动。

（7）对于相对不可渗透的泥土,已采用"喷射灌浆"法。高压注入水泥浆将破坏泥土的形成,使晶体状水泥浆渗入其中。

（8）混凝土质、钢质甚至是木质的多根桩可以紧密排列形式打入,从而起到固结泥土并增强其加剪切承载力的作用。桩的顶端不得高出海底,且需在其上覆盖厚度 1m 左右的岩石。这与应用在里奥-安托里恩（Rion-Antirion）大桥（见图 9.27 和 9.28）的"桩筏"概念本质上相同,并计划用于威尼斯风暴潮挡闸（见图 9.55）。

（9）为遮盖突出岩层或海底的不规则岩石区域,填石需被铺放成一保护层,压实并大略平整,使重力基座结构物受力均匀。这一方法还可用于不规则的岩石表面,其已通过移除软质和可压缩材料进行专门的清理。

12.4 底基层施工
Sub-Base Construction

安装某些重力基座平台(通常称为"海上沉箱")时,理想的计划是,将结构物分为两半,先放置所谓的底基层,再将平台本体置于底基层上。这一计划适用于部署受吃水深度限制的地区,如北极。

规划中的底基层通常较大,且需完全淹没至海平面以下。在安装过程中需注意稳性,底基层可如同前述般倾翻在海底;但这增加了结构物内的危险应力,可能导致海底受压变形。因此,建议将临时浮力"竖井"延伸至海平面以上。这样即可对底基层的位置和方向进行可视化控制,并增加安装过程中的稳性和吃水控制。一旦底基层被安置在海底,即可压载平台本体,使其下沉到底基层上。

若放置合理,临时浮力竖井可充当平台定位的导向装置。因此,在压载下沉到底基层上的过程中,平台可进行准确定位。

可采用众多概念为底基层和结构物之间提供缓冲并均分支承力。若该设施为永久性设立,则可在外围的3~4个位点安装聚氨酯基座,并注入基底水泥浆以提供永久支承。另一种可被用于填充各单元间水平接合点的材料是橡胶沥青;这曾被用于结构物3个分段之间的超级混凝土岛钻井系统(CIDS)平台上。沥青在初使用时呈半塑性,但在北极的低温环境下会变得坚硬。底基层上的基础材料可使用沙子或沙子和沙砾的混合物;若如此,基础材料需在淹没前被仔细平整和压实,否则就需要在底基层就位之后,对材料进行平整。若基础材料在淹没前已被平整,在下沉过程中必须采取措施确保沙子或沙砾填料不会因海浪冲刷而移位,如可使用沥青黏合剂。

底基层一旦由竖井导向开始下沉,则可使用垂直配合锥进行衔接以实现准确配合。为实现剪力传递,可在两分段式套管内插入管状钢销钉或定位桩,并用压实的沙子或水泥浆进行固定,这一点则取决于该设施是临时设立,还是永久存在。

12.5 平台重新安置
Platform Relocation

由于坐底式结构物具有比较容易从土层中移出、卸载至拖带吃水深度并在新位置重新安装的特点，一些重力基座平台都被设计成用作勘探钻井结构物。对北极地区较浅水域到中等深度水域中的勘探结构物而言，这一点尤其具有吸引力。混凝土岛钻井系统和 SSDC 结构物都要重新安置数次。

重新安置时，应清除耗材和作业物料。基座的吸力会增加群围的表面摩擦力，从而抑制其悬浮。在适度压力下，经过数小时的海水注入，基座吸力就会被破坏。之后，对基座一端进行卸载，这样另一端通常就可以克服表面摩擦力。总的卸载量不得超过仅为数米的底部净距所要求的浮动量。否则，结构物可能会突然上升至确保稳性所要求的吃水线之上。

这一过程需经全面的工程设计并实施监管，以确保卸载作业不至于造成内部箱格壁压力过大，同时确保在所有施工阶段均能维持对结构物的全面控制。

使用期限到达时，需移除"永久性"离岸平台。拆除重力基座平台的详细说明参见第 17 章。

12.6 混凝土-钢混合平台
Hybrid Concrete-Steel Platforms

若干离岸平台的建造已采用独立设置的混凝土重力基座，随后才安装常规的钢导管架。在其他案例中，钢导管架则被安装在混凝土沉箱基座上。

如上所述，一旦基座结构物进入水下，其稳性即由浮心超过重心的距离决定，即所谓的"海底"稳性，但须减去舱室中压载水的自由液面效应。因此在实践中，应尽可能将舱室注满水，或完全排空。

上方浮船的支持可获取额外的稳性，此时的 $\overline{GM}$ 随 $\overline{Pl}$ 的增大而增大，其中 P 表示上升力，l 表示缆线的自然长度。亦可系固浮标。

但在实际海洋环境中,起重船(通常是浮吊或钻机)的升沉起伏随纵摇的增大而增大;而大型基座的位置实际已经固定,由于附加于基座上的水量极大,加上惯性的影响,其无法进行响应。当然,起重机臂具有一定的柔韧性,钢丝绳也具有一定的延展性。由于横倾的关系,舷外举升将减弱拉力。但安置大型基底沉箱时,通常无法产生足够的拉力。因此,必须安装某种形式的升沉补偿器。事实上,若需获得足够的稳定性,应考虑浮心与重心之间的基本关系。

对基座内部进行分舱能够控制自由液面,由此当一些舱室满载而其余的为空载时,仍然可产生较小的正浮力。而小型控制罐可用来压载,以产生下沉所需的微小负浮力。这些小型舱室内的自由液面效应最小。

若要求将一些大型舱室完全排空,其余的完全满载,中间舱壁则需满足较高的结构要求。为使附加的结构重量最小化,应考虑使用管状钢质支架。当然,还有一种方法是采用空气增压。但采用此方法时,需进行规划和控制,以满足其复杂性需求,并解决下沉过程中与静水压力变化相关的实际问题。

随着基座沉入水下,它将受到由海浪产生的水动力效应的影响。所谓的"海岸"效应会产生一个升力,因此可能需要向控制罐内添加额外的压载水。而一旦基座甲板沉入水下更深处,就会倾向于加速下沉。

一旦将基座打造完毕并经完全压载后,就需安装钢导管架或塔架。通常将4条腿柱插入配套的套管中。若将销钉预先系固在基座上而且套管本身就是导管架腿柱,则相关风险会较小;同时也消除了腿柱穿透沉箱顶部的风险。

曾利用3串多浮标装置来放置哈丁(Harding)重力基座箱。然后,将钢导管安置其上。

显而易见,将使用精密的定位设备及仪器来控制最终的接合情形。也可使用带视频系统的遥控机器人。而短距离声学传感器可用于监控间距。回转罗盘可用于显示方向。

最终的定中心则应使用机械导引装置,如锥形漏斗。可以考虑将某一个销钉和某一根套筒进行组合,其长度增加,以便提早衔接。触点应加装衬垫。为控制冲击力,可在接触前,扩张液压千斤顶。

第二种情况是已经将导管架或塔架装载在基座上,这样在安装过程中出现的问题比较少。但是,基本稳性问题仍然存在,因为导管架对水线面的稳性几乎不起作用。当腿柱直径足够大而有此作用时,导管架才能影响下沉过程的控制。对此,可能有必要采用一两艘浮吊用于控制作业。

目前已开发出另一种混合式钢-混凝土形式,其中的结构混凝土被放置在两个钢质壳体之间,与之结合产生复合作用。水平剪力传递由焊接在钢板上的双头螺栓或拱肋提供。通过搭接头型钢筋而为全厚度剪切做好准备。

复合构件通过钢质壳体的膜层致密度、抗拉强度和膜层抗剪强度而体现出混凝土的刚度和抗压强度。英国、日本和美国进行了大量测试,已证实其在抵抗北极冰、船艇和驳船影响方面的适应性以及在深海中的优良性能。英国已开发出附带剪力连接件的双层钢质壳体的制造方法,这些壳体如今已推向市场。

混凝土岛钻井系统的北极离岸平台建造于本州岛南端的造船厂内。为减少将其调入波弗特海时的吃水量,建造了一艘重型钢质驳船充当基底。之后,安装预应力钢筋混凝土主体,并在其上装载另一艘钢质驳船作为组块。

3 艘驳船独立制造之后,在两艘重型起重船的控制下,将基座驳船压载下沉至海底。预应力钢筋混凝土泥浆分段采用浮托作业法,将筏基卸载,并上浮至泥浆分段下方。

为确保完全接触,在钢质基座顶部设置了橡胶沥青沙胶层。设计目的使其在日本南部的暖水海洋中具有可塑性,而在施工现场的北极海水中会变得坚硬。

在因浅水或环境工程而不可建造施工坞的区域,将采用第 4 种混合方式,即先使一艘向上延伸侧壁的钢质驳船下水,其侧壁可在初期的混凝土施工中充当围堰。

SSDC 是一艘由典型的钢船结构改装的油船船体。使用双头螺栓和焊接的抗剪柄,建造出复合式混凝土船体。同样,船体内部也采用混凝土填充料进行复合。由钢支架作补充承受从两边至船底的冰荷载转移。

不知不觉我内心也满怀渴望
想要了解奥秘而探索海洋,
那汪洋大海跳动的心脏
使我心潮起伏,激情回荡。
"你也想了解大海的秘密?"
舵手的回答就是这样,
"想要掌握海洋奥秘的人,
只有敢于冒险去劈风斩浪。"

(亨利·沃兹伍斯·朗费罗,"大海的奥秘")

第 13 章　永久性浮式结构物

Permanently Floating Structures

13.1　概述
General

　　这些结构物旨在保持其在使用寿命内的浮动能力,无论其是停泊码头,还是在使用期内被移动,亦或结构物本身即为自航系统。

　　由于滨海土地资源日益紧缺,我们不得不顶着客观环境所造成的种种困难开发海洋空间,因而这一设计在未来便具有巨大的潜力。

　　鉴于这类结构物中的许多均为储油船,而即便是局部压载,储油船仍靠干舷的变化实现漂浮,所以其在系泊时须充分考虑到横向风力的影响。这尤其适用于钢质船,因为钢质船在空船时固有吃水深度较小。另一方面,混凝土船的固有吃水深度更大,而容量也更有限,这一点在浅水中尤为明显。

　　这些固定系泊式船舶通常情况下会采用单点系泊设备,但在某些浅水区则采用码头固定系缆。储油船只通常会配备一个压载系统和一个输送系统。

　　尽管船级社要求每年在干船坞进行底部检验,但如果年度水下检验未发现异常,他们就会将此要求搁置 5 年,尤其是对混凝土船。这就意味着必须使用高压喷水机,并辅以钢丝刷,来清洁船体。

　　绝大部分储油船都为钢质船,其结构符合 IMPCO 公司以及诸如美国船级社、挪威船级社、法国船级社以及英国劳埃德船级社等的国际规范。这些钢船中的许多现在都要求有双层壳体。由于各船级社在设计、施工建造以及维护方面已有详实介绍,故这里不再深入涉及。

　　混凝土浮式结构物有着同样悠久的历史,最先使用钢筋混凝土结构的是一条小船。然而,由于混凝土本身质量偏大,这种结构仅仅昙花一现。可是,因为两次世界大战期间钢铁短缺,那时仍建造了大批小型钢筋混凝土油船和储油驳。

　　近年来所建造的混凝土浮桥、浮式码头、渡船修船湿坞、用于通航闸门的浮式导墙以及大型浮式生产储油船由于使用了改进型高效轻质预应力混凝土技术而越发显现出其吸引力。预应力混凝土在一些结构上的成功应用也显示出了它的价值,这些成功的例子包括:阿尔克(Arco)公司的液化石油气浮式生产储卸装置纳克萨(N'Kossa)号,该装置自 1975 年起在爪哇海投入使用,系泊于非洲西海岸;摩纳哥的浮式防波堤和码头;海德伦(Heidrun)号张力腿平台和特洛尔-维斯特(Troll West)号半潜式平台,两者现均服役于北海。以上所举例子均固定系泊,但几项深入研究已证明了将混凝土应用于自航船的可行性(见图13.1到图13.4)。

图 13.1　萨克地-阿朱纳(Sakti Ardjuna)号浮式生产储卸船,
用于液化石油气的冷冻及储藏。图中所示为其在印尼爪哇海服役的状态。
系预应力混凝土壳体(照片由贝尔格 ABAM 公司提供)

　　预应力混凝土的永久性浮式结构物有诸多可能的用途,包括浮式生产储卸装置(深水浮筒平台、张力腿平台、半潜式平台以及船型壳体)、浮式液化天然气生产和汽化中转码头、浮式直升飞机场和普通飞机场、抗冰船。利用沉桩下锚的永久性浮式桥墩以及海上中转码头目前已得到使用,如横跨纽约哈德逊河的塔潘齐(Tappan Zee)大桥。

图 13.2　用于海上浮式基地的钢质壳体的配合过程，所示为测试原型

图 13.3　移动式海上基地系统(MOBS)的概念设计

这些应用的重要性能包括预应力钢筋混凝土抵抗巨大局部冲击力的能力、耐久性、耐疲劳性、耐火性以及整体安全性。单位重量以及混凝土的密度是一般情况下影响吃水深度和惯性的限制因素，若要达到相同速度，后者所要求的功率更大。在一些结构物中，较大的吃水深度是一个优势，因为这可以降低对

639

图 13.4　卑尔根峡湾内正处在海上建造过程中的海德伦号混凝土半潜式平台
（照片由挪威施工公司提供）

压舱的要求。

　　美国海军对移动式海上基地系统所作出的大胆设想目前已被暂时搁置。然而,有关在开阔海域如何将两个大型浮式结构物进行配合,即每一个结构物都对 6 自由度的不同阶段给出响应这一几乎难以解决的问题,人们已经学到了许多。最难的部分似乎是结合有纵摇的非均匀垂荡。当前,海军正在测试一个用于系泊战舰的模块化预应力混凝土浮式码头。

　　为实现上述所列的理想功能和混凝土结构物的最佳性能,需施以预应力,并使钢筋分配得当。混凝土的强度和质量必须尽可能地高,以减少吃水深度,并获得长期耐久性所必不可少的不渗透性。由于人们希望混凝土结构物能够在动态环境中长期使用,所以预应力和被动加筋量必须充足,以确保钢材在混凝土产生裂缝后低于屈服应力。其断面明显较离岸混凝土平台薄。因此,对混凝土断面以及钢筋和预应力导管的放置来说,公差就显得愈发重要。

　　大型浮式结构物通常是在造船坞或是干船坞中建造的,但有些也在船台上建造的。较小的船舶则可以在大型驳船上建造。无论是何种情况,下水时的吃水深度都非常关键,所以必须精确控制竣工时的重量和外形尺寸。重量受到混凝土密度以及包括拼接板在内的加固钢筋重量的影响。

混凝土船的船型一般呈矩形,船艏外飘而船艉为锥形,这是因为拖带与航行波浪响应主要为惯性作用。由于重量大而吃水深,它们通常不如钢质船那样对波浪和涌浪反应剧烈。对张力腿平台、半潜式船体、深水浮筒平台、海洋热能转换(OTEC)以及其他吃水较深的结构物来说,圆柱形或椭圆形横断面更加高效,因其可利用整个压缩横断面来抵抗水静力载荷。混凝土不仅已被塑造成了各种理想的形状,而且还适合像张力腿平台弯管和环面这样复杂的形状。这就意味着船艏船艉分段可以单独预制,然后通过现浇混凝土与船体结合。通过保持预应力同心状态,给曲线断面施以预应力在技术上具有可行性,但是仍需抗剪钢筋来抵抗曲面上的辐射状剪力。在混凝土或超高强度混凝土中使用钢纤维大有益处。

而标准重量混凝土和轻型混凝土都得到了利用。尽管轻型混凝土可以节省不少于 25% 的单位重量并减少吃水深度,但却可能因面内剪切和面外剪切而要求使用额外的钢筋。然而,由于板厚需视盖板和对合理分隔内外钢筋及调节预应力导管的需求而定,故单位重量越轻,所建造的船舶通常也更高效实用。此外,轻型混凝土还有更好的热力性能,若与含微硅粉的混凝土拌合,则可以增加耐疲劳强度。在制冷温度下,其表现尤为出色。

13.2　混凝土浮式结构物的预制
Fabrication of Concrete Floating Structures

应最大限度地通过使用预制板和壳体来应用预制法。一般情况下,为保证钢筋的完整连续性且不影响导管连接,接合处均为现场浇筑。通过预制可得到尺寸精度,同时也分散了施工作业,并增加了产量(见图 13.5 和图 13.6)。如桥梁施工一样,这里可使用分段施工法。

将底板铺设或浇筑在经过精心粉碎筛选的岩石基底上,以使后续进水能完全渗透在岩石之下。这也允许安装那些必须伸入裸船体之下的配件。若底板为现场浇筑,基底则覆盖聚乙烯或类似物。排水管被铺设在岩石基底之中。

底板也已顺利地浇筑在涂覆有防黏结材料的已完工混凝土板上。底板通

图 13.5　由预制混凝土节段组成的胡德（Hood）浮式运河桥（替换部分），
这些节段均采用后张预应力，以此形成壳体

图 13.6　装配胡德运河桥的预制混凝土节段

常会向上拱起 100～150mm，或是在墙板接合处拱起，以使预应力钢筋的偏心率
可以消除负弯矩拉伸龟裂。拱起部分还可以增大抗剪力。

　　内墙片段通常是预制混凝土板，利用倾斜建筑技术实现向上倾斜，而且通常是在四块墙板的接合处被连接到一起。由于此处为拥挤区域,可通过 45°内圆角进行扩大。外坞侧壁应在杠架上方拱起。

将预制墙板和基底实现连接的最佳方法似乎就是在底板中留下空间,并在底板中与墙面接合处的相同位置设计接合处。这时是墙板的施工,将其钢筋伸入接合处,如两块板中的型钢一样。因此,这些型钢必须放置在准确的位置,以使配套型钢穿过其中而不会受到干扰。墙板所受支撑来自其侧面倚靠在预制板上的支柱。拼接预应力导管,然后放置混凝土接合部,以将先前所描述的拱起部分接合在一起。

使用现浇墙体和滑模可使接合处的数量最小。而滑模和跳模都已投入使用。由于剖面薄而密,故应使用流态混凝土。

端部经机械加工的钢筋尤为适用于高剪切力区域,因为它们可以更简单高效地放置在拥挤区域。钢筋的机械接合不仅在解决拥挤问题上更具优势,在减轻重量方面同样也是如此。

同样也可用预制板建造上甲板,将其架设在闩入墙内的副梁材之上。此后在墙体上方完成接合。

目前,模块化预应力混凝土浮式码头正处于美国海军和设计者 ABAM 公司的半标度测试中,该浮码头在船体内外均采用了高性能轻型混凝土预制板。由于码头的设计使用年限为 100 年,所以测试过几中不同类型的耐腐蚀钢筋,这其中包括不锈钢以及外涂熔结环氧树脂且具最少量混凝土保护层的耐腐 MMFX-2 型钢。基于对成本以及这些测试的考虑,MMFX-2 被选作试验模块的钢材。保护层厚度为 44mm。

由于后张预应力分布笔直,所以带塑料锚固封装的塑料导管被选用于后张预应力筋。此外还使用了由轻质粗骨料和天然沙加工成的高性能轻型自密实混凝土。其单位质量为 $1954Kg/m^3$(122pcf),而 56 天的设计强度则为 48MPa。拱起的预制混凝土板则由现场浇筑的细骨料混凝土实现接合,而该方案其实最早在 1975 年应用于昆士兰州的海角港口(Hay Point)中转码头。

在许多情况下,预制法只用于船体的一部分(见图 13.7)。例如,纳克萨(N'Kossa)浮式生产储卸装置上的内墙均是预制,而所有外墙则是现场浇筑。预制法尤其适用于船体的双曲部分如船头弯曲部。现场浇筑的墙体均已采用滑动模板。固定式模板则被用于诸如甲板一类的水平构件。

应通过水流喷射法使粗骨料暴露在外而使施工缝得到适当的处理。通常情况下,这会使接缝面缩减 6mm。之后,就在浇筑混凝土之前,可将黏合性环氧

图 13.7 采用预制混凝土匹配浇筑分段成形的萨克地-阿朱纳(Sakti Ardjuna)
液化石油气浮式船舶的曲形底部(照片由贝尔格 ABAM 公司提供)

树脂喷洒到接缝面上。在混凝土覆盖其上时,接缝面必须仍保持湿润。一些有经验的预制施工人员更喜欢刷上一层厚厚的乳胶沙浆。

甲板应有一定坡度便于排水,以保证甲板上不会积存喷溅的海水。施工期间,甲板应使用硅烷进行处理,此后每隔 2~5 年处理一次。对于那些将在寒冷水域服役的船舶,应在混凝土中进行加气处理,以避免出现冻融侵蚀。

热收缩和凝结收缩会产生裂纹,尤其是在施工缝上。适当的混凝土拌合与养护措施可使之降至最低限度。就在浇筑混凝土之前,将环氧树脂涂覆于施工缝上以及早期施加部分预应力将使产生的裂纹最少。

锚固区需经合理配筋,以分散和限制所出现的横向、纵向和径向应变。尽管这关系到细节设计,但这些细节需要与承包商或预应力分包方合作予以确定。此外,由于许多大型浮式结构物都是在设计-建造的基础之上建成的,所以需要施工方全面参与其中。通常情况下,锚固周围的应力最高值出现在施加预应力的时候,而不是在服役期间或承受极端载荷的情况下,之后若是一些细节设计未被实施,则正是裂纹出现之时。

后张预应力导管应由塑料制成,在其拼接接合处经熔化处理,或者是由热收缩接合的镀锌钢制成。塑料导管不应使用在钢筋设置非常弯曲的部位,因为钢绞线可能会在导管上划下很深的凹槽。无论是何种情况下,在非常弯曲的部位都应使用防水钢管,而且是经过预弯曲成型加工。水泥浆应含有一种抗分散的触变性外加剂,以防止形成排气囊。应使用塑料罩盖密封锚固部位。预应力锚固应通过气囊定位加以保护,而钢筋则从周围的混凝土结构中深入气囊中。在完成所有的施加预应力工作之后,囊袋被填充以混凝土。接缝面应在浇筑混凝土之前涂覆黏合环氧树脂。在长期冰冻的地区,应使用乳液混凝土取而代之,不再使用环氧树脂涂层。

13.3 混凝土性能对浮式结构物的特殊重要性 Concrete Properties of Special Importance to Floating Structures

尽管本节内容多少会与前面章节(如第 4 章)有所重复,但本节将对混凝土影响浮式结构物的重要性能做更加细致的讨论。

(1) 疲劳。船舶在整个营运期限内经受着大量的波浪循环加载过程。即使在强烈风暴之下,通过施加预应力仍可使正负弯矩不超过混凝土抗拉强度的一半。在如此高频低幅的循环之下,似乎并不存在耐久极限。若应力得以超过混凝土的全抗拉强度并因此产生裂纹,水就会被吸入并在裂纹因高压缩而闭合时产生液压冲压效应。若有足够的软钢和预应力钢穿过裂纹,使得钢筋在龟裂时低于屈服应力,那么诸多测试结果表明其耐疲劳度仍高度令人满意。

轻型预应力混凝土经测试后显示,即使在出现意向性裂纹的情况下仍具有良好的绝热性和出色的抗疲劳强度。对于 WW I 型和 II 型混凝土船来说,尽管没有预应力,但其却经过简单的被动加筋,至今未曾有任何疲劳失效的报道。北海离岸平台的竖井所使用的预应力混凝土有着无可挑剔的耐疲劳强度,其中一些竖井已服役 30 多年。研究表明,轻质粗骨料和微硅粉的组合尤为耐疲劳。

(2) 混凝土的耐火性取决于钢面覆盖层厚度及混凝土的绝热及剥落特性。

遭遇大火时,覆盖层的剥落现象可能就发生在海上航行船舶所需的抗渗混凝土中。这种现象由混凝土孔隙中产生蒸汽所致。为减小过大的孔隙压力,聚丙烯纤维被掺入其中。它们在火中熔化,并留下小的空穴以便于蒸汽逸散。可考虑将此应用于像机舱这种特别薄弱区域的内部舱壁。

（3）耐久性。在过去 15 年中，通过添加多种外加剂至拌和料中，航海结构物所用混凝土得到了进一步的发展和改进。目前可用的且已经使用在如英吉利海峡海底隧道、海上混凝土平台、海水环境中的浮式结构物等重要设备上的主要外加剂有：

    a. 高效减水外加剂——可减少施工过程中达到和易性所需的用水量，并因此提高强度和抗渗性。

    b. 火山灰替代物如粉煤灰和高炉炉渣，用以增强抗硫酸腐蚀性以及抗碱-骨料反应性，并因此提高抗渗性。它替代了大致等量的水泥。

    c. 加气处理——防止冻融侵蚀。

    d. 腐蚀抑制剂，如 DCI 牌产品。

    e. 黏性外加剂，如抗冲蚀外加剂（AWA）。

    f. 微硅粉，提高强度并增强抗渗性，同时可增强黏性和抗疲劳强度。

    g. 甲板排水系统——防止积存喷溅的海水。

若合理使用上述外加剂，并配以小尺寸骨料（最大为 $10\sim16$mm），则会得到具有高抗压及抗拉强度且耐久性好的"流态混凝土"。

在早期的近海石油储存中，由于原油中存在厌氧细菌，人们对硫酸盐的侵蚀深表担忧。然而，对现代海上结构物所使用的高性能混凝土来说，这种现象发生的可能性很小，尤其是在拌和料中加入粉煤灰和/或微硅粉的时候。

（1）通过使用合适的混凝土覆盖层并利用其所具有的抗渗性，钢筋和预应力钢的腐蚀过程得到了抑制。而使用像亚硝酸钙这样的腐蚀抑制剂将延缓腐蚀的发生，就像使用 MMFX-2 牌这样的耐腐蚀钢筋一样。不锈钢钢筋价格昂贵，但却耐腐蚀。

（2）通过混凝土的抗渗性，并配以适量的钢筋和预应力，密闭性得以形成，这不仅防止外部海水内泄，还防止储存的碳氢化合物外泄；这用以确保所形成的裂纹能在经受高载荷之后实现闭合。

（3）某些精炼石油产品要求在混凝土储油罐表面覆有涂层并加衬垫。

（4）抗冲击性。通过配筋间隔密集的钢筋和预应力钢筋而加固的混凝土板或壳体具有非常良好的延展性，因而也可以吸收大量能量。如果某些部位要求更高，则可加入钢纤维或是三维网筛。使用 T 型钢效果良好。

（5）耐磨性，尤其是在系泊附件周围和在甲板上。

13.4　施工建造和下水
Construction and Launching

　　大型和重型预制结构物最通用的建造方法是在开凿于港口或河岸的水坞中完成其建造过程。事实上,造船水坞是一个临时干船坞。实际的制造过程在水坞底部进行。在阿尔克(Arco)公司萨克地-阿朱纳(Sakti Ardjuna)号的建造及下水过程中就曾使用过此类水坞。这艘船从华盛顿的塔科马(Takoma)被拖带至爪哇海,并作为液化石油气中转码头在此服役 30 多年(见图 13.8)。

　　另外,还可租赁结构造船厂的干船坞。迄今所建造的最大混凝土船纳克萨号(N'Kossa)驳船便属于这种情况。

　　对混凝土制结构物来说,为使其底部与水坞底面相分离,会使用一层透水

图 13.8　阿尔克公司的萨克地-阿朱纳号在驶往爪哇海的途中
（照片由贝尔格 ABAM 公司提供）

材料(如沙),并覆一层胶合板和聚乙烯塑料。到下水时,船坞被浸没且将水注入透水的垫底层之中。在承受几小时的压力之后,船浮出水面。由于其中一些胶合板与聚乙烯塑料可能黏在船底,故须由潜水员清除。

使用两个并排的且一深一浅的水坞可能会更有益处,尤其在需要建造多个构件之时。此后可在浅水坞建造下船体,将其浮向侧面的深水坞并为收尾及最终下水所准备;与此同时,还可在浅水坞开始建造另一艘船舶。

在出河或出港的过程中,尤其是水道内有风或有水流时,船舶必须经由拖船和岸上缆索进行控制。

如果在参考水准面上建造结构物,若要移动重达 20 000t 级或以上的重型预制船舶,就要利用特氟隆承重垫板和卧式千斤顶将其滑移到极其平整并牢固支撑的斜坡梁上。在其他项目中如厄勒(Øresund)海峡大桥,就使用了希尔曼(Hillman)公司的滚柱。离岸平台的钢质导管架通过特氟隆下水垫板被滑移到重木或钢梁上。所遇最小摩擦系数为 0.03。大贝尔特(Great Belt)桥那长达 100m 的巨型预制混凝土桁架就使用润滑脂而被滑移到混凝土梁上的。桁条中的整齐棘轮凹槽使得千斤顶可以抓取并逐步移动大梁。位于加拿大东部的联邦大桥,就是运用小高宽比的胶轮运输车将重达 8 000t 的诸单元通过液压千斤顶被吊起并向前滚送到混凝土轨道上。

通过在侧面使用垫圈并将压力水注入钢质或混凝土平底船的下方,摩擦系数几乎减为 0,重新定位也因而变得很简便。

横向下水是驳船或类似船舶下水时所使用的第二种方法。横向下水减小了下水过程中船内的弯曲力矩。它还分散了船舶下水过程中沿船台向下运动的集中支承载荷。

浮式磷酸盐厂的混凝土驳船建在参考水准面上的港口边缘处,继而向侧面滑动,抬高到一定角度后向下滑入水中。由于驳船因浮力而脱离船台,故其会在上边缘下方暂时产生集中荷载并同时在驳船内引发横向下垂弯曲力矩。而两者均经过精心设计以抵抗这种载荷。

据规划,俄亥俄河上奥姆斯特德(Olmsted)大坝的预制通航坝节段将在参考水准面上建造,并通过桩承横梁向侧面滑移至支架上。此后,支架从船台滑下,并使大坝节段(重 3 500t)可以在任何水位下浮起。由双体起重驳上的起重机实施部分吊装作业,而驳船将在运输过程中提供支承并在此后将其下沉就位。

在参考水准面上建造的船舶或预制构件还可被移至如 Syncrolift 公司的升

船机之上,并通过起重机下沉入水中。如果没有固定装置,则可建造成上悬门形吊架或多组起重机。从结构上看,需下沉的构件必须能够从尾部吊起,否则就必须将驳船结构或结构骨架置于该构件之下。使用架设于水上台架之上的高承载力门式起重机进行吊装作业就是为奥姆斯特德大坝节段所考虑的一个替代方案。

船舶或节段可以滑移到浮式干船坞上准备下水,或是滑到下水驳之上;所谓下水驳即有深潜能力,可承受外部水头并仍能在结构上支承结构物或船舶。为使下水驳能在足够下潜深度的同时不失稳性,会在角落部位或一端设立不少于两根的圆柱,借此使其具有水线面稳性和剩余浮力。

当然,若只涉及单个构件或一艘船舶,最初便可将其建造于下水驳上。通常情况下,要从下水驳上浮起需在平整的船体上才得以实现。然而,可通过倾斜及从驳船艉部滑下的方式辅助浮起操作。此后在已知水深的水域进行下水,以使驳船艉部可以约 30°触底,此时构件的较低一端开始滑下。当载荷回转时,拖船向前拖动下水驳,以使载荷漂浮起。

还有建议使用许多利用潮汐或冰的巧妙方法。有人建议使用沙箱千斤顶将船舶下沉穿过沙层。所有阶段都必须确保结构完整性。

系泊配件如标杆和系缆桩,应通过后张力固定在船体中的加厚加固基座上。通常情况下,所使用的是预应力钢筋而不是钢绞线,因为基座的预应力损失可通过使用钢筋予以消除。

导缆器和/或锚链筒要么通过后张力或以嵌入方式以适当锚固的形式固定在混凝土中。应将钢板沿边设置,以避免由锚链摩擦引起的磨损。只要可行,就应将管系和机械系统整合进船体的设计之中,并预先安装嵌入件。应以牺牲阳极实现防腐,尤其是在海水的进水和出水口。此外还有许多其他的适用于混凝土船的设计和建造细节。敬请参照《格威克预应力混凝土施工(Gerwick Construction of Prestressed Concrete)》第二版(Gerwick 1996)。

一项有趣的船体设计已研制成功,系英国曼彻斯特大学、加州大学伯克利分校以及日本建筑实验室的共同试验的结果。其为双层钢质船壳,需内填混凝土才能共同发挥效用。因而其设计可用于船壳运动以阻挡高净水压力,同时可用于从钢的延展性中受益。日本已对抗冰结构物的概念进行了附加测试。如第 4.3.2 节所述,市场上可以购置使用剪力钉连接器的预制船壳。一些潜在的应用是水底隧道(地铁)和吸力锚。

由于当前在许多地方需要实施作业,大型船舶的可建造性要求考虑到通道和起重机臂工作半径等问题。因此,在参考水准面上施工相比在水坞中更为高效、也更节约。

13.5 浮式混凝土桥梁
Floating Concrete Bridges

浮桥的历史可追溯到约公元前 1500 年。公元前 400 年,大流士(Darius)在博斯普鲁斯(Bosporus)海峡上建造起浮桥,它却因暴风浪所致的动态激励而坍塌,但工程师们并没有吸取其教训。胡德(Hood)运河桥以及后来的 I-40 莱西·P·摩罗(Lacey P. Morrow)桥双双因动力波作用而沉没。而位于塔斯马尼亚(Tasmania)的霍巴特(Hobart)以及华盛顿长青角(Evergreen Point)的浮桥也双双被风暴所毁,最后不得不被大面积翻新或更换。

大多数混凝土桥都被设计并建造成一系列长长的矩形驳,其内部具有纵横分布的蛋篓型隔壁。早期浮桥按惯例都经过加固,而此后的浮桥则被施以越来越多的纵向预应力。接合处通常使用大型软钢螺栓,但新建的两座替代桥被施以后张预应力,使全长达到约 7MPA 的预压。就胡德运河桥来说,无论是原桥和替代桥,其桥面都升至短柱之上。

系泊索具已被沿用至大型混凝土总段重物上。系泊缆贯穿于甲板正下方两侧的压盖并用千斤顶托起以达到载荷平衡。对此采用阴极保护法。

前述的动态激励是由斜穿至桥轴的波浪所致,故而使峰值之间的有效跨距增长到远大于波长。这又进一步引起桥的谐波响应。所有的裂缝都变为贯通裂缝。交替张开与闭合的过程吸入水,之后又闭合,这导致出现水力压裂。因此,当混凝土达到极限抗拉强度时,必须有足够的贯穿于所有潜在裂缝的钢筋截面积,以使其低于屈服应力。

由于断面薄且钢筋密集,所以流态混凝土尤其适用于建造浮桥。

挪威境内的一座曲面浮桥就支撑于横向预应力混凝土浮箱之上。

13.6　浮式隧道
Floating Tunnels

　　已有提议在挪威的斯塔万格市(Stavanger)附近建造一座横穿吕瑟峡湾(Lysefjord)深水区的水下浮式隧道。这将把第9.5节所述的沉管隧道技术(管道)与浮桥和离岸平台技术进行组合应用。

　　该构想旨在设计并建造具有圆柱状外横截面的混凝土隧道,并通过牵索将其拉至海底。这些牵索是专门为吕瑟峡湾隧道所选取的。与海流的动态交互作用仍然是设计时主要考虑的因素,而各管段的装配和部署则是施工过程中的主要问题。

　　隧道管壁必然是厚实的,所以水化热必须最小化。各管段间的接合处可能会遵从研发沉管管道的模式。装配工作可以在临近的海湾完成,而后将整条隧道拖带至最终位置并系泊于此。隧道入口处任何一侧的接合和密封都必须与弯曲力矩和剪切极值相匹配。

13.7　半潜平台
Semi-Submersible

　　特洛尔-欧尔杰(Troll Olje)平台是在挪威近海特络尔油气田服役用作浮式生产储卸装置(FPSO)的混凝土半潜式平台。它在325m水深处用16根悬链线系泊缆系泊,并支承作业重量达32 500t的一个组块及33根立管和圆管。其壳体由经4个角节点连接至4根立柱的4个矩形浮箱组成。这些节点是平台上最为复杂的区域。悬链式系泊缆的外导缆器正系于此,因而使其构件承受着较大的局部载荷。立柱由两根同心混凝土立柱构成,并以此确保破损稳性。经设计的立柱用以抵挡船舶撞击和海浪击打,并同时承受压载和泵送设备。在立柱顶端设有后张钢质梁托环。它通过无力矩式销连接来支承模块支撑架。整个施工过程都是在卑尔根(Bergen)附近的干船坞内进行的。

13.8 驳船

Barges

纳克萨号(N'Kossa)驳船是一艘大型的散布式系泊驳船,支持离岸加工、仓储及海运设备。驳船安装于刚果近海水深约 200m 处,长 120m、宽 46m、深 16m,承重达 33 000t 的设备和结构物。驳船建造于马赛港(Marseilles)的一个干船坞内,并装配有上层模块。其独特之处在于通过使用活性粉末混凝土来制造密实、高强的混凝土船体。内部隔壁由预制板制成,而外船体则为活动模板现场浇铸而成。

由于混凝土驳船的质量大小可保证稳性及最小偏移量,故其已被用于承载浮式混凝土配料拌合设备(见图 13.9～图 13.12)。

图 13.9　装配纳克萨号浮驳内墙的预制混凝土分段(照片由布伊格海上公司提供)

图 13.10 竣工中的纳克萨号驳船(照片由布伊格海上公司提供)

图 13.11 纳克萨号驳船被拖出干船坞(照片由布伊格海上公司提供)

图 13.12　纳克萨号驳船的上部结构安装和舾装（照片由布伊格海上公司提供）

13.9　浮式飞机场
Floating Airfields

　　有许多项目如泰晤士、加州圣地亚哥、日本大阪各有一个，都曾被建议采用浮式飞机场，同时包括跑道和滑行道在内。

　　在规划扩建旧金山机场的跑道时，经详细研究的替代方案之一便是浮式结构物。其 50×50 m 节段结构物将在非现场施工基地完成施工，并被拖带至指定位置，利用横纵两个方向的预应力完成接合。这些节段被设计为半潜式平台，即穿过潮间带的立柱。完工的结构物将被设置在固定位置并用地锚系绑扎以应对潮汐变化。

　　尽管这一概念需 3 块水平板（船体底部、顶部及机场甲板本身），但它却满足了让水流可自由穿过其中的这一重要的环境要求。

　　美国海军曾深入研究移动式海上水坞系统（一种浮式飞机场跑道加上大量的维修与服务设施）的施工方案，其目的是为远程海军作战提供移动式支持基地,并可因此减少对陆上基地的需求至最低限度。其部署及系泊必须能经受住开阔海域上的大风暴。之所以青睐该半潜式平台的概念,是因为它对波浪和涌浪的响应较弱。由于几千米的长度超出了造船厂的实际生产能力,故制造及部署过程均使用长度小于 1000m 的钢质分段,且接合工作以漂浮形式完成。

与此类似,日本已对浮式飞机场进行了初步的工程应用研究,这同时包括新建的大阪关西机场的通用与特殊应用。它们均基于半潜式平台的概念,即通过管状浮箱将成对的管柱制作成水下 U 字型。

13.10　永久性浮式服务结构物
Structures for Permanently Floating Service

钢质浮式储油船已使用多年。其设计和建造都符合造船惯例,但有一点除外,即由于为固定船舶,其不必面临减小阻力的问题;所以在屏障海域如波斯湾,它们可采用非常简单的大型箱式结构,其舷边和端部为垂直型。

钢质浮式生产储卸装置(FPSO)在北海和其他海域均为连续移动式。其设计成依风向而定以使波浪力减至最小,故其外形被塑造成类似于典型的海上航行船舶。最近,转塔式系泊索具已投入使用,它们可围绕其旋转中心随风转动,并允许油类和产品管线在转塔内转动。

目前深水浮筒平台(SPAR)又重新成为狂风巨浪下超深海离岸石油钻探、生产、储存及卸载的最佳船舶。它们比先前的深水浮筒大得多,吃水深度不低于 150m。这些平台在造船厂内呈水平状建造并被像船舶一样下水。考虑到混凝土抵抗水静力载荷的优良特性,建议使用混凝土深水浮筒平台(见第 22 章)。

红鹰(Red Hawk)号石油钻探生产平台是一个相对较小的钢质深水浮筒平台,由 7 个钢质柱形单元组成,每个单元直径 26ft。其中的 4 个单元长 280ft;3 个全长为 560ft。上面 4 个单元其底部开口 7ft,其内会注入压缩空气以调节纵倾和压载。为防止漩涡脱落,每个单元都附有螺旋箍条。此外,锐角处的长腿柱还绕有金属鳍板。还安装有 3 套垂荡阻尼器。使用聚酯缆绳将深水浮筒平台系泊于 5 300ft 水深的吸力锚上(见图 13.13)。

655

图 13.13　浮式液化天然气出口中转码头的概念图(图片由移动技术公司提供)

13.11　小游艇船坞
Marinas

　　钢质及混凝土小型浮码头都已使用多年,包括用于小型船艇、船艇坞和水上飞机坞的码头。

　　小游艇船坞使用了由轻型混凝土和纤维玻璃类的合成物制成的浮箱。系泊处为单桩,一头一个,设有氯丁橡胶和不锈钢滑动面。也有使用混凝土和聚酯桩的。尽管在提升防紫外线性能方面已有所进步,但合成物仍遭受紫外线降解的不良影响。轻型混凝土采用镀锌钢筋网。而薄墙处的抗剪力则可通过使用三维网或置入纤维进行加强。

13.12　大型船舶停泊码头
Piers for Berthing Large Ships

　　目前已建有大型的浮码头。阿拉斯加州的瓦尔迪兹(Valdez)集装箱码头已服役 10 多年。它被建造成两个长 100m 的两个分段,以减小在开阔海域中拖带时的扭矩。在到达瓦尔迪兹港时,通过后张预应力进行接合以形成长 200m 的码头。在摩纳哥还建成一浮码头和防波堤,使用通用铰接链连接至岸上隔壁。美国海军目前正在圣地亚哥测试一个模块式码头节段(见第 13.2 节)。

13.13　浮式防波堤
Floating Breakwaters

　　由混凝土浮箱制成的浮式防波堤已成功应用于部分受保护的设备中,以针对小型船艇避风港和关键的岸上设施提供进一步的防护。已有建议提出在开阔海域使用更大的浮式防波堤,但迄今为止证明尚不可行,因为浮式防波堤会在风暴中剧烈移动且很难提供长期系泊。

　　浮式防波堤通常由铁链分段接合。因此,浮箱的系固必须通过设计来抵抗疲劳和磨损。其中的一些建议选择将引入的能量转变为垂直喷射流并使其得以消散,而不是对波浪进行反射。另外一些设计则通过配置足够的重量,以避免与较大波浪产生共振。为防护摩纳哥港,现已采用预应力混凝土建成一座浮式防波堤,其以铰链接合方式系泊在一个固定的坝肩上。

13.14 水上拼装
Mating Afloat

许多混凝土和钢质浮式结构物均在内陆水域完成水上拼装,包括华盛顿的混凝土桥以及瓦尔迪兹(Valdez)的混凝土浮式集装箱中转码头。钢质船都是在船艏船艉漂浮时通过嵌装船体中部而实现拼装的。在东京湾(Tokyo Bay),用于冲绳岛离岸直升机场测试模块的两个分段就是应用类似于下述内容的方法完成拼装的。

在内陆水域,浅吃水浮筒和驳船的接合工艺已通过使用甲板绞车而将结构物合拢。在一个分段甲板上伸出的拼装用定位桩与另一甲板上的配合锥相接合。一般情况下将驳船压载以在接合处呈稍有向下倾斜状。木制缓冲器和/或橡胶护舷装置被用来减缓冲击力。一旦顶部边缘相接触,它们就被紧绷的钢丝绳和钢质构件锁在一起。此后,移动压舱材料以使船体转动,并将下缘挤压到一起。

混凝土结构物的接合处设有橡胶衬垫,在被压缩后使得接合处产生脱水现象。然后,将导管从一个分段的连接板的孔中伸入另一分段的配合孔中,并安装预应力钢筋束。此时,接合处的缝隙用水泥浆填封。由预应力钢筋的顶部和底部以及灌浆剪力键来传递全力矩和剪力。

如果需要处理接合处水下部分的外表面(例如,在连接两艘钢质驳船时需要焊接钢板),就在其下方及两侧放置临时箱形围堰。较大的分段可能会采用更复杂的衬垫,如在接合水下预制隧道分段时所使用的衬垫。

当在开阔海域拼装大型结构物时,两分段的动态运动就变得至关重要。这些庞然大物会在所有的 6 自由度上做出超强的惯性响应。力的大小往往会超越常规系泊系统的控制能力。假定海况和风况有利,就可使两个大型分段迎着涌浪进行接合。驳船可通过系泊缆接合,系缆为一侧一根,连接至恒张力绞车。两分段应该同时被合适水深的锚索或拖船"拉开",以使对合线虽处于紧张状态,却又允许两驳船克服差压影响被缓慢拉到一起。长冲程液压缸和市售码头护舷装置(尤其是防屈曲型)可被用来缓冲两船最终的碰撞。

在认识到开阔海域上接合浮式结构物的固有问题之后,施工方已采用两种解决方案。第一种方案是在无风港内用铰接接头将所有的浮式单元接合在一起,继而采用与张力腿平台的张力腿同样的方式将完整的一组浮式单元拖至离岸施工地点。通过整组浮式单元艉部的拖船而在其中维系着张力。抵达后,各个单元均被系泊,并在其接合处仍保持抗剪承载力。如果该系统类似钢管桩或张力腿一样本身即为柔性系统,那么刚性连接过程也可在无风港内进行。而差动垂荡及相应的纵摇是最难控制的。

第二种方案是通过在各单元之间留有间隙,以避免在剪力和力矩中完成接合过程。该间隙通过铰接钢桥连接。关节杆和铰接甲板允许存在自由垂荡。此为美国海军移动式海上基地系统(MOBS)的试验方案,在未经初步的工程设计之前尚不能付诸实践。

若驳船型结构物需要保持连续性,当其距离非常接近时就用长行程液压缸进行接合。这些液压缸不仅能克服纵荡运动,还能避免首摇。就横荡而言,交叉钢丝可将两个大型分段合并在一起。接下来是顺应垂荡和横摇运动。可使用近乎垂直工作的液压缸。目前已开发出行程 1m 且最大载重 5 000t 的减震器。另外,可通过侧向挤压厚壁管,以非弹性方式吸收能量和动量。

大型浮式结构物之间的力矩传递是相当困难的。通过压载使两个分段旋转并在底部闭合,来抵消接合处的差动纵摇。无论是顶端还是底部,大型后张细索均会产生力矩。最终接合时使用配合锥和定位桩。所有的接合系统必须具有延展性,如此若出现过载,其仍可在保持一定力大小的情况下产生变形。使用少量从逆风船中滴下的重植物油,可在这一接合作业中减小海浪(非涌浪)。

显然需要开发一个在开阔海域有效拼装浮式结构物的系统。这不仅涉及飞机场和码头,还有大型浮式(石油)加工装置。在所有可能的途径中,也包括将航行中的顶推拖船与大型驳船进行拼装;该方法是目前最先进的一种,表明较小的模块可以与海上巨型浮式结构物进行拼装。

通过使用长冲程液压千斤顶,已对开阔海域中的离岸平台成功实现浮托安装作业,这表明,开发一种在理想条件下将开阔海域中的两个浮式结构物进行拼装的系统在理论上是可行的。不过仍需做大量的开发和测试工作。

他把心封存在橡树和三黄铜之中
驾一叶扁舟,第一个直面大海的汹涌
任你西南风肆掠,他却成竹在胸

驾驭北风与它抗争

哭泣的毕星团,疯狂的南风

你们都不是亚得里亚海上波涛的使者

他不会恐惧死亡逼近的脚步

而是会用坚毅的眼俯视水中的巨兽和那翻滚的海水

去俯瞰臭名昭著的阿克罗劳尼安之石

在他睿智的预见之中,上帝割裂世间土地的努力都是徒劳

纵使你将海洋开裂

倘使不敬的船仍可跨过这些水域

即便他们本身不应涉足

人啊,勇敢地去承受一切吧

奔向那被禁止的罪恶

[贺拉斯(公元前 65～68 年)"《歌集》第一卷:第三节(9～25)"]

第 14 章　海洋和离岸施工技术的其他应用

Other Applications of Marine and Offshore Construction Technology

14.1 概述
General

在第 11 章和第 12 章,离岸油气钻探和生产中所利用的典型离岸平台被用作描述所需施工程序的基础。本章就具体的施工要求对海上建筑物的其他一些应用及其他类型进行评价。但不会对"标准"施工程序的细节再行赘述。

第 9.3.3 节及第 9.3.4 节("预制闸门"及"航运坝结构物")介绍了河流施工项目中离岸技术的应用实例。

本章将介绍的其他应用如下:

- 单点系泊;
- 铰接柱;
- 海底基盘;
- 水下储油船;
- 拖缆布置、系泊浮标和海底部署;
- 海洋热能变换;
- 低温液化天然气和液化石油气的海上进出口中转码头;
- 海上风电基础;
- 波浪发电结构物;
- 潮汐发电站;
- 防波堤;
- 屏障墙。

上述结构物中有许多已应用于开发海上能源。但也有一些结构物被其他行业所采用并用于其他目的。单点系泊技术已被用来运输铁矿石及煤炭浆料,而张力腿平台也被应用于建造多种军事设施。尽管混凝土结构占据主导地位,也有许多结构物是用钢材建造的。

14.2　单点系泊
Single-Point Moorings

单点系泊技术的发展已有数十年时间。其设计初衷是为了实现油船系泊以装卸原油。单点系泊技术为油类运输提供了经济的解决方案,只要海况允许合理利用,就有例如 65% 的可操作性。单点系泊技术之后已得到改进和拓展,借助此项技术可搬运多种不同的石油产品,甚至可用于将铁矿石浆料装载入矿沙船中(见图 14.1)。

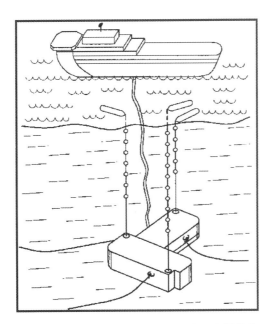

图 14.1　通过累进压载下沉中的哈丁(Harding)重力基座结构物以及水下浮标索

从施工角度来看,其通常包括基座、锚、深海浮标立管或软管以及通过软管或铰接式轴架系泊于基座的上浮式浮标。浮标上的旋转接头可以让系泊船舶根据风向、海流及海浪如风向标一样自由转换方向。船舶可以系泊于上浮式浮标或者由刚性轭架或活动链接轭与之连接(见图 14.2)。在基本概念的基础上已经发展出了许多其他方案。

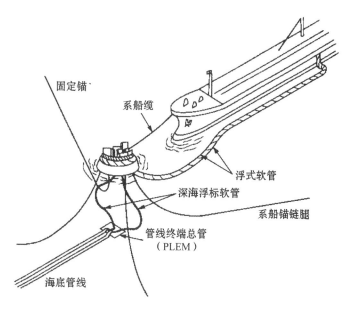

图 14.2 用于离岸油类运输的典型的单点系泊悬链锚腿安装图(图片由伊姆多克公司提供)

主要的施工作业包括基座结构和锚的安装。软管的连接要求一副可起吊的支撑索具以及潜水员作业。浮标的安装主要是定位问题,随后就是平衡各锚腿张力的单调工作。

基座通常由钢材建造而成且最初具有浮力。静水条件下对基座进行压载使之沉至海底,下沉过程由驳船上的缆索通过滑轮控制。借助缆索的弹性拉伸来吸收主要由辅助驳船四周海浪运动所产生的动力载荷。为了避免自由液面效应,在基座内的小型隔舱中封闭压载水。此外,基座均由钢筋混凝土建造而成并水运至施工现场。

基座通常相对较小,直径为 $10\sim20m$,高度为 $3\sim5m$。尽管与之前介绍的较大型结构物相比基座相对较小,但其安装施工需要考虑到动态升力及稳性因素。

一旦基座上表面处于水面以下,垂荡过程中就会产生水动力附涟质量。驳船趋于随海浪上升,而基座结构则趋于如海锚一样运动。缆索的弹性拉伸及吊杆的偏转都能调和有限的差动海浪。同时,由于基座水平面不稳,为保持稳性,有必要借助于起重机吊钩来形成基本的扶正力矩。这种附加的扶正力矩为$\overline{Pl}$ $\sin\phi\Delta$,其中 l 为从吊钩到基座系固点的距离,P 为升力,ϕ 为与海底所成的角度,Δ 为排水量。

基座到达海底时内部就要充满浆状沙或浆状铁矿石,或通过软管泵入水泥浆。尽管在放置骨料时及多需的多个灌浆点处可能存在实际操作困难,预填骨料灌浆法也得到了应用。在加利福尼亚州圣·克莱门特(San Clemente)岛附近的北极星导弹测试点就曾成功应用了预填骨料灌浆法,其大小、深度相近,含有非常复杂的嵌入物。也可使用水下浇筑混凝土法。使用以水泥为主的水泥浆或混凝土进行灌浆时必须考虑到水合作用产生的热效应。

基底水泥浆可通过一条软管流到基座结构的配件上,与重力基座结构中运用的方法相似。由于基座结构的边缘长度必定受到限制,因而可能导致渗透的净重非常小,因此水泥浆必须有极高的触变性以防泄漏到开阔海域里。可使用防水布垂幕或沙袋密封不适宜安装钢铁边缘的基座下端边缘处。

可要求采用冲刷防护法。海流加上波生孔隙压力可引起严重侵蚀。使用

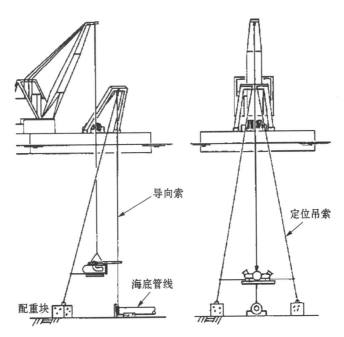

图 14.3 卸油用悬链锚腿单点系泊设备,采用导向索系泊系统

由岩石覆盖的过滤布是种典型解决办法,不过其他巧妙的方法也被研发了出来,包括在结构物周围的环状物上悬挂"人造海藻"(即密集的尼龙线)以减缓海水流速。这样做是为了引起沉积从而避免冲刷。

基座顶上通常安装有总管,基座边缘装有固定弯管(即管线终端总管),软管穿过管线终端总管与从海岸牵引过来的管线相连接。

软泥中的基座也可采用桩承法。通过基座内的套筒打入桩并用水泥浆接合。这些桩相对较短且重量轻;其主要功能在于防止出现严重沉降、倾斜及滑动。大型重物或者打入或钻入式桩都可作为多种单点系泊适用的锚。某些情况下,要在坚硬的海底钻洞并将重型锚链一头连接在洞内,之后往里面填入混凝土,其骨料非常细小(如 8mm),以使其能够通过由潜水员牵引的弹性软管进行填筑。在顶上安装漏斗状的钢质过渡喇叭状结构物以防链条相应位置过度磨损。安装一个典型的单点系泊系统的过程见图 14.3~图 14.19。

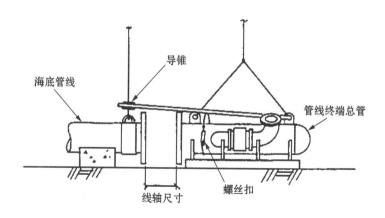

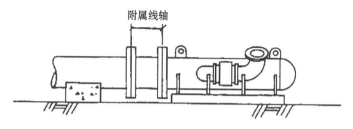

图 14.4　管线终端总管设备(图片由伊姆多克公司提供)

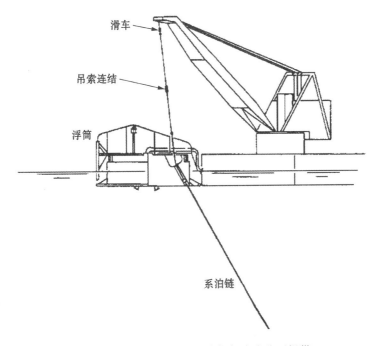

图 14.5　系泊缆连接(图片由伊姆多克公司提供)

　　单点系泊技术越来越多地被用于系泊储油船,特别是用于浮式生产系统。后一例子的单点系泊技术与油田开发中的水下座架相结合。若用于非永久性系泊,系统重量当然必须更大并且确保即使在风暴天气都能更安全地固定船舶。其基本概念也适用于离岸加工、储藏、输送其他商品的船舶及液化天然气生产和液化的中转码头。

　　开始拖带单点系泊系统至安装地点前,安装现场必须系泊有配备精确电子导航系统的安装驳船。然后将海面定位情况传送至海底,并设定一批发射机应答器以助基座定位并测定其方位。安装前应由潜水员或遥控潜水器及侧扫声纳先行海底勘查。

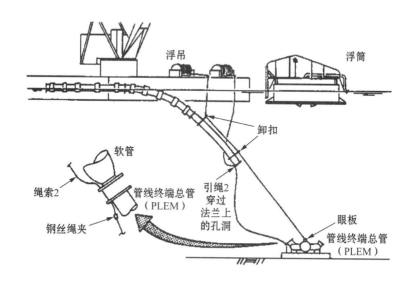

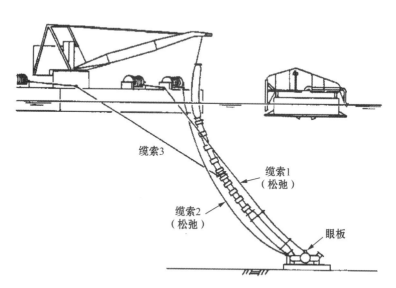

图 14.6 与管线终端总管(PLEM)连接的水下浮筒软管(图片由伊姆多克公司提供)

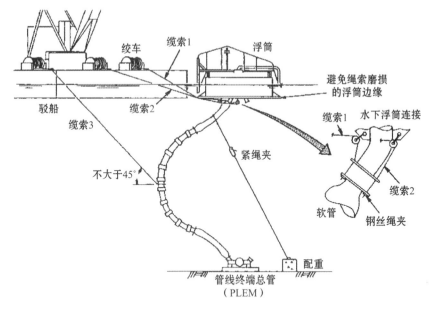

图 14.7 与管线终端总管(PLEM)连接的水下浮筒软管(图片由伊姆多克公司提供)

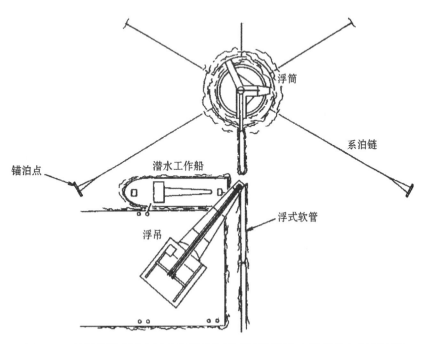

图 14.8 悬链锚腿系泊中浮式软管的连接平面图(图片由伊姆多克公司提供)

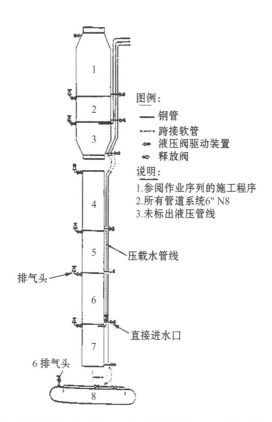

图 14.9 单锚腿系泊中舱底水系统及压载系统的安装图(图片由伊姆多克公司提供)

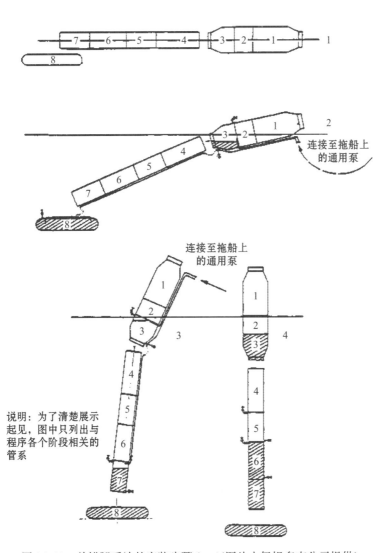

图 14.10　单锚腿系泊的安装步骤 1~4(图片由伊姆多克公司提供)

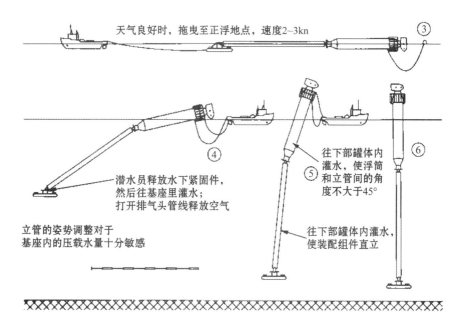

图 14.11　单锚腿系泊的安装步骤 3~6(图片由伊姆多克公司提供)

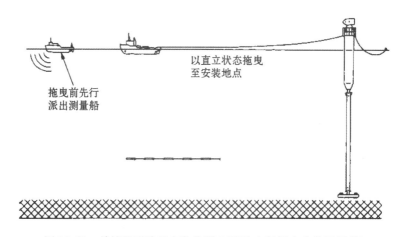

图 14.12　单锚腿系泊的安装步骤 7(图片由伊姆多克公司提供)

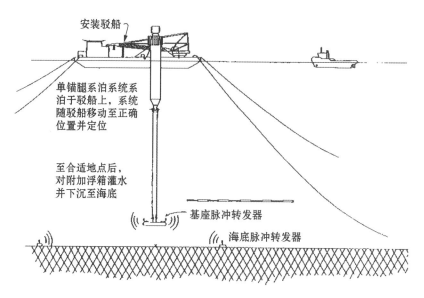

安装驳船

单锚腿系泊系统系
泊于驳船上，系统
随驳船移动至正确
位置并定位

至合适地点后，
对附加浮箱灌水
并下沉至海底

基座脉冲转发器

海底脉冲转发器

图 14.13　单锚腿系泊的安装步骤 8(图片由伊姆多克公司提供)

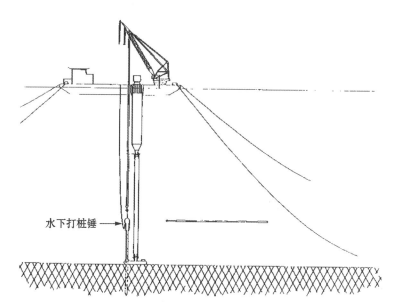

水下打桩锤

图 14.14　单锚腿系泊的安装步骤 9(图片由伊姆多克公司提供)

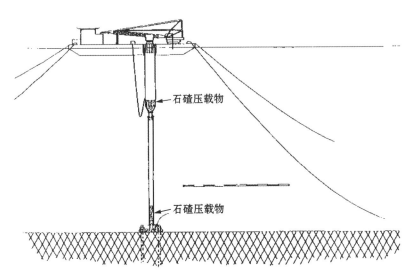

图 14.15 单锚腿系泊的安装;石碴及浆液压载(图片由伊姆多克公司提供)

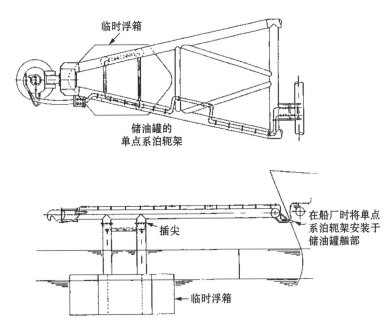

图 14.16 单锚腿系泊的安装;刚性臂状单点系泊轭架的安装图(图片由伊姆多克公司提供)

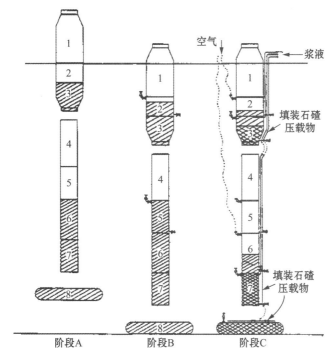

图 14.17　单锚腿系泊的安装;压载序列(图片由伊姆多克公司提供)

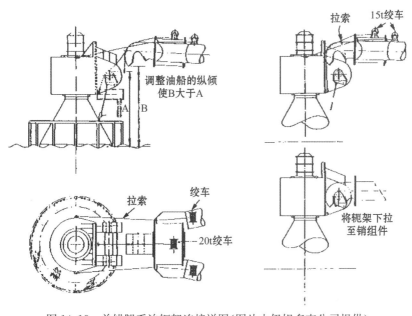

图 14.18　单锚腿系泊轭架连接详图(图片由伊姆多克公司提供)

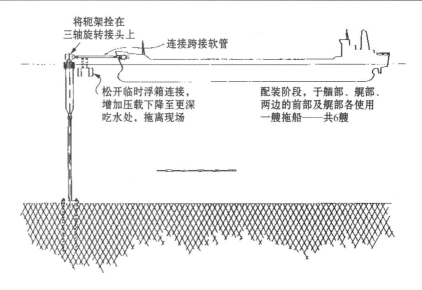

将轭架拴在
三轴旋转接头上　连接跨接软管

松开临时浮箱连接，
增加压载下降至更深
吃水处，拖离现场

配装阶段，于艏部、艉部、
两边的前部及艉部各使用
一艘拖船——共6艘

图 14.19　将浮式储油船系泊于单锚腿系泊系统(图片由伊姆多克公司提供)

14.3　铰接柱
Articulated Columns

开发铰接柱或铰接装卸平台是发展更为先进的单点系泊系统的自然延伸，例如在北海为卸载原油而安装的平台。此类平台与单点系泊系统(SPM)的区别主要在于结构大小以及卸载速度。

这类平台由基座、立柱及甲板结构构成。基座由重力块或通过打桩锚定于海底。立柱具有浮力，其浮心远高于重心。基座与立柱由一种称为万向接头的铰接式铰链相连接，它可以在两条轴线上实现铰接，以防发生扭转。

迄今为止，大部分此类结构物均采用钢结构，但也有一些是钢与混凝土的混合结构，所使用的每一种材料都能各得其用。例如，北海莫林(Maureen)油田的结构物其中心柱就是由预应力混凝土建造而成，而其上下两部分则采用钢结构。

使用铰接方式可确保力矩不会转移到海底。以此在结构层面上实现力矩减少，故可降低波浪力及易引起滑动的侧向力。这一概念已被应用于火炬烟囱、卸载中转码头及浮式生产系统的深海船舶系泊之中。C·G·多里斯(C.G.

Doris)已提出将这个概念进行延伸,例如应用于深海(500～800m)钻井及生产平台。此类系统的安装施工会是相当复杂的问题,需要将先进的水动力学及施工工程学知识进行精细化应用(见图 14.20 和图 14.21)。

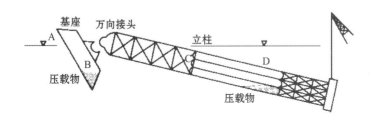

图 14.20　漂浮状态下铰接柱与基座的装配(图片由多里斯公司提供)

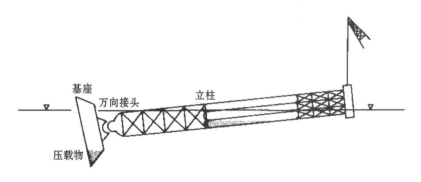

图 14.21　铰接柱与基座的装配替代方法(图片由多里斯公司提供)

最初的施工概念是先行安装基座,用钢或混凝土格形结构进行压舱以减小负浮力。从其他水下结构物可以推见,中等大小的基座下沉时其动态响应相当显著,特别是与离岸浮吊并用时,浮吊会受波浪影响加速垂荡、横摇及纵摇。不过此类平台的基座比那些支撑平台的基座要小得多,因此使用深水浮筒作为垂荡补偿器有时就已足够。这样下沉缆索在水面上就可保持水平并由驳船甚至是拖船上的绞车进行控制。

一旦基座就位,将立柱保持水平水运至施工地点,再通过压载扶正,然后引导并压载立柱下沉至与铰链相配合的位置。可派潜水员在配合时安放系固销钉并激活液压锁。通过张紧的引绳可控制配合过程(见图 14.5)。最终连接通常由一根拉伸缆索引导,并牵引配合锥就位。

另一种下沉基座的方法是使用可控式自由降落系统,其中浮筒呈一定间隔系泊在与驳船或船舶相连的绳索上。随着压载逐渐增加,基座结构持续下沉,直到被下一套浮筒的浮力控制。然后再往基座结构里加大压载使其进一步下沉。因此,既可以保持低速下沉,又可调整动力,而且过程可控,甚至可通过打入压缩空气后排出海水而使整个过程都是可逆的。然而,这个概念上引入的系统在实际应用中却遇到了问题。当用这个方法安装水下储油原型"海洋储油罐"时,海浪和海风使连接浮筒的绳索绞缠在一起。入水较浅的储油罐由于海浪冲刷而出现动失稳,导致最后完全失去控制。最终结构物陷入海底并发生内爆。与此相反,前文所述的哈丁(Harding)重力基座贮油罐就采用这种方法安装成功(见图 14.1)。

随着水深加大而且结构物变得越来越大,其功能性要求猛增,为了控制得当并降低水下作业量及其复杂程度,特别是涉及关键的万向接头的配合作业,人们开发了一些其他的作业方法。

方法之一是基座浮于海面就连接立柱。这使得随后的扶正和下沉过程可根据稳性和深度实现完全控制。而且可确保万向接头装配正确并易于检查。通过压载使筏基侧倾,使万向接头的套节位于水面之上。通过压载水平漂浮的立柱将万向接头抬高至水面以上。故可在干燥环境中进行配合作业。定向控制显然是最初装配过程中的主要难题之一。由于是在受保护的浅水区域进行装配,可使用连接系泊浮筒的绳索以及锚索。

铰接柱完成配合后,可以直立或水平两种状态拖带至施工地点。配备最少量设施的小型结构物通常以水平状态牵引,如用于浮式生产系统的系泊结构物,但装配有大量平台生产设施的结构物还在港口时就要被竖起,进行平台设施安装和连接,并以直立状态拖带至施工地点,然后压载沉入海底。可在基座中填入铁矿石浆料压载物,以扶正基座-立柱混合型结构物。

具有更高要求的此类设备之一就是贝里尔(Beryl)A 平台火炬烟囱,其铰接结构不仅要直立且位置适当,而且为了顺利安装已预制的火炬烟囱桥楼,铰接结构与生产平台之间的距离和定位须精准。因此绳索从平台延伸到基座结构,并在基座接触海底时由配备有船艏推力器的船舶伸长缆索。

若要系泊浮式生产船舶(如改装液货船),通常在船厂将一个刚性铰接式轭架安装于船艏。然后使用钢索牵引系统于施工地点将轭架和单点系泊立管进行配合,并由张力螺栓法兰进行接合。

另一种方案则要求在铰接柱处于直立状态下进行施工。首先建造基座,并系泊在深海受保护地点。预装万向接头的两部分,连接处进行临时固定,然后安装在基座上。装上临时浮箱可使基座下沉时仍保持稳定。然后在基座上方进行立柱施工，随着压载增加，立柱整体得以缓慢下沉。结构物最终会下沉到一个仅靠立柱自身就可稳定漂浮的位置。接着拆除临时浮箱，使整个结构物处于漂浮状态。然后可以安装甲板，若是小型结构就采用吊装法，若是大型甲板则使之漂浮至立柱上方再行卸载。随之可以将整个结构以直立状态拖带至施工地点。基座被安置在海底后，松开万向接头以形成柔性铰接方式。持续压载以使基座贯入海底。在坚硬土里，采用基底水泥浆即可；至于其他类型土，则通过基座内的套筒进行水下打桩，并对环形结构灌浆实现连接。

14.4　海底基盘
Seafloor Templates

作为水下生产系统的一部分，海底作业基盘的使用正日益增加（见图 14.22）。由于可使平台提前投入生产，即使是固定结构物（如英国石油公司的马格纳斯（Magnus）平台），在平台自身建造期间就使用基盘进行预钻井，表明能够产生显著的经济效益优势。

因此许多公司都研发了海底基盘；其尺度加大且和重量已发展到 2 000t 甚至更重。海底基盘通常由驳船装载运输，然后下水或吊起呈自漂浮模式。

接着务必使用适宜于承受过程中高动态力的设备及索具，使海底基盘下沉至海底。将结构物设计成重心低于浮心，进而保证其下沉过程中的稳性。

从系统整体性角度来看，下沉操作是由钻井船或半潜式钻井平台完成的。从吊杆升降机引出缆索，向下穿过月池，然后向上连接至并排漂浮的基盘顶部。

这时由浮式起重驳钩挂住基盘，而基盘产生反向压载作用使其下沉至钻井船龙骨以下。松动浮式起重驳缆索并在基盘上系上钻井索具，载荷被转移给钻井索具。驳船缆索则处于松开状态（见图 14.23）。

假定基盘为固有稳性，即重心（CG）低于浮心（CB），基盘的下沉操作也可动态完成而无需使用离岸起重驳。于基盘上部连接浮箱可提供这样的稳性。沉入深水过程中，由于浮箱必须保持完整，应注意通过填入如溶剂之类的轻质流体或者填入复合泡沫塑料来抵消静水压头。

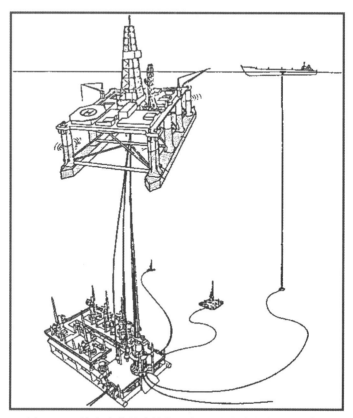

图 14.22　海底完井的多箱格基盘(图片由埃克森公司提供)

　　也有其他一些方法适用于运输和放置海底基盘,特别是大型基盘。可专门为驳船配备大型锚缆或套管夹具升降机。在沿岸港口相对较浅的水域里,将基盘坐落于海底。连接着锚缆或套管的驳船漂浮于基盘上方,将基盘提升至驳船下方适航处,后运送至施工地点。到达施工现场并正确定位后再将基盘下沉到海底。

　　由遥控装置发出分离指令,通过声波、以液压方式或爆破激活实现分离操作。使用钻井船下沉基盘的优势在于钻井船的垂荡补偿器可使因垂荡而产生的动态载荷最小化。

　　对于未来更大型的基盘,其下沉操作可使用大型深水浮筒以形成固有的垂荡补偿。在此情况下,实际的下沉操作可由深水浮筒上的线性绞车来完成,而深水浮筒因其所占水线面积较小可使垂荡差最小化。

　　基盘既可由重力基座支撑也可实现桩支撑。前一种情况下,可在基座下方的群桩之间灌浆以提供水平支持。后一种情况是借助声呐及视频导向装置,将

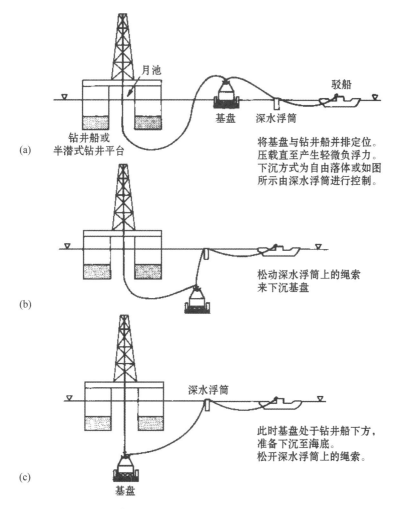

月池

驳船

基盘   深水浮筒

(a)

钻井船或
半潜式钻井平台

将基盘与钻井船并排定位。
压载直至产生轻微负浮力。
下沉方式为自由落体或如图
所示由深水浮筒进行控制。

(b)

松动深水浮筒上的绳索
来下沉基盘

深水浮筒

此时基盘处于钻井船下方,
准备下沉至海底。
松开深水浮筒上的绳索。

(c)

基盘

图 14.23   通过龙骨牵引海底基盘至钻井船下方(图片由埃克森公司提供)

桩插入套管,使用水下桩锤将桩打入,并通过对环状体灌浆进行连接。

若今后还需在海底基盘的上方设置结构物,则可在安装海底基盘的同时沉入并打下缓冲桩(实际是海底"防护桩"),以作为支撑桩使用。然后将其与基盘分离,以免结构物安装期间将载荷转移至基盘上(见图 14.24)。

通过在连接点旁边敷设出油管道,可将出油管道安装至海底基盘。然后在连接点处用钢索将出油管道拉入并穿过基座板或由遥控机器人通过视频进行导向。

另一种方法是使用钻井索具及张力钢索将出油管道的一端竖直下沉。出油管道沉底后贯入海底基座。这样的连接允许在使用从钻井索具下传工具时

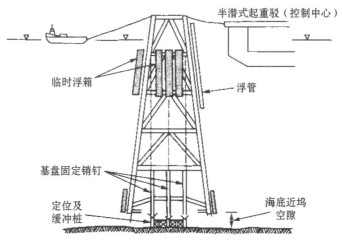

图 14.24　贝里尔 B 平台:将导管架安装在预钻井海底井口
基盘上方的进坞布局(图片由移动式离岸结构公司提供)

在竖直面上出现环转。此时将水面上的绳索回拉铺管船上,通过铺管船拉伸可
保持绳索张紧。出油管道与海底基盘的连接也可使用遥控机械手来完成。图
14.25 为一个完整的水下生产系统(见第 22 章)。

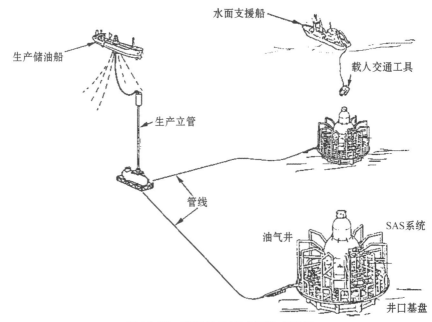

图 14.25　完整的 SAS 水下生产系统

14.5　水下储油船
Underwater Oil Storage Vessels

　　水下储油船不同于其他的水下设备,主要原因在于其排水量相当大。一艘典型的储油船可能需要装载 160 000m³ 甚至更多的石油。因此,其惯性力非常大。

　　美国芝加哥桥梁与钢铁公司(Chicago Bridge and Iron)在阿拉伯湾成功安装了哈赞·迪拜(Khazzan Dubai)号钢质离岸储油船。该项目最初是在一个经过排水的浅水船坞中施工的。当储油罐几近完工且可使用压缩空气作为一个独立单元漂浮时,往船坞中灌水并将储油罐(无底座式半球形)横向移至更深的船坞,通过释放内部空气压力将其坐落在船坞底部。待整个结构物彻底完工后,往储油罐里充入压缩空气使之再次上浮,拖带至施工地点并用系泊缆定位,然后逐渐释放空气。随着储油罐内空气气泡的逐渐变小,其出现明显侧倾(几乎达到 30°!),直到其扶正力矩与动态倾侧力矩相平衡。此时允许进一步缓慢下沉结构物,最终使其回归竖直状态并坐落于海底。当然,模型试验中所出现的初始倾侧属预期范围之内。

　　将桩穿过储油罐外缘的套管并由桩锤打入。把桩用作套管,在石灰石层中钻孔并扩孔;使桩下沉到位后,对其灌浆以提供竖直支撑,同时更为重要的是抑制储油罐灌装石油时产生的浮托力。

　　许多概念性的研究都是关于大型混凝土或钢质储油罐在诸如阿拉斯加湾、纳瓦伦(Navarin)盆地、中国海域、北海北部以及北极深处等地海底的安装。

　　从概念上来说,由于足够的压载重量或下拉式桩抑制了灌装石油时产生的浮托力,储油罐会坐落在海底。在水深较浅处,长周期海浪的通过也会对储油罐形成明显的浮托力,不过这种力随深度增加而减小。在很浅的水域里,储油罐易长期受到狂浪及涌浪的作用,由于水平和垂直海浪的阶段性影响,储油罐会趋于沿海底“匍匐前行”。此外也要考虑到极高的海啸海浪及其引发产生浮托力的可能性。

　　借助气体的自然压力往储油罐灌装石油。气体排放则是由储油罐所处水深处的水油压力差完成的,若有必要可采用泵抽法作为补充。最初制造、运输及下沉此类大型储油罐的方式与大型重力基座结构物所使用的方法类似。最初于施工现场下沉时,随着上表面沉入水中,就出现了一个动失稳的区域。需要使用半潜式钻井船对这一区域进行频繁观察。

由于储油罐突然失去水平,扶正力矩几乎完全取决于浮心与重心之间的垂直距离。同时,海浪不再完全按照轨道方式而是以碎浪拍击并在储油罐顶部打旋,这就产生了文丘里(Venturi)浮托效应,通常称为"海滩效应"。为克服这一方面的问题,最好在储油罐完全浸没前使用临时或永久性的柱状浮箱提供稳性(见图 14.26)。

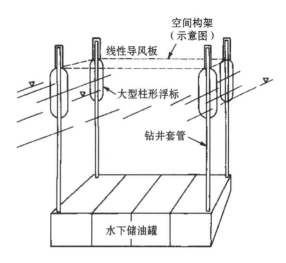

图 14.26　使用钻井套管和大型柱形浮标控制下沉过程中的水下储油罐

在具有正浮力的情况下,可使用系固于预先就位的基座上的或由水面浮式船舶下放的牵索或缆索将大型水下储油罐拖带至海底。完全沉没后结构物单元的稳性和姿态由 $\overline{KB}$、$\overline{KG}$、隔舱内压载水的自由液面以及缆索的牵引力所决定。已知的有限纵倾要比摆动着的不确定性纵摇容易控制。

第二个问题在于储油罐下沉期间对海浪及涌浪所产生的动态响应。漂浮在储油船上方的大型铰接浮筒能对感生垂荡产生跳跃式响应并使因海浪通过而产生的动态垂荡最小化。柱形浮标可以彼此相互独立或由铰接式空间框架互相连接,后者不仅能够保持浮筒之间的水平相对位置,也可为施工控制提供支持。

在相对较深的水域(100~300m)可采用内部增压法防止储油罐发生内爆。

假定已考虑以下几个方面,则可使用空气压力:

(1) 注入空气的重量。

(2) 随着空气的压缩温度升高。

(3) 空气逐渐冷却时压力降低。

(4) 整个垂直距离上的外部水静力压头与内部空气压力之间存在压力差梯度;外部压头是水密度的一个函数,非恒定但随温度降低、深度加深或有些情况下的盐浓度加大而增加。压缩空气的内部压头在整个高度范围内保持恒定;因此在顶部可能存在净超压,导致上部壁面及顶部产生张力。

若位于更深的区域则必须采取其他的应对措施。第 19 章介绍了一些适用的解决方法。

14.6　拖缆布置、系泊浮标和海底部署 Cable Arrays, Moored Buoys, and Seafloor Deployment

在深海经常需要部署锚定浮标。此类浮标通常由锚块、大型浮标以及钢线绕制的或更为经常使用的纤维材质的连接缆索组成,如尼龙、聚丙烯或者凯夫拉尔。为防止鱼类啃咬损坏缆索,可在纤维缆索外压制一层聚氨酯或聚乙烯涂层。

为防止浮标意外下沉时涌入海水,应使用聚氨酯泡沫塑料或组合泡沫塑料填充浮标。浮标经常因储油罐破裂而丢失,破裂原因是船舶碰撞、焊接点疲劳或过往渔民射击。

浮标缆索的出链长度通常设置为其下沉深度的 1.2~2.0 倍。部署浮标采用两种方法:"锚优先下沉法"以及"锚最后下沉法"。"锚优先下沉法"中,将锚吊下船后使其下沉至海底,然后部署浮标。这一过程需要相当长的时间,期间必须保持船舶位置不变且需要一个有动力的卷筒控制下沉。而在"锚最后下沉法"中,浮标先下水,随后船舶往前行驶与浮标缆索长度相等的距离,再将锚放下,使其自由落体。计算及现场测量都表明,"锚最后下沉法"的动力相对而言是最小的,由于缆索拖曳产生抑制作用,锚下降速度仅为 $3\sim5m/s$,并且锚所引起的冲击力也不会导致缆索上产生过度的动应力。一般而言缆索上最大的力等于锚加上缆索的重量。

部署拖缆布置时,相对位置的控制非常重要。有些情况下,使用小范围的信号浮标(铰接式柱形浮筒)可能有帮助,虽然如今已经可以借助声波定位系统及差分全球定位系统(DGPS)获得更为精确的控制。在有些情况下需要切断某条缆索,例如仅用于部署工作的缆索,这种情况下可以将水压切割工具沿缆索传下,既可加以控制也可让其自由下落,当到达理想深度时启动切割工具即可。此外也可使用配备了拖缆切割装置的遥控机器人。

可在相对较浅的水域里检验缆索的系泊承载力,在系泊腿柱之间系泊驳船,如离岸浮吊,再将钢索穿过滑轮、越过甲板系于甲板引擎上,以使两根腿柱互相形成反作用影响。必须使用结构钢枕转移张力。在较深的水域,小范围内力的垂直分量成为主导,可采取类似方法或直接使用钻井索具牵拉缆索穿过月池进行检验。在水深小于 100m 的浅水里使用打入式板锚或桩锚,而对于更深的水域,吸力锚更为有效。

正如在海底基盘部分所介绍的,将对象部署至海底可通过下沉方式来完成,此时必须充分考虑到下沉用船舶的动态响应。或者可使用受控的自由落体部署方法,即使用浮标来降低净重,增大阻力,来提供竖直方向上的稳性。因此浮标也会逐渐下降至更深处,所以必须由低密度流体或组合泡沫塑料灌装浮标,其体积就不会随深度加深而大幅减少。一旦对象撞击海底,就释放浮标或球体,既可通过释放载荷(速脱钩装置)使其自动脱离,也可由声驱动释放机械装置完成(见第 13.2 节、图 13.5 及第 22.7 节)。

14.7 海洋热能转换
Ocean Thermal Energy Conversion

根据与美能源部签订的合约以及其他国家的工程开发组织都对海洋热能转换(OTEC)进行了广泛研究及初步试验安装。一般所有系统均采用大直径的冷水管道,从水深 1 000 至 2 000m 处将冷水提升至水面工厂,在那里使用热水提供热能。水面工厂可以是一座超大型的浮式结构物,这种情况下通常安排其系泊在深水里(2 000~4 000m);或者是一座建造于大陆架上约 200m 水深处的固定结构物,甚至建造于岸上(见图 14.27)。

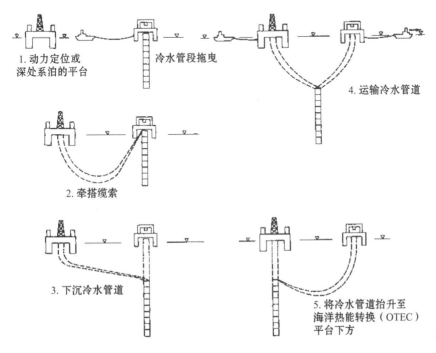

图 14.27　海洋热能转换(OTEC)冷水管道的部署概念图

　　本节内有待讨论的重要而独特的施工内容均与冷水管道的部署有关。在试验安装直径相对较短的管道时,有几根在部署期间遗失,2 根得以成功安装。

　　通常浮式工厂系统的管道设计为直径约 30m、长度 1 000m,下端加重,上端悬吊于浮式船舶。管道可用材料包括轻质混凝土、钢材、玻璃纤维、聚乙烯以及合成材料。投入使用后及施工期间的主要问题均为动力问题,与安装科纳克(Cognac)平台、胡顿和海德伦(Hutton and Heidron)张力腿平台时所成功克服的问题类似。然而对海洋热能转换中的冷水管道而言,其大小和重量都属于更大的数量级。主要施工问题在于运输、扶正及将冷水管道送至其于浮式船舶下方的悬挂位置。

　　通常这类管道被设计为铰接式的,目的是为了减小使用期间内波及海流引起的力矩。安装期间,这些接合处可供施工者使用,否则需将其临时锁定。此外也曾尝试过使用聚乙烯管道,其在部署期间可弯曲变形,而过后又能恢复形状。

在所建议的一种部署系统中,较长管段需要在浅水处装配并以水平模式拖曳至施工地点。到达后通过选择性压载扶正。管道内需要有临时舱壁或隔舱,伴有填充及通风管路以使力矩最小化。或可通过扶正期间的轴向拉力安置管道,采取由拖船往相反方向牵拉的方法。

成功使用强张力扶正海德伦(Heidrun)张力腿平台牵索的这一方法,对于海洋热能转换(OTEC)冷水管道而言可能是最有潜力的解决方法(见第22.5.4节)。

近年来人们的关注主要都集中于大陆架上的工厂,这些工厂被安装在陡斜的大陆架边缘处,例如在夏威夷和台湾东海岸处发现的一样。在夏威夷岛上的小型海洋热能转换(MINI-OTEC)工厂里,一根小型聚乙烯管道沿斜坡伸长至水深600m处。由于管道具有正浮力,每隔一定距离由牵索连接配重块进行固定。在近岸静水中装配管道,以飘浮状态拖曳其至施工地点,通过累进浸水下沉。下沉后管道逐渐变形直至超过临界弯曲点后恢复环形形状。每根牵索都进行了加强并配有软化衬垫以防磨损。这样就成功安装了管道。

深海石油开采技术提供了一种沿斜坡向下牵拉大直径管路的方法:

(1)使用钻井船,在岩石上钻入桩锚并在下端灌浆固定在岩石内。

(2)打桩完毕后与安装有大型滑轮的终端常平基座连接。当桩就位并用水泥固定后,从钻井船上松开一根缆索绕过水下滑轮再回到水面船舶,缆索的这一端被拖曳至岸上。

(3)将冷水管道终端的登陆基座使用张紧的引导缆下沉至桩上。

(4)缆索到达岸边后与预制管道相连。然后将管线牵拉至终点桩处。将一艘小型船舶系泊在管线终端的正上方,并与管线一起移动。这艘船配有喷射软管和电视摄像机,并为拉索刮和电缆犁提供浮力支持。

(5)最后使用张紧的引导缆索下沉可回收的过滤器及舷门,并将其装配至终端结构物上。

将钢质管线穿过碎波带,并牵拉冷水管道穿过其中,这样可保护管道并使其稳定。由于摩擦力较小,拉力可有所减小。对所有安装于大陆架上的设备,必须在各阶段为其提供足够的控制容量,以防管道滑落坡下。

14.8　低温液化天然气和液化石油气的离岸进出口中转码头
Offshore Export and Import Terminals for Cryogenic Gas—LNG and LPG

14.8.1　概述
General

本书第 11 章至第 13 章介绍了固定及浮式、钢质及混凝土质中转码头的施工方法,而本章将会介绍适用于液化天然气及其他低温气体的气化、制冷、储存及其后再次气化的钢质及混凝土质进出口中转码头的特殊施工方法。有预测称将来液化天然气将成为主要能源,因此在以地面为基础的管线系统中需要此类可进行液化天然气初始生产并且为其后运输之便可对其再次气化的中转码头。

对液化天然气中转码头的要求相比液化石油气中转码头更为严格,因为液化石油气在 −60℃ 左右就会液化。然而,在 −163℃ 进行液化天然气液化是现今大量运输气体能源飘洋过海前往市场的最为经济有效的方法。同时,由于如此大量的能源集中在一个确定点,因此,设计施工过程中安全必须放在首位。

液化天然气重力基座结构平台可提供常规的液化天然气储存、气化/液化所需的水上基座或者也可在壳体内完整地储存液化天然气。

储存液化天然气时,主要和次要的密封装置都是必需的,防护外界危险同样非常重要。

(1) 极低的温度会使碳素钢脆化。材料性能可能发生改变。

(2) 热运动将更为剧烈:应将随温度变化率而产生的局部及全球影响考虑其中。

(3) 必须预先考虑到压缩气体泄漏的情况,如泄漏将导致局部范围激冷。加以控制地释放气体可冷却剩余部分并可用来液化气体。

（4）瞬间释放大量气体可能导致重大爆炸。

（5）液态的液化天然气在高压下表现出所有液体具有的特性，包括纵荡及波浪效应（如椭圆形冲击压力）。

（6）当液态天然气处于部分液体、部分气体状态时，其储藏罐最为危险。

（7）例如船舶适度相碰或外部爆炸带来的冲击绝对不能穿透主要密封装置，同时也不能引起隔膜破裂。绝不能产生火花或明火。

（8）绝热材料可延缓热传递，但并不能长期持久地阻止热传递发生。巴沙木可提供绝好的隔热性以及适当的耐热性，而泥土受热则会凝固且无规则地膨胀。

（9）内部边界既要求配有气密式薄膜衬套也要求能够隔热。

以上所列均是对于在海洋环境里施工的补充要求。如今，关注点主要在结构物的建造以及在干船坞或近岸港口中大体完成后拖曳至离岸施工现场并进行安装的过程上。

预应力钢索（冷拔）的制作过程会使不易脆化的钢材处于低温之下。镍钢合金和金属铝均不易脆化（不锈钢、镍铁合金、9％镍钢或者 5083 铝合金）。因此这些金属可作为主要密封装置的薄膜衬套制作材料。

混凝土，特别是轻质骨料，以及控制密度混凝土都不易在低温下降解，这些材料反而会变得更坚硬。它们具有适度的良好隔热特性。若有部分厚度发生部分或整体渗透，内部就容易产生冻融危险，不过，通过伴热及／或在表面密封可使之最小化甚至克服这一危险。

在美国墨西哥湾以及西海岸（包括加利福尼亚巴哈半岛）及东海岸，预应力混凝土制重力基座结构进口中转码头目前正在进行最后的工程施工。埃克森美孚公司（Exxon-Mobile）目前也正在建造一个将被安装在亚得里亚海的液化天然气进口中转码头。对此有两种系统都是可行的（见图 14.28）。

第一种系统的重力基座结构与液化天然气加工和储存是分开的。所有液化天然气的相关活动均由重力基座结构支撑在水上进行。

第二种系统则是利用水下空间储存液化天然气。

深水出口（生产）中转码头的预应力混凝土浮式结构物正在建造中。此类结构物也可以是于壳体内部或独立储存气体的完整结构。1975 年于华盛顿州塔科马建造的预应力混凝土液化石油气驳船萨克地-阿朱纳（Sakti Ardjuna）号就采用了第二种模式，将浮式结构物拖带 10 000mi 穿越太平洋到达爪哇海

图 14.28　用于接收、储存气化及装运液化天然气的重力基座结构离岸中转码头
的模拟图。德克萨斯州佩利肯(Pelican)港(图片由雪佛龙公司提供)

(Java)并且此后一直安装固定在那里,这种模式并不需要临时干坞。在安装地
会对结构物进行定期的水下检查。

壳体内部储存液化天然气的完整结构物的优势在于预热及其后的冷却之
间有较长的时间可用于检查。而正是处于如此剧烈的温度变化下最有可能发
生泄漏。此外,这种定期检查要求暂停使用储存罐,会导致有效储存容量下降。

不过,为确保预应力混凝土质完整结构物顺利完工,必须遵循一些特殊施
工技术。

(1)采用多轴后张法一开始就需要考虑到多种弹性及时变缩短的情况。因
此,必须控制壳体侧壁及储存罐侧壁的应力为相近水平。

(2)横向应力不能造成纵墙过度变形。

依据以上两条准则,连接处通常须在墙具有应力之后再行建造。连接处通
常需要加强并混合纤维材质。

由构件在两条或三条轴线上接合而成的直角处绝不能过于尖锐,否则在热

膨胀或热收缩环境下构件会爆裂。可使用小型合金棒（如不锈钢）或纤维于可行范围内以小半径弯曲构件直角处以使爆裂程度最小化。

横向墙体的特殊难题在于其必须能承受热收缩的情况。对此，一些钢材液化天然气船舶使用双层幕墙这一概念，利用幕墙间的空间循环海水。这个方法也被考虑运用于混凝土壳体。应考虑使用热示踪器或类似手段来监控温度。

固定重力基座结构进口中转码头的特别注意事项包括：

（1）中转码头空置时自身必须具有足够的重量，以防止在大风暴时移位。为此需要通过将边缘或定位桩贯入海底而非仅靠摩擦力以将剪力转移到泥土中。采取永久性压载或打桩固定以避免倾覆及摇摆。

（2）由于安装在相对较浅的水域，必须充分考虑中转码头的冲刷预防。

美国船级社（ABS）曾出版过《海上液化天然气中转码头的建造和分级指南》（2003年12月）。

西班牙目前正在施工建设一座预应力混凝土液化天然气接收和再气化中转码头。它将浮运并安装至意大利亚得里亚海海上（见图14.29）。

系泊浮式工厂特别适用于生产、液化、贮藏和转运低温气体，因为需要时系泊浮式工厂可转移地点（如当气藏耗尽时）。

阿尔克（Arco）公司的萨克地-阿朱纳（Sakti Ardjuna）液化石油气船舶于

图14.29　海上液化天然气进口中转码头（ALT），
作为重力基座结构物安装建造于亚得里亚海（图片由埃克森美孚公司提供）

1975 年在华盛顿州塔科马由预应力混凝土建造,后一直于爪哇海使用,直至 2005 年因大面积腐蚀而停止使用,腐蚀主要发生在钢质设备及系统中。弯曲的壳体底部使用了预制匹配铸造管片。侧边由从底部泵上来的混凝土灌注而成。

当时,船舶出于保险要求定期于采用点接受检查。连接系船锚链处引起了磨损并产生碎片。后张预应力筋的铝制锚具也发生了腐蚀。

国际石油公司正在研究生产、液化、贮藏和卸载液化天然气的大型混凝土工厂。其中大部分研究都具有专利。混凝土的优势在于耐久性及可于采用点接受检查,因此可减少暂停使用及取出储气罐检查的时间。大部分钢质壳体的泄漏均是由检查储气罐所需的先行预热及随后的冷却引起的。

美孚公司(Mobile)已开发出了一种大型浮式液化天然气生产设施的设计,其采用了中心处有一开口的方形轮廓。此方形轮廓为深度吃水的混凝土壳体,可提供稳性。直角边将会被用来系泊卸载储油船。这一设计的主要障碍在于大型壳体的施工。一种概念上可行的方案是先行建造 1/4 的矩形壳体并下水。然后将壳体的 4 个部分悬浮于受保护深水区域再将其连接。

14.9 海上风电基础
Offshore Wind-Power Foundations

截至 2005 年所建造的海上风电基础均位于相对较浅的水域,并基于适度坚实的泥土。因此采用的均为由阀基及竖井构成的混凝土重力基座结构基础。建造此类相对简易的重力基座结构物必须与建造那些与之相比更大型且位于更深水域的相似结构物具有相同的施工思想。尤其必须注意风暴潮的冲刷影响。风暴潮的摇摆作用可能引起局部液化并提高冲刷基底的可能性。在边缘部分及铰接混凝土支座上缠绕过滤布可解决这一问题。

在更深水域及软土中可打入大口径钢管单桩。达到高弯曲应力点时沙线处钢材会发生磨损和腐蚀。因此需要加厚墙体并使用持久的环氧树脂涂层,应考虑采取牺牲阳极阴极保护法。可在钢质圆柱外套上钢筋混凝土外壳,使用 O 形密封法向下喷射去除泥土,后往柱体与壳体间的环形空间内灌浆。采用三脚及多重钢结构扩张基座可增强抗倾覆稳定性。虽然此类钢结构更易安装,但却容易遭受更严重的侵蚀及腐蚀。承受侧向荷载时,桩头附近区域则易受高力矩及剪力影响。

14.10 波浪发电结构物
Wave-Power Structures

为了捕获波浪蕴含的能源,人们已提出了许多不同的解决方法。捕获波能以及许多其他形式的自然能源的困难之处均在于这些能源相当分散,并且因此很难集中于一套商业发电普遍需要的大容量高梯度的设备中。若其位于碎波带中则必须经得起风暴潮的冲击。

最为成功的波浪发电结构物之一位于挪威,其中波浪在一个大 V 形海岸的喉部被捕获,后由混凝土墙将其导向焦点处的管道。这一做法利用了马赫“扰动面效应”,即使波浪以某个角度冲击墙体,沿其运动累积能量后进行捕获。必须提供一条足够长的通道供海水经过管道和发电机后流出。

其他波浪发电概念中包括多重小型固定或浮式结构物,可对垂荡作出回应。碎波带中的结构物必须经得住波浪冲击及移动的沙子引起的磨损。此类波能发电机在模型试验中能够产生少量能量,不久就展现出了其显著的潜力。

一种波能“农场”计划安装于葡萄牙海上水深 50～60m 处。发电机将由与普通海面平行系泊的长 150m、直径 3.5m 的铰接钢管组成。当波浪沿铰接钢管流下,将激活液压油缸抽吸高压液压流体从而依次产生电能。

14.11 潮汐发电站
Tidal Power Stations

沿海岸有许多河口和海湾易产生剧烈的潮汐起伏,规模在 0～5m。就此人们提出了许多大型项目,不过只有很少的一些得以建成:法国的拉冉瑟(La

Ranse),俄罗斯北极地区的基思洛基巴斯克(Kislogybusk)以及魁北克的安纳波利斯(Annapolis)。据报道,中国正在渤海湾建设几座潮汐发电厂。这些发电厂均装配有低压头可逆转涡轮机。英国和美国正在进行深入全面的研究。

潮汐发电的问题之一在于潮汐周期的循环特性。一种解决方法就是在不同的地点设置许多发电站,这样就可确保其中总有一些在发电。还有其他一些方案提出使用多重港池储存进入的潮汐,经过一段时间再行释放。这一方案计划运用于塞文河(Severn)上的潮流发电。于打在深水处并延伸至水面的竖直圆柱桩上安装大型推进器以抽取深水潮流能源的技术正处于研究中。

14.12　屏障墙

Barrier Walls

埃科菲斯克(Ekofisk)储油沉箱曾是安装于北海的第一座大型海上混凝土结构物。接下来的几年内,由于临近钢铁平台的石油生产,海底下沉了好几米,因此需要在已有结构物周围安装更高的屏障。

屏障墙作为两个半圆结构分别进行制造,每一个半圆结构都具有足够大的宽度以提供足够的浮力。通过小心地控制压载将半圆环状结构以水平方式浮在水面。将其中一个拖曳至施工现场并安装在埃科菲斯克储油罐外部,后压载至海底。

然后部署另一个半圆结构至施工现场,压载至龙骨下水深 2m 处。将其设置在其最终安装位置稍稍向外偏离处,小心转动以使第一个半圆结构上的突出铰链与第二个上的相啮合。然后插入一根大直径钢管销钉。之后在另一端将两个半圆结构的铰链对应绞合,后插入第二根销钉。最后压载第二个半圆结构至海底并对销钉处的环状空间进行灌浆。

这曾是开阔海域中的一次十分复杂的施工。当然,吃水较深使得垂荡最小化,并且所选施工当日涌浪极小。使用铰链的部分原因在于最终固定前可以允许一些差动垂荡。

人们为保护北极相对较浅水域内的海上勘探结构物而提出使用多重钢质系柱。这些系柱紧密分布以使周围的碎冰堆积并最终搁浅。

14.13 防波堤

Breakwaters

建造大型矩形混凝土沉箱以作为毛石堆防波堤的核心。此类沉箱通常为简易开顶箱,下水后浮运就位。到达现场后将其安装于相似沉箱邻近处并用石块填满。每只沉箱相对于邻近沉箱均具有 6 个自由度。最佳结合方法是由钢板桩短电弧连接,中间空间由岩石填满。板桩嵌接要能够适应不同的姿势。

使用预制钢质或混凝土构件提供结构连接是通常不可行,其原因就在于姿态的多变。

大型混凝土沉箱被用作海堤或者防波堤,只需最小规模的填石筑堤。此类海堤或防波堤采用各种装置以消除海浪能量。这些装置中包括沉箱内与纵荡港池相连的多重孔洞,其他装置中则使用偏转板向上或向海里转移冲击能量。然而,负向波(波谷)向外的能量也必须被消除,否则会向外冲散沉箱,这也是最常见的沉箱失效模式。摇晃沉箱会导致底部沙子孔隙压力堆积,引起液化及侵蚀。安装于地中海的 Jarlan 型防波堤在靠近海底处设有出射口,以使沙子在底部聚集,从而避免侵蚀。

此类沉箱必须由十分密实的混凝土建造以抵御局部气蚀。同时必须具有最低渗透性并在适当情况下夹杂空气以提升抗冻融耐久性。

日本安装了一些不同的结构及设计原型以进行评估。大部分此类设计结构都是为了消除竖直喷射的碎波能量而非反射波的能量。

墨西哥下加利福尼亚州恩塞纳达(Ensenada)附近的科斯塔阿祖尔(Costa Azul)液化天然气工厂的防波堤将由大型混凝土沉箱组成,沉箱于港池中建造,后部署其至施工现场,坐落后再由抗剪键互相连接。邻近沉箱之间的装配将必须能够承受主导涌浪。

大西洋发电站为计划安装于新泽西州沿岸附近的一座浮式核能发电厂,计划浮运其矩形混凝土沉箱至安装地点坐落并用石料填充。由于在海底接合具有 6 个自由度的沉箱具有一定难度,邻接管段之间要预留一些空间,后由两边的钢板桩电弧合上,再用石头进行填充。

关于浮式防波堤详见第 13.13 节。

我曾远远凝望大海

直至人眼可及的尽头

我看见了未来的幻影

所有即将到来的奇迹

我看见了那充斥贸易的大海

商船舰队劈波斩浪

还有那紫色暮光下的舵手

怀揣着他们海上的梦想。

（节选自阿尔弗雷德·劳德·丁尼生诗作）

第 15 章　海底管线的铺设

Installation of Submarine Pipeline

15.1　概述

General

本章讲述用于输送石油产品、天然气、水、泥浆和废水的海底管线的铺设。

标准钢质海底管线的直径为 75mm(3in)至 150mm(54in)，偶尔有管道的直径达到 1 800mm(72in)。尽管其他的计量单位在全世界范围内都采用公制，钢管直径单位通常采用英制；这归因于沿袭美国石油工业的悠久历史。

海底管线采用的钢材通常具有相当高的屈服强度为 350～500MPa(50 000～70 000psi)，并且选用的材料具有良好的可焊性。管壁厚通常为 10～75mm(3/8～3in)，管壁厚的上限也受到可焊性的制约。

几乎所有的钢质管线都是通过全焊透焊接在一起的，特别是在石油工业，其标准的管道压力为 1 500psi(10MPa)，而且油或气的泄漏是不可接受的。然而还可考虑使用机械接头，例如，类似在油井管套中使用的接头。对于爆炸式接头和液压膨胀式接头的开发也在持续进行中。有的管道连接采用法兰接头，它们主要用于油船卸载使用的低压管道。

由于绝大多数的海底管线内在安装时是空的，管线在安装过程中承受较高的静水压力，同时伴随着可能会发生的管道弯曲。管线是承受轴向拉力状态下进行辅设的。在组合载荷下防止管道发生屈曲已成为设计时主要考虑的因素。因此，公差控制十分重要，相应的失圆度和壁厚最为关键。

钢管是通过涂层，例如沥青或环氧漆，防止来自外部的腐蚀，还可附加阴极保护，通常采用牺牲阳极方式。如果管线用于输送石油产品，内部可以不涂漆；或者当输送海水或腐蚀性物质时，内部可涂有环氧漆、聚氨脂、聚乙烯，或有水泥内衬。外部涂层可采用混凝土或玻璃纤维布缠绕来进一步防止磨损。为了给使用中的管线提供稳定性，特别当管线在某运行期间必须排空或者输送某种低密度物质如气体时，这些管线必须具有净负浮力。为此，通常采用混凝土增重层(这也用于保护防腐蚀涂层)，或增加钢管壁厚(见图 15.1)。由于混凝土增重层的剥落或脱落，许多管线从海底浮起。这表明混凝土钢筋网的设计安全系数可能不足，或管线在安装过程中承受了过度的应力。

后者是在本书讨论范围之内。有迹象表明绝大多数类似的损坏发生在比

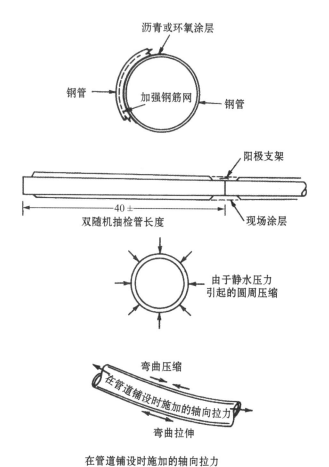

图 15.1　典型的钢质海底管线,安装过程中引起的应力示意

较恶劣的海况中,即铺管船遭到严重的动态纵荡。如果混凝土增重层不仅产生裂纹,而且从管道上出现层离,那么在暴风巨浪的作用下,瞬间孔隙压力会逐渐地破坏混凝土增重层。这种破坏形式经常发生在管道受拉作业时。显而易见的解决方案是在混凝土增重层中增加环向加强筋数量。由于带混凝土增重层的管道通常由石油公司提供,这对管线安装承包方显然是一个在合同中须明确的问题。尽管如此,承包方从保护自身利益考虑通常应在验货时对环向加强筋数量加以确认,如有必要,建议增加环向加强筋数量。

　　管线基本上被设计成铺设在海底或海底的槽沟中,并采用或多或少的连续管道支架。然而,在粗糙的岩层海底或在海流和波浪作用下沙会发生流动的位置处,管道跨越段可能无法安装管道支架。设计者要对无管道支架的跨越长度设定限制,承包方不能超过这种限制;为此,可能要求在海底平整之前或管道安装完成后设置管道支架。

世界上许多海域的管线都埋置在海底下面,以保护其免遭来自捕鱼拖网板、拖动的锚和由洋流中涡泄引起的疲劳的损坏。通常,槽沟用挖掘出来的土进行回填或者用岩石掩埋,但在许多情况下,自然沉积物也用作槽沟的填埋材料。由于受长周期的波峰和波谷经过的影响,引起周期性振荡的孔隙压力可以把管线从槽沟中"泵"出来。正是这个原因,北海海域的管线在铺设于槽沟之后,都采用碎岩石进行填埋。

如前所述,管线通常会在安装过程中遇到最严重的应力情况;因此,需要在设计者与安装承包方之间有十分紧密的结合。设计者需要清楚并明确地表述对安装承包方的要求。承包方相反也必须清楚安装程序所要求的限定和约束情况,要考虑海况(波浪和海流)、水深变化以及海底情况的变化。

另外,所有各方必须清楚在该区域所辅设的其他管线、电缆和安装的设备,意识到以前铺设的管线和设备在位置上可能会存有误差,以及在承包方的新管线施工工艺中也可能会存有内在固有的误差。

典型的海底管线都铺设在"走廊"中,其中心线和宽度由客户给定,并有书面的确认许可。安装承包方必须拥有合适的勘测系统,以使自身顺应承包之需要。这种系统通常是电子定位系统或是实时差分 GPS,但也会包括激光仪、测距仪和预置的柱形浮标。

为了取得客户和法定机构的认可,安装施工方必须验证管线安装是否令人满意。对于管线外部情况,采用侧扫描声呐和遥控机器人,利用视频或声像方式进行验证。对于管线内部情况,管线中可塞入清管器,然后用超过设计压力的静水压进行水压试验。

管线清管器是一个短的圆柱体,直径略小于管线直径,带有几道橡胶刮水器。当清管器塞入管线后,在它的一侧施加过度的压力,它就会沿着管线运动。清管器的直径和长度可确认管线是否有凹坑、打摺或出现超过小的环形间隙的屈曲。橡胶刮水器可在限制管内压力损失的同时又允许清管器在管内移动。清管器通常装有一个声响应答器或者放射性指示器,以便当它被卡住时,可以确定它所处的位置。对于短的管线,可将一根脐带线"钓鱼线"系在其后并随清管器的移动而展开(见图 15.2)。DNV 海底管线系统规范提供了海底管线的设计与安装的指导。

图 15.2　管线"清管器"(照片由油州橡胶公司提供)

管线铺设有许多种方法,可基于下述情况选择使用:安装过程中的环境条件、设备的可操作性与成本、管线的长度与尺寸、水深和相邻管线与结构的限制。下面是最常采用的方式:

(1) 常规 S 形铺管船(见第 15.2 节)。

(2) 底拖法(见第 15.3 节)。

(3) 卷筒式铺管船(见第 15.4 节)。

(4) 水面漂浮(见第 15.5 节)。

(5) 受控式水下漂浮(见第 15.6 节)。

(6) 受控式底拖曳(见第 15.7 节)。

(7) 平台的 J 形管法(见第 15.8 节)。

(8) 驳船 J 形铺管(见第 15.9 节)。

(9) 带可折叠浮标的 S 形铺管法(见第 15.10 节)。

这些管线在安装时绝大多数都是空管,为的是减少重量。浅水域的小口径管线可以例外。当空管铺设时,管道必须有足够的壁厚以承受组合式应力,也就是纵向安装受力加上圆周静水压力,再加上弯曲现象。这将在后续章节进行介绍。

15.2　常规 S 形铺管船
Conventional S-Lay Barge

海上铺管船从 20 世纪 50 年代起由运货驳船经特别改装发展成为目前世界上最为复杂、高效和造价昂贵的船舶之一。铺管船通常划分为第一、二、三、四代以表示在拓展深水铺设管线的能力方面取得的重大的"质的突破",而当前的成就体现在水深超过 1700m 的墨西哥湾以及类似北海的恶劣环境中所进行的成功的施工作业之中(见图 15.3)。参见第 22 章第 22.10 节。

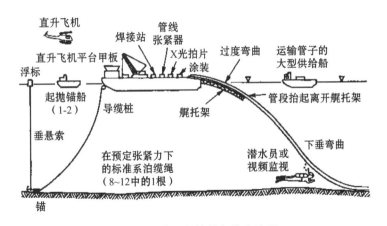

图 15.3　典型的铺管船作业流程

第一代铺管船由传统的驳船船体构成,铺管组装设备设置在船的一侧。艉托架经铰链连接,呈刚性。艉托架的倾斜程度通过安装在外端的浮箱控制。第二代铺管船由一个半潜船船体构成,铺管组装设备设置在船的一侧,有一个铰接的艉托架。第三代铺管船在船中心线铺设管道,装有一个固定悬臂式艉托架。第一、二、三代铺管船都配备甲板动力机械和系泊缆绳。第四代铺管船使用动力侧推器和一个固定悬臂式艉托架。它们的装备适用于 S 形铺设和 J 形铺设作业。这些明显的区别表明了在铺管技术上的迅猛发展。

铺管船是包括下列主要作业活动与系统的集成:

（1）提供海上工作平台的船舶。

（2）系泊和定位系统,或采用系泊缆绳或采用动力定位。

（3）管段供给、运输和贮存设施。

（4）管段成对联接,输送到排队站和排队设备。

（5）焊接接头。

（6）X光拍片。

（7）接头涂装。

（8）在铺设时拉伸管道。

（9）通过艉托架或悬臂式坡道对进入水中的管道提供支撑。

（10）检验和航行。

（11）起抛锚船。

（12）通信。

（13）人员输送——采用直升飞机或交通艇。

（14）潜水员或遥控机器人用于水下检验。

（15）控制中心。

（16）船员居住间和餐室。

（17）动力站。

（18）维修设施和车间。

典型的第二代铺管船见图 15.4,其设备布置见图 15.5 至图 15.7。

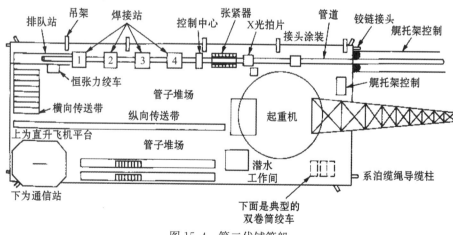

图 15.4　第二代铺管船

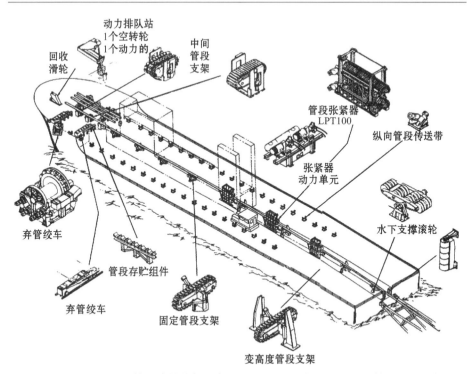

图 15.5　第三代铺管船设备布置(图片由西部齿轮公司提供)

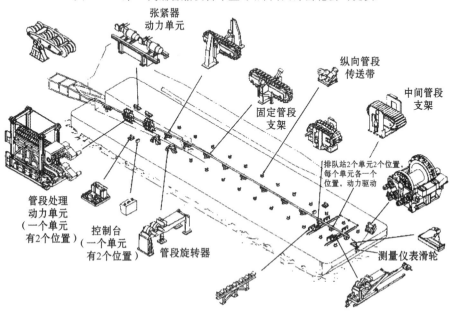

图 15.6　第三代铺管船上的设备(图片由西部齿轮公司提供)

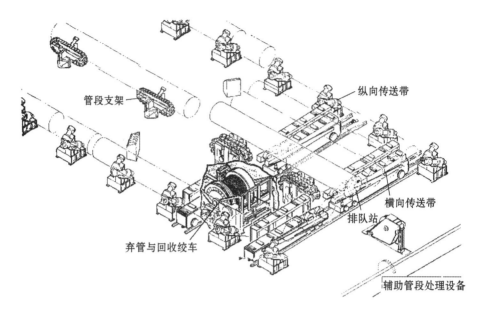

图 15.7　排队站的传送带和绞车的布置(图片由西部齿轮公司提供)

铺管船的基本作业流程概述如下:

(1) 铺管船利用自己的锚定位,定位锚数量 8 到 12 个,保持铺管船与管道的路径对齐,利用一个"横漂"或小定向角来适应海流的影响。铺管船的位置由电子定位系统或 GPS 来确定,有时采用激光定位仪辅助。铺管船使用陀螺仪定向。

(2) 锚在管线铺设进行时逐步向前移动,通常每次跨越 500~600m。一艘起抛锚船在船右舷侧相继移动每个锚向前;另一艘起抛锚船把左锚相继向前移动(见图 15.8)。

典型的起抛锚程序是,起抛锚船机动操纵靠近锚浮标以使甲板水手钩住在垂悬索端部的吊眼。甲板水手系上拖轮的甲板机械牵引缆绳,或将浮标拖上船,或通过浮标拖着垂悬索,这样把锚提起来距海底约 5m 左右。随后向前行驶,按照指示在新位置放置锚,并释放浮标。拖船向铺管船外侧转向,返回对下一个锚进行操作,依此类推。控制室通过无线电话指令给出锚的新位置。新位置是根据雷达、陀螺仪和绞车释放系泊缆绳的远距离长度计数器的读数确定的。

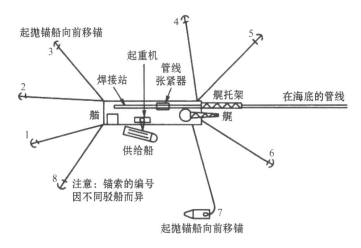

图 15.8　典型铺管船的作业展开示意图(图片由西部齿轮公司提供)

起抛锚操作是一项非常危险的作业。新开发的液压操作坡道和吊架能使起抛锚作业安全地进行。

绞车卷筒上每根系泊缆绳的正确释放与收回通过控制站的视频摄像监控,确保在卷筒上的缆绳不会交叉和缠绕。

(3) 铺管船上的覆带式起重机,从靠在左舷的供给船或驳船上每次抓起一根管段(12m 长),然后旋动吊臂将管段放置到堆场上。从堆场上起重机吊起一根管段,放置在艉端纵向传送带上。纵向传送带把这根管段移到艏部的横向传送带,再由横向传送带将它送到排队站。在排队站通常采用半自动的方式进行定位,以达到管段正确对中,然后管段向前移到前一根管段的端部(见图 15.9)。

(4) 内部排队夹具将管段精确地间隔放置,并固定以便进行热道焊。

(5) 进行热道焊,焊道打磨或进行炭刨修复(见图 15.10)。

(6) 管段继续向前移动到 2、3 和 4 号焊接站,在每个焊接站上进行一道或多道焊接,并酌情对需修补的焊道作凿除或炭刨处理。

(7) 完成焊接的管线经过张紧器,在那里管线被聚氨脂夹具或履带式压板固定住。液压柱塞推动压在管线涂层上的压板,对压力进行调整以免造成管线变形和压碎涂层,同时仍具有摩擦阻力。张紧器利用扭矩转换器或类似装置按设定拉伸力来释放管线。张力或张紧器对管线外部直径可以允许相当宽松的公差(见图 15.11)。

图 15.9　存贮在铺管船上的管段

图 15.10　打磨焊缝

（8）焊缝接头进入 X 光拍摄站，进行 X 光拍片、洗片和评片检查。如果发现缺陷，接头必须割开，重新焊接，然后重新拍片检查。如果焊缝需要割开进行修复，铺管船必须向后移动，使管线返回到船上一个或两个管段长度，以使需割开的焊道位于张紧器的前端，也就是说，处于张紧器的非拉伸一侧。

（9）管段开始向艉部移动，并用特殊的防腐漆涂在接头上。然后，安装小块锌-铝阳极或其他类型的牺牲阳极，接着使用混凝土沙浆涂层保护接头上的防

图 15.11　管道张紧器

腐漆。最后,在新拌混凝土保护层上再用金属薄片缠绕包裹进行保护。

　　(10) 完整的管线开始向下通过坡道,越过驳船艉部向下弯曲。这种向下弯曲称为"过度弯曲"(见图 15.13)。

　　(11) 艉托架或坡道上的管线继续向下移动至即将离开艉托架的下端点;由于管线上的张力作用,管线从这个点位置脱离艉托架。艉托架与船体之间采用铰接式连接。它有内建的浮力来支持管线,同时允许其向下倾斜并具有一定程度的柔性来适应纵荡。艉托架所采用的关节铰接形式能达到一个连续的弯曲曲率或固定的垂直曲线形。利用在滚轮支撑上的负荷单元,加上例如气泡式的水深指示器,可对艉托架可进行压载控制调整使管线得到最佳的支撑。

　　(12) 管线开始进入水中向下移动,在海底处再弯回到的水平状态。这种弯曲称为"下垂"弯曲。在这个弯曲过程中,由于来自轴向张力、垂向弯曲和周围静水压力的组合作用,管线通常要承受它的最大应力和潜在的屈曲。

　　(13) 管线在海底铺设后,它的完整性可通过潜水员摄像或遥控机器人来检查。

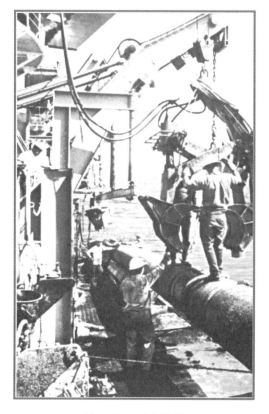

图 15.12　接头涂漆

上述铺管作业流程表明在本节开始描述的铺管船系统主要包括如下物理部件:

- 铺管船;
- 起抛锚船(通常为 2 艘);
- 供给船(通常为 3 艘)或供给驳(通常为 2 艘)并配有拖船;
- 直升机服务和交/或通艇;
- 岸上基地;
- 管段存贮架;
- 管段传送带;
- 排队站;

图 15.13　过度弯曲的管线,向下经过艉托架

- 内部排队设备和夹具;
- 焊接站;
- 轨道式张紧器;
- X 光拍摄设备;
- 接头涂漆设备;
- 恒张力绞车用于弃管与回收;
- 艉托架和艉托架控制;
- 配有系泊缆的绞车;
- 控制室;
- 对岸基和船只之间的无线电通讯;
- 焊接站、艉托架控制和 X 光拍片之间的语音通讯和指示器;
- 陀螺罗经;

711

- 雷达；
- 差分 GPS 和/或电子定位系统；
- 张紧器拉力读数计；
- 系泊缆拉力读数和视频显示；
- 系泊缆释放长度读数；
- 潜水员室；
- 减压舱；
- 直升机平台；
- 船员生活区；
- 餐厅和厨房；
- 办公室；
- 急救与医疗设施；
- 船东居住区和办公室；
- 机修车间；
- 动力站；
- 燃料和水的存储；
- 吊索、卸扣等索具间。

　　一艘离岸铺管船作业运行所需船员数量每班次大约为 150 人或者更多。正常操作采用 2 班 12 小时轮换。第 3 班是休假船员。工作计划通常是 2 个星期工作、1 个星期休息，或者 1 个星期工作、1 个星期休息。

　　管线在从铺管船铺设到海底的过程中都应保持一定的张力，以减少产生垂直弯曲和管道屈曲的趋势。所施加张力的变化范围从浅水域和无浪时的较低值如 100～150kN(20 000～30 000lb) 到在深水域和出现大浪情况下为 300kN(70 000lb) 或更高值。

　　铺管船承受着动态的纵荡运动，其运动程度取决于波浪长度、船的长度和水深之间的关系。对张紧器和焊工而言，纵荡通常是太快以至于难以适应。在海况良好的情况下，管线相对于驳船锁定在固定位置上。因此，管线上的张力围绕着力在稳定状态的数值进行周期性变化。在中浪海况下，典型的变化范围是在每个方向的幅度为 100kN(20 000lb)。垂荡和纵摇对于张力也有一些作用，但一般来讲与纵荡的影响程度相比要小。从铺管开始就应对管道施加张力并保持在向下铺设的整个过程中。焊工技能对这项工作是十分关键的。焊接作业在横摇和垂荡的驳船上进行,且焊接部位经常是移动的,却必须焊接出基本上完好的焊缝接头。焊接现场必须设置可防浪溅和雨淋的遮蔽,提供足够的照明和通风。若 X 光拍片发现焊缝有一个裂缝缺陷,则切割和修复焊缝的工作将会使整个铺设管线作业停止下来,直至焊缝修复完成。

焊缝的实际性能对于管线安装承包方也是至关重要的,因为他们负责确保在完工时管线必须完好且无泄漏。焊缝上的轴向张力与过度弯曲应力的叠加显得非常严重,特别是后者呈动态变化。为此,不仅是焊缝自身的韧度,而且热影响区(HAZ)的韧度都必须达到要求。然而,这些区域的强度直接受到钢管母材质量和焊接工艺的影响。因此,施工方在最终工艺完善之前,对管材和焊接工艺在动态张力载荷下进行试验,是十分明智的。

在标准的海上铺管作业中,铺管船每 15min 移动一个管段长(12m)的距离。大多数现代化的第三代铺管船,采用先进的焊接技术和双头或三头的管接头,达到每天 1mile 长的管道铺设作业速度。这意味着每一个工作站的工作都必须在设定的同一时间段内完成。按此计算,一天 24 小时应可完成 100 根或更多根 12m 长管段的铺设。这个铺管速度曾被熟练技能的船员在好天气的情况下,甚至采用的是手工焊接方式予以超越。

铺设作业中管道应力不仅取决于轴向张力,而且还取决于管道在水下的净重。后者是两个大数值之差,即一个是管道在空气中的质量,另一个是由排开水的体积引起的浮力。主要变量是沙浆涂层的厚度,它同时影响着空气中的重量和排水量,但程度是不相同的。

在一个典型的案例中,管道在空气中的重量为 15kN/m(1 000lb/ft),排水量为 14.3kN/m(950lb/ft),而净浮重量为 0.7kN/m(50lb/ft)。如果涂层增加重量 5%,排水量则仅增加 2%。这些数字看似较小,但它们会引起净浮重量增加 0.45kN/m,或使引起弯曲的作用力增加 60%。因此,虽然管道重量控制对铺管船作业的影响与对底拖法作业的影响相比还不是最关键的,但它仍然是十分重要的,必须受到监控。

管道制造长度通常采用双随机抽检长度,公称长度为 12m(40ft)。绝大多数管长为 11.4～12.6m。然而,通用的管材采购规格允许少量的管子长度较大地偏离公称值,甚至达到短至 3m,长至 17m。虽然这种情况对于陆上管线施工尚可适用,但对海上施工并不适用。这些管段应在岸上割短或拼接成公称长度12m(40ft),或者在管材采购订单中对管长尺寸精度作出明确规定。常见的管材采购合同要求管长为 40ft(12m)允差±2ft(0.6m)。

如前所述,第三代铺管船的铺管速度可达到每天 1mile 或更多。这意味着每天需从岸上装运 100 根或更多的管段到现场,然后卸在驳船的甲板上。当出现巨浪海况时,最后一项现场卸管转驳作业是关键,并可能伴有起抛锚操作,故应处于受控作业状态。在海上转驳管段是要求两艘船相靠作业的典型范例,每艘船都具有独自的在 6 个自由度上对海况的不同响应的特性。在中浪海况下,两艘船在平面的相对位置通常可以维持住,即将运输驳船系绑靠在铺管船舷侧,并采取适合的护舷措施,以使单船的主要独自响应局限于垂荡、横摇和纵摇。在更加恶劣的海况下,驳船无法较长时间系靠在铺管船舷侧,故需使用供给船。通过从铺管船牵引一根缆绳,在保护动力运转下,一个技艺娴熟的操船员能够将供给船保持在一个合理的相靠接近的位置,尽管此时船只会产生一些横荡、纵荡和首摇运动以及垂荡、纵摇和横摇运动(见图 15.14)。

图 15.14　第三代铺管船(照片由埃克森公司提供)

典型的铺管船利用系泊缆来限制横向运动;同时铺管船随着铺管的进程周期性地向前移动一个管段长。这些缆绳在深水中呈悬垂状,由绞车保持着张力。缆绳上的张力由安装在缆绳上的或绞车卷筒上的,或二者都安装上的张力计进行测量。典型的第二代铺管船的缆绳,张力大约 400kN(80 000lb),在中浪海况下有正负 100kN 的变化值。这种变化来源于长周期的横荡加上由波浪产生的纵荡,当驳船移动到它横向范围的极限时,这些运动在缆绳上施加了作用力。在远离侧的缆绳逐渐绷得更加紧,致使驳船最终改变方向并开始对横向运动范围的另一端产生横荡激励。在激荡的终点产生的突然释放会对整个系统引起震动的效果,并转而引发艉托架和管线在水平方向严重抖动。纵荡激励发生在管道的过度弯曲处,会引起循环弯曲作用,在狂浪海况下可导致管道产生低周期的疲劳应力。

系泊缆必然会从水平和纵向对波浪漂移、风吹和海流漂移的作用施加一个约束力。但它们之间也相互作用,特别是对管线上的张力会产生一个抗力,其作用相当于一根有相对同等张力的向艉部牵引的系泊缆。想要抵消或平衡在 8~12 根系泊缆外加一根管线上的张力是一个复杂的平衡问题,尤其是当这些缆绳的力不是稳定的,且由于受长周期的激励影响其变化范围特别大。

系泊缆中的张力通常设定为在最大设计纵荡情况下,张力值不能超过确保的最低破断强度的 50%~60%。

为抵消在管线上的张力需要在引导向前的缆绳中增加系泊缆的拉力。整个系统必须平衡,当采用锚定位时,已经是难度重重,但由于需持续地起锚与重新放置锚使系统变得更加复杂化。系统可以通过准备各种排列组合的典型与极端位置的计算来满意地解决问题;当然,这需要利用一台船载小型或微型计算机,它能够为中间位置的情况求解。最先进的铺管船(当代铺管船)采用侧推器进行动力定位,以维持横向位置和航向。这些侧推器由计算机控制,并连接上 GPS 系统。然而,针对管道张力的反作用力缆绳,通常仍然需要采用 2 根向前牵引的缆绳,因为在 S 形铺管时会有很大的作用力,特别是在深水项目中,要求管线有较大的张力。动力侧推器削减了长周期的横荡和随之而来的驳船反踢,使得在恶劣海况下进行连续焊接作业成为现实。

铺管的成本与进度有关,因为无论管道铺设与否,每天的成本或多或少是相同的。铺管进展速度直到目前还是由焊接所需时间决定。规定的焊缝金属用量必须一道一道地焊接上去。在船上的任一焊接站仅有 2 个焊工(一边一个)在作业。因此,铺管进展的速度取决于工作站的数量。由于标准铺管船上的焊接站是按每个管段长度(40ft)间隔布置的,故在铺管船上仅能满足设置一定数量的焊接站。因此,铺管船愈长,则进度愈快。这解释了为何预先对管道成对拼接并不能有助于加快进度的原因。另一个加速焊接的方法是采用微丝焊,但这通常仅在热带气候区可以接受,因为在低温下会出现冷搭接的危险。铺管进度的最大突破是引进了一种或多种自动焊接法。双焊炬自动焊接设备,架设在一个自推进的运载器上,即使在大浪海况下,能够以较高的速度完成高质量的焊接。该焊接作业完全由计算机控制。

第二代铺管船受到海况的限制。当浪高明显超过 8ft(2.54m)时,作业必须停止。这种特定的限制取决于波浪的相对方向和周期以及驳船的长度和宽度。限制项目通常是控制纵荡和艉托架、管线与驳船期之间的相互作用。第二代铺管船的作业受限范围可通过加宽和加长船体结构,采用更强力的张紧器和固定悬臂式艉托架得到改善。

当海况达到 10~12ft(Hs=3~3.5m)时,会出现其他约束条件。起抛锚船不再能提起锚标,尽管这种限制可以通过巧妙的布置使船驶过锚标,抓住它而不是从后面靠近锚标,让甲板水手来系住悬垂索。从一艘靠在船舷的驳船驳运管道至铺管船,在海况 Hs 为 2~2.5m 时只得停止驳运作业,但利用供给船可以将限制延伸到 3~4m 的范围。

驳船的横摇和长周期的横荡(回弹)在严重狂狼海况下变得更加严重,特别是横浪或 45°角浪时,焊工们难以完成保证质量的焊接。管道开始从艉托架上跳起,有使管道屈曲的危险。即使采用动力定位,长周期纵荡在管线张力和形状上会引起严重的变化。

在这个阶段,必须作出决定是否继续进行下去,还是启动弃管程序。这时主要取决于天气预报。如果天气预报在未来几个小时内有所改善,那么悬挂着管道、保持着张力是可行的。另一个因素是锚能否抓住海底的土壤,或者可能出现拖锚的迹象;拖锚总是会导致折弯。

若决定弃管,则将一个大管堵(盖)焊接到管口上。来自恒张力绞车的缆绳系在管线上。一个浮标和悬垂索系在大管堵上。大管堵被系上一个声脉冲发送器也是一项好的预防措施。然后驳船向前移动,放出缆绳,直到管道完全放置在海底。恒张力的缆绳末端有浮力,并被释放出来。此时驳船能够起锚,移动到一个有遮蔽的区域,或决定在海上抛锚顶过暴风雨,但船艏转向迎着海流。

暴风雨结束后,驳船移回到原来的位置,再抛锚。当人们希望找到浮标时,往往发现它们已被暴风雨给撕破。这时就需要借助声脉冲发送器了。

这时重新将恒张力缆绳拉上船,并施加张力。驳船缓慢地艉移向动,把管道拖回到艉托架上。可利用起重机的绳索吊住恒张力缆绳(由潜水员操作)以引导其重回到艉托架的滚柱上,而不会出现缠绕。这时管道拖回到船上,经过张紧器,直至大管堵到达排队站;切除大管堵,管端再次开焊缝坡口,铺管作业流程重新开始。

一个重要的考虑是弃管作业总是在极端的条件下、处于或超过工作极限时进行的,反之,回收作业通常需在良好的海况下进行。

上文曾提及管道铺设时最严重的问题是湿式折弯。干式折弯时,也就是管道没有进水,管道可直接拖回船上。然而湿式折弯时,管线已进水,不能直接拖回船上,否则会导致管道发生连续屈曲。由于这个原因,开始时至少将一个清管器放置在起始端的清管器腔室里,并设置有空气接口附件。如果湿式折弯出现了,压缩空气连接上,清管器沿着管道内跑到管道折弯的位置,这会使管线排空以便其能被回收。

实际上,有一种更为严重的情况,称之为传播性折弯。这种情况是在最初折弯处的管道呈椭圆形,降低了管道破坏强度,即降低了对外界静水压力的抵抗能力,以至折弯会沿着管道一直传播。然而这种情况通常已在设计者的考虑范围,施工方则必须确保不会发生此种情形;否则就会造成整个管线的损失。当计算显示有这种可能时,应在每间隔 1 000m 左右采用厚壁管或加强管的形式来防止折弯。例如,可预先安装缠绕板,或把套管式的折弯阻止器熔焊在12m 管段的端部,或者采用厚壁管段。

偶尔也会有管线在成功铺设后发生损坏。这通常是因锚爪拖入管线所致。它可能是来自施工方驳船或船只的锚,或者是来自其他在同一个平台作业的另一承包方的船只。受损的管线必须修复。其中的一个修复方式是利用一个超压舱,下潜降落到管线上,将管线需修复的接头或损坏点置于超压舱的中心。利用压缩气体将周围的水排开,潜水员下潜,在气体环境下进行焊接。选择适当的气体混合物是确保达到所要求焊接质量的关键。这种在 100m 水深处的修复工作需要数天时间。修复作业时可能要求铺管船的参与,但如果海况允许,可以用一艘小型的供给船。

修复程序包括精确切割管线和在管端准备焊接坡口。先在切开管口处做一个样板管段用来在船上制作一个能确保精确安装的“管节”(一种短的特别切割的管段)。船上制作的“管节”放置到水下装配后进行焊接。在焊接完毕后,接头处进行防腐漆涂装保护。X 光拍片通常是不现实的,焊缝质量的可靠性只能依靠目视检查和磁粉探伤或其他无损检测予以确认。

湿式焊接技术已发展多年,当然,问题是要确保焊缝在工作压力下是可靠的,工作压力一般约为 10MPa 左右。目前,湿式焊接达到的焊缝质量还没有获得广泛的信任,但正在持续发展中。湿式连接设备现在已商业化,能在水下进行部分机械连接修复工作。

在浅水域,损坏的管段部分可以吊起到水面上进行干式焊接。管线应尽可能是空的,并且可吊起的管线应尽可能长,以不超过管道的弯曲曲率极限为限。为此,许多浅水域的铺管船沿一舷侧装有吊架,能够在整个驳船长度范围内进行起吊。浮吊可从艉部吊起吊,同时管子驳运吊也可从艏部起吊。当弯曲曲率仍然过大时,可系上浮块或浮体,以沿着管线适当的长度提供正向浮力。

管线吊起时,在所有非常浅的水域中毫无疑问存在长度适合性的问题。有时必须切割管线,这样管道会进水。一旦将管线带到甲板面,就加工端部焊接坡口,制成一个管节并安装就绪,然后再把管线放回。新管线会比所要求的长,所以它必须呈一个水平曲线形放置在海底。随后利用清管器排空管道。

平台上安装立管是另外一项特殊的作业,要求对每个流程预先仔细计划。已有许多方法得以成功应用(见图 15.15)。

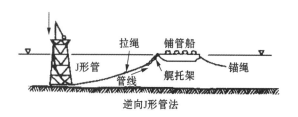

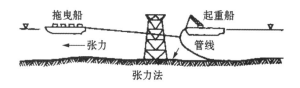

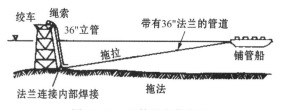

图 15.15　立管的安装方法

（1）立管预装在平台的一侧。预先置于海底,管内仍是空的管线端部被一根施加了轴向张力的缆绳拖到平台装有立管的同一侧。然后,由潜水员对其间的空段制作一段样板管,并制作一个管节,随后将一个超压舱潜降到接头上安装管节并进行焊接。

另一种选择是采用大直径的管道(例如 42in 或更大直径的),通过法兰联接形式。管线内的水予以清除,如有必要可使用清管器,然后由一个从立管内下来的焊工把从内部焊接接头。

Hydrotech 公司开发的双联对角线法兰联接件,它们可以套入 2 个管的端部,然后可旋转以适应角度上的不同。三联联接件能够适合偏离达 15 度角的不对中情况。在管接头用螺栓固定后,借助充满惰性气体的干燥舱对管接头进行密封焊接。

威格士(Vickers)公司开发了一种爆炸焊接法,特别适合管线与立管之间的连接。在管道内部触发爆炸,使之强行向外胀压与套管压制形成一种固体分子间键结合。但是这种方法的可靠性还没有完全被接受。

一种先进的"引入-闭锁"联接器已开发应用于深水处的管道联接。

（2）在浅水域,管线由右舷侧的吊架吊起。转臂起重吊提起立管,使其稍微偏离垂直位置,对管道呈一个适合的角度。接头焊接后,将立管与管线重新放回海底,立管则靠装在导管架上并固定好。在中等水深的水域,可能有必要在立管段上不时地再增接一段立管,即所谓的"逐段铺管"作业。当立管和管线下放后,立管停留在原来位置,新的立管段可以加接在上面。

（3）对于小直径管线,例如出油管线,J 形管立管被安装在平台内。铺管作业从平台开始;管道从铺管船上拖过来,利用管道上的缆绳,由平台甲板上的绞车向上拉入立管中。J 形管使管线弯曲成一个永久变形、但处于受控状态的大约 90 度角的弯头,然后采用相反方向小角度弯曲将管线拉直。

（4）对于更深水域的管线,则在平台上预装立管。相邻安装一根立管引入管。在某些情况下,可将一条管线通过立管拉出,然后再拉到铺管船上。开始铺设时,将管端拖离平台到达配合接头处,利用平台上的绞车引入管线。初始的联接可采用螺栓联接式,然后进行如前所述的内部或外部的焊接。

对于通岸管线,也有几种不同的方法:

（1）管线单独从岸上拖过碎波带(拍岸浪区)。这时铺管船移到管线朝海的一端。借助于铺管船上施加轴向张力的缆绳,将来自岸上的管线拖入铺管船的张紧器中,然后对新管段进行焊接。这时可开始标准铺管作业。

(2) 将铺管船移入尽可能安全的浅水域,并向岸上的绞车引导一根缆绳。当铺管船在制作管道时,岸上的绞车就将管道一端拖上岸。然后铺管船开始其标准的铺设程序。

(3) 铺管船从平台向岸上铺设。进入浅水域时铺管船放下管线末端,然后转向并抛锚。此时从岸上拖过一条管线,并利用吊架吊起前面放下的管线一端,将两个端部焊接起来,然后把管线重新放回到海底,形成一个水平曲线形以适应稍微过长的管长。

第三代及后续的铺管船实质上是一种高度复杂的铺管系统,能够在更恶劣的海况下即高达 5～6m 的 Hs 和深达 600m 或更深的水域中进行铺管作业。在迄今装备最先进的铺管船中,SAIPEM Castoro Sei 铺管船成功地铺设了从突尼斯到西西里岛的管线;另有一艘船名为 SEAMAC 的铺管船,现更名为 Bar420,以破记录的时间在北海水域铺设了 36in 的 FLAGS 管线(见图 15.16 和图 15.17)。

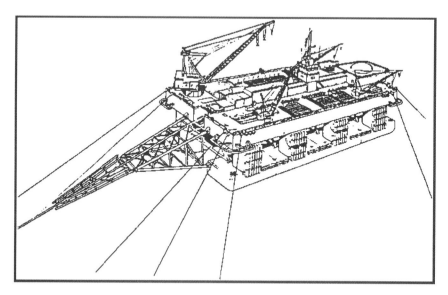

图 15.16　第三代铺管船 SEAMAC 号(图片由埃克森勘探与生产公司提供)

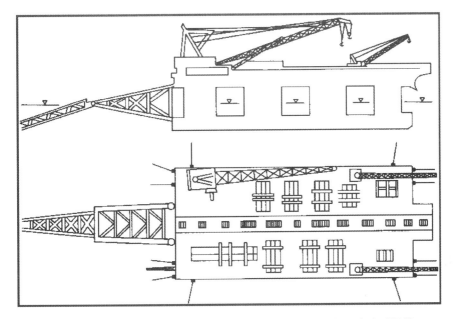

图 15.17　第三代铺管船 SEAMAC 号(图片由埃克森勘探与生产公司提供)

第三代铺管船则更为先进:

(1) 提供一个平稳的平台,一般采用半潜船船体,但在少数情况下常采用非常长(超过 200m)的船体。

(2) 艉托架固定在船艉,呈一个长曲线形悬垂出去。

(3) 管线是在船中心线上铺设,而不是在舷侧。

(4) 能提供更大的张力。

(5) 采用先进的焊接系统,以提高焊接速度。

(6) 动力定位,利用计算机控制与 GPS 对横向定位进行控制。

第四代铺管船在结合了上述改进的基础上,采用了近似垂直方式的铺管方式。

这一方法称之为 J 形铺管法。在船上管段成对或三根联接在一起,以倾斜与水平成 75 度角被吊起,形成一列管段。随后将管段下放到甲板水平位置与先前铺设的管线连接,接缝焊接由自动焊机进行。焊接后的管线通过张紧器进入月亮池单元,并一直下放到接近海底表面处,这时的管线以长长的下垂弯曲形偏转成水平状态(见第15.9节)。菜用动力定位,借以消除在深水域重新抛锚定位所带来的问题,并减弱因系泊缆中所含能量而产生的动态纵荡效应。

15.3 底拖法
Bottom-Pull Method

底拖法自开发以来已广泛应用于穿越海岸区并延伸至深水域装货中转码头的管线铺设安装。该方法在最近几年得到进一步的发展,成为在深水离岸区域安装相对较长管线的一种方法。

最初的讨论主要针对从岸上出发延伸几千米远的管线,其铺设流程如下:

(1) 管线在岸上组装成200~300m长的平行管段。

(2) 建造一个带有滚柱支撑的下水坡道,穿过内侧碎浪区向外延伸。

(3) 内侧碎浪区可由钢板桩围板保护,以使槽沟不需要埋置覆盖保护。

(4) 第一段200~300m管段在下水坡道上组装,对接头进行焊接和涂漆(见图15.18)。由于坡道是倾斜入海,可借助岸上的绞车从后拖住管道,以限制

图15.18 管线在装载坡道上进行组装和焊接接头。注意在拉出的过程中,采用轨道小车来降低摩擦力(照片由 H・V・安德森工程公司提供)

其发生纵向移动(见图 15.19)。管段向海端装有一个牵引结构,包括可容纳一个或两个清管器的腔室、一个具有正向浮力的牵引端和一个旋转接头。一个滑轮安装在旋转接头的向海一侧,利用支撑或浮箱来保持滑轮在牵引时不会发生翻转(见图 15.20)。

(5)一艘牵引驳船在离岸区域抛锚,拖着缆绳,位于约 1 000m 左右距离的位置。

图 15.19　系上拖后绳索以防过早下水(照片由 H·V·安德森工程公司提供)

图 15.20　牵引端组件,利用滑轮采用两股牵引绳,利用旋转接头防止相互缠绕,
利用浮箱使滑轮保持竖直向上(照片由 H·V·安德森工程公司提供)

（6）在船上安装一台非常大的绞车,带有1～2个卷筒,其拖曳力很大,例如,在满卷筒状态缆绳拉力为1350kN(300000lb)(见图15.21)。这台绞车通过绕过平衡滑轮组的缆绳连接到两根已抛到海底的艏锚索上(见图15.22)。如果驳船甲板承受反作用力的传递,它就必须进行加强或安装支撑。

图15.21　驳船上的牵引绞车在每个卷筒上同时具有很大的牵引力
（照片由 H・V・安德森工程公司提供）

图15.22　牵引驳船上的平衡滑轮组可使朝出海方向抛出的双锚牵引力平衡
（照片由 H・V・安德森工程公司提供）

　　(7) 船上的绞车绳索开始朝岸方向释放出来,连接到管线的牵引端。如果采用两股绳索的方式,绳索要绕过滑轮,然后回到驳船上。在绳索离开驳船的边缘设置合适的导缆导向装置,以免防止缆绳摩擦和磨损。

　　(8) 当全部准备就绪,天气预报也适宜时,开始将第一段管道拉过碎浪区(见图 15.23)。当该管线的陆地端到达岸线时停止牵引,管线停下。下一段的200~300 米管线从侧向滚上下水坡道,进行接头的焊接与涂装。然后重复进行下一次的牵引。

图 15.23　开始牵引,带有浮箱的牵引端进入碎浪区的用钢板桩保护的管槽中

　　(9) 此时驳船自航向出海方向移动并重新抛锚。第 3 段管段放在坡道上,焊接后进行牵引。牵引力用于克服摩擦力。

　　通过使用滚柱或小型轨道小车支撑管段,可降低管段在下水坡道上的摩擦力。此时的管段处于空气中,对坡道施以全部的重力。向海方向移动可借助侧臂吊管机或利用铺管船上的辅助履带行走张紧器的反向操作将管段拖出。如前所述,初始部分管段可能需要借助拖后绞车的限制防止过早下水。

一旦下水,空的管线只有浮重。它必定略显负值,这会使管线在海底发生摩擦。牵引驳船必须克服这种摩擦力。

在动态和移动的情况下,摩擦系数的测量值范围为 0.3~0.5。当停止牵引进行新一段管段焊接时,摩擦系数会上升到 0.6~0.8。由于管线不能移动时会带来很大的损失,因此在计划阶段通常采用保守的摩擦系数,甚至为 1.0。

管线需要足够的净重才能在海底保持稳定,不会发生横向移动。具体数值取决于碎浪、海流和海底状况,但沿岸管线的标准值范围为 0.20~0.66kN/m (15~50lb/ft)。在浅水域海底进行底拖法安装时,不必要求有稳定性,净重可明显减少。管线完全铺设后,会产生最大的摩擦力,这就限制了底拖法能够铺设的管线长度。如果假设净重为 0.3kN/m,摩擦系数为 1.0 以及绞车在满卷筒状态具有 1500kN 的牵引力,那么单根缆绳能够牵引的最大管线长度为 4500m (15000ft)。当采用半卷筒在管线铺设接近终点进行短距离的牵引时,这个数值可以稍微超过,因为这时绞车能够产生更大的牵引力。

通过利用牵引端上的滑轮采用两段牵引绳,潜在的管线铺设总长可以加倍。然而,存在缆绳在滑轮上打结的风险,这种方案只有在单根缆绳不能合理地获得所要求的拉力时才可被接受。

因为净重是重量和排水量这 2 个大数的差值,数值小,所以底拖法对重量和排水量的误差特别敏感。因此,对其实际数值的控制与监控务必非常细心。

主要的潜在变量是:

● 钢管壁厚(通常为 3%~5%以上);
● 钢管外径(O.D.);
● 混凝土增重层厚度;
● 混凝土单位重量;
● 牵引过程中吸收到混凝土中的水分,通常为 2%~3%;
● 失圆度。

需要考虑的是,混凝土增重层通常使用在其管段端部的厚度大于中间段的地方。在某些情况下,可以通过在接头处现场施加负公差增重层的方法给予补偿。

这些误差的效果可通过表 15.1 中给出的例子予以描述。

表 15.1　相关重量的误差

	公称值	实际值
空气中重量/kNm^{-1}	16.5	16.7
排水重量/kNm^{-1}	16.0	16.0
净重/kNm^{-1}	0.5	0.7
4 000m 管线的总牵引力,假设滑动摩擦系数为 0.6/kN	1200N	1680

如果牵引绞车的单根缆绳拉力为 1 350kN,这表明若误差如上表实际值所示,牵引力会是不足的,也就要求采用绕过滑轮的双段缆绳进行牵引。如果因为管线陷入沙子中,摩擦系数上升为 0.8,那么总拉力大约为 2 700kN 才勉强够用。

为了测量和检查误差,下列程序被认为是有效的。先随机抽取 3 根 40ft 公称长度的管段进行称重。把它们放置在海水里浸泡 24h,然后取出进行精确称重。利用卡尺测量钢管壁厚和直径。增重层部分的周长也沿着管段长度取 3 点进行测量。然后对所有后续管段的钢管壁厚、直径进行测量,并用卷尺测量增重层部分的周长。若全部管段测量结果相对一致的话,则上述方法能够在 2%~5% 的误差范围内计算出净重。

一旦管线牵引结束,为了稳性而使其进水。将一个试验用塞子安装在内侧的一端以进行静水压力试验。试验之后,利用压缩空气驱动清管器清空管道。第 2 个清管器用于探测可能存在的问题,诸如屈曲现象。不像从铺管船铺设出来的管段会在垂直面上发生屈曲,底拖法牵引的管线通常由于沿岸海流而在水平面上发生屈曲。

在新加坡的一个牵引长管线项目中,组合拼装的钢质管线段上发现有钢管失圆情况。该管线需要跨越深水海底隧道。为保持在静水压下不发生屈曲,通过牵引端上安装一个钢板盖和在第 1 段管段端部设置一个清管器,在管线内维持一个大气压力环境。这个管段就充满压力。当第 2 段管段焊接上后,清管器逐渐由增加的空气压力挤到第 2 段管段的岸端位置。

在需要牵引更长的管线时,有 3 个方案可供选择:

(1) 提高绞车的牵引力。传统的绞车都有牵引力上限,附加安装一个带有排缆卷筒的线性缆绳千斤顶,可将单根缆绳的牵引力提高到 4 500kN(1 000 000lb)。这种能达到如此大牵引力的钢丝绳应该是相当粗大的,甚至自身会引起过度的海底摩擦力。在横跨澳大利亚斯宾塞(Spencer)湾的底拖法管段铺设项目中，承包方采用直径为 10in 的高强度钢管(空管)作为铺设管线。使用一个装有管道夹固器的线性千斤顶作为牵引绞车。

（2）先将一根管段段牵引出至最大距离，然后牵引第 2 根管段超过它，这样第 2 根管段的内侧端位于第 1 根管段的外侧端处。采用法兰连接或提起两个管段到水面之上进行焊接。这个程序应用于安提瓜岛(Antigua)附近的海上中转码头。两个管线端应尽可能地靠近，依据测量样板制作一个"管节"，并采用了法兰联接，因为法兰足以能承受工作压力。

（3）减轻净重，并施行更为细心的监控。在穿过原南斯拉夫的里雅斯特(Trieste)湾的长距离牵拉中，每段海水预浸泡过的管段在一个特别容器中进行水中称重。这使在海底的净重降至 0.1kN/m(7lb/ft)。

如果将浮块系附在管线上，净重也能减少，因此所要求的牵引力会降低。以前曾使用过油桶，但证明是相当原始且不可靠。聚氨脂浮块可以精确设计并用扎带系绑。必须考虑到深水中浮力会减少的情形。因为浮块明显增加了来自波浪和海流的拖带力，使安装过程中出现问题的风险增加。有时，扎带会被撕松；如果许多浮块撕断，管线会变得太重以致无法移动，由此最终导致灾难性损失。这种事故曾发生在利比亚早期的离岸管线上。

管线成功安装后，必须将浮块的扎带割除。这项工作过去都由潜水员执行，现已设计出专用机械装置，沿着完成铺设的管线把浮块上的扎带割断。装有割刀的遥控机器人也曾使用过。尽管还存有潜在的问题，但采用浮块对重型管线的铺设而言是现成的且可接受的方案。

天然气管线由于在运行过程中具有浮力，因而对水动力更加敏感。它们不但需要更厚的混凝土增重层，还要求加固以防止增重层损失。在安装过程中，这将增加净浮重，为此可能需要系附浮标。

在牵引绳的牵引端上安装旋转接头的原因是为防止缆绳在张力作用下自然相绞时缠绕到管线上。牵引端具有浮力，有时形状像一个滑板，以防止在牵引时钻到泥里去。悬垂索和浮标通常安装在牵引端上，以便对它的工作过程进行目视观察，并在出问题时有助于回收。通常在牵引端上安装一个带法兰的弯管，以便后续与立管或软管的连接。

例如，当临时停止牵引以对另一管段进行焊接时，会产生最大的牵引力。运动摩擦系数通常在 0.3～0.4 范围内，但静摩擦(开始滑动前)会远高于此。

若被牵引的管线不能拖到设计长度而存有较大的损失风险,通常将牵引机械和锚设备所依据的摩擦系数设为 1.0。

受牵引的管线一般都跟随牵引力的路径行进,因此通常会围绕一个长半径曲线牵引。然而,在硬沙海底实际上并不总是如此,在此情况下管线可能会被拉偏。一个解决方法是将管线加重,也就是增加净重以提高稳定性。在其他情况下则将锚系在管线上,以便管线周期性地被拉回原位置。诸如此类的解决方案或试图围绕一根桩进行牵引,通常会造成在水平面上发生屈曲的结果。一个较好的解决方案是在管线路径必须弯曲处的海底铺垫碎岩石,以提供更大的横向稳定性(也就是更大的局部摩擦力)。更好的措施是预先挖掘槽沟。

另一个解决方案是把若干节链条系固在管段内,通过回拉至牵制绞车第 2卷筒的缆绳将其固定在转弯位置处或是在严重的碎浪区。利用这种方法,当管线牵引通过关键位置时,链条上的额外重量则留在了该位置。

在一个令人遗憾的项目中,由业主提供的带增重层的钢管在浮力作用下几乎保持平衡,仅有几磅的负净重。承包方面临即将到来的暴风雨仍决定继续牵引,试图在风暴来临之前将管线拖到位并使其浸水。正如第 2 章所述,长周期的涌浪会在暴风雨到来之前出现。因此,在牵引过程中,涌浪约以 45 度角冲袭而来。涌浪在浅水域发生折射变成垂直状态时,仍然有相当的水体向南排泄,结果产生一个强大的由波浪引发的沿岸海流。它把管线顶起直至折弯。承包方在折弯处系上缆绳,用岸上的牵引机进行牵引,使得情况更加恶化;他们试图把管线拉向旁边,却导致管线折断,因而必须放弃整条管线。在接下来的努力中,承包方采用了一种巧妙的方法。他们先在管线里灌满岩盐以增加重量,接着把管线直接拉出,然后将岩盐冲洗出去。

为了便于沿曲线牵引,用锯在混凝土增重层上割开切口以降低这个区域的刚性。但一般不推荐这种做法,因为增重层可能会因此而剥落。

另一个灾难性故事涉及水动力重量、浮力和结构方面的相互作用问题。这条管线位于加拿大芬迪湾(Fundy),每天遭遇 2 次 10m 高的潮水。混凝土增重层仅用非常轻的类似六角形铁丝网格加强。下水坡道终止在高潮水位处;管线必须在高潮位时拖过很长的潮水面(潮漫滩),延伸到卸载浮标处。牵引作业开始时,驳船的离岸锚发生滑动。当重新抛锚时,潮水正退去,管线遗留在暴露的泥地上。那时再牵引管线,摩擦力增加了,而且管线的空气重量将管线陷进泥里,产生了更大的摩阻力。因此不得不停止管线牵引,直至潮水再次来临把管线从泥中冲释出来,但此时海上又掀起了风浪,把管线横向顶弯。这导致了混凝土增重层的开裂,细的网格发生断裂,管线浮起。最终,管线发生了破损,搁在海滩上,由于管线发生多处扭结和弯折而不得不放弃。

不幸的是,类似这种情况的事故发生在世界各处。例如,连接到伊朗哈尔克(Kharg)岛的第一批海底管线中的一根管线据报告像"意大利面条"一样搁在海滩上。最近,有许多管线"浮起"案例发生在北海,显然是由于漩涡脱落造成管线发生屈曲导致大块混凝土增重层的剥落和其后因波浪引起的孔隙压力使混凝土产生裂纹和分层所致。

牵引跨过麦哲伦(Magellan)海峡的天然气管线在通过海滩时由于受沿岸海流和暴风雨波浪作用暴露于海滩。鉴于在布满卵石和砾石的海底现场不可能开挖埋槽沟,故后来采用大量的抛石进行覆盖。此外,采用重骨料覆盖也是曾予考虑的解决方案。

跨越如同澳大利亚巴斯(Bass)海峡那样开阔沙土和/或淤泥海滩以及北海初见陆地的管线,由于其下面海底沙土中产生的孔隙压力和浮托作用使管线顶部露出,变得没有遮盖而裸露出来。这些由波浪产生的压力可达到 $3.5\mathrm{kg/m^2}$。

事故的教训显而易见。对所有关于重量和浮力控制的建议必须补充下列要求:混凝土增重层要确保有足够的加强筋,位于强海流区域的管线要进行回填覆盖,对位于浅水域和海滩区域的管线需采取特别保护措施。

底拖法已成功地扩展其在相对较短的深水安装作业中的应用,例如平台与出油管线之间的互联管道。牵引力通常由大型拖轮施加,因此受限于拖轮的系缆桩拉力,最大的拉力在 80~150t 范围。由于在深水域铺设,远离碎浪区,在海底的净重可减到绝对最小值即 0.2kN/m。

在 1983 年,一根长 4km(2.4mile)的管束,包括一根直径 12in(300mm)的输油管线和一根直径 4in(100mm)的燃气管线,从澳大利亚巴斯海峡的九十英里(Ninety-Mile)海滩牵引而出,拖带 100km 与福特斯哥(Fortesgue)和哈里巴特(Halibut)平台连接。从海滩上下水,包括管段的联接,耗时 21h,管线底拖用时 33h。为了减小摩擦力和防止钻入海底,在 500m(1 600ft)长管段的两端系上浮箱,并以些许正浮力将管线浮起高过海床。这个方法使得新铺设的管束越过既有管线。当拖带接近平台时,利用平台上的绞车使管线末端横向弯曲,直到在管线末端的对接管附件与管线立管上的接收管附件配对接上。然后利用遥控机器人解开 3in(75mm)的拖带缆绳和所有的 88 个浮箱。

一种类似的方法曾应用于在北海的国家湾 A 与 B 平台之间安装一条长2 200m、直径 36in(900mm)的连接管线,并将管线放置在一个事先用犁挖掘好的槽沟中。

使用这一方法必须注意管道拖带路径变化应缓慢进行,并避免岩石暴露区域,因为如果混凝土增重层被磨损或剥落,设计的重量浮力平衡就会打破,其结果将是灾难性的。早期的诸多尝试中曾有一次采用了这一方法,涉及较长距离的底拖作业,为了避开在北海上已知的布雷区,必须频频绕道拖行。在有些急剧的转弯处发现增重层逐渐受损,最后导致管线完全损毁。

另一个不幸的灾难发生在墨西哥湾第一次深水安装施工中。由于对海底地形勘察明显不细致,事先未发现露出的暗礁。管线铺设过程中触碰了这些暗礁,整条管线的许多处都遭受严重损坏。

因此,需要强调全面的海洋地形勘察的重要性以及在许多情况下使用侧扫声呐勘测的重要性。

15.4　卷筒式铺管船
Reel Barge

这项具有重大意义的创新最初应用于小直径出油管线的安装,但随后发展应用于安装 300mm(12in)和 400mm(16in)的管线,其概念是将长管段盘绕在一个巨型卷筒上,然后采用与水下电缆类似的方式进行铺设。

第一艘卷筒式铺管船采用一个水平卷筒,管线盘绕其上。这意味着管线是从驳船一侧进行铺设,使得位于管线前端的驳船难以向前移动。随后开发的"第二代"卷筒式铺管船阿帕奇(Apache)号带有一个垂直安装的大型卷筒,位于船中心线导向船艉(见图 15.24)。

设计采用卷筒式铺管船铺设的管线可不用混凝土增重涂层,但必须保持足够的管壁厚度,即使管线内空,也能提供负浮力。当然,这对小直径管线如出油管线则较为经济。钢材质量必须足以承受卷绕时超过屈服点的弯曲强度,在反卷绕和拉直时亦如此。涂层也必须经受得住弯曲而不出现裂纹或黏性损失;现已开发了可经受这种弯曲而不至受损的环氧涂层。

卷筒式铺管船的基本作业流程如下。

在岸上基地制成较大长度的管段。卷筒式铺管船系泊在船坞,通过一个螺

图 15.24　阿帕奇卷筒式铺管船(图片由圣达菲国际公司提供)

旋的 J 形管将管段拉到卷筒上,J 形管可以使管段弯曲超过屈服极限,形成适当的曲率。J 形管与螺旋管的设计使得管段弯曲时不会发生明显的椭圆变形和屈曲。

然后,卷筒式铺管船驶向现场。一般从平台开始作业,即把管线末端拖离卷筒,通过校直器和张紧器,越过短坡道或艉拖架,向下与在平台基座处的 J 形立管进行对接,然后抬升到平台甲板。

卷筒式铺管船随后驶离平台进行铺管作业。校直器是一个浅 S 曲线形管套筒,带有矫正凸缘,能使管线恢复成直管形状。这明显增加了摩擦阻力。可由动力卷筒或传统的履带式张紧器提供附加张力。

这时由卷筒式铺管船铺设整条管线,借助恒张力绞车的缆绳将管端置于海底。管端系有浮标,以便与下一卷管段进行焊接时做回收之用。利用岸上适合的卷绕设施,一个卷筒可在岸上基地盘绕管线,同时另一个卷筒用于铺设作业。在许多情况下,卷筒有足够容量可以铺设全长度出油管线。当管线直径增加时,其在卷筒上的储存量当然会降低。为防止压扁管段,在卷筒上盘绕的圈数是由管径、厚壁和张力的函数关系来决定的。阿帕奇号卷筒式铺管船的容量如表 15.2 所示。

表 15.2　阿帕奇号卷筒式铺管船的容量

管径/in	单卷长度/ft
8 725(220mm)	360 000(110 000m)
1 275(325mm)	140 00t(43 000m)
1 600(400mm)	92 000(30 000m)
2 400(600mm)	24 000(7300m)

阿帕奇号曾用于铺设跨越佐治亚(Georgia)海峡管径为 10in(250mm)的天然气管线。该海峡将不列颠哥伦比亚与温哥华岛(Vancouver Island)隔开,水深达 500m。在其他区域,卷筒式铺管船曾用于深达 1 000m 及更深水位的作业活动。

15.5　水面浮标
Surface Float

将较长的漂浮管线拖运到现场,然后逐渐将管线下沉至海底,这一设想已吸引承包方有多年时间。通过系上浮标为管线提供所需的正浮力并在随后将其割除,这看似相对简单。但为了确保管线成一直线并防止因波浪、风等作用使管线产生屈曲,由一艘拖船进行拖曳作业,期间将管线连接至岸上或海锚上,或者利用另一艘船在艉部施加拖力。这使管线处于张紧状态下。

令人遗憾的是,这种水面漂浮的方法存在若干严重的缺点,只能通过全面的工程设计予以克服;即便如此亦有很高的风险。第一个问题是作用于漂浮管线上的波浪作用,由于对短峰波浪的响应,致使管线扭曲成"蛇形"。这会造成混凝土增重层损坏并发生剥落;由此,使用中的重量平衡和稳定性受到影响。保持管线处于张紧状态可减少这种动态弯曲。即使管线处于张紧状态,但还是受到纵向与横向的作用力超过数千次周期性变化的影响,这最终会导致管线增重层的损坏。显然,管线的漂浮拖行必须在平静的海况下进行,因为这种方法对即便是小型台风如疾风也非常敏感。有许多离岸管线已因此折断而受损。

第二个问题与临时浮标的绑扎有关。对一条中等长度的管线,浮标的数量成百计。在波浪作用下,许多绑扎的浮标可能会出现疲劳并失效,因此会导致局部区域的管线下垂增加。

第三个需要克服的最为严重的问题是如何将管线压载沉至海底。如果浮标从管线一端割除,这一端将会向下严重弯曲,可能会造成弯折。如果试图在管线中引入压载水,也会有同样或更严重的问题产生。水会冲向某一端或另一低点;这会影响其余的压载水冲向这个位置,管线会产生急剧的弯曲进而折弯。

在浅水域采用水面漂浮法安装相对较短的管线已获成功,虽然其中的多数是处于受遮蔽或半遮蔽的水域。在浅水域如横跨江河或河口,从一长列驳船上放下管线,并采用多点控制。试图在开阔海域采用水面漂浮法,即使是相对平静的海况,通常也会遭受失败,一个不成功的例子是发生在西非达喀尔(Dakaar)附近的石油输入管线。

其基本要点是必须对整个作业流程进行全面的工程设计以确保成功。必须采用足够的冗余措施来确保丢失一个或几个浮标不致出现累进式失效。

拖入水下的浮标会在弯曲处附近相继折叠。法国人研发和试验了一种充气橡胶囊(氯丁橡胶)系统,其工程设计性能良好,随着水深增加而有意相继折叠。这种 S 曲线法参见第 15.10 节。

为了便于平台上的连接作业,当管线接近其最终位置时,将来自平台 J 形管的缆绳系固在管线末端。并将管线端部的浮标逐渐释放,同时平台上的绞车将管线末端向下拉,或与 J 形管对接,或向上进入 J 形管至甲板面。

15.6 受控式水下漂浮(受控式海面漂浮) Controlled Underwater Flotation (Controlled Subsurface Float)

受控式水下漂浮法是为了弥补在第 15.5 节所述水面漂浮法的缺点而开发的。该方法能使管线带有轻微的净负浮力,可在水面以下大致 5m 深处进行拖曳,在水下位置管线受到的局部波浪影响较小,完全不受风的影响。

管线的支承是采用铰链式或铰接式柱形浮标,以较密的间隔系在管线上。这样就提供了一个相对恒定的向上的力,给出"软"响应,也就是说,对小波浪产生的水面高度变化的响应不是十分明显。由于水线面较小,它们对风驱动的波浪响应不明显,并且系统的响应频率变得非常长(超过 1min)。因此,这种系统明显消除了水面漂浮的最主要问题。

管线保持张紧状态,由一艘船在拖曳,另一艘在后面系紧。到达施工地点时,管线必须沉入海底。由潜水员或遥控机器人将柱形浮标每间隔一个割除一个,同时保持管线处于张紧状态。当然,管线完全铺设在海底后,其余的柱形浮标也需割除。

这种受控式水下漂浮法已成功地应用在北海的出油管线和平台之间互联管线的铺设。

15.7　受控式底拖曳
Controlled Above-Bottom Pull

为开发用于管线运输与铺设的可靠方法而付出的不懈努力,已致使产生了许多具有创意的方法,它们中的多数是由 R·J·布朗开发的。其中的一种就是"受控式底拖曳"法,其将管线自身设计成具有轻微正浮力。将较短的链条密集地系在管线上,以提供整体组合式负浮力。因此,下拖在海底的是链条的末端,而不是管段。

链条对组合系统的水下部分净重进行自动控制。如果管线行将上升,它会提起更多的链条离开海底;如果管线趋于下垂,则会有更多的链条落在海底,这就减少了管线所受的下拉力。

这时的摩擦力由拖在海底的链条"尾"部的重量来控制。链条尾部的长度反过来由短距离内海底地形变化以及补偿重量与浮力误差所要求的安全系数来决定。这些计算工作可事先进行,一旦管线下水进入相对较浅的水域,可由潜水员进行检查,并在拖入深水前,对链条长度进行调整。

将链条系在管线上必须正确设计其细节,以防相互碰撞和摩擦。可设置弱化链接来确保当链条被水下阻碍物卡住后,就在管线折弯与挤扁之前它会断裂开。

受控式底拖曳法在北海和加州的离岸管线安装中被证明具有成本效益,特别是对有限长度的管线即 3 000m 长度的量级。在拖带过程中,航速为 3~4kn,管线像在距水面以下 30~40m 处"飞行"。当它到达目的地位置,拖带减速,管道逐步下沉至恰好在海底之上,这时链条拖地。然后将管线拉到最终位置,并压载向下坐落于海底。

大直径管线可用作为内装小直径出油管线和电缆线的运载管线。显然,必须使运载管在拖带过程中保持其水密性。进行内部加压可克服任何泄漏问题。不幸的是,在最近发生的至少 2 个案例中,组合管线因过早进水而下沉,损坏了在运载管内所载的出油管线。这意味着必须考虑针对拖带过程中可能出现的超应力而引起泄漏的损失控制方法。适合的措施可以包括使用泡沫、压缩空气、多管段或内部分隔。

C·G·多里斯把受控式水下漂浮牵引法和受控式底拖曳法结合起来用于管束铺设,构成所谓的"导索法",应用于铺设出油管束。管束组合体包括浮标和链条。当管线内空时,它在水面下 30m 处漂浮;当管线注水后,它在海底 10m 以上漂浮。因此,它能"飞越"障碍、裸露的岩石、悬崖以及其他管线。注水使管线明显弯曲。最佳的控制方式是每一次注入管束中的一条管线。

这样的一根内含管径为 4in 和 2in 管段的管束就在水面下被拖曳了 13mile,然后下沉进入底拖模式,利用一个导向漏斗和经过滑轮的引导缆绳将管线端部拖入海底总管连接处。将浮标割除,使管线沉到海底。

为在北海的水下总管与科莫浪特(Cormorant)A 平台之间铺设管线,将一根 8in 输油管加上 2~3in 的 TFL 油井试验伺服管线配制在绝缘套管内,然后放置在 2 根运载管中,一根是 26in 管和另一根是 24in 管。之后采用链条方式保持在中等水深处,将 2 段 3.3km 长度的管束拖行 490km,所使用的是一艘最大系缆桩拉力为 75t 的拖轮进行拖带,而另一艘最大系缆桩拉力为 35t 的拖轮断后,也就是说使管线处于张紧状态。平均拖带力为 50t 拉力,后拉力 12t,平均航速 5.5kn。水面以下深度为 30~100m。然后减速并降低张力,使管线下潜接近海底。当管线就位且对接后,使运载管进水。

运载管用氮气加压到 15atm 以防止水浸入。制定了一个完整的应急计划,以应对各种可能发生的意外和困难,如链条被障碍物卡住。当管线接近油田设备时,管线的位置通过声响应答器和侧扫声呐进行监控。

图 15.25 为牵引管线的 4 种不同模式。

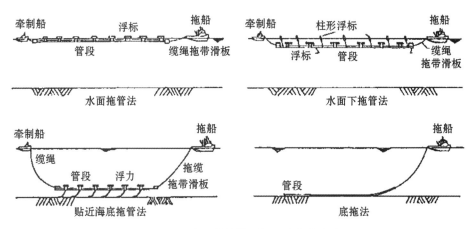

图 15.25 出油管线铺设的 4 种拖曳方法

15.8 平台的 J 形管法
J-Tube Method from Platform

曲线形 J 形管连同"校直器"可预装在导管架上。当平台就位后,将一根引绳(也是预装在 J 形管内,临时向上延伸到甲板)与一根引自岸上或驳船的较长牵引缆绳连接。管线在平台上呈竖直状,采用类似于卷筒式铺管船作业所使用的钢管材质和防腐涂层(见第 15.4 节)。这种连续式垂直连接操作法被称为烟囱式铺管法。

这时驳船或岸上的绞车拖着管线端部沿着 J 形管向下,弯曲后水平拉直并如底拖法一样置于海底。因此,J 形管法所能牵引的管线长度受到弯头、校直器和海底摩擦力的限制。

15.9 驳船 J 形铺管
J-Lay from Barge

这是第四代铺管船,特别设计用于深水作业。第 22 章将对该方法进行全面描述。管线从铺管船离开时几乎处于垂直状态,因此没有过度弯曲。这种方法采用铰链式坡道,稍微偏离垂直方向呈倾斜状,在坡道上放置一根三节或甚至四节管段。在甲板平台的单一焊接站中,将这些管段与前面铺设的管段进行焊接。为使进度符合要求,采用先进的快速自动焊接法;其中包括电子束焊接、高频感应焊接、摩擦焊、闪光对接焊、高速电阻铸焊(HPW)和激光焊接。已提出采用机械式连接,旨在 2~3min 内完成连接程序工序,然后进行磁粉探伤(见图 15.26)。

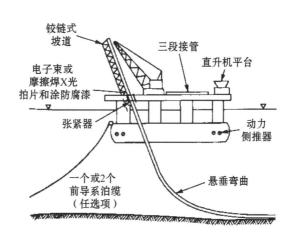

图 15.26 悬垂式或 J 形铺管方法 (图片由埃克森勘探与生产公司提供)

轴向张力主要由悬挂在铺管船下方的管段重量所决定,降低了对前拉张力的要求。对此,现在可使用动力侧推器推进,并可取消所有的系泊缆。这样就降低了慢漂加速度,因而能够在更加恶劣的海况中进行作业,至此限制性因素仅为管段输送了。

15.10　带可折叠浮标的 S 形铺管法
S-Curve with Collapsible Floats

　　这种系统采用充气式氯丁橡胶或橡胶囊,可使管线产生上浮效果。当充气囊被拖到水下,它们会部分(最终是完全)折叠起来,因此减小了它们的上托浮力。

　　这个方法在地中海 2500m 水深的小直径钢质管线的试验性铺设安装中得到证明。将一段较短长度的管线拉到工作船上,越过船艏送到甲板,此时把充气囊系在管线上,然后将管道越过船艉下水。在水下拖曳管线端部,使其开始下沉;从此时起,管线自动形成 S 形曲线,故在到达海底过程中不会发生屈曲。然后,提起管线的一端,充气囊随之逐渐膨胀展开,将管线呈平缓的曲线状态重新带回到水面上,至此管线得以成功回收。采用这种方法,尽管海底有汹涌的海流,还是将一条跨越直布罗陀海峡的天然气管线成功地铺设在超过 300m 水深处。

15.11　管束
Bundled Pipes

　　借助于上述的多种方法,在一条管束内同时设置 2 根或多根管段是可行的。其原因通常在于需要面对各种不同的产品。因此,基本要求是确保充分系固,足以承受在铺设过程中所施加的应力而不会失效或损坏保护层。在一条管束内设置 2 根或更多管段,增加了施工工程师按需控制重量和浮力的机会。例如,若输油管与天然气管线一起拖曳,虽然天然气管线可能接近中性浮态,但使用中的输油管会提供负的净重以平衡整个系统。同样,在管束中引入第 2 根或第 3 根管线,可减少在铺设过程中的净浮重,而在管线浸水后则可以增加其所在位置上的稳定性。在此情况下,多增加一根管线其费用昂贵,但这是提高海底系统稳定性的有效方法(亦见第 15.7 节)。

15.12 定向钻孔(水平钻孔)
Directional Drilling(Horizontal Drilling)

定向钻孔常常作为在碎浪区及邻近海滩铺设电缆和管线的方式。由设立在岸上的斜向钻机钻孔形成一个初始长度,且达到可维持稳定性的深度。钻孔过程中采用钻孔液。首选聚合物泥浆,因为它们可生物降解,不会污染水环境。这种方法已成功地应用于一些重要河流和沿岸横跨管线的辅设。

采用定向钻孔技术,钻头在其后面拖着钻杆,以一个向下角度钻孔达到所需深度。然后钻头调整方向以接近水平、甚至略微向上的角度从海底钻出。管线已事先拖在海底之上,它的近岸端接近钻孔出口处。钻头现在换成开孔器,其开孔直径较需铺设的永久性管线稍微大一些。利用一个旋转接头连接在永久性管线上,然后钻杆、开孔器和管线被拖回到岸上。通过上述不同的作业流程能使管线跟随一个超过管线口径尺寸的钻头,从岸上推进入充满泥浆的钻孔。

海底钻孔出口处是易于塌方的关键区域,原因在于其覆盖层越来越薄。因此,要尽可能选择一个地质稳定的点作为海底出口区域。

通过管隧顶推可获得与上述钻孔类似的结果。为此通常使用混凝土管段。初始推力来自岸上的顶推设备。管线采用干式铺设,就像一条遂道,正面带有一个绞刀头,看上去基本上是一个小型的隧道钻孔机(TBM)。聚合物泥浆间歇性地注入环形孔中,以减少摩擦。当初始顶推力不足时,需建立一个中间推力站以推出更长的距离。管线被引入一个预置的朝海向的中转箱,它实质上是一个小型箱式沉箱,预先下沉到海底以下设计深度。然后将管线穿过混凝土管隧。

15.13 冰下铺管
Laying under Ice

为在冰层之下铺设管线,开发了若干种底拖作业法。其假定铺设作业在冬季进行,且冰层是坚固冰,即在横跨铺管作业阶段,冰层很少会有运动。最初还有必要采用引绳。沿着管线的路径在冰面上间隔开孔,每个位置安装声响应答器。遥控机器人从一个孔下去,按程序相继从每个孔设置一根引绳。

然后用引绳拖带一根钢丝绳(牵引绳)。管段在下水滑道上制作,采用传统的底拖法拖到位。

在岸线下面预先铺设用于牵引主管线的大直径管,这可能需要采取永久冻土绝缘措施。这根套管也可用于减少摩擦力,并使近岸挖掘与施工同主要的牵引作业隔离开来。

在北极地区铺设管线详见第 23.16 节。

15.14　管线的保护:埋置和覆盖岩石 Protection of Pipelines: Burial and Covering with Rock

通常要求对管线进行埋置,使管线免受波浪作用下的反复冲击、锚下落的撞击、捕鱼拖网板的刮损,并可防止在海底捕鱼的渔民丢失渔具。管线的埋置也允许把管段设计成具有较小的净重量(减少增重层),这反过来会降低铺管过程中的弯曲应力。

上述的"冲击"在碎浪区特别严重,同时在浅水域由波浪感应海流产生的漩涡脱落能够使管线产生交替托起和下落的运动,这会引起管线疲劳。混凝土增重层可能会因此破裂并剥落,从而造成管线抬起。同样的现象也可由强烈的海流单独引起,例如在阿拉斯加的库克(Cook)湾等地。在碎浪区的内侧,因波浪直接冲击和源自沙砾移动的侵蚀,会使受损情况更为严重。

管线埋置的方法是将管线铺设在预先挖掘的槽沟中,或者在管线铺设后挖掘槽沟。此外,在铺设的管线上覆盖岩石也是一种类似的管线保护措施。

在海底沙丘会发生迁移的区域,诸如英吉利海峡的南部,由自航耙吸挖泥船进行预先挖掘证明是可行的。沿铺设路线预先挖掘至稳定的深度,然后铺设管线。

可有多种铺设方案用于穿越碎浪区。海滩的碎浪和沿岸海流相对比较温和,采用吸扬式挖泥船在海滩上挖掘出一条槽沟。随后管线由铺管船向岸上牵引,同时使沙子自然回填槽沟。然而,在海滩遭受台风碎浪严重冲击的地方,经过一段时间后沙土层内的孔隙压力会逐步增加,可能将管线向上顶起并裸露出来。因此,铺设在这类区域的管线自身必须有足够的重量,以便在使用中能保持其稳定性。这可能会要求增加管线的外套管,采用双层管概念、管线锚定或在过滤土工布上回填高密度回填料。类似的管线顶起和裸露的报道来自于分布广泛的地区,如阿拉斯加的库克湾、澳大利亚巴斯海峡的九十英里海滩和麦哲伦海峡。

另一种方法自然就是采用钢板桩围堰穿过碎浪区,使槽沟在管线受牵引穿过其中时保持敞开。最后可在碎浪区预先建成一条管隧或沉埋管式隧道。它可以是预置在围堰中的混凝土结构管隧或钢管;或者是采取先定向钻孔,随后用大直径管作为衬套管的方法,或者顶推一预制的混凝土管。

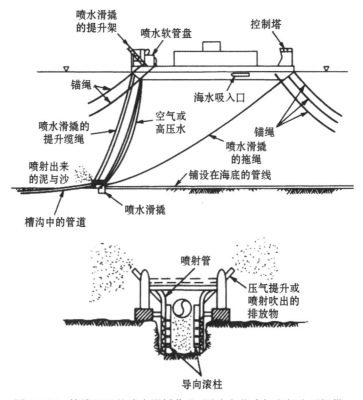

图 15.27 管线埋置的喷水滑撬作业(图片由蓬威尔出版公司提供)

一条大型的预制混凝土水下管隧或沉埋管式隧道在美国马里兰州加佛角（Cove Point）建成，穿过其中的是一条 LNG 管线。在挪威西部多岩石裸露的海岸上也建造了类似的预制混凝土隧道管段。国家管网（Statpipe）天然气管线就是穿过了这条隧道管段。

为了在深水处埋置管线，槽沟通常由喷水滑撬进行挖掘。它设计成以管段进行导向，挖掘管段下面的土层，以使管线沉到海底下面。喷水滑撬可以设计成通过橡胶轮在管段上行走。这种机具的设计必须确保它的行走轮不会损坏管段的保护层（见图 15.27）。据加州南部的一个案例，喷水滑撬在管线上来回行走，致使保护层受损，以至于整条管线必须更换。其他喷水滑撬则被设计成在相邻的海底进行滑行、爬行或行走，它们是以管段为中心和导向，但不是以管段作为支承。然而，可能会出现的另一个问题是，当遇到疏松的沉积物时，槽沟两侧的边坡会变得过于平坦。

在管段下方挖掘可由高压喷水、压气提升、喷射清除或机械切削的组合作业来完成（见图 15.28）。关键是施工设备的功率（见图 15.28 至图 15.30）。它

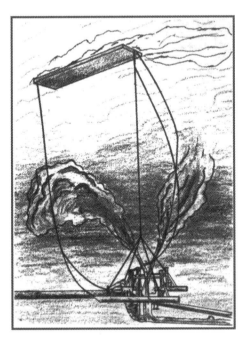

图 15.28　深水喷水滑撬采用一个二级海水喷射系统为管线埋置挖掘槽沟

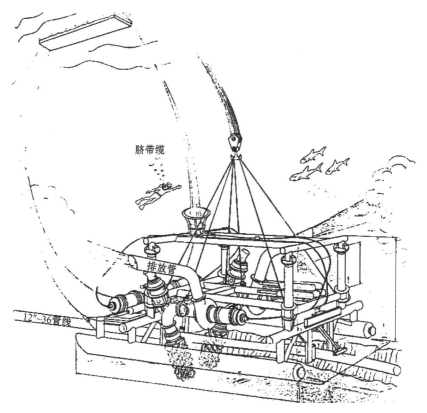

图 15.29　用于管线埋置的喷水滑撬(图片由东洋泵业公司提供)

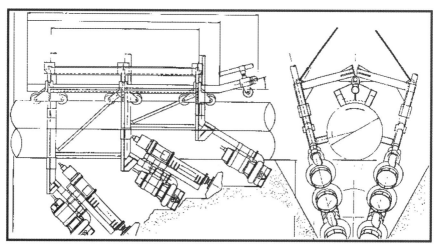

图 15.30　用于管线埋置的喷水滑撬采用装有振荡器的多台潜水泵
(图片由东洋泵业公司提供)

们应当能够在一次性作业中就挖掘至所需深度。多次作业不仅成本昂贵,几乎与所需的作业次数成正比,而且由于槽沟深度的增加和持续的塌方会使挖掘效率下降。

钢质管线具有相当的弯曲刚度和强度。因此,它不会向下移动进入已挖掘的槽沟中,除非已挖掘的槽沟足够长,致使管线下垂变形而沉降到槽底。为此,槽沟开挖后必须保持敞开足够的时间,以使管线能将其自身沉到槽沟底部。幸运的是,在大多数的深水管线铺设中,这通常不成问题,因为在施工作业期间的相对平静海况下,短时间内的海底海流和沉积的填入通常是有限的。

喷水滑撬和挖掘机械对动力性能要求很高。用于驱动大型管线埋置系统的喷水滑撬和喷射器的动力大约为 32000HP,它们在北海的泥砾土层上进行挖掘作业。管线埋置船克里克(Creek)号采用了 8 台发动机驱动喷水泵,可产生压力为 17MPa(2 500psi)的 76m³/s 流量。其他喷水挖掘机具需要 21MPa(3 000psi)的压力。喷射器在清除挖掘物方面,比压气提升清除更为有效。

在许多情况下,一旦为管线挖好槽沟,并将其下沉到设计高度后,槽沟的回填通常已考虑到自然沉积物的运移。如果管线的回填是采用倾倒或放置沙子,则必须注意到暂时为高密度流体的流沙会把管线顶出槽沟。这种情况在大小管线上都有发生,使所有相关方十分尴尬。另一种管线埋置方式引入了液化的概念。通过在管线下面沿一段管长引入水和空气,沙变成"流态",使管线依靠自重下沉。显然,这种方法对容易液化的材料最为有效,如细沙或淤泥。使管线产生振动,如从内部引起振动,有助于上述埋置过程的实现。据笔者所知,这种方法仅广泛应用于相对较短的管线(如通过海滩区域)。

目前已开发出性能更为复杂的挖掘和埋置设备,如机械挖槽机。如喷水滑撬一样,这些设备通过预置的管线进行导向,但它们从两侧轨道上的滑撬得到支撑。旋转式挖槽机在管线下方挖掘槽沟,并将挖掘出来的泥物抛向侧边。

最近研发的挖掘技术是利用犁进行挖掘。沿着海底拖着巨型犁,利用展开的外伸架上的滑撬增加稳定性来防止倾斜。通过犁挖出槽沟,犁铧将挖出物推向槽沟的两侧。

这一研发的先驱是 R·J·布朗,且已证明在北海的坚硬黏土层中十分成功。犁的设计按预计遇到的土质条件进行,北海的黏土较重,而波弗特海的新近沉积物则较轻。在澳大利亚巴斯海峡,一个 80t 重的犁用于管线铺设后的挖槽作业,犁被设计骑在管线上沿线行走。这条槽沟在沙土和部分胶质的冠岩岩

745

架中挖掘深达 1.2m。

所需的牵引力通常是犁的重量的 1～2 倍。对于重量相对较轻的犁,可由一艘大型动力定位的拖船提供牵引;对于重型犁则由一艘离岸起重驳船提供牵引。

迄今最引人注目的应用犁挖掘槽沟的项目之一是发生在澳大利亚的西北大陆架上,工程所采用的是一个重达 380t 的加大型挖掘犁,仅用一个月的时间就为 118km 长、46in(1150mm)口径的管线挖掘出一条深达 1～2.3m 的槽沟(见图 15.31 和图 15.32)。犁必须在石灰岩和冠岩上挖掘,需要高达 460t 的拉力,而在沙加上淤泥和黏土的较软土质中,250t 的牵引力就已足够。据报道,在沙土层中犁的挖掘速率为 15～45m/min,覆盖沙的岩层中为 10～20m/min,石灰石中为 5～10m/min。问题主要发生在软土中,因为犁通常会挖得过深。

图 15.31 巨型拖犁应用于澳大利亚西北大陆架的管线挖槽(照片由 R·J·布朗提供)

犁是由一艘大型的离岸铺管船使用一根牵引链来牵引的,且使铺管船的锚索产生反作用力。作业启动的顺序为:2 个配对(定位)锥体下放到管线上方,每隔 40m 间距由撑杆固定。潜水员引导它们横跨管线落座于海底。这时将犁浮拖到管线上方,然后压载下降。可拆卸式凹形对接套筒安装在上述预置的配对锥体上。当犁准确地定位后,管线拉起进入位于每一端的滚柱导向中。然后,

图 15.32　将拖犁下降到管线上（照片由 R·J·布朗提供）

犁铧通过液压机构下降到管线下面，并使犁铧的两半夹紧在一起。犁的前部骑在两个外伸的爬行器上，它们是履带式 D-9 型牵引机的下半部分。起重驳船上的液压控制装置可相对于爬行器调节控制犁铧的抬起和下降，以控制挖掘的深度。

　　将犁挖槽的概念扩展应用到通过履带式牵引机的大跨距作业中，用以自动整平海底的不规则物。R·J·布朗建议，采用计算机控制以对前导传感器作出应答，未来将研发用于整平甚为高低不平的海底表面。人们相信，若要求尽早回填槽沟，则可采用一个类似机具将弃土堆刮回槽沟内。

　　犁挖掘法在北极区的土质条件下有其魅力所在，即这里的管线必须挖掘较深的槽沟(深至 3m),以保护管线免受海洋压力型冰脊龙骨的冲刷。对于吉尔法克斯(Gullfakes)A 平台与国家湾 C 平台之间的连接管线,坚硬的泥砾土质要求犁具来回挖掘几趟。液压操纵的平土机刮刀设计用于将土堆推向两侧,留下平坦的表面用于下一次的犁挖掘。在北海的海姆达尔(Heimdahl)管线施工中,115km 管线在铺设后用犁挖槽仅用了 11 天半时间。犁具重达 145t,将它下降到管线上费时 19h,完工后收回需要 13h。

最新开发的犁具在前导端设有小型犁铧,受传感器的控制骑在已铺设的管线上,用于管线周围的清理作业,以备随后更大型且挖掘更深的犁具进行作业。

如果必须在冠岩或裸露岩石上挖槽,一般先用炸药将其炸开。可将锥形炸药放置在海底,或利用高压喷射钻或冲击钻进行钻孔。对于冠岩,重要的是不要钻过坚硬的覆盖层,因为这样的爆炸将在冠岩层下发生,其结果造成冠岩仅裂成很大的厚板块,这使得挖掘工作变得极其困难。对于超固结淤泥和冻土区域,通常会发现放置炸药采用高压喷水钻孔较旋转或气动钻孔更为有效。

岩石破碎机(重型碎石凿反复提起和下落,或由冲击锤驱动)已有效地应用于阿拉伯湾的冠岩施工,它将冠岩向下凿碎,露出下面较软的土质。

荷兰工程师十分有效地将岩石覆盖在铺设于海底的管线上。他们利用经改装的且具有动力定位功能的自航耙吸挖泥船,配置倾斜的梯斗和传送带,将岩石随梯斗向下放置覆盖暴露的管线。采用梯斗能确保准确堆放并使岩石抛落所产生的冲击影响最小。最近,同一个承包方采用了柔性的水下混凝土导管。导管由钢质与聚丙烯加强筋制成,垂直地悬挂在抛石船下面,能够对岩石的放置作业进行控制。在混凝土导管的末端安装有电子定位指示器。

意大利的萨马克(Sarmac)公司开发了一种填充岩石的柔性编织垫,能够覆盖在海底管线上起保护作用。它们在萨姆-普罗哥提(Sam Progetti)管线工程中被用于覆盖水深为 500~600m 的从阿尔及利亚到西西里岛的天然气管线。借助钢结构框架将其沉落海底,当柔性石垫放置在管线上时即行自动释放。这种柔性石垫也可用于保护有其他管线穿越处的管线。

柔性(铰接式)混凝土块垫曾用于覆盖铺设在澳大利亚西北大陆架附近的天然气管线部分,铺设在裸礁岩海底上(见图 15.33 和图 15.34)。

管线锚已用于固定海滩交汇处和海底强烈海流区的管段,特别是当管线铺

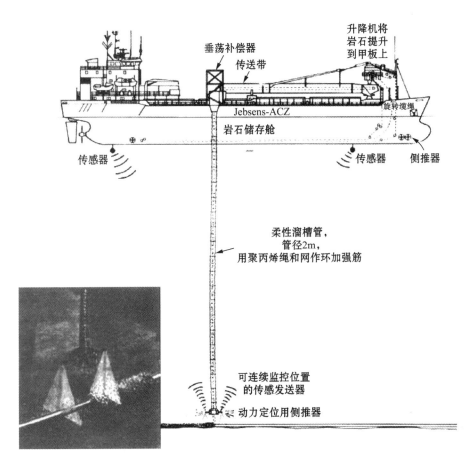

图 15.33　堆石覆盖层保护管线和增加稳定性

设在坚硬光秃的海底时。它们通常是螺旋型地锚,用于钻入土层,使用反转的
U 形卡箍固定在管线上。由于这些管线锚可以由潜水员安装,其进度缓慢且成
本高昂。为此,专门开发了从驳船上直接装配管线锚的系统,其中就利用了沉
放到海底管线上方的框架。

　　对于交汇处海滩区域,由于强烈的海流和波浪形成了较厚的鹅卵石层,管
线保护十分困难。采用抛石法前面已有叙述。重密度岩石如铁矿石或混凝土
双套管形式也是可行的方案。应当考虑到水平钻孔法。

图 15.34　铰接式混凝土块垫保护管线和增加稳定性

15.15　管线的支撑
Support of Pipelines

　　当铺设管线跨越崎岖不平的硬土质海底时如一片岩石裸露区,可能有必要提供支撑,以防在管线跨距内产生过度的下垂力矩。在浅水域,由潜水员堆垛起沙袋或水泥浆充填袋。在粗麻布袋中填充一半数量的新拌低坍落度混凝土是最好的方法,因为从粗麻布袋网眼中渗漏出的水泥浆会与相邻的粗麻布袋紧密黏合在一起。在更深或多数无遮蔽的水域,由潜水员放置氯丁橡胶和柔性纤维袋,用泵灌满水泥浆。

　　横跨挪威海沟的国家管网(Statpipe)奥尔曼-朗奇(Ormen-Lange)集气系统,长 520mile,位于水深达 1 000m 的陡峭岩石悬崖处,自由跨度长达 100m。除了用水泥灌浆袋外,钢质支架设计用来对管段提供中间支撑。一座水下桥梁曾用来支撑中等水深水域的管段。槽沟的挖掘使用一种底部爬行的"蜘蛛"挖掘机。它们由计算机系统利用三维地形模型进行控制。挖掘机装有小型抓斗来挖掘槽沟，并向槽侧处置挖出的弃土。

15.16　液化天然气和液化石油气低温管线
Cryogenic Pipelines for LNG and LPG

对于输送 LNG 和 LPG 的海底管线，当前的技术采用了 INVAR（36％镍钢）材料和低压或真空绝缘系统。最近已开发出一种新的系统，所使用的是 9％镍钢产品管线和高效的微孔或纳米孔绝缘材料，其由碳钢外壳包覆，并用非金属壁隔开。这一系统已应用于输送丁烷和丙烷至秘鲁皮斯克（Pisco）海洋中转码头的管线中。

> 天父强有力地拯救着，
> 那些在巨浪中挥舞手臂的人们，
> 他们被无休止的海洋深深地捉弄着。
> 天父仍不越距，保持忍耐的极限，
> 天父啊，你听到了吗，我们对您的呼喊，
> 为那些在大海中危急的人们。

> （威廉姆·白亭"美国海军赞歌"）

第 16 章　塑料及复合管线和电缆

**Plastic and Composite
Pipelines and Cables**

16.1　复合材料和塑料制海底管线
Submarine Pipelines of Composite Materials and Plastics

海底管线由各种适合于特定环境、作业和标准的材料制成。第 15 章介绍了钢质管线,输送油气的深水管线主要是钢质管线。管线的选择是基于工作时能够承受内部高压而不泄漏的要求以及安装时所产生的弯曲应力和复合应力的大小。

复合管线相对比较柔韧、重量轻并易于安装。科弗莱西普公司(Coflexip)已经开发并安装了一条基于多层结构并缠绕金属丝的复合管线。有些水下完井立管则使用环氧树脂黏合的碳纤维,利用了碳纤维的高强度和耐腐蚀性。

其他广泛用于海底管线的材料有高密度聚乙烯(HDPE)、玻璃纤维填充聚合物和环氧树脂以及柔韧的钢和氯丁橡胶复合材料。海底输电电缆是另一种类型的柔韧管线,涉及类似的离岸施工技术。第 10.2 节介绍了用于出水口和入水口的混凝土管线。

16.1.1　高密度聚乙烯管线
High Density Polyethylene Pipelines

使用高密度聚乙烯(HDPE)可以制造出高柔韧性、防化学腐蚀和低摩擦力的管道,因而已试用于海洋热能转换(OTEC)发电厂。目前(2005 年)由于制造上的限制,管线局限于相对比较小的直径(1.5m 及以下)。这种材料的密度比海水小,所以必须配重或锚定才能完全固定于水下。

夏威夷岛附近的海洋热能转换试验发电厂使用的聚乙烯管道首先在静水中组成浮动长串,然后拖曳到现场,用短凯夫拉尔(Kevlar)缆绳进行锚定以便将管道从漂浮位置逐步下沉到崎岖陡峭的岩石海底上方。加上配重块后,聚乙烯管道逐渐弯曲但在下沉过程中仍然能够保持圆弧形,这样在铺设时屈曲就能沿着管道传播而不会造成永久性的损害。

管道通过隔开一定距离安装的聚乙烯支座进行加固,系缆连接于支座并将呈倒垂曲线的管道固定在靠近海底的地方。必须避免应力集中在系泊设备上,因为聚乙烯在持续高应力下会产生内部疲劳。与钢质管道相比,聚乙烯管道的一个优点是不会被海水腐蚀出铁离子,因而适用于水产养殖设施。

另外一个海洋热能转换试验设施成功地将聚乙烯管道垂直悬挂于超过1000m的深度。当这个试验顺利结束后,管道被放置成水平并拖曳到新的试验场地。据报道,管道重的一端用钢索进行了加固,由于受拖曳和波浪的作用,摩擦和集中的应力使聚乙烯管道发生局部疲劳并导致管道沉没(后来被打捞上来)。

高密度聚乙烯接头通过熔化焊接制造,因而具有基本的强度和柔韧性。连接管道通常使用闪光对焊,并且开发了机械连接器,还可以使用耐腐蚀钢螺栓。

目前规模最大的高密度聚乙烯管道是蒙彼利埃(Montpellier)地中海排水管道。11km长、1600mm直径的管道在挪威以每段550m长度制造,拖曳到地中海法国海岸后用玻璃增强连接套筒装配成1100m长的管道。随后在管道上安装预制混凝土套管作为连续配重并可以对管道起保护作用(见图16.1和图16.2)。

图16.1 从挪威拖曳2300km到地中海的高密度聚乙烯管道串已准备就绪
(照片由荷兰范奥德疏浚及海洋建造公司(Van Oord Dredging and Marine Constructor)提供)

同时,安装了大型支架的反铲挖泥船和吸扬式挖泥船开始挖掘管沟。然后1100m长的管道浮动到位并在水和压缩空气、浮力管道以及拖船对管端张拉的共同作用下逐渐沉入管沟。为连接下一段1100m管道,使用加强板将管端提升到海面并与新管道接合。

图 16.2　通过浮动和逐步注水铺设 1100m 长的高密度聚乙烯管道
（照片由荷兰范奥德疏浚及海洋建造公司提供）

　　然后，管道被组装式预制混凝土块装配而成的 50m 长垫层所覆盖，最后用沙回填管沟。

　　另外一个应用是多条光纤线路通过 6000m 长、直径 1.0m 的高密度聚乙烯管道跨越旧金山湾。1000m 长的管道从海岸被拖曳到铺管船，管道两端各有一艘拖船使管道保持张力，管端被固定在铺管船上并熔化连接。旧金山的管道终点处比较陡峭，要从预先安装的钢套管中穿过，因而形成了小"S"形弯曲。随后就可以将光纤束穿过管道，为避免损伤高密度聚乙烯管道而使用了特制的前端。这条管道目前还尚未建成。

　　内华达州米德湖的一条排水管道也将使用高密度聚乙烯制造，管道由 5～1.5m 直径的管束所组成。

16.1.2 纤维增强玻璃管
Fiber-Reinforced Glass Pipes

纤维增强玻璃(FRG)被用于许多下水道排放、海水进水以及盐泥输送管道。这种材料耐化学腐蚀的能力很强,可以通过涂层或染色防止其发生紫外光降解。

纤维增强玻璃重量轻,因而直径比较大(2m)的长管道也很容易加工、通过起重驳船固定和连接或者从海岸拖曳。因为密度低,所以为了完全固定在海底需要进行配重。管道就位后,为了能在波浪作用下保持位置通常还会在管道上覆盖预制混凝土垫层。由于重量轻,纤维增强玻璃管道在碎浪带铺设和定位非常困难。可临时增加其重量,例如,为了不磨损管道,可以用帆布和/或纤维包裹的链条,甚至使用过沙袋。

同聚乙烯管道一样,为了防止局部磨损和点状承压,必须仔细考虑垫层压力的详细情况并制造精确。纤维增强玻璃易于磨损并在应力持续集中的情况下易于发生内部疲劳。

穿越内华达州米德湖浅湾的水下管道选择了纤维增强玻璃管道而不是最初的钢质管道,管道内将包含成束的输电线。然而不幸的是,在铺设过程中一些套筒接合被拉断,但不像高密度聚乙烯管道,这些接合不能熔化焊接。

16.1.3 复合柔性管线和立管
Composite Flexible Pipelines and Risers

近年来随着钢强化塑料管设计和制造技术的迅速发展,现在用于原油和石油产品的管道直径至少可以达到16in。这些管道由几层氯丁橡胶组成并螺旋状包裹两层钢丝,类似于铠装电力电缆。因为柔韧性好,一般用于油气的各种尺寸管道都可以通过卷轴进行运输。更大直径的管道则需要盘卷在驳船甲板上。

这些管线通过类似于小型悬臂架的弯曲支架从驳船上引出。为防止磨损需要使用滚筒,必须保持张力以控制管线的下垂。由于铺设时管端通常是敞开的,所以这些管道会逐渐进水。这防止了因静水压而造成损坏,而管道的净重可能接近钢管道的重量。柔性管道一般都不长,可以在一天不到的时间里铺设完毕,所以应选择合适的天气使所需的张力最小。如果水深过大或张力值超出了管道的容许值,就需要连接钢索以提供支撑并承受张力。

应非常注意避免切割或摩擦柔性管道。悬挂管道的吊索必须使用尼龙或其他织物。

科弗莱西普公司开发了一种集成系统,在水下牵引车上使用大直径轮式挖沟机同时进行挖沟和管道铺设(见图 16.3)。在阿布扎比扎库姆(Zakum)油田的海底表层岩石上铺设油气管道和电缆就应用了这种系统。为了在西班牙巴塞罗纳附近的蒙塔纳佐(Montanazo)油田水深 450m 的地方安装柔性管道,科弗莱西普公司还开发出一种方法,使用了非常精密的定位系统,包括 30 个海底发射机应答器参考阵列及监控管道沉降到海底的水下遥控机器人。

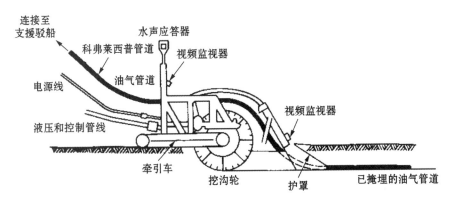

图 16.3　用于掩埋油气管道的挖沟铺管机(照片由科弗莱西普公司提供)

16.2　电缆铺设
Cable Laying

海洋工程和施工最引人注目的早期应用是大量铺设跨海通信电缆,不仅跨越各种深度,而且通过有意将电缆铺设成松散蛇形而不是直线形跨越了不规则的海底。这些早期电缆是不掩埋的,将其打捞起来进行编接或修理后重新铺设的能力同样得到了显著的发展。

近年来,跨越开阔水域铺设电力电缆的需求增长了。目前最先进的应用是在石灰岩海底挖沟铺设横跨英吉利海峡的 4 条电力电缆。跨越纽芬兰和拉布拉多之间贝尔岛海峡的输电线已经在计划中,但还没有开始建造,当地海底的岩石由于冰山刮擦而崎岖不平。正在铺设的另外一条深水电力电缆连接了夏威夷的主要岛屿。

水下电缆技术发展的关键因素是完善铠装电缆,即在绝缘铜或铝电缆上螺旋状包裹两层钢丝,以及开发能够在坚硬岩石上切割出深达 1m 的管沟并在底部铺设导引索的挖沟机。配备了钻石或碳化物齿的切割轮必须安装于能在海底移动的悬臂支架滑橇或拖车上,因而首先要使用在本书清淤部分讨论的一种或多种清淤或射流方法清除海底的表面沉积物和岩屑,例如使用自航耙吸挖泥船。

切割挖沟机主要就是切割轮,可以切割出约 $200 \sim 300\text{mm}$ 宽、1m 深的管沟。当挖沟机前行时,会在管沟底部铺设一根钢索作为随后铺设电力电缆的导引索。管沟完工后就可以铺设电力电缆。滑橇沿着预先铺设的钢索喷出高压水流,清除所有沉积物。滑橇装置类似于管线挖沟滑橇,除了水流外,还可以结合喷水器或气动式扬水工具。然后电力电缆就可以铺设到管沟中。

电力电缆与管线的区别在于柔韧性更好,可以不受损害地在中等半径的卷筒上盘绕或释放。但随着电力电缆尺寸和防护性能的增加,柔韧性就降低了,因而其铺设船同铺设管道的卷筒铺管船没有太大的区别。

回顾上述程序可以关注到几个重要特点。首先,海底必须天然平坦或进行人工平整,使挖沟机能够开挖出比较一致的深度。这就需要使用锥形装药和钻眼对一些岩石露头和岩架进行爆破。使用炸药的问题是残留岩石碎裂,可能会阻碍或堵塞挖沟刀具。当然如果水深允许并且岩石也适合机械挖掘的话,最好使用绞吸式挖泥船或链斗式挖泥船进行开挖和平整。

许多海底土壤都适合使用第 12.12(疑为 7.3——译者注)节介绍的重犁直接开挖或为挖沟轮进行预平整。挖沟前清理和平整海底的方法是大相径庭的,要根据海底表面岩土的特点、深度和硬度而定。可能要用到类似于大型管沟挖掘犁的滑橇装置来拖移巨石和松动的岩石。如果在岩石剖面中断处(例如岩架)需要进行爆破,应使用间距密集、装药最少的方法,以避免岩石深部破裂并产生大块碎石。

穿越英吉利海峡的电力电缆由 4 根电缆组成,其中 2 根是英国用上述方法铺设的。海底由自航耙吸挖泥船清理,在有些区域使用链斗式挖泥船清理路线上的巨石。对于崎岖的岩石地区则使用炸药(锥形装药)进行爆破。开挖前先由水下牵引车勘察线路。自行驱动挖沟机的滚筒直径 4.5m,有 180 个截齿,可以在石灰岩和沙岩海底开挖出 600mm 宽、1.5m 深的管沟,并能爬上 1.5m 高的岩架。在一段 600m 长的管沟中,沙岩巨石虽然被拉铲挖掘机清除,但不幸的是因为水流湍急及边坡侵蚀,在挖沟机到达前许多巨石又滚回沟中。因而在这种地区,开挖前应谨慎地清理出更宽的区域。挖沟机完成横贯海峡的管沟后,布缆船随后跟进,使用装备了高压喷水器的滑橇,这样滑橇就能沿着先前铺设的导引索在沟底安装电缆。

而法国则使用整合了挖沟和布缆功能的设备,挖沟的同时在管沟底部铺设电缆。挖沟机前方是一艘轮式潜艇,并由赛利迪斯(SYLEDIS)定位系统提供导航。

SNC-兰万灵公司对跨越纽芬兰和拉布拉多之间贝尔岛海峡的电力电缆进行了深入研究。这条海峡布满刮擦着海底的冰山,许多刮痕深达 10m。为了保护电缆,计划将电缆铺设于从非常坚固基岩开挖出的管沟中。

移除覆盖层可使用功能强大的喷水滑橇或吸扬式挖泥船,例如在北海用于管线掩埋的喷水滑橇。研究没有考虑犁,但犁可以在覆盖层和不牢固的沉积物中使用。

科罗拉多矿业学院的试验表明,对于在坚硬岩石中挖掘管沟,向上切割的盘形刀具和锥形截齿都是很有效的,锥形截齿速度更快但更换也更频繁。挖沟设备应安装在水下牵引车上,由电气液压系统提供动力,并通过电视和侧扫声呐进行监控。

计划由布缆船沿着先前作业铺设的钢索将电力电缆铺设到管沟中。几家欧洲承包商开发了电缆铺设和监控的专用设备。

海上波涛汹涌

风暴怒哮

海雾如幽灵一般

在阴郁的海岸游荡

而我依然扬帆潜行。

(朗费罗"北部海上一角的发现")

第 17 章　组块施工

Topside Installation

17.1　概述
General

在过去的多年时间里,几乎所有的组块设施都是事先安装在各种模块中,然后经驳船运输并由海上浮吊架设在平台上。海上浮吊的承载力已经得到了稳步发展,安装 1 200t 模块已是司空见惯,个别的起吊能力可高达 4 000~11 000t或更大。

这一预装趋势的进一步拓展已成就了浮托系统的创新发展与应用,该系统将完整的甲板包括其内已安装到位的所有设备和设施浮托在导管架上并使其落下。到目前为止,这一方法尚局限于相对平稳的海况下,如阿拉伯-波斯湾、西非近海、帝汶海和菲律宾海。

使用大型模块的目的在于使更多装配作业和测试工作可在岸上施工现场完成。这不仅仅使这项工作得以在最佳条件下完成,而且还使工作散布在不同地点,可与其他模块和其他结构性工作并行完成。

17.2　模块装配
Module Erection

模块经由起重驳船放置在模块支撑架上,这是一种框架式甲板结构(见图 17.1)。有一些则被放置在滑梁上,经滑行并顶推至最终位置;其他的可直接就位。各模块自身的结构必须合理,以适应于运输和安装过程中的临时载荷以及作业活动和环境所产生的永久性载荷。每一种模块的结构首先必须支撑模块内的各种储罐和管系,然后将静载荷和动载荷以及环境载荷所产生的力传递至其他模块或模块支撑架上。

极限载荷的起吊务必遵循第 6.3 节所述海上重载的通用原则,并针对各作业阶段进行彻底的工程设计。起吊点和吊耳必须将力传递至吊索。随后吊索

图 17.1　正被吊放至平台甲板上的大型模块
（照片由阿克尔海事公司提供）

通过其三维空间内的角度，必须能将载荷传递至吊钩。若有一台以上起重机参与起吊作业，则必须考虑到起重机之间的载荷相互作用，包括吊杆位置公差的影响、波浪引发的运动以及载荷吊起后浮吊水线面的变化。

在起吊设有多个起吊点的模块时，务必仔细控制各种偏斜情况，不可使设备和管系发生扭曲变形。通常需要使用非常复杂的索具系统，并且必须对支撑结构进行加固。

载荷的起吊呈动态变化；必须为起吊力以及横向摇摆时的动态放大留有适度的余量。使用动力控制标签绳可显著减小横向摇摆。在冲击载荷作用下可能导致脆变的低温影响必须予以考虑，为此需要采用合适的钢材和焊接工艺。许多现代的模块重吊作业均有船载计算机监控相关载荷、半径和吊杆位置。有些起重驳船配备有吊杆顶部运动感应器和船载计算机系统来确定最佳首向和吊杆角度,以减小吊杆顶部的运动。

在船厂或岸上基地,通常是以滑出的方式将模块装载于驳船上,类似于导管架的装船作业。只是尺寸更小并且总重量更轻,但载荷可能更为集中。它们也可由传送机进行装载。之后必须正确系绑相关模块,以适应海况要求。

经工程设计的吊索被预先连接在每一个模块上,以使起吊作业开始后只需通过起重缆索将每根吊索拉起并挂在吊钩上即可,同时可割断绑扎索具。

当海况适宜时,将模块吊离驳船,缓慢移至船艏或转动方向,并予以就位(见图 14.3)。辅助设备如平台甲板上的动力标签绳、楔形导向装置和护舷装置,都用于帮助模块坐落于正确位置。模块需要平稳而快速地放下,使该操作不受更大波浪或低循环疲劳的影响。将初始定位中的公差考虑进结构设计之中是比较合理的。模块一旦放下,就可以使用千斤顶将其推移至最终的精确位置。模块支撑架上应设有顶推点。

卸载过程中松开吊索,也即当起重滑车中有多达 24 股或更多股吊索时如何卸下吊钩上的载荷,是一个比较困难的问题。可用于移动起重机的吊索自由松开式离合器是个主要的解决方案。在某些情况下,一旦载荷落地,就可以将压载物转移至起重驳船的船艉。目的在于防止载荷因后续波浪在吊索末端尚未完全松弛之前将浮吊船艉抬高而不慎被回吊起来。

一些更为壮观的模块吊装作业是使用 2 或 3 台起重驳船协同运行。国家湾 A 平台的 3 个生活模块过高(40m),无法以单台起重机起吊。每一个模块的重量约为 1000t,这是比较普通的重量,但其高度和外形需要使用 3 台起重驳船。它们均与处在同一操纵位置上的所有甲板绞车操纵器和动态定位推力控制器系泊在一起。由 3 台驳船吊起浮坞上的模块,转移至系泊在国家湾的混凝土重力平台,并在承载期间对驳船重新定位。在最终的起吊现场,驳船被系泊在结构物上。由于缆绳过短,就使用尼龙缆以增加弹性延伸来适应之后随生活模块抬高而产生的纵荡,并将模块置于安装在甲板支撑架上的滑梁上。然后将每一个模块横向滑动至其最终位置。务必对承载装置进行非常细致的工程设计,因为载荷超过了任何一台起重驳船的承载力。

在下一个平台的施工中,类似高度和重量的模块由半潜式起重驳船进行安装。由于这项施工作业是在国家湾实施,选用半潜式起重驳船不是为了尽量减小对波浪的响应,而是考虑到排放压载后浮箱上方的极限高度。现在已经可以将模块起吊至甲板结构之上,并将模块直接就位。然后在平台甲板上,将每一个模块焊接在模块支撑架上。

典型的系列模块包括如下：

- 设施模块；
- 控制室模块；
- 生活模块；
- 直升机甲板；
- 井口模块；
- 分隔模块；
- 脱水模块；
- 清管器下水模块；
- 发电机模块；
- 交换设备模块；
- 测量模块；
- 散装储存模块；
- 基座式起重机；
- 钻井模块；
- 钻井架；
- 火炬烟囱；
- 套管和钻柱排放架。

17.3 连接
Hookup

这些模块的连接及其后续测试工作对人力和物力支持提出了高要求（见图 17.2）。若因此而推迟启动油气的生产，则会对现金流产生不利影响。近年来，连接的复杂性已导致成本和时间超标 100% 或更多。为了减少此类问题的发生，第一步是使用规模更大但数量更少的模块——也就是整装式模块。第二步是给各模块之间留出 1m 左右的空间作为相互连接时的管线空间。第三步是采用柔性连接装置，以容许管线连接装置中存在高工作压力。

图 17.2　康迪普(Condeep)平台组块的连接(照片由阿克尔海事公司提供)

在模块建造期间,有必要仔细控制所有互联位置的公差。可使用模板和进行预匹配来确保具备兼容性。

离岸连接作业对人力有着非常高的要求而且成本非常之大。若连接作业由塔式半潜起重机或"水上宾馆"给予支持,则需要有合适的梯板或步桥。梯板或步桥必须安装滚轮以适应半潜式设备所出现的纵荡,还需加以支撑(例如使用悬臂方式),这样即便是驳船走锚或使系泊缆断裂也不会倾倒。通常需要复杂的铰接装置和液压补偿器以适应驳船的相对运动。

连接作业时的消防是关键,必须优先于实际工作。这要求及早安装消防泵套管、半潜式泵和平台甲板周围的集水管。在平台系统彻底完成施工之前,消防水带必须从附属的半潜式设备或浮吊上牵引过来。务必连接上消防警报系统。

务必确保人命安全。这意味着一开始就必须使用救生衣和安全绳索；救生舱必须和首批模块放置在一起；巡逻艇必须随时在岗以救起落水人员。专门从事技术性工作的人员通常是分包商的雇员，并非一直都在海上工作。因此，他们需要特别的离岸安全指导。

平台上的其他服务设施和系统必须尽早启动运行。这包括发电机（正常和应急使用）及其柴油供应箱、夜间工作照明系统。必须安装淡水系统以供应可饮用水和冲洗之用。仪表空气和相关设施及工具都需要使用压缩空气系统。

与岸上和小艇之间的无线电通信必须建立，整个平台的公共广播系统亦是如此。生活模块中需要有烟雾探测系统以及喷淋和消防警报系统。在直升机甲板上，必须安装泡沫灭火系统和着陆绳网并开启着陆灯。生活模块和设施区域内的通风系统也应启动。

由于焊接作业是连接阶段的主要工作项目，因此必须安装焊接用发电机并将电缆环绕甲板设置。需为加热焊条提供储存场所。

除了永久性的平台起重机和升降滑车外，连接期间还需临时性的升降滑车和动力绞车。必须为夜间作业提供合适的照明。需要设有临时性领料间、办公室和一个 X 光实验室。必须有一间电气领料间、一间仪器领料间、一间通用工具领料间以及螺栓和管道法兰存储仓库。应设有涂料领料间，其灭火系统为独立式。最后，急救室必须为烧伤和眼部受伤的人员提供应急治疗服务。

显然从这一长串的概述性列表中可以得知，每一个模块都应尽可能地配备完成连接作业所需的各种物品。若有超出此范围的，则需由工程师及其船舶监管员进行更为彻底且详尽的计划，以确保所需用品和物料与模块一同抵达，而无需独立吊装。然而，这些独立的物品不能以活动方式保存在模块中，而是必须以正确方式装箱并确保在起吊过程中不会移位。更进一步说，其重量需要进行计算并计入已计算出的吊装重量内。模块吊装重量就等同于设备、管系、电缆、模块支撑架、升降装置（包括吊索）以及模块上所保存的工具和用品之和。

缘于从水线至甲板所涉及的高度以及大量的工作人员，已证实垂直进入是一个重大问题。除了施工质量良好的梯道之外，通常还安装有人员专用的施工升降机。

17.4 全甲板的巨型模块和运输
Giant Modules and Transfer of Complete Deck

对于超重型海上吊装作业,可使用尾部设有两台起重机的大型半潜式浮吊。两台起重机协同运行的组合承载力为 10 000～13 000t。此类作业应免受长周期涌浪的影响,这一点至关重要。根据气候窗仔细安排作业活动。浮吊可以停用若干天以等待合适的海况出现。大型的半潜式驳船显然无法对中等高度的短周期风浪做出响应,但其对更长周期的波浪较为敏感,如来自于远方风暴的波浪。全甲板或超大块甲板都是在码头上或在邻近码头的预制和装配厂里进行施工。然后将其滑移到大型运输驳船上,或者是由多滚轮传送机运送,传送机上每一个滚轮承受的载荷都经过了液压千斤顶的均衡。移至驳船上时,需要将驳船在码头上坐底,或者为驳船配备可变压载系统以使其适应随模块移至驳船上而发生的载荷变化。然后将驳船拖带至施工现场,并系泊于起重驳船的尾部。由起重机将模块起吊至甲板面上方,拖离驳船并移至平台内部。然后使用导向系统将模块吊放至甲板上。

尼尼安平台的全甲板由驳船运送至苏格兰西北部的避风海湾。在此,将一艘双体驳船的两个船体定位于甲板两侧,然后双体驳船的一端用桁架梁加以固定。每一艘驳船都安装了垂直支撑架,这样就可以通过高承载力螺旋千斤顶顶杆将甲板抬起。

在甲板抬起之后,将运输驳船拖离,并竖起桁架固定双体驳船的另一端。然后将双体驳船(连同悬吊的桁架梁)拖带至合拢现场。

与此同时,大型海上混凝土沉箱也被拖带至合拢现场并压载下沉。将双体驳船的两个船体定位于沉箱两侧并将 20 000t 甲板结构物下沉至沉箱上。支撑点上的载荷由平板千斤顶进行均衡,然后对千斤顶进行灌浆。

需要仔细计算所有巨型甲板模块在吊装过程中因不变载荷而产生的挠度和应力,并采取特殊手段以适应支撑位置上随模块的起吊和坐落而出现的尺寸变化。

挪威船级社规范包含有一个起重作业的附录,适用于此类作业活动。

17.5 浮托甲板结构物
Float-Over Deck Structures

17.5.1 运送和安装施工
Delivery and Installation

从成本和时间角度看,全甲板(包括完全连接到位并经测试的各种系统)的运送和安装施工有诸多可取之处。全甲板可以在陆上基地预制,运送至施工现场,并安装在导管架腿柱上或重力基座竖井上(见图 17.3)。

图 17.3　国家湾 C 平台的集成式甲板

如上所述,至今已由驳船将全甲板运送至超过 25 座的重力基座平台上,但这都是在相对运动非常之小的内陆水域中进行的。即便如此,还规定为基座安装缓冲垫以防止出现集中载荷,并使用液压千斤顶,通过在特氟龙垫板上的滑移来对相对位置进行最终调整。有关该程序的详细描述可参见第 12.2 节的阶段 12。本节将对此方法扩展到远海的应用进行介绍。

对海上运送 20 000t 或更重的物件进行详细工程设计时,必须考虑到影响驳船的 6 个自由度。还必须纳入甲板的不同挠度因素,因为随着载荷最终被移至支承结构而使得支承条件发生改变且对扣点处的尺寸发生相应变化。务必考虑到差异热膨胀因素。最后还必须研发工具以便在甲板支承被移动之后能够均衡 4 根或更多腿柱之间的载荷。

受长周期涌浪的影响,如何运送至开阔海域,已成为了一个较内陆水域更为复杂的问题。在多数情况下,运送作业首先需要将驳船在腿柱(竖井)之间或周围进行定位,并减缓相对运动。在这一阶段,导管架的腿柱必须防止遭受因驳船纵荡和横荡而产生的冲击作用。而后的下沉过程则必须考虑到随纵摇和横摇而放大的垂荡的影响。更为关键的是如何使驳船和甲板快速脱离接触,这样驳船在将载荷转移至导管架后的短时间内不会撞击结构物。已有若干种方法得以研发,并成功应用于开阔海域中的浮托安装作业。

浮托法要求对主要的波浪和涌浪进行细致考虑,不仅仅是涉及高度和周期问题,还有方向问题。潮差既可以是有利因素,也可以是不利因素。

在载荷被移至导管架腿柱的过程中会形成冲击载荷。一旦移动作业完毕,涌浪抬高驳船而冲击甲板时,也会产生冲击载荷。因而有必要快速移除可能的接触点(见图 17.4)。

应提供高承载力压载和卸载泵。

装载甲板的驳船必须具有横向稳性,且宽度足够窄以适应导管架腿柱之间的距离。稳性和纵向强度必须适应于运送作业和甲板被吊至驳船上方时的关键阶段。

通过连接在驳船绞车上的聚酯吊索(或是尼龙和聚酯的复合吊索)来限制针对导管架腿柱的侧向冲击。应将护舷装置固定在导管架腿柱上。

对于东帝汶海的天然气平台,在两个平台上均安装有 8 个减震腿柱对接装置。每一个装置的承受力为 2 000t,挠度为 800m。同时还使用了更小的甲板支承装置,以减缓甲板随驳船而产生的垂荡。每一个集成式甲板的重量高达13 900t。

17.5.2　Hi-Deck 法
Hi-Deck Method

Hi-Deck 法已被用于安装北海的若干全舾装甲板,包括莫林(Maureen)平台和

图 17.4　甲板正被吊放到高承载减震器的对接锥上
（图片由康诺克-飞利浦公司和克拉夫-阿克尔公司提供）

胡顿(Hutton)张力腿平台的甲板。甲板结构放置在 17m 高的钢质支撑架上进行运送，由驳船支承以便在导管架腿柱顶部留出间隙。平台腿柱上连接了钢索和聚酯护套芳纶纤维(凯夫拉尔)复合式系泊缆，为的是减缓水平面上的相对运动。大型橡胶护舷装置被用以确保导管架腿柱的安全。在胡顿甲板的对接过程中，相对运动按设计要求被限制为 200mm，但实际上相对位移仅为 60mm。

垂直吊放经快速压载而实现。为此安装有若干独立的减震系统，以吸收随液压闭止探头搭接甲板中的锥体而产生的冲击力。其中的一个系统由围护在伸缩式钢质套管中的 1.5m 长聚氨酯支柱构成，而另一个系统则使用液压千斤顶，通过将液压箱连接至充氮气囊而使其得到适当的缓冲。有关移动过程中相对运动的模型测试证实，其精度高于详尽的计算分析。相关作业已在 1.5m 涌浪中得以成功实施。

17.5.3　法国"智能"系统
French "Smart" System

法国"智能"系统已成功应用于刚果近海长周期涌浪中的甲板安装作业。

甲板结构设计配有立式管件,用于配接有待安装甲板的平台的导管架腿柱。"智能"腿柱为甲板管件内的管柱,在长程液压千斤顶作用下伸出。"智能"支架也是借助于液压千斤顶从驳船上呈水平方向伸出。这些都是用来控制处于纵荡、横荡和首摇中的驳船与导管架腿柱之间的相对运动。"智能"释放装置采用双铰链式支承,可以通过启动液压油缸并在驳船和甲板结构下腹部之间快速形成 3~4m 净高而使其失效。驳船的快速移开是防止驳船在下一个垂荡周期中产生冲击所必不可少的。

作业活动经逐步移动导管架腿柱中间的驳船和甲板而展开,直至"智能"腿柱直接位于其上方为止。由"智能"支架搭接导管架腿柱,并逐步减缓纵荡、横荡和首摇运动。每一个支架均经过铰接以适应垂荡,而另一端则在导管架腿柱上的加固垫板上滚动。然后将"智能"腿柱向下伸出,以搭接导管架腿柱的顶部。载荷被逐步转移至导管架。进而启动"智能"释放装置,以便在甲板下方为驳船留出净高,使其可从导管架腿柱中间退出。这样的作业已在 1m 涌浪中得以成功实施。

17.5.4　万都平台
The Wandoo Platform

万都平台位于澳大利亚西北大陆架,其甲板结构已完全舾装,采用浮托法进行了成功运送。装载着甲板的重型加固驳船在重力基座结构物的混凝土竖井之间调整移动。甲板结构的支承高度为竖井留出了足够的净高。钢索和聚酯护套凯夫拉尔的复合式系泊缆被用于为驳船精确定位。而后将驳船和甲板压载至成对设置在每一个竖井顶部的液压千斤顶上。为了快速释放垂直支承而采用了大型沙箱千斤顶。根据测试结果,其开口尺寸被设置为可以在约 1min 时间内放空。然后在甲板下方为驳船留出足够净高使其能够撤离。

17.5.5　其他方法
Other Methods

其他的浮托法正在研制中,包括采用垂直混凝土沉箱建成的大型双体船。用于从停产退役平台上移除全甲板的"Versatruss"法涉及使用倾斜式钢质支架。该法被用于抬高已滑移至栈桥上的甲板,然后将其运送穿越加勒比海直至委内瑞拉,并吊放到预装导管架上。

长程液压千斤顶的研发仍将是拓展浮托方法的一个重要因素。近来(2003年),浮托法已成功应用于菲律宾海作业,并已成为阿拉伯湾最为流行的方法。浮托法在开阔海域中的成功拓展要求配备越来越复杂的工程装备。

那里,北冰洋掀起的巨大漩涡,
咆哮在极地光秃凄凉的小岛四周。
而大西洋的汹涌波涛
泻入了狂暴的赫布里底群岛。

(詹姆斯·汤普森"在秋天")

第 18 章　海洋结构物的修复

Repairs to Marine Structures

18.1 概述
General

缘于环境所造成的破损、作业损伤或意外破损,海洋结构物易遭受结构退化的影响。在环境介质中,特别是在海水中,无论是结构钢还是混凝土结构物中的钢筋,最主要也最为普遍的问题是钢材发生腐蚀。

腐蚀是一种阴阳极反应。阴极与空气中的氧气发生反应,阳极释放电流。两极位置通常十分接近,但中间如果存在一块绝缘区域,由于钢材具有导电性,发生位置就可能相距较远。

通常由混凝土包裹层来抑制腐蚀,因为水泥在钢材外部形成一复合的氢氧化亚铁层。然而,这一保护层易因空气中的二氧化碳受湿度压力的作用或因海水中的氯离子而发生分解。腐蚀也可由不同金属之间产生的电流而引起,例如铜、甚至是一些不锈钢合金。缝隙腐蚀会发生在接头及拼接处。

混凝土包裹层和裸钢之间的交界面正好位于混凝土内侧,是一块特别脆弱的区域。由于混凝土被广泛应用于钢板桩位于低潮上方的桩帽中,其连接处已成为严重腐蚀的频发源头。

腐蚀在流动水流中发生得最快。冷水及热水中都会产生腐蚀——冷水含有更多氧气,而热水显然会加快反应速度。一旦腐蚀开始,就很难使其停止。

在各种其他的环境侵蚀中,悬浮于水中的泥沙所造成的磨损,不仅会损耗钢材,而且还与腐蚀产生协同作用,去除早先形成的锈蚀涂层,使裸钢暴露于腐蚀影响下。使海洋结构物产生结构退化的介质包括沿海底移动的沙子(如位于碎波带中),混凝土的硫酸盐侵蚀,以及热裂纹、湿裂纹和冻融侵蚀。

物理性破损是由海冰、浮木的冲击以及由拖船、驳船甚至是碰撞船舶冲击所造成的。此类冲击可能会损坏构件并导致相邻构件过载。

无论是物理性破损抑或由环境引起的破损,确定主要及次要原因显得至关重要。否则已经修复的结构物仍有可能复发与先前同样的问题。原因通常十分明晰,但在一些情况下会存在两种或更多现象之间的交互作用,例如一种物理现象与一种环境(化学)现象交织在一起。

海洋结构物不仅暴露于极端的环境条件下(如波浪拍击及疲劳),而且也会受到物体自平台坠落所带来的意外冲击。近几十年来已发生了无数的此类意外事件。它包括本应全速倒车的供给船却全速正车猛烈撞上结构物、载货驳船的加固角部的撞击以及系泊缆断裂的浮吊所带来的冲击。坠落物体类型包括若干基座起重机扯下其支撑物(它们在试图跟上移动着的供给船并因此超出自身允许半径时)以及坠落的钻铤、套管、泥浆泵及打桩锤。曾有发生锚具被拖带穿过管线。也曾发生通过受侵蚀的及破裂的管系和阀门而使泄漏物进入水下舱室。

在受环境影响的类型中,水线附近的水平支撑受到旋涡作用的影响,易发生超出其本身设计要求的振动,而后导致疲劳失效。高海流也能引发旋涡并导致疲劳。系泊缆及附属设施均十分脆弱。冲刷偶尔削弱管线的支撑基础,并在长跨距内形成无支撑,而后在漩涡脱落的周期性载荷作用下发生破裂。有缺陷的焊缝及热影响区导致形成裂纹,而裂纹内的腐蚀则加速其随后的扩展。操作失误也会使平台破损并导致浸水或过载。冲刷会削弱腿柱的基础并引起过度的侧向响应。

18.2　修复的管理原则
Principles Governing Repairs

若发生破损则必须进行修复。显然每一次的修复作业在很大程度上均受到具体情况的限制,并且需要进行妥善设计以满足这一破损情况的特定要求。

一项基本原则是修复作业绝不能增加失效的风险。在拆卸受损构件进行修复前可能需要进行辅助性加固。这可能意味着修复必须延迟至环境载荷更小的有利季节进行。也有可能意味着直至修复完工前作业活动均受到各种各样的限制。修复可能需要渐次进行。第二条原则是经过修复或改造的元部件绝不能反过来影响结构物性能。例如,若经改造的构件比原有构件更具刚性,则可能需要对整个平台进行动态再分析。

为了将修复时间减至最少(不仅仅是限制成本,尤其是为了限制平台处于破损状态下的时间),修复程序必须详尽规划,所有必不可少的工具、索具及配件都必须成套提供。对于复杂的修复,建议可对作业人员进行一次预演,以减少实际修复期间沟通上的问题。

许多修复工作均位于海气界面附近,因此将不得不在由入射、折射及反射波浪引起的波浪扰动条件下进行。由浮吊充当浮式防波堤可提供一些局部保护。

修复大型离岸结构物的一个主要问题在于定位,以使潜水员、遥控机器人及深潜器能够轻易返回到特定位置。如今,于平台腿柱及墙面上安放大型的高能见度(黄色或橙色)数字已属常规做法。然而,对于特殊修复工作则必须安装附加的局部标识器。首先安装张力钢导索可利于下降及定位操作,即使在强海流中也可帮助潜水员保持位置不变。

清除海生物是另一项必须于早期开展的作业。最有效的方式是采用高压喷水器,尽管是为了彻底检查或着手修复焊接部位处的裂纹,有必要追加使用钢丝刷予以清理。

检查可由潜水员、潜水钟或摄像遥控机器人完成。如今,后两种方法可取代大部分潜水员的工作,以降低成本并提升安全性。特别是当需要检查导管架骨架内部时,遥控机器人可消除潜水员被困其中的可能。若潜水员必须进入骨架或结构物下方,则至少必须有两名潜水员同时协作,其中一名为另一名照管缆索。作业之初就可带入一根导索并系于身上,方便潜水员沿原路返回。

若破损原因为腐蚀,修复工作则必须包括对起因的确定。务必展开诸如包裹及安装牺牲阳极或外加电流阴极保护等各种步骤,以阻止腐蚀的继续发生。

18.3 钢结构物的修复
Repairs to Steel Structures

当斜撑或水平撑断裂或严重扭曲时就可拆除受损部分。通过使用基盘并经仔细测量而将一段"管节"切割成精确长度和端面,其端部制成坡口状以便进行全熔透焊接。使用外部夹具将这段管节固定不移位。于撑杆拉条周围放置一个操作舱并排水,然后完成全熔透焊缝(见图18.1)。此外,如果试验显示可达到满意的质量要求,也可采用水下湿式焊接。

这一问题的另一种解决方案是拆除撑杆拉条受损部分后滑入一段更长、直

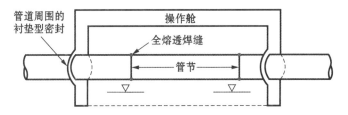

图 18.1　受损撑杆拉条的修复(方案一)

径略小但管壁更厚的并已附有封隔器及灌浆配件的管道。或者可采用直径更大的管道,将其套在未受损的两端外部。此类插入管道可制作成螺纹套管管段,以允许较长的管道插入、滑套或穿过小型切口。通过使用类似于桩-导管架套管连接的水泥灌注技术可恢复撑杆拉条的强度。封隔器两端充气,灌入水泥浆并排入位于高端的立管以确保水均已喷射出,如图 18.2 所示。第三种方案同时使用内部及外部套管。只有外部套管是结构性的。内部套管仅仅是一种促进灌浆的内部形式(见图 18.3)。所采用的特种水泥浆具有膨胀性能及高强度,以在尽可能短的重叠长度下实现水泥浆的转移。关于水泥浆从桩转移到套管的美国石油学会标准 API-RP2A 即可作为指导资料使用。多重焊缝或剪力键被用于较短长度内的水泥浆黏结剪应力的转移。另一种方法是注入环氧树脂。

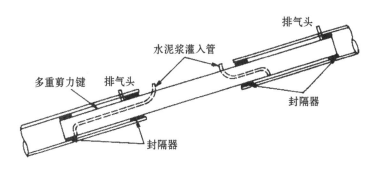

图 18.2　受损撑杆拉条的修复(方案二)

另一种方法涉及插入比原管道直径更小的重型内部结构构件。此构件可以是厚壁管状结构,两端焊有抗剪环甚至是轧制型材(如工字型桩)。在较低的一端装有清管器或封隔器。使用两个半成面以法兰接头或衬垫型接头将外部

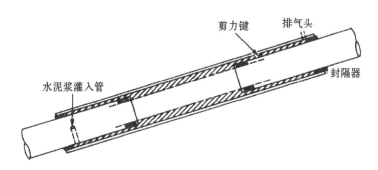

图 18.3　受损撑杆拉条的修复(方案三)

套管夹紧于间隙上。然后往撑杆拉条内泵满混凝土。此种混凝土实际上是细骨料混凝土,采用水泥加沙子,其中沙子的最大粒级约为 6mm(见图 18.4)。

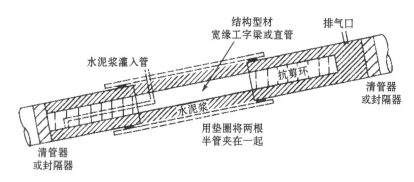

图 18.4　受损撑杆拉条的修复(方案四)

　　液压扩张器正处于研发过程中,主要用于桩相对于导管架套管的扩张,以通过结合波纹表面上的直接剪力及摩擦力来传递载荷,这样就能以水泥浆来补充或替代载荷传递。"模锻"过程对于修复受损管状撑杆显得尤其有效。需要明确注意的是所有这些方法均为同一方案的变体,目的在于其简易性及可靠性。

　　其他一些方法也已被使用,尤其是用于轴向载荷较轻处,这些方法中包括夹紧式外部套管。此类套管可分为两部分并用高强度螺栓逆于原撑杆拉条臂部方向将其拉紧。由钢材间的摩擦转移载荷。20 世纪 80 年代中后期,雪佛龙报道称发现尼尼安南方平台的一条水下管状撑杆拉条上有一条严重裂纹。裂纹由遥控机器人在常规检查中发现。实际上这条裂纹原为管状结构一完全分离处,本来用于方便完成节点处的封底焊缝,而这条焊缝则是由制造窗口上一处错误焊接引起的。对管状结构上出现严重裂纹的数量进行记录十分有趣,此类裂纹并不发生于临界节点处,而是出现于临时闭合处或连接处;亚历山大·基尔兰德悲剧的产生就是缘于安装声传感器过程中出现了一处错误的焊接。

　　修复作业于尼尼安南方平台上水深43m处进行。管状结构直径1200mm,由30mm厚的钢板制造。由于撑杆拉条需要承受周期性张力作用,所以决定采用焊接修复。人们担心螺栓固定及灌浆连接可能在所需应力范围内及所涉及的周期性影响数量下不具有必需的抗疲劳强度。

　　海洋工程公司(Oceaneering Inc)建造了一个经特别设计的水下操作舱,可容纳一团队的饱和潜水员在内工作。裂纹面去除后被送去进行金相检测。这时撑杆拉条的两端已为焊接做好了准备。然后于管状结构两端各安装一充铅基盘以得到暴露端的准确印模。根据这些印模制作成50mm厚(原为500mm疑有误,根据图18.5修改——译者注)过渡板构件并焊接到位,二者之间留出一条缝隙以便能够进行内部的封底焊缝。在过渡板构件周围焊接上特制轴环。用400t张力将高强度螺栓张紧,以使轴环被拢合在一起。

　　这时将一段50mm的"管节"(一段闭合长度或短管)安装于缝隙内,并从外部进行焊接。焊缝的冷却加上撑杆拉条上的预张力使最终应力达到600t张力,因此恢复了原先静力载荷条件下构件具有的应力状态(见图18.5)。检查所有的焊缝并对该平台重新进行验证。

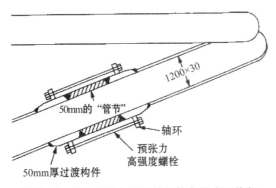

图 18.5　尼尼安平台管状撑杆拉条的水下修复

焊缝上的裂纹可用多种不同方法进行处理,视其大小及程度、所需维修服务以及破裂原因而定。在任何情况下,外部表面都必须是平滑的。检测过后,若裂纹属非严重一类的,则可于两端钻小孔作为裂纹扩展抑制器。然后采用裂纹注射技术将小孔及裂纹以环氧树脂填满。更严重的裂纹则必须凿去,并使用操作舱或湿式焊接技术重新焊接。修复裂纹节点时将其夹在外部节点套管上,套管的数量视需要而定,其空间注射有环氧树脂。在一些导管架撑柱或腿柱凹损的轻微情况下,用水泥浆填满腿柱以抑制受压屈曲可能就已足够。

18.4 锈蚀钢质构件的修复
Repairs to Corroded Steel Members

锈蚀钢质构件的修复既可于水上也可于水下完成。对于局限于浪溅带及大气区的腐蚀,采用钢丝刷清理或喷沙/喷丸除锈可提供短期防护,并于其后涂覆硅酸锌或富锌环氧树脂涂层。

水下结构钢筋的长期防护可采用牺牲阳极或外加电流阴极保护法。由锌(通常是与铝或其他金属的合金)作为牺牲阳极悬浮于水中,电子从阳极流向钢筋。由于其只沿直线转移,阳极必须被放置在可以"看见"有待保护的钢筋区域之处。阳极需要与钢质构件实现导电连接且钢筋要接地。

外加电流阴极保护包括提供少量直流电流,可由附设于钢筋上的整流器获得。电流量必须受到监控并定期进行修正,以确保不会过度防护进而导致钢材脆化。

包敷法经证明同样有效并且在许多情况下更加实用。包敷系统阻隔了海水、氧气以及二氧化碳的进一步侵入。最佳的包敷系统包含了一层内部毡制涂层及一层柔性外部套层。内部毡制涂层被液状石蜡及腐蚀抑制剂完全饱和。外部涂层为强韧的柔性聚合物板材,可保护内部涂层。安装施工时,将桩柱包敷套层密实地包敷于带有不锈钢钢质配件的钢质或混凝土构件周围。

18.5　混凝土结构物的修复
Repairs to Concrete Structures

美国混凝土协会 ACI 546 R-04 混凝土修复指南是水上修复混凝土结构物的绝好参考。水下修复的指南也正在编写过程中。

最为普遍的问题即位于浪溅带及大气接触区较低部位的打桩用钢筋产生腐蚀,此外横梁及纵桁的下缘亦是如此,由于间歇性地溅到海水,水分蒸发后使盐沉积留下,成为浓缩物。

迄今为止,混凝土打桩的绝大多数问题均发生于浪溅带,通常为钢筋腐蚀,但偶尔也有其他原因导致的钢筋的混凝土覆盖层纵向开裂及剥落。这些其他原因包括海水侵蚀(主要为硫酸根离子及镁离子)、硅酸盐反应、周期性湿润及干燥、磨蚀以及周期性热量变化,包括冻融作用。不适当的养护可导致轴向裂纹或过度的渗透性。打桩过程中的爆裂应变及张力回弹既可发生于水上也可发生于水下,硅酸盐反应亦如是。在阿拉伯-波斯湾曾有钻岩石的软体动物在石灰石骨料制成的混凝土桩上钻下很深的孔。

移动沙子带来的磨蚀发生于海底,流冰带来的则发生于海平面。为了将桩进行隔离使其免受进一步的结构退化并保护混凝土、嵌入式钢筋及预应力钢筋,可使用聚氨酯浸渍织物包裹桩并放入如聚乙烯(高密度聚乙烯)制成的外部复合护套中。若干此类产品系统市场上有售。

由于易受剥离、水蒸汽气泡破裂及下层混凝土裂纹反射的影响,涂层的性能仅为适中。以铝锌合金进行金属化处理虽然昂贵,但有效。日本人使用钛作为跨东京湾大桥(Trans-Tokyo Bay Bridge)钢质管桩的涂层。

环氧煤焦油涂层(如 Inertol)使用于新混凝土时性能卓越。不过关于其毒性对环境影响的担忧可能使此类涂层的使用受到限制。若用于经修复的混凝土外则使之具有不可渗透性,但可能易受到逸出水蒸汽影响产生凹坑且易反射活动裂纹。聚氨酯涂层由于黏结性更小而更加柔韧,且不易受反射裂纹的影响。

使用钢筋混凝土导管架套装钢质及混凝土构件这一做法已被广泛采用,不过此做法具有一些应用方面的局限性。它会增加重量、增强刚性并且加大波浪及海流应力。其应用必须经过周密准备。当于导管架与桩之间填入混凝土或水泥浆时,必须考虑净液压压头或液体压力。需同时使用预制导管架并采用整体铸造法。

对易受海水侵蚀或者甚至易发生钢筋腐蚀的混凝土桩进行包裹似乎是保护桩免受进一步结构退化的最佳手段。夏威夷瓦胡岛(Oahu)内横跨珍珠港的福特岛大桥进行海上打桩时,所有预应力混凝土桩都采用了这一方法,既包括那些已显露出海水侵蚀先兆的,也包括那些仍处于正常情况下的桩(见图18.6)。

图18.6　包裹桩以保护其免受腐蚀及海水影响,位于夏威夷珍珠港的福特岛大桥
(图片由曼森建筑公司提供)

包裹作业包括一浸渍有抗腐蚀凡士林油脂的桩靴,外部包有高密度聚乙烯或聚酯制成的永久性屏蔽体。据报道,此法早期应用于弗吉尼亚州诺福克(Norfolk)的混凝土桩及纽约的钢桩时表现出色。

由于钢筋的诸多要素,阴极保护的应用与维护十分困难。不过它已得到成功实施,尤其是当独立钢筋互相连接时。牺牲阳极可安装于混凝土表面的支架内并由螺柱与钢筋导电连接。

位于沙特朱拜勒(Jubail)的大规模海水冷却系统的管道建成后不久就发生了大规模腐蚀。不仅石灰石骨料自身发生渗透,而且选用的水泥为美国材料与试验协会(ASTM)Ⅴ型,其并不含有铝酸三钙(C3A),后者则能与海水中的氯化物化学结合,形成不可渗透的氯铝酸。

锌铝合金的牺牲阳极被安装于混凝土墙体表面,由螺柱与钢筋相连接。在朱拜勒证明此方法非常有效,由于毛细管作用的局部饱和性,自水线向上约

（6）使用喷浆混凝土或流动混凝土提高外壳墙体的抗压强度。

众多核心工作加上声学测试均证实了经修复结构物的牢固性，因此其安装是经过认证的。虽然必须承受高达100m的水头差，平台也得以成功安装。修复后在长达25年的使用期内未曾出现任何问题。

当国家湾A平台经压载后安装于甲板上时，在与另一个箱格的结合墙体内发现有一处小泄漏点。与贝里尔A平台相比，此处尝试使用环氧树脂注射法却并不那么成功。贝里尔A平台的裂纹贯穿墙体并因此横穿钢筋。而国家湾A平台的裂纹为层状且无横穿的钢筋。尽管注射压力受到限制，但注射行为会增加裂纹。于是决定限制注射量并用长期防蚀凝胶填满邻接星形箱格。

从国家湾A平台以及随后的大跨度桥梁的经验中可以看出，缝合螺栓应当在试图往层状（面内）裂纹内注入环氧树脂之前打入并灌浆。

一座北海混凝土平台的竖井之一受到一艘起抛锚船的冲击，其强化加固的转角部位致使水线处及正好在水线处下方产生明显开裂。出现了一些喷射状泄漏。通过将一座外部作业沉箱下降至竖井外部、与之夹紧并排水，成功地开展了修复作业。然后切除受损混凝土，埋设附加钢筋条。接着使用预填骨料灌浆法将新混凝土填入，采用胶体混合工艺提高水泥浆的流动性。向施工缝内注入环氧树脂以填满所有收缩裂缝；很少有"凝固"的记录。

混凝土储油平台内的低压损失会导致开裂。这一问题本质上为一种过压情形，其中由于内部的油料与海水相比密度较低，因此油料与海水在底部自动实现平衡，而油料则对储油沉箱的顶部施加一向上的压力，这就会引起箱格壁与顶部连接处正下方产生多重水平裂纹。德劳顿（Draugen）平台由于裂纹的泵抽作用于风暴期间发生了一些泄漏。

在一些裂纹可由环氧树脂注射修复的情况下，可由潜水员从基座沉箱的外部周边进行实施注射。然而德劳顿平台的裂纹属活动裂纹——即其仅于周期性波浪作用期间张开，而在需要修复的被动海况下却是闭合的。因此只有局部封闭才能奏效，而且部分箱格只能停止使用。进入小型箱格（如星形箱格）可能相当困难，而且基于不同情况可能采取其他抑制裂纹的手段更为可取。例如，基于对设计的详尽评估，使用稳定或胶体钻井液填满相邻星形箱格会是可行的，此法能够防止泄漏及未来产生腐蚀。可以进入的地方则可注入软质聚氨酯。

在结合热那亚（Genoa）浮式混凝土干坞完工的情况下，意大利工程师研发并测试了正对混凝土结构物的潜在重大破损的修复程序。其中包括断裂预应力钢筋的情况,其修复程序包括切除受损混凝土,拼接断裂钢筋,并由内部千斤顶恢复其预应力。

泰勒-伍德罗(Taylor-Woodrow)最近验证了一种修复水下断裂钢筋的方法。受损混凝土由潜水员操作高压喷水器去除。受损及移位钢筋条由氧弧燃烧器切除。然后将断裂的预应力钢筋与封装于导管内的预应力钢筋条耦合,并安装预制钢筋网格并连接在现有钢材上。将预制模板固定并垫衬于现有结构物上。接着从底部泵入高强混凝土拌和料。混凝土固化后,将模板剥去,对钢筋条加压并灌浆。测试显示结构强度得到了完全恢复。

体外预应力被成功地应用于修复受损桥梁并也显示出修复水下结构的可行性。可通过在结构型构件上钻孔来锚定底端。聚乙烯包裹的预应力绞线具有长期耐久性。

贝里尔 A 平台基座内曾发生泄漏,海水沿小直径水泥浆管系嵌套处渗入。事实证明使用隧道开挖中研发的技术逐步进行水泥浆注射十分成功。

近来对碳纤维"修补板"及"带材"修复系统的研发显示出其对混凝土海洋结构物具有特别重要的意义。修补板使用环氧树脂"黏上"。假设纤维定向正确,则修补板在表面加上刚性钢筋。此法已成为水上修复破裂横梁及纵桁最先进的方法,并通过使用疏水性环氧树脂可应用于水下。

由于会发生侵蚀,消力池堤坝及底部表面的修复变得必不可少。在产生深槽及孔洞的地方,可用自平的导管灌注水下混凝土注满消力池底面。一些孔穴发展得非常大,需要使用几百立方米的混凝土。修复材料本质上为流动混凝土拌和料,含有硅粉以促进黏性及早期强度并与现有混凝土相黏合。自身收缩及热收缩均可通过使用粗沙及小圆骨料(如细砾)达到最小化。其往往通过可沿底部拖带的倾斜混凝土管道布置。可使用粉煤灰或高炉渣来代替部分水泥。

在倾斜及垂直表面上,特别是恶化或受损混凝土必须去除的地方,应使用轻便式围堰。其本质上为一防水箱,其强度足以抵抗最大静水压并通过一根或多根传送管与水上大气相连。使用挤压或气胀型垫圈封闭现有表面。接触面必须清理干净且在一些情况下为了提供合适的垫圈底座需要将其磨光。一旦发生意外施加的剪力,为防止移位,箱格应由应力锚杆锁定于堤坝上下表面。这些钢筋条由潜水员打入并灌浆。

若仅仅要求进行检查,则箱格不需要排水。为了水下拍摄清晰,取而代之的方法为就位后使用淡水或清洁海水排出被淤泥弄脏的水。

在北极北部及亚北极地区,严寒天气伴随着巨大潮差及海水,冻融侵蚀尤其严重。因此冻融伴随着饱和以每天两个周期的频率发生。后果就是混凝土表层快速且累进崩解。

位于马里兰州海角港口的液化天然气中转码头其混凝土打桩采用含有微小玻璃球粒的环氧树脂来隔热。瑞典海岸则使用了木制防护壳。此类措施并不能修复破损,仅仅是阻止其进一步崩解。对于水上混凝土,恰当的修复方法为去除完毕后使用加气混凝土重建表面。

18.6　基础的修复
Repairs to Foundations

离岸结构物的基础是系统中抵抗环境力并支撑工作载荷的重要组成部分。因此基础的维护必须在其设计条件下开展。

导管架类型的结构物其周围的冲刷有两类。其一为表面冲刷,使海底下沉呈碟状。其补救方法为倾倒或倾泻具有以下两特征的岩石:

(1) 体积足够小,使其不会陷入泥土中。
(2) 体积及密度够大,使其不会受海流及波生应力冲刷。

要求使用渗透性材料以防止产生会加大冲刷作用的波生孔隙压力。

使用双层系统可达到上述要求,一层由碎石或砾石组成,另一层为大型岩石,不过若要在极深处的导管架腿柱周围及之间填入岩石则是非常困难而又昂贵的。一次性混合填入岩石更为有效,虽然需要更多材料,但可以一次作业就完成填入。另一种防止冲刷的有效方案为:将碎石替换为过滤布,再用较大型岩石覆盖其上。过滤布最好为两层缝合而成。一层为细网格,防止沙粒迁移;另一层为经不锈钢丝加固的重型聚丙烯粗网格。

沉排可由附设有混凝土块的增强型过滤布制成。可使用钢质构架将其下沉就位。由细或粗砾石填满的沉排也曾被使用。还有一种系统采用了完整的过滤布,附着有多重密集的氯丁橡胶袋。安装就位之后往橡胶袋内泵满水泥浆。

另一种冲刷类型是单个腿柱周围的局部侵蚀。随着桩头受侧向载荷作用而发生偏转时,它通常伴有间隙在桩头周围形成。在墨西哥湾的黏土里往间隙内填入一堆碎石(如豆粒砾石)证明十分有效。

平台下方发生气体井喷时不仅会导致形成凹坑,而且使桩的支撑遭受一般性的损坏。为了在此类事件发生后恢复基础的承载力及安全性,通常需要作出巨大的努力。首先通过一根混凝土管将凹坑用碎石或粗沙填满。然后必须加固新填材料及毗邻的沉积物,因为整个区域很可能由于气体逸出已经出现明显松动。加固时必须非常小心,因为由此引起的上层泥土沉降可能导致结构物变形。因此,使用冲击(强夯法)或振动压实法可能并不合适。填入大量的岩石覆盖层可能更加安全,需对泥土及结构物进行频繁的仔细监测。

当桩的承载力下降时,可穿过主桩设置植桩,并将两者灌浆连接。通过钻孔使此类植桩伸出超过主桩端部,以使额外承重载荷及摩擦载荷转化为轴向载荷。正确灌浆后的植桩也能增加桩的刚性,并因此提升其抵抗侧向载荷的性能。作为钻入植桩并对其灌浆的一种可选方法,可使用扩底工具建造扩底基础。这一解决方案更适用于层状土或表面摩擦转移不确定的情况。

甲板的尾外伸部分可能会限制作业可达性,因而植桩需由较短桩段组装而成,并且要避免使用锤击。可安装套管并进行反循环钻孔,会伴有泥浆出现。一旦钻孔完毕可将植桩下沉就位,使用焊接接头或机械连接器均可。接着将水泥浆注入环形区域,将植桩与泥土以及主桩黏连。这有假定前提存在,即岩土勘探显示极深处有合适的泥土。关于打入植桩及扩底桩及对其灌浆的更多详细内容,可参见第 8 章。

位于北海的两座早期混凝土结构物在其平台安装完成后,为了安装导管而开展了钻孔作业。钻孔机穿透了混凝土基座底板的临时封板,当时钻井竖井内的水位低于海平面,于是大量基础处的沙子冲入钻井竖井,导致下方留下了几百立方米的空隙。由于压头差,有一些"管涌"甚至从外围进入其中。为了修复并填满此空隙,从平板下方灌入一种具有较低水合热的基底水泥浆拌和料,作业分为几个阶段进行以确保完全填满空隙。受到"管涌"扰乱的外围区域则由碎石填满。此平台随后 25 年使用过程中的性能均令人满意。

为防止未来的平台出现此类不良现象,钻井竖井内的水位必须与海平面齐平,特别是在导管安装期间。围绕并隔离钻孔防水舱的钢质边缘需要纳入基座底板的设计之中。

18.7　火灾破损
Fire Damage

　　火灾是离岸平台上最可怕的事故之一，为防止火灾发生，人们采取了广泛的措施。最近的一些结构物其模块支架的主要结构构件周围采用了防火绝热材料，而且此类支架的管状构件内有时注满了水。针对蒸汽压力的释放必须设置规定。当然，甲板上及设施竖井内也都配备有大规模喷淋防火系统。

　　若火灾使结构构件产生过热及变形，则必须进行一次完整的评价与分析。有些极端情况下必须切除并替换构件，而在其他情况下从内部或外部对其进行加固以恢复其性能则更为可行。若钻井平台的竖井之一发生火灾，不仅会造成其内部的外露钢质构件受损，而且也可能造成竖井墙体内层剥落。在大多数情况下都采用高强度喷沙处理，接着设置已正确锚定于既有混凝土的金属丝网，随后使用喷浆混凝土，如此即可。

18.8　管线修复
Pipeline Repairs

　　第15章介绍了如何修复施工期间受损的管线。其中包括将高压舱下沉至管线上方，使切除及替换工作可在干燥环境下进行。

　　将湿式焊接作为一种修复手段仍处于研发阶段（见图18.7）。许多实例中的焊缝已令人满意，但其总体可靠性仍未得到完全证实。摩擦焊似乎是一种很有前途的方法。由于不可能旋转既有管道，需将一小段管节放置于两切断端口之间。将摩擦套管黏附于既有管道两端，由千斤顶将其靠拢。使管节高速旋转。摩擦焊焊缝的缺陷就在于其造成的内部隆起可能会妨碍清管器通过。巴西近海300m深处已成功开展了于高压舱内进行的湿式焊接。碳锰钢管道上曾使用低碳钢焊接电极，而镍焊接电极则被用于高强高碳的等效钢材上。

图 18.7　采用湿式焊接修复受损管线(图片由普利特克公司提供)

在相对较浅水域可将管线上升至水面修复。要求的方法及预防措施详见第 15 章。

在役管线通常因掉落或拖带的锚而受损,有时是商用船舶或海军舰船,不过最为经常的则是处于相同区域内的浮吊及工作船。渔船网板可能会损坏涂层或者甚至是管道,虽然往往是渔船的缆绳断裂,其结果造成自身损失并要求索赔。

管线受损类型既有混凝土配重层断裂掉落,也有凹陷、穿孔,甚至是管线断裂以及端部被拖带分离。泄漏通常是通过监测管线运行所使用的高灵敏度压力差动装置或水面上出现的油光所发现的。往往可借助声学手段(碳氢传感器或配有内部仪表的清管器)找出其准确位置。

可使用侧扫声呐确定管线及管段的大体位置。然后可由潜水员、载人潜水器或装有摄像头的遥控机器人获得详细信息。可由清管器隔离受损部位。得益于 Control Data 公司的帮助,其水性技术系统已发展出了一种能够隔离高差压的遥控隔离插塞。插塞为双向且可长距离运行,由水面船舶通过经由管壁的外部通信实现远程监控。在 34in(800mm)的提赛德(Teeside)输油管线上曾成功运用了这一技术,既保留了管线内的产品,又使其余的下游管线部分不中断运行。

　　必须先使用高压喷水器、水下混凝土锯床或磨床以及适用于网格的切割工具将受损区域的涂层去除。一旦清除完毕,就必须仔细绘制受损区域的轮廓图,再确定受否进行"切除"。有时可切除受损管段并在间隙外套上外部套管。其他情况下,使用管片更加合适。

　　若破裂情形为断裂或开裂,则使用外部夹板套管更显适度。将其扭转紧贴在一起并于两端进行封焊,有时则注入环氧树脂进行增强,管线就能恢复至全面运行状态(见图 18.8)。

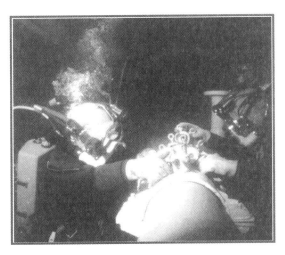

图 18.8　受损管线的修复(图片由普利特克公司提供)

　　地中海上一条 36in 的海底管线曾采用湿式焊接技术进行修复,其使用的是由压紧螺钉固定于管线上的套管。若干适用于浅水区域的其他系统已于第 15 章进行过介绍。其中包括对高压舱("干燥操作舱")加压使焊接得以在干燥环境内进行。必须采用特殊气体以防止焊接质量受其负面影响(见图 18.9)。随着高压舱研发的不断进展,其有效深度已得到延伸。

　　为了可以在更深海域内对管线进行修复,并且在许多情况下不再需要对管线注水,近年来人们开发了许多系统。其中的一个系统是,先对管线再加压,并于受损管段两端稍稍偏外处打上小孔。通过小孔插入充气插塞并且充气。然后对间隙进行测试以核实其密封是否紧密;随后切除受损管段。由受过高压焊接培训的潜水员插入新的管片。完成后使用清管器去除插塞。

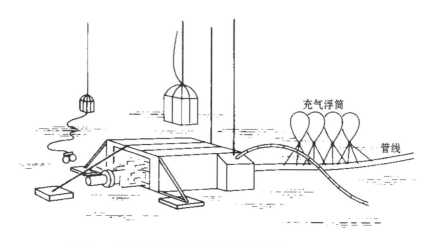

图 18.9　海底管线的高压修复(图片由歌梅克斯公司提供)

针对深水修复已研发了使用潜水钟的单一空气焊接法。

为了修复及替换深水出油管道,曾由遥控机器人安装锥形装药先将其切断,接着由遥控机器人安装的支架将其举起。

SNAM 公司正在研发一个用于修复深水海底管线的系统,名为 SAS 系统。它由 5 个模块组成:包含动力、传感及传输组件的推进模块;挖掘模块;管道准备模块;短管切割模块以及一个缩放模块。最后这个模块用于测量新短管构件的准确长度及其配置。多种不同类型的机械连接器正处于研发中。其中包括一些冷锻工具,如卡梅伦(Cameron)钢铁公司及 Big Inch 海洋公司正在研发的冷锻工具。

> 啪,啪,啪,
> 打在你灰冷的岩上,噢,大海!
> 而我的唇舌却不能道出
> 我心中涌起的思绪和感慨。

(阿尔弗雷德·劳德·丁尼生"啪,啪,啪")

第 19 章　加固现有结构物

Strengthening Existing Structures

19.1 概述
General

为了达成下列一项或多项目标,似乎越发需要加固现有平台。

(1) 支持注气和/或注水及其他二次采油作业的附加设备所需运载的渐增载荷。

(2) 延长比较年久的平台使用寿命。

(3) 平台升级以承受地震或流体等所引起的更大环境动力。

(4) 改善结构体系以克服自初始设备安装以来就已发现的缺陷。

(5) 更改功能或程序。

4 种类型的加固已获得了公认:

(1) 增加个体结构构件或装配件的强度和刚度。

(2) 提高单桩承载力以承受更大的轴向载荷。

(3) 增加结构物-泥土交互能力以承受横向载荷。

(4) 增加重力基座平台的剪切力和承载力。

最近已要求加固现有桥墩和其他海上结构物以使之能抵御地震。

19.2 离岸平台、中转码头、构件和装配件的加固
Strengthening of Offshore Platforms, Terminals, Members and Assemblies

正如涉及维修的第 18 章所述,恰好位于水线之下及靠近水线处的水平撑

杆和斜撑通常会遭受由海浪轨道速度所引起的涡旋脱落,从而导致疲劳而失效。解决该问题的方法之一是在所涉及构件的中跨与下部节点之间安装水面以下的 K 形撑杆。两端分裂成半环形的管状构件需仔细制作样板并装配至成品尺寸。然后放置新构件,安装另一半环或夹具,并用高强扭矩螺栓栓住。接着再注入环氧树脂水泥浆。

诸如此类的额外撑杆设施明显改变了结构构件的反应,同时将新载荷引入了节点。因此,在实施此类加固之前需要对平台进行重新分析。

防止因涡旋脱落而导致疲劳的另一个更简单的方法是在所涉及的撑杆上安装阻流板。可以将阻流板夹上撑杆。虽然会略微增加了该撑杆的载荷,但其影响通常仅限于所涉及的构件,对于结构物其余部分几无影响。

在尼尼安(Ninian)中央平台,许多甲板弦杆构件都用混凝土填充加固以承载更重的轴向和承压载荷。为了实现完全灌装,使用了预填骨料灌浆法;也就是将水泥浆管放置在管状构件内,然后用粗骨料填充管状构件。接着通过灌浆管泵入高流动性的沙-水泥混合浆,当骨料颗粒之间的空隙充满水泥浆时逐步拔出灌浆管。根据本作者的观点,细骨料混凝土与 $8\sim10m$ 粗骨料和含有抗分散及防泄漏外加剂一起可能会更简单,并且或许更可靠。

当然,在放置骨料之前也可以将型钢插入管状构件。型钢的形状应适合水泥浆的正常流动和释放截留空气及泄水。对于管状构件,厚壁穿孔管状构件很可能证明为最佳插入物。

布朗(Brown)和鲁特(Root)已开发出一种通过类似上文所述的程序对现有平台撑杆构件进行加固的方法,带有额外包含的预应力筋贯穿其中的非灌浆套筒。然后,利用专门适于水下使用的液压千斤顶对该预应力筋进行固定和施压。接着,对该预应力筋进行灌浆(见图 19.1)。该方法对需要增加构件的拉伸力特别有用。根据节点详情,该预应力筋可通过节点连接,并对其进行外部施压。

当甲板桁架上弦杆或甲板梁上凸缘需要承受模块的巨大承压载荷,则可以安装重型支承板,并配以加强筋以将集中载荷分散至管状构件。在某些情况下,可能需要在承载处用混凝土填充管状构件,以防止局部变形及分散集中载荷。

在导管架腿柱与撑杆相交处的节点,通过灌注细骨料混凝土(通常为 10m 的骨料与硅粉水泥混合)可以增加抗屈曲和椭圆变形。如果芯桩位于导管架腿柱内,则环形空间内可能要进行灌浆。

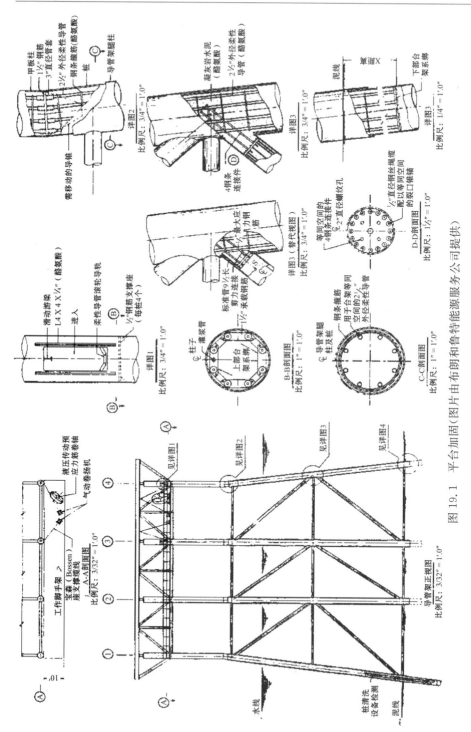

图 19.1 平台加固(图片由布朗和鲁特能源服务公司提供)

另一种用来加固节点与撑杆的方法是分为两半夹装的外部套筒。这些套筒可以利用高强螺栓的扭矩夹装在撑杆周围,并且环形空间内可注入环氧树脂水泥浆。

19.3　增加现有桩的轴向承载力
Increasing Capacity of Existing Piles for Axial Loads

在遇到钙质沙土的情况下以及在重新评价动态隆起下的桩的性能时决定增强其轴向承载力,而增强现有桩的承载力以支撑渐增轴向载荷已是反复遇到的问题。这也发生在平台必须承载比其最初设计时所需承载更重载荷的情况下。

最常见的决策是安装插入桩。由于平台悬臂梁通常会将净工作空间限制于 10m 或更短距离之内,插入桩将只能使用钻孔方法,而不能使用打桩方法。因此,需安装工作甲板,在甲板上可以操作短的钻机设备。然后须将一根立管连接至现有基桩顶部,并与之密封,且应十分紧密,使立管内能保持有 8~10m 的正接头。立管可使用法兰或联接器连接。然后装配钻具,并钻孔至插入桩所需深度。

插入桩至此必须制作完成。焊接连接是标准连接,但这需要做许多工作,因为每一短的分段都可在甲板下面装配。焊接难免需在浪花和大风条件下进行,因此,需要加以保护。通常使用的 X 射线无损检测不仅需要花费时日而且还需清洁进入通道。另一种方法是使用螺纹连接或高强度锥形螺杆机械耦合(钻柱耦合)。此类连接应符合动态和循环载荷下的测试。

灌浆管与插入桩可同时插入。在顶端配备膨胀式封隔器以防止水泥浆注进插入桩。另外,可能会安装浮鞋。然后铺设水泥浆、沙-水泥混合浆或细骨料混凝土,直到仪表装置显示环状空间已经注满为止。

可通过焊接剪切环以提高传递至插入桩的剪力(见图 19.2)。必须使用有效方法以防止插入桩漂浮在稠密的水泥浆上,因为通常插入桩本身并不会填充混凝土,至少不会同时填充。这可以利用楔形物将其锁定到位,或通过填充重晶石钻井泥浆重压之。

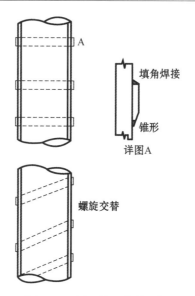

图 19.2　插入桩上的剪力键

为了节省拔出钻柱随后再放置插入桩的时间及费用,使用一次性钻头且在钻孔内仅对钻柱进行灌浆以固定其位置有时可能是既便利又适当的。例如,澳大利亚巴斯海峡石首鱼(Kingfish)平台的几个桩加固就是如此操作的。

另一种方法是利用现有桩的端部承载力,因为在初步计算时往往会忽视该点。若要如此,就必须先移除现有桩内的材料。然而,必须保留直径约 3～5m(原文无"m"——译者注)长的土塞,以确保桩尖四周泥土不会过度疏松。上文提及的石首鱼平台,水面之上的每个导管架腿柱都切割了可以接近芯桩的细长孔。使用仅 4m 长的分段组成同轴心组管道(见图 19.3 和图 19.4)。逐步制作这些分段,并降低现有桩。障碍物包括氯丁橡胶桩密封都必须取出。使用

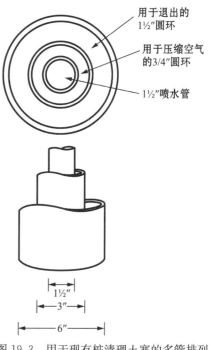

图 19.3　用于现有桩清理土塞的多管排列

798

喷水机加气举，在底部数米范围之内清理土塞。然后，注入沙-水泥混合浆以形成 10m 长的土塞。然后将钛铁矿（铁矿石）泥浆注入桩使之获得额外重量以抵御其隆起。

图 19.4　在澳大利亚巴斯海峡的现有石首鱼平台腿柱插入气举和喷水装配件

　　经常提出在现有桩尖及桩壁四周使用压力灌浆。通过使用可控套管穿孔器爆炸装置可以在桩壁上进行穿孔。然后，具有极高流动性及低表面张力的水泥浆能流入桩，并从孔洞处流出与泥土黏合。可用特殊外加剂以促进水泥浆渗透至沙土内。然而，还存在着许多问题。已饱和的沙子相对不易渗透，因为任何流入至沙土的水泥浆都会将水挤出。水泥浆始终沿着阻力最小的路径流动，并试图找到流入海洋的出口。因此，虽然在纸面上我们可以画出对称灌浆球泡，但在实践中很少能获得该效果。如果压力过高，水泥浆可能会冲裂构造并流入海中。2 个或 3 个阶段的灌浆可能有助于获得有效球泡。哈里伯顿（Halliburton）公司已在水泥浆注入点上方及下方使用封隔器以作为任一阶段灌浆纵向长度的控制方法。

　　其他类型的水泥浆，如聚合物和化学水泥浆，能更容易地渗透入致密泥土，但也具有性能不一致的问题。壳牌化学公司已开发出低黏度环氧树脂材料，称为"环氧沙（Eposand）"，能渗透入沙层，甚至能渗透入低渗透性的粗泥沙。这就要求在初始时注入清水，接着注入乙二醇或酒精，然后再注入环氧树脂。虽然这样做既费时又昂贵,但已证明在低渗透的钙质沙层中很有效。

桩加沙袋或加重以给予更大隆起力与桌腿加重类似。早先有报道使用钛铁矿泥浆。在钻井泥浆中加入重晶石是昂贵的,但其很有效,且可以利用现场的钻井和泥浆设施。最后,还可以使用最大密度等级的磁铁矿。

根据泥土特性,插入桩钻孔和灌浆可能不适合或可能超出长度限制。凡现有桩尖附近处具有优质承载地层,套接桩靴大致上可使用与插入桩钻孔和灌浆的相同方式进行制作(见第8.12节和第8.14节)。

在北海埃科菲斯克(Ekofisk)钻井平台的主芯桩之下建有套接桩靴。有立管及钻柱与之相连接。在钻至所需深度后(总深度),扩口工具进行操作,并逐步扩压出截锥。使用反循环,并助以气举。在基桩之上远离扩口处使用气体喷射,以保持在扩口处的流体密度及防止坍陷。立管内部端头需比海平面高出1米或2米,通过将所有物质都向外引流,有助于稳定扩口。应使用膨润土泥浆(预先转换为钙基膨润土)或聚合物泥浆与水泥相容。

接着就是用混凝土浇筑扩口。首选含有小骨料的混凝土,最大可达10m,平直水泥灌浆,因其具有较高拉伸强度和较低水化热,以及不易趋向于脆性毁坏模式。在任何情况下,水泥质材料应具有低水化热:建议使用70-30高炉矿渣硅酸盐水泥混合料。另外,还可以使用含有50%的火山灰替代。混合料可进行预冷。

混凝土水下浇筑过程应首选使用重力流方法。泵送已得到应用,但由于高流率和托管架扰动可能会导致形成过多的浮浆皮。混凝土水下浇筑法似乎能够更好控制,尤其是如果扩口四周的构造易受水力压裂影响时。

从插入桩传递至扩口的剪力必须会在相对短的长度之内发生,因此,通常需要特殊剪力传递装置,如捆扎在一起的钢筋,或在插入桩之内和外面的剪力键。也可使用能直接将载荷从插入桩传递至扩口的端部支承板。在桩尖端可以配备浮鞋或端板,以防止混凝土注进插入桩。必须将插入桩加重或固定于主桩上,以防止其浮动。为了确保完成该关键区域的灌注作业,灌注插入桩与基桩之间的环形空间可能有必要使用辅助系统。

澳大利亚西北大陆架的北兰金(North Rankin)平台,在施工期间发现尽管有120m的穿透深度,桩在钙质沙层几乎没有任何摩擦阻力。该平台已经建成并已在运营,因此,所有补救行动都必须从甲板下方开始实施。该决定所需做的是要在每个角落的4根基桩之下建造套接桩靴,总共有16根基桩。因为这些都是裙桩,桩头都在80m以下的水中,由套管连接,借助套管可操控钻柱。然后,钻一个直边孔延伸至打入桩尖约 10m 以下及在扩口底部设计标高 1m 以下。注入专利环氧料"环氧沙"以便在扩口过程中稳定周围的沙层。

此时扩口工具可缓慢扩大扩口直至底部宽为 4.5m。然后放置插入桩。根据测试,插入桩端板坡度为 7°时就可认为是具有足够斜度,能确保底面完全灌注,并不会有截留空气及泄水。然后安装一根 3½in(88m)混凝土水下浇筑管道。混凝土混合料为 8m 的豆粒砾石、沙子、高炉矿渣水泥、粉煤灰和硅粉。使用的外加剂为塑化和阻燃西卡塑化(SIKA Plastiment)及超塑化附加物。混凝土注入液氮预冷至 58℃。空气、水和泥土的环境温度为 38℃。混凝土水下浇筑管用冷水预冷。然后,使用清管器对水下浇筑混凝土进行填筑。

主桩、相应的套管和插入桩与垂线都有 7°的倾角。事实证明这有利于混凝土浇筑,并且截留空气可以很容易地从水下浇筑管中逸出。混凝土由搅拌机通过保温管道运送至料斗,然后借助重力流至水下浇筑管中。

随后采取的芯样表明,达到且超出了 45MPa 压缩和 7MPa 拉伸设计强度。

19.4　利用土-结构物的相互作用提高桩和结构物的横向承载力　Increasing Lateral Capacity of Piles and Structures in Soil-Structure Interaction

在许多泥土中,结构物的循环横向变形导致靠近桩端头处周围产生裂口,从而增加了风暴大浪下横向位移的幅度,并逐步减弱阻力。在表面上铺设小岩石(如豆粒砾石),以填充先前曾提及的任何裂口和土塞。在更广泛的范围内,厚厚的级配岩石铺设在导管架周围可能会有助于约束其下方的泥土,并且还可防止在桩移动抽吸作用下的局部液化。

由于地表之下的钙质沙土破裂,印度孟买高场(High Field)油田的一个小平台发生了过度横向位移,于是就安装了插入桩并灌浆。这些措施明显地加固了桩的强度,减少横向变形(见第 8.14 节)。

典型的基于重力的平台依赖于其近地表泥土的稳定性。这些都是众所周知的事情,在初始安装之前这些泥土都是松软的,需要施行多种方法以改善现有泥土的承载力。这些都在第 7 章作了详细介绍,包括清淤、在现有泥土上堆放岩石或沙层、安装沙桩或排水沙井或排水板加上附加载荷。所有这些都可以在安装平台前施行。

里奥-安托里恩(Rion-Antirion)大桥的钢管桩直径为 2m,打桩间距相隔为3m。这些措施增强了松软泥土抗剪切破坏力。类似设施正计划用于威尼斯风暴潮挡闸,并且也准备为美国加利福尼亚州旧金山湾现有跨海(Transbay)隧道黏土边坡进行加固。

当平台安装后需要对泥土进行加固时,可使用下述方法。

当重力平台的滑动剪切阻力有待增强时,在其周围浇筑堤坝可以延长和加强潜在剪切面。为防止剪切破坏通过路基向上延伸,最好是使用裂隙岩体构造以获得闭塞效果。当用砾石或沙子时,则需要铺设更为厚厚的一层。

根据海底泥土情况,可能有必要先铺设一层过滤覆层或一层较小的岩石。根据不同深度、波浪和涌流环境情况,可能有必要用巨大的岩石覆盖堤坝以保持其稳定性。这种在设备安装后铺设的外部堤坝或护堤将会直接消极抵抗结构物,以及延长在其下面的原生泥土的剪切路径,而且根据泥土和持续时间,增加周边围绕原生泥土的剪切强度。无论是级配岩石过滤层还是过滤覆层的外部护堤都是防止结构物边缘液化及抽沙的很好方式。这是国家湾(Statfjord)B平台和海伯尼亚(Hibernia)平台所考虑的方法。然而,对于这两个案例,结果表明都是不必要的。

在北极和亚北极地区,护堤也可以阻拦吃水比较深的冰山、冰层等并使之搁浅,或通过护堤岩土层与冰山、冰层水下部分两侧和前端的被动阻力使其减缓或停止。设置这类外部堤坝或堤坝是具有相对成本效益的方式,能用以将勘探钻井平台升级为生产平台,因为必须要承受的冰山和冰层的主要(但不是全部)区别在于其吃水及水下部分的深度。

已作考虑的另一方法是在外围周边打入大直径(2~3m)钢管桩墙,但由于其成本过高而被否决。

要加强现有平台下面泥土的抗剪切力,浅水井可钻至渗透性地层,并将排水管连接至平台内部,如此将其维持一段时间。在此期间,这些排水管会有效地防止孔隙水压力增大和液化的可能性。因为这样可能会导致平台沉降,必须考虑下拉载荷对导管的影响。

为了提高基于重力结构物的固定载荷力(例如,当需要增加抗滑动的摩擦阻力时),可能需要添加额外压载物。钛铁矿及类似细磨铁矿石作为泥浆已铺设,然后轻轻倒出而不搅动沉淀物。如此可达到 3 及更大的比重,即相比此前只充注海水压载物,给出了 2~3m³ 的净增益(20~30kN/m³)。同样可以就地使用沙子,但净增益仅限于约 0.9T/m³(9kN/m³)。混凝土压载物能给出净增益 1.5T/m³(15kN/m³)。重物也可以用混凝土形式在水中加压于基础沉箱顶上。沉箱通常都具有这种承受较重外部载荷的保留能力,因其往往是处于压力之下,并且箱顶设计一般是由安装条件所确定。这种在箱顶上的额外混凝土还可以提高受坠落物体影响的抵抗力。

加拿大波弗特海的莫里科帕克(Molikpaq)平台是钢质重力基座沉箱,为保持稳定性而充满了沙子。当北极大片浮冰的冰脊推撞沉箱时,浮冰连续破碎并逐步落下。这就导致沙压载物瞬间液化。该事件发生之后,使用了许多小型炸药填料将沙压载物压实。

经验似乎表明,来自小船及驳船的碰撞是比最初想象更为频发的事件。一些较旧的平台可能会希望通过增加井壁厚度以增加水线附近井壁的耐冲击性。该工作通常会由内而外实施,通过降低所涉及区域以下的内部水位。可能会钻剪切销钉孔洞,并在其内灌浆。现有混凝土表面应大量喷沙。额外径向和轴向钢筋都固定至销钉上。当铺设新的混凝土时,黏合环氧树脂可能会逐步喷洒至现有墙体上,并略高于新混凝土水平面。为了提高竖井弯曲能力,全部高力矩区域的井壁均可增厚。这些措施可能会导致对平台和甲板反应的变化,因为刚度也将随之增加。因此,这项工作应在对所需改进的结构物进行全面动态分析后才可实施。

19.5 安装穿透混凝土壁的管道
Penetrations Through Concrete Walls

有时需要穿透水位以下的竖井安装新管道,以便在其外面形成水头。该工作通常会安排在夏季气候窗期间实施。竖井内脱水至放置位置和台架以下。在其外部,带有密封垫的便携式钢围堰用钻井锚固定于结构物墙体上(见第18.5节)。这些可以借助于套筒螺母的钢丝绳绷紧。钻锚不应扩展至现有垂直后加拉力管道的同样深度(见图 19.5)。此时在其内部工作,管道位置是经过精心测定的。竣工图只提供了大致位置,但这需要仔细和缓慢地钻个小型孔洞(如直径 10m)进行核实,因为通常在滑料成型和浇筑混凝土过程中会发生轻微的管道位移。有可能会利用地面雷达定位管道。

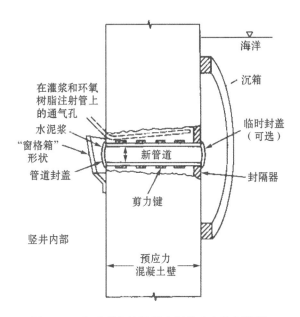

图 19.5　穿透现有的混凝土竖井壁安装新管道

　　然后钻个中心孔洞将水从外部沉箱与墙体之间的空间中排出;这需将围堰紧紧地挤压墙体。下一步将中央孔作为试点,放置新管套的孔洞需钻穿墙体。该孔洞直径将要比待安装管套的外径大 10～40m。虽然从各方面考虑在可行范围内避免使用传统钢筋,关键是避免使用后加拉力管道。偶尔切割钢筋通常是可以接受的。

　　此时该孔洞需扩大外侧以使其变成锥形。将洞壁弄粗糙。配有剪切环的管套装上外部封隔器或伸缩圈。将管套插入,激活封隔器或伸缩圈,于是套筒就紧紧固定在锥形孔洞的中心。

　　安装两根小直径(3m)塑料管,一根略低于管套,另一根正好在孔洞顶端之下。此时泵送入抗缩水泥浆或环氧树脂。在内部使用窗槛花箱,保持水泥浆稍呈正水头直至最后固定。此刻,通过两根小管子注入环氧树脂,小管子应慢慢退出。这样做旨在能填充管道之下或孔洞顶端的任何微小泄水裂口。在内部将新管道封盖。

接下来,打开沉箱阀门,以使满水压力作用于新管道上。如果一切满意且无泄漏,将会拆除沉箱。然后,潜水员可用水下凝固环氧密封胶堵住封隔器处的管道及孔洞外部边缘四周。

如果发现泄漏,沿泄漏缝隙钻些小孔,然后注入环氧树脂。该操作可以由潜水员在外部或从内部甚至相对于外部水头完成。

19.6　抗震改进
Seismic Retrofit

许多现有桥梁、离岸中转码头及码头的最初设计并未考虑抵御在其使用寿命之内可能会遭遇的地震力。在神户(阪神)地震及在旧金山附近的洛马·普列塔(Loma Prieta)地震中港口结构物的灾难性损坏,说明需要对这些现有结构物的动力进行升级。桥梁的类似坍塌导致在抗震领域内开展了深入研究和开发。

里奇蒙德-圣·拉斐尔(Richmond-San Rafael)大桥的抗震改进是有史以来最大规模的项目,涉及桥基、桥塔和上层建筑。

为了加固桥基,安装打入了3～4m直径厚壁钢管桩。并配以预制混凝土构件,用叠加钢筋及高性能水下浇筑混凝土在横隔板之下连接(见图19.6)。钢管桩与扩口的钻孔处使用了氯丁橡胶和聚四氟乙烯垫,能使其旋转和垂直位移,但限制其横向运动。然后安装钢筋和预制混凝土导管架,以增加扩口和竖井的刚性和韧性。

这些现有结构物的许多已有足够的垂直承载力,但需有刚性以防止过度漂移,由于 P-△效应使其力矩增大。在许多情况下,大直径垂直钢柱桩或抗剪定位桩(见第8章)与现有结构物相搭接已证明为有效的改进方法。

现有桥墩桩靴及竖井的抗剪强度可以通过与大量钢套管绑扎在一起而得以提高。这些钢套管安装在现有构件四周,外加螺栓,并用灌浆填充环状空间。可以在水面上将其结合在一起,然后滑落下去,还需采用焊接。

具有斜桩或斜坡与垂直桩相交的码头和中转码头在地震中会遭受严重破坏。例子包括在阿拉斯加安克雷奇(Anchorage)码头的钢管斜桩受到严重扭曲

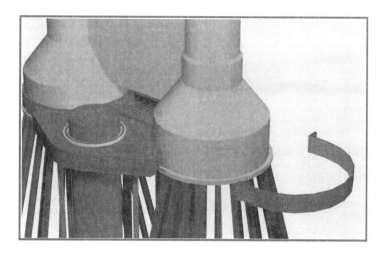

图 19.6　3.5m 直径钢管桩为加利福尼亚州里奇蒙德-圣·拉斐尔大桥现有桥墩进行侧向加固(图片由本·C·杰威克公司提供)

变成 S 形,并且穿透了甲板,以及在洛马·普列塔(Loma Prieta)地震中旧金山湾许多码头的混凝土面斜桩都被压碎和剪断。在美国洛杉矶北岭(Northridge)地震中发生了类似情况,但其影响较小。

改进包括切割不牢固的斜桩,将大量超配钢筋垂直桩取代之,然后向陆地延伸码头,以使新的垂直锚桩(剪切桩)可以合并在一起。这些都是具有特殊加强筋和封闭的大直径桩,能在桩端头获得集中的力矩和剪力。

许多现有的竖井和桩都已使用钢套管或碳纤维覆盖,以提高其在塑性铰合部封闭混凝土的能力。在局部潜在屈曲区域用混凝土填充钢管桩。

另一种处理斜桩问题的方法是创建"导火索"机制,即当压力超过弹性强度时,转移板变形超出屈服力。工字钢桩可取代现有管形或方形斜桩,使之转向至其弱轴,以便在地震期间整体弯曲。在现有的桩顶端可插入小直径钢管器件,其设计在高侧向力作用下可出现局部弯曲。

对于钢筋混凝土,在前一章中介绍的许多维修方法也都适用于加强现有构件的渐增载荷。这适合应用于表面的碳纤维板材和板条,以及在混凝土围墙内应用的外部后加拉力。在海水中碳纤维织物的长期耐久性试验显示在初期具有良好性能,但潜在存在长期削减至 33% 的情况,这主要是由于胶接处脱层所致。

假如装有弧形钢偏差器和锚具,外部后加拉力也可以应用于钢结构物。

在越南战争中使用的混凝土驳船由于爆炸使船体遭到损坏。每艘驳船的压舱物修复了这些损坏处,因此受到损坏处都在水面之上,然后拆除所有断裂的混凝土,并铺设新钢筋及用细骨料混凝土修复原先截面。

俯瞰黛色似缎波,

群星映现银光道。

眺望大海涟漪处,

海珍闪烁亮夜空。

(作者"黄金阴影")

第 20 章　拆除和救捞

Removal and Salvage

20.1　离岸平台的拆除
Removal of Offshore Platforms

许多国家的现行规范都要求拆除已过服务期限且不再使用的离岸平台和其他结构物。在多数情况下,要求拆除至泥线 2m 至 5m 以下。有个越来越普遍的现象是,制造商在初步设计时就需要制定出最终拆除的全部操作程序,并在使用手册中加以说明,以便能够得到管理机构的批准,从而取得施工许可。

在早期的多数情况下,几乎不需要对拆除作业进行事先规划,因此在结构物中不设有便于拆除的装置或零部件。即使配备有这些装置,长年累月之后很可能已遭腐蚀及被海生物侵蚀,且不再具有可操作性。事实上在许多情况下,安装过程中的各种施工活动或维修过程中的各类改变都可能会容易地阻碍其运作。例如导锥和起吊锥体,以及钻井岩屑和抗冲刷抛石等。

欧洲和美国目前都在进行大量研究,以重新评估此类规范,并重新评价拆除至泥线以下的必要性。在某些情况下,一个平台可以转化为一座灯塔、雷达站、离岸科学或教育实验室等而继续其效用,或者适合于转化为与油气生产目的毫无关联的平台。海底之上延伸的结构物能成为鱼类的栖息地,并提供幼鱼防御天敌的保障。离岸平台成为海洋生物的自然栖息地,给许多种类的生物体提供了保护和繁殖之地。在此方面对加利福尼亚海岸附近的林康(Rincon)岛的研究极具启迪性。在此离岸钻井岛建造之前,平凡的海洋测探就早已记载着该地区是一处被海浪与海流冲刷得空空荡荡且海床裸露的"海洋沙漠"。在该钻井岛建成之后,海底斜坡覆盖着抛石以及混凝土保护设施,有 2 500 多种生物体的群落已栖息此地,因此该钻井岛现已正式成为海洋保护区。

众所周知,最佳垂钓之处就是离岸钢导管架平台的周边海域;事实上,一些被遗弃的较小导管架已作为人工暗礁特意进行重新安装。最终,一些结构物可再用作为防波堤或防波堤的支撑物,并且该方法已成为壳牌 SPAR 平台浮式钢制储油结构物的获批处置方案,而原有的处置计划都遭到了环保组织很多非议。

离岸结构物的处置必须符合国际海事委员会(IMCO)有关海洋倾倒废物的国际协定和国家规范。显然,这意味着将不允许在目前或未来可能会阻碍航运的水域或可能会影响海底拖网捕鱼的水域倾倒废物。当然,在岸上处置会很复杂且费钱,假如这些巨大平台需牵引至仅有的几处海滩上将其进行切割和处置。在海上处置之前,结构物上的油性残留物必须清理干净;因此,在某些情况下,在岸上处置废物可能反而会更为经济。

为了说明拆除的一般原则和可能的解决方案,3 种类型的结构物将予以讨论。显然,任何特定平台都将根据需求、方法和操作控制进行具体细节的处理。

拆除在许多方面都要比最初安装复杂或者说是更加复杂。必须对现有条件进行充分的调查和考虑,因为结构物可能会腐蚀、损坏、或者甚至缺少支撑物。还必须考虑海生物和海底变化。每一阶段规划的实施都必须充分注重细节。鉴于在最初安装时业主有经济利益的诱因,而在拆除平台时则是净经济成本。

在拆除过程中所涉及的风险,或许甚至会超过在最初安装期间的,就如同在救助事故中可能发生的风险或结构物可能会变得不稳定,并带给制造商一个更困难且更昂贵或甚至几乎是不可能运作的结构物。因此,宛如在安装时期,必须列举和评价风险,以及准备好应急预案。

20.2 带桩结构物(中转码头、栈桥、浅水平台)的拆除
Removal of Piled Structures(Terminals, Trestles, Shallow-Water Platforms)

首要步骤是需要拆除所有上层建筑的设施和设备。切割废弃管线时必须小心谨慎,通过点燃废弃管线以确保其不含残气。必须决定是从结构物顶端还是从海面漂浮处开始拆除。从顶端开始拆除意味着只需较少的工作人员,并且几乎不受天气或海况的限制,以及不需使用昂贵的设备。另一方面,起重能力(重量和半径)将严格受限。从海面漂浮处开始拆除,具有更大可操作性,有可能起重大截面部件,并能即时获得辅助和配套设施。但日常费用高,且钻井装置将受海洋影响。

在实际操作中,这两种方法的结合经常会得到应用。在桩拆除之前或拆除

期间,一般最简单的方法是先拆除甲板结构物,但这需要仔细研究材料的处理,如废弃物品将按怎样的顺序和路径处置。

桩可通过使用钻机的套管铰刀进行切割。钻探设备可能需凭借桩本身的支撑,包括井架吊臂,或甲板上钻机的桅杆等。套管铰刀可使用扩孔钻头。也可以用炸药来切断桩。可使用锥形装药,使桩变低。必须采取积极手段以确保其不发生倾斜或堵塞桩。否则,其结果所导致的扭曲桩可能会使其他替代方法变得更加困难。第三种方法是沿着桩周边进行疏浚,使其达到所需深度,然后使用潜水员和喷气切割枪烧割。已新开发出了磨料喷射切割机,其快速和准确的切割已得到了证实。

在某些情况下,桩可能只是简单地从结构物上分割开,然后被牵引走。在沙滩上,带有稳定牵引力的大型振动锤可能会起作用,特别是与喷水作业结合时。也可使用冲击拔取器,但一般而言,其规格大小只适合类如港口建筑的相对较小的桩。

在淤泥和细沙中,用水灌装管桩增加孔隙压力,并降低有效侧向压力与表面摩擦。可以将水充满至桩顶。然后,水可以通过开口顶端流至土壤中,但桩可能需要预先通过可控炸药炸出开孔,以便于水流入土壤中。如果条件允许,也可沿桩外围进行喷水处理。驳船可以沿着其边上停泊,然后排放压舱水以使桩脱离。

机动千斤顶已得到了应用,特别是与喷水相结合。关键问题是需寻找千斤顶反作用力的支撑点。通常,该点必须是位于相邻结构,并必须对其进行检查,以确保有足够能容及稳定性。

通过上述任一方法对桩进行松动,以便于随后的拆除操作,桩最初可能会被压低半米左右,以分割开可能与桩黏连的任何设备。在黏土情况下这样做特别有效。然后,可以开始拔取桩。

在拆除荷兰"东斯海尔德(Oosterschelde)"风暴潮挡闸的直径 2m、长 80m 系缆桩和临时栈桥桩时开发出了具有独创性的拆除方法。在桩顶端先用穹顶钢桩帽焊接。然后用水泵加压,直至压力提高至能使桩自动抬升。当需要使用高压时,桩尖端四周会有管涌的危险。因此,在桩尖端放置低渗透、极精细的沙封层,从而当水渗透至桩尖端下面时就能减小压力。这种封层通常填于桩内约有 1m 之厚,而且在桩逐步上升时往往须反复几次重新填入沙封层。

在水渗透过封层或通过尖端附近小孔洞时,会提高土壤中的孔隙压力,从而减少了表面摩擦力。

在此类情况下,不能只使用空气压力,因为可以预见那样做会导致桩帽灾难性的爆炸。然而,如果桩先装满水,然后可以用空气在水上部加压,这样空气的体积就很小,可以降低潜在危险。

如果桩已陷入永久冻土并被冻结,可能最好是先用高压喷水机来破坏土塞(即使已冰冻),并通过气举移除土塞,然后将蒸汽注入桩内水中,直至冰冻黏附解体。

当需要拆除整个桩时这些技术都是非常有用的;然而,这些技术通常要远远超过切割的费用。

20.3　桩承钢质平台的拆除
Removal of Pile-Supported Steel Platforms

拆除离岸平台的最初步骤之一就是拆除甲板。要将其拆卸成几块所需费用非常之大,并需要在海上工作多日。使用巨大和昂贵的海上起重船即使能将甲板大块地拆除下来,也几乎不会是实用合算的。

(1) 在墨西哥湾成功应用了多桁架(Versa-Truss)起重系统,该概念将在稍后详细介绍。

(2) 第二个概念是通用汽车公司的大型起重机。其伸展的构架从甲板上方横跨至半潜式驳船上,从而形成一个倒 U 形,然后从甲板上面伸展的构架上进行吊运。

(3) "彼得·歇尔特(Pieter Schelte)"号船是由两艘油船组成,将这两艘船舶的船艉相连就形成了一个稳定平台。该设备也是横跨甲板并通过排放压舱水来进行吊运。

(4) "海事班车(Marine Shuttle)"号是由大直径管形钢构件特别建造的船舶,该船舶从平台两侧延伸进去。所采用的方法是通过排放压舱水来吊运甲板。

(5) 最后可选的是最近(2004 年)制造的 MPU 号船,这是一艘 U 形混凝土船,配有 4 个塔柱。该设备能将干舷部分作为一个整体单元起吊。

紧接着拆除甲板后的一步就是拆除导管架。

对于带有钉桩的大型钢导管架,首先根据需要在导管架和泥线下将桩切割掉。在判断能适合捕鱼和航行权利时,监管当局的首选方法就是将导管架倾倒,然后将其拖曳至可接受的地点使其成为人工暗礁,以支持海洋生命。

如不允许此操作程序时,必须将导管架切成段块,并将其吊运至岸上。可利用钢绞线千斤顶和浮力袋协助吊运。

"受控变量浮力系统"由夹在导管架腿柱适当位置的众多浮力筒体组成。一套复杂控制系统借助远程遥控无线电和电子技术来控制浮力。

在拆除和处置操作之前及期间,管理机构一般要求在岸上处置被石油污染的管道和船舶。

拆除带有钉桩和裙桩结构的导管架是目前最关注的事项。在墨西哥湾的许多平台都已有 25 年以上的历史;储集层基本上都已枯竭,目前生效的规范要求拆除至泥线以下。

拆除费用高昂。这本身通常需要有二次回收的概念,并具有继续生产的吸引力,即使处于低流量。以下是典型的拆除场景,当然,这必须适应具体的导管架。

(1)用水泥封堵油气井并施行土塞。清除并拆开所有立管和出油管道。

(2)拆除甲板上方的设备和所有设施。然后,甲板下方的设备可以在后续拆除甲板框架时再予以拆除。

(3)拆除底甲板之上的模块支撑结构。拆除底甲板。

(4)必要时使用喷水器在泥线 15ft 以下进行外部或内部清理。

(5)使用钻柱切割钻井套管和导管。另外,还可使用炸药或在外部使用铰刀。

(6)使用配有液压扩大套管铰刀或磨料喷射铰刀的钻柱进入裙桩。切割所有的桩,除在其中一边的桩之外。这些桩需切割至一半。

(7)这时导管架仅支靠在防沉板和一些切割至一半的桩上。

(8)现在可以倾倒导管架,使其成为人工暗礁,可使用起重船上的卷扬机,并反作用于该锚上。当导管架倾倒时任何起重机缆线都必须能够自由放线。遥控机器人或潜水员可以割断突出太高的防沉板部分。

(9)如果不允许处于相邻海底,必须吊升导管架,使其能放置于驳船上。重型起重船可以吊升中型导管架,但大型导管架就需要追加浮力。在后一种情况下,导管架可能会在水下被拖运至浅水处,并在该处触地,由潜水员进行切割。

(10) 在采用浮力袋或浮箱时,当其上升时必须考虑空气快速膨胀。"英国标准"警告说,使用压缩空气浮力需要注意细节,并准备充足的控制系统。必须考虑水箱内的自由水表面对稳性的影响。

至于在深水中的大型导管架,可能会将导管架进行横向预切后分为两部分。顶端部分可能会被直接吊运走,底下部分则可按照上文步骤 9 中所述进行处理。

显然,有能力将整个甲板吊运至内陆浅水区域是非常具有吸引力的。在墨西哥湾成功地使用多桁架(Versa-Truss)起重系统就是其中一例。将两艘驳船分别停泊于平台两侧,从平台腿柱处隔开。两艘驳船使用重型支架和多重缆线组合在导管架底部进行连接,使甲板引擎用高功率将两艘船舶拉向一起。将两端的缆线相互交叉,以防止平摇时舷端出现相对位移。倾斜的、铰链式的支架将从每艘驳船中上升,并被固定在甲板下面的纵桁上,如有必要,需对纵桁进行加固和加强。然后将导管架腿柱割断,并将两艘驳船拉至一起,从而导致了支柱垂直移动,于是将甲板提升起来。此时甲板就像被双体船支撑着,可将其运至岸上,并可以完整地将其降低放在栈桥上,或将其降低放在浅水底。因而,无需使用起重船就可完成甲板的拆除工作。

挪威石油管理局(NPD)已签约了用于北海退役平台拆除的船舶概念设计。该设想为建造一艘大型深吃水船舶,包括牢固连接在一起的两排直径为 25m 的垂直混凝土气缸。其相距间隔约为 80m,以便能跨坐于典型的离岸导管架之上。在其一端使用高度减低的横向混凝土气缸牢固地连接起来,使船舶能在甲板下移动。

在顶端上面有两套设计用于 4 条导管架腿柱相同位置处起吊甲板的异常笨重的大梁。当救捞船在甲板下方移动时,使用高强度杆棒将笨重的大梁与甲板大梁相连接。

许多浅水平台的导管架重量只有几百吨。因此,在切割完所有的桩后,大型起重船可以操纵吊索导管架,并从海底将导管架吊起。连接标签绳以便于导管架紧贴着驳船尾部进入,导管架将被运送至浅水或岸上进行处置。

如有需要,短的导管架可以放置在驳船上运输,倘若在驳船甲板上装有合适的垛式支架分配载荷,这样可使突出的桩头不会穿透甲板。当然,必须要检查驳船与导管架组合的稳定性。

拆除弗丽嘉(Frigg)钻井平台需要使用不同系统来拆除各个组件。使用平台起重机将轻型甲板一块一块地吊运走。

(1) 使用重型起重机吊运笨重模块。模块和模块框式支架将装运至驳船上,并系紧后被拖曳至岸上。

(2) 对于导管架,将浮箱连接至四个角落。桩在海底 1m 以下被割断。该导管架被吊升 10m,并以垂直状态被拖往岸边。

(3) 每只浮箱高 50m、直径 6m(原文为 mm——译者注),能提供 1 150t 的浮力。这些浮箱的顶部和底部被捆绑至导管架腿柱上,并由托架夹到位,以便于焊接。在到达岸边时,导管架支撑在两艘驳船之中,在其上升时逐步切割。

就北海的西北胡顿(Hutton)桩式导管架平台而言,该处水深为 140m,平台非常巨大,计划拆除程序为"反向安装"。22 000t 的甲板将被分成 2 000t 的模块组件,由起重船吊运至岸上再行循环利用。然后,模块框式支架和导管架通过逐步切割拆卸至桩套筒,并使用大型海上起重船拆除。这将需要 20 台 3 000t 的起重机。如获得监管机构的批准,包括套筒和灌浆桩的桩靴都将留在该处。

(1) 也有建议将钻井岩屑留在海底适当位置,让其逐渐自然回收,因为拆除可能会造成更多的环境损害。

(2) 该建议还包括掘壕掩埋法,以及埋藏油气输出管线。

(3) 如前所述,重力基座平台主要是由钢筋预应力混凝土建成,虽然有些是钢制的,还有些最近建成的重力基座结构(GBS)平台是混合钢筋混凝土结构。

(4) 这些平台的特点是具有巨大的基座沉箱;该沉箱最初在运输和安装过程中提供浮力。由于土壤与地基以及裙沿和销钉的抗剪强度、黏结力、黏附力的增加,在拆除过程中主要是关注过量的爆发阻力。

(5) 救捞和拆除的基本概念是使结构物再度浮起,然后将其拖曳至深水处置场所。典型步骤如下所述(见图 20.1)。

(6) 由于涉及海洋污染原因,拆除存储石油的重力基座结构和储油罐成为了重要问题。挪威的管理机构要求将整个钢制储存容器罐结构物运送至岸上,并在岸上切割成段,在作为废钢回收之前需清洗干净。

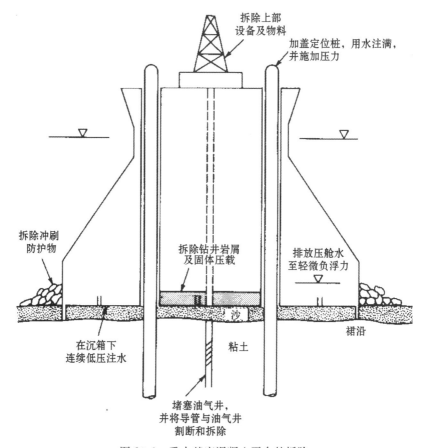

图 20.1 重力基座混凝土平台的拆除

钢制重力基座结构(GBS)平台"莫林(Maureen)"遵从了以下步骤:

(1) 用氮气预充贮存罐至 9bar。

(2) 二次空间排放压舱水。

(3) 通过灌浆溢水管在基座下面注入水和泥浆,为了用水力顶起平台而提高沙中的孔隙压力。

(4) 继续排放压舱水。降低氮气内部压力至 4.5bar。

(5) 在使用拖船升高结构物过程中需保持稳性,并缓慢排放压舱水。保持严密的控制,直至贮存罐顶端超过吃水线。

(6) 降低氮气压力至 3bar。

(7) 在 64m 吃水线处将其拖至海岸基地。

20.4 混凝土重力基座离岸平台的拆除 Removal of Concrete Gravity-Base Offshore Platforms

初步建议是将所有设备拆除后把混凝土重力基座留在该处,或拖至深海将其抛弃。拆除重力基座结构(GBS)平台可以按照下面步骤实施:

(1)用水泥封堵油气井并施行土塞。清除并切断所有连接的出油管道和立管。

(2)拆除导管及所连接的钻井套管。用混凝土在基座封堵导管孔。切断管道连接使之松动,并用混凝土堵塞所有穿透处。

(3)从甲板上逐件拆除各种设备和设施,将甲板框架切割成节段,以符合起重船吊运的要求。另一种方式是将甲板结构作为一个整体拆除。最好的方式是先拆除选定的物件,以减轻其重量。甲板与竖井切割分开。然后使用同样的驳船排列来处置甲板,通常使用3艘可在甲板下移动的驳船,因此,使用排放压舱水就可将甲板拆除并转运至近海场所做进一步拆卸。

然而,最初安装是在安静和受保护的条件下进行的,而目前的工作是在开阔的大海中开展。在通常情况下,驳船和导管架腿柱之间的间隙约为100~150mm,这在开阔的大海中是不能实现的。此外,由于驳船是通过排放压舱水来进行接触的,但无论海面多么平静,在涌浪中将会发生垂荡。因此,将需要使用应用于"漂浮式"装置的可压缩接触装置和专用液压千斤顶,以缓冲碰撞的影响。

(4)从立管和设施竖井中打捞设备。

(5)拆除靠近基座的外部压载壁(切割那些后加拉力系杆),使压载物溢出海底。使用喷流或拖运来移除其余压载物。堵塞任何可能已经形成或为管道贯穿而切割的开口。

(6)移除在现场安装后可能放置在内部的固体压载物。该压载物可能为沙子或泥浆铁矿石。这可以通过气举或喷水机,或马康那弗罗(Marconaflo)泵之类的专用设备,该泵结合喷水能搅动物质并使其成泥浆,以便于通过气举或喷水器将其移除。移除的程度取决于计算的重量和进入舱室的有效性。当然,原先施工时在平台上安装进入舱室套筒和人孔以便于该操作是合乎需要的。

(7)在此阶段,压载舱室完全被淹没。使用通往基底的管子,在其下注水,并保持略高于基底标高处周围压力的稳定不变的低压。压力必须非常低,不能导致裙沿下面产生管涌。一旦管涌出现,在基底下注水就几乎不能获得任何其他益处。压力至少要维持 24h。核实在结构物基座下土壤中的孔隙压力是否增加。

(8)沉箱排放压舱水至轻微正浮力。如果结构物没有脱离开,在沉箱一边比另一边更多地排放压舱水,使沉箱倾斜。一旦沉箱在一边脱离后,水就会在底下吸入,并折断所有吸水管。当然,如果没有裙沿,一旦边缘离地,水就可以在基座底下自由流动。

如果结构物自由脱离,排放压舱水限定至某点,使其不会超越仍保持完全稳定的水平。这可能是非常关键的阶段,因为必须提供一些多余的正浮力以拔取销钉。一旦结构物自由脱离后就会上升,直至达到平衡。必须实施特殊检查,以确保在此阶段中结构物仍保持稳定。

(9)将结构物拖至处置场所。

排放压舱水一般应通过抽水来减少内部的静水压力。使用压缩空气一般是不可取的,可能导致危险。首先,如果在沉箱下使用以帮助克服吸水,高压空气将趋于侧向逸出,导致管涌;其次,如果内部使用压缩空气来排除水,当结构物上升时,外部水头减小;再次,空气进一步膨胀;因此,结构物趋于进一步上升,并快于原计划;最后,该膨胀空气气泡形成了自由液面效应,流向高压侧,在该处发挥其更大的向上力量,从而形成倾覆力矩。

在船舶打捞时,使用压缩空气会导致灾难性后果,当泵入过量空气以克服吸水时:船舶摆脱下沉并开始上升;气泡膨胀;船舶上升加速。船舶上升至水面,但此刻气泡完全都在一边,然后船舶倾覆。空气逃逸,船舶又沉入至海底!

很明显,需要非常仔细的计算,不仅要考虑到原有结构物的重量,以及其排出水量,还需考虑事件发生后的所有变化,如下所述:

(1)海生物。

(2)内部堆积的钻井岩屑或沉积物。

（3）黏附于基座的基底灌浆重量。

（4）在裙沿和销钉上设置的土壤，渐增的拔取力。

（5）排放压舱水或沉箱顶跌落的物料。

此外，必须仔细考虑各种关键构件的结构妥善性，因为浮力施加的抬升力量极大。在这些年间，可能会发生有形损坏。

20.5　救助技术的新发展
New Developments in Salvage Techniques

海上救助新技术正在迅速发展，其中许多能适用于离岸平台的拆除。可以从船舶打捞专家处获得指导方法。这些新技术之一是使用泡沫来替代压缩空气。泡沫具有能排出固定容量的海水及当结构物从海底上升时不会产生变化的优点。聚氨酯泡沫的成本相对较低，但有约 100m 的深度限制。复合泡沫可设计应用于海洋很深处，但其格外昂贵。

充气氯丁橡胶球可以用来密封管状构件，便于排空或注入泡沫。充气氯丁橡胶浮筒也可应用于黏附在几个位置，以减少水下净重量。试图救助受损的弗丽嘉（Frigg）钻井平台安装导管架就是使用黏附充气浮筒的方法。不幸的是在展开救助行动时，夏季风暴毁坏了许多浮筒使其松散。现场工作条件变得非常艰难，所以放弃了救助工作。最后，该导管架被半浮半拖地运送至一个深水处置场所。

20.6　港口结构物的拆除
Removal of Harbor Structures

港口结构物可能是由不同材料（木材、钢材或混凝土）建造而成，并且各部

819

件都已使用了百余年。由于长期暴露于海洋环境中,这些结构物通常会受到严重损坏。根据桩嵌入在土壤中的情况,使用振动器可以有效地拔取桩。

在盐水中浸泡的木桩由于海洋蛀虫(如蛀船虫)可能已经变成为空壳或在潮间带由于蛀木虫而变窄成颈状。由于该结构性恶化,因此拔取往往不是可行的选择,最好的方法是使用重型蛤壳式挖泥机挖斗逐步将其"咬"掉。另外,还可以在泥线下使用钢丝绳线将其侧向拉断。木结构甲板可以分块吊运或者可以由大型蛤壳式挖泥机咬掉。处置方法一般是通过在获得批准的地点利用有利气候将其烧毁。由于空气质量规范,此类情况的组合变得难以找到。使用大型液压碎木机可能会比燃烧更为切实可行。

防腐木材可视作危险废物。备选方案包括在现场处置,如填埋,但需妥善控制其范围,以免污染地下水。若木桩具有足够牢固的结构,可以通过振动锤来拔取。在淡水中或泥线以下的木桩轴向强度不会恶化。

笨重的混凝土结构物,如旧桥墩,使用延迟爆炸是最有效的破碎方法。然而,由于会导致鱼类死亡,该做法可能不被许可。限制爆炸规模可能是一个解决方案,尤其是若同时使用空气帘。还可以使用液压压裂法。此外,金刚石锯(长钢丝绳黏附着金刚石或类似切割颗粒)可以将混凝土结构物切割成大块段。

钢板桩可由潜水员使用熔接条来切割,虽然联动装置特别难以切割。钢板桩可以通过振动锤实施拔取,在某些情况下,通过千斤顶对邻近桩的反作用力来增强效果。带有大直径销钉或螺栓的腹板应配以绳带。在强大压力下,腹板将受损于双剪切。通过钻孔或铰孔,以及通过使用仔细定位的两个或更多孔可以将该风险最小化,以便于一起行动。废弃钢材当然可以作为废钢处理。

钢筋混凝土甲板可以使用锄锤将其敲成碎片,然后烧断所连接的钢筋。大块段的可以使用金刚石绳锯来切割。然后,大碎片可以用作为抛石或粉碎后予以回收。

20.7 沿岸结构物的拆除
Removal of Coastal Structures

钢筋混凝土结构物很可能会受到大范围钢筋腐蚀的影响。对于混凝土桩主要用于潮汐和飞溅区域;水面之下的桩可能会比较牢固。因此,桩可能需要使用高强度喷水处理。低水位之下可能必须要安装牵拉附属装置。

如果获得许可,混凝土桩可由侧向力拉断,然后由潜水员烧断钢筋和预应力钢束。

钢桩可能由于流沙和砾石的腐蚀性冲刷在沙线处变窄成颈状。该点与腐蚀一起通常会腐蚀工字型桩的法兰。就里奇蒙德-圣·拉斐尔(Richmond-San Rafael)桥梁而言,历经了 40 余年的 75mm 法兰在冲刷防护大石头的侵蚀下法兰尖端变得薄如纸张,钢桩横截面面积缩小约 15%。

在沿海水域,沙子几乎总是在海浪和海流下移动。桩的拆除可以通过震动,或由一圈环形炸药喷射至海底下,通常与套管配合使用。桩拆除至最低季节性沙线 2m 以下或更深是很有必要的,这样可避免刺破任何船舶的船体或伤害冲浪者或游泳者,因为海床线在浅水区会季节性变移。

谁敢断言,大海古老?
阳光蒸馏,月光揉捏,
日新月异,无时趋老。

(托马斯·哈代"回乡")

第 21 章　可施工性

Constructibility

21.1　概述
General

　　由于众多船舶和离岸结构物的规模和复杂性、所需部署和安装的环境以及实际的施工活动(将设计转换为物理现实)需要非常复杂的设计规划、工程施工、经营管理和核查验证。这些都具体表达在囊括一切的术语"可施工性"之中。

　　离岸平台的建设在很大程度上已成了循环产业,如发现类似北海的新含油区,抑或 1973~1974 年石油输出国组织(欧佩克)的石油禁运及 2003 年的伊拉克战争,都引起了成品油价格水平的显著变化,对于这些事件的连锁反应几近疯狂。在阿拉斯加北坡和加拿大波弗特(Beaufort)海的发现触发了人们在北极圈的狂热行动,而北极圈则以其来自海冰和冰山的新环境载荷为人所知。然后有几近 10 年的间歇时间,期间不仅市场稳定而且产业成熟,并且在建设和成本方面变得更为有序。1997~1998 年达到了繁荣期间,技术也发生了变化,在整个行业适合于新需求之前需要有一段学习曲线。

　　最近已有了一种普遍共识,就是必须寻找和开发油气的新来源。原油价格大幅飙升保证了勘探和开发的可用资金。在新环境下施工的技术必须得到发展。

　　离岸结构物和管线是极为资本密集型的。于是构成了增加成本控制需求的早期开支。它们往往处于关键路径上,所以计划表变得相当或更为重要。它们构成了一个以全面规划和能力型施工管理来取得有意义的经济效益的领域。

　　可施工性贯穿于概念发展及设计与施工的整合之中。它确定了所选择的施工方法、设施和各阶段、材料与装配部件的采购和组装、组织和监督工作以及员工培训。它还包括分析与规划、质量控制(QC)与保证、安全工程与成本估算以及进度和预算控制。

　　可施工性也包括对于离岸结构物需特别关注的项目:重量控制。这涉及人员和物质的运输和选取、吊车工时、重型升降机的规划以及结构物内的机械和管系系统的安装。可施工性采用工作简化和标准化技术,以克服在离岸环境下复杂且精致的结构中所固有的困难。最后,其工作范围包括部署、安装及后续拆除、搬迁或救捞。

　　实际的施工过程已在前面几个章节中作了介绍。由于离岸结构物的可施工性具有特殊附加要求,本章将集中对其进行介绍。许多作业在一定程度上也适用于港口和河道,特别是沿海结构物。

21.2 离岸结构物的各施工阶段
Construction Stages for Offshore Structures

离岸结构物通过一系列非同寻常的阶段,从其制造至卸载(或出坞)、完成漂浮、海上运输、设备安装以及模块架设和整体连接。各类结构物的每一相关阶段已在前面章节作了详细描述。在可施工性规划中,有必要正式采用名称、细节描述及示意图来说明这些阶段(见图 21.1 和图 21.2)。

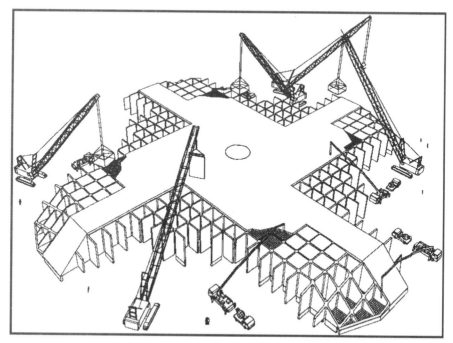

图 21.1 施工阶段规划图

(图片由鹿岛工程建设有限公司(Kajima Engineering & Construction Co.)提供)

墙壁和防水壁的施工建造

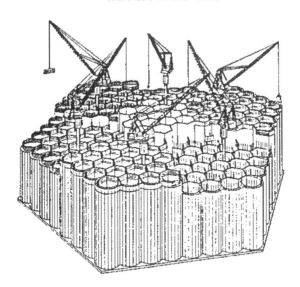

图 21.2 计算机辅助设计(CAD)绘制的可施工性规划
(图片由鹿岛工程建设有限公司提供)

很显然,首要步骤将涉及施工建造的各主要阶段。然后,每一主要阶段都可以再细分至所需的详细阶段。各阶段应进一步用一系列相应的图纸或草图进行描绘。现已发现等角投影图极为有用。图纸应该基本描绘其特性,并用粗实线显示相关阶段的各关键项目。其目的是为了排除该阶段中的不必要方面,从而可以清楚地辨识出各关键要素。因此,虽然这些图纸都是根据工程设计图纸所绘,两者不同之处在于着重点、清晰度和运用场所。计算机辅助设计(CAD)描绘连续阶段的三维图像特别有效(见图 21.3)。

绘制这类图纸并对其进行说明的经验表明,由于"跳过"的各中间阶段会被错误地以为是不重要或不言自明的,所以严重错误时有发生。当发生该情况时,可施工性规划的整个目的都予以否定,因为恰好就是这些跳过的阶段结果却经常表明是至关重要的。

一旦施工方对所描述的所有阶段都感到满意,那么就可以对每个阶段进行工程评价以确保具有适当的结构工程、岩土工程、机械工程及水动力性能。正如涉及钢筋混凝土结构物和堤坝的章节所指出,在这些施工阶段中,许多构件都会受到比设计环境载荷更高的压力和应力。

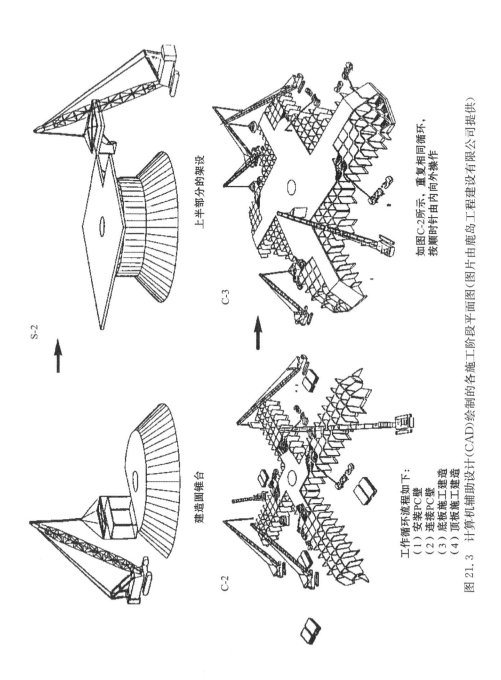

工作循环流程如下:
(1) 安装PC壁
(2) 连接PC壁
(3) 底板施工建造
(4) 顶板施工建造

如图C-2所示,重复相同循环,按顺时针由内向外操作

图21.3 计算机辅助设计(CAD)绘制的各施工阶段平面图(图片由鹿岛工程建设有限公司提供)

举例如下:

- 在打桩过程中的钢桩;
- 在安装过程中的管线弯曲和径向压缩;
- 在下水过程中的导管架腿柱和支撑;
- 在出坞过程中重力式结构物的筏基;
- 在甲板配合过程中重力式结构物的箱格壁。

对于其中的许多阶段,关键问题将涉及两个或更多科目之间的相互影响。例如,机械系统方式操作压载物与受压头差作用下的结构承载力、漂浮的稳定性能以及仪器仪表的实时读数都是密切相关的。

在先前结构物的规划中尚未充分考虑的关键事项包括:

(1) 与施工或下水初期的有效水深相关的吃水情况、干舷高度。

(2) 所有安装阶段内的稳性;自由液面的影响。

(3) 在运输过程中导管架和甲板结构物的栓系。

(4) 在拖航期间结构物的水动力响应,特别是加速作用力对于机械装置的影响;累积应力(疲劳应力)的影响。

(5) 压力和温度变化对于仪表、阀门和小型计算机功能的影响。

(6) 在施工建造期间的海浪和水流力。与海底初步接触和截留水试图逃逸的交互影响。

(7) 由于长期航行储存的能量,导致系泊缆绳的"突发"载荷;使用适当直径的滑轮和导缆器。

(8) 浅水和最小富余水深对于波浪特性、结构物或船舶响应的影响;船身下沉、首摇、风力倾侧和海底冲刷。

(9) 在发生压载吃水线破裂、阀门堵塞或舱壁冲走事件时,控制吃水和稳性,允许内部浸水。

(10) 压载控制发生人为错误,根据需要采取控制、调正和系统隔离。

(11) 配线和脐带控制电缆的布置以防止在关键操作时绞缠。

(12) 在制造过程中,不适当的重量及公差控制,导致下水灾难事故。

(13) 舱室内压载水压头差的公差考虑不足。

(14) 拖航期间在导管架腿柱上的桩固定不当。

（15）现有设备无法达到所需的打桩贯入深度。

（16）由于阀门卡住或未关闭开口，导管架腿柱意外浸水。

（17）漩涡脱落、振动和疲劳。

（18）未按规定程序焊接临时附件和堵板。

（19）未经工程师批准在装配过程中更改压载物和配筋细节。

因在深水系泊现场的施工过程中为了提高可接近性和便于物料搬运而修改了压载顺序，上述第 19 条几乎就造成了贝里尔（Beryl）A 平台遭受损失。为了便于安装而把穿越星形箱格喉道的 T 形钢筋截短，这确实导致了斯莱普内尔（Sleipner）平台遭受损失。

将项目划分为各阶段且将每一阶段的分段变为实际步骤是一种能为每一步选择最有效方法的过程。健全的判断力和经验会趋向于在每一阶段内密切结合各相关步骤。然而，该做法的局限性可能是"见树不见林"。因此，还必须以全盘观点有意识地进行总体评价，以确保所有步骤和各阶段的协调和综合。对于经验丰富的施工方来说，该概述可能会导致涉及工作计划和方向能否作出正确决策。由独立工程师或技术顾问委员会进行审查是公认能最大限度地减少疏漏的非常有效的方法。

然而，富有革命性开发的设备、工具和仪器仪表以及具有新结构、新系统和新环境特性的海上施工，可能并不存在具体的经验。因此，不是仅仅依靠直觉，自觉应用可施工性规划及对各阶段实施评价应该能产生更为合理和有效的方案。

21.3 可施工性原理
Principles of Constructibility

以下为可有效应用于减少施工时间和成本的一些原则：

（1）尽可能细分为便于制造和装配的大型组件和模块。

（2）在最有利位置和最有利条件下同时制造适用于每个部件的主要部件。

（3）规划至装配现场的部件流程。

（4）为装配提供足够的设施和设备——制造现场必须有足够的空间用于部件装配、存放和存取；特种设施可能包括基于地面和装于驳船上的同步升船装置、重型起重机、干船坞以及施工水坞等。

（5）简化配置。

（6）细节、等级和规模的标准化在实际可行范围之内。

（7）避免过于严格的公差；提供柔性和可调整的连接，特别是对于机械系统管系的连接。

（8）在相对连续和统一基础上，选择能利用技术和行业的结构体系。

（9）对劳动力的需求方面应避免间歇性高峰；选择需求相对一致的施工方法。

（10）避免对天气条件过分敏感的操作程序；对环境非常敏感的构件安排车间预制和涂装。

（11）需组合于结构物之内或之上的模块化机械系统应成为最大可能部件，即使需要额外结构支撑或妨碍结构物本体的施工建造。

（12）选择适宜于具体结构物的施工建造方法，应避免固定于仅有的一种方法，如混凝土泵送、滑料成形、焊接或驳船下水；方法的选择应具有多功能性。

21.4　建造的设施和方法
Facilities and Methods for Fabrication

对于离岸结构物，施工的初期阶段是在岸上基地进行的。该基地可能是为该项目特定建造的，抑或可能是相对永久性设施。该设施面积必须能充分容纳结构物和/或部件本身，还需要有存储材料库、进出通道、辅助建筑物和基础设施。

离岸结构物的规模通常都很大，并在相当长时间内需要大量人员。因此，通常需要证明花费精力和金钱打造一流设施（合适的表面处理、道路、结构物、公用设施以及尽可能适用的住房）是经济合算的，能使人员和设备在高效下工作。

该项工作几乎总是会昼夜不停地进行,因此,需要有充足的照明。即使在恶劣气候条件下,也是如此,所以,必须提供适合工作的足够围栏,特别是对于焊接和喷漆工作,并且工人们需有足够的更衣室。

常见错误是设施面积太小,以致材料存放、构件预制、吊车和卡车等空间都不够大。平台四周必须用砾石等建造足够的道路,并安装适当的排水设施。

施工船坞必须非常稳定和牢固,足以支持新结构物和施工设备。由于船坞几乎都是位于水边,原始泥土可能需要稳定化并用压实贝壳或压碎岩石填充后才能在其上面作业。在松软泥沙中可能需要滤布或桩支撑,然后在其上面可放置岩石,或钢筋混凝土板。

大型履带式起重机会产生特别沉重和危险的载荷,因为在吊装其最大载荷时,几乎满载荷的起重机本身及所吊装的载荷都集中在一个履带或支点上。

清洁的工作场所相当重要,这不仅能保持有效通道和安全,还能防止堵塞必要端口和管道。

根据定义,结构物将从岸上船坞移动至海上,靠其自身浮动或放置于驳船之上。这就需求增设舱壁和进行疏浚,并需具有足够的系缆柱以确保结构物能安全转换成水运模式。

现已开发了一些具有独创性的方法以促进从陆上至海上的移动工程。下面简要介绍其中的一些方法。

21.5　下水
Launching

21.5.1　下水驳船
Launch Barges

这是广泛应用于钢导管架下水的方法。结构物在同一平面上制造。然后在固定于钢梁上涂抹过润滑脂的硬木材上下滑前进,或由千斤顶逐步向前移动。其间,沉重的舱壁已经建成。下水驳船是一种巨大钢驳船,具有众多压载舱,并紧紧系泊在舱壁边。在条件许可时,如在苏格兰的因弗内斯(Inverness),压舱在事先准备的沙床上。当该做法不切实际时,通过压舱保持装载过程中驳船甲板的坡度和纵倾与船坞对准。

然后使用驳船上的绞车将钢导管架向前下滑至驳船上。载着导管架的驳船被拖航至现场。在压载后船艉向下,绞车或拖船将导管架牵引下。为了适应在船艉的集中载荷,安装了会随着导管架下滑而旋转的铰链部件(见第 11.4 节和第 11.5 节)。

30 000t 及更重的导管架已使用该方式下水。

21.5.2　运输提升
Lifting for Transport

重量高达几千吨的混凝土箱形沉箱已在预备船坞的同一平面上制造完毕。然后,通过滑动或类似方式将其移动至舱壁。大贝尔特西桥(Great Belt Western Bridge)的箱形沉箱使用千斤顶将其向前移动,并滑动至具有间隔齿的混凝土梁上,这样千斤顶就可以同时进行增值提升。这能使沉箱分段移动至舱壁,并在该处由大型起重驳船吊装,然后运送至现场,并将其降低就位。当海水汹涌或沉箱分段接近起重驳船的承载力时,该分段的一部分可降低至水中以凭借浮力获得额外的提升力。

对于加拿大东部的联邦大桥,箱形沉箱由滚动运载工具进行运输,即先从制作基座上将其升高,然后将其向前滚动至笨重的混凝土梁上。

21.5.3　干船坞内的施工
Construction in a Graving Dock or Drydock

这是在船厂建造的众多大型箱形沉箱所采用的方法。在该事例中,通过仅允许用将水注满船坞的方法而使结构物浮动。为了避免平底吸力的影响,底板应制造在聚乙烯或胶合板上。在低压结合处的浸水持续几小时将逐步断开任何吸附结合。

这相对简单的下水优势不仅被干船坞的租赁费用,还被在深基坑内劳作的较高成本劳动力所抵消,并且深基坑通常侧面间隙不足,难以进行高效操作。然而,在连接丹麦与瑞典的厄勒海峡(Oresund)大桥的主桥墩事例中,非常宽大的干船坞在马尔默(Malmo)制作完成。在制作了两个混凝土箱形沉箱之后,两艘大型钢驳船浮动进来,每边各一艘。船坞重新排水,于是两艘驳船就结合成一艘双体船跨越桥墩。众多千斤顶集结固定于驳船上,以便产生数千吨升力。船坞用水淹没,并打开水闸。沉箱的浮力及双体驳船的升力能使结构物漂浮至现场和进行安装。

21.5.4 港池施工
Construction in a Basin

相对永久的船坞通常使用沉箱闸门作为关闭装置,因其能够快速拆除及重新安装。结合预应力混凝土闸门,该系统已应用于昆士兰州海角港(Hay Point)海上中转码头的沉箱施工建造。20世纪40年代北海油田的钢导管架使用钢闸门,而在苏格兰的凯肖恩湖(Loch Kishorn),离岸平台则采用预应力混凝土闸门(见图21.4)。

在岩石堤坝中使用钢板桩的方法已应用于建造位于挪威斯塔万格(Stavanger)的康迪普(Condeep)重力基座平台。沙堤坝带有钢板桩断流和井点的方法已用于建造位于荷兰东斯海尔德(Oosterschelde)风暴潮挡闸的66个桥墩和位于澳大利亚昆士兰州海上中转码头的沉箱。现已开发了具有独创性的连续水坞系统,并成功应用于爱尔兰都柏林基什(Kish)海岸灯塔,后来又应用于位于迪拜的3只离岸石油储罐施工建造和下水。最近,该原理已成功地应用于丹麦厄勒海峡(Øresund)隧道管节及宾夕法尼亚州匹兹堡的莫农加希拉(Monongahela)河对岸布拉多克(Braddock)大坝的分段下水。并且特别适合于多个分段的下水。建造两个水坞,其中一个浅,另一个深。结构物在浅水坞中建造。当完工时,将其浮动至吃水深的水坞中。然后当河流或潮水足够高时,打开闸门,于是结构物就能浮动离去。该概念能使待制造的结构物在同一或接近同一平面上进行施工,并且具有最佳通道。深水坞的规模有限,并且从不需要排水,因此就降低了成本。

21.5.5 从船台或下水驳船中下水
Launching from a Ways or a Launch Barge

巨型和重型结构物已能从船台下水,如油船和水下用管段。横向下水通常

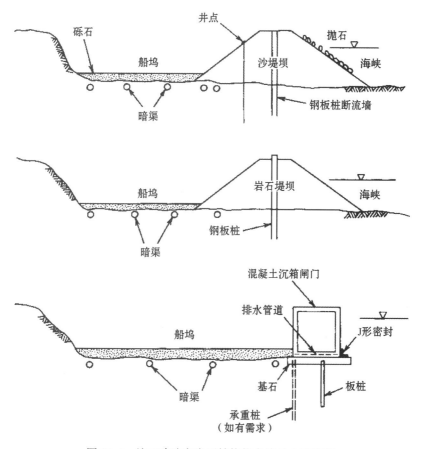

图 21.4　施工建造离岸型结构物水坞的 3 张略图

要比艉端下水所产出的结构应力低许多。下水时必须一致,一端不能拖延或落后于另一端。艉端下水时会产生高弯矩,因为先下水一端被水的浮力抬起。同时,另一端会将非常集中的载荷转移至船台,反过来其自身也经受着非常巨大的集中力。

由于其锥形构造形式,导管架通常都是通过下水驳船在艉端方向上下水的。然而,莱娜(Lena)拉索塔虽然具有矩形截面,但其成功的是使用了横向下水,而且正如第 11 章所提及的,最近在日本的研究表明横向下水可能同样也适用于锥形构造形式。常常发现最好是采用支船架在船台上滑动,以便能使其以正确姿态下水浮动。预应力混凝土浮动磷酸盐船鲁格梅克斯(Rogamex)号就建造于新加坡的船台上,并使用了横向下水方式。从船台上横向下水方式正计划在俄亥俄河上的奥姆斯特德(Olmsted)大坝巨型混凝土壳体上应用。

21.5.6 压沙
Sand Jacking

很少使用但有历史证明的压沙方法是通过疏浚开挖一个水坞,并保持水坞充满水。然后,用沙填充该水坞直至工作高度。接着铺设临时岩石路面。此时结构物在正常高度建造,并具有全部通道(见图21.5)。

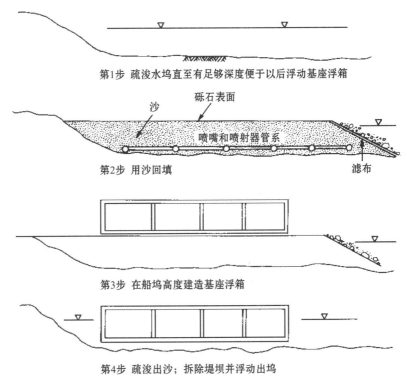

第1步 疏浚水坞直至有足够深度便于以后浮动基座浮箱

沙　砾石表面

喷嘴和喷射器管系

第2步 用沙回填　　　　　　　　　　　　　滤布

第3步 在船坞高度建造基座浮箱

第4步 疏浚出沙;拆除堤坝并浮动出坞

图21.5 使用压沙方法施工建造离岸型结构物及其下水

等到需要下水之时,从结构物下方吸出沙,必要时采用喷射方式以促进沙的横向流动,使其产生相对均匀的载荷分布。随着沿结构物两侧及其下方挖掘深度的变化,需连续监测结构物的应力。而在移除沙的作业中需做适当调整。

在挖掘完成后,结构物自由浮动并可牵引出去。此时,可重新以沙填充。

该方法根除了水坞排水所涉及的问题,并同时能在同一平面进行所有工作。喷嘴和喷射器管道可在填沙之前预先安装,以方便疏浚及促进沙流。

21.5.7　滚动
Rolling-In

大直径桩、圆柱体和管材的下水可以通过从船台向下滚动的方式。对于横向下水,圆柱体必须与海岸平行向下移动,并且任一端都不能拖延。虽然该方法理论上能适用于像 SPAR 平台一样的巨大圆柱体,局部承载和变形可能会过度,从而阻止了其应用。

21.5.8　以千斤顶降低
Jacking Down

现代液压升船机系统的问世能使模块从驳船港池滑动至桁材上,然后通过液压升降千斤顶将其降低至驳船上。该设施特别能胜任重复性卸载操作。

21.5.9　通过压舱法使驳船下水
Barge Launching by Ballasting

许多庞大的离岸结构物先在大型驳船上或浮动干船坞内分段建成。然后逐个分段下水(或浮出)。该系统尤其能很好地适应水下底座的下水。底座可在驳船上装配。此外,还可在岸上制造,然后滑动或转移至驳船进行运输和下水。在下水期间,驳船通常是用水浸没。在许多情况下,驳船主体完全浸没以使结构物可以直接浮出。浸没和下水期间及其之后的稳性成为主要问题。

由于驳船甲板进入水面下,此时水线面面积减少至甲板上所载的结构物面积。在此关键阶段,浮力中心基本上是驳船的几何中心。组合体系(驳船加压载物加结构物)的重力中心一般仍相当高,因此由水线面提供扶正力矩是非常重要的。此时的关键不再是驳船的水线面,而仅限于结构物的水线面。用于浸没的压载水自由液面的影响也必须予以考虑。为了克服这些影响,惯常做法是将一部分水密舱装满水,另一些水密舱清空,只有少数水密舱存在自由液面。

因此,还必须考虑如此不均衡装载的结构性影响。

在更深的淹没过程中,结构物开始浮起。此时水线面不再有助于驳船维持稳性。驳船在此阶段旋转失控,事故时有发生。为了提供稳性控制,驳船通常在一端或两端安装立柱,如此能产生足够水线面惯性矩以提供稳性。这些立柱还能用于准确控制驳船吃水(见图 21.6)。此外,在该阶段,驳船一端可倾倒下去搁在适当深度特别处理过的海底,这样就能从驳船一端获得稳性。

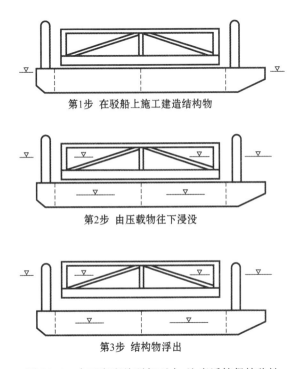

第1步 在驳船上施工建造结构物

第2步 由压载物往下浸没

第3步 结构物浮出

图 21.6 水下底座从驳船下水,注意浮箱保持稳性

当然,驳船所受到的外部静水压头超过了普通至常规驳船所承受的压力时。很显然要求有特别设计的驳船,抑或标准驳船必须通过内部加固及密封通风口和其他甲板装置进行改进。用于自升式钻塔平台远洋拖航和疏浚的重型半潜式驳船可以在施工建造中使用。这些驳船曾用来建造、运输,并下水用于香港青马大桥马湾塔的混凝土沉箱以及用于加拿大北极地区波弗特(Beaufort)海的塔希特(Tarsiut)人工岛沉箱。

使用驳船下水已成功地应用于施工建造数以百计的压缩机和泵站式混凝

土驳船,其设计旨在将其拖航至墨西哥湾浅水海域各处位置,并永久压载至海底。下水需要在精心刮平的海底进行,这能使驳船在升起之前触底。然后,在施工中新驳船浮起的同时将其压载在原处。在复原过程中,各角落处的立柱维持稳性。

21.6　浮动装配和接合
Assembly and Jointing Afloat

大型构件在平静及受保护水域浮动时进行结合是目前已得到确认的技术。本州(Hondo)的钢导管架是分为两个分段建造的,其总长度超过 280m,是漂浮在局部受保护水域上结合的。以配合锥、液压顶锁装置和内部焊接来提供结构的整体连续性。

曾在西班牙北部兴建的大型混凝土浮船坞首先是在驳船上建造驳船大小的各个分段,将这些分段下水,然后使用预应力和水下浇筑混凝土使之结合在一起。大型油船的船体先建成两部分,然后下水并在漂浮时结合在一起。使用临时围堰进行排水。大量杆棒和螺栓将两部分校直以便焊接。水下隧道管节和大型排水口及通风隧道管节已使用螺栓、预应力和水下混凝土灌筑和灌浆等各种结合方式在水下进行连接。

瓦尔迪兹(Valdez)浮式集装箱中转码头是先建造成两个 100m 长的分段,然后拖航了 1 000mile 至现场,并用混凝土和预应力进行结合。胡德(Hood)运河浮桥也是同样建造成大型的混凝土分段,然后在现场使用水泥灌浆和预应力混凝土结合。日本在东京湾将标准驳船型部件结合在一起,为在冲绳岛建造离岸直升机基地做准备。浮桥各分段结合起来在华盛顿州和不列颠哥伦比亚省以及塔斯马尼亚和挪威等地都建成了许多长长的桥梁。

一般而言,适用原则如下:

(1) 大型配合锥和套节及绞车缆索可用于初始定位,这些都应该按顺序进行,并使每个自由度都受限制,然后将其锁定直至下一次固定。

(2) 密封结合区,使其具有水密性;使用外部螺栓和桁材进行临时锁定。

（3）结合区排水。

（4）使用螺栓连接、焊接或预应力加上混凝土灌筑或灌浆，或者环氧树脂喷射进行永久结合。

（5）永久密封防止水渗入。

第 13 章第 13.7 节核对了开阔海域上大型结构物的接合情况。

21.7 材料选择及程序
Material Selection and Procedures

根据材料的使用性能，设计时自然就会确定材料的规格。目前将更进一步考虑可施工性，正如施工方强调结构物的建造是以其实用性来满足技术要求的一样。

例如，对于钢材方面，焊接程序和材料与所要进行工作的环境温度和湿度条件密切相关。施工方通过下列步骤中的一个或多个而把握机会来优化这些相关问题：

（1）施工方可以选择在受保护、加热和干燥的围护内进行大部分的焊接工作。

（2）施工方可以选择使用预热和/或焊后处理以达到所要求的结果。

（3）施工方可以选择购买专门加工的对各种条件较不敏感的钢材，假如设计工程师已批准这项更改的话。

对于混凝土结构物，施工方甚至拥有更多的替代方法，从而可选择最佳组合。施工方可以增加水泥用量以获得和易性与早期强度。施工方可以使用超增塑剂外加剂（即"高流态混凝土"）以改善和易性与强度，并减少所需振动。施工方可能会增加加气以改善和易性及防止离析。施工方可能在混凝土拌和料中加入浓缩硅粉，以提高早期强度和黏结性。施工方可以使用抗分散外加剂，以根除水下混凝土的泌水和浮浆。

混凝土拌和料中不同成分的添加时间和顺序对其性质具有决定性效果。

例如,加气处理通常应该在混合周期的最后进行。骨料选择和级配可能需要改进。表面特性、吸收、强度和热性能都是非常重要的参数。为了控制水合热和热梯度(因而开裂),骨料可以预冷,在混凝土拌和料中可用冰代替水,并且可以更换水泥类型。粉煤灰或高炉矿渣可用来取代部分水泥。

混凝土的输送和填筑方法会影响其质量。例如,泵送混凝土压缩了加气气泡。并且迫使水进入有吸附性骨料,从而逐渐使混凝土拌和料变硬。新鲜混凝土的养护、模板上的分隔材料和新近外露的表面,它们对于防止收缩和热裂解以及确保混凝土经久耐用都是极为重要的。混凝土使用超增塑剂外加剂后易遭受塌落度的突然损失,尤其是在炎热天气。可能需要缓凝外加剂。在寒冷气候下预应力管道的灌浆成型可能需要使用防冻外加剂。

对于堤坝材料方面,适当密度和边坡极易受到级配(细骨料)和沉积方法的影响。挖出的泥沙溢出物可能会有效地减少细骨料。有时材料必须用两种或多种原料掺合,以获得最佳混合比。

泥土和岩石材料可以用多种方法在水下沉积:整块地倾倒下去,通过水下浇筑管或用料斗放置下去,在水面利用水压卸料,或在海底使用特殊设计的分离器进行排放。施工方可能不得不在更多关注填筑作业(及其成本)与追加致密化作业之间做出抉择。

疏浚水下斜坡可以通过作业方法的控制而取得明显成效。例如,使用液压疏浚,在斜坡上"往上"切割可能会导致岸堤坍塌且引发滑坡;而"往下"切割可以阻止该现象的出现。使用任何疏浚手段在斜坡上进行深度垂直切割都是不可取的,并且可能会引发斜坡坍塌。

在疏浚期间的物料沉积尤为敏感。如果存放在斜坡顶端,重量超出岸堤载荷就可能产生坍塌。例如,从蛤式抓斗投下物料产生的影响可能会导致剪切破坏。可能需要将抓斗降低至该表面,然后投下物料。在液压疏浚期间,相邻斜坡的坑洼会增加斜坡坍塌的可能性。

21.8　施工程序
Construction Procedures

在各施工阶段范围内必须开发适当程序以符合下列准则:

（1）严格遵从技术规范和图纸。

（2）确保满足质量要求。

（3）具有满足进度要求的能力。

（4）具有对现有设备、设施和技术的适应性。

（5）整体表现高效经济:适合项目 1、2 和 3 要求的最低可能成本。

（6）将事故或延误的风险降至最低。

各阶段内对每项主要作业的分析都涉及施工建造的最有效方法。

由于施工方所能控制的两大开支涉及结构物制造和机械设施连接,所以涉及效能方面所需主要关注的就是这两个阶段。然而,涉及大型起重设备、卸载、下水、输送和现场安装等阶段并非特别表现为劳动力密集型,都可以从技术和设备的角度加以控制,所以必须关注这些事项,以确保技术性能和安全性。因此,在程序中不同阶段的工作重点各有偏重,有时需要关注效能,有时则需要关注设备选型和技术性能。评价程序和选择方法本质上是一系列次佳选择。施工方暂时将各阶段分别隔开且在每阶段末尾设置界限,并为该阶段开发最有效的方法。

由于在钢材或混凝土制造加工方面有极大的工作量,所以制造方法应遵循与日本造船业所使用的相同的逻辑和模式。而且需将工作分解成许多切实可行的子单元。然后,每项工作都以最有利姿态(经常会倒置)且在最有利条件下制造。其优点则是使用非常先进的重型运输和起重设备将大型部件搬运至现场。

由于离岸结构物都是在水上或靠近水边组装,这就为部件制造现场的大范围分散式生产式及随后的水上运输提供了良机。然后装配件本体可以漂浮在避风场所,或在干船坞内,或者在水坞内或岸上的下水设施内。这样就可制造起重能力达数千吨的重型起重运输机,以及起重能力高达 8 000t 的人字起重架和锤头式起重机驳船,而且还可制造能够搬运重达 50 000t 部件的同步升船装置,以及 1 000～4 000t 重的高架龙门起重机(桥楼)和 20 000t 级的双体船。

可并行使用大型履带式起重机和起重驳船,以抬升钢导管架的各完整面或吊装巨大模块。很显然这需要非常密切的协调和控制。规划时必须考虑吊装过程的载荷和半径的变化分布。最后的装配工作受益于装备的精良,这样连接件会自动地被引导至确切位置。很显然准确性是至关重要的。工程在细节方面必须考虑到因不同方位上的总载重量不同而受到的温差和变形影响。

对于钢管部件的制造,必须决定在何处设置结合点,应该是设置在节点处,还是设置在管件的正中间。由于节点是三维的,在该处装配通常困难更多。如果结合点设置在管件长度的正中间,则可以先将节点设立在其正确位置,并将主管件切割至与现场测量得出的精确长度一致,接着随时准备环周焊接。然而,这又涉及额外结合点。另一种方法是将管件预切割且使一端等高,并允许另一端稍长一些。在第一端焊接完成后,再将另一端在现场切割至定长。

众多现代船坞目前都具有电脑控制切割和构件倒角装置,以确保节点的精密装配。

对于导管架或大型模块框架,应该如何选择子组件?导管架应该分成几块预制板以便于部件的装配,因为这一方法已在墨西哥湾麦克德莫特(McDermott)、布朗(Brown)与鲁特(Root)船坞被广为应用,抑或是否应该采取像日本钢管公司(NKK)应用于北兰金(North Rankin)平台的方法将其分成三维空间框架?

对于混凝土结构物,则必须做出几项决定。全部构件是否都采用现浇方法,或者部分或所有构件都用预制法?对于尼尼安(Ninian)中央平台,数以百计的混凝土壳体单元是在英格兰南部预制的,然后运至苏格兰西北部,并使用人字起重架浮吊安装就位。对于混凝土岛钻井系统(CIDS)北极平台,预制的多孔内部构件与现浇外墙相结合。在北海许多平台上都已应用了预制原地就位的壳体形式。应考虑它们与现浇混凝土结合使用的机会。预制为分散生产和次佳选择提供了许多良机,但还需要考虑起重能力和详细的接合点信息(见图 21.7)。

接着需要决定的事项涉及现浇混凝土。应该使用滑料成型还是使用预制板形式?例如,滑料成型已非常成功地应用于康迪普(Condeep)平台,但在很短一段时间内其人力需求剧增。攀登棒和轭架是否会妨碍埋置和加固填筑?预制板形式能在不同地点使用混凝土填筑加固安装,这样有利于分散生产和均衡人力需求,但是需要有更多的施工缝。

第三个重大决策是混凝土输送和填筑所需采用的方法。是否应该使用泵送,或者使用铲斗或独轮车?所有方法都已经得到有效使用。所需填筑率可能是决定性因素。如果使用"高流态混凝土",就会影响成型方法和填筑方法。

大量的关键人力需求涉及与混凝土离岸结构物相关的钢筋安装。钢筋是否应该像实际滑料成型操作一样单独处理,还是使用预装配网架?应该怎样拼接:使用搭接、焊接,还是机械连接器?各区域使用颜色编码配筋和预包装配筋

图 21.7　预制混凝土板正在施工水坞内组装，接合点将采用现浇方式且为后张预应力式装配

能节省填筑人员的时间吗？特别是典型的离岸结构物所要求的大量箍筋应该使用弯曲钢筋、预焊接钢筋环，还是机械弯头的 T 型钢筋？

　　实体模型可以在关键制造作业的决策中发挥非常重要作用。不管是相交的管状节点，还是混凝土壳体的接合，结构物实际尺寸的各部分都可选择。然后，所有插接件、后张预应力管道、钢筋和加强筋板都可制作。该实体模型能使人们看见许多焊接、钢筋填筑和灌筑等许多细节的相互影响和可行性。这类实体模型总是能证明其自身价值，尤其在实体模型是由将来负责现场后续施工的同一个个体单位制造的情况下。

　　在次佳选择过程中，制造和架设过程中的许多作业活动将在离基础和地面 50m 或 58m 以上的高海拔位置进行。由于工人们需要使用脚手架，这是否可以在架设之前先行搭建呢？如果需要安装预制混凝土或钢构件，怎样做可以便于初始安装既快速又准确呢？在尼尼安中央平台上，承重板的螺丝调节螺母在混凝土浇筑之前就已固定。然后由检查人员精确地测量每块承重板，并调整至合适水平后在承重板放置承重壳体的确切位置划线标记。在每个壳体构件（100～300t）吊装之前附上标记线。然后在上面的工人们可以抓住标记线，并将壳体单元导向正确位置，而无需等待进一步的测量检查。

　　实体模型对培训工人们也产生了有价值的效果，特别是当他们看到自己的工作成果之时。现举例说明，如果在密集钢筋中填筑混凝土会产生蜂窝和砾石

穴,于是工人们就可以直观地判断是否有振动的需要。如果焊接螺柱过热就会
导致板翘曲变形,他们就会理解频繁转换位置及强调时间间隔要求的原因(见
图 21.8)。

图 21.8　使用钢筋及预应力钢筋建成的海伯尼亚(Hibernia)平台实体模型墙

　　日本造船业的实践已反复论证了其离岸设备和结构物的施工经验(见图
21.9 至图 21.12),即多个行业的工人队伍被分配至一个在特定区域内负责完
成所有工作的特殊工作小组,这样做的生产效率远高于各行业独立行动的高度
集中组织,而后者是由一个行业的人员负责其在结构物的分类工作中的所有工
作。且由各行业在整个结构分类内负责完成所有工作相比会产生更高的。他
们对工人的生产效率的分析表明了下列要素最为关键:

　　(1) 良好的通道和适当的工作空间。
　　(2) 对工作有利的位置。

图 21.9　日本船厂为北极离岸平台建造钢基座。模块分段在工厂预制且在干船坞内拼装

图 21.10　在船坞内装配钢模块分段

图 21.11 澳大利亚昆士兰州海角港（Hay Point）♯2 号海上中转码头，
演习吊装和插入预制装船机臂架

图 21.12 模块组装后所有焊接都是半自动进行

（3）无需过度依赖工友们的进度，而能掌握自己的工作速度。

（4）即时提供近在咫尺的工具和材料。

（5）明确规定的工作方案和程序。

（6）把个体劳动者视作为团队的一部分。

    与"行业"概念相对，采用"区域"概念或组织是分权化的回归。因基本技能和技术需要继续由行业实施，类似于组织矩阵系统的新方法已由一些大型工程组织所采用。当然，该工作小组将根据需要进行再分配和重新构建。即使有特殊分包商们的参与（如对于后张预应力），工作小组的组织结构似乎有更大的整体效率和可靠性。

    离岸施工程序的规划首先需要考虑的是执行这些规划所处的海况和气象条件。Chen and Rawstron 在《海洋科技杂志》发表的"离岸施工项目规划和进程的系统方法"（1983 年 10 月）论文中利用先进的仿真技术编制了离岸施工作业规划。确定了各种作业的限制海况，如模块吊装、打桩、管道铺设、饱和潜水，以评价船舶运动对作业的影响。根据该分析技术，可对作业持续时间、设备适用性、工作顺序和延误风险或成本超支等进行评价。

    与此类似，离岸施工必须逐阶段进行规划，以确保作业的高效性。最有效的方法是为各阶段制作一系列简图和演示材料，用以表示设备、结构物和支援船的配置平面图以及抛锚和系泊浮筒的位置及系缆索的导向线。重要的是应当显示出各分阶段情况，以便设备移动时航线的新导向线和支援船舶的新位置都能明显可见。然后可以绘制起重机半径。等距或垂直海拔将确保关键吊装时吊杆与结构物之间互不干扰，以及附属操控线能控制起重机。这些阶段的图纸应绘制在防水纸上。鹿岛（Kajima）工程建设有限公司及施工人员为其在北海道离岸中转码头的施工制作了这套图纸。对于挪威国家湾平台，施工人员制作了关于整个竖井的水平分层详图，能显示各海拔位置上所有的钢筋和插接件。

21.9　通道
Access

    可施工性很容易忽视的一个方面是为人员和设备进入其设定工作区提供

通道。工人们需要安全和方便的通道。有研究表明,每位工人一天工作中有高达 50% 的时间是与移动相关的。工人爬梯子、穿梭或强行通过密集的钢筋区域、爬越脚手架和行走于跳板上都是低效和浪费的行为。需要按工程要求设计出适当而安全的通道(见图 21.13)。

图 21.13　尼尼安中央平台的预制防波堤分段在架设时已建成走道

如何将人员运送至海上的各施工现场?他们将如何从运输机转移至平台或结构物上,是使用能适应涌浪和垂荡的液压作业走道,还是使用比利·皮尤(Billy Pugh)吊网?怎样提供垂直通道,是使用升降机、提升机,还是使用阶梯?

在离岸结构物制造过程中通常会重复许多类似的箱格或框架。例如,国家湾 B 号康迪普平台有 90 根相同的裙桩和 24 个近乎相同的箱格。这很容易使工人暂时迷失方向。需要标注在夜间或在雨中容易看清的标记,在平面和高度方向都需要标识位置。

起重机位置、可达范围和旋转方位都需精心布置,以确保吊杆在允许半径范围内伸展载重及载重物起吊和放置时不会碰到结构物的侧面。这需要进行三维研究。必须规划内部通讯,以利于全面监督和指导升降机操作、控制混凝土坍落度和物料供应。夜间工作照明必须考虑结构物和起重机投下的阴影。

21.10　公差
Tolerances

离岸结构物不仅是人类建造的最大结构物之一,而且这些结构物必须可以移动、浮动以及转动至与其最初建造时所不同的姿态。在施工期间,它们需承受各种各样的外部载荷。然后,还必须与其他系统互相接合。因此,公差就变得异常重要。重量控制至关重要。钢导管架通常是先下水,然后需要在动态形势下返回至最低限度干舷高度的均匀吃水线状态浮动。在承受甲板向下压载时,混凝土结构物在该阶段通常只有1%或更小的储备排水量。因此,必须制定重量控制程序并设立一个机构来控制整个施工期间的各种重量。

对于钢结构,发生重量变化的项目如下:

(1) 厚度变化(钢板通常趋向偏厚)。

(2) 直径变化。

(3) 加劲板。

(4) 起重附件。

(5) 焊接材料(通常会超出限度)。

(6) 安装螺栓。

(7) 吊索。

(8) 围护板。

(9) 脚手架。

(10) 仪器仪表装置。

(11) 灌浆管和通风管。

(12) 涂料和油漆。

(13) 阳极端点和阳极端点支柱。

对于混凝土结构物,发生重量变化的项目通常包括:

(1) 壁厚变化(通常会超厚)。

（2）几何形状的更改。

（3）钢筋长度和拼接容量（通常超长）。

（4）定位钢筋、底座及支架。

（5）埋置件。

（6）后加拉力锚碇。

（7）导管（在某些阶段是内空的）。

（8）混凝土单位重量。

（9）混凝土所吸收的水。

（10）脚手架。

（11）支承板。

（12）压载物数量。

（13）在适当位置压载物的单位重量（密度和水等）。

影响重量控制的另一组因素是几何形状的控制，这也影响着装备、浮力和结构性能。对于圆柱形结构，无论是管线或混凝土结构物，公差控制可能包括下列各项：

（1）失圆度：

　　a. 两直径在 90°；

　　b. 最佳拟合圆；

　　c. 真圆；

　　d. 圆的局部差异。

（2）直径。

（3）壁厚。

（4）中心线位移：

　　a. 从真实位置位移；

　　b. 从相对位置位移。

（5）管线涂覆时涂层产生重量：

　　a. 涂层厚度；

　　b. 涂层密度；

　　c. 涂层所吸收的水；

　　d. 在接合处凸出的涂层。

处在外部静水压头下以及在随后的其他部件装配(如埋置、排管和预制单元)时,几何控制对于确保不发生屈曲尤显重要。

各管段通常难以准确评价其排水量,因此由于沿长度方向涂层厚度的变化,浮力特别会隆起在每个双重关节管段端头的涂层处。

对于水下堤坝,高程和坡度公差必须符合实际情况,且与即将安装现有设备和测量设施的一般海况相对应。在阿拉斯加和加拿大波弗特海安装的一些早期钢沉箱(壳体),对于需要就位的刮平表面的公差要求非常严格,用以防止船体底部发生局部损坏。初期阶段就采用更易达到的公差要求,这一点本应反馈到沉箱底部的结构设计之中,其结果可在工程进度安排时间紧、任务重且花费巨大的情况下明显减少现场工作量。

21.11 测量控制
Survey Control

测量控制显然与几何控制密切相关,但其贯穿于施工建造之前及期间,指导制造和安装过程。如果各部件之间必须相互配合,通常情况下则难以确立适当的基准线。例如,必须选择一条连接两个最佳拟合圆中心点的直线,其余各点必须正好落在所有的 3 个平面上。这样,一般可以发现模板是转换复杂交互维度的最佳方法。

预制混凝土构件的镶合浇筑在确保后期配合方面已取得了巨大成功。并且已有效地应用于尼尼安中央平台的防波堤分段。镶合浇筑必须注意避免由于热效应所引起的扭曲,例如蒸汽养护时的翘面。镶合浇筑加上使用环氧胶接合和后张预应力的安装法已在桥梁施工中得到广泛采用。

类似的配合式装配和模板制作可结合钢质装配件进行应用,需要再次引起注意的是因焊接所致的潜在扭曲。用于沙斯塔(Shasta)大坝温度控制设备的复杂钢制品的预组装,确保了所有螺栓孔都是相互匹配的。日本的模块制造商有效地利用了模板,以确保相邻模块之间的正确配合,从而方便了连接。在装配位置出现的弹性变形也必须予以考虑。

同时还必须制定应用于立体框架架设的正确测量控制程序,其中最常见的例子就是钢导管架的安装。其跨距宽大,约50～100m或以上,并且各连接点都高耸云霄,因此可接近性很有限。下午太阳的热量可能会导致上部构件显著膨胀,而在地面上较低位置的构件会不同程度地受到摩擦,并且由于遮阳原因还可能会发现温升较少。自重变形可能是导致发生较严重扭曲现象的原因,因为导管架通常都是处于与其安装作业完全不同的姿态下进行制造的。对角线测量往往是最好的检查方法。

在结构物漂浮时,始终存在着难以确定基准线,特别是垂直线的情况。可将激光器牢牢地固定在基座上,先在基座上准确地设定垂线。然后就可以发射一条法线,称之为"垂线",纵然由于压载物或自重导致结构物产生了轻微倾斜。

即使是具有相对刚性的结构物,如混凝土重力基座结构物在施工期间由于自重和压载偏心而发生显著变形。因此,压舱时竖井可以向外偏斜以安装甲板。

最终的现场施工位置的测量方法见第6.7节。本节的关键点是要强调测量控制在施工建造规划中所发挥的作用。

21.12　质量控制和保证
Quality Control and Assurance

编制质量控制手册和制定质量保证(QA)计划是可施工性的一个重要方面。首要任务是需要确定有什么要求。当然,包括那些由设计人员规定的要求。如果设计人员颁布了总体要求,如"符合规格",则必须确定该规范中有那些要素是适用的,并在施工过程中进一步予以确定或加以衡量。鉴于此情,施工方必须添加相应的必要条件,以使其能根据所选材料和所采用的程序展开施工作业,例如,对于油漆涂覆需要控制温度和湿度,对于吃水线以上的堤坝需要控制湿度,以及对于混凝土需要控制早期强度。

在编制此类清单时,应努力将数量减少至最低限度。必须避免"一切可以测量的都必须进行测量"的核反应综合征。文书工作绝不能变得比结构物更重要。然而,质量保证计划应提供对未来参考攸关重要的关键项目的鉴别和记录。质量保证不应该将其用作鞭子去促使检验人员开展工作。

可立即改正的缺陷,应即刻实施。

在施工之前应达成涉及所需记录档案和所需保存数据(如 X 射线照相)的协议。那些做如此保管的资料必须得到正确的鉴别和储存。只有那些对结构物的适当性能所必需的才需进行测试和检查。只有那些在统计可防御基础上确保维修质量所必需的测试才应予以实施。上述告诫限制检查和测试的原因是已有经验表明通常会采集到许多不能简化、评价和使用的数据,并且在该过程中对性能真正重要的关键属性没有得到充分关注。

计划出错的实例有,使用过量的圆柱状混凝土来测试其抗压强度(而使用较少圆柱状混凝土,外加锤击试验可能会更合适)及在很可能产生冷隔缺陷的情况下过度依赖于使用 X 射线检测焊接。

21.13　安全性
Safety

大型离岸项目的安全计划工程需要负责执行该项目的施工和工程技术人员仔细进行专项研究。他们应编制手册以应用于该项目,其中需要确定各种安全隐患,并需要采取适当预防或缓和措施。在多方监管机构所必需的许多安全防范措施、程序和设备中,哪些是对实施这项工作至关重要的?哪些是无关或不适用的?哪些甚至可能是有害的并因而需要特殊豁免?

澳大利亚各州有一条通用定律,要求所有的载人升降机必须断电。这是为岸上建筑工程施工所规定的。然而,将之错误地应用于离岸工程可能是非常危险的,因为在使用罐笼或比利·皮尤(Billy Pugh)吊网转运工人时,离合器脱离啮合和自由超速的功能对于在垂荡船舶与平台之间的安全转移至关重要。

是否需要附加脚手架?在高空作业是否需要使用救生索和搭锁安全带?是否应该提供安全网,如果提供的话,其目的是为了救护跌落下来的工人,还是保护那些在下面工作的人员,抑或是两者兼顾?那么,安全网及其支架的设计应该适合于具体目的。

当钢材或混凝土载重物在卸载时,需要对站在一旁的工人制定怎样的规定?此时走道或凹进区域是否可用?

在凸出的钢筋上加盖红色或黄色塑料罩盖可以防止深度擦伤及保护眼睛，并防止刺伤。在钢筋交货之前应予以罩盖。

工人从船上落入水中怎么办？北极水域的温度为－2℃；在该低温海水中人只能存活几分钟。在低温条件下，船艇并不总是能够立刻启动。是否应该保持引擎始终运转且在船艇上任何时候都有人驾驶？在挪威水域漂浮施工的平台周边目前都需配备始终有人驾驶和操作的救生艇。

即使是会游泳的人，并穿着救生衣，但在波涛汹涌的大海和强大的表层海流中，落水之人能抓握住什么东西？浮在水面上的纤维绳可以从结构物牵引而出。应该用浮标清楚地做出标记，以防止船艇螺旋桨的绞缠。是否有探照灯可搜寻落水之人？

大火对海洋来说是灾祸，特别是在北极和亚北极，当管系和阀门冻结且有碎冰堵塞了进水口之时。哪些备用方法可用于灭火？

如果工人受伤，用什么方法可以将工人从结构物内拥挤位置撤离至岸上医院？在结构物接近完工时将可能会配有一流设施，但在初期阶段必须规划临时方法。潜水和减压舱的规定是什么？最后涉及培训内容：重大紧急事件，如火灾、碰撞、爆炸或即将倾覆，都需要数百名工人采取协调一致的行动，其中许多人并不是从事离岸工作的且没有受过离岸训练。撤离行动可能不可避免地是在黑暗、甲板浸水、电力缺失、狂风和惊涛骇浪条件下进行。离岸结构物上的不同群体人员需要组织在一起协同工作，并且这些人员需要得到指令和演习。众多专业分包商人员（如 X 光技术人员）都是临时在离岸结构物上工作，因此不熟悉船舶或平台的组织结构，这一状况就会变得特别难以处理。需要将派珀·阿尔法油井事故的教训用于紧急事件的规划。

21.14　施工控制：反馈和修正
Control of Construction：Feedback and Modification

离岸结构物是一项涉及两方面的重要事业：一是因其尺寸、复杂性和跨学科方面的影响；二是因动态运动、运输、下水、扶正和浸没都必须大规模地进行，通常涉及 50 多万吨重,而且是我们现有的最大高层建筑物的尺寸。

施工管理部门将细心规划各项作业。然而随着项目的进展,将如何监测其成功或缺陷? 将发送怎样的预警信号,又将如何及时确认以采取正确行动?

首先涉及制造和安装的生产效率,可根据进度安排进行仔细监控,单位成本或完工百分率、工时或工日的要求都需与预算成本和时间相比较。试图凭借平衡控制免责条款来控制是远远不够的;超过或低于 10% 可能会适用于无关紧要的项目或即将完成而不能及时纠正的项目。与之相反的是,工作的主要组成部分都需要确定其进度和预算分配,并考虑学习曲线及特殊条件。然后通常在工日的基础上密切监控这些重点项目。

当然,可施工性规划必须包括关键路径时序安排的接口。关键路径法 (CPM)是用于评价和控制各类作业的宝贵技术。该领域内越来越多地使用微型计算机提高了早期进程中对关键要素的鉴别能力,以便能采取适当行动。

关键路径进度表当然需要不断更新。虽然人们自然而然会去过多关注那些滞后项目,但还必须考虑那些工作进展速度比原定更快的项目。国家湾 C 平台有几个早期项目先于进度表完成;于是其他项目需要加速,以便能比计划提前几个月将已完工结构物安装于基站上。

施工控制的第二种类型涉及技术上的关键性作业。如果严重的工程问题即将发生,那么会有怎样的早期迹象呢? 先前研究必须考虑各项关键性作业。可以安装仪器及制定观察时间表和程序,以确保能接收到及时预警。

早期反馈的例子是在重量控制、压载物控制与观察吃水之间未解释的脱节现象。另一个例子是无法说明或超出预测的纵倾或侧倾。安装螺栓断裂可能表明内部压力过度。焊缝开裂的原因可能是焊接不良或应力过度。残余应力已被确定为在建筑物遇到地震时焊缝开裂的主要因素。钢筋混凝土中的裂缝可能是由局部收缩所引起,或者可能表明是由内部的重大分层所致。

在扶正过程中,姿态是否符合根据压载计算所预测的? 如果不是,水密围护可能会破裂,阀门可能会被卡住而未能关闭,预载荷导管或桩可能已经破碎松散。根据对各种主要观察资料的详细考虑,可以确定所需要的数据、其时效性及其关联性。

关于陆上和离岸重大项目所发生的严重事故,其经验以预见性方式表明已经经常观察到警告现象,但因假想工程和施工控制是万无一失的而予以忽视。

21.15　应变规划
Contingency Planning

　　"墨菲定律"假设"凡事只要有可能出错,那就一定会出错,并在最糟时间发生"。对于各详细规划阶段,需要列出可信的潜在意外事件和错误列表,特别包括那些人为错误。在人员施工作业所处的不利条件下,人为错误会变得更容易发生且更为严重。那么就需要逐一详细研究这些潜在的事故和错误。怎样做可以避免其发生?预防步骤可能是具体的(结构性的或机械性的),抑或是布置一名受过专门训练的工人,培训或演习方案,或提供备用设备。

　　例子不胜枚举。为了防止阀杆脱离或阀门堵卡,可安装阀门位置指示器,并将远程读取器安装在控制站以核实阀门真正打开或关闭的情况。阀门可串联安装,并在两只阀门之间留有空间,作为备用阀门以防外来物进入其中。在入口处可以安装外部过滤网。为了防止系艇缆的绞缠及撕落,可以在过滤网上安装防护装置。

　　自从钢丝绳吸进了弗丽嘉(Frigg)压舱水管线且导致两只串联阀门不能关闭后,上述一系列步骤就成为目前挪威北海使用的标准。幸运的是,该事件发生在安装工作临近收尾时,并没有对结构物造成严重损害,但这还是有可能会导致灾难事故发生。

　　我们主要是从过去的错误中进行学习,所以,富有经验的人员的意见在制定和复审应急列表时是非常宝贵的。然而,初步列表甚至也可由经验较少的工程师准备,可以通过内陆和水面船舶的更多常规问题进行推断,也可以对具体情况发挥想象。有些偶发事故不能简单地预防。对于这些情况应该提供备用设备。必须特别注意防止发生连续坍塌。例如,当起重机吊臂坍塌时压倒在整个脚手架上,这导致结构构件掉落且在击穿底部之后发生浸水,然后舱壁超载,导致失去浮力及下沉。有些偶发事故会从中得出相当严重的后果判断,因此需要对施工程序进行重大改变,甚至不惜增加成本或时间。

21.16 手册

Manuals

根据本章前述各节内容,目前正准备制作覆盖各主要阶段及在施工过程中各重要或关键组成部分的手册。各类科目清单如下:

(1) 钢导管架钉桩结构:

    a. 焊接程序;

    b. 节点制造;

    c. 导管架腿柱安装;

    d. 测量控制;

    e. J 形管安装;

    f. 卸载;

    g. 拖航至现场;

    h. 下水;

    i. 扶正;

    j. 定位和着陆;

    k. 沉桩;

    l. 灌浆桩至套筒;

    m. 导管安装;

    n. 甲板纵桁安装;

    o. 模块安装;

    p. 冲刷防护;

    q. 立管安装;

    r. 仪器仪表;

    s. 救捞和拆除。

(2) 典型的混凝土离岸平台:

    a. 裙桩安装;

    b. 筏基施工;

c. 气垫；

d. 船坞浸水；

e. 浮出；

f. 系泊在深水位置；

g. 漂浮施工；

h. 压载控制；

i. 重量控制；

j. 几何形状控制；

k. 拖航至配合位置；

l. 系泊在甲板配合位置；

m. 甲板支架（用于甲板制造）；

n. 甲板纵桁架设；

o. 模块架设；

p. 甲板卸载；

q. 甲板运输；

r. 紧急系泊甲板；

s. 甲板配合；

t. 甲板舾装；

u. 倾斜试验；

v. 拖航至现场；

w. 现场安装施工；

x. 贯入阶段；

y. 基底灌浆；

z. 冲刷防护：导管安装以及救捞和拆除。其中导管安装包括主管牵入和仪器仪表。

很显然，并非每一结构都需要所有的上述手册。许多列出的项目可能范围很小，所以可以合并在一起。至于早期划分为若干阶段，关键是不要忽视或掩盖任何小项目，因为按照墨菲定律的必然结果，这也将导致危机发生。

这些手册的编制要求所有关相关各方（包括承包商和分包商）的参与，并涉及所有科目。因此，这就成了在该阶段相互沟通及使各组人员之间相互了解需求和关注的有效手段。然后，手册草稿将分发给管理人员、工程设计人员、现场施工监理、咨询师、主要分包商和保险检验人员。要求他们仔细审核及提出意见。

这样的审阅不仅能提出建设性的改进意见,而且还能使各方更加充分地意识到整个作业过程,并使大家注重于关键方面:

(1) 每一种手册的第一部分定义所覆盖的施工范围,并列出与其他手册的相互关系。

(2) 下一部分包括相关图纸和规格。

(3) 包括特别准备的一些概要图纸,涉及在该手册中所涵盖的工作。

(4) 鉴定将会送达的材料来源。

(5) 鉴定现有设备。

(6) 给出相关天气和海洋数据。

(7) 列出该程序的许多分阶段,并配有此列分阶段的略图,标以可适用的重量计算、压载物数量、吃水和干舷等。列出了重要公差。提出质量控制(QC)要求。结合容许公差和纠错法,对测量和度量计划进行描述。

(8) 提出质量控制(QC)要求。

(9) 结合容许公差和纠错法,对测量和度量计划进行描述。

(10) 提出各阶段的特别安全要求。

(11) 附加一项应变规划。

本章前述几节形成了本手册摘要部分的基础。关键是若有需要应及时发布这些手册,以用于适时审核与修订。同样关键的是,审核者可以及时做好本职工作,并允许留有必要时间进行所需修订和再循环。

21.17　现场施工图
On-Site Instruction Sheets

虽然施工期间的适用性设计图纸和表示临时施工情况的图纸将和各类手册一起放置在施工现场办公室内,但这些都很难适合于在平台结构物上使用。因此,需使用上述文档作为原始资料,准备补充配套施工图纸。为每一个分阶段或主要作业活动准备一套图纸。与设计图纸不同,这些图纸只显示具体施工阶段的基本要素。

等距图纸可用于某些步骤。适用于各步骤的公差都清楚标明。根据规格和技术说明的关键要求可使用箭头标注指向受影响的位置。每一步骤都显示于一张图纸上。两个或更多步骤相结合放在一起"以节约纸张"的方法已经导致发生了不少严重错误。

列出辅助用具和设备:吊索、导向装置、标记线、千斤顶等。所有辅助用具可制表列单,以便于检查可用性。该列单包括安全设备在内。然后,将这些图纸印发在防水纸上以供现场施工人员实际使用。这些图纸在索具作业、起重作业和下水时都特别有用。因此,当载荷或结构物从一个位置转移至下一位置时,这些连续图纸就可以显示载荷、吊杆和绳索的不同位置。

在混凝土离岸平台的壁面上,需要有众多埋置件:在其内部支撑着设施竖井甲板、导管导向装置、管系、机库和贯入物等;在其外部提供立管附属装置和阳极端点。为确保滑料成型过程中这些部件处在正确位置,承包商已准备相应图表,标示出各竖井或各箱格"切片"的埋置要求及其位置。切片高为 1m,因而需要 100 多张类似图纸。除了介绍埋置和预应力输送管的要求外,还详细介绍各切片的钢筋及机械安装情况。

耗资数百万美元一根的新铰接式管线"托管架"连接至澳大利亚巴斯(Bass)海峡一艘铺管驳船的船艉上。该连接详细说明需使用♯60 高强螺栓。当然在图纸上显示了这些螺栓,但对螺栓本身的说明却写在随附的手册内。在手册后面提到了如何按扭矩拧紧螺栓,但这部分信息从未传递至现场管理员或工作人员手中。由于没有说明书,螺栓完全未按扭矩拧紧。托管架安装好后便开始工作,但在两天之内因疲劳而连接失效,托管架掉落下来成了折皱的一堆,并致使管线屈曲变形。

为了避免今后发生类似错误,装配图需送至现场且扭矩说明和其他关键要求应在图纸上明确注明,而不应埋没于随附的详细说明内。

21.18　风险和可靠性评价
Risk and Reliability Evaluation

可识别出与不同施工阶段和程序相关的各种风险,而定性评价至少是由所涉及的可靠性和安全性组成。定性这一词语似乎使用得恰如其分,即使是在量化方面做过一些努力,因为每项作业都具有许多独特方面,而且还因为数据库普遍不足。

在先前的结构物中识别出的风险包括:

(1) 在材料供应、设备制造、连接、测试和核算方面延迟。

(2) 超静水头作用于舱室或是通过管系和导管等。

(3) 压缩空气增压损失。

(4) 由于外部破损、管系失效、阀门失效、插头或舱壁破裂而导致浸水。

(5) 由于海浪而漫溢。

(6) 由于浪花飞溅、下雨、人孔漏水而形成自由液面。

(7) 由于不均匀沉降或压载错误而导致结构开裂。

(8) 风暴期间系缆索失效。

(9) 拖锚。

(10) 火灾和爆炸。

(11) 风暴:狂风、巨浪和强流。

(12) 运动的动态放大。

(13) 加速力作用于甲板设备。

(14) 栓系失效。

(15) 载荷转移。

(16) 拖船故障。

(17) 拖缆破损。

(18) 拖缆冰塞。

(19) 结构物之下及周围冰塞。

(20) 牵引时首摇和横荡过度。

(21) 牵引时横摇过度。

(22) 搁浅。

(23) 拖船停止后结构物超过拖船。

(24) 在最后安置时失去稳性。

(25) 由于基底下部的截留水而导致侧向"滑动"。

(26) 参照标记损失。

(27) 仪器仪表故障。

（28）海底不规则，有以前未知的硬质点和巨石等。

（29）过度僵硬土或坚硬土层，如灰渣。

（30）过软土或低摩擦土，如钙质土或云母土。

（31）安装时出现风暴或雾。

（32）桩未能产生阻力。

（33）桩显示设计末端标高上阻力过度。

（34）安装过程中冲刷过度。

（35）拆除过程中无法打破吸力效应。

（36）结构物下水未能以适当吃水漂浮或以适当姿态倾侧或纵倾。

（37）下水时结构破损。

（38）缆线绞缠在突出设备上。

（39）由潮流引发振动疲劳而导致系缆索附件失效。

（40）弹力浮筒破裂和下沉。

（41）拖锚。

（42）船舶卸载时失去稳性。

（43）在局部细节的设计和施工中出现误差或遗漏，如厚度加固不当。

上述列表显然是不完整的，并且包括了主要和次要项目。离岸施工令人沮丧的方面之一是轻微事故或事件发生时往往是接二连三地一起发生，从而造成重大事故。

上述列表未直接提及人为错误，而这都包含于许多上述风险之中，特别是列表中的最后一项内：设计和施工中的误差和遗漏。最大限度减少潜在人为错误的工程方法正越来越多地受到关注，并延伸至诸多显而易见的方面如仪器仪表数据读取，用以清楚地表明安全值和/或安全变化率是否超标。当然还包括培训和仿真内容。特别注重冗余以防止连续坍塌累积的失误。最为灾难性的事故是一系列小事件所产生的后果，回想起来似乎一系列事件都是由一些邪恶妖魔鬼怪所计划的，因而打破环节中某个链接就能阻止该事件发生。

内陆和离岸海洋结构物的历史充满了灾难性事故，始于公元前 400 年大流士（Darius）失去其横跨在博斯普鲁斯海峡（Bosporus）上的浮桥。在撰写本书时，最近所发生的类似意外有重达 55 000t、长 176m 的混凝土预制件隧道管节在丹麦和瑞典之间厄勒海峡（Øresund）隧道安装时失控沉没。经调查表明，钢筋混凝土支撑横梁失效导致过早浸水。很显然，这是没有按照图纸和工作说明书的要求进行施工。关键的钢筋缺失。很幸运的是沉没的隧道管节并未受到损坏,所以能够在打捞上来之后重新安装。这是需要安装的最后管节之一。涉及多项重复作业的繁多结构物的安装经验表明,由于粗心大意而导致人为错误类事故经常发生于最后几个构件之一的安装作业之时。第 22.5.3 节将描述由于阀门故障而导致宝达佩特(Baldpate)导管架沉没于 650m 深水之中的事件。

需要根据后果来考虑风险。如果后果极端严重,如损失平台,即使是低概率风险也需要进行全面考虑。

1970 年在比斯开湾(Biscay)安装原先作为示范项目的希坦克(Seatank)水下储罐时,由于一系列事件而发生灾难性事故:

(1) 结构物正好淹入于水面之下时,由于波浪的水力"搁浅"效应导致"搁置",需要额外压载物。

(2) 这就延误了作业,然而天气变得更坏。

(3) 拖船难以与浮筒定位。

(4) 增加压载物以弥补第 1 条之不足,导致稍后"突然下沉",即在结构物下淹更深时发生急速下沉。

(5) 这导致系艇缆绞缠于人孔,并至少撕裂了一个开口。

(6) 由于海浪作用,连接浮筒控制下沉的径向线绞缠在一起。

(7) 各事件组合发生导致结构物在注入足够压缩空气补偿内部压力之前就突然下沉至更深处。

(8) 结构物发生内爆。

多种原因的相似顺序导致原先的斯莱普内尔(Sleipner)平台发生事故(本列表是作者的评价):

(1) 业主-作业方有意在混凝土与钢平台两组工作人员之间引起激烈竞争。

(2) 混凝土施工方在设计和估算方面将成本消减至最低限度。

(3) 消减的一个项目就是第三方检查,通常是挪威石油管理局要求进行检查,但根据以往具有 20 项类似(但不完全相同)设计成功的结构物,能给予特别豁免而允许进行内部检查。

(4) 设计中并没有充分提及坍塌极限状态。而且还没有冗余度。

(5) 进行了两维有限元分析。对钢筋网横跨内部星形箱格的临界顶点时设置不当。

（6）内部检查只不过是使用相同的计算机程序再次运行一次。

（7）设计显示 T 形钢筋穿越内部星形箱格的每一顶点且固定于外层钢筋之后。

（8）为了节省在该密集区域放置钢筋的时间,现场截短钢筋且固定于两墙中间。很显然实施之前该方案并没有提交给设计工程师获得批准。

（9）在甲板安装之前测试下沉期间,有一个顶点发生了剪切断裂,当钢筋压缩环破裂时,紧接着又发生了断裂。

（10）结构物迅速沉没,当其下沉至超出箱格所能承受静水力时发生了内爆。

（11）12 位工作人员全部安全逃离。

（12）承包商使用附配钢筋成功地重建了混凝土离岸平台。

随后的几个大型混凝土结构物的成功安装表明可以采取预防措施,并证明完全适用。这包括限制依靠压缩空气和增强安全系数,以及结构物设计为极限状态,即使在空气流失时也能抵御外部静水头。识别出关键区域且适当予以加强。定位拖船需配备船艏推进器,使其能在风浪中自我定位。各类人孔呈内凹形且配件装置采用防护件加以保护,以防止被拖缆绞缠。安装立柱、竖井或临时水罐,以预防在水面下淹没过程中突然失去稳性和吃水控制。

可以描述的类似场景是在下水和安装过程中钢结构物发生灾难性的损失。北海马格纳斯(Magnus)平台的钢管钉桩预先已安装在导管架腿柱上。导管架竖立时,钉桩松动脱离并穿过底板掉落至水中,钉桩重重地撞击海底且变形弯曲。需要花费宝贵的夏季数月时间进行钉桩更换。

由于滑锚原因,管线已发生屈曲,或因铺管船锚将管线压破。由于在牵拉过程中配重层损失,导致所牵拉管线发生变形和屈曲。

海洋和离岸结构物因其必须面对的环境因素和现象而易遭受潜在故障及甚至于坍塌的风险。设计者和施工方的责任是确保不发生局部故障,如果发生局部故障,则不得蔓延发展至连续坍塌事故。

在这一方面,施工方需关注的领域包括:

（1）没有遵从技术规格要求和标准。

（2）未能遵从认可的质量控制手册。

（3）超出公差。

（4）不合格焊接,高强(HS)螺栓安装不当或其他连接机构不正确。

（5）未经授权或未经批准进行改动。

（6）未能确认早期危险迹象而未即时采取行动。

施工方以往忽视的其他领域包括：

（1）未能满足所有技术规格要求，包括参考文件中的那些技术规格。

（2）未能遵从认可的质量控制/保证手册。

（3）没有实施安全计划。

（4）临时结构物设计不当，因而不能满足未来的营运条件，而该条件可能完全异于其最终的工作状态。

（5）未经授权更改细节。

选择适当方法仔细评价风险和可靠性至关重要。在通常情况下，结果可以是非常积极的：对于显得异常危险的作业程序，如尺寸像高层建筑、重达 30 000t 的导管架下水和重达 20 000t 的综合甲板安装于北海预设的导管架上，或承载式铰接柱与其基座配合连接且两者都偏向漂浮在海上，采用周密的工程管理可使之既合理又可靠。与之相反，相对"简单"的作业，如在平台甲板上安装模块等；如果肤浅和粗心地视之，如未充分注意垫板孔眼和吊索脚的方向就可能极度危险。在防止连续坍塌方面，即最悲惨和最可怕的连续故障场景，使用无故障分析是相当有价值的。

风险和可靠性评价显然与应变规划密切相关。然而，后者旨在确立具体程序以防止或减轻在总体规划确立之后的风险。与之相反，风险和可靠性评价旨在作为全面的指导和概观，以确保次佳选择的技术未导致采用风险过高的程序，并且将对高风险领域进行重新调查，以减少其发生概率和减轻后果。

高速帆船设计师，宛如文豪诗人盛，大千世界诗歌赞。
遵循风浪教诲佳，华丽帆船普天造，最美佳作人类创。
桁帆均衡完美显，黛色船体曲线美，质量色形和谐现。
劲风美妙波涛舞，号笛啸声帆缆绕，辉煌数年现难觅。

（塞缪尔·艾略特·莫里森"美国人民牛津史"）

第 22 章　深海施工

Construction in the Deep Sea

22.1 概述
General

深海是离岸建筑业中最新且最令人振奋的新领域之一。深海大型油气田的开发使该行业面临了重大挑战,并导致在设备、程序、仪器仪表及远程操作方面都有了显著发展。

何为深海?就国家管辖权达成国际协定之时,200m 曾视为极限,超越此极限开发资源会产生过高费用且超出技术能力范围。1986 年编写本书第 1 版时,该划分界线就已增大且"深海"这一术语已应用于 500m 深的平台和管线。截至2000 年,本书第 2 版已述及了坐底式平台正在 500m 多的深海建造,以及各类浮式生产储卸装置(FPSO)深水浮筒(SPAR)平台、张力腿平台(TLP)及钻井船在 1 600m 合适位置实施海底作业。深达 2 500m,甚至 3 000m 的遥控机器人(ROV)在那时已得到应用。正在建造的钻井船工作深度为 3 000m,这一深度几乎是墨西哥湾的最大深度。从目前来看,先前的各类限制在各方面都已被超越。深海作业如今正在墨西哥湾、西非、巴西乃至世界各地实施。

截至 2005 年,若干类型的深海结构物如下所述:

(1)玉兰(Magnolia)号张力腿半潜式平台建于 1 425m 深海。

(2)波尔温克尔(Bullwinkle)号固定导管架(钉桩)平台建于 412m 深海。

(3)佩特罗尼乌斯(Petronius)号顺应式桩撑平台建于 534m 深海。

(4)深水浮筒(SPAR)平台:德弗尔(Devil)塔架建于 1 710m 深海;红鹰(Red Hawk)气田建于 1 620m 深海;宪法号(Constitution)平台建于 1 515m 深海。

(5)半潜式平台独立头(桩腿略微斜倾系泊)号建于 2 438m 深海;雷马(Thunder Horse)平台建于 1 844m 深海。

(6)崇信(Blind Faith)号平台将建于 2 100m 深海。

管线、出油管道及立管已安装连接至海底完井,如门萨(Mensa)平台项目建于 1 700m 深海和埃克森(Exxon)深水浮筒(SPAR)平台项目建于 1 600m 深海。已在 2 000~2 400m 深海实施勘探作业。

诸如部署声学传感器以回收装备和设备(包括搜寻苏联潜艇零件)的军事活动已在深达 6 000m 处实施。海洋热能转换(OTEC)的测试设施包含了悬浮于 600m 深海的管线。锰结核开采设备的测试已在 2 000m 深海实施。

深海领域正在迅速崛起成为潜力巨大的市场。油气钻探已经在超过 3 000m 的深海实施。深海钻探项目包括在 6 000m 深海成功钻井及再次进入钻孔进行作业。从海洋中央裂谷中潜在开采聚硫化物矿藏将需要专业疏浚作业,并需要配备能在热卤水中使用的设备和材料。锰结核主要集中于 2 000~4 000m 深海台地和盆地,需要配备能在如此深度作业的高效疏浚系统。海洋热能转换(OTEC)系统通常是基于利用 1 000m 深度的冷水。根据这一概念的浮式结构可能需要系泊在 4 000m 深度。缆索系泊式传感器装置以及大型水面和水下浮标的部署几乎已经在整个海洋深度范围内展开。

横跨海峡的缆索和管线已经安装在水深 300m 至 600m 范围之内。一座跨越直布罗陀海峡的大桥最近已完成可行性研究,该桥墩所需深度将为 300m 至 500m。2001 年铺设的一条天然气管线跨越了相同路径。美国海军已对深海中大体积混凝土浇筑实施了研究和测试。诸如建议用于鉴别是否存在中性介子的科学探测,就需要在极端深海处大量部署缆索、传感器和系泊设备。深海底 μ 介子和中性介子探测(DUMAND)项目将涉及在 4 500m 深海布置 250×250×500m 的传感器阵列。

离岸石油工业已经建立研究小组,以找出在 1 500~3 000m 超深层海水作业的问题。随着深度从 1 500m 增至 3 000m,不仅静水压力会加倍,而且还会增加冷水和立管疲劳问题。弃船和回收作业已经在 500m 深海实施。

本章旨在将深海定义为人工操纵干预似乎不再是经济可行的深度(即 500m 及以上)并且静水压力在设计和施工中占主导地位,所以专业设备、系统和程序就变得尤为必要。

22.2　对深海作业的思考及其现象
Considerations and Phenomena for Deep-Sea Operations

下列内容为需要引起施工方关心的深度方面的问题:

（1）极端静水压力。

（2）由于高压和低温，各类液体（包括海水）的密度变化。

（3）由于受到体积弹性模数影响，固体容积缩小（通常只会严重影响低模量材料，如聚氨酯泡沫）。

（4）水分被吸收进混凝土和其他固体。

（5）气体被吸收进固体。

（6）水和其他液体的互溶性。

（7）由于高三轴应力状态而使材料强度发生变化。

（8）密度流和其他水流——在1000m深度的水流可按下列次序分列：密度流（0.2～0.5kt）；内波生成水流（高达0.6kt）；海啸水流（高达0.60kt）。水流可能会产生涡旋脱落，导致长立管的动态反应和长缆索的弹奏振动。

（9）内波。

（10）水柱的密度层（层化）。

（11）由于高压导致液压系统和电气连接器等密封泄漏。

（12）由于管线长度过长致使液压系统反应时间滞后，从而导致难以控制。鉴于此，深海井控装置使用电动液压操作。

（13）由于长度过长导致缆索、套管、棒材等出现静态和动态应变（拉伸）。

（14）系泊缆和立管的浮重。

（15）定位、定向、制导等遥感和控制要求。

（16）高压气体的压力和温度相互作用，当加压时温度升高，而当压力释放时，温度突然下降（甚至低于冰点）。

（17）沿岸海底平面通常是平坦和光滑的，然而海底具有陡峭斜坡和崎岖地形。在墨西哥湾深海，比比皆是山体滑坡、泥石流、水合积累物、活动断层、盐丘、海底侵蚀、化能合成群落等。管线布线变得异常重要。

22.3　深海施工技术
Techniques for Deep-Sea Construction

施工方已应用许多技术以满足深海的特殊需求：

（1）深海遥控机器人能实施勘探和勘测，并能使各类机械手适合执行各类特殊任务。自主遥控机器人正越来越多地得到应用。

（2）电子和声学传感装置能够准确测量并控制精确的和相对的方向和位置。这些装置包括陀螺仪、差分全球定位系统（DGPS）、惯性制导装置、摄影和声学成像、视频及声波装置，后者包括声纳侧向扫描设备。定位和探索泰坦尼克号残骸应用了超高分辨率摄影和频闪灯，这是基于最初为太空任务所开发的技术。摄影可以显示声波成像未能获得的海底特征。

（3）许多设备可以有效地配置使用光纤传输信息的遥控机器人或潜水作业设备。它们也可以配置在结构物本体上。在科纳克（Cognac）平台安装时就成功地配置了许多此类装置。合适的系统已在深海钻探作业中得到现场验证，包括格洛玛·挑战者号（Glomar Challenger）就在20 000ft（6 000m）深处再度进行钻探作业。

（4）电火花器和地球物理学方法可以用来揭示泥线以下的异常现象和地层。

（5）动力定位可应用于通常使用螺旋桨助推器的海面以及更适用喷气助推器的深海。这些都可以由计算机控制以维持方位，而计算机输入数据则来自于海面上方的卫星、海里和海底的惯性制导装置和水声应答器。

（6）使用除去空气的海水作为液压液。

（7）使用仍具有低压缩性的低密度液体，因而能使液体压力平衡。这些液体包括汽油、戊烷、丙烷、油类和溶剂。若干可安全使用的溶剂与水具有最低的互溶性，其比重范围为0.55~0.60。这些溶剂在使用之后可以由海水替代并回收至油船（Proceedings，Offshore Technology Conference，8670，1998）。

（8）复合泡沫体（闭腔）密度低，但能够在高达6 000m及以上深度抵御静水压力。

（9）各类高密度材料的重量控制。这些材料包括重晶石加重钻井泥浆和铁矿石浆料。

（10）开发高强度的近中性浮力材料和刚性系泊缆，如聚酯凯夫拉尔（Kevlar）和碳纤维。

（11）钻井套管和钻柱可用于下沉重物。此外它们还可用于运送液体。套管保持清空可由浮力部分抵消其自重。

（12）钢管用于张力腿平台的垂直系泊。

（13）研发配套技术，如电弧焰切割。在深海水下电弧和水下火焰方面的最新研究已经取得成效。水下火焰包括使用电弧点燃预热火焰,使用氢气或甲烷给预混火焰加料,并用氧气喷嘴烧掉预热材料。水下火焰似乎没有固有的深度限制,实际上在深水中甚至可能比在浅水中应用得更好。水下电弧更易受到压力、水化学和散热器的不利影响。打火及保持电弧似乎已经可行,但需要更深层研究和开发以确保在深海的高效作业。

(14) 开发压力补偿式独立电源,诸如镍氢、银氢和锂亚硫酰氯电池。

(15) 使用磨料水喷射切割系统来切割深海管道或桩。

(16) 吸力锚。

(17) 下沉诸如吸力锚和井口基盘等物体至海底时必须考虑因水面上收放作业船舶的垂荡所产生的动态情况。这会使长长的收放吊索产生共振,从而导致受力峰值越来越高。英特茂(Intramoor)公司已开发了一种在下沉系统内放置大型钢罐的系统。这种钢罐由氮气加压至计算机程序所确定压力,程序会综合考虑物体质量、收放作业船舶质量、海况、下沉特性、绳索和水深。

22.4 用于深海的材料性能
Properties of Materials for the Deep Sea

随着深度的增加,高液体静压力会引起许多材料如液体等的密度和其他性能发生变化,并有别于常态及近海面的作业情形。在这种新的环境中,这些性能对施工作业变得尤为重要。表22.1列示了不同深度的海水特性。

表 22.1　不同深度的海水特性

海水					
深度/ft	比重	单位重量/lb/ft³	温度/°F	压力	
				ksf	psi
英制					
3 000	1.030	64.25	37	193	1 340
6 000	1.034	64.5	34	386	2 680
9 000	1.038	64.75	34	581	4 040
12 000	1.042	65.0	33	776	5 400

（续表）

海水					
深度/ft	比重	单位重量/lb/ft³	温度/℉	压力	
				ksf	psi
国际单位制					
m		kN/m³	℃	MN/m²	MPa
1 000	1.030	10.09	3	10.09	10.09
2 000	1.035	10.13	1	20.32	20.32
3 000	1.039	10.18	1	30.50	30.50
4 000	1.043	10.22	1	40.72	40.72

丙烷、原油、汽油、柴油和溶剂是在海水中具有浮力的液体,因而在安装过程中能够减轻大型结构物的有效重量。表 22.2 至表 22.6 列示了它们在不同深度的特性。需要注意的事实是,这些液体与海水都有不同程度的互溶性。表 22.7 给出了复合泡沫塑料的特性。"合成"和"复合"两个术语在技术文献中都有使用,但本书采用术语"复合"。

表 22.2　丙烷在不同深度的特性

海水				
深度/ft	温度/℉	压力/psi	单位体积/ft³/lb	密度/lb/ft³
英制				
0	60	100	0.032 0	31.0
1 000	43	444	0.030 6	32.7
2 000	39	888	0.030 0	33.3
3 000	37	1 332	0.029 8	33.5
4 000	35	1 776	0.029 6	33.8
5 000	34	2 220	0.029 4	34.0
6 000	33	2 664	0.029 1	34.4
国际单位制				
m	℃	MPa	m³/kN	kN/m³
0	16	0.71	0.206	4.860
500	5	5.20	0.195	5.130
1 000	3	10.40	0.192	5.220
1 500	2	15.60	0.190	5.260
2 000	1	20.80	0.189	5.300
3 000	1	31.20	0.186	5.400

注:丙烷与海水可互溶。

表 22.3　原油的特性

API 重力	密度	
	lb/ft³	kN/m³
20°	58.2	9.14
35°	53	8.30
42°	50.8	7.96

表 22.4　汽油的特性

API 重力＝67.5°(60 ℉时一个标准大气压)
　密度＝44.4lb/ft³＝7.0kN/m³
3 000ft 深和 33 ℉(1℃)时
　密度＝46.1lb/ft³＝7.25kN/m³
其他等级显示,3 000ft 深的 47.7lb/ft³ 密度＝7.5kN/m³

表 22.5　柴油的特性

API 重力＝40°
　密度＝51.4lb/ft³＝8.06kN/m³

表 22.6　庚烷和己烷混合液的特性

庚烷:100 ℉(38℃)时 62°API 蒸气压＝1.6psi(11kPa)
己烷:100 ℉(38℃)时 75.2°API 蒸气压＝5psi(36kPa)
60%己烷与 40%庚烷混合得出 68 ℉(20℃)时的 API 为 70°;标称内压约为 5psi(36kPa)。
假设密度随深度而增加且具有类似于汽油的较低温度,即 4%,给定 3 000ft 深度时容重为
45.5lb/ft³ 或 1 000m 深度时为 7.45kN/m³。

注:庚烷和己烷与海水具有低互溶性。

表 22.7　复合泡沫塑料的特性

轻型复合泡沫塑料:
　密度＝35lb/ft³＝5.5kN/m³
　强度能承受 2 000ft(600m)深度的外部静水头
高强度复合泡沫塑料:
　密度＝42lb/ft³＝6.6kN/m³
　强度能承受 20 000ft(6 000m)深度的外部静水头
复合泡沫塑料可嵌入玻璃或铝球体一起使用

　　通常需要使用重质液体和颗粒状或泥浆状固体,以压载结构物所产生的海水浮力。表 22.8 给出了加重钻井泥浆的特性,而表 22.9 则给出了散装固体的特性。

表 22.8　加重钻井泥浆的特性

密度			每桶 42gal 的混合比例			
lb/gal	lb/ft³	kN/m³	膨润土	重晶石	木素磺化盐	腐蚀剂
16	120	18.9	8.5	13	4	1
18	135	21.2	8.5	523	4	1
20	150	23.6	8.5	634	4	1

对于较重密度的,需添加其他细磨材料

原料	比重
重晶石	4.2～4.3
方铅矿	6.5～6.7
氧化铁	4.9～5.3
铁微粒	7.8
铅粉	11.4

注:上述各项中的多数都需要环境因素。

表 22.9　加重和压载用途的散装固体特性

材料	密度						
	固体比重	固态		空气中的毛重		海水中的毛重	
		/lb/ft³	kN/m³	lb/ft³	kN/m³	lb/ft³	kN/m³
硅质或石灰石沙	2.64	165	26	105～115	17～18	41～51	7～8
铁矿沙（氧化物或硫化物）*	4.8～5	300～312	48～49	195～220	31～35	131～156	21～25

* 硫化铁可能对钢材和钢筋混凝土有腐蚀作用。

　　钢索、锚链、钻杆和钻井套管已经应用于下沉和放置深海结构物。相应的特性见表 22.10 至表 22.12。碳纤维缆索及凯夫拉尔(Kevlar)缆索市面上均可购得。

表 22.10　锚链和钢索的重量

尺寸/in	空气中的重量		海水中的重量		验证试验	
	lb/ft	kN/m	lb/ft	kN/m	lb	MN
3¼"锚链	105	1.53	91	1.34	804 000	3.65
4"锚链	152	2.22	132	1.93	1 200 000	5.45
5"锚链	232	3.40	202	2.96	—	—
6"锚链	323	4.70	281	4.11	—	—
4"钢索	29.6	0.43	25.8	0.38	—	—

表 22.11　钻杆的重量

尺寸/in	空气中的重量		海水中的重量	
	lb/ft	kN/m	lb/ft	kN/m
3H	15.50	0.23	13.5	0.20
4	15.70	0.23	13.7	0.20
4H	20	0.29	17.4	0.25
5	19.5	0.285	17.0	0.25
6L	31.9	0.465	27.8	0.405
8L	40	0.58	34.9	0.504

钻杆可使用下列等级：

等级	抗屈强度		极限强度		极限延伸
	kips/in²	MPa	kips/in²	MPa	%
D	55	400	95	680	18
E	75	530	100	710	18
G	105	750	120	860	15
S	135	960	150	1070	—

表 22.12　钻井套管的特性

直径尺寸 /in	空气中的重量		海水中的重量(末端开口)		封闭套管内浮重	
	lb/ft	kN/m	lb/ft	kN/m	lb/ft	kN/m
6⅝	32	0.47	28	0.41	−16.6	−0.24
8⅝	49	0.72	43	0.63	−23.0	−0.34
10¾	55.5	0.81	48	0.70	−15.0	−0.22
13⅜	85	1.24	74	1.08	−22.5	−0.33
18⅝	96.5	1.41	84	1.23	−25.5	+0.37
24½	113	1.65	98	1.44	+97	+1.42

注意:减号(—)表示重量超过浮力;加号(+)表示浮力超过重量。这些净值假设为充气套管。如果24H in套管充满诸如庚烷与己烷的液体,海水中的净重变为略有负浮力。空气中的管道重量为−113lb/ft;空气中的液体重量为−135lb/ft;排水量为+210lb/ft;海水中的净重为−38lb/ft=−0.5kN/m。

表 22.13　典型纤维缆索的特性

尺寸		奈斯特龙·布拉伊达 (Nystron Braid)[a] (尼龙/聚酯)			尼龙/复丝聚丙烯绳[b]			聚酯绳[c]			凯夫拉尔 (Kevlar)[d]		
直径/in	周长/in	每100ft的重量/lb	最低断裂强度/lb	25%断裂强度时的弹性伸长/%	每100ft的重量/lb	最低断裂强度/lb	25%断裂强度时的弹性伸长/%	每100ft的重量/lb	最低断裂强度/lb	25%断裂强度时的弹性伸长/%	每100ft的重量/lb	最低断裂强度/lb	25%断裂强度时的弹性伸长/%
2	6	114	121 000	7	93	88 400	7	124	105 400	3	132	172 000	1
2¼	7										180	224 000	1
3	9	268	272 000	7	210	193 000	7	294	236 300	3	—	—	—
4	12	470	460 000	7	371	329 000	7	515	399 500	3	—	—	—
5	15	719	683 000	7	590	505 000	7	788	593 300	3	—	—	—
6	18	988	921 000	7	836	698 000	7	985	731 850	3	—	—	—
7	21	1 348	1 233 000	7	1 080	884 000	7	1 478	1 071 850	3	—	—	—

a 25%断裂强度时的弹性伸长=140 000psi。
b 此绳索具有中性浮力,25%断裂强度时的弹性伸长=100 000psi。
c 25%断裂强度时的弹性伸长=280 000psi。
d 25%断裂强度时的弹性伸长=1 400 000psi。

资料来源:R. Samson. 1977. Manual No. 2.77, 2nd Ed., Boston: Samson Ocean Systems, Inc.

纤维缆索具有较高强度及近中性浮力的优势。若干较为常用的缆索材料的特性见表 22.13。能提供与钢索强度相同的凯夫拉尔(Kevlar)(芳纶纤维绳)在空气中重量仅为钢索的 1/5,在水中重量仅为 1/10。碳纤维强度更高,但显然更为昂贵。系泊缆和起重索可达 1 200 000 lb(550 t)的断裂强度。因此,它们特别适合于深海应用。图 22.1 和图 22.2 为不同水深时钢索和钻杆的有效载荷能力。

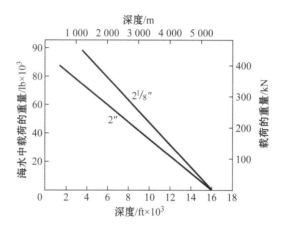

图 22.1　6×41"fiber-care"牌绳索的承载力

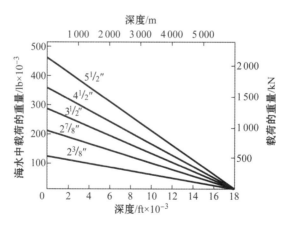

图 22.2　API 钻杆的承载力

22.5 深海平台:顺应式结构物
Platforms in the Deep Sea: Compliant Structures

22.5.1 说明
Description

在超过 300m 深度处顺应式结构物得以应用。它们的周期要明显长于设计波浪之周期。这些都是特意设计的横向柔性结构物,并固定于海底提供剪切和轴向支持。有若干概念已经发展至实现该要求:拉索塔、独立式柔性塔、铰接柱(类似于第 13.4 节所述,但规模及深度更大)。各类塔架本身通常就是具有相对恒定横截面的典型桁架柱,虽然大口径管在概念上也切实可行。基座可使用桩脚或打桩以支撑塔架并限制横向剪切。类似于第 13.4 节所述的结构物,基座可单独建造或在安装时附于塔架上。

22.5.2 拉索塔
Guyed Towers

塔架的装配在船台上进行,类似于装配导管架的情形。由于这种结构物主要应用于深海,通常会装配成两半,如本州(Hondo)平台的装配(见第 9.9 节)。最好是两部分先建成为一个整体,然后一分为二,以确保完美相配。

然而如果没有足够的船坞空间可用,则可在中间结合处先建造一个短的分段,用于拼接两个匹配分段。然后将这一分段滑动至船台的沿岸一端分割开,下半部仍以正常方式装配。上半部的匹配分段可滑动至一旁的平行下水船台上,然后向下滑动至外侧端,同时装配上半部。根据船坞平面布局,很显然上文所述会有若干种不同方案。

各个半段此时可以运送至受屏障式深海位置,类似于本州平台的情形,然后下水。请注意既可纵向也可横向下水,因为横截面一致。漂浮配合可以按照先前描述本州平台的方法,使用插尖和水密通道管,以便在干燥状态下焊接。临时浮箱应确保塔架水平浮动于其上部腿柱上。桩脚靴建在塔架下端。

在成对腿柱接合和焊接形成一个完整结构物之后,将塔架下端的辅助浮力塔压载至略有负浮力。此时将略呈倾斜姿态的结构物拖航至其安装现场。

压载物添加至桩脚靴及下部导管架腿柱上,能促使结构物竖立。塔架弯矩需要仔细计算以实施该作业,并可能需要在塔架中间隔舱内逐渐压载。上部临时浮箱的设计应使结构物可垂直漂浮于施工现场。进一步压载导管架腿柱及桩脚靴可致使结构物触底,然后将桩脚靴压入泥土中。通过降低桩脚靴内的压力,因静水失衡而可能使之更深地压入泥土,类似于吸力锚。

然后可使用钻井船或半潜式潜水器来安装锚。深海中吸力锚的应用越来越多。第一段牵索在其安装时会附接各锚桩。然后由钻井船铺设各段,下沉丛锚,附接第二段后将其放下。细长三角旗与标志浮标将附接其上,当塔架移动到位时牵索可重新收回。

一旦塔架安装到位且桩脚靴实现初步贯入,每根牵索则通过旋转导缆器插入,并连接至甲板且实现制动。连接线性升降机且在系列牵索周围逐渐形成初张力。然后将上部的临时浮箱压载至轻微负浮力后再行拆除(见图 22.3 至图 22.5)。

在实现最终贯入之后,使用缆索夹升降机对每根腿柱的张力进行重新调整。然后由起重驳船放置甲板结构和模块。在拉索塔的其他安装方法中,使用了通过拉索塔套管打入桩的桩基结构。这一方法为勒那(Lena)平台所采用的解决方案,该平台建造于 1 000ft(300m)深海,下文将予以描述。

勒那平台就位后不仅结构独特,而且该平台所具有的许多新设想证明是相当成功的。导管架为长 330m(1 080ft)、宽 36m(120ft)的矩形。包括主桩和扭转桩的下水重量为 27 000tn。该导管架以传统的纵向方式从装配场地出坞,然后降低至横向滑道。下水靠近施工现场是横向的,使用 4 套下水滑行装置连同导轨及摇臂。当驳船压载向右舷横倾 7°时,位持器被用于控制导管架。然后将位持器的 80mm 易碎螺母用炸药爆轰切断并触发液压千斤顶以克服起动摩擦。导管架下水只需约 10s,1/4 的时间通常用于尾部下水。导管架最大横摇为53°,驳船最大横摇为 15°。

共有 12 只长浮箱,每只直径 6m、长 36m,建造于导管架上半部。将高密度铁矿石浆料置入基座以便于竖立。起重驳船用来控制竖立、就位、打桩以及牵索附接。该起重驳船通过 4 台计算机控制的助推器保持其位置。

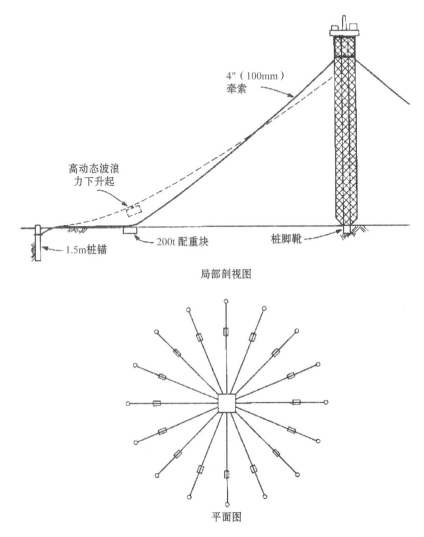

4″（100mm）
牵索

高动态波浪
力下升起

1.5m桩锚

200t 配重块

桩脚靴

局部剖视图

平面图

图 22.3 拉索塔概念(图片由埃克森勘探与生产公司提供)

结构物主桩下半段的直径为 1 350mm，与导管架一起处理。在导管架竖立并就位后，再行后续作业并贯入 170m 深度。

扭转桩的上部端面止于基座，为此采用挂钩和衔套系统来连接桩和桩锤，一同用于单个单元的下沉。使用 600 000lb 承载力的线性绞车，借助 100m（疑为 mm——译者注）直径的多股钢索用于下沉组合单元。气体、电气和液压管线

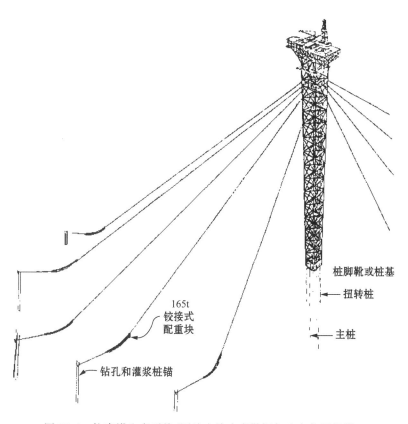

图 22.4　拉索塔生产系统(图片由埃克森勘探与生产公司提供)

165t
铰接式
配重块

钻孔和灌浆桩锚

桩脚靴或桩基

扭转桩

主桩

的下沉都使用独立的恒定张力绞车和缆索。最初桩锤效率的降低是因为锤头下方压缩空气的缓冲之故,但在改变排气系统后克服了该问题。在打入至完全贯入深度后,液压释放挂钩和衔套,以重新收回桩锤。

　　早先已安装了 20 根牵索及相应的锚。放置钻孔桩锚并灌浆,每根桩锚都使用牵索预先连接。这些牵索均附接有铰接式丛锚。由驳船放置带有配重块的牵索,然后由小型张索重力锚固定于临时就位的浮标上。一旦塔架安装就位,从塔架上连接 4 根缆索,通过水下导缆器连接出去。接着采用线性千斤顶对这些缆索施加预张力。然后完成另外的 16 根牵索并使张力平衡。牵索为 135mm 直径钢索,每根全长为 550m,采用聚乙烯护套。每根牵索的断裂强度均为 1525t,最大载荷设计为 500~600t。丛锚重 200t,包括附接于各段牵索的铰接重量。

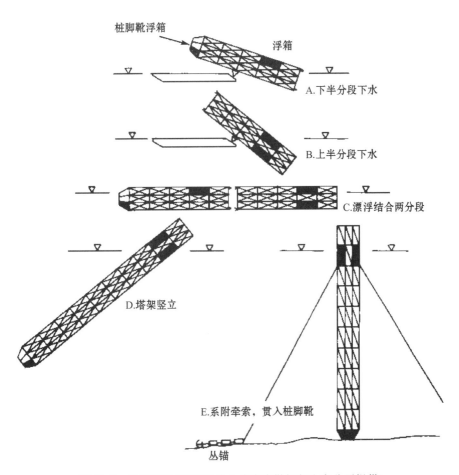

图 22.5　拉索塔的安装(图片由埃克森勘探与生产公司提供)

22.5.3　顺应式(柔性)塔
Compliant (Flexible) Tower

　　宝达佩特(Baldpate)深海生产平台由 400m 高的矩形塔架配接 100m 高的基座部分所构成。下端的 8 根管道能使塔架在海底 150m 以上处进行铰接(见图 22.6 至图 22.8)。通过重型起重驳船(8 000t 承载力)实现下沉来安装塔架基座。两根对接桩(钉缝销钉)固定于 4 根水平桩上;12～84in(2.15m)桩被打入至 140m 深海底,并对基座灌浆。

图 22.6　应用于 500m 水深的宝达佩特顺应式塔

（照片由 J・雷-麦克德莫特 SA 公司提供）

图 22.7　宝达佩特顺应式塔,所示为海底上方铰链的外部刚性管材

（图片由 J・雷-麦克德莫特 SA 公司提供）

图 22.8　连接器铰链在刚性管材上以便使上半段顺应风浪
（图片由 J·雷-麦克德莫特 SA 公司提供）

塔架自身作为单独结构单元由两艘驳船支撑。支撑下端的驳船通过浸水倾斜,驳船牵引离开后就能使这一端下水。然后在驳船上使用常规摇臂使上端下水。该平台下水后位于 650m 水深处,离最终施工现场 12km。平台自身按计划进行垂直定位。在每个角落都设计有小直径管道,以便在拖航至现场后能进行选择性压载以调整垂直度并逐步形成浸没配接所需的略微负浮力。下端配置有浸水所用阀门,上端配置有排放截留空气的其他阀门。不幸的是,下水时下端阀门中的两只打开着,而理应关闭。于是海水缓慢进入,并压缩了上端的空气。塔架虽下沉缓慢但不可避免地沉没于水中,直至降落海底仍然保持着其垂直姿态,其顶端低于水面 250m。

通过遥控机器人观察确定结构物没有更深地下沉至海底软泥中。管线由遥控机器人和潜水员实现附接。重型起重驳船被送至现场,并将 8700t 中的塔吊至水面。由于泥土的附着力,最初的起动提升力需 850t,在底部完全离开时就立即下降至 700t 的浮力塔重。该塔架此时被拖曳至其就位处并在水中与基座钉缝销钉配接,套管在基座处浇灌。然后将 4000t 中的干舷部分吊运至塔架上。

阀门意外故障虽然为戏剧性的极端事件,以前曾发生于浅水结构物上。在北海的一个案例中,由于一小段钢索卡住而导致压载阀门无法关闭。因此应考虑两只阀门串联安装。

22.5.4 铰接塔
Articulated Towers

使用重力基座并在其上安装万向接头(铰接接头),这将适应塔架在两个正交方向上旋转。一种特殊的扭矩限制能防止扭转发生。在上端形成浮力以保持塔架垂直。塔架自身可以是敞式桁架,如图 22.9 所示。

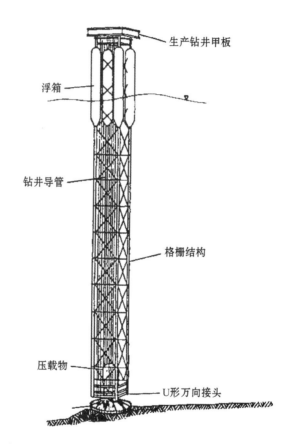

生产钻井甲板

浮箱

钻井导管

格栅结构

压载物

U形万向接头

图 22.9　多里斯(Doris)顺应式钻井和生产平台(图片由 C・G・多里斯提供)

22.6　张力腿平台
Tension-Leg Platforms (TLP's)

张力腿平台系统由半潜式船体构成，使用超高强度牵索在张力作用下系泊于海底基盘或基座。虽然早期应用仅限于北海中等深度水域，但这一概念主要是为深海而开发的。张力腿平台的深海设备已应用于墨西哥湾海域 1000m 深处或更深处。

1984 年，胡顿（Hutton）平台安装于北海。其船体为深吃水半潜式，由筏基和 6 根大口径柱状竖井组成。所有的均为钢质结构。赫顿张力腿平台的安装施工是工程作业、规划和执行的典范。在装配平台下部结构、牵索和甲板时，放置井口基盘并预钻井孔。然后安装基础（基座）井口基盘。为了达到计划中所要求的基础井口基盘的位置公差 250mm、垂直方向 2°和水平方向 0.5°，将一个 900t 重的钢质导向框架下沉并定位在先前放置的井口基盘上。导向框架由千斤顶对着防沉板校平。基础井口基盘暂时由导向框架支撑，一根 30m 长的钉桩贯穿其中以固定其位置。随后拆除导向框架。

然后通过每个井口基盘将 8 根直径为 1.8m 的主桩贯入 60m 深度。使用 Menck MHU-1700 型水下液压锤。桩进入 7.5m 长井口基盘套管并将桩锤设置其上，使用水声定位系统和遥控机器人视频。打桩之后在套管内对桩周灌浆。

平台自身的安装则在海面平静期间进行。半潜式张力腿平台被拖曳至现场，并由两艘大型半潜式起重驳船的系缆固定位置，反过来起重驳船又用 12 点锚固系统系缆固定。先在各角落放下腿柱，并通过液压激活锁将下端的锚连接器插入基础井口基盘。腿柱均为锻钢空心管，260m 外径、92.5mm 壁厚，验收试验为 800MPa。锥形螺纹接头用于连接 9.5m 长节段。

安装顺序见下。首字母缩略词 TMC 代表 4 个组合式腿柱张力和运动补偿器，由气动液压机实现操作，位于平台船体各竖井的系泊舱内。

（1）张力腿平台系泊于两艘半潜式起重船并定位于至最终位置一侧 40m 处。

（2）在各角落放下腿柱，使用特殊锥形螺纹接头。

（3）将腿柱移动至张力和运动补偿器，并升高至冲程顶部。

（4）将平台移动至井口基盘上方的最终位置，并将第一根腿柱插入海底锥。固定连接器并通过张力和运动补偿器（TMC）产生10t大小的张力来补偿运动（见图22.10）。

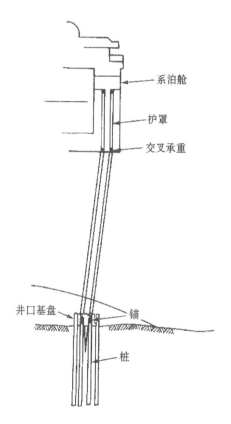

系泊舱

护罩

交叉承重

井口基盘

锚

桩

图22.10　康诺克(Conoco)石油公司胡顿平台张力腿系泊
（图片由美国康诺克石油公司提供）

（5）关闭张力和运动补偿器阀以抑制垂荡。

（6）在腿柱上施加500t张力而将平台拉低至32m作业吃水深度。

（7）借助于锁圈将腿柱载荷从张力和运动补偿器（TMC）上转移至永久荷载块。

（8）将平台卸载以使每一角落的腿柱张力增至1300t。

（9）插入并锁定其余 12 根腿柱。

（10）使用千斤顶平衡所有腿柱上的张力。

（11）通过卸载调节张力至每根腿柱为 815t。

海德伦（Heidrun）张力腿平台为混凝土半潜式，在船坞内的装配方式类似于重力基座平台。装配工序复杂，需要配置额外钢筋以满足最近发现的称之为"鸣震现象"的波浪-结构互动激发。

牵索使用高强管材制作，在岸上组装，下水采用类似于拖拉管线所使用的方式（见第 15.3 节）。在张力作用下将其拖曳至现场，由一艘拖船在前牵引，另一艘在后拖曳以保持张力。每根牵索通过浸水竖立，同时仍保持相当大张力继续拖航，一艘牵引向前，另一艘向后。吃水深度由顶部压缩空气维持。然后将每根牵索插入至混凝土基座上预设的配接套管内，并拉入已经压舱至作业吃水线之下的张力腿平台船体轭架内。当所有的 8 根牵索都已如此连接后，以类似于赫顿平台所使用的方式附接千斤顶。张力腿平台船体排放压舱水，并使用千斤顶最终平衡载荷。赫顿平台的张力是由液压千斤顶与排放压舱水的平衡组合。

有若干张力腿平台后来均使用钢材制造并安装于墨西哥湾达 1600m 深海中。张力腿平台被认为是可行的概念，至少能达到 2000m 或许有 3000m 深度。最近的研究已经表明碳化纤维预应力筋的潜在优势。它们不仅强度高、重量轻，而且高刚度、结构减震，使之不易于涡旋脱落。

22.7　深水浮筒平台
SPARS

深水浮筒平台是深海中最新且最令人振奋的概念之一，其实质是由悬链线或张索系泊的长 100m 多的大直径垂直立柱。系泊设备见第 22.9 节的描述。深水浮筒平台使用钢材或混凝土建造。早期概念是带有扩大基座的双壁混凝土船体。钢船体同样为双壁，强化内部承受高静水压力。

深水浮筒平台通常具有圆形横截面且恒定通长直径。然而已有各类变型结构,如较下端部的基座被扩大,从而能在漂浮状态下施工以及能提供海浪倒置力的反作用力。在其他情况下,深水浮筒平台已由桁架结构钢框架替代(见第 13.11 节)。

最新的一种深水浮筒平台通过使用多边形截面且每边基本上都使用加筋平板,从而降低了制造成本。另一种最新的深水浮筒平台则使用较小的格栅结构。

深水浮筒平台易受涡激影响,所以在外部缠绕螺线翼片。

大多数深水浮筒平台由垂直和陡斜的悬链线结合系泊,并使用吸力锚。近来一些深水浮筒平台已使用各类聚酯系缆。

22.8 船形浮式生产储卸装置
Ship-Shaped FPSOs

无论是船体形还是平静水域中的驳船形,它们均为海面漂浮船舶。它们往往采用塔楼系泊方式,故使用风向标以获得最佳方向。后者可由侧推器辅助获得。

一般会根据油田使用寿命来确定设备的使用期限,因此它们通常由悬链线连接至吸力锚系泊。当固定系泊时,悬链线必须长度适宜且拉紧以使其在强横风作用下仍不会超出顺风系泊范围。

22.9 深海系泊
Deep-Water Moorings

深海中的悬链线系泊通常从锚连接至浸没式弹力浮标,因此在常规情况下悬链线均连接至船舶。浸没式浮标必须填满复合泡沫塑料。至于所有的弹力浮标,轴向力必须穿过浮标但不受浮标自身的影响,因而浪涌产生的力并不是通过浮标而是通过悬链线传递。浮标承受着系泊缆下方的重量(见图 22.11 和图 22.12)。

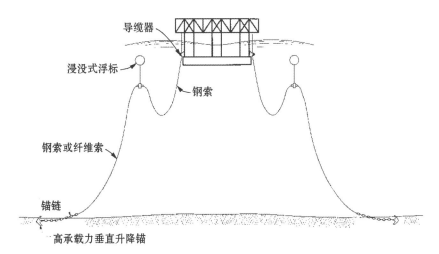

图 22.11　深海悬链线系泊

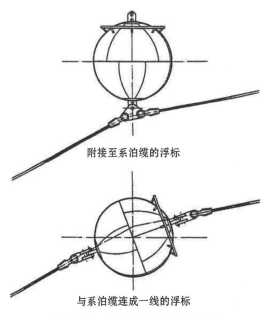

附接至系泊缆的浮标

与系泊缆连成一线的浮标

图 22.12　浸没式浮标的构造形式

门萨(Mensa)项目位于 1 700m 深海处,由 96mm 直径、3 000m 长的钢索和 1 000m 长的锚链连接于设计为具有高度垂直升降承载力的 18t 浮锚上。起抛锚船有 187t 的系桩拉力且达到 13 500 制动马力(BHP)。

深海系泊系统与浅水作业所需考虑的事项有着显著不同。这些事项包括系泊缆重量、船舶低频运动的影响加大以及系泊缆动力学。由于深海中的总水流力明显增加,拖曳和涡旋脱落都需要加以考虑。通常使用悬链线系泊设备,并结合弹力浮标以承受系泊缆重量(见图 22.13)。

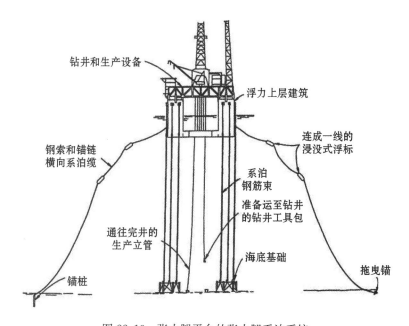

图 22.13 张力腿平台的张力腿系泊系统

由于垂直加载的锚自身易于受到众多高数值力的循环影响,其连接必须设计为可抵抗疲劳作用。因此,特种焊接程序是必需的。

合成纤维绳索正越来越多地得到应用,因其重量轻。最常用的纤维为聚酯纤维和凯夫拉尔(Kevlar)。它们都应用于张索系泊系统,其第一段由锚链或钢索组成,能防止导缆器摩擦侵蚀,其后是合成纤维,最后地面线为锚链或钢索。钢索的优势是可以更深地切入泥土。安装时必须注意防止损伤,包括过度弯曲、扭曲、磨损、高速使用过热、海底搁浅和过度循环加载。

合成纤维索不仅减少了垂直载荷,而且还具有双峰性能,即在恒定环境载荷下当系泊船舶发生偏移时伸长,然后在一阶偏移位置沿着更为刚性的弹性路径发生振荡。缘于二阶运动,它所导致的疲劳作用更小。聚酯绳索必须小心使用以避免磨损:务必不设有交叉线,且不在海底拖曳。

虽然鱼类啃咬绳索在最近似乎已不是什么严重的问题,但应铭记海军曾遭遇鱼类啃咬系泊浮标纤维绳索的麻烦。这一问题已经通过在纤维绳索上挤压一聚氨酯覆层而得以解决。

海王星(Neptune)号和创世纪(Genesis)号深水浮筒平台均采用了张索系泊系统,其中使用了 14 根末端为无挡锚链杆和钢索夹于中间的系索。创世纪号的锚链直径为 5in(133mm),该系统的张力源自 14~480t(4.8MN)承载力的直链千斤顶,具有 1.2m/min 的速度等级(见图 22.14)。

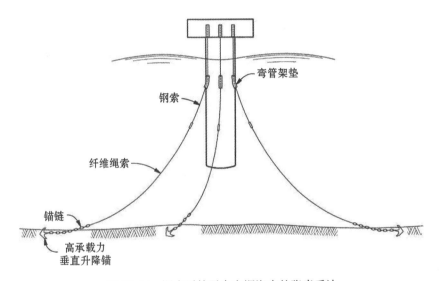

图 22.14 深水浮筒平台在深海中的张索系泊

无论黏土和沙土都使用吸力桩锚(见图 22.15)。不同于打入桩,这些吸力桩直径大(4~20m)且长度短(15~20m),在上端有永久性顶盖。将其下沉至海底最终位置处,然后使其凭借自身重量贯入表层泥土。为了获得有效密封必须贯入 1~2m 深度。截留水必须放空。

然后实施泵吸。泵用管道的附接可由遥控机器人或海面脐带操作。降低内水压力能促使外部静水压力推动桩完全贯入。吸力致使产生有利于暂时性快速贯入的条件。在致密的沙土中,使用喷水系统润滑各边。此类设备在桩周

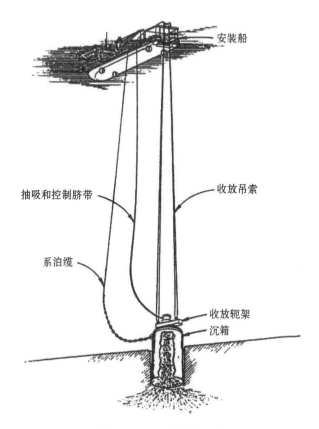

图 22.15 吸力锚的安装

边大约有 220 个 3mm 直径的孔洞。如果吸力桩锚错位或无法完成贯入，可通过换向程序和将水泵至桩顶实施恢复。过压应最低合理可行，以避免桩尖下方产生管涌（见第 6.2 节）。

加利福尼亚州休尼梅（Hueneme）港的美国海军土木工程研究实验室已研制出专门用于坚硬、致密海底的锚，它以自由落体方式落入接近海底，然后爆炸驱动进入泥土中。

无论是钻井船还是半潜式潜水器，都使用钻入桩。为了形成尽可能多的侧面阻力，即便拉力几乎是垂直的，锚链也被附接于桩下面的中间位置。

22.10　深海海底的施工作业
Construction Operations on the Deep Seafloor

　　浸没的结构可以使用动态助推器定位,并由机载计算机通过水声应答器发送至水面船舶并转发至卫星锁定。此外,还可以使用预设的海底应答器保持相对位置。

　　浸没的浮力结构物通过使用加重牵索可以保持漂浮在规定的海底高度。如果它们上浮就会提起更多牵索的重量(如锚链),从而会返回至原先高度。下降至绳索或套管的物体必须考虑到收放船舶对波浪作出反应的动态响应情况以及物体的惯性作用,由于其海水质量增加也必定会产生加速。基于此,格洛玛(Glomar)探测器上配备有巨形涌浪补偿器,用于克服横摇、纵摇和垂荡的影响。海底结构物以及锚的自由落体部署也可以通过安装多个浮标进行"控制"。然后结构物可以循序渐进地压载下降。法国工程师已经开发出一种"呼吸阀"浮标,其体积在下降过程中缩小,因而浮力随之缩小。这些浮标已成功应用于2 500m深海铺设管线试验段,紧接着又成功地运用于350m深海铺设横越直布罗陀海峡的天然气管线。哈丁(Harding)重力基座油罐(GBT)为海底储罐,安装时使用了多个浮标,如第13.4节所述和见图13.5。"下滑"时可使用潜水器和遥控机器人来控制其下降速率。一旦结构物低于海面,凭借海底锚"压低"浮力结构物是解耦受海面波浪影响系统的有效方法。

　　新一代大型海上起重船的装备能下沉海底基盘至实际深度约1 000m。对于此类及更大深度,起重船将海底基盘下沉至深海钻井船的船体之下,然后吊于船舶的月池下。接着通过钻柱将其下沉至海底。由于钻柱的承载力其上限通常约为500t,包括垂荡和加速度的动态效果在内,辅助浮力已合并入海底基盘。深水浮筒可用于减少垂荡响应,每个浮筒都装有线性千斤顶且使用钻井套管或钢索。

　　由于过度贯入海底淤泥,降落于深海底时可能出现问题。这一层非常柔软的物质("胶浆")实际上可能是胶状悬浮物,由于缺乏声响反射且不能保留在取样管中而没有在岩土勘探中显现出。以大销钉的形式从结构物向下伸出腿柱,可能有助于稳定初始贯入。腿柱的直径可以逐步加大,因而总贯入度受到限制。

必须考虑降落在柔软淤泥时所产生的混浊云状物,因其会阻碍使用视频定位控制。可能会预先采取步骤覆盖淤泥,如第7章所概述的海底整治内容。加利福尼亚州休尼梅(Hueneme)港的美国海军土木工程实验室正在持续开发此类覆盖淤泥的方法,以抑制由于海底淤泥胶状悬浮物而产生的混浊云状物。

混凝土输送从几百至几千米深度不等,为此已开发出两种方法:其一,混凝土由末端密封的长管道输送至海底后卸出;其二,混凝土沿管线向下泵送。使用含抗分散外加剂的多沙混合料且减小管线直径,这样通过摩擦限制流速约为3m/s,因而可防止出现离析。骨料应预饱和,以减少因受力作用而使骨料吸水导致混合料特性改变以及随之发生变硬。必须考虑低温(主要为延迟)和高静水压的影响。

新研制的外加剂如防离析的抗冲刷外加剂和硅粉,也可以通过使用封闭式泥斗或其他离散设备在深海输送混凝土。石油钻井行业早就将水泥浆(灌浆)泵送至很深之处,并已经使用它们胶结套管柱以及堵塞油井。混凝土已通过混凝土管道输送至250m深处的扩底桩和1000m及更深的矿井内。

大量使用混凝土或灌浆时必须考虑水化热,并且必须使用诸如高炉矿渣水泥或水泥加火山灰等特殊胶结混合物以减少热量和防止混凝土或水泥浆随之中断。由于水泥含量高,灌浆特别易受影响。

在物体下方注水被认为是将物体从海底弄松散的最有效方法。必须保持非常低的压力以防止管涌至大海。低渗透土壤可能需要许多小时的注水以使土壤中内部孔隙压力提高到完全能克服吸力作用和减少剪力。

为在深海海底开采锰结核的深海疏浚作业已有详细研究,并已在深达4000m处进行试运行作业。现已发现气动提升的方法既有效又高效。由于当静水压力减小时大量空气体积膨胀,使用气动提升仅将原料提升至水下泵舱。然后使用普通泵再将锰结核提升一段距离至水面船舶(见图22.16)。

海底泥土可以通过在防渗膜下实施吸入式导液法加以固结,这可以在结构物安置就位后抑或甚至在安装前实施。

在已知具有不规则海底(如岩石露头)的深海安装重力基座结构的解决方案之一是向海底倾倒岩石以建立用于坐落结构物的水下堤坝。可以从底卸式驳船上将岩石整块倾倒下去,以减少下沉时的离析。此外,还可以通过能更好控制的柔性混凝土管道进行输送。岩石应预饱和以排出所有空气。在倾倒岩石后可以通过动力夯实以进一步形成固结(即反复击落重锤或使用爆炸物)。

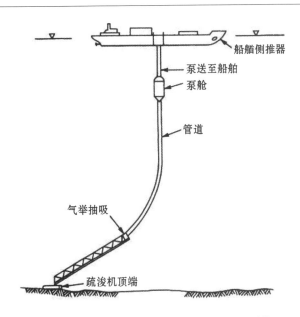

图 22.16　深海底开采锰结核的深海疏浚系统

使用滑槽("流管")将岩石输送至 300m 及更深处以覆盖或支撑管线的方法已在第 7.7 节作了描述。使用这种悬吊在船舶下的柔性滑槽能控制和防止出现离析。延伸至一定深度范围的这类输送法可以说是切实可行的,因而可实现强度控制(见图 22.17)。若采用岩石,结构物基座下方的空间可使用水泥浆注入,并在其周边使用过滤布或沙袋挡护。一旦压力下降,基底填补灌浆应该使用触变性外加剂以减少其流动趋向。

该方法已成功应用于昆士兰海上中转码头沉箱下较浅水域以及在厄勒海峡(Øresund)大桥和明石(Akashi)海峡大桥下的冲刷侵蚀区域。这些方法已纳入对跨越直布罗陀(Gibraltar)海峡大桥深水桥墩(300~500m)的研究。

诸如固定于深海海底的海底基盘结构物,可能必须与水面船舶之间传送机械手和服务舱。可以将弹出式浮标配附于这类结构物上,并根据声响信号进行释放,因而提供了随后下沉或引导机械手或结构部件与先前安装的构件进行精确配装的导向绳索。

20 世纪 60 年代和 70 年代,这类张力式导向绳索在水深达 500m 处已广泛应用于将钻柱重新装入套管。目前它们基本上已由声学和惯性导向装置所取代,正如已研发并应用于格洛玛·挑战者号(Glomar Challenger)上的装置就在 6 000m 深处重新进入套管。

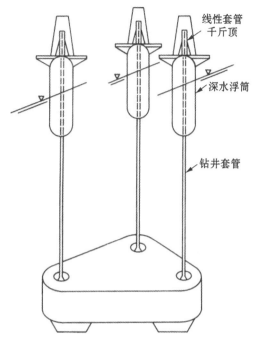

图 22.17 深海下沉重型物体

22.11 深海管道铺设
Deep-Water Pipe Laying

深海管线和出油管道已成功铺设于深达 1 700m 处的深海之中,如门萨 (Mensa) 项目。更大深度的铺设作业正处在规划阶段。在 1 000m 以下深度,标准管线必须在内部进行加压以平衡外部静水头。大直径管线可能需要在浅海处增压,因为制造时的失圆度公差以及自重导致的椭圆状都可能引发外部压力下的屈曲。深海中的屈曲传播是一个非常严重的问题。厚管壁形式的止屈器呈一定间隔距离配置于管线上。

套管形式的止屈器可以下滑至各管段,然后两端焊接,并注入环氧树脂。更可靠的方法是在管段端头使用厚壁管熔焊。深海中的标准间距为 60m。内径无论如何都必须保持不变,以保证不会妨碍清管器通过。

　　有许多方法已应用于深海安装。其中诸如 S 形铺管船、底拖法和卷筒铺管船等方法,是由已广泛应用于浅海的常规方法改进而来。S 形铺管法的管道几近垂直下降,因此托管架必须能使管子呈现近 90°弯曲。通常情况下使用相对较短的悬臂托管架。使用该方法能将 12in(300m)管道铺设在 1 600m 处深海。卷筒铺管船已同样应用于深海铺设出油管道和小口径管线。通过在驳船上安装 2~4 只完整卷筒,各个卷筒互相衔接,一次操作就可以铺设相当长的管道。卷筒铺管船已在 1 600m 水深下铺设 250mm 直径的管道。

　　J 形铺管船与 S 形铺管船的铺设方法其不同之处在于前者的管段倾向于水平 60°至 80°,从而排除了过度弯曲现象。因而无需托管架。如前所述,所需张力较低。交替式张力器已安装在斜坡上。结合处就在甲板上一次性制作完成。采用的是先进而快速的焊接方式。最有效和最快速的铺设方法是通过累积 3 倍和 4 倍长度的预装管道来实现,其单一长度甚至达 60m。有关该系统和快速接合方法的详细说明见第 15.9 节。

　　J 形铺管方法是一种在深海和波涛汹涌的海洋中铺设远跨距主要管线的高度专业且高度成熟的方法。由于不再存在明显的水平管线张力,动态侧推器可用于定位和移动驳船,排除了第三代 S 形铺管船需要频繁抛锚的问题。1 300m 水深的大熊油田(Ursa)项目采用了 J 形铺管系统。模块化系统正在建设中,以便能在现有的离岸铺管船上安装 J 形铺管坡道,而无需大规模地改装驳船。

　　第 15.3 节所述的底拖法已经得到了进一步发展,能使深水管线铺设在超深水水域。它已成功安装水深达 800m 处的"三驾马车(Troika)"管线。10in(250mm)管道被套在 24in(600mm)复合保温材料填充的环形套管内。在得克萨斯州马塔戈达(Matagorda)沿着海滩铺设了一条以 3~10km 为分段的 20km 长管线。然后用氮气对套管和管线加压。使用侧臂吊管机将管线侧向移动至浅水区域。前后面都连接着拖运器,如需要时后面的拖运器能反向牵拉。以 5.5kt 的速度将该管线拖行 350mile。抵达后由配备着动态助推器的供给船在半潜式腿柱之间移动,以在海底管汇处铺设端管。

　　波尔温克尔(Bullwinkle)平台 450m 深海处的前端由长 1300m 的巨大悬链线立管节连接至管线。为了获得拖航时的浮力,将一根 24in(600mm)直径的套管套接整根立管。随后的填充和排气操作必须仔细控制,以便在任何时候都能保持内部压力。

　　在墨西哥湾的一次长途底拖过程中,由于海底勘查不充分致使管线碰到暗礁,并导致出现屈曲。彻底实施海底勘查是必不可少的。

海底长管线拖航要求底部净重减少至最低限度。然而,在许多离岸区域底流缓慢,在更深水域甚至没有波浪运动。假定可以发现一种下水方法或某个地点并不一定需要经过重重的波浪,那么就可采用超轻型的净重(如 7~10kg/m)。其公差因此变得更加重要。

为了铺设深海出油管道和管线,埃克森美浮(Exxon-Mobil)公司已经开发出反向 J 形管法,通过该方法制作的管道在固定平台甲板上呈烟囱管形状,并由拖船将 J 形管拉下至海底(见图 22.18 及第 15.8 节)。

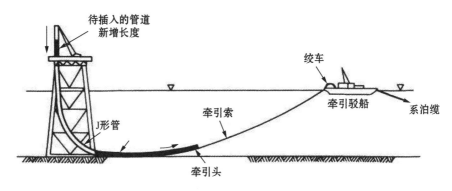

图 22.18　反向 J 形管的管道铺设系统(图片由埃克森公司提供)

所铺设的门萨(Mensa)出油管道须在 1600m 深海处实施修理作业。该管道由遥控机器人放置的锥形装药切断。然后由遥控机器人放置吊架和安装管道修复工具(见图 22.19)。

2005 年研制开发的水下挖沟机就在非常坚硬的冰川黏土中挖掘了一条 2m×10m 的槽沟,用于铺设挪威奥尔曼·朗奇(Ormen Lange)海上气田的输气管道。其水深为 850~1100m。这台可在海底爬行的步行机配备有高压喷水机和喷射器,其上装备了配有各种切削工具的液压反向铲泥斗。

虽然最初可通过视频控制,但喷射搅起的淤泥云致使其不起作用。之后采用由计算机生成的声成像并显示于海面控制船上的方式来实施监控。

该管线将以 80°倾角使用 J 形铺设法,这将优化管道的弯曲应力。预料在波涛汹涌的海洋中 J 形铺设位置靠近半潜式船身中部,这将会使纵摇垂荡和纵荡变化范围减至最小。

拟建穿越黑海的管线将深达 2 000m。考虑采用直径为 782m(疑为mm——译者注)的钢质管线,其壁厚为 41m(疑为 mm——译者注),属高强度

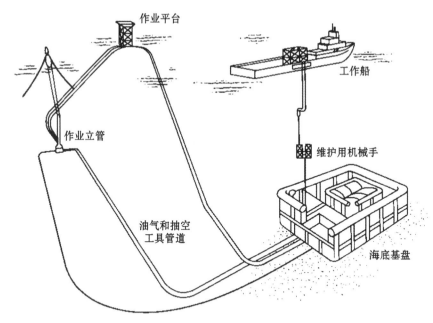

图 22.19　海底生产系统(图片由埃克森公司提供)

钢。发现 S 形铺设和 J 形铺设法都可行。现已开发出一种无需潜水员的维修系统,由遥控机器人实施机械连接。

虽然几乎所有的小型出油管道都使用空管铺设以便利用其浮力,但这不会是深海石油管道的最佳解决方案。因为壁厚在很大程度上取决于外部静水压力。

铺设管道灌满流体时,在外部低静水压力的作用下可以减小壁厚,这可以部分抵消所灌入的水量。当然,这必须考虑流体或油液密度与海水密度之间的净差值。这样可以大量节省用钢量。

拟建的阿曼至印度管线甚至将深达 2 500m。已考虑将戊烷灌进管线以减小所需的钢质管道壁厚。

22.12　海底完井
Seafloor Well Completions

海底完井是众多深海离岸油气生产系统的组成部分。它们主要由钢框基

899

盘以及坐落海底的合适井口、阀门和控制装置组成。穿过基盘钻井,并使用遥控机器人(ROV)制导装置和声响脉冲信号发送装置;放置套管并予胶合(灌浆)以防四周喷出气体及防止海底散落的泥土落入其中。井口基盘通过钻入桩固定就位。这就形成了侧向稳定并使管线连接至密封气密的圆锥容器内。采用遥控机器人制导法。

22.13 深海桥墩
Deep-Water Bridge Piers

已有许多提议贯穿着深海桥墩的概念性工程设计阶段。其中最主要的提

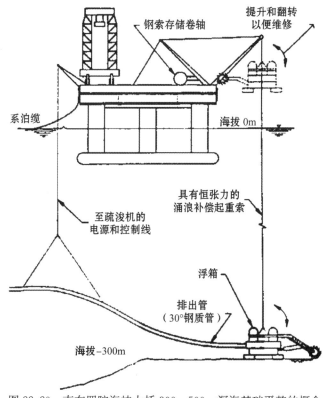

图 22.20 直布罗陀海峡大桥 300～500m 深海基础平整的概念

议涉及跨越直布罗陀海峡的桥梁桥墩。根据所选线路,桥墩需要建造在水深 300m 至 500m 之间。强流巨浪和不规则海底使其成为极具挑战性的事业。20 世纪 90 年代的初始研究假设约在 2050 年会实现经济可行性,这要求现时展开认真调查和可行性研究。

有可能需要对每个重力基座沉箱的海底坐落地进行平整。在钙质沙岩和泥沙岩中疏浚使用巨大的半潜式液压齿轮铰刀挖泥船认为是可行的。

桥墩必须承受住船舶的碰撞。桥墩立柱必须承受任何深度的核潜艇碰撞。为此,开发了四立柱混凝土重力基座结构(GBS)概念,其施工方法见图 22.20 至图 22.27。未来的研究将考虑使用低密度液体以减少安装过程中所需的壁厚(见第 22.3 节和第 22.4 节)。

图 22.21　海底疏浚机的疏浚头

涉及钢材和混凝土的其他建议都是利用为深海石油平台而开发的概念,如柔性钻塔使用斜系泊索以限制位移。

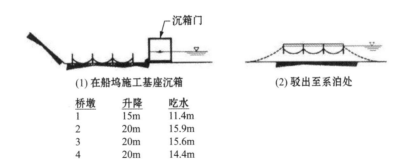

(1) 在船坞施工基座沉箱

桥墩	升降	吃水
1	15m	11.4m
2	20m	15.9m
3	20m	15.6m
4	20m	14.4m

(2) 驳出至系泊处

图 22.22 直布罗陀海峡大桥预制桥墩沉箱的施工

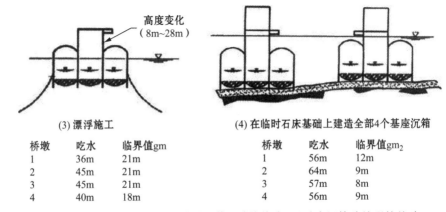

(3) 漂浮施工

桥墩	吃水	临界值gm
1	36m	21m
2	45m	21m
3	45m	21m
4	40m	18m

(4) 在临时石床基础上建造全部4个基座沉箱

桥墩	吃水	临界值gm_2
1	56m	12m
2	64m	9m
3	57m	8m
4	56m	9m

图 22.23 预制阶段 3 和 4,临时坐落于浅海海底,显示为经特殊处理的基础

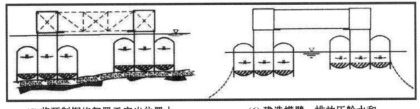

(5) 将预制钢桁架置于突出位置上

(6) 建造横臂,排放压舱水和拖航至深海系泊

桥墩	吃水	临界值gm_3
1	36m	63m
2	46m	146m
3	46m	151m
4	41m	106m

图 22.24 阶段 5 和 6

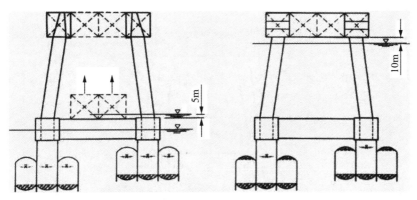

(7) 压载至横臂一半高度。建造全部4个竖井和锥形顶部。调高平台制造桁架并连接至竖井顶部锥体和上层脚手架（桁架重约2 000t）

桥墩	吃水*	临界值gm_4
1	96m	22m
2	106m	34m
3	95m	36m
4	97m	27m

(8) 压载至深吃水。完成上层平台，钢筋绑扎的垂直交叉墙，但无混凝土铺设

桥墩	吃水*	临界值gm_4
1	103m	5m
2	281m	21m
3	246m	6m
4	196m	6m

图 22.25　阶段 7 和 8，浸没在西班牙阿尔赫西拉斯湾（Algeciras Bay）屏障式深海中

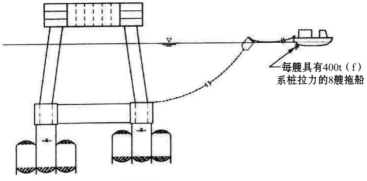

每艘具有400t（f）系桩拉力的8艘拖船

(9) 排放压舱水至最佳吃水并拖航至现场

桥墩	最小吃水*	gm_6
1	90.8m	3.1m
2	216.0m	2.2m
3	191.0m	2.3m
4	186.0m	3.0m

图 22.26　阶段 9，使用每艘具有 400t 系桩拉力的 6 艘拖船拖航

903

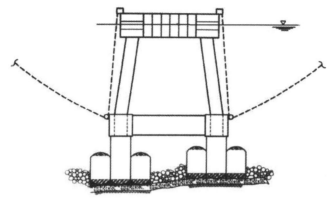

(10) 系泊至预先设置的系泊浮筒，压载
　　 下沉至经预处理的石床基础上

(11) 在基座下灌浆

(12) 需要时安装冲刷防护

(13) 平台横墙铺设混凝土

图 22.27　压载下沉至经预处理的基础上就位

吾当继续远赴重洋，回应咆哮海涛呼唤，
粗犷抑或嘹亮呼唤，世间谁能予以拒绝；
吾所祈求疾风吹拂，白云翻腾飘游蓝天，
浪花激溅水沫纷飞，更兼海鸥翱翔啼阕。

（约翰·梅斯菲尔德"海之恋"）

第 23 章　北极海洋结构物

Arctic Marine Structures

23.1 概述
General

在北冰洋及邻近的亚北极海域进行离岸施工是个巨大的挑战。对于离岸开发而言，这些地区的环境条件可能是最为严酷的。20 世纪 80 年代关注的主要地区是加拿大和阿拉斯加附近的波弗特海，20 世纪 90 年代的开发重点则是加拿大东海岸、巴伦支（Barents）海和喀拉（Kara）海以及库页（Sakhalin）岛近海。

本章主要对涉及北极近海的施工程序、数据及指南进行综述，有些内容在前面的相关章节中已经介绍。由于北极的重要性以及在北极地区进行作业需要综合多学科知识，所以为了经济而安全地在北极建造结构物，将必须考虑的各方面内容汇集为一章是比较合理的。

加拿大和美国 20 世纪 80 年代中期制定的租赁计划大大加快了北极近海的开发。20 世纪 70 年代在阿拉斯加库克湾中建造了一些易受移动海冰影响的平台，虽然冰筏时常卡在腿柱之间并导致严重振动，但平台性能还是非常令人满意的。据报道恒定海流中磨蚀作用很强的硅质粉沙使水下钢板的厚度明显减小，但并不严重。

更早的时候在波罗的海建造过一些灯塔，基础通常采用混凝土沉箱，上部为钢塔或钢-混凝土复合结构塔。在海冰的周期性挤压作用下，因振动导致钢质竖井疲劳而使许多灯塔发生倒塌。对这些灯塔及破冰船的研究表明振动周期如果与结构物的自然共振周期比较接近就容易引发灯塔倒塌。

波罗的海灯塔混凝土的磨蚀发生于海平面以上半米至以下 2m 的狭小范围内（波罗的海的潮差只有约 1m）。不仅混凝土被磨蚀，钢筋也松散变形。这种磨蚀问题只发生于波罗的海北部狭窄海峡，因为春天硬度较大而盐度较低的冰在流出海峡时会经过结构物。由于往北硬度较大的冰主要是固定冰，往南冰的硬度较小并且盐度较高，所以都不会发生明显磨蚀。

水面以上的混凝土沉箱基础甲板也受到冻融侵蚀，特别是溅起海水的蓄积处。表层混凝土因冻融侵蚀及磨蚀而脱落或变薄处的钢筋发生了中等程度的腐蚀。

1970 年,苏联在摩尔曼斯克(Murmansk)以东 150km 处的基思洛基巴斯克(Kislogybusk)建造了一座原型潮汐发电厂。尽管每年结构物受到固定冰的影响时间长达 4 到 5 个月,但并没有破坏或损坏的报道。

可参考第 1.10 节关于海冰和冰山的详细介绍,第 2.5 节至第 2.8 节涉及北极海底岩土特性的说明(过度固结粉土、永久冻土、松软的北极淤泥和黏土以及冰蚀)以及第 3 章关于北极生态的特殊考虑因素,尤其是噪音、冰间航道、冰层覆盖水域中的溢油以及对生物重要迁移路线的影响。

23.2　海冰和冰山
Sea Ice and Icebergs

北冰洋完全被极地浮冰所覆盖,极地浮冰为直径 1 500km 的永久性冰盘,大致以 80°N 和 150°W 为中心顺时针旋转。极地浮冰主要由散布着冰脊的多年浮冰组成,断裂处形成冰间水道。平均厚度约为 4m,因为全球变暖,近年来的厚度已经减小。

美国海军和美国国家海洋和大气管理局联合冰情预报中心发布北极和亚北极地区的冰情图,并对未来冰情进行预报。图 23.1 至图 23.3 是夏季(8 月)和冬季(12 月)冰情图实例。注意 8 月 7 日冰情图(图 23.1)中围绕巴罗角北部较窄的无冰水域,正是在这种条件下成功拖带了莫里科帕克(Molikpaq)号平台和混凝土岛钻井系统(GBS-I)平台。本章第 23.11 节“结构物在北极的部署”将对此进行详细介绍。图 23.1 至图 23.3 显示了北极和亚北极地区冰情随着季节而变化的情况。联合冰情预报中心还发布全球冰情图。

北冰洋周围大陆架浅水区域在短暂的夏季为开阔水域,冬季则由当年冰覆盖。这种当年冰比较稳定,因而称为“固定冰”。极地浮冰和固定冰之间是动态程度非常高的“剪切带”,由当年冰脊、多年冰脊以及从极地浮冰脱落的大块浮冰所组成,也被称为“斯塔姆奇(Stahmuki)带”。

海冰压力有着明显的比例效应,对于较大的整体接触带,海冰压力可降低为 1MPa 或更小,而在较小的局部区域可上升至 4MPa 甚至 6MPa。大直径钢管桩设计时使用的压力值为 3MPa。冰山是淡水冰,可产生较高的局部单位压

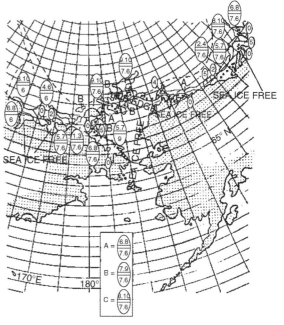

图 23.1　北极西部 8 月的海冰情况

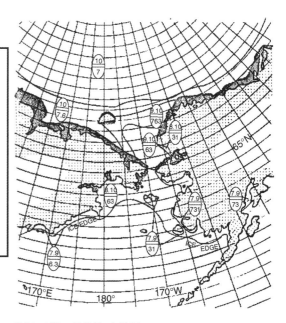

图 23.2　北极西部 1 月的海冰情况

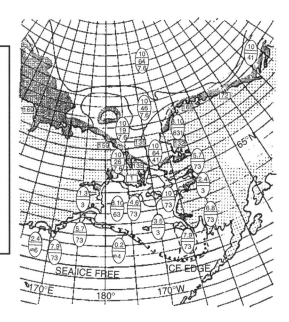

图 23.3　北极西部 5 月的海冰情况

力。当移动冰层遇到障碍时,不管是浅滩还是结构物,都会造成冰块堆积。堆积的冰块可保护(缓冲)结构物免受浮冰的进一步碰撞,但反过来保留到来年夏季的大量冰块也会对结构物的补给通道造成影响。

推挤到倾斜海岸的冰层会覆盖并越过海滩。当海平面因风暴潮而升高时,冰层可从普通海岸线向内陆推进 30~100m,这会对人工岛和平台造成威胁。

许多有潜力的离岸石油开发都位于剪切带,通常剪切带会发生以下季节性变化:

7 月至 9 月:开阔水域,会发生几次强风暴,多年浮冰侵入一次或多次。

9 月至 11 月:冻结,形成限制浮冰移动的薄冰,但同样也限制了作业,需要破冰船和驱冰船。

11 月至 5 月:冬季冰冻环境,风和海流推动冰层缓慢而不规则地移动。为厚层冰和重叠冰。

5 月至 7 月:春季解冻,当年冰和多年冰大量移动,形成冰间水道和压力冰脊。

北极浮冰内部有几处异常,一是波尔雅纳(Polyna)地区,这是一大片在冬季也存在的开阔水域;二是浮冰岛及浮冰岛碎块,起初是从埃尔斯米尔(Ellesmere)岛冰川冰层脱落的巨大平板冰山,然后汇入极地浮冰中。由于源自冰川,因而是淡水冰。浮冰岛在浅水中搁浅或因热应力和冲击应力而破碎并形成较小的碎块。

在亚北极地区,还存在其他受浮冰影响的环境。对于格陵兰和加拿大东部之间、巴芬(Baffin)湾、戴维斯(Davis)海峡以及远至南方的纽芬兰而言,冰山是主要的考虑因素。冰山还出现在挪威海和巴伦支海。大部分都是块状冰山,重量可达1000万吨甚至更多,其厚度通常只受水深限制。冰山融化破碎后形成重量为几千吨的残碎冰山,最后是小冰山,能被风暴波浪推动但肉眼或雷达都难以发现。这些冰山在冬季被固定在当年海冰中,但大块浮冰仍然在继续移动。其他冰山则搁浅翻转或破碎。

4月和5月是冰山和雾影响最大的月份。每年有100~2400座冰山越过北纬48°,冰山数量的变化范围几乎达到两个数量级。变化如此之大的原因尚不明确。

楚克奇(Chukchi)海的开阔水域期为3~4个月,经常有多年浮冰侵入,发生强风暴时浮冰更多。

白令海中只能见到当年冰。但诺姆(Nome)以南的冰层活动很频繁,片状冰形成后被风吹向南方,留下的开阔水域又产生新的冰层。冰层相互叠加,并形成许多当年冰脊。冰层被推挤到育空(Yukong)三角洲的浅滩上并留下巨大的冰堆,堆积的冰块可一直保存到来年夏季。在夏初,这个地区有时会受到强风暴的袭击,汹涌的波浪因浅水而变陡,巨大的风暴潮可高达3m。冰堆时常会浮起并通过诺顿(Norton)湾漂向北方成为"浮冰块"。纳瓦林(Navarin)海盆位于白令海南部,由于水温较高,冬季冰比较薄,强度也低。但在暴风作用下,仍然可以形成中间具有固结带的大型当年冰脊。

在东北面的库页岛(西伯利亚海岸外)和格陵兰,海冰形成紧密的冰脊,冰脊可构成对结构物和船舶造成最大威胁的挤压带。西南方向的海流将冰脊冲上库页岛东北海岸,并导致海滩被严重侵蚀。据报道大型当年冰脊、多年冰脊(偶尔)以及东巴伦支海的冰山都来自喀拉海。

23.3　大气条件
Atmospheric Conditions

　　有几种大气条件对在北极进行施工作业有着比较大的影响。低温无疑是北极起决定性作用的因素,冬季气温可达−50℃,夏季温度通常为10℃。水温一般为−2℃,夏末海岸边的水温可上升至+8℃。低温不仅影响作业,而且会使普通碳钢发生脆断。

　　夏季时在浮冰边缘会形成雾,这是因冷空气从冰面流动到温暖的开阔水域所致。由于浮冰边缘不会离岸太远,所以这意味着在施工季能见度可能会严重受限。在加拿大东部近海,雾可延伸至开阔水域非常远的地方。这种类型的雾通常紧贴着海面,厚度为10∼15m,其上方的能见度良好。对直升机作业造成更严重影响的是"乳白天空",天空、陆地和海洋都变成一团巨大的白雾,失去所有可以参照的特征。

　　上层建筑、船桅、索具以及起重机臂上会迅速发生大气结冰,使船舶上部重量增加并产生严重的问题。大气结冰可形成75∼100m长的致密冰或300m甚至更长的多孔冰。亚北极南部的空气比较潮湿,这种情况就更为严重。美国石油学会标准2N警告在船舶上层建筑或结构物上累积的冰可增加上部重量及暴露于风中的面积,导致局部应力过大或降低总体稳性。可通过用管形构件代替形状突出的构件以及使用低摩擦力涂层(例如聚乙烯)来减少大气结冰。

　　北极光及相应的电磁干扰会对无线电通信造成不利影响,在接近春分和秋分时尤为严重(3月15日和9月15日)。

　　因为北磁极位于巴芬岛,所以磁罗经基本上不起作用。罗兰C导航系统在北极性能很差,但可以使用卫星导航系统,全球定位系统(GPS)能够为导航提供良好的控制。

　　风暴通常限于局部范围但非常强烈,速度可达30m/s甚至更大,持续时间一般只有6∼12h。风暴很难预测,因而在风暴达到前只能提前几小时预警或根本无法预警。发生风暴时如果气温比较低的话,风寒的影响会非常严重,表观温度可达−70℃(见图23.4)。

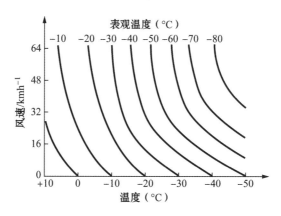

图 23.4　风寒所致的表观温度

23.4　北极海底和岩土工程
Arctic Seafloor and Geotechnics

　　北极海底岩土环境是世界上最为复杂和困难的施工环境之一。沿着北极海岸，大陆架非常浅，并且延伸达 60km 甚至更远，而深度可能只有 100m。大陆架上是近代全新世沉积物，从距河口较近处到较远处，沉积物从粉沙（来自像麦肯齐河（Mackenzie）这样的冰河）逐渐变化为黏质粉土和粉质黏土。

　　这些松散的近代沉积物厚度为 2～20m。即使坡度非常平缓，在大陆架边缘也能见到大量塌落的沙土。近代沉积物下常常是厚度达 10m 或更大的过度固结粉土，过度固结粉土会给施工带来极大困难。粉土非常致密，几乎无法将桩打入，开挖也极为困难，并且粉土破碎后会变成类似于胶状物质的悬浮物。沉桩最有效的方法是通过高压水喷射，也可使用机械钻孔机和切割机，但除非辅以喷水，否则会发生过度磨损。

　　过度固结粉土下常常是致密或非常致密的沙层。可出现海底永冻土，永冻土甚至能延伸至剪切带。永久冻土带上层一般为部分冰联结，并夹杂着冰透镜体，而更深处的沙层则为完全冰联结。

　　沙层顶部和上述过度固结粉土沉积物之间常常有一层厚度只有几米的薄

地层,其中的粉土非常松散,几乎呈液态。对于这种现象有多种解释,其中一种认为永冻土融化产生的水及气体向上渗透,通过部分冰联结沙层并汇集在上覆不渗透性粉土的下方,这样就会破坏粉土结构并增加孔隙压力。剪切摩擦值则降低到几乎可以忽略不计。

许多地方都发现了浅层甲烷气体。钻孔和打桩时必须非常小心,以免因小型爆炸而发生事故,所以必须使用气体检测设备。

海底永冻土上方的粉土沉积物中偶尔也会有冰透镜体。另外一个异常现象是在海底表层或大陆架边缘附近出现砾石,据称比较小(卵石及小砾石),因而不必过多关注。

深度 50m 以内的北极大陆架表面受到冰山底部的反复刮擦,形成的沟槽一般深 1～2m,宽 10～20m,边缘有推挤隆起的脊。以前形成的沟槽可被松散的沉积物再次填充。由于冰层移动方向会发生变化,所以冲刷痕迹形态多样并且相互交错。据认为 50 或 60m 深度范围内的整个大陆架在近代地质时期都遭受了持续冲刷。另外一种冲刷现象称为果馅卷冲刷,当早春河流解冻时,海岸固定冰上会有大量水流过,水逐渐冲破冰层薄弱处并流进下方的海里。水流的速度足以冲刷出直径 20～40m,深度 10m 或更大的凹坑。水下还经常可以见到冰举丘(沿岸平原地区因冻胀而形成的小丘),这些冰举丘是海面较低时期残留下来的,其底部直径可达 100m,高度达 50m,因而在北极大陆架水域航行时应使用前视声呐。残留下来的冰举丘还在北海及其他亚北极地区海底留下直径 100m 深度 10m 的凹坑。据认为这些凹坑是由于冰举丘中心的冰发生融化并导致其塌陷而形成的。

在拉布拉多和加拿大东部近海,冰川已经将许多浅水区域的海底冲刷得十分平整。在像拜耳(Belle)岛海峡这样的地方,冰山底部造成的刮擦痕迹非常明显。曾经发现过深度达 300m 甚至更大的刮擦沟槽。这可能与南极 500m 深处找到的沟槽类似,据认为是由较近地质时期延伸到海中的冰川舌所产生的。

诺顿湾有大量沙沉积,几米厚的沙层常常在波浪作用下发生密实。沙层上覆 1～2m 非常松散的近代沉积物,沉积物来自育空河和卡斯科奎姆(Kuskokwim)河。在海流和波浪的作用下,这些松散的粉沙非常容易移动,下面的沙层中常常含有大量甲烷气体。

纳瓦林盆地为非常松散的厚层粉质黏土三角洲沉积物,在比较平缓的斜坡上也经常发生塌落。

在亚北极的南部地区,即纽芬兰外海及白令海北阿留申(Aleutian)盆地,沙层非常致密,很明显是风暴波浪的作用使其发生了密实。在海伯尼亚号平台建造处,沙层的内摩擦角达到42°。

当离岸平台由天然松散沙层支撑时,因孔隙压力累积而导致液化的可能性是存在的。风暴波浪周期性的撞击或海冰对重力基座沉箱或钢导管架腿柱的持续挤压都可导致孔隙压力增加。

另外一种岩土现象是笼形包合物,对于钻井的重要性要大于施工。在形成笼形包合物的自然温度和压力下,这些甲烷水合物以稳定的固态存在,但当压力降低时,其体积可膨胀500倍成为甲烷气体。据认为笼形包合物只能存在于几百米深处,但分解所产生的气体可能是导致在沙层分界面出现上述非常松散粉土层的原因之一。

钻井时甲烷气体从笼形包合物突然释出可对基础岩土造成不利影响,并会对桩和导管产生强大的下拉力,而填充形成的凹坑可使下拉问题更为严重。目前已经开发出了避免这种现象发生的钻井技术,例如安装套管前先释放压力。气体突然释出被成为"井喷",可降低水的密度及浮力并使船舶沉没。

一般而言,北极是地震低发地区。但也有局部地震活动地区,例如阿拉斯加北大陆坡卡姆登(Camden)湾附近以及在加拿大北极岛以西,波弗特海东北部的活动断层。后一地区发生的地震可影响到东波弗特海南部图克托亚图克(Tuktoyaktuk)的结构物和设施,因而需要对诸如粉土和沙液化这样的现象予以考虑。库页岛位于两个主要俯冲带之间,经历了多次重大地震活动。中大西洋裂谷位于格陵兰东北部水下高原以东,在潜在油气区内至少记录到一次震中。

由于白令海南部靠近阿留申群岛以南的活动板块边缘,所以必须考虑地震因素。就施工人员而言,在这种地震环境中进行作业需要运送用于基础的沙,并且对沙的级配、密实和压实有着更为严格的要求。

北极海岸线和堰洲岛对物理和温度变化非常敏感。永冻土距离地表很近,实际上在陆地苔原下方只有约300m处。正是冻土保护了海岸,使海岸在夏季波浪作用下常常形成较低的陡岸,并在海滩上留下薄层砾石。开挖和其他施工作业会影响这种平衡,导致细颗粒沉积物不断遭受大量侵蚀。

波弗特海堰洲岛多少正处于连续发生侵蚀和沉积的过程中。海流在波弗特海环流的作用下沿着阿拉斯加北大陆坡移动,人造结构物、岛屿和堤坝对这种沿岸过程造成局部影响,导致一侧发生沉积,而另一侧发生侵蚀。

库页岛东北海岸是形成海流的地区,每年有 6 个月被厚达 2m 的海冰所覆盖,并且地震活动频繁。

23.5　海洋学
Oceanographic

夏季经常发生的风暴会对开阔水域造成影响,南北方向的风暴非常有限,但东西方向的风暴要强烈得多。波浪的有效高度通常只有 2m,但当浮冰向北移动后会形成 200km 的开阔水域,这样就有可能产生更高的波浪。

波浪周期同样也会受到影响,一般为 5s,但在开阔水域当浪区变大后可增至 6 或 7s。由于目前大多数施工区域都是浅水,所以波浪通常比较陡。

结构物周围,尤其是堤坝周围,迅速移动的风暴会发生折射和方向性扩散,可产生混乱而汹涌的波浪。破碎波顶部在大风吹刮下变成浪花,浪花能累积起非常大的水量,一次风暴可将几百吨水吹到结构物上,产生严重的排水问题,冰可能会对排水造成阻塞。由于浪花会飞溅到结构物周围 30m 甚至更高的地方,所以风暴中的直升机救援会因此而遇到困难。初秋时海面上没有浮冰,但空气温度已经低于冰点,这时肯定会产生严重的冰冻问题。风暴的持续时间一般比较短,在 24~36h 之间,最大强度的持续时间不超过 6h。

有几种相互影响的现象可以产生强大的风暴潮,并能形成高水位(+2m)和低水位(-1m)。低气压、强风和海流都会导致水位发生变化。在北极,因为大陆架长而浅,并且陆地和冰层之间存在可使水流通过的狭窄“河道”,所以风暴潮造成的影响非常大。这些现象还会在开阔水域形成强劲的海流,特别是哈里森(Harrison)湾和巴罗角之间的地带,由于水深接近以及存在密集的浮冰,所以形成了从海面到海底的整个水体几乎都以同样速度流动的海流。

白令海经常遭受强气旋风暴的影响,特别是南部延伸地带。当风暴形成的波浪到达育空三角洲和诺顿湾的浅水区域后,就变成深度有限、非常短陡并且堆叠高度可达几米的风暴潮。

23.6　生态因素
Ecological Considerations

北极有其独特的生态,其生态活动主要发生在沿海平原及附近的开阔水域,大量的鹅和其他岸禽在海岸上筑巢。夏季时,光合浮游生物在冰间水道和开阔水域大量生长,并形成了顶端为弓头鲸和其他鲸类、海豹以及北极熊的生态链。当地的因纽特人也是生态系统的组成部分,在过去的 12 000 年里,他们形成了独特的文化,使其能够在严酷的环境中生存。

施工活动及开发无疑会对这个生态系统产生影响。许多影响是正面的,例如当地居民得到了比以往更好的食物、教育、卫生保健和通信服务。许多大型鱼类、鸟类和哺乳动物显然也必须适应这些变化,除了数量略受影响,它们都生存得很好。例如北美驯鹿学会了跨越阿利耶斯卡(Alyeska)输油管道,而岸禽和熊对直升机也已经熟视无睹。

但环境保护者提出的其他问题是真实存在的,并因此产生了能够遵守也必须遵守的规范。茴鱼及其他鱼类的回游路线非常靠近海岸线,所以防波堤和堤道会妨碍这些鱼类的回游。据信强噪音至少可对附近的北极弓头鲸造成不利影响,虽然就距离和影响程度而言,不同观点的差异仍然很大。低空飞行的飞机、大功率船艇以及在管道中泵送砾石会影响附近的鲸鱼,低空飞行的飞机妨碍了筑巢的鹅和鸭。使用拉铲挖土机挖掘河流及河流三角洲里的砾石时,必须在与水流平行方向而不是相交方向的沟槽中开挖,以免影响鱼类回游到上游进行繁殖。

库页岛当地居民非常关注海底管道穿越鱼类产卵区所造成的影响,因为鱼类是他们的主要食物来源。他们不仅担心施工的影响,而且担心因冰脊龙骨损坏管道而可能导致的溢油风险。

在大量碎冰覆盖的地区,应非常注意溢油问题,尤其是春季。阿拉斯加和加拿大相关行业因而组建了专门的清油小组,可以在发生溢油时做出快速响应。针对油污在北极水域的影响已经开展了大量研究,关于造成的影响及如何限制和清除油污产生了许多争论。在冬季,油污会留存在冰层粗糙的底部(特别是冰脊龙骨),低温海水使油污中较重的组分凝结并沉入海底。在水域开阔的季节,北极的油污问题类似于温带地区。幸好大部分鸟类是在内陆的几个淡水浅湖及苔原地区而不是海里活动。最需要关注的是春季解冻时期,目前发展的重点是限制并清除油污的能力,包括碎冰中的油污。加拿大政府和相关行业已联合开展碎冰中油污的燃烧试验。

因而施工人员必须按照特别的要求进行作业,以免对生态造成破坏及不利影响。这可能会限制一些看起来比较合理的活动,例如在北极弓头鲸进行秋季回游的 9 月和 10 月,许多活动被禁止开展,而施工人员却希望能够在这段时间结束当季的工作。这些限制是地区性或国家性的,有些活动允许在加拿大水域展开,而在阿拉斯加水域则是禁止的,反之亦然。

有两个生态因素对人类是有威胁的:北极熊和蚊子。北极熊将人类视为普通猎物,它们在冰上、水面上和水下都非常敏捷灵活。单独进行测量的人员及岩土工程人员必须由当地猎人(监视北极熊)陪同,接近废弃的营地或设施时要非常小心。熊会受到人类活动的吸引并且好奇心非常强,据称它们还曾爬上冻结在冰中的船舶和钻井平台。食物也会吸引熊,其敏锐的嗅觉可在 50km 开外确定食物的位置。蚊子不携带严重疾病,其威胁要小一些,但夏季出现的大量蚊子也能对人类的活动造成影响。好在蚊子的活动范围很少离开海岸超过半英里。

23.7　物流与作业
Logistics and Operations

北极就像沙漠,小型定居点之间相隔甚远,地形总体上平坦并且缺乏特征,降水稀少,温度变化范围极大,只有少量本地居民,支持活动的基础设施匮乏。短暂的施工季使问题更为严重。

阿拉斯加北端的巴罗角是个重要的物流中心,所有浮式结构物、驳船和船舶进入波弗特海前都必须经过巴罗角。巴罗角距离美国太平洋西北地区约 2 200mile,而距离日本和朝鲜几乎有 3 000mile。船舶和浮式结构物必须经北太平洋进入通过阿留申群岛的航道,然后穿过白令海和楚克奇海那波浪时常会非常汹涌的浅水区域才能到达巴罗角(见图 23.5)。在巴罗角,冰层一般在 8 月初消退,这样就延误了通航,因为即使远在波弗特海东部,6月底7月初时也已经可以部分通航了。极地浮冰不会远离巴罗角,因而受其限制航道只有几英里宽。航道水域深度有限(10m左右)并向外延伸约7mile,通航一般只能保持到冰冻期开始的9月15日。

图23.5　拖带全球海洋公司的北极号钻井平台通过巴罗角(照片由全球海洋公司提供)

另外一条航道是使驳船沿麦肯齐河进入波弗特海,麦肯齐河一般在6月中旬解冻,通航时间可比巴罗角早6周至2个月,当然这还要取决于货物的重量。阿利耶斯卡输油管道公路在一年中的大部分时间都可以运输货物,只有春末因冻胀而受到限制。如果场地和通信良好的话,也可以在波弗特海进行航空运输,飞机能顺利降落于冰上机场。许多货物还可以空投,例如木桩。

虽然其他北极和亚北极地区对物流的要求要低一些,但运送所有物资都是困难而昂贵的。需要建立居住点、支援基地及冬季临时停留区,海岸基地必须能够全年供水、防火、处理垃圾(以免吸引北极熊)和污水。由于永冻土距离地表很近,所以水无法排入土中,因而污水处理一般采用化学方法。突然袭来的风非常危险,尤其是冬季外部温度达到-40℃时屋顶被风吹破或吹塌。

基于上述情况,北极地区的施工大量使用了飞机和特种车辆。为了使塔希特人工岛能够抵御波浪的冲击,施工人员通过直升机空运了提供额外保护的几千个石笼,用破冰补给船运送施工材料和设备,并通过固定翼飞机在冰上进行空投,所用最大型号的飞机为 C-5 大力神运输机。类似于气垫船的气垫车不仅可以驶过冰面和水面,而且喷出的空气很容易就能破碎前方的薄冰,使驳船和轮船能够一直作业到 11 月 1 日。冻土越野车是一种装有巨大柔软轮胎的大型卡车,在雪地和苔原上行驶时几乎不会对脆弱的苔原造成任何破坏。

直升机可用于拖拉装载了货物的气垫船和冰橇。由阿基米德螺旋推进器驱动的车辆基本上能够在所有季节穿越开阔水面和冰面。遥控机器人是冰下测量的最佳选择,但在加拿大北极岛的施工中也大量使用了冰下潜水。由两艘顶推拖船推动的驱冰货驳可在巴罗角附近的薄冰中有效开辟航道。

加拿大、芬兰和俄罗斯都建造和部署了用于相关行业和商业的先进破冰船。美国海岸警卫队的破冰船由于在设计上是多用途的,所以基本无法用于北极海洋作业。离岸石油业根据需求已经针对破冰船和驱冰补给船进行了设计,这些设计很容易获取。在北极开展施工作业必须进行非常细致的计划,基本上每件工具和每种材料都应考虑何时何地需要、如何运送以及在极端寒冷、风寒和黑暗条件下如何使用等。设备必须针对北极进行特殊设计,普通油脂会冻结,所以应使用硅脂。

23.8　北极近海中的土方工程
Earthwork in the Arctic Offshore

到写作本书时为止,北极大部分离岸结构物都建造在麦肯齐三角洲和附近的加拿大波弗特海以及普拉德霍湾的浅水区域中。加拿大的结构物大多用沙建造,如果附近能够找到沙源就通过吸扬式挖泥船挖掘并填放,如果沙源较远则使用吸扬式开底挖泥船。有时沙源距离施工现场达 50～80km。阿拉斯加北部许多人工岛都用河里的砾石建造,目前建造水深最大的是伊松纳克(Issungnak)人工岛(19m)和慕克拉克(Mukluk)人工岛(20m),都需要大量施工材料(见图 23.6)。

沙主要通过水面抛扬或驳船倾倒,这样形成的边坡非常平坦,坡度可达 15:1。使用顶部带有降速装置的特殊排放导管可以使铺放的沙更为密实,边坡也

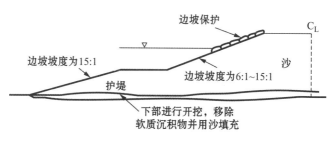

图 23.6　典型沙岛

更陡,坡度能达到约 5:1～6:1。

　　当然坡度和密度不仅取决于铺放技术,而且取决于沙的级配。一些人工岛使用了没有达到所需密度的材料,当建造速度过快时便逐渐发生液化。有一次引发了连续滑坍,堤坝因延伸太远而不得不被放弃。

　　当岛露出水面后就需要进行边坡保护。在没有浮冰的季节,突发风暴很快就能侵蚀掉数千甚至数万立方米沙。曾经采用过的一个解决方法(但只是部分成功)是先建造高度只到水面略下位置的岛,保持岛的高度直至季末大部分风暴活动都已过去,然后再迅速完成岛的水上部分。

　　没有浮冰的季节非常短暂,要求具备极大的开挖能力并连续进行作业。船体经过防冰加固的吸扬式开底挖泥船可以在波弗特海东部作业到 11 月 1 日。

　　水上堤坝的一个潜在问题是填充时混入碎冰,这些碎冰会在来年夏季或开始产出热油后融化,导致突然塌落。在较南部的库克湾进行类似施工时就发生过这种情况。

　　在阿拉斯加波弗特海进行施工时可以使用来自萨格凡尼克托克(Sagavanirktok)河、库帕鲁克(Kuparak)河和科尔维尔(Colville)河三角洲的砾石。这种砾石在 1、2 和 3 月一般通过建造在固定冰上的冰路进行运送并凿开冰层直接倾倒,边坡坡度可以达到 3:1。如果岛离岸较远,例如慕克拉克人工岛,冬季时可先将砾石存放起来,到来年夏季再通过驳船队运送并铺放。从驳船上刮落或推落的砾石可形成坡度约 5:1 的边坡(见图 23.7)。

　　可以在厚重滤布上铺放一或两层填满沙的塑料袋来保护边坡,高强度塑料袋能防紫外线,大小为 2～4m³。这种方法用于临时勘探岛效果非常好,但塑料袋在冰层移动和破裂过程中会被撕裂并发生移位,因而每年都需要进行大量维护(见图 23.8)。

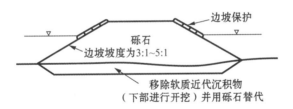

图 23.7 砾石岛

图 23.8 波弗特海塔希特岛被围护的沉箱,沙岛边坡由填满沙的塑料袋提供保护
(照片由圆顶石油公司提供)

哈里森湾的慕克拉克人工岛没有发现石油并被遗弃。几年之内岛的所有水上部分都在风暴作用下消失,只剩下一个作为卸货码头的混凝土沉箱。

连接或覆盖于滤布上的铰接混凝土垫在试验中性能良好,比沙袋更持久并且所需的维护也更少。因而在北星岛和恩迪科特(Endicott)岛施工中得到了应用,这是阿拉斯加北极近海中(据称在库页岛东北)首批产油岛中的两个(见图 23.9)。

许多工程师对水上堤坝和水下堤坝的冻结进行了研究。自然回冻发生于水面以上表层附近的土体中,因而有些工程师提出通过人为冻结来稳定和强化水下堤坝。

但是仍然存在着几个困难。首先,尽管自然气温比较低,但不管在北极还是在温带融化热都是一样的。其次,更为严重的是对于盐渍土几乎没有什么施工经验。例如有迹象表明会形成盐水通道,冻结的前部不断推挤并使前方的盐

图 23.9　波弗特海砾石岛上的铰接混凝土保护层安装就位
（照片由海岸边缘公司提供）

水浓度增加,形成未冻结的盐水透镜体,因而可能会出现破坏面。普拉德霍湾海水处理厂(用于油井注水设施)的施工现场周围建造了一道施工坝,施工坝是基于自然回冻进行设计的,但这部分设计是失败的,明显是因为出现了未冻结的高盐度水透镜体。

如果要人为冻结堤坝,可将冷冻管安装在通过钻孔或喷水插入堤坝或结构物的管道中,也可像垫层一样铺放于堤坝各层之间。为了有效提高北极离岸结构物的抗剪力和承载力,堤坝内部的温度应至少降到 $-10℃$。必须考虑到冻胀现象中的冻胀现象。使用逐步冻结法可以通过结构物底部传递膨胀,将不利影响降到最小。冻结是费时的作业,大型施工(例如离岸结构物)通常需要几个月。冻结完成后,保持冻结状态相对比较容易,可通过少量盐水的主动循环或采用被动方法,例如阿拉斯加阿利耶斯卡输油管道使用的热电堆。冻结土对于短期载荷有着很好的承载力,但在长期载荷(例如冬季冰层的移动)作用下会发生较大蠕变。

对于需要在剪切带使用的混凝土和钢质重力基座结构物而言,北极海底的较软粉质黏土对设计提出了严格的要求。因而近年来为了开发能经济有效改良海底土体的方法,施工人员投入了大量努力。由于粉质黏土和黏质粉土沉积物是非均质的,水平方向的渗透性要大于垂直方向的渗透性,因而通过排水和堆载进行固结是可行的方法。可先铺放一层不透水隔膜,然后安装排水板或排水沙井。实践经验表明更好的固结方法可能是在结构物建好后,将结构物基础及其外罩作为不透水隔膜,然后从内部进行排水。

在结构物运抵施工现场前先安装垂直排水井也是可行的方法,在不透水的海底表层土上可先建造沙或沙石堤坝。另外一种方法是在结构物运抵施工现场前先安装沙桩,沙桩在设计上能提高土的承载力和抗剪力,并且还有助于随后的排水和固结。这种水下沙桩在安装时可使用直径 1m,底端带有铰接塞或膨胀塞的钢管芯轴,通过冲击桩锤或振动桩锤沉到所需深度,并在打桩过程中使用料斗将芯轴填满沙。然后封闭钢管顶端,当芯轴拔出时,利用低气压保持沙在孔中的位置,气压只需 10～20psi。这种方法类似于建造日本大阪关西机场时所用的固结作业,施工中在驳船上安装了多根芯轴。

威尼斯风暴潮挡闸及里奥-安托里恩大桥施工中成功应用的一种方法可能也适合于在北极一些地区使用。先将桩以紧密间隔打入,这样就能固定土体并使地层成为一个连续整体,然后在上方倾倒砾石或碎石将桩的顶部埋入。桩与结构物并不连接,除非通过剪力作用。木桩、混凝土桩或钢桩都可以使用。

如果软质岩土的厚度只有几米并且开挖过程中软质岩土可保留在坡度适当的边坡上,那么挖掘软质岩土并用沙回填是个有效可行的方法。波弗特海东部的许多地区都符合这两个要求。优点在于这是一种主动方法,准备移除的松散土的特性不会对施工造成较大的影响。为了防止发生液化,仍然需要进行密实作业。

在结构物周围进行堆载可延长剪切路径,是提高抗滑坡能力的有效方法。最好在结构物建造完毕后进行堆载,这样控制倾倒作业时就可以将结构物作为参考点。

另外一种提高抗剪承载力的方法是增加沉入深度,即在结构物上安装较长的外罩,可以沉入软质土体中。在北极和亚北极地区(例如纳瓦林盆地),沉入外罩需要辅以从内部移除软质土体,例如使用喷水机和气举机或喷水机和抽吸机(见图 23.10)。抽吸机的效率基本上与柱高无关,而气举机则在柱体较高的情况下效率最佳。

在深水中可先对基础下区域进行排水,这样就能够小压力并通过静水力将外罩压入土体更深位置,从而增加沉入深度。

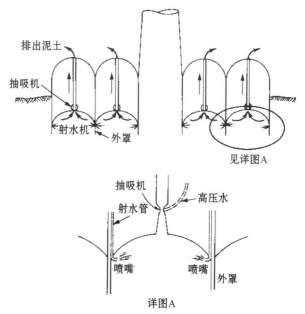

图 23.10　使用喷水机和抽吸机(或气举机)移除外罩隔室下方的土体

23.9　冰质结构物
Ice Structures

　　在北极,把冰作为临时结构物的建筑材料早就得到了人们的关注,这是很自然的。第一次世界大战时,施工人员对称为派-克里特(Pi-Crete)的冰和锯末混合物进行了大量研究,希望用这种材料建造临时浮动机场,使当时的飞机能够飞越大西洋。冰在近期主要被用于在固定冰上修建冰路以及在楔入北极岛屿间水道中的固定冰上建造临时钻井平台。修建冰路需多次喷水,并且使每次喷的水都被冻结。还可以用雪和碎冰块建造堤坝。修建冰路所用的水通过在冰层上钻孔抽取。冰路能够承载重型卡车,曾用于将砾石运送到离岸施工现场。然后在施工现场,砾石通过冰上切割出的槽孔被倾倒入海中。卡车的移动,特别是高速行驶的运输车队,可在容易发生变形的未固定带产生共振波动并导致破裂,因而需要控制卡车的间距和速度以免发生这种情况。

　　美国石油学会标准 API 2N 的"冰路设计"一节中说明:"应注意边缘载荷问题

以及潮汐、温度、风和其他作用力导致的裂缝。"冰路建造后常常会出现热裂缝,这种裂缝在清理积雪和温度发生较大变化后特别明显。湿裂缝会自然封闭,但干裂缝通常需要用泥浆或水进行修复。两条湿裂缝相交形成楔形是特别危险的情况。应注意同方向和反方向行驶车辆的间距、车辆产生的波动所导致的动态放大作用以及以紧密间距行驶的重载卡车导致的疲劳。如果使用聚氨酯隔热垫层,冰层建造的钻井基座可以一直用到初夏,其冰层是通过多次喷水冻结而形成的。

联合石油公司、埃克森公司、索黑尔(Sohio)公司(BP 阿拉斯加公司)以及美国石油公司为开发人工冰岛进行了大量试验,在波弗特海浅水区域,可将这些人工冰岛作为全年都能使用的钻井岛。施工人员采用了在农业灌溉中得到广泛应用的巨大圆形喷洒系统进行喷水,这样几乎能够立即冻结并且可以连续作业。人工冰岛的主要问题出现在春季,当海面开始融化,冰缘下受到侵蚀时,会导致冰层突出部发生断裂。其他问题包括裂缝因热应力而不断延伸。

必须监控冻土及堤坝的情况并及时进行修复作业,冰冻结构物上的裂缝可注水修复。应该安装合适的内部温度监控系统,可通过以下方法保持理想的内部温度:

(1) 对自然冷却和加热进行平衡。

(2) 选择性隔热,例如在春季安装覆盖层,而在秋季移除。

(3) 对流致冷,例如"冻结桩"。

(4) 主动致冷。

在普通钢质及混凝土钻井结构物周围形成人工冰堆能够缓冲大块浮冰的碰撞,这可以通过以下方法实现:

(1) 用沙或砾石建造能使浮冰搁浅的水下戗堤或堤坝,这样就能逐渐形成围绕在堤坝外的冰堆。

(2) 可在结构物附近的冰层上堆放冰块以增加重量,直至冰层搁浅,这样就能加快这个自然过程。例如初冬时用破冰船向前方顶推冰层,或者在与结构物至少能临时保持固结的冰层上使用推土机,还可以用起重机吊放从附近冰层切割下来的冰块。

(3) 可用安装在结构物上的水枪进行喷水,水在下落过程中就被冻结并迅速形成厚重的冰层。这种方法是索黑尔公司(BP 阿拉斯加公司)和埃克森公司开发的,用于在超大型混凝土岛钻井系统的勘探钻井结构物周围形成保护性冰层,作业地点水深16m,位于阿拉斯加霍尔基特(Halkett)角近海。美国石油公司也使用这种方法在水深7m处用冰建造了勘探钻井平台。

(4)索黑尔公司(BP阿拉斯加公司)对安装于海底的钢质系留桩(锥形钢架)进行了大量试验,设计上系留桩可以拦阻移动的冰层并导致冰层叠加,这样就能形成冰堆。

随着更多作业在北极展开,用冰建造临时结构物的方法无疑会得到广泛使用。其局限性在于当温度接近融点时冰仍为固体,但容易发生脆性断裂,热应变及水的侵蚀也能导致早期断裂,有时甚至会突然断裂。为了解决这些问题,研究人员正在寻找可能的加固方法。

23.10 北极的钢质和混凝土结构物
Steel and Concrete Structures for the Arctic

针对北极和亚北极地区已经设计出多种钢质和混凝土结构物,结构物可承受冰层的巨大横向作用力并传递至下方的基土中。

23.10.1 钢塔平台
Steel Tower Platforms

塔式结构物在阿拉斯加库克湾已经使用多年。这些钢质结构物的建造类似于导管架,但其腿柱的直径要大得多。塔式结构物在制造厂建造,作为自浮式结构物下水并拖运到施工现场,然后扶正并坐落于海底,最后穿过大直径腿柱打入钢桩或通过钻孔灌注植入钢桩,或者也可将钢桩作为裙桩打入或植入(见图23.11)。这种结构物适用于一般水深和冰情,例如白令海南部。导管架腿柱必须隔开较大距离,防止冰层因在腿柱之间挤压弯曲而发生叠加及振动。这种情况是很严重的,会导致疲劳。通过浮冰带时,需对腿柱进行特殊加固,例如钢-混凝土夹层结构,以防冰块碰撞,同样导管也应该封闭在腿柱中。

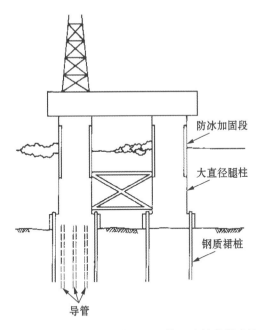

图 23.11　阿拉斯加库克湾中适用于普通冰情的塔式结构物

23.10.2　沉箱式人工岛
Caisson-Retained Islands

沉箱式人工岛是上述露出水面人工岛概念的进一步发展。人工岛周围的沉箱可以为空气-水界面提供保护、防止施工过程中的波浪侵蚀、显著减少沙石填充量并且使进入结构物更为方便。因为可以同时进行施工作业，所以还能缩短总体施工时间（见图 23.12）。

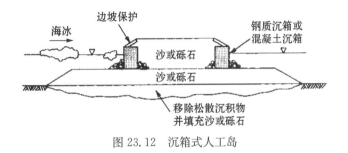

图 23.12　沉箱式人工岛

沉箱可为钢质或混凝土,并用沙填充。邻近沉箱之间需进行接合,以防被冰楔入分开。

塔希特岛施工时用降低了密度的混凝土建造混凝土沉箱式结构物,而埃索人工岛则使用了钢质沉箱式结构物,两个人工岛都位于加拿大波弗特海。沉箱之间的连接成为设计和施工中最关键的问题。连接过程中公差必须满足所有6个自由度,投入使用后连接必须足够紧密,以防产生过多浪花以及冰块楔入。还有方案提出将Z字形排列的多个混凝土沉箱作为离岸防波堤,并为破冰支援船提供停泊港口。阿莫利加克(Amauligak)人工岛则设计为使用混凝土沉箱的大型沉箱式人工岛。

23.10.3 浅水重力基座沉箱
Shallow-Water Gravity-Base Caissons

重力基座沉箱是建造于现有海底或水下整平堤坝上的混凝土和/或钢质大型结构物。圆顶SSDC-1就是这种类型的结构物,用一截超大型原油运输船(VLCC)船体建造,内部以混凝土和钢材进行加固。全球海洋公司的超级混凝土岛钻井系统(GBS-1)是按三部分进行建造的重力基座沉箱,基础和甲板为钢质,中间部分为预应力轻质混凝土,并将三部分接合起来成为一个整体。海湾加拿大公司(现在是雪佛龙公司)的莫里科帕克号平台是在施工现场用沙填充的钢质重力基座沉箱。

混凝土岛钻井系统建造于本州南部津市的造船厂。结构物处于浮冰带的部分为预应力轻质混凝土,并在垂直和轴向两个方向安装了预应力防冰壁。结构物放置于钢驳船上,然后将整个钢质上部结构安装于顶部。随后结构物被拖带通过北太平洋和白令海,最后坐落于波弗特海,在进行两季钻井作业后,施工人员将结构物重新浮起并存放起来。2003年,结构物被拖带到俄罗斯东部的一个造船厂,造船厂为其建造了高度更大的钢质水下壳体。重新安装后,混凝土岛钻井系统被部署于库页岛东北沿海水域,结构物在秋季会遇到强烈风暴的袭击,而在早春则会遭受冰脊的挤压。两个分别用于48m和30m水深的大型混凝土沉箱建造于符拉迪沃斯托克,并拖带1700km到达位于库页岛东北海岸外的施工现场。带有巨大竖井的大型基础筏被沉入冰层下,竖井可用于支撑甲板。库页岛2号建造于水深48m处,基础筏为105m×88m,厚达13.5m,支撑4根直径24m,高度40m的腿柱,其排水量达100000t。

有一种重力基座沉箱使用了混合设计,四周箱壁内侧为钢质,并通过复合作用与混凝土外壁连接。已经开发出了许多设计概念,但都为圆形或多边形的轴对称结构物,箱壁倾斜或垂直。设计上锥形沉箱可抵御冰层弯曲时的作用力,而四壁接近垂直的沉箱则能抵御冰层的挤压和剪切作用力。"分级锥形"设计使重力基座沉箱的应用可以延伸到较深水域。

使用桩或定位桩可为松散土体中的沉箱额外提供防滑能力,例如索黑尔公司(BP 阿拉斯加公司)的索黑尔北极移动式结构物(SAMS)所用的桩。索黑尔北极移动式结构物设计上是作为重力基座结构物进行安装施工的,为了提高其抗剪承载力而将钢管桩(直径 2m)打入海底下约 8m 深的坚硬黏土中,作用于海底的沉箱重量可提高定位桩的抗剪承载力。在随后没有浮冰的季节进行拆除时先向桩内注入蒸汽以便能够融化并排出冻结的泥土。然后在桩顶安装桩帽并向桩体中注满水,通过对水加压将桩顶起拔出。桩尖处应留下 1～2m 厚的黏土以防水从桩尖流失。移除所有桩后便可浮起结构物并安于其他勘探位置。

23.10.4　自升式结构物
Jack-Up Structures

目前已经开发出许多针对各种类型自升式钻井平台的概念设计。这些安装在巨大壳体上的平台浮动就位后坐落于海底,然后将甲板升至海面和冰层上方。细窄腿柱的作用面比较小,可减少冰层对结构物的作用力。

虽然这些概念设计会逐渐成为现实,但目前尚未真正开始建造自升式结构物,因为担心细窄的竖井是否确实能够降低极端冰载荷(例如在结构物腿柱之间挤压弯曲的多年浮冰或短厚冰脊)的影响以及在冰层持续挤压作用下可能会产生的动态放大问题,波罗的海的几座灯塔就因此而倒塌。

23.10.5　坐底式深水结构物
Bottom-Founded Deep-Water Structures

坐底式深水结构物为锥形、分级锥形或单腿式,这样可以降低材料用量、限制作用于海底的重量以及减小冰的作用力。竖井必须能够承受冰的撞击,其结构和施工类似于北海重力基座平台(见图 23.13 和图 23.14)。因为结构物在压载下沉过程中水线面减小,所以安装时必须对稳性进行非常仔细的计算。解决

图 23.13 处于漂浮状态,正在施工中的爱尔兰号重力基座结构物,
设计上这座结构物可承受冰山的碰撞(照片由移动离岸公司提供)

图 23.14 接近完工的海伯尼亚号重力基座结构物,准备安装甲板
(照片由移动离岸公司提供)

方法(例如使用临时浮箱)将在本章第 23.12 节"现场安装"中进行介绍。

　　纽芬兰近海的海伯尼亚号平台是侧面垂直的圆柱体,直径为 90m。外表面有凹槽,其上的齿状突起可通过将阻力集中于离散点而插入撞来的冰山,这样就能延长碰撞的距离和持续时间,并将最大作用力从 2 200MN 降低到 1 400MN。

　　设计上海伯尼亚号离岸平台可承受大型冰山的碰撞,在概念设计阶段早期就显然需要特别关注作用于 22 000m² 外表面任意有限区域内的局部冲剪力。经过大量研究和测试,最终在整个墙体内使用了排列紧密的 T 头钢筋,可有效提供弹韧性以及回弹后韧性,尤其是后者(见图 23.13 至图 23.15)。

　　结构物主体部分使用降低了密度的混凝土以减少部署过程中的吃水。

图 23.15　用 T 头钢筋进行抗剪加固以承受冰山碰撞

23.10.6　浮式结构物
Floating Structures

　　浮式结构物永久性或临时性系泊于高强度锚上,是针对较大水深而开发的。浮式结构物通常类似于沉箱结构物,用钢、混凝土或钢和混凝土建造。设计上可在一般海冰环境中作业的屈吕克(Kulluk)号勘探钻井平台是浮式倒锥形结构物,这样就能将冰破碎并压向下方。这座钢质结构物由 8 根锚索系泊,早期还设计了使用混凝土建造的同样结构物。屈吕克号勘探钻井平台的作业时间被成功延长至 12 月上旬。

设计用于白令海纳瓦林盆地的混凝土深水浮筒平台结构物可根据吃水将冰破碎并压向上方或下方(见图 23.16)。这座结构物能在松散冰脊厚达 10～15m 的亚北极地区使用。

图 23.16　用于亚北极水域的浮式深水浮筒平台,设计上能将冰破碎并压向上方或下方

对于冰情不严重的地区可使用带有转塔式系泊装置的船形壳体,能够根据冰层的移动情况进行调整。可安装推进器以便能够旋转至最佳位置并应对风、海流和冰的不利影响。船艏一般比船体宽,这样有助于清除破碎的冰。壳体侧面向内倾斜,可将冰破碎并压向下方。

由于厚重冰层的整体作用力要比波浪作用力(例如在北海)大几倍,所以北极和亚北极地区所有浮式结构物的主要问题是高强度系泊用具和锚的设计。

23.10.7　油井保护器和海底基盘
Well Protectors and Seafloor Templates

一旦将结构物系泊就位后,通常会在海底开挖竖井,用于在潜在冰蚀面下方放置油井控制装置,可用大功率喷水机及垂直挖泥头进行这项作业。竖井无疑非常适合于浮式钻井船。在纽芬兰近海水深 80m 处的致密沙层中施工时使用安装了长挖泥架和大功率挖掘头的吸扬式挖泥船。

可代替竖井并且更适合于坐底式结构物的方法是先通过喷水机、壳体重量以及气举机或抽吸机进行开挖,然后将油井保护沉箱(直径可达 10m)沉入海底,油井保护沉箱可用钢或混凝土建造。运送双层钢质壳体至施工现场是比较方便的,然后将壳体悬挂在钻井井架下并泵入铁矿石泥浆或可在低温凝结的混凝土,填充物的重量将有助于壳体贯入沙土。另外一种方法是使用后张拉预浇混凝土节段,并配以竖向预应力筋。为了在纽芬兰近海部分胶结的致密沙中开挖用于海底基盘的竖井,施工人员采用了带有加大钻头(5m)的垂直钻机和提高作业性能的气举机。最近在爱尔兰号平台施工中使用了辅以气举的大直径(5m)钻机,但据称作业进展缓慢。

23.11　结构物在北极的部署
Deployment of Structures in the Arctic

各种沉箱式结构物通常都在温带地区的不冻港建造,然后再拖带到北极。虽然用于塔希特沉箱式人工岛的沉箱通过大型半潜式驳船运送,但大部分沉箱都是整体建造的,并且进行完全舾装以便尽量满足随后在北极进行作业所需的条件,然后将沉箱作为自浮式结构物运送。

不管从日本、朝鲜,还是从北美洲太平洋沿岸,拖带结构物通过北太平洋都是漫长的航程,在途中很可能会遭遇夏季强风暴和典型的太平洋长周期波浪,因而必须对结构物在这种海况下的动态响应进行充分的研究。虽然近来在流体力学分析领域的进展使结构物响应研究成为可能,但很难进行缓冲方面的分析,除非通过物理模型试验。幸好在许多情况下理论放大效应都明显降低了,这样结构物的响应仍然能保持在可接受的范围之内。必须特别关注锥形结构物及类似结构物,波浪越过倾斜表面时会使其发生无规律的倾斜。

遭遇强风暴时,拖船可能需要暂时释放结构物,所以应该选择有足够水域的航线,这样风暴过后拖船就能继续拖带作业。为方便收起拖缆,可将浮动缆绳(凯夫拉尔或尼龙缆绳)连接于备用拖缆上。因为可能需要使用泵,所以大多数拖带作业都会配备人员。必须为人员安全做好充分准备,并符合相关管理机构的规定,例如美国和加拿大海岸警卫队。

因为拖带距离比较远,所以途中可能需要为拖船进行加油。拖船的大小和数量取决于结构物的尺寸和排水量,但大多数情况下需要一艘以上的大马力拖船(大于 16 000HP)。多艘拖船的布置同北海的拖带作业类似,但由于太平洋波浪的波长更大,所以拖缆也应该更长。轴对称结构物(例如北极地区所使用的结构物)的航向稳定性很差,船舶容易发生过度摇摆,使用艉鳍是有效的解决方法。

到达巴罗角后,拖带船队需等待开辟一条穿过冰层的合适航道。巴罗角离岸 7mi 范围内的浅滩水深最大为 10~11m,而浮冰常常会堵塞浅滩直至 8 月底,导致很难沿着浅滩外侧安全通过。如果有几艘 4~6 级破冰船,吃水较深的拖带船队可从浅滩北部通过,因而其吃水只取决于施工现场的水深情况。

在北极有碎冰的浅水区域拖带大型离岸平台结构物会产生许多新问题(图 23.17 和图 23.18)。但目前已经成功拖带了几座巨大的宽船身结构物,特别是普拉德霍湾海水处理装置、屈吕克号平台、SSDC-1、莫里科帕克号平台以及混凝土岛钻井系统(GBS-1)。

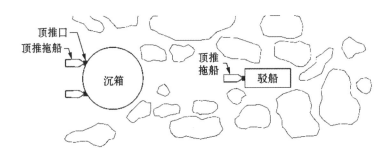

图 23.17 拖带沉箱通过碎冰

图 23.18　在加拿大波弗特海的薄冰中部署屈吕克号浮式勘探钻井船
（照片由加拿大雪佛龙资源有限公司提供）

莫里科帕克号平台和 GBS-1 由护航船队拖带,并跟随在一艘 4 级破冰船后。当船队到达哈里森湾后冰情变得极为严重,在一条对角线上安排一艘拖船被证明是有效的方法。冰块会阻拦拖缆并在拖缆、连接件及船舶上产生很大的冲击力。从巴罗角到赫谢耳(Herschel)岛距离约 500mi,平均拖带速度只有 1.3kn。将 GBS-1 从巴罗角拖带到霍尔基特角用了 4 天。两座结构物的吃水为 9～10m。

从巴罗角向东通过波弗特海的航道非常浅,富余水深极小,因而四周大部分浮冰都必须清除。如果结构物是多角形的,那么拖带时最好一个角朝前,这样就能将碎冰推向侧面,避免冰块在前方堆积。

由于波弗特海较浅,所以横荡、首摇以及船艉下坐都是可能发生的问题。根据实际经验,低速、使用几艘拖船并对浮冰进行控制可以尽量减小这些不利影响。拖带时使用艉鳍可有效限制横荡和首摇。拖带结构物通过太平洋时,拖缆通常连接在吃水线以下旋转中心略上位置,这样可以保持适当的平衡,船艉一般吃水略深一些。但在巴罗角航道,为了尽量减小吃水,船艏和船艉吃水必须相同。由于拖船在浮冰中速度不稳定,所以拖缆如果连接在水下位置容易被冰块阻拦,而连接在水上位置又可能产生船头吃水较深的不平衡情况。

莫里科帕克号平台起初由两艘破冰拖船拖带。拖船遇到厚冰时速度会减慢,而当冰层被破碎后拖船又会突然向前移动,拉紧拖缆并对拖船和平台的连接件形成极大的冲击力,拖缆也可能因此而断裂。使用一艘破冰船破冰且由另一艘拖带莫里科派克号平台后,情况才得到改善。

克劳利海洋公司使用顶推拖船推动经防冰加固的驳船在薄冰中有效地开辟了航道。由于大多数结构物设计上都足以承受冰层的碰撞,所以可在结构物船艉安装顶推口和装置并将其作为破冰船使用。

如果将来需要在浮冰中拖带或部署深水结构物,那么结构物吃水线处应进行良好的设计,使其能够有效破冰并将碎冰推挤到侧面以免堵塞航道。过去的经验(例如曼哈顿航海号)表明浮冰中可以开辟出供 30m 宽船舶通过的航道,但将来的结构物宽度可能会超过 100m。结构物底部如果安装了外罩的话,在通过巴罗角航道时可使用气垫以减小吃水。由于部分被冰层覆盖,通常海况级别较低,"水堵"可减少到约 1m。

美国石油学会标准 API 2N 第 7.3 节说明:"应该考虑到冰在水上和水下系泊缆上堆积所造成的影响,结冰可对系泊缆的浮力、拖曳力以及张力产生影响。"

23.12 现场安装
Installation at Site

北极沉箱结构物的安装方法类似于在北海采用的方法。到达施工现场后,拖船呈星形散开并在结构物压载下沉到海底的过程中控制横向位置和方向。可结合使用 GPS 卫星导航、中距离电子定位系统(例如西得里斯)以及海底应答器对定位进行控制。

一些用于北极地区的锥形结构物和单腿结构物在这个阶段会遇到稳性问题。解决方法有两个,其一是如果水深有限,可先使锥形结构物倾斜下沉,保持水线面稳定直至一侧到达海底,然后在将结构物压载下沉至最终位置的过程中可利用海底保持稳性。在墨西哥湾浅水区域安装结构物时使用了这个方法,据认为也适用于北极地区的勘探钻井平台。但考虑到甲板和处理设备必须倾斜的角度以及可能会对基础产生的影响,因而是否适用于永久性生产平台还是存有很大疑问。另外一个方法是安装临时浮力柱,能在关键的下沉阶段为锥形结构物提供扶正力矩稳性。临时浮力柱可在安装完毕后拆除。

所有重力基座结构物在接近海底时,其下方留存的水必须从内部或侧面排出。可将销钉或定位桩打入底部,使结构物固定在正确位置。定位桩必须打入土中,有时还必须固定于结构物上,这样就可以利用结构物的重量帮助其下沉。应减缓结构物的下降速度,使水能够排出而不形成沟道。缓慢下降及充分排水还有助于防止结构物发生横向"滑动"。

结构物应坐落于总体比较平整的海底上,但海底由于遭受冰蚀刮擦而形成许多脊沟,局部形态和强度存在明显差异,这会在结构物底部产生非常高的局部压力。为了给重力基座结构物提供平整的基础,可预先铺放沙层并将其整平为能放置结构物的水平基础。在普拉德霍湾油井注水项目海水处理厂施工中,成功在水下使用上述方法为由驳船安装的装置提供了平整基础,装置的设计尺寸达 186m×46m。但作业是在普拉德霍湾浅水区域进行的,因为有堤坝提供防护,所以海水基本处于静止状态。

在开阔水域,即使使用了升沉补偿器,目前通过浮动设备进行基础整平的公差也只能达到 300m。1984 年安装莫里科帕克号平台时,用计算机控制挖泥船耙臂使公差达到了 150m。施工方在一些勘探钻井结构物(例如 SSDC-1)就位后,通过安装于结构物内的管道用沙浆进行基础下填充。首先将沙与泥浆混合,然后沙浆以很低的水头,基本上通过重力自流注入结构物基础下方。作业类似于北海结构物的基础下灌浆,但这种无黏结性可渗透基础的优点是能够调节沉降,需要时可再次填充并且使随后重新浮起的作业易于进行。

用沙进行基础下填充前必须先使结构物坐落于三四层预先整平的垫层上或者类似于防沉板的结构物底板上。SSDC-1 使用混凝土板作为垫层,垫层上固定了一层聚氨酯,可在承载压力较小时提供支撑,但当结构物完全压载后就会破碎并将载荷直接传递至沙层。通常还需要安装外罩以便对沉箱四周进行封闭,这样可以防止冲蚀、提高将剪力传递到沙层的能力以及围护基础下的填充沙。结构物到达海底后,必须通过其重量将外罩压入沙土中。在典型的北极浅水区域,结构物重量是受到限制的,因而一般需要进行最大限度的压载。

为了在极限冰载荷作用下保持稳性,一些勘探结构物和几乎所有生产结构物都用沙浆进行压载以便提供所需的重量。可通过预先安装的管道将沙浆泵送到各压载箱里(见图 23.19)。

结构物坐落于海底后,需进行防冲蚀作业,可预先将滤布连接于结构物侧

图 23.19　在加拿大波弗特海部署塔希特沉箱式人工岛的沉箱
（照片由圆顶石油公司提供）

面略高于底部的位置。结构物就位后把滤布横向展开,然后铺放碎石、填充石块的铰接垫层或铰接混凝土垫层。也可将上述方法合并,即将铰接垫层固定在滤布上,然后连接于结构物并运送到施工现场,结构物就位后再将滤布和铰接垫层横向展开。

　　如果结构物坐落于海底后需要安装承载桩或定位桩,应根据预期的土体情况决定打桩程序。为索黑尔-BP 公司的索黑尔北极移动式结构物开发的方法使用了直径为 84in(2.12m)、壁厚达 3in(75mm)的钢质定位桩,结构物坐落于海底后将定位桩穿透表层松散土打入或压入下方更密实的土体中(见图 23.20至图 23.24)。

　　在过度固结的粉土中,桩内高压喷水对于破碎土塞是非常有效的,同时使用冲击桩锤或振动桩锤应该就能完成沉桩。在完全冰联结的沙和粉土中(永冻土),高压喷水同样被认为是破碎土体并完成沉桩的最有效方法。

　　随后移除打入永冻土中的桩时,可通过向桩体中的水注入蒸汽来消除回冻的影响。使桩中水位高于海平面能增加周围土体的有效孔隙压力,这样可有助于破碎土体。

　　桩可以通过振动或顶推移除,也可将桩封闭,注满水并进行内部加压。如上所述,这种方法成功将用作荷兰东斯海尔德风暴潮挡闸临时系留桩的钢质圆柱桩移除,钢质圆柱桩直径为 2m,长度达到 100m。为防水从桩尖下流出而用

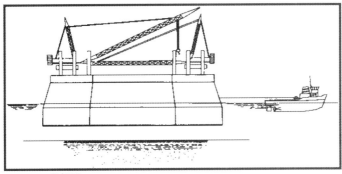

①部署
1.将结构物拖带至施工现场，套管中预先安装了定位桩
2.通过滑架和焊接肋使定位桩就位
3.将所有设备运送到平台上
4.用橡胶隔板封闭套管

图 23.20　索黑尔移动式勘探钻井平台在施工现场的部署

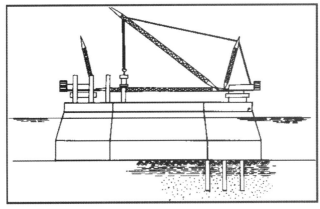

②安装
1.用振动或射水法将定位桩沉至参考水准面
2.定位桩顶部沉至甲板顶部以下位置
3.填入垫层并通过螺栓或焊接使定位桩就位

图 23.21　安装索黑尔北极移动式结构物(SAMS)勘探钻井平台的定位桩
（图片由伯格-ABAM公司提供）

细沙进行了填塞,水可以渗入但不会发生管涌,这样就能在封闭处产生足以将桩移除的静水压头。

最后,若需要重新部署或实施救援而移动结构物,可使用泥浆泵排出压载

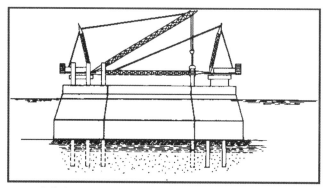

③移除
1.通过顶推（如图所示）、振动桩锤、
  射水或排放沉箱压载移除定位桩
2.定位桩由滑架支撑（如图所示）或
  完全吊起并放置在甲板上
3.移除整根定位桩，若使用两根桩段
  则可放弃下部桩段（可选方案）

图 23.22　移除并准备重新使用索黑尔北极移动式结构物（SAMS）的定位桩
（图片由贝尔格-ABAM 公司提供）

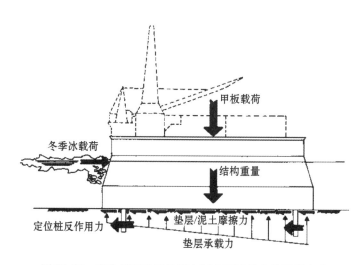

图 23.23　定位桩将冰层的横向压力通过剪力传递到土中
（图片由贝尔格-ABAM 公司提供）

图 23.24　"SAMS"——索黑尔北极移动式钻井平台(图片由贝尔格-ABAM 公司提供)

沙直至结构物达到近中性浮力。在结构物下持续注入低压水是非常有效的方法,压力过高会导致管涌并且随后将无法保持低过压。当通过注水平衡了底部下的孔隙压力后,可先排放结构物一端的压载直至离开海底,然后是另一端。采用底部下注水法,位于波弗特海首个作业位置的 GBS-1(混凝土岛钻井系统)很容易就脱离了黏土基础。这个方法可有效克服吸入效应的影响。

当勘探钻井延伸到较深水域时,可先放置底基层,然后在底基层上固定勘探钻井沉箱。钢和混凝土底基层都可使用,取决于超级混凝土岛钻井系统中位于浮冰带位置的混凝土沉箱是否能与钢质"泥基"顺利配合。虽然只是在日本防护良好的水域进行了应用,但如果天气条件合适,在没有防护的波弗特海水域也应该是可行的。为了使 SSDC-1 能够在更深的水域进行钻井作业也成功使用了这个方法。

由于底基层将完全浸入水中,所以放置于海底时就会出现稳性问题。在边角处安装临时浮箱可完全解决这个问题并能作为配合的导向,浅水中也可采用倾斜沉下的方法。另一个问题是底基层如何承载直径达 100～150m 的沉箱,混凝土岛钻井系统使用了特殊的橡胶沥青混合物来平衡承载。有一种底基层则采用了可压缩泡沫材料接合面,接合面在安装完毕后必须能传递剪力。

在北极建造离岸结构物时,必须考虑到波浪或海冰对部分完工的结构物可能造成的损伤或破坏。如果结构物不得不在未完工的情况下度过整个冬季,这个问题就尤为重要。使用较小沉箱构件的沉箱式人工岛特别容易因此而遭到逐步破坏。由于海-空气界面会对堤坝造成很多损害,而沉箱式人工岛解决了穿过界面建造堤坝的问题,所以沉箱式人工岛作为一种可行的方法得到了广泛应用。沉箱应紧密放置在水下堤坝上,沉箱之间的铰接使其能够适应堤坝表面的较小差异。

塔希特人工岛所用沉箱的安装和拆除作业对于将来在北极地区进行施工非常有帮助。4只预应力轻质钢筋混凝土沉箱在温哥华建造,并由一艘超大型可潜式运输驳船运送到波弗特海,驳船先潜入水下装载沉箱,然后在拖带时排放压载以减少吃水。驳船在赫谢耳岛附近被冰撞破,因而将其压载沉下并使沉箱浮起,剩下距离沉箱就以自浮方式进行拖带(见图 23.19)。

沙岛堤坝曾经被建造到 6m 高程。放置沉箱的位置进行了整平,公差约为 ±150m。由于总体测量出现误差,沉箱并没有放置在预先整平处,而是偏离了约 20m。这导致至少有一只沉箱发生了明显弯曲并因此而破裂,更为严重的是沉箱没有完全放置在沙层上。测量误差是由于在沙岛施工过程中移动了测量塔的位置。这说明应该提供备用测量方法和明显视觉标识,作业拖船和施工人员可以通过视觉标识将沉箱导引到正确位置。将来安装类似沉箱时应使用全球定位系统、柱形浮标、铰接浮标或者沉桩作为标识。

通过安装在沉箱上的绞车、与锚连接的系缆以及先前放置的沉箱可巧妙确定沉箱之间的相互位置。应注意使所有系缆都保持尽可能长以便吸收拉伸时的冲击能量。达到的公差非常理想,说明这个方法可有效确定沉箱的相对位置。然后用钢门关闭开口,但由于已是施工季末,所以用沙进行了回填而不是原先计划的砾石(见图 23.25 至图 23.27)。

夏季发生风暴时,波浪集中于沉箱连接凹角处,使沉箱下的沙被侵蚀并导致门发生移位。由于受到波浪的持续撞击以及沉箱底部支撑沙的减少,门向内塌落,16 000m³ 的沙被冲走(见图 23.27)。以下是应吸取的几个教训:

(1) 需要为门提供可调节的密封件。

(2) 需要防止沉箱下的沙被侵蚀,特别是靠近末端处。

(3) 需要从结构上保证封闭门在波浪和冰层(包括周期性载荷)作用下的安全性。

(4) 需要消除沉箱四周的凹角,以免波浪能量集中。

图 23.25 建造中的塔希特沉箱式人工岛（照片由圆顶石油公司提供）

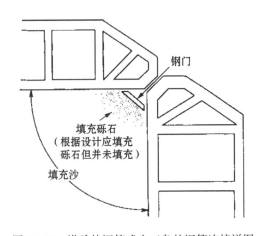

图 23.26 塔希特沉箱式人工岛的沉箱连接详图

作者认为较好的封闭方法是在沉箱内用锁口连接钢板桩,通过钢板桩的内外弧进行封闭。虽然在连接封闭处承载力更大,但仍然必须提供抗剪件和固定装置以防发生移动。另外一种可行的方法是使用石笼,塔希特人工岛最终采用了这个方法进行补救。

塔希特沉箱式人工岛遇到的其他问题包括因戗堤比较浅而导致波浪能量集中,当波浪沿着沉箱侧面移动时会逐渐抬高,马赫效应发生叠加,导致水漫过

图 23.27　巨大风暴对塔希特沉箱式人工岛造成的破坏(照片由圆顶石油公司提供)

沉箱顶部,在最初设计作为补给和人员撤离点的背风角处形成巨浪并产生浪花。浪花和抬高的波浪使大量水在岛上蓄积,水排出时造成了严重的局部侵蚀。但另一方面,戗堤可使初冰搁浅并形成起保护作用的冰堆(见图 23.28)。

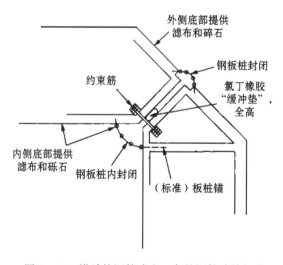

图 23.28　塔希特沉箱式人工岛的沉箱连接细节

　　塔希特人工岛在第一个施工季就完成了,但付出了巨大的努力,施工在非常艰苦的环境中一直延续到 11 月(见图 23.29)。当年冬季,使用石笼(填充石块的钢筋网)建造了外围墙,可以为人工岛提供良好的防护和排水(见图

23.30)。但由于连接得不够牢固,在来年的夏季风暴中,顶部一些石笼被波浪冲走,施工人员最终将这些石笼全部连接在了一起(见图 23.31)。

图 23.29 为完成塔希特人工岛的再建施工,挖泥船在冬季进行作业
(照片由圆顶石油公司提供)

图 23.30 在塔希特人工岛四周放置石笼以防海水越过沉箱顶部

塔希特人工岛不仅经受住了环境的考验,而且很好地发挥了作用(见图 23.32)。最后拆除时用反铲挖土机挖除部分冻结的填充沙,将沉箱冲刷干净并

图 23.31　夏季风暴中波浪越过石笼顶部并对储罐造成破坏(照片由圆顶石油公司提供)

进行排水,沉箱浮起后几乎不漏水,外部只有一些因最初放置于错误位置而形成的结构裂缝。塔希特人工岛及其他实例的经验表明,堤坝和沉箱的设计和建造必须能保证其在遭受夏季风暴、夏季浮冰碰撞以及冬季和春季冰层侵袭的整个施工季中都保持稳固。

图 23.32　冬季海冰包围塔希特人工岛,注意前景中的橡胶堆(照片由圆顶石油公司提供)

埃索加拿大沉箱式人工岛使用了多个铰接钢质沉箱,为传递剪力和轴向力,沉箱被紧密挤压在一起成为柔韧的整体。所有接头都可能有 6 个自由度,因而必须能适应 6 个方向上配合不当的情况。接头和连接在设计上需适应这些公差,不仅能迅速建造,而且可以提供结构和密封功能。埃索人工岛的沉箱在浮动状态下装配,然后被拖带到施工现场并坐落于预先整平的戗堤上。随后用沙进行填充,沙在冬季会被冻结并形成非常稳固的堤坝。

在一艘破冰船的支援下,屈吕克号勘探钻井船作为浮式钻井结构物一直作业到 11 月。但由于冰情变得非常严重,据称导致两台绞车失效,结构物面临漂过"下游"锚并产生倾斜的危险。破冰船和钻井船共同采取了迅速有效的措施,预防了可能发生的重大事故。

春末一条多年冰脊在后方极地浮冰的推挤下接近莫里科帕克号平台,冰层堆积高度超过甲板,并且以约一秒的间隔持续对平台进行挤压。这在平台壳体内产生了剧烈的振动,填充沙也部分液化。幸好冰脊停止了移动,随后通过少量装药重复引爆对沙进行密实。

23.13　冰情测量与冰层控制
Ice Condition Surveys and Ice Management

地区范围的冰情最好通过卫星获取。欧洲和日本卫星上携带的合成孔径雷达(SAR)可实时提供费尔班克斯(Fairbanks)、阿拉斯加和华盛顿等地的美国设施情况。合成孔径雷达可穿透影响目视观测和被动微波遥感的云雾,并能区分当年冰及多年冰和冰岛。

在局部区域,开采近海石油的公司可租借装备侧视雷达(SLAR)或合成孔径雷达的固定翼飞机。通过激光和雷达方法估算冰层厚度的应用正在取得进展,安装在结构物上的激光装置能获取逼近冰脊的帆高,并可据此判断整个冰脊的大致尺寸。使用水下声纳对逼近冰脊的龙骨进行测量的方法正在开发中。

可通过安装仰视声纳的潜艇进行基于大量统计数据的冰层下测量。在浮冰移动比较缓慢的冬季,装备光纤设备的遥控机器人能监控附近冰层的水下轮廓。

在北极腹地及冰山地区都进行过主动控制冰层的尝试。美国石油学会标准 API 2N 第 9 节"主动控制冰层"建议可采取以下主动防范措施：

(1) 围绕结构物开挖深沟。

(2) 在冰层上切割槽沟。

(3) 移除冰块。

(4) 对结构物表面进行加热。

(5) 安装起泡系统使水循环。

(6) 使用气垫系统帮助破冰——冰层下的空气有助于碎冰。

(7) 对冰层进行机械切割或磨削。

(8) 通过隔热垫或雪使冰层的厚度减小。

就第 3 条而言,近期在实践中用得更多的方法是有意形成可降低冰层撞击力并缓冲局部作用力的冰堆。如果冰堆能够搁浅,那么一部分全局作用力就可直接传递到海底。位于哈里森湾的 GBS-1(混凝土岛钻井系统)在施工中采用了通过喷水形成人工冰的方法。

将来可能使用的一种方法是在当年冰层上喷洒少量甲醇,可降低其表面张力并导致较早发生碎裂。坎玛钻井公司和海湾加拿大公司(现在是雪佛龙公司)将破冰船作为一种有效工具破碎接近的浮冰。目前破冰船只能破碎当年冰,但已经可以使浮式钻井船一直作业到约 11 月 30 日。在北极腹地,破冰船可在结构物上游来回破碎浮冰。这已成为支援浮式钻井船屈吕克号的有效方法,该方法也适用于其他传统钻井船。

在固定冰地区,冰层每个冬季只移动几十米,可用动力锯在冰层上切割槽沟,然后通过起重机将切割下的冰块吊出。此外也可使用连续切割机械和高压喷水机。

在加拿大东部沿海,为避免重达 100 万吨的冰山碰撞到浮式钻井船而将其拖走是个有效的方法。拖船可用漂浮的尼龙或凯夫拉尔缆绳将冰山"套住"或使用通过爆炸推动的埋入锚。拖船实际上总共只能产生 100~200t 拉力,其主要作用是使冰山转向并偏离碰撞路线。为了预测接近冰山拖动前后的移动情况,研究人员在开发计算机程序上投入了大量努力。

主要问题包括冰山周围出现雾、雷达在冰山上的反射率较差、无法看见冰山的水下部分以及锥形冰山容易突然发生翻转并对拖船造成危险等。由于冰的吸收性非常好,所以用炸药将冰山或多年冰炸碎的尝试效果有限或没有效果。

23.14　耐久性
Durability

　　暴露于北极环境会对钢和混凝土产生特别的影响。对钢而言,低温使脆性断裂和能量吸收较低的问题更为严重,不仅钢板,焊缝也是如此。在克服这些困难上已经取得了大量进展,目前市场上能够提供可靠的低温钢和焊接程序。

　　外部钢板易于遭受冰层的磨蚀和盐水-空气环境的侵蚀。由于温度比较低,海水中溶解氧的含量很高。磨蚀可除去侵蚀产物并使新鲜表面暴露,这样就能开始新的侵蚀。因而在快速水流和含有大量粉土的水中,侵蚀-磨蚀速度可达每年 0.3m。

　　市场上可以购买到致密的环氧树脂涂料和聚氨酯涂料,能为钢表面提供非常好的保护,并降低摩擦力和冰冻黏附力。每过一两年就需要对这些涂层进行修补。如果是小型轻便式围堰,局部排水后就能进行修补作业。对于内部钢隔间,使用牺牲阳极比较合适。如果在外部使用牺牲阳极,其安装位置必须低于冰层的最大深度以免因刮擦而脱落。

　　对于混凝土结构物而言,无疑会用高质量、低渗透性并经最佳加气处理的混凝土。可同时使用普通硬石块和高级配轻质骨料,应添加硅粉以提高水泥的胶结强度和抗磨蚀能力,所用骨料应为抗磨蚀骨料。

　　混凝土结构物的主要问题包括混凝土出现温差裂缝、冻融碎裂以及遭受冰层磨蚀。建造过程中由于因水合热导致温度升高,随后在约束状态下冷却就会产生温差裂缝。选择合适的配合比设计及水泥、添加火山灰以及对模板进行隔热可消除或最大限度减少这种裂缝。在暴露面上进行合适的强化处理能够控制建造过程中及投入使用后因热应变而导致的裂缝。

　　通过适当加气及产生适当的孔隙(后者更为重要)、使用致密不渗透混合料以及低吸水率骨料,可以防止混凝土外表面发生冻融碎裂。与添加粉煤灰的普通波特兰水泥相比,高炉矿渣水泥更容易遭受冻融侵蚀。添加硅粉的结构轻骨料在波罗的海进行的试验中性能良好。

当高于海平面的外隔间充满海水后会出现特殊问题。在极低的气温下,渗入混凝土的水可在混凝土墙内冻结,最终会导致混凝土发生剥离。在这个区域,隔间的内墙应涂覆不渗透隔膜。

冰层磨蚀是摩擦磨损和冰冻黏附拔蚀之间发生复杂相互作用而形成的(见图23.33)。根据实验室及实地试验的结果,非常致密的混凝土(例如在混合料中添加浓缩硅粉)效果一般。波罗的海的灯塔利用钢板进行防护,使用聚氨酯涂层和陶瓷也是可能的解决方法。

图 23.33　移动海冰对瑞典波罗的海灯塔水线处造成的磨蚀

使用致密混凝土应该不会发生钢筋腐蚀的问题,例如同时添加了硅粉和超增塑剂(高效减水剂)的混凝土。如果结构物采用混凝土甲板,并且施工人员会使用盐(例如氯化钙)防止大气和浪花结冰,那么应建造倾斜甲板以便排水,顶层钢筋可用环氧树脂进行涂覆。

23.15　可施工性
Constructibility

由于没有浮冰的季节非常短暂、后勤运输极为困难以及投入资金巨大,所以相对于其他地区,第 21 章介绍的可施工性计划对于北极更为重要。

针对巴罗角附近冰间航道较晚开辟、突然形成的夏季风暴以及施工期间夏季浮冰侵入等情况都必须预先准备应变计划。可能发生的问题包括:波弗特海和楚克奇海需特别注意夏季浮冰侵入、船只的螺旋桨可能被冰损坏、关键设备在极冷天气中无法使用以及风可将几百吨浪花吹到施工中的人工岛上等。

美国石油学会标准 API 2N 第 7.5 节说明:"在容易受到厚重海冰、恶劣天气和冰情影响的地区施工,意味着将结构物拖带到最终位置可能会发生延误。应选择好拖带线路附近的临时停泊点,供万一延误时使用。意料之外的恶劣冰情或天气情况可导致严重延误,使得在夏天施工季建造结构物的计划无法进行。因此拖带的结构物可能需要在临时停泊点度过冬季。"

人员安全必须给予最大关注,人在 $-2℃$ 的水中只能存活几分钟。

气温低于冰点也必须注意防火,进水口不可被水内冰或碎冰堵塞。应清除积雪,虽然雪量可能不大,但强风可使雪在结构物周围大量堆积。在亚北极地区,大气结冰会导致起重机臂无法移动,并对船舶稳性造成危险。甲板和走道也会结冰,因而必须准备预防结冰或移除冰层的措施。

美国石油学会标准 API 2N 第 8.1.2 节"北极夏季的施工条件"说明:

"在易受浮冰侵入的近海区域计划施工时,应该针对这种可能发生的情况(浮冰侵入)提供适当的设备和人员培训。应变计划包括通过卫星和雷达进行冰情监视和预报、主动和/或被动防护系统、分散船舶以及对船舶进行防冰加固。"

第 8.1.4b 节"雾"继续说明:"施工计划应阐明雾对物流及其他需要依靠能见度的作业的影响。"

第 8.1.4c 节"解冻和冻结"说明:"施工计划应阐明因解冻和冻结而使冰层移动及物流中断所造成的影响。"

就冬季冰路施工而言,美国石油学会标准 API 2N 第 8.2 节和 8.3 节要求进行施工前勘测,特别是冰间航道和裂缝,并需提供引导标记和道路分界标志。还应标明发生事故或无法预料的事件时庇护或援救位置的距离和方向。沿着道路隔开一定距离需搭建救生屋(用灯作为标记)并提供救生筒。

23.16 管线施工
Pipeline Installation

在北极地区,如果预计没有浮冰的时间能达到 40~60 天,那么就可以使用传统铺管船。因为水深较浅,并且波浪也较小,所以能避免许多深水铺管时通常会遇到的问题。但由于初秋环境温度很低,因而需要特殊的焊接程序。

在北极,为了防止管线受到冰层刮擦,通常将其埋放于 3~6m 深的沟槽中,水深至少 50m。重型犁式挖沟机的挖沟速度应该是最快的,在挖沟机上装备高压喷水机就更为理想,喷水机可破碎过度固结的粉土以及近岸地区会遇到的永冻土或冰透镜体。

其他地区可采用拖拉方式铺放管线,甚至能够在冰层下进行作业。首先必须将拖缆铺放在海底,可能需要使用潜水器或遥控机器人铺放引缆。可在冬季固定冰上隔开一定距离切割孔洞,并将冰层用作送入并拉动管道的平台(见第 15.13 节)。泛北极德雷克(Drake)固定输油管施工中将 140t 重的管汇进行了改装,使其可以像滑橇一样拉动。海岸线附近 300m 管线与一根 3in(75mm)甲醇管道一起被包裹在 24in(600mm)套管中,以 -10℃ 进行循环的甲醇可在管道外形成直径 1m,起保护作用的冰层。冰面上每隔 1km 安装绞车,并使用侧臂吊管机以防管道发生过度弯曲(见图 23.34)。将管道拖入开挖好的沟槽中,沟槽深度 2m,然后用砾石进行回填并形成冻结层。

必须详细认真地设计管线与结构物的连接。有些结构物与 J 形管连接最合适,有些情况下需向海底定向钻孔并安装弯曲套管,然后通过套管将管线拉入。在沙层中可安装倾斜套管和弯管接头,这需要在沉箱底部进行水下接合。可使用加压舱完成水下接合,也可使用带密封垫的法兰进行最初连接,然后将工人从平台吊放到水下管道中完成最后的焊接作业(见图 23.35)。

在沙层中,必须保持连接区域附近的局部稳定性,低温情况下使用化学水泥浆比较合适。另外一种方法是在结构物基础中建造管道隧洞,拉入管线后将隧洞中的水排出以便对管道进行焊接。在海岸端,管线会进入永冻土带,防止海岸受到因冻土融化而导致的热喀斯特侵蚀以及随后发生的波浪侵蚀是一个非常重要的设计问题。施工人员可考虑能使用制冷剂的双层套管、进行特殊隔热或铺放碎石堤道等措施。

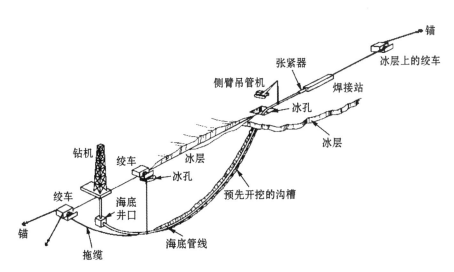

图 23.34　泛北极冰层下出油管线的试验性安装(照片由 R·J·布朗公司提供)

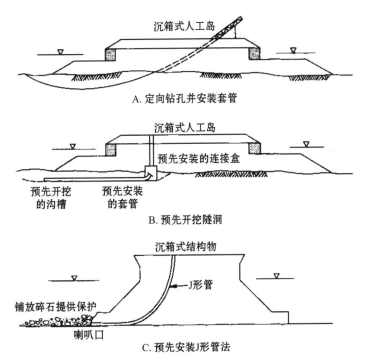

A. 定向钻孔并安装套管

B. 预先开挖隧洞

C. 预先安装 J 形管法

图 23.35　管线与北极离岸平台的连接(照片由 R·J·布朗公司提供)

23.17 北极动态
Current Arctic Developments

（1）东加拿大。特拉诺瓦（Terra Nova）油田位于新斯科舍近海大浅滩萨布莱岛以北,容易遭受巨浪、强劲水流和海冰的影响,冰山较少见。这个油田开发使用了浮式生产储卸装置（FPSO）,结构物系泊在竖井中的锚上,竖井深度为12m。由于风浪较大,开挖竖井时先用直径 5.6m 的钻头钻搭接孔。竖井从16m×16m 至 56m×16m。通过直径 20in(0.5m)的钻柱控制钻头并将钻屑经 300m 长的浮动管道排出。最大水深达 100m,海底为致密沙,上覆冰积物、黏土、卵石、胶结沙和砾石,偶有大砾石。

（2）库页岛。库页岛是石油开发的最新区域,虽然前苏联及最近的俄罗斯都在库页岛东北的海岸油田开采过少量石油,但目前的重点无疑是东部和北部海岸的许多大型结构物,水深从 30m 至超过 200m。每年有 6 个月海洋被冰层覆盖,可能遇到的困难包括盛行风和海流使浮冰和冰脊互相挤压;在没有浮冰的季节,风暴可产生巨浪;海流也非常强劲,此外库页岛还处于地震带内。

除了这些不利环境因素,这些油田的潜在产量以及邻近日本和韩国市场使这个地区成为关注的重点。两个离岸油田的最初开发由莫里科帕克号平台进行,这座钢质重力基座移动式平台此前在加拿大波弗特海以及阿拉斯加波弗特海的混凝土岛钻井系统中作业。为了能够在较深的水域中使用,平台重新安装了在俄罗斯东部建造的新钢质壳体。底基层没入水中,浮动的沉箱位于顶部上方。然后排放底基层的压载,使连接浮出水面并用外隔板进行焊接。

完全舾装后,将沉箱拖带至施工现场并在外部浮箱的控制下沉放到砾石垫层上。然后内部填充挖掘的沙和砾石,并在周围铺放铰接混凝土垫层以防发生冲蚀。

（3）俄罗斯北部的巴伦支海和喀拉海。海情和冰情类似于阿拉斯加附近的波弗特海,还会遇到从新地岛（Novaya Zemblya）北部脱落的冰山。这个地区地震活动频繁。此外还必须考虑对鱼类和海洋哺乳动物的影响。在该地区进行物流运输也非常困难。

起了大雾，又下了大雪，
　　天色变，冷不可支；
漂来的浮冰高如桅顶，
　　绿莹莹恰似宝石。
这边是冰，那边也是冰，
　　把我们围困在中央；
冰又崩又爆，又哼又嚎，
　　闹得人晕头转向。

（柯尔律治"古舟子吟"）

缩 略 语

ABS   American Bureau of Shipping 美国船级社

ACI   American Concrete Institute 美国混凝土协会

AISC   American Institute for Steel Construction 美国钢结构学会

ANSI   American National Standards Institute 美国国家标准学会

AOGA   Alaska Oil and Gas Association 阿拉斯加油气协会

API   American Petroleum Institute 美国石油学会

ASME   American Society of Mechanical Engineers 美国机械工程师协会

ASTM   American Society for Testing and Materials 美国材料与试验协会

AWA   anti-washout admixture 抗分散外加剂

BART   bay area rapid transit 旧金山湾区捷运交通系统

BFS   blast furnace slag 高炉渣

BHP   brake horse power 制动马力

BOOT   build, own, operate, and transfer 建设-拥有-经营-转让

BOT   build, own, and transfer 建设-拥有-转让

CAD   computer-aided design 计算机辅助设计

CALM   catenary anchor leg Mooring 悬链锚腿系泊

CB   center of buoyancy 浮心

CFRP   carbon fiber reinforced polymer 碳纤维增强聚合物

CG   center of gravity 重心

CIDH   cast in drilled hole 引孔沉管灌注

CIDS   concrete island drilling system 混凝土岛钻井系统

COOSRA   Canadian Offshore Oil Spill Research Association 加拿大海上溢油研究协会

CPM	critical path method 关键路径法
CPT	cone penetrometer test 圆锥贯入试验
DCM	deep cement Mixing 深层水泥搅拌
DGPS	differential global positioning system 差分全球定位系统
DNV	Det Norske Veritas 挪威船级社
DUMAND	deep undersea muon and neutrino detection 深海 μ 介子和中微子探测
EDS	electronic distance systems 电子测距系统
FIP	Federation Internationale de la Precontrainte 国际预应力混凝土协会
FPSO	floating production，storage and offloading 浮式生产储卸装置
FRG	fiber-reinforced glass 纤维增强玻璃
GBS	goal-based standard 目标型船舶标准
GBS	gravity-base structure 重力基座结构
GBT	gravity base tank 重力基座贮油罐
GPS	global positioning system 全球定位系统
HAZ	heat-affected zone 热影响区
HDPE	high density polyethylene 高密度聚乙烯,低压聚乙烯
HP	horsepower 马力
HPC	high-performance concrete 高性能混凝土
HPW	homo-polar pulse welding 单极脉冲焊
HRWR	high range water reducer 高效减水剂
HRWRA	high-range water-reducing admixture 高效减水剂
HS	high strength 高强度
IHP	indicated horsepower 指示马力
IMCO	International Maritime Commission 国际海事委员会
LAT	lowest astronomical tide 最低天文潮
LNG	liquefied natural gas 液化天然气
LPG	liquefied petroleum gas 液化石油气
MLLW	mean lower low water 平均低低潮面
MOBS	mobile offshore basing system 移动式海上基地系统
MP	magnetic particle 磁粉

MSL	mean sea level 平均海平面
NASA	National Aeronautics and Space Administration 美国国家航空航天局
NDE	nondestructive examination 无损检验
NDT	nondestructive testing 无损检测
NOAA	National Oceanic and Atmospheric Administration 美国国家海洋和大气管理局
OD Method	overburden-drilling method 过载-钻孔法
OD	outside diameter 外径
OPEC	Organization of Petroleum Exporting Countries 石油输出国组织
OSHA	Occupational Safety and Health Administration 美国职业安全与卫生管理局
OTEC	ocean thermal energy conversion 海洋热能转换
PDA	pile-driving analyzer 打桩分析器
PLEM	pipeline end manifold 管线终端总管
PTFE	polytetrafluoroethylene 聚四氟乙烯,特氟龙
QA	quality assurance 质量保证
QC	quality control 质量控制
ROV	remote-operated vehicles 遥控机器人
RT	radiography 造影,射线照相
SALM	single anchor leg mooring 单锚腿系泊
SAMS	Sohio Arctic Mobile System 索黑尔北极移动通讯系统
SAR	synthetic aperture radar 合成孔径雷达
SHP	shaft horsepower 轴马力
SLAR	side-looking airborne radar 机载侧视雷达
SPM	single-point mooring 单点系泊
SPT	simple performance test 简单性能试验
SPT	standard penetration test 标准贯入试验
SPTC	soldier pile and tremie concrete 支护桩和导管灌注水下混凝土
SSI	soil-structure interaction 泥土-结构物相互作用
SSMOs	summaries of synoptic meteorological observations 天气气象

观测概要

TBM	tunnel boring machine 隧道掘进机
TLP	tension-leg platforms 张力腿平台
TMC	tensioner and motion compensator 张紧器和移动补偿器
UHPC	ultra-high performance concrete 超高性能混凝土
USCG	U. S. Coast Guard 美国海岸警卫队
UT	ultrasonic testing 超声检测
UV	ultraviolet 紫外线
VLCC	very-large crude oil carrier 超大型油船
VPI	vapor-phase inhibitor 气相缓蚀剂
VPM	vibrations per minute 每分钟振动次数
W/CM Ratio	water-to-cementitious-material ratio 水胶比
WRA	water-reducing admixture 减水剂

参考文献

各类规范指南

美国船级社建造和分级规范(纽约美国船级社):

- 美国船级社单点系泊规范;

- 美国船级社固定式离岸结构物规范(草案);

- 美国船级社钢质驳船规范。

美国混凝土学会准则(密歇根州底特律美国混凝土学会):

- ACI-359 混凝土离岸结构物;

- ACI-357R 驳船式混凝土结构物;

- ACI-546R 混凝土修复指南;

- 艾伦,R. T. L."海岸结构物混凝土",伦敦:托马斯·泰尔福特出版社,伦敦,1998。

美国石油学会准则和规范(华盛顿哥伦比亚特区美国石油学会):

- API-RP2A 固定式离岸结构物计划、设计和建造的建议程序;

- API-RP2N 冰雪环境中固定式离岸结构物的计划、设计和建造;

- API-RP2SK 浮式结构物定位系统设计和分析的建议程序;

- API-RP-FPI 浮式生产系统系泊设备的设计、分析和维护;

- API-RP-2P 浮式钻井平台多点系泊系统的建议程序;

- API-RP-2T 张力腿平台的计划、设计和建造;

- API-Spec. 2B 预制钢管规范;

- API-Spec. 2F 系泊链规范。

美国土木工程师学会航道和港口部(华盛顿哥伦比亚特区美国土木工程师学会)。

法国船级社(巴黎):

- 离岸平台施工和分类条例及规范。

加拿大标准学会(安大略莱克斯戴尔):

960

● CS-471-474 边境及北极地区离岸结构物标准。

挪威船级社分级规范（挪威奥斯陆挪威船级社）：

● 挪威船级社离岸结构物规范；

● 挪威船级社海底管线系统规范。

《深水系泊系统、概念、设计、分析和材料》，2003，ISBN 0-7544-0701-0。

海军系泊用拖曳式埋入锚，海军土木工程实验室技术数据表 83-08K（加利福尼亚怀尼米港海军土木工程实验室）。

《国际预应力联合会实践案例指南》，国际预应力联合会，伦敦：托马斯·泰尔福特出版社：

● 海上作业；

● 垂直筋灌浆；

● 混凝土海上结构物设计和建造推荐规范。

离岸技术会议论文集（休斯顿离岸技术会议）。

参考图书

H. V. Anderson. *underwater Construction using Cofferdams*, Best Publishing Co.

P. Bruun. 1989. *Port Engineering*, Vol. I, Houston: Gulf Publications.

D. Brown. *Zen and the art of drilled shaft construction, the pursuit of quality.* Geotechnical Special Publication No. 125, ASCE Press.

Cellular Cofferdams, Jupiter, Florida: Pile Buck, Inc. , 1990.

W. F. Chen and L. Duan. 1999. *Handbook of Bridge Engineering*, Boca Raton, Florida: CRC Press LLC.

J. M. Gaythweite. 2004. *Design of Marine Facilities for the Berthing, Mooring and Repair of Vessels*, 2nd Ed. , ASCE Press.

B. Gerwick. 1993. *Construction of Prestressed Concrete Structures*, 2nd Ed. , New York: Wiley.

B. C. Gerwick, Jr. 2004. Pile installation in difficult soils, J. *Geotech. Environ. Eng.* , ASCE.

J. Herbich. 1991. "Handbook of coastal and ocean engineering", in *Offshore Structures and Marine Foundations*, Vol. 7, Houston: Gulf Publishing.

Navfac P-990, *Conventional underwater Construction and Repair Technologies*, May 1995. U. S. Naval Facilities Engineering Command, Alexandria, Virginia.

961

J. O'Brien. 1996. Cofferdams and Caissons, *Standard Handbook of Heavy Construction*, 3rd Ed., New York: McGraw-Hill.

A. Palmer and R. King. 2004. *Subsea Pipeline Engineering*, Tulsa, Oklahoma: Pennwell.

A. D. Quinn. 1972. *Design and Construction of Ports and Marine Structures*, 2nd Ed., New York: McGraw-Hill.

R. Rankin. 2005. Buried subsea line advanced as LNG alternative, *Oil Gas J.*, November.

R. Ratay. 1996. Cofferdams, *Handbook of Temporary Structures in Construction*, 2nd Ed., New York: McGraw-Hill, chap. 7.

Twachtman, Snyder, and Byrd. 2000. *State of the Art of Removing Large Platforms Located in Deep Water*, U. S. Marine Minerals Management Service.

U. S. Coast Guard. 1981. *Inspection Guide for Reinforced Concrete Vessels*, Vols. Ⅰ and Ⅱ.

U. S. Corps of Engineers. *Shore Protection Manual*, Washington, DC: U. S. Government Printing Office.

U. S. Corps of Engineers. 1994. *Design of Sheet Pile Walls*, EM 110-2-2504.

其他阅读材料

介绍海洋和离岸施工的期刊：

- 疏浚和港口施工；
- 岩土和环境工程期刊（美国土木工程师学会）；
- 挪威石油；
- 海洋工业；
- 海洋工程；
- 离岸；
- 油气期刊；
- 水和土（英国米德尔塞克斯）。

作者简介

小本·C·格威克是《预应力混凝土结构施工》第1、2、3版的作者,也是《海洋和离岸结构物施工建造》第1、2版的作者。

作者1919年生于美国加利福尼亚州伯克利,并于1940年在加利福尼亚大学伯克利分校获得土木工程理学士学位,同年加入美国海军并服役至1946年,在1945年被任命为美国军舰斯堪尼亚号(AK 40)的指挥官。

从海军退役后,主要从事海上施工或进行相关的教学工作。1946年至1967年在海洋施工业工作,1967年至1971年在离岸施工业工作,随后成为本·C·格威克公司的董事长和圣菲国际公司的离岸施工经理。1971年至1989年期间被聘任为加利福尼亚大学伯克利分校的土木工程学教授。

作者是美国国家工程学院和美国国家建筑学会成员,美国土木工程师学会名誉会员,美国土木工程师学会于2002年授予作者杰出工程学终生成就奖。作者还是国际结构和桥梁工程师协会会员,国际预应力协会会长。1989年荣获伯克利研究人员奖。

主审简介

陈刚教授，1962年出生于上海，1984年毕业于上海交通大学船舶及海洋工程系，1987年公派留学获日本政府奖学金，1993年于日本横滨国立大学获船舶海洋工程专业博士学位，1993年至1994年获JSPS日本学术振兴会外国人特别研究员计划资助，完成博士后研究。

历任上海浦东国际机场建设指挥部副总工程师、上海国际机场股份有限公司总工程师、上海市深水港工程建设指挥部副总工程师、上海交通大学船舶海洋与建筑工程学院院长、上海交通大学副校长。现任中国船舶及海洋工程设计研究院院长，享受国务院特殊津贴。

索　引

感谢以下单位对本书编译出版工作的大力支持

协办单位：

天津大学

青岛理工大学

中国海洋大学

河海大学

中国交通建设股份有限公司总承包经营分公司

中国熔盛重工集团有限公司

总后军事交通运输研究所

交通运输部上海打捞局

上海三航奔腾建设工程有限公司

中交广州水运工程设计研究院有限公司

山东海盛海洋工程集团有限公司

支持单位：

上海海事大学

上海海洋大学

大连理工大学

重庆交通大学

中国铁建港航局集团有限公司

中国石油天然气管道局第六工程公司

中国科学院武汉岩土力学研究所

国家海洋局第二海洋研究所

上海海洋石油局

上海振华重工(集团)股份有限公司

中国船舶重工集团公司第七〇一研究所

中国船舶重工集团公司第七一四研究所

利丰海洋工程有限公司

森松(江苏)海油工程装备有限公司

结雅希(上海)贸易有限公司

上海市基础工程有限公司

江苏神龙海洋工程有限公司

浙江海翔航务工程有限公司

中交上海航道勘察设计研究院有限公司

浙江格洛斯无缝钢管有限公司

武汉船用机械有限责任公司

法国船级社上海代表处

上海佳豪船舶工程设计股份有限公司

媒体支持：

中国海洋工程网